Gerhard Franz

Niederdruckplasmen und Mikrostrukturtechnik

Springer-Verlag Berlin Heidelberg GmbH

Berlin
Heidelberg
New York
Hongkong
London
Mailand
Paris
Tokio

Gerhard Franz

Niederdruckplasmen und Mikrostrukturtechnik

Dritte Auflage

Mit 300 Abbildungen

Springer

Prof. Dr. Gerhard Franz
Fachhochschule München
Fachbereich 06
Lothstraße 34
80335 München
gerhard.franz@fhm.edu
www.gerhard-franz.org

Bibliografische Information der Deutschen Bibliothek
Die Deutsche Bibliothek verzeichnet diese Publikation in der Deutschen Nationalbibliografie; detaillierte bibliografische Daten sind im Internet über <http://dnb.ddb.de> abrufbar.

ISBN 978-3-642-62284-7 ISBN 978-3-642-18769-8 (eBook)
DOI 10.1007/978-3-642-18769-8

springer.de

Ursprünglich erschienen bei Springer-Verlag Berlin Heidelberg New York 2004
Softcover reprint of the hardcover 3rd edition 2004

Einband-Entwurf: medio Technologies AG, Berlin
Satz: Digitale Druckvorlage des Autors
Gedruckt auf säurefreiem Papier 62/3020 Rw- 5 4 3 2 1 0

Meiner Elli

Vorwort

Plasmaunterstützte Prozesse sind in vielen Produktionsabläufen von überragender Bedeutung. Das reicht von der Reinigung von Oberflächen über Beschichtungsverfahren bis hin zur Oberflächenstrukturierung. Die Größe der behandelten Teile überstreicht mehrere Zehnerpotenzen, angefangen vom Herausätzen von Gräben im Submikrometer-Bereich für den 64-Mega-Speicher über dekorative Oberflächenbehandlung im Millimeterbereich bis zur Beschichtung von mehrere zehn Quadratmeter messenden Glasflächen zum Schutz vor IR-Strahlung. Aber auch die Eigenschaften organischer Werkstoffe können durch Plasmaprozesse verbessert werden: Baumwolle wird knitterfreier, Leder haltbarer gemacht, das „Eingehen" von Wollstoffen beim Waschen kann wesentlich reduziert werden. Die stürmische Entwicklung der Halbleiterindustrie, in der nahezu jedes Jahr neue „Leitprodukte" definiert werden, wäre ohne den gewaltigen Fortschritt der Plasmatechnik undenkbar. So ist 150 Jahre nach der erstmaligen Beobachtung des Sputtereffekts durch Grove [1] dies ein Verfahren geworden, dem sich immer neue Anwendungsbereiche erschließen. Nicht zuletzt sparsame Materialverwendung und Umweltverträglichkeit zeichnen Plasmaverfahren aus. Es verwundert daher nicht, daß der Markt allein für Geräte der Ätztechnik bis zum Platzen der Internetblase jährlich um 17 % wuchs [2].

Zur Realisierung eines 1,6 m^2 großen Mehrfarben-„Flat-Panel-Displays" werden etwa 300 000 LEDs benötigt. 1994 — vor der Markteinführung der blauen LED — betrug der Anteil der im Sichtbaren emittierenden LEDs am gesamten Verbindungshalbleitermarkt von 4,4 Mrd. $ etwa $^1/_3$. 1998 war allein der Anteil sog. „High-Brightness"-LEDs- um 64 % gewachsen (Gesamtmarkt 1997: 7,1 Mrd $). Konservative Schätzungen sprechen von einem Betrag von 1 Mrd. $ im Jahre 2003 [3]. Die allein für LEDs benötigte gesamte epitaxierte Fläche wuchs in nur vier Jahren um nahezu 300 % (s. Abb. 1).

Der Fortschritt wird am sinnfälligsten deutlich in einer Retrospektive. 1978 kostete eine „Wafer-Fab" ganze 20 Mio $, die schmalsten Geometrien betrugen zwischen 2 und 3 μm, und die Ausbeute verharrte bei lächerlichen 10 %. Einige Aussagen aus der ersten Ausgabe von *Semiconductor International* aus dem Jahre 1979:

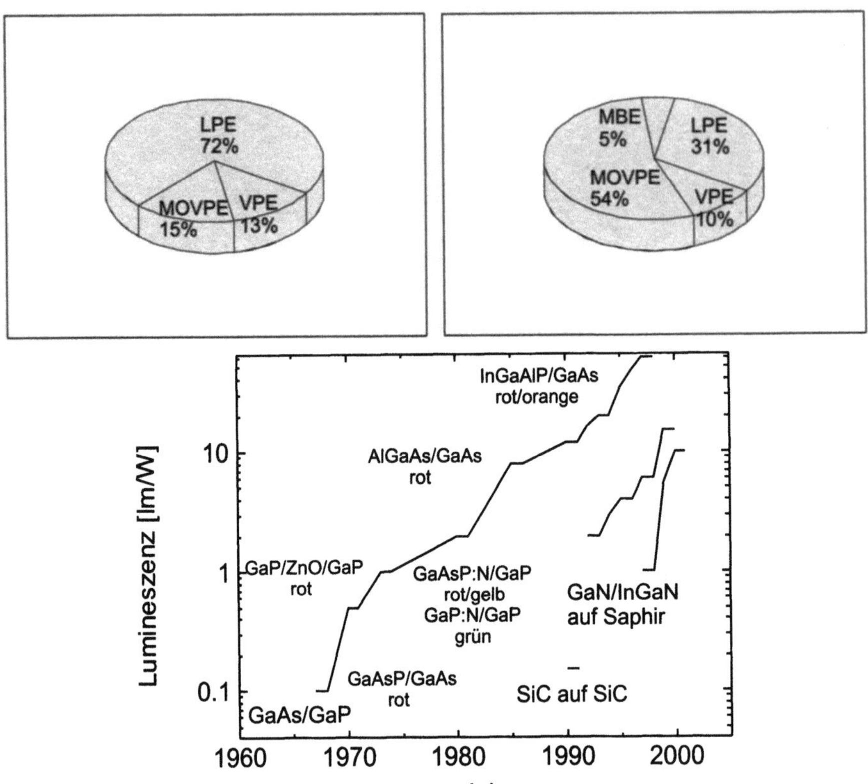

Abb. 1. Von 1994 bis 1998 wuchs die gesamte epitaxierte Fläche für LEDs von 5550 auf 14190 m^2 (immerhin $1^1/_2$ ha!), also um etwa 300 %. Gleichzeitig verlagerte sich der Schwerpunkt von einfachen Verfahren der Flüssigphasen-Epitaxie zu anspruchsvollen Gasphasenepitaxie-Verfahren. Die Strukturierungstechniken überstreichen das Feld vom Sägen über Naßätzen zu trockenen Ätzverfahren — vom harten Beschuß mit einem Strahl aus Argonionen bis zu subtilen Verfahren, in denen in einem Plasma hoher Dichte reaktive, niederenergetische Ionen und Radikale erzeugt werden. Parallel dazu nahm die Lichtausbeute und die Farbenvielfalt zu.

- Lithographie im tiefen UV wird eine verwertbare Technik werden, wenn Fortschritte beim Photolack, den Lampen und Masken gemacht sein werden [4].

- Plasmaätzen wird bald eine sehr wichtige Technik zur Strukturübertragung werden. Auch von der Plasmadeposition wird Ähnliches erwartet... [5].

- Viele der Designprobleme können verschmerzt werden, wenn
  - ein weniger effizienter Chip vom Markt akzeptiert wird,
  - Testfunktionen im Chip integriert werden,
  - man damit also auf die Herausforderung verzichtet, das Design des des kleinsten möglichen Chips zu entwickeln [6].

Das war 1978 [7]:

- 2,5 μm Minimum der Strukturen;
- 3 – 8 sec Gate-Verzögerungen;
- Design bei etwa 8 Masken;
- Reinraumklasse zwischen 100 und 1000;
- Erste Anwendungen von Steppern bei 4"-Wafern;
- Gates mit dotierten Poly-Silicium;
- Erster Einsatz von Laser-Annealern, um die Widerstände des Poly-Siliciums zu reduzieren;
- minimale Dicke des Gate-Oxids: 100 Å;
- Naßätzen dominiert, Plasmaätzen wird nur dort eingesetzt, wo sog. „Undercut", also Maskenunterschneidung, nicht mehr tolerabel ist.

Heute sind wir in der Produktion bei Linienbreiten der Leiterbahnen von 0,13 μm angekommen, die erste Generation mit Linienbreiten kleiner als 100 nm wird entwickelt; und ein durch physikalische Grenzen gesetztes Ende der Halbleitertechnologie wird für das Jahr 2015 prophezeit. Bis dahin werden wir die gegenwärtig angewendeten Plasmaverfahren weiter raffinieren, neue werden dazukommen, bereits in die Jahre gekommene werden in andere Felder hineinwachsen, und wir werden vielleicht erleben, daß die Trefferquote dieser Prognose ähnlich der für die weltweiten Erdölreserven ist, nach der diese immer in den nächsten eineinhalb Jahrzehnten erschöpft sein sollten.

So glauben wir, auch für die neue Auflage dieses Buches eine breite Leserschaft anzusprechen. Nach einer einleitenden Betrachtung verschiedener, das Niederdruckplasma charakterisierender, Größen erfolgt eine Beschreibung der Prozesse zur Ladungsträgererzeugung. Die breite Darstellung der zahlreichen Verfahren zur Plasmaanregung, meist in der Kategorie der Frequenz unterschieden nach Gleichstrom-, Radiofrequenz- und Mikrowellenverfahren, wurde ausgedehnt auf kapazitiv und induktiv gekoppelte Plasmen — wobei die Anregung durch Heliconwellen nicht fehlen darf — und durch ein Kapitel über Plasmadiagnostik abgeschlossen. In der zweiten Hälfte werden dann die Verfahren der Mikrostrukturtechnik, Beschichten (Sputtern, chemische Dampfabscheidung) und Strukturieren (Trockenätzen mit Plasmen), besprochen, denn es sind die sich immer weiter verschärfenden Anforderungen nach exakter lateraler und vertikaler Maßhaltigkeit, die den Fortschritt bei den Plasmaverfahren ausgelöst und bestimmt haben. Detaillierte Herleitungen wichtiger ein Plasma charakterisierender Größen finden sich im Anhang. — Um den Umfang des Buches auch bei weiter zunehmender Zahl der Abbildungen dennoch nicht allzusehr anschwellen zu lassen, wurden diese digitalisiert und auf ein kleineres Format gebracht.

Für viele wertvolle Diskussionen während des letzten Jahrzehnts ein „grazie tante“ meinen Kollegen Peter Awakowicz, Rod Boswell, Ralf-Peter Brinkmann, Francis Chen, John Coburn, Vince Donnelly, Demetre Economou, David Graves, Michael Klick, Michael Lieberman, Ivo Rangelow, Wolfgang Rehak, Winfried Sabisch, Peter Unger, Harald Wittrich und last but not the least Stefan Sotier. Viele haben bei der Verbreitung der 2. Auflage mitgeholfen; erwähnen möchte ich meine Service-Ingenieure Hans Kaiser, Günther Kneissl und Dieter Voss, und manchem Kollegen danke ich für die Überlassung aktuellen Bildmaterials (s. Kap. 16). Für das Korrekturlesen verschiedener Abschnitte bin ich Marita Kammeyer und Michael Klick von der Firma Advanced Semiconductor Instruments sowie Wilfried John vom Ferdinand-Braun-Institut, beide Berlin, zu Dank verpflichtet.

Dank weiß ich dem Springer-Verlag, und hier besonders Dietrich Merkle, für die angenehme Zusammenarbeit, und meiner Frau danke ich vor allem für ihre jahrelange, unendliche Geduld.

München, am 4. Juli 2003 Gerhard Franz

Inhaltsverzeichnis

1 Einleitung

Entladungen sind uns aus dem täglichen Leben vertraut, denken wir etwa an *Gasentladungen* in der Atmosphäre, die wir in Form von Blitzen beobachten, und bei denen Potentialunterschiede von mehreren Millionen Volt durch überspringende Funken zwischen Wolken oder zwischen Wolken und Erde in Millisekunden ausgeglichen werden. Mit *Bogenentladungen* können sehr hohe Temperaturen erzeugt werden, z. B. in der Gegend von 4700 K an den Kohle-Elektroden und etwa 7000 K im Bogen selbst. Bereits 1815 wurden Lichtbogenentladungen zum Schmelzen hochschmelzender Stoffe verwendet [8]. Bei sehr hohen Stromdichten konnten Temperaturen von bis zu 50000 K erzielt werden. Dies sind Temperaturen, wie sie selbst an der Oberfläche von O-Sternen, die blau-weiß strahlen, nur selten erreicht werden (unsere Sonne, ein G-Typ, hat eine Oberflächentemperatur von etwa 6000 K [9]).

Büschelförmige, rötlich-violette *Spitzenentladungen* — auch als „Korona" bezeichnet —, die bei Atmosphärendruck auftreten, beobachtet man oft an Hochspannungsleitungen bei hoher Luftfeuchtigkeit oder Rauhreif. *Glimmentladungen* treten in verdünnten Gasen (Niederdruckentladungen) bei kleinen Stromstärken auf. Sie werden eingesetzt als Leuchtstoffröhren oder Natriumdampflampen, aber auch in sog. „Glühstrümpfen", in denen verschiedene Gase in deren charakteristischen Farben zum Leuchten gebracht werden; sie prägen das nächtliche Bild berühmter Plätze, z. B. des Piccadilly Circus oder des Times Square.

Schlagen wir im Brockhaus nach, so finden wir unter „Glimmentladung": „selbständige Gasentladung mit kalten Elektroden" und unter „Entladung" selbst den „Ausgleich unterschiedlicher elektrischer Potentiale zwischen zwei Punkten" [10].

Eine sehr einfache Glimmentladung kann man erzeugen, indem Elektroden in eine etwa 50 cm lange Glasröhre eingeschmolzen werden und an diese eine Spannung von ca. 10 kV gelegt wird. Pumpt man nun einen Teil der Luft oder des sonst in der Röhre enthaltenen Gases heraus, so daß der Druck auf etwa 100 Pa abgesunken ist, beginnt das Gas in der Röhre, Licht abzustrahlen. Zwischen den Elektroden schlängelt sich ein Leuchtfaden, der sich bei weiter sinkendem Druck verbreitert, bis er den Rohrquerschnitt vollständig ausfüllt.

Bei weniger als 1 kPa erscheint in der Nähe der Kathode eine dunkle Zone, der sog. CROOKEsche oder HITTORFsche Dunkelraum, während im übrigen

Teil des Rohres leuchtende Zonen auftreten. Mit noch weiter sinkendem Druck wächst der CROOKEsche Dunkelraum, bis er bei etwa 1 Pa die ganze Röhre ausfüllt. Bei diesem Druck strahlt das in der Röhre verbliebene Gas kein Licht mehr aus, doch fluoresziert das Glas selbst mit schwachem, grünlichem Licht. Das Gas selbst ist teilweise ionisiert. Der Ionisierungsgrad ist typisch $\leq 10^{-4}$, das bedeutet bei einer Neutralteilchendichte von $10^{14}\,\mathrm{cm}^{-3}$ oder einem Druck von etwa 0,5 Pa eine „Plasmadichte" von $\leq 10^{-10}\,\mathrm{cm}^{-3}$, worunter man die Summe der Elektronen- und Ionendichte versteht. Ein sehr weitgehend ionisiertes Gas wird als Plasma bezeichnet. Es weist gleich viel positive und negative Ladungen auf. Dadurch wird es zwar elektrisch leitend und läßt sich leicht durch äußere elektrische und magnetische Felder beeinflussen. Andererseits bleibt es nach außen hin neutral. Dieser Zustand wird als „quasineutral" bezeichnet.

Ein Plasma ist in seinem Verhalten nicht mehr mit einem neutralen Gas vergleichbar, dessen Gesetzmäßigkeiten durch die kinetische Gastheorie beschrieben werden. Trotzdem findet man gewisse Gemeinsamkeiten. So gibt es in einem idealisierten Plasma keine Vorzugsrichtung, die Neutralteilchen und geladenen Partikel bewegen sich chaotisch oder „random". Einer der wesentlichen Unterschiede beruht darin, daß sich kurz- und langreichweitige Kräfte überlagern.

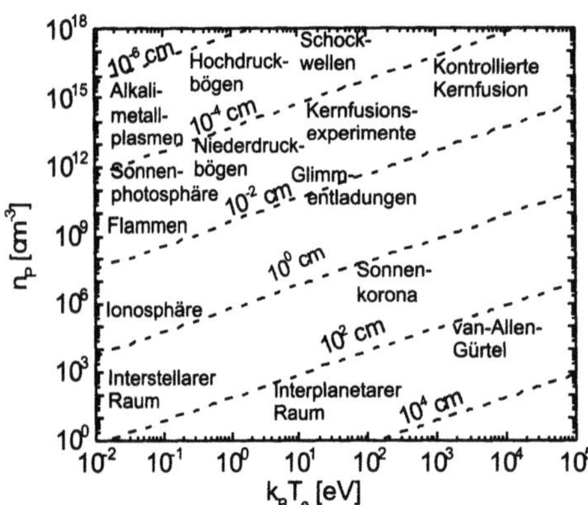

Abb. 1.1. Elektronendichte in cm^{-3} für verschiedene Plasmen in Abhängigkeit von der Elektronentemperatur in eV. Eingezeichnet sind die DEBYE-Längen.

Da sich die Plasmadichte durch verschiedene Verlustmechanismen wie Rekombination, Abstrahlung und Diffusion aus dem Entladungsbereich mit anschließenden Wandreaktionen ständig verringert, ist für einen *Gleichgewichtszustand* eine *externe Energiequelle* notwendig. Diese kann thermischer (Flammen, Himmelskörper), elektrischer (Gasentladungen) oder auch strahlender Natur (Ionosphäre) sein.

Plasmen sind über einen enorm hohen Druckbereich von etwa 10^{11} bar im Sterninnern bis zu 0,1 μbar (0,01 Pa) in Ionenstrahlätzanlagen und etwa 0,1 mPa in der Ionosphäre (120 bis 400 km Höhe) stabil (Abb. 1.1). Angestrebt wird die Stabilität in Kernfusionsanlagen.

Der Druck bestimmt über die mittlere freie Weglänge („Mean Free Path“, *MFP*) ganz wesentlich die Plasma- und damit die Anwendungseigenschaften. Einige Beispiele sind:

- Geiger-Müller-Zählrohr ($p \approx 100$ mbar);
- Proportionalzählrohr (100 mbar $\leq p \leq$ 10 bar);
- Glimmlampen (1 mbar bis 30 mbar);
- Leuchtstoffröhren (0.01 bis 1 mbar);
- Plasma-Ionenquellen (1 μbar bis 1 mbar).

2 Das Plasma

2.1 Gleichstrom-Glimmentladung

Eine der auffälligsten Erscheinungen eines Plasmas in einer derartigen Entladung ist das *Leuchten* („Glow“, es sind auch die Begriffe „Glühen“ und „Glimmen“ gebräuchlich), das dadurch entsteht, daß durch unelastischen Elektronenstoß angeregte Atome relaxieren. Die oben erwähnten verschieden hell glühenden Bereiche (Abb. 2.1) deuten also an, daß diese Relaxationsprozesse nicht überall mit der gleichen Intensität ablaufen. Dunkle Bereiche sind in der Nähe der Elektroden zu finden. Sie haben je nach Druck, Leistung und Gassorte sehr unterschiedliche Ausdehnungen. Man nennt sie *Dunkelräume* („Dark Space“). Am wenigsten hell sind die beiden kathodischen Dunkelräume: ASTONscher und CROOKEscher Dunkelraum ; der Anodendunkelraum ist wesentlich heller als die kathodische Glühzone, die vor allem durch den Kontrast der sie begrenzenden Dunkelräume so hell erscheint. Die Negative Glühzone mit ihrer für das jeweilige Gas charakteristischen Farbe (Tabelle 2.1) hat ihre höchste Intensität ein kleines Stück von der sehr scharfen Grenze zu den Kathodendunkelräumen entfernt und verschmiert zum FARADAYschen Dunkelraum. Diese drei Bereiche haben alle etwa die gleiche Länge. Dies ist etwa die Strecke, die ein Elektron zurücklegt, bis es einen Stoß erleidet, der zu einer Ionisierung führt. Daher ist diese Länge umgekehrt proportional sowohl dem Druck in der Gasentladung wie der Potentialdifferenz zwischen den Elektroden. Der FARADAYsche Dunkelraum ist wiederum nur relativ dunkel. Zwischen diesem und der Anode befindet sich die „Positive Säule“, deren Farbe zwar charakteristisch für das Gas ist, sich aber sowohl in der Intensität wie in der Wellenlänge des ausgesendeten Lichtes (meist langwelliger) von der der Negativen Glühzone unterscheidet (Tabelle 2.1). Sie ist oft einheitlich, weist jedoch, besonders in Entladungen von molekularen Gasen, mehrere verschieden helle Zonen auf (sog. „Striations“), die entweder stationär sind oder sich bewegen können.[1]

[1] Die Positive Säule wird in zahllosen Varianten zur Lichterzeugung benutzt. Die Gasfüllung besteht aus einem Edelgas und einem Metalldampf (Hg in Leuchtstoffröhren, Na in Natriumdampflampen. Diese haben den höchsten optischen Wirkungsgrad; bei 100 W etwa einen Faktor 10 gegenüber der konventionellen Glühbirne).

Tabelle 2.1. Charakteristische Farben in der Negativen Glühzone und in der Positiven Säule

Gas	*Negative Glühzone*	*Positive Säule*
Wasserstoff	fahlblau	rosa
Stickstoff	rot	blau
Sauerstoff	gelblich	fahlblau
Helium	blaugrün	rotviolett
Neon	orange	ziegelrot
Argon	blauviolett	dunkelrot
Chlor	blau	grünlich
Brom	gelblich	rötlich
Iod	bräunlich	rotblau
HCl	grün	rosa
CCl_4	fahlgrün	weißgrün
Natrium	weißlich	gelb
Kalium	fahlblau	grün
Rubidium	blau	rosarot
Cesium	milchgrün	gelbbraun
Quecksilber	grün	grünlich

In der Positiven Säule ist das Gas im idealen Zustand des Plasmas mit gleich vielen positiven und negativen Ladungsträgern. Beim Zusammenrücken der Elektroden oder bei Druckerniedrigung verschwinden nacheinander die Positive Säule und der FARADAYsche Dunkelraum. Wird der Elektrodenabstand so sehr verkürzt, daß die Anode in die Glühzone eintaucht, erlischt die Entladung, wenn nicht gleichzeitig die Spannung an den Elektroden erhöht wird. Die für die Entladung wesentlichen Gebiete sind also offenbar der CROOKEsche Dunkelraum und die Negative Glühzone (Abb. 2.1).

Das *Potential* variiert keineswegs linear über die Strecke zwischen den Elektroden. Wegen der unterschiedlichen Beweglicheit der positiven und negativen Ladungsträger bauen sich *Raumladungen* auf, die die Spannungsverteilung in charakteristischer Weise verändern: einem steilen Abfall an der Kathode („Kathodenfall" in der sog. *kathodischen Randschicht)* folgt ein Bereich konstanten Potentials, also verschwindender Feldstärke, in der Negativen Glühzone. In der Positiven Säule folgt ein schwacher Anstieg — treppenartig bei einer Sandwichsäule mit „Striations" —, bevor es zu einem nochmaligen, stärkeren Anstieg an der Anode kommt („Anodenfall" in der *anodischen Randschicht),* der in der Größe des Ionisierungspotentials des Gases liegt.

In der Negativen Glühzone, in der die Feldstärke Null ist, bewegen sich die Ladungsträger „random" und schirmen sich gegenseitig ab (s. Abschn. 2.4). In der Positiven Säule wandern sie mit nicht sehr hoher Geschwindigkeit entspre-

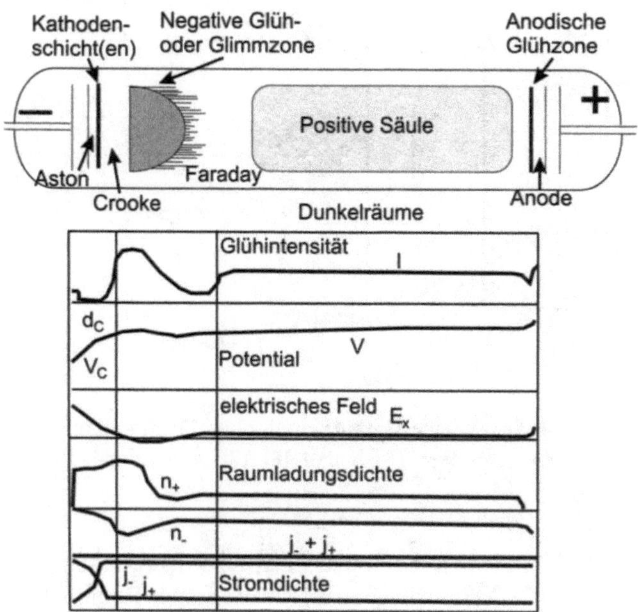

Abb. 2.1. Eine normale Glimmentladung von Neon in einer 50 cm langen Röhre bei einem Druck von 133 Pa (1 Torr). Die leuchtenden Zonen sind getönt/strichliert. Darunter der Verlauf wichtiger die Entladung bestimmender Größen [11] (© J. Wiley & Sons, Inc.).

chend ihrer Polarität zu den jeweiligen Randschichten, und zur Aufrechterhaltung dieses Prozesses reicht eine relativ geringe Feldstärke aus. An der Anode würde durch ständige Entfernung von positiven Ionen eine Verarmung an positiver Ladung auftreten, erfolgten nicht durch eine genügend hohe Feldstärke nochmals Ionisierungsprozesse.

Gemessen werden derartige Potentiale mit der LANGMUIR-Sonde [12], [13], das ist eine kleine metallische Elektrode — oft ein Draht —, die ins Plasma gehalten wird und an eine Spannungsquelle angeschlossen ist, mit der man deren Potential relativ zum Plasma ändern kann. Die U-I-Kennlinie liefert dann Informationen über das Plasma. Dabei wird in erster Näherung die relativ geringe Beeinflussung des Plasmas durch die Sonde vernachlässigt, was bei den Plasmadichten von größer $10^{10}\,\mathrm{cm}^{-3}$ für DC-Entladungen gerechtfertigt ist [14] (s. aber [15] und Abschn. 9.2 für RF-Entladungen).

Glimmentladungen ohne Positive Säule werden meist mit einer U-I-Kennlinie ausreichend beschrieben (Abbn. 2.2). Bei sehr kleinen Stromdichten von $1\,\mu\mathrm{A\,cm}^{-2}$ oder weniger bezeichnet man die Entladung als TOWNSENDsche oder *dunkle Entladung* deswegen, weil wenig oder kein sichtbares Licht entsteht.

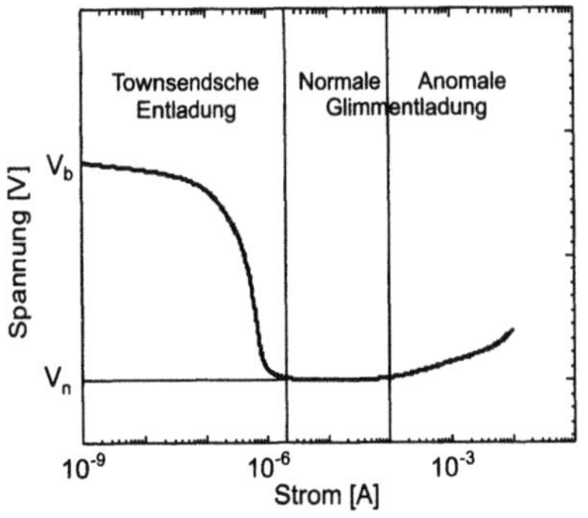

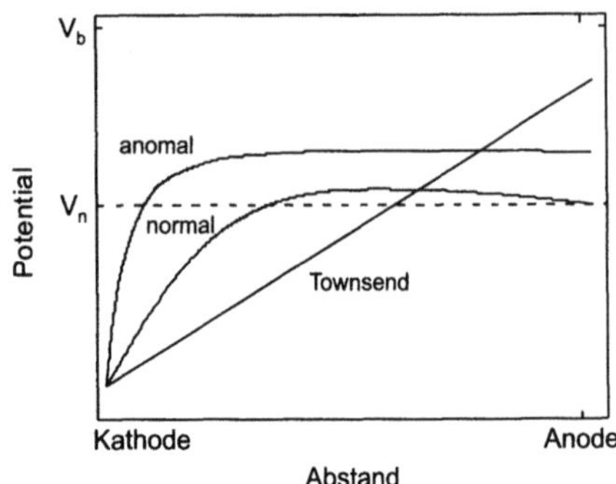

Abb. 2.2. *U-I*-Kennlinie einer selbständigen Gasentladung ohne Positive Säule und schematischer Verlauf des Potentials für diese *U-I*-Kurve [16] [17] (© Academic Press).

Wichtig ist, daß das elektrische Feld zwischen den Elektroden nahezu konstant ist. In der Gegend von etwa 1 μA cm^{-2} beginnen sich die ersten Raumladungen aufzubauen. Der Bereich des linearen Potentialabfalls beschränkt sich nun auf den Kathodenfall. Das jetzt stärker werdende negative Glimmlicht bedeckt bei kleiner Stromstärke nur einen kleinen Teil der Kathode, bei zunehmender Stromstärke wächst bei konstanter Spannung sein Querschnitt proportional zu dieser, so daß die Stromdichte konstant bleibt. Dieses ist der Bereich der *normalen Glimmentladung oder des normalen Kathodenfalls.* Ist die Kathode völlig bedeckt, dann steigt bei weiterer Erhöhung der Stromstärke die kathodische Stromdichte. Dies geht jedoch nur, wenn auch der Kathodenfall steigt: *anomale Glimmentladung oder anomaler Kathodenfall.* Weiter steigender Strom führt zu einem Maximum der Spannung, bevor diese dann in einer „Bogenentladung" zusammenbricht [18]. Hier spielt die thermische Emission von Elektronen eine bedeutende Rolle. Der Hauptunterschied zwischen einer Bogen- und einer Glimmentladung ist also, daß jene einen relativ niedrigen Kathodenfall mit einer negativen *U-I*-Kennlinie wegen der starken thermischen Zunahme der Ladungsträger aufweist.

2.2 Temperaturverteilung im Plasma

Wie in Kap. 1 erwähnt, muß zur Unterhaltung der Glimmentladung, d. h. zur Erzeugung von Ladungsträgern, ständig Energie zugeführt werden. Die negativen Ladungsträger sind fast ausschließlich Elektronen, die positiven Ladungsträger Ionen des „Arbeitsgases". Die ins Gas eingekoppelte Energie, also die geleistete Arbeit ($W = Fx$), berechnet sich nach $W = e_0 E x$ mit $x = {}^1\!/_2 a t^2$. Da die Beschleunigung $a = e_0 E/m$, wird

$$W = \frac{(e_0 E t)^2}{2m}: \tag{2.1}$$

die Energie wird fast ausschließlich auf die Elektronen übertragen. In den hier zu besprechenden Niederdruckplasmen weisen die Elektronen Energien von einigen eV (2 – 8 eV) auf. Rechnet man diese (rein kinetische) Energie auf Temperaturen um, erhält man erstaunlich hohe Werte von weit über 20 000 K (1 eV entspricht 11 600 K). Wegen der sehr unterschiedlichen Massen der Ladungsträger ($m_e \ll m_i$) ist der Transfer von kinetischer Energie über elastische Stöße nahezu vernachlässigbar (die Effektivität ist etwa 10^{-5}, da sie proportional dem Massenverhältnis m_e/m_i ist, s. Abschn. 3.1). Daher bleiben die Ionen und Neutralteilchen relativ kalt ($\leq$ 0,1 eV; $k_B T$ ist bei Zimmertemperatur etwa $^1/_{40}$ eV). Dies bedeutet

- starke Abweichungen von den thermodynamischen Gleichgewichtsbedingungen, nach denen Druck und Temperatur im ganzen System gleich sein müssen — es muß also unterschieden werden zwischen der Temperatur der Ionen und Neutralteilchen auf der einen und der der Elektronen auf der anderen Seite —, und
- eine sehr hohe Durchschnittsgeschwindigkeit der Elektronen, die ungefähr 1 % der Lichtgeschwindigkeit beträgt (Tabelle 3.1).[2]

Wenn eine MB-Verteilung der Ladungsträger vorliegt, ist die mittlere Geschwindigkeit

$$< v_e > = \sqrt{\frac{8 k_B T_e}{\pi m_e}}, \tag{2.2}$$

wodurch die Stromdichte der Elektronen ($j = \rho v/4$) mit ρ der Dichte der Ladungsträger um etwa den Faktor 10^3 höher als die der Ar-Ionen ist. Zusätzlich ist die Geschwindigkeitsverteilung der Elektronen wegen der geringen Stoßzahl der Elektronen untereinander sehr breit. Zu höheren Drücken nimmt die Zahl der Stöße stark zu (die Stoßzahl ist dem Quadrat des Druckes proportional), so daß solche Plasmen dann „heißer" werden (s. a. Abschn. 2.5 u. 14.1).

Dies ist der Hauptunterschied zwischen *Niederdruck- und Hochdruckplasmen,* die bei etwa 1 bar beginnen und Verwendung z. B. in Quarzbrennern finden. Gleichzeitig wird die hohe Effektivität einer Niederdruck-Lichtquelle verständlich: die zugeführte Energie wird in erster Linie an das Elektronengas übertragen.

Ein Niederdruckplasma ist demnach auch ein kaltes Plasma. Die Plasmadichte eines kalten Plasmas liegt zwischen 10^9 und $10^{12}\,\text{cm}^{-3}$ und ist durch

---

[2] Wir erkennen hier die Ähnlichkeit zum freien Elektronengas in den Metallen, wo die FERMI-Energie E_F einige eV erreicht (z. B. Cu: 7,00 und Au: 5,51 eV); damit nimmt auch die FERMI-Geschwindigkeit, die eine formale Zuordnung der Geschwindigkeit zur kinetischen Energie der Elektronen ist, sehr hohe Werte an.

Tabelle 2.2. Mittlere thermische Geschwindigkeiten von Elektronen und Argon-Atomen

Energie	v [cm s^{-1}] von	
[eV]	*Elektronen*	*Argon*
0,1	$1,9 \cdot 10^7$	$6,9 \cdot 10^4$
1,0	$5,9 \cdot 10^7$	$2,1 \cdot 10^5$
10	$1,9 \cdot 10^8$	$6,9 \cdot 10^5$
100	$5,9 \cdot 10^8$	$2,1 \cdot 10^6$
1000	$1,9 \cdot 10^9$	$6,9 \cdot 10^6$

physikalische Grenzen gegeben: Bei zu kleinen Plasmadichten ist die elektrostatische Wechselwirkung so gering, daß Ladungen über einen großen Abstand separiert werden können, zu hohe Plasmadichten führen zu einer bedeutenden Erhitzung des Gases.

Direkte Temperaturmessungen des „Bulk"-Plasmas, worunter die schweren Partikeln (Ionen und Neutralteilchen) verstanden werden, sind unmöglich. Eine Methode, um die Geschwindigkeit der Partikeln, und damit deren Temperatur, zu bestimmen, ist die Messung der Linienbreite einer Spektrallinie, die neben der Strahlungsdämpfung [19] und Lebenszeit-Verbreiterung (sog. 4. Unschärferelation $\Delta E \cdot \Delta t \geq \hbar$ [20]) wesentlich durch die DOPPLER-Verschiebung bestimmt wird: Ein mit der Wellenlänge λ strahlendes Objekt, das sich vom ruhenden Beobachter mit der Geschwindigkeit v entfernt, sieht dieser mit der Wellenlänge $(1 + v/c)\lambda$, ein auf sich zukommendes mit $(1 - v/c)\lambda$ (s. Kap. 9).

Eine andere Möglichkeit ist die Messung von Rotations-Schwingungsspektren. Die Intensitätsverteilung in einer BJERRUMschen Doppelbande ist maßgeblich bestimmt durch die temperaturabhängige Besetzung der Rotationszustände des Schwingungsgrundzustandes [21], s. a. Abschn. 9.5.

2.3 Ladungsneutralisation im ungestörten Plasma

Der Potentialverlauf in einer Glimmentladung ist vor allem durch einen markanten Abfall in den Randschichten über den Elektroden gekennzeichnet, während die Negative Glühzone nahezu feldfrei ist, und in der Positiven Säule — so sie vorhanden ist — eine konstante Feldstärke herrscht (Abb. 2.1). Das Plasma schirmt sich also gegen Störfelder, im einfachsten Falle Ionen, auf effektive Weise ab. Dies wird durch die Bildung von sog. „Elektronenwolken" um die Ionen erreicht. Dadurch wird die Reichweite des COULOMBschen Potentials auf sehr kleine Werte reduziert.

Dieser Abschirmeffekt wurde erstmals von DEBYE und HÜCKEL in ihrer Theorie der starken Elektrolyte in wäßriger Lösung beschrieben [22]. Sie argumentierten, daß die Ionen sich gegenseitig orientieren, was zur Ausbildung sog.

„Ionenwolken“ der leichter beweglichen um die trägeren Ionen führt. Die Ionendichte in einer Lösung ist dann im thermischen Gleichgewicht gegeben durch

$$n(r) = n_0 \exp\left\{-\frac{e_0 V(r)}{k_\mathrm{B} T}\right\} \tag{2.3}$$

mit n_0 der Ionendichte in der ungestörten Lösung. Da sich die Ionen durch die elektrostatische Wechselwirkung orientieren, ergibt sich bei einem linear abfallenden Feld mit der POISSON-Gleichung

$$\frac{\mathrm{d}^2 V}{\mathrm{d}x^2} = \frac{n_0 e_0}{\varepsilon_0} \tag{2.4}$$

für die Feldstärke

$$E = -\frac{\mathrm{d}V}{\mathrm{d}x} = \frac{n_0 e_0}{\varepsilon_0} \cdot x, \tag{2.5}$$

wenn $\mathrm{d}V/\mathrm{d}x = 0$ bei $x = 0$ ist. Für das Potential folgt dann

$$V = \frac{n_0 e_0}{2\varepsilon_0} \cdot x^2, \tag{2.6}$$

und die potentielle Energie der elektrostatischen Wechselwirkung ist

$$E_\mathrm{pot} = \frac{n_0 e_0^2}{2\varepsilon_0} \cdot x^2. \tag{2.7}$$

Dieser orientierenden Wirkung steht die chaotische Wärmebewegung gegenüber, die sich zu $<E_\mathrm{kin}>= {}^3\!/_2 k_\mathrm{B} T_\mathrm{e}$ berechnet. Die maximale Entfernung L_max, bis zu der die schweren Ionen um sich herum die leichten Ionen ausrichten können, ist also

$$E_\mathrm{pot,max} = \frac{n_0 e_0^2}{2\varepsilon_0} \cdot L_\mathrm{max}^2. \tag{2.8}$$

Diese Energie ist gleich der mittleren kinetischen Energie in der zu untersuchenden Richtung:

$$\frac{1}{3} \cdot \frac{3}{2} \cdot k_\mathrm{B} T = \frac{n_0 e_0^2}{2\varepsilon_0} \cdot L_\mathrm{max}^2. \tag{2.9}$$

Damit wird für L_max

$$L_\mathrm{max} = \lambda_\mathrm{D} = \sqrt{\frac{\epsilon_0 k_\mathrm{B} T}{n_0 e_0^2}}, \tag{2.10}$$

die als DEBYE-Länge bezeichnet wird.

Das Gleichgewicht zwischen thermischer und elektrostatischer Energie bestimmt die Größe des Abschirmradius: wird die Ladungsdichte erhöht, reduziert

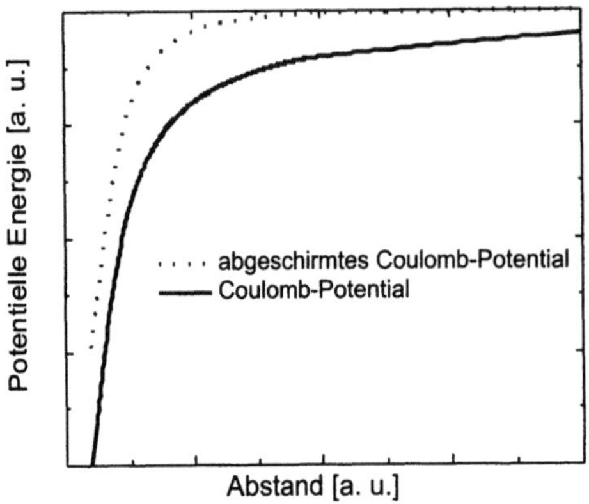

Abb. 2.3. Das COULOMB-Feld $1/r$ wird durch die Bildung einer „Ionenwolke" mit dem Abschirmradius λ_D abgeschirmt (λ_D ist auf Eins normiert [23]).

sich der Abschirmradius. Die Ionenwolke würde kollabieren, wäre nicht die thermische Bewegung der leichten Ionen. An ihrem Rand, wo $e_0 V \approx k_B T$, können entsprechend große Spannungen, etwa in Elektrodennähe, die Ionenwolke stören.

Ähnlich wie für eine wäßrige Lösung kann man für Plasmen argumentieren, da es auch hier bewegliche Ladungsträger gibt. Allerdings muß deren stark unterschiedliche Energie (Gl. (2.1)) in einer genaueren Analyse Beachtung finden (s. Abschn. 2.4 und 14.2).

$\lambda_D \approx \sqrt{kT_e/\rho}$ ist für $k_B T_e = 2\,\mathrm{eV}$ und $n_e = 10^{10}\,\mathrm{cm}^{-3}$ etwa 100 μm lang. In der Entfernung λ_D ist die elektrostatische Wechselwirkung auf 1/e (37 %) abgefallen und in 3 λ_D auf weniger als 1 % (s. Abb. 2.3). Numerisch gilt etwa (wenn T in K und n_e in Elektronen/cm^3) für λ_D in cm:

$$\lambda_D = 6,91 \cdot \sqrt{\frac{T_e}{n_e}}\ [\mathrm{cm}]. \tag{2.11}$$

λ_D nimmt bei zunehmender Elektronendichte ab, dagegen zu, wenn die Elektronentemperatur erhöht wird. Daß die Elektronentemperatur und -dichte allein in die Bestimmungsgleichung für die DEBYE-Länge eingehen, rührt daher, daß es nur die Elektronen sind, die ihrer wesentlich höheren Beweglichkeit wegen die Abschirmung der Ionen bewirken, gleichgültig, ob es darum geht, durch einen Überschuß an negativer Ladung eine positive Punktquelle zu kompensieren, oder durch Abfluß von negativer Ladung in der Umgebung eines negativen Ions dafür zu sorgen, daß ebenfalls *Quasineutralität* herrscht, worunter wir ja verstehen, daß ein bewegliche Ladungen enthaltendes Volumen sich nach außen hin neutral verhält, da $n_e = n_i$.

Die numerischen Werte für die DEBYE-Länge überstreichen mehrere Zehnerpotenzen; so ist z. B. in der Photosphäre der Sonne mit $T = 5\,000$ K und einer Plasmadichte von 10^{12} cm^{-3} λ_D 2 μm, während im Orionnebel mit $T = 10\,000$ K und einer Plasmadichte von 100 cm^{-3} λ_D 3 m beträgt (Abb. 1.1).

In dichten und kalten Plasmen kann also die Quasineutralität nur im Innern relativ kleiner Gebiete verletzt werden, dagegen ist in einem dünnen und heißen Plasma die DEBYE-Länge oft wesentlich größer als die Gefäßdimensionen. Dann bewegen sich Ionen und Elektronen unabhängig voneinander, und es gibt keinen Prozeß, der für einen Ladungsausgleich sorgen würde.

Mit Hilfe der DEBYE-Länge kann zwischen Gasen, die ionisiert sind, d. h. einige Ladungsträger enthalten (n_e ist sehr klein), und Plasmen scharf differenziert werden. Für jene ergeben sich nominell sehr große Werte für die DEBYE-Länge, die schließlich in der Größenordnung der Gefäßdimensionen liegen. Es ist offensichtlich, daß dann von Quasineutralität nicht mehr gesprochen werden kann. λ_D muß also erstens klein gegen die räumlichen Abmessungen des Plasmas sein (LANGMUIRsche Definition eines Plasmas). Als zweite Bedingung leiten wir daraus ab, daß die Zahl N der abschirmenden Elektronen sehr groß (> 100) sein muß. N ergibt sich als Produkt der Elektronendichte des ungestörten Plasmas, n_e, und dem Kugelvolumen mit der DEBYE-Länge als Radius:

$$N = \frac{4\pi}{3} n_e \lambda_D^3 \propto \frac{T^{3/2}}{\sqrt{n_0}} \vee \lambda_D > n_e^{-1/3}. \tag{2.12}$$

Die Bedeutung dieser Größe wird daraus ersichtlich, daß sie im angelsächsischen Sprachraum einfach als „Plasma Parameter“ bezeichnet wird: Nur innerhalb einer Kugel des Radius λ_D kann die Quasineutralität verletzt werden! Nur hier ist die Bewegungsenergie der Elektronen kleiner als die Energie der elektrostatischen Wechselwirkung.[3] Der Ladungsausgleich erfolgt längstens in dem Zeitraum

$$\tau = \frac{\lambda_D}{\sqrt{<v^2>}} = \sqrt{\frac{\varepsilon_0 m_e}{n_e e_0^2}} \tag{2.13}$$

mit $<v^2>$ dem mittleren Geschwindigkeitsquadrat ($<v^2> = \sqrt{3k_B T_e/m_e}$). Diese Länge bildet die Grenze zwischen Bewegung individueller Partikeln und einer Ensemblebewegung. Mathematisch gesprochen, wird der langreichweitige Anteil des COULOMBschen Potentials mit der Singularität bei $x = 0$ beseitigt und durch das THOMAS-FERMI-Potential ersetzt (Abb. 2.3).

2.4 Potentialvariation im Plasma

Wie aus Gl. (2.2) hervorgeht, ist die Elektronengeschwindigkeit deutlich höher als die der Ionen. Dies hat die praktische Konsequenz, daß die Elektronen von den Wänden bedeutend häufiger eingefangen werden. Dabei bleibt eine positive Raumladung im Plasma zurück, die wegen der DEBYE-Abschirmung nicht über das Plasma verteilt werden kann. Im Gegenteil wird dieser Potentialunterschied

[3] Ist diese Bedingung nicht erfüllt, verhält sich das Plasma eher als Flüssigkeit denn als Gas.

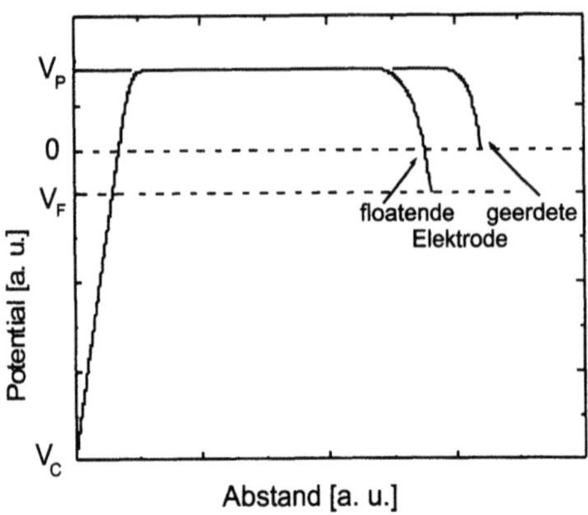

Abb. 2.4. Potentialverteilung einer Entladung, bei der die Gegenelektrode in die Negative Glühzone eintaucht.

über die Entfernung nur einiger weniger DEBYE-Längen aufgebaut. Da hier die Ladungsträgerdichte sehr kleine Werte annimmt, können starke Felder auftreten, ohne daß hohe Ströme fließen, was im Plasma bei Dichten der Ladungsträger von $\geq 10^{10}\text{cm}^{-3}$ nicht mehr möglich ist. Das entstehende Potential bezeichnet man als „Wandpotential" [24] oder auch „floatendes" Potential, da es an allen isolierenden Wänden auftreten muß, mit denen das Plasma Kontakt hat; die Schicht selbst wird als „Randschicht" oder „Schild" bezeichnet (s. dazu auch Abschn. 2.1). Die Funktion der Randschicht ist die Bildung einer Potentialbarriere, so daß die Elektronen elektrostatisch gebunden werden. Die Höhe dieser Barriere ist dann so, daß die Ionenstromdichte gleich der Elektronenstromdichte wird.

Umgekehrt bedeutet dies für das Plasma selbst, daß es sich gegenüber den es begrenzenden Wänden auf das Plasmapotential V_P positiv auflädt, womit sich die Potentialverteilung in erster Näherung nach Abb. 2.4 beschreiben läßt.

Gilt für diese Partikeln im thermischen Gleichgewicht je für sich die MB-Verteilung, ist in der Negativen Glühzone ($n_0 = n_\mathrm{e} = n_\mathrm{i}$) [25]

$$j_\mathrm{e} = {}^1\!/_4 e_0 n_\mathrm{e} < v_\mathrm{e} >= \frac{e_0 n_\mathrm{e}}{2}\sqrt{\frac{2k_\mathrm{B}T_\mathrm{e}}{\pi m_\mathrm{e}}} \tag{2.14.1}$$

bzw.

$$j_\mathrm{i} = {}^1\!/_4 e_0 n_\mathrm{i} < v_\mathrm{i} >= \frac{e_0 n_\mathrm{i}}{2}\sqrt{\frac{2k_\mathrm{B}T_\mathrm{i}}{\pi m_\mathrm{i}}}, \tag{2.14.2}$$

so daß für deren Verhältnis folgt:

$$\frac{j_\mathrm{e}}{j_\mathrm{i}} = \sqrt{\frac{T_\mathrm{e}}{T_\mathrm{i}} \cdot \frac{m_\mathrm{i}}{m_\mathrm{e}}}. \tag{2.15}$$

Ionen- und Elektronenstromdichte unterscheiden sich also um mindestens drei Größenordnungen!

In der Nähe der Randschicht bzw. in der Randschicht selbst ist die elektrostatische Energie groß gegen die thermische Energie. Zur Berechnung des Elektronenstroms auf die Elektrode muß die POISSONsche Gleichung ergänzt werden zur POISSON-BOLTZMANN-Gleichung

$$\frac{d^2V}{dx^2} = \beta V, \tag{2.16}$$

(mit $V = r\Phi$, Φ ist ein Hilfspotential), die nicht linearisiert werden darf (s. Abschn. 14.2).

Das Ergebnis ist, daß der Anteil der Elektronen mit Energien größer $e_0 (V_P - V_F) = e_0 U_F$, die die Randschicht überwinden können, ist:

$$n_e(x) = n_0 \cdot \exp\left\{-\frac{e_0 U_F}{k_B T_e}\right\}, \tag{2.17}$$

mit T_e, der Elektronentemperatur und V_F dem Schwebepotential. Sie haben Geschwindigkeiten, die von der mittleren Geschwindigkeit der Elektronen (Gl. (2.2)) bedeutend nach oben abweichen. An der Grenze der Randschicht, wo $V_P = V_F$, ist also die Elektronendichte $n_e = n_0$. Der Elektronenstrom auf das negativ aufgeladene Substrat ist demnach

$$j_e(x) = 1/4 \cdot n_e(x) e_0 < v_e >, \tag{2.18}$$

der Strom positiver Ionen jedoch (Gl. (14.38))

$$j_i = n_0 e_0 < v_i > = n_0 e_0 \cdot \sqrt{\frac{k_B T_e}{e m_i}}, \tag{2.19}$$

da für diese keine zu überwindende Barriere besteht; d. h. die Gleichgewichtsbedingung $j_e(x) = j_i$ lautet exakter:

$$1/4 < v_e > \cdot \exp\left\{-\frac{e_0 U_F}{k_B T_e}\right\} = \sqrt{\frac{k_B T_e}{e m_i}}. \tag{2.20}$$

Damit wird die Potentialdifferenz[4]

$$U_F = \frac{k_B T_e}{2 e_0} \cdot \ln \frac{e m_i}{2\pi m_e} = \frac{k_B T_e}{2 e_0} \cdot \ln \frac{m_i}{2,73\, m_e}. \tag{2.21}$$

Wichtig ist, daß die Größe U_F größenordnungsmäßig die Höhe des Potentials angibt, das die Elektronen erreichen müssen, um die Randschicht eines Isolators zu überwinden, und sie ist also näherungsweise proportional dem Logarithmus des Verhältnisses der Massen von Elektronen und Ionen. U_F ist die Beschleunigungsspannung für die Ionen, da sie mit einer „random"-Bewegung (und sehr geringer kinetischer Energie) die Randschicht erreichen und würde in Argon bei einer Elektronentemperatur von 3 eV etwa 16 und bei 2 eV ungefähr 11

[4]Dieses Ergebnis unterscheidet sich geringfügig von dem vielfach zitierten, von CHEN auch aus einer Näherungsformel erhaltenen [26].

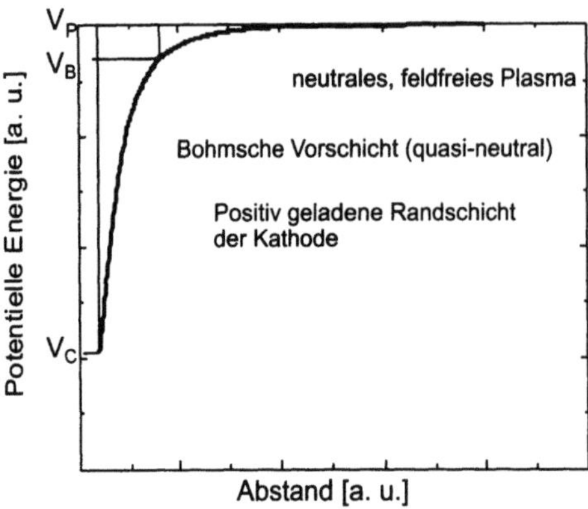

Abb. 2.5. Das ungestörte neutrale Plasma, die quasineutrale Übergangszone (BOHMsche Vorschicht) und die Fallzone der positiv geladenen Randschicht unmittelbar über einer negativ aufgeladenen Oberfläche.

V betragen. Die so errechneten Werte sind teilweise deutlich zu hoch. COX et al. wiesen darauf hin, daß diese Abweichung auf die Energieverteilung der Elektronen zurückzuführen ist, die sicher nicht nach MAXWELL-BOLTZMANN (MB) verteilt sind [27] (s. Abschn. 14.1).

Insbesondere ergibt sich, daß die Randschicht der Kathode auf einem Potential von ungefähr $V_C = V_P - V_{\text{Kathode}}$ und die Randschicht einer geerdeten Elektrode auf einem Potential von etwa V_P liegt.

Über einer Elektrode kann man also mindestens drei Regionen unterscheiden (Abb. 2.5):

- Ungestörtes Plasma, weit entfernt von einer Elektrode, feldlinienfrei, die Ionen bewegen sich in alle Raumrichtungen, Ionen- und Elektronendichte sind gleich. Störungen werden innerhalb einer DEBYE-Länge ausgeglichen.

- Schwach gestörtes Plasma, die Ionen bekommen jetzt eine Vorzugsrichtung in Richtung des Feldes (Übergangszone, „Point of no Return"), die Ionendichte überwiegt gering die Elektronendichte. Diese Zone ist einige DEBYE-Längen lang; die Ionen werden hier durch das BOHM-Potential V_B beschleunigt (sog. „Vorschicht").

- Stark gestörtes Plasma, sog. „Fallzone" unmittelbar vor der Elektrode, starke Beschleunigung, $\Delta U \gg kT_e/e_0$, starke Erhöhung der Ionendichte, praktisch keine Elektronen.

Die Randschicht mit geringer elektrischer Leitfähigkeit, in der hohe elektrische Felder auftreten können, schirmt das nahezu feldfreie Plasma nach außen hin ab. Sie ist also in seiner Funktion der Oberfläche eines metallischen Leiters vergleichbar.

2.5 Temperatur und Dichte der Elektronen

In den beiden letzten Abschnitten war bereits davon die Rede, daß ein kaltes Plasma weit vom thermodynamischen Gleichgewicht entfernt ist (sog. *athermisches Plasma),* weswegen wir zwischen der Temperatur der Ionen und Molekeln unterscheiden. Da jedes Plasma nach außen neutral ist, ist die Anzahl der positiven und negativen Ladungsträger exakt gleich; in einem sog. elektropositiven Plasma (wie dem eines Edelgases) sind die negativen Ladungsträger ausschließlich Elektronen. Wir wollen nun qualitativ der Frage nachgehen, welche externen Größen Dichte und Temperatur der Elektronen bestimmen. Elektronen entnehmen dem elektrischen Feld Energie, die weitgehend durch elastische Stöße im Plasma dissipiert wird, bevor sie dann durch Wandreaktionen oder Rekombination endgültig vernichtet werden. Dabei können die Elektronen durch unelastische Stöße u. a. zu optischen Übergängen, aber auch zu Ionisierungen, anregen. Die Energieverluste der Elektronen verteilen sich also hauptsächlich auf die Prozesse der

- elastischen Streuung,
- Anregung zu Rotationen, Schwingungen, UV/VIS-Übergängen und
- Ionisierung.

Das Plasma schirmt sich durch die Randschicht nach außen ab, so daß das Innere feldfrei ist. Damit wird die thermische Geschwindigkeit der Elektronen groß gegen ihre Driftgeschwindigkeit (deren Betrag ja zusätzlich durch Stöße mit Neutralteilchen reduziert wird: $v = \mu E$ mit μ der Beweglichkeit), womit der Einfluß des elektrischen Feldes auf die thermische Energie der Elektronen (und damit nachrangig auch der Molekeln und Ionen an der Grenzfläche Plasma/Randschicht, der BOHM-Kante) und auf die Prozesse der Ionisierung und Diffusionsprozesse klein ist.

Im Gleichgewicht sind die Ladungsträgerdichten gleich und die Temperaturen der Molekeln und Elektronen zwar deutlich verschieden, aber konstant. Dies ist dann der Fall, wenn

- die Bildungsrate der Ladungsträger gleich deren Verlustrate ist, und
- die Energieverluste der Elektronen ihrer Energieaufnahme entsprechen.

Im thermischen Gleichgewicht gilt die MB-Verteilung — eindimensional dargestellt — mit

$$f(v) = \frac{1}{\sqrt{\pi}} \cdot v_{\mathrm{w}} \cdot \exp\left\{-\left(\frac{v}{v_{\mathrm{w}}}\right)^2\right\}, \tag{2.22}$$

wobei v_{w} die wahrscheinlichste Geschwindigkeit ist: $v_{\mathrm{w}} = \sqrt{2k_{\mathrm{B}}T_{\mathrm{e}}/m_{\mathrm{e}}}$. Dann ist es möglich, eine Temperatur der Elektronen, T_{e}, zu definieren (Gleichverteilungssatz):

$$<E>=\frac{3}{2}k_{\mathrm{B}}T_{\mathrm{e}}=\frac{1}{2}m_{\mathrm{e}}<v^2>\Rightarrow k_{\mathrm{B}}T_{\mathrm{e}}=\frac{2}{3}\cdot\frac{1}{2}\cdot m_{\mathrm{e}}<v_e^2>. \tag{2.23.1}$$

Das mittlere Geschwindigkeitsquadrat $<v^2>$ und das Quadrat der wahrscheinlichsten Geschwindigkeit v_{w}^2 stehen im Verhältnis $^3/_2$ zueinander [28]:

$$k_{\mathrm{B}}T_{\mathrm{e}}=\frac{2}{3}<E>=\frac{2}{3}e_0<U>. \tag{2.23.2}$$

2.5.1 Elektronentemperatur

Wie hoch ist die Dichte n der Ladungsträger in einem relativ dünnen Plasma bei einer Gasdichte n_0 ($n \ll n_0$), und wie hoch die Bildungsrate der Ladungsträger (Annahme: nur einstufige Ionisierung: $A + e^- \longrightarrow A^+ + 2\,e^-$) und nur einwertige Ionen)? Da aus einem Neutralatom je ein Ion (i) und ein Elektron (e), also insgesamt zwei Ladungsträger, entstehen, ist die bimolekulare Bildungsreaktion:

$$A + e^- \longrightarrow A^+ + 2e^-, \tag{2.24}$$

und damit

$$n_{\mathrm{i}}=n_{\mathrm{e}}\wedge n_{\mathrm{A}}=n_0-n_{\mathrm{e}}\approx n_0. \tag{2.25}$$

Also ist nach dem Massenwirkungsgesetz

$$\frac{n_{\mathrm{i}}n_{\mathrm{e}}^2}{n_0 n_{\mathrm{e}}}=\exp\left\{-\frac{E_{\mathrm{Ion}}}{k_{\mathrm{B}}T_{\mathrm{e}}}\right\} \tag{2.26}$$

$$n_{\mathrm{e}}=\sqrt{n_0}\exp\left\{-\frac{E_{\mathrm{Ion}}}{2k_{\mathrm{B}}T_{\mathrm{e}}}\right\}, \tag{2.27}$$

(vereinfachte SAHA-Gleichung ohne Berücksichtigung der potentiellen Entartung von Zuständen).

Die Bildungsrate der Ionen ist mit k_{Ion} der bimolekularen Geschwindigkeitskonstanten für die Ionisierung von A zu A^+

$$\frac{\partial n_{\mathrm{A}^+}}{\partial t}=k_{\mathrm{Ion}}n_{\mathrm{e}}n_{\mathrm{A}}, \tag{2.28}$$

hängt also linear von der Elektronendichte ab, und folglich ist die Bildungsrate der Ionen im zylindrischen Volumen $\pi r^2 L$:

$$\frac{\partial n_{\mathrm{A}^+}}{\partial t}=k_{\mathrm{Ion}}n_{\mathrm{e}}n_{\mathrm{A}}\pi r^2 L. \tag{2.29}$$

Dem steht an Verlusten die Diffusion zu den Reaktorwänden gegenüber (Geschwindigkeit an der BOHM-Kante $v_{\mathrm{B}}=\sqrt{\frac{k_{\mathrm{B}}T_{\mathrm{e}}}{m_{\mathrm{i}}}}$ (die Ladungsträgerdichte an den Oberflächen ist radial geringfügig von der axialen verschieden, was hier durch die Indizes a und r angedeutet wird [29]); n_0 ist die Plasmadichte in der Mitte des Reaktors):

$$n_a \approx \frac{0,86 n_0}{\sqrt{3 + L/2\lambda_\mathrm{i}}}, \tag{2.30.1}$$

$$n_r \approx \frac{0,80 n_0}{\sqrt{4 + R/\lambda_\mathrm{i}}}, \tag{2.30.2}$$

$$-\frac{\partial n_{\mathrm{A}^+}}{\partial t} = n_{\mathrm{A}^+} v_\mathrm{B} \left(2 \cdot \pi r^2 \cdot \frac{n_a}{n_0} + 2\pi r L \cdot \frac{n_r}{n_0}\right). \tag{2.31}$$

Nach der Kontinuitätsgleichung ist dieser Abfluß im Gleichgewicht gleich der Bildungsrate

$$k_\mathrm{Ion} n_{\mathrm{A}^+} n_\mathrm{A} \pi r^2 L = n_{\mathrm{A}^+} v_\mathrm{B} \left(2 \cdot \pi r^2 \cdot \frac{n_a}{n_0} + 2\pi r L \cdot \frac{n_r}{n_0}\right) \Rightarrow \tag{2.32}$$

$$\frac{v_\mathrm{B}}{k_\mathrm{Ion}} = n_\mathrm{A} \cdot O_\mathrm{P,eff} \tag{2.33}$$

mit

$$O_\mathrm{P,eff} = \frac{2(r\frac{n_a}{n_0} + L\frac{n_r}{n_0})}{rL}, \tag{2.34}$$

einem Geometriefaktor, der das Verhältnis Volumen/Oberfläche widerspiegelt. In dem Quotienten der linken Seite ist die Elektronentemperatur (bzw. die mittlere Energie der Elektronen) implizit enthalten: sowohl k_Ion wie v_B hängen stark bzw. schwach von T_e ab.[5] Eine Auswertung der generativen und diffusiven Parameter findet in den Abbn. 2.6 statt. Wir sehen, daß für eine vorgegebene Geometrie des Reaktorvolumens (Elektrodenabstand: 10 cm und 30 cm Reaktordurchmesser) zunächst die Plasmagröße nO bei niedrigen Drücken erst gar nicht und dann sehr steil vom Druck der Entladung abhängt.

Damit finden wir, daß die Elektronentemperatur T_e umso höher ist,

- je kleiner n_A ist (also der Entladungsdruck);
- je kleiner das Reaktorvolumen und
- umso größer die Fläche der Reaktorwand sind.

Insbesondere wird T_e von der Dichte der neutralen Molekeln, also bei konstanter Gastemperatur dem Druck in der Entladung, bestimmt und über den Geometriefaktor vom Erhalt der Ladungsträger bzw. deren diffusiven Verlust, jedoch nicht von der Plasmadichte n_0 und der eingekoppelten Leistung. In diesem einfachen Modell ist damit die thermische Geschwindigkeit der Elektronen umgekehrt proportional $\ln n_\mathrm{A}$ (s. a. Gl. (2.27)).

[5] Dies gilt insbesondere für Energien knapp oberhalb der Schwelle für die Ionisierung, wo wir den für eine Absorptionskante typischen Sprung um mehrere Größenordnungen beobachten (s. Kap. 3 u. speziell Abschn. 3.1.3 u. 3.3).

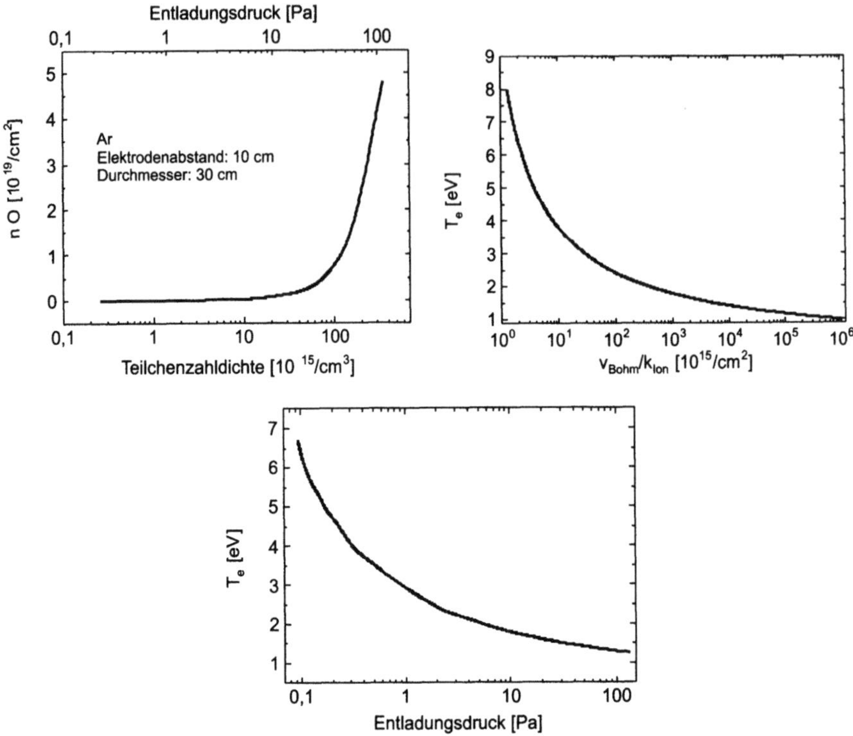

Abb. 2.6. Für eine vorgegebene Geometrie werden die Generations- und Verlustparameter mit der Elektronentemperatur korreliert. Dazu wird der Ratenkoeffizient mit einem literaturüblichen Verfahren aus dem Streuquerschnitt der Ionisierung unter Annahme einer Verteilung der Elektronen nach MAXWELL-BOLTZMANN modelliert [30] [31] Abschn. 9.5). Je kleiner ist der Bereich O, umso höher die Verlustrate durch Diffusion, umso höher muß die Elektronentemperatur werden, um ein stabiles Plasma zu betreiben.

2.5.2 Elektronendichte

Die Temperatur der Elektronen wird damit durch das dynamische Gleichgewicht zwischen Bildung und Verlust bestimmt. Die Ionen der Ionendichte n_{A^+} im zylindrischen Volumen $\pi r^2 l$ und der Oberfläche $O = 2\pi r^2 l + 2\pi r l$ nehmen an Leistung auf:

$$P_{\mathrm{abs}} = n_{\mathrm{A}^+} v_{\mathrm{B}} A_{\mathrm{P,eff}} \sum_i E_i, \tag{2.35.1}$$

womit offensichtlich ist, daß n_{A^+} in erster Linie von der absorbierten Leistung

$$n_{\mathrm{A}^+} = \frac{P_{\mathrm{abs}}}{v_{\mathrm{B}} A_{\mathrm{P,eff}} \sum_i E_i}, \tag{2.35.2}$$

darüber hinaus aber über die verschiedenen Möglichkeiten der Energiedissipation, die Reaktorgeometrie und (etwas schwächer) über die BOHM-Geschwindigkeit, auch von der Elektronentemperatur und damit von der Teilchenzahldichte abhängt (s. Kap. 9 zur Differenz von abgestrahlter und absorbierter Leistung). P_{eff} ist bereits in der einfachsten Näherung einer DC-Entladung dem Quadrat der elektrischen Feldstärke proportional (s. Kap. 5 zum effektiven elektischen Feld einer HF-Entladung).

2.6 Plasmaschwingungen

In einem Plasma kommen mindestens zwei verschiedene Typen von Ladungsträgern, nämlich Ionen und Elektronen, vor. Jedoch ist die Stoßfrequenz sehr hoch und damit die mittlere freie Weglänge der Elektronen und Ionen kurz genug, daß immer Elektroneutralität herrscht, obwohl unter dem Einfluß eines elektrischen Feldes im Mittel Ströme in entgegengesetzten Richtungen gemäß dem OHMschen Gesetz fließen. Bei niedrigen Frequenzen oder großen Wellenlängen kann man das Plasma aus den in Abschn. 2.3 diskutierten Gründen deshalb als ein Einkomponentensystem betrachten. Bei höheren Frequenzen bricht dieses Modell zusammen. Elektronen und Ionen bewegen sich unabhängig voneinander, es wird also eine Ladungstrennung verursacht, wodurch starke Felder entstehen, die elektrostatische Schwingungen erzeugen. Bei noch höheren Frequenzen können die Ionen den Feldfluktuationen nicht mehr folgen, sie sind dann nur noch ein *Hintergrund positiver Ladungen,* um Elektroneutralität zu gewährleisten, und gegen den die Elektronen sich wie in einer zähen Flüssigkeit bewegen. Dieses Plasma wird auch als LORENTZ-Plasma bezeichnet. Eine derartige Störung kann z. B. mit der POISSON-Gleichung beschrieben werden, und für ein lineares Feld folgt dann:

$$\frac{\mathrm{d}E}{\mathrm{d}x} = \frac{\rho}{\varepsilon_0} \Rightarrow E = \frac{\rho x}{\varepsilon_0}. \tag{2.36}$$

Die Kraft, die auf die Ladungsdichte ρ wirkt und zu einer Beschleunigung derselben führt, ist

$$F = -\varepsilon_0 e_0 E = -e_0^2 n x \Rightarrow \frac{\mathrm{d}^2 x}{\mathrm{d}t^2} + \frac{n e_0 x}{\varepsilon_0 m_{\mathrm{e}}} = 0, \tag{2.37}$$

was die Gleichung einer harmonischen Schwingung ist mit der Eigenfrequenz

$$\omega_{\mathrm{P}} = \sqrt{\frac{n e_0^2}{\varepsilon_0 m_{\mathrm{e}}}}, \tag{2.38.1}$$

der sog. *Plasmafrequenz* (für eine genauere Behandlung dieses Problems s. Abschn. 14.3). Da in Gl. (2.38.1) außer n nur Konstanten enthalten sind, ist

$$\omega_P = 5{,}64 \cdot 10^4 \cdot \sqrt{n}, \tag{2.38.2}$$

für $n = 10^{10}\,\text{cm}^{-3}$ ergibt sich z. B. $\omega_P = 5{,}64$ GHz. Mit dieser Frequenz würden die Plasmaelektronen dämpfungsfrei um die Gleichgewichtslage schwingen. Gedämpft werden die Schwingungen durch Stöße der Elektronen mit Molekeln. Damit derartige Schwingungen überhaupt angeregt werden können, muß offenbar die sog. *Stoßfrequenz* ν_m klein sein gegen die Plasmafrequenz, den Kehrwert der in Gl. (2.13) definierten Zeit τ (s. Abschn. 2.3):

$$\omega_P > \nu_m. \tag{2.39}$$

Das Produkt aus der DEBYE-Länge und der Plasmafrequenz ergibt:

$$\sqrt{\frac{\varepsilon_0 k_B T_e}{n e_0^2} \cdot \frac{n e_0^2}{\varepsilon_0 m_e}} = \sqrt{\frac{k_B T_e}{m_e}} = \frac{1}{\sqrt{2}} \cdot v_w \tag{2.40}$$

mit v_w der wahrscheinlichsten Geschwindigkeit (Maximum der MB-Verteilung, s. Gl. (2.23.2)). Das bedeutet: *Ladungen werden im Plasma nur in einem Bereich verschoben, der in der Größenordnung der* DEBYE-*Länge ist.*

Die überragende Bedeutung der DEBYE-Länge für die Beschreibung von Plasmen wird daraus ersichtlich, daß auch dynamisch erzeugte Schwankungen nicht über einen Bereich, der größer als die DEBYE-Länge ist, stabil sein können. Die DEBYE-Länge teilt also das Plasma in zwei Gebiete der Wechselwirkung mit Wellen ein: Für Störungen $q \ll k_D$ (wobei k_D der Kehrwert der DEBYE-Länge, der DEBYE-Wellenvektor, ist) verhält sich das Plasma als Kontinuum; es schwingt kollektiv („kooperativer Effekt“ [32]); für Störungen $q \gg k_D$ gilt dagegen die Gl. (2.6), die das individuelle Partikelverhalten beschreibt.

Dabei muß unterschieden werden zwischen transversalen und longitudinalen optischen Schwingungen, die bei Abwesenheit äußerer Felder nicht miteinander gekoppelt sind. Transversale optische Schwingungen werden durch elektromagnetische Wellen mit $\omega > \omega_P$ angeregt. Für $\omega < \omega_P$ wird die Dielektrizitätskonstante negativ; damit ist eine Ausbreitung über die Tiefe einer Skinschicht hinaus ins Plasma nicht möglich, (s. Abschn. 14.6), was umgekehrt die Möglichkeit eröffnet, Ladungsträgerkonzentrationen durch Reflexionsmessungen mit Mikrowellen zu erhalten („IR-Interferometer“, Abschn. 9.7) [33].

Longitudinale optische Schwingungen werden dagegen durch unelastische Streuung von Elektronen mit Energien größer als deren mittlere thermische Energie angeregt. Die entstehenden Plasmawellen weisen eine Energie von typisch 10 eV auf. Für Wellenvektoren $k \ll k_D$ ist die Phasengeschwindigkeit $v_P \approx \omega_P/k$, und die Schwingungen, die durch die thermische Bewegung der Elektronen zu Wellen werden, sind nahezu ungedämpft, da eine gegenüber der Welle sich langsam bewegende Partikel fast dasselbe Feld spürt wie eine ruhende. Für größer werdendes k bekommt ein großer Anteil Elektronen thermische Geschwindigkeiten, die mit v_P vergleichbar sind. Dies ermöglicht einen sehr effektiven

Energietransfer, der bei $k \approx k_D$ dann bereits so groß ist, daß es sinnlos wird, von organisierten Schwingungen zu sprechen (LANDAU-Dämpfung [34]). Hier beginnt der Bereich, in dem die Wechselwirkung besser mit dem Paarpotential (Gl. (2.6)) beschrieben wird. — Ionen können ebenfalls im Plasma schwingen, wenn auch die Gl. (2.38) zeigt, bei deutlich niedrigerer Frequenz. Für Argon ergäbe sich bei einer Plasmadichte von $10^{10}\,\mathrm{cm}^{-3}$: $\omega_{\mathrm{P,i}} = \omega_{\mathrm{P,e}} \cdot \sqrt{m_e/m_{\mathrm{Ar}}} = 1/300 \cdot \omega_{\mathrm{P,e}} \approx 20$ MHz. Diese Schwingungen können in der Positiven Säule einer Entladung als „Striations“ beobachtet werden (s. Abschn. 2.1, 4.2 u. 7.5).

2.7 Ähnlichkeitsgesetze

Wie aus den vorangegangenen Abschnitten bereits hervorgeht, ist die exakte Beschreibung einer Gasentladung wegen der zahlreichen Abhängigkeiten einer jeden physikalischen Größe schwierig und umfangreich. Eine erste Systematisierung gelang DE LA RUE und MÜLLER [35], die darauf hinwiesen, daß die Durchbruchsspannung U_B eines Gases sich nicht wesentlich verändert, solange das Produkt pd (wobei p der Druck und d der Abstand zwischen zwei planparallelen Platten) konstant gehalten wird (s. dazu u. a. Abschn. 4.1). Da der Druck der Teilchenzahldichte proportional und dem *MFP* umgekehrt proportional ist, bedeutet dies, daß pd proportional der Teilchenzahl zwischen den Platten, aber umgekehrt proportional der Energie ist, die von einem Elektron auf dem Weg zwischen zwei Stößen aufgenommen werden kann; mithin ist die Rate der Elektronenbildung konstant: $U_B \propto pd$, Gesetz von PASCHEN. Am ausführlichsten wurde dies von STEENBECK untersucht und kann so formuliert werden [36]:

Entladungen sind ähnlich, wenn Potential und Strom an ähnlichen Stellen gleich sind und alle linearen Dimensionen sich nur um einen Faktor a unterscheiden.

Dazu nehmen wir an, daß wir zwei Entladungen desselben Gases beobachten (gleiches Elektrodenmaterial, lediglich alle linearen Dimensionen sollen sich um den Faktor a unterscheiden). Unter der Voraussetzung, daß $T_1 = T_2; V_1 = V_2; u_1 = u_2$ (wenn eine MB-Verteilung vorliegt, dann ist auch $<E_{\mathrm{kin},1}> = <E_{\mathrm{kin},2}>$) und $d_1 = a \cdot d_2$, $r_1 = a \cdot r_2$, folgt

$$\lambda_1 = a \cdot \lambda_2 \Rightarrow p_1 = \frac{p_2}{a}; E_1 = \frac{E_2}{a} \Rightarrow \frac{E_1}{p_1} = \frac{E_2}{p_2}, \tag{2.41}$$

d. h. E/p ist eine Invariante. Aus $E_1 = E_2/a$ folgt mit dem GAUSSschen Gesetz ($E = \sigma/\varepsilon_0$): $\sigma_1 = \sigma_2/a$ und $\rho_1 = \rho_2/a^2$. Vereinfacht gilt außerdem $I_1 = \rho_1 v A \Rightarrow I_2 = \rho_2/a^2 \cdot v \cdot a^2 A_2 = \rho_2 v A_2 : I_1 = I_2$ (genauer ist $j = \rho_i v_i + \rho_e v_e$).

Setzt man diese Gleichungen ein, sieht man z. B., daß j/p^2 wie E/p eine Invariante darstellt: $j_1 = I/A_1 \wedge j_2 = I/A_2$ und $p_1 = p_2/a \wedge p_1^2 = p_2^2/a^2 \Rightarrow$

$$\frac{j_1}{p_1^2} = \frac{I}{A_1 p_1^2} = \frac{Ia^2}{a^2 A_2 p_2^2} \wedge \frac{j_1}{p_1^2} = \frac{I}{A_2 p_2^2} = \frac{j_2}{p_2^2}. \tag{2.42}$$

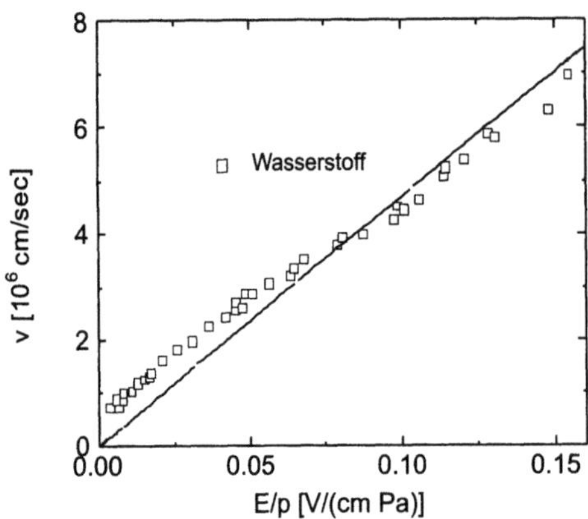

Abb. 2.7. Die Driftgeschwindigkeit der Elektronen nimmt in Wasserstoff linear mit dem Verhältnis E/p zu [39] (© J. Wiley & Sons, Inc.).

Abweichungen von den Ähnlichkeitsgesetzen deuten auf komplizierte Prozesse hin. Beispielsweise ist j/p^2 für normale Entladungen tatsächlich weitgehend konstant. Für anomale Entladungen dagegen nehmen j und V_C zu, so daß man den Zusammenhang am einfachsten beschreiben kann mit $j/p^2 = aV^b$. Ein wesentlicher Grund dafür ist, daß es in anomalen Entladungen zu einer starken Erwärmung der Kathode kommt, wodurch die Gasdichte verringert wird; dadurch errechnen sich für j/p^2 zu niedrige Werte. Ähnliches gilt für die Invariante pd. So zeigten DRUYVESTEYN und PENNING, daß in einer Wasserstoff-Entladung bei einer Variation von d_C um den Faktor 100 sich pd_C lediglich um einen Faktor 2 veränderte [37].

Deshalb werden funktionale Abhängigkeiten oft gegen die sich bei Änderungen der Entladungsgeometrie invariant verhaltenden Größen E/p, E/d *oder* j/p^2 beschrieben. Abweichungen von diesem Gesetz deuten auf zusätzliche Mechanismen hin (z. B. hängen in anomalen Entladungen V und j/p^2 über eine komplizierte Funktion zusammen [38], auch die Ionisierung über metastabile Atome gibt sich durch Abweichungen von diesen Ähnlichkeitsgesetzen zu erkennen). Teilweise sind die Ähnlichkeitsgesetze erstaunlich gut erfüllt. So besteht zwischen der mittleren Molekelgeschwindigkeit von Wasserstoff und Helium sowie einer Mischung aus Helium und Quecksilber (sog. „Heg"-Gas) und E/p ein linearer Zusammenhang (Abb. 2.7, s. a. Abschn. 3.4).

Physikalisch bedeutet die Tatsache, daß E/p sich innerhalb gewisser Grenzen invariant verhält, daß dieses Verhältnis die mittlere Energie der Elektronen bestimmt. Die zwischen zwei Stößen vom Elektron aufgenommene mittlere Energie $<\varepsilon_e>$ sei

$$<\varepsilon_e>= e_0 E\lambda, \tag{2.43}$$

bei einem Stoß wird die mittlere Energie

$$\Delta\varepsilon = L \cdot (<\varepsilon_e> - <\varepsilon_g>) \tag{2.44}$$

mit L dem LANGEVINschen Energieverlustparameter

$$L = \frac{2m_e}{m_i + m_e} \tag{2.45}$$

und $<\varepsilon_e>$ und $<\varepsilon_g>$ der mittleren Energie der Elektronen bzw. der Gasmolekeln übertragen. Gleichsetzen der Gln. (2.43) und (2.44) liefert

$$e_0 E\lambda = L \cdot (<\varepsilon_e> - <\varepsilon_g>) \tag{2.46}$$

oder

$$<\varepsilon_e> - <\varepsilon_g> \approx <\varepsilon_e> = \frac{e_0 E\lambda}{L}, \tag{2.47}$$

damit wird (mit σ dem Streuquerschnitt)

$$<\varepsilon_e> \propto E\lambda \vee <\varepsilon_e> \propto \frac{E}{p\sigma}. \tag{2.48}$$

Die vom Elektron aufgenommene Energie ist folglich proportional E/p! Ähnlich zeigt man dies für die invariante Größe j/p^2: $j = \sigma E$ mit σ der elektrischen Leitfähigkeit; die im Modell freier Elektronen der Elektronendichte (und diese ist gleich der Teilchenzahldichte n; der freie Parameter ist τ, die Zeit zwischen zwei Stößen) proportional ist.

3 Ladungsträger

Nachdem bisher das Plasma makroskopisch betrachtet wurde, soll nun der Blick auf die Individuen: Elektronen und Molekeln (Molekeln: Sammelbegriff für Atome und Moleküle) einerseits und angeregten Spezies andererseits gerichtet werden, zwischen denen zahlreiche elementare Reaktionen ablaufen. Zunächst entstehen diese durch Stöße von neutralen Molekeln mit Elektronen, die von der Kathode durch verschiedene Stoßprozesse emittiert und im Dunkelraum beschleunigt werden. Diese Stöße können entweder *elastisch* (Austausch nur von kinetischer Energie) oder *unelastisch* (Austausch auch von interner Energie) sein. Während elastische Stöße wegen des großen Massenunterschiedes zwischen Elektronen und Atomen nur zu einem sehr kleinen Energietransfer führen, was sich in einer geringen Erhöhung der Translationsenergie der Molekeln, mithin der Temperatur des Gases, bemerkbar macht, bedingen unelastische Stöße große Verluste der Energie der Elektronen, mit der die Molekeln zu Rotationen, Schwingungen (natürlich nur Moleküle) oder auch elektronischen Übergängen angeregt werden; nur aus diesen können Ionen, Radikale oder auch andere Dissoziationsprodukte entstehen; außerdem können metastabile Spezies gebildet werden. Sind unelastische Stöße möglich, dominieren sie alle anderen Stoßprozesse wegen der großen damit verbundenen Energieverluste. Alle diese Partikeln können jetzt wieder untereinander reagieren, aber auch relaxieren. Dabei wird bei einem elektronischen Übergang Licht im UV/VIS-Bereich abgestrahlt, das charakteristisch für das jeweilige Gas ist.

3.1 Streutheorie

3.1.1 Der Stoßquerschnitt der elastischen Streuung

Wir betrachten einen Strahl von Partikeln, der monoenergetisch, parallel zur z-Achse gerichtet sei und eine Strahldichte von N Teilchen/cm^{2}sec aufweise. Ist der Raumwinkel $\mathrm{d}\Omega = 2\pi \sin\vartheta \mathrm{d}\vartheta$, und trifft er auf einen Ring der Fläche $2\pi b \mathrm{d}b$ (b : Innendurchmesser, $b + \mathrm{d}b$: Außendurchmesser), definieren wir einen *differentiellen Streu-* oder*Stoßquerschnitt* $\mathrm{d}\sigma(v, \vartheta)/\mathrm{d}\Omega$:

$$\frac{\mathrm{d}\sigma(\vartheta)}{\mathrm{d}\Omega} = \frac{b}{\sin\vartheta}\frac{\mathrm{d}b}{\mathrm{d}\vartheta}, \tag{3.1}$$

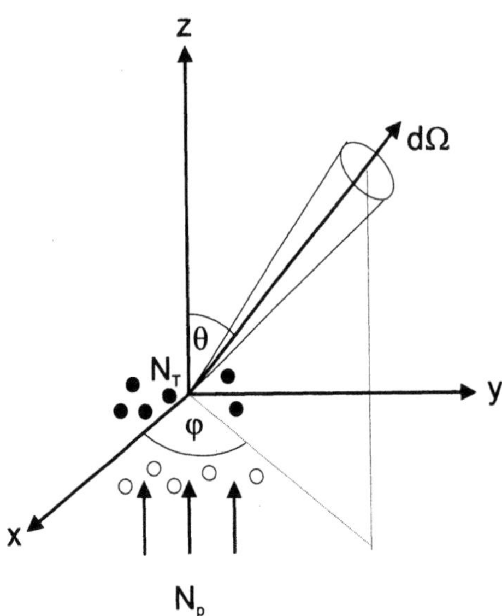

Abb. 3.1. Definition des differentiellen Streuquerschnitts

womit der vollständige Streuquerschnitt (c für „collision“)

$$\sigma_c(v) = 2\pi \int_0^\pi \frac{d\sigma(\vartheta)}{d\Omega} d\Omega \tag{3.2}$$

wird. Weiter definieren wir die *Stoßfrequenz* zu

$$\nu_c(v) \propto n\sigma_c(v)v, \tag{3.3}$$

die mittlere freie Weglänge

$$\lambda \propto \frac{1}{n\sigma_c(v)} \tag{3.4}$$

und die Streuwahrscheinlichkeit

$$P_m = \frac{1}{p\lambda}. \tag{3.5}$$

Die Impulsänderung ist

$$\Delta \boldsymbol{p} = m\boldsymbol{v}(1 - \cos\vartheta). \tag{3.6}$$

Damit werden also die Stöße in Vorwärtsrichtung am schwächsten ($\cos 0° = 1$), die in Rückwärtsrichtung ($\cos 180° = -1$) dagegen am stärksten gewichtet: die Diffusion wird durch Stöße, die eine Rückwärtsstreuung um 180° zur Folge haben, am wirkungsvollsten verlangsamt.

Für die Behandlung des Transfers von Energie und Impuls ist die entscheidende Größe der *Streuquerschnitt des Impulstransfers,* der den mit Gl. (3.6) gewichteten Betrag von $\sigma_c(v)$ darstellt:

$$\sigma_m(v,\vartheta) = 2\pi \int_0^\pi \frac{d\sigma(\vartheta)}{d\Omega}(1-\cos\vartheta)d\Omega, \tag{3.7}$$

dazu eine *Stoßfrequenz des Impulstransfers* :

$$\nu_m = \frac{v}{\lambda} = \nu_c\overline{1-\cos\vartheta}. \tag{3.8}$$

Für den zentralen Stoß folgt aus den Impuls- und Energieerhaltungssätzen für die maximal übertragene kinetische Energie (mit L dem in Abschn. 2.7 eingeführten LANGEVINschen Energieverlustparameter)

$$E_{M,kin} = \frac{4mM}{(m+M)^2}E_{m,kin} = L\frac{2M}{m+M}E_{m,kin} \tag{3.9}$$

mit m der Masse der stoßenden und M der der gestoßenen Kugel [40]. Wie man leicht zeigt, hat diese Funktion ihr Maximum bei $m = M$: Stöße zwischen Ionen hoher Energie mit langsamen Muttermolekülen sind sehr effektiv (s. Abschn. 3.3). Dagegen ist unmittelbar ersichtlich, daß der Energieübertrag bei Stößen zwischen Molekeln und Elektronen denkbar gering ist ($m_e/m_{Ar} \approx 70\ 000$).

3.1.2 Streuquerschnitte und Mittlere Freie Weglänge

Die Zeit zwischen zwei Stößen ist von der Größenordnung $\tau \approx \lambda/ <v>$ mit $<v>$ der mittleren thermischen Geschwindigkeit. Die mittlere freie Weglänge λ selbst ist wiederum abhängig von der Teilchenzahldichte und einem Wert, der etwa proportional der Molekülgröße ist und als *elastischer Streu- oder Wirkungsquerschnitt* bezeichnet wird:

$$\lambda = \frac{1}{\sqrt{2}\cdot n\sigma_{Streu}}. \tag{3.10}$$

Der elastische Streuquerschnitt in der einfachen Näherung der kinetischen Gastheorie (s. etwa [41]) ist temperatur-(energie-)unabhängig und ist der Molekelfläche proportional, weswegen er oft in Einheiten von πa_0^2 — der Fläche des Wasserstoffatoms, mit a_0 dem BOHRschen Radius (0,529 Å), also $8,82 \cdot 10^{-17}\,cm^{-2}$ — tabelliert wird (verschiedentlich findet man auch Darstellungen als gemittelte Stoßzahl P_c über 1 cm für ein Gas bei 1 Torr (133 Pa) und 0 °C; der Zusammenhang ist $\sigma = 0.283P_c$ in Å^2).

In Wirklichkeit ist er schwach temperaturabhängig, und zwar nimmt er mit sinkender Temperatur etwas zu, weil die Geschwindigkeiten der Molekeln kleiner werden, so daß die Dauer der Wechselwirkung zwischen zwei in vorgegebenem Abstand aneinander vorbeifliegenden Molekeln größer wird. Einige Zahlenwerte:

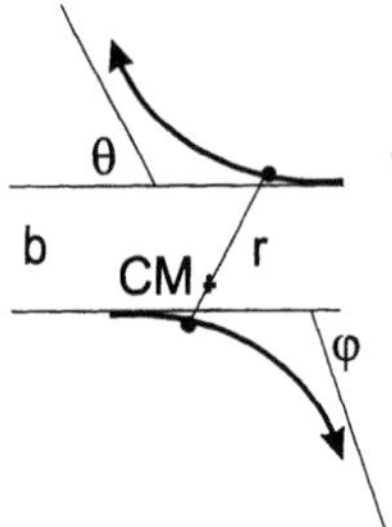

Abb. 3.2. Stoß zwischen zwei Kugeln. b: Streuparameter, θ, φ: Streuwinkel, CM: Massenzentrum.

- In einer Sputteranlage, die mit Argon bei 7 Pa betrieben wird, ist das *MFP* der Argon-Atome etwa 1,54 mm (25 eV Ar, $\sigma_{\text{tot}} = 26\,\text{Å}^2$).
- In Ionenstrahlätzanlagen, die bei bedeutend niedrigeren Drücken arbeiten, sind sie um Größenordnungen höher: 500 eV Ar, 13 mPa: *MFP:* 80 cm.
- Das *MFP* für angeregte Atome ist – wie oben bemerkt – größer. Ist das *MFP* für Atome mittlerer Geschwindigkeit bei 4 Pa und RT 2,55 mm, ist es für 10 eV-Atome 15,2 mm und für 100 eV-Atome 28 mm.
- Das *MFP* schneller Elektronen (16 eV, also beim Maximum von σ (26 Å^2)) liegt bei einem Ar-Druck von 7 Pa bei ungefähr 1,5 mm, was bei 3 Pa in Argon einem *MFP* von 5 mm entspricht. Langsamere Elektronen (4 eV) haben ein kleineres σ $(9,7\,\text{Å}^2)$, womit das *MFP* bei 3 Pa etwa 13 mm ist. Damit werden die Stoßfrequenzen für den elastischen Stoß $\nu_{\text{m}} = n\sigma v$:
  - für 133 Pa (1 Torr, $3.54 \cdot 10^{16}\,\text{cm}^{-3}$) $3,8 \cdot 10^9\ \text{s}^{-1}$,
  - für 13,3 Pa (100 mTorr) $382 \cdot 10^6\ \text{s}^{-1}$ und
  - für 1,3 Pa (10 mTorr) $38 \cdot 10^6\ \text{s}^{-1}$.

Für Potentiale, die mit r^{-4} bzw. für Kräfte, die mit r^{-5} abfallen, ergibt sich ein besonders einfacher Zusammenhang zwischen der Stoßfrequenz und der Teilchenzahldichte:

Bewegt sich ein Elektron in einem Potential Φ, das mit r^{-n} abfällt (Abb. 3.2). Wenn man Polarkoordinaten einführt, so daß

$$v^2 = v_{\|}^2 + v_{\perp}^2 = \left(\frac{\partial r}{\partial t}\right)^2 + r^2 \left(\frac{\partial \phi}{\partial t}\right)^2 , \tag{3.11}$$

wobei $v_{\|}$ und $v_{\perp}$ die zum Radiusvektor $\boldsymbol{r}$ parallel oder senkrecht liegenden Komponenten der Geschwindigkeit $\boldsymbol{v}$ sind, dann sind

$$E = \frac{m_0 v^2}{2} + \Phi = \frac{m_0}{2} \cdot \left[\left(\frac{\partial r}{\partial t}\right)^2 + r^2 \left(\frac{\partial \phi^2}{\partial t}\right)\right] + \Phi = \text{const}, \tag{3.12}$$

$$L = m_0 r^2 \frac{\partial \phi}{\partial t} = \text{const.} \tag{3.13}$$

Ist b die Entfernung, in der das Elektron bei fehlender Wechselwirkung am Streuzentrum vorbeifliegen würde (dieser Abstand ist der sog. *Streuparameter)*, dann ist der Drehimpuls

$$m_0 r^2 \frac{\partial \phi}{\partial t} = m_0 b v_0, \tag{3.14}$$

wobei die Anfangsenergie E_0 mit der Anfangsgeschwindigkeit v_0 für verschwindendes Potential $\Phi = 0$ in der Beziehung

$$E_0 = \frac{m_0 v_0^2}{2} \tag{3.15}$$

steht. Da die zeitlichen Ableitungen der Koordinaten

$$\frac{\partial \phi}{\partial t} = v_0 b r^2 \wedge \frac{\partial r}{\partial t} = \frac{\partial r}{\partial \phi} \cdot \frac{\partial \phi}{\partial t} = \frac{\partial r}{\partial \phi} \cdot v_0 b r^2 \tag{3.16}$$

sind, ergibt sich

$$\frac{\left(\frac{\partial r}{\partial \phi}\right)^2 E_0 b^2}{r^4} + \frac{E_0 b^2}{r^2} + \Phi = E_0. \tag{3.17}$$

Daraus folgt für $\partial r / \partial \phi$:

$$\frac{\partial r}{\partial \phi} = \pm \frac{r^2}{b} \sqrt{1 - \frac{b^2}{r^2} - \frac{\Phi}{E_0}}, \tag{3.18}$$

wobei das Minuszeichen für sich annähernde und das Pluszeichen für sich entfernende Partikeln gilt. Diese Funktion hat ein Minimum für $\partial r / \partial \phi = 0$, wenn das Argument der Wurzel Null ist. Mit $\Phi = a r^{-n}$ und $b = c r$ wird dann für r_{min}

$$r_{\text{min}}^n = \frac{2a}{m_0 v_0^2 (1 - c^2)}. \tag{3.19}$$

Da $\sigma_{\text{Streu}} = \pi r_{\text{min}}^2$, kann man mit zusammengefaßten Konstanten schreiben:

$$\sigma_{\text{Streu}} = \frac{A}{v^{4/n}}, \tag{3.20}$$

was für $n = 4$ die besonders einfache Form

$$\sigma_{\text{Streu}} = \frac{A}{v} \tag{3.21}$$

annimmt. Das ist aber das Potential, das zwischen einer Ladung und einem durch sie induzierten Dipol mit dem Dipolmoment μ_{ind} sich ausbildet (mit α der Polarisierbarkeit):

$$\mu_{\text{ind}} = \alpha E \wedge E_{\text{pot}} = -\frac{1}{2}\mu \cdot E = -\frac{1}{2}\alpha E^2, \tag{3.22}$$

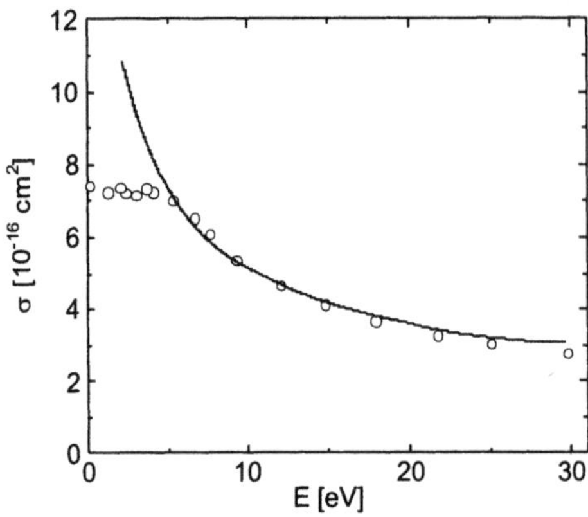

Abb. 3.3. Experimentelle und berechnete Streuquerschnitte des elastischen Stoßes von Elektronen in Helium als Funktion der Elektronenenergie nach [42].

das für ein COULOMB-Potential eine potentielle Energie von

$$E_{\text{pot}} = -\frac{1}{2}\alpha\frac{e_0^2}{r^4} \tag{3.23}$$

ergibt. Damit ist das wichtige Resultat gewonnen, daß *für eine mit r^{-5} abfallende Kraft — etwa eine Punktladung in einem neutralen Gas, die polarisierend wirkt — es unwichtig ist, wie die $\mathcal{EEDF}$ und damit v verläuft. Die Stoßfrequenz wird dann allein eine Funktion der Teilchenzahldichte* [43].

σ ist dann proportional $1/v \propto 1/\sqrt{E_{\text{kin}}}$ und die Stoßfrequenz $\nu_{\text{m}} = \text{const} \cdot p_0$. Dies ist eine sehr gute Näherung für Wasserstoff und Helium, für die mit $p_0 = 273/T \cdot p$ (p in Pa) gilt (Abb. 3.3):

- He: $\nu_{\text{m}} = 3,15 \cdot 10^{11} p_0$;
- H_2: $\nu_{\text{m}} = 7,89 \cdot 10^{11} p_0$

3.1.3 Der Stoßquerschnitt der unelastischen Streuung

Unelastische Stöße zeichnen sich nicht nur durch die Verteilung von kinetischer Energie zwischen harten Kugeln, sondern zusätzlich durch Transformation von kinetischer Energie in potentielle Energie interner Freiheitsgrade der stoßenden Partikeln aus. Für den unelastischen Streuquerschnitt existiert daher für jede Art von interner Anregung ein Schwellenwert der Energie. Der Stoßquerschnitt der unelastischen Streuung ist deswegen gekennzeichnet durch einen steilen Anstieg von Null bei der Schwellenenergie des jeweiligen Prozesses und einem Maximum bei etwa der DE BROGLIE-Wellenlänge der Elektronen, die gleich dem Durchmesser der Targetmolekel ist, dem sich ein allmählicher Abfall zu höheren

Energien anschließt, da sich die mögliche Zeit einer Wechselwirkung mit anderen Targetmolekeln zunehmend verkürzt (Abb. 3.4).

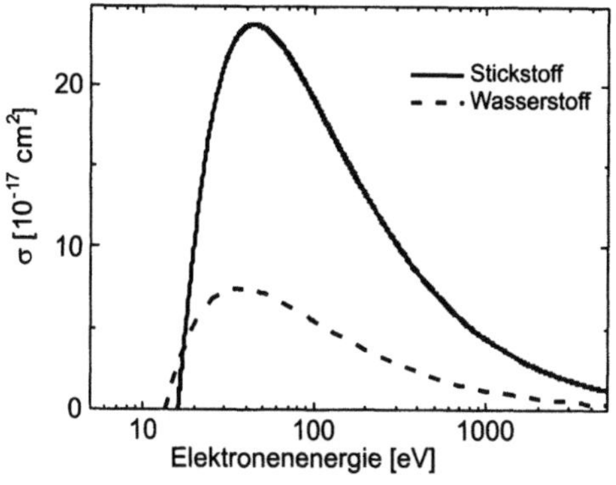

Abb. 3.4. Typische Abhängigkeit des unelastischen Streuquerschnittes von der Energie für den Stoß zwischen Elektronen und Molekeln.

Der Streuquerschnitt der Ionisierung ist umfassend von BETHE und SALPETER [44] beschrieben worden. Nach ihrer Theorie kann danach der Streuquerschnitt der Ionisierung angenähert werden durch

$$\sigma_{\text{Ion}} = \frac{A}{E_{\text{kin}}} \cdot \ln E_{\text{kin}} + \frac{B}{E_{\text{kin}}} + \frac{C}{{E_{\text{kin}}}^2}, \tag{3.24}$$

wobei A wiederum eine Funktion des Matrixelements für vollständige Ionisierung ist [45]. Bei niedrigen Energien dominiert der dritte Summand den Streuquerschnitt, während zu hohen Energien hin eine typische logarithmische Abhängigkeit beobachtet wird. Eine einfachere Näherung für Stöße zwischen Elektronen und Molekeln wurde von LOTZ vorgeschlagen [46] [30] [47]:

$$\sigma = \text{const} \cdot \frac{\ln(E/E_j)}{E} \tag{3.25}$$

mit E der kinetischen Energie der Elektronen und E_j der Energie des angeregten Zustands, in den die Atome promoviert werden.

3.2 Elastische Stöße

3.2.1 Elastische Stöße von Elektronen mit Atomen

Allgemein kann festgestellt werden:

- Bei genügend hohen Elektronenenergien findet man einen starken Nullstrahl, d. h. nahezu keine Ablenkung und dann einen monotonen Abfall zu großen Streuwinkeln.

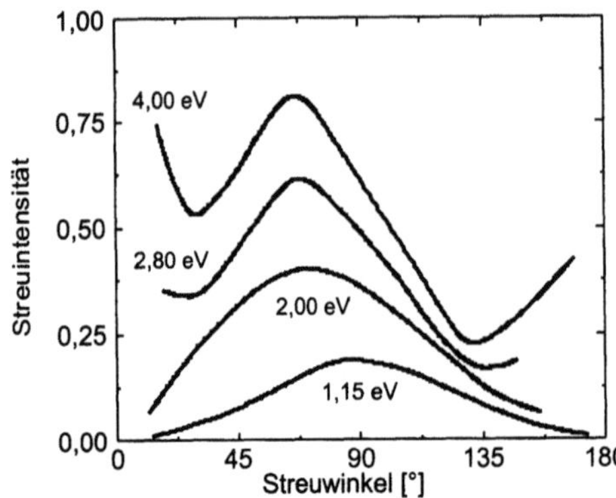

Abb. 3.5. Streuung von Elektronen an Ar-Atomrümpfen [48] (© J. Wiley & Sons, Inc.).

- Zu niedrigeren Elektronenergien hin wird das Bild bedeutend komplizierter. Es treten Maxima und Minima auf, die an Diffraktogramme erinnern (Abb. 3.5). Dies wurde zuerst von BULLARD und MASSEY in Argon beobachtet und entsteht durch Beugung der Elektronenwellen an den symmetrisch streuenden Atomen, ähnlich, wie Lichtwellen an Kugeln gestreut werden, deren Dimensionen der Wellenlänge des Lichts vergleichbar sind [49].
- Die Komplexität dieses Musters ist umso größer, je höher die Ordnungszahl des streuenden Atoms ist.

Für elastische Streuung von Elektronen niedriger Energie kann angenommen werden, daß ein Stoß dann stattgefunden hat, wenn eine Ablenkung um 90° beobachtet wird. Dann ist nach Gl. (3.8) $\nu_\mathrm{m} = \nu_\mathrm{c}$. Ist der Streuquerschnitt umgekehrt proportional der Geschwindigkeit — dies ist etwa für Wasserstoff und Helium der Fall —, dann ist die Stoßfrequenz nahezu unabhängig von der Energie oder der Geschwindigkeit und nur eine Funktion der Teilchenzahldichte:

$$\nu_\mathrm{m} = n\sigma u \longrightarrow \nu_\mathrm{m} \propto n \tag{3.26}$$

mit u der Driftgeschwindigkeit im Feld.

Für die Edelgase ist der geschwindigkeits- und der winkelabhängige Streuquerschnitt gemessen; hier kann man also $\sigma_\mathrm{c}(v)$ und $\sigma_\mathrm{m}(v,\vartheta)$ vergleichen. Es wird bei niedrigen Energien gute Übereinstimmung zwischen beiden Größen beobachtet (Abb. 3.6).

Da die einzelnen Anregungsmöglichkeiten ausschließend voneinander sind, sind die Wahrscheinlichkeiten der Anregung additiv. Man kann einen totalen Streuquerschnitt über alle Anregungen definieren [50] (Abb. (3.7), und der definiert ist als

$$\sigma_\mathrm{tot} = \sum_i P_i \sigma_i(v), \tag{3.27}$$

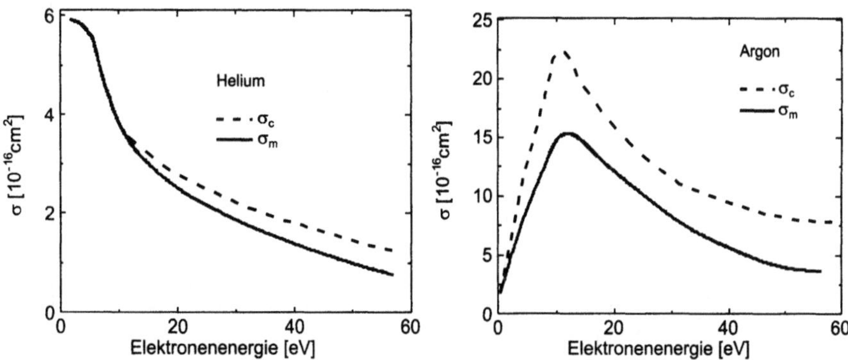

Abb. 3.6. Vergleich zwischen vollständigem Streuquerschnitt σ_c und Streuquerschnitt für den Impulstransfer σ_m für das leichteste Edelgas Helium und das sich zu niedrigen Elektronenenergien völlig anders verhaltende mittelschwere Edelgas Argon [48].

mit P_i den Wahrscheinlichkeiten und σ_i den differentiellen Streuquerschnitten für die Reaktion i. Der maximale Streuquerschnitt des Argons, der knapp oberhalb der Ionisierungsenergie liegt, beträgt beispielsweise $26 \cdot 10^{-16}\,\text{cm}^2 = 26\,\text{Å}^2$. Dies bedeutet, daß das *MFP* für 7 Pa ($n = 2 \cdot 10^{15}\,\text{cm}^{-3}$) 1,5 mm beträgt. Zu niedrigen Energien hin ist der totale Streuquerschnitt natürlich gleich dem für elastische Streuung, da die Geschwindigkeiten der Elektronen hier zu gering sind, um die Molekeln anzuregen. Bei Elektronenenergien, die größer als einige zehn eV sind, nimmt der Streuquerschnitt ab, und zwar umgekehrt proportional dem Ionisierungspotential und proportional der Polarisierbarkeit des Gases (in erster Näherung der Ordnungszahl), da die Streuung der freien Elektronen ja an den gebundenen Elektronen der Molekeln erfolgt. Sehr kleine Werte des Streuquerschnitts für niederenergetische Elektronen sind durch deren Beugung an den höheren Edelgasatomen bedingt (Ramsauer-Effekt, Abb. 3.7 [51]).

3.2.2 Elastische Stöße zwischen schweren Partikeln

Die Streuung schwerer Partikeln weist dagegen ein bemerkenswert scharfes Maximum in Vorwärtsrichtung auf [52]. Derartige Winkelabhängigkeiten zu messen ist nahezu aussichtslos. Bereits für kinetische Energien, die nur einige eV betragen, sind die Anforderungen an die Winkelauflösung schwierig zu erfüllen, und die Erfordernisse steigen mit wachsendem Impuls der Partikeln. So beträgt beispielsweise die Genauigkeit, mit einer Atomstrahlmethode den sog. totalen elastischen Streuquerschnitt des Argons zu messen, für Argon-Atome der thermischen Energie von 300 K $0,70°$, von 1000 K $0,30°$, und von 1 eV (11 600 K): $0,11°$.

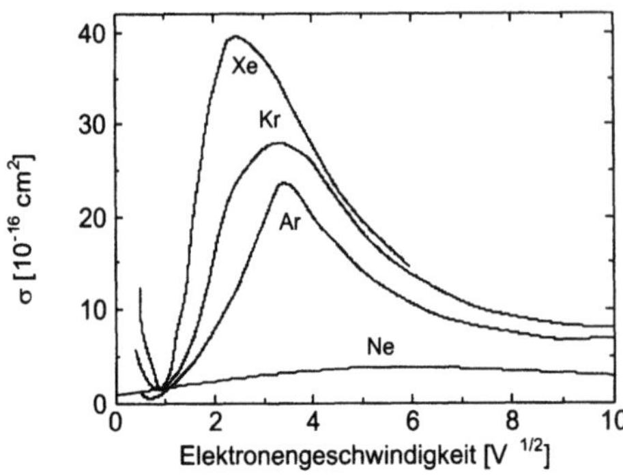

Abb. 3.7. Experimentelle Streuquerschnitte der schweren Edelgase in Abhängigkeit von der Elektronengeschwindigkeit. Auffallend ist die nahezu vollständige Transparenz bei sehr niedrigen Geschwindigkeiten und ein ausgeprägtes Maximum bei der Ionisierungsenergie E_{Ion} [53] (© Oxford University Press).

Tabelle 3.1. Berechnete differentielle Streuquerschnitte $\mathrm{d}\sigma(\vartheta)/\mathrm{d}\Omega$ pro Einheitsraumwinkel für Protonen der Energie von 110 eV in Helium in Einheiten von a_0^2.

$\angle$	$\mathrm{d}\sigma(\vartheta)/\mathrm{d}\Omega$	
	Hartree-Potential	*Coulomb-Potential*
0	$9 \cdot 10^3$	∞
12	7,85	124,0
28	2,00	6,10
34	0,72	2,85
57	0,21	0,40
80	0,08	0,12
114	0,04	0,04
137		0,03
167		0,02

In der Tabelle 3.1 sind daher die Ergebnisse von Berechnungen des differentiellen Streuquerschnitts, der den Bruchteil der Molekeln angibt, die auf ein „Target“ treffen und in den Raumwinkel $\mathrm{d}\Omega = 2\pi \sin\theta \mathrm{d}\theta$ gestreut werden, für Protonen in Helium für zwei verschiedene Streupotentiale (Coulomb und Hartree, ein einfaches Pseudopotential) dargestellt [54].

Diese Vorwärtsrichtung wird umso ausgeprägter, je höher die Energie der auftreffenden Kugeln ist (kommt man von niedrigen Energien, erfolgt zunächst ein elastischer Stoß, da die Energie zu gering ist, um die Molekeln anzuregen). Deswegen beschränkt man sich auf die Bestimmung der Winkelverteilung unter Ausblendung des „Nullstrahls“; derartige Experimente wurden von Berry und Cramer in Neon und Argon durchgeführt [55] [56] [57] [58] (Abb. 3.8). Für uns ist wichtig, daß der Streuquerschnitt bei den niedrigen Energien bis etwa 500 eV einige Å^2 groß ist, so daß ein Zerfließen des Ionenstrahls bereits über

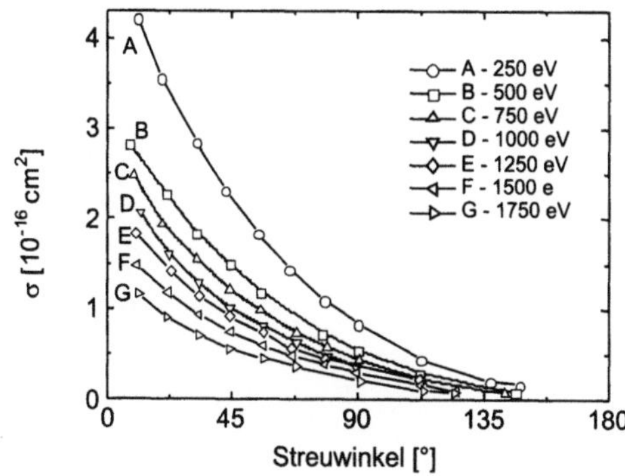

Abb. 3.8. Streuquerschnitt des Argons in Abhängigkeit des Streuwinkels [55].

eine zurückgelegte Strecke von nur 1 cm bei hohen Drücken beobachtet wird (s. Abschn. 6.6).

Besonders gut meßbar sind Stoßfrequenzen durch Messung der komplexen Leitfähigkeit (s. Abschn. 5.1) sowie der Linienbreite der Cyclotronresonanz der Elektronen, die wesentlich durch die Stöße geladener Partikeln mit Neutralmolekeln bestimmt wird [59] (s. auch Abschn. 7.3 – 7.5).

3.3 Unelastische Stöße

3.3.1 Elektronenstöße

Elektronen können gebildet werden durch primäre Prozesse, also thermische Emission und Feldemission, sowie sekundäre Prozesse:

- Sekundärelektronenerzeugung (SE-Erzeugung) an der Kathode und den Wänden durch energiereiche Partikeln (γ-Reaktion): Photonen, Elektronen an der Anode, Ionen an der Kathode.

- Stoßionisierung durch energiereiche Partikeln in der Negativen Glühzone und den beiden Elektrodenzonen (Elektronenstoß: α-Reaktion, Ionenstoß: β-Reaktion).

Primäre Prozesse sind in Glimmentladungen vernachlässigbar. Ionen werden nur im Gas gebildet (sie können sonst nur mit allerdings sehr geringer Ausbeute durch thermische Emission erzeugt werden [60].

Die wichtigsten Reaktionen sind bei Elektronenstoßreaktionen mit A* einer angeregten Molekel:

- Anregung in höhere Molekülzustände (Schwingungs- oder Elektronenanregung, (Gl. (3.28)),

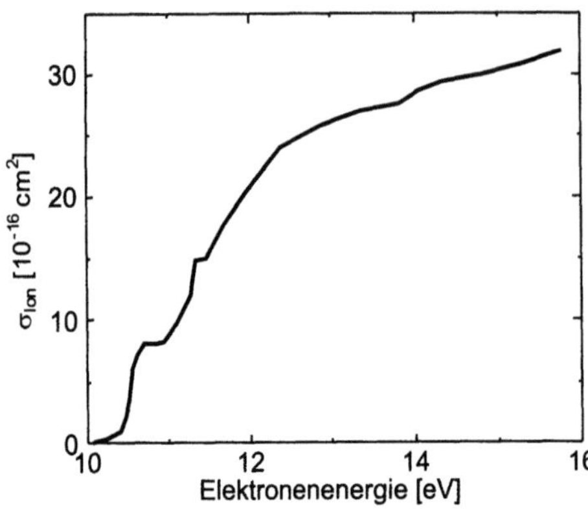

Abb. 3.9. Franck-Hertz-Versuch: Stoßionisierung von Hg durch Elektronen nach [61].

- Dissoziation in Radikale (besonders in Entladungen elektronegativer Gase sehr effektiv [62], (Gl. 3.29)),
- Dissoziation in Ionen (Gl. 3.30)),
- α-Ionisierung (Gl. (3.31)),
- ionisierende Dissoziation (Gl. (3.32)) sowie
- Elektroneneinfang („dissociative Attachment“ , Gl. (3.33)) für elektronegative Gase:

$$e^- + A_2 \longrightarrow A_2^* + e^- \tag{3.28}$$

$$e^- + A_2 \longrightarrow 2\,A^* + e^- \tag{3.29}$$

$$e^- + A_2 \longrightarrow A^+ + A^- + e^- \tag{3.30}$$

$$e^- + A_2 \longrightarrow A_2^+ + 2e^- \tag{3.31}$$

$$e^- + A_2 \longrightarrow A^+ + A + 2\,e^- \tag{3.32}$$

$$e^- + A_2 \longrightarrow A^- + A^*. \tag{3.33}$$

Bei atomaren Gasen entfallen natürlich die Dissoziationsreaktionen; eine der klassischen Reaktionen ist die Stoßionisierung von Quecksilber (Franck-Hertz-Versuch, Abb. 3.9): In einer mit Quecksilberdampf gefüllten Triode werden die von einer Glühkathode emittierten Elektronen durch ein Gitter beschleunigt. Die durch das Gitter fliegenden Elektronen werden zur Anode hin leicht

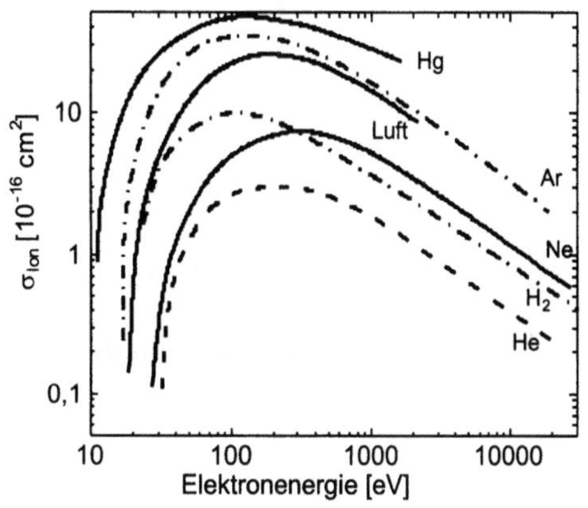

Abb. 3.10. Streuquerschnitt der Ionisierung durch Elektronen für verschiedene Gase in doppelt-logarithmischem Maßstab [63] (© Oxford University Press).

abgebremst. Bei der Ionisierungenergie der Hg-Atome von 4,9 eV fällt die *I*-*U*-Kurve steil ab. Dies hat seine Ursache darin, daß die Elektronen mit den Quecksilberatomen durch Stoß wechselwirken und diese z. T. ionisieren. Dabei verlieren sie ihre kinetische Energie und können nicht mehr gegen die Bremsspannung anlaufen.

$$\mathrm{Hg_{Dampf}} + \mathrm{e}^- \longrightarrow \mathrm{Hg}^+ + 2\,\mathrm{e}^- . \tag{3.34}$$

Anhand dieser Reaktion wird der Begriff des Streuquerschnitts der Ionisierung und dessen Energieabhängigkeit verständlich (Abb. 3.10): steiler Anstieg oberhalb des Ionisierungspotentials, Maximum bei etwa 100 – 150 eV,[1] allmählicher Abfall zu höheren Energien, da die Zeit der Wechselwirkung dann immer kürzer wird.

Für elektronische Stoßionisierung kann allgemein festgehalten werden, daß der Streuquerschnitt von Null bei der Ionisierungsenergie schnell zum Maximum bei etwa 100 eV ansteigt (entsprechend einer DE BROGLIE-Wellenlänge der Elektronen von etwa 1,2 Å) und dann bei weiter steigender Elektronenenergie monoton und langsam abfällt, so daß er bei 500 eV nur noch ungefähr die Hälfte des maximalen Wertes beträgt. Untersuchen wir nochmals die Gl. (3.27):

$$\sigma_{\mathrm{tot}} = \sum_i P_i \sigma_i(v) . \tag{3.27}$$

Wir sahen, daß bei niedrigen Energien der Streuquerschnitt nur aus dem Beitrag für die elastische Streuung besteht. Von MYERS ist für O_2 σ_{tot} in die einzelnen Beiträge aufgespaltet worden (Abb. 3.11) [64]. Für Energien bis etwa 50 eV ist der Streuquerschnitt der elastischen Streuung bei weitem am größten, um dann allerdings vom Streuquerschnitt für die Ionisierung eingeholt zu werden.

[1] Diese Energie entspricht einer DE BROGLIE-Wellenlänge des Elektrons von 1 Å, also etwa dem Atomdurchmesser; hier sollte die Störung der Elektronenwelle am größten sein.

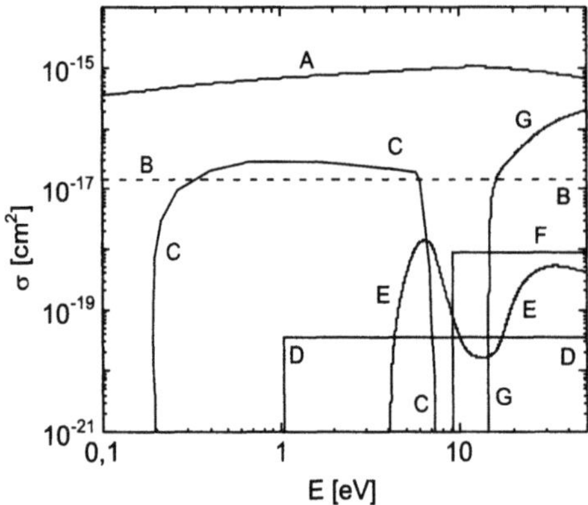

Abb. 3.11. Die einzelnen Beiträge des totalen Streuquerschnitts für O_2 nach MYERS [64]. Die Buchstaben stehen für folgende Anteile:
A: elastische Streuung, B: Anregung der Rotation, C: Anregung der Schwingung, D: Anregung zum Zustand $a^1\Delta_g$, E: „Dissociative Attachment", F: Anregung höherer elektronischer Zustände, G: Ionisierung.

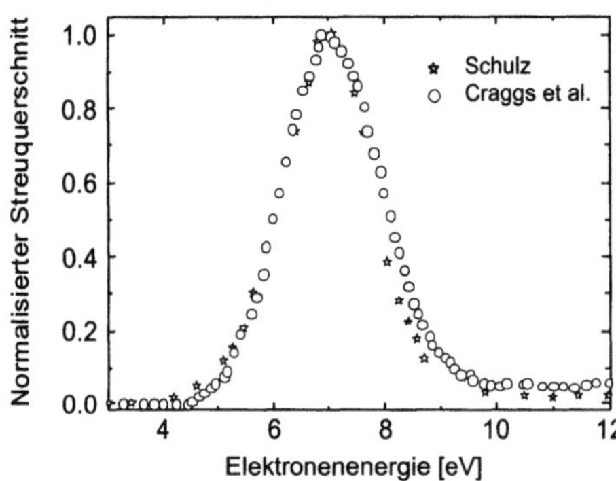

Abb. 3.12. Normalisierter Streuquerschnitt des Elektroneneinfangs und Bildung von O^--Ionen. Die offenen Kreise stammen von SCHULZ, die vollen Kreise von CRAGGS et al. Das Maximum (SCHULZ) liegt bei 1,25 Mbarn und 6,7 eV [65] (© J. Wiley & Sons, Inc.).

Elektroneneinfang spielt eine bedeutende Rolle in Entladungen elektronegativer Gase. Einer der Hauptprozesse ist der dissoziierende Elektroneneinfang („Electron Attachment"), z. B.:

$$O_2 + e^- \longrightarrow O^- + O; \tag{3.35}$$

$$SF_6 + e^- \longrightarrow SF_5^- + F. \tag{3.36}$$

(Atome können kaum Elektronen wegen Verletzung der Impulserhaltung einfangen!) Die Querschnitte liegen in der Größenordnung von $10^{-18}\,\mathrm{cm}^2$ oder 1 Mbarn, weisen aber scharfe Maxima bei elektronischen Energien von nur einigen eV auf (Abb. 3.12). Die Dichte negativer Ionen kann hier die der Elektronen übersteigen, was den Charakter der Entladung vollständig verändern kann.

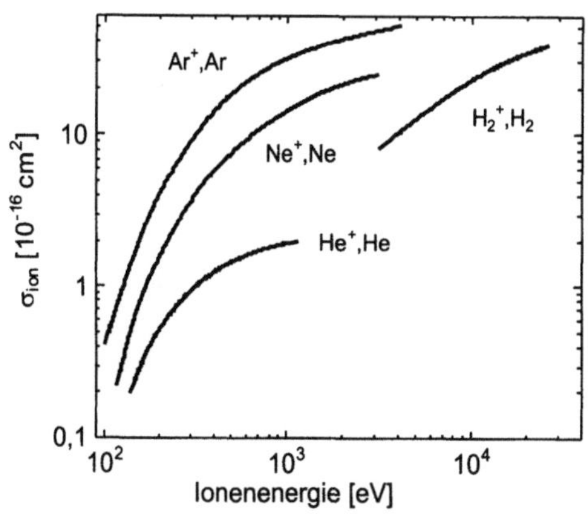

Abb. 3.13. Der Streuquerschnitt der Ionisierung durch Ionen des Muttergases nach [66]. Die Werte sind nicht um die SE-Ionisierungen korrigiert (© Oxford University Press).

3.3.2 Stöße von Ionen und Photonen

3.3.2.1 Stöße von Ionen mit Molekülen. Zunächst sei vorausgeschickt, daß für die niedrigen Energien, wie sie in Glimmentladungen typisch sind, dieses Gebiet sehr stiefmütterlich behandelt wurde, vergleicht man es etwa mit der umfangreichen Literatur für Energien größer als 1 kV. Dies liegt hauptsächlich darin begründet, daß die Streuquerschnitte der Ionisierung in diesem Bereich oft klein gegenüber denen anderer Anregungsmöglichkeiten sind, so daß diese dominieren.

Bei Reaktionen zwischen Partikeln sind die Hauptreaktionen:

- Erzeugung von Elektronen durch Stoß (sog. β-Ionisierung, Abb. 3.13, Gl. (3.37));
- Anregung (Gl. 3.38);
- „Stripping“ (Gl. (3.39);
- einfacher „Charge-Transfer“ (Abbn. 3.13 – 3.18, Gl. (3.40));
- doppelter „Charge-Transfer“ (Gl. (3.41):

$$\mathrm{A}_2^+ + \mathrm{B} \longrightarrow \mathrm{A}_2^+ + \mathrm{B}^+ + \mathrm{e}^-, \tag{3.37}$$

$$\mathrm{A}^{+,*} + \mathrm{B} \longrightarrow \mathrm{A}^+ + \mathrm{B}^*, \tag{3.38}$$

$$\mathrm{A}^+ + \mathrm{B} \longrightarrow \mathrm{A}^{2+} + \mathrm{B} + \mathrm{e}^-, \tag{3.39}$$

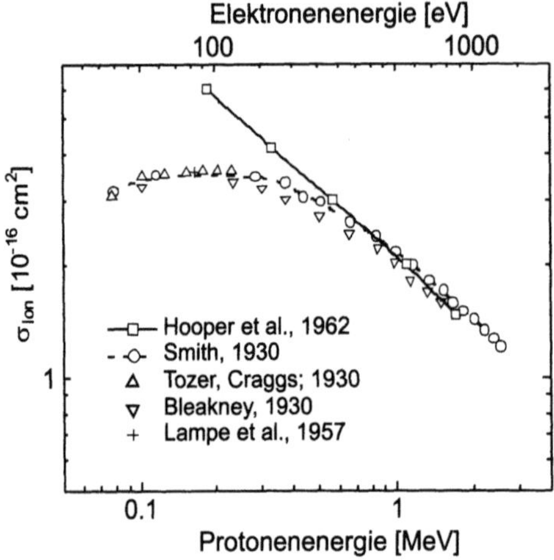

Abb. 3.14. Vergleich der Ionisierungsquerschnitte von Argon für Protonen (strichliert) und Elektronen (durchgezogen) [67] (© J. Wiley & Sons, Inc.).

$$B^+ + A \longrightarrow A^+ + B, \tag{3.40}$$

$$A^+ + B \longrightarrow A^- + B^{2+}. \tag{3.41}$$

Findet ein Ladungsübertrag statt, ist der Fall von Bedeutung, bei dem ein schnelles Ion auf eine neutrale Molekel trifft, und ein langsames Ion und eine schnelle Molekel resultieren; d. h. es erfolgt ein Austausch des Impulses während eines Stoßes, was eine Beibehaltung der Richtung der Geschwindigkeit bedeutet. Besonders ausgezeichnet ist dieser Prozeß, wenn A und B gleiche Atome darstellen *(symmetrischer oder resonanter Charge-Transfer).*

Wie wir der Abb. 3.13 entnehmen, ist bei Stößen zwischen Ionen und Molekülen die Ionisierungsschwelle — wie bei Elektronen — ebenfalls niedrig, sie beträgt aber immerhin schon etwa das Doppelte der Ionisierungsenergie. Die klassische Theorie von THOMSON ergibt für gleiche Geschwindigkeiten von Elektronen und Ionen gleiche Ionisierungsquerschnitte. Dasselbe Resultat wird auch quantenmechanisch erhalten, allerdings mit der Einschränkung, daß die Energie der kollidierenden Partikeln groß gegen deren Paarpotential ist (BORNsche Näherung). Bei geschickter Wahl des Abszissenmaßstabes (es ist die auf die Masse reduzierte Energie) ist der Verlauf dieses Querschnittes tatsächlich ähnlich dem für die elektronische Stoßionisation, jedoch — entsprechend der wesentlich größeren Masse der Ionen – um mehrere Größenordnungen gestreckt (Abb. 3.14). Bei Energien bis einige 100 eV ist er um etwa zwei Größenordungen kleiner. Andererseits sind die Impulse der Ionen bei vergleichbarer Energie deutlich höher; damit ist deren DE-BROGLIE-Wellenlänge bedeutend kleiner als die der Elektronen, so daß man — selbst bei unelastischen Stößen — kaum Beugungserscheinungen beobachtet. Insofern bleibt festzuhalten, daß die Streuquerschnitte für einen Charge-Transfer groß sind verglichen mit denen für elastische Stöße zwischen Ionen und Neutralteilchen.

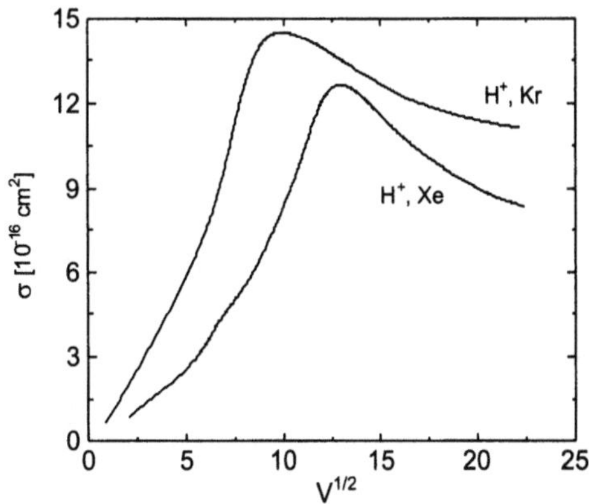

Abb. 3.15. Streuquerschnitt des asymmetrischen Charge-Transfers von Protonen in Edelgasen nach [68].

3.3.2.2 Resonanter Charge-Transfer. Betrachten wir nun den „Charge-Transfer". Zunächst sei angenommen, daß A $\neq$ B, daß also die Ionisierungsenergien sich um den Betrag ΔE_{Ion} unterscheiden mögen:

$$E_{\text{Ion,B}} = E_{\text{Ion,A}} + \Delta E_{\text{Ion}}. \tag{3.42}$$

MASSEY diskutierte diesen „Charge-Transfer" mittels des Korrespondenzprinzips [69]. Sei die Geschwindigkeit v der Partikeln klein gegenüber derjenigen der gebundenen Elektronen, dann werden sich diese der Störung adaptieren, ohne daß ein Elektronentransfer erfolgt (sog. adiabatische Näherung). Sei die Zeit des Zusammenstoßes τ (sie ist umgekehrt proportional der Frequenz ν einer Elektronenschwingung), wobei $\tau \approx b/v$ (b der sog. „adiabatische Parameter"), gilt also

$$\tau = \frac{a}{v} = \frac{1}{\nu} \wedge \nu = \frac{\Delta E_{\text{Ion}}}{h} \Longrightarrow v = \frac{a \Delta E_{\text{Ion}}}{h}. \tag{3.43}$$

Überschreitet die Geschwindigkeit der Partikeln diesen Wert, findet kein adiabatischer Stoß mehr statt, vielmehr kommt es zu einer Ionisierung. Je größer die Differenz der Ionisierungspotentiale ΔE_{Ion} ist, bei umso höheren Werten beginnt dieser Prozeß, effizient abzulaufen. Andererseits nimmt die Zeit der Wechselwirkung zu höheren kinetischen Energien hin ab, was schließlich zu einem erneuten Abfall der Ionisierungswahrscheinlichkeit führt, so daß ein Maximum entsteht (Abb. 3.15).

Für einen resonanten „Charge-Transfer", bei dem $\Delta E_{\text{Ion}} = 0$, erwarten wir nach der adiabatischen Näherung einen monotonen Anstieg des Streuquerschnitts der Ionisierung zu niedrigen Energien. Sagt das Korrespondenzprinzip dies zwar qualitativ richtig voraus, sind weitergehende Aussagen über die Höhe des Maximums (etwa $\Delta E_{\text{Ion}}/E_{\text{kin}}$) damit nicht möglich.

Der prinzipielle Verlauf der energetischen Abhängigkeit des Streuquerschnittes ist in Abb. 3.16 gezeigt. Er kann mit der Formel

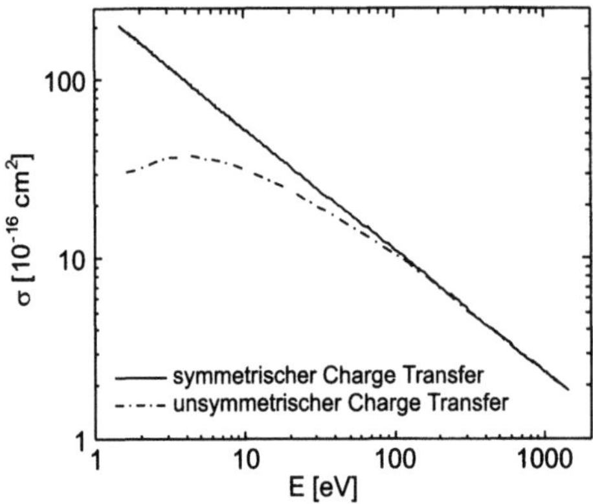

Abb. 3.16. Vergleich des prinzipiellen Verlaufs von symmetrischem (resonantem) und asymmetrischem Charge-Transfer. In doppelt-logarithmischer Auftragung ist die Energieabhängigkeit des resonanten Charge-Transfers linear.

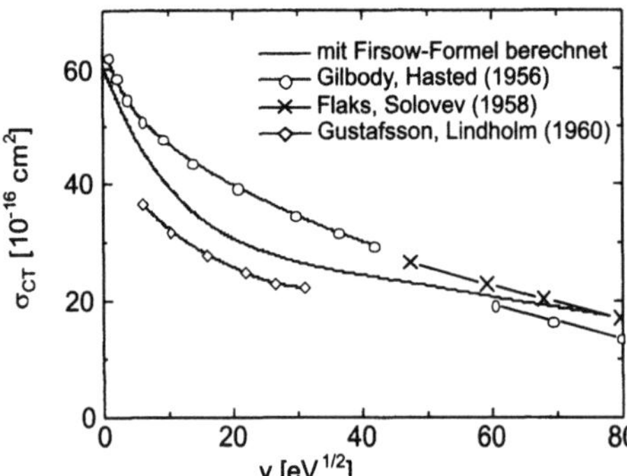

Abb. 3.17. Resonanter Charge-Transfer: $\mathrm{Ar}^+_{\mathrm{schnell}} + \mathrm{Ar}_{\mathrm{langsam}} \longrightarrow \mathrm{Ar}^+_{\mathrm{langsam}} + \mathrm{Ar}_{\mathrm{schnell}}$; Vergleich experimenteller Daten mit der Theorie (FIRSOW-Formel) [70] (© J. Wiley & Sons, Inc.).

$$\sigma = (a - b \cdot \ln v)^2 \qquad (3.44)$$

mit a, b empirischen Konstanten und v der relativen Geschwindigkeit der Stoßpartner beschrieben werden [71]. Für eine resonante Reaktion besteht demnach ein linearer Zusammenhang des Streuquerschnitts vom Logarithmus der kinetischen Energie (Abb. 3.17).

Der Streuquerschnitt ist am größten für ein Ion in seinem Muttergas bei langsamen Geschwindigkeiten und kann hier den Hauptbeitrag zum gesamten Streuquerschnitt liefern (Abb. 3.18). Der Elektronentransfer erfolgt meist nahezu ohne Impulsaustausch, also weisen die gebildeten Ionen vernachlässigbare Geschwindigkeiten auf, und die gestreuten Molekeln ändern ihre Geschwindigkeit nur geringfügig, so daß ein Streukonus mit sehr geringem Öffnungswinkel entsteht [72].

Die Messung des „Charge-Transfers“ wird durch einen Apparat ermöglicht, der aus einem den Ionenstrahl umlenkenden Magnetfeld besteht, der den Strahl

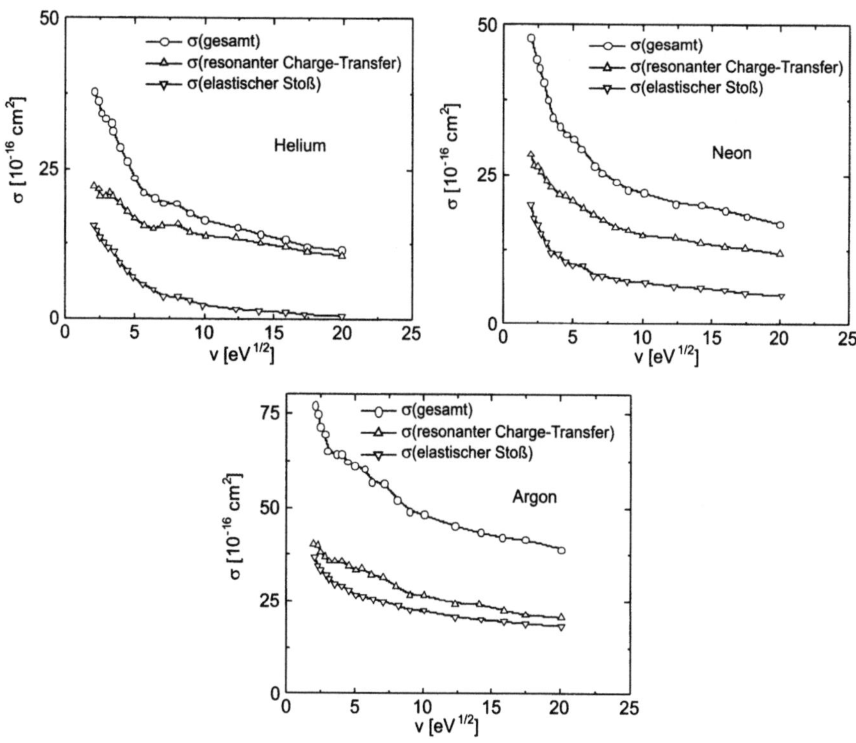

Abb. 3.18. Streuquerschnitte für den elastischen Stoß und den symmetrischen (resonanten) Charge-Transfer von He^+ in He, Ne^+ in Ne, Ar^+ in Ar [56] [57] [58]. Bei niedrigen Energien kann der resonante Charge-Transfer den Hauptbeitrag zum gesamten Streuquerschnitt liefern.

auf das Probenvolumen fokussiert. Dieses Volumen muß dünn genug sein, damit keine mehrfachen Ionisationen möglich sind. Die entstehenden Ionen werden durch ein zur Probenkammer transversales elektrisches Feld abgesaugt. Der Ionendetektor ist meist ein FARADAY-Becher und negativ vorgespannt, so daß Verfälschungen durch SE ausgeschlossen sind (sog. „Kondensor-Methode", [73]).

Selbstverständlich können auch Dreierstöße auftreten, jedoch beträgt das Verhältnis der Wahrscheinlichkeiten für einen Zweier- zu Dreierstoß etwa Tausend [74], deswegen sind Reaktionen wie Rekombinationen:

$$2A^+ + B \longrightarrow A_2^+ + B^+ \qquad (3.45)$$

zwar möglich, aber sehr unwahrscheinlich.

3.3.2.3 Penning-Ionisierung. Unter den zahlreichen möglichen Reaktionen soll noch die *Penning-Ionisation* — sog. Stöße zweiter Art — Erwähnung finden. Wichtig ist dieser Mechanismus z. B. bei Entladungen von mit reaktiven Gasen dotierten Edelgasatmosphären (s. Abschn. 10.3.3, 10.5 und 11.8.6). Bei einer Reaktion zwischen einer metastabilen und einer neutralen Spezies kann jene diese dann ionisieren, wenn das Ionisierungspotential der neutralen Spezies kleiner als die Anregungsenergie der metastabilen Molekel ist. Aus metastabilen Zuständen ist — durch Auswahlregeln bedingt — keine Rückkehr in den Grundzustand möglich, daher weisen diese beträchtliche Lebensdauern auf. Die metastabilen Zustände des Neons liegen bei 16,62 und 16,7 eV, die des Argons bei 11,55 und 11,72 eV und sind somit größer als die Ionisierungsenergien aller Metalle und der meisten gasförmigen Elemente. Dotiert man also eine Neonentladung mit Argon, so können metastabile Neonatome — sie werden ebenfalls mit einem Asterisken symbolisiert — Argon ionisieren (s. a. Abb. 4.4):

$$\mathrm{Ne}^* + \mathrm{Ar} \longrightarrow \mathrm{Ne} + \mathrm{Ar}^+ + \mathrm{e}^- . \tag{3.46}$$

Die Streuquerschnitte bei thermischen Energien sind gewöhnlich etwas größer als die gaskinetischen Stoßquerschnitte ($\approx 10^{-15}\,\mathrm{cm}^2$), was den Prozeß sehr effektiv werden läßt, seine Wahrscheinlichkeit ist ungefähr Eins [75]. Deswegen kann er sich deutlich in einer Erhöhung des Entladungsstroms bemerkbar machen [76].

Von MIERDEL [77] wurden „Stufenprozesse" diskutiert, nach denen beim Zusammenstoß zweier metastabil angeregter Atome es zu einer zusätzlichen Ionisierung kommen kann: Dieser Effekt würde mit steigender Dichte der angeregten Atome zunehmen.

$$\mathrm{Ar}^* + \mathrm{Ar}^* \longrightarrow \mathrm{Ar}^+ + \mathrm{Ar} + \mathrm{e}^- . \tag{3.47}$$

Darüber hinaus sind auch Ionisierungen durch Elektronenstoß möglich:

$$\mathrm{Ar}^* + \mathrm{e}^- \longrightarrow \mathrm{Ar}^+ + 2\,\mathrm{e}^- , \tag{3.48}$$

wobei die aufzuwendende Energie statt 15,76 eV jetzt nur noch 4,21 eV beträgt, so daß, obwohl die metastabile Spezies nur in kleinen Konzentrationen vorhanden ist, doch wesentlich mehr Elektronen diese ionisieren können. Von INGOLD wurde abgeschätzt, daß in einer Hg/Ar-Entladung dieser Mechanismus die hauptsächliche Ionisierungsquelle ist [78].

3.3.2.4 Stöße von Photonen mit Molekülen. Photonen können ebenfalls ionisieren (Abb. 3.19). Auch hier existiert wieder die Schwelle der Ionisierungsenergie, unterhalb derer keine ionisierende Anregung möglich ist. Die Kurve weist eine Absorptionskante bei $E = E_{\mathrm{Ion}}$ auf, um dann ziemlich schnell wieder abzufallen, so daß die „Ausbeutemaxima" der Ionisierungen durch Elektronen, Ionen und Photonen jeweils bei unterschiedlichen Werten liegen. Das Maximum

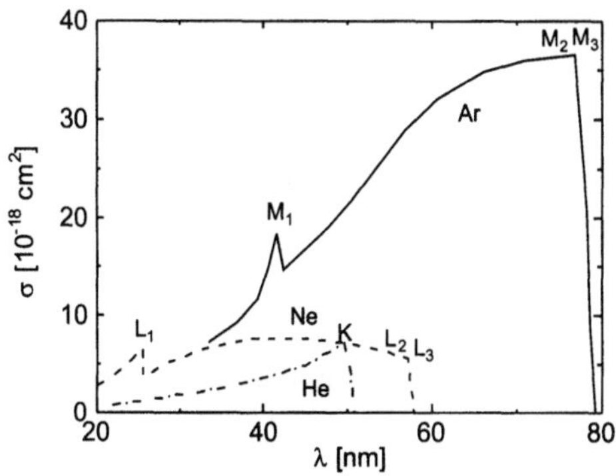

Abb. 3.19. Photoabsorptions-Querschnitt von Edelgasen [79] (© Springer-Verlag).

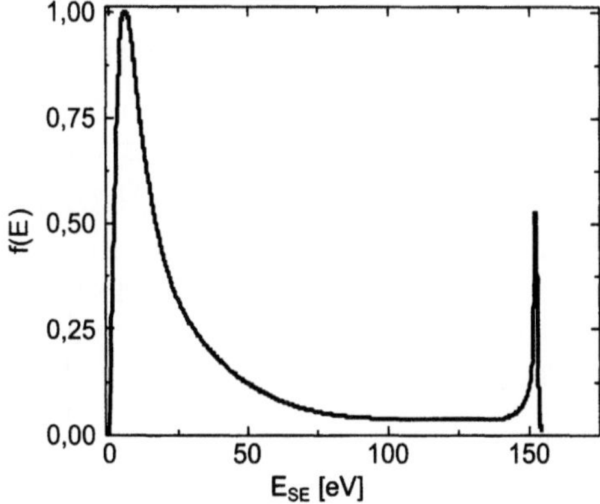

Abb. 3.20. Energieverteilung der Sekundärelektronen, $f(E)_{SE}$, für 160 eV-Elektronen, die auf eine blanke Au-Oberfläche treffen (auf das Maximum normiert) [80] (© Oxford University Press).

der photoelektrischen Anregung liegt für Argon bei 15,5 eV und weist einen Wert von etwa $0,36 \cdot 10^{-16}\,\mathrm{cm}^2$ (= 36 Mbarn) auf.

3.4 Sekundärelektronen-Erzeugung an Oberflächen

Treffen Elektronen auf eine Oberfläche, können sie elastisch (die Energie ändert sich nicht, nur der Impuls; sehr hoher Anteil im Spektrum Intensität gegen Energie) oder unelastisch (sowohl Energie als auch Impuls ändern sich, kleiner Anteil im Spektrum) gestreut werden. Zu niedrigen Energien (weniger als 50 eV) bekommt man einen zweiten Anstieg: das sind die erzeugten Sekundärelektronen (SE, Maximum der Energie zwischen 5 und 10 eV, Abb. 3.20).

Die SE-Ausbeute δ hängt empfindlich ab von

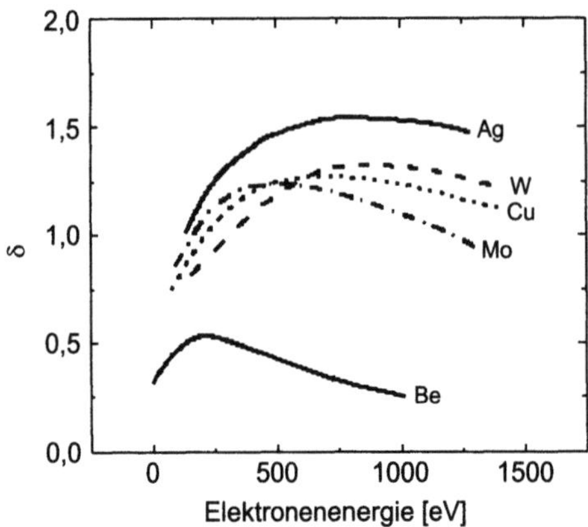

Abb. 3.21. Koeffizienten der SE-Emission δ verschiedener Metalle als Funktion der Energie der Primärelektronen.

- der Energie der auftreffenden Elektronen: Maximum bei mittleren Energien; bei kleinen Energien: Absorption, bei hohen Energien: elastische Streuung),
- dem Oberflächenmaterial: Anstieg mit der Dichte und der Austrittsarbeit mit den normalen periodischen Abhängigkeiten: Zunahme der Ausbeute mit zunehmender Auffüllung der Elektronenschalen, wird jedoch das Auffüllen einer neuen Schale begonnen, bevor eine innere bereits abgeschlossen ist, beobachten wir eine Diskontinuität: Anomalie bei halb- bzw. vollbesetzter Schale, und
- seiner Oberflächenbeschaffenheit: je glatter, je höher die SE-Ausbeute.

Für viele Metalle mit sauberer Oberfläche ist δ etwa Eins (Abb. 3.21). Für Isolatoren können δ-Werte von bis zu 15 erreicht werden (zur Messung werden Impulsverfahren verwendet, die Fehler sind allerdings recht groß).

Dies kann darauf zurückgeführt werden, daß hier nahezu keine Elektronen im Leitungsband vorhanden sind, während das Valenzband entsprechend gefüllt ist. Die Primärelektronen können deswegen nur ins Leitungsband gelangen, wo sie kaum Möglichkeit haben, ihre Energie zu dissipieren. Daher erreichen die erzeugten SE mit höheren Energien als im Metall die Oberfläche und haben eine größere Fluchtwahrscheinlichkeit. Aus dem gleichen Grund nimmt die SE-Ausbeute auch mit flacherem Einfallwinkel zu.

Nach obiger Begründung wird der Rückstreukoeffizient η als Mittelwert der erzeugten Elektronen zwischen 50 eV und der Energie der auftreffenden Elektronen und der SE-Koeffizient δ als Mittelwert der erzeugten Elektronen zwischen 0 und 50 eV definiert.

Auch auftreffende Ionen erzeugen Sekundärelektronen. Hierzu gibt es, genauso, was den Einfluß von Neutralteilchen und Photonen angeht, jedoch relativ wenige Untersuchungen. Die Energieverteilung der SE hängt relativ schwach von

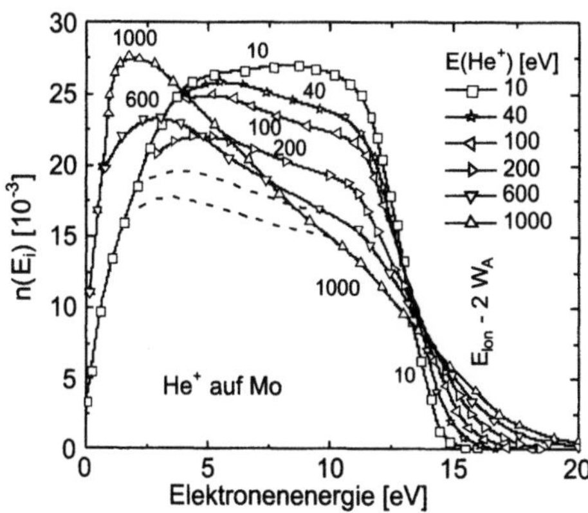

Abb. 3.22. Energieverteilung von Elektronen, die von einer atomar reinen Mo-Oberfläche durch He-Ionen verschiedener Energie ausgelöst wurden. Die strichlierten Kurven ohne Symbole trennen die AUGER-Prozesse von den anderen SE-auslösenden Vorgängen [81] (© The American Physical Society).

der kinetischen Energie der einfallenden Ionen ab und weist ein breites Maximum in der Gegend zwischen 5 und 10 eV auf [81] (Abb. 3.22). Die Verteilungen für $E_i \leq 200$ eV sind sehr ähnlich; bei höheren Energien steigt γ_i stark an, was sich im Auftreten eines „Peaks" bei Energien nahe 0 eV widerspiegelt.

Ein Elektron kann von einem positiven Ion nur ausgelöst werden, wenn die Summe seiner kinetischen Energie und des Ionisierungspotentials 2 W_A mit W_A der Austrittsarbeit übersteigt; dies wird aus Gründen der Energieerhaltung verlangt und auf Grund der Tatsache, daß für jedes emittierte Elektron ein weiteres zur Neutralisation des auftreffenden Ions benötigt wird. Die Bedingung ist also:

$$E_{\text{kin}}(e^-) \geq E_{\text{Ion}} - 2\,W_A. \tag{3.49}$$

Bemerkenswert ist die Verletzung dieser Bedingung für Neon, die auf einen zusätzlichen AUGER-Prozeß zurückzuführen ist [82], und die bei der Auslösung durch 10 eV-Ne-Ionen nicht beobachtet wird. Erklärung findet dieser Sachverhalt dadurch, daß Ionen höherer Energie in Oberflächennähe entladen werden und dann in einem Prozeß, der „AUGER-Relaxation" genannt wird, ihrerseits schnelle Elektronen erzeugen. Die SE-Ausbeute dieses elektronischen Stoßprozesses ist jedoch höher als die der AUGER-Neutralisation.

Typische Werte für die SE-Ausbeute γ schwanken zwischen 0,05 und 0,1 für die schweren Edelgase (Abb. 3.23). Besonders ausgeprägt ist das Minimum der SE-Ausbeute für He^+, das sich in abgeschwächter Form bei den schweren Edelgasen wiederfindet. Zurückgeführt wird dieses darauf, daß die Elektronen bei Erhöhung der Energie der Projektilionen aus größeren Tiefen ausgelöst werden und die Oberfläche gar nicht erst erreichen. Diese Abschwächung wird erst bei noch höheren kinetischen Energien durch weiter erhöhte SE-Ausbeute überkompensiert. Bei Neon wird dieses durch „AUGER-Relaxation" überdeckt. Dies gilt für Ionenenergien, wie sie in Glimmentladungen typisch sind. Schnelle positive

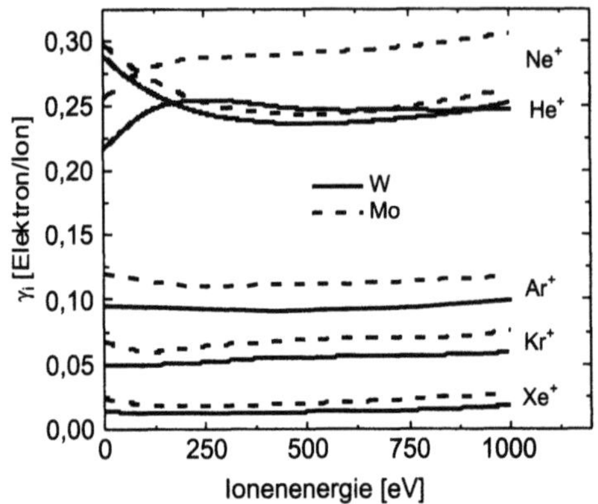

Abb. 3.23. Vergleich der Daten für γ_i für die reinen Metalle Mo und W [81] [83] (© The American Physical Society).

Ionen wie α-Teilchen mit Energien bis zu 1 MeV können bis zu 30 Elektronen auslösen; auch die SE-Energie beträgt einige keV.

Obwohl sich die Ausbeutekurven stark ähneln, so ist doch die Elektronenausbeute

- für Molybdän immer höher als für Wolfram;
- abhängig von der Ionisierungsenergie des auftreffenden Ions: je niedriger dessen Ionisierungspotential, desto geringer die Ausbeute.

Dies ist zum einen auf die niedrigere Austrittsarbeit des Molybdäns zurückzuführen — dadurch nimmt die kinetische Energie der Elektronen zu und damit deren Austrittswahrscheinlichkeit.

Zum anderen bestimmen FERMI-Energie und die Zustandsdichte an der FERMI-Kante (diese ist im Modell freier Elektronen gleich der Zahl der Leitungselektronen dividiert durch die FERMI-Energie) Energie und Anzahl der austretenden Elektronen: abnehmende FERMI-Energie bedingt größere kinetische Energie der emittierten Elektronen, gleichzeitig nimmt die Zustandsdichte zu.

HAGSTRUM untersuchte auch den Einfluß der Oberflächenbeschaffenheit auf die SE-Ausbeute [84]. Abb. 3.24 illustriert eindrucksvoll die Schwierigkeiten, verläßliche Daten für δ und γ zu gewinnen (so hängt γ zusätzlich noch von der Kristallorientierung ab).

Die kontaminierte Oberfläche verändert außerdem die Energieverteilung der Elektronen, und zwar wird der Anteil schneller Elektronen reduziert. Dies ist nicht nur durch eine Veränderung der Austrittsarbeit bedingt, sondern hat seine Ursache in fundamentalen Änderungen der Mechanismen der Elektronenerzeugung, die keine AUGER-Prozesse sind.

Die Elektronenausbeute durch Photonen, ausgelöst durch den EINSTEINschen Photoeffekt, schwankt zwischen 100 und 1000 ppm im nahen UV (abhängig von der Austrittsarbeit W_A), um dann auf Werte bis zu 0,5 im Vakuum-UV

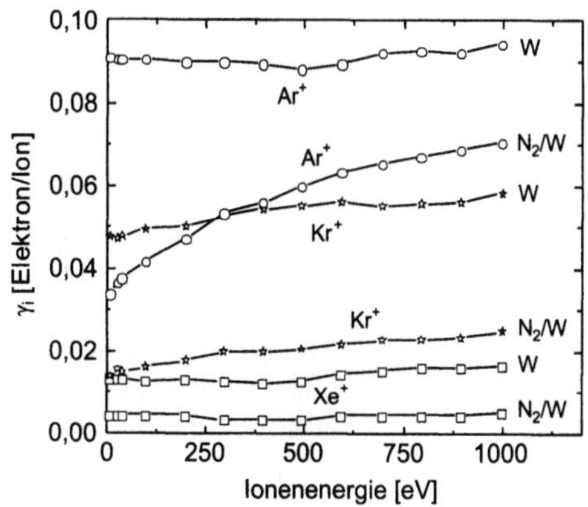

Abb. 3.24. $\gamma_{\rm i}$ als Funktion der Energie der schweren Edelgasionen für reines und mit einer Monolage Stickstoff bedecktes Wolfram [84] (© The American Physical Society).

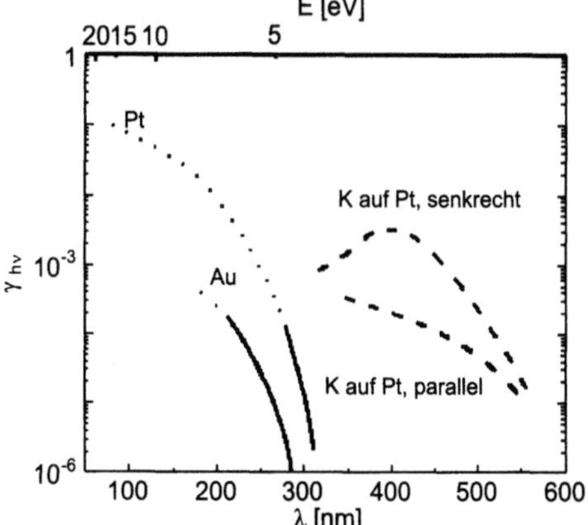

Abb. 3.25. Photoelektronenausbeute $\gamma_{h\nu}$ von Au und Pt als Funktion von Wellenlänge und Energie. Die photoelektrische Schwelle für Au beträgt 4,5 eV, die für reines Pt 5,4 eV. $\gamma_{h\nu}$ hängt auch von der Polarisierung des Lichts ab [85]. $\perp$ und $\|$: $\boldsymbol{E}$ von linear polarisiertem Licht steht senkrecht oder parallel zur Oberfläche (© Oxford University Press).

anzusteigen (Abbn. 3.25 und 3.26). Es sind hauptsächlich zwei Gründe, die diesen starken Anstieg auslösen: zum einen wird der größte Teil der Strahlung im langwelligen Bereich reflektiert, zum anderen ist die Anregung freier Elektronen im Leitungsband in einem Zwei-Elektronen-Prozeß aus Impulserhaltungsgründen wenig wahrscheinlich. Zu kurzen Wellenlängen hin werden dagegen die Metalle transparent, die Reflektivitäten nehmen ab, und es ist zunehmend möglich, auch Valenzelektronen anzuregen (s. a. Abschn. 14.6).

Insgesamt werden all diese Prozesse als aus zwei Schritten bestehend angesehen: der Elektronenanregung folgt das Verlassen des Kristalls über eine Schwelle.

Die Ermittlung der Austrittsarbeit stellt eine große Herausforderung dar, da die Ausbeute stark von der Reinheit, insbesondere aber von der Kontamination, der Substanz abhängt. Theoretisch ist das Hauptproblem dabei die genaue Berechnung der Form der zu überwindenden Barriere (s. dazu [87]).

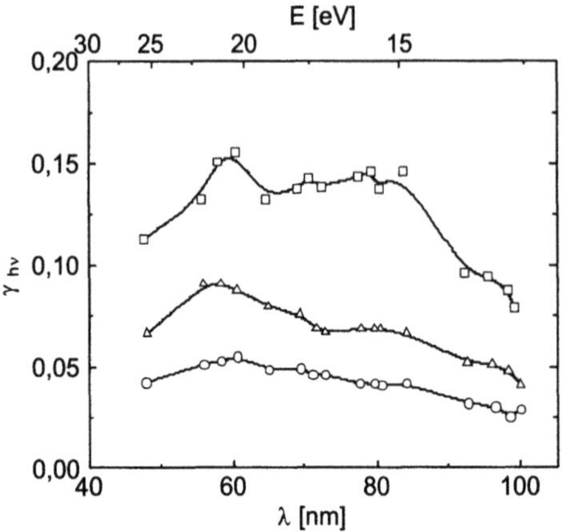

Abb. 3.26. Die Photoelektronenausbeute hängt empfindlich von der Vorbehandlung der Oberfläche ab [86]: Quadrate: Unbehandelte Wolfram-Kathode; Dreiecke: 5 min bei T > 1000°C und 10 Torr ausgeheizt; Kreise: bis zur Reproduzierbarkeit bei T > 1000°C ausgeheizt (© J. Wiley & Sons, Inc.).

Obwohl die Streuquerschnitte der Photoionisierung bei niedrigen Energien äußerst klein sind, bedeutet dies nicht, daß sie in Glimmentladungen ohne Bedeutung wären. Gerade in DC-Entladungen, in denen Elektronen Energien von bis zu einigen keV aufweisen, entstehen durch AUGER-Prozesse Photonen hoher Energie.

3.5 Verlustmechanismen

Die Hauptverlustmechanismen in einem Plasma sind

- Rekombination der Ladungsträger,
- Diffusion.

Obwohl prinzipiell beide Mechanismen von Wichtigkeit sind, kann man doch Druckbereiche angeben, in denen der eine oder andere überwiegt. Nach WESTON [88] liegt diese Grenze bei etwa 10 Torr (1333 Pa); oberhalb werden Verluste von der Rekombination (quadratische Abhängigkeit von der Dichte) dominiert, darunter von der Diffusion (exponentieller Zusammenhang mit der Dichte) der Ladungsträger an die Wände des Reaktors, wo sie rekombinieren. Die Dichte der elektrischen Ladung ist dort Null. Für langsame Änderungen kann man die Kontinuitätsgleichung $\partial\rho/\partial t = -\nabla \cdot \boldsymbol{j}$ und das 1. FICKsche Gesetz $\boldsymbol{j} = -D\nabla n$ benutzen, die das 2. FICKsche Gesetz ergeben:

$$\frac{\mathrm{d}\rho}{\mathrm{d}t} + \nabla \cdot \boldsymbol{j} = 0 \wedge \frac{\mathrm{d}\rho}{\mathrm{d}t} = \pm\rho\mu E - D\Delta n. \tag{3.50}$$

Für Plasmen, deren Abmessungen deutlich größer als die DEBYE-Länge, also quasineutral, sind, müssen sich die Diffusionsraten von Elektronen und Ionen so anpassen, daß im stationären Zustand beide gleich sind. Dies geschieht natürlich durch Aufbau eines elektrischen Feldes, das wiederum die Elektronen im Plasma zurückhält und die Ionen aus ihm beschleunigt. Der totale Fluß von Elektronen und Ionen ist dann entgegengesetzt gleich:

$$j = \mu_i n_i E = -D_i \nabla n_i \wedge \mu_e n_e E - D_e \nabla n_e, \tag{3.51}$$

woraus sich mit etwas Algebra ein neuer Diffusionskoeffizient berechnen läßt:

$$D_a = \frac{\mu_i D_e + \mu_e D_i}{\mu_i + \mu_e}, \tag{3.52}$$

der *ambipolarer Diffusionskoeffizient* heißt, weil kein Unterschied im Fluß der Partikeln unterschiedlichen Vorzeichens bemerkbar ist. Ist jener eine Konstante, wird $\mathrm{d}\rho/\mathrm{d}t = D_a \Delta n$. Er beschreibt also die Situation, daß die Diffusion der Ionen erhöht wird, aber die totale Diffusionsgeschwindigkeit durch die langsamere Spezies bestimmt wird. Deswegen sind ambipolare wesentlich kleiner als freie Diffusionskoeffizienten. Das hat zur Folge, daß die Elektronendichte bedeutend langsamer abnimmt, weswegen das elektrische Feld, das zum Gasdurchbruch benötigt wird, viel höher ist als das zum Erhalten der Entladung benötigte [89].

Die Zeit, in der die Ladung verschwindet, ist also in Niederdruck-Entladungen, in denen Wandreaktionen dominieren, etwa durch das Verhältnis Q/I gegeben:

$$\tau = \frac{Q}{I} = \frac{\rho V}{jA}, \tag{3.53}$$

was in der zylindrischen Symmetrie eines Parallelplattenreaktors [l: Zylinderlänge, r: Zylinderradius, O: Oberfläche: $2\pi r(r+l)$]

$$\tau = \frac{n_0 e_0 \pi r^2 l}{v_I O} \tag{3.54}$$

ergibt. Da die Ladungsträger eine Randschicht passieren, müssen wir für j_i die Stromdichte an der BOHM-Kante einsetzen (Gl. (14.38)) und erhalten für $r \gg l$:

$$\tau \approx l \sqrt{\frac{m_i}{k_B T_e}}. \tag{3.55}$$

Für ein Ar-Plasma einer Elektronentemperatur von 2 eV in einem 10 cm langen Zylinder ist dann $\tau \approx 45\ \mu$sec. Tatsächlich sind die Werte um einen Faktor 2 höher, was auf die nichtlineare Ladungsträgerverteilung in der Randschicht zurückzuführen ist.

4 DC-Entladungen

Die Sekundärelektronen verlassen die Kathode mit sehr geringen Energien von nur einigen eV und werden durch das starke elektrische Feld hoch beschleunigt. Innerhalb einer sehr kurzen Entfernung (ASTONscher Dunkelraum) erhalten sie genügend Energie, um Atome anzuregen, was zum Erscheinen der scharf definierten Kathodenschicht führt. Erwartungsgemäß liegen die Linien geringerer Energie der Kathode am nächsten. Weiter von dieser entfernt haben die Elektronen bereits eine zu hohe Geschwindigkeit, um Atome lediglich anzuregen; sie werden vielmehr ionisiert und ebenfalls beschleunigt, was zu einer starken Zunahme der Ionisierung führt (CROOKEscher Dunkelraum), während das elektrische Feld sich bis zum Erreichen der Negativen Glühzone fast vollständig abschwächt.

Für die Ionen in Richtung Kathode gilt, daß bei Drücken zwischen 1 und 13 Pa die mittlere freie Weglänge *MFP* zwischen 1 mm bis 5 cm beträgt, es kommt also zu häufigen Stoßprozessen.

Im folgenden sollen zunächst die Möglichkeiten der Ionisierung an der Kathode in der TOWNSENDschen Näherung erörtert werden. Wichtig ist dafür, daß an der Kathode keine SE-Erzeugung durch Elektronen möglich ist.

4.1 Ionisierung in der Kathodenzone

4.1.1 Normale Entladungen

4.1.1.1 Townsendsche Gleichung. Es gibt die zwei Möglichkeiten, daß Sekundärelektronen aus der Kathode α-Elektronen und Ionen in Richtung Kathode γ-Elektronen durch Bombardement der Kathode erzeugen. Unter der vereinfachenden Annahme, daß

- das elektrische Feld in der kathodischen Randschicht linear abfällt,
- der Ionenstrom beweglichkeitsbegrenzt ist und
- die Sekundärelektronen aus der Kathode keine Energieverteilung aufweisen, also monoenergetisch sind,

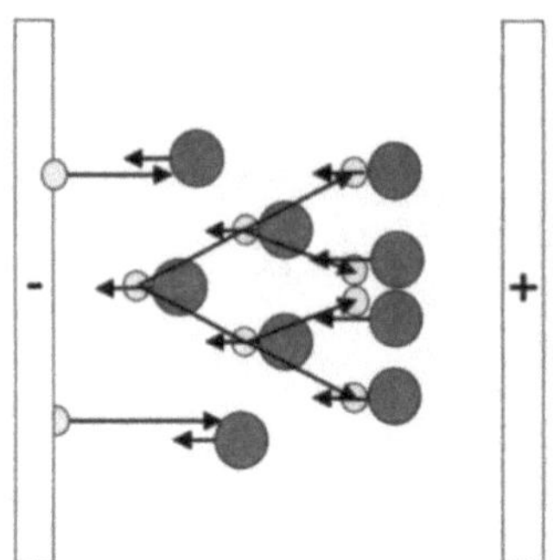

Abb. 4.1. Schematische Darstellung der Auslösung einer Lawine von Ladungsträgern durch Stoßionisation. Lks: Kathode mit kathodischer, re.: Anode mit anodischer Randschicht.

gilt die TOWNSENDsche Ionisierungstheorie [90] [91].

Wenn α und γ der erste (sog. primäre) und zweite (sekundäre) TOWNSENDsche Ionisierungskoeffizient und $j_e(x)$ die Elektronenflußdichte, dann ist der erzeugte Elektronenfluß:

$$\mathrm{d}j_e(x) = \alpha j_e(x)\mathrm{d}x \Rightarrow \mathrm{d}\ln j_e(x) = \alpha \mathrm{d}x \approx V_n/E_{\mathrm{Ion}}; \tag{4.1}$$

folglich

$$j_e(x) = j_e(0) \cdot \mathrm{e}^{\alpha x}; \tag{4.2}$$

wobei $j_e(0)$ die Sekundärelektronendichte an der Elektrode und V_n der normale Kathodenfall. Weil durch die Stoßionisierung jedesmal ein Paar von Ladungsträgern erzeugt wird, entstehen also auch positive Ionen, und zwar $j_e(0)(\mathrm{e}^{\alpha x} - 1)$, die auf die Kathode fallen und dort $\gamma j_e(0)(\mathrm{e}^{\alpha x} - 1)$ Elektronen der 2. Generation auslösen *ad infinitum* (Abb. 4.1)

An der Anode ist dann der Elektronenstrom, wenn d der Abstand Anode-Kathode ist:

$$j_e(d) = j_e(0)\mathrm{e}^{\alpha d} + \gamma j_e(0)(\mathrm{e}^{\alpha d} - 1)\mathrm{e}^{\alpha d} + \gamma^2 j_e(0)(\mathrm{e}^{\alpha d} - 1)^2\mathrm{e}^{\alpha d} + \cdots, \tag{4.3.1}$$

also

$$j_e(d) = j_e(0)\mathrm{e}^{\alpha d} \cdot (1 + \gamma(\mathrm{e}^{\alpha d} - 1) + \gamma^2(\mathrm{e}^{\alpha d} - 1)^2 + \cdots), \tag{4.3.2}$$

was eine unendliche geometrische Reihe ist, deren Summe für $\gamma(\mathrm{e}^{\alpha d} - 1) < 1$ sich zu

$$j_e(d) = \frac{j_e(0)\mathrm{e}^{\alpha d}}{1 - \gamma(\mathrm{e}^{\alpha d} - 1)} = M\frac{j_e(0)}{1 - \gamma(M - 1)} \tag{4.4}$$

mit $M = \mathrm{e}^{\alpha d}$ ergibt.[1]

[1]Der Elektronenstrom im Gas wird also M-Mal verstärkt und würde allein nicht der Kontinuitätsgleichung genügen. Da aber ebenso viele positive Ionen erzeugt werden, die auf die Kathode fallen, gilt für den Totalstrom die Kontinuitätsgleichung (die Ionen kommen wegen ihrer geringen Beweglichkeit allerdings zeitverzögert an der Kathode an!)

Dies ist der übliche Ausdruck für das Stromwachstum in einer TOWNSENDschen Entladung, wenn *die Stromdichte klein* ($\approx 10^{-10}\,\text{Acm}^{-2}$) *ist, und keine Diffusionsverluste auftreten* [92].

Wenn die Spannung zwischen den Elektroden steigt, nehmen α und γ zu, damit geht der Nenner in Gl. (4.4) schnell gegen Null und wird negativ. Der Strom wird also sehr groß, man spricht dann von einem „Gas Breakdown“ oder „Durchbruch“. In Wirklichkeit geschieht die Zündung bereits bei niedrigeren Spannungen, da vor der Kathode eine positive Raumladung gebildet wird, wodurch das elektrische Feld stark steigt.

Die Charakteristik der Entladung verändert sich fundamental: Beobachten wir in der TOWNSENDschen Entladung ein konstantes elektrisches Feld, also einen konstanten Potentialanstieg zwischen Kathode und Anode, finden wir nun, daß sich eine positive Raumladungszone vor der Kathode ausbildet. Durch dieses Feld werden die Sekundärelektronen von der Kathode weg beschleunigt, so daß die Elektronendichte in dieser Region auf Werte von nahezu Null absinkt (s. Abbn. 2.1 und 2.3).

Hat die Gasentladung gezündet, reicht die SE-Produktion an der Kathode aus, um die Entladung zu unterhalten, d. h. daß die Zahl der von den Ionen erzeugten Elektronen ausreicht, um wiederum gleich viele Ionen zu erzeugen, womit der Stromdurchgang *von der äußeren Ursache unabhängig geworden* ist. Deswegen gilt als *Stationaritätsbedingung* einer sich selbst erhaltenden normalen Entladung in der TOWNSENDschen Näherung (Nenner in Gl. (4.4) Null):

$$\alpha d = \ln\left(1 + \frac{1}{\gamma}\right). \tag{4.5}$$

Da $\gamma \ll 1$, folgt sofort

$$\gamma \mathrm{e}^{\alpha d} = \gamma M = 1: \tag{4.6}$$

$\mathrm{e}^{\alpha d}$ positive Ionen lösen $\gamma \mathrm{e}^{\alpha d}$ Sekundärelektronen aus, oder eins mehr als die Ionenzahl, die durch ein Elektron erzeugt worden sind. Folglich ergibt sich für den normalen Kathodenfall mit Gl. (4.1):

$$V_\text{n} = E_\text{Ion} \cdot \left(1 + \frac{1}{\gamma}\right). \tag{4.7}$$

4.1.1.2 Der primäre Ionisierungskoeffizient. Wenn keine druckabhängigen Ionisierungsprozesse eine Rolle spielen, bestimmt das Verhältnis E/p, das bei konstanter Temperatur gleich dem Verhältnis E/n ist, die erreichbare Energie der Elektronen zwischen zwei Stößen. Die mittlere freie Weglänge ist der Teilchenzahldichte n umgekehrt proportional, so daß zusätzlich gilt (für die Energie schreiben wir ε, um die Verwechslungsgefahr mit der elektrischen Feldstärke zu verringern):

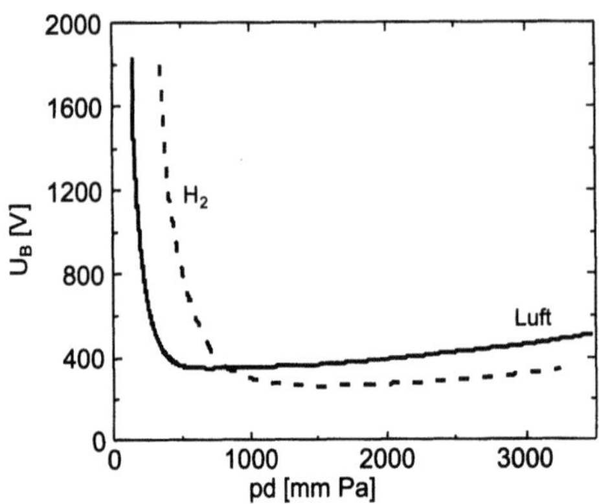

Abb. 4.2. PASCHEN-Kurven für Wasserstoff und Luft nach [93].

$$< \varepsilon >= f\left(\frac{e_0 E}{p}\right) = f\left(\frac{e_0 E}{n}\right) = f(e_0 E\lambda). \tag{4.8}$$

Die Abhängigkeit von α, der Zahl der Ionisierung pro cm in Feldrichtung, muß natürlich dieselbe sein; zusätzlich hängt α aber noch von der Stoßzahl pro cm ab (bei konstanter Temperatur $p \propto n$):

$$\alpha = pf(e_0 E\lambda) \Rightarrow \frac{\alpha}{p} = f(e_0 E\lambda) = f\left(\frac{e_0 E}{p}\right). \tag{4.9}$$

Nach Gl. (4.6) ist das Produkt aus γ und dem Verstärkungsfaktor M eine Konstante. Setzen wir für α den Ausdruck aus Gl. (4.9) ein, erhalten wir

$$\gamma \exp\left(pd\, f\left(\frac{E}{p}\right)\right) = \gamma \exp\left(p\, df\left(\frac{U_B}{pd}\right)\right) = 1, \tag{4.10}$$

was erfordert, daß für festes pd die Durchbruchspannung U_B ebenfalls fest bleibt. Das bedeutet aber, daß U_B nur eine Funktion des Produktes des Entladungsdrucks p und des Elektrodenabstandes d (bzw. bei konstanter Temperatur der Gasdichte n) ist (Gesetz von PASCHEN).

Für kleine E/p-Werte erreichen die Elektronen die Gegenelektrode, ohne zu stoßen, folglich ohne ionisieren zu können, während für große E/p-Werte die Länge zwischen zwei Stößen zu kurz ist, um auf Energien größer als die Ionisierungsenergie zu kommen. Deswegen existiert ein Minimum, das ungefähr beim Wert Elektrodenabstand = MFP_e liegt, das sog. PASCHEN-Minimum (s. Abb. 4.2). α wird empirisch oft angenähert durch (in der üblichen Einheit wegen des HOLMschen Ähnlichkeitsgesetzes)

$$\eta = \frac{\alpha}{E} = \frac{Ap}{E} \cdot \exp\left\{-\frac{Bp}{E}\right\} \tag{4.11}$$

mit A und B gascharakteristischen Größen (Abb. 4.3).

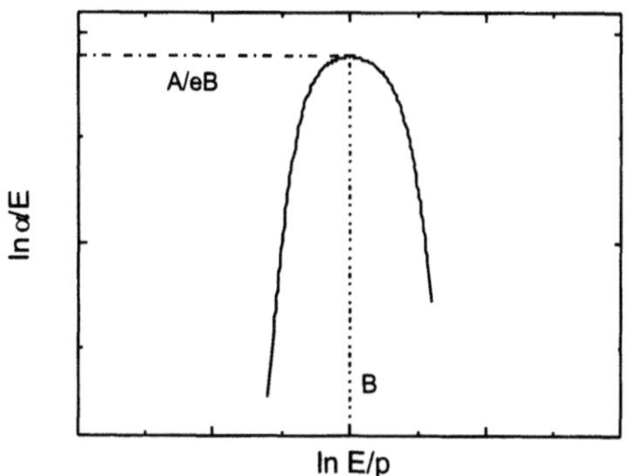

Abb. 4.3. Charakteristischer Verlauf von α/E gegen E/p in doppelt-logarithmischer Auftragung. Wenn $\alpha/E = Ap/E \cdot \exp(-Bp/E)$, ist das Maximum bei A/Be und dem Argument B nach [94].

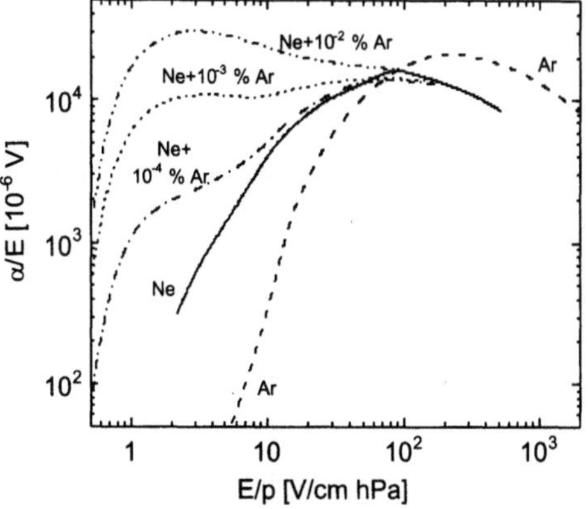

Abb. 4.4. Erhöhung von α durch die PENNING-Ionisierung $Ne^* + Ar \rightarrow Ne + Ar^+ + e^-$ [76] (© Review Modern Physics).

Der Abfall von α/E für kleine Argumente hängt mit der Zunahme der Anregung höherer elektronischer Zustände (anstatt der Ionisierung) zusammen; für große E/p nimmt η wegen der Zunahme der kinetischen Energie der Elektronen (und damit stark verminderten Streuquerschnitts) ab. Abweichungen von dieser Abhängigkeit sind oft auf den PENNING-Effekt zurückzuführen. Üblicherweise wird dieser Sachverhalt dann so dargestellt, daß der Quotient $\eta = (n\sigma)/E$ gegen E/p aufgetragen wird (Abb. 4.4, für die Begründung s. Abschn. 2.7). Da das elektrische Feld fast ganz an der Kathode abfällt, ist d in Gl. (4.5) in guter Näherung die Dicke der kathodischen Randschicht, wobei der Beginn Richtung Plasma bei verschwindender Feldstärke angenommen wird [95]. Dies ist deswegen gerechtfertigt, weil die BOHMsche Übergangszone sehr dünn ist.

4.1.1.3 Dicke der Randschicht und sekundärer Ionisierungskoeffizient. Anziehung der Ionen durch die Kathode und Abstoßung der Ionen untereinander bestimmen die Dicke der Randschicht. Deswegen wird deren Dicke bei

Druckerhöhung ($n \propto p$) schrumpfen. Mit der Stationaritätsbedingung ausgedrückt: die normale Dicke der Randschicht d_n wird größer, wenn die primäre Ionisierung sich vergrößert oder die sekundäre sich verringert. Aus Gl. (4.7) ist ersichtlich, daß der Kathodenfall mit zunehmender Ionisierungsenergie steigt (Eigenschaft des Gases). Darüber hinaus bestimmt γ den Wert für den Kathodenfall entscheidend mit. Es gibt auch qualitative Ansätze, V_n bei gleichem Gas als Funktion der Austrittsarbeit des Elektrodenmaterials zu betrachten, da Materialien mit der kleinsten Austrittsarbeit die niedrigsten Kathodenfälle aufweisen (genauso wie Gase mit den kleinsten Ionisierungspotentialen und damit den größten Querschnitten für Ionisierung durch Elektronen).

Prinzipiell gibt es aber keine einfache Abhängigkeit zwischen V_n und W_A, einfach, weil V_n durch γ bestimmt wird, das aber sowohl vom Kathodenmaterial, der Kathodengeometrie als auch vom Gas abhängt. Aus den Gln. (4.1) und (4.7) folgt schließlich für die normale kathodische Randschichtdicke:

$$pd_n = \frac{1}{\alpha p} \cdot \ln\left(1 + \frac{1}{\gamma}\right), \tag{4.12}$$

die Dunkelraumdicke nimmt zu, wenn die α-Ionisierung zu- und die γ-Ionisierung abnehmen.

Die Bedingung für den „Breakdown" eröffnet einen Weg, γ experimentell zu bestimmen. Dazu logarithmiert man die Stationaritätsbedingung $\gamma e^{\alpha d} = 1$, wobei der Exponent ja auch geschrieben werden kann als $\alpha d = \alpha/E \cdot Ed$ oder $\alpha/E \cdot U_B$:

$$\ln\frac{1}{\gamma} = \ln U_B - \ln\frac{1}{\eta}. \tag{4.13}$$

Trägt man also die Logarithmen von U_B und $1/\eta$ gegen den Logarithmus von E/p auf, bildet deren Differenz den Logarithmus des reziproken sekundären Koeffizienten γ (Abb. 4.5).

4.1.1.4 Die Größen des normalen Kathodenfalls. Zur Beschreibung der Kathodenzone ist neben der Stationaritätsbedingung (Gl. (4.5)) weiter ein Zusammenhang zwischen Ionenstromdichte und Kathodenfallspannung auf der einen und der Dicke der Randschicht auf der anderen Seite erforderlich. Die Ionenstromdichte in der Kathodenzone kann dabei prinzipiell entweder raumladungsbegrenzt (Fall des „Hochvakuums") oder beweglichkeitsbegrenzt (Fall des „Hochdrucks") sein, je nachdem, ob das *MFP* der Ionen groß oder klein, verglichen mit der Dicke der Randschicht, ist. Die diese Verhältnisse beschreibende Gleichung ist die CHILD-LANGMUIR-SCHOTTKY-Gleichung. Sie wurde 1911 von CHILD beschrieben und trägt deswegen — vor allem im angelsächsischen Sprachraum — seinen Namen. 1912 leiteten LANGMUIR und 1914 SCHOTTKY sie auf anderen Wegen ab.

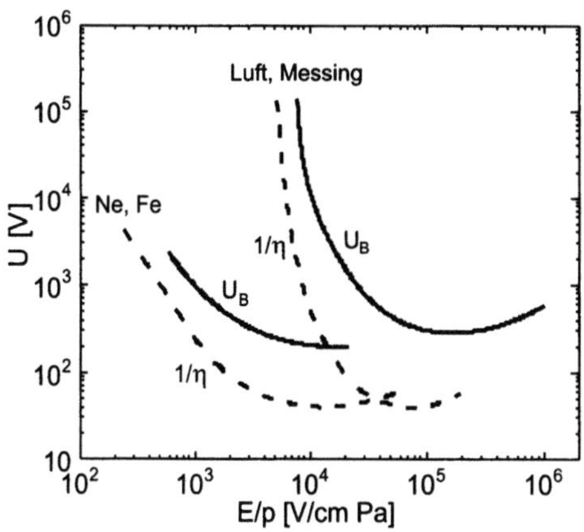

Abb. 4.5. Werte für die Durchbruchsspannung U_B und $1/\eta$ für einen Parallelplatten-Kondensator für Luft und Neon nach [96].

Sei der Ionenstrom aus der Glühzone (verschwindendes elektrisches Feld: $(\mathrm{d}E/\mathrm{d}x)_{x=0} = 0$) auf die Kathode: $j = \rho v$, wobei v sich aus $e_0 V = 1/2 m_0 v^2$ ergibt. Die POISSON-Gleichung lautet dann

$$\frac{\mathrm{d}^2 V}{\mathrm{d}x^2} = \frac{C}{\sqrt{V}} \tag{4.14}$$

mit

$$C = \frac{j}{\varepsilon_0 \sqrt{2e_0/m_0}}. \tag{4.15}$$

Betrachtet man die erste Ableitung von V als Funktion von V (dies wird in vielen Lehrbüchern als Multiplikation mit $\mathrm{d}V/\mathrm{d}x$ bezeichnet):

$$\frac{\mathrm{d}V}{\mathrm{d}x} = F[V(x)] \Rightarrow \frac{\mathrm{d}^2 V}{\mathrm{d}x^2} = \frac{\mathrm{d}F}{\mathrm{d}V} \cdot \frac{\mathrm{d}V}{\mathrm{d}x} = F\frac{\mathrm{d}F}{\mathrm{d}V}, \tag{4.16}$$

ist diese Gleichung separierbar und liefert

$$F\frac{\mathrm{d}F}{\mathrm{d}V} = \frac{C}{\sqrt{V}} \Rightarrow \int F\mathrm{d}F = \int \frac{C}{\sqrt{V}}\mathrm{d}V \Rightarrow {}^1\!/\!_2 F^2 \,|_0^V = 2C\sqrt{V} + A. \tag{4.17}$$

Da voraussetzungsgemäß $\mathrm{d}V/\mathrm{d}x$ in der Glimmzone 0, ist also $A = 0$, demnach wird bei erneuter Integration:

$$\frac{\mathrm{d}V}{V^{1/4}} = 2\sqrt{C}\mathrm{d}x \Rightarrow \frac{4}{3}V^{3/4}\,|_0^V = 2\sqrt{C}x\,|_0^d, \tag{4.18}$$

damit für V und j :

$$V^{3/2} = \frac{9}{4\varepsilon_0} \cdot \frac{j}{\sqrt{2e_0/m_0}} \cdot d^2 \wedge j = \frac{4}{9}\varepsilon_0 \sqrt{\frac{2e_0}{m_0}} \cdot \frac{V^{3/2}}{d^2}. \tag{4.19}$$

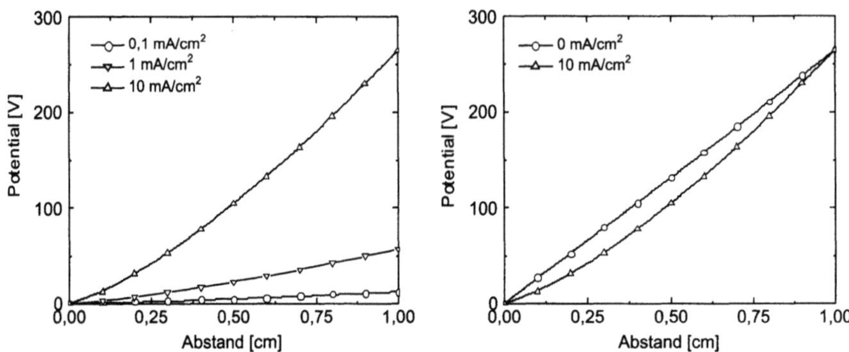

Abb. 4.6. Raumladungsbegrenzter Strom zwischen zwei Platten, von denen die eine Elektronen emittiert. Links: verschiedene Stromdichten, rechts: Abschwächung des Potentials durch Elektronen in der Randschicht unmittelbar oberhalb der Kathode im Vergleich zu einem linearen Potentialabfall.

Das ist die Hochvakuumversion der SCHOTTKY-LANGMUIRschen Stromdichte-Gleichung (Abb. 4.6).

Für höhere Drücke ist der Strom aus der Glimmzone beweglichkeitsbegrenzt: $j = \rho u = \rho\mu E$, wobei angenommen wird, daß die Beweglichkeit feldunabhängig ist (mit u der Driftgeschwindigkeit).

$$\frac{\mathrm{d}^2V}{\mathrm{d}x^2} = -\frac{\rho}{\varepsilon_0} = -\frac{j}{\varepsilon_0 u} = -\frac{j}{\varepsilon_0\mu E}. \tag{4.20}$$

Die Separation liefert mit $E = -\frac{\mathrm{d}V}{\mathrm{d}x}$ und der Produktregel $\frac{\mathrm{d}}{\mathrm{d}x}\left(\frac{\mathrm{d}V}{\mathrm{d}x}\right) = 2\frac{\mathrm{d}^2V}{\mathrm{d}x^2}\cdot\frac{\mathrm{d}V}{\mathrm{d}x}$:

$$\frac{1}{2}\mathrm{d}\left(\frac{\mathrm{d}V}{\mathrm{d}x}\right)^2 = \frac{j}{\varepsilon_0\mu}\mathrm{d}x \Rightarrow \frac{\mathrm{d}V}{\mathrm{d}x} = \sqrt{\frac{2j}{\varepsilon_0\mu}}\cdot\sqrt{d}, \tag{4.21}$$

also für V und j:

$$V = \frac{2}{3}\sqrt{\frac{2j}{\varepsilon_0\mu}}\cdot d^{3/2} \wedge j = \frac{9}{8}\varepsilon_0\mu\frac{V^2}{d^3}. \tag{4.22}$$

Dies ist die beweglichkeitsbegrenzte Version.

- In der *Hochvakuumversion* ist also das Potential der Raumladung proportional $x^{4/3}$, das Feld proportional $x^{1/3}$ und die Stromdichte proportional $V^{3/2}$.

- In der *Hochdruckversion* (Stöße begrenzen die Driftgeschwindigkeit) ist dagegen das Potential proportional $x^{3/2}$, das Feld proportional $x^{1/2}$, die Stromdichte proportional V^2.

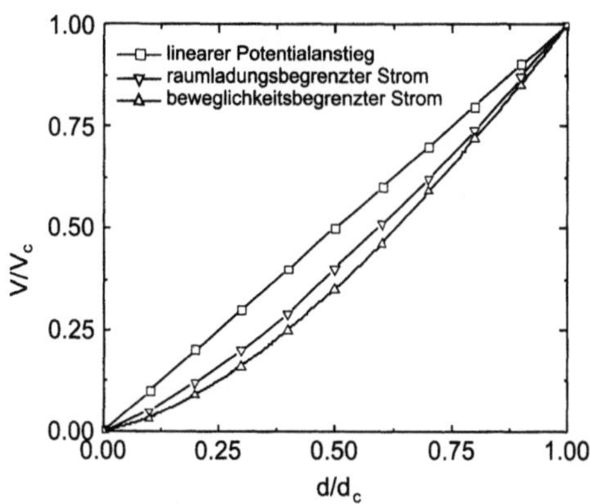

Abb. 4.7. Ortsabhängigkeit des Potentials für verschiedene Raumladungsverteilungen: der Unterschied zwischen linearem Potentialabfall ohne Abschirmung und der Abschwächung durch raumladungs- bzw. beweglichkeitsbegrenzten Strom ist minimal.

In beiden Fällen ergibt sich also eine vom OHMschen Gesetz deutlich unterschiedliche Abhängigkeit. Von INGOLD wurde allerdings darauf hingewiesen [97], daß die Unterschiede zwischen diesen beiden Möglichkeiten ($V \propto d^{3/2}$ für beweglichkeitsbegrenzten und $V \propto d^{4/3}$ für raumladungsbegrenzten Strom) zu klein sind, um experimentell unterschieden werden zu können, ja, selbst ein konstantes Feld ($V \propto d$) wäre schwierig nachzuweisen [98], Abb. 4.7). Darüber hinaus ist das *MFP* aber vergleichbar mit der Dicke der kathodischen Randschicht, so daß weder die eine noch die andere Näherung prinzipiell richtig ist.

Im Falle der beweglichkeitsbegrenzten Stromdichtebeziehung würde sich die Stromdichte an der Kathodenoberfläche zu ($u = \mu E$)

$$j = \varepsilon_0 \frac{9\mu}{8} \cdot \frac{V_{\mathrm{n}}^2}{d_{\mathrm{n}}^3} \tag{4.23}$$

errechnen, wobei das Plasma als Emitter- und die Kathode als Kollektor-Elektrode betrachtet und die Feldstärke an der Grenze der Randschicht auf Null gesetzt wird. Für die Dicke der Randschicht an der Wand, die ein Schwebepotential von $V_{\mathrm{F}} = -10$ V aufweist, ist dann (für eine stoßfreie Randschicht) $d \approx 0,2$ mm: die Randschicht ist nicht sichtbar! Genauer werdend, können wir mit den Gln. (3.16) und (4.15) für eine eindimensionale MB-Verteilung der Ionen (auf die Kathodenoberfläche gerichteter Strom) die Dicke der Randschicht in Vielfachen der DEBYE-Länge ausdrücken:

$$\frac{4}{9}\varepsilon_0\sqrt{\frac{2e_0}{m_0}} \cdot \frac{V^{3/2}}{d_{\mathrm{C}}^2} = \frac{e_0 n_{\mathrm{i}}}{2}\sqrt{\frac{2k_{\mathrm{B}}T_{\mathrm{i}}}{\pi m_{\mathrm{i}}}} \Longrightarrow d_C^2 = \frac{8}{9}\sqrt{\pi}\sqrt{\frac{T_{\mathrm{e}}}{T_{\mathrm{i}}}}\lambda_D^2, \tag{4.24}$$

was unter Berücksichtigung der Geschwindigkeit der Ionen an der BOHM-Kante (s. Gl. (14.30))

$$v_{\mathrm{B}} = \sqrt{\frac{k_{\mathrm{B}}T_{\mathrm{e}}}{m_{\mathrm{i}}}} \wedge T_{\mathrm{e}} = 2T_{\mathrm{i}} \tag{4.25}$$

ungefähr

$$d_C \approx 1,5\,\lambda_D \tag{4.26}$$

ergibt.

Wir können aus der TOWNSENDschen Gleichung folgende Schlußfolgerungen ziehen:

- Wenn $j_e(0)$ Null ist, ist es auch $j_e(d)$: zum Auslösen der Elektronenlawine sind einige freie Elektronen erforderlich. Um die Zündung zu erleichtern, sind Plasmaanlagen oft mit einem *Filament* ausgerüstet, das thermisch Elektronen emittiert.
- Für eine sich selbst erhaltende Entladung muß eine bestimmte SE-Dichte vorhanden sein. Hat die Entladung gezündet, und wird der Ionenstrom durch Verringerung der Entladungsspannung reduziert, dann wird die benötigte Ionenstromdichte dadurch aufrechterhalten, daß der Durchmesser der Glühzone reduziert wird. Die Minimalspannung, die erforderlich ist, um einen hinreichend großen SE-Vorrat zu erhalten, ist das *normale Kathodenpotential* V_n. In diesen Entladungen ist die Stromdichte und damit auch der Kathodenfall und die Dicke der Randschicht konstant, wenn der Strom über mehrere Größenordnungen steigt. Erstreckt sich die Entladung bereits über den gesamten Querschnitt der Kathode, kommt es bei weiter steigendem Strom dann schließlich zur zusätzlichen Ionisierung in der Randschicht und zu einer erhöhten SE-Ausbeute, die wiederum mit einer Vergrößerung der Ionendichte und einer Potentialerhöhung verknüpft ist. Es sind dies die *anomalen Kathodenfälle,* in denen Sputterabscheidungen und Plasmaätzungen durchgeführt werden.

4.1.2 Anomale Entladungen

Da in diesen die Stromdichte und die Dicke der Randschicht vom Kathodenfall abhängen, sind die Gleichungen zu modifizieren. Wichtig ist, daß das *MFP* der Elektronen klein ist gegen die Dicke der Randschicht — sonst wäre ja keine Ionisierung möglich. Dies bedingt aber andererseits auch, daß ein monoenergetischer Elektronenstrahl zerfließt und eine bestimmte Energieverteilung aufweist (damit ist auch α keine Konstante mehr). Weiter werden Bedingungen für die Partikel-, Impuls- und Energiebilanz benötigt, wobei die Stoßzahl zwischen Elektronen und Atomen entscheidend eingeht. Als invariante Größen weisen j/p^2 und pd folgende Abhängigkeiten vom anomalen Kathodenfall auf [99]:

$$\left.\begin{aligned} j/p^2 &\propto V_C^{3/2};\\ j/p^2 &\propto V_C^2;\\ pd &\propto \frac{1}{\alpha d\cdot\left(1-\sqrt{\frac{V}{V_C}}\right)}\cdot\ln\frac{1}{\gamma V_C}. \end{aligned}\right\} \tag{4.27}$$

Tabelle 4.1. Berechnete Werte charakteristische Größen einer anomalen Entladung in Argon [100]

Energie [eV]	pd_1 [Pa cm]	pd_2 [Pa cm]	pd_C [Pa cm]	α/p [$cm^{-1}Pa^{-1}$]	V_C [V]
15,8	42,5	43	206	261	127
16	29,8	31	147	369	128
20	8,1	10	47	1176	147
30	3,6	7	29	1936	195

Dabei gilt die erste Gleichung für den raumladungs-, die zweite dagegen für den beweglichkeitsbegrenzten Strom. Mit diesen Gleichungen sind die Werte in Tabelle 4.1 für eine Stoßfrequenz der Elektronen von $6,6 \cdot 10^9$ sec^{-1} und ein γ von 0,1 berechnet.

Die Elektronen sind nach dem Durchfallen der Länge pd_1 auf Energien, die größer oder gleich dem Ionisierungspotential sind, beschleunigt worden. Diese Länge ist nur unwesentlich kürzer als pd_2, bei der die Elektronenenergie — durch elastische Stöße bedingt — nicht mehr weiter zunimmt (Beweglichkeitsbegrenzung). pd_2 ist andererseits deutlich kleiner als pd_C, und zwar um einen Faktor 5 dicht oberhalb der Ionisierungsenergie, um auf $^1/_{10}$ beim doppelten Ionisierungspotential abzufallen; alle die den Dunkelraum charakterisierenden Längen nehmen mit steigendem Potential ab, insbesondere die Dicke der Randschicht [101]. Die Dicke der Randschicht ist etwa gleich der Länge, die die γ-Elektronen benötigen, um eine Ionisierung auszulösen.

Dieses Modell beschreibt die experimentellen Daten, wie sie etwa von v. ENGEL mitgeteilt wurden [102], bis zum PASCHEN-Minimum recht gut. Auch erreicht der Kathodenfall ein Minimum. Abweichungen sind hauptsächlich auf die oben diskutierte Näherung für α und dessen Energieabhängigkeit (insbesondere für schnelle Elektronen) zurückzuführen sowie auf die Gaserwärmung, wodurch die Dichte zurückgeht; dadurch ist pd ($pd \propto nd$) keine invariante Größe mehr. Außerdem beginnt V_C bereits in der Negativen Glühzone anzusteigen; d ist deswegen schwierig festzulegen, obwohl die Grenze für hohe Kathodenfälle schärfer wird und i. a. zwischen 4 und 10 λ mit λ dem *MFP* der Elektronen liegt [103].

Damit besteht ein deutlicher Unterschied zwischen Elektroden, die die Gasentladung unterhalten, und zusätzlichen Flächen, deren Potential frei einstellbar ist. Deren Randschichdicke wird nämlich durch die Randschicht-Gleichung bzw. vereinfachend durch die CHILD-LANGMUIR-SCHOTTKY-Gleichung bestimmt.

Dieser Unterschied ist in erster Linie durch die Erzeugung der γ-Elektronen bedingt, die von überragender Bedeutung für die Erhaltung einer Gleichstrom-Glimmentladung sind. Gleichgültig, wie die Abhängigkeit des Potentials von der Dicke der Randschicht ist, wir beobachten immer *ein Dünnerwerden*

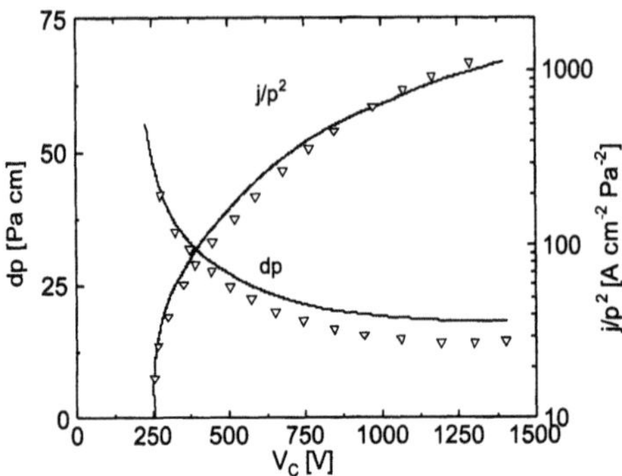

Abb. 4.8. Reduzierte Randschichtdicke pd und reduzierte Stromdichte j/p^2 als Funktion des Kathodenfalls in Stickstoff (Eisenkathode). Die Werte für hohe Spannungen sind nicht um die abnehmende Gasdichte korrigiert [104] (© Oxford University Press).

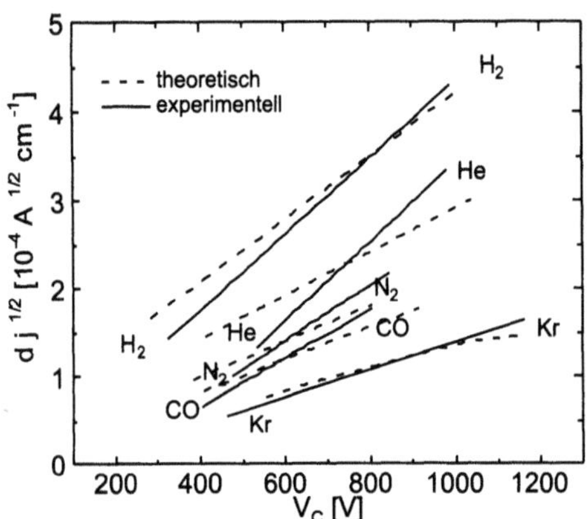

Abb. 4.9. Darstellung der reduzierten Dicke der Randschicht $d\sqrt{j}$ als Funktion des Kathodenfalls für verschiedene Gase. j ist nach der raumladungsbegrenzten SCHOTTKY-Gleichung berechnet [105] (© Springer-Verlag).

bei steigendem γ — also zunehmender Stromdichte — bzw. größer werdendem Kathodenfall, wodurch andererseits das elektrische Feld markant zunimmt (Abb. 4.8).

Trägt man das Produkt $pd \cdot \sqrt{j/p^2}$ gegen V_C auf, erhält man folglich die Geraden in Abb. 4.9, die der von ASTON mitgeteilten Gl. (4.28)

$$d\sqrt{j} = A + B \cdot (V - V_0) \tag{4.28}$$

gehorchen [105].

4.1.3 Kritik an der Townsendschen Näherung

Die TOWNSENDsche Theorie postuliert die Existenz zweier Quellen von Elektronen: Das Gas, in dem Elektronen durch Stöße erzeugt werden (α-Elektronen), und die Elektrode, an der durch Sekundäremission γ-Elektronen entstehen. Außerdem sei nochmals darauf hingewiesen, daß die TOWNSENDsche Gleichung nur für eine dunkle Entladung abgeleitet wurde, und somit jede Ausdehnung auf andere Entladungstypen eine Überforderung des Modells darstellen kann. Ein Zahlenbeispiel von DAVIS und VANDERSLICE soll die Ionisierungsmechanismen erläutern [106]:

- Ar bei 600 V,
- 8 Pa, Neutralteilchendichte: $2 \cdot 10^{15}\,\mathrm{cm}^{-3}$,
- Ionisierungsquerschnitt bei 100 eV für
  - Elektronenstoß: 3 Å^2,
  - für Ionenstoß: $0,5$ Å^2,
  - totaler Streuquerschnitt: 30 Å^2,
- *MFP:* 1,67 mm,
- Dicke der Randschicht: 1,3 cm.

1. Ionisierung durch Elektronenstoß: Die obere Grenze des Ionisierungslimits ist dann etwa 1,9, d. h. bei einer SE-Ausbeute γ von 0,2 ist die Generationsausbeute dann $0,2 \cdot\ (1,9 - 1) = 0,18$ (Zweistufenprozeß!).
2. Ionisierung durch Ionenstoß: Ausbeute: 1,12 d. h. eine maximale Produktionsrate von $1,12 - 1 = 0,12$.

Obwohl σ_i etwa eine Größenordnung kleiner als σ_e ist, sind die Ausbeuten etwa gleich hoch, weil die SE-Konzentration doch sehr klein ist. Bei der angenommenen Dicke der Randschicht von 1,3 cm würde jedes Elektron nur einmal ionisieren können.

- Es müßte also die Randschicht wesentlich dicker sein, da man an der SE-Ausbeute nicht wesentlich „spielen“ kann. Auch der Ionisierungsquerschnitt ist ein maximaler Wert. Die beiden diskutierten Mechanismen zur Ladungsträgererzeugung sind also sicher sehr wichtig, aber für die Aufrechterhaltung einer Glimmentladung nicht ausreichend.
- Zusätzlich ist in einer normalen Gasentladung die Stromdichte zwischen 10^{-5} bis 10^{-2} Acm^{-2}, in einer anomalen zwischen 10^{-2} bis 0,5 Acm^{-2}. Es ist also mit erheblichen Ladungsträgerverlusten durch ambipolare Diffusion zu rechnen (s. Abschn. 3.6). Auch wird vermutet, daß der Anteil

der durch den photoelektrischen Effekt ausgelösten Elektronen von mindestens ähnlicher Größenordnung ist wie der durch Ionenbombardement [107]: $\gamma_\mathrm{i} \approx \gamma_{h\nu}$.

- Dazu kommt noch, daß ein Ionisierungsbeitrag auch an der Anode stattfinden muß, um hier den Ionenstrom aufrechtzuerhalten.

Es wird also eine starke Ionenquelle entweder in der Negativen Glimmzone oder in der anodischen Randschicht benötigt. Der Anodenfall ist jedoch wesentlich niedriger als der Kathodenfall.

Es bleibt also die Negative Glühzone. Aber selbst deren Rolle in der Entladung ist nicht vollständig klar. So nahmen beispielsweise LITTLE und V. ENGEL an, daß keines der Ionen aus dieser Region stammt [107], unter der Voraussetzung, daß die einzigen Stoßprozesse, die die Geschwindigkeit der Ionen Richtung Kathode verändern, die des symmetrischen (resonanten) Charge-Transfers

$$\mathrm{A}^+_\mathrm{schnell} + \mathrm{A}_\mathrm{langsam} \longrightarrow \mathrm{A}^+_\mathrm{langsam} + \mathrm{A}_\mathrm{schnell}$$

sind. Dies ist auf die Überlegung gegründet, daß elastische Stöße meist nur Kleinwinkelstreuung verursachen und deswegen die Geschwindigkeit der Ionen nicht wesentlich verändern.

SCHERZER entwickelte dagegen ein Modell, nach dem alle Ionen aus der Glühzone stammen [108]. Die Stationaritätsbedingung (Gl. (4.5)) müßte dann nach DRUYVESTEYN und PENNING erweitert werden zu

$$\alpha d_\mathrm{C} = \ln\left\{\left(1 + \frac{1}{\gamma}\right) \cdot (1 - \beta)\right\} \tag{4.29}$$

mit β dem Quotienten aus Ionen- und Elektronenstromdichte $j_\mathrm{i}/j_\mathrm{e}$ [109]. Wenn j_i einen wesentlichen Anteil am Gesamtstrom ausmachen würde, könnte also α wesentlich kleiner werden. Sie unterscheiden zwischen einer *normalen* und einer *anomalen Gasentladung*. In dieser werden die meisten Ionen in der Glühzone gebildet, während in jener die Hauptzone der Ionenerzeugung der kathodische Dunkelraum ist, was durch dessen schrumpfende Länge — verglichen mit dem *MFP* — und den bei größeren kinetischen Energien abnehmenden Ionisierungsquerschnitt bedingt ist (s. Abschn. 3.2).

Kritik an der Anwendung der TOWNSENDschen Näherung scheint vor allem deshalb angebracht, weil sie für ein homogenes Feld abgeleitet wurde, während das Gebiet des Kathodenfalls stark inhomogen ist (hier können E/p-Werte von bis zu 10^2 V/(cmPa) über 100 μm Länge auftreten). Das bedeutet, daß α nicht nur von E/p, sondern — indirekt — auch von der Dunkelraumdicke abhängt: $E = E(d)$.

4.2 Negative Glühzone und Positive Säule

Obwohl die Negative Glühzone — als Ganzes gesehen — nahezu elektroneutral ist, ist sie doch kein einheitliches Plasma; in erster Linie wegen des Beschusses der Elektronen aus der kathodischen Randschicht. Man unterscheidet drei Gruppen von Elektronen, deren Verhältnis in einer DC-Entladung etwa 1:10:1000 ist [110]:

- primäre Elektronen hoher Energie (das sind Sekundärelektronen aus der Elektrode),
- sekundäre Elektronen wesentlich niedrigerer Energie, die durch Ionen- oder Primärelektronenstoß entstanden sind,
- auf die Plasmatemperatur thermalisierte Elektronen, sog. letzte Elektronen, sie weisen die höchste Dichte auf.

Die ersten beiden Gruppen werden beim Eintritt in die Negative Glühzone stark gebremst; die sekundären Elektronen, die einen hohen Anregungs-, aber einen kleinen Ionisierungsquerschnitt aufweisen, erzeugen das intensive Glühen auf der Kathodenseite der Glühzone, Linien der höchsten Energie werden hier angeregt.

Alle Strahleigenschaften gehen verloren; eine kleine negative Raumladung entsteht am Anodenende, was Anlaß zur Bildung eines schwachen Feldes bis zur Anode gibt, durch das die Elektronen in den FARADAYschen Dunkelraum gezogen werden. Nach hinreichend langer Beschleunigung haben sie wieder genügend Energie, um erneut Ionen anzuregen und zu ionisieren: das ist der sog. „Kopf" der Positiven Säule. Da die Strahleigenschaften bereits in der Negativen Glühzone verlorengegangen sind, ist dieser verwaschen. Der Unterschied zwischen kathodischem und FARADAYschem Dunkelraum ist also, daß in jenem die Elektronen zu hohe und in diesem zu kleine Energien haben, um Molekeln in UV/VIS-Zustände anzuregen.

Das Feld der Positiven Säule stellt sich gerade auf den Wert, der eine Konstanz der Ladungsträgerdichte ermöglicht: die Generationsrate ist gleich der Verlustrate. Unter der Annahme von SCHOTTKY, daß das *MFP* der Elektronen klein gegen den Radius der Säule ist, finden nur einzelne Stöße zwischen Elektronen und Gasmolekeln statt. Der Verlust ist durch ambipolare Diffusion, d. h. gleich schnelle Wanderung beider Ladungsträgersorten, radial nach außen bestimmt, wo sie an den Wänden rekombinieren.

Folglich ist die Ladungsträgerdichte im Zentrum (relativ) hoch, um nach außen auf Null abzufallen. Das Potential in der Säule ist positiver als das Wandpotential (höhere Beweglichkeit der Elektronen gegenüber den positiven Ladungsträgern). Der Strom in der Positiven Säule wird demnach hauptsächlich von den Elektronen getragen, die in entsprechendem Maße vom Dunkelraum nachgeliefert werden. Ist die Länge der Positiven Säule groß gegen ihren Querschnitt, dann sind die einzelnen Größen radialsymmetrisch. Vorausgesetzt, das *MFP* der Elektronen ist klein gegenüber den radialen Abmessungen der Säule, können die Diffusionsgesetze angewendet werden. Insbesondere ist die Dichte der positiven und negativen Ladungsträger gleich hoch ($n_i = n_e = n_0$) und damit auch deren radiale Gradienten $\mathrm{d}n/\mathrm{d}r$.

Im Gleichgewicht wandern positive und negative Ladungsträger mit dem gleichen ambipolaren Diffusionskoeffizienten nach außen. Ein zweidimensionales Element eines Torus des Innendurchmessers r und des Außendurchmessers $r + \mathrm{d}r$ wird also

$$\left(\frac{\mathrm{d}N}{\mathrm{d}t}\right)_r = 2\pi r D_a \cdot \left(\frac{\mathrm{d}N}{\mathrm{d}r}\right)_r \tag{4.30}$$

Ladungsträger aufnehmen und

$$\left(\frac{\mathrm{d}N}{\mathrm{d}t}\right)_{r+\mathrm{d}r} = 2\pi(r + \mathrm{d}r) D_a \cdot \left(\frac{\mathrm{d}N}{\mathrm{d}r}\right)_{r+\mathrm{d}r} \tag{4.31}$$

Ladungsträger verlieren. Seine Bilanz ist (vorausgesetzt, es findet keine Rekombination im Gas statt):

$$\left(\frac{\mathrm{d}N}{\mathrm{d}t}\right)_{r+\mathrm{d}r} = -2\pi D_a \left(r \left(\frac{\mathrm{d}N}{\mathrm{d}r}\right)_{r+\mathrm{d}r} - r \left(\frac{\mathrm{d}N}{\mathrm{d}r}\right)_r + \mathrm{d}r \left(\frac{\mathrm{d}N}{\mathrm{d}r}\right)_{r+\mathrm{d}r} \right), \tag{4.32}$$

also

$$\left(\frac{\mathrm{d}N}{\mathrm{d}t}\right)_{r+\mathrm{d}r} = -2\pi D_a \left(r \left(\frac{\mathrm{d}^2N}{\mathrm{d}r^2}\right) \mathrm{d}r + \left(\frac{\mathrm{d}N}{\mathrm{d}r}\right) \mathrm{d}r \right). \tag{4.33}$$

Im stationären Zustand wird $\mathrm{d}N/\mathrm{d}t$ Null:

$$\frac{1}{r}\frac{\mathrm{d}}{\mathrm{d}r}\left(r\frac{\mathrm{d}N}{\mathrm{d}r}\right) + \frac{z}{D_a}N = 0. \tag{4.34}$$

Die Lösung dieser Gleichung ist die BESSEL-Funktion nullter Ordnung

$$N = N_0 J_0 \left(r\sqrt{\frac{z}{D_a}} \right) \tag{4.35}$$

mit N_0 der Konzentration bei $r = 0$. Die BESSEL-Funktion nullter Ordnung ist einer gedämpften Cosinus-Funktion etwa vergleichbar, nur sind die Nullstellen verschoben; so ist $N(r) = N_0 J_0(2{,}405 r/r_{\max})$.

Damit hängt die radiale Verteilung der Ladungsträger weder vom Strom noch von sonstigen Parametern ab. Diese radiale Abhängigkeit wird z. B. auch in Plasmaanlagen ohne Positive Säule beobachtet.

Oft werden in der Positiven Säule unterschiedlich helle Zonen beobachtet, sog. „Striations", die von vielen Autoren als Wiederholungen der Vorgänge im

Kopf der Positiven Säule charakterisiert werden. MORGAN hingegen deutet die „Striations“ als Knoten und Bäuche von Ionenschwingungen [111].

Die Abhängigkeit des Streuquerschnitts von der Elektronenenergie erklärt auch, daß die Glühintensität der Negativen Glühzone nicht an deren Grenze zum Kathodendunkelraum am höchsten ist, sondern etwas in diese verlagert ist. Erst, wenn es zu einer gewissen Verlangsamung der Geschwindigkeit gekommen ist, wird das Maximum des Streuquerschnitts erreicht. Deswegen können sicher einige primäre Elektronen durch die Negative Glühzone auf die Anode fliegen (s. Abschn. 10.10).

4.2.1 Ionisierung in der Negativen Glühzone

Primäre Elektronen können ionisieren. Eine Abschätzung zeigt jedoch, daß selbst bei größtem angenommenem Wirkungsquerschnitt des Argons von 29 Å^2 bei 100 eV und einer Glimmraumlänge von 5 cm nur etwa 5 % an Ladungsträgern erzeugt werden, die zur Aufrechterhaltung der Entladung nötig sind [112]. Dies liegt wesentlich daran, daß wegen der relativ geringen kinetischen Energie der erzeugten Sekundärelektronen (sie werden ja wegen des schwachen Feldes in der Glühzone kaum beschleunigt) diese ihrerseits nicht mehr in der Lage sind, Ionen zu erzeugen, so daß die Ionisierung nur mehr durch das Produkt $j_e \cdot \sigma \cdot n_{\mathrm{Ar}}$ und nicht durch einen exponentiellen Term bestimmt wird.

Unter der Annahme einer MB-Thermalisierung um die Temperatur $T_e = 2$ eV$/k_B$ und der Bedingung für das Erreichen der Elektroden

- Kathode: $E \geq e_0(V_P + V_{\mathrm{Kathode}})$,
- Anode: $E \geq e_0 V_P$

ergibt sich, daß die Wahrscheinlichkeit für ein thermalisiertes Elektron, die Kathode zu erreichen, Null ist, die Anode wird dagegen mit etwa 1% Wahrscheinlichkeit erreicht; d. h. thermalisierte Elektronen werden weitgehend in der Glühzone „getrapped“, wenn sie nicht durch Wandreaktionen verloren gehen. Diese Energie von 2 bis 8 eV reicht aber nicht aus, um Argon zu ionisieren, da dessen 1. Ionisierungspotential 15,7 eV beträgt. Sind die Elektronen nach MB verteilt, errechnet sich der Anteil, der eine Energie größer als 15,7 eV hat, bei einer Elektronenenergie von 2 eV zu 0,1 % und bei 8 eV zu 28 %. Die Ionen-Generationsrate ist dann proportional dem Ionisierungsquerschnitt, dem Anteil der Elektronen mit Energien größer 15,7 eV und der Dichte der Neutralatome. Die Ionen-Generationsrate G ist also

$$G_{\mathrm{Ion}} = n_{\mathrm{N}} \int_{E_{\mathrm{Ion}}}^{\infty} \sigma_{\mathrm{Ion}}(v) \cdot v \cdot f(v) \cdot \mathrm{d}v \tag{4.36}$$

mit n_{N} der Neutralteilchendichte und $f(v)$ der normierten $\mathcal{EEDF}$. Unter der Voraussetzung, daß der Ionisierungsquerschnitt für die elektronische Stoßionisation dicht oberhalb von E_{Ion} linearisiert werden kann nach

Tabelle 4.2. Ionisierung in Argon durch Elektronen der mittleren Energie $<E>$ für die Verteilungsfunktionen nach Maxwell-Boltzmann (MB) und Druyvesteyn (D)

E [eV]	$E_{Ion}/<E>$	G [cm^{3}sec] MB	D
8	2	$2,72 \cdot 10^{17}$	$9,8 \cdot 10^{15}$
6	2,6	$1,41 \cdot 10^{17}$	$2,0 \cdot 10^{14}$
5,3	3	$9,96 \cdot 10^{16}$	$5,0 \cdot 10^{13}$
4	4	$3,64 \cdot 10^{16}$	$1,4 \cdot 10^{10}$
3	5,3	$1,13 \cdot 10^{16}$	
2,5	6	$4,30 \cdot 10^{15}$	
2	8	$1,04 \cdot 10^{15}$	
1,5	10	$1,01 \cdot 10^{14}$	
1	15	$1,05 \cdot 10^{12}$	

$$\sigma_{\text{Ion}}(v) = a(V - V_{\text{Ion}}), \tag{4.37}$$

mit $a = 0,54/\text{cm Pa K}$ für Argon [113], was für die Negative Glühzone sicher eine sehr gute Näherung ist, dann läßt sich G_{Ion} elementar berechnen (für $f(v)$ kann man verschiedene Verteilungsfunktionen einsetzen, s. Abschn. 14.1). Für eine Plasmadichte von $10^{10}\,\text{cm}^{-3}$ und einen typischen Druck von 7 Pa erhält man folgende Elektronenausbeuten:

Für eine Kathodenstromdichte von 1mA cm^{-2} und ein γ von 0,2 ist der Elektronenstrom am Rande der Negativen Glühzone $0,2\,\text{mA cm}^{-2}$, also $3,5 \cdot 10^{15}$ Elektronen pro cm^{2}sec. Bei einer Länge der Negativen Glühzone von 3 cm müssen also 10^{15} Elektronen pro cm^{2}sec gebildet werden, was für eine MB-Verteilung von Elektronen der mittleren Energie von 2 eV geleistet werden kann. Bei einer etwas höheren Energie werden genügend Elektronen geliefert, um die durch Mechanismen wie Diffusion und Rekombination entstehenden Verluste zu kompensieren. (Ein ähnliches Resultat erhielten WINTERS et al. für die Ionenerzeugung in einer CF_4-Entladung (Ionisierungspotential von CF_4: 16 eV) [114]).

Obwohl es gewichtige Hinweise darauf gibt, daß die Elektronen in der Glühzone nicht nach MB verteilt sind, sieht man aus den Werten der Tabelle 4.2 klar, daß eine reine DRUYVESTEYN-Verteilung ebensowenig die Realität beschreibt. Dieses in der Literatur als LANGMUIR-Paradoxon bezeichnete Phänomen kann evtl. durch „Electron Trapping" der Primärelektronen und damit verbundene Anregung von Plasmaschwingungen erklärt werden (s. Abschn. 14.1 und 14.3). Es wurde oft vermutet, daß diese Unterschiede durch die Meßmethodik induziert werden, also Artefakte der Sondenmessung darstellen [115]. Dies konnte jedoch durch berührungslose Messungen ausgeschlossen werden [27].

Der Hauptort der Ladungsträgererzeugung ist also die Negative Glühzone, Hauptort der Energieeinkopplung die kathodische Randschicht. Die Energie ist zum größten Teil in kinetischer Energie der positiven Ionen manifest. Beim Aufschlagen auf die Kathode führt das zu deren starker Erwärmung und zum Impulsübertrag auf Gitterbausteine, was zur Zerstäubung der Kathode führt. Der Rest wird für die SE-Erzeugung verbraucht.

4.3 Anodenzone

Zum Schluß dieser Betrachtungen soll noch die Anodenzone behandelt werden: Hier wird der Strom von der Glühentladung zum äußeren Stromkreis geführt. Deren Eigenschaften hängen entscheidend davon ab, ob sich die Anode im Kontakt zum neutralen Plasma der Positiven Säule oder zur geringen negativen Raumladung des FARADAYschen Dunkelraums oder direkt in der Negativen Glühzone befindet.

Ist die Anode in der Positiven Säule, dann baut sich eine kleine negative Raumladung vor der Anode auf, die die anodische Randschicht bildet. Die sich so aufbauende Spannung ist der Anodenfall; die Anode ist dann deutlich positiver als das Potential der Negativen Glühzone. Die Gleichgewichtsbedingung der Randschicht ist, daß die Elektronen, die die negative Raumladung bilden, so viele Ionen erzeugen müssen, wie auf der Kathodenseite der Positiven Säule in den FARADAYschen Dunkelraum eintreten. Daher steigt die Elektronenenergie (bzw. das Potential) auf Werte an, die etwa so groß wie das Ionisierungspotential des Gases sind. Wäre der Anodenfall höher, würden so viele Ionisierungen stattfinden, bis die Gleichgewichtsbedingung der Randschicht erfüllt wäre. Deswegen kann der Anodenfall nie wesentlich größer als das Ionisierungspotential des Gases sein [116].

Diese Einschränkung gilt nicht für sehr kleine Anoden und auch nicht für Entladungen elektronegativer Gase, die negative Ionen bilden können, und die damit Elektronen verbrauchen. Die Tatsache, daß weniger Elektronen zur Verfügung stehen, und diese Ionen sehr viel langsamer als Elektronen sind, kann zu einem bedeutenden Anstieg des Anodenfalls führen, der bei Entladungen in Halogenen bis zu 1000 V betragen kann [117] (s. Abschn. 10.5).

Die Dicke der anodischen Randschicht ist in erster Linie durch Raumladungs- und erst in zweiter Linie durch Ionisierungserfordernisse bestimmt. Die Ionenstromdichte ist bedeutend kleiner als die Elektronenstromdichte; sie ist etwa

$$j_{\mathrm{i}} = -\frac{D_{\mathrm{i}}}{D_{\mathrm{e}}} \cdot j_{\mathrm{e}} \tag{4.38}$$

mit D den Diffusionskoeffizienten. Die Ionisierungsbedingung ist, daß die Dicke der Ionisierungsschicht innerhalb der anodischen Randschicht groß genug ist, um den Ionenstrom nach Gl. (4.38) zu erzeugen:

$$j_{\mathrm{i}} = \int_0^{d_{\mathrm{a}}} \alpha \cdot j_{\mathrm{e}} \cdot \mathrm{d}x = -\frac{D_{\mathrm{i}}}{D_{\mathrm{e}}} \cdot j_{\mathrm{e}}. \tag{4.39}$$

Da die Elektronenstromdichte nahezu konstant ist, ergibt sich

$$\frac{D_{\mathrm{i}}}{D_{\mathrm{e}}} = \int_0^{d_{\mathrm{a}}} \alpha \cdot \mathrm{d}x. \tag{4.40}$$

Mit der Bedingung, dass die Elektronen innerhalb der Ionisierungsschicht kinetische Energien $E_{\mathrm{kin}} \geq E_{\mathrm{Ion}}$ bekommen müssen, ergibt sich für Helium ein Wert für pd_1 (Invariante in ähnlichen Entladungen) von etwa 10 mPa cm, was deutlich geringer ist als die Dicke der anodischen Randschicht pd_{a}; hierfür wurde von INGOLD mit der beweglichkeitsbegrenzten Stromdichtegleichung ein Wert von 400 Pa cm abgeschätzt [118]. Wird der Elektrodenabstand bei konstantem Entladungsstrom verringert, wird zunächst der Anodenfall klein oder sogar negativ, wenn die Anode die Negative Glimmzone erreicht, weil Ionen und Elektronen zur Anode unter Erhaltung der Ladungsneutralität diffundieren [119] [120].

In diesem Fall ist also das Potential der Negativen Glühzone das positivste der Entladung — ein üblicher Fall in den später zu besprechenden Plasmasystemen (Abb. 2.5).

Wird der Elektrodenabstand auf Werte vermindert, die kleiner als die Dicke der kathodischen Randschicht sind, steigt das Potential steil an, weil die Ionisierung bei gleicher Stromstärke offenbar jetzt schwieriger wird. Dies ist ein weiterer Hinweis auf die Wichtigkeit der Negativen Glühzone für die Aufrechterhaltung der Glimmentladung (Ähnliches kann durch eine Druckreduktion erreicht werden (Ähnlichkeitsgesetze)). Man spricht in diesem Fall von einer „längsbehinderten“ (obstructed) Glimmentladung [108].

4.4 Hohlkathodenentladungen

Andere behinderte Entladungen sind u. a. die Spritzenentladung („Spray Discharge“) und die Hohlkathodenentladung, die u. a. zunehmend in Ionenplattiersystemen, aber auch Ionenstrahl- und Sputteranlagen Verwendung findet [121]. Die von der Kathode emittierten Elektronen haben Strahlcharakter in Richtung normal zu dieser. Wandern zwei Kathoden aufeinander, indem man etwa eine Kathode zu einem Rohr biegt, werden ihre Glühzonen verschmelzen (die Anode kann in diesem Fall ein Ring größeren Durchmessers sein); es werden also von in einem bestimmten Winkel zueinander angeordneten Kathoden Elektronen in die Glühzone hineingeschossen und nach deren Durchtritt von der zweiten Kathode eventuell wieder reflektiert (Pendeleffekt). Idealerweise sollte dieser Winkel also 180° sein. Bei konstantem Potential nehmen Stromdichte und Glühintensität ab diesem Wert ($pa \approx 100$ Pa cm) stark zu [122]. Bei kleinen pa-Werten (mit a dem Elektrodenabstand) kann die Stromdichte bis zu einem Faktor 1000 größer

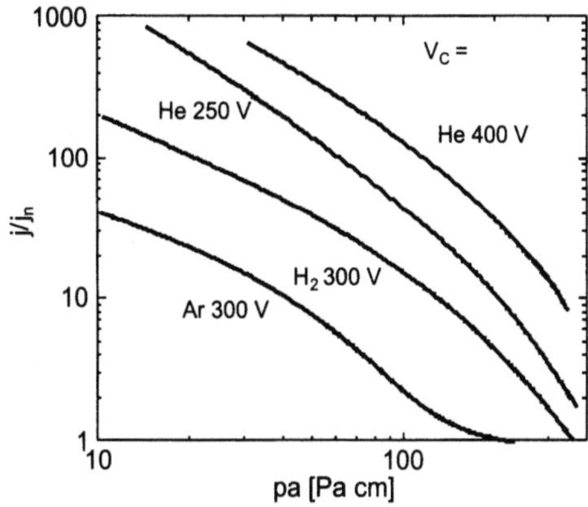

Abb. 4.10. Hohlkathodenentladung nach [123]. Aufgetragen ist die reduzierte Stromdichte j/j_n in Abhängigkeit des Abstandes a zwischen den beiden Kathodenplatten für verschiedene Gase und Kathodenfälle. Das Kathodenmaterial war Eisen (© Oxford University Press).

als in normalen Entladungen sein (Abb. 4.10); die funktionale Abhängigkeit ist etwa $j/p^2 \propto 1/(pa)^{5/2}$ im Bereich von $a \approx d$ [107].

Dies ist verständlich, da im Gegensatz zu normalen Entladungen die Diffusion zur Wand und damit der Verlust von Ionen und angeregten Partikeln stark reduziert ist. Eine Verkürzung des Abstandes zwischen beiden Kathoden verringert die Dunkelraumdicke, so daß bei konstantem Kathodenfall V die Feldstärke und somit die Ionendichte erhöht werden. Außerdem nimmt die Elektronenausbeute durch den Photoeffekt zu, weil mehr energiereiche Strahlung die Kathoden trifft. Anstelle von zwei planparallelen Platten wird meist eine zylindrische Hohlkathode verwendet. An normalen Plasmaanlagen kann man bereits an kleinen angeschweißten Flanschen einen Anstieg der Glühintensität beobachten; von einem Hohlkathodeneffekt spricht man aber erst, wenn das Produkt $p \cdot a$ von 1 Pa m überschritten wird. Bei einem Druck von 50 Pa bedeutet das einen Abstand der Elektrodenplatten von 2 cm.

5 HF-Entladungen I

5.1 Beschreibung der Ladungsträgererzeugung

5.1.1 Einfluß von Druck und Feldfrequenz

Wird eine Elektrode mit elektrisch isolierendem Material belegt, lädt sie sich in einer DC-Entladung auf das schwach negative Schwebepotential V_F auf; die Flüsse von Ionen und Elektronen zur Oberfläche werden gleich hoch, unabhängig davon, welches Potential an der Rückseite des Isolators angelegt wird (s. Abschn. 2.4). An der Isolatoroberfläche rekombinieren Ionen und Elektronen. Deswegen braucht der Isolator keinen Strom abzuleiten (was er gar nicht könnte). Bei den Plasmadichten von $10^{10}\,\mathrm{cm}^{-3}$ entstehen Spannungen in der Randschicht von 10 bis 20 V. Die Schilde oder Randschichten stellen Kapazitäten dar, die Ladungen speichern können. Die Kapazität ist definiert als $C = Q/U$; da $Q \propto U$, und es eine gewisse Zeit dauert, bis die Kondensatoren aufgeladen sind ($Q = \int I dt$), kann sich auch die Spannung nicht instantan, d. h. ohne Verzögerung, ändern. Das bedeutet zunächst, daß beim Einschalten der Gasentladung beide Seiten des Isolators auf die Kathodenspannung abfallen. Beim Beschuß mit (positiv geladenen) Ionen lädt er sich allmählich positiver (weniger negativ) auf, weil ihm Elektronen entzogen werden, die die Ionen neutralisieren: das Potential auf der dem Plasma zugewendeten Seite geht gegen V_F, was zwar ausreicht, um ein Ionenbombardement zu erzeugen, das schwach gebundene Kontaminationen entfernt. Die Energie der auftreffenden Ionen ist allerdings zu klein, um substantielles Abstäuben zu ermöglichen [124].

Ein Weg zur Lösung dieses Problems ist die Verwendung von Wechselspannungen (AC) mit dem Ziel, in der positiven Halbwelle die negative Aufladung der Elektrode durch Ionenbeschuß zu beseitigen. Die Frequenz, die dazu mindestens nötig ist, kann so abgeschätzt werden (Annahme: der Elektrodenstrom, der bei sinkender Spannung eigentlich abnimmt, ist konstant): $C = Q/U = I \cdot t/U, \Rightarrow t = C \cdot U/I$. Für einen 0,3 cm dicken Quarz ist $C \approx 1$ $\mathrm{pF\,cm}^{-2}$; wenn $U = 1000$ V und $j_{\approx} \approx 1\,\mathrm{mA\,cm}^{-2}$ (wobei die Stromdichte abgeschätzt wird aus DC-Messungen und Sputterraten), dann ergibt sich die Zeit zu etwa 1 μsec. Da die Elektrode sich nicht instantan auflädt, weil der Strom nicht konstant ist, sondern sich mit fallendem Potential abschwächt, kann man

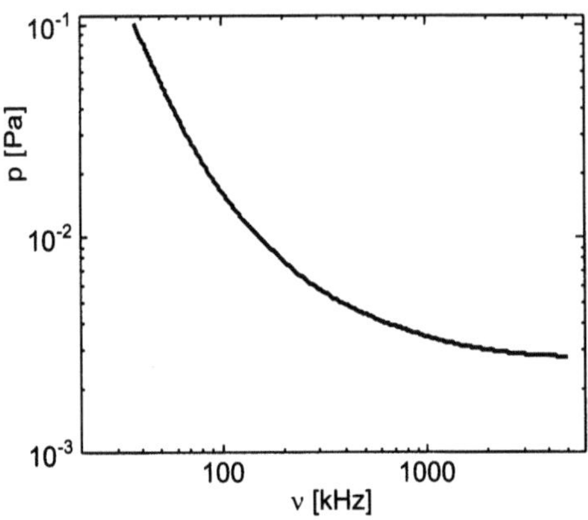

Abb. 5.1. Der zum Zünden eines Plasmas erforderliche Druck nimmt mit steigender Anregungsfrequenz ab [125] (© Elsevier).

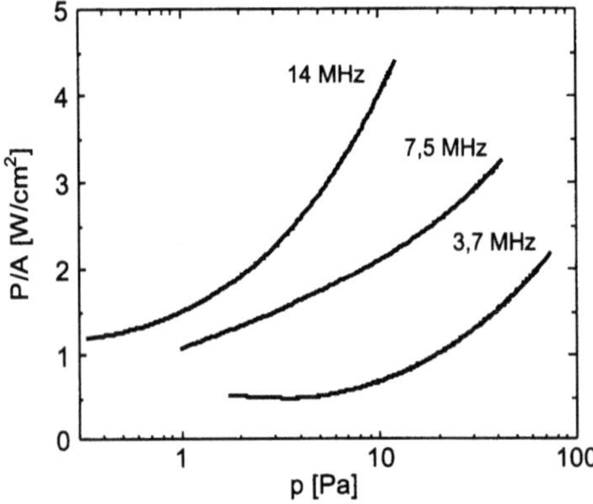

Abb. 5.2. Die eingekoppelte RF-Leistung verschiebt sich mit steigender Frequenz zu höheren Werten.

AC-Entladungen mit isolierenden Kathoden jedoch bereits ab einigen zehn kHz betreiben. Wegen des Frequenzbereichs spricht man aber nicht von einer AC-, sondern von einer Radiofrequenz- oder RF-Entladung.

Koenig und Maissel zeigten 1970 als erste, daß mit steigender Frequenz Plasmen bei niedrigeren Drücken gezündet werden können [126]. Diese Untersuchungen wurden von Norstrøm ausgedehnt [127] (Abb. 5.1). Es ergab sich, daß die Einkopplung von RF-Energie nahe der Zündspannung nahezu druckunabhängig ist, dann jedoch steil ansteigt, wobei die Druckabhängigkeit der Einkopplung für höhere Frequenzen größer ist, was auf zusätzliche Ionisierungen hindeutet (Abb. 5.2). Dagegen war die Steigung der I-U-Kurven nahezu gleich, was auf ähnliche Elektronentemperaturen schließen lässt ($\ln j_e = \text{const} - e_0 U / k_B T_e$). Dieser Effekt ist bis zu einigen MHz nachzuweisen, was den Schluß zuläßt, daß *die Entladung von Elektronen aufrechterhalten wird, die gar*

Tabelle 5.1. Geschwindigkeit und kinetische Energie eines in einem HF-Feld frei schwingenden Elektrons ohne Stöße bei den Anregungsfrequenzen 13,56 MHz und 2,45 GHz

ν	E [V/cm]	v [cm/s]	E_{kin} [eV]
13,56 MHz	1	$2,07 \cdot 10^7$	0,12
	10	$2,07 \cdot 10^8$	12,2
	100	$2,07 \cdot 10^9$	1217
2,45 GHz	10	$1,14 \cdot 10^6$	$3,6 \cdot 10^{-4}$
	100	$1,14 \cdot 10^7$	$3,6 \cdot 10^{-2}$
	1000	$1,14 \cdot 10^8$	3,6

nicht aus den Elektroden stammen (für weitere Details s. Abschn. 6.2, 14.4.1 und 14.4.2)!

Zur Klärung dieses Sachverhalts behandeln wir zunächst die Bewegung eines freien, ungedämpft schwingenden Elektrons im elektrischen Wechselfeld, die den Gln. (5.1) und (5.2) folgt (eine mit i zu multiplizierende Größe bedeutet eine Phasenverschiebung von $\pi/2$: $\mathrm{e}^{\mathrm{i}\pi/2} = \cos\pi/2 + \mathrm{i}\sin\pi/2 = \mathrm{i}$); die Geschwindigkeit weist damit eine Verschiebung von $\pi/2$, die Amplitude eine solche von π gegenüber der erregenden Kraft auf:

$$m_\mathrm{e}\frac{\mathrm{d}\boldsymbol{u}_\mathrm{e}}{\mathrm{d}t} = -e_0\boldsymbol{E}_0\mathrm{e}^{\mathrm{i}\omega t} \tag{5.1}$$

$$\Rightarrow \boldsymbol{u}_\mathrm{e} = -\frac{e_0}{m}\cdot\frac{1}{\mathrm{i}\omega}\boldsymbol{E}_0\cdot\mathrm{e}^{\mathrm{i}\omega t} \wedge \boldsymbol{x}_e = \frac{e_0}{m\omega^2}\boldsymbol{E}_0\mathrm{e}^{\mathrm{i}\omega t}. \tag{5.2}$$

Dabei wird die Energieaufnahme im zeitlichen Mittel durch das Zeitintegral $\int_0^{2\pi}\mathrm{e}^{\mathrm{i}\omega t}\mathrm{d}t = 0$ bestimmt: seien die Verluste durch Strahlungsdämpfung vernachlässigbar, kann von einem schwingenden Elektron keine weitere Energie aufgenommen werden! *Es muß also ein weiterer Mechanismus für die Erhöhung der Elektronenenergie verantwortlich sein.* Dafür spricht auch, daß etwa in einer Mikrowellenentladung (2,45 GHz) die maximale Energie, die ein Elektron in einer Halbwelle aufnehmen kann, bei den gemessenen Durchbruchsfeldstärken von 100 V/cm zu kleiner als 0,1 eV berechnet wird: das ist deutlich weniger, als für die Ionisierung eines Argon-Atoms benötigt wird (15,76 eV, Tabelle 1 und Abb. 5.3).

Wir sahen, daß unter der Wirkung eines DC-Feldes ein Elektron solange beschleunigt wird, bis es mit einer Gasmolekel zusammenstößt. Dabei wird *die Driftbewegung in Feldrichtung zerstört!* Nach dem Stoß wird das Elektron erneut beschleunigt, und der Vorgang wiederholt sich, bis das Elektron vernichtet wird. Die Bewegung des Elektrons besteht folglich aus einer (großen) „Random"- und einer (kleinen) Driftkomponente. Die auf die Elektronen übertragene Energie ist eine Funktion von E/p mit E dem elektrischen Feld und p dem Gasdruck (s. a. Abschn. 2.7).

In einem AC-Feld, dessen Frequenz klein gegenüber der Stoßfrequenz der Elektronen ν_m ist — dies ist etwa für RF-Entladungen der Fall —, ist das Bild ähnlich. Wir beobachten während einer Schwingungsperiode viele Stöße (für 12 eV-Elektronen bei einem Druck von 13 Pa ist $\nu_m = 1,2$ GHz) und eine sog. „Random-Phase"-Bewegung.

Von entscheidender Bedeutung für den Mechanismus der Leistungsübertragung erweisen sich die elastischen Stöße zwischen Elektronen und Molekeln, durch die von den Elektronen ihre vom elektrischen Feld aufgenommene Schwingungsenergie in die „Random-Phase"-Bewegung dissipiert wird: im Wechselfeld findet nach dem Stoß während der negativen Halbwelle eine Beschleunigung des Elektrons von der Elektrode weg, in der positiven dagegen auf die Elektrode zu statt. Gleichgültig also, in welche Richtung es sich bewegt, nimmt das Elektron Energie vom Feld auf. Mathematisch ergibt sich, daß die absorbierte Energie dem Quadrat des elektrischen Feldes, also unabhängig vom Vorzeichen, ist (sog. OHMsche Aufheizung, Gln. 5.4 und 5.9).

Für die Leistungsabsorption und die Erhöhung der Leitfähigkeit ist folglich das Verhältnis ω/ν_m mit ω der Anregungsfrequenz und ν_m der Frequenz für den elastischen Stoß sowie σ_m dem Streuquerschnitt für den elastischen Stoß der Elektronen mit Neutralmolekeln (m für „momentum")

$$\nu_m = \sigma_m \cdot u_e \cdot n_e \tag{5.3}$$

von entscheidender Bedeutung, das ausdrückt, wie schnell eine konzertierte Elektronenbewegung durch elastische Stöße mit Neutralteilchen gedämpft wird. Die Leistungsaufnahme eines Elektrons beträgt

$$P_{abs} = -\frac{1}{2} \cdot e_0 \cdot \boldsymbol{E}_0 \cdot \boldsymbol{u}_e \tag{5.4}$$

mit $\boldsymbol{u}_e$ der Driftgeschwindigkeit des Elektrons, die sich aus dem 2. NEWTONschen Gesetz

$$m_e \left(\frac{d\boldsymbol{u}_e}{dt} + \nu_m \boldsymbol{u}_e \right) = -e_0 \boldsymbol{E}_0 e^{i\omega t} \tag{5.5}$$

zu

$$\boldsymbol{u}_e = -\frac{e_0}{m} \cdot \frac{1}{i\omega + \nu_m} \boldsymbol{E}_0 \cdot e^{i\omega t} \tag{5.6}$$

ergibt. Als AC-Beweglichkeit wird der Proportionalitätsfaktor zwischen Geschwindigkeit und elektrischem Feld von

$$\mu_{AC} = -\frac{e_0}{m_e} \cdot \frac{1}{i\omega + \nu_m} \tag{5.7}$$

definiert. Sie unterscheidet sich von der DC-Beweglichkeit durch den imaginären Summanden $\mathrm{i}\omega$ im Nenner, der die Trägheit der Elektronen $\boldsymbol{a}/(\mathrm{d}\boldsymbol{u}_\mathrm{e}/\mathrm{d}t)$ berücksichtigt. Bei hinreichend niedrigen Frequenzen ist dieser Term gegenüber dem Dämpfungsterm $m\nu_\mathrm{m}\boldsymbol{u}_\mathrm{e}$ vernachlässigbar; in diesem Bereich ist μ reell und konstant.[1] Die AC-Beweglichkeit ist also ein komplexer Skalar, mit dessen Realteil die Energieübertragung beschrieben wird. Dies sieht man leicht bei Aufspaltung in Real- und Imaginärteil:

$$\mu = -\frac{e_0}{m_\mathrm{e}} \cdot \left(\frac{\nu_\mathrm{m}}{\omega^2 + \nu_\mathrm{m}^2} - \frac{\mathrm{i}\omega}{\omega^2 + \nu_\mathrm{m}^2} \right) \tag{5.8}$$

und Einsetzen in Gl. (5.4). Das Verhältnis von Real- zu Imaginärteil ist folglich $\mu_\mathrm{R}/\mu_\mathrm{I} = \nu_\mathrm{m}/\omega$. Für die Leistungsaufnahme von N Elektronen im Volumen V $(n = N/V)$ wird dann:

$$P = -\frac{1}{2} \cdot ne_0\boldsymbol{u}_\mathrm{e} \cdot \boldsymbol{E} \Rightarrow -\frac{1}{2} \cdot ne_0\mu_\mathrm{AC}E^2, \tag{5.9.1}$$

mithin

$$P = \frac{ne_0^2}{m\nu_\mathrm{m}} \cdot \frac{{\nu_\mathrm{m}}^2}{\nu_\mathrm{m}^2 + \omega^2} \cdot \frac{E_0^2}{2} = \frac{\varepsilon_0\omega_\mathrm{P}^2}{\nu_\mathrm{m}} \cdot \frac{{\nu_\mathrm{m}}^2}{\nu_\mathrm{m}^2 + \omega^2} \cdot \frac{E_0^2}{2}, \tag{5.9.2}$$

wenn ν_m unabhängig von der Elektronengeschwindigkeit ist (dies gilt z. B. für H_2 und He). Dabei ist $E = E_0/\sqrt{2}$ das RMS-Feld und das effektive Feld

$$E_\mathrm{eff}^2 = \frac{\nu_\mathrm{m}^2}{\nu_\mathrm{m}^2 + \omega^2} \cdot \frac{E_0^2}{2}. \tag{5.10}$$

Aus dieser Gleichung kann entnommen werden, daß bei steigender Anregungsfrequenz ω die Amplitude des elektrischen Feldes erhöht werden muß, um die Leistungseinkopplung konstant zu halten (s. Abschn. 5.5.2). Für $\nu_\mathrm{m} \gg \omega$, d. h. für hohe Drücke, geht das effektive Feld wieder in $E_0/\sqrt{2}$ über. Eine Entladung kann dann gezündet werden, wenn die Verluste an Elektronen durch Diffusion, Rekombination oder Elektroneneinfang von Ionisierungsmechanismen mehr als ausgeglichen werden. Sind die Verluste diffusionsbedingt (s. Abschn. 3.6), ist der Diffusionsstrom

$$\frac{\partial \varrho}{\partial t} = ne_0\nu_\mathrm{Ion} - \nabla \cdot \boldsymbol{j} \tag{5.11}$$

[1] Freie Elektronen würden also wegen der um 90° verschobenen Phase der Geschwindigkeit gegenüber dem erregenden elektrischen Feld eine rein imaginäre Beweglichkeit (und damit wegen $\sigma = e_0 n\mu$ auch rein imaginäre Leitfähigkeit) aufweisen. — Auch gegenüber Mikrowellen ist die Leitfähigkeit der Metalle noch weitgehend reell, d. h. Feld und Leitungsstrom sind in Phase. So ist z. B. für Kupfer $n = 8 \cdot 10^{22}$ Elektronen/cm^3; $\sigma = 5 \cdot 10^{17}\ \mathrm{s}^{-1} = 5{,}5 \cdot 10^7 \Omega^{-1}\mathrm{cm}^{-1}$ und die ν_m entsprechende Frequenz — sie wird hier als Dämpfungskonstante g oder γ bezeichnet — etwa $3 \cdot 10^{13}$ Hz. Dagegen werden bedeutende Abweichungen im IR- oder VIS-Bereich beobachtet, die in den vergleichsweise dünnen Plasmen viel früher auftreten.

mit ν_{Ion} der Ionisierungsfrequenz. Typisch für einen diffusionskontrollierten Mechanismus ist die Abhängigkeit der Durchbruchsfeldstärken vom Gasdruck mit ausgeprägten Minima. Dies ergibt sich durch Extremwertbildung von

$$\frac{\partial P}{\partial \nu} = \frac{ne_0^2}{m_e} \cdot E_0^2 \cdot \frac{\nu_m^2 + \omega^2 - 2\nu_m^2}{(\nu_m^2 + \omega^2)^2} \tag{5.12}$$

bei $\omega = \nu_m$ und kann so erklärt werden:

Fall (1): Hoher Gasdruck $\nu_m^2 \gg \omega^2$ (viele Stöße pro Schwingung): Die vom Feld auf das Elektron übertragene Energie wird in elastischen Stößen zwischen Elektronen und Molekeln dissipiert, und zwar ist der Energieverlust pro Stoß ΔE über den LANGEVINschen Energieverlustparameter $2m_e/(m_i + m_e)$, also ungefähr $2m_e/m_i$, definiert:

$$\Delta E \approx \frac{1}{\mid \nu_m \mid} \cdot \frac{e_0^2 E_{\mathrm{eff}}^2}{m_e \nu_m} = \frac{2m_e}{m_i} <\varepsilon_e> \tag{5.13}$$

mit $< \varepsilon_e >$ der mittleren Energie der Elektronen [128], womit das elektrische Feld wird

$$E_{\mathrm{eff}} = \nu_m \cdot \sqrt{\frac{2{m_e}^2}{e_0^2 m_i} \cdot <\varepsilon_e>}, \tag{5.14}$$

das effektive Feld ist folglich proportional ν_m, also p. Die Abhängigkeit ist damit ähnlich wie im DC-Fall (aufgenommene Energie ist proportional E/p mit E der elektrischen Feldstärke, s. Abb. 2.7).

Fall (2): Niedriger Gasdruck $\nu_m^2 \ll \omega^2$ (viele Schwingungen pro Stoß): Da hier das *MFP* der Elektronen zunimmt, sinkt die Wahrscheinlichkeit, daß ein Elektron dem Feld Energie entnimmt. Deswegen muß bei sinkendem Gasdruck das Feld um den Betrag des effektiven Feldes ansteigen. Unter der vereinfachenden Annahme, daß alle unelastischen Stöße eine Ionisierung verursachen,[2] ist die absorbierte Leistung $P_{\mathrm{abs}} = \nu_{\mathrm{Ion}} <\varepsilon_{\mathrm{Ion}}>$, womit für die Ionisierungsfrequenz folgt:

$$\nu_{\mathrm{Ion}} = \frac{P_{\mathrm{abs}}}{\varepsilon_{\mathrm{Ion}}} = \frac{e_0 E^2}{m_e \varepsilon_{\mathrm{Ion}} \nu_m} \cdot \frac{\nu_m^2}{\nu_m^2 + \omega^2}, \tag{5.15.1}$$

was sich für $\nu_m \ll \omega$ zu

$$\nu_{\mathrm{Ion}} = \frac{P_{\mathrm{abs}}}{\varepsilon_{\mathrm{Ion}}} = \frac{e_0^2 E^2}{m_e \varepsilon_{\mathrm{Ion}}} \cdot \frac{\nu_m}{\omega^2} \tag{5.15.2}$$

vereinfacht. Für die Durchbruchsbedingung gilt andererseits $\nu_{\mathrm{Ion}} = D/\Lambda^2$ (mit Λ der Diffusionslänge, die ausschließlich von den Dimensionen des Reaktors

[2] Das Modellgas ist Helium mit Quecksilberdampf („Heg"-Gas); He besitzt ein metastabiles Niveau bei 19,8 eV, das eine Lebensdauer von einigen msec hat, so daß nahezu jeder Stoß eines He mit einem Hg-Atom eine Ionisierung auslöst, wobei das effektive Ionisierungspotential 19,8 eV beträgt; $\nu_m(\mathrm{Hg})$ wird dann $2{,}37 \cdot 10^9 \cdot 133\, p$ (p in Pa).

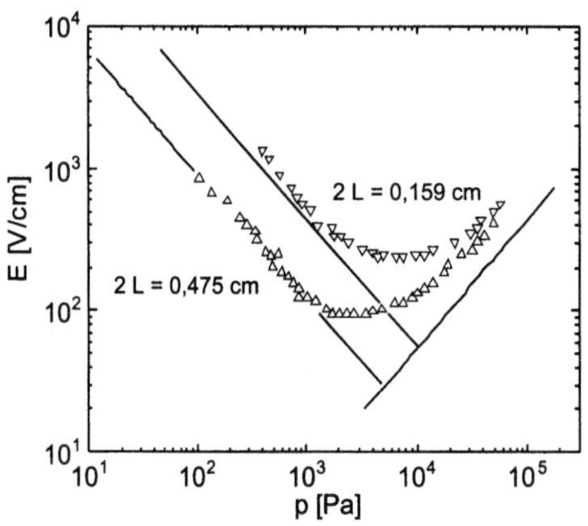

Abb. 5.3. Mikrowellen-Durchbruch in He/Hg („Heg“-Gas, L: Elektrodenabstand) nach [129]. Durch Erhöhung des Drucks und damit der Stoßfrequenz wird das effektive elektrische Feld geschwächt, daher muß der für den Durchbruch erforderliche Betrag von E bei Druckzunahme erhöht werden.

abhängt), wobei D sich aus der kinetischen Gastheorie zu $D = \lambda < v > /3$ ergibt (mit λ dem *MFP):*

$$\nu_{\mathrm{Ion}} = \frac{\lambda < v >}{3\Lambda^2}. \tag{5.16}$$

Da $< v >$ geschrieben werden kann als $< v >= \lambda\nu_{\mathrm{m}}$, folgt schließlich für das Verhältnis von Stoß- zu Ionisierungsfrequenz:

$$\frac{\nu_{\mathrm{Ion}}}{\nu_{\mathrm{m}}} = \frac{\lambda^2}{3\Lambda^2} \tag{5.17}$$

bzw.

$$\nu_{\mathrm{Ion}} \cdot \nu_{\mathrm{m}} = \frac{< v^2 >}{3\Lambda^2} \tag{5.18}$$

Deswegen ist E proportional ω und umgekehrt proportional ν_{m} und damit auch p (Abb. 5.3). Mit $< \varepsilon_{\mathrm{e}} >= {}^1\!/_2 m_{\mathrm{e}} < v_{\mathrm{e}}^2 >$ ist schließlich

$$E = \frac{\omega}{e_0 \Lambda \nu_{\mathrm{m}}} \cdot \sqrt{\frac{2}{3} \cdot \varepsilon_{\mathrm{Ion}} < \varepsilon_{\mathrm{e}} >}. \tag{5.19}$$

Das Minimum liegt folglich an dem Punkt, an dem die Stoßfrequenz ν_{m} gleich der Frequenz des angelegten RF-Feldes $\omega_{\mathrm{RF}}/(2\pi)$ wird.

Prinzipiell läßt sich die Stoßfrequenz in einer Entladung durch Messen der komplexen Leitfähigkeit, die mit der Beweglichkeit über $\sigma = e_0 n \mu$ zusammenhängt, und die Verhältnisbildung $\sigma_{\mathrm{R}}/\sigma_{\mathrm{I}} = \nu_{\mathrm{m}}/\omega$ erhalten (s. Abb. 5.4). Leider verkomplizieren im wesentlichen zwei Sachverhalte die Interpretation erheblich: zum einen die Geschwindigkeitsabhängigkeit der Stoßfrequenz und zum anderen die Geschwindigkeitsverteilung der Elektronen, die $\mathcal{EEDF}$ [130]. Genau die Tatsache, daß der Leistungstransfer bei $\nu_{\mathrm{m}} = \omega$ maximal wird, bedeutet umgekehrt, daß die (zeitabhängige) $\mathcal{EEDF}$ frequenzabhängig wird.

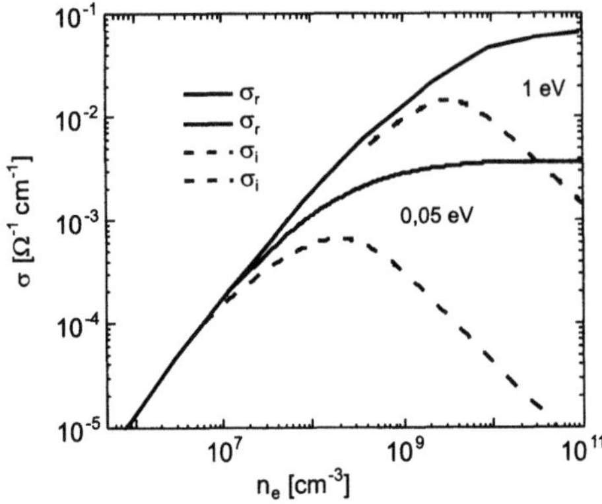

Abb. 5.4. Vergleich des Real- und des Imaginärteils der elektrischen Leitfähigkeit eines Plasmas [131] (© J. Wiley & Sons, Inc.).

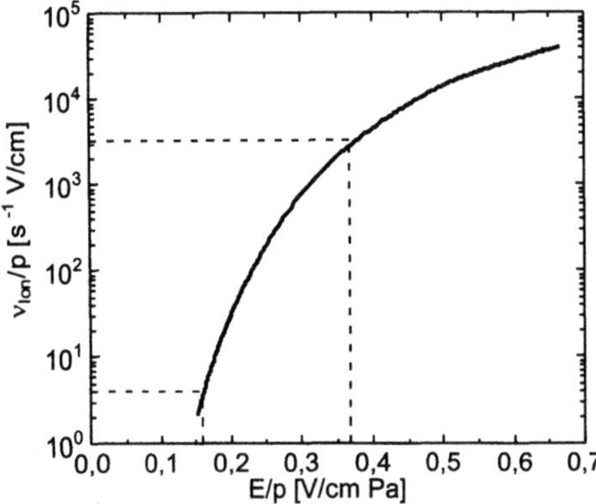

Abb. 5.5. Abhängigkeit der Diffusionskoeffizienten von der Feldstärke in einer RF-Entladung (oberer Wert: Durchbruch, unterer Wert: Erhaltung) nach [64].

5.1.2 Modifizierung der Diffusion

Der Verlustmechanismus der Diffusion ist bei niedrigen Drücken bei weitem der bedeutendste (s. Abschn. 3.5). Auch dieser Mechanismus ist in RF-Entladungen genauer zu analysieren. Wir haben bereits festgestellt, daß

- ν_{Ion} und ν_{m} über Gl. (5.17) miteinander verknüpft sind, und
- die Diffusionskoeffizienten von Elektronen und Ionen nach Zündung der Entladung miteinander verkoppelt werden, was insgesamt dazu führt, daß die zum Erhalt einer Entladung benötigte Feldstärke deutlich gegenüber der Durchbruchsfeldstärke reduziert ist. Der ambipolare Diffusionskoeffizient ist oft um Größenordnungen niedriger als der Diffusionskoeffizient für die Elektronen allein (Abb. 5.5).

Die Verbindung von Kontinuitätsgleichung und 1. FICKschem Gesetz liefert das 2. FICKsche Gesetz (Gl. (5.21):

$$\frac{\partial n}{\partial t} = -\nabla \cdot \boldsymbol{j} \wedge \boldsymbol{j} = -D\,\nabla n \tag{5.20}$$

$$\frac{\partial n}{\partial t} = -D\Delta n, \tag{5.21}$$

wobei diese Gleichung bei hohen Drücken um einen Term, der die Abnahme der Ladungsträger durch Rekombination beschreibt, zu erweitern ist (Reaktion 2. Ordnung: $-k_{\mathrm{R}} \cdot n_{\mathrm{I}}^2$, Abnahme: negatives Vorzeichen in der Annahme, daß Ionen- und Elektronendichten gleich groß sind). Diese Gleichung kann mit der Methode der Variablentrennung gelöst werden unter der Annahme, daß die Partikeln so diffundieren, daß

$$n(x,y,z,t) = n_0(x,y,z,t)\mathrm{e}^{-\nu_{\mathrm{m}}t}. \tag{5.22}$$

Für den ortsabhängigen Teil wird die Diffusionsgleichung

$$D\,\Delta n = -n\nu_{\mathrm{m}} \Rightarrow \Delta\,n = -\frac{\nu_{\mathrm{m}}}{D}n, \tag{5.23}$$

was sich für ein eindimensionales Problem zu

$$\frac{\mathrm{d}^2 n}{\mathrm{d}x^2} + \frac{\nu_{\mathrm{m}}}{D}n = 0 \tag{5.24}$$

vereinfacht. Da die Elektronendichte an der Wand Null sein muß, kommt als Lösung nur die Cosinus-Funktion in Betracht:

$$n = n_0 \cos\left(\sqrt{\frac{\nu_{\mathrm{m}}}{D}}x\right) \tag{5.25}$$

mit der Randbedingung $n = 0$ bei $x = L$ dem Elektrodenabstand. Damit ergeben sich für die Stoßfrequenz und die Teilchenzahldichte:

$$\nu_{\mathrm{m}} = \frac{\pi^2 D}{L^2} \wedge \frac{\nu_{\mathrm{m}}}{D} = \left(\frac{\pi}{L}\right)^2 = \frac{1}{\Lambda^2}, \tag{5.26}$$

$$n = n_0\mathrm{e}^{-\nu_{\mathrm{m}}t}\cos\frac{x}{\Lambda}. \tag{5.27}$$

mit Λ der Diffusionslänge der Elektronen. Man erwartet also eine exponentielle Abnahme der Elektronendichte, nachdem die Leistung abgeschaltet wurde (sog. „Afterglow“, Abb. 5.6), worin der Vorteil gepulster Plasmen zu sehen ist: Die Verkopplung der Diffusionskoeffizienten geht verloren, positive Ionen reichern sich an, und es kann nach der nächsten Zündung an Substratoberflächen zu stark unterschiedlichen Reaktionen kommen (s. Kap. 11 u. 12).

Diese Gleichung lautet in Zylinderkoordinaten unter Berücksichtigung der Randbedingungen, daß die Elektronendichte und ihre Ortsableitungen an den Rändern und den Elektroden Null sind:

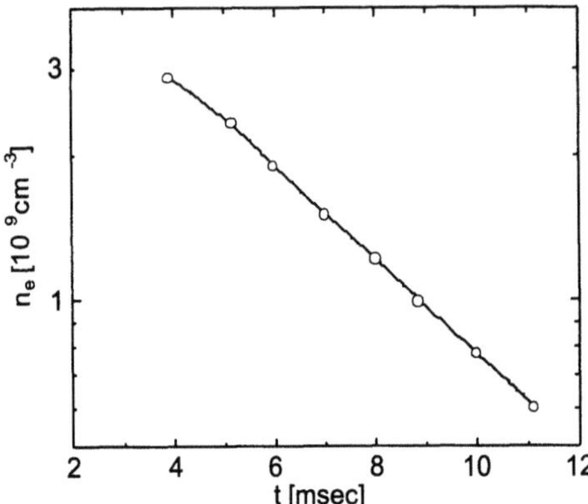

Abb. 5.6. Die Elektronendichte in einem Hohlraumresonator nimmt nach Leistungsabschaltung exponentiell ab [133] (© J. Wiley & Sons, Inc.).

$$\frac{\mathrm{d}^2 n}{\mathrm{d}r^2} + \frac{1}{r}\frac{\mathrm{d}n}{\mathrm{d}r} + \frac{n}{D\nu_\mathrm{m}} = 0 \tag{5.28}$$

und hat die Lösungen

$$n = n_0 \mathrm{e}^{-\nu_\mathrm{m} t} J_0 \sqrt{\frac{r\nu_\mathrm{m}}{D}}. \tag{5.29}$$

Damit n am Rand $r = R$ Null wird, muß gelten: $R\sqrt{\nu_\mathrm{m}/D} = 2,405$, woraus gleichzeitig die Stoßfrequenz ν_m bestimmt werden kann.

Das ist die Lösung für die dominierende (niedrigste) *Diffusionsmode.* Höhere Diffusionsmoden mit mehreren Maxima werden durch BESSEL-Funktionen höherer Ordnung beschrieben [132]. Einsetzen von Gl. (5.29) in die Diffusionsgleichung ergibt für eine sich selbst erhaltende Entladung

$$\frac{1}{\Lambda^2} = \frac{\nu_\mathrm{m}}{D} = \left(\frac{2,405}{R}\right)^2 + \left(\frac{\pi}{L}\right)^2 \tag{5.30}$$

mit R dem Zylinderradius und L dem Abstand der Elektroden. Die Diffusion zu den zylindrischen Wänden wird durch den ersten, die zu den Elektroden durch den zweiten Term beschrieben. Für ein einheitliches elektrisches Feld ist also der Gasdurchbruch dann erreicht, wenn diese Diffusionsverluste durch Ionisierungen im Plasma mehr als ausgeglichen werden, d. h. wenn $\nu_\mathrm{m} = D/\Lambda^2$ oder

$$\Lambda^2 = -n\Delta\, n. \tag{5.31}$$

Der Durchbruch bei hohen Frequenzen wird allein durch (primäre) α-Ionisierung bestimmt. Deshalb ist es möglich, bei Kenntnis des Ionisierungskoeffizienten ein elektrisches Feld für den Durchbruch zu bestimmen, oder umgekehrt, den Ionisierungskoeffizienten aus diesem Durchbruchsexperiment zu ermitteln.

Aus der ortsabhängigen Diffusionsgleichung (5.23) ist unmittelbar ersichtlich, daß ν_m/D dem TOWNSENDschen Koeffizienten α entspricht (abhängig vom

Gas, dem Feld, Druck und zusätzlich der Frequenz). Mit α wird ja die Zunahme des Elektronenstroms n/n_0 in Abhängigkeit vom Kathodenabstand x beschrieben: $n = n_0 \exp(\alpha x)$, also die Zahl der Ionisierungen pro cm, was auch ausgedrückt werden kann durch

$$\frac{\nu_{\mathrm{Ion}}}{<u_{\mathrm{e}}>} \tag{5.32}$$

mit ν_{Ion} der Ionisierungsfrequenz und $<u_{\mathrm{e}}>$ der Driftgeschwindigkeit ($<u_{\mathrm{e}}> = \mu E$), also

$$\alpha = \frac{\nu_{\mathrm{Ion}}}{\mu E}. \tag{5.33}$$

Allerdings bezieht sich α auf eine Ionisierung, die durch eine Driftbewegung im elektrischen Feld verursacht wird, während ν_{m}/D eine Driftbewegung durch Diffusion beschreibt, und die sehr viel kleiner als die durch ein DC-Feld ausgelöste Bewegung ist. Diese kann alternativ auch als Ionisierung durch ein Elektron beschrieben werden, das 1 V statt 1 cm durchfällt. Die beiden Koeffizienten sind verknüpft durch

$$\eta = \frac{\alpha}{E} = \frac{\nu_{\mathrm{Ion}}}{\mu E^2}; \; [\eta] = 1/\mathrm{V}, [\nu_{\mathrm{m}}/D] = 1/\mathrm{cm}^2. \tag{5.34}$$

Durch Definition von ζ

$$\zeta = \frac{\nu_{\mathrm{m}}}{D} \frac{1}{E_{\mathrm{eff}}^2} \tag{5.35}$$

hängen die Koeffizienten über

$$\zeta = \eta \cdot \frac{\mu}{D} = \frac{1}{\Lambda^2} \cdot \frac{1}{E_{\mathrm{eff}}^2} \tag{5.36}$$

zusammen. Das Verhältnis D/μ ist ein Maß für die Durchschnittsenergie der Elektronen und von E/p abhängig (EINSTEINsche Beziehung $D/\mu = k_{\mathrm{B}} T_{\mathrm{e}}/e_0$, was für eine MB-Verteilung als $D/\mu = {}^2\!/_3 <E_{\mathrm{e}}>/e_0$ geschrieben werden kann mit $<E_e>$ der mittleren Energie der Elektronen). Folglich kann man grundsätzlich η aus Messungen von ζ bestimmen und umgekehrt (Abb. 5.7). Schwierigkeiten entstehen durch die Art der Mittelwertbildung für die Energie der Elektronen, die für den DC- und den AC-Fall sicher unterschiedlich vorgenommen werden muß.

In Plasmen, in denen elektronegative Molekeln vorhanden sind, sind starke Abweichungen von diesem Verhalten zu beobachten. Eine einfache Massenbilanz, die Erzeugung (Ionisierung) und Verlust (Elektroneneinfang) als bimolekulare Reaktionen unter pauschaler Berücksichtigung von Diffusionsverlusten beschreibt (Gln. (5.23) und (5.26)), sieht folgendermaßen aus:

$$\frac{D_{\mathrm{a}}}{\Lambda^2} n_{\mathrm{e}} = k_{\mathrm{Ion}} n_{\mathrm{e}} n_{\mathrm{N}} - k_{\mathrm{a}} n_{\mathrm{e}} n_{\mathrm{N}} \tag{5.37}$$

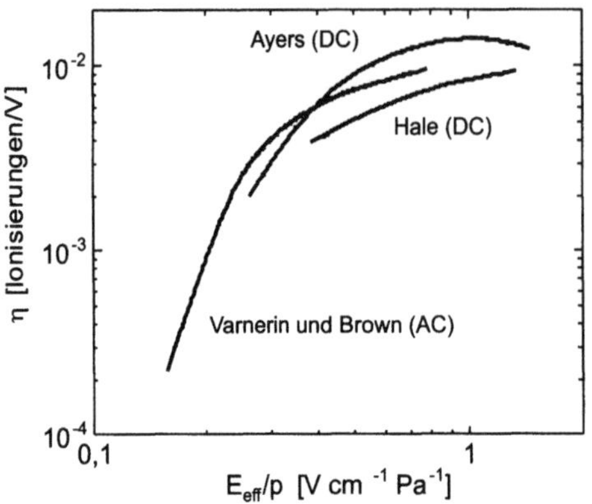

Abb. 5.7. Vergleich der Ionisierungskoeffizienten α und ζ in einer Entladung von Wasserstoff nach [134].

mit k_{Ion} und k_{a} den Geschwindigkeitskonstanten der Ionisierung bzw. des Elektroneneinfangs, n_{e} und n_{N} den Dichten der Elektronen und Neutralteilchen, D_{a} dem ambipolaren Diffusionskoeffizienten und Λ der Diffusionslänge (ungefähr Elektrodenabstand). Diese Gleichung vereinfacht sich zu

$$k_{\text{Ion}} - k_{\text{a}} = \frac{D_{\text{a}}}{n_{\text{N}}\Lambda^2}, \tag{5.38}$$

wenn die Beweglichkeiten von positiven und negativen Ionen als gleich und klein gegenüber denen der Elektronen angenommen werden (Beweglichkeit und Diffusionskoeffizient hängen ja über die EINSTEINsche Beziehung $D = \frac{k_{\text{B}}T_{\text{e}}}{e_0}\mu$ zusammen mit $\mu = \frac{e_0}{m\sigma\langle u\rangle n}$), dann kann D_{a} ausgedrückt werden durch [135]:

$$D_{\text{a}} = \frac{1+2\alpha}{1+2\alpha+\mu_{\text{e}}/\mu_{\text{Ion}}} D_{\text{e}} \tag{5.39}$$

mit $\alpha = n_{\text{n}}/n_{\text{e}}$ (n_{n}: Dichte der negativen Ionen). α ist Null für Argon, aber etwa 100 für SF_6, so daß in Entladungen elektronegativer Gase D_{a} wesentlich von der Konzentration der negativen Ionen bestimmt wird, die oft höher, manchmal sogar um Größenordnungen höher, als die der Elektronen ist [136].

In Entladungen elektropositiver oder inerter Gase beobachten wir Gleichgewicht zwischen Ionisierung (Gewinn) und ambipolarer Diffusion (Verlust), deswegen wird die Elektronendichte mit Cosinus- oder BESSEL-Funktionen beschrieben (Maximum in der Reaktormitte, Null am Rand). In Entladungen stark elektronegativer Gase wird das Gleichgewicht dagegen durch Elektroneneinfang aufrechterhalten, und die Diffusion ist vernachlässigbar. Deswegen ist die Elektronendichte in erster Näherung ortsunabhängig!

Aus der Gleichung

$$k_{\text{Ion}} - k_{\text{a}} = \frac{D_{\text{a}}}{n_{\text{N}}\Lambda^2} \tag{5.40}$$

können wir noch folgendes ersehen: Bei Druckerniedrigung (also abnehmender Teilchenzahldichte der Neutralmolekeln n_N) steigt D_a entsprechend an, da μ umgekehrt proportional der Neutralmolekeldichte ist. In Entladungen elektropositiver Molekeln ($k_\mathrm{Ion} \gg k_\mathrm{a}$) bedeutet das eine Zunahme von k_Ion, was nur realisierbar ist, wenn die mittlere Elektronenenergie zunimmt. In Entladungen elektronegativer Gase ist k_a von vergleichbarer Größe von k_Ion; es ändern sich dann sowohl k_Ion wie k_a gleichsinnig, und die mittlere Elektronenenergie ändert sich wesentlich weniger. Zusätzlich erscheinen in dieser Gleichung weder die Dichten der Elektronen und der Ionen noch deren Temperaturen (Energien) (die Dichten nur über den ambipolaren Diffusionskoeffizienten); diese Größen sind also in erster Näherung von der eingekoppelten Leistung unabhängig. (T_e ist innerhalb gewisser Frequenzgrenzen nur vom Gasdruck und dem Verhältnis $T_\mathrm{e}/T_\mathrm{i}$ abhängig).

5.1.3 Modell für den Durchbruch

Der Anstieg der Durchbruchsfeldstärken ist also für hohe Drücke auf die gleiche Ursache wie bei DC-Entladungen zurückzuführen: Bei steigendem Druck nimmt das *MFP* der Elektronen ab, folglich ist die kinetische Energie, die das Elektron zwischen zwei Stößen aufnehmen kann, geringer; das Feld muß also umgekehrt proportional dem *MFP,* d. h. aber: dem Druck direkt proportional, sein. Bei kleinen Drücken beobachtet man dagegen einen unterschiedlichen Mechanismus: Die abnehmende Effizienz des Energietransfers vom Feld auf die Elektronen führt ebenfalls zu einem Anstieg der Durchbruchsfeldstärken mit sinkenden Drücken. Im Grenzfall des stoßfreien Plasmas kann überhaupt keine Energie mehr vom Feld aufgenommen werden. Deswegen ist dieses Minimum kein PASCHEN-Minimum [137]. So wird im Gegensatz zu DC-Entladungen eine Verringerung der Durchbruchsfeldstärke bei Vergrößerung des Elektrodenabstandes beobachtet, d. h. das Gleichgewicht zwischen diffusionsbedingtem Elektronenverlust und Elektronengewinn durch das AC-Feld wird dann eher erreicht (Abb. 5.8).

Dieses Minimum ist also das Ergebnis zweier konkurrierender Mechanismen. Um das Durchbruchs-Problem noch von einer anderen Seite zu beleuchten und andere Verlustmechanismen zu diskutieren, werden wir uns der von den Ähnlichkeitsgesetzen her bekannten, gegen Änderung der Gefäßdimensionen sich invariant verhaltenden Größe *pd* (*p*: Gasdruck, *d*: Elektrodenabstand) bedienen. Was den Einfluß des HF-Feldes angeht, ist $p\lambda$ (mit λ der Wellenlänge der anregenden Strahlung) der geeignete Parameter. Die Energie wird statt mit E mit ε, *MFP,* sonst als λ bezeichnet, wird im folgenden Abschnitt als l bezeichnet, um Verwechslungen mit der Wellenlänge λ zu vermeiden.

Wie wir einleitend bemerkt haben, findet ein Durchbruch dann statt, wenn Gleichgewicht zwischen Ionisierungsrate und Diffusionsverlusten besteht. Bei niedrigen Frequenzen ist $d \ll \lambda$, hier ist also das Feld im Reaktor überall gleich:

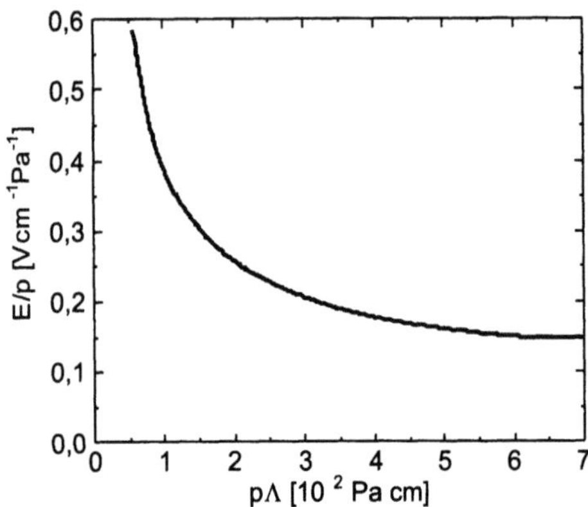

Abb. 5.8. Bei Verringerung des Elektrodenabstandes (Reduktion von Λ) nehmen die Diffusionsverluste zu, und das effektive Feld für den Durchbruch muß ansteigen (Fall für H_2, nach [64]).

quasistationärer Fall, sog. *Grenze des gleichförmigen Feldes.* Für hohe Frequenzen dagegen existiert eine Schranke:

$$d = \pi\Lambda \geq \lambda/2 \tag{5.41}$$

mit Λ der Diffusionslänge, also

$$p\lambda = 2\pi(p\Lambda) \Rightarrow p\Lambda = \frac{p\lambda}{2\pi}. \tag{5.42}$$

Als nächstes finden wir, daß der Druck den Bereich der Gültigkeit der kinetischen Gastheorie begrenzt: wenn nämlich die mittlere freie Weglänge der Elektronen etwa gleich der Diffusionslänge wird. Die Stoßwahrscheinlichkeit P_m ist umgekehrt proportional dem Druck p und $l_\mathrm{e} = \Lambda_\mathrm{e}$, also

$$p\Lambda = \frac{1}{P_\mathrm{m}}, \tag{5.43}$$

wobei diese Größe natürlich von der Energie der Elektronen abhängt. Dies ist die *Grenze der mittleren freien Weglänge.*

Wird die Schwingungsamplitude der Elektronen im Feld hinreichend groß, können diese in jeder Halbwelle die Wände erreichen und dort rekombinieren. Die Auslenkung ergibt sich aus dem NEWTONschen Gesetz

$$\frac{\mathrm{d}^2x}{\mathrm{d}t^2} + \nu_\mathrm{m}\frac{\mathrm{d}x}{\mathrm{d}t} = -\frac{e_0}{m}E_0\mathrm{e}^{\mathrm{i}\omega t} \tag{5.44}$$

zu

$$x = -\frac{e_0}{m} \cdot \frac{E_0}{\mathrm{i}\nu_\mathrm{m}\omega - \omega^2}\mathrm{e}^{\mathrm{i}\omega t} = \frac{e_0}{m} \cdot \frac{E_0}{-\mathrm{i}\omega(\mathrm{i}\omega + \nu_\mathrm{m})}\mathrm{e}^{\mathrm{i}\omega t}. \tag{5.45}$$

Die Amplitude ψ_0 dieser Schwingung ist der Betrag der komplexen Zahl

$$\frac{e_0 E_0}{m\omega}\left(\frac{-\omega}{\omega^2+\nu_{\mathrm{m}}^2}-\frac{\mathrm{i}\nu_{\mathrm{m}}}{\omega^2+\nu_{\mathrm{m}}^2}\right): \tag{5.46}$$

$$\psi_0 = \frac{e_0 E_0}{m\omega}\cdot\frac{1}{\sqrt{\omega^2+\nu_{\mathrm{m}}^2}}, \tag{5.47}$$

was mit Gl. (5.10) für das effektive Feld geschrieben werden kann zu

$$\psi_0 = \frac{\sqrt{2}e_0 E_{\mathrm{eff}}}{m\omega\nu_{\mathrm{m}}}. \tag{5.48}$$

Die Amplitude kann nicht größer als der halbe Elektrodenabstand sein:

$$\frac{L}{2} = \frac{\sqrt{2}e_0 E_{\mathrm{eff}}}{m\omega\nu_{\mathrm{m}}}. \tag{5.49}$$

Substituiert man

$$P_{\mathrm{m}} = \frac{1}{pl_{\mathrm{e}}} \wedge \omega = \frac{2\pi c}{\lambda} \wedge \nu_{\mathrm{m}} = \frac{v}{l_{\mathrm{e}}}, \tag{5.50}$$

ergibt sich

$$p\lambda = \sqrt{2}\frac{m\pi c}{e_0}\cdot P_{\mathrm{m}} v \vee p\lambda = \frac{pL}{E_{\mathrm{eff}}/p}. \tag{5.51}$$

Einsetzen der Konstanten liefert mit $L = \pi\Lambda$:

$$p\lambda = 10^6 \frac{p\Lambda}{E_{\mathrm{eff}}/p}, \tag{5.52}$$

die für bekannte Durchbruchsfeldstärke gelöst werden kann. Dies ist die *Grenze der Schwingungsamplitude.* Wird diese Grenze erreicht, gehen also alle Elektronen durch Rekombination mit der Wand innerhalb einer Halbwelle verloren, und es bedarf gewaltiger Erhöhungen des elektrischen Feldes, um dieses zu kompensieren (Abb. 5.9).

Schließlich gibt es den bereits diskutierten Übergang von hohem zu niedrigem Gasdruck (viele Stöße pro Schwingung → viele Schwingungen pro Stoß). Die Grenze ist offenbar

$$\omega = \nu_{\mathrm{m}} = \frac{\sqrt{<v>^2}}{l_{\mathrm{e}}}. \tag{5.53}$$

Für Wasserstoff, für den $\nu_{\mathrm{m}} = 7{,}89\cdot 10^{11} p_0$ (p in Pa), wird $p\lambda = 4246$. Dieses ist die *Grenze des Übergangs der Stoßfrequenz.* Schließlich findet man noch die *optimale Grenze des Durchbruchs* (Gl. (5.19)) mit $\omega = 2\pi c/\lambda$ zu

$$E = \frac{2\pi c}{e_0\Lambda\lambda\nu_{\mathrm{m}}}\sqrt{\frac{2}{3}\varepsilon_{\mathrm{Ion}} <\varepsilon_{\mathrm{e}}>}. \tag{5.54}$$

Setzt man die Werte für Wasserstoff ein:

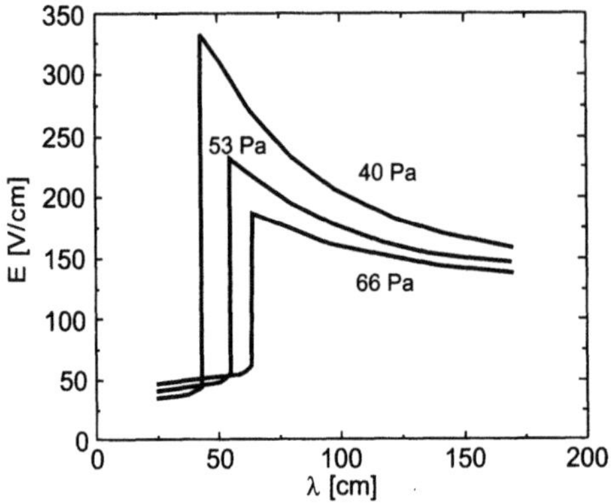

Abb. 5.9. An der „Grenze der Schwingungsamplitude" muß die Feldstärke zum Durchbruch gewaltig erhöht werden (nach [138]).

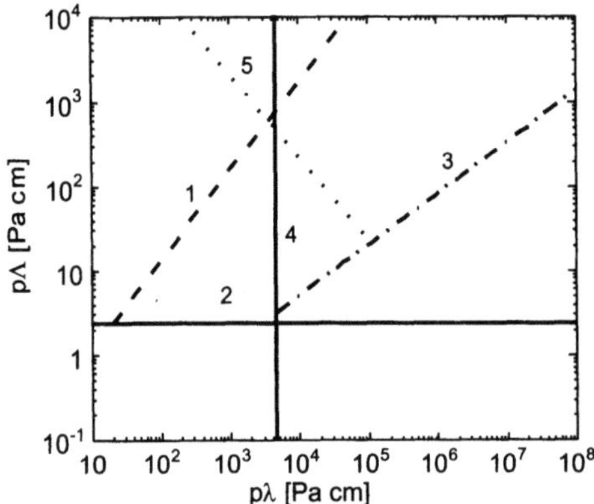

Abb. 5.10. Dimensionierung der Diffusionsgrenzen für den Hochfrequenzdurchbruch in H_2: (1) Grenze des gleichförmigen Feldes, (2) Grenze der mittleren freien Weglänge, (3) Grenze der Schwingungsamplitude, (4) Grenze des Übergangs der Stoßfrequenz, (5) Optimale Grenze des Durchbruchs (nach [139]).

- $\nu_{\mathrm{m}} = 7,89 \cdot 10^{11} p_0$,
- $\varepsilon_{\mathrm{Ion}} = 15,4$ eV,

und nimmt $<\varepsilon>= \varepsilon_{\mathrm{Ion}}$ an, ergibt sich

$$p\lambda = \frac{0,56}{p\Lambda}. \tag{5.55}$$

Diese Grenze ist in Abb. 5.10 eingetragen. Wir sehen also, daß es ein durch Diffusion nach allen Seiten begrenztes Gebiet der Stabilität einer RF-Entladung gibt.

Die starke Erhöhung der Elektronendichte in RF-Entladungen wurde auch auf die Wechselwirkung der Plasmaelektronen mit der pulsierenden Randschicht zurückgeführt [140] [141]. Als Resultat des Zusammenstoßes (Masse der Randschicht als Unendlich angenommen) erhöht sich die Geschwindigkeit eines

Elektrons von v_0, der Anfangsgeschwindigkeit vor dem Stoß, auf $v_0 + 2v_S$ mit v_S der Geschwindigkeit der schwingenden Grenze der Randschicht *(Stochastische Heizung);* dieser Mechanismus gewinnt in Edelgasentladungen bei Drücken unter 100 mTorr (13 Pa) bei fallendem Druck stark an Bedeutung (s. a. Abschn. 6.1 u. 6.3) [143]. Wie jedoch von POPOV und GODYAK experimentell gezeigt werden konnte, ist dieser Mechanismus wenigstens in Entladungen von Metalldämpfen bei weitem nicht ausreichend, um die stark erhöhte Ionisation zu erklären [142]. Sie wiesen vielmehr nach, daß ein stoßfreier Übertragungsmechanismus („Wellenreiter-Effekt") zumindest für Drücke kleiner als 1 Pa entscheidend für den Grad der Ionisierung ist [144].

5.2 HF-Kopplung: Qualitative Beschreibung

Vom Standpunkt der Ladungsträgererzeugung sollte die Frequenz also bei $\omega = 2\pi \cdot \nu_m < \omega_P$, also bei sehr hohen Werten, liegen. Auch für dielektrische Elektroden wäre eine hohe Erregerfrequenz vorteilhaft. Jedoch treten dann starke Dämpfungen bei Induktivitäten auf. Deswegen wird die obere Grenze durch oft nur schwer zu behebende Erdungsprobleme gegeben. Außerdem ist die Wahl der Anregungsfrequenz auch von der Reaktorgeometrie abhängig. So ist man im Bereich unter 100 MHz beim Reaktordesign sehr flexibel. Hier können die Elektroden oder Spulen nahezu jede beliebige Größe und Form haben. Ein Nachteil ist, daß man bedeutend von der optimalen Einkopplungsfrequenz $\omega = \nu_m$ entfernt ist. Deswegen ist ein guter Kompromiß der Bereich zwischen 10 und 20 MHz; und hier ist wiederum im RF-Band 13,56 MHz die einzige Frequenz, die von der Federal Communications Commission (FCC) zugelassen wurde, um die Kommunikationsnetze nicht zu stören [145].

Nichtlineare Effekte führen trotzdem zu der Erzeugung zahlreicher starker Obertöne: der 6. liegt im VHF-Band, der 7. und 8. fallen in die Bänder der Luftraumüberwachung. Darüber hinaus gibt es frequenzabhängige Effekte, die im folgenden ebenfalls genauer untersucht werden müssen.

Als erstes Resümee können wir festhalten, daß die hohe Spannung an der Elektrode, die in einer DC-Entladung notwendig ist, um Sekundärelektronen zu erzeugen, in einer RF-Entladung bei gleicher Leistung wesentlich reduziert werden kann:

- γ-Elektronen sind zur Aufrechterhaltung der Entladung nicht mehr erforderlich (sog. α-Regime [146]);
- der Arbeitsdruck kann im Verhältnis zur DC-Entladung deutlich niedriger sein.

Das bedeutet, daß die Elektroden sich auch außerhalb des Plasmavolumens befinden können. Man spricht daher auch von *elektrodenlosen Entladungen.* Die

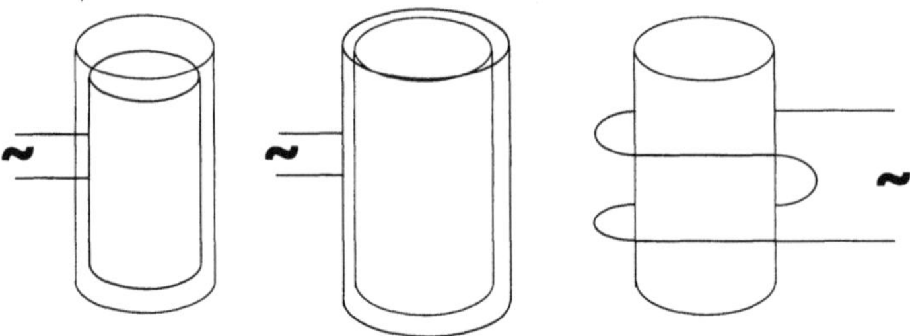

Abb. 5.11. Die Ankopplung des RF-Feldes geschieht kapazitiv, wobei die Elektrode sich innerhalb (lks.) oder außerhalb (Mitte) des Vakuumrezipienten befinden kann, oder induktiv (rechts, Elektrode immer außerhalb des Rezipienten) [147].

Ankopplung geschieht dann entweder kapazitiv oder induktiv, also mit Hilfe von Kondensatorplatten oder Spulen (Abb. 5.11, s. Abschn. 5.3).

Wir können damit HF-Entladungen aufteilen in die folgenden drei Typen, die durch die Wechselwirkung des elektromagnetischen Feldes mit dem Plasma charakterisiert sind:

1. „E-Typ": Kapazitive Einkopplung zwischen RF-Elektroden inner- oder außerhalb der Entladung. Die elektrischen Feldlinien schließen sich außerhalb des Plasmas und greifen durch Randschichten und Elektroden. Für die Ionisierung ist die Stärke des elektrischen Feldes entscheidend. Mit zunehmender Ionisierung sinkt die Spannung im Plasma, der Widerstand nimmt ab, die Plasmadichte erhöht sich dramatisch. Es erfolgt ein fließender Übergang zum

2. „H-Typ": Das RF-Feld wird ins Plasma induziert durch eine Änderung des magnetischen Flusses im Plasma. Es entsteht ein elektrisches Wirbelfeld. Die elektrischen Feldlinien schließen sich innerhalb des Plasmas. Es kann zu sehr hohen Plasmadichten ($\approx 100\%$) kommen. Für Typen (1) und (2) ist die Wellenlänge bedeutend größer als die Reaktordimensionen, weswegen man auch von „quasi-stationären" Entladungen („Steady-State Discharges") spricht.

3. Schließlich können bei höheren Frequenzen — etwa im Mikrowellenbereich — die Wellenlängen bedeutend kleiner als die Reaktordimensionen werden. So beträgt die Vakuumwellenlänge für die übliche Mikrowellenfrequenz von 2,450 GHz 12,25 cm. Bei Anregung mit Wellen, deren Frequenz oberhalb der Plasmafrequenz liegt, verhält sich das Plasma wie ein Dielektrikum, läßt also die Transmission einer elektromagnetischen Welle zu. Unterhalb der Plasmafrequenz ist eine Energiedissipation dagegen nur möglich bei Anwesenheit eines starken magnetischen Feldes, durch das die Welle geführt wird. Der scharfe Übergang zwischen den Bereichen

Dielektrikum und Plasma wird aufgeweicht (s. Abschn. 14.6, 14.7.1 und 14.7.2).

Die induktive Kopplung liefert ein wesentlich ungleichförmigeres Feld; deswegen kann sie nur bei Reaktoren Anwendung finden, bei denen das Verhältnis Länge/Querschnitt größer als Eins ist [24]. *Wegen der großen Effizienz der Ladungsträgererzeugung in einer RF-Entladung ist bei sonst gleichen Parametern die Ladungsträgerdichte in der Negativen Glühzone, hier Bulk-Plasma genannt, wesentlich höher als bei einer DC-Entladung.*

5.3 HF-Kopplung: Quantitative Beschreibung

Im folgenden wird dargestellt, wie die Einkopplung im kapazitiven und induktiven Fall berechnet wird. Ausgegangen wird von den beiden Grenzfällen des Reihen- und Parallelresonanzkreises, an die sich die Betrachtung gekoppelter Parallelkreise und die duale Schaltung des approximierten kapazitiv gekoppelten Plasmas anschließt.

5.3.1 Reihenresonanzkreis

Nach dem 2. KIRCHHOFFschen Gesetz ist die der Spannungsquelle entnommene Wechselspannung gleich der Summe der Spannungsabfälle:

$$\tilde{U} = \tilde{U}_{\mathrm{L}} + \tilde{U}_{\mathrm{C}} + \tilde{U}_{\mathrm{R}}. \tag{5.56}$$

mit

$$\tilde{U}_{\mathrm{L}} = \mathrm{i}\omega L \tilde{I} \tag{5.57}$$

und

$$\tilde{U}_{\mathrm{C}} = \frac{\mathrm{i}\tilde{I}}{\omega C}. \tag{5.58}$$

Damit wird für $\tilde{U}$

$$\tilde{U} = \tilde{I}\left\{R + \mathrm{i}\left(\omega L - \frac{1}{\omega C}\right)\right\} = Z\tilde{I} \tag{5.59}$$

Die Beträge von Strom und Spannung sind dann

$$I = \frac{U}{\sqrt{R^2 + \left[\omega L - \frac{1}{\omega C}\right]^2}} \wedge U = I\sqrt{R^2 + \left[\omega L - \frac{1}{\omega C}\right]^2} \tag{5.60}$$

Aus Gl. (5.59) ist ersichtlich, daß Z reell wird für

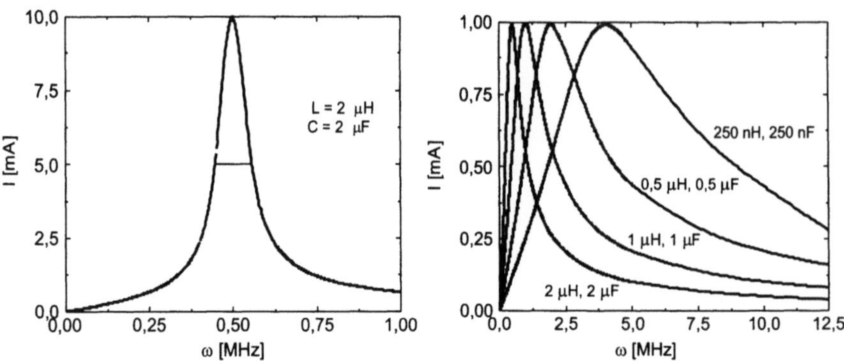

Abb. 5.12. Lks: Resonanzkurve eines Serienkreises für $R = 0,1\ \Omega$ und $L = 2\ \mu$H, $C = 2\ \mu$F. Der Strom wird an der Resonanzstelle maximal.
Resonanzkurven eines Serienkreises für verschiedene Werte von L und C (von $^1/_4$ bis $2 \cdot 10^{-6}\ \mu$H bzw. μF bei konstantem $R = 1\ \Omega$. Der Strom wird zwar an der Resonanzstelle maximal, ist aber teilweise stark gedämpft.

$$\omega L = \frac{1}{\omega C}: \tag{5.61}$$

Resonanz: I und U sind phasengleich, da der Blindwiderstand $Z_s = \mathrm{i}X_s$ Null wird; und die Spannungen $\tilde{U}_L$ und $\tilde{U}_C$ können um ein Vielfaches höher als die Quellenspannung $\tilde{U}$ sein (Resonanzüberhöhung oder Spannungsresonanz). Die Resonanzfrequenz des Schwingkreises ist nach THOMSON

$$\omega_{R,s} = \frac{1}{\sqrt{LC}} \tag{5.62}$$

Aus der Resonanzkurve $\omega \to \tilde{I}$ lassen sich Schlüsse ziehen auf die Dämpfung. Für $R = 0$ wird $I \to \infty$, für $R \to \infty$ kann kein Maximum erkannt werden (s. Abbn. 5.11).

5.3.2 Parallelresonanzkreis

Nach dem 1. KIRCHHOFFschen Gesetz ist die der Spannungsquelle entnommene Wechselspannung gleich der Summe der Spannungsabfälle:

$$\tilde{I} = \tilde{I}_L + \tilde{I}_C + \tilde{I}_R. \tag{5.63}$$

wobei der Strom in der Spule

$$\tilde{I}_L = \frac{\tilde{U}}{\mathrm{i}\omega L\tilde{I}} = -\mathrm{i}\frac{\tilde{U}}{\omega L\tilde{I}}, \tag{5.64}$$

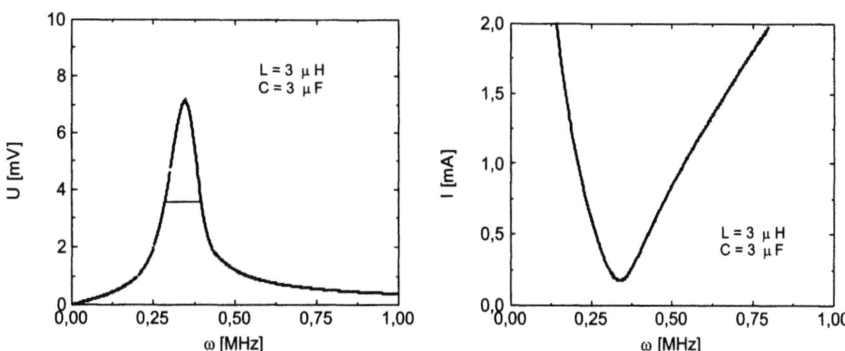

Abb. 5.13. In einem Parallelresonanzkreis ist der Strom am Extremwert im Minimum und die Spannung im Maximum; hier gezeigt für $R = 0,1\,\Omega$ und $L = 10\,\mu$H und $C = 10\,\mu$F.

und im Kondensator

$$\tilde{I}_{\mathrm{C}} = \tilde{U} \mathrm{i} \omega C : \tag{5.65}$$

die Phase des Stroms hängt in der Spule gegenüber der Spannung um 90 ° zurück, eilt dagegen im Kondensator um 90 ° voraus.
Damit wird für $\tilde{U}$

$$\tilde{U} = \tilde{I} \left\{ R + \mathrm{i} \left[\omega L - \frac{1}{\omega C} \right] \right\} = \tilde{I} Z \tag{5.66}$$

Der Betrag des Stroms ist dann

$$I = U \sqrt{ \left(\frac{1}{R} \right)^2 + \left(\omega C - \frac{1}{\omega L} \right)^2 } \tag{5.67}$$

Aus Gl. (5.66) ist ersichtlich, daß Z reell wird für

$$\omega L = \frac{1}{\omega C} : \tag{5.68}$$

Die Resonanzbedingung ist identisch mit der des Serienkreises. I und U sind phasengleich; jedoch tritt an der Resonanzstelle statt eines Maximums im Strom ein Minimum des Stroms auf (s. Abb. 5.13).

5.3.3 Gekoppelte Parallelschwingkreise

Hier unterscheiden wir zwischen

1. induktiver Spannungskopplung;

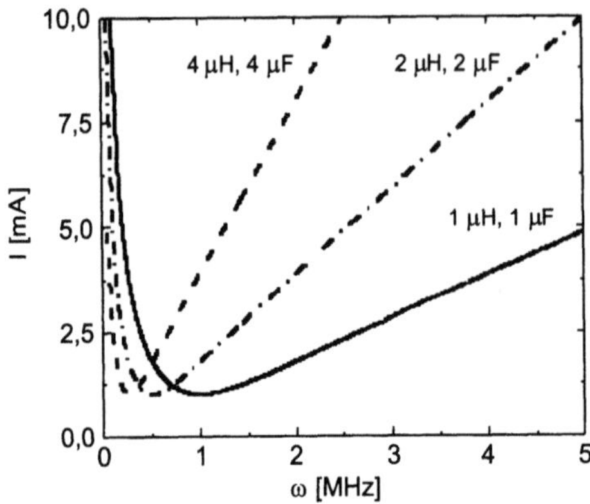

Abb. 5.14. In einem Parallelresonanzkreis ist der Strom am Extremwert im Minimum; hier gezeigt für verschiedene Werte von L und C bei konstantem R (0,1 Ω).

2. induktiver Stromkopplung;
3. kapazitiver Spannungskopplung;
4. kapazitiver Stromkopplung;
5. Trafokopplung (Übertrager).

Für die hier zu machenden Überlegungen sind die ungeraden Ziffern wichtig. (1), (3) und (5) werden durch die gleiche Ersatzschaltung beschrieben. Modellmäßig wird dies daher am Fall der Trafokopplung angeschrieben, die wir bei der induktiven Kopplung von Hochdichte-Plasmen wiederfinden werden, und dann auf die beiden anderen Fälle übertragen.

5.3.3.1 Trafokopplung. In diesem Fall haben wir im Erreger- oder Oszillatorkreis (Index 1) bzw. im Resonanzkreis (Index 2) nach dem 2. KIRCHHOFFschen Gesetz die beiden Gleichungen

$$\begin{aligned} \tilde{U} &= \tilde{I}_1 Z_1 + \tilde{I}_2 \mathrm{i}\omega M \\ 0 &= \tilde{I}_2 Z_2 + \tilde{I}_1 \mathrm{i}\omega M : \end{aligned} \tag{5.69}$$

Dabei ist M der Koeffizient der gegenseitigen Induktion:

$$M = k\sqrt{L_1 L_2} \tag{5.70}$$

mit k dem Kopplungsfaktor. Im Oszillatorkreis ist die Spannung der Quelle $\tilde{U}$ gleich dem Spannungsabfall im Widerstand Z_1 + der Spannung, die vom Resonanzkreis auf jenen Kreis zurückübertragen wird; im Resonanzkreis dagegen egalisieren sich die Spannungen, die übertragen werden und die am Widerstand Z_2 abfallen. Für die beiden Wechselstromwiderstände gilt allgemein

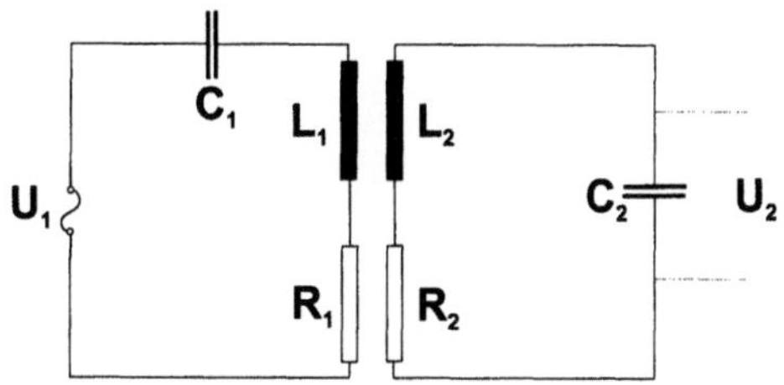

Abb. 5.15. Zwei induktiv gekoppelte Schwingkreise mit primärer Reihenspeisung (Trafokopplung).

$$Z_{1,2} = R_{1,2} + \mathrm{i}\left(\omega L_{1,2} - \frac{1}{\omega C_{1,2}}\right) \tag{5.71}$$

Aus Gl. (5.69.2) ergibt sich

$$\tilde{I}_2 = -\tilde{I}_1 \frac{\mathrm{i}\omega M}{Z_2} \tag{5.72}$$

und weiter für die anderen Größen

$$\tilde{U}_1 = \tilde{I}_1 \left(Z_1 + \frac{\omega^2 M^2}{Z_2^2}\right) \tag{5.73}$$

$$\tilde{I}_1 = \frac{\tilde{U}_1}{Z_1 + \frac{\omega^2 M^2}{Z_2}} \tag{5.74}$$

$$\tilde{I}_2 = -\frac{\mathrm{i}\omega M \tilde{U}_1}{Z_1 Z_2 + \omega^2 M^2} \tag{5.75}$$

Die am Kondensator C_2 gemessene Spannung ist

$$\tilde{U}_2 = \frac{\tilde{I}_2}{\mathrm{i}\omega C_2}, \tag{5.76}$$

was mit Gl. (5.75)

$$\tilde{U}_2 = \frac{\tilde{U}_1 M}{C_2(Z_1 Z_2 + \omega^2 M^2)} \tag{5.77}$$

ergibt. Zur weiteren Betrachtung nehmen wir Gleichheit der beiden Kreise an:

$$R_1 = R_2 = R; C_1 = C_2 = C; L_1 = L_2 = L; M = kL. \qquad (5.78),$$

wobei weiter

$$d = \frac{R}{\omega L} \wedge x = 1 - \frac{1}{\omega^2 LC} \vee x = 1 - \frac{\omega_0^2}{\omega^2} \tag{5.79}$$

gelten soll. Damit folgt für den Wechselstromwiderstand Z beider Kreise, den im Oszillatorkreis fließenden Strom $\tilde{I}_2$ und die in ihn induzierte Spannung $\tilde{U}_2$:

$$Z = r\left(1 + \mathrm{i}\frac{x}{d}\right), \tag{5.80}$$

$$\tilde{I}_2 = -\mathrm{i}\frac{\tilde{U}_1}{R}\frac{\frac{k}{d}}{1 + \frac{k^2}{d^2} - \frac{x^2}{d^2} + 2\mathrm{i}\frac{x}{d}}, \tag{5.81}$$

$$\tilde{U}_2 = -\frac{\tilde{U}_1}{\omega CR}\frac{\frac{k}{d}}{1 + \frac{k^2}{d^2} - \frac{x^2}{d^2} + 2\mathrm{i}\frac{x}{d}}; \tag{5.82}$$

woraus sich schließlich für die Beträge von U_2 und I_2 ergibt:

$$U_2 = kU_1\frac{1}{\sqrt{(d^2 + k^2 - x^2)^2 + 4x^2d^2}} \tag{5.83.1}$$

$$I_2 = \frac{U_1}{R}\frac{k}{d}\sqrt{\frac{1}{\left(1 + \frac{k^2}{d^2} - \frac{x^2}{d^2}\right)^2 + 4\frac{x^2}{d^2}}} \tag{5.83.2}$$

Damit ergibt sich durch Differenzierung von Gl. (5.83.1) die Lage der Extremwerte zu

$$x(k^2 - d^2 - x^2) = 0 \tag{5.84}$$

mit den Wurzeln

$$x_1 = 0 \wedge x_{23} = \pm\sqrt{k^2 - d^2}: \tag{5.85}$$

$$\omega_1 = \omega_0 \wedge \omega_{23} = \frac{\omega_0}{\sqrt{1 \pm \sqrt{k^2 - d^2}}}. \tag{5.86}$$

Somit treten neben der Resonanzfrequenz bei ω_0 zwei weitere Strommaxima vor und nach ω_0 auf, die durch die Rückkopplung des Resonanzkreises auf den Oszillatorkreis bedingt sind, die durch den Kopplungsfaktor k definiert ist.

- Lose oder unterkritische Kopplung: $k < d$,
- Grenzkopplung oder kritische Kopplung: flaches Maximum mit drei Nullstellen ($k = d$),
- feste oder überkritische Kopplung: $k > d$,
- sehr feste Kopplung: $k \gg d \Rightarrow k^2 \gg d^2$, wodurch sich Gl. (5.86) vereinfacht zu

$$\omega_{23} = \frac{\omega_0}{\sqrt{1 \pm k}} \tag{5.87}$$

Mit Gl. (5.83.2) erhalten wir schließlich für die Resonanzströme im Resonanzkreis die Werte

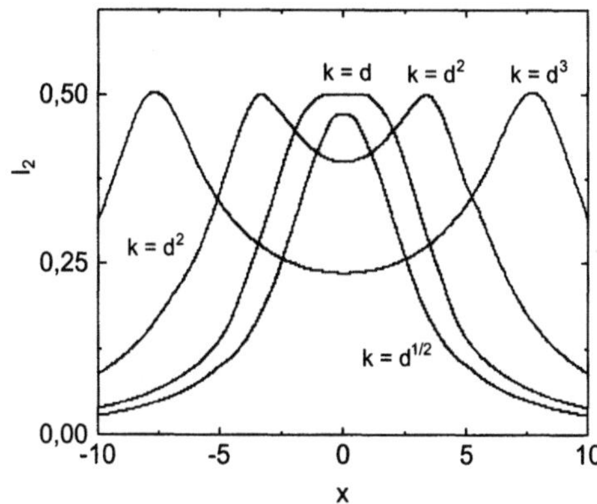

Abb. 5.16. Resonanzkurven für den im Resonanzkreis fließenden Strom I_2 für vier verschiedene Verstimmungen von k/d.

$$I_{2,1} = \frac{U_1}{R}\frac{kd}{d^2+k^2}, \tag{5.88.1}$$

dazu aber

$$I_{2,23} = \frac{U_1}{2R}, \tag{5.88.2}$$

schließlich für den Fall der Grenzkopplung ($k = d$) ebenfalls

$$I_{2,23} = \frac{U_1}{2R}, \tag{5.88.3}$$

Für die Verstimmungen $k = \sqrt{d}, k = d, k = d^2$ und $k = d^3$ sind die in Abb. (5.12) gezeigten Resonanzkurven ermittelt.

5.3.4 Kapazitive und induktive Kopplung

Die Trafokopplung ist ein Spezialfall der Spannungskopplung, die für die beiden noch zu behandelnden Fälle (kapazitiv und induktiv) aus den Gln. (5.69) abgeleitet werden kann, wenn $\mathrm{i}\omega M$ für kapazitive Kopplung durch $\frac{1}{\mathrm{i}\omega C}$ bzw. $\mathrm{i}\omega L$ für induktive Kopplung substituiert wird:

$$\begin{aligned} \tilde{U} &= \tilde{I}_1 Z_1 + \tfrac{\tilde{I}_2}{\mathrm{i}\omega C} \\ 0 &= \tilde{I}_2 Z_2 + \tfrac{\tilde{I}_1}{\mathrm{i}\omega C}; \end{aligned} \tag{5.89}$$

damit wird $M \Longrightarrow -\frac{1}{\omega^2 C}$, so daß

$$\frac{k}{d} \longrightarrow -\frac{1}{\omega CR} = \frac{-B}{R} \text{ mit } B = \frac{1}{\omega C} \tag{5.90.1}$$

für kapazitive Kopplung bzw.

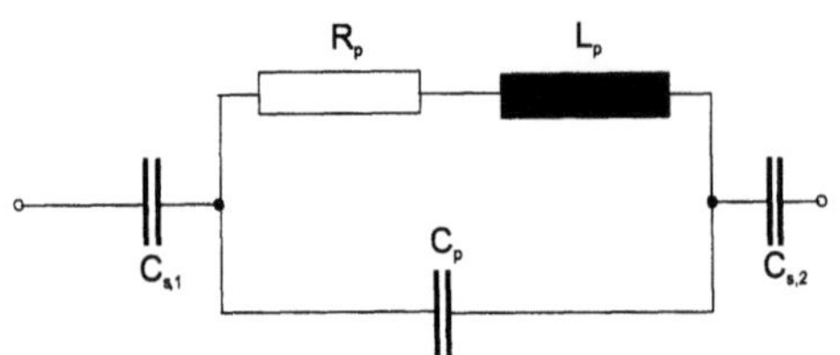

Abb. 5.17. Ersatzschaltbild einer kapazitiv gekoppelten Entladung mit einer durch zwei kapazitive Randschichten isolierten komplexen Impedanz.

$$\frac{k}{d} \longrightarrow \frac{\omega L}{R} = \frac{B}{R} \text{ mit } B = \omega L \tag{5.90.2}$$

für induktive Kopplung, womit werden

$$\tilde{I}_2 = \pm\frac{\tilde{U}_1}{R} \cdot \mathrm{i}\frac{\frac{B}{R}}{1 + \frac{B^2}{R^2} - \frac{x^2}{d^2} + 2\mathrm{i}\frac{x}{d}}, \tag{5.91.1}$$

$$\tilde{U}_2 = \pm\frac{\tilde{U}_1}{\mathrm{i}\omega CR} \cdot \mathrm{i}\frac{\frac{B}{R}}{1 + \frac{B^2}{R^2} - \frac{x^2}{d^2} + 2\mathrm{i}\frac{x}{d}}. \tag{5.91.2}$$

Dabei gilt das $\oplus$-Zeichen für induktive, das $\ominus$-Zeichen dagegen für kapazitive Kopplung.

5.3.5 Duale Schaltung des kapazitiv gekoppelten Plasmas

Aus Abb. 5.17 ist ersichtlich, daß in diesem Fall eine Parallel- und eine Serienresonanz vorliegen. Die Parallelresonanz ist bei Vernachlässigung des Realteils der Plasmaimpedanz Z_P einfach

$$\omega_\mathrm{p}^2 = \frac{1}{L_\mathrm{P} C_\mathrm{P}}. \tag{5.92}$$

Der Widerstand der Serienresonanz berechnet sich nach

$$\tilde{R} = \frac{-\mathrm{i}}{\omega C_{s,1}} + \frac{1}{\frac{1}{R_\mathrm{P}} + \mathrm{i}\left(\omega C_\mathrm{P} - \frac{1}{\omega L_\mathrm{P}}\right)} - \frac{\mathrm{i}}{\omega C_{\mathrm{s},2}}. \tag{5.93}$$

5.3.5.1 1. Näherung (symmetrische Entladung). Es wird der Plasmawiderstand R_P vernachlässigt, und die beiden Randschichtkapazitäten als gleich angenommen: $C_{\mathrm{s},1} = C_{\mathrm{s},2} = C$. Dann wird im Resonanzfall

$$-\frac{2\mathrm{i}}{\omega_C} + \frac{1}{\omega C_\mathrm{P} - \frac{1}{\omega L_\mathrm{P}}} = 0, \tag{5.94}$$

was

$$\omega_S^2 = \omega_P^2 \frac{2C_P}{2C_p + C} \tag{5.95.1}$$

ergibt. Beachtet man noch die Beziehung $C = \varepsilon_0 \frac{A}{d}$, ist auch

$$\omega_S^2 = \omega_P^2 \frac{2d}{d_p + 2d}. \tag{5.95.2}$$

5.3.5.2 2. Näherung (asymmetrische Entladung). Es wird der Plasmawiderstand R_P vernachlässigt; die beiden Randschichtkapazitäten sind verschieden groß. Dann wird im Resonanzfall

$$-\frac{\mathrm{i}}{\omega C_{s,1}} + \frac{1}{\omega C_P - \frac{1}{\omega L_P}} - \frac{\mathrm{i}}{\omega C_{s,2}} = 0, \tag{5.96}$$

was

$$\omega_S^2 = \omega_P^2 \frac{(C_{s,1} + C_{s,2})C_P}{C_{s,1}C_{s,2} + C_p(C_{s,1} + C_{s,2})} \tag{5.97}$$

ergibt. Für $C_{s,1} \gg C_{s,2}$ geht dies in

$$\omega_p = \omega_s \tag{5.98}$$

über.

5.4 Abgleichsnetzwerke

5.4.1 Komplexe Plasmaimpedanz

Werden Metallelektroden verwendet, muß ein Kondensator zwischen Generator und Elektrode geschaltet werden, um den DC-Strom zu unterdrücken (sog. „Blocking Condensator“). Gleichzeitig empfiehlt sich die Verwendung eines Übertragers bei Frequenzen unterhalb der Plasmafrequenz der Ionen, $\omega_{P,i}$, bei darüber liegenden Frequenzen die eines sog. Abgleichsnetzwerks. Positiv gewendet, bedeutet dies, daß der Generatorausgang, der resistiven Charakter hat, an die komplexe Reaktorimpedanz angepaßt, und so der Energietransfer ermöglicht wird.

Für DC-Entladungen ist die maximal mögliche Leistung (U: Spannung der Quelle, R_a: Quellenwiderstand, R_P: Plasmawiderstand)

$$P = U \cdot I = I^2 \cdot R; I = \frac{U}{R_a + R_P}; P = U^2 \cdot \frac{R_P}{(R_a + R_P)^2}. \tag{5.99}$$

Die Leistung ist also eine Funktion der Widerstände und ist maximal, wenn $R_a = R_P$. Dasselbe gilt für AC, nur daß es sich hierbei um Lastimpedanzen, d. h. zusätzliche komplexe Lasten handelt. Typische Werte sind: 0,08 pFcm^{-2} bei 0,75 Pa $\rightarrow$ 0,12 pFcm^{-2} bei 3 Pa; (0,1 pF ist bei 13,56 MHz ein Widerstand von 0,12 MΩ); 1,4 $\cdot$ $10^{-6}\Omega^{-1}$ cm^{-1} bei 0,75 Pa $\rightarrow 1,8 \cdot 10^{-6}\Omega^{-1}$ cm^{-1} bei 3 Pa.

Da die Impedanz der Entladung von den Anregungsbedingungen abhängt, ist es einfacher, den Quellenwiderstand R_a an die Impedanz der Entladung anzupassen, also die Bedingung $R \pm ix = R_a$ zu erfüllen. Der Quellenwiderstand R_a ist fast immer 50 Ω, so daß im allgemeinen der Plasmawiderstand R_P deutlich höher ist (zwischen 5 und 15 kΩ, induktive Impedanz des Plasmas, kapazitive Impedanz der Randschichten). Ein Abgleichsnetzwerk ist erst bei Frequenzen oberhalb 1 MHz erforderlich, darunter reichen Transformatoren aus. Die Impedanz ohne Plasma ist rein kapazitiv. Ihr Wert errechnet sich in einem Parallelplatten-Reaktor nach $C = \varepsilon \frac{A}{d}$ mit ε der Dielektrizitätskonstanten des Gases im Reaktor, A der Elektrodenfläche und d ihrem Abstand.

Die kapazitive RF-Entladung kann nach der Betrachtung in Abschn. 5.3.5 als dualer Schaltkreis betrachtet werden, Plasma als parallel geschalteter Kreis mit der Parallelresonanz nach Gl. (5.92), bei der die Spannung ein Maximum hat, und der zweiten, der Serien- oder „geometrischen“ Resonanz, nach Gl. (5. 95.1 bzw. 5.97), bei der der Strom ein Maximum aufweist (s. Abb. 5.17). Aus der Netzwerktheorie ergibt sich, daß die Ausgangsimpedanz eines gut eingestellten Netzwerks die konjugiert-komplexe des angeschlossenen Systems ist, also entgegengesetzt gleich und um π verschoben. Praktisch wird dies so gelöst, daß entweder ein

- L-Netzwerk, bestehend aus zwei variablen Kapazitäten (eine davon in Serie mit der kapazitiven Last des Plasmas) und einer in Serie geschalteten Spule, oder ein

- π-Netzwerk, bestehend aus zwei variablen, zum Plasma parallel geschalteten, Kapazitäten und einer in Serie geschalteten Spule

zwischen dem Generatorausgang und der angeregten Elektrode angebracht wird [15] (s. Abb. 5.18). Der Vorteil des π-Netzwerks ist ein großer Abstimmbereich, nachteilig dagegen ist, daß kein in Serie geschalteter „Blocking Condensator“ vorhanden ist, und damit die Ausbildung eines sog. „DC-Bias“ unmöglich wird (s. Abschn. 6.1).

Damit kann das System resonant abgestimmt werden. Ein doppelt abgestimmter übertragergekoppelter Ausgang ist nützlich, da er leicht überkritisch ankoppelbar ist, was in einer charakteristischen Resonanzkurve mit breitem, flachem „Peak“ resultiert, so daß die Leistungsabgabe dann nahezu konstant bleibt.

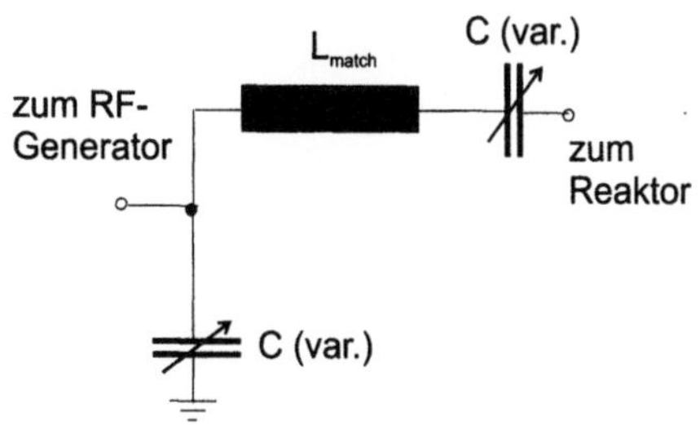

Abb. 5.18. Ein die kapazitiv gekoppelte Entladung anpassendes L-Netzwerk, das zwischen Generatorausgang und „heiße“ Elektrode geschaltet wird.

5.4.2 Übertragungslinie

Die RF-Quelle ist mit dem Anpaßnetzwerk durch die Übertragungslinie verbunden, die die Leitungswellenimpedanz

$$Z_{\mathrm{L}} = \frac{E}{H} = \frac{E_{\mathrm{v}}}{H_{\mathrm{v}}} = \frac{E_{\mathrm{r}}}{H_{\mathrm{r}}} = \sqrt{\frac{\mu_0 \mu_{\mathrm{r}}}{\varepsilon_0 \varepsilon_{\mathrm{r}}}} = Z_0 \sqrt{\frac{\mu_{\mathrm{r}}}{\varepsilon_{\mathrm{r}}}} \tag{5.100}$$

aufweist, wobei

$$Z_0 = 377\,\Omega \tag{5.101}$$

der Feldwellenwiderstand des Vakuums und der Luft ist (dies ist auch der Feldwellenwiderstand des Fernfeldes). Da μ_{r} in Leitungen und Kabeln sehr genau Eins, dagegen ε_{r} deutlich größer als Eins ist, ist

$$Z_{\mathrm{L}} = \frac{Z_0}{\sqrt{\varepsilon_{\mathrm{r}}}} < 377\,\Omega . \tag{5.102}$$

Der Zusammenhang zwischen der Leitungswellenimpedanz Z_{L} und dem Kapazitäts- und Induktivitätsbelag $\frac{C}{l}$ bzw. $\frac{L}{l}$ der Leitung der Länge l ist wegen

$$c = \frac{\omega}{k} = \frac{l}{\sqrt{LC}} \tag{5.103}$$

und der Phasengeschwindigkeit v_{Ph} im Kabel mit dem Brechungsindex $n = \sqrt{\varepsilon_{\mathrm{r}}}$

$$v_{\mathrm{Ph}} = \frac{c}{n} = \frac{c}{\sqrt{\varepsilon_{\mathrm{r}}}} \tag{5.104}$$

$$Z_{\mathrm{L}} = \frac{l\sqrt{\varepsilon_{\mathrm{r}}}}{c\,C} \tag{5.105.1}$$

bzw.

$$Z_{\mathrm{L}} = \frac{L\,c}{l\sqrt{\varepsilon_{\mathrm{r}}}} \tag{5.105.2}$$

der Leitungswellenwiderstand Z_{L} und der Kapazitätsbelag $\frac{C}{l}$ sind einander umgekehrt, Z_{L} und der Induktivitätsbelag $\frac{L}{l}$ dagegen einander proportional.

In einer Übertragungslinie, TL, die entweder unendlich lang ist oder mit der charakteristischen Impedanz des angelegten Signals abgeschlossen ist

$$Z_0 = \sqrt{\frac{L_0}{C_0}}, \tag{5.106}$$

also rein resistiv ist, gibt es keine Reflexionen der von der Last nicht vollständig absorbierten Welle; in allen anderen Fällen wird diese zum Teil reflektiert, das Ergebnis ist eine Überlagerung von ankommender und reflektierter Welle, die bei Gleichheit der Amplituden zu einer stehenden Welle führen würde. Dies hat folgende Konsequenzen:

- Die in die Last übertragene Leistung ist vermindert um die in der TL vernichtete Leistung (sog. reflektierte Leistung; diese muß übrigens nicht vom RF-Generator absorbiert werden, wie man leicht daran erkennt, daß an einem offenen Ende ohne Verbrauchswiderstand eine Vorwärts- und Rückwärtsleistung gleicher Amplitude gemessen werden können). In Wirklichkeit werden jedoch nur die Vorwärts- und Rückwärtsspannung gemessen, und die Leistung für einen Abschlußwiderstand von 50 Ω berechnet und angezeigt: $P = U^2/(R = 50\,\Omega)$.[3]
- Bei hohen reflektierten Leistungen, für die die TL nicht ausgelegt ist, kann es bei Spannungsspitzen zu „Arcing", bei Stromspitzen zu Überhitzung kommen.

Die höchste bzw. niedrigste Spannung ist die Summe (Differenz) der maximalen Spannungswerte der beiden Wellen. Beim höchsten Spannungswert ist die Impedanz am größten und der Strom am kleinsten; die Extremwerte der Spannung und des Stroms liegen um eine halbe Wellenlänge auseinander, die Extremwerte der Impedanz eine viertel Wellenlänge. In der Realität kommt es zu Leitungs- und dielektrischen Verlusten, insbesondere ist die TL nicht mit einem OHMschen Widerstand abgeschlossen, so daß es zu Phasendrehungen kommt. Leitungsverluste: OHMscher Widerstand und durch den Skineffekt bedingter frequenzabhängiger Widerstand; dielektrische Verluste werden verursacht durch die orientierende Wirkung von Molekülen durch das elektrische Feld, sie sind schwierig zu berechnen. Insgesamt sind diese eher proportional zur Frequenz, während Leitungsverluste proportional zur Wurzel der Frequenz sind, d. h. bei niedrigen Frequenzen sind die Leitungsverluste bedeutend, bei hohen überwiegen die dielektrischen Verluste.

In Dielektrika beobachten wir, daß zeitlich variierende $\boldsymbol{E}$- und $\boldsymbol{H}$-Felder transversal zur Ausbreitungsrichtung stehen. Für den Grenzfall $\omega \to 0$ sind

---

[3] Ähnliche Trugschlüsse erleben stolze HiFi-Enthusiasten, wenn sie Ihren Super-Verstärker (Leistung nach Manual mindestens 2 × 300 W an 8 Ω) wirklich kritischen Lasten wie etwa Elektrostaten aussetzen, die im Hochtonbereich wegen $R = \frac{-i}{\omega C}$ sehr niederohmig werden, und wegen des akustischen Kurzschlusses beim ersten Trompetensignal blaue Wolken aus der Endstufe steigen ...

die Felder dagegen longitudinal, sind also aus skalaren Potentialen ableitbar und stehen parallel zur Ausbreitungsrichtung. Ist die Leitfähigkeit nicht Null, erwarten wir also ein dazwischen liegendes Verhalten, d. h. „Moden", die entweder longitudinale Komponenten des $\boldsymbol{E}$- oder $\boldsymbol{H}$-Feldes aufweisen. Die dominante Mode ist diejenige mit der niedrigsten „Cutoff"-Frequenz, das ist die Frequenz, unter der die übertragene Wellenenergie stark geschwächt wird, und keine sinnvolle Übertragung mehr möglich ist. Die TEM-Mode hat keine „Cutoff"-Frequenz. Für eine TEM-Welle müssen die tangentialen Komponenten E_t und H_t an der Äquipotentialfläche des Leiters beide Null werden. Sind die Felder aber dort Null, müssen sie es überall sonst auch sein, m. a. W.: eine Ausbreitung von TEM-Wellen innerhalb eines derartigen Wellenleiters ist unmöglich und gelingt nur in Koaxial- oder BNC-Kabeln. In diesen ist die TEM-Mode die dominante Mode. Hier sind $\boldsymbol{E}$ und $\boldsymbol{H}$ senkrecht zueinander, außerdem ist der Strom in den Wänden senkrecht zum Magnetfeld.

Die Übertragung geschieht also über *Koaxialkabel* oder *Wellenleiter*. In einem Koaxialkabel fließen die Ströme an der Außenseite des Innenleiters (sog. „Seele") und an der Innenseite des Außenleiters. Auf diese Weise wird eine Abstrahlung nahezu vollständig vermieden. Koaxialkabel können sowohl flexibel — man verwendet dann ein Metallnetz für den Außenleiter — wie starr sein. Die übertragbare Leistung wird durch die elektrische Isolation zwischen den Leitern begrenzt. Der Innenleiter kann durch dielektrisches Material in der Stabilität unterstützt werden. Wo die dielektrischen Verluste tragbar sind, werden feste Dielektrika verwendet. In Grenzfällen greift man zur Erhaltung der mechanischen Stabilität zu periodisch angeordneten *dielektrischen Bällchen* zwischen Innen- und Außenleiter. Die Impedanz derartiger Koaxialkabel ist stark frequenzabhängig, und es können stehende Wellen bei anderen als der *Design-Frequenz* auftreten. Auch treten Verluste an den dielektrischen Bällchen auf.

Um die Ausbreitungsgeschwindigkeit in der TL zu berechnen, muß man nach Gl. (5.103) die Induktivität L und die Kapazität C pro Längeneinheit kennen. Die in einem Koaxialkabel gespeicherte magnetische Energie ist

$$E = \frac{1}{2}LI^2 = \frac{\varepsilon_0 c^2}{2}\int B^2 \mathrm{d}^3x; \tag{5.107}$$

für ein zylindrisches Volumenelement der Länge l und der Dicke r $\mathrm{d}^3x = l2\pi r\mathrm{d}r$ ergibt sich mit dem AMPÈREschen Gesetz $B = 1/2\pi\varepsilon_0 c^2 \cdot I/r$

$$E = \frac{\varepsilon_0 c^2}{2}\int_d^D \left(\frac{I}{2\varepsilon_0 c^2 \pi r}\right)^2 \cdot l \cdot 2\pi r\mathrm{d}r, \tag{5.108.1}$$

also

$$E = \frac{I^2 l}{4\pi\varepsilon_0 c^2}\ln\frac{D}{d} \tag{5.108.2}$$

(mit D dem Innendurchmesser des Außen- und d dem Außendurchmesser des Innenleiters), so daß für L folgt

$$L = \frac{l}{2\pi\varepsilon_0 c^2} \ln \frac{D}{d} \qquad (5.109.1)$$

und die spezifische Induktivität L_0

$$L_0 = \frac{1}{2\pi\varepsilon_0 c^2} \ln \frac{D}{d}. \qquad (5.109.2)$$

Die auf der Zylinderoberfläche $2\pi rl$ gespeicherte Ladung ist

$$Q = 2\pi\varepsilon_0 rlE \qquad (5.110.1)$$

oder

$$Q = -2\pi\varepsilon_0 rl \frac{\mathrm{d}V}{\mathrm{d}r}, \qquad (5.110.2)$$

also

$$Q = \frac{2\pi\varepsilon_0 l}{\ln D/d}(V_1 - V_2) \qquad (5.110.3)$$

bzw. für die spezifische Kapazität

$$C_0 = \frac{Q}{Ul} = \frac{2\pi\varepsilon_0}{\ln D/d}, \qquad (5.111)$$

so daß für die charakteristische Impedanz folgt

$$Z_0 = \frac{\ln D/d}{2\pi\varepsilon_0 c}. \qquad (5.112)$$

Da der geometrische Faktor nur logarithmisch von den Kabeldimensionen abhängt, und $1/(2\pi\varepsilon_0)$ etwa 60 Ω beträgt, liegt die charakteristische Impedanz zwischen 50 und einigen hundert Ω.

Nun sind für eine gegebene Leistung die Feldstärken in einem Wellenleiter normalerweise kleiner als in einem Koaxialkabel, so daß höhere Leistungen in einem Wellenleiter übertragen werden können, bevor ein Überschlag eintritt. Darüber hinaus sind in einem Koaxialkabel die Verluste größer als in einem Wellenleiter, da in jenem die Seele von Kunststoff ummantelt ist; besonders bei hohen Frequenzen sind die Verluste beachtlich. Zusätzlich sind die Stromdichten in der Seele sehr hoch, und da die Verluste mit dem Quadrat der Stromdichte gehen, sind die kleineren Stromdichten eines Wellenleiters erneut von Vorteil. Um diese Verluste weiter zu verringern, sind dessen Innenseiten oft mit Silber oder Gold beschichtet.

In festen Koaxialkabeln können auch Stäbe (sog. „Stubs“) Verwendung finden, die diesen Nachteil nicht aufweisen. Ein „Stub“ ist ein Koaxial-Bauelement mit der Wellenlänge $\lambda/4$, das an dem Innenleiter kurzgeschlossen werden kann. Damit kann die Kabelimpedanz gezielt verändert werden, insbesondere kann ein *Mismatch,* durch das stehende Wellen entstehen, beseitigt werden, und zwar entweder nur bei der Design-Frequenz, oder, mit einem „Broad-Band-Stub“, auch breitbandiger. Davon wird mit sog. „Dreistab-Tunern“ beim Einkoppeln von Mikrowellen Gebrauch gemacht.

Die Übertragung durch Wellenleiter ist aus praktischen Gründen allerdings nur in einem Wellenlängenbereich von etwa 1 bis 30 cm möglich; in dieses Intervall fällt aber die in Mikrowellen-Magnetrons verwendete Wellenlänge von 12,25 cm entsprechend 2,450 GHz. Für rechteckige Wellenleiter beschreiben die Indizes die Anzahl der Maxima: der erste für die längere, der zweite für die kürzere Seite. Offenbar ist demnach die Mode TE_{10} mit nur einem Maximum auf der längeren Seite die dominante Mode für rechteckige Wellenleiter, da sie die längste Cutoff-Wellenlänge besitzt (die nächsthöheren Moden sind die TE_{20} oder TE_{02}, in dem weiten Bereich zwischen dem „Cutoff“ und dem doppelten „Cutoff“ dominiert also die TE_{10}).

Die erste zylindrische Mode höherer Ordnung ist die TE_{11}, die sich ausbreiten kann, wenn die Wellenlänge im Medium zwischen den Leitern ungefähr gleich ist dem Außendurchmesser des äußeren Wellenleiters (die Indizes bedeuten die Zahl der Knotenflächen der radialen (erster Index) bzw. der azimutalen Komponente). Auch die Frequenzabstände der höheren Moden sind eine Funktion von D/d.

An die Elektrode wird die Anforderung einer möglichst niedrigen Impedanz gestellt, was z. B. durch ein möglichst großes Verhältnis Fläche/Dicke innerhalb der durch das Material bedingten Größen (Stabilität etc.) erreicht werden kann. Runde Kanten reduzieren hohe Feldstärken; ebenfalls wichtig ist eine gute Rückseitenmetallisierung, denn der Leistungsverlust im Volumen ist gegeben durch

$$\frac{P}{V} = \varepsilon_0 \varepsilon \omega \, E^2 \tan \delta, \tag{5.113}$$

wobei E das elektrische Feld über das Volumen und $\tan \delta$ der — materialabhängige — Energiedissipationsfaktor der Elektrode sind [148]. Der entscheidende und beeinflußbare Parameter ist E.

5.4.3 Abschirmung

Man unterscheidet drei Arten von Abschirmung: gegen

- kapazitive Einkopplung (Einstreuung von elektrischen Feldern);
- induktive Einkopplung (Einstreuung von magnetischen Feldern);
- RF-Felder (Einstreuung elektromagnetischer Wellen).

Kapazitive Einkopplung durch Anwesenheit störender elektrischer Felder, die etwa durch Ladungsspeicherung in Kapazitäten entstehen, verursacht z. B.

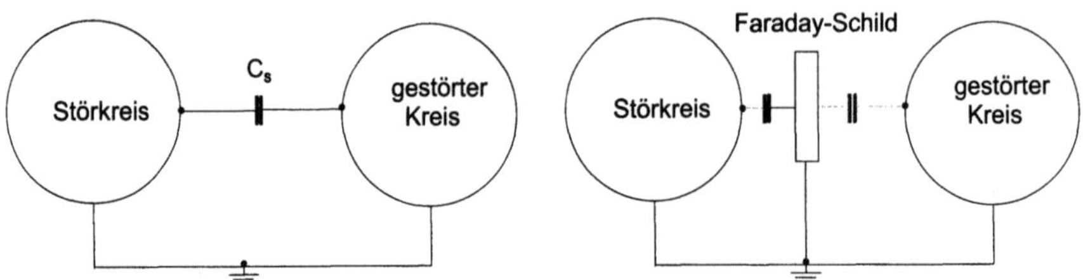

Abb. 5.19. Kapazitive Einkopplung eines Störkreises wird wirkungsvoll durch Einbringen eines FARADAY-Schilds zwischen Störkreis und gestörtem Kreis unterbunden.

Schwankungen eines aufgenommenen Spannungssignals bei Änderung des elektrischen Flusses.[4] Durch Einhüllen des zu schützenden Stromkreises in einen metallischen Schild, auch elektrostatischer oder FARADAY-Schild genannt, verhindert man wirkungsvoll das Eindringen elektrischer Felder. Dieser ist meist schon aus mechanischen Gründen geerdet, wodurch Streukapazitäten zwischen Stromkreis und Schild eher abgeführt werden, denn als Übersprechquellen o. ä. zu wirken.

Bei Verdacht auf induktive Einkopplung muß ein magnetischer Fluß am Eindringen in den Stromkreis gehindert werden. Da nach dem FARADAYschen Gesetz die Größe des induzierten Spannunsstoßes von der durchsetzten Fläche des zu schützenden Stromkreises abhängt, sind die Strategien bei Leitungen das Verdrillen der Kabel (bis 1 MHz) oder das koaxiale Kabel (bis 1 GHz).

Das Nahfeld von RF-Feldern (Wellenimpedanz signifikant verschieden von 377 Ω) beträgt etwa $^1/_6$ der Wellenlänge, so daß von RF-Quellen mit einer Abstrahlfrequenz von 13,56 MHz bis zu einem Abstand von ca. 5 m doppelte Gefahr: sowohl induktive wie kapazitive Kopplung, droht. Dieses Feld wird am elegantesten durch induzierte Wirbelströme in einem FARADAY-Schild, also gezielte induktive Kopplung in einem Opferkreis, vernichtet. Andererseits ist die Eindringtiefe eines E-Feldes nach dem Skineffekt umgekehrt proportional seiner Frequenz und der Leitfähigkeit des bestrahlten Substrats; das Restfeld wird nicht absorbiert, sondern reflektiert: gezielte kapazitive Kopplung in einem Opferkreis. Die Leistungsdichte der Wirbelstromverluste ist bei harmonischer Anregung und Durchmessern der Stromwirbel in der Größenordnung der Dicke des Abschirmblechs d etwa [149]

$$jE = \sigma E^2 \approx \frac{1}{4}\sigma d^2 \omega^2 \frac{\mathrm{d}B}{\mathrm{d}t}, \tag{5.114}$$

also proportional dem Quadrat der Blechstärke und der Anregungsfrequenz, aber nur linear proportional der Permeabilität ($B = \mu_0 \mu H$) (s. Abb. 5.19).

[4]Dazu zählt speziell der Experimentator selbst in seinen mit Gummi besohlten Schuhen auf Plastikfußboden.

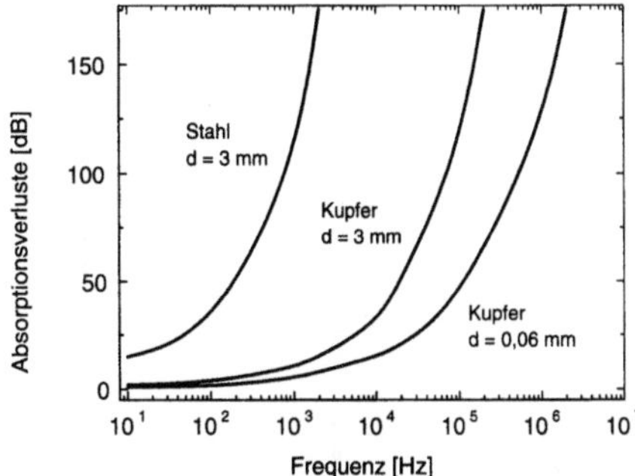

Abb. 5.20. Die Wirbelstromverluste hängen von der Blechdicke, der Leitfähigkeit und der Permeabilität sowie von der Frequenz des Wellenfeldes ab [151].

Die Eindringtiefe eines elektrischen Feldes in guten metallischen Leitern ist [150]

$$d = \frac{1}{\sqrt{\pi \mu_0 \mu \omega \sigma}}, \tag{5.115}$$

was bei hohen Frequenzen folglich zu einer Abhängigkeit von

$$jE \propto d\omega^{3/2} \tag{5.116}$$

führt. So wird verständlich, daß ein dünnes, hochleitendes Blech für eine ausreichende kapazitive Kopplung im Opferstromkreis genügt, dagegen sind für eine effektive induktive Kopplung hohe Frequenzen, Leitfähigkeiten und Permeabilitäten gefragt. Vor allem die letzten beiden Eigenschaften sind gegenläufig, dennoch ist die Verwendung von Stahl, besonders bei Frequenzen unter 100 kHz oft der von Kupfer vorzuziehen, das oberhalb von 1 MHz seine Vorteile ausspielt (Abb. 5.20). Die Anregung der Wirbelströme ist in blasenfrei gezogenen Metallen sehr viel effizienter; daher sollte das Abschirmmaterial für Magnetfelder sorgfältig ausgesucht werden.

Insgesamt soll betont werden, daß die Einkopplung von HF-Energie bedeutend schwieriger als die von DC-Energie ist. Vermeidung von Erdschleifen und ein gutes Anpaßnetzwerk sind oberstes Gebot für reproduzierbare Ergebnisse.

6 HF-Entladungen II

6.1 Elektrodenvorgänge in kapazitiv gekoppelten Plasmen

Nach diesem Exkurs in die Übertragungstechnik wenden wir uns nun den Vorgängen an den Elektroden zu. Dies wird auf drei verschiedenen Stufen geschehen: im Abschn. 6.1 auf qualitativem, in Abschn. 6.2–6.5 auf semiquantitativem und in Abschn. 14.4 auf (fast vollständigem) quantitativem Niveau.

Bei der Beschreibung der sich zeitlich ändernden Entladung des „Targets" in Abschn. 5.1.1 wurde außer acht gelassen, daß die Massen der Ladungsträger sich stark unterscheiden. Wie in Abschn. 2.1 beschrieben, ist jedoch die Beschleunigung, die ein Feld auf eine Partikel der Masse m ausübt, dieser umgekehrt proportional ($a = F/m$). Je leichter die Ladung ist,

- umso größer ist die Stromdichte ($at\rho$) bei gegebenem Feld,
- desto kleiner ist das benötigte Feld, um einen vorgegebenen Strom zu erzeugen ($j = \sigma E = \rho \cdot v = \rho \cdot at = \rho \cdot t \cdot F/m$).

Beginnen wir mit sehr niedrigen Frequenzen. Von der Glimmlampe her ist bekannt, daß das Glimmen im Takte der Netzfrequenz an beiden Elektroden auftritt — die Entladung wird also gezündet und erlischt wieder, und zwar deswegen, weil die Erzeugungsgeschwindigkeit der Ladungsträger niedriger ist als deren Verlustrate. In Abschn. 5.1 haben wir gesehen, daß diese Grenze, ab der das Plasma ununterbrochen brennt, bei einigen zehn kHz liegt. In diesem Frequenzbereich verhält sich das Plasma wie eine DC-Entladung mit schnell wechselnder Polarität, was mit stroboskopischen Methoden nachgewiesen werden konnte. Es kommt also zur Ausbildung von Randschichten an den Elektroden an beiden Elektroden im Takte der Anregungsfrequenz.

Erhöhen wir die Frequenz, stellen wir zunächst ein Absinken der Zündspannung fest. Bei der üblichen RF-Anregungsfrequenz von 13,56 MHz tritt schließlich eine einschneidende Änderung auf: Nun ist die Anregungsfrequenz wesentlich größer als die nach Gl. (2.38.1) zu berechnende Plasmafrequenz der Ionen (für Ar-Ionen einer Dichte von $10^{10}\,\text{cm}^{-3}$ bei $\omega = 18$ MHz), während sie deutlich unter der Plasmafrequenz ω_P und der Stoßfrequenz ν_m der Elektronen mit den Ar-Atomen liegt ($\omega_\text{P} = 5,6$ GHz, $\nu_\text{m} \approx 650 \cdot 10^6$ sec^{-1} für

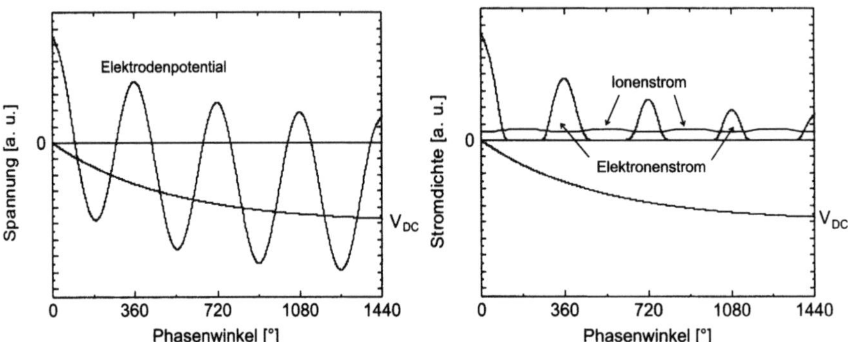

Abb. 6.1. Als Ergebnis der unterschiedlichen Beweglichkeiten der Ladungsträger stellt sich bei kapazitiver Kopplung beim Anlegen einer Hochfrequenzspannung ein negativer Wert des Randschichtpotentials ein (lks.). Als Folge davon können die Elektronen die Elektrode nur noch dann erreichen, wenn das Potential positiv ist (dies gilt in Strenge nur für $T_e = 0$). Die trägen Ionen dagegen sind nur dem DC-Potential ausgesetzt (hier etwas überhöht dargestellt), was zu einer nahezu zeitunabängigen Stromdichte führt. Die U-I-Kennlinie wird extrem nicht-linear.

$n(\mathrm{Ar}) = 3,54 \cdot 10^{15}$ cm^{-3} (13 Pa) und $\sigma_e = 14 \cdot 10^{-16}$ cm^2). Wie wir in Abschn. 2.6 sahen, bedeutet dies anschaulich, daß oberhalb ihrer Plasmafrequenz die Partikeln nicht mehr in der Lage sind, den Schwingungen des Wechselfeldes zu folgen; sie können damit dem Feld auch kaum mehr Energie entnehmen!

Dies hat zunächst die Konsequenz, daß in der positiven Halbwelle ein Strom trägheitsloser Elektronen fließt. Bei negativem Potential werden zwar die Ionen angezogen; deren Strom ist jedoch um etwa drei Größenordnungen kleiner als derjenige der Elektronen (s. Gl. (2.15)). Wie wir aus den Gln. (2.17) und (2.18) ersehen, steigt der Anteil der Elektronen, die eine Energiebarriere U_F überwinden können, exponentiell an (s. Abb. 6.1). Folglich werden die Stromdichten der Elektronen und Ionen zur Elektrode hin stark unterschiedlich sein, und im gesamten Stromkreis wird ein Gleichstrom fließen (sog. „DC-Kopplung"). Ist die Elektrode jedoch isoliert oder durch einen Kondensator im Stromkreis dafür gesorgt, daß die Elektrode sich auflädt, nimmt diese im zeitlichen Mittel ein derart negatives Potential an, daß die mittleren Stromdichten der positiven und negativen Ladungsträger gleich groß sind, und kein Nettostrom mehr fließt (sog. „Kapazitive Kopplung"). Eine sinusförmige Wechselspannung oszilliert schließlich nicht mehr um Null, sondern um einen negativen Wert (Abb. 6.1)[1] (sog. „DC-Offset").

[1]Das Randschichtpotential an der Anregungselektrode ist im allgemeinen negativ, wenn das Plasma nicht eine hohe Konzentration negativer Ionen enthält. Dann kann das Plasmapotential negativer als das Elektrodenpotential werden (s. Abschn. 9.8)!

Im mikroskopischen Bild schwingen also die Elektronen, dem instantanen Feld folgend, in einer stationären Wolke positiver Ionen hin- und her. Die Beschleunigung der Elektronen und ihre Vernichtung auf der Elektrode in der positiven Halbwelle führt so zur Bildung positiver Raumladungszonen oberhalb der Elektrode mit einem hohen elektrischen DC-Feld. Dadurch erfahren aus dem glühenden Plasma mit thermischer Energie austretende Ionen eine hohe, unumkehrbare Drift-Beschleunigung auf die Elektrode hin. An dieser Grenze, der BOHM-Kante, erreichen die Ionen bereits Schallgeschwindigkeit:

$$v_\mathrm{B} = \sqrt{\frac{k_\mathrm{B} T_\mathrm{e}}{m_\mathrm{I}}} \tag{6.1}$$

und besitzen eine auf die Elektrode gerichtete Driftkomponente von $^1\!/_2 \cdot v_\mathrm{B}$. Deshalb wird die Elektrode während der gesamten Schwingungsperiode kontinuierlich von Ionen bombardiert, mit einer allerdings relativ niedrigen Stromdichte. Die positive Stromdichte ist nun unabhängig von der Phase geworden, also zeitlich konstant.

Eine Randschicht an der Anode kann wegen der Trägheit der Ionen nicht mehr auftreten, und die Randschicht der Kathode ist über die gesamte Periode der Schwingung ausgeprägt, und zwar über jeder Fläche, die dem Plasma ausgesetzt ist. Die der Phase instantan folgende elektronische Stromdichte ist den größten Teil der Periode wegen des retardierenden Potentials nahe Null und erhält nur am positivsten Wert des Potentials eine Spitze. Nur in dem kurzen Moment, wenn sich die pulsierende Wolke der Elektronen bis dicht an die Elektrode ausgedehnt hat, und das Potential der Randschicht nahezu zusammengebrochen ist, können die Elektronen der Wolke entkommen. Sonst ist das Potential der Entladung gegen Elektroden und Reaktorwände positiv. Insbesondere werden die Elektronen im Plasmakörper oder Bulk-Plasma, auch anglisiert Plasma-Bulk genannt, und die positiven Randschichten eingeschlossen. Das Ergebnis ist eine diodenartige Charakteristik der U-I-Abhängigkeit. Es sei nochmals hingewiesen, daß dieses „DC-Offset“ nur dann entstehen kann, wenn kein DC-Strompfad zwischen den Elektroden vorhanden ist, was den Einbau eines Kondensators zwingend erforderlich macht.

In RF-Plasmen kann die Entladung also auf die kathodische Randschicht und das Bulk-Plasma reduziert werden. In jener erfahren die Ladungsträger die Energieübertragung, in dieser findet der Großteil der Ionisationen statt. Im Gegensatz zu einer „passiven“ Randschicht, durch die kein Strom fließt, und die typisch einige DEBYE-Längen dick ist[2] und einen Potentialabfall von 10 – 15 eV

---

[2]Dies kann aus der CHILD-LANGMUIR-SCHOTTKY-Gleichung und der BOHMschen Gleichung für den maximalen Ionenstrom an der BOHM-Kante bestimmt werden (Gln. 4.18 (raumladungsbegrenzter Ionenstrom) und 14.38):

$$d^2 = \frac{4}{9}\varepsilon_0 \frac{U^{\frac{3}{2}}\sqrt{\frac{2e_0}{m_\mathrm{I}}}}{j} \wedge j_\mathrm{max} = n_0 e_0 \sqrt{\frac{k_\mathrm{B} T_\mathrm{e}}{e m_\mathrm{I}}} \Rightarrow$$

aufweist (das ist das sog. Schwebe- oder „floatende" Potential), führt die Verwendung von hohen RF-Spannungen zu einem starken Anstieg sowohl ihrer Dicke (sie ist jetzt typisch einige zehn DEBYE-Längen dick) wie des Gleichspannungsanteils. Dies ist eine unmittelbare Folge des *gleichrichtenden* Effekts, der durch Nichtlinearitäten der Impedanz der Randschicht, und zwar sowohl des OHMschen wie des kapazitiven Anteils, ausgelöst wird.

Übereinstimmung zu DC-Randschichten: In anomalen Randschichten findet nur eine geringe Ionisierung statt, das Bulk-Plasma befindet sich auf nahezu konstantem Potential, die Spannung fällt fast ausschließlich an den Randschichten der Elektroden ab.

Unterschied zu DC-Randschichten: Der Plasma-Bulk liegt auf bedeutend positiverem Potential, weil wegen der größeren Beweglichkeit der Elektronen diese sofort von den Randschichten der Elektroden abgesaugt werden, sowie sie gegenüber diesem positiver geladen sind. Dies erzeugt eine Verringerung der im Takte der Wechselfrequenz schwingenden Elektronendichte, angefangen von den Dunkelräumen bis zum Plasma-Bulk, was bedingt, daß der (geringe) Leitungsstrom in den Randschichten fast ausschließlich von den Ionen getragen wird (Abschätzungen von ZAROWIN zeigen, daß dies bis zu einer Elektronendichte von $0,01 \cdot n_0$ (mit n_0 der Elektronendichte im ungestörten Plasma) gilt [152]). In den Randschichten ist nahezu der gesamte Strom elektronischer Verschiebungsstrom. Es findet also im wesentlichen kein Ladungstransport statt, oder anders ausgedrückt: die RF-Stromdichte ist wesentlich höher als die Stromdichte der Ionen. Da im Dunkelraum die Konzentration der positiven Ladungsträger zeitlich konstant ist, ist auch dessen sichtbare äußere Grenze fix und genauso scharf gezogen wie in einer DC-Entladung, obwohl die elektronische Grenze der Randschicht oszilliert.

Ein zusätzlicher — stoßfreier — Prozeß hoher Effizienz spielt bei sehr niedrigen Drücken (< 10 Pa), wenn das *MFP* der Elektronen größer als der Elektrodenabstand wird, im hochenergetischen Bereich der $\mathcal{EEDF}$ eine maßgebliche Rolle. Dieser besteht in Folgendem: Die Randschichten der Elektroden pulsieren im Takt der RF-Frequenz. Dabei schwingen nur die nahezu trägheitslos dem instantanen Feld folgenden Elektronen, während die Ionen quasistationär sind. Eine räumliche Schwingung findet insofern statt, als sich die Grenze zwischen Randschicht und Plasma an der BOHM-Kante in Bezug auf die Elektrode während einer Schwingungsperiode ändert. Eine energetische Schwingung findet statt, weil sich die Potentiale der Randschicht während einer Schwingungsperiode ändern. In beiden Fällen ändert sich das lokale Plasmapotential. Bildet sich die Randschicht zurück, steigt das Plasmapotential, und Plasmaelektronen diffundieren oder driften Richtung Elektrode. Dehnt sich die Randschicht in

---

$$d^2 = \frac{4}{9}\sqrt{2e}\left(\frac{e_0 U}{k_B T_e}\right)^{3/2} \lambda_D^2$$

Für eine Randschicht, die auf Elektronentemperatur $3\,T_e$ liegt, ist die Dicke für den stoßfreien Fall also etwa $3\,\lambda_D$.

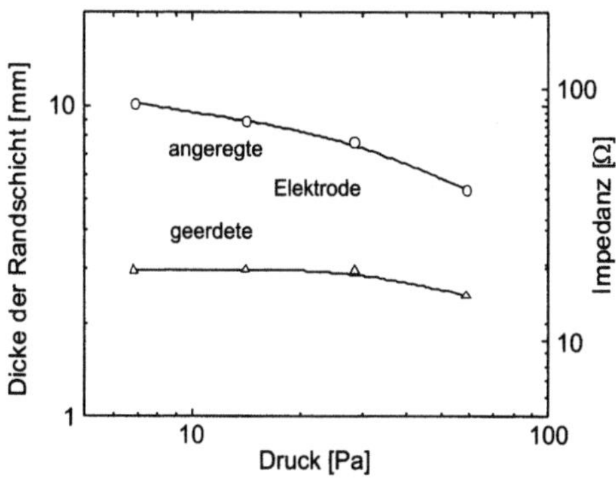

Abb. 6.2. Dicke der Randschichten in Sauerstoff in Abhängigkeit des Drucks: Kreise: angeregte, Dreiecke: geerdete Elektrode. Auf der rechten Ordinate ist die RF-Impedanz aufgetragen [153] (© The American Institute of Physics).

der zweiten Halbperiode aus, nimmt das Plasmapotential ab. Dieses Potential erfahren jetzt auch die in die Randschicht gewanderten Elektronen, die dann auf einer niederenergetischen Welle ins Plasma hinaus beschleunigt werden — immer noch ist aber das elektrische Feld an dieser Stelle der Randschicht größer als im Bulk-Plasma: $E_S > E_P$![3] Dabei ist die gewonnene Energie ungefähr gleich der Differenz zwischen dem Plasmapotential und dem Potential der Stelle, an der die Umkehr der Pulsierung eintritt, so daß ein hochenergetischer Schwanz in der $\mathcal{EEDF}$ an der BOHM-Kante beobachtet wird. Dies ist die sog. „stochastische Heizung", die wegen der Zufälligkeit der Elektronenkollision mit der Randschicht so genannt wird.

Die Größe des Potentials des Bulk-Plasma ist schließlich derart, daß nur wenige Elektronen diesen verlassen können. Für DC-Entladungen gilt in gewissen Grenzen der Zusammenhang $d_C \propto 1/p$. In RF-Entladungen dagegen wird die Dicke der Randschicht für Drücke unterhalb 20 Pa (150 mTorr) nahezu konstant (Abb. 6.2). Dies spiegelt sich auch in der parallelen Abhängigkeit des Randschichtpotentials wider (Abb 6.3). *Da γ-Elektronen für die Aufrechterhaltung der Entladung unwichtig geworden sind, ist eine Beschreibung der die Randschicht betreffenden Größen durch die Randschicht-Gleichung (bzw. bessere Näherungen* [154]*) möglich (sog. α-Mode).*

Bei noch wesentlich höheren Frequenzen werden dann ω sowie $\omega_{P,e}$ und ν_m miteinander vergleichbar. Dies hat zwei wesentliche Konsequenzen:

- Die Wellenlänge liegt im Bereich der Gefäßdimensionen (für $\omega = 2{,}45$ GHz ist $\lambda = 12{,}25$ cm), damit wird die radiale Feldverteilung inhomogen;
- bei einer Anregungsfrequenz, die größer als die elektronische Plasmafrequenz ist, verhält sich die Entladung wie ein verlustarmes Dielektrikum mit auf Schwebepotential liegenden Randschichten. Zusätzlich werden Resonanzeffekte möglich (s. Kap. 7).

[3] Die Thermalisierung der Elektronen erfolgt also hier an der Grenze der Randschicht.

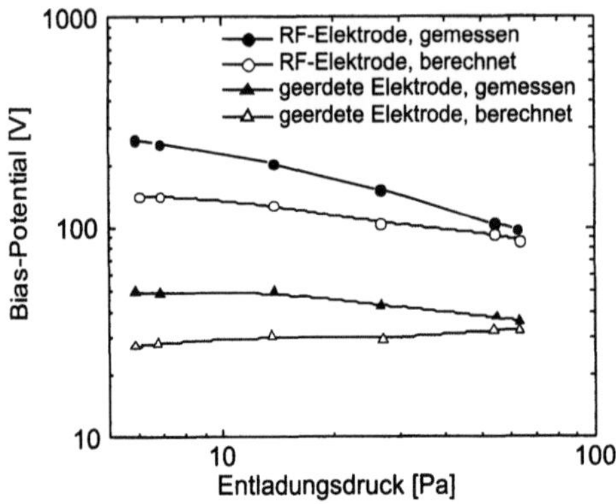

Abb. 6.3. Die nahezu gleiche Abhängigkeit der Spannung in der Randschicht vom Druck läßt auf eine druckunabhängige Feldstärke schließen. Die berechneten Werte sind unter Annahme vollständig kapazitiver Kopplung bestimmt [153] (© The American Institute of Physics).

Unterschieden werden die *E-Typen* nach Art ihrer Kopplung (DC oder kapazitiv) bzw. nach dem Bautyp der Reaktoren (Hexoden- oder Parallelplatten-Reaktor). Bei diesem wird noch zwischen *symmetrischen* und *asymmetrischen* Systemen differenziert.

6.2 Feldstärken in der Randschicht bei steigender Anregungsfrequenz

Aus Abschn. 6.1 wird deutlich, daß die Leitfähigkeit im Plasma durch die Elektronen, in den Randschichten dagegen von den Ionen bestimmt wird. Hier muß dann folgende Fallunterscheidung getroffen werden (Abb. 6.4):

- Unterhalb der Plasmafrequenz der Ionen sind auch diese beweglich, d. h., sowohl im Plasma wie in den Randschichten wird Leitungsstrom beobachtet (Niederfrequenzbereich, NF).
- Oberhalb davon beobachtet man jedoch einen kapazitiven Verschiebungsstrom in den Randschichten (bis auf einen kleinen, durch Ionendiffusion bedingten Leitungsstrom); insbesondere also bei der üblichen Frequenz von 13,56 MHz (Hochfrequenzbereich, HF).

Das bedeutet, daß die gesamte Stromdichte berechnet werden kann nach

$$j = j_{\mathrm{C}} + j_{\mathrm{D}} = (\sigma_{\mathrm{i}} + \sigma_{\mathrm{e}} + \varepsilon_0 \mathrm{i}\omega) \cdot E \tag{6.2}$$

mit j_{C} der Leitungsstromdichte, j_{D} der Verschiebungsstromdichte, σ_{i} der Ionenleitfähigkeit, σ_{e} der Elektronenleitfähigkeit und ω der Anregungsfrequenz. Die Leitfähigkeit ist im Modell freier Elektronen

$$\sigma = \frac{e_0^2 n \tau}{m} = \frac{e_0^2 n}{m \nu_{\mathrm{m}}}, \tag{6.3}$$

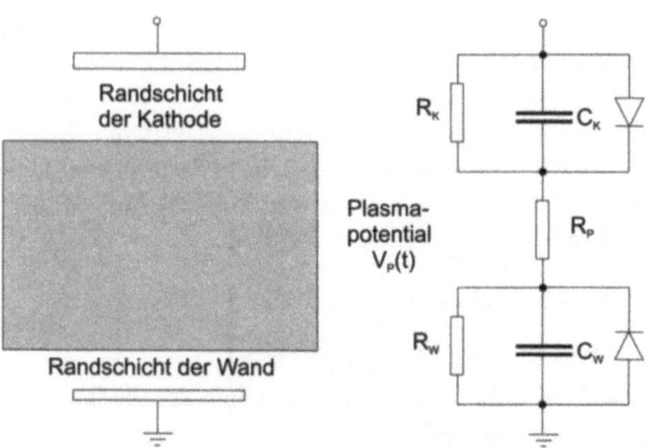

Abb. 6.4. Elektrisches Modell einer RF-Entladung, wobei die RF oberhalb der Plasmafrequenz der Ionen liegt (> 5 MHz). Das Plasma wird dabei als elektrischer Leiter mit hochbeweglichen Elektronen betrachtet, während in den Randschichten der Elektroden die Elektronenkonzentration gering ist, so daß sie für den RF-Strom als Kapazitäten wirken. Die in den Stromkreis geschalteten Dioden sollen die Situation darstellen, daß Elektronen durch die Randschichten fließen können, wenn das Plasmapotential negativer als das Elektrodenpotential ist. Damit wird der höchste Wert der Spannung in den Randschichten auf etwa Null Volt gesetzt [155] (© The American Institute of Physics).

mit τ der Zeit zwischen zwei Stößen, wenn $1/\tau = \nu_\mathrm{m} \gg \omega$ (sog. „DC-Leitfähigkeit“, dabei ist σ wegen $n = n(x)$ prinzipiell eine Ortsfunktion (s. Kap. 7). σ hängt mit der Beweglichkeit μ über $\sigma = \rho\mu = e_0 n\mu$ zusammen.). Diese Zeit kann näherungsweise abgeschätzt werden aus der Gleichung

$$1/\tau = n_0 \sigma_\mathrm{Streu} < v > \tag{6.4}$$

mit n_0 der Neutralteilchendichte. Im Plasma ist $\sigma_\mathrm{i} \ll \sigma_\mathrm{e}$, dagegen in der Randschicht wegen $n_\mathrm{i} \gg n_\mathrm{e} : \sigma_\mathrm{i} \gg \sigma_\mathrm{e}$. Deswegen gilt im Plasma näherungsweise

$$j_\mathrm{P} \approx (\sigma_\mathrm{e} + \varepsilon_0 \mathrm{i}\omega) \cdot E_\mathrm{P}, \tag{6.5.1}$$

was, da die Plasmafrequenz der Elektronen doch bedeutend größer als die typische Anregungsfrequenz ist (ungefähr eine bis zwei Größenordnungen), sich weiter vereinfacht zu

$$j_\mathrm{P} \approx \sigma_\mathrm{e} E_\mathrm{P}. \tag{6.5.2}$$

Umgekehrt gilt in den Randschichten $\sigma_\mathrm{i} \ll \varepsilon_0 \omega$ und damit

$$\left.\begin{array}{lll} \mathrm{HF-Bereich} & j_\mathrm{S} \approx & \varepsilon_0 \omega E_\mathrm{S}; \\ \mathrm{NF-Bereich} & j_\mathrm{S} \approx & \sigma_\mathrm{i} E_\mathrm{S}. \end{array}\right\} \tag{6.6}$$

Da σ_i von der Ionendichte abhängt, die in der Randschicht in Richtung Elektrode wegen der starken Zunahme der Driftgeschwindigkeit abnimmt, muß also auch die Feldstärke variieren, und zwar in umgekehrtem Maße, da j_S konstant ist. Bei hohen Frequenzen ist dagegen die Feldstärke in den Randschichten konstant (nur Verschiebungsstrom). Da aus Kontinuitätsgründen die in Serie geschalteten Ströme im Plasma und in den Randschichten gleich sein müssen, $I_\mathrm{P} = I_\mathrm{S}$, also $j_\mathrm{P}A_\mathrm{P} = j_\mathrm{S}A_\mathrm{S}$, werden die Ströme für den HF- bzw. NF-Fall:

$$\left.\begin{array}{lll} \mathrm{HF-Bereich} & \sigma_\mathrm{e}E_\mathrm{P}A_\mathrm{P} = & \varepsilon_0\omega E_\mathrm{S}A_\mathrm{S}; \\ \mathrm{NF-Bereich} & \sigma_\mathrm{e}E_\mathrm{P}A_\mathrm{P} = & \sigma_\mathrm{i}E_\mathrm{S}A_\mathrm{S}. \end{array}\right\} \tag{6.7}$$

Der differentielle Widerstand im Bulk-Plasma ist mit ρ dem spezifischen Widerstand, d_P seiner Länge bzw. A_P seinem Querschnitt

$$\mathrm{d}R_\mathrm{P} = \rho \cdot \frac{\mathrm{d}d_\mathrm{P}}{A_\mathrm{P}} = \frac{\mathrm{d}d_\mathrm{P}}{\sigma_\mathrm{e}A_\mathrm{P}}, \tag{6.8}$$

womit für die OHMsche Aufheizung in das Bulk-Plasma[4]

$$\mathrm{d}P_\mathrm{P} = K_\mathrm{RF}\frac{I_\mathrm{P}^2\,\mathrm{d}d_\mathrm{P}}{\sigma_\mathrm{e}A_\mathrm{P}} = K_\mathrm{RF}\frac{j_\mathrm{P}^2A_\mathrm{P}}{\sigma}\mathrm{d}d_\mathrm{P} \Rightarrow P_\mathrm{P} \approx K_\mathrm{RF}\frac{j_\mathrm{P}^2A_\mathrm{P}}{\sigma}d_\mathrm{P} \tag{6.9}$$

folgt (K_RF ist eine Konstante, die die zeitlich gemittelte Dicke der Randschicht und die DEBYE-Länge enthält) [156]. Damit erhält man dann in dieser Näherung schließlich, da $\varepsilon_0E_{\mathrm{S},1}A_{\mathrm{S},1} = \varepsilon_0E_{\mathrm{S},2}A_{\mathrm{S},2}$:

$$\left.\begin{array}{lll} \mathrm{HF-Bereich} & E_\mathrm{S} = & \frac{1}{\varepsilon_0\omega A_\mathrm{S}} \cdot \sqrt{\frac{P_\mathrm{P}\sigma_\mathrm{e}A_\mathrm{P}}{d_\mathrm{P}}}; \\ \mathrm{NF-Bereich} & E_\mathrm{S} = & \frac{1}{\sigma_\mathrm{I}A_\mathrm{S}} \cdot \sqrt{\frac{P_\mathrm{P}\sigma_\mathrm{e}A_\mathrm{P}}{d_\mathrm{P}}}. \end{array}\right\} \tag{6.10}$$

für den Hoch- bzw. Niederfrequenzfall.[5]

Das bedeutet, daß das Feld der Randschicht umgekehrt proportional zur Elektrodenoberfläche und proportional zum Plasmastrom bzw. der Quadratwurzel der eingekoppelten Leistung ist. Die Verhältnisse der Felder im Plasma und in der Randschicht zueinander ergeben sich also zu

$$\frac{E_\mathrm{S}}{E_\mathrm{P}} \approx \frac{\sigma_\mathrm{e}}{\sigma_\mathrm{i}}; \tag{6.11.1}$$

für den NF-Bereich und für den HF-Bereich zu

$$\frac{E_\mathrm{S}}{E_\mathrm{P}} \approx \frac{\sigma_\mathrm{e}}{\varepsilon_0\omega} = \frac{ne_0^2}{\varepsilon_0 m\nu_\mathrm{m}\omega} = \frac{\omega_P^2}{\nu_\mathrm{m}\omega}. \tag{6.11.2}$$

[4]Die Elektronendichte ist zusätzlich schwach axial und radial abhängig.

[5]Diese Gleichung bedingt lediglich Stromkonstanz in den hintereinander geschalteten Komponenten und ist insoweit der 1970 von KOENIG und MAISSEL beschriebenen Situation für den Fall eines raumladungsbegrenzten Stroms aus der Negativen Glühzone überlegen *(Randschichtpotential-Theorem)* [126]. Ihre Analyse ergab, daß das „DC-Bias" der Elektroden umgekehrt proportional den Biquadraten der Elektrodenflächen sein sollte (s. a. Abschn. 6.4).

Tabelle 6.1. Nach dem Modell freier Ladungsträger berechnete Werte für die elektrische Leitfähigkeit von Elektronen und Argon-Ionen.

	T [eV]	σ_{Streu} [10^{-16} cm^2]	ν_{m}	σ [$10^{-6}\,\Omega^{-1}\mathrm{cm}^{-1}$]	ρ [kΩ cm]
Elektronen	3	20	0,7 GHz	400	2,5
Ionen	0,1	25	350 kHz	6	167

Setzen wir einige Zahlenwerte ein: Mit $<v>= \sqrt{k_{\mathrm{B}}T/m_{\mathrm{Ar}}}$ ergibt sich bei einem Druck von 13 Pa (100 mTorr), einer Plasmadichte von $10^9/\mathrm{cm}^3$ und den Werten für die Temperatur T, den Streuquerschnitt σ_{Streu}, die Stoßfrequenzen ν_{m}, die spezifische elektrische Leitfähigkeit σ und den sich daraus ergebenden elektrischen Widerstand ρ
für den

- NF-Fall mit $E_{\mathrm{S}}/E_{\mathrm{P}} = \sigma_{\mathrm{e}}/\sigma_{\mathrm{i}} = 67$;
- HF-Fall dagegen $E_{\mathrm{S}}/E_{\mathrm{P}} = \sigma_{\mathrm{e}}/(2\pi \cdot 13,56\ \mathrm{MHz}) = 4{,}7$;

d. h. das elektrische Feld der Randschicht beträgt im HF-Fall weniger als 10 % des NF-Feldes!

Also übt das Feld der Randschicht zwar in beiden Fällen den dominierenden Einfluß auf den Ionentransport aus, jedoch ist dieses — bei sonst gleichen Bedingungen — im HF-Fall deutlich kleiner als im NF-Fall. Das hat Konsequenzen bei der Auslegung von Reaktoren für Ionen- und Plasmaätzen (IE und PE, s. Abschn. 11.2). Darüber hinaus gilt auch für den HF-Fall, daß die relative Stärke des Feldes der Randschicht abnimmt mit

- steigender Anregungsfrequenz (Abb. 6.5) und
- zunehmender Stoßfrequenz (also zunehmender Dichte, mithin steigenden Drucks).

Das bei niedrigen Frequenzen höhere Feld bedingt darüber hinaus auch eine größere Dicke der Randschicht. Da $\varepsilon_0\nabla\cdot\boldsymbol{E}_{\mathrm{S}} = e_0(n_{\mathrm{i}}-n_{\mathrm{e}})$, wird für die Richtung z normal zur Elektrode $\varepsilon_0 dE \approx e_0 n_{\mathrm{i}} dz$. Integration und Beachtung der Tatsache, daß E an der Grenze der Randschicht verschwindet, liefert $d_{\mathrm{S}} = \frac{\varepsilon_0 E(0)}{e_0 n_{\mathrm{i}}}$ (mit $E = E_0$ am Elektrodenrand). Unter Annahme eines linearen Potentialgradienten (bzw. eines in d quadratischen Potentials) gilt dies dann auch für die entstehenden Spannungen ($V_{\mathrm{S}} = E_{\mathrm{S}} \cdot d_{\mathrm{S}}$; bzw. bei den in den vorhergehenden Abschnitten diskutierten Abhängigkeiten mit einer geringfügig höheren Potenz in A_{S}):

$$\varepsilon_0 E_{\mathrm{S}} A_{\mathrm{S}} = \frac{\varepsilon_0 V_{\mathrm{S}} A_{\mathrm{S}}}{d_{\mathrm{S}}} = \frac{I_{\mathrm{P}}}{\omega} \Rightarrow \varepsilon_0 V_{\mathrm{S}} = \frac{I_{\mathrm{P}} d_{\mathrm{S}}}{\omega A_{\mathrm{S}}} \tag{6.12}$$

mit $\varepsilon_0 A_{\mathrm{S}}/d_{\mathrm{S}}$ der Kapazität der Randschicht [157].

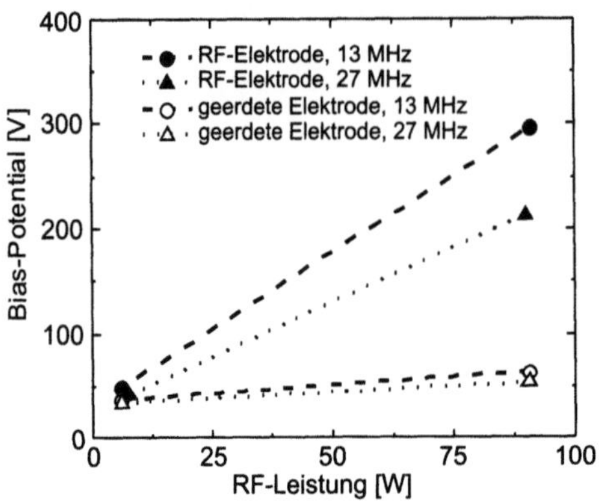

Abb. 6.5. Bias-Potential als Funktion der eingekoppelten RF-Leistung bei 13,56 MHz und dem ersten Oberton von 27,12 MHz (HF-Fall oberhalb von $\omega_{\mathrm{P,i}}$) nach [158]. p = 80 Pa; Flußverhältnis GeH_4:H_2 = 10:90; Flächenverhältnis der Elektroden (von „heißer" zu „kalter" incl. Quarzzylinder): 0,65.

6.3 Symmetrisches System

6.3.1 Potentiale der Randschichten

Ein typisches symmetrisches System besteht aus zwei parallelen Elektroden gleicher Größe, deren eine geerdet ist, während an der anderen die HF-Leistung anliegt.[6] Da das Bulk-Plasma wegen seiner hohen elektrischen Leitfähigkeit eine Äquipotentialzone sein muß, bedingt das, daß der HF-Generator damit über die beiden Dunkelräume gleicher Geometrie, also gleicher Dicke d, gleicher Elektrodenfläche A und damit insbesondere gleicher Kapazität C, an das Plasma ankoppelt. Damit fällt die HF-Spannung zwangsläufig an jedem Dunkelraum zur Hälfte ab, und auch das Plasmapotential V_{P} wird ebenfalls etwa die Hälfte der gleichgerichteten HF-Amplitude betragen. Sein minimaler Wert ist durch die hohe Beweglichkeit der Elektronen bestimmt: es kann nie kleiner sein als das tiefste Potential der Flächen, mit denen das Plasma in Berührung kommt. Dies ist im vorliegenden Fall das Erdpotential. Damit muß das Plasmapotential die algebraische Form

$$V_{\mathrm{P}}(t) = \frac{1}{2} V_{\mathrm{RF}} \left(1 + \sin \omega t\right) \tag{6.13}$$

aufweisen: beide Elektroden sind gleichwertig und unterliegen gleichem Beschuß aus dem Plasma.

Das Potential der Randschicht ist die Differenz zwischen aktuellem HF-Wert und dem Plasmapotential V_{P}; die Phase beider Elektroden ist um 180° gegeneinander verschoben. Damit ergeben sich die Randschichtpotentiale der „heißen" (1) bzw. der „kalten" (2) Elektrode aus Symmetriegründen zu

[6] Zur Fläche der geerdeten Elektrode zählen dabei sämtliche Flächen, an denen keine RF-Spannung anliegt.

$$V_{S,1}(t) \approx \frac{1}{2} V_{RF} \left(1 - \sin \omega t\right) \tag{6.14.1}$$

und

$$V_{S,2}(t) \approx \frac{1}{2} V_{RF} \left(1 - \sin(\omega t + \pi)\right). \tag{6.14.2}$$

6.3.2 Leistungsaufnahme bei kapazitiver Kopplung

Wir können das Ersatzschaltbild einer symmetrischen Entladung mit Abb. 6.6 beschreiben, wobei wir von einer rein OHMschen Last im Plasma selbst ausgehen. Dabei soll der OHMsche Widerstand der Randschicht R_S aus zwei Anteilen bestehen: dem Widerstand bedingt durch OHMsche Aufheizung, R_Ω, und dem durch stochastische Aufheizung, R_{st}: $R_S = R_\Omega + R_{st}$.

Dazu kommt ein kapazitiver Anteil, C_0, und ein induktiver Anteil, L_0, der auf die Trägheit der Elektronen im RF-Feld zurückzuführen ist. In den Randschichten sind der OHMsche Widerstand, R_S, bedingt durch Energiedissipation, die u. a. zur Beschleunigung der Ladungsträger durch die gleichgerichtete Spannung der Randschicht führt, sowie kapazitiver Anteil des Verschiebungsstroms, C_S, parallel geschaltet. Dieser berechnet sich für zwei hintereinander geschaltete Randschichten der Fläche A und der Dicke d_S nach

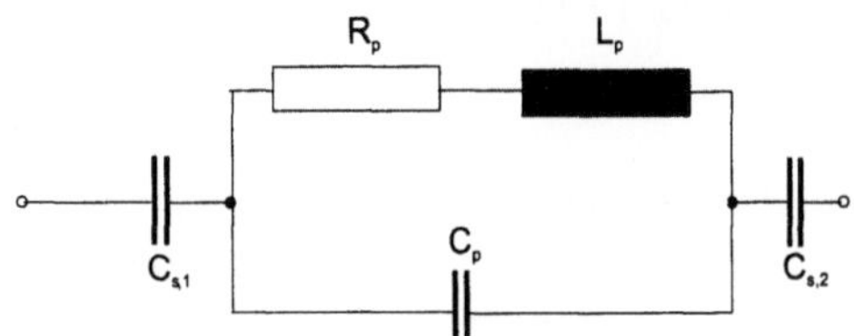

Abb. 6.6. Ersatzschaltbild einer kapazitiv gekoppelten Entladung, die für $C_{s,1} = C_{s,2}$ symmetrisch ist.

$$\frac{1}{C_S} = \frac{1}{C_{S,1}} + \frac{1}{C_{S,2}} \tag{6.15.1}$$

mit

$$C_{S,1} = C_{S,2} = \varepsilon_0 \varepsilon \frac{A}{d_S}, \tag{6.15.2}$$

also $C_S = C_{S,1}/2$, damit also

$$R_S = 1/\omega C_S = \frac{2 d_S}{\varepsilon_0 \varepsilon \omega A}. \tag{6.15.3}$$

Da in der Randschicht die Dichte bewegter Ladungsträger (Elektronen) gegen Null geht, ist $\varepsilon = 1$. Sind die Widerstände von Randschicht und Bulk-Plasma im einfachsten Modell hintereinander geschaltet:

$$R = R_P + R_\Omega + R_{st} = R_P + R_S, \tag{6.16}$$

dann ist der Strom durch beide gleich, und wir können schreiben:

$$V = I(R_\mathrm{P} + R_\mathrm{S}) = V_\mathrm{P} + V_\mathrm{S},^7 \tag{6.17}$$

und für die absorbierte Leistung folgt näherungsweise

$$P_\mathrm{abs} = \frac{1}{2} I_\mathrm{RF} \left(V_\mathrm{P,RF} + I_\mathrm{RF} R_\mathrm{S} \right) \tag{6.18}$$

mit V_P dem Plasmapotential, der Index „RF" bezeichnet die Amplitude. Außerdem gilt dann für den Potentialabfall in der Randschicht mit Gl. (6.17)

$$V_\mathrm{S} = \sqrt{V^2 - I^2(R_\mathrm{P}^2 - 2R_\mathrm{P}R_\mathrm{S})}. \tag{6.19}$$

Wegen des Ionisierungsgleichgewichts in der Glühzone ist der Potentialabfall in ihr nahezu unabhängig vom Strom der Entladung. Grenzfälle: für kleine I hängt die absorbierte Leistung linear von I ab, die Konstante ist $V_\mathrm{P,RF}$; also gilt für kleine I das OHMsche Gesetz. Für große Ströme erwartet man dagegen eine Abhängigkeit $P \propto I^2$ (mit einem kleineren linearen Anteil des ersten Summanden aus Gl. (6.17)). Anschaulich bedeutet dieser Umschlag in der Stromabhängigkeit in der Leistung, daß sich der Absorptionsmechanismus von der Aufheizung der Elektronen zu der der Ionen verschiebt. Zusätzlich sind zwei Aufheizmechanismen bei endlicher Elektronendichte und bei niedrigen Drücken von Bedeutung, die OHMsche Aufheizung der Elektronen in der Randschicht und die stochastische Aufheizung.

6.3.2.1 Ohmsche Aufheizung der Randschicht. Hier erfolgt im Bereich endlicher Elektronendichte eine OHMsche Aufheizung der Elektronen, die analog der Gl. (6.9) mit K_Ω einer Konstanten (s. a. Abschn. 14.4.1), n_B der Elektronendichte an der BOHM-Kante und n_0 der Elektronendichte im Bulk-Plasma ist

$$\mathrm{d}P_\Omega = K_\Omega \frac{j_\mathrm{e}^2 A_\mathrm{S}}{\sigma} \frac{n_\mathrm{B}}{n_0} \mathrm{d}d_\mathrm{S} \Rightarrow P_\mathrm{P} \approx K_\Omega \frac{j_\mathrm{e}^2 A_\mathrm{S}}{\sigma} d_\mathrm{S}. \tag{6.20}$$

Insbesondere für hohe Potentiale und große Dicken der Randschicht ist die OHMsche Aufheizung vergleichbar oder sogar größer als jener im Bulk-Plasma.

6.3.2.2 Stochastische Aufheizung an der Randschicht. Im Term für die stochastische Aufheizung ist die mittlere Geschwindigkeit der Elektronen statt der Frequenz für den elastischen Stoß, ν_m (verborgen in σ), enthalten [156]:

$$P_\mathrm{st} = K_\mathrm{st} \sqrt[3]{\left(\frac{s_\mathrm{e}}{\lambda_\mathrm{D}}\right)^2 \frac{m_\mathrm{e}}{e_0^2 n_\mathrm{B}}} < v_\mathrm{e} > j_\mathrm{e}^2 A, \tag{6.21}$$

[7] Diese Summe ist der Realteil des Widerstandes; in ihr ist der kapazitive Anteil nicht enthalten!

wobei die Wurzel die inhomogene Ionendichte und zeitlich variierende Elektronendichte berücksichtigt, während die mittlere Geschwindigkeit der Elektronen den Bezug zum Impulsübertrag durch die Randschicht selbst herstellt. Die Tatsache, daß die Dicke der Randschicht in die Bestimmungsgleichung (6.21) eingeht, weist auf die Bedeutung dieses Prozesses insbesondere bei niedrigen Entladungsdrücken hin, wo darüber hinaus auch die Elektronentemperatur (und damit $<v_e>$) zunimmt.

Reaktoren mit kapazitiver Ankopplung des Plasmas finden Verwendung zur plasmaunterstützten Dampfphasenabscheidung (PECVD) oder zum Plasmaätzen.

6.3.3 Strom-Spannungscharakteristik

Modellhaft ist die Strom-Spannungs-Charakteristik der Randschicht deswegen wie die einer gleichrichtenden Diode beschreibbar. Der OHMsche Anteil kann durch die Theorie der LANGMUIR-Sonde beschrieben werden; die Nichtlinearitäten des kapazitiven Anteils dagegen werden von der Abhängigkeit der Dicke der Randschicht und der Ionenverteilung von der Spannung in der Randschicht bestimmt. Wegen der Elektronenverarmung in der Randschicht, die, von der BOHM-Kante kommend, schnell auf Null abfällt, ist nämlich bei Frequenzen oberhalb der Plasmafrequenz der Ionen, $\omega_{P,i}$, etwa bei 13,56 MHz, wobei dann $\omega_{P,i} < \omega \ll \omega_{P,e}$, der kapazitive Verschiebungsstrom in der Randschicht etwa gleich dem Leitungsstrom der Elektronen im Plasma ist.[8] Aber nicht nur die Elektronendichte ist stark inhomogen, sondern auch die Ionendichte, da die Ionen durch ein negatives DC-Potential auf die RF-Elektrode beschleunigt werden.

Ein derartiges Modell für eine symmetrische Entladung wurde u. a. von GODYAK und STERNBERG [159] [160] und LIEBERMAN [161] entwickelt. Inzwischen liegen auch Modellrechnungen für eine kapazitiv/resistive Randschicht vor [162] [163]. Die Kenntnis der das kapazitiv-gekoppelte Plasma charakterisierenden Größen wie

- Plasmadichte n_P,
- Ionenstromdichte j_i zu den Elektroden,
- Dicke d_S der Randschicht über den Elektroden,

ermöglichen es, Aussagen über die Effizienz der Leistungseinkopplung zu gewinnen. Dabei hat es sich herausgestellt, daß eine unkritische Übernahme der Gleichungen, die das mit Gleichstrom angeregte Plasma beschreiben, etwa die BOHMsche Theorie und die von CHILD und LANGMUIR, äußerst fragwürdig ist

[8] Gleichwohl kann in genaueren Betrachtungen der positive Leitungsstrom der Ionen in der Randschicht nicht vernachlässigt werden.

[160]. Im folgenden wird deshalb eine mehr qualitative Betrachtung der einzelnen das kapazitiv-gekoppelte Plasma bestimmenden Größen für eine symmetrische Entladung vorgezogen. Dennoch ist es auch in dieser Näherung möglich, die hohen Potentiale der Randschicht an der „heißen" Elektrode zu verstehen.

Aus Gl. (6.21) sieht man unmittelbar, daß nur für kleine R_{P} die RF-Komponente der Randschichtspannung nahezu gleich der an der Entladung anliegenden Spannung ist. Dies ist bei hoch angeregten Plasmen der Fall. Ähnliches gilt für die DC-Komponente der Randschichtspannung: auch sie ist nur bei hohen eingekoppelten Leistungen proportional der an der Entladung anliegenden Spannung (s. Abschn. 14.4). Für sehr kleine Randschichtspannungen geht sie gegen V_{F}, der an jeder Plasmarandschicht abfallenden Spannung. Aber selbst dann ist $V_{\mathrm{S}} \gg k_{\mathrm{B}}T_{\mathrm{e}}$: damit ist bei Frequenzen oberhalb von $\omega_{\mathrm{P,i}}$ der Verschiebungsstrom groß gegen den Leitungsstrom in der Randschicht, aber etwa gleich groß wie der Leitungsstrom im Plasma.

Der DC-Anteil der Spannung in der Randschicht wird hervorgerufen durch die unterschiedlichen Beweglichkeiten der Ladungsträgersorten, wodurch deren Stromdichten in Richtung Wand/Elektrode stark voneinander differieren. Dies führt im Ergebnis zu einer negativen Aufladung, also zum Aufbau eines die Elektronen retardierenden Potentials, das zu einer Reduktion der Stromdichte negativer Ladungsträger führt, bis beide im Gleichgewicht sind, d. h. die Stationaritätsbedingung lautet

$$\frac{1}{2\pi}\int_0^{2\pi}[j_{\mathrm{i}} - j_{\mathrm{e}}(t)]\mathrm{d}(\omega t) = 0. \tag{6.22}$$

Dabei folgt die elektronische Stromdichte, j_{e}, instantan dem an der Elektrode anliegenden Potential, damit wird die Ladungsdichte der Elektronen zeitabhängig, und zwar fällt sie von einem Wert an der BOHM-Kante auf Null oberhalb der Elektrode (s. Abb. 6.7). Die Stromdichte positiver Ladungsträger, j_{i}, ist wegen deren Trägheit oberhalb ihrer Plasmafrequenz von der Phase unabhängig. Ein Überschuß positiver Ladungen wird zwischen der Elektrodenoberfläche ($x = 0$) und $x = s_0$ beobachtet, die DC-Randschicht, die damit die Dicke s_0 hat.[9] Bei harmonischer Anregung ist die Ausdehnung der „atmenden" AC-Randschicht dagegen gegeben durch

$$s_{\mathrm{e}}(t) = s_{\mathrm{e}} \cos \omega t, \tag{6.23}$$

so daß die gesamte Ausdehnung der Randschicht

$$d_{\mathrm{S}} = s_0 + s_{\mathrm{e}} \cos \omega t \tag{6.24}$$

beträgt. Damit wird die in Feldrichtung in der Randschicht gespeicherte Ladung

$$\int_0^{d_{\mathrm{S}} - s_{\mathrm{e}} \cos \omega t} e_0 n_{\mathrm{B}} \mathrm{d}x = e_0 n_{\mathrm{B}}(d_{\mathrm{S}} - s_{\mathrm{e}} \cos \omega t), \tag{6.25}$$

[9] Diese Annahme ist nicht ganz korrekt, vereinfacht das Bild der ineinander geschachtelten Randschichten jedoch erheblich.

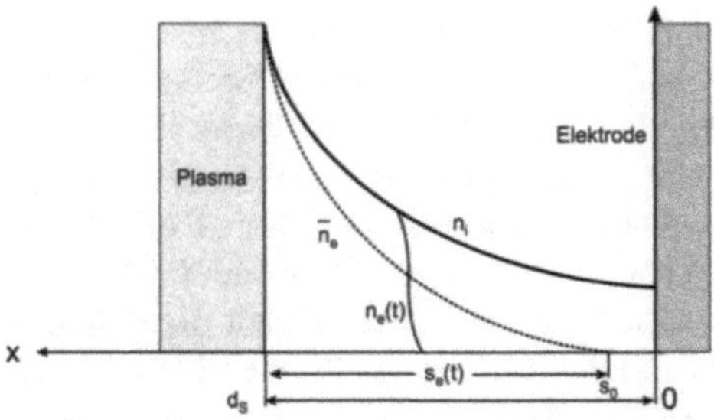

Abb. 6.7. Prinzipielle Struktur der Elektrodenrandschicht einer RF-Entladung mit quasistationären Ionen.

und das in der DC-Randschicht entstehende Feld ($E_S \gg E_P$!)

$$E_S \approx \frac{e_0 n_B}{\varepsilon_0} (d_S - s_e \cos \omega t) , \tag{6.26}$$

das Potential $V_S = V_{DC}$ also

$$V_{DC} = -\frac{e_0 n_B}{2\varepsilon_0} \left(d_S^2 - 2 d_S s_e \cos \omega t + s_e^2 \cos^2 \omega t \right) : \tag{6.27}$$

die DC-Randschicht wird für kurze Zeit geöffnet, und in diesem Zeitraum fließen so viele Elektronen auf die Elektrode, daß hohe DC-Potentiale entstehen.

6.4 Asymmetrisches System

Ein typisches asymmetrisches System unterscheidet sich von dem eben beschriebenen nun nicht allein dadurch, daß die Flächen der Elektroden unterschiedlich sind, vielmehr besteht die hauptsächliche Änderung darin, daß durch ein Hochpaßfilter zwischen HF-Generator und „heißer" Elektrode der DC-Strom unterdrückt wird. Die Kapazität des den DC-Strom abblockenden Kondensators wird dabei groß gegen die beiden Randschichtkapazitäten gewählt (er hat dann nämlich wegen der Serienschaltung der Kapazitäten kaum Einfluß auf die Plasma- und Randschichtgrößen!). Bei dieser Anordnung können die Randschichtpotentiale markant unterschiedlich sein, wenn das Flächenverhältnis der Elektroden verschieden von Eins ist. Ist es Eins, gelten ebenfalls die Gln. (6.14).

Aus Gl. (6.15.3) ist ersichtlich, daß bei festgehaltenem Strom durch die Randschichten die Elektrodenfläche entscheidend das hier abfallende Potential bestimmt. Dies war Anlaß zu einer lang andauernden Kontroverse. KOENIG und MAISSEL machten nämlich als erste darauf aufmerksam, daß bei Annahme eines raumladungsbegrenzten Stroms die Elektrodenflächen in ihrer 4. Potenz das Spannungsverhältnis der Elektroden bestimmen [126]:

$$\frac{V_1}{V_2} = \left(\frac{A_1}{A_2} \right)^4 . \tag{6.28}$$

Die Überprüfung des Randschicht-Potentialtheorems ist Gegenstand zahlreicher Untersuchungen gewesen. So ist vor allem die Annahme eines raumladungsbegrenzten Stroms für Drücke oberhalb 0,1 Pa nicht mehr zutreffend, was in der Praxis bedeutet, daß es sich in den meisten Entladungen um ein Mittelding zwischen raum- und beweglichkeitsbegrenztem Strom handelt; dadurch rutscht die Potenz von 4 auf Werte zwischen 1 und 2 herunter [24] [164]. Offenbar kontrahiert die Entladung bei höheren Drücken, so daß die Negative Glühzone den Kontakt zu den Reaktorwänden verliert, und dadurch ein kleinerer Exponent nur vorgetäuscht wird [153] (s. Abschn. 11.3.3). Umgekehrt ist es auch möglich, den Exponenten auf 2 zu fixieren und ein Verhältnis der „aktiven Oberflächen" zu definieren [158]. Schließlich konnte gezeigt werden, daß es eigentlich die Kapazität der Randschichten ist, die dieses Spannungsverhältnis beeinflußt.

6.5 Self-Bias der RF-Elektroden

6.5.1 Randschichtpotential für kapazitive Kopplung

Nachdem wir uns bisher um Frequenzeffekte und die davon abhängige Leistungseinkopplung gekümmert haben, wollen wir uns nun die Frage stellen, wie hoch die Randschichtpotentiale sind, die wir in Abb. 6.1 für den symmetrischen Fall grob skizziert haben. Die an die angeregte Elektrode gelegte Spannung wird aufgeteilt zwischen

- beiden Elektroden und
- der Negativen Glühzone, meist einfach als „Bulk-Plasma" bezeichnet:

$$V_{\mathrm{RF}} \sin \omega t = (V_{\mathrm{T}} - V_{\mathrm{W}}) \sin \omega t + E(t) \left[L - d_{\mathrm{T}}(t) - d_{\mathrm{W}}(t) \right]. \tag{6.29}$$

L: Elektrodenabstand; $d_{\mathrm{T}}, d_{\mathrm{W}}$: Dicke der Randschichten von angeregter und geerdeter Elektrode (T von *T*arget, W von *W*and) und $E(t)$ dem elektrischen Feld in der Glühzone.

Unter der Voraussetzung, daß

- der Spannungsabfall in der Glühzone vernachlässigbar, also die Definition eines Plasmapotentials V_{P} auch wirklich sinnvoll ist, und daß
- die anregende RF-Spannung durch elektrische Nichtlinearitäten nicht wesentlich verzerrt wird,

können wir die Potentiale der Randschicht berechnen.

Wenn der DC-Leitungsstrom in den Randschichten Null ist, d. h. R_T und R_W sehr hohe Werte annehmen, dann stellen die beiden Randschichten in Serie geschaltete Kapazitäten dar, die durch V_RF auf die Ladung Q aufgeladen werden:

$$\overline{V}_\mathrm{RF} = \overline{V}_\mathrm{T} + \overline{V}_\mathrm{W} = Q \cdot \left(\frac{1}{C_\mathrm{T}} + \frac{1}{C_\mathrm{W}}\right), \tag{6.30}$$

wobei $\overline{V}_\mathrm{T}$ und $\overline{V}_\mathrm{W}$ die Potentialdifferenzen zwischen Plasma und Target bzw. zwischen Plasma und Wand — beide sind schwierig zu messen — und C_T und C_W den Kapazitäten der Randschichten von Target und der Wand.

Vorausgesetzt, daß der DC-Strom durch den externen Stromkreis Null ist, was ja durch einen Kondensator erreicht wird, müssen die Ströme auf die beiden Elektroden entgegengesetzt gleich sein:

$$I_\mathrm{T} = I_\mathrm{W}, \text{ damit } Q_\mathrm{T} = Q_\mathrm{W} \Rightarrow C_\mathrm{T}(V_\mathrm{T} - V_\mathrm{P}) = C_\mathrm{W}(V_\mathrm{W} - V_\mathrm{P}) \tag{6.31}$$

oder

$$\frac{C_\mathrm{W}}{C_\mathrm{T}} = \frac{\overline{V_\mathrm{T} - V_\mathrm{P}}}{\overline{V_\mathrm{W} - V_\mathrm{P}}} : \tag{6.32}$$

(kapazitive Spannungsteilung). Dabei wird die Größe der Kapazität in erster Näherung durch das Flächenverhältnis der Anregungselektrode zu den geerdeten Flächen bestimmt, darüber hinaus hängt sie auch vom Potentialabfall über den Randschichten ab, der wiederum die Dicke über die LANGMUIR-SCHOTTKY-Gleichung bestimmt, d. h. $C = C(A, V, d)$. Dadurch steigt die kapazitive Impedanz der größeren Elektrode um einen Faktor, der größer als das reine Flächenverhältnis ist.

Im Folgenden wird bei der Berechnung der Potentiale der Randschichten zunächst von einer rein kapazitiven Ankopplung der Negativen Glühzone mit dem Plasmapotential V_P zu der Anregungselektrode ausgegangen. Wie aus Abschn. 6.1 deutlich geworden ist, muß dabei zwischen einem DC- und einem RF-Anteil unterschieden werden.

Wenn das Elektrodenpotential der Anregungselektrode die Form

$$V_\mathrm{E}(t) = V_\mathrm{DC} + V_\mathrm{RF} \sin \omega t \tag{6.33}$$

annimmt, und die Randschichten rein kapazitiv sind, dann hat das Plasmapotential die Form

$$V_\mathrm{P}(t) = \overline{V}_\mathrm{P} + aV_\mathrm{RF} \sin \omega t \tag{6.34}$$

mit dem Kopplungsfaktor

$$a = \frac{C_\mathrm{T}(V)}{C_\mathrm{T}(V) + C_\mathrm{W}(V)}. \tag{6.35}$$

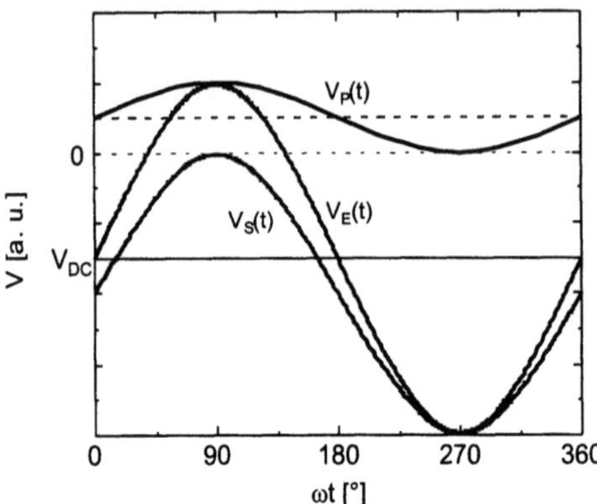

Abb. 6.8. Vergleich der Potentiale des Plasmas, der Anregungselektrode und der Randschicht für ein kapazitiv gekoppeltes Plasma ($\omega_{\mathrm{RF}} > \omega_{\mathrm{P,i}}$, Randschicht: V_{S}, Anregungselektrode: V_{E}, Plasmapotential: V_{P}). Phasenverschiebungen sind vernachlässigt.

Die DC-Komponente von $\overline{V}_{\mathrm{P}}$ ist — wie in einer DC-Entladung — durch das Verhältnis der Beweglichkeiten Elektron/Ion gegeben. $V_{\mathrm{P}}(t)$ muß mindestens so positiv wie jede andere Fläche der Entladung sein, das sind:

- das Potential der geerdeten Elektrode, $V = 0$;
- das Potential der angeregten Elektrode, $V(t) = V_{\mathrm{DC}} + V_{\mathrm{RF}} \sin \omega t$.

Der Maximalwert des Plasmapotentials ist:

$$\overline{V}_{\mathrm{P}} + aV_{\mathrm{RF}} \geq V_{\mathrm{DC}} + V_{\mathrm{RF}}, \tag{6.36.1}$$

der Minimalwert hingegen:

$$\overline{V}_{\mathrm{P}} - aV_{\mathrm{RF}} \geq 0. \tag{6.36.2}$$

Da wir es mit einem kapazitiv gekoppelten Plasma zu tun haben, in dem der Nettostrom durch den Stromkreis der Anregungselektrode Null ist, muß es den Elektronen und Ionen möglich sein, kurzzeitig die Anregungselektrode zu erreichen, folglich wird der Minimalwert des Plasmapotentials Null und sein Maximalwert $V_{\mathrm{DC}} + V_{\mathrm{RF}}$, d. h. aus den beiden Ungleichungen werden Gleichungen; aufgelöst nach $\overline{V}_{\mathrm{P}}$:

$$\overline{V}_{\mathrm{P}} = \frac{1}{2} \cdot (V_{\mathrm{RF}} + V_{\mathrm{DC}})\,; V_{\mathrm{DC}} = V_{\mathrm{RF}} \cdot \frac{C_{\mathrm{T}} - C_{\mathrm{W}}}{C_{\mathrm{T}} + C_{\mathrm{W}}}. \tag{6.37}$$

Das Randschichtpotential an der Anregungselektrode ist das Elektrodenpotential (Summe aus der angelegten RF-Spannung und dem „DC-Bias“ $V_{\mathrm{DC}} = \overline{V_{\mathrm{T}} - V_{\mathrm{W}}}$), vermindert um das Plasmapotential, und ergibt sich somit näherungsweise zu

$$V_{\mathrm{S}}(t) = V_{\mathrm{RF}} \frac{C_{\mathrm{W}}}{C_{\mathrm{T}} + C_{\mathrm{W}}} \cdot (\sin \omega t - 1) = V_{\mathrm{RF}} \frac{1}{1 + \frac{C_{\mathrm{T}}}{C_{\mathrm{W}}}} \cdot (\sin \omega t - 1)\,, \tag{6.38}$$

was man mit Gln. 6.35 – 6.37 auch schreiben kann als ($V_{DC} \leq 0$) :

$$V_S(t) = \frac{V_{RF} - V_{DC}}{2} \cdot (\sin \omega t - 1) . \tag{6.39}$$

Das Randschichtpotential der geerdeten Elektrode ist entgegengesetzt gleich dem Plasmapotential (Abb. 6.8) ($V_{DC} \leq 0$) :

$$V_P(t) = \frac{V_{RF}}{1 + \frac{C_W}{C_T}} \cdot (1 + \sin \omega t) = \frac{V_{RF} + V_{DC}}{2} \cdot (1 + \sin \omega t) . \tag{6.40}$$

Das bedeutet für den

- symmetrischen Fall ($C_T = C_W$) : $V_{DC} = 0$, $V_P(t) = {}^1\!/_2\, V_{RF} \sin \omega t$;
- für den asymmetrischen Fall (kleinere Elektrode wird angeregt): $V_{DC} < 0; V_P(t) < {}^1\!/_2\, V_{RF} \sin \omega t$; $V_{P,Min} = 0, V_{P,Max} = V_{RF}$;
- für den asymmetrischen Fall (größere Elektrode wird angeregt): $V_{DC} > 0; V_P(t) > {}^1\!/_2\, V_{RF} \sin \omega t$; $V_{P,Min} = 0, V_{P,Max} = V_{RF}$.

Wir beobachten folglich, daß in asymmetrischen Systemen das Plasma *gleichrichtend* wirkt: das Plasmapotential schwingt um einen positiven Wert und erreicht in der negativen Halbwelle gerade Null, während umgekehrt das Elektrodenpotential um einen negativen Wert, das sog. „DC-Bias", oszilliert und in der positiven Halbwelle eben Null erreicht. Die Spannung der Randschicht $V_S(t)$ setzt sich also zusammen aus

- einer negativen DC-Komponente und
- dem zeitlich variierenden RF-Potential;

beide sind im Verhältnis der kapazitiven Spannungsteilung zwischen den beiden Elektroden aufgespalten. Für den Fall, daß $C_T = {}^1\!/_3 C_W$, wird $V_{DC} = -{}^1\!/_2 V_{RF}$ und $\overline{V}_P = {}^1\!/_4 V_{RF}$: Beziehungen, die oft zu finden sind und bei dem dieses Kapazitätsverhältnis — das zumindest bei vielen Parallelplatten-Reaktoren anzutreffen ist — vorausgesetzt wird. In vollständig asymmetrischen Systemen wird $V_{DC} = -V_{RF}$. Dieser Fall ist z. B. in gut konstruierten Sputteranlagen realisiert. Diese Abhängigkeiten sind in Abb. 6.9 zusammen mit dem ähnlich abzuleitenden Fall einer nicht kapazitiv gekoppelten (etwa geerdeten oder mit zusätzlichem „Bias" betriebenen) Anregungselektrode schematisch dargestellt.

Die die Energie der Ionen bestimmende Energie ist jedoch das Potential in der Randschicht, eine Größe, die sich aus mehreren Komponenten zusammensetzt, wovon das Plasmapotential und Elektrodenpotential die beiden wichtigsten sind. Beide weisen sowohl eine DC- wie eine RF-Komponente auf, deren Abhängigkeit in diesem Abschnitt näherungsweise beschrieben wurde. Es ist deswegen ein verhängnisvoller Trugschluß, aus der Angabe des DC-Bias allein beispielsweise auf Ätz- oder Sputterraten schließen und Prozesse, die auf verschiedenen

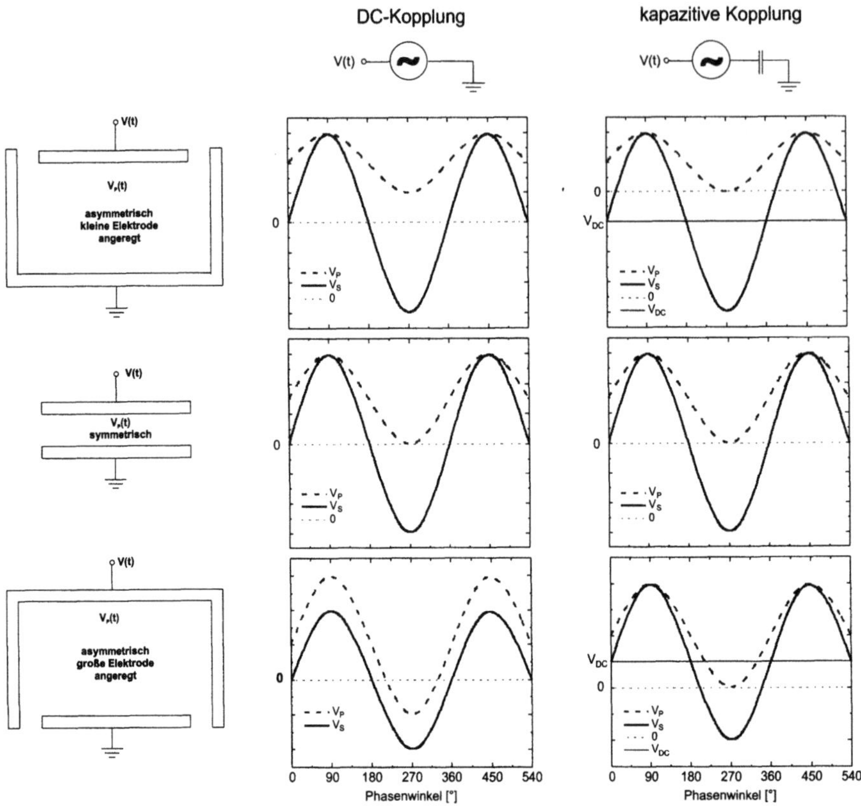

Abb. 6.9. Schematische Darstellung der zeitlichen Variation des Plasmapotentials $V_P(t)$ (strichliert) und des Potentials der Anregungselektrode (durchgezogen) für drei verschiedene Systemgeometrien, vollständig kapazitives Verhalten der Randschichten und für DC- bzw. kapazitiv gekoppelte Anregungselektrode. Systemgeometrien: (1) Sputtern und Ionenätzen, (2) PECVD und Plasmaätzen, (3) Hohlkathode [155] (© The American Institute of Physics).

Anlagen etabliert wurden, vergleichen zu wollen. Zur Kontrolle (an) einer Anlage ist dieses Datum jedoch von hohem heuristischen Wert.

Bei dieser Ableitung wurde das Schwebepotential, das nach Gl. (2.21) berechnet wird, vernachlässigt. Insbesondere bei sehr kleinen Kapazitäten kann der Absolutwert von $V_{DC} \approx V_{RF}$ werden, so daß deren Differenz, das berechnete Plasmapotential, nahe Null ist. Demzufolge haben kleine Meßfehler dieser beiden Größen erheblichen Einfluß auf die Angabe des Plasmapotentials (für weitere Details s. Abschn. 13.4.2).

Der Hauptgrund, warum das berechnete Plasmapotential mit dem gemessenen nicht übereinstimmt, ist jedoch darin zu suchen, daß von einer vollständig

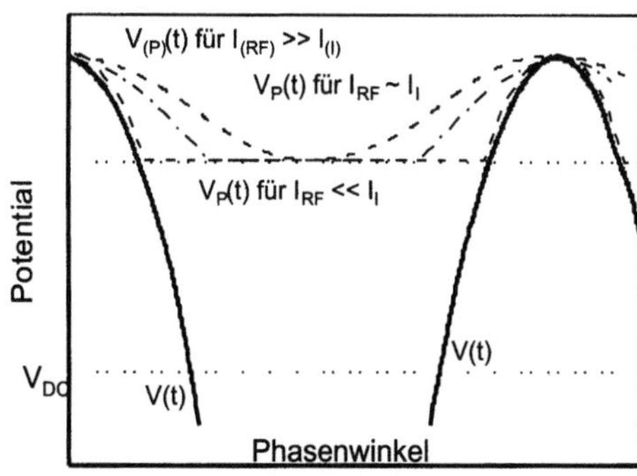

Abb. 6.10. Vergleich des Plasmapotentials $V_\mathrm{P}(t)$ für rein kapazitiven ($I_\mathrm{RF} \gg I_\mathrm{i}$) und rein resistiven ($I_\mathrm{RF} \ll I_\mathrm{i}$) sowie einen dazwischen liegenden Fall. V_F wurde vernachlässigt, d. h. $V_\mathrm{RF} + V_\mathrm{DC} \gg V_\mathrm{F}$ [155] (© The American Institute of Physics).

kapazitiven Ankopplung der Negativen Glühzone an die Randschichten ausgegangen wurde. Mit anderen Worten: die bisher vernachlässigten R_T und R_W müssen mit einbezogen werden, d. h. auch in den Randschichten gibt es nicht nur einen Verschiebungsstrom I_RF, sondern auch einen (kleinen) positiven Leitungsstrom I_i [165] — dies ist schon zur klaren Definition des Plasmapotentials erforderlich.

Dieser Effekt sollte vor allem bei hohen Plasmadichten spürbar sein, und zwar würde er zu einer Verringerung des Plasmapotentials führen, da jetzt Leckströme zu den Elektroden fließen (Abb. 6.10), auch hier wird V_F vernachlässigt; d. h. wir bekommen eine zusätzliche induktiv/resistive Komponente. Vergleichen wir jetzt kapazitive und induktiv/resistive Kopplung als Grenzfälle:

- Kapazitive Kopplung: $R_\mathrm{T}, R_\mathrm{W} \to \infty, C_\mathrm{T}, C_\mathrm{W}$: endlich.
- Induktiv/resistive Kopplung: $C_\mathrm{W}, C_\mathrm{T} \to 0, R_\mathrm{T}, R_\mathrm{W}$: endlich.

Ionen können nur in der negativen Halbwelle beschleunigt werden, d. h. für kapazitive Kopplung während der gesamten Periode, während für induktiv/resistive Kopplung Teile der Welle durch „Clipping" ausfallen (gleichrichtende Wirkung der RF-Spannung, Abbn. 6.1 u. 6.4). Die Nulldurchgänge des Potentials der Randschicht sind für eine harmonische Welle $V(t) = V_\mathrm{RF}\cos\omega t$ gegeben durch

$$t_\mathrm{i} = \frac{1}{\omega}\arccos\frac{V_\mathrm{DC}}{V_\mathrm{RF}} = \frac{\alpha_\mathrm{i}}{\omega}, \tag{6.41}$$

die ersten beiden Nullstellen liegen also bei α/ω und $2\pi/(\omega - \alpha/\omega)$. Der zeitliche Mittelwert des Potentials der Randschicht — und die Ionen bemerken wegen ihrer Trägheit nur diesen — ist demnach ($V_\mathrm{DC} \leq 0$) :

$$\overline{V}_\mathrm{S} = \frac{1}{T}\int_{t_1}^{t_2}(V_\mathrm{RF}\cos\omega t + V_\mathrm{DC})\mathrm{d}t \tag{6.42}$$

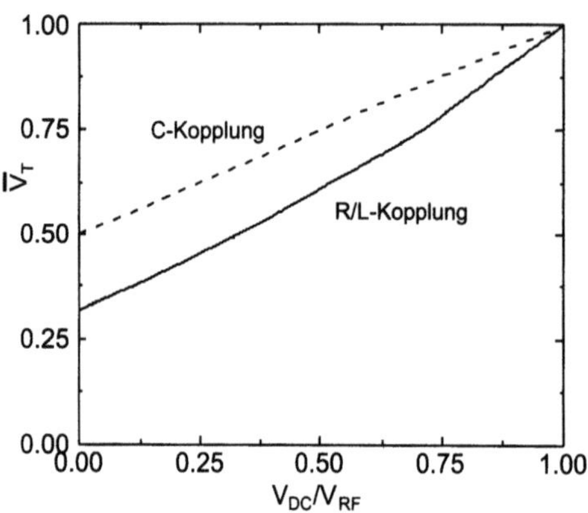

Abb. 6.11. Zeitlich gemitteltes Elektrodenpotential für ein kapazitiv und resistiv gekoppeltes Plasma in Abhängigkeit vom Verhältnis V_{DC}/V_{RF}.

also für resistive Kopplung:

$$\overline{V}_S = \frac{1}{2\pi} \cdot (V_{RF}(\sin(2\pi - \alpha) - \sin\alpha) + V_{DC}(2\pi - 2\alpha)) \tag{6.43}$$

$$\overline{V}_S = -V_{RF}\frac{\sin\alpha}{\pi} + V_{DC}\left(1 - \frac{\alpha}{\pi}\right), \tag{6.44}$$

und für kapazitive Kopplung (mit $t_1 = 0, t_2 = 2\pi$) fallen die Phasenfaktoren aus diesen Gln. heraus:

$$\frac{\overline{V_T - V_P}}{\overline{V_W - V_P}} = \frac{C_W}{C_T}; \tag{6.45.1}$$

$$\overline{V_T - V_P} = \overline{V}_S = -V_{RF}\frac{C_W}{C_W + C_T} = -\frac{V_{RF} - V_{DC}}{2}. \tag{6.45.2}$$

Wir sehen also, daß für ein gegebenes Verhältnis V_{DC}/V_{RF} das Potential der Randschicht im kapazitiven Fall mindestens gleich oder größer dem induktiv/resistiven ist. In der Realität liegt man zwischen diesen Grenzfällen, und resistiv/induktive und kapazitive Impedanz werden vergleichbar. So konnten LOGAN et al. nachweisen, daß in einer typischen Argon-Entladung bei 13,56 MHz zwischen 1 und 3 Pa die kapazitive Last etwa $^1/_6$ der resistiven ist [166] (Abb. 6.11).

Detaillierte Untersuchungen für den Fall 0,1 bis 13 Pa, der gerade den Druckbereich für RIE und RF-Sputtern darstellt, wurden von HORWITZ durchgeführt [167]. Er wies insbesondere auf den Bereich sehr niedriger Drücke ($\leq$1 Pa) hin. Hier sinkt nämlich die Biasspannung, was darauf hindeutet, daß die Entladung wieder stärker von den Elektrodenvorgängen und der dortigen SE-Produktion beherrscht wird, m. a. W.: die Entladung nimmt deswegen wieder mehr DC-Charakter an, weil wegen des größeren *MFP* die Elektronen sofort von den Elektroden abgesaugt werden und folglich nicht mehr im Plasma für ihren Ersatz sorgen können. Da jetzt von der kleineren Elektrode mehr Elektronen nachgeliefert werden müssen, nimmt deren (negative) Biasspannung ab. Von wesentlicher Bedeutung erweist sich hier das Wandmaterial: Wegen der im Vergleich zu Metallen höheren SE-Ausbeute ist in mit Dielektrika beschichteten Wänden ein Betrieb noch bei wesentlich niedrigeren Drücken möglich.

Für niederfrequente Anregung mit geringer Anregungsspannung ist das resistive Modell geeignet. Je höher allerdings die Anregungsfrequenz wird, umso besser entspricht das kapazitive Modell der Realität. Dies gilt besonders für hohe Anregungsspannungen, da dann das Plasmapotential und eventuelle Abweichungen vom Sinus-Verhalten eine immer geringere Rolle spielen. Wichtig ist, daß auch an der geerdeten Elektrode *bedeutende Spannungen* auftreten können. Deswegen ist es beispielsweise möglich, von Substraten abzustäuben — also zu ätzen —, die auf dieser Elektrode liegen. Um Sputtern der Wände zu vermeiden, sollten deren Spannungen unter 20 V liegen; d. h. das Flächenverhältnis angeregte/geerdete Elektrode sollte möglichst groß sein.

Im DC-Fall konnte sich ein isolierendes Substrat lediglich einige Volt aufladen, so daß die Spannungen in der Randschicht nur sehr gering werden konnten. *Bei RF kann die Spannung auf einem Isolator sehr bedeutend sein.*

6.5.2 Räumliche Verteilung der Ladungsträger

Die räumliche Verteilung der Ladungsträger wird in schwach ionisierten Plasmen niedriger Dichte durch das Gleichgewicht zwischen Gewinn (Stöße zwischen Molekeln und Elektronen) sowie Verlust (in erster Linie ambipolare Diffusion) bestimmt; dabei wird die Diffusion in axialer Richtung (lineare Geometrie) durch eine Cosinusfunktion (sog. SCHOTTKY-Profil) und die in radialer Richtung (zylindrische Geometrie) durch eine BESSEL-Funktion beschrieben:

$$n(x,r) = n_0 \cos\frac{\pi x}{2L} J_0\left(2,405\frac{r}{R}\right) \tag{6.46}$$

mit $L = a - 2d_S$ dem a Abstand der Elektroden, vermindert um die Dicke der Randschicht(en) d_S. Jedoch beschreibt diese Gleichung das Profil der Ladungsträger deswegen nicht besonders gut, weil die Driftgeschwindigkeit der Ionen gerade in diesem Druckbereich weitaus größer ist als deren thermische Geschwindigkeit. Im Ergebnis führt dies zu einer nicht-linearen Transportgleichung im „Bulk“-Plasma, die erstmals von GODYAK gelöst wurde [168]. Bei Drücken oberhalb 10 mTorr (1,3 Pa) ist die Plasmadichte innerhalb der Glühzone nahezu konstant, fällt jedoch dann axial und radial deutlich steiler ab, als dies nach Gl. (6.46) erwartet wird, insbesondere bei hohen Drücken (s. Abb. (6.12)). Sie ist eng korreliert mit der mittleren freien Weglänge der Ionen, λ_i, und zwar ist die Dichte an den Rändern $x = X$ und $r = R$ [168]:

$$\frac{n_{S,x}}{n_0} \approx \frac{0,86}{\sqrt{3 + \frac{X}{2\lambda_i}}} \wedge \frac{n_{S,r}}{n_0} \approx \frac{0,80}{\sqrt{4 + \frac{R}{\lambda_i}}}. \tag{6.47}$$

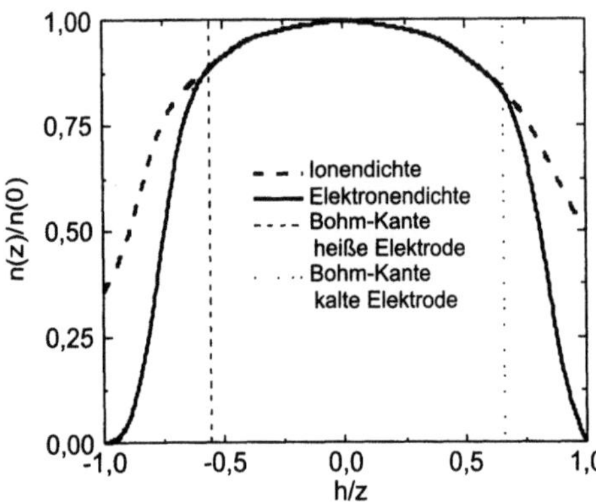

Abb. 6.12. Axiale Verteilung der Ladungsträger in der kapazitiven Entladung eines elektropositiven Gases (h: Elektrodenabstand ($z = h$)).

λ_i selbst ist nach der kinetischen Gastheorie definiert durch

$$\lambda_\mathrm{i} = \frac{1}{n\sigma_\mathrm{i}}; \tag{6.48}$$

dabei ist für σ_i die Summe der Streuquerschnitte der elastischen Streuung und des „resonanten Charge-Transfers" einzusetzen, der größenordnungsmäßig 10^{-14} cm^2 beträgt, womit sich in Argon Werte für λ_i bei 10 mTorr (1,3 Pa) von etwa 3 mm ergeben.

6.6 Streumechanismen

Die Maximalenergie der Ionen, die aus dem kapazitiv gekoppelten Plasma kommen und auf die Kathode aufschlagen, ist also (Abb. 6.8):

$$e_0 V_\mathrm{S} = e_0 \cdot (\overline{V_\mathrm{P}} - V_\mathrm{E}); \tag{6.49}$$

dies wäre die Energie eines Ions, das stoßfrei durch eine DC-Randschicht fällt.

Aber schon zu Beginn der RF-Ära wurde erkannt, daß es mehrere Streumechanismen gibt, die zu einer deutlichen Energieverbreiterung der Ionen führen. Diese Streumechanismen führen *immer zu einer Erniedrigung der mittleren Energie der Ionen, also zu einer Verbreiterung der $\mathcal{IEDF}$ (Ion Energy Distribution Function) und der $\mathcal{IADF}$ (Ion Angle Distribution Function),* bis schließlich thermisches Gleichgewicht der Ionen und Neutralmolekeln erreicht ist [169]. Die Fragen, die sich nun stellen, sind:

- Wie groß ist die mittlere freie Weglänge λ für ein Ion in der Randschicht der Dicke d_S, wie groß ist also das Verhältnis λ/d_S, oder wieviel Stöße erleiden die Ionen beim Passieren der Randschicht?

- Wie wirkt sich die Trägheit auf die instantane Geschwindigkeit der Ionen aus, gibt es also einen Einfluß der Phase auf die Ionengeschwindigkeit, und wie groß ist dieser?

- Besteht eine Korrelation zwischen kinetischer Energie der Ionen und ihrem Zerfließen in den Domänen Ort ($\mathcal{IADF}$) und Impuls ($\mathcal{IEDF}$)?

Die in die pulsierende Randschicht eintretenden Ionen benötigen nämlich meist mehrere Schwingungsperioden, bis sie auf der Elektrode aufschlagen. So ist in einer typischen RF-Entladung bei einem Feld der Randschicht von 500 V/cm die Geschwindigkeit eines Ar^+-Ions etwa $5 \cdot 10^6$ cm/s; zum Durchqueren des 1 cm dicken Dunkelraums benötigt es also 0,2 μsec. Die Dauer einer Periode ist jedoch $\tau = 1/13,56 \cdot 10^{-6} = 0,074$ μsec. Wie wir Abb. 6.8 entnehmen können, nimmt ja die beschleunigende Wirkung in der negativen Halbwelle, während der die Randschicht sich ausdehnt und das Plasmapotential sinkt, zu; in der positiven Halbwelle dagegen geht die Beschleunigung ihr Vorzeichen um, was zu einer gleichförmigen Bewegung führt, bevor die Ionen erneut beschleunigt werden. $d_S(t)$ und $V(t)$ haben also eine Phasenverschiebung von π zueinander.

Die Randschicht selbst, und damit auch deren Dicke d_S, besteht wieder aus zwei Anteilen, einer DC- und einer RF-Komponente:

$$d_S(t) = d_{S,DC} + d_{S,RF} \sin \omega t. \tag{6.50}$$

Von KUSHNER wurde das Verhältnis $d_{S,DC}/d_{S,RF}$ zu etwa zehn in Argon abgeschätzt für kapazitiv gekoppelte Randschichten, in denen $\omega_{RF} \gg \omega_{p,i}$ ist [170]. Liegt die Anregungsfrequenz oberhalb der Plasmafrequenz der Ionen (etwa 1 MHz), kann die Ionenbewegung als einem mittleren RF-Feld antwortend betrachtet werden. Ist die Dicke der Randschicht groß genug gegen das *MFP* der Ionen, liegt die Energie der auftreffenden Ionen deutlich unterhalb der mittleren Spannung der Randschicht. Ist die Dicke der Randschicht vergleichbar dem *MFP*, wird die Ionenenergie etwa dem Mittelwert des Potentials der Randschicht entsprechen.

Ein genauer Ansatz zur Lösung dieses Problems erfordert die Lösung der BOLTZMANNschen Transportgleichung für Ionen, Elektronen und Neutralmolekeln, die mit der POISSON-Gleichung für ein selbst-konsistentes Feld gekoppelt sein müßte. Die Lösung der gekoppelten Integro-DGls mit geeigneten Randbedingungen liefert die entsprechenden Verteilungsfunktionen [171]. Ein anderer Weg ist die MC-Methode [157] [169]. Ein dritter Weg wurde von ECONOMOU et al. 1988 beschritten [172]. Da einfach und durchschaubar, sei dieses Modell etwas ausführlicher vorgestellt.

Bei Abwesenheit von Temperaturgradienten und Magnetfeldern kann das Plasma als aus Neutralteilchen und einfach ionisierten Tochterionen bestehend und mit drei gekoppelten DGls beschrieben werden:

1. der Kontinuitätsgleichung (dabei wird eine quellenfreie Randschicht vorausgesetzt, was wegen der dort sehr niedrigen Elektronendichte besonders für RF-Randschichten eine gute Näherung ist);

2. der Bewegungsgleichung eines Ions im elektrischen Feld mit NEWTONscher Reibungskraft (diese Gleichung müßte im Prinzip noch den Konzentrationsgradienten $\partial n_\mathrm{i}/\partial dx$ berücksichtigen) und

3. der POISSON-Gleichung:

$$\frac{\partial n_\mathrm{i}}{\partial t} + \frac{\partial n_\mathrm{i} u_\mathrm{i}}{\partial x} = 0; \tag{6.51.1}$$

$$\frac{\partial u_\mathrm{i}}{\partial t} + u_\mathrm{i}\frac{\partial u_\mathrm{i}}{\partial x} = \frac{qE}{m} + \frac{F_\mathrm{i}}{m}; \tag{6.51.2}$$

$$\frac{\partial E}{\partial x} = \frac{q n_\mathrm{i}}{\varepsilon_0}. \tag{6.51.3}$$

Zur Abschätzung der Reibungskraft — und jede Streuung kann als Reibung betrachtet werden — mittelt man über alle möglichen Stöße eines Testions mit einem MB-verteilten Neutralteilchenensemble und erhält eine in u_i quadratische Abhängigkeit: $F_\mathrm{i} = -\gamma_\mathrm{i} u_\mathrm{i}^2$ mit γ_i der sog. Widerstandsziffer. Dazu betrachtet man die relative Teilchenzahldichte n_i der Teilchen der Masse m_i nach der Streuung im Raumwinkelelement $\mathrm{d}\Omega = 2\pi \sin\vartheta \mathrm{d}\vartheta$. Unter Berücksichtigung von Energie- und Impulserhaltungssatz findet man als Geometriefaktor $1 - \cos\vartheta$ (s. Abschn. 3.1), der die Großwinkelstreuung begünstigt. Für ein Hartkugel-Potential $\sigma(\vartheta) = \pi r_\mathrm{HS}^2$ nimmt die Widerstandsziffer dann die Form

$$\gamma_\mathrm{i} = m_\mathrm{i} n_\mathrm{i} \pi r_\mathrm{HS}^2 \tag{6.52}$$

an. γ ist also dem Druck proportional. Der resonante Charge-Transfer besteht — es werden ja gleiche Massen vorausgesetzt — in einem kompletten Impulsaustausch eines bewegten Ions mit einer ruhenden Neutralmolekel oder in einer Streuung um π. Man kann dann den (idealisierten) Streuquerschnitt definieren mit einer Delta-Funktion als

$$\sigma_\mathrm{ex}(\eta) = \pi r_\mathrm{ex}^2 \frac{\delta(\pi - \eta)}{\sin\eta} \tag{6.53}$$

und erhält für den gesamten Streuquerschnitt

$$\sigma_\mathrm{tot} = \pi(r_\mathrm{HS}^2 + r_\mathrm{ex}^2). \tag{6.54}$$

Die Randbedingungen werden mit dem BOHM-Kriterium festgelegt (s. Abschn. 14.2). Obwohl für DC-Randschichten abgeleitet, dürfen wir es auf die hier betrachteten quasistationären RF-Randschicht anwenden. Zunächst ergibt sich eine Vereinfachung der drei gekoppelten DGls, führt man das zeitlich gemittelte E-Feld ein mit $\overline{E} = -\nabla V$.

$$\frac{\mathrm{d}(n_\mathrm{i}u_\mathrm{i})}{\mathrm{d}x} = 0; \tag{6.55.1}$$

$$u_\mathrm{i}\frac{\mathrm{d}u_\mathrm{i}}{\mathrm{d}x} = \frac{q}{m}\frac{\mathrm{d}V}{\mathrm{d}x} - \frac{\gamma_\mathrm{i}u_\mathrm{i}^2}{m}; \tag{6.55.2}$$

$$\frac{\mathrm{d}^2V}{\mathrm{d}x^2} = -\frac{qn_\mathrm{i}}{\varepsilon_0}. \tag{6.55.3}$$

$v_\mathrm{i} = \sqrt{k_\mathrm{B}T_\mathrm{e}/m_\mathrm{i}}$ ist die (maximale) Anfangsgeschwindigkeit an der BOHM-Kante. Tatsächlich ist sie etwas kleiner, da die Ionen in der BOHMschen Vorschicht, deren Ausdehnung größenordnungsmäßig etwa einer DEBYE-Länge entspricht, Reibungsverluste erfahren. Die Randbedingungen an der Grenze Vorschicht/-Randschicht ($x = 0$) sind also angenähert:

$$n_\mathrm{i}(0) = n_0; \tag{6.56.1}$$

$$u_\mathrm{i}(0) = \sqrt{\frac{kT_\mathrm{e}}{m_\mathrm{i} + \gamma_\mathrm{i}\lambda_\mathrm{D}}}; \tag{6.56.2}$$

$$\left(\frac{\mathrm{d}V}{\mathrm{d}x}\right)_{x=0} = \frac{k_\mathrm{B}T_\mathrm{e}}{q\lambda_\mathrm{D}}. \tag{6.56.3}$$

Setzt man in die aus der kinetischen Gastheorie her bekannte Formel für die Stoßzahl pro sec $Z = \langle u \rangle / \lambda = \langle u \rangle n\sigma$ mit der mittleren freien Weglänge λ und der mittleren Geschwindigkeit $\langle u \rangle$ für $\langle u \rangle$ die BOHM-Geschwindigkeit ein, erhält man einen unteren Wert für die Stoßzahl von Ionen mit Neutralteilchen in der Randschicht. Für eine Elektronentemperatur von 2 eV einer Entladung in Argon (σ_tot: $26 \cdot 10^{-16}$ cm^2) ergeben sich dann für 1,5 Pa und ein d_S von 10 mm ein Stoß, für einen Druck von 7 Pa (50 mTorr) ein d_S von 5 mm 3,5 Stöße und bei einem Druck von 500 mTorr (66 Pa) mit einem d_S von 4 mm dreißig Stöße. Bereits bei sehr niedrigen Arbeitsdrücken besteht Gleichgewicht zwischen der elektrostatischen Wechselwirkung und der Reibungskraft [173].

6.6.1 Experimente

Im folgenden sollen untersucht werden:

- Streuung durch elastischen Stoß und resonanten Charge-Transfer;
- Streuung nur durch elastischen Stoß und
- Effekte durch Pulsierung der Randschicht im Takte der RF (RF-Modulation).

Der resonante Charge-Transfer ist bedeutend für ein Ion in seinem Muttergas, wie Ar^+ in Ar (sog. „symmetrischer" Charge-Transfer); sein Streuquerschnitt ist sehr groß. Dagegen ist der „asymmetrische" Charge-Transfer wesentlich kleiner; dies wurde z. B. von BRANDT und JUNGBLUT [174] für Entladungen in SF_6 ($SF_6 \rightarrow SF_5^+ + F^-$; es kommen in hoher Dichte auch Ionen wie SF_5^- vor, die den elektronegativen Charakter von SF_6-Entladungen bestimmen) gezeigt. Folglich spielt der resonante Charge-Transfer insbesondere in Entladungen reaktiver Gase nicht die Rolle wie in Entladungen von Edelgasen, er ist aber keineswegs vernachlässigbar. So zeigen MS-Analysen, daß erst bei Elektronenenergien deutlich größer als 50 eV der sog. „M^+-Peak" verschwindet [175]. Die Ionisierung findet jedoch hauptsächlich im Bulk-Plasma statt, in der die mittlere Energie der Elektronen nur wenige eV beträgt!

Das Energiespektrum der abstäubenden Atome wurde für die drei leichten Edelgase erstmals von DAVIS und VANDERSLICE [106] für eine DC-Entladung untersucht. Ihre experimentelle Anordnung war im Prinzip eine durchlöcherte Kathode mit dahinter geschaltetem Massenspektrometer; die Länge der Dunkelräume wurden auf ±5 % genau gemessen. Unter der Voraussetzung

- eines linearen Feldabfalls im Dunkelraum,
- daß alle Ionen in der Negativen Glühzone erzeugt werden,
- daß die einzige Wechselwirkung ein symmetrischer Charge-Transfer zwischen Ionen und Molekeln ist und
- daß innerhalb des betrachteten Energiebereichs der Streuquerschnitt konstant ist,

konnte die Energieverteilung der an der Kathode ankommenden Ionen konsistent beschrieben werden. Wie aus Abb. 6.13 für Argon ersichtlich, ist die Geschwindigkeitsverteilung bei 8 Pa (60 mTorr)

- sehr breit;
- *nur ein verschwindend geringer Bruchteil der Ar^+-Ionen fällt ungestreut auf die Kathode* ($\lambda/d_C = 0,06$ mit λ_{Ar^+} in Ar $= 0{,}4$ mm), da die meisten Ionen kurz vor Erreichen der Kathode einen Stoß erleiden und deswegen nicht mehr viel Energie aufgenommen werden kann.

Bei konstanter Entladungsspannung ist der Einfluß des Drucks auf die Energieverteilung relativ klein, was dadurch bedingt ist, daß das Produkt aus Druck und Dicke der Randschicht ungefähr konstant ist (s. Abschn. 2.7 und 4.1.1). Dasselbe gilt für die Stoßzahl der Ionen in der Randschicht. Der funktionale Zusammenhang ist etwa

$$f(E) \propto \frac{1}{\sqrt{1-\frac{V}{V_C}}} \cdot \exp\left\{-\frac{d}{\lambda}\left(1-\sqrt{1-\frac{V}{V_C}}\right)\right\} \tag{6.57}$$

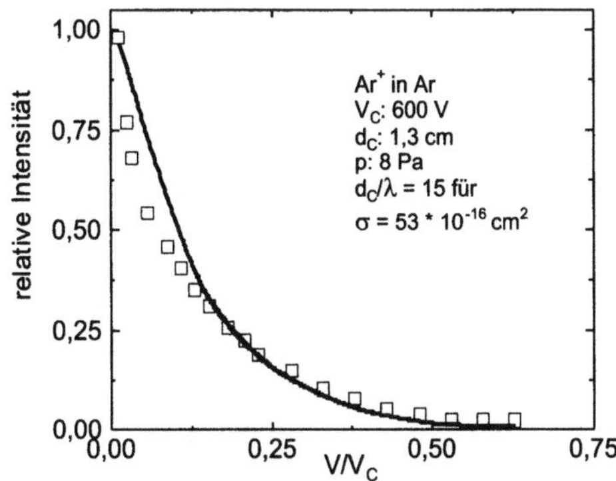

Abb. 6.13. Energieverteilung der Ar^+-Ionen in einer DC-Glimmentladung [106] (© The American Physical Society).

mit λ dem *MFP* für resonanten Charge-Transfer. In einer kapazitiv gekoppelten RF-Entladung wurden die Elektronen- und Ionenenergieverteilungsfunktionen ($\mathcal{EEDF}$ und $\mathcal{IEDF}$) der auf die geerdete Elektrode aufschlagenden Ladungsträger als Funktion des Drucks von INGRAM und BRAITHWAITE [176] mit einer modifizierten LANGMUIR-Sonde gemessen; diese besteht aus einem Rohr, die zur Vakuumseite hin mit einem sehr feinmaschigen metallischen Netz auf Erdpotential abgeschlossen ist, und dessen Löcher deutlich kleiner als die DEBYE-Länge sind; dadurch wird eine Äquipotentialfläche über der Elektrode erhalten. Ein zweites Gitter ist auf ein Bremspotential derart vorgespannt, um nur eine Sorte Ladungsträger passieren zu lassen, die dann auf einem Kollektor aufschlagen, dessen Bias-Spannung durchgestimmt wird; der Kollektorstrom wird mit einem Verstärker gemessen, der gleichzeitig die ersten beiden Ableitungen $\mathrm{d}I/\mathrm{d}U$ und $\mathrm{d}^2I/\mathrm{d}U^2$ bildet.

Werden also Elektronen durch die Wahl der Vorspannung am zweiten Gitter am Auftreffen auf den Kollektor gehindert, kann man die Verteilungsfunktionen der Ionengeschwindigkeiten aufnehmen. Immer wurde ein oberer Wert des Bias-Potentials gemessen, jenseits dessen kein Ionenstrom mehr aufgenommen werden konnte, was einen oberen Wert der Ionengeschwindigkeit markiert.

Abb. 6.14 illustriert die starke Abhängigkeit der Verteilungsfunktion vom Druck bzw. der mittleren freien Weglänge. Wird der Druck um zwei Größenordnungen von 0,1 auf 15 Pa erhöht, ist aus einem nahezu monochromatischen Strahl eine verwaschene Verteilung geworden. Der Beginn der Thermalisierung wurde zu einem Druck von 5 Pa (entspricht 37,5 mTorr) angegeben. Entscheidend ist jedoch die Tatsache, daß auch bei den niedrigsten Drücken ein exponentieller Abfall von $f(v)$ hin zu kleineren v beobachtet wird, der insgesamt einen wesentlichen Anteil von $\int f(v)\mathrm{d}v$ ausmacht.

Setzen wir einige Zahlenwerte ein: $\sigma(30\,\mathrm{eV}\,\mathrm{Ar}^+) = 38\,\mathrm{\AA}^2$ ergibt bei $p = 3$ Pa, Ar: $n = 70 \cdot 10^{13}\mathrm{cm}^{-3}$ ein *MFP* von 5,8 mm und bei 8 Pa ein *MFP* von 2 mm, das bedeutet bei einer Dicke der Randschicht von 12 mm, daß bei 3 Pa zwei und bei 8 Pa sechs Stöße beim Durchgang durch die Randschicht erfolgen,

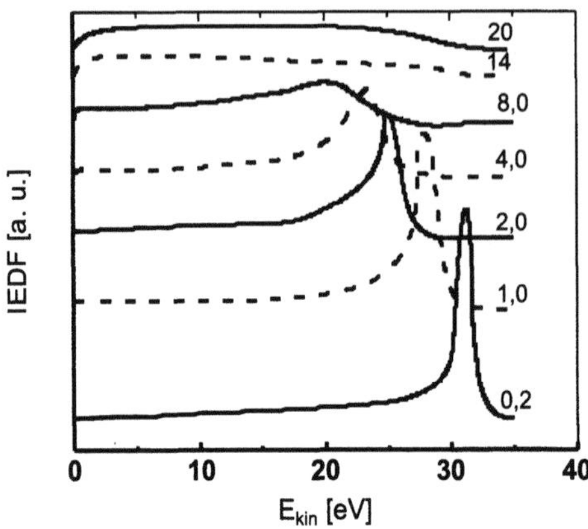

Abb. 6.14. Gemessene Ionenenergie-Verteilungsfunktionen ($\mathcal{IEDF}$) in Ar für verschiedene Drücke (in Pa). Das Maximum wandert mit steigendem Druck zu niedrigeren Energien und schwächt sich in der Intensität ab. Die maximale Energie entspricht dem freien Fall vom Plasmapotential auf das Sondenpotential $V_P - V_S$ [176] (© IOP Publishing Ltd).

oder anders ausgedrückt: bei 3 Pa passieren $e^{-d/\lambda} = 12,5\%$ und bei 8 Pa 0,2 % aller Ionen ungestreut die Randschicht.

Die beiden Mechanismen der Energieverbreiterung sind nur separierbar bei der Verwendung massenaufgelöster Spektren, bei denen man in der Tat selbst bei Drücken von 7 Pa eine Verbreiterung von nur 2 eV der FWHM bei einem Plasmapotential von $V_P = 23$ eV findet [155] [164]; ebenfalls in einer RF-Entladung, verwendet wurde aber das Ar_2^+-Ion). Davis und Vanderslice finden eine Verteilung für Ar_2^+ mit einem relativ scharfen „Peak" bei $V/V_C = 1,0$; d. h. der maximalen Spannung in der Randschicht, da σ_{Streu} für dieses Ion nur 7 Å^2 bei 500 eV ist, und die stark an Abb. 6.13 bei niedrigen Drücken erinnert [106]. Das Integral unter dem „Peak" machte nur 12 % der Gesamtfläche aus!

Diese Messungen zeigen klar, daß der resonante Charge-Transfer wesentlich für Streueffekte in den Randschichten verantwortlich ist [141]. Dies wird durch Messungen von Thompson et al. in Entladungen von Gasen wie SF_6, CH_3Cl und CH_3Br unterstrichen [157]. Ihr Meßaufbau war ähnlich dem von Ingram und Braithwaite, der analysierte Druckbereich hingegen 25 bis 130 Pa [176].

Da in diesen Gasen der resonante Charge-Transfer keine Rolle spielt, weil die entstandenen Ionen Fragmente des Muttergases sind, ist das *MFP* deutlich erhöht. So ist bei 25 Pa das *MFP* etwa 350 μm bei einer Dicke der Randschicht von etwa 1 mm, so daß 25 % der Ionen die Randschicht ungestreut passieren.

Für Argon ergibt sich das *MFP* eines Ionenstrahls mit 500 eV zu 27 cm bis 13 m innerhalb eines Druckbereichs zwischen 70 und 1 mPa. An der oberen Druckgrenze ist bereits nach wenigen cm ein bedeutender Anteil schneller Neutralteilchen vorhanden. Da Stromdichten i. a. mit einem Faraday-Becher gemessen werden, müssen Berechnungen der Sputterausbeute um einen Wert für diese schnellen Neutralmolekeln korrigiert werden. Ist resonanter Charge-Transfer der dominierende Streuprozeß, dann nimmt der Ionenstrahlstrom exponentiell mit dem Abstand von der Ionenquelle ab.

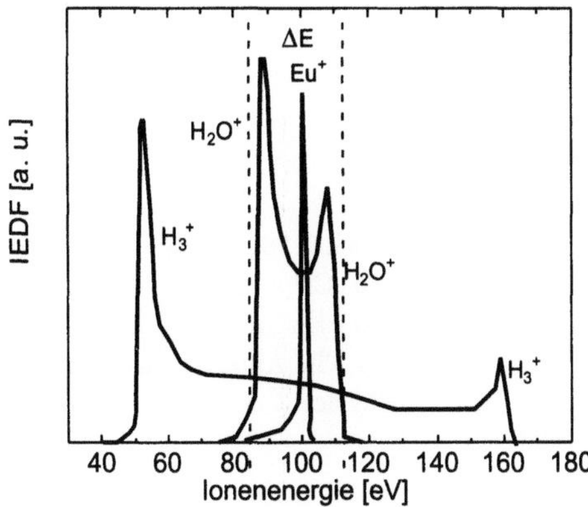

Abb. 6.15. Energieverteilung verschiedener Ionen in einer RF-Entladung bei 13,56 MHz, 10 Pa Ar, Abstand Target-Substrat: 50 mm; gemessen am geerdeten Substrat [164] (© The American Institute of Physics).

Das sich zeitlich verändernde RF-Feld führt zu einer Verbreiterung der Ionenenergien am Target; diese Verbreiterung wird größer, wenn das Trägheitsmoment der Ionen sich verkleinert. Aus Abb. 6.8 ist offensichtlich, daß, wenn die Transitzeit τ der Ionen kürzer ist als $2\pi/\omega$, die Ionenenergien mit dem Schwerpunkt bei V_{DC} eine zusätzliche Modulation mit $\pm V_{\mathrm{S,max}}$ erfahren; der Wert hängt dann von der Phase ab, bei der das Ion in die Randschicht eintritt. Dagegen sollte sich dieser Effekt bei $\tau > 2\pi/\omega$, also für schwere Ionen ($v \propto \sqrt{2E_{\mathrm{kin}}/m}$ und $\tau = d_{\mathrm{S}}/v$) ausmitteln. Der quantitative Zusammenhang der Dispersion wurde von Benoit-Cattin und Bernard ermittelt [177]:

$$\Delta E = \frac{8e_0 U_{\mathrm{RF}}}{3\omega d}\sqrt{\frac{2e_0 U_{\mathrm{DC}}}{m_{\mathrm{i}}}}, \tag{6.58}$$

wobei d die Dicke der Randschicht darstellt. Die Spreizung ist also erwartungsgemäß umgekehrt proportional der Wurzel aus der Masse bzw. proportional dem mittleren Impuls des untersuchten Ions. Derartige Experimente wurden erstmals 1972 von Coburn und Kay in der Randschicht der geerdeten Elektrode durchgeführt und tatsächlich eine starke Verbreiterung der Geschwindigkeitsverteilung besonders bei leichten Gasen beobachtet [164] (Abb. 6.15).

Da die Energiespreizung $\Delta E/E$ umgekehrt proportional $1/\sqrt{m}$ ist, bedeutet dies bei 100 eV für Wasser ($M = 18$) z. B. ein ΔE von 20 eV und für Eu ($M = 151$) 4 eV. Umgekehrt kann man daraus auf einen Frequenzeffekt schließen, denn man erhält das prinzipiell gleiche Ergebnis, untersucht man bei unterschiedlicher Frequenz gleiche Massen statt bei gleicher Frequenz verschieden schwere Massen. Auch hier findet man wiederum eine schärfere Ausprägung eines Maximums bei $E = e_0\overline{V}_{\mathrm{S}}$, wenn die Ionen der anregenden Kraft nicht mehr folgen können (s. Abschn. 11.2 u. Abb. 6.16).

Die Trägheit der Ionen trennt damit mehrere Bereiche der RF-Modulation:

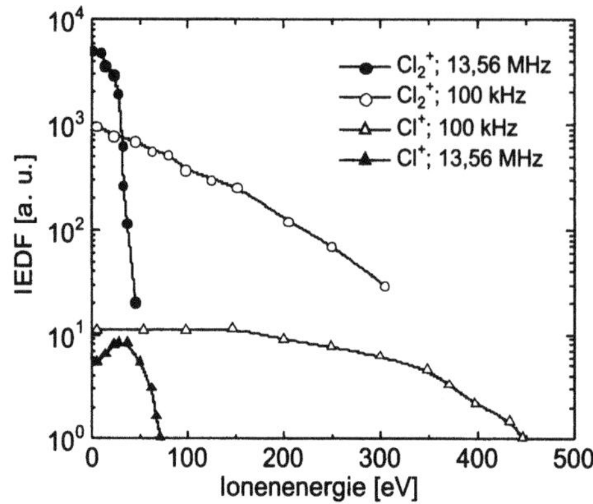

Abb. 6.16. Energieverteilung von Cl^+- und Cl_2^+-Ionen bei 100 kHz und 13,56 MHz [178] (© The American Institute of Physics).

- sehr kleine Massen (H^+): Bereits während der ersten Halbwelle wird das Ion stoßfrei durch die Randschicht befördert. Folglich beobachten wir eine starke Energieverbreiterung zwischen Minimum und Maximum und ein ausgeprägtes Sattelprofil der Energieverteilung um $e_0(V_{DC} \pm V_S)$.
- mittlere Massen (H_2O^+, Ar^+): Das Ion bleibt für mehrere Schwingungsperioden in der Randschicht; elastische Stöße reduzieren die Energie erheblich: Sattelprofil mit geringerer Energieverbreiterung. Bemerkenswert ist die Asymmetrie um den E_0-Wert von 100 eV und außerdem die Tatsache, daß die Spitze bei niedrigen Energien höher als bei hohen Energien ist. Coburn und Kay führten dies auf den nicht trennbaren resonanten Charge-Transfer zurück. So ist die Verteilung $\Delta E/E$ für das Ar_2^+-Ion (kein resonanter Charge-Transfer mit dem Neutralmolekül möglich) ähnlich scharf wie für Eu^+, obwohl die Massenverhältnisse $m_{Eu}/m_{Ar_2} = 152/80$ lauten.
- große Massen (Xe^+): die Ionen sehen nur noch das mittlere Potential $\overline{V}_S(t)$, $\Delta E/E$ wird zunehmend schärfer, wenn die Massen und/oder die Anregungsfrequenz steigen.

6.6.2 Computersimulationen

Parallel dazu wurden zahlreiche Monte-Carlo-Rechnungen durchgeführt, mit denen auch Stöße innerhalb der Elektrodenrandschicht berücksichtigt werden konnten. Durch Lösen der Bewegungsgleichung im elektrischen Feld der Randschicht werden die Ionentrajektorien zwischen den Stößen berechnet. Mit der MC-Methode wird der Zeitpunkt des Stoßes randomisiert. Der Stoß selbst kann bei Kenntnis des differentiellen Streuquerschnitts als Summe

$$\sigma_{tot} = \sigma_{elast} + \sigma_{inelast} + \sigma_{CT} \tag{6.59}$$

berechnet werden. Ist dieser unbekannt — dies ist bei niedrigen Energien weitgehend der Fall —, finden Modell-Potentiale (Hartkugel-Potential für den elastischen Stoß, LENNARD-JONES für den inelastischen Stoß zwischen Ionen und Molekeln) Verwendung. Als nächstes werden die Geschwindigkeitskomponenten, also Energie und Impuls des Ions nach dem Stoß, neu berechnet. Dabei vereinfachen die großen Geschwindigkeitsunterschiede zwischen thermischen Molekeln ($< E > \approx {}^1\!/_{40}$ eV) und Ionen die Berechnung in der Weise, als die Molekeln als ruhend angesehen werden können (Stöße zwischen Ionen können wegen deren geringer Dichte vernachlässigt werden). Auch die Randschicht oszilliert (dabei muß allerdings die Ionenträgheit Berücksichtigung finden, die elektronische Randschicht folgt dem elektrischen Feld bis in den Gigahertz-Bereich instantan (s. Abschn. 13.4.1)). Wichtig ist, daß das Intervall der Simulationsrechnung $\Delta\, t$ klein ist gegenüber der Zeit

- zwischen den Stößen: $\Delta t < \tau \approx < v > / \lambda$ und
- dem Kehrwert der anregenden Frequenz: $\Delta t < 2\pi/\omega$,

andernfalls würde man nur den Einfluß eines zeitlich gemittelten E-Feldes berücksichtigen.

Es werden dann die einzelnen Trajektorien zum folgenden Stoß bis zum Finale (Aufprall auf der Kathode) berechnet. Wird dieses für viele Ionen wiederholt, erhält man unter der Voraussetzung, daß der Scharmittelwert gleich dem Zeitmittelwert einer Gesamtheit ist, simulierte $\mathcal{IEDF}$s und $\mathcal{IADF}$s, oft als Histogramm dargestellt. Die Genauigkeit dieser MC-Rechnung steht und fällt mit der Auswahl

- der Startbedingungen: die Ionen treten mit der BOHM-Geschwindigkeit in die Randschicht ein,
- des korrekten Potentialverlaufs in der Randschicht und deren Dicke (beide bestimmen das die Ionen beschleunigende Feld),
- der genauen Kenntnis der differentiellen Streuquerschnitte,
- des Verhältnisses d_S/λ,
- und der Größe des Ensembles ($N = 20\,000$ ist erforderlich für eine aussagekräftige Statistik, während Tendenzen bereits ab $N \approx 6000$ erkennbar sind [179]).

KUSHNER berechnete die $\mathcal{IEDF}$ in Argon [169] und erhielt als Wert für den Druck, ab dem eine Thermalisierung beginnt, ungefähr 5 Pa in guter Übereinstimmung mit den Untersuchungen von INGRAM und BRAITHWAITE. Allerdings berücksichtigte er nur den resonanten Charge-Transfer. Diese Rechnungen wurden von THOMPSON et al. wiederholt und dabei auch elastische Stöße berücksichtigt [157]. Dadurch wird nicht nur die $\mathcal{IEDF}$ modifiziert, sondern auch das

Zerfließen des Ionenstrahls von der Vorzugsrichtung des elektrischen Feldes erfaßt, denn die Winkelverteilung wird ja durch den symmetrischen Charge-Transfer nicht verändert, da angenommen wird, daß der Impulsübertrag in einem Stoß erfolgt. Ihre Resultate können wie folgt zusammengefaßt werden:

- In einem gleichförmigen Feld wird bei einer Dicke der Randschicht von etwa 3 *MFP* eine Thermalisierung der Ionen von etwa 80 % erreicht, wenn die Ionen als harte Kugeln angenähert werden. Nur bei wesentlich dünneren Randschichten kann also ein signifikanter Bruchteil der Ionen ungestreut, d. h. mit maximaler Energie der Randschicht, auf das Substrat treffen (Abb. 6.17, E^* ist die Energie, die ein Ion gewinnt, wenn es durch das zeitlich gemittelte Feld der Elektrode beschleunigt wird).

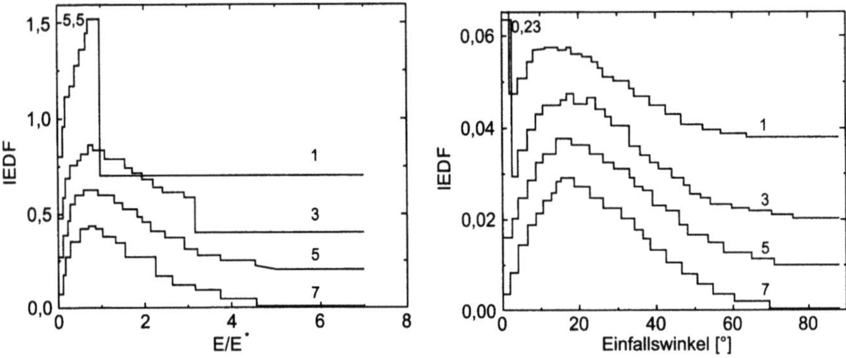

Abb. 6.17. Mit einer MC-Methode berechnete $\mathcal{IEDF}$ und $\mathcal{IADF}$ für verschiedene Quotienten von Randschichtdicke und *MFP* (entspricht etwa der Stoßzahl) für den Weg durch die Randschicht für harte Kugeln und ein gleichförmiges DC-Feld. Die vertikale Achse ist zur Unterscheidung der verschiedenen Funktionen senkrecht verschoben [157] (© The American Institute of Physics).

- Bei Feldern, die eine Ortsabhängigkeit zeigen, wie er in den Randschichten der Elektroden vorhanden ist, verdoppelt sich der Wert auf etwa 6 *MFPs* (Abb. 6.18). Besonders hervorgehoben werden soll, daß bereits bei $d_s/\lambda = 1$, d. h. nach einem Stoß, ein bedeutender Anteil der Ionen eine Richtung abweichend von der Normalen aufweist.[10]

- Ein ausschließlicher Charge-Transfer ergibt eine exponentielle Energieverteilung, wie von Davis und Vanderslice beschrieben [106]. Die mittlere Energie ist dabei nur noch halb so groß wie bei elastischer Streuung, da

[10]Das Verhältnis d_S/λ ist *nicht genau gleich* der Zahl der Stöße, da durch diese die effektive Dicke der Randschicht zunimmt, und die Aufenthaltsdauer in der Randschicht verlängert wird.

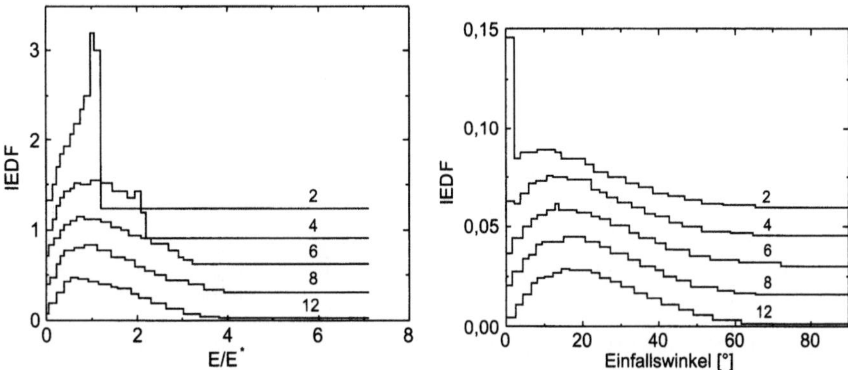

Abb. 6.18. Mit einer MC-Methode berechnete $\mathcal{IEDF}$ und $\mathcal{IADF}$ für verschiedene Zahl von Stößen auf dem Weg durch die Randschicht für harte Kugeln und ein lineares DC-Feld. Die vertikale Achse ist zur Unterscheidung der verschiedenen Funktionen senkrecht verschoben [157] (© The American Institute of Physics).

in diesem Fall bedeutend weniger Energie übertragen wird ($P_{\text{ex}} = 0$ für elastische Streuung). Der Fall von $P_{\text{ex}} = 0,5$ liegt zwischen vollständiger elastischer Streuung und vollständigem Charge-Transfer (Abb. 6.19).

- Bei höheren Energien wird die $\mathcal{IADF}$ schärfer, d. h. mehr Ionen passieren ungestreut die Randschicht, da die Zeit, in der die Partikeln wechselwirken können, abnimmt (der Streuquerschnitt der elastischen Streuung wird kleiner).
- Eine Erhöhung des Drucks verbreitert sowohl die $\mathcal{IEDF}$ wie die $\mathcal{IADF}$.
- Ionen, die eine große Abweichung von der Oberflächennormalen aufweisen, haben eine tendenziell niedrige kinetische Energie. Das bedeutet für Simulationen, mit denen Ätzprofile modelliert werden sollen, daß die *Abhängigkeit des Ionenflusses von Energie und Winkel erfaßt werden muß.*

Bemerkenswert ist, daß eine erhebliche Verbreiterung der $\mathcal{IADF}$ offenbar durch einen letzten — elastischen — Stoß entsteht; der wahrscheinlichste Aufschlagwinkel beträgt ungefähr 90 – 20°, also 70°.

Zusätzlich wurden von THOMPSON et al. auch RF-Effekte simuliert. Der Parameter war $M = \omega t$, die Anzahl von Schwingungen zwischen den Stößen. Allgemein sollte bei $M \to \infty$ die Verteilung nur durch das DC-Feld beeinflußt werden, bei $M \to 0$ nur durch das AC-Feld. Beträgt das Verhältnis $\lambda/d_{\text{S}} \approx 1$, wird die Variation der Energie ungefähr 30 % und die der Winkelverteilung etwa 20 %, bei $\lambda/d_{\text{S}} \approx 1/3$ sind diese Werte bereits auf etwa 5 und 2 % zurückgegangen.

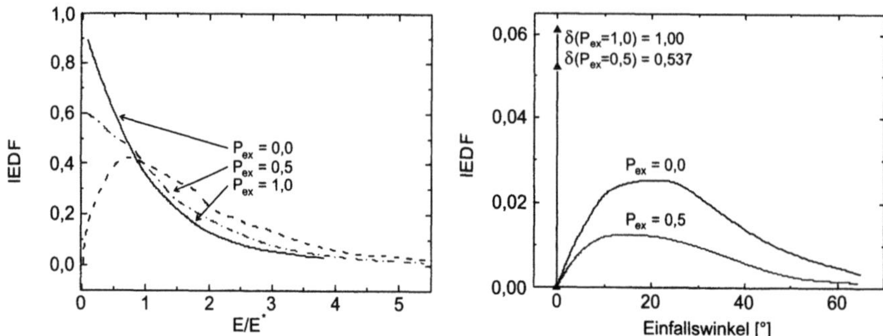

Abb. 6.19. Mit einer MC-Methode berechnete $\mathcal{IEDF}$ (oben) und $\mathcal{IADF}$ (unten) für eine gemischte Streuung aus Stößen von harten Kugeln und symmetrischem Charge-Transfer auf dem Weg durch die Randschicht für ein lineares DC-Feld. P_{ex} ist die Wahrscheinlichkeit für einen symmetrischen Charge-Transfer, der keine Änderung der Winkelverteilung erzeugt (δ-Funktionen bei $\vartheta = 0°$ der Höhe 1,00 bzw. 0,58), aber dafür die Energieverteilung dramatisch beeinflußt [157] (© The American Institute of Physics).

Folglich sind — was auch die Experimente von Coburn und Kay belegen — Effekte der Hochfrequenz für große λ/d_{S}-Verhältnisse von dramatischer Wirkung, aber bereits bei $\lambda/d_{\mathrm{S}} \leq 5$ ist kein Einfluß mehr nachweisbar.

6.6.3 Hybrides Randschichtmodell

Von Brinkmann et al. stammt ein (eindimensionales) Modell, das die Bewegungsgleichungen und die Poisson-Gleichung (s. Gln. 6.51) für beide Ladungsträgertypen verbindet und mit Monte-Carlo-Teil verkoppelt [180]:

$$\frac{\partial n_{\mathrm{e,i}}}{\partial t} + \frac{\partial n_{\mathrm{e,i}} u_{\mathrm{i}}}{\partial x} = 0; \tag{6.60.1}$$

$$\frac{\partial u_{\mathrm{e,i}}}{\partial t} + u_{\mathrm{e,i}} \frac{\partial u_{\mathrm{i}}}{\partial x} = \frac{qE}{m_{\mathrm{e,i}}} + \frac{T_{\mathrm{e,i}}}{m_{\mathrm{e,i}} n_{\mathrm{e,i}}} \frac{\partial n_{\mathrm{r,i}}}{\partial x} - \nu_{\mathrm{m(e,i)}} u_{\mathrm{e,i}}; \tag{6.60.2}$$

$$\varepsilon_0 \frac{\partial E}{\partial x} = \sum_j q_{\mathrm{i},j} n_{\mathrm{i},j} + e_0 n_{\mathrm{e}} = 0. \tag{6.60.3}$$

Der Reibungsterm in Gl. (6.60.2) hängt ab vom Langevinschen Energieverlustparameter und den Streuquerschnitten (wobei wie in Gln. (6.51) und (6.52) – (6.54) der Streuquerschnitt der elastischen Streuung σ_{HS} und des resonanten Charge-Transfers σ_{CT} ist). Wie in Kap. 3 betont, ist der resonante Charge-Transfer insbesondere in Entladungen der Edelgase von überragender Bedeutung; es werden hierbei schnelle Atome gebildet, die dann einen entscheidenden Einfluß

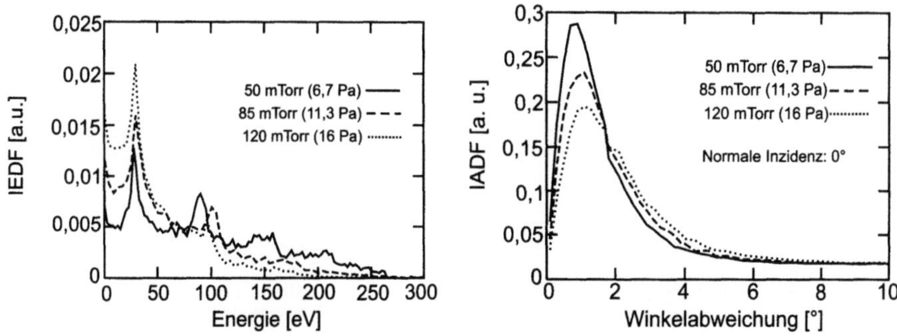

Abb. 6.20. $\mathcal{IEDF}$ als Funktion des Entladungsdrucks (lks.) bzw. der Plasmadichte n_P (re.). Bereits bei $n_P = 10^{10}/\mathrm{cm}^3$ ist der Einfluß von Stößen in der Randschicht auf die Energie der aufschlagenden Projektilionen sehr gering, bei $10^{11}/\mathrm{cm}^3$ nicht mehr nachweisbar [181].

sowohl auf die Entladung selbst nehmen wie auch sekundäre Oberflächenreaktionen (Abstäuben oder Ätzen) massiv beeinflussen. Daher wurde in der Studie von Sabisch et al. dem Beitrag der Neutralmolekeln breiter Raum gewidmet [181].

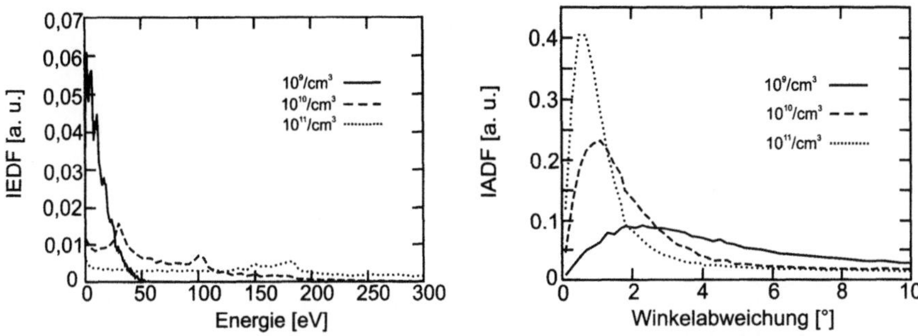

Abb. 6.21. $\mathcal{IADF}$ als Funktion des Entladungsdrucks (lks.) bzw. der Plasmadichte n_P (re.). Der Strahl zerfließt mit steigendem Druck bzw. steigender Plasmadichte, doch bleibt auch bei den hohen Plasmadichten von $10^{11}/\mathrm{cm}^3$ die Vorzugsrichtung deutlich ausgeprägt [181].

6.6.3.1 Ionen. Wie aus den Abbn. 6.20 – 6.22 ersichtlich, werden bei den Drücken oberhalb von 6 Pa keine Doppel-Peaks mehr berechnet, und die mittlere Energie nimmt mit steigendem Druck ab; gleichzeitig verbreitert sich der auf die Elektrode auftreffende Strahl (normale Inzidenz: 0°).

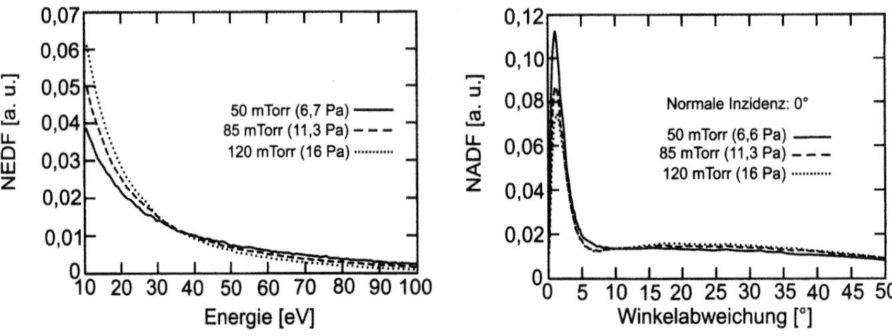

Abb. 6.22. $\mathcal{NEDF}$ und $\mathcal{NADF}$ als Funktion von Entladungsdruck (lks.) und Plasmadichte (re.). Es treten kinetische Energien von bis zu 100 eV auf, wobei auch hier höhere Drücke wieder zur Erniedrigung der mittleren Energie führen. Die Winkelverteilung zeigt ein ausgeprägtes Maximum dicht bei senkrechter Inzidenz und ein zweites, schwach ausgeprägtes, um 20 – 30° [181].

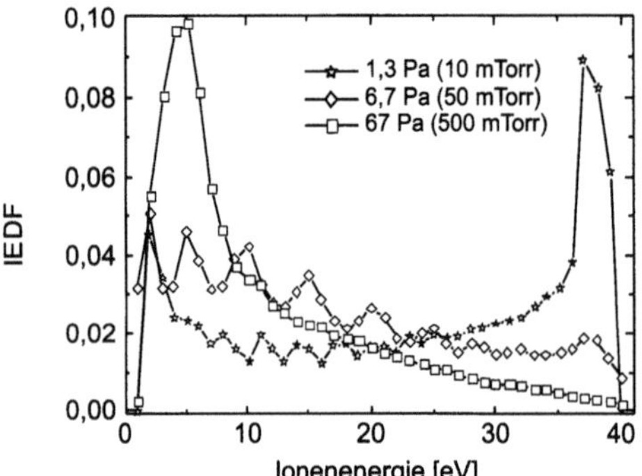

Abb. 6.23. Gemessene Druckabhängigkeit der $\mathcal{IEDF}$ von Argon in einer kapazitiv gekoppelten Entladung bei 13,56 MHz. Gut aufgelöst ist der Doppel-„Peak" bei sehr niedrigen Drücken; bei 67 Pa (500 mTorr) ist dagegen die $\mathcal{IEDF}$ „voll entwickelt" (nach [182]).

6.6.4 Messungen und Modellierungen

6.6.4.1 IEDF in der Randschicht. Diese Messsungen wurden von Liu et al. [182] durch eine „Time-of-Flight"-Methode (Ar-Entladungen bei 13,56 MHz und unterschiedlichen Drücken) erweitert (Abb. 6.23) und mit eigenen MC-Rechnungen verglichen (Abb. 6.24). Dabei konnte zwar die Druckabhängigkeit des Doppel-Peaks, der durch die harmonische Anregung der Randschicht entsteht, nicht simuliert werden, jedoch ergaben sich für den Druck von 500 mTorr (67 Pa) „voll entwickelte" Verteilungsfunktionen der Energie und des Aufschlagwinkels der Ionen: Nachdem hier etwa dreißig Stöße in der Randschicht stattfinden, verändert sich die Gestalt der $\mathcal{IEDF}$ nicht mehr.

Das Maximum liegt bei nur wenigen eV und ist unabhängig vom DC-Bias geworden. Darüber hinaus wird auch die $\mathcal{IADF}$ isotrop: *die Ionenenergie ist*

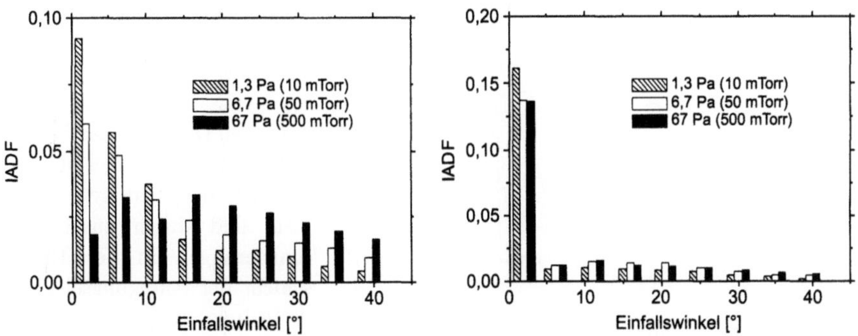

Abb. 6.24. $\mathcal{IADF}$s für eine Ar-RF-Entladung bei 13,56 MHz und verschiedenen Drücken, links: gemessen, rechts: MC-Simulation (nach [182]).

unabhängig vom Einfallswinkel. Bei aller Vorsicht, die bei einer Interpretation dieser Daten angewendet werden sollte — so ist insbesondere die große Diskrepanz zwischen MC-Simulation und experimentellem Wert für die Intensität des „Nullstrahls“ zu konstatieren —, markiert dies die Obergrenze einer anisotropen Winkelverteilung der Ionen (Abb. 6.24).[11]

Die Ausformung eines Doppel-„Peaks“ der $\mathcal{IEDF}$ bei niedrigen Drücken ist allerdings keine Manifestation der trägen Masse, sondern hängt vielmehr damit zusammen, daß wir kein thermisches Gleichgewicht bei den sehr niedrigen Stoßzahlen von ≤ 6 erwarten können. Bei höheren Stoßzahlen ist dagegen die $\mathcal{IEDF}$ voll entwickelt, und wir können eine Temperatur definieren (s. Abschn. 14.1).

6.6.4.2 IEDF in der Randschicht der Anregungselektrode. Mittels eines energiedispersiven Massenspektrometers untersuchten Becker et al. die $\mathcal{IEDF}$ in der Randschicht der Anregungselektrode für das bereits bei niedrigen Drücken stark elektronegative Gas SF_6 [183]. Die Ionen traten durch eine Blende mit einem Radius von 50 μm in das gegen RF-Felder abgeschirmte und gegen die Elektrode und Erde isolierte Spektrometer ein, so daß die Potentialdifferenz zwischen Spektrometerpotential und V_{DC} auf Null eingestellt werden konnte, womit insbesondere die Eintrittsmündung des Spektrometers frei von DC-Feldern (aber nicht frei vom starken RF-Feld der Elektrode) war. In der Abb. 6.25 ist die $\mathcal{IEDF}$ für das SF_5^+-Ion bei zwei unterschiedlichen Drücken gezeigt, wobei für die Berechnung des Spektrums das Modell von Wild herangezogen wurde [184].

Die berechnete Dicke der Randschicht ergab sich danach zu 3,4 mm bei 0,5 Pa und zu 4 mm bei 1,5 Pa. Die schlechte Übereinstimmung des Sattelprofils

[11] Der differentielle Streuquerschnitt bei nur einigen eV ist schwierig zu messen und für die meisten Gase unbekannt, die Stoßfrequenz hängt jedoch vom Streuquerschnitt ab.

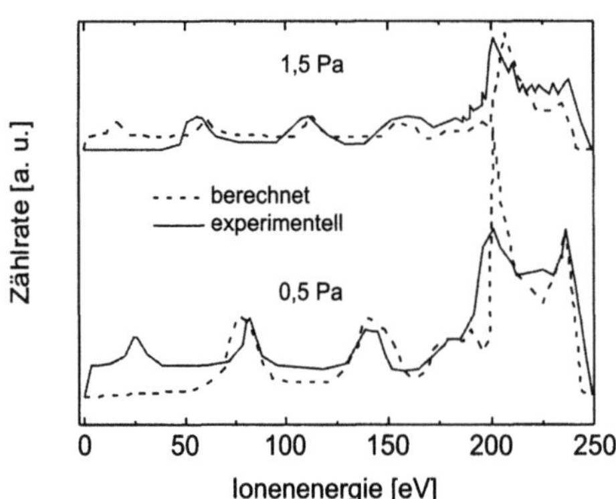

Abb. 6.25. Gemessene und berechnete $\mathcal{IEDF}$ von SF_5^+ bei 0,5 und 1,5 Pa und einem V_{DC} von -200 V. Bei dem niedrigen Druck ist das Sattelprofil sehr gut aufgelöst. Die „Peaks" bei niedrigen Energien sind durch zusätzliche Ionisierungen in der Randschicht der Anregungselektrode bedingt [183].

bei dem niedrigen Druck erklären BECKER et al. mit zusätzlichen Ionisierungen in der Randschicht, die nach dem Modell von BIEHLER auch für die „Peaks" bei deutlich niedrigeren Energien verantwortlich sind [185].

Zusammenfassend ist festzuhalten, daß *die elastische Streuung die gerichtete Energie, die die Ionen einem elektrischen Feld entnehmen, in eine Bewegung mit einer substantiellen Komponente des „Random Walk" verändert. Da die Streuung der Teilchenzahldichte proportional ist, wird die mittlere Energie der Ladungsträger zu höheren Drücken hin erniedrigt. Ist resonanter Charge-Transfer möglich, ist dies der Hauptstreumechanismus.*

6.7 Vergleich zwischen DC- und CCP-RF-Entladungen

Die Eigenschaften von kapazitiv gekoppelten RF-Entladungen werden wesentlich durch die Randschichten an den Elektroden bestimmt. Ohne RF-Feld ist zwar auch eine Grenze zwischen dem quasineutralen Plasma und der es begrenzenden geerdeten Oberfläche vorhanden, jedoch ist diese Randschicht sehr dünn, und der Spannungsabfall, das Randschichtpotential, ist einige $k_B T_e / e_0$ groß (Gl. (2.21)). In RF-Entladungen dagegen erreicht das Gleichspannungspotential mehrere hundert Volt, zusätzlich vergrößert sich die Dicke der Randschicht auf einige zehn DEBYE-Längen, weil das *Plasma gleichrichtend wirkt. Dieser Effekt wird durch Nichtlinearitäten der Impedanz der Randschicht bewirkt* (Abschn. 14.4.1 u. 14.4.2).

Dadurch, daß sich die Elektronendichte verringert und schließlich, direkt über der Elektrode, auf Null abfällt, wird der Verschiebungsstrom mit dem Leitungsstrom vergleichbar. Für eine stoßfreie Randschicht sind beide bei der Plasmafrequenz der Ionen, $\omega_{P,i}$, gleich, im Plasma dagegen bei der Plasmafrequenz der Elektronen, $\omega_{P,e}$, wobei $\omega_{P,e} \gg \omega \gg \omega_{P,i}$.

Die RF-Entladung weist die Charakteristika zweier sehr unterschiedlicher Entladungstypen auf: die der Negativen Glühzone und der Hohlkathode.

- Negative Glühzone: Dissipation von elektrischer Leistung in das Plasma durch beschleunigte Elektronen und unelastische Stöße. Dieser Prozeß dominiert in den Zonen, die von den Elektroden weit entfernt sind (groß gegen die Dicke der Randschicht sind). Im „Bulk“-Plasma ist die durch das elektromagnetische Wechselfeld induzierte elektrische Feldstärke klein, aber endlich. So ist bei einer Leistungsdichte von 0,4 W/cm^2 die elektrische Feldstärke

$$E^2 = \sqrt{\frac{\mu_0}{\varepsilon_0}} S, \tag{6.61}$$

  also etwa 12,5 V/cm.

- Hohlkathode: In diesen wird die Leistung durch von der Kathode emittierte hochenergetische Sekundärelektronen (als Elektronenstrahlkomponente) übertragen. Dieser Prozeß kann in den RF-Randschichten dominant sein (für Plasmaelektronen repräsentiert die Randschicht einen Energieberg, vom Tal aus gesehen, für Elektronen, die in der Randschicht selbst oder durch Sekundärprozesse an den Elektroden erzeugt wurden, dagegen als Energieberg, von der Höhe aus gesehen). Das ist das sog. γ-Regime [146].

Ein zusätzlicher — stoßfreier — Prozeß hoher Effizienz, die stochastische Aufheizung durch die pulsierende Randschicht, spielt bei sehr niedrigen Drücken (< 10 Pa), wenn das *MFP* der Elektronen größer als der Elektrodenabstand wird, im hochenergetischen Bereich der $\mathcal{EEDF}$ eine entscheidende Rolle.

Auf Grund der gegenüber DC-Entladungen sehr viel effektiveren Ionisierungsmechanismen durch Elektronenstoß (α-Ionisierung) beobachten wir, daß die Durchbruchsspannungen bei gleichem Druck niedriger sind, und daß Elektrodenvorgänge nur eine untergeordnete Rolle spielen. Die Elektroden können sich sogar außerhalb des Plasmareaktors befinden (α-Regime).

AC-Entladungen mit niedriger Anregungsfrequenz ($\omega_{\mathrm{AC}} \ll \omega_{\mathrm{P,i}}$) verhalten sich wie DC-Entladungen mit wechselnder Polarität; erst im RF-Bereich sind diese Wechsel so schnell, daß Aufladungen auch an Isolatoren wirkungsvoll unterdrückt werden. Mit steigender Frequenz sinkt die Impedanz der Elektrodenrandschichten, und es findet eine Verlagerung des Ionisierungsschwerpunkts weg von den Randschichten statt. Der Schwerpunkt der Ionisierung liegt sowohl in DC- wie RF-Entladungen im Plasmakörper selbst, jedoch sind Elektrodenvorgänge für den Unterhalt der Entladung im DC-Fall von überragender Bedeutung. Dies bedingt eine gegenüber RF-Entladungen bedeutend schwierigere Beschreibung der Verhältnisse in dieser Zone.

Ein von Graves und Jensen entwickelte Kontinuum-Modell, bei dem die mittlere freie Weglänge der Elektronen groß gegen die Debye-Länge ist, faßt

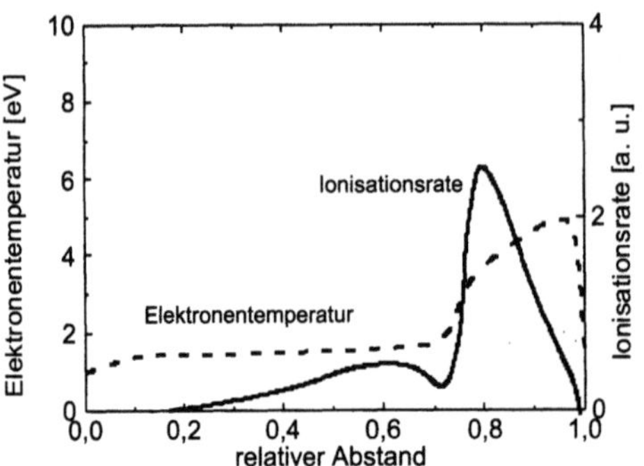

Abb. 6.26. Elektronentemperatur und Ionisierungsrate in einer DC-Entladung in Abhängigkeit des relativen Elektrodenabstandes [186] (© IEEE).

dies quantitativ zusammen [186]. In DC-Entladungen steigt die Elektronentemperatur im Kathodenfall steil an, da γ-Elektronen im Feld der Randschicht beschleunigt werden und fällt dann ab, wenn die Ionisierungsrate steigt. Wie wir wissen, ist in diesem Gebiet die Elektronendichte noch niedrig (s. Abschn. 2.4). Jedoch hängt die Ionisierungsrate als Reaktion 2. Ordnung linear von der Elektronendichte, aber exponentiell von der Elektronentemperatur ab (einfachster Ansatz von ARRHENIUS):

$$\frac{\mathrm{d}[A^+]}{\mathrm{d}t} = k_2[e^-][A] \wedge k_2 = k_0 \exp\left\{-\frac{E_{\mathrm{Ion}}}{k_\mathrm{B}T_\mathrm{e}}\right\}. \tag{6.62}$$

Wegen der gegenläufigen Effekte erwarten wir das Auftreten eines Maximums. Die Elektronentemperatur ist über den Bereich bis zur Gegenelektrode nahezu konstant, dort kühlen sich die Elektronen geringfügig ab (Abb. 6.26).

Während im RF-Fall die Elektronentemperatur in ähnlicher Weise vom Elektrodenabstand abhängt, beobachten wir eine markante Veränderung der Ortsabhängigkeit der Ionisierungsrate: der Schwerpunkt hat sich weit in das Bulk-Plasma verschoben. Zwar ist der Anteil der Ionisierung in der Randschicht nicht vernachlässigbar, aber er ist hoch moduliert und im ungünstigsten Fall nahe Null (Abb. 6.27).

Zusammenfassung der Anregungsmechanismen:

- SE-Anregung (überwiegt in DC-Entladungen);
- Stoßanregung (in RF-Entladungen effektiver als in DC-Entladungen);
- Stochastische Anregung (nur in CCP-RF-Entladungen);
- Wellenreiten (nur in RF-Entladungen, sehr effektiv bei niedrigen Drücken).

Zusammenfassung der Ionisierungsmechanismen:

- Auf den Elektroden auftreffende Ionen erzeugen SE; diese erzeugen beim Durchfallen des Dunkelraums eine Stoßkaskade;

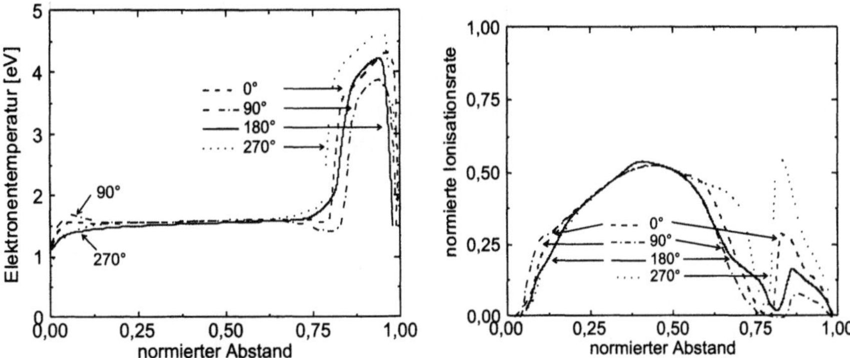

Abb. 6.27. Elektronentemperatur (lks.) und Ionisierungsrate (re.) in einer Radiofrequenzentladung in Abhängigkeit des relativen Elektrodenabstandes während einer Schwingungsperiode [186] (© IEEE).

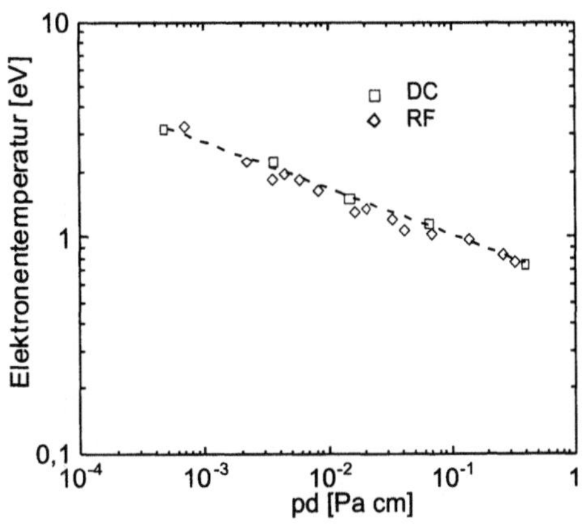

Abb. 6.28. Elektronentemperaturen in DC- und RF-Entladungen von Quecksilberdampf [187].

- Photoionisierung (in RF-Plasmen vernachlässigbar);
- Stoßionisierung in der Glühzone;
- symmetrischer Charge-Transfer.

Umgekehrt werden frequenzabhängige Streuphänomene in RF-Entladungen wichtig, wobei die Frequenzen für den elastischen Stoß (ν_m), die Anregungsfrequenz (ω_{RF} oder einfach ω) und die Plasmafrequenz der Ionen ($\omega_{P,i}$) eine Rolle spielen (RF-Modulation).

Bei beiden Anregungsarten ist bei Drücken unterhalb von 100 Pa (1 Torr) die Elektronenerzeugung in erster Linie bestimmt durch Stoßionisierung, der

Elektronenverlust durch ambipolare Diffusion. Dies bedeutet, daß die Elektronentemperatur, T_e, nahezu konstant ist und lediglich vom Produkt $p \cdot a$ mit p dem Gasdruck und a den Plasmadimensionen ($a = 1/(1/R + 1/L)$ mit R dem Radius und L der Länge des Plasmas) abhängt, solange die Driftgeschwindigkeit klein gegenüber der thermischen Geschwindigkeit der Elektronen ist [187] (Abb. 6.28).

7 HF-Entladungen III

7.1 Hoch-Dichte-Plasmen

Der steile Potentialabfall in den Randschichten und eine damit verbundene, weit ausgedehnte Zone nahezu konstanter Ladungsdichte und damit gleichen Potentials ist ein Hauptvorteil der kapazitiven Entladungen, wodurch eine Beschränkung auf eine Dimension durch zwei dicht benachbarte Platten im Parallel-Platten-Reaktor oder seinem hexagonalen Pendant (koaxiale Anordnung der Elektroden, nur r und $r/d \gg 1$) und die niedrige Frequenz (13 MHz) unterhalb von $\omega_{\mathrm{P,e}}$, aber oberhalb von $\omega_{\mathrm{P,i}}$, wodurch die Entladung quasi-stationären Charakter erhält ($\lambda/r \gg 1$), und eine Separation in das glühende, quasi-neutrale Plasma mit thermischen Ladungsträgern und die Randschichten über den Elektroden erreicht wird, in denen die Plasmadichte um Größenordnungen kleiner ist. Als unmittelbare Folge davon schlagen die Ionen mit einer maximalen Energie von $^1\!/_2\, V_{\mathrm{RF}}$ in symmetrischen und V_{RF} in hoch asymmetrischen Entladungen auf der negativ aufgeladenen Elektrode auf.

Die bisher betrachteten, kapazitiv gekoppelten, RF-Entladungen haben folgende prinzipiellen Nachteile:

- Der Kopplungsgrad ist sehr niedrig und sinkt mit fallendem Druck, der für eine Erhöhung der Anisotropie und radiale Uniformität beim Ätzen wesentlich ist (s. Kap. 11 u. 12);
- Ionenstromdichte und Beschleunigungsspannung können nicht unabhängig voneinander variiert werden, sondern verändern sich gleichsinnig. Bei hohen Verhältnissen von E/p (der Quotient aus elektrischer Feldstärke und Druck bestimmt die auf die Elektronen übertragbare Energie, s. Abschn. 2.7), die für erhöhte Anisotropie bei Strukturierungen erforderlich sind, nehmen darüber hinaus die Schädigungen des Kristallgitters zu, und die exakte Strukturüebertragung oder Maßhaltigkeit wird erschwert.

Um die Grenzen der kapazitiv gekoppelten RF-Plasmen zu überwinden, sind in den letzten Jahren verschiedene Hoch-Dichte-Plasmaquellen entwickelt worden. Zur Ermittlung der Parameter, mit denen eine Erhöhung der Plasmadichte möglich ist, betrachten wir einen Ionenstrom der Dichte n_{B}, der aus dem Plasma mit dem Volumen V kommend von der BOHM-Kante in Richtung Elektrode von der BOHM-Geschwindigkeit v_B beschleunigt wird. Die Energie dazu entnehmen die Ionen dem Wellenfeld, das aber auch die Elektronen anregt. Die absorbierte Leistung P_{abs} ist demnach

$$P_{abs} \propto e_0 n_B v_B V \sum_i \varepsilon_i \tag{7.1}$$

mit ε_i den Energien für die verschiedenen Anregungsarten der Elektronen *und* Ionen sowie der Plasmadichte n_B an der BOHM-Kante, was umgekehrt, nach n_B aufgelöst, ergibt:

$$n_B \propto \frac{P_{abs}}{v_B V \sum_i \varepsilon_i}. \tag{7.2}$$

n_B läßt sich also erhöhen durch

1. Erhöhung der eingekoppelten Leistung P_{abs};
2. Erniedrigung von v_B (nur eingeschränkt möglich, da v_B außer von der Ionenmasse lediglich von der Quadratwurzel der Elektronentemperatur abhängt (s. Gl. (14.30)));
3. Verkleinerung der Oberfläche des Plasmas, wodurch etwa Ladungsträgerverluste durch Wandreaktionen vermindert werden;
4. Selektivität des Energietransfers: Anregung möglichst nur der Elektronen und Verringerung der Anregung der Ionen etwa durch Reduktion des Randschichtpotentials.

Mögliche, aber lediglich quantitative Verbesserungen sind Triodenanlagen, in denen das Substrat auf die „kalte“ Elektrode gelegt und ein zusätzliches RF- oder DC-Potential an dieser erzeugt wird, oder MERIE (Magnetically Enhanced Reactive Ion Etching): Hierbei werden durch Verwendung eines magnetischen Feldes die Effizienz der Leistungsübertragung und das sog. „Plasma Confinement“ verbessert (Punkt 2). Wird etwa in einem zylindrischen Reaktor mit Radius R und Länge L in axialer Richtung ein starkes Magnetfeld angelegt, dann verringert sich die Verlustfläche von $2\pi R(R+L)$ auf $2\pi R^2$; und die Diffusionslänge nimmt in Richtung senkrecht zum Magnetfeld zu (s. Abschn. 14.5). Nachteilig sind jedoch $\boldsymbol{E}\times\boldsymbol{B}$-Drifts, wodurch radiale und azimutale Inhomogenitäten entstehen.

Deswegen sollte entweder

- das Magnetfeld von der Prozeßkammer räumlich entfernt sein oder
- ganz auf dieses verzichtet werden können.

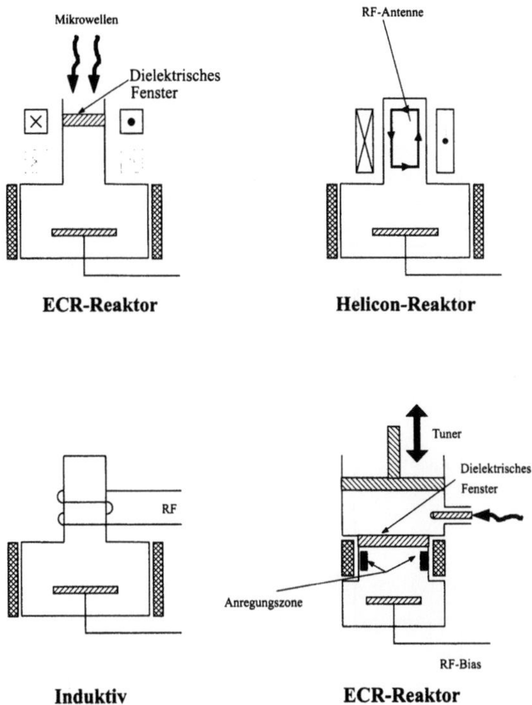

Abb. 7.1. Verschiedene Reaktortypen für Hoch-Dichte-Plasmen, ECR-Reaktortyp als Wellenleiter mit laufender Heliconwelle (o. lks.) oder als Hohlraumresonator mit stehender Heliconwelle (u. re.).

Der erste Weg wird in Plasmen beschritten, in denen die Anregung mit Whistlerwellen erfolgt, der zweite in induktiv gekoppelten Entladungen (Abb. 7.1). Bei jenen erfolgt die Einkopplung des Wellenfeldes entweder durch ein dielektrisches Fenster (etwa bei ECR-Entladungen) oder durch eine mit RF betriebene Stab- oder U-Antenne (bei Heliconentladungen).[1] Bei diesen Typen wird zusätzlich ein Magnetfeld benötigt; in das Plasma dringen langsam laufende *Whistler-Wellen* ein.[2] Diesen Plasmen ist gemein, daß die Plasmaquelle selbst von der Reaktionskammer räumlich separiert ist; man spricht auch von „Downstream"- oder „Remote"-Quellen. Verzichtet man auf die Magneten, kann die Antenne zu einer Spule mutieren; dann erzeugt man ein induktiv gekoppeltes Plasma.

[1]Vorteilhaft ist die Möglichkeit der Verwendung des konventionellen RF-Designs (13,56 MHz) mit π-Netzwerk, wobei die Antenne selbst die Induktivität L darstellen kann.

[2]„Langsam" bedeutet, daß die Gruppengeschwindigkeit dieser Wellen vergleichbar der thermischen Geschwindigkeit der Elektronen wird: $v_{\mathrm{G}}^2 \approx < v_{\mathrm{e}}^2 >$.

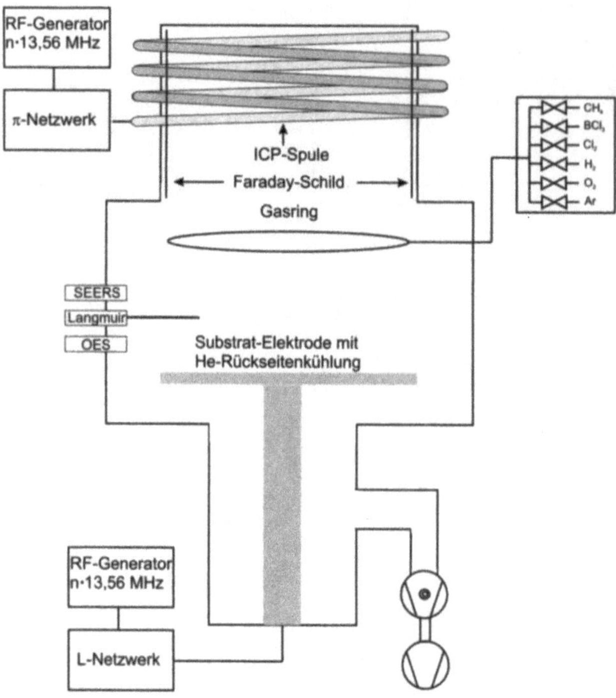

Abb. 7.2. Prinzipieller Aufbau einer ICP-Quelle mit FARADAY-Abschirmung.

7.2 Induktiv gekoppelte Plasmen

Bei induktiven Entladungen wird die Antenne meist um den Vakuumrezipienten „gewickelt" und als Spule bezeichnet. Sie kann entweder aus Wicklungen konstanten Radius bestehen oder auch aus einer planaren, tauchsiederähnlichen Spirale an einem Ende des zylindrischen Plasmareaktors. Die Einkopplung erfolgt durch ein dielektrisches Fenster, das gleichzeitig den Vakuumrezipienten gegen Atmosphäre abschließt. Um die kapazitive Kopplung gering zu halten, wird oft ein Blechschild oder besser ein Blechnetz auf dem dielektrischen Fenster angebracht, wodurch die Wirbelstromverluste geringer sind (Abb. 7.2).

Die Einkopplung des elektromagnetischen Wirbelfeldes erfolgt hier durch das sich zeitlich ändernde Magnetfeld, das durch eine Eindringtiefe in der Gegend von einem Zentimeter charakterisiert ist, und in dem die Energieübertragung in erster Linie durch OHMsche Aufheizung erfolgt, wegen der geringen Dicke der Randschicht dagegen weniger durch stochastische Aufheizung der Elektronen. Das Plasmapotential in diesen Entladungen ist meist deutlich geringer als 20 V. Das in der Quelle erzeugte Plasma strömt dann zu einem

Wafer-Halter, an dem selbst durch einen zweiten Generator ein Bias-Potential entstehen kann. Der Vorteil der induktiv gekoppelten Quellen ist

- einfacher Aufbau des Reaktors und der Plasmaquelle;
- keine statischen Magnetfelder, sondern nur
- RF-Felder;
- gegenüber kapazitiv gekoppelten Plasmen deutlich höhere Plasmadichten (2 Größenordnungen höher als in kapazitiv gekoppelten Plasmen, aber etwa eine niedriger als in ECR- oder Heliconwellen-Plasmen);
- keine resonante Einkopplung, damit „verzeihen" derartige Quellen gelegentlich schwankende Prozeßparameter eher als ECR- oder Helicon-wellen-Entladungen;
- das Magnetfeld steht parallel zu den Reaktorwänden, womit diese strom- und feldfrei bleiben; damit fällt nur das Plasmapotential V_P in der Randschicht der Reaktorwand ab, wodurch mögliche Sputtereffekte vernachlässigbar klein bleiben.

In der Plasmaquelle selbst herrscht große räumliche Inhomogenität sowohl der Dichte der Elektronen wie deren Temperatur, vor allem wegen der geringen Skintiefe, was sich über die ambipolaren Plasmaeigenschaften auch den Ionen mitteilt [188], Abb. 7.3. Durch Aufbau eines Diffusionspotentials kommt es allerdings zu effizienten Ausgleichsvorgängen, die ebenfalls radial ungleichmäßig sind (s. Gln. (6.46) u. (6.47)), so daß in 10 bis 15 cm Tiefe auf Waferniveau die wichtigen Plasmaparameter weitgehend egalisiert sind, was sich in einer überragenden Uniformität der Ätzrate manifestiert (s. Abb. 7.5). Gefordert werden derzeit radiale Gleichmäßigkeiten zwischen 8 und 12".

Numerische Berechnungen der das Plasma charakterisierenden Größen, wie Plasmadichte, Elektronentemperatur und Plasmapotential, die von STEWART et al. für Argon durchgeführt wurden, ergaben [188]:

- Bei niedrigen Drücken (5 mTorr, < 1Pa) ist es für das radiale Dichteprofil n_P gleichgültig, ob eine planare oder zylindrische Spule die RF-Leistung einkoppelt.
- Die Elektronentemperatur T_e hat ihren höchsten Wert am Rand des zylinderförmigen Plasmareaktors: eben dort, wo die Leistungseinspeisung stattfindet; dort, wo die Elektronen aufgeheizt werden. Aber selbst in der Zylindermitte ist T_e nur um etwa 10 % niedriger (Abb. 7.3.1). Jedoch liegt das Maximum von n_P auf der Achse; es entspricht ungefähr dem von Gl. (6.46) geforderten Cosinus-BESSEL-Profil, das man aus der isothermen, ambipolaren Diffusionsgleichung erhält (Abb. 7.3.2). Das Plasmapotential ist sehr flach und erreicht den höchsten Wert um etwa $3\,{}^1\!/_2\, k_B T_e$ in der

Zylindermitte. Für Entladungsdrücke jenseits von 3 Pa (20 mTorr) kann das Maximum der Plasmadichte wegen der kleiner werdenden Diffusionskoeffizienten zwischen Zentrum und Rand der Plasmaquelle liegen (Abb. 7.3.6).

- Eine nicht-uniforme Elektronentemperatur ist eine notwendige, aber nicht hinreichende Bedingung für das Auftreten eines Maximums der Elektronendichte, dessen Lage nicht auf der Achse der Quelle liegt (7.3.2 u. 7.3.4).
- Diese Aussagen gelten allerdings nur für einen Zylinder ohne Substrathalter. Dieser verändert alle Abhängigkeiten dramatisch (Abb. 7.3.6).

7.2.1 Leistungseinspeisung bei induktiver Kopplung

Gegeben sei ein zylindrisches Plasmavolumen V in einem Glaszylinder des Innenradius r, der Wandstärke $R-r$ und der Länge L, der von einer Spule mit dem Radius $R > r$ ($R-r$ ist die Wandstärke) umschlossen sei (Abbn. 7.2, 7.4). Für die in diesem Volumen V zwischen $r-\delta_\mathrm{P}$ und r auf einer Länge L absorbierte OHMsche Leistung bei harmonischer Anregung $\boldsymbol{E} = \boldsymbol{E}_0 \sin\omega t$ ist dann bei Vernachlässigung quadratischer Glieder

$$P_\mathrm{abs} = \int_V S_\mathrm{ohm} \mathrm{d}^3x = -\frac{1}{2}\int_{r-\delta_P}^{r} \tilde{\jmath}\cdot\tilde{E}^\star L\ 2\pi r\mathrm{d}r, \tag{7.3}$$

$$P_\mathrm{abs} = \int_{r-\delta_P}^{r} \frac{j(r)^2}{\sigma} L\pi r\mathrm{d}r \approx \frac{j^2}{\sigma} L\pi r\delta_P \tag{7.4}$$

mit $\tilde{\jmath}$ der durch das RF-Feld in das Plasma induzierten, im Vorzeichen also dem Strom im erregenden Feld entgegengesetzten, komplexen Stromdichte und $\tilde{E}^\star$, der konjugiert-komplexen Feldstärke in der Randschicht.[3]

Der vollständige induzierte Strom im Plasma ist

$$I_\mathrm{P} = jL\delta_\mathrm{P}, \tag{7.5}$$

wobei der Plasmawiderstand sich über

$$P_\mathrm{abs} = \frac{1}{2}UI = \frac{1}{2}I_\mathrm{P}^2 R_\mathrm{P} \tag{7.6}$$

zu

$$R_\mathrm{P} = \frac{2\pi r}{\sigma L \delta_\mathrm{P}} \tag{7.7}$$

ergibt. Die Induktivität des Plasmas, L_P, errechnet sich über den magnetischen Fluß $\Phi = L_\mathrm{P} I_\mathrm{P}$, der durch den Strom in der Skin-Schicht der Dicke δ_P entsteht

[3] Der Energiefluß S_Ohm ist dabei $1/2\,\Re\tilde{\jmath}\cdot\tilde{E}^\star$; Gl. (5.4) ein Spezialfall für ein Elektron.

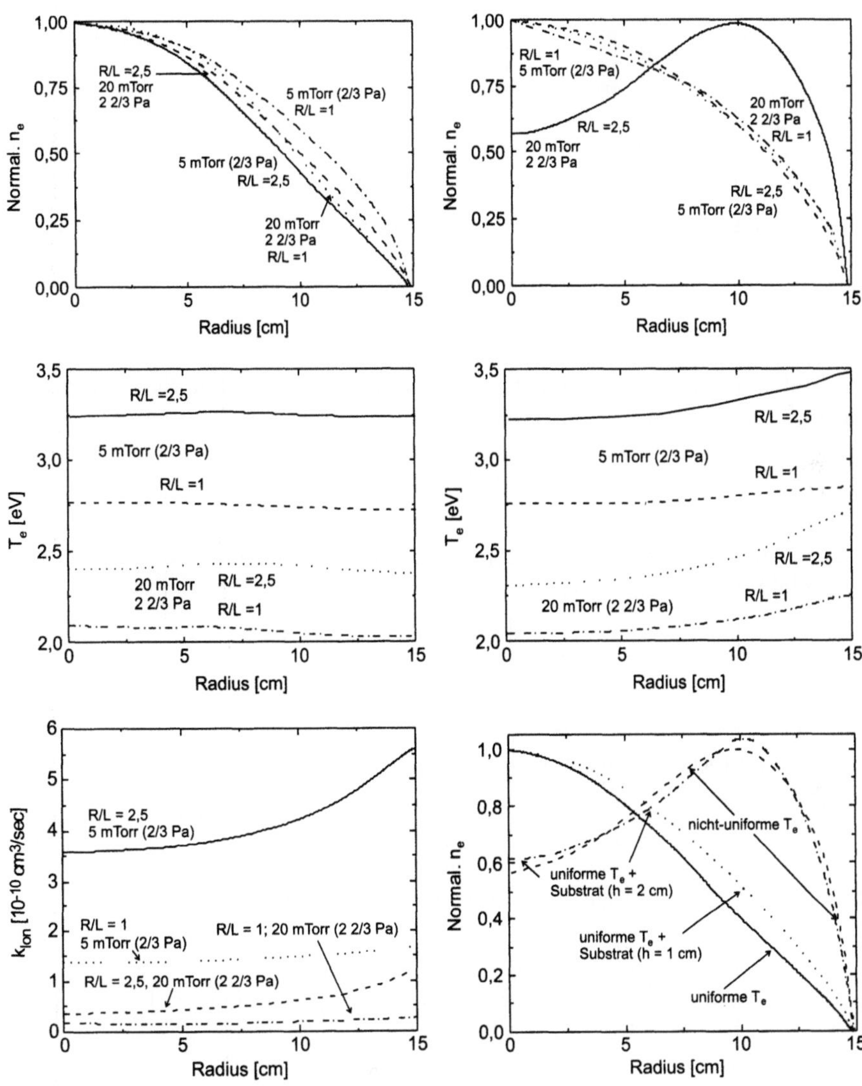

Abb. 7.3. Zweidimensionales Modell der radialen Ladungsträgerverteilung und Elektronentemperatur in einer induktiv gekoppelten Entladung für eine planar bzw. seitlich auf dem Quarzdom angebrachte Spule nach [188] (1: l.o., 2: r.o., ..., 6: r.u.). Für eine seitliche angeordnete Spule (7.3.2, 7.3.4, 7.3.5, 7.3.6) steigt wegen des Skineffektes die Elektronentemperatur zum Rand hin an und damit auch die Ionisierungsrate, folglich die Elektronendichte. Die Modellierung kann durch Einbringung eines Substrathalters völlig verändert werden (7.3.6).

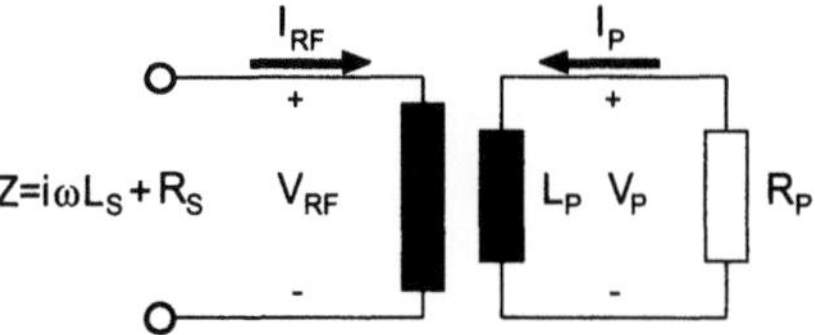

Abb. 7.4. Schaltbild einer ICP-Entladung.

(das induzierte Magnetfeld $\boldsymbol{H}$ steht senkrecht zur induzierten Stromdichte[4]), zu

$$L_{\mathrm{P}} = \frac{\mu_0 \pi r^2}{L}. \tag{7.8}$$

Habe die Spule n Windungen des Radius R, dann gelten die Gleichungen für den Transformator (s. a. Abschn. 5.3):

$$\left.\begin{aligned} V_{\mathrm{RF}} &= \mathrm{i}\omega L_{11} I_{\mathrm{RF}} + \mathrm{i}\omega L_{12} I_{\mathrm{P}} \\ V_{\mathrm{P}} &= \mathrm{i}\omega L_{21} I_{\mathrm{RF}} + \mathrm{i}\omega L_{22} I_{\mathrm{P}}, \end{aligned}\right\} \tag{7.9}$$

und mit der Selbstinduktivität L_{11} in der Spule, im Plasma, L_{22}, und den Gegeninduktivitäten $L_{12} = L_{21}$

$$\left.\begin{aligned} L_{11} &= L_{\mathrm{S}} = \frac{\mu_0 \pi n^2 R^2}{L}, \\ L_{22} &= L_{\mathrm{P}} = \frac{\mu_0 \pi r^2}{L}, \\ L_{12} &= L_{21} = \frac{\mu_0 \pi n r^2}{L}, \end{aligned}\right\} \tag{7.10}$$

wird dann für die gesamte Impedanz

$$Z_{\mathrm{S}} = R_{\mathrm{S}} + \mathrm{i}\omega L_{\mathrm{S}} = \frac{V_{\mathrm{RF}}}{I_{\mathrm{RF}}} = \mathrm{i}\omega L_{\mathrm{S}} + \frac{\omega^2 L_{21}^2}{R_{\mathrm{P}} + \mathrm{i}\omega L_{\mathrm{P}}}, \tag{7.11}$$

was für $\delta_{\mathrm{P}} \ll r$, damit $R_{\mathrm{P}} \ll \mathrm{i}\omega L_{\mathrm{P}}$, geschrieben werden kann:

$$Z_{\mathrm{S}} = \mathrm{i}\omega L_{\mathrm{S}} + \frac{\mathrm{i}\omega L_{21}^2}{L_{\mathrm{P}}}\left(1 - \frac{R_{\mathrm{P}}}{\mathrm{i}\omega L_{\mathrm{P}}}\right) = \mathrm{i}\omega(L_{\mathrm{P}} + \frac{L_{12}^2}{L_{\mathrm{P}}}) + R_{\mathrm{P}}\left(\frac{L_{12}}{L_{\mathrm{P}}}\right)^2, \tag{7.12}$$

verkürzt also

$$Z_{\mathrm{S}} = \mathrm{i}\omega(L_{11} - nL_{12}) + n^2 R_{\mathrm{P}} \tag{7.13}$$

mit $R_{\mathrm{S}} = n^2 R_{\mathrm{P}}$ und $L_{\mathrm{S}} = L_{11} - nL_{12}$.

Aus den Gln. (7.6) und (7.7) ($P \propto R_P \wedge R_P \propto 1/(\sigma \cdot \delta)$ sowie den Gln. (6.3) für die Gleichstromleitfähigkeit und (14.166) für die Dicke der Skin-Schicht ($\sigma \propto n_0 \wedge \delta \propto 1/\sigma^{1/2}$) geht hervor, daß die eingekoppelte Leistung bei festgehaltenem Strom proportional $1/\sqrt{n_0}$ ist. In dünnen Plasmen dringen die Wellen tiefer ein, und das elektrische Feld fällt nicht bereits in der Skinschicht der Dicke δ_P ab, sondern kann bei hinreichend niedriger Dämpfung das Plasma vollständig

[4]Zur Skin-Schicht s. Kap. 14.6, insbesondere Gl. (14.166).

durchstrahlen ($\delta_P \geq r$). Die angeregte Leitungsstromdichte ist dann proportional zu

$$j \propto \frac{I_{\mathrm{RF}}}{A} = \frac{I_{\mathrm{RF}}}{V/r} = \frac{I_{\mathrm{RF}} \cdot n_0}{r}, \tag{7.14}$$

und in diesem Fall muß Gl. (7.3) in den Grenzen $r = 0$ (Zentrum des Plasmazylinders) und $r = r$ integriert werden:

$$P_{\mathrm{abs}} = \int_0^r \frac{j(r)^2}{\sigma} \pi r L \mathrm{d}r \approx \frac{j^2}{\sigma} \pi r^2 L : \tag{7.15}$$

die eingekoppelte Leistung ist bei festgehaltenem Strom proportional der Plasmadichte. Bei sehr niedrigen und sehr hohen Plasmadichten kann demnach nur wenig Leistung in das Plasma eingekoppelt werden; das Maximum liegt bei $r = \delta_{\mathrm{P}}$. Das heißt aber: *Induktive Entladungen sind überhaupt erst oberhalb eines Schwellenwertes des Induktionsstromes stabil.* Bei kleineren Stromwerten findet die Ankopplung kapazitiv statt, und zwar über die hohe Potentialdifferenz, die an den beiden Enden der Spule anliegt, und nicht über das induzierte elektrische Feld innerhalb der Spule. Bei zu hohen Dichten reflektiert das Plasma die eingestrahlten Radiowellen (s. Abschn. 14.6).

Dieser Übergang vom E- zum H-Typ kann als Sprung nur bei spiralförmig an einem Ende des Quarzzylinders angebrachten Spulen beobachtet werden [189]. Da die RF-Spannung hier in der Mitte der Spirale am höchsten ist, wird bei niedrigen Leistungen das Plasma zwischen Spulenmitte und unterer Elektrode angeregt und weist damit eine ähnliche Geometrie wie die CCP-Entladung in einem Parallelplatten-Reaktor auf (stabile E-Mode). Bei Erhöhung der Leistung wird der Umschlag vom E- zum H-Typ geometrisch sichtbar dadurch, daß sich die maximale Anregung von der Mitte der Spule dorthin verlagert, wo das durch die Spule induzierte elektrische Feld am stärksten ist, also in die annulare Zone zwischen Mitte und Rand der Spule.

Innerhalb der Plasmaquelle beobachten wir Inhomogenitäten der Plasmadichte und der Elektronentemperatur dadurch, daß die Skintiefe klein gegenüber den räumlichen Dimensionen der Quelle ist. Der dadurch entstehende Gradient der Plasmadichte wird durch ambipolare Diffusion der Ladungsträger ausgeglichen. Dies führt am Ort des Substrates zu einer radial sehr homogenen Dichte und Temperatur, wie man leicht experimentell an einer exzellenten Uniformität der Ätzrate feststellen kann (Abb. 7.5). In einem zweidimensionalen Strömungsmodell ist dies von PANAGOPOULOS et al. für den Fall einer planaren Spule und ein Chlorplasma eindrucksvoll bestätigt worden: Obwohl die Leistungsdichte in unmittelbarer Nähe der Spule im Zentrum um einen Faktor 5 größer ist als am Rand, was sich in einer mangelhaften radialen Uniformität der Molekülionen und Radikale zeigt, schwankt die Dichte der Cl^+-Ionen auf Waferhöhe nur mehr um etwa 5 % [190]. Da die Ätzrate eine ähnliche Abhängigkeit zeigt, liegt die Vermutung nahe, daß der geschwindigkeitsbestimmende Schritt der Ätzung eine Attacke von Cl^+-Ionen darstellt.

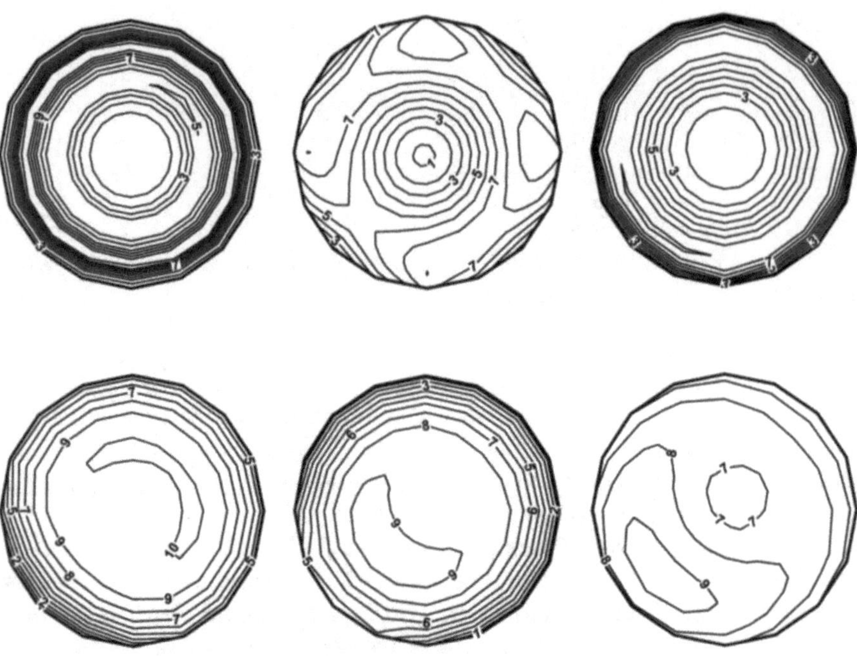

Abb. 7.5. Durch die inhomogene Ladungsträgerverteilung innerhalb der Plasmaquelle kommt es zu Ausgleichsprozessen, die zu einer radial uniformen Dichte und Elektronentemperatur am Substratlocus führen, hier gezeigt an einer planar auf dem Quarzdom angebrachten Spule. Im einzelnen bedeuten die Höhenlinien:
- L. o.: der radiale Leistungsgradient ist am stärksten an der äußersten Wicklung, wo der Strom auch am höchsten ist (etwa Faktor 3 höher, zwischen $3,44 \cdot 10^5$ (entspricht der 3) und $10,78 \cdot 10^5$ W/cm^2 (entspricht der 9)), Ort: 14 cm oberhalb des Wafers;
- M. o.: die Dichte atomaren Chlors schwankt nur mehr um ±10 % ($1,40 \cdot 10^{14}$ (entspricht der 1) und $1,67 \cdot 10^{14}$/cm^3 (entspricht der 7)), Ort: 14 cm oberhalb des Wafers;
- r. o.: die Dichte von Cl^+ schwankt allerdings stärker ($1,60 \cdot 10^{11}$ (entspricht der 3) und $2,80 \cdot 10^{11}$/cm^3 (entspricht der 7)), Ort: 14 cm oberhalb des Wafers;
- l. u.: auf der Waferebene schwankt die Dichte des atomaren Chlors um etwa ±15 % ($8,33 \cdot 10^{13}$ (entspricht der 2) und $11,00 \cdot 10^{13}$/cm^3 (entspricht der 10)),
- M. u.: auf der Waferebene schwankt die Dichte des Cl^+ um einen Faktor 1,4 ($2,00 \cdot 10^{10}$ (entspricht der 1) und $5,56 \cdot 10^{10}$/cm^3 (entspricht der 9)),
- r. u.: was aber die Ätzrate selbst nur schwach beeinflußt (Schwankung um etwa ±5 %, 0,51 μm/min (entspricht der 7) und 0,57 μm/min (entspricht der 9)) [190].

7.3 Magnetfeld-unterstützte Anregung von Plasmen

7.3.1 Resümee der Eigenschaften von HF-Entladungen

Bis jetzt wurden Verfahren betrachtet, bei denen die Energie vom Arbeitsgas durch Stöße absorbiert wurde. Dabei wird beim Plasma- oder Ionenätzen die kapazitive oder induktive Methode angewendet; das Substrat befindet sich meist auf der angeregten Elektrode.

In kapazitiv gekoppelten RF-Entladungen kann das Plasmapotential — und damit auch das Potential in der Randschicht der Elektroden — sehr hohe Werte (einige hundert V) annehmen. Haben die Elektroden unterschiedliche Flächen, kann das Randschichtpotential zusätzlich eine große DC-Komponente aufweisen. Der maximale Wert dieses DC- oder Self-Bias ist etwa gleich der Amplitude der angelegten RF-Spannung. Das Randschichtpotential einer Elektrode ist die Differenz zwischen dem Potential der Elektrode und dem Plasmapotential. An der geerdeten Elektrode ist das Potential der Randschicht entgegengesetzt gleich dem Plasmapotential, an der angeregten Elektrode gleich der Differenz zwischen der Summe aus angelegtem RF-Potential und dem DC-Potential einerseits und dem Plasmapotential andererseits. Ein weiterer kleiner Anteil erscheint im Plasmavolumen als ein longitudinales elektrisches Feld.

Da die Reaktivität der bei der Stoßionisierung entstehenden Spezies meist relativ niedrig ist, sind für hohe Ätzraten hohe Randschichtpotentiale erforderlich. *Der entscheidende Nachteil ist jedoch, daß dieses „Self-Bias" nicht unabhängig von Gasdruck und eingekoppelter Leistung ist.* Zwar ist dieses Potential bedeutend niedriger als in DC-Entladungen, will man jedoch den Energietransfer der elektromagnetischen Wellen zu den das Plasma konstituierenden Partikeln weiter optimieren, kann man zunächst zu Magnetron-unterstützten Verfahren greifen *(MERIE: Magnetron Enhanced Reactive Ion Etching)*. So zeigten MÜLLER et al., daß bei sonst gleichen Parametern durch Verwendung eines zur Waferoberfläche parallelen und 13 mT starken Magnetfeldes die Ätzrate von Si um den Faktor 7 und für Si_3N_4 immerhin um den Faktor 2,5 erhöht werden konnte bei gleichzeitigem Rückgang des „DC-Bias" um einen Faktor 6 (Si) bzw. 5 (Si_3N_4) [191]. Induktive Entladungen sind durch den Skineffekt in der Plasmadichte auf Werte zwischen 10^{11} und $10^{12}/cm^3$ begrenzt. Einen qualitativen Sprung erreicht man beim Übergang zu resonanten Ankoppelverfahren, mit denen die Eindringtiefe des Wechselfeldes in das Plasmavolumen bedeutend erhöht wird (s. Abschn. 14.7). Derartige Entladungen mit „Whistler"-Wellen können entweder im Mikrowellenbereich (ICC-Frequenz: 2,450 GHz; sog. ECR-Anregung, „ECR-Heating") oder im RF-Bereich bei typisch 13,56 MHz (Anregung von Heliconwellen) betrieben werden. Dabei werden zwei Effekte ausgenutzt: einmal die Resonanz mit transversalen elektromagnetischen Wellen und die Erhöhung der Diffusionskoeffizienten durch das Magnetfeld. Es ist deshalb unbedingt erforderlich, zu wissen, welche Wellen sich im Plasma ausbreiten und welche absorbiert werden können, weiterhin, wie die Wellen polarisiert sind, mithin die Dispersionsrelationen in magnetisierten Plasmen zu kennen.

Zunächst wollen wir einige Charakteristika der RF-Entladungen resümieren. Das AC-Feld ist bei gleicher Amplitude schwächer als ein DC-Feld. Im „Bulk"-Plasma wird der Strom von den Elektronen getragen, in den Randschichten dagegen von den Ionen (NF-Bereich), oder es handelt sich um Verschiebungsstrom (HF-Bereich):

$$\boldsymbol{j}_{\mathrm{P}} \approx (\sigma_{\mathrm{e}} + \mathrm{i}\varepsilon_0\omega)\boldsymbol{E}_{\mathrm{P}}; \tag{7.16}$$

$$\boldsymbol{j}_{\mathrm{S}} \approx (\sigma_{\mathrm{I}} + \mathrm{i}\varepsilon_0\omega)\boldsymbol{E}_{\mathrm{S}}; \tag{7.17}$$

wobei der Proportionalitätsfaktor zwischen $\boldsymbol{j}$ und $\boldsymbol{E}$ die Leitfähigkeit ist ($\sigma = e_0 n_{\mathrm{P}} \mu$) und sich nach den Gln. (5.7) und (6.3) ergibt zu

$$\sigma = \frac{n_{\mathrm{P}} e_0^2}{m_{\mathrm{e}}} \cdot \frac{1}{\mathrm{i}\omega + \nu_{\mathrm{m}}} \Rightarrow \sigma = \frac{\varepsilon_0 \omega_{\mathrm{P}}^2}{\mathrm{i}\omega + \nu_{\mathrm{m}}}. \tag{7.18}$$

Dabei ist $n_{\mathrm{P}} = n_{\mathrm{P}}(x)$ eine Funktion des Ortes: an den Wänden ist die Dichte Null, um zur Mitte hin anzusteigen. In einem zylindrischen Rezipienten fällt danach die radiale Plasmadichte nach einer BESSEL-Funktion von der Mitte zum Rand hin ab. Für ein kapazitiv gekoppeltes Plasma ist der Ionisierungsgrad typisch 100 ppm bis 0,1 %; es werden somit Plasmadichten bis zu einigen $10^{10}/\mathrm{cm}^3$ erreicht. Damit liegt die Plasmafrequenz $\omega_{\mathrm{P,e}}$ mehr als eine halbe Größenordung (einen Faktor 6,7) über der typischen Anregungsfrequenz von 13,56 MHz, womit die RF-Leistung vollständig vom Plasma absorbiert werden kann. Steigt die Plasmadichte, etwa in induktiv gekoppelten Plasmen, weiter an, kommt es in einem kalten Plasma ($\nu_{\mathrm{m}} = 0$) zu einem scharfen „Cutoff" bei $\omega_{\mathrm{P,e}} = \omega$, und die RF-Welle wird reflektiert (Abschn. 14.6), wobei dieser harte Übergang bei endlicher Temperatur der Molekeln aufgeweicht wird. Das bedeutet, daß sich ein derart angeregtes RF-Plasma gegenüber dem eingekoppelten Wechselfeld wie ein Metall, ein Mikrowellenplasma mit Plasmadichten bis etwa $10^{11}\,\mathrm{cm}^{-3}$ sich dagegen wie ein Dielektrikum verhält. In diesem dominiert der von der Elektronendichte unabhängige Verschiebungsstrom jetzt auch im Plasma, wodurch zum einen das elektrische Feld gleichmäßiger wird und zum anderen die $\mathcal{EEDF}$ sich in der Weise verändert, daß der Anteil höherenergetischer Ionen von DC über RF ($\nu_{\mathrm{m}}/\omega = 1,25 \wedge 2$) zu Mikrowellen ($\nu_{\mathrm{m}}/\omega = 0$) hin zunimmt [192] [193]. Dies ist in der Abb. 7.6 für gleiches mittleres E von 3,5 eV gezeigt. Insbesondere haben also mehr Elektronen Energien, die über der Ionisierungsschwelle liegen, so daß die Plasmadichte höher wird. Zu hohen Plasmadichten hin, wenn also Elektron-Elektron-Stöße dominieren, transformiert jede Verteilung immer in eine Verteilung nach MAXWELL-BOLTZMANN. Die Verteilungen sind normiert auf $\int_0^\infty f(E)\sqrt{E}\,\mathrm{d}E = 1$.

Für die gesamte absorbierte Energie bei konstantem Druck (konstanter Stoßfrequenz ν_{m}) zeigt sich jedoch eine Abnahme, da die eingekoppelte Leistung

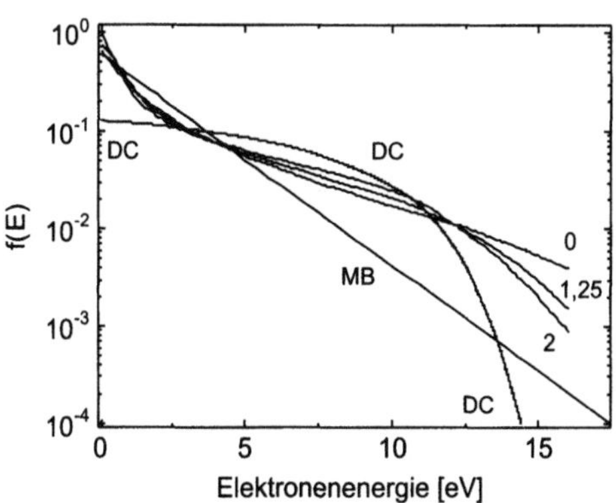

Abb. 7.6. Der Anteil höherenergetischer Elektronen nimmt mit steigender Anregungsfrequenz für konstante Gesamtenergie zu. Mittlere Energie $< E > = 3{,}5$ eV; verschiedene ν_m/ω-Verhältnisse: A: $\to \infty$ (DC); B: 2; C: 1,25; D: 0 (Mikrowellenplasma). (pa = 20 Pa cm, nach [192] [193]).

vom Quadrat des (effektiven) Feldes abhängt (Gln. (5.9)), so daß insgesamt in Mikrowellenplasmen zwar eine höhere Plasmadichte, aber eine niedrigere Elektronentemperatur beobachtet wird, was direkte Vergleiche mit RF-Plasmen außerordentlich erschwert.

Weiter ist festzuhalten, daß der Einfluß eines äußeren Feldes dann besonders groß ist, wenn dessen Frequenz gleich der Stoßfrequenz ν_m wird (Gl. (5.12)). Folglich ist die Effizienz der Mikrowelleneinkopplung eine Druckfunktion. Für Helium (ein Gas, für das $\sigma \propto 1/v$), liegt z. B. der Bereich der höchsten Leistungseinkopplung zwischen 600 und 1200 Pa mit einem Maximum bei 900 Pa bei 300 K und der ICC-Frequenz von 2,450 GHz. Für sehr niedrige Drücke wird das *MFP* sehr groß, folglich $\nu_\mathrm{m} \ll \omega$, und damit die absorbierte Leistung näherungsweise (Gl. (5.9.2))

$$P(r) \approx \frac{n(r)e_0^2}{2m_\mathrm{e}\nu_\mathrm{m}} \left(\frac{\nu_\mathrm{m}}{\omega}\right)^2 E(r)^2; \tag{7.19}$$

es werden also bedeutend höhere Plasmadichten und/oder hohe elektrische Felder in der Gegend einiger kW zur Aufrechterhaltung der Entladung benötigt; die Durchbruchsfeldstärke ist der Stoßfrequenz — und damit etwa dem Druck — umgekehrt proportional (s. a. Abschn. 14.1).

Durch ein starkes Magnetfeld wird die scharfe Grenze zwischen Dielektrikum und Metall aufgeweicht (s. Abschn. 14.6 und 14.7.1): Es ist Transmission dann auch in einem sonst „verbotenen" Bereich unterhalb der Plasmafrequenz möglich, wenn $\omega_\mathrm{c} > \omega$, und zwar verändert sich wegen der durch das Magnetfeld bedingten *Anisotropie* für die sogenannten *R- und L-Wellen* die Schwelle der Transmissionsfrequenz unterschiedlich. Für die R-Wellen — und nur diese sind für die resonante Energieübertragung auf Elektronen von Bedeutung — ergibt sich zwar eine Erhöhung dieser Schwelle von ω_P nach ω_R, wobei ω_R von Plasma- und Cyclotronfrequenz bestimmt wird (s. Tabelle 14.1). *Zusätzlich entsteht jedoch ein Übertragungsband bei tiefen Frequenzen, in dem der Brechungsindex immer größer als Eins ist, und dessen obere Grenze durch die Cyclotronfrequenz markiert wird.* In diesem Bereich findet eine Ausbreitung langsam laufender *Whistlerwellen* statt. An dessen unteren Ende kann mit Radiofrequenz, am oberen Ende mit Mikrowellen angeregt werden. Wählt man die Stärke des Magnetfeldes so, daß die Cyclotronfrequenz der Elektronen $\omega_{c,e}$ gleich der Mikrowellenfrequenz wird, ist eine resonante Absorption möglich (sog. „ECR-Heating"); es handelt sich also um den Frequenzbereich[5]

$$\omega_l \ll \omega \leq \omega_{c,e}, \tag{7.20}$$

wobei die Plasmafrequenz der Elektronen, $\omega_{P,e}$, groß gegen das Produkt aus Anregungsfrequenz und Cyclotronresonanzfrequenz der Elektronen sein soll:

$$\omega_{P,e}^2 \gg \omega\omega_{c,e} \tag{7.21}$$

mit ω_l der unteren Hybridresonanz, die über

$$\frac{1}{\omega_l^2} = \frac{1}{\omega_{P,I}^2} + \frac{1}{\omega_{c,i}\omega_{c,e}} \tag{7.22}$$

definiert ist. Dabei ist $\omega_{P,i}$ die Plasmafrequenz, $\omega_{c,i}$ die Frequenz der Cyclotronresonanz der Ionen. Mit dieser Randbedingung (Gln. (7.20) und (7.21)) können Cyclotronbewegungen der Elektronen und Ionenbewegungen vernachlässigt werden, und wir bezeichnen diese Anregung mit stehenden Wellen nach STIX als *gekoppelte Resonanz* [194]. ECR-Anregung findet im Bereich $\omega = \omega_{c,e} < \omega_{P,e}$ statt.

Da die Geschwindigkeit dieser Plasmawellen vergleichbar mit der der Elektronen im hochenergetischen Schwanz der $\mathcal{EEDF}$ ist, können die L- und R-Wellen außerdem sehr effektiv durch LANDAU-Dämpfung absorbiert werden, wenn n_e ungefähr gleich der „Cutoff"-Dichte wird. Daß dieser Mechanismus eine bedeutende Rolle spielen muß, wurde durch Untersuchungen mit doppelten LANGMUIR-Sonden von POPOV nahegelegt [195]. Zwar ist die Absorption der R-Wellen an der Resonanzstelle besonders hoch, da hier die Phasengeschwindigkeit gegen Null geht, doch gelang die Separation beider Prozesse durch den Nachweis zweier stark unterschiedlicher Elektronentemperaturen weit entfernt von der ECR-Schicht in der Nähe des Vakuumfensters.

7.4 Whistlerwellen und Systeme mit gekoppelter Resonanz

Um Energie in das Innere eines Magnetoplasmas einzukoppeln und auf die Plasmapartikeln zu übertragen, sollten diejenigen Eigenmoden des Plasmas angeregt

[5]Andere Wellenlängen liegen unterhalb des sog. „Cutoffs" und werden an der Randschicht reflektiert, ähnlich den Kurzwellen an der Heavysideschicht der Erdatmosphäre.

werden, die ihre maximale Energiedissipation im Zentrum aufweisen. Als Frequenzen kommen hierbei aus experimentellen Gründen, die durch die Dispersionsrelation (s. Abschn. 14.7.1 und 14.7.2) bestimmt werden, also die Cyclotronfrequenz ω_c oder weiter darunterliegende Frequenzen in Betracht. Das Ergebnis sind dann langsam laufende (Phasengeschwindigkeit gleich oder kleiner als 1 % des TEM-Wertes ($c = 1/\sqrt{\varepsilon_0\mu_0}$)) „Whistler"- oder „Heliconwellen". Darunter werden elektromagnetische Wellen verstanden, die sich in einem hochleitenden Medium wie einem Metall bei tiefen Temperaturen oder in einem Gasplasma bei Anwesenheit eines starken Magnetfeldes ausbreiten [196]. Das Merkmal dieser Wellen ist, daß die Energiedichte fast ausschließlich an das Magnetfeld gekoppelt ist (s. Abschn. 14.6, Gl. (14.164)). Im Gasplasma heißen diese Wellen „Whistlerwellen"; sie liegen im Frequenzbereich zwischen der Elektronen- und Ionencyclotron-Resonanz $\omega_c = e_0B/m_{\mathrm{e\,oder\,i}}$. Als erster lenkte BARKHAUSEN die Aufmerksamkeit auf atmosphärische Whistlerwellen [197]: Der Name rührt von dem in der Tonhöhe stark fallenden Glissando her, das man, da es im Audiofrequenzbereich liegt, oft beim Abhören des Kurzwellenbereichs wahrnehmen kann, und das durch Blitze in sehr großen Höhen ($\approx$ 30 000 km) entsteht, die ein breites Band von Radiofrequenzen erzeugen. Diese Wellen breiten sich im Erdmagnetfeld aus. Da die Dispersion so ist, daß $\partial\omega/\partial k \propto \sqrt{\omega}$ für $\omega < \omega_c/2$, kommen also die kürzeren Wellenlängen eher an, was die fallende Tonhöhe erklärt (s. Abschn. 14.7.1). Umgekehrt kann man mit diesen Wellen ein Plasma erzeugen.

Welche Wellen können sich im Plasma fortbewegen? Wie in Abschn. 14.7.1 gezeigt, umfaßt der Frequenzbereich der R-Wellen zwei Bereiche; davon ist derjenige mit Frequenzen kleiner der Cyclotronfrequenz der Elektronen der Bereich der Whistlerwellen. Da eine zylindrische Symmetrie vorausgesetzt wird, ist klar, daß die Wellen mit BESSEL-Funktionen beschrieben werden, wobei verschiedene Näherungen für die Bewegungsgleichung eingesetzt werden können (kaltes Plasma, also Vernachlässigung von Druckschwankungen, widerstandsfreies Plasma bedeutet Vernachlässigung des ηj-Terms, siehe [198] [199] [200] [201] und Abschn. 14.7.2).

Die Ausbreitung dieser Wellen in einem Hohlwellenleiter wird mit Hilfe der MAXWELL-Gleichungen beschrieben. Signifikant ist das Auftreten sog. *Moden,* die im Unterschied zu den Vakuumwellen, bei denen $\boldsymbol{E}$- und $\boldsymbol{H}$-Felder senkrecht zueinander und senkrecht zum Wellenvektor stehen, zum Wellenvektor parallele Komponenten von $\boldsymbol{E}$ und $\boldsymbol{H}$ aufweisen. Ist das Magnetfeld senkrecht zum Wellenvektor, spricht man von *TM-Moden,* umgekehrt von *TE-Moden.* Der Grund hierfür ist, daß in den Wänden des Hohlwellenleiters fließende Ströme ein magnetisches Feld in Richtung der Wellenausbreitung erzeugen.

Zusammen mit der Dispersionsrelation (wobei der Wellenvektor dann aus zwei Komponenten parallel und senkrecht zum statischen Magnetfeld besteht) ergeben sich Lösungen als gekoppelte DGls 2. Ordnung, deren Lösungen von den Randbedingungen (z. B. elektrisch leitende oder isolierende Wände und den o. e. Bedingungen für die Bewegungsgleichung) abhängt und nur numerisch möglich ist.

Die Moden der elektrischen und magnetischen Felder variieren radial und axial, meist auch azimutal. So hat die TM-Mode für einen Zylinder mit dem Innenradius r und der Länge l mit der Randbedingung $E_z = 0$ bei $\varrho = r$ die Lösung

$$\psi(\varrho, \theta) = J_m(\gamma_{mn}\varrho)\mathrm{e}^{\pm \mathrm{i}m\theta} \tag{7.23}$$

mit $\gamma_{mn} = x_{mn}/r$, wobei die x_{mn} die n-ten Wurzeln der BESSEL-Funktionen $J_m(x) = 0$ sind. Damit sind die Resonanzfrequenzen gegeben durch

$$\omega_{mnp} = \frac{c}{\sqrt{\varepsilon\mu}}\sqrt{\frac{x_{mn}^2}{r^2} + \frac{p^2\pi^2}{l^2}} \Rightarrow \omega_{mnp} = \frac{c}{r}\frac{1}{\sqrt{\varepsilon\mu}}\sqrt{x_{mn}^2 + \frac{p^2\pi^2r^2}{l^2}} \tag{7.24}$$

mit $m, p = 0, 1, 2 \ldots$, aber $n = 1, 2, 3 \ldots$. Die Resonanzfrequenz der niedrigsten Mode ist

$$\omega_{010} = \frac{2,405\,c}{\sqrt{\varepsilon\mu}\;r}; \tag{7.25}$$

sie ist damit unabhängig von l! Deshalb ist einfaches Anpassen durch Geometrieänderung des Resonators nicht möglich. Die Beziehungen für die Felder sind damit

$$E_z = E_0 J_0 \frac{2,405\varrho}{r}\mathrm{e}^{-\mathrm{i}\omega t}; \tag{7.26.1}$$

$$B_\theta = -\mathrm{i}\sqrt{\varepsilon\mu}J_1\frac{2,405\varrho}{r}\mathrm{e}^{-\mathrm{i}\omega t}. \tag{7.26.2}$$

Für TE-Moden gilt prinzipiell Gl. (7.23), aber wegen der Randbedingung für B_z

$$\left(\frac{\partial\psi}{\partial\varrho}\right)_{\varrho=r} = 0 \tag{7.27}$$

ist hier speziell $\gamma_{mn} = x'_{mn}/r$, wobei x'_{mn} die n-te Wurzel der ersten Ableitung der BESSEL-Funktion $J_m(x) = 0$ ist. Damit werden die Resonanzfrequenzen

$$\omega_{mnp} = \frac{c}{\sqrt{\varepsilon\mu}}\sqrt{\frac{x'^2_{mn}}{r^2} + \frac{p^2\pi^2}{l^2}} \Rightarrow \omega_{mnp} = \frac{c}{r}\frac{1}{\sqrt{\varepsilon\mu}}\sqrt{x'^2_{mn} + \frac{p^2\pi^2r^2}{l^2}} \tag{7.28}$$

mit $m = 0, 1, 2 \ldots$, aber $n, p = 1, 2, 3 \ldots$ Die niedrigste TE-Mode mit $m = n = p = 1$ weist die Resonanzfrequenz

Tabelle 7.1. Wurzeln der BESSEL-Funktionen, die für das Design von Hohlraumresonatoren wichtig sind.

Ordnung	J_m	J'_m
0	$x_{01} = 2,405$	$x'_{01} = 3,832$
	$x_{02} = 5,520$	$x'_{02} = 7,016$
	$x_{03} = 8,654$	$x'_{03} = 10,174$
1	$x_{11} = 3,832$	$x'_{11} = 1,814$
	$x_{12} = 7,016$	$x'_{12} = 5,331$
	$x_{13} = 10,174$	$x'_{13} = 8,536$
2	$x_{21} = 5,136$	$x'_{21} = 3,054$
	$x_{22} = 8,417$	$x'_{22} = 6,706$
	$x_{23} = 11,620$	$x'_{23} = 9,970$

$$\omega_{111} = \frac{1,841\,c}{\sqrt{\varepsilon\mu}\;r}\sqrt{1 + 2,912\frac{r^2}{l^2}} \tag{7.29}$$

auf. Ist $l > 2,03 \cdot r$, dann ist dies die dominante Mode. Da die Frequenz vom Verhältnis l/r abhängt, ist durch Variation der Länge des Hohlraumresonators eine einfache Anpassung möglich. Da der Q-Faktor für diese Mode jedoch besonders niedrig ist, wird meist an die TE_{011}-Mode angepaßt (die Feldverteilungen der Moden sind z. B. im „American Institute of Physics Handbook" zu ersehen). Hat das Plasma gezündet, werden die Wellen absorbiert, das $\boldsymbol{E}$-Feld bricht zusammen, der Q-Faktor sinkt hier auf Eins ab. Das bedeutet natürlich auch, daß kein „Muster" der Feldverteilung der Moden mehr nachzuweisen ist.

In Abb. 7.7 sind die radialen Abhängigkeiten des Quadrates der Stromdichte für die Modenzahlen $m = 0$, 1, 2 für $n = 1$ dargestellt. Da lediglich die Moden für $m = 0$ und 1 die maximale Intensität in der Mitte haben, kommen nur sie zur Plasmaanregung in Frage. Nachteilig bei der Mode mit $m = 0$ ist, daß sie achsensymmetrisch ist und deshalb am besten von einer axialen Antenne im Plasmazentrum abgestrahlt werden sollte. Daher wird meist die Mode mit $m = 1$ gewählt.

Der Absorptionsmechanismus ist neben dem OHMschen Aufheizen offenbar LANDAU-Dämpfung der Helicon-Moden: niederfrequenten Whistler-Wellen, die sich in einem Rohr in einem bestimmten Winkel zum statischen Magnetfeld $\boldsymbol{B}_0$ bewegen. Hierbei entnehmen schnelle Elektronen, die durch das Feld der Randschicht beschleunigt worden sind, dem Wellenfeld Energie, und zwar besonders effektiv dann, wenn die thermische Geschwindigkeit der Elektronen und die Phasengeschwindigkeit der Welle

$$v_{\text{Ph}} = \frac{\omega}{k_z} \tag{7.30}$$

gleich werden. Dieser Effekt ist modellmäßig ähnlich zu verstehen wie die „stochastische" Aufheizung und wird auch in der Literatur synonym verwandt. Ins-

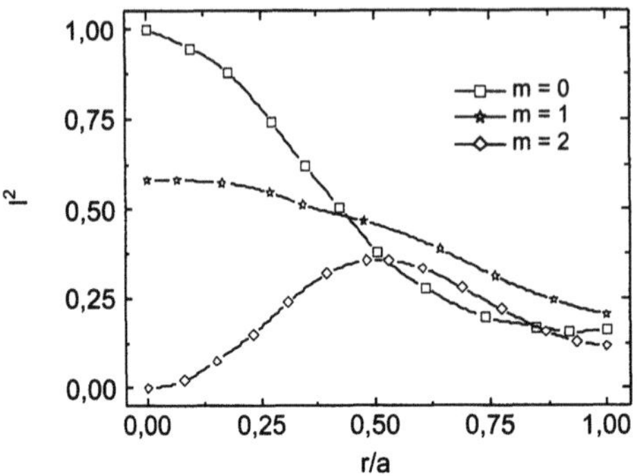

Abb. 7.7. Radiale Abhängigkeiten des Quadrats der Stromdichte für die ersten drei azimutalen Moden 0, 1 und 2 (nach [202]).

besondere sind beide Mechanismen stoßfrei. Jedoch ist die Anregung von Elektronen durch LANDAU-Dämpfung der Welle auf den äußerst schmalen Bereich der Umgebung von v_{Ph} begrenzt. So ist bei einem Verhältnis von $v_{\mathrm{e}}/v_{\mathrm{Ph}} = 0,1$ das Verhältnis ξ der Energieübertragung etwa 10^{-51}, während ξ bei 0,5 bereits 0,17 beträgt (s. Kap. 14.3).

Die Anregung der Wellen geschieht mit einer meist bei der Radiofrequenz von 13,56 MHz betriebenen Antenne in einen Plasmazylinder, dessen Wände aus elektrisch leitendem oder isolierendem Material bestehen können. Die Antenne strahlt über ihre Länge L ein B-Feld ab, das mit dem transversalen Magnetfeld der Helicon-Mode koppelt. Darüber hinaus wird direkt unter den Antennendrähten ein elektrischer Strom induziert, dessen Richtung dem in jenen entgegengesetzt ist. Dieser Strom erzeugt also an den Enden der Antenne wiederum ein transversales elektrisches Feld, das mit dem transversalen elektrischen Feld der Helicon-Mode koppeln kann (s. Abb. 7.6). Ein signifikantes Charakteristikum dieses Heliconmodells ist die Annahme einer hohen Plasmadichte, so daß Verschiebungsströme vernachlässigt werden können. Wir betrachten somit den *Fall eines plasmagefüllten Hohlwellenleiters;* ist der Prozeßzylinder aus Glas, mit ideal isolierenden Wänden, sind sie aus Metall, mit ideal leitenden Wänden.

Die Whistlerwellen werden resonant abgestimmt auf

- die Antennenlänge L,

- die Magnetfeldstärke B,

- die Anregungsfrequenz ω;

ihre Wellenlänge ergibt sich mit Gl. (14.223) ($\cos\alpha = 1$) zu

$$\lambda = \frac{2\pi c}{\omega_{\mathrm{P}}}\sqrt{\frac{\omega_{\mathrm{c}}}{\omega}} = 2\pi c\sqrt{\frac{\epsilon_0 B}{n_{\mathrm{e}} e_0 \omega}}, \tag{7.31}$$

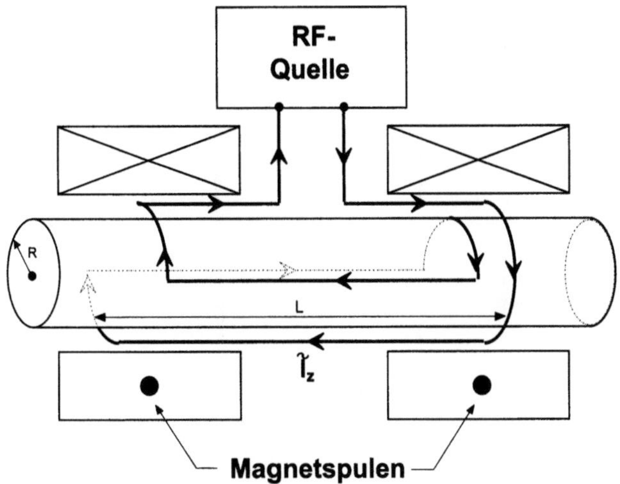

Abb. 7.8. Einkoppeln von Helicon-Wellen über eine Antenne in Anwesenheit eines kleinen statischen Magnetfelds.

diese Resonanzbedingung ist für schwache Magnetfelder $\leq$10 mT und Plasmadichten $\leq 10^{11}$ cm^{-3} gut erfüllt:[6] für $B = 10$ mT, $n = 5 \cdot 10^{11}$ cm^{-3} und $\omega = 13{,}56$ MHz wird λ ungefähr 60 cm. Wir sehen, daß $\lambda \propto \sqrt{1/n_{\mathrm{P}}}$. Umgekehrt passen auf die Antennenlänge L nur gerasterte Wellenlängen $N\lambda/2$, was bei allmählicher Erhöhung der Plasmadichte durch verstärkte Leistungseinkopplung zum gefürchteten „Modenspringen" für $N \to N+1$ und zum gleichzeitigen abruptem Anstieg der Plasmadichte führt: in diesen Bereichen ist die Entladung instabil.

Um Elektronen durch die LANDAU-Dämpfung aufzuheizen, sind verschiedentlich Antennen so konstruiert worden, daß

$$k_z = \frac{2\pi}{\lambda} \approx N\frac{\pi}{L} \tag{7.32}$$

mit L der Antennenlänge [203], so daß

$$E = \frac{m_{\mathrm{e}}}{2}\left(\frac{\omega}{k_z}\right)^2 . \tag{7.33}$$

[6]Natürlich erhält man das gleiche Ergebnis, setzt man für die Dielektrizitätskonstante in erster Näherung die MAXWELLsche Relation an ($\varepsilon = n^2$), aus der man mit den Gln. (14.208) und (14.209) leicht eine Beziehung zwischen k, n_{P}, und B gewinnt:

$$k \approx \sqrt{\frac{\mu_0 e_0 n_{\mathrm{P}} \omega}{B}} \Rightarrow \lambda = \frac{2\pi}{k} \approx 5,6 \cdot 10^5 \sqrt{\frac{B}{n_{\mathrm{P}}\omega}}\ [\mathrm{m}]$$

mit B in T, n_{P} in cm^{-3} und ω in sec^{-1}.

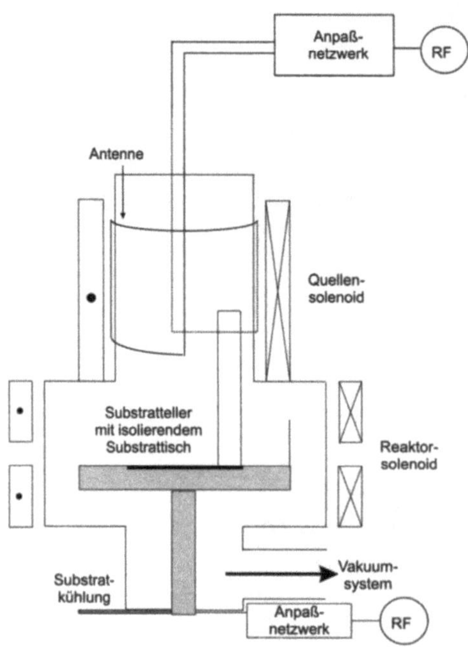

Abb. 7.9. Whistlerwellen-Reaktor von Alcatel [204] (© Societe Française du Vide).

Damit ein signifikanter Bruchteil der Elektronen Energien am Ionisationsmaximum des Argons (etwa 50 eV) erhält, muß dann die Antenne allerdings 120 cm lang sein: $L \gg R$! Gl. (7.31) verlangt jedoch eher eine kurze Antenne, für die $L \ll R$ ist.

Man erreicht sehr niedrige Plasma-Potentiale V_P (typisch 10 – 15 V), verbunden mit enorm hohen Plasmadichten im Anregungsrohr (bis $10^{13}/cm^3$) bei gleichzeitig niedrigen magnetischen Feldern in der Gegend von 50 – 150 Gauss (5 – 15 mT). Äußerst schwierig ist allerdings das Abgleichen. Typischerweise besteht das π-Anpaßnetzwerk aus zwei Drehkondensatoren; die Antenne selbst dient als Induktivität. Es ist wohl hauptsächlich diese Schwierigkeit — der Erfinder BOSWELL selbst bastelte zwei lange Jahre an einem ihn zufriedenstellenden Netzwerk [203] —, die einem kommerziellen Durchbruch bisher im Wege stand.

Er beschrieb 1970 einen derartigen Versuch bei einem Argondruck von 0,2 Pa [203]. Die experimentelle Anordnung bestand aus zwei zueinander konzentrischen Zylindern: einem Quellenzylinder aus Glas und einem Reaktorzylinder aus Glas oder Metall (Abb. 7.7). Das Solenoid an der Quellenkammer wird zur Einkopplung der RF-Energie benötigt und das Solenoid an der Prozeßkammer zur Begrenzung des Plasmas. Ein statisches, axiales Magnetfeld mit einer Stärke von 1,5 kGauss (0,15 T) umgab das Rohr. Senkrecht dazu (also parallel zur Achse des Reaktors in z-Richtung) wurde mit einer bei 8 MHz betriebenen Antenne eine stehende Heliconwelle angeregt, indem deren transversale Felder mit den radialen Antennenfeldern koppelten ($E_z = 0$). Mit einer

Tabelle 7.2. Resonante Abstimmung der Heliconwellen an experimentelle Parameter (a: Durchmesser des Zylinders mit leitenden Außenwänden, λ: $2\pi/\Re(k)$, L: $1/\Im(k)$).

n [cm^{-3}]	a [cm]	B [T]	ω [MHz]	λ [cm]	L [cm]
10^{11}	25,1	0,004	0,288	500	3500
10^{12}	7,9	0,013	0,912	159	1100
10^{13}	2,5	0,040	2,88	50	350
10^{14}	0,79	0,126	9,12	15,9	111
10^{15}	0,25	0,40	28,8	5,0	35
10^{16}	0,08	1,26	91,2	1,6	11

doppelten LANGMUIR-Sonde wurden — abhängig von der Stärke des statischen Magnetfeldes — Elektronendichten zwischen $1,5 \cdot 10^{11}$ und $3,8 \cdot 10^{12}\,\mathrm{cm}^{-3}$ gemessen, d. h. ein Ionisierungsgrad zwischen 0,4 und 9 %. Das entspricht formal einem Brechungsindex von 10^{12}; dieser Wert berechtigt dazu, von einem *Resonanzphänomen* zu sprechen. BOSWELL prägte für Ätzungen den Begriff des *Resonant Inductive Ion Etching, RIPE* [204].

Später berichteten BOSWELL et al. von einem Ionisierungsgrad von nahezu 100 %, gemessen mit einem Mikrowellen-Interferometer bei Elektronenenergien von etwa 3 eV [205]. (Beobachtet wird meist der „Cutoff", d. h. die Frequenz, bei der $\omega = \omega_R$, und die Welle reflektiert wird). Selbst wenn einschränkend bemerkt werden muß, daß hochionisierte Plasmen einen Großteil doppelt ionisierter Spezies enthalten, die den Ionisierungsgrad in Richtung höherer Werte verfälschen, ist dieses Ergebnis dennoch sehr beeindruckend.[7]

In Argon ist die Plasmafarbe zunächst rosa, was auf die roten Linien des Ar^{I} zurückzuführen ist. Wird B_0 auf 50 mT erhöht, schlägt die Farbe nach blau um (Ar-Linien bei 480,6 und 488 nm); die Plasmadichte ist jetzt fünfmal so hoch. Außerdem beobachtet man eine schärfere Begrenzung des radialen Profils des Plasmas, und die axiale Wellenlänge halbiert sich. Bei weiterer Erhöhung des Magnetfeldes stellt man bei 75 mT einen weiteren Umschlag fest, der mit einer abermaligen Erhöhung der Plasmadichte um einen Faktor 2 einhergeht [202].

Die zur Konstruktion von Heliconwellen-Quellen notwendigen apparativen Bedingungen, also für hohe LANDAU-Dämpfung, wurden von CHEN für kalte Plasmen zusammengestellt (Tabelle 7.2) [206]. Diese Werte müssen bei etwas anderer Wahl von T_e, L/λ und a leicht modifiziert werden. Für genauere Berechnungen sollte außerdem die Abhängigkeit des Wellenvektors k von der Temperatur und dem Widerstandsterm Berücksichtigung finden.

[7] Aus den beiden Ästen der LANGMUIR-Kurve erhält man ja Werte für n_i und n_e. Für einfach ionisierte Plasmen ist $n_e = n_i$, aus Abweichungen kann mit einigem Vorbehalt der Anteil der Mehrfach-Ionisierung ermittelt werden.

Die Systeme mit gekoppelter Resonanz zeichnen sich aus durch eine hervorragende Gleichmäßigkeit der mit ihnen erzielten Ätzungen ($\pm 1\,\%$ über 4 Zoll), was ein Resultat des sehr gleichmäßigen Plasmafeldes bei äußerst niedrigen Bias-Potentialen ist. Zudem scheint bei Ätzungen mit kohlenstoffhaltigen Gasen die Konkurrenz zwischen Polymerisation und Ätzung auch bei sehr niedrigen Bias-Werten auf der Seite der Ätzung zu liegen [207].

Inzwischen liegen erste Ergebnisse von Si-RIPE-Ätzungen in SF_6 und Cl_2 vor [204] [208]. Die Ätzraten betragen bei 100 V „DC-Bias“ und einer RF-Leistung von 500 W (13,56 MHz) zwischen 0,4 μm/min bei 0,07 Pa und 1,5 μm/min bei 0,5 Pa; die Anisotropie, definiert als $A = \tan\alpha = l_v/l_h$ mit l_h der horizontalen und l_v der vertikalen Ätzrate, sank im gleichen Druckbereich von 1,0 auf 0,6.

In Reaktoren für Heliconwellen erfolgt die Anregung mit einer RF-betriebenen Antenne durch eine isolierende Wand. Dabei werden mit relativ niedrigen Magnetfeldern hohe Plasmadichten erreicht. Die Wellen übertragen ihre Energie durch Stöße oder LANDAU-Anregung. Wegen der hohen Plasmadichten sind die Randschichten entsprechend dünn und damit nahezu stoßfrei.

7.5 ECR-Quellen

7.5.1 Das elektrische Feld und die Diffusionslänge

Ein bedeutender Fortschritt in der Technologie der Niederdruck-Niedertemperatur-Plasmen ist mit der Einführung der ECR gelungen, einem „Spin-off“-Prozeß von Projekten der Kernfusions- und Triebwerksentwicklung.[8] Hier wird Mikrowellenenergie durch ein statisches, divergentes Magnetfeld (Quadru- oder Octopol) in ein Elektronengas bei dessen Resonanzfrequenz eingekoppelt. Während im Anhang gezeigt wird, wie die Elektronen als *Kollektiv* resonant Energie absorbieren (Abschn. 14.7.1), wollen wir uns hier die Frage vorlegen, wie die Bewegung eines einzelnen Elektrons in einem elektromagnetischen Wechselfeld ist, zu dem ein statisches Magnetfeld $\boldsymbol{B}_0$ senkrecht steht. Dabei soll dieses groß gegen das fluktuierende Magnetfeld der Welle $\boldsymbol{B}_\sim$ sein. Mit den Bedingungen

$$\boldsymbol{B}_0 \gg \boldsymbol{B}_\sim \wedge \boldsymbol{B}_0 \parallel \boldsymbol{z} \tag{7.34}$$

setzen wir mit

$$\boldsymbol{\omega} = -\frac{e_0}{m}\boldsymbol{B}_0 \wedge \boldsymbol{E} = \boldsymbol{E}_0 e^{i\omega t} \wedge \boldsymbol{v} = \boldsymbol{v}_G e^{i\omega t} \tag{7.35}$$

für die Geschwindigkeitsgleichung des Gyrationszentrums G (DRUDEsche oder LANGEVINsche Gleichung)

[8] Unter „Spin-off“ versteht man den Transfer von Produktionsverfahren, Materialien und Know-how aus dem militärisch/staatlichen in den zivil/privaten Bereich.

$$m\frac{\mathrm{d}\boldsymbol{v}}{\mathrm{d}t} = -e_0\boldsymbol{E}(t) - e_0\boldsymbol{v}\times\boldsymbol{B}_0 - \nu_\mathrm{m}\boldsymbol{v} \tag{7.36.1}$$

an, die in Komponentenschreibweise

$$\left.\begin{array}{rcl} (\mathrm{i}\omega+\nu_\mathrm{m})v_x + \frac{e_0B_0}{m}v_y & = & -\frac{e_0}{m}E_x \\ -\frac{e_0B_0}{m}v_x + (\mathrm{i}\omega+\nu_\mathrm{m})v_y & = & -\frac{e_0}{m}E_y \\ (\mathrm{i}\omega+\nu_\mathrm{m})v_z & = & -\frac{e_0}{m}E_z \end{array}\right\} \tag{7.36.2}$$

oder in Matrixschreibweise mit $\omega_\mathrm{P}^2 = ne_0^2/m\varepsilon_0$

$$\frac{1}{\varepsilon_0\omega_\mathrm{P}^2}\begin{pmatrix} \mathrm{i}\omega+\nu_\mathrm{m} & \omega_\mathrm{c} & 0 \\ -\omega_\mathrm{c} & \mathrm{i}\omega+\nu_\mathrm{m} & 0 \\ 0 & 0 & \mathrm{i}\omega+\nu_\mathrm{m} \end{pmatrix}\begin{pmatrix} j_x \\ j_y \\ j_z \end{pmatrix} = \begin{pmatrix} E_x \\ E_y \\ E_x \end{pmatrix} \tag{7.36.3}$$

ergibt. Das ist die Matrixgleichung

$$\boldsymbol{\sigma}_\mathrm{ij}^{-1}\cdot\boldsymbol{j} = \boldsymbol{E}; \tag{7.36.4}$$

wir sind aber an der Lösung

$$\boldsymbol{j} = \boldsymbol{\sigma}_\mathrm{ij}\cdot\boldsymbol{E} \Rightarrow \rho\cdot\boldsymbol{v} = \rho\cdot\boldsymbol{\mu}_\mathrm{ij}\cdot\boldsymbol{E} \Rightarrow \boldsymbol{v} = \boldsymbol{\mu}_\mathrm{ij}\cdot\boldsymbol{E} \tag{7.37}$$

interessiert, d. h. wir müssen Gl. (7.36.3) invertieren und erhalten für die inverse Matrix $(\boldsymbol{\mu}_\mathrm{ij}^{-1})^{-1}$ mit

$$A = \frac{\frac{1}{n\varepsilon_0\omega_\mathrm{P}^2}}{\mathrm{i}\omega+\nu_\mathrm{m}[(\mathrm{i}\omega+\nu_\mathrm{m})^2+\omega_\mathrm{c}^2]}: \tag{7.38.1}$$

$$A\cdot\begin{pmatrix} (\mathrm{i}\omega+\nu_\mathrm{m})^2 & -\omega_\mathrm{c}(\mathrm{i}\omega+\nu_\mathrm{m}) & 0 \\ \omega_\mathrm{c}(\mathrm{i}\omega+\nu_\mathrm{m}) & (\mathrm{i}\omega+\nu_\mathrm{m})^2 & 0 \\ 0 & 0 & (\mathrm{i}\omega+\nu_\mathrm{m})^2+\omega_\mathrm{c}^2 \end{pmatrix}, \tag{7.38.2}$$

so daß $\boldsymbol{\mu}_\mathrm{ij}$ wird

$$\boldsymbol{\mu}_\mathrm{ij} = \begin{pmatrix} \mu_\perp & \mathrm{i}\mu_\times & 0 \\ -\mathrm{i}\mu_\times & \mu_\perp & 0 \\ 0 & 0 & \mu_\parallel \end{pmatrix}, \tag{7.39}$$

was wie üblich bezeichnet wird als [209]:

$$\left.\begin{array}{lll} \mu_\perp: & \mu_{transversal}: & \frac{e_0^2}{m}\frac{\mathrm{i}\omega+\nu_\mathrm{m}}{(\mathrm{i}\omega+\nu_\mathrm{m})^2+\omega_\mathrm{c}^2}; \\ \mu_\times: & \mu_{senkrecht}: & \frac{e_0^2}{m}\frac{-\omega_\mathrm{c}}{(\mathrm{i}\omega+\nu_\mathrm{m})^2+\omega_\mathrm{c}^2}; \\ \mu_\parallel: & \mu_{parallel}: & \frac{e_0^2}{m}\frac{1}{\mathrm{i}\omega+\nu_\mathrm{m}}. \end{array}\right\} \tag{7.40}$$

Wird die Erregerfrequenz gleich der Cyclotronfrequenz, beobachten wir eine Singularität: die Elektronengeschwindigkeit senkrecht zum statischen Magnetfeld nimmt zu, und die Gln. (7.36.2 u. 7.36.3) sind nicht mehr gültig: An der

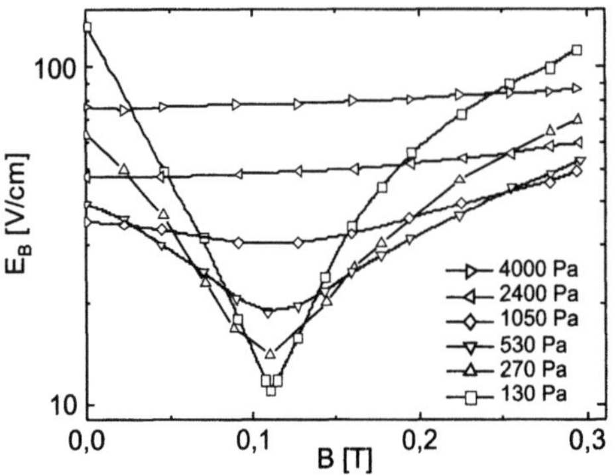

Abb. 7.10. Abhängigkeit der Durchbruchsfeldstärke von der Magnetfeldstärke für verschiedene Drücke [210] (© The American Institute of Physics).

Resonanzstelle entartet die kreisförmige Bewegung in eine Spirale. Die Resonanz ist sehr scharf und nur in einem Frequenzintervall von etwa ±5 % wirksam.

Selbst bei kleinen Feldern entsteht dann bei $\omega = \omega_c$ eine *Resonanz,* die bei niedrigen Drücken nur schwach gedämpft ist. So ist für Drücke zwischen 1 bis 10 Pa das zum Durchbruch erforderliche Feld markant niedriger als ohne Magnetfeld (s. a. Abb. 7.10. Für 2,450 GHz ist die Magnetfeldstärke für Resonanz 87,5 mT.)

Die Resonanz wird also nicht durch Stöße von Elektronen verursacht: im Gegenteil wird die Energieaufnahme durch Stöße der Elektronen mit Molekeln oder Wänden begrenzt. Durch die fehlende Dämpfung wird gleichzeitig die Güte der Resonanz größer (Abb. 7.11).

Als Bedingung für eine Resonanz muß also

$$\omega \geq \nu_m \tag{7.41}$$

gelten, womit für die typische Anregungsfrequenz von 2,45 GHz in Argon der Entladungsdruck deutlich unter 1 Pa liegen sollte.

Das effektive elektrische Feld für eine Bewegung senkrecht zum magnetischen Feld ($\boldsymbol{E}_\sim \perp \boldsymbol{B}_0$) verändert sich ebenfalls. Dazu nehmen wir den Realteil von Gl. (7.36.3), quadrieren, mitteln über die Zeit und erhalten

$$E_{\text{eff}}^2 = \frac{\nu_m^2}{4}\left(\frac{1}{\nu_m^2 + (\omega - \omega_c)^2} + \frac{1}{\nu_m^2 + (\omega + \omega_c)^2}\right) E_0^2, \tag{7.42}$$

das bei hohen Drücken ($\nu_m^2 \gg (\omega + \omega_c)^2$) in das RMS-Feld übergeht. An der singulären Stelle verschwindet der zweite Summand, so daß das effektive Feld eine Lorentz-Linienform annimmt. In diesem Fall wird die FWHM gleich der Stoßfrequenz:

$$\nu_m = \sqrt{\Delta\omega}, \tag{7.43}$$

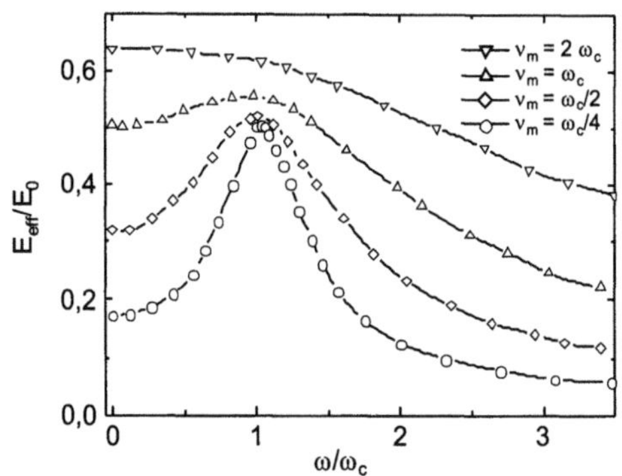

Abb. 7.11. Bei niedrigen Drücken wird die Güte der Resonanz im Magnetfeld höher [210] (© The American Institute of Physics).

womit eine direkte Messung von $\nu_{\rm m}$ ermöglicht wird. Die aufgenommene kinetische Energie ist gegeben durch

$$E_{\rm kin} = 1/2mv^2 = 1/2ma^2/\nu_{\rm m}^2, \tag{7.44}$$

also

$$E_{\rm kin} = \frac{1}{2}m\frac{e_0^2 E_{\rm eff}^2}{m^2\nu_{\rm m}^2} = \frac{1}{4}\frac{e_0^2}{m}\cdot\left(\frac{1}{\nu_{\rm m}^2+(\omega-\omega_{\rm c})^2}+\frac{1}{\nu_{\rm m}^2+(\omega+\omega_{\rm c})^2}\right)E_0^2. \tag{7.45}$$

Für hohe Drücke wird die kinetische Energie ($\omega \ll \nu_{\rm m}$) :

$$E_{\rm kin} \approx \frac{e_0^2 E_0^2}{2m\nu_{\rm m}^2}, \tag{7.46}$$

diese Gleichung ist besonders für H_2 und He wichtig, da in diesen Gasen $\nu_{\rm m}$ unabhängig von der Geschwindigkeit ist. Es sei nochmals darauf hingewiesen, daß nur in diesem Fall die Abhängigkeit der Energie von Frequenz und magnetischem Feld mit einer Funktion zu beschreiben ist. Bei niedrigen Drücken wird die Resonanz bei $\omega = \omega_{\rm c}$ immer schärfer, die Leistungsaufnahme wird also etwa

$$P(r) \approx \frac{n_{\rm e}(r)e_0^2}{2m_{\rm e}\nu_{\rm m}}\cdot\left(\frac{\nu_{\rm m}}{\omega-\omega_{\rm c}}\right)^2\cdot E(r)^2. \tag{7.47}$$

Zudem nimmt die Diffusionslänge zu, und zwar ist in zylindrischer Geometrie ($\boldsymbol{B}_0 \parallel \boldsymbol{L}$, R: Radius, L: Länge des Zylinders):

$$\frac{1}{\Lambda^2} = \frac{\nu_{\rm m}^2}{\nu_{\rm m}^2+(\omega+\omega_{\rm c})^2}\left(\frac{2.405}{R}\right)+\left(\frac{\pi}{L}\right)^2. \tag{7.48}$$

Folglich kann gerade bei niedrigen Drücken eine effektive Energieaufnahme erfolgen. *Das magnetische Feld bewirkt eine effektive Vergrößerung des Volumens zu allen Richtungen, die senkrecht zum magnetischen Feld sind, um den Faktor*

$$\sqrt{\frac{\nu_{\rm m}^2 + (\omega_{\rm c} + \omega)^2}{\nu_{\rm m}^2}}. \qquad (7.49)$$

Sinken die Drücke allerdings zu weit ab, wird das *MFP* und die damit verbundene Energieaufnahme der Elektronen so groß, daß die Ionisierung aus zwei Gründen wieder abnimmt:

- zum einen wird die Dichte der Neutralmolekeln kleiner und
- zum anderen nimmt der (energieabhängige) Ionisierungsquerschnitt ab.

Zu höheren Drücken hin spielen wieder zunehmend Stoßprozesse eine Rolle, weil der Gewinn an Energie, den die Elektronen auf ihrem Weg erfahren, zurückgeht. Deswegen ist ECR besonders bei niedrigen Drücken (< 1 Pa) sehr wirkungsvoll [211]. Bei weiterer Druckerhöhung wird $\nu_{\rm m} \gg \omega$, damit nimmt die mittlere Energieaufnahme beim Stoß sogar ab, was zur Folge hat, daß die Durchbruchsspannungen ansteigen (Abb. 7.10) und proportional zur Dichte werden. Folglich wird ein Maximum der Ionisierung bei etwa 0,1 bis 0,01 Pa beobachtet (Gl. (7.41)) [212].

Durch Messungen mit LANGMUIR-Sonden wurde nachgewiesen, daß auch in ECR-Entladungen die Elektronentemperatur in Argon mit steigendem Druck monoton fällt, was auf die zunehmende Stoßfrequenz zurückzuführen ist, wodurch die mittlere Energie erniedrigt wird (s. Abschn. 14.1) [213]. Dies hat dann für den von der Sonde gemessenen Sättigungsstrom ein Maximum bei ungefähr 10 mPa zur Folge: bei niedrigeren Drücken nimmt die Zahl der Stoßpartner ab, zu höheren Drücken sinkt dagegen die Elektronentemperatur. Wegen der geringen Stoßzahl der Ladungsträger und der resonanten Anregung sind starke Abweichungen von der MB-Verteilung zu beobachten [211].

Die Beweglichkeiten der beiden Ladungsträgersorten Elektronen und Ionen werden durch die Erhöhung der Anregungsfrequenz wieder vergleichbarer, die kapazitive Impedanz der Randschicht sinkt, dadurch nimmt die Dicke der Randschicht ab, so daß die Dunkelräume nahezu stoßfrei werden, und das Verhältnis der Leistungen, die in die Randschicht bzw. den Plasmakörper eingekoppelt werden, verschiebt sich zugunsten von dieser, womit eine im Vergleich zu RF-Plasmen höhere Elektronendichte erreicht wird.

Die Elektronen, die in diesem Volumen beschleunigt werden, ionisieren das Gas abhängig vom Arbeitsgasdruck, den Flußraten und der Mikrowellenenergie in ähnlichem Ausmaß, wie wir es auf der niederfrequenten Seite des Bandes der Whistlerwellen gesehen haben, wo $\omega \ll \omega_{\rm c}$, also erheblich mehr, als dies in den bisher besprochenen RF-Entladungen der Fall ist.[9]

[9]Historisch gesehen, wurden mit diesem Entladungstyp die ersten Hochdichte-Plasmen erzeugt. Da die Anregung ohne (metallische) Elektroden erfolgt, wird folglich eine Metallkontamination vermieden. So gelang es erstmals, auch mit reaktiven Gasen über größere Zeiträume (einige hundert Stunden [214]) unter stabilen Bedingungen arbeiten zu können. Daher wurden als selbständige Einheiten konstruierte ECR-Quellen sehr bald zum reaktiven Ionenstrahlätzen (RIBE) eingesetzt (s. Kap. 8).

7.5.2 Einkoppeln von Mikrowellen

Die Mikrowellenenergie wird über einen Hohlwellenleiter in den Rezipienten eingekoppelt. Dieser ist als radialer Wellenleiter oder Hohlraumresonator ausgebildet, wobei das Gehäuse die äußere Begrenzung darstellt (entweder aus Metall oder — um Kontamination zu vermeiden — zusätzlich mit Quarz, also einem Dielektrikum, verkleidet; dies hat Konsequenzen für die Dispersion der Wellen, s. Abschn. 14.7.2). Für eine Optimierung ist der Wellenleiter meist mit einem Dreistab-Tuner versehen. Er besteht aus drei Stümpfen aus Messing, mit denen die Anpassung der stehenden Welle an die hoch-kapazitive Last im (plasmagefüllten) Hohlwellenleiter durchgeführt wird.

Der Hohlraumresonator ist zusätzlich durch einen sog. Kurzschlußschieber verstellbar, um die Resonanzbedingung durch Geometrieänderung erfüllen und verschiedene Eigenmoden anregen zu können. Wegen der zylindrischen Symmetrie sind deren Lösungen BESSEL-Funktionen. Angeregt werden *Whistlerwellen,* die vom statischen Magnetfeld $\boldsymbol{B}_0$ geführt werden ($\boldsymbol{q} \parallel \boldsymbol{B}_0$, für Details s. Abschn. 14.7.1 und 14.7.2).

Die niedrigste TM-Mode, deren Lösung eine BESSEL-Funktion nullter Ordnung ist, weist eine vom axialen Abstand unabhängige Resonanzfrequenz auf. Deswegen ist eine Abstimmung auf diese Mode unmöglich, und es wird die niedrigste TE-Mode (TE_{111}) genommen. Für $l > 2{,}03 \cdot r$ (l: Abstand, r: Radius) liegt ihre Resonanzfrequenz unter der der niedrigsten TM-Mode. Damit wird die TE_{111}-Mode zur *Fundamentalmode;* ihre Eigenfrequenz hängt vom d/R-Verhältnis ab, und eine Abstimmung ist leicht möglich.

Von großer Bedeutung für die Effektivität der Einkopplung – insbesondere bei niedrigen Drücken — ist die Güte der Resonanz; sie wird üblicherweise mit dem Q-Faktor bezeichnet. Die Dämpfung hängt von der Frequenz — sie bestimmt die Skintiefe δ —, den Abmessungen und der Leitfähigkeit des Hohlraumresonators sowie der Mode ab.

Trotz dieser Bemühungen zur Anpassung liegen die Q-Faktoren in der Gegend von höchstens 10, so daß die Resonanzkurve relativ breit ist. Ein übliches Maß für den Q-Faktor ist das Verhältnis δ/λ. Trägt man es für einen zylindrischen Hohlraumresonator gegen das Geometrieverhältnis $2r/l$ auf, sieht man, daß das Maximum von Q für TE-Moden dann erreicht wird, wenn Durchmesser $2r$ und Höhe l gleich sind (Abb. 7.12). Hat das Plasma gezündet, bricht — durch dessen hohe Leitfähigkeit bedingt — das elektrische Feld zusammen.

Die Modelle zur Beschreibung der Einkopplung von Mikrowellen gehen von der Annahme aus, daß sich diese im „Bulk"-Plasma fortbewegen und dort absorbiert werden, in der Zone der ECR-Schicht resonant. Daher ist die für die Anpassung entscheidende Region die Oberfläche des Plasmas am Fenster und das Fenster selbst. STEVENS et al. zeigten mit konventionellen *Transmission-Line*-Rechnungen, daß für eine gegebene Plasmadichte die richtige Wahl der optischen Dicke des Fensters (Produkt aus geometrischer Dicke und Brechungsindex) entscheidend zur Reduzierung der Reflexion der Mikrowelle an der Fen-

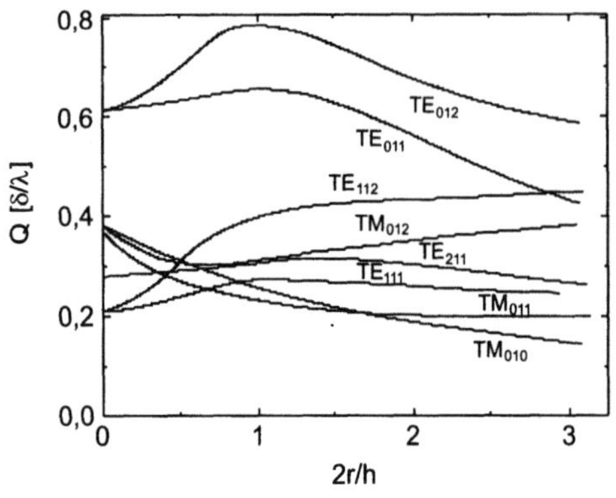

Abb. 7.12. Q als Funktion der Dimension eines zylindrischen Hohlraumresonators für verschiedene Moden [215].

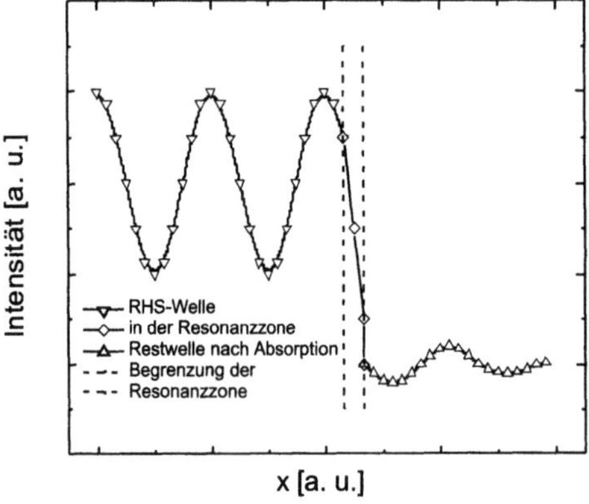

Abb. 7.13. Die Welle läuft an der höchsten Stelle des Magnetfelds in das Plasma hinein und gibt in der bei niedrigen Entladungsdrücken sehr scharf begrenzten Resonanzzone ihre Energie an die Elektronen ab.

steroberfläche und zur Stabilisierung der gewünschten Mode beiträgt [216] (s. a. Abbn. 7.15 u. 7.17).

7.5.3 Leistungseinspeisung in das ECR-Plasma

Das elektrische Feld einer linear polarisierten Welle (Summe aus einer circular links (LHP) und einer circular rechts (RHP) drehenden Welle gleicher Amplitude), die sich in z-Richtung bewegen möge, ist dann ($\boldsymbol{i}$: Einheitsvektor in x-Richtung)

$$\boldsymbol{E}(\boldsymbol{r},t) = \Re[\boldsymbol{i}E_x(\boldsymbol{r})]\mathrm{e}^{\mathrm{i}\omega t}. \tag{7.50}$$

Das elektrische Feld der RHP-Welle rotiert gegen den Uhrzeigersinn um $\boldsymbol{B}_0$ mit der Frequenz ω und überträgt den Elektronen Energie, die diese ihrerseits mit der Kraft $e_0\boldsymbol{E}$ auf Kreisbahnen zwingt, die sie mit der Gyrofrequenz $\omega_{\mathrm{c,e}}$

umlaufen. So gelingt in der Zone der Resonanz ein kontinuierlicher Energieübertrag des Wellenfeldes auf die Elektronen.[10]

$$P_{\text{abs}} = \int_V S_{\text{ohm}} \mathrm{d}^3 x = n_0 e_0 (x - \mathrm{i}y) E_{\text{rhp}}. \tag{7.51}$$

Berücksichtigen wir weiter die radiale Inhomogenität des Magnetfeldes, das wir als lokal linear annehmen, so daß wir es nach

$$B(z) = B_0 + \left(\frac{\partial B}{\partial z}\right)_{\omega=\omega_{\text{c,e}}} z = B_0 + B'z = B_0(1 + \alpha z) \tag{7.52}$$

entwickeln, wobei z der Abstand von der Zone der exakten Resonanz ($z = 0$) ist und folglich für die Cyclotronfrequenz analog gilt:

$$\omega_{\text{c,e}}(z) = \omega_{\text{res}} + \omega'_{\text{res}} z = \omega_{\text{res}}(1 + \alpha z), \tag{7.53}$$

dann ist die kinetische Energie, die gewonnen wird:

$$E_{\text{kin}} = \frac{1}{2} m_{\text{e}} v^2 = \frac{e_0^2 E_{\text{rhp}}^2 t^2}{2 m_{\text{e}}} \tag{7.54}$$

Für t setzen wir die Zeit ein, in der das Elektron in der Resonanzzone Energie aufnimmt. Dazu gehen wir von einem thermischen Elektron aus, das in der Resonanzzone aufgeheizt wird, weiter diffundiert, bei z an der Stelle höchsten Feldes reflektiert wird und erneut die Resonanzzone passiert (Abbn. 7.13 u. 7.14). Seine Anfangsgeschwindigkeit ist

$$v_0^2 = v_{||}^2 + v_\perp^2 \tag{7.55}$$

mit $v_{||}$ der Komponente parallel und $v_\perp$ der Komponente senkrecht zum statischen Magnetfeld $\boldsymbol{B}_0$. Die Geschwindigkeitsgleichungen parallel und senkrecht zu $\boldsymbol{B}_0$ sind

$$\left.\begin{aligned} \frac{\mathrm{d}v_{||}}{\mathrm{d}t} &\approx -\frac{\alpha v_{\perp,0}^2}{2}, \\ \frac{\mathrm{d}v_\perp}{\mathrm{d}t} + \mathrm{i}\omega(1 + \alpha z) v_\perp &\approx -\frac{e_0 \tilde{E}}{m_{\text{e}}}, \end{aligned}\right\} \tag{7.56}$$

mit der näherungsweisen (oszillatorischen) Lösung für t [217]

$$t = \sqrt{\frac{8}{\pi \alpha v_{||} \omega}} \sin\left(\frac{2}{3} x^{3/2} + \frac{\pi}{4}\right), \tag{7.57}$$

wobei

$$x = -\left(\frac{2\omega}{\alpha v_{\perp,0}}\right)^{2/3} \alpha \Delta z. \tag{7.58}$$

[10] Demgegenüber werden die Ionen durch die LHP-Welle nahezu nicht abgelenkt.

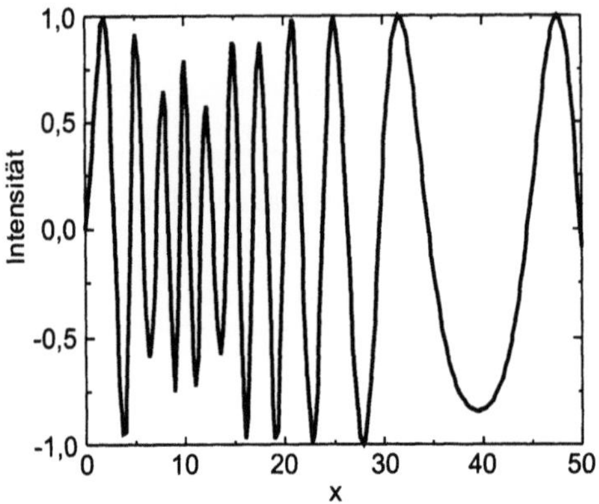

Abb. 7.14. Die Absorption der RHS-Welle durch das Plasma wird durch eine AIRY-Funktion für die Oszillation beschrieben.

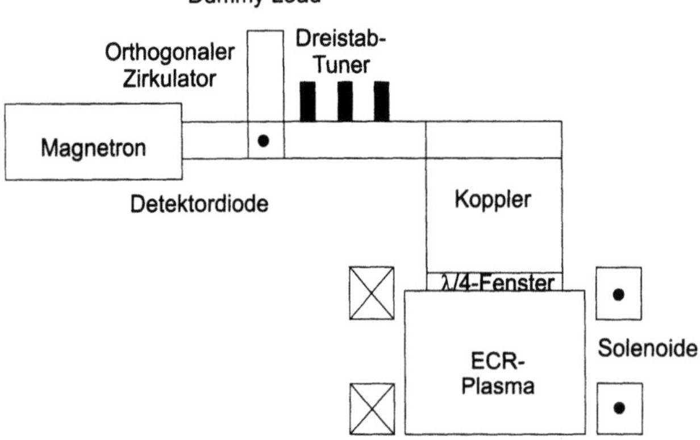

Abb. 7.15. Schematische Darstellung einer ECR-Quelle (© Oxford Instruments 1993)

Die Oszillation von t beruht auf dem zweimaligen Durchgang durch die Resonanzstelle (Abb. 7.14). Aus Gl. (7.58) ersehen wir folgendes:

- t ist umgekehrt proportional zu $v_{\perp,0}$: je höher die transversale Energie des Elektrons, umso ineffektiver ist die ECR-Heizung.
- t ist ebenfalls umgekehrt proportional zu $v_{\|}$: je langsamer die Parallelgeschwindigkeit, umso länger verweilt das Elektron in der Resonanzzone, je mehr Energie kann aufgenommen werden.

7.5.4 ECR-Reaktoren

Die technische Realisierung einer ECR-Quelle ist in Abb. 7.15 dargestellt. Von einem Magnetron wird eine TM-Welle in einen angeflanschten Rechteck-Hohlwellenleiter eingekoppelt. Zum Schutz des Magnetrons dient ein orthogonaler Zirkulator, der den reflektierten Grundton der Welle in ein wassergekühltes „Dummy Load“ abführt. In der Detektordiode wird die reflektierte HF-Leistung gleichgerichtet und gemessen. Über einen um 45° geneigten Spiegel oder einen „Taper“ erfolgt eine Umlenkung der Welle um 90°. Unmittelbar vor dem Fenster aus Quarz oder Saphir ist ein Wellenleiter-Transformator angebracht, der die TE-Rechteckwellen aus dem Hohlwellenleiter in TM-Zylinderwellen umwandelt (darüber hinaus reduziert er die Gesamthöhe des Systems): durch die Führung in einem Rohr wird die Bewegungsfreiheit der Whistler-Wellen stark eingeschränkt, und die Welle „rächt“ sich so, daß sie nicht länger eine Vakuumwelle bleibt, bei der elektrisches und magnetisches Feld aufeinander und zum Wellenvektor $\boldsymbol{k}$ senkrecht stehen. Es entstehen vielmehr Rechteckwellen im Wellenleiter und Zylinderwellen im Plasma. Diese weisen eine radiale, azimutale und zeitliche Variation der Amplitude auf, die durch die allgemeine Wellengleichung

$$\psi_{1,2} = A_{1,2} J_m(\gamma_{1,2} r) \mathrm{e}^{\mathrm{i}kz} \mathrm{e}^{\mathrm{i}m\vartheta} \mathrm{e}^{\mathrm{i}\omega t} \tag{7.59}$$

beschrieben werden (mit A_i Amplitudenkonstanten und J_m der BESSEL-Funktion m-ter Ordnung.

Der einfachste Modenkonverter wäre ein Quader, der aus einer TE_{01}-Rechteck-Welle eine circulare TE_{11}-Welle erzeugte (Abb. 7.16 oben). Bei 2,45 GHz benötigte diese Mode einen Reaktorradius von 3,59 cm [218]. Da das elektrische Feld jedoch sein Maximum auf einer Achse hat und nicht azimutal symmetrisch ist, könnte dies zu nicht-achsensymmetrischen Profilen auf dem Wafer führen. Daher wird meist ein Konverter (Hohlzylinder) verwendet, der die TE_{01}-Rechteck-Welle in eine TM_{01}-Zylinderwelle transformiert, die allerdings einen minimalen Radius von 4,67 cm zur Ausbreitung braucht [219] (Abb. 7.16 unten)). Ihr Profil ist centrosymmetrisch mit nach außen ansteigendem magnetischen Feld.

Verwendet man zwei Magneten, ist die Resonanzbedingung in vertikaler Richtung an drei Stellen erfüllt (Abb. 7.17): am oberen Magneten (von hohem Feld kommend) und ober- und unterhalb des unteren Magneten (von tiefem Feld kommend). Deswegen kommt es am unteren Magneten zur Reflexion der Heliconwelle. Aber auch die Elektronen sind in eine „magnetische Flasche“ eingeschlossen und werden zurückgespiegelt. Das hat zur Folge, daß die Belastung der Probe durch Elektronen reduziert wird: sie heizt sich deutlich weniger auf als bei der Verwendung nur eines Magneten. Darüber hinaus hat der untere Magnet auch eine kollimierende Wirkung: Sein Magnetfeld kann so eingestellt werden, daß die Ionentrajektorien auf dem Niveau des Substrates Vertikalen sind. Die Verwendung eines dritten Magneten in der Substratebene ist dagegen selten.

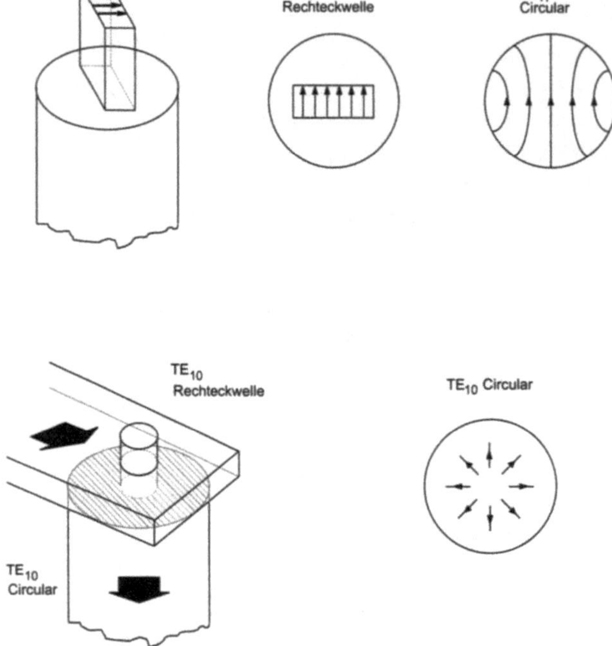

Abb. 7.16. Anregung von geführten Whistlerwellen, sog. *Heliconwellen.* Darstellung der Transformation einer TE_{10}-Rechteckwelle in eine Circularwelle, oben in die TE_{11}, unten dagegen in die TM_{01}-Welle.

Das statische Magnetfeld ist divergent sowohl in radialer wie axialer Richtung:

- Radiale Richtung: die magnetische Feldstärke steigt zum Rand der Entladung hin an. Folglich diffundieren Ladungsträger zur Mitte, so daß sich deren Konzentration dort erhöht und dem starken Gradienten, der sich durch die starke Ionisierung in der ringförmigen, sehr schmalen „ECR-Schicht" aufbaut, entgegenwirkt. Durch Veränderung der Magnetfeldstärke kann die Zone resonanter Energieabsorption radial verschoben werden.
- Axiale Richtung: Zum „Plasmaauslaß" Richtung „downstream" hin nimmt die Stärke des Magnetfelds ab, während der höchste Wert am „Mikrowelleneinlaß" sich befindet: hier muß die magnetische Feldstärke über dem für die Resonanz notwendigen Wert liegen (s. Abb. 7.17, „Cutoff"), sonst wird die Welle reflektiert; dadurch kann eine *magnetische Flasche* gebildet werden, wenn am Welleneinlaß das Magnetfeld stark genug ist, um die axiale Geschwindigkeitskomponente der Elektronen auf Null zu bringen. Am anderen Ende sollte $\boldsymbol{B}_0$ am niedrigsten sein, dadurch wird die axia-

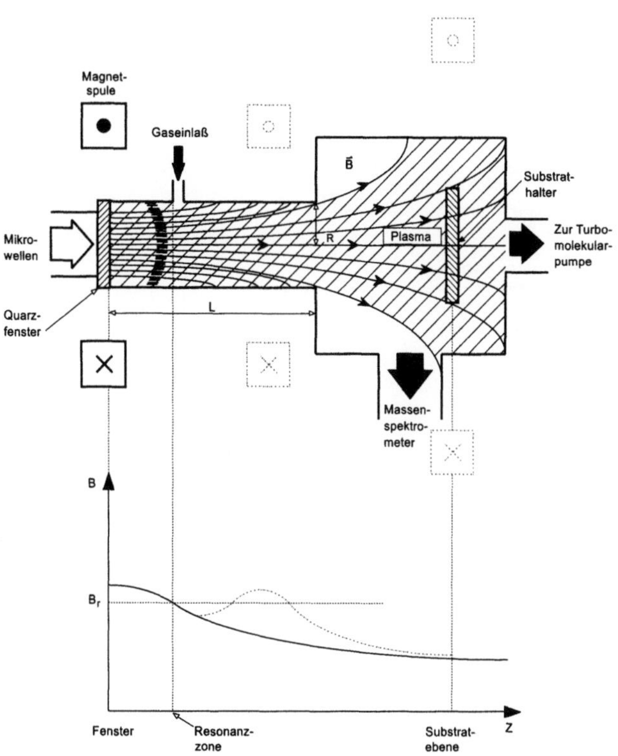

Abb. 7.17. Prinzipskizze eines typischen ECR-Systems mit dazu gehörigem Magnetfeldverlauf: durchgezogen für einen, punkt-strichliert für zwei Magneten. Zwar ist mit zwei Magneten die Effizienz der Ionisierung höher (die magnetische Flasche spiegelt heiße Elektronen hin und her), gleichzeitig aber auch die Verluste durch Diffusion.

le Geschwindigkeitskomponente am höchsten, wodurch das Plasma nach außen gedrückt wird (s. Abschn. 14.5.1). Durch die Variation der Plasmadichte entsteht notwendig ein zusätzliches Potential (n_{P}: Plasmadichte in der Plasmaquelle, n: Plasmadichte an der RF-betriebenen Elektrode):

$$V = k_{\mathrm{B}} T_{\mathrm{e}} \ln\left(\frac{n}{n_{\mathrm{p}}}\right). \tag{7.60}$$

Bei etwas höherer Elektronentemperatur T_e (5 – 7 eV) sind die erzielbaren Plasmadichten ($10^{11} - 10^{13}$ cm^{-3}) um bis zu etwa drei Größenordnungen höher als in kapazitiv gekoppelten Entladungen, was zu deutlich kürzeren DEBYE-Längen führt ($\lambda_{\mathrm{D}} \approx 6.91 \cdot \sqrt{\frac{n_{\mathrm{P}}}{T_{\mathrm{e}}}}$ mit n_{P} in cm^{-3} und T_{e} in K, Gl. (2.11)). Die

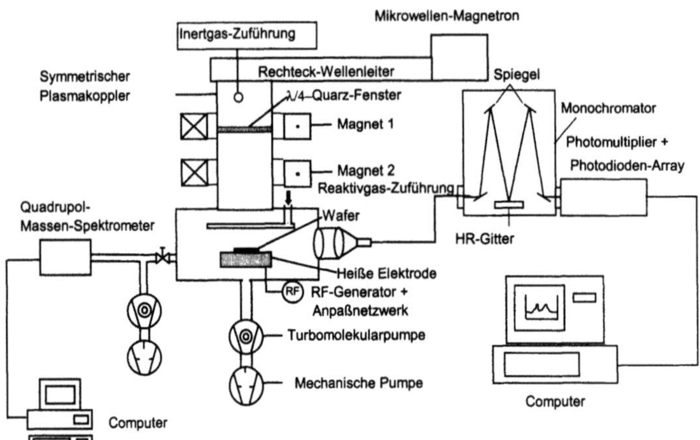

Abb. 7.18. Neben der Verwendung von zwei Magneten zur effizienten Ausblendung der Elektronen aus dem „Bulk"-Plasma ist die Trennung der Gase in inerte und reaktive (d. h. insbesondere solche, die bei den hohen Ionisierungsgraden des ECR-Plasmas polymerisieren) von Vorteil (© Oxford Instruments 1993).

Drücke sind niedrig (sie sollten unterhalb von 2 mTorr liegen, um die Resonanz nicht zu stark zu dämpfen (Stoßdämpfung), allerdings oberhalb von 0,5 mTorr, um noch eine effektive Ionisierung zu ermöglichen.

Das Plasma kommt in 5 bis 30 cm Entfernung mit dem Substrat in Berührung („Plasmastrom-Modus") und wirkt dort entweder schichtaufbauend oder -abtragend. Bei Verwendung eines Dreifach-Gitters, das nach den Gesetzen von PASCHEN und CHILD-LANGMUIR-SCHOTTKY optimiert ist, wird aus der ECR-Quelle eine *elektrodenlose Broad-Beam-Quelle* („Ionenstrahl-Modus", s. Kap. 8). Auch ist es möglich, das Substrat zusätzlich mit RF-Potentialen vorzuspannen, so daß man insgesamt vielfältige Möglichkeiten der Beeinflussung des Prozesses gewinnt (Abbn. 7.17 u. 7.18). Die entstehende negative DC-Bias-Spannung erhöht die Ätzrate und verbessert den Grad der Anisotropie. Wichtig ist, daß diese Vorspannung vollkommen unabhängig von der Plasmadichte einstellbar ist, so daß man keine hohen Plasma- oder Randschichtpotentiale zur Erzeugung großer Ionendichten erzeugen muß. Trotzdem weisen die Elektronen eine gegenüber ICP-RF-Entladungen höhere Temperatur um einen Faktor 2 auf — bei allerdings niedrigeren Drücken. Dies bringt Vorteile bei den Plasmaprozessen, da sowohl beim Ätzen wie beim Beschichten die Dichte der aktiven Spezies erhöht wird [220]. Von außerordentlicher Bedeutung für die Realisierung einer ECR-Quelle erweist sich das divergente Magnetfeld, das zwei Aufgaben zu erfüllen hat:

- zum einen ist die ECR-Schicht auf einen sehr engen Bereich beschränkt, eben dort, wo die Resonanzbedingung erfüllt ist. Durch das divergente Magnetfeld wird die Zone gleicher Ionendichte (geringfügig) verbreitert, vor allem aber reduziert sich die Dichte.

- Dadurch entsteht ein schwaches ambipolares Feld, das das Plasma aus dem Magnetfeld entlang des Feldgradienten „herausgedrückt“.

Nachteilig ist wegen des niedrigen oder fehlenden „Bias“-Potentials, daß Elektronenbeschuß auf das Substrat ermöglicht wird, der zu einer Temperaturbelastung führt, die höher als bei kapazitiv gekoppelten Plasmen sein kann. Dieser Elektronenbeschuß kann durch die Verwendung eines zweiten Magneten, der sich knapp oberhalb des Substrates befindet, weitgehend unterdrückt werden. Daß es in erster Linie Elektronen sind, die die Substrataufheizung bewirken, wird zum anderen dadurch bewiesen, daß einfaches Einstrahlen der Mikrowellen-Leistung ohne Plasmazündung, d. h. aber auch ohne Elektronen, zu einer deutlich geringeren Temperaturerhöhung der Probe führt.

Es sind verschiedene Typen von ECR-Anlagen auf dem Markt (s. Abb. 7.1). Sie unterscheiden sich wesentlich dadurch, wie die Mikrowelle in die Zone der Resonanz eingekoppelt wird. So ist die Einkopplung einer (fortlaufenden) Welle möglich — hierbei gibt es die beiden Grenzfälle, daß das statische Magnetfeld $\boldsymbol{B}_0$ parallel oder senkrecht zur Ausbreitungsrichtung der Welle mit dem Wellenvektor $\boldsymbol{k}$ orientiert ist:

- $\boldsymbol{k} \perp \boldsymbol{B}_0$ oder

- $\boldsymbol{k} \parallel \boldsymbol{B}_0$,

oder daß eine stehende Welle in einem Resonator ausgebildet wird. Hier erfolgt der Abgleich nicht nur über einen Dreistab-Tuner, sondern zusätzlich über einen beweglichen Kurzschlußschieber, mit dem der Hohlraumresonator selbst abgeglichen wird.

Zu den unabdingbaren Erfordernissen einer ECR-Quelle gehören also

- eine stabile Mikrowellenquelle;

- die Verwendung eines Zirkulators, um zu hohe Werte der reflektierten Leistung in ein „Dummy Load“ abzuführen und dort zu vernichten;

- eine gleichrichtende Detektordiode zur Messung von abgestrahlter und reflektierter Leistung,

- ein Dreistab-Tuner, der die Quelle an die kapazitive Last inklusive des Fensters anpaßt und oft

- ein Modenkonverter, der die Rechteckwelle in eine Zylinderwelle umformt sowie

- die richtige Divergenz des statischen Magnetfeldes: höchster Wert am Mikrowelleneinlaß, niedrigster Wert am Plasmaauslaß (s. Abschn. 14.5 und 14.7.1).

ECR-Plasmen bieten die Gelegenheit, den Begriff der „Quasineutralität“ zu studieren. Das neutrale Gas dissoziiert ja in Ladungsträger stark unterschiedlicher Beweglichkeit: so weisen 5 eV-Elektronen bei 875 Gauss einen LARMOR-Radius von ungefähr 70 μm auf, während dieser für thermische (500 K) Ar-Ionen dagegen etwa 0,75 cm ($\omega_{c,i}$ ist $2,1 \cdot 10^5$ Hz bei 875 Gauss) beträgt und damit größenordnungsmäßig den Reaktordimensionen entspricht. Dementsprechend erwarten wir keine Abhängigkeit der $\mathcal{IEDF}$ vom Magnetfeld. *Durch die starke Magnetisierung der Elektronen kommt es jedoch zur Ausbildung eines ambipolaren elektrischen Feldes parallel und senkrecht zum Magnetfeld, das auch die Ionen beeinflußt und führt!* Insbesondere werden bei Ausbildung einer Magnetischen Flasche auch die Ionen eingeschlossen, was zu einer Erhöhung der Plasmadichte in der ECR-Quelle Anlaß gibt [221]. — Das Plasmaflackern, das auch in Heliconwellen-Entladungen bei 13,56 MHz beobachtet wird, kann mehrere Ursachen haben [222]:

- rückkoppelnde Schwingungen zwischen Abgleichsnetzwerk und der Entladung,
- Modenspringen,
- Instabilitäten innerhalb der Entladung durch das Aufeinandertreffen von Gasflüssen unterschiedlicher Temperatur (heißer Gasstrom aus der Plasmaquelle, kalter Gasstrom aus den Gasringdüsen knapp oberhalb der RF-Elektrode).

7.6 Vergleich der Hochdichteplasma-Entladungen

Zwei der hier besprochenen Verfahren zeichnen sich durch *resonante Absorption von Whistlerwellen* aus; dabei werden stoßfreie Übertragungsmechanismen wirksam.

Die Heliconwellen-Reaktoren können konventionelles Parallelplatten-Design haben. Angeregt werden die Wellen durch RF-betriebene Antennen, deren transversale Moden mit denen der stehenden Heliconwelle koppeln. Vorteilhaft ist die Möglichkeit der Verwendung eines π-Netzwerks, wobei die Antenne selbst die Induktivität darstellen kann, nachteilig dagegen das durch die resonante Einkopplung bedingte „Modenspringen“, womit der Arbeitsbereich durch das Reaktordesign eingeschränkt bzw. festgelegt wird. Die Magnetfelder sind um einen Faktor 10 – 20 schwächer als die von ECR-Entladungen, so daß evtl. störende $\boldsymbol{E}\times\boldsymbol{B}$-Drifts, die zu radialen und azimutalen Inhomogenitäten führen können, hier niedriger sind (Voraussetzung dafür ist, daß die beiden Felder einen Winkel zueinander aufweisen!).

In ECR-Entladungen werden die Whistlerwellen resonant bei der Cyclotronfrequenz oder durch LANDAU-Dämpfung absorbiert. Für das Erreichen der Resonanz ist also bei vorgegebener Frequenz eine bestimmte Magnetfeldstärke erforderlich. Die Einkopplung in den Reaktor findet durch ein $\lambda/4$-Fenster statt; es muß sichergestellt sein, daß dessen optische Qualität gleichbleibend gut ist. Bei Verwendung mehrerer Magnete ist es möglich, in verschiedenen Zonen der ECR-Quelle die Resonanzbedingung zu erfüllen, wodurch die Plasmadichte erhöht wird, da dann ein magnetischer Spiegel entsteht, durch den Elektronen in die ECR-Quelle reflektiert werden und weitere Ionisierungen auslösen.

Nachteilig bei beiden Systemen ist, daß sie zylindrische Symmetrie mit einem Radius/Länge-Verhältnis nahe bei Eins aufweisen (im Gegensatz zu Parallelplatten-Reaktoren, in denen dieses Verhältnis groß gegen Eins ist). Das bedeutet prinzipiell eine schwierigere mathematische Behandlung radialer Abhängigkeiten, die jedoch noch wenig untersucht sind. Als Vorteil weisen sie hohe Plasmadichten (zwischen 10^{10} und 10^{13} cm^{-3}), dagegen relativ hohe Elektronentemperaturen ($4 - 7$ eV) bei sehr niedrigen Drücken auf. Insbesondere sind die *Dicken der Randschichten klein gegen das* MFP *der Ionen,* so daß die Randschichten stoßfrei sind.

Vor allem aber sind es resonante Prozesse der Energieübertragung auf die Elektronen, die diese Verfahren so empfindlich und wenig reproduzierbar machen. Dagegen ist das ICP-Verfahren robust, wenig anfällig gegen Kontamination des Reaktors (damit sind langzeitstabile Prozesse möglich).

Wegen der hohen Plasmadichte sind mit allen drei unterschiedlich erzeugten Hochdichte-Plasmen die Ätzraten oft so hoch, daß man mit Moderatorgasen arbeiten muß.

8 Ionenstrahlsysteme

Bisher wurden Verfahren betrachtet, bei denen die Anregungselektrode sich direkt im Geschehen befand, sowohl bei den Sputter- wie bei den Ätzverfahren. Von einer ganz anderen Seite kommt das Ionenstrahlverfahren: Bei der NASA wurde Ende der 1950iger Jahre an der Entwicklung von *Ionentriebwerken* gearbeitet [223] [224], um Flüge in den interplanetarischen Raum zu ermöglichen. Diese Systeme wurden zur Erzeugung einer möglichst hohen Schubkraft optimiert. Die Treibstoffe sollten hohes Atomgewicht und damit großen Impuls bei gleicher Leistung, niedriges Ionisierungspotential zur Erzeugung einer hohen Ionendichte aufweisen und wenig Korrosion verursachen (deswegen wurde meist mit Quecksilber anstelle von Cesium gearbeitet).

Bald verlagerten sich jedoch die Anwendungsbereiche auf den weiten Bereich der plasmaunterstützten Verfahren, ein geradezu typischer „Spin-off"-Prozeß. Weiterentwickelte Systeme sind heute unter dem Namen „Ionenmühlen" („Ion Milling Systems") oder „Mikroätzsysteme" („Micro Etch Systems") bekannt [225] (Abb. 8.1). Sie bestehen aus einer Ionenstrahlquelle und einem Vakuumrezipienten mit einer Targetplatte. Auf dieser kann entweder eine zu ätzende Probe befestigt werden, von dieser kann aber auch durch den Ionenstrahl Material abgetragen werden, so daß auch eine Beschichtung möglich wird [226]. Bei der Beschichtung spricht man von *Ionenstrahlabscheidung, sekundärer Ionenstrahlabscheidung* (obwohl die schichtbildenden Atome ungeladen sind), oder auch von *Ionenstrahlsputterabscheidung.* Herzstück einer Ionenstrahlanlage ist die Gitteroptik, mit der der Ionenstrahl aus der Plasmaquelle extrahiert wird — dieser wird auch als „Broad Beam" oder Breitstrahl bezeichnet und besteht also aus einem Bündel von Einzelstrahlen, den sog. „Beamlets". Dies ist in Abb. 8.2 schematisch dargestellt.

Die Optik besteht aus zwei oder drei Lochgittern, die auf Deckung stehen und in erster Näherung gleiche Lochdurchmesser aufweisen. Tatsächlich weisen diese sowohl innerhalb eines Gitters in radialer Richtung als auch in einem zusammengehörigen Gittersatz unterschiedliche Durchmesser auf. Da die an den Gittern herrschenden Potentiale immer unterschiedliches Vorzeichen haben, wird diese Optik als Beschleunigungs-Verzögerungs-System bezeichnet.

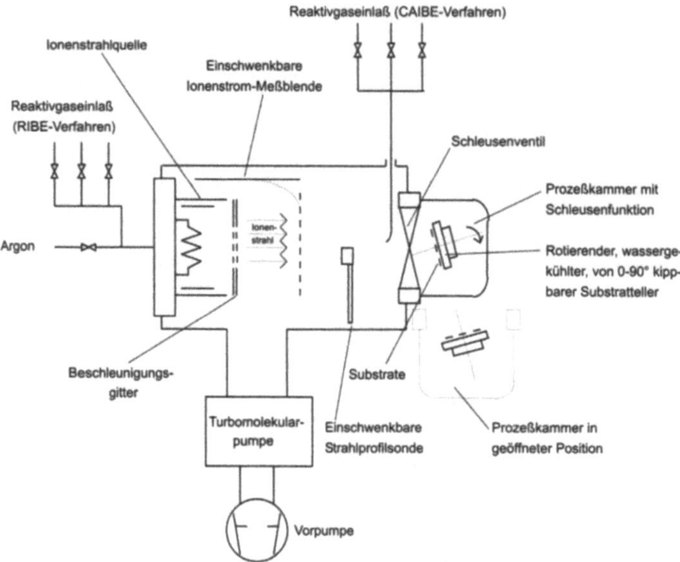

Abb. 8.1. Schematische Darstellung einer RIBE-Anlage mit CAIBE-Option. Mittels eines einschwenkbaren FARADAY-Käfigs kann die Charakteristik des Ionenstrahls bestimmt werden.

8.1 Plasmaquellen

8.1.1 Kaufman-Quelle

In Abb. 8.3 ist die historische Entwicklung der Ionenstrahltechnik dargestellt. Am ältesten ist die sog. KAUFMAN-Quelle [227]. Es handelt sich um eine aus einer zylindrischen Kammer (Anode) und einem Glühkathodendraht bestehende Gleichstrom-Gasentladungsquelle. Das Arbeitsgas, zumeist Argon, führt man durch die Zylinderrückwand zu. Wegen des sehr hohen *MFP* der Elektronen, die das Volumen des Vakuumrezipienten zur Aufrechterhaltung einer Gasentladung in den Bereich mehrerer m^3 ansteigen lassen würden, müssen die Elektronen durch Magnetrons in Kathodennähe eingeschlossen werden („Electron Confinement"), dadurch kann bei Drücken von 10 mPa und etwa 50 V Beschleunigungsspannung gearbeitet werden, wodurch das *MFP* der Ionen erhöht und demnach Stöße untereinander — und damit eine Aufweitung des Strahls — unterdrückt werden.

Da das 2. Ionisierungspotential von Ar 27,6 eV (Zweistufenprozeß) bzw. 43,4 eV (Einstufenprozeß: 15,8 eV + 27,6 eV) beträgt, entstehen dann nur wenige zweifach geladene Gasionen, die zu empfindlichen Strahlenschäden führen (können).

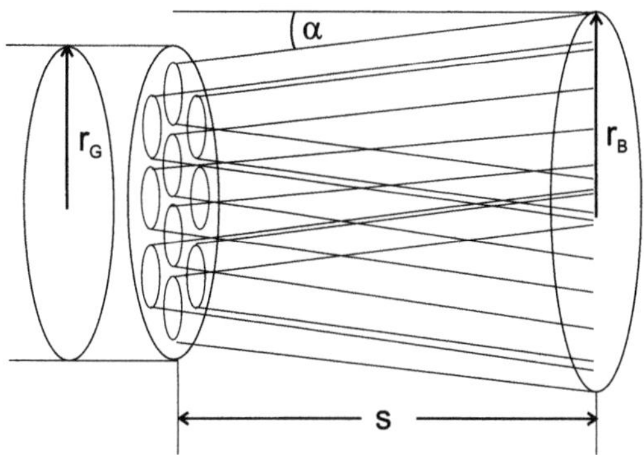

Abb. 8.2. Der Breitstrahl oder „Broad Beam“ besteht aus einem Bündel von Einzelstrahlen, den sog. „Beamlets“, die mittels einer Gitter- oder Ionenoptik aus der Plasmaquelle extrahiert werden. Je nach Potentialvariation erhält man im Prinzip einen fokussierten ($\alpha < 0°$), kollimierten ($\alpha = 0°$) oder defokussierten ($\alpha > 0°$) Strahl. r_{G} ist der Radius des breiten Strahls in der Gitteroptik, r_{B} der Strahlradius am Target, die um die Distanz s voneinander entfernt sind, woraus sich die Bestimmungsgleichung des Divergenzwinkels ergibt (Gl. (8.1)). Das Target kann ein Substrat sein, das geätzt oder abgestäubt wird, zu Zwecken der Optimierung kann aber auch ein Aggregat aus zahlreichen FARADAY-Bechern installiert werden.

8.1.2 RF-Quellen

Bereits in den 1960iger Jahren wurde mit RF-Quellen experimentiert. Besonders erwähnenswert ist hier der Arbeitskreis LOEB an der Universität Gießen. In diesen Quellen erfolgt die Einkopplung des Wellenfeldes meist induktiv, wodurch die Plasmadichte sehr viel höhere Werte annimmt als in DC-Entladungen, was wiederum wegen des Skineffekts eine stärkere Abschirmung des Bulk-Plasmas gegenüber dem anregenden Feld zur Folge hat.

8.2 Gitteroptik

8.2.1 Anordnung und Potentialeinstellung

Die erzeugten Ionen werden mit „auf Deckung“ stehenden Lochgittern beschleunigt, zu einem Strahl gebündelt und extrahiert. Dabei wird die Stromdichte verändert, und es entsteht prinzipiell ein divergenter Strahl mit dem Divergenzwinkel α (Abb. 8.2, r_{B}: Radius des Breitstrahls am Target, r_{G}: Radius des Breitstrahls an der Gitteroptik, s: Abstand Gitteroptik/Target):

$$\arctan \alpha = \frac{r_{\mathrm{B}} - r_{\mathrm{G}}}{s}. \tag{8.1}$$

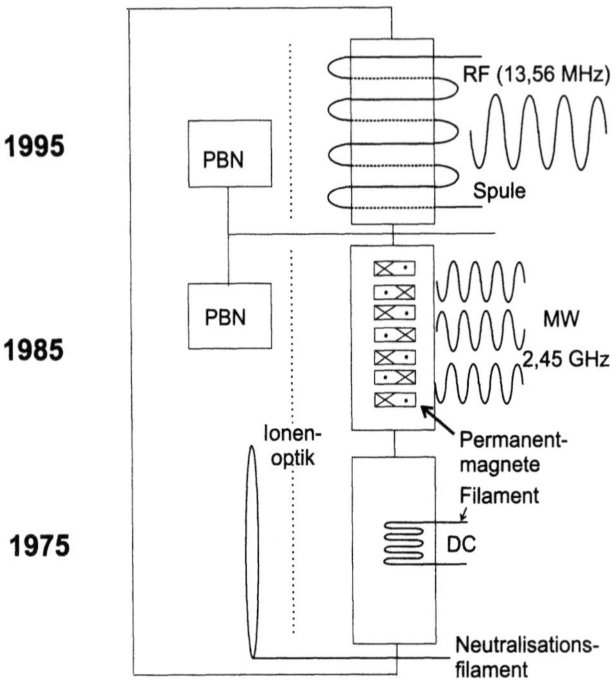

Abb. 8.3. Der Fortschritt in der Ionenstrahltechnologie besteht in der Entwicklung neuer Ionenquellen (von der KAUFMAN-Quelle zu RF- und ECR-Quellen) und sog. „Plasmabrücken-Neutralisatoren“ — beide arbeiten kontaminationsfrei (© Oxford Instruments 1993).

Das innere Gitter ist auf oder nahezu auf Kathodenpotential und verhindert einen Austritt der Elektronen aus der Ionisierungskammer (Elektronensuppressor, auch „Screen Grid“ oder Schirmgitter). Demgegenüber ist das äußere Gitter („Accelerator Grid“, Beschleunigungsgitter) auf negativem (größenordnungsmäßig $^1/_4$ bis $^1/_{10}$ des Anodenwertes) Potential und erzeugt das zur Extraktion der Ionen notwendige negative Feld. Außerdem wird damit auch ein Rückströmen der Elektronen in die Entladungszone unterdrückt, wodurch ein höherer Ionenstrom vorgetäuscht wird. Die Ionen entstehen also bei V_P, werden auf $V_\mathrm{A} - V_\mathrm{P} = V_\mathrm{t}$ beschleunigt und im Ionenstrahl auf ungefähr Erdpotential verlangsamt, so daß ihre Energie dann $e_0(V_\mathrm{P} - V_\mathrm{G}) = e_0 V_\mathrm{n}$ beträgt (Abb. 8.4).

8.2.2 Design einer Gitteroptik mit RF-Quelle

- Da die Ionenstrahldichte j_i das Produkt aus Ionendichte n_i und deren (mittlerer) Geschwindigkeit $< v >$ ist, jene aber — durch Diffusionsverluste bedingt — bei einer um den Quarzzylinder gewickelten Spule nach

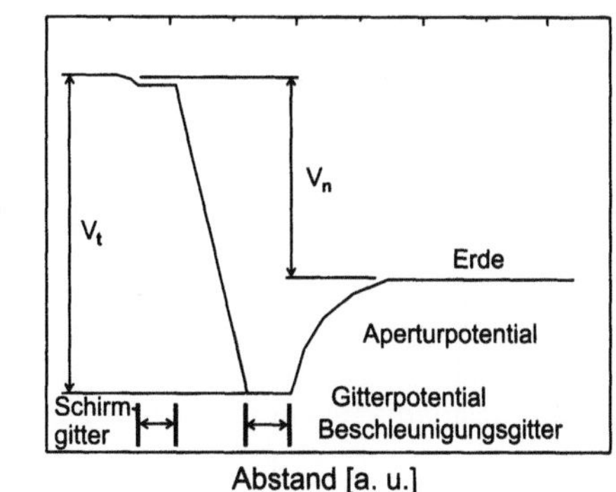

Abb. 8.4. Potentialvariation in dem Beschleunigungssystem einer Zweigitter-Ionenstrahlquelle. Das für die Fokussierung wichtige Verhältnis ist V_n/V_t [228] (©The American Institute of Physics).

außen hin abnimmt, die mittlere Geschwindigkeit der Ionen dagegen steigt, bleibt die Ionenstromdichte über einen weiten Bereich radial konstant.

- Die Ionen treffen an dem Schirmgitter („Screen-Grid"), das die Plasmaquelle zum Reaktor hin begrenzt, mit der BOHM-Geschwindigkeit $v_B = \sqrt{\frac{k_B T_e}{m_i}}$ auf, die sehr viel höher ist als die mittlere Geschwindigkeit der Molekeln; an den anderen Wänden der Plasmaquelle, die geerdet sind, liegt dagegen nur das Schwebepotential $V_F = \frac{k_B T_e}{2e_0} \ln \frac{em_i}{2\pi m_e}$ (Gl. 2.22). Daher ist trotz der niedrigen Plasmadichte (maximal einige Prozent) die Ionenstromdichte auf das Schirmgitter viel höher sowohl als
  - die Stromdichte der Neutralmolekeln auf das Gitter wie auch
  - die Stromdichte der Ionen auf die anderen die Plasmaquelle begrenzenden Flächen.

Deswegen ist es gerechtfertigt, die anderen Verluste gegenüber denjenigen des Schirmgitters (die ja gewollt sind!) zu vernachlässigen.

- Gemessen werden die an den Gittern anliegenden Spannungen, der Ionenstrom selbst und seine radiale Abhängigkeit zusätzlich mit einem FARADAY-Käfig. Der sog. Gitterstrom, das ist der Strom, der durch „schlechte" Fokussierung der „Beamlets" am Gitter abfließt, wird zu Null abgeglichen. Da der Ionenstrom aber dem Strom, der durch den RF-Generator fließt, proportional ist, wird meist im laufenden Betrieb nur dieser gemessen und auf eine Messung mit dem FARADAY-Käfig verzichtet. Daher ergeben sich anlagenspezifische Werte für die Zielparameter, etwa die Ätzrate.

- Da es sich um eine induktive Einkopplung handelt, muß ein sog. π-Netzwerk Verwendung finden im Gegensatz zu einem kapazitiv gekoppelten Plasma, das mit einem L-Netzwerk an den 50 Ω-DC-Ausgang des RF-Generators angeschlossen wird.

- Es gibt drei Möglichkeiten, die Spule um den Quarzzylinder (die eigentliche Plasmaquelle) zu wickeln:

  1. Tauchsiederartige Spule am oberen Boden des Zylinders (Nordiko);
  2. Radiale Windungen parallel zum Gitter in horizontaler Richtung (Oxford und Veeco) oder
  3. Radiale Wicklungen senkrecht zum Gitter in axialer Richtung.

  Die RF-Spule erzeugt innerhalb der Plasmaquelle ein axiales Magnetfeld B_{RF}:

$$B_{\mathrm{RF}} = \mu_0 \cdot \frac{n}{l} \cdot j_{\mathrm{RF},0} \sin \omega t, \tag{8.2}$$

(n: Zahl der Wicklungen, l: Länge der Spule), das wegen $l \ll r$ beträchtlich inhomogen ist, d. h. die Feldstärke $B(r)$ im Zentrum ist bedeutend schwächer als am Rand. Dieses B-Feld erzeugt seinerseits ein azimutales elektrisches Wirbelfeld

$$E_{\mathrm{ind}} = \frac{1}{2} \cdot r\omega \cdot B_{\mathrm{RF},0} \cos \omega t. \tag{8.3}$$

Wegen des Skin-Effekts[1] und der Inhomogenität von B_{RF} ist dieses allerdings nur eine grobe Näherung.[2] *Die radiale Zunahme der Elektronentemperatur T_{e} und damit (über die* BOHM-*Geschwindigkeit v_{B}) ebenfalls erhöhte Geschwindigkeit der Ionen ist charakteristisch für RF-Quellen und tritt z. B. in* KAUFMAN-*Quellen nicht auf!*

Die extrahierbare Stromdichte hängt nach BOHM von der Elektronentemperatur T_{e} nach

$$j_{\mathrm{i}} = 0,6065 \cdot e_0 n_0 \cdot \sqrt{\frac{k_{\mathrm{B}} T_{\mathrm{e}}}{m_{\mathrm{i}}}} \tag{8.4}$$

zusammen (Gl. (14.38)). Wegen der gegenläufigen Effekte von n_{i} und v_{i} erhält man die gewünschte flache radiale Abhängigkeit für j_{I}, so daß sich für den vollständig extrahierbaren Strom aus N Aperturlöchern

$$I_{\mathrm{i}} = A j_{\mathrm{i}} = \mathrm{N}\pi r^2 j_{\mathrm{i}} \tag{8.5}$$

[1] So beträgt die Skintiefe in einem kalten (stoßfreien) Plasma bei einer Plasmadichte von $5 \cdot 10^{11}/\mathrm{cm}^3$ etwa 7 mm (s. Gl. (14.167)).

[2] In Wirklichkeit nimmt wegen der zylindrischen Geometrie $E(r)$ mit einer BESSEL-Funktion 1. Ordnung zu [229].

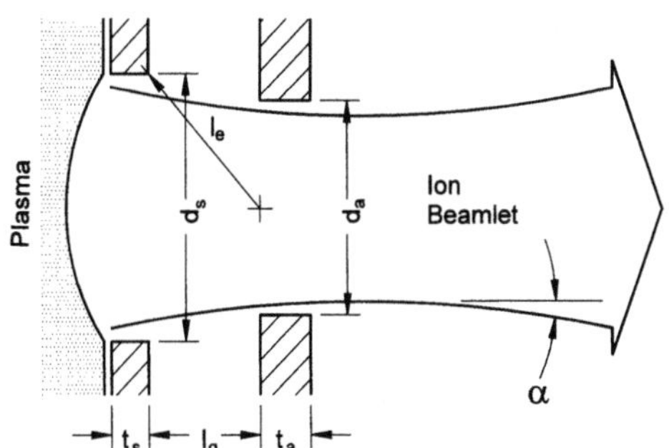

Abb. 8.5. Parameter für eine Zwei-Gitter-Quelle. Die für die Fokussierung wichtige Länge ist l_e (s. Gl. (8.7)). Die Stelle stärkster Einschnürung ist der Plasmameniskus.

ergibt.

Die unmittelbar unterhalb des Bremsgitters gemessene radiale Stromdichte $j_\mathrm{i}(r)$ in einer 14"-Quelle zeigt einen (nahezu) konstanten Verlauf innerhalb der inneren 10", dann einen leichten durch die Zunahme der Feldstärke bedingten Anstieg, bevor sie dann zum Rand hin abfällt. Die Dichten in der Mitte und direkt am Rand unterscheiden sich dabei maximal um einen Faktor 2 [230].

8.3 Qualitative Betrachtung der Ionenextraktion

Die Ionentrajektorien werden durch die Potentialverteilung im System der Ionenoptik, das aus mehreren Lochgittern besteht, bestimmt (s. Abbn. 8.4 und 8.5, auch zur Nomenklatur). Die einzelnen Gitter aus Molybdän oder Graphit befinden sich jeweils auf unterschiedlichem Potential. Um jedes Loch bildet sich eine Randschicht, die das äußere Potential abschirmt. Diese Randschicht ist eine raumladungsbegrenzte Zone positiver Ionen, und sie ist umso dünner, je höher die Plasmadichte ist. Das „Beamlet" wird bei seiner Extraktion eingeschnürt, und die engste Stelle wird Plasmameniskus genannt.

Der Vorteil der Gitter gegenüber einem Rohr großen Innendurchmessers ist zum einen, daß die Effektivität der Pumpen wegen der schlechten Leitwerte reduziert ist, so daß in der Prozeßkammer ein oft um eine Größenordnung niedrigerer Druck herrscht als in der Ionenquelle, zum anderen, daß der Ionenstrom, der aus der Quelle extrahiert werden kann, gegenüber der sog. gitterlosen Extraktion mittels eines divergenten Magnetfelds deutlich höher und wesentlich konvergenter ist, da an jedem Gitterloch (Apertur) eine Plasmarandschicht entsteht, die die Ionen, die ja zunächst mit der BOHM-Geschwindigkeit ankommen, beschleunigt und zum „Beamlet" fokussiert, und deren Einhüllende den „Broad Beam" bildet. Die Aperturgröße ist nur durch die mechanische Stabilität und Herstellbarkeit bestimmt.

Das erste Gitter, das *Schirmgitter,* bestimmt weitgehend das Plasmapotential V_P, das zweite, das *Beschleunigungsgitter,* bestimmt mit seinem Potential V_A sowohl die tatsächliche Ionenstromdichte als auch die Fokussierung, die dadurch entsteht, daß die Plasmarandschichten ja vom Aperturrand in das Plasma hineingreifen. Das dritte Gitter liegt auf Erdpotential und bremst den Strahl zum gewünschten Strahlpotential herunter. Außerdem verhindert es wirkungsvoll die Erosion des Beschleunigungsgitters durch aus dem Reaktor auf das mittlere Gitter hin beschleunigte Ionen, die in erster Linie zu einer Kontamination der zu ätzenden Probe führt (dagegen ist der Abtrag kaum meßbar!).

Erwartet wird in grober Näherung,[3] daß die Ionen die Randschicht am Schirmgitter mit der BOHM-Geschwindigkeit erreichen, durch das starke Feld zwischen den beiden Gittern beschleunigt werden und je nach Grad der Fokussierung durch die Apertur im Beschleunigungsgitter geschossen werden. Diese nimmt mit steigender Perveanz zunächst durch die immer stärker werdende Einschnürung des Plasmameniskus zwischen Schirm- und Beschleunigungsgitter ab, in dem der Ionenstrahl entsteht. Gleichzeitig steigt jedoch der Elektronenstrom und flacht den Meniskus und damit die Divergenz ab (Abb. 8.5). Bei weiter steigender Perveanz weitet sich das „Beamlet" durch elektrostatische Abstoßung auf: Die Divergenz und die Gitterströme nehmen erneut zu, was auch wesentlich durch die immer dünner werdenden Randschichten bedingt ist.

Es kommt folglich zum Gitterbeschuß, der das obere Limit der extrahierbaren Stromdichte bestimmt. Das untere Limit wird dagegen von der Rückströmung der zur Neutralisierung notwendigen Elektronen bestimmt, zu deren Unterdrückung ein hinreichend negatives Potential erforderlich ist ⇒

- Der extrahierte Strom ist umso höher, je dichter benachbart sich viele Aperturlöcher in den Gittern gegenüberstehen und je höher V_t ist. Als oberes Limit begrenzt einerseits das elektrische Feld den Abstand der Gitter, denn bei Feldstärken von etwa 2 kV/mm kommt es zu zahlreichen Überschlägen. Zum anderen nimmt bei steigendem V_t die Divergenz des Strahls zu.

- Eine gute Kollimierung wird folglich durch ein niedriges Verhältnis V_n/V_t bestimmt. *Dieses Verhältnis kann jedoch nur über einen gewissen Bereich variiert werden* und muß wegen der Gefahr der Rückströmung der Elektronen mindestens 0,5 betragen.

8.4 Quantitative Betrachtungen zum Ionenstrom

Da der Ionenstrom raumladungsbegrenzt ist, kann er nach dem Gesetz von CHILD-LANGMUIR-SCHOTTKY bestimmt werden:

$$j_i = \frac{4}{9}\varepsilon_0\sqrt{\frac{2e_0}{m_i}}\frac{V^{3/2}}{l^2}. \tag{8.6}$$

[3]Daneben gibt es weitere Effekte. So fällt die extrahierbare Stromdichte unter den CHILDschen Wert für Lochdurchmesser im Schirmgitter von unter 2 mm. Der Grund hierfür ist weitgehend unklar [223].

Obwohl für den eindimensionalen Fall abgeleitet, kann diese Gleichung für die Berechnung der extrahierbaren Stromdichte einer Breitstrahl-Quelle benutzt werden. V_t ist dann die Spannungsdifferenz zwischen Schirm- und Beschleunigungsgitter, und die Diagonale l_e wird für l eingesetzt. Es gehen also die Dicken der beiden Gitter, ihr Abstand und das dazwischen liegende Feld mit in die Berechnung ein (s. Abb. 8.5):[4]

$$l_e = \sqrt{l_g^2 + \frac{d_s^2}{4}}. \tag{8.7}$$

Damit wird für den Ionenstrom selbst, der durch eine kreisförmige Apertur des Durchmessers d gezogen werden kann:

$$I_i = \frac{4}{9}\varepsilon_0\sqrt{\frac{2e_0}{m_i}}V^{3/2}\frac{d^2}{l_e^2} \wedge P = \frac{I_i}{V^{3/2}} : \tag{8.8}$$

I variiert mit $V^{3/2}$. Deswegen wird eher der Quotient aus beiden, die sog. *Perveanz,* betrachtet als die Ströme für jede Spannung [231]; sie ist für eine gegebene Optik und Gaszusammensetzung konstant und erhöht sich bei vorgegebener Extraktionsspannung bei Zunahme des Ionenstroms oder umgekehrt bei vorgegebener Stromdichte durch eine Reduktion der Extraktionsspannung. Aus Gl. (8.8) ist außerdem ersichtlich, daß eine obere Grenze der Perveanz existiert, die nur noch von der Masse m_i abhängt.

Ist die Gitteroptik etwa für $V_t/V_n = 1000/500$ V optimiert bei einem Strahldurchmesser von 3,5 mm und einem Gitterabstand von 1 mm, ist die maximale Ionenstromdichte ungefähr $^2/_3$ mA/cm^2. Tatsächlich ist die maximale Perveanz kleiner und liegt wegen der an den Gittern abfließenden Strömen unterhalb der Raumladungsbegrenzung.

Weiterhin müssen die Größen der Extraktionslöcher optimiert werden. Für einen hohen Ionenstrom sollte die Lochdichte hoch sein. So verbessert man z. B. durch Vergrößerung der Lochdurchmesser von 1,5 auf 3,5 mm die nutzbare Fläche um ca. einen Faktor 5,5. Dazu gegenläufig verhält sich allerdings die Fokussierung der „Beamlets“, die sich zu hohen Perveanzen verschlechtert. Außerdem reduzieren praktische Herstellungserfordernisse den Gitterabstand auf etwa 1/200 des Gesamtstrahldurchmessers. Aber auch die Dicke des Schirmgitters ist nach unten begrenzt: Gitter dünner als 250 μm sind kaum über einen größeren Durchmesser stabil.

Prinzipiell gilt, daß ein Lochgitter, das die Ionen beschleunigt und wieder abbremst, nie einen kollimierten Strahl ohne Divergenz erzeugen kann. Der Strahl besteht ja aus zahlreichen Einzelstrahlen, den *Beamlets,* (s. Gl. (8.5) und Abb. 8.5). Als unteren Grenzwinkel der Defokussierung findet man etwa 5°. Sind nun sowohl die Divergenz wie auch der Abstrahlwinkel aller „Beamlets“ gleich, spricht man auch von einem parallelen Strahl. Sowohl die Divergenz wie der

[4]Sind die Aperturdurchmesser nicht gleich, ist insbesondere $d_a < d_s$, ist der extrahierbare Strom kleiner als nach Gl. (8.6) berechnet.

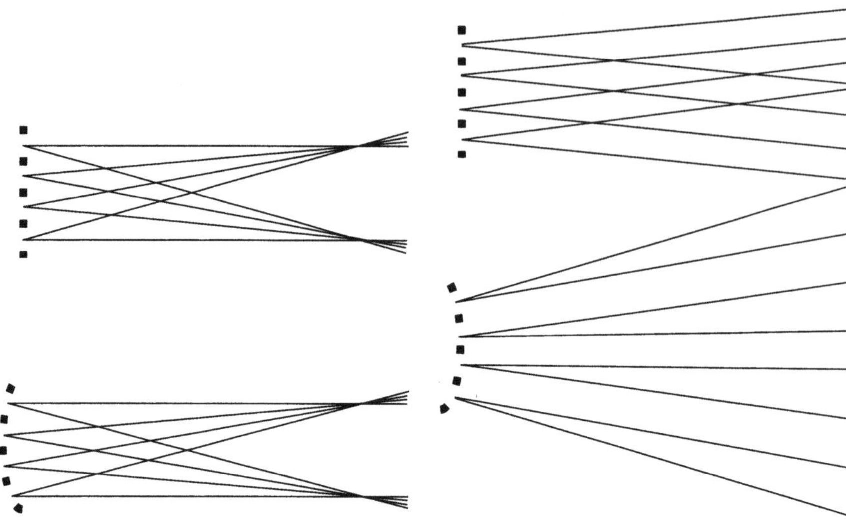

Abb. 8.6. Erscheint der Gesamtstrahl am Target fokussiert, bezeichnet man ihn als konvergent (lks.), ist er dagegen defokussiert, als divergent (re.). Die laterale Homogenität des Ionenstrahls kann — je nach Anwendung — durch die Gitterspannungen und durch die Form der Gitter eingestellt werden. Eine hohe Strahldichte (lks.) wird für das Sputtern, hohe Uniformität (re.) dagegen für das Ätzen verlangt (© Oxford Instruments 1993).

Abstrahlwinkel sind gezielt beeinflußbar, jene durch unterschiedliche Fokussierungsbedingungen und Ionenstrahldichten, dieser etwa durch gebogene Gitter (Abb. 8.6).

8.4.1 Zweigitter-Quelle

Da die Plasmarandschichten vom Aperturrand in das Plasma hineinreichen, werden die Ionen beim Passieren des Beschleunigungsgitters fokussiert. Deshalb können hier die Durchmesser der Aperturlöcher deutlich kleiner als die des Schirmgitters sein, ohne daß viel Strahlstrom verloren wird. Verhältnisse bis zu 0,67 für d_s/d_a sind bekannt. Dies ist insbesondere für größere Quellen von Vorteil, da dadurch der Leitwert des Gitters erniedrigt wird, und man mit weniger Arbeitsgas in der Quelle auskommt. Für kleinere Quellen oder für maximalen Strom dagegen sollten die Aperturlöcher aller Gitter gleich sein.

Um die Fokussierung zu verbessern, kann das Verhältnis l_g/d_s erhöht werden. Als Beispiel sei die Verdoppelung dieses Wertes von 0,5 auf 1,0 genannt bei einem Verhältnis V_n/V_t von 0,7, mit dem die Divergenz α von 26° (bzw. der Halbwinkel $\alpha_{1/2}$ auf etwa 13°) 20° reduziert werden kann [232]. Da der Wert

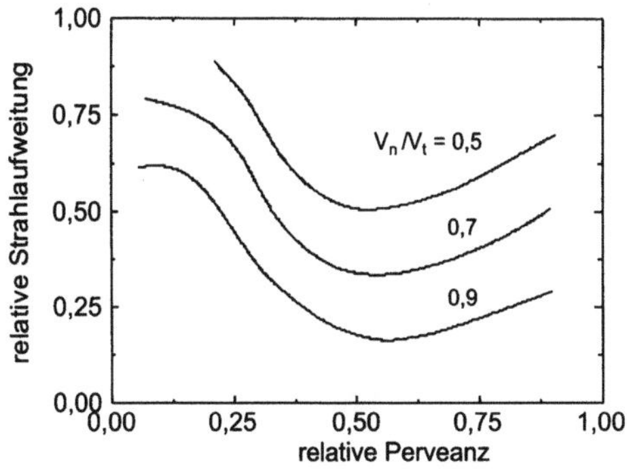

Abb. 8.7. Strahldivergenz für ein Zweigittersystem in Abhängigkeit der Perveanz [228] (© The American Institute of Physics).

von V_n/V_t ohne Gefahr des Rückströmens von Elektronen auf 0,9 erhöht werden kann, wird die Divergenz weiter auf 12° verbessert.

Ein hohes negatives V_A erzeugt eine große Strahldichte. Andererseits verhindert dieses Gitter die Neutralisation der Raumladung unterhalb des Gitters, was eine Aufweitung des Strahls, also eine Verschlechterung der Strahlkollimierung, zur Folge hat. Dies kann durch Verringerung von V_A, das V_t weitgehend bestimmt, verbessert werden, womit das Verhältnis V_t/V_n kleiner wird. Diese Strahlaufweitung, sozusagen die „Performance" des Ionenstrahls, wird aufgetragen gegen die Perveanz (Abb. 8.7) [228].

Die Anforderungen der Kollimierung und Stromdichte sind gegenläufig:

- hohe Kollimierung erfordert hohes V_n/V_t,
- hohe Stromdichte dagegen niedriges V_n/V_t,

daher ist in KAUFMAN-Quellen dieses Verhältnis meist zwischen 0,5 bis 0,9 einstellbar, mit anderen Worten: *Ionenenergie und Ionenintensität sind in gewissen Grenzen voneinander unabhängig.* Damit erhält man bei relativ hohen Ionenenergien $(0,5 - 3$ kV), die z. B. zum Ätzen oder zur sekundären Ionenstrahlbeschichtung geeignet sind, eine ausreichende Strahlkollimierung (Divergenz von einigen Grad bei einer Energiebreite von etwa 10 eV).

Für Ätzungen, bei denen die Oberfläche frei von Strahlenschäden sein soll, benötigt man deutlich niedrigere Ionenenergien ($E \leq 100$ eV). Bei $V_n/V_t = 0,5$ bedeutet das ein V_t von etwa 200 V, was eine drastische Verringerung des Ionenstroms bedingt ($0,5$ mA cm^{-2} bei 1000 eV entsprechen $0,015$ mA cm^{-2} oder einem Bombardement von weniger als 1 Monolage/10 sec bei 100 V [233]). Zur Lösung dieses Dilemmas gibt es mehrere Varianten:

- die Einzelelektrode [233]: Bei Verwendung nur der äußeren Elektrode läßt sich die Raumladungsbegrenzung aufheben; damit ist ein erheblich höherer Ionenstrom erreichbar, weil die Beschleunigungsstrecke der Ionen jetzt durch die Dicke der Randschicht der einzelnen Aperturen gegeben ist, so

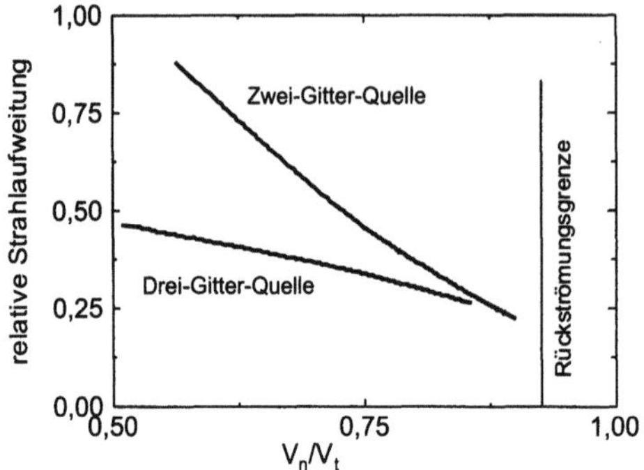

Abb. 8.8. Verbesserung der Strahldivergenz durch Verwendung eines dritten Gitters zwischen Schirm- und Beschleunigungsgitter bei unterschiedlicher Perveanz [228] (© The American Institute of Physics).

daß man durch Verwendung entsprechend feinmaschiger Netze mit Aperturdurchmessern, die kleiner oder gleich der Dicke der Randschicht sind, die Strahldichte wesentlich erhöhen kann. Aber nur, wenn man tatsächlich mit Ionen niedriger Energie arbeitet, ist der Sputtereffekt relativ klein, sonst wird die Lebensdauer auf Stunden oder Tage reduziert.

- die Anordnung mit drei Gittern, mit der die Divergenz bei kleinen V_n/V_t-Werten reduziert wird; bei hohen Werten ist die Verbesserung allerdings verschwindend klein (Abb. 8.8).

8.4.2 Dreigitter-Quelle

Die aufwendigere Konstruktion einer Drei-Gitter-Optik rechtfertigt ihren Aufwand nur dann, wenn sie mit einer deutlich erhöhten *Performance* einhergeht. Diese liegt nun tatsächlich in einer verbesserten Kollimierung begründet, und zwar insbesondere bei niedrigeren Werten für das Verhältnis V_n/V_t (s. Abb. 8.8). Da sich der Strahl nach dem Passieren des Beschleunigungsgitters aufweitet, wird durch eine Verringerung des Aperturdurchmessers im Bremsgitter (bezogen auf den des Schirmgitters) der Strahl noch stärker fokussiert. Ein Wert von 0,8 für d_a/d_s stellte sich als optimal heraus (s. Abbn. 8.8 u. 8.9) [231]. Mit ähnlichen Parametern (Lochdurchmesser, Gitterabstände) kann eine Drei-Gitter-Optik einen etwa doppelt so hohen Ionenstrom ziehen wie eine Zwei-Gitter-Optik [235].

8.5 Neutralisierung

Zwar ist der Ionenstrahl von einer (stationären) Elektronenwolke umgeben, die aus Sekundärelektronen (γ- oder δ-Prozesse spielen bei Spannungen von 1 kV bereits eine bedeutende Rolle, s. Kap. 3) besteht und wegen der bei den hohen

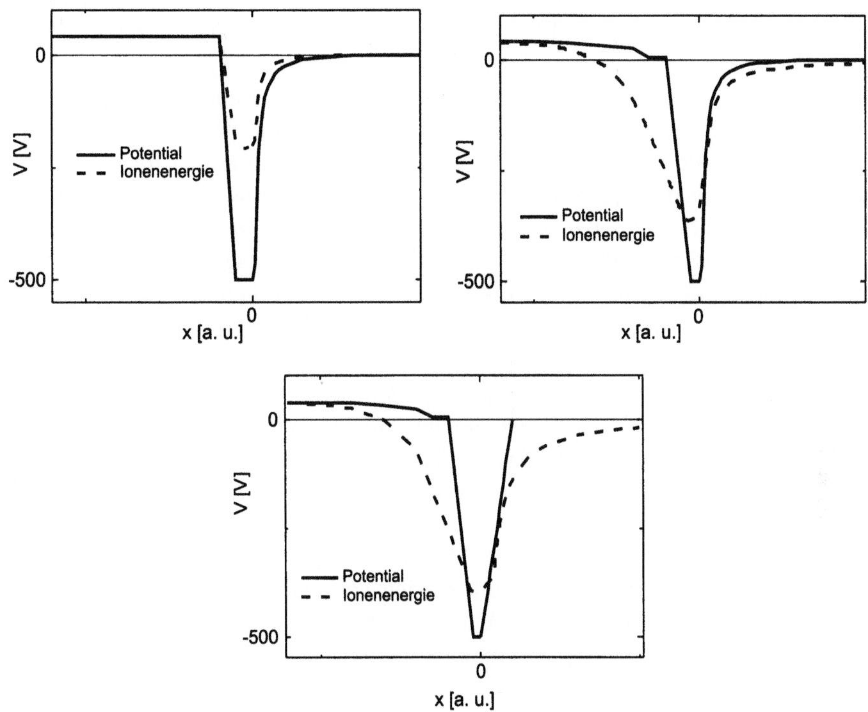

Abb. 8.9. Ionenoptik: Änderung der Potentialvariation für ein, zwei oder drei Gitter (durchgezogen) und Beeinflussung der Ionenenergie (punktiert):
(1) ein Gitter: hohe Divergenz, hohe Ionenstromdichte, aber nur niedrige Energien und starke Gittererosion;
(2) zwei Gitter: niedrige Divergenz und hohe Ionenstromdichte;
(3) drei Gitter: niedrigste Divergenz bei mittlerer Ionenstromdichte; aber komplizierter Aufbau (© Oxford Instruments 1993).

Ionengeschwindigkeiten entsprechend niedrigen Streuquerschnitten der Ionisierung kaum zu einer Neutralisierung des Strahlplasmas führt, den Ionenstrahlstrom dennoch vollständig nach außen kompensiert. Dennoch ist die positive Ladung innerhalb der „Beamlets" nicht ausgeglichen, was zu einer inhärenten Aufweitung des Breitstrahls führt. Beim Auftreffen auf Metalle findet eine Rekombination mit Elektronen statt, und der zum Ladungsausgleich fließende Strom ist gleich dem Ionenstrom, beim Auftreffen auf Isolatoren dagegen ist die einzige Quelle zur Neutralisierung das Strahlplasma, dem damit Elektronen entzogen werden, wodurch sich der Strahl zusätzlich durch COULOMB-Abstoßung aufweitet.

Um diese Defokussierung zu vermeiden, emittiert ein Neutralisationsglühdraht außerhalb der Gitter Elektronen, die vom Ionenstrahl eingefangen und mitgeführt werden, ohne daß es zu einer individuellen Neutralisation der Ionen kommen müßte. Dabei liegt das Potential des Glühdrahts zwischen 20 und 100 V unter dem Potential des Strahlplasmas, womit der Elektronenstrom raumladungsbegrenzt ist. Eine Erhöhung des Filamentstroms ist folglich weder durch Erhöhung des Potentials (bezogen auf das Potential des Strahlplasmas) noch durch Erhöhung der Filamenttemperatur zu erreichen, sondern nur durch eine Verlängerung des im Ionenstrahl befindlichen Drahtsegmentes. Dies führt in ein unlösbares Dilemma: Um die Lebensdauer des Filaments auf erträgliche Werte zu bringen, muß dieses einen hinreichend hohen Querschnitt aufweisen, was eine hohe Spannung erfordert, um andererseits Abstäubeffekte geringzuhalten, muß der Spannungsabfall gegenüber dem Strahlplasma jedoch genügend klein gehalten werden. Gleich, wie man das Optimierungsproblem löst, wird aus dieser Überlegung ersichtlich, daß die Kontamination durch das Filament ein Hauptproblem dieser Neutralisationsart ist.

So können prinzipiell auch Isolatoren beschossen werden, ohne daß Aufladungen beobachtet werden (da der Strahl oft um bis zu 30° aufgeweitet ist, ist ersichtlich, daß trotzdem Raumladungen vorhanden sind). Wichtig ist dabei, daß der Glühdraht sich tatsächlich im Strahl befindet. Versuche mit einem torusförmigen Filament zeigten eine deutlich reduzierte Wirksamkeit der Neutralisation wegen der Raumladungsbegrenzung des Elektronenstroms, und das Strahlpotential zur Elektronenextraktion sehr hohe Werte annehmen muß [236].

Um die Kontamination durch Abstäuben und Abdampfen des Filaments zu vermeiden, sind seit einigen Jahren sog. „Plasmabrücken-Neutralisatoren" in Gebrauch. Hierbei wird in einer Hohlkathode mit DC oder RF ein separates Ar-Plasma gezündet und entsprechend dem Potential des Ionenstrahls mit diesem möglichst dicht an der Ionenoptik gekoppelt oder „verbrückt" (Abb. 8.3). Um zu verhindern, daß diese Elektronen in die Ionenoptik zurückfließen und einen Ionenstrom vortäuschen, muß die Ionenoptik mit einem hohen retardierenden Potential abgeschlossen werden. Es ist offensichtlich, daß in allen Fällen eine präzise Messung des Potentials des Strahlplasmas zur Neutralisation erforderlich ist.

8.6 Prozeßoptimierung

Wie in Abschn. 8.4 gezeigt, kann aus der raumladungsbegrenzten LANGMUIR-CHILD-SCHOTTKY-Gleichung die maximale Ionenstromdichte ermittelt werden (Gl. (8.6). V_A, das Potential des äußeren Gitters, unterliegt insofern einer Begrenzung nach oben, als möglichst wenig Substratschäden entstehen sollen, so daß der Strom tatsächlich durch den Abstand l begrenzt wird. (Substratschäden können vielfältiger Natur sein, angefangen von der Degradation des PR bis zur Atomisierung der Oberfläche). Als ein oberer Wert hat sich eine Leistung von

0,5 $\mathrm{W\,cm^{-2}}$ für ein Substrat mit gutem thermischem Kontakt zur gekühlten Probenhalteroberfläche erwiesen; dies entspricht bei 500 V[5] einer Stromdichte von 1 $\mathrm{mA\,cm^{-2}}$. d wird bestimmt durch

- die Gefahr elektrischer Felder, im Normalfall jedoch durch
- die Gefahr der Verbiegung der Lochplatten durch thermische Spannungen. Das ist ein Grund dafür, daß die Gitter aus Molybdän oder Graphit bestehen (ein anderer die geringe Kontaminationsgefahr der Substrate, da diese Materialien eine niedrige Sputterrate aufweisen).

Zum Sputtern sollte eine hohe Strahldichte, zum Ätzen dagegen eine gute Strahlkollimierung sowie ein Ionenpotential in der Nähe von V_n einstellbar sein, da eine hohe Strahlkollimierung einen großen Abstand zwischen Sputtertarget und der Ionenquelle erlaubt, was Kontaminationsprobleme reduziert; eine hohe Strahldichte verkürzt dagegen den Sputterprozeß (Abb. 8.6).

Die Optimierung eines Prozesses sollte hinsichtlich

- der Beschleunigungsspannung,
- des Strahlstroms und
- der elektronischen Rückströmung

erfolgen. Zu hohe Beschleunigungsspannungen führen zur Bildung doppelt geladener Ionen. Beispielsweise wurde von KAUFMAN der Anteil doppelt geladener Ar-Ionen zu 20 % bei 60 – 70 V Beschleunigungsspannung abgeschätzt, während er bei 35 – 40 V vernachlässigbar klein ist [234]. Doppelt geladene Ionen erzeugen aber durch die größere Eindringtiefe ins Substratmaterial Strahlenschäden. Da die Dosis für die Entstehung von Strahlenschäden relativ klein ist, ist oberhalb einer Schwelle von nur einigen Prozent es nahezu unerheblich, wie groß der Anteil der doppelt geladenen Ionen ist.

Offensichtlich ist ein zu hoher Strahlstrom für die schnelle Alterung sämtlicher Gitter verantwortlich. Zu niedriger Strahlstrom dagegen führt zu unnötig langen Prozeßzeiten. Der Strom, der am Beschleunigungsgitter abfließt, setzt sich aus zwei Anteilen zusammen: einmal dem direkten Ionenstrom aus der Quelle und zum anderen aus dem Charge-Transfer-Strom (Gl. (3.12)), der meist bei weitem überwiegt. Hierbei resultieren aus schnellen Ionen und langsamen Neutralteilchen langsame Ionen und schnelle Neutralteilchen, die nahezu dieselben mechanischen Effekte beim Aufschlag aufs Target erzeugen wie die Ionen. Andererseits wird das langsame Ion mit größerer Wahrscheinlichkeit vom Gitter eingefangen, bei niederer Geschwindigkeit auf der Seite der Ionenquelle („upstream“), bei höherer Geschwindigkeit dagegen auf der Targetseite („downstream“), was zu einer zunehmenden Kontamination desselben Anlaß gibt.

[5]Bei dieser Beschleunigungsspannung weisen Ar^+-Ionen Geschwindigkeiten von 50 km/sec oder 180 000 km/h auf (die Fluchtgeschwindigkeit für das Verlassen des Erdfeldes beträgt ca. 40 000 km/h).

Um diesen Sputtereffekt zu unterdrücken, reicht es aus, den Wert der Beschleunigungsspannung gerade so negativ zu wählen, daß ein Rückströmen der Elektronen in den Quellenraum vermieden wird. Der Gitterstrom, der durch Charge-Transfer bedingt ist, nimmt etwa linear mit dem Ionenstrahlstrom zu. Zusätzlich zu diesem muß noch der Anteil des direkten Ionenstroms berücksichtigt werden. Dieser dominiert ab einem bestimmten Schwellenwert und kann dadurch erkannt werden, indem der Gitterstrom gegen den Strahlstrom aufgetragen wird. Eine Abweichung von der Linearität zeigt den „Sputterstrom" und damit den optimalen Arbeitspunkt an.

Genauso einfach läßt sich ein anderer Störeffekt beherrschen. Ist das Beschleunigungsgitter auf Werten, die zu schwach negativ sind, kommt es zu einer *Rückströmung der Elektronen,* die von der Vorwärtsbewegung der Ionen elektrisch nicht zu unterscheiden ist. Dies läßt sich leicht an der Nichtlinearität der I-U-Kurve (I: Strahlstrom, U: Spannung des Beschleunigungsgitters) bei niedrigen V_A-Werten erkennen.

8.7 Uniformität

Vorausgesetzt, die Divergenz der Einzelstrahlen sei 5°, bedeutet das auf einer Strecke s von 300 mm bereits eine Aufweitung um mehr als das Doppelte (Abb. 8.10).

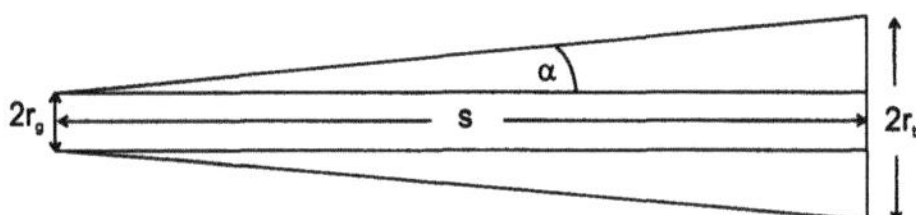

Abb. 8.10. Sei der Durchmesser eines Einzelstrahls ($2r_g$) an der Gitteroptik nur 2 mm, dann führt eine Divergenz von typisch 5° auf dem Weg s über 300 mm zu einer Aufweitung um mehr als das Doppelte dieses Wertes ($2r_b$), so daß der Divergenzwinkel des „Beamlets" der Gleichung $\arctan \alpha = (2r_b - 2r_g)/s$ gehorcht.

Z. B. ist bei einer eindimensionalen Anordnung von 2 mm im Durchmesser messenden Löchern, die 7 mm Abstand voneinander aufweisen, das Muster des Gitters noch zu sehen, bei einer allerdings deutlich realistischeren Anordnung von 2 mm im Durchmesser messenden Löchern, die nur mehr 2 mm Abstand voneinander aufweisen, ist dagegen das Gittermuster unsichtbar geworden (Abb. 8.11). In Wirklichkeit handelt es sich um kreisförmige Gitter, bei denen der Lochabstand klein gegen deren Durchmesser ist, so daß der Strahl keinerlei Inhomogenitäten auf Grund der Gittergeometrie aufweist.

Wie wir der Abb. 8.12 entnehmen, in der die radiale Uniformität des Breitstrahls, gemessen mit einem Array aus FARADAY-Bechern aufgenommen wurde, ist dieser zwar hinreichend homogen, diese Messung erlaubt aber keine Aussage

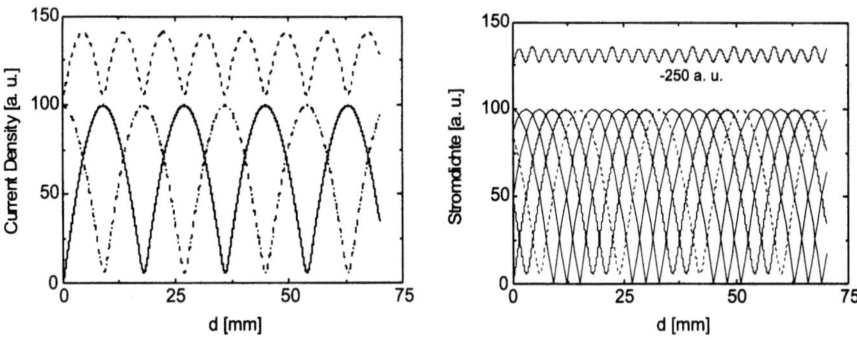

Abb. 8.11. Sei der Durchmesser eines „Beamlet“ wiederum 2 mm, dann ist bei einer Divergenz von 5° bei einem (eindimensionalen) Löcherabstand von 7 mm das Muster der Gitteroptik noch deutlich zu sehen, bei einem Verhältnis von 1 : 1 dagegen verschwindet die Differenz bereits unter die Nachweisbarkeitsgrenze. In Wirklichkeit handelt es sich um zweidimensionale Gitter mit einem Verhältnis Lochdurchmesser:Abstand von deutlich größer als Eins.

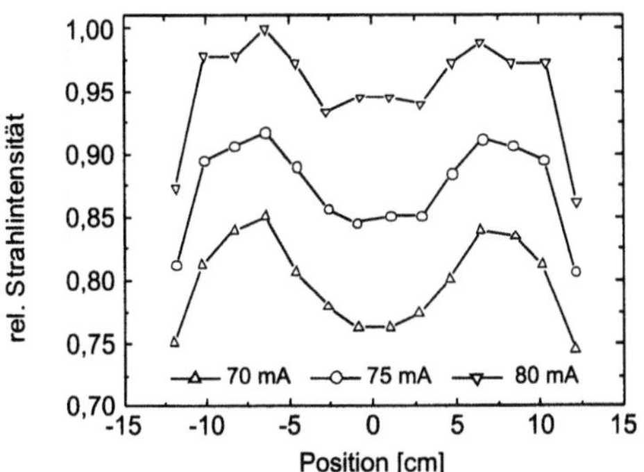

Abb. 8.12. Die radiale Uniformität der Ionenstromdichte, gemessen auf der Targethöhe mit einer Kette von FARADAY-Bechern, erzielt mit einer Drei-Gitter-Ionenoptik, ist Voraussetzung für eine gleichmäßige Beschichtungsqualität © Veeco Instr. 2002.

über die Kollimierung der „Beamlets“. Auch ist daraus ersichtlich, daß die Homogenität selbst des Breitstrahls geringfügig mit der Stromdichte abnimmt (bei 70 mA/cm^2 beträgt die Abweichung von der radialen Uniformität $\pm 1,8$ %, um bei 80 mA/cm^2 auf $\pm 1,04$ % abzunehmen). Insgesamt führt das nur zu einer (nahezu) perfekten Mittelung des Breitstrahls. So vorteilhaft dies bei der Ionenstrahlbeschichtung ist (s. Abschn. 10.9), so nachteilig ist die Divergenz für das Strukturieren; die $\mathcal{IADF}$ weist immer eine Unschärfe auf (s. Abschn. 11.5).

9 Plasma-Diagnostik

Die hier vorgestellten Plasmen sind analytisch in vielfacher Weise zugänglich, um die das Plasma bestimmenden Parameter

- Plasmadichte; genauer: Ladungsträgerdichte(n);
- Elektronentemperatur;
- Temperatur der Molekeln und Ionen;
- Frequenz des elastischen Stoßes zwischen Elektronen und Molekeln;
- chemische und elektrische Zusammensetzung des Plasmas;
- chemische und energieaufgelöste Zusammensetzung des Plasmas in den Randschichten;
- Absolutbestimmung von Dichten reaktiver Spezies;
- Bestimmung der elektrischen Daten

zu ermitteln. Sind die Meßverfahren verschieden, erhält man prinzipiell unterschiedliche Meßergebnisse ein und derselben Zielgröße, etwa von Elektronentemperatur (gemessen mit optischer Emissionsspektroskopie (OES) oder LANGMUIR-Sonde) oder Elektronendichte (gemessen mit Elektronenspektroskopie (SEERS), Mikrowellen-Reflektometrie oder LANGMUIR-Sonde, s. Tab. 9.1). Bereits besprochen wurde im Kap. 6 die Plasma-Analyse mittels (energieaufgelöster) Massenspektrometrie zur Bestimmung der $\mathcal{IEDF}$. Da keine Methode alles kann, seien im Folgenden einige dieser Verfahren vorgestellt und kritisch verglichen.

9.1 Langmuir-Sonde

9.1.1 Einführung

Eine LANGMUIR-Sonde ist eine kugel- oder zylinderförmige Elektrode im Plasma, an die ein Potential angelegt wird, welches auf eine Fläche bezogen wird,

Tabelle 9.1. Einige fortgeschrittene Methoden zur Bestimmung wichtiger Plasmakenngrößen. *AA:* Advanced Actinometry; *SEERS:* Self-Excited Electron Resonance Spectroscopy; *Z:* Impedanz-Analyse; μ: Mikrowellen-Reflektometrie.

Physikalische	*Bestimmungsmethode*				
Größe	LANGMUIR	*AA*	*SEERS*	*Z*	μ
V_P	√				
n_P	√		√		√
$\boldsymbol{T_e}$	√	√			
T_{bulk}		√			
$P_{RF,eff}$			√?	√	
ν_m			√		
$\cos\varphi$				√	
V_{rms}				√	
I_{rms}				√	

die sich in Kontakt zum Plasma befindet (vorzüglich die (geerdete) Gegenelektrode oder die Masse des Reaktors, was oft identisch ist) (Abb. 9.1). Gemessen wird die *U-I*-Kennlinie, die sog. *Sondenkennlinie,* deren charakteristischer Verlauf in Abb. 9.2 gezeigt wird. Die Theorie wurde in einer Reihe von Arbeiten von LANGMUIR und MOTT-SMITH ab 1926 für DC-Entladungen von Argon niedergelegt [238]. Wenn nicht anders vermerkt, bezieht sich daher die folgende Beschreibung auf ein derart elektropositives Gas ohne negative Ionen.

9.1.2 Bedingungen für den Betrieb

Folgende Forderungen müssen dabei von der Sonde und dem Plasma erfüllt werden:

- Das Plasma soll groß gegen die DEBYE-Länge, also quasineutral, sein (Niederdruck-Plasma).
- Die Elektronentemperatur T_e soll hoch gegenüber der Ionentemperatur T_i sein.
- Der Druck der Entladung soll so niedrig sein, daß das *MFP* von Elektronen und Ionen groß gegenüber der Dicke der Randschicht sei, die sich an der Sonde aufbaue (stoßfreie Randschicht).
- Das Material der Elektrode sollte chemisch inert sein, eine niedrige Sputterausbeute und eine hohe Austrittsarbeit aufweisen, sich also möglichst neutral verhalten. Dies wird am besten von refraktären Metallen, wie Wolfram, Rhenium oder Rhodium, erfüllt.

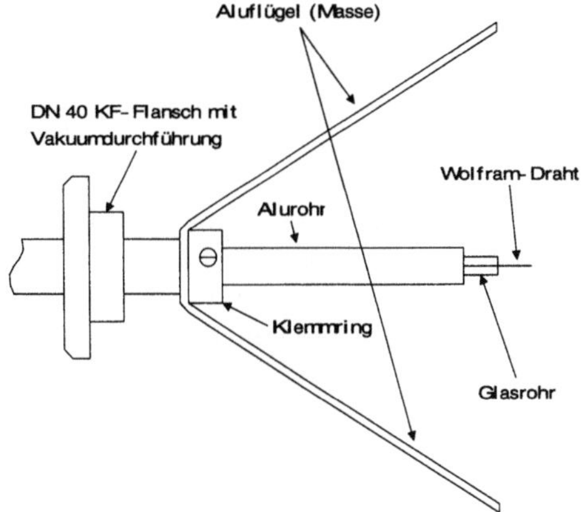

Abb. 9.1. Aufbau einer LANGMUIR-Sonde (Vakuumteil mit Aluminiumrohr zum mechanischen Schutz der Glaskapillare, in der der Sondendraht aus refraktärem Metall geführt wird) © [237].

- Der Radius der Elektrode sollte in der Größenordnung der DEBYE-Länge sein, um die Störung der Ladungsträger möglichst gering zu halten. Die Fläche der Referenzelektrode kann dagegen groß sein.
- Der Ladungsentzug durch die Sonde soll so klein sein, daß dadurch die Eigenschaften des Plasmas nicht wesentlich verändert werden.
- Es herrsche auch im (schwachen) Feld der Sonde Gleichgewicht, so daß die räumliche Verteilung der Ladungsträger sich zeitlich nicht ändere.
- Die Sonde sei eine absolute Senke für die Ladungsträger.
- Die Geometrie der Sonde sei eine Kugel oder ein Zylinder; es wird im folgenden nur die zylindrische Sonde behandelt.

Befindet sich eine Elektrode in einem Plasma und wird an diese eine Potentialdifferenz angelegt, dann werden die Ladungsträger entsprechend dem COULOMBschen Gesetz durch das an der Elektrode entstehende Feld beschleunigt, wodurch die Quasineutralität des Plasmas gestört wird. Dies führt umgekehrt zu einem Elektronenzufluß in die positive Senke bzw. einem Abfluß aus der negativen Quelle, insgesamt also zu einem Ausgleich im Plasma und zu einem steilen Potentialabfall innerhalb der selbstkonsistenten Randschicht unmittelbar üeber der Elektrode. Für die Verwendung als Plasmasonde ist wichtig, daß ihr Feld nie so groß wird, daß weder Elektronen durch Sekundärprozesse (thermisch oder γ-Prozesse) ausgelöst noch zu viele Elektronen aus dem Plasma abgesaugt werden könnten.

Durch den Betrieb der Sonde wird die Potentialverteilung innerhalb der DEBYE-Länge im Plasma gestört, durch die Änderung der Ladungsträgerdichte während des Stromflusses bilden sich außerdem Raumladungszonen aus, wobei wegen der starken Asymmetrie der Kennlinie die negative Raumladungszone we-

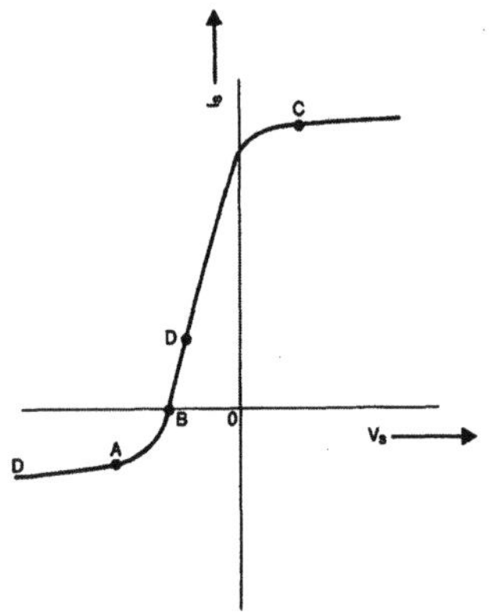

Abb. 9.2. Schematische Darstellung der idealisierten *U-I*-Charakteristik einer LANGMUIR-Sonde,mit der man die wichtigsten Plasmakenngrößen wie elektronische Plasmadichte, Elektronentemperatur und Plasmapotential (eingeschränkt auch die Ionendichte) bestimmen kann.

sentlich wichtiger ist. Die Bestimmung oder Abschätzung dieser beiden Größen bildet daher einen wesentlichen Teil der Theorie der LANGMUIR-Sonde.

9.1.3 Kennlinie der Langmuir-Sonde

Bei Anlegen großer negativer Potentiale werden die Elektronen abgestoßen und nur positive Ionen angezogen, die eine dieses negative Potential abschirmende positive Raumladung ausbilden. Dieser Ionenstrom erreicht deswegen schnell einen Sättigungswert (sog. raumladungsbegrenzter Strom, Punkte links von A, Abb. 9.2). Mit größer werdendem Potential können auch schnelle Elektronen absorbiert werden, wodurch der Nettostrom positiver Ionen reduziert wird (Bedingung: $1/2m_\mathrm{e}v_\mathrm{e}^2 \geq e_0V$). Bei einem (noch negativen) Potentialwert $0 > V = V_\mathrm{F}$ an der Stelle B ist der Strom beider Ladungsträgersorten gleich groß; es fließt also kein Strom. Dieses Potential wird als *floatendes Potential oder Schwebepotential* bezeichnet, da es das Potential einer Sonde ist, deren Potential sich frei einstellen kann. Weitere Erhöhung des Sondenpotentials (sog. Retardierungszone, Gebiet um Punkt D, das Potential ist immer noch negativ) führt zu einem steilen Anstieg des negativen Stroms, bis ein Wert V_P spätestens an der Stelle C erreicht ist, der als *Plasma- oder Raumpotential* bezeichnet wird. Da hier das Plasma dasselbe Potential wie die Sonde aufweist, sind keine elektrischen Felder vorhanden, die Schicht positiver Ionen verschwindet, und die geladenen Partikeln wandern entsprechend ihren thermischen Geschwindigkeiten zu der Sonde.

Das Plasmapotential ist gleich der Sondenspannung, bei der der Elektronenstrom in die Sättigung geht. Um V_P genau zu bestimmen, trägt man die logarithmische Sondenstromdichte gegen die Spannung auf. Wegen der Asymmetrie der Sonde ist die *U-I*-Kennlinie asymmetrisch zum Nullpunkt. Meist bekommt man dann im Bereich der Retardierungszone einen linearen Anstieg, dem beim Plasmapotential ein Bruch in eine Kurve flacherer Neigung folgt; dieser bestimmt V_P ($\mathrm{d}^2I/\mathrm{d}V^2 = 0$). Nach dieser Definition ist V_P also durch den Wendepunkt der U-I-Kennlinie definiert.

Mit der Bedingung

$$1/2m_e v_e^2 \geq e_0(V_P - V_s) = e_0U \tag{9.1}$$

mit V_P dem Plasma- und V_s dem Sondenpotential kann also die Geschwindigkeits- oder Energieverteilung der Elektronen $\mathcal{EEDF}$ durch Variation des Elektronenstroms mit dem Potential V_s bestimmt werden. Der Mittelwert der Energie ergibt sich durch Anwendung einer normierten Verteilungsfunktion f auf die Meßwerte der Energie nach der Beziehung

$$<E> = \int_0^\infty Ef(E)\mathrm{d}E. \tag{9.2}$$

Sind jetzt die Geschwindigkeiten MB-verteilt, dann ist der Anteil der Elektronen, die eine höhere Energie als e_0U haben und damit die Randschicht überwinden können:

$$N_e = N_0 \exp\left\{-\frac{e_0U}{k_BT_e}\right\} \tag{9.3.1}$$

und die Stromdichte

$$j_e = \frac{e_0N_e}{V} \cdot \frac{<v>}{4} \cdot \exp\left\{-\frac{e_0U}{k_BT_e}\right\} \Rightarrow j_e = e_0n\sqrt{\frac{k_BT_e}{2\pi m_e}} \cdot \exp\left\{-\frac{e_0U}{k_BT_e}\right\}. \tag{9.3.2}$$

Damit wird

$$\ln j_e = \mathrm{const} - \frac{e_0U}{k_BT_e}. \tag{9.4}$$

Aus dieser Gleichung können zwei Größen gewonnen werden:

- Gl. (9.4) ist eine Gerade mit der Steigung e_0/k_BT_e (da $\mathrm{d}/\mathrm{d}U \ln j_e = 1/j_e \cdot \mathrm{d}j_e/\mathrm{d}U = -e_0/k_BT_e$). Vorausgesetzt, daß die effektive Fläche der Sonde genau bekannt ist, kann also zunächst die *Elektronentemperatur* bestimmt werden.[1]

- Es ergibt sich für $U = 0$, d. h. bei $V_P = V_p$, die *Elektronenkonzentration* n_0*:*

$$j_e = e_0n_0\sqrt{\frac{k_BT_e}{2\pi m_e}}. \tag{9.5}$$

[1]Es hat nicht an Versuchen gefehlt, dies auch auf Ionen zu übertragen, was jedoch auf absurd hohe Werte für T_i führte. Der Grund ist eine Veränderung der Energieverteilung der Ionen $\mathcal{IEDF}$ durch die Bildung der Randschicht[239].

Ist also der Anstieg in der Retardierungszone linear, kann man auf eine MB-Verteilung der Energie der Elektronen schließen; sonst muß die Energieverteilung der Elektronen ($\mathcal{EEDF}$) durch andere Verteilungen beschrieben werden, z. B. die DRUYVESTEYN-Verteilung [240], die für Verteilungen in elektrischen Feldern abgeleitet wurde und besonders bei höheren Elektronenenergien und niedrigene Elektronendichten gilt (s. a. Abschn. 14.1).[2]

Bei weiter ansteigendem Potential verschwindet auch der Rest des ohnehin sehr kleinen Ionenstroms; im Gegenteil werden die Ionen abgestoßen, und es bildet sich — ähnlich wie bei stark negativem Potential — eine negative Raumladungsschicht vor der Elektrode aus. Diese Schicht, die Randschicht oder der Schild, ist normalerweise sehr dünn und schirmt das Plasma gegen das elektrische Feld der Sonde ab. Daß der Kurvenverlauf nicht symmetrisch ist, liegt an der stark unterschiedlichen Masse der Elektronen und Ionen, die einen großen Unterschied in den Stromdichten bedingt

$$\frac{j_\mathrm{i}}{j_\mathrm{e}} \propto \sqrt{\frac{m_\mathrm{e}}{m_\mathrm{i}}}. \tag{9.6}$$

9.1.4 Sondenradius

Die Geometrie der Sonde und die Dichte des Plasmas (sowohl Teilchenzahldichte wie Ladungsträgerdichte) stehen in enger Wechselwirkung für die Anwendung der adäquaten Auswertung der Meßergebnisse. Prinzipiell unterscheidet man zwischen den Gebieten, in denen der Radius der Sonde r_p sehr klein oder etwa gleich gegen die DEBYE-Länge (s. Kap. 2.3) bzw. der Dicke der Randschicht r_s ist, die sich um die Sonde aufbaut (Abb. 9.3) [241]. Da der metallische Draht eine Äquipotentialfläche darstellt, ist geometrische Voraussetzung für einen störungsfreien Betrieb, daß der Sondenradius höchstens in der Gegend der DEBYE-Länge liegt. Für ein Verhältnis des Radius der Sonde gegen die DEBYE-Länge bis etwa 1:

$$\frac{r_\mathrm{p}}{\lambda_\mathrm{D}} \leq 1, \tag{9.7}$$

müssen und können Bewegungen der Ladungsträger, und zwar analytisch geschlossen, berücksichtigt werden (OML). Dies kann leicht erfüllt werden in Niedrigdruck-Plasmen, in denen die mittlere freie Weglänge der Ladungsträger groß ist gegen r_s (stoßfreie Randschicht); bei hohen Drücken dagegen verändert die Sonde selbst die Gradienten der Ladungsträgerverteilung, hier sind weitere Näherungen unerläßlich, die zunächst numerisch angegeben wurden [242] und erst in jüngerer Zeit parametrisiert worden sind [243] [244]. So weicht die

[2]Diese Beschreibung gilt nur für den Idealfall, meist wird kein scharfer Knick beobachtet; man kann bzw. muß dann oft mehrere Steigungen festlegen — mit zwangsläufig großer Variationsbreite für V_P (d. h. MB-Verteilung mit zwei Temperaturen).

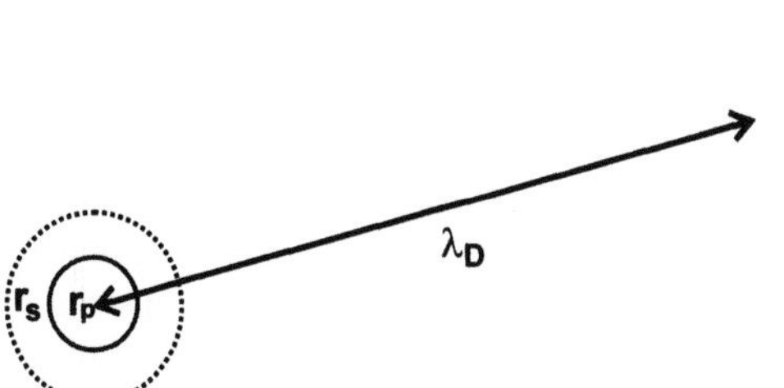

Abb. 9.3. Einfachste Annahme: Sondenradius r_p und Dicke der Randschicht r_s sind beide klein gegenüber der DEBYE-Länge λ_D: stoßfreie Randschicht; jedes an der BOHM-Kante ankommende Elektron wird eingefangen.

Elektronendichte um eine sphärische Sonde gegenüber dem Wert für unendliche Entfernung von der Sonde bei der Grenzbedingung $\lambda_{\mathrm{e,i}} \ll r$ um

$$n = n_\infty \left(1 - \frac{r_\mathrm{s}}{r_\mathrm{p}}\right) \tag{9.8}$$

ab [245], wobei r_s der Radius der negativen Raumladungszone ist, der typischerweise einige DEBYE-Längen groß ist [246]. Bei hohen Teilchenzahldichten kommt erschwerend hinzu, daß innerhalb der Raumladungsschicht die Stoßzahl für Elektronen und Ionen verschieden von Null wird. Dadurch wird insbesondere der steile Anstieg des Elektronenstroms abgeschwächt. Es wird daher zunächst von einer stoßfreien Randschicht ausgegangen.

9.1.5 Dünne Randschicht: Raumladungsbegrenzter Strom

9.1.5.1 Positive Ionen. Bei stark negativen Sondenspannungen bildet sich um die Elektrode eine positiv geladene Raumladungszone aus, die das Sondenpotential bis auf den Bruchteil $\frac{k_\mathrm{B}T_\mathrm{e}}{2e_0}$ nach außen abschirmt. Zwar ist diese Spannung verglichen zum Plasmapotential V_P klein, für die Ionen bedeutet es jedoch eine starke Erhöhung ihrer kinetischen Energie, so daß sie am Rand des Sondenschildes alle die BOHM-Geschwindigkeit v_B aufgenommen haben. In dieser Zone ist die Elektronendichte Null; sie ist umgeben von einer quasi-neutralen Region (der sog. BOHMschen Vorschicht), in dem bereits ein schwaches Feld nach außen leckt, und das zu einer *bedeutenden Erhöhung des Einfangradius der Ionen* führt (Abb. 9.4). Dadurch wird die Ionenstromdichte (s. Abschn. 14.2, Gl. (14.38)):

$$j_{\mathrm{i,max}} = \sqrt{\frac{k_\mathrm{B}T_\mathrm{e}}{em_\mathrm{i}}} \cdot n_0 e_0 = 0,656 \cdot n_0 e_0 \cdot \sqrt{\frac{k_\mathrm{B}T_\mathrm{e}}{m_\mathrm{i}}}, \tag{9.9}$$

sie wird also markant erhöht (die Wurzel ist schließlich die Schallgeschwindigkeit der Ionen!), da die Ionen von der sehr geringen thermischen Energie $E_\mathrm{i} \approx 0,1$ eV auf etwa die mittlere Elektronenenergie (einige eV) beschleunigt werden! In vielen Fällen hat es sich herausgestellt, daß man zur Berechnung des Ionenstroms die Sondenfläche einsetzen darf [247] (s.w.u.).

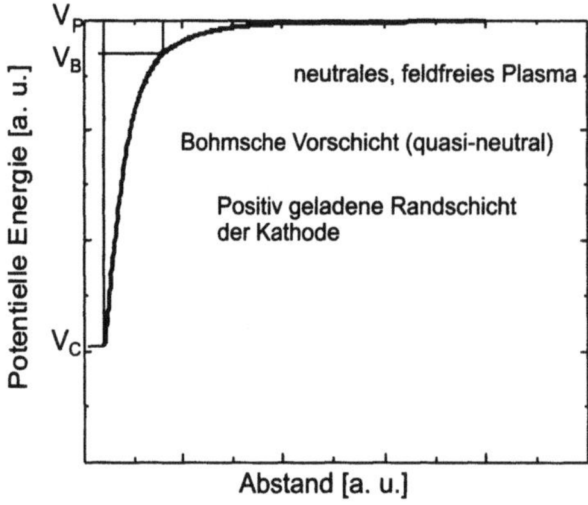

Abb. 9.4. Die drei Zonen über einer Elektrode: ungestörtes neutrales Plasma, quasineutrale BOHMscher Vorschicht, positiv geladene Randschicht mit Kathodenfall.

9.1.5.2 Elektronen. Im Bereich des linearen Anstiegs des Sondenstroms, für den neben dem Begriff Retardierungszone auch der des Elektronenanlaufstroms gebräuchlich ist, und in dem das Potential noch negativ ist, findet ein Wandel der Charakteristik des Elektronenstroms statt. Wird dieser zunächst von einem abstoßenden Potential bestimmt, ist dieser bei weniger negativem Potential diffusionsbegrenzt. Die Stromdichte in diesem Bereich ist mit V_p dem aktuellen Sondenpotential gegeben durch (s. Abschn. 2.4, Gln. 2.18 – 2.20)

$$j_e = \frac{1}{4} n_e(x) e_0 < v_e >= \frac{1}{4} n_0 e_0 \sqrt{\frac{k_B T_e}{2\pi m_e}} \cdot \exp\left\{-\frac{e_0 V_p}{k_B T_e}\right\}. \tag{9.10}$$

Ein Auftrag des logarithmierten Sondenstroms gegen die Spannung sollte in einer Geraden resultieren, aus deren Steigung die Elektronentemperatur T_e ermittelt werden kann, wenn eine MAXWELL-BOLTZMANN-Verteilung vorliegt. Wenn $r_s - r_p \ll r_p$, werden auch alle Elektronen die Sonde erreichen. Damit wird für beide Ladungsträgersorten

$$I_\pm = j_\pm A_s \tag{9.11}$$

mit A_s der Fläche der Randschicht.

Die Plasmadichte kann prinzipiell auch aus dem Ionenstrom bestimmt werden. Da dieser aber immer sehr klein gegen den Elektronenstrom ist, sind die Fehler allerdings stets sehr groß [248]. Eine Theorie für den Fall sehr kleiner Sondenradien und stoßfreier Randschichten wurde von ALLEN, BOYD und REYNOLDS entwickelt [249], den Grenzfall endlicher Schichtdicke berechneten BERNSTEIN und RABINOWITZ [250] sowie LAFRAMBOISE [242] für höhere Dichten, so daß Stöße in den Randschichten zugelassen sind.

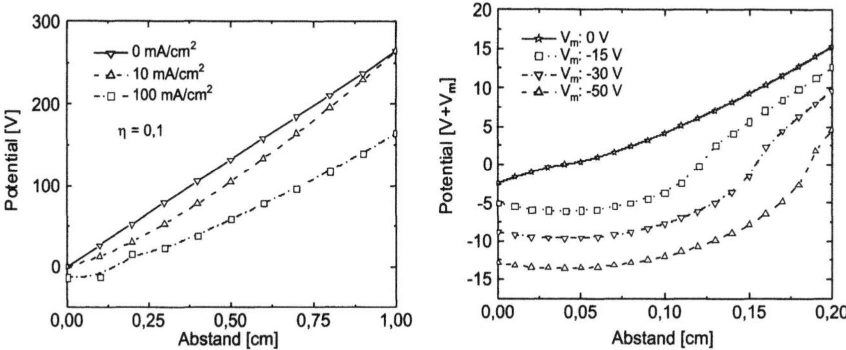

Abb. 9.5. Bei einer endlichen Elektronentemperatur sinkt das Potential in Sondennähe unter 0 V ab; hier gezeigt für ein Verhältnis $\eta = \frac{k_B T_e}{e_0 V_p}$ von 0,1 für eine Dicke der Randschicht von 400 μm und verschiedene Werte von V_m bei $\eta = 0,1$ und j_e von 10 mA/cm^2. Bei der rechten Abb. ist die Abszisse gespreizt.

9.1.6 Endliche Elektronentemperatur

Eine endliche Elektronentemperatur bedeutet, daß Elektronen die Sondenoberfläche auch ohne extrahierendes Feld verlassen können, womit ein retardierendes Potential ($V < 0$ V) entsteht, das eine weitere Emission unterdrückt. Dadurch sinkt die V-x-Kennlinie auf Potentialwerte kleiner Null ab, und es werden auch nicht die finalen Werte an der Anode erreicht, die wir aus Abschn. 4.2 (SCHOTTKY-Gleichung) her kennen. Dies ist in Abb. 9.5 dargestellt. Dabei ist V_M ein von LANGMUIR definiertes Potential [12]. Bei einem Wert von $\sqrt[3]{V_m^2}$ weist die $V(x)$-Kurve ihr Minimum auf.

9.1.6.1 Sehr dünne Randschicht. Ist die Randschicht im Verhältnis zum Radius der Sonde dünn, ist der Strom raumladungsbegrenzt und durch Gl. (9.12.1) gegeben und hängt vom Potential über die Änderung der Dicke der Randschicht ab. Unter der Voraussetzung, daß $V_p \gg k_B T_e / e_0$, darf man die Diodengleichung (4.15) benutzen, und unter der Annahme einer planaren Randschicht ist dann für den Strom

$$I_e = j_e A_p = \frac{-4}{9} \varepsilon_0 \sqrt{\frac{2e_0}{m_e}} \cdot \frac{V_p^{3/2}}{(r_s - r_p)^2} \cdot A_p, \tag{9.12.1}$$

so daß man aus der I-U-Kennlinie die Dicke r_s der Randschicht erhält. Ist dagegen die Elektronentemperatur höher und/oder das Sondenpotential V_p klein, muß Gl. (9.12.1) um einen Korrekturfaktor erweitert werden [251]:

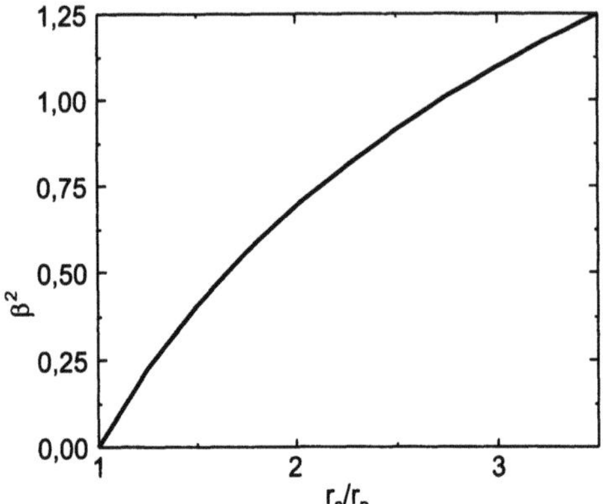

Abb. 9.6. Zwischen sehr dünner und dicker Randschicht kann man noch mit der um Geometrieeffekte modifizierten CHILD-LANGMUIR-Gleichung den Sondenstrom berechnen, hier gezeigt für zylindrische Geometrie.

$$I_e = j_e A_p = \frac{-4}{9} \varepsilon_0 \sqrt{\frac{2e_0}{m_e}} \cdot \frac{V_p^{3/2}}{x_s^2} \cdot \left[1 + 2,66 \cdot \sqrt{\frac{k_B T_e}{e_0 V_p}} \right] \cdot A_p. \tag{9.12.2}$$

Für weiter steigende Dicke der Randschicht ist eine zusätzliche, diesmal geometrische Korrektur (für zylindrische oder sphärische Geometrie) notwendig (Abb. 9.6) [252]:

$$I_e = j_e A_p = \frac{-4}{9} \varepsilon_0 \sqrt{\frac{2e_0}{m_e}} \cdot \frac{V_p^{3/2}}{\beta^2 x_s^2} \cdot \left[1 + 2,66 \cdot \sqrt{\frac{k_B T_e}{e_0 V_p}} \right] \cdot A_p, \tag{9.12.3}$$

wobei

$$\beta = \alpha - 0,4\alpha^2 + \ldots \wedge \alpha = \ln \left(\frac{r_p}{r_s} \right). \tag{9.12.4}$$

9.1.7 Dicke Randschicht: Orbital Motion Theorie (OML-Theorie)

Da der Elektronenstrom — außer in elektronegativen Plasmen und selbst bei hohen negativen Werten des Sondenpotentials — immer groß gegen den Ionenstrom ist, soll er im folgenden genauer analysiert werden. Wir gehen, wie in Kap. 2, davon aus, daß wir drei Zonen in Richtung auf den positiv vorgespannten Elektrodendraht unterscheiden können (Abb. 9.4):

- ungestörtes, quasineutrales neutrales Plasma, dem sich
- eine Übergangszone mit endlichem Feld, aber praktisch vorhandener Gleichverteilung von positiven und negativen Ladungsträgern anschließt, bevor wir in die

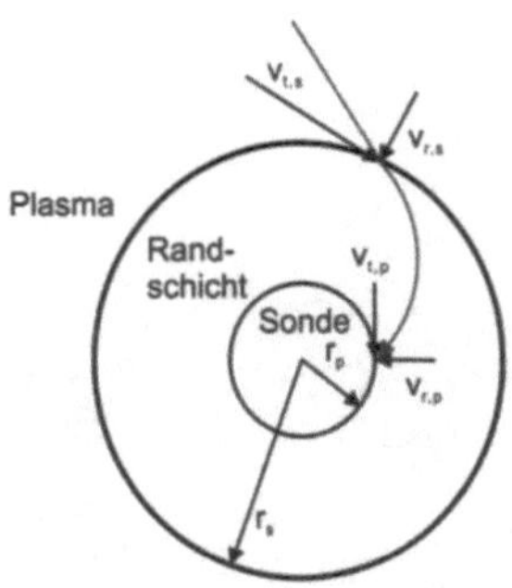

Abb. 9.7. Ein an der Grenze der Randschicht ankommender Ladungsträger der thermischen Energie $k_B T_e$ und seine Geschwindigkeitskomponenten (radial und tangential) während des Falls auf den Sondendraht nach SWIFT und SCHWAR [254].

- Randschicht mit stark fallendem Potential eintreten; in ihr ist die Dichte der positiven Ladungsträger verschwindend klein gegenüber derjenigen der negativen Ladungsträger (Elektronen).

Ob ein Ladungsträger jetzt wirklich die Elektrode erreicht, hängt nicht nur von der Dicke der Randschicht ab, sondern auch vom Betrag der Anfangsgeschwindigkeit im Vorschild (also der Elektronentemperatur), wobei zu berücksichtigen ist, in welcher Weise sich die radiale und tangentiale Komponente der Geschwindigkeit zusammensetzt, was wiederum die rümliche Verteilung der Ladungsträger im elektrischen Feld beeinflußt: sind tangentiale Komponenten vorhanden, besitzt der Ladungsträger also einen Drehimpuls, kann die Bewegung von der durch das Zentralfeld bestimmten Richtung abweichen, und es sind z. B. Umläufe möglich, sog. *Orbital Motions,* was die numerische Lösung der BOLTZMANN-Gleichung erfordert (s. Abb. 9.7, OML-Theorie von **O**rbital **M**otions **L**imited Theory). Das energetische Problem geht aus der Abb. (9.8) hervor: für ein Ion mit verschwindendem J gibt es nach Erreichen der BOHMschen Vorschicht nur den geradlinigen Fall auf die Elektrode (Potential immer negativ), für endliche Werte von J dagegen kann das Potential alle Werte annehmen. Ist $V(r)$ immer positiv, ist kein Einschluß möglich. Damit wird der Sondenstrom in komplizierter Weise von den Potentialen des Plasmas und der Sonde, aber auch der Elektronentemperatur abhängig [250] [253].

Für den Fall, daß $\frac{T_i}{T_e} \ll 1$ und die Sonde leicht positiv vorgespannt ist, konnte LAM zeigen, daß der Durchmesser der Sonde, r_p mit dem der Randschicht, r_S, zusammenfällt und sich der Potentialabfall in der BOHMschen Vorschicht nach

$$V_V = 0,69 \frac{k_B T_i}{e_0} \tag{9.13}$$

berechnen läßt, wobei $V_p \gg V_V$ [253]. Da die Elektronentemperatur voraussetzungsgemäß groß gegen das Potential im Vorschild sein soll, ist genauer

$$\frac{T_i}{T_e} \ll 1,45 \wedge \frac{V_p}{V_e} \gg 0,69 \left(\frac{T_i}{T_e}\right). \tag{9.14}$$

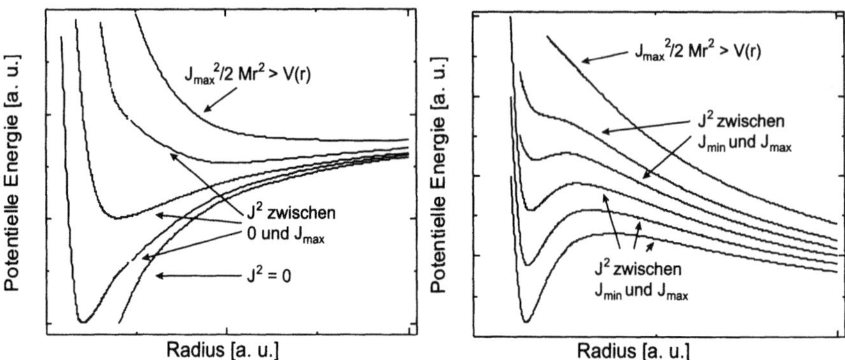

Abb. 9.8. Das effektive Potential eines Ions im elektrischen Feld der Sonde nach [250]. Für verschwindendes J fällt das Ion geradlinig ins Potentialminimum, für große Werte von J ohne Potentialminimum kann das Ion nicht eingefangen werden. Lks.: kleine Werte, re.: große Werte von J.

Für ein kapazitiv gekoppeltes Plasma mit einer Elektronenenergie von 3 eV und einer Ionenenergie von 600 K wird dann $\frac{T_i}{T_e} \approx 0,02$.

Der Vorteil dieser Näherung liegt darin, daß nun die Randschicht scharf begrenzt ist, und die Eigenschaften des Plasmas (Dichten und Temperaturen der Ladungsträger) ab dieser Grenze gleich der des Plasmas selbst sind. Das gesamte Sondenpotential fällt ab dieser Grenze ab.

Ein Elektron, das an der Grenze ($r = s$) ankommt und sich Richtung Elektrode ($r = p$) bewegt, hat bezüglich der Elektrode drei Geschwindigkeitskomponenten: eine parallele ($v_{||}$) zur Elektrode der Länge l (wobei $l \gg p$), eine radiale (v_r) und eine tangentiale (v_t), so daß für Energie E und Drehimpuls L die Erhaltungssätze

$$E = \frac{1}{2}m_e(v_{r,s}^2 + v_{t,s}^2 + v_{||,s}^2) - e_0V(s) = \frac{1}{2}m_e(v_{r,p}^2 + v_{t,p}^2 + v_{||,p}^2) - e_0V(p) \quad (9.15)$$

$$L = m_e v s = m_e v p \Rightarrow v_p = v_s \left(\frac{r_s}{r_p}\right) \quad (9.16)$$

gelten. Da wir uns nicht für die Richtung parallel zu l interessieren, setzen wir $v_{||} = 0$. Ein Elektron trägt nur dann etwas zum Sondenstrom bei, wenn

$$0 \leq \frac{1}{2}m_e v_{r,p}^2 = \frac{1}{2}m_e(v_{r,s}^2 + v_{t,s}^2 - v_{t,p}^2) + e_0V(p), \quad (9.17.1)$$

womit für die radiale Geschwindigkeitskomponente bei r dem Sondenradius p gilt (s. Abb. (9.7):

$$0 \leq v_{\mathrm{r,p}}^2 = v_{\mathrm{r,s}}^2 + v_{\mathrm{t,s}}^2 \left[1 - \left(\frac{r_{\mathrm{s}}}{r_{\mathrm{p}}}\right)^2\right] + \frac{2e_0 V_{\mathrm{p}}}{m_{\mathrm{e}}}. \tag{9.17.2}$$

Nach $v_{\mathrm{t,s}}^2$ aufgelöst:

$$v_{\mathrm{t,s}}^2 = \left(\frac{2e_0 V_{\mathrm{p}}}{m_{\mathrm{e}}} + v_{\mathrm{r,s}}^2 - v_{\mathrm{r,p}}^2\right) \frac{r_{\mathrm{p}}^2}{r_{\mathrm{s}}^2 - r_{\mathrm{p}}^2}. \tag{9.18.1}$$

Wenn die radiale Geschwindigkeitskomponente an der Grenze größer als Null sein muß, dann ist das Quadrat der tangentialen Komponente mindestens Null:

$$v_{\mathrm{t,s}}^2 \leq \left(\frac{2e_0 V_{\mathrm{p}}}{m_{\mathrm{e}}} + v_{\mathrm{r,s}}^2\right) \frac{r_{\mathrm{p}}^2}{r_{\mathrm{s}}^2 - r_{\mathrm{p}}^2}. \tag{9.18.2}$$

- Aus Gl. (9.17) sehen wir, daß für positives V_{p} die radiale Geschwindigkeitskomponente eben Null werden kann.
- Für negative Werte von V_{p} ergibt sich aber aus Gl. (9.18.2), daß bei einer tangentialen Komponente von Null die radiale Komponente $\sqrt{-\frac{2e_0 V_{\mathrm{p}}}{m_{\mathrm{e}}}}$ wird.

Damit folgt schließlich für den Elektronenfluß auf die Elektrode der Fläche $2\pi r_{\mathrm{s}}$, der Länge l bei einer radialen Geschwindigkeit $v_{\mathrm{r,s}}$:

$$\mathrm{d}F_{\mathrm{e}} = 2\pi r_{\mathrm{s}} L v_{\mathrm{r,s}} f(v_{\mathrm{r,s}}, v_{\mathrm{t,s}}, v_{\|,\mathrm{s}}) \mathrm{d}v_{\mathrm{r,s}} \mathrm{d}v_{\mathrm{t,s}} \mathrm{d}v_{\|,\mathrm{s}}. \tag{9.19}$$

Die Grenzen sind für:

- v_{r}: 0 und ∞,
- v_{t}: $-v_{\mathrm{t}}$ und v_{t}, wobei

$$v_{\mathrm{t}} = \sqrt{\left(\frac{2e_0 V_{\mathrm{p}}}{m_{\mathrm{e}}} + v_{\mathrm{r,s}}^2\right) \cdot \left(\frac{r_{\mathrm{p}}^2}{r_{\mathrm{s}}^2 - r_{\mathrm{p}}^2}\right)}$$

- $v_{\|}$: $-\infty$ und ∞:

$$F_{\mathrm{e}} = 2\pi r_{\mathrm{s}} l \int_0^{\infty} \int_{-\infty}^{\infty} \int_{-v_{\mathrm{t}}}^{v_{\mathrm{t}}} v_{\mathrm{r,s}} f(v_{\mathrm{r,s}}, v_{\mathrm{t,s}}, v_{\|,\mathrm{s}}) \mathrm{d}v_{\mathrm{r,s}} \mathrm{d}v_{\mathrm{t,s}} \mathrm{d}v_{\|,\mathrm{s}}. \tag{9.20}$$

Geht man von einer MB-Verteilung für $f(v)$ an der Grenze der Randschicht aus

$$\mathrm{d}n = n_0 \sqrt{\left(\frac{m_{\mathrm{e}}}{2\pi k_{\mathrm{B}} T_{\mathrm{e}}}\right)^3} \exp\left[-\frac{m_{\mathrm{e}}}{2k_{\mathrm{B}} T_{\mathrm{e}}} \left(v_{\mathrm{r,s}}^2 + v_{\mathrm{t,s}}^2 + v_{\|,\mathrm{s}}^2\right)\right] \mathrm{d}v_{\mathrm{r,s}} \mathrm{d}v_{\mathrm{t,s}} \mathrm{d}v_{\|,\mathrm{s}} \tag{9.21}$$

und setzt dies in Gl. (9.20) ein, erhält man mit $\mathrm{erf}(x)$ der Fehlerfunktion und $\mathrm{erfc}(x)$ der komplementären Fehler-Funktion

$$\mathrm{erf}(x) = \frac{2}{\sqrt{\pi}} \int_0^x \mathrm{e}^{-y^2} \mathrm{d}y \wedge \mathrm{erfc}(x) = \frac{2}{\sqrt{\pi}} \int_x^\infty \mathrm{e}^{-y^2} \mathrm{d}y \tag{9.22}$$

für den Fluß auf die Elektrode

$$F_\mathrm{e} = 2\pi r_\mathrm{p} n_0 l \sqrt{\frac{k_\mathrm{B} T_\mathrm{e}}{2\pi m_\mathrm{e}}} \left\{ \frac{r_\mathrm{s}}{r_\mathrm{p}} \left(1 - \mathrm{erfc} \sqrt{\frac{r_\mathrm{p}^2}{r_\mathrm{s}^2 - r_\mathrm{p}^2} \frac{e_0 V_\mathrm{p}}{k_\mathrm{B} T_\mathrm{e}}} \right) + \right.$$
$$\left. + \exp\left(\frac{e_0 V_\mathrm{p}}{k_\mathrm{B} T_\mathrm{e}}\right) \mathrm{erfc} \sqrt{\frac{r_\mathrm{s}^2}{r_\mathrm{s}^2 - r_\mathrm{p}^2} \frac{e_0 V_\mathrm{p}}{k_\mathrm{B} T_\mathrm{e}}} \right\} : \tag{9.23}$$

eine Funktion, die in komplizierter Weise von den Durchmessern der Randschicht und der Elektrode und ihrem Potential abhängt; zusätzlich benötigt man aber auch noch den (unbekannten) Zusammenhang zwischen der Ausdehnung der Randschicht und Sondenpotential. Daher müssen die Untersuchungsbedingungen so gewählt werden, daß entweder die Ausdehnung der Randschicht als Funktion des Sondenpotentials genau bekannt ist, oder der Elektronenfluß unabhängig davon ist — etwa bei sehr niedrigen Plasmadichten. Sehen wir uns dazu die beiden Grenzfälle

1. dicke Randschicht: $\frac{r_\mathrm{p}}{r_\mathrm{s}} \to 0$ und
2. dünne Randschicht: $\frac{r_\mathrm{p} - r_\mathrm{s}}{r_\mathrm{s}} \ll 1$

an.

9.1.7.1 Dicke Randschicht: $\frac{r_\mathrm{p}}{r_\mathrm{s}} \to 0$.

Gl. (9.23) vereinfacht sich zu

$$F_\mathrm{e} = 2\pi r_\mathrm{p} n_0 l \sqrt{\frac{k_\mathrm{B} T_\mathrm{e}}{2\pi m_\mathrm{e}}} \left\{ \frac{r_\mathrm{s}}{r_\mathrm{p}} \left[1 - \mathrm{erfc}\left(\frac{r_\mathrm{p}}{r_\mathrm{s}} \sqrt{\frac{e_0 V_\mathrm{p}}{k_\mathrm{B} T_\mathrm{e}}} \right) \right] + \exp\left[\frac{e_0 V_\mathrm{p}}{k_\mathrm{B} T_\mathrm{e}}\right] \mathrm{erfc} \sqrt{\frac{e_0 V_\mathrm{p}}{k_\mathrm{B} T_\mathrm{e}}} \right\}. \tag{9.24}$$

Da 1 - erfc(x) = erf(x), wird zunächst

$$F_\mathrm{e} = 2\pi r_\mathrm{p} n_0 l \sqrt{\frac{k_\mathrm{B} T_\mathrm{e}}{2\pi m_\mathrm{e}}} \left\{ \frac{r_\mathrm{s}}{r_\mathrm{p}} \left[\mathrm{erf}\left(\frac{r_\mathrm{p}}{r_\mathrm{s}} \sqrt{\frac{e_0 V_\mathrm{p}}{k_\mathrm{B} T_\mathrm{e}}} \right) \right] + \exp\left[\frac{e_0 V_\mathrm{p}}{k_\mathrm{B} T_\mathrm{e}}\right] \mathrm{erfc} \sqrt{\frac{e_0 V_\mathrm{p}}{k_\mathrm{B} T_\mathrm{e}}} \right\}, \tag{9.25}$$

was für kleine Argumente der erf-Funktion, also $\frac{r_\mathrm{p}}{r_\mathrm{s}} \sqrt{\frac{e_0 V_\mathrm{p}}{k_\mathrm{B} T_\mathrm{e}}} \to 0$, für die erf($x$) $\to \frac{2}{\sqrt{\pi}} x$ strebt, übergeht zu

$$F_\mathrm{e} = 2\pi r_\mathrm{p} n_0 l \sqrt{\frac{k_\mathrm{B} T_\mathrm{e}}{2\pi m_\mathrm{e}}} \left\{ \frac{2}{\sqrt{\pi}} \sqrt{\frac{e_0 V_\mathrm{p}}{k_\mathrm{B} T_\mathrm{e}}} + \exp\left[\frac{e_0 V_\mathrm{p}}{k_\mathrm{B} T_\mathrm{e}}\right] \mathrm{erfc} \sqrt{\frac{e_0 V_\mathrm{p}}{k_\mathrm{B} T_\mathrm{e}}} \right\}, \tag{9.26}$$

Wie LANGMUIR und COMPTON zeigen konnten [255], ist der Klammerausdruck der Gl. (9.26) bereits für Sondenpotentiale

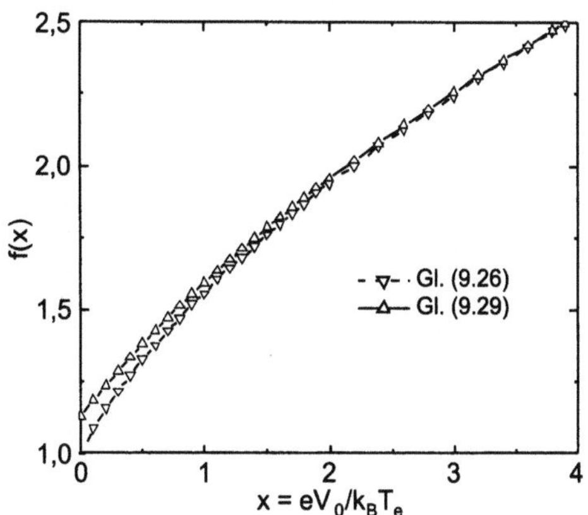

Abb. 9.9. Vergleich der beiden Funktionen nach Gl. (9.26) und (9.29). Für Werte von $x = \frac{e_0 V_p}{k_B T_e} > 2$ sind beide Funktionen ununterscheidbar.

$$V_p \geq \frac{2k_B T_e}{e_0}, \tag{9.27}$$

also erfc(2) ≈ 0, kongruent mit der wesentlich einfacheren Funktion (Entwickeln der Exp-Funktion)

$$\frac{2}{\sqrt{\pi}} \left(1 + \sqrt{\frac{e_0 V_p}{k_B T_e}} \right), \tag{9.28}$$

so daß wir schließlich die Funktion

$$F_e = 4\sqrt{\pi} r_p n_0 l \sqrt{\frac{k_B T_e}{2\pi m_e}} \left(1 + \sqrt{\frac{e_0 V_p}{k_B T_e}} \right) \quad \text{wenn } V_p \geq \frac{2k_B T_e}{e_0} \tag{9.29}$$

erhalten (Abb. 9.9). Unter der Voraussetzung $\frac{r_p}{r_s} \to 0$ sehen wir aus der Gl. (9.29), daß *der Elektronenfluß unabhängig vom Durchmesser der Randschicht* wird.

9.1.7.2 Dünne Randschicht: $\frac{r_p - r_s}{r_s} \ll 1$. Für den anderen Grenzfall werden die beiden komplementären Fehlerfunktionen in Gl. (9.23) Null, so daß die Gleichung des Elektronenflusses einfach

$$F_e = 2\pi r_s n_0 l \sqrt{\frac{k_B T_e}{2\pi m_e}} = {}^1\!/_4 A_s n_0 < v_e > \tag{9.30}$$

mit A_s der Sondenfläche wird. Da $r_p = r_s$, wird jedes Elektron, das den Sondenschild erreicht, auch die Elektrode erreichen, so daß der Durchmesser der Randschicht aus der Hochvakuumversion der SCHOTTKY-LANGMUIRschen Stromdichte-Gleichung (Gl. (4.15)) gewonnen werden kann.

9.1.8 Analyse des Elektronenstroms: Elektronenanlaufzone

In diesem Bereich ist das Sondenpotential V_p negativ, die Elektronen müssen also gegen ein retardierendes Potential anlaufen und erreichen bei niedriger thermischer Energie (Annahme einer MB-Verteilung) bzw. hinreichend negativem Sondenpotential V_p die Sondenoberfläche nicht mehr. Aus Gl. (9.18.2) ist offensichtlich, daß bei negativem V_p die kleinste radiale Komponente der Elektronengeschwindigkeit an der Grenze der Randschicht $\sqrt{\frac{2e_0V_\text{p}}{m_\text{e}}}$ sein muß, um die Sondenoberfläche zu erreichen. Damit ist der Elektronenfluß

$$I_\text{e} = -2\pi r_\text{s} l \int_{(\frac{2e_0V_\text{p}}{m_\text{e}})^{1/2}}^{\infty} \int_{-\infty}^{\infty} \int_{-v_\text{t}}^{v_\text{t}} v_{\text{r,s}} f(v_{\text{r,s}}, v_{\text{t,s}}, v_{\|,\text{s}}) \mathrm{d}v_{\text{r,s}} \mathrm{d}v_{\text{t,s}} \mathrm{d}v_{\|,\text{s}}, \tag{9.31}$$

was

$$I_\text{e} = I_{\text{e},0} \exp\left(\frac{e_0 V_\text{p}}{k_\text{B} T_\text{e}}\right), \tag{9.32}$$

ergibt, wobei sich der Strom außerhalb der Randschicht nach

$$I_{\text{e},0} = \frac{1}{4} A_\text{p} n_0 < v_\text{e} > \tag{9.33}$$

berechnet. $< v >$ ist die mittlere thermische Energie $\sqrt{\frac{8k_\text{B}T_\text{e}}{\pi m_\text{e}}}$.

9.1.9 Plasmapotential

Im Zusammenhang mit der Elektronentemperatur T_e sind zu diskutieren (in diesem Abschnitt: V_P: Plasmapotential, V_s: Sondenpotential):

- das Potential der Referenzelektrode (Masse);
- das Potential der Vorschicht; V_V (gleich dem Plasmapotential V_P);
- das Potential der Sonde V_s.

Gemessen wird V, das um V_s vom Plasmapotential V_P abweicht (Abb. 9.10):

$$V = V_\text{P} + V_\text{s}. \tag{9.34}$$

Das Potential der Sonde bzgl. eines Referenzpunktes kann absolut gemessen werden, das Plasma- oder Raumpotential, an dem die Bewegung der Ladungsträger ohne Einfluß elektrischer Felder ausschließlich durch ihre thermische Geschwindigkeit bestimmt wird, dagegen nur aus der Kennlinie errechnet werden. Der experimentell am einfachsten zugängliche Punkt ist der des „floatenden" Potentials V_F, an dem der Sondenstrom Null wird. Bei Vernachlässigung des Stroms positiver Ionen (in einem elektropositiven Plasma etwa eines Edelgases

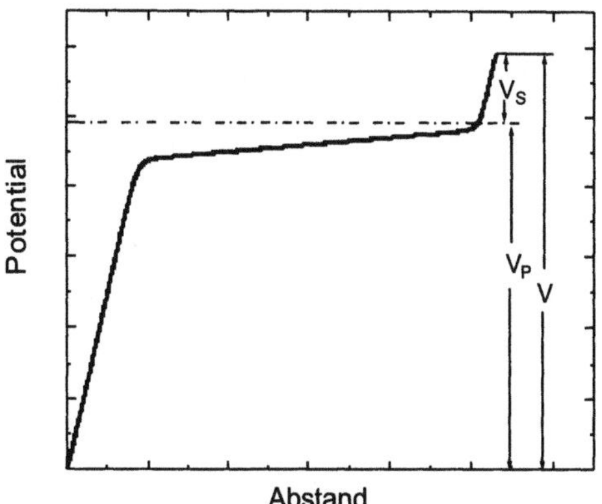

Abb. 9.10. Die zur Referenzelektrode bezogene Meßgröße V weicht um das Potential V_s vom zu bestimmenden Plasmapotential V_P ab.

oder Sauerstoff bei niedrigen Drücken) ist V_F außerdem theoretisch bestimmbar (Gl. (2.21). Damit ist dann

$$V_P = V_s - V_F. \tag{9.35}$$

Andererseits ist V_P der Abszissenwert des Wendepunktes der U-I-Kennlinie, der bei geügender Steilheit mit dem Schnittpunkt der Geraden zusammenfällt, mit denen die Zonen des Elektronenanlauf- und sättigungsstroms approximiert werden.

9.1.10 Inhärente Eigenschaften

9.1.10.1 Sondenstrom. Prinzipiell zieht die LANGMUIR-Sonde Strom aus dem Plasma und ist deswegen prinzipbedingt nicht rückwirkungsfrei. Dies ist insbesondere bei hohen Potentialen der Fall, weswegen die Bestimmung des Plasmapotentials weitgehend am Wendepunkt der Kennlinie stattfindet und nicht erst beim Eintritt in die Sättigung. Bei genügend steilem Anstieg des Elektronenanlaufstroms bedingt das einen nur kleinen Fehler von ca. 10 %.

9.1.10.2 Räumliche Abhängigkeit. Eine singuläre Eigenschaft der LANGMUIR-Meßtechnik unter den hier diskutierten Methoden ist die räumliche Auflösung in vertikaler und radialer Richtung.

9.1.10.3 Plasmapotential. Auch das Plasmapotential V_P ist nur durch Messungen mit der LANGMUIR-Sonde zugänglich. Wichtig ist es für die Bestimmung des Gesamtbetrages der kinetischen Energie von Projektilionen, die im elektrischen Feld der Randschicht auf Substrate beschleunigt werden.

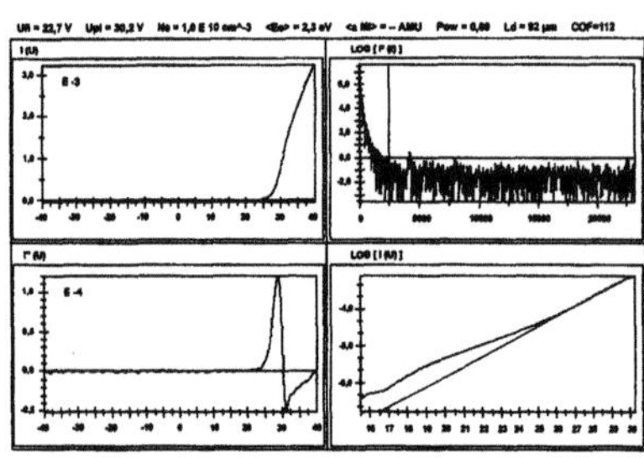

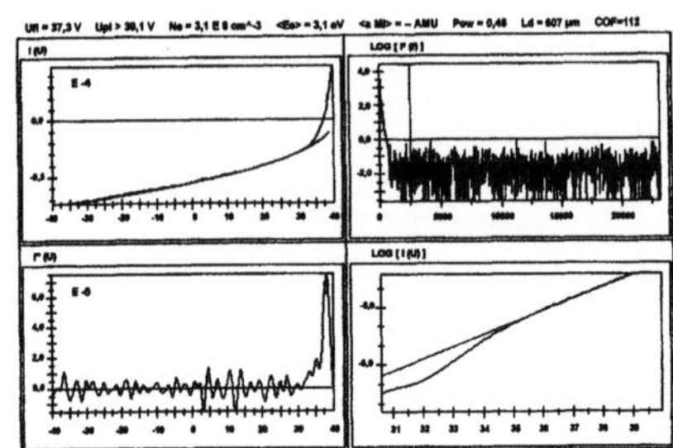

Abb. 9.11. Tatsächliche U-I-Kennlinien von LANGMUIR-Sonden: l.o.: mit einer Filterfunktion und der Cutoff-Frequenz geglättete Kennlinie, l.u.: 2. Ableitung des Elektronenstroms nach der Spannung, r.o.: quadriertes und logarithmiertes FOURIER-Spektrum des Stroms (Cut-Off-Frequenz: senkrechter Balken), r.u.: Logarithmus der 2. Ableitung des Elektronenstroms nach der Spannung. Die Hauptproblematik in HF-Entladungen liegt im verrauschten Signal, die die Faltung mit einer Glättungsfunktion erfordert.

9.1.11 Messungen

9.1.11.1 Bestimmung der Kennlinie. In Abb. 9.11 sind Kennlinien in reaktiven Gasen gezeigt. Hauptproblem ist ein stark verrauschtes Originalsignal, das erst mit entsprechenden Filterfunktionen gefaltet werden muß, um ein interpretierbares Signal zu erhalten. Das Leistungsspektrum wird nach der einzugebenden Cutoff-Frequenz mit einer Filterfunktion (z. B. BLACKMAN, GAUSS oder auch Rechteck) gefaltet und rücktransformiert. Das Ergebnis ist dann eine Darstellung wie in Abb. 9.11. l.o.

9.1.11.2 Elektronendichte. Elementare Zusammenhänge bestehen zwischen der Elektronendichte und der in das Plasma eingekoppelten RF-Leistung wie dem Druck einer Entladung, die beiden proportional sein sollte (s. Abschn. 2.5, Abb. 9.12). — Die Diskussion von LANGMUIR-Daten findet auch in den weiteren Abschnitten statt.

9.1.11.3 Elektronentemperatur und Plasmapotential. Bei einer Kennlinie, die im Bereich der Retardierungszone linear ist, kann man leicht nach Gl. (9.4) auf die Elektronentemperatur schließen. Das Konzept der Temperatur gilt jedoch nur für das thermische Gleichgewicht, das durch die MB-Verteilung beschrieben wird (Abschn. 14.1). Ist die $\mathcal{EEDF}$ nicht MB, dann ist die $\log I$-U-Charakteristik nichtlinear. Daß dies besonders bei höheren Elektronenenergien und niedrigen Elektronendichten der Fall sein kann, wurde bereits erwähnt (zu geringe Stoßzahl verhindert eine gute Thermalisierung; darüber hinaus verlieren besonders diese Elektronen ihre Energie bei unelastischen Stößen und gehen

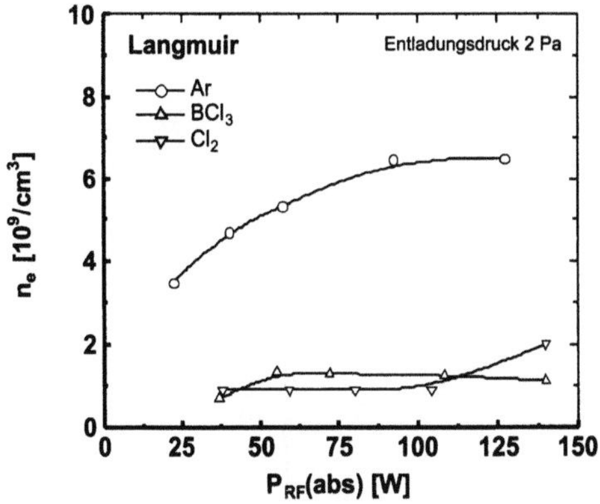

Abb. 9.12. Die Elektronendichte in Inertgasen ist der eingekoppelten RF-Leistung etwa proportional. In elektronegativen Gasen dagegen finden wir oft durch „Electron Attachment" verursachte Verschiebungen.

durch zahlreiche Prozesse wie Diffusion und Rekombination verloren). Daher kann man bei gekrümmter Kennlinie auch versuchen, nach der DRUYVESTEYN-Verteilung aufzulösen, die aus der zweiten Stromableitung gewonnen werden kann:

$$\frac{dN}{N} = \frac{4m_\mathrm{e}}{Ae_0^2} \cdot V \cdot \frac{\mathrm{d}^2 I}{\mathrm{d}V^2}\mathrm{d}v, \tag{9.36}$$

wobei A die effektive Probenfläche, $V = V_\mathrm{P} - V_p$, $\mathrm{d}N$ die Anzahl der Elektronen im Intervall $\mathrm{d}v$. Das Plasmapotential V_P kann also bestimmt werden aus:

- $V \to \ln j_\mathrm{e}$: Schnittpunkt der Gebiete der Elektronenretardierung und Elektronensättigung;
- $V \to \mathrm{d}^2 j_\mathrm{e}/\mathrm{d}V^2$: Maximum [240] [256];
- $V \to \mathrm{d}I/\mathrm{d}V$: Maximum (MAXWELL-BOLTZMANN).

Dabei liegen allerdings die Maxima der 1. und 2. Ableitung oft so dicht nebeneinander, daß kein Unterschied im gemessenen Plasmapotential auftritt.

Es gibt zahlreiche Hinweise darauf, daß, insbesondere oberhalb von Energien der ersten unelastischen Schwelle (bei Argon: metastabile Zustände bei 11,55 und 11,72 eV, [257]), die $\mathcal{EEDF}$ tatsächlich eher einer modifizierten D-Verteilung nahekommt als einer MB-Verteilung (Abbn. 9.13 und 9.14) [27] [258] [259].

Abweichungen von der einfachen $\log I$-U-Charakteristik werden auch in RF-Entladungen elektronegativer Gase beobachtet [115], und zwar wird die Elektronentemperatur um einen Faktor 2 bis 3 zu hoch errechnet als in vergleichbaren Edelgasentladungen; zusätzlich ist n_i deutlich größer als n_e. Dies läßt sich zwanglos mit der Funktion des elektronegativen Gases als Elektronenfalle begründen, etwa:

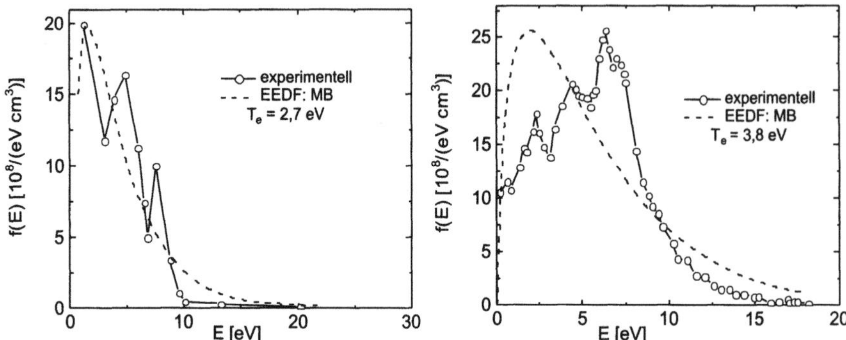

Abb. 9.13. Elektronen-Energie-Verteilungsfunktionen ($\mathcal{EEDF}$s), gemessen mit einer LANGMUIR-Sonde. Die Punkte sind experimentell, die durchgezogene Kurve dagegen ist nach MB ermittelt für eine mittlere Elektronenenergie von 2,7 eV für 3 Pa (oben) und 3,8 eV für 14 Pa (unten) [27] (© IOP Publishing Ltd.).

$$SF_6 + 2\,e^- \longrightarrow SF_5^- + F^-. \tag{9.37}$$

So weist CCl_4 einen der größten Absorptionsquerschnitte für Elektronen auf [260]. Da bekannt ist, daß der Streuquerschnitt langsamer Elektronen größer ist als der schneller, steht zu vermuten, daß langsame Elektronen eher Elektroneneinfangreaktionen eingehen, m. a. W.: die mittlere Energie der übrig bleibenden Elektronen erhöht sich.

All diese experimentellen Sachverhalte deuten darauf hin, daß die $\mathcal{EEDF}$ weder mit MB- noch mit D-Verteilungen korrekt zu beschreiben ist. Dies ist nicht weiter verwunderlich, werden doch für beide Verteilungen nur elastische Stöße vorausgesetzt. Dafür sind die Elektronen der Masse m_e mit den Molekeln der Masse M im Gleichgewicht und werden durch die Gastemperatur charakterisiert. Dies ist mit Sicherheit auch richtig für kleine elektrische Felder, wo Energieverluste durch unelastische Stöße dadurch gering gehalten werden, daß nur wenige Elektronen genügend Anregungsenergie besitzen. Sind die Feldstärken groß genug, so daß die thermische Energie vernachlässigt werden kann, kommt es wesentlich darauf an, wie der Streuquerschnitt für den elastischen Stoß der Geschwindigkeit der gestoßenenen Atome abhängt (s. Abschn. 14.1).

Wenn auch durch effektiven Einsatz von Filterfunktionen der Einsatzbereich von LANGMUIR-Sonden über das DC-Gebiet in den HF-Bereich ausgedehnt werden konnte, so ist doch die Verwendung in Atmosphären reaktiver Gase eine besondere Herausforderung geblieben. Für Inertgase jedoch stellt die Messung von Plasmaparametern *den* Standard dar.

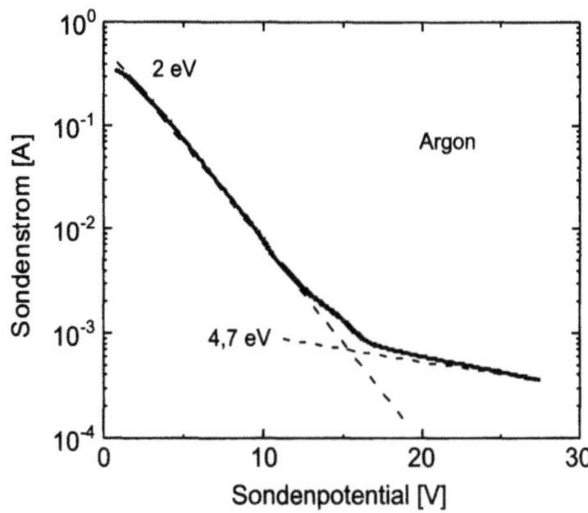

Abb. 9.14. Halblogarithmische Auftragung des Elektronenstroms gegen das retardierende Sondenpotential für einen Druck von 2 Pa in einer Argon-Entladung. Die beiden verschiedenen Steigungen der die Kurve approximierenden Geraden schneiden sich beim Ionisierungspotential [176] (© IOP Publishing Ltd.).

9.2 Messung von Potentialen in HF-Entladungen

Das Fehlen einer Bezugselektrode mit konstantem Potential führt zu erheblichen Schwierigkeiten bei der direkten Messung der die Entladung bestimmenden Größen, wie Potentialbestimmungen in der Randschicht selbst. Auch Plasmafluktuationen beeinflussen die Charakteristik einer LANGMUIR-Sonde stark [261]. Deswegen sind einige Methoden entwickelt worden, wie die Ausnutzung des STARK-Effekts, d. h. die Aufspaltung ursprünglich entarteter Linien im elektrischen Feld. Damit können auch Bereiche von 0,1 mm^3 noch aufgelöst werden [262] [263]. Allerdings müssen derartige Untersuchungen in einem homogenen Feld durchgeführt werden, da es sonst eher zu einer Linienverbreiterung („STARK Broadening", das im Gegensatz zum DOPPLER-Effekt nahezu temperaturunabhängig ist) als zu einer Aufspaltung kommt [264].

Eine andere Möglichkeit ist die Verwendung einer sog. Doppel- oder Tripelsonde [265]. Mit dieser ist es möglich, auch in elektrodenlosen HF-Entladungen ein Referenzpotential zu erzeugen [266].

9.2.1 Prinzip der Doppelsonde

In Abb. 9.15 sind die Spannungen zwischen den Potentialen V_1 und V_0 bzw. V_2 und V_3 die Schildpotentiale (Wand- bzw- Sondenpotential) und zwischen V_1 und V_2 der Potentialabfall im quasineutralen Plasma, der eher durch Raumladungsunterschiede im Plasma als durch OHMschen Widerstand erzeugt wird, V_3 das extern angelegte Potential. Zur Messung des Wandpotentials muß eine zweite Elektrode unmittelbar in der BOHMschen Vorschicht installiert sein.

Die beiden Potentiale der Randschichten zwischen V_1 und V_0 sowie zwischen V_3 und V_2 hängen von $V_2 - 0$ nach den Bedingungen für Strom I_{LMS} und Spannung im Stromkreis $0 - 1 - 2 - 3$ ab:

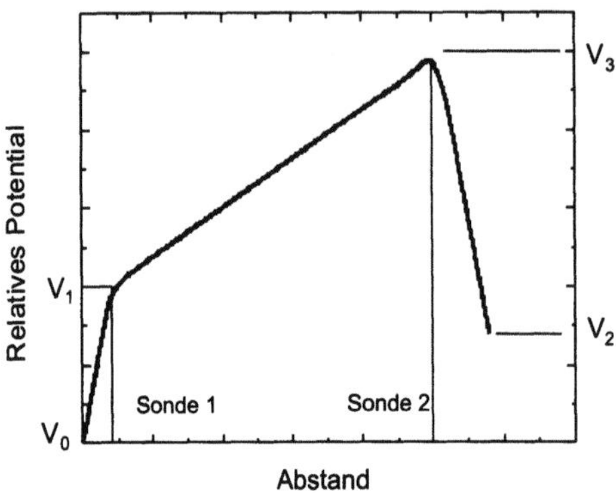

Abb. 9.15. Der Potentialverlauf zwischen Elektrode und Wand mit steilen Potentialabfällen in den Randschichten und einem eher durch Unterschiede von Raumladungen im Plasma als durch OHMschen Widerstand induziertem Potentialabfall. V_2 ist das dem System von einer externen Spannungsquelle aufgeprägte Potential.

$$I_{\mathrm{LMS}} = I_{\mathrm{e},1} + I_{+,1} \wedge I_{\mathrm{LMS}} = -(I_{\mathrm{e},3} + I_{+,3}); \tag{9.38.1}$$

$$(V_1 - V_0) + (V_3 - V_1) = (V_2 - 0) + (V_3 - V_2). \tag{9.38.2}$$

Da die Ströme von Elektronen und Ionen vom Plasmapotential V_{P} abhängen, stellen sich die beiden Randschichtpotentiale $(V_1 - V_0)$ und $(V_3 - V_2)$ selbstkonsistent ein, so daß die Gln. (9.38) erfüllt werden. Haben die beiden Elektroden vergleichbare oder gleiche Fläche, spricht man von einem Doppelsondensystem. Im Idealfall ist die Kennlinie symmetrisch, wenn kein Sondenstrom fließt, was der Fall ist, wenn sich das System auf dem Schwebepotential V_{F} befindet.

In der einfachsten Form besteht dieses System also aus zwei identischen Sonden, die mit einer Spannungsquelle verbunden werden. Der im Stromkreis fließende Strom kann dann als Funktion des Potentials zwischen diesen beiden Sonden gemessen werden. Der Vorteil gegenüber der einfachen LANGMUIR-Sonde liegt insbesondere darin, daß

- die Sondenstifte sich auf dem Schwebepotential V_{F} befinden und keine Verbindung zwischen den Elektroden der Entladungsröhre haben. Dies bedingt auch bei zeitlich schwankendem Plasmapotential V_{P} eine gleichsinnige Schwankung des Schwebepotentials V_{F}, so daß das Randschichtpotential $V_{\mathrm{S}} = V_{\mathrm{P}} - V_{\mathrm{F}}$ konstant bleibt.
- der Sondenstrom sehr niedrig bleiben kann, so daß keine negativen Einflüsse auf das Plasma zu erwarten sind [267].

Damit ist dieser Sondentyp bei Abwesenheit eines definierten Elektrodenpotentials einsetzbar, also vor allem in den „elektrodenlosen" HF-Entladungen, für die die Elektronentemperatur sehr viel höher als die Ionentemperatur ist. Der symmetrische Aufbau des Sondensystems führt zu einer um den Nullpunkt

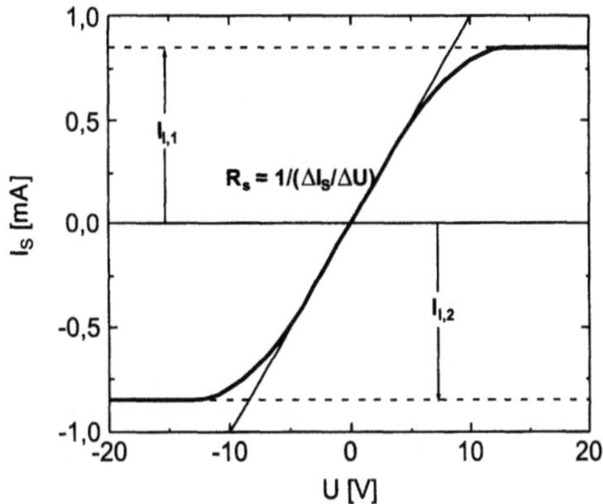

Abb. 9.16. Idealisierte Doppelsondencharakteristik mit einer zum Ursprung symmetrischen Kennlinie [267].

symmetrischen Kennlinie, wenn die Sonden sich auf Punkten gleichen Raumpotentials V_P befinden. Sonst ist die Kennlinie um die Potentialdifferenz der Plasmagebiete, an denen sich die Elektrodenstifte befinden, verschoben (Abb. 9.16).

Da die Referenzelektrode jetzt genauso klein wie die Meßelektrode ist, wird der Elektronenstrom, der zur positiv gespannten Elektrode fließt, jetzt durch den Fluß positiver Ionen zur anderen begrenzt und nicht durch das Erreichen des Plasmapotentials. Wegen der sehr viel niedrigeren Ströme ist die Störung des Plasmas deutlich geringer als bei einer Einzelsondenmessung [267].

Dies bedingt aber auch, daß dieses System weder das Plasma- noch irgendein Schwebepotential messen kann, aber es können für eine MB-Verteilung die *Elektronentemperatur* und die *Plasmadichte* ebenfalls aus der Kennlinie bestimmt werden, wenn eine dritte Elektrode hinzugefügt wird, die im Gegensatz zu den beiden anderen stets auf Schwebepotential verbleibt, und somit die Referenz für die gemessene U-I-Kennlinie liefert (sog. „Tripelsondenmeßtechnik", [268]).

Dann gilt näherungsweise bei Gültigkeit einer MB-Verteilung:

$$\ln I_S = \ln I_{S,S} - \frac{e_0}{k_B T_e}(V_P - V_B) \tag{9.39}$$

mit I_S dem Sondenstrom, $I_{S,S}$ dem Sondenstrom im Sättigungsgebiet, V_P dem Plasmapotential, bezogen auf die Referenzelektrode, und V_B der Spannung zwischen Sonde und Referenzelektrode.

Die Sonden 1 und 2 befinden sich voraussetzungsgemäß auf Punkten gleichen Plasmapotentials und nehmen aus dem Plasma einen Ionen- und Elektronenstrom auf, wobei die Summe der Ströme gleich Null sein muß, d. h. das Gesamtsystem stellt sich immer so ein, daß

$$I_e = -I_i \tag{9.40.1}$$

oder

$$I_{\mathrm{i}}^{(1)} + I_{\mathrm{i}}^{(2)} = -(I_{\mathrm{e}}^{(1)} + I_{\mathrm{e}}^{(2)}) \tag{9.40.2}$$

Wird jetzt durch die äußere Spannungsquelle dieses Gleichgewicht verschoben, so wird irgendwann ein Punkt erreicht sein, an dem die Elektrode 1 so negativ ist, daß kein Elektronenstrom mehr fließen kann. Damit vereinfacht sich Gl. (9.40.2) zu

$$-I_{\mathrm{e}}^{(2)} = I_{\mathrm{i}}^{(1)} + I_{\mathrm{i}}^{(2)}. \tag{9.40.3}$$

Dabei ist das Potential der Sonde 2 dann immer noch so stark negativ, daß der Ionensättigungsstrom fließen kann. Da in einer Tripelelektrode die dritte Elektrode elektrisch isoliert ist, ist sie stromlos, und ihr Schwebepotential kann errechnet werden nach Gl. (2.21) und stellt somit das Bezugspotential dar. Damit lassen sich — analog dem Vorgehen mit der LANGMUIR-Sonde — Aussagen über die $\mathcal{EEDF}$ der Plasmaelektronen in RF-Entladungen gewinnen.

9.3 Self-Excited Electron Resonance Spectroscopy (SEERS)

Wir wir gesehen haben, ist die Technik der LANGMUIR-Sonde zwar für Messungen in DC-Entladungen inerter Gase entwickelt worden, kann allerdings bei entsprechender Kompensation der Oberwellen im Sondenmeßkreis auch in HF-Entladungen gute Ergebnisse liefern. Vor allem in Entladungen reaktiver Gase jedoch, in denen insbesondere die Meßspitze schnell angegriffen wird, führt das zu schwierig interpretierbaren Ergebnissen. Hierzu ist daher die nun zu beschreibende, nicht-invasive Methode gut geeignet.

Eine kapazitiv gekoppelte Entladung besteht im einfachsten Fall aus

- den Plasmarandschichten über „heißer“ und „kalter“ Elektrode und
- dem Bulk-Plasma;

und wir stellen folgende idealisierten elektrischen Eigenschaften für unsymmetrische HF-Entladungen fest, in denen $\omega_{\mathrm{HF}} \gg \omega_{\mathrm{P,i}}$ gilt (Abb. 9.17):

- Plasma: hohe Ladungsträgerdichte, was den Aufbau eines nur sehr kleinen elektrischen Feldes erlaubt; wegen ihrer hohen, aber endlichen Beweglichkeit dominieren die Elektronen die Leitfähigkeit im Plasma (R und L),
- Plasmarandschicht an der heißen Elektrode: Dicke nahezu unabhängig von Entladungsdruck und Schichtpotential, sehr dick, verglichen zur DEBYE-Länge; hier entnehmen die positiven Ionen dem DC-Feld Energie (R),
- Plasmarandschicht an der geerdeten oder „kalten“ Elektrode: sehr kleine Dicke, die nach CHILD-LANGMUIR im stoßfreien Fall näherungsweise berechnet werden kann, sehr kleine Schichtspannung,

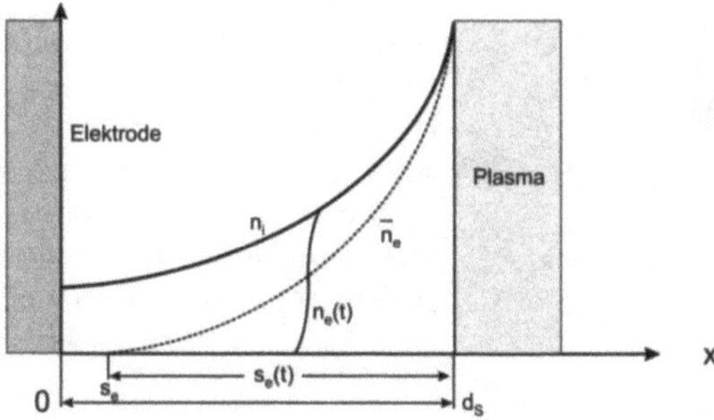

Abb. 9.17. Modell der gleichrichtenden HF-Randschicht, in der n_e an der Stelle s_e verschwindet, so daß nur die quasi-stationären Ionen die Oberfläche erreichen. $d_S - s_e(t)$ ist die (elektrisch definierte) Dicke der Randschicht nahezu vollständig kapazitiven Charakters (s. a. Abschn. 14.2).

- die Elektronendichte ist im zeitlichen Mittel auf den Elektroden fast Null,
- die Ionendichte auf der Elektrode ist zwar niedriger als im Bulk-Plasma, aber endlich ($j_i = e_0 n_i(s) v_i(s)$, s. Abschn. 14.2) $\Rightarrow$
- Widerstand: (nahezu) kein OHMscher Anteil, nur kapazitive Komponenten (C),
- Potential: großer Abfall über der heißen Elektrode (Kathodenfall),
- Strom: sehr niedriger Ionenstrom, hauptsächlich Verschiebungsstrom, extrem nichtlinearer Zusammenhang zwischen eingeprägtem Potential und resultierendem Strom mit gleichrichtendem, diodenartigen Charakter (s. Abschn. 14.4), wobei der Zusammenhang zwischen Randschichtpotential und Dichte des Verschiebungsstroms nach KLICK nach den Gln. (9.41) dargestellt werden kann [143] (V_S: Spannung in der Randschicht; $s(V)$: Dicke der Randschicht als Funktion der Spannung; s_e: mittlere Dicke der Randschicht; A_0: Elektrodenfläche $(\pi/4 \cdot (2R)^2)$; l: geometrische Plasmalänge (Elektrodenabstand – Dicken der Randschichten: $l \approx d - s_e$) für ein eindimensionales Modell;[3] n_P: Plasmadichte; ν_{eff}: effektive Stoßfrequenz der Elektronen), wobei

$$\nu_{\text{eff}} = \nu_m + \nu_{\text{stoch}}: \tag{9.41}$$

[3]Für ein zweidimensionales Modell gilt für $R \gg d$:

$$l \approx \frac{1}{\frac{1}{d-s_e} + \frac{2}{R}}.$$

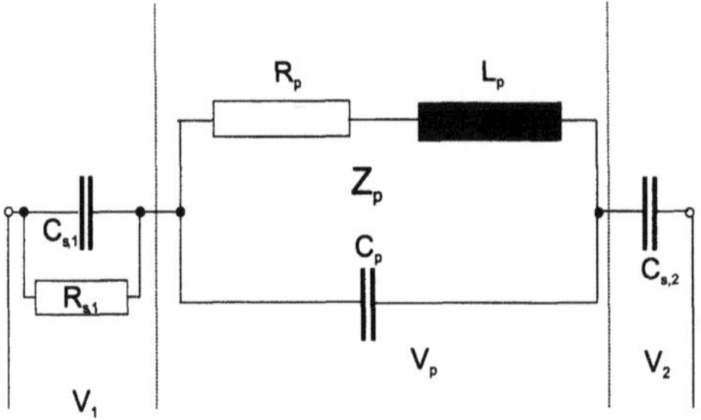

Abb. 9.18. Ersatzschaltbild einer kapazitiven Entladung. Der (komplexe) Plasmawiderstand wird in einzelne Beiträge aufgespaltet. Randschicht(en) und Bulk-Plasma bilden einen gedämpften Schwingkreis mit einer Serien- und Parallel-Resonanz [269].

$$\frac{\mathrm{d}V_\mathrm{S}}{\mathrm{d}t} - \frac{s[V(t)] - s_\mathrm{e}}{A_0\varepsilon_0} j = \frac{s_\mathrm{e}}{A_0\varepsilon_0} + \frac{m_\mathrm{e} l}{A_0 n_\mathrm{p} e_0^2}\left(\nu_\mathrm{eff} j + \frac{\mathrm{d}j}{\mathrm{d}t} + \frac{\mathrm{d}^2 j}{\mathrm{d}t^2}\right). \tag{9.42.1}$$

Bei Vernachlässigung der sehr geringen Leitungsströme in der Randschicht folgt daraus

$$\frac{\mathrm{d}V_\mathrm{S}}{\mathrm{d}t} - \frac{s[V(t)] - s_\mathrm{e}}{A_0\varepsilon_0} j = \frac{s_\mathrm{e}}{A_0\varepsilon_0} + \frac{m_\mathrm{e} l}{A_0 n_\mathrm{p} e_0^2}\left(\nu_\mathrm{eff} \frac{\mathrm{d}j}{\mathrm{d}t} + \frac{\mathrm{d}^2 j}{\mathrm{d}t^2}\right). \tag{9.42.2}$$

Diese Gleichung beschreibt einen Schwingkreis, der mit $V_\mathrm{S}(t)$ extern angeregt wird und mit einer gewissen Dämpfung (ν_eff) harmonisch folgt:

- Raumladung oberhalb der Elektroden: Kapazität,
- träge Masse der Elektronen ($\frac{\mathrm{d}^2 j}{\mathrm{d}t^2}$ in Gln. (9.42)): Induktivität,
- Leistungsaufnahme und -dissipation durch und im Plasma (OHMsche Heizung): Widerstand, bei Drücken unterhalb von etwa 10 Pa zusätzlich nahezu druckunabhängige stochastische Heizung, die wegen der mit dem Druck abnehmenden Frequenz für den elastischen Stoß zu niedrigen Drücken immer bedeutender wird,

dessen Ersatzschaltbild in Abb. 9.18 dargestellt ist (s. a. Abschn. 5.3).

Angeregt wird durch das nichtlineare Verhalten der Raumladung über der Elektrode aber nicht nur die Grundwelle der Parallel- und Serienresonanz, wobei die Serienresonanz das Maximum im FOURIER-Spektrum des HF-Stroms darstellt, sondern auch ihre Oberwelle (algebraisch durch den zweiten Term auf der linken Seite der Gln. (9.42)). Unter Annahme einer nur kleinen Dämpfung (Vernachlässigung des OHMschen Widerstands im Bulk-Plasma) ergeben sich zwei Resonanzen, eine Parallelresonanz (Spannungsmaximum) und eine Serienresonanz (Strommaximum, s. Gl. 5.97) [269]:

$$\omega_{\mathrm{e,p}}^2 = \frac{1}{LC} = \frac{ne_0^2}{\varepsilon_0 m_{\mathrm{e}}}, \tag{9.43.1}$$

$$\omega_{\mathrm{g}}^2 = \omega_{\mathrm{e,p}}^2 \frac{s_0}{s_{\mathrm{e}} + s_1 + l}, \tag{9.43.2}$$

- s_{e}: Dicke der Randschicht an der „heißen“ Elektrode (in Argon bei einigen Pa und einigen hundert Volt etwa 10 mm);
- s_1: Dicke der Randschicht an der „kalten“ Elektrode;
- l: (effektive) geometrische Länge des Bulk-Plasmas, die für eine begrenzte Entladung, bei der der Strompfad auf den Zylinder zwischen der heißen Elektrode und ihrem Gegenpart begrenzt ist, gleich dem Abstand der Elektroden und in kapazitiv gekoppelten Plasmadichten (bis zu einigen $10^9/\mathrm{cm}^3$) in guter Näherung gleich deren Abstand ist;[4]
- $\omega_{\mathrm{e,p}}$: elektronische (Parallel-) Plasmafrequenz;
- ω_{g}: geometrische (Serien-) Plasmafrequenz (immer kleiner als ω_{e}!).

Die Resonanzfrequenzen hängen also eng mit der Plasmadichte zusammen, aus der sich nach dem erweiterten Modell freier Elektronen (s. Gl. (6.3)) die elektrische Leitfähigkeit des Plasmas zu

$$\sigma = \omega_{\mathrm{p}}^2 \cdot \frac{\varepsilon_0}{\mathrm{i}\omega + \nu_{\mathrm{eff}}} \tag{9.44}$$

ergibt. Aus der Dämpfung der Resonanz ermittelt man ν_{eff}, die Summe der Frequenzen des elastischen Stößes der Elektronen mit Neutralmolekeln und der der stochastischen Aufheizung [270] (Abb. (9.19).

Um Plasmaparameter wie Plasmadichte und Stoßfrequenz zu bestimmen, nutzen wir gerade die Nichtlinearitäten (Subtrahend der Gl. (9.41)) aus, die die Analyse einer Messung mit der LANGMUIR-*Sonde so schwierig gestalten,* und wir erhalten

- eine volumengemittelte Elektronendichte n_{e} aus ω_{g};
- eine volumengemittelte Stoßfrequenz der Elektronen mit Neutralmolekeln über die Dämpfung der Resonanz und
- die elektrische Leitfähigkeit σ des Bulk-Plasmas nach dem Modell der freien Elektronen (hydrodynamischer Ansatz, Gl. (6.3)).

[4] Dies gilt dagegen nicht für Hochdichte-Plasmen (etwa ab $10^{10}/\mathrm{cm}^3$), bei denen zusätzliche parasitäre Wege zu den Reaktorwänden eine Rolle spielen, da der Skin-Effekt wegen den hohen Plasmadichten keine Felder mehr ins Plasma eindringen läßt. Diese Hochdichte-Plasmen können auch in CCP-Entladungen bei höheren Anregungsfrequenzen (typisch $3 \cdot 13{,}56$ MHz) erzeugt werden.

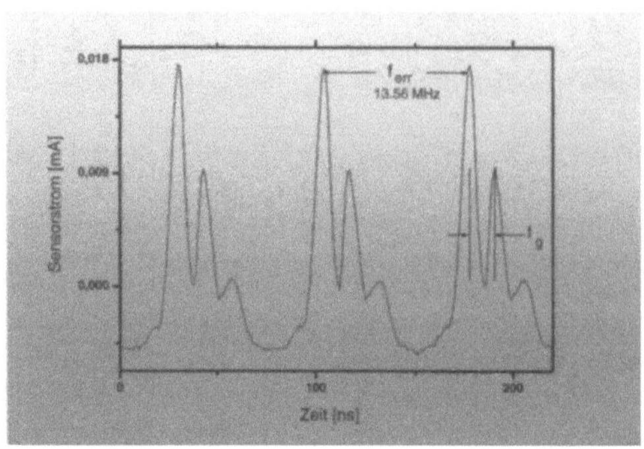

Abb. 9.19. Zeitliche Abhängigkeit des Entladungsstrom des Sensors [273].

9.3.1 Technische Umsetzung

Der durch einen Teflonflansch isolierte Sensor (Abb. 9.20) wird in der Kammerwand fixiert (Abb. 9.21), masseseitig über eine Spannfeder sorgfältig mit der Masse des Reaktors verbunden und wird so zu einem integralen Teil der Kammerwand. Das Signal des Verschiebungsstroms wird empfangen und induziert

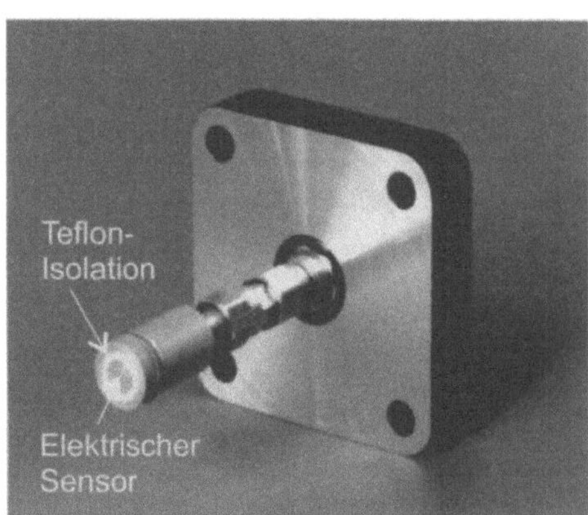

Abb. 9.20. Vakuumteil des SEERS-Sensors, hier gezeigt für den ICP-Reaktor DPS 300 von Applied Materials. Der elektrische Sensor ist durch einen Ring aus Teflon isoliert. Es gibt auch Sensoren mit einem optischen Fenster für simultane OES [163].

im Oszilloskop eine Spannung. Dies ist schematisch in Abb. 9.22 dargestellt. Mit einigen Voreinstellungen, mit denen die elektrische Natur des Gases beschrieben wird, werden die Plasmaparameter ω_g und ν_{eff} erhalten.

9.3.2 Inhärente Eigenschaften

9.3.2.1 Bestimmung der elektronischen Plasmadichte. Gemessen werden FOURIER-Komponenten einer induzierten Spannung, aus denen eine Plasmadichte errechnet wird, und zwar über die idealisierte Annahme einer rein

Abb. 9.21. SEERS-Sensor (Explosionszeichnung). Der isolierte Sensor ist Teil der „kalten“ Elektrode [163].

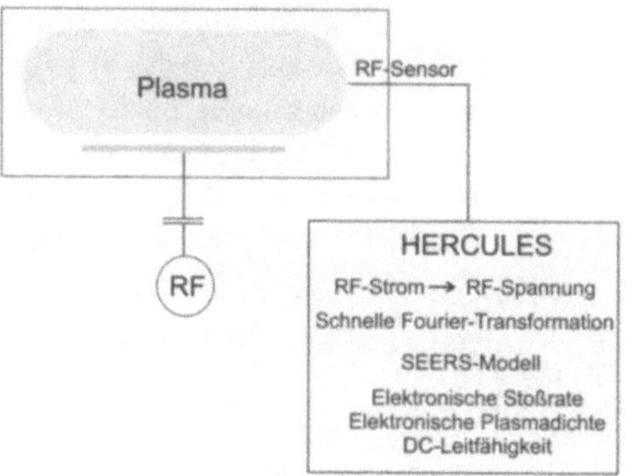

Abb. 9.22. Schema des SEERS-Sensors. Der Verschiebungsstrom wird mit der erdfreien Antenne empfangen und induziert eine Spannung im Oszilloskop. Mittels einer schnellen FOURIER-Transformation (FFT) werden *on-line* verschiedene Plasmaparameter errechnet und graphisch dargestellt [162].

kapazitiven Entladung, bei der der DC-Anteil der Impedanz der Randschicht klein gegenüber dem RF-Teil ist. Jedoch

- liegt keine reine kapazitive Einkopplung vor; daher müßte ein kleiner resistiver Anteil berücksichtigt werden, der DC-Anteil des Ionenstroms, mit dem die Ionen dem RF-Feld Energie entnehmen (s. Betrachtung in Abschn. 6.5). Dennoch wird dieser Beitrag vollständig vernachlässigt ebenso wie das Schwebepotential V_F.

- ist die Verknüpfung des geometrischen Faktors in Gl. (9.42.2) mit der Parallel-Resonanz $\omega_\mathrm{g} \longrightarrow \omega_\mathrm{e,p}$ nur gültig für eine vollständig kapazitive und symmetrische Einkopplung (s. Gln. (5.95) für den symmetrischen Fall einer HF-Entladung). Für eine asymmetrische Entladung geht der Geometriefaktor gegen Eins (s. Gln. 5.96/98), d. h. die Differenz der beiden Resonanzstellen geht gegen Null.

- kann sich die Vernachlässigung des DC-oder Realteils der Impedanz der Randschicht gegenüber dem RF- oder Imaginärteil als etwas zu optimistisch erweisen. Für 10 mTorr (1,3 Pa), 13,56 MHz und eine Elektronentemperatur von 4 eV in einer Ar-Entladung ist nach Abschn. 3.4 das Verhältnis $\frac{\omega}{\nu_m} = \frac{86}{38} \approx 2$; dies ist nach Abb. 5.4 gleich dem Verhältnis von Imaginär- zu Realteil (L/R). Die Dämpfung durch elastische Stöße begrenzt den Meßbereich schließlich nach oben.

Wir benötigen die (elektrisch definierte) Dicke der Randschicht, s_0, die aus dem SEERS-Modell für alle Frequenzen erhalten wird. Dabei ist zu berücksichtigen, daß die optisch bestimmte Dicke signifikant höher ist als die kapazitive Dunkelraumdicke (das Maximum des visuellen Kontrasts wird an der Grenze der schwingenden Randschicht (verglichen mit der mittleren Lage der Randschichtposition) beobachtet, s. Abb. 9.17) [272].

Beim direkten Vergleich von simultan mit einer LANGMUIR-Sonde aufgenommenen Elektronendichten in Inertgas (Ar) fällt daher auf, daß die SEERS-Daten wegen der räumlichen Mittelung etwa eine Größenordnung niedriger errechnet werden als die LANGMUIR-Daten (s. Abbn. 9.23). Dagegen sind die Unterschiede für die hochreaktiven chlorhaltigen Gase Cl_2 und BCl_3 wesentlich geringer, was offenbar mit Einfangreaktionen von Elektronen zusammenhängt.

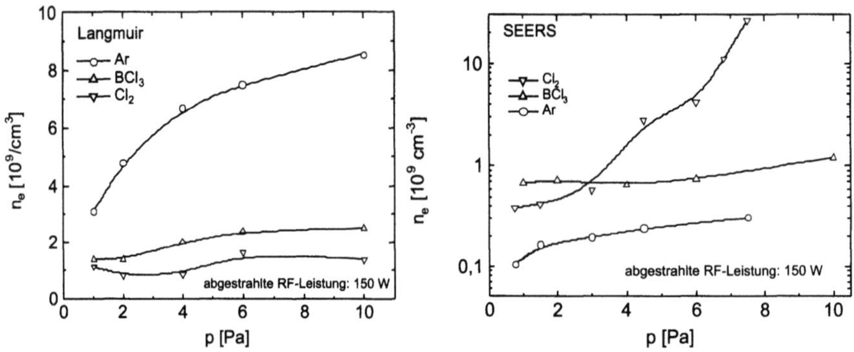

Abb. 9.23. Die mit einer LANGMUIR-Sonde gemessene Elektronendichte in Entladungen eines Inertgases (Ar) und von reaktiven Gasen (Cl_2 und BCl_3) zeigt zweierlei: die Elektronendichte in Ar ist deutlich höher als in den reaktiven Gasen, was offenbar durch „Electron Attachment“ verursacht ist; außerdem sind die Daten, die mit der LANGMUIR-Sonde erhalten wurden, für Ar eine Größenordnung höher als die Daten des räumlich mittelnden SEERS-Sensors, weil die Randschichten mit verschwindender Elektronendichte bei der Volumenmittlung des Signals berücksichtigt werden [273]. Cl_2 und BCl_3 zeigen dagegen wesentlich geringere Unterschiede.

9.3.2.2 Bestimmung der Frequenz des elastischen Stoßes von Elektronen. Aus der Dämpfung der FOURIER-Komponenten können wir bei höheren Drücken, bei denen die Bedeutung stochastischen Aufheizung in der Entladung bereits zurückgegangen ist, die Frequenz des elastischen Stoßes von Elektronen mit Neutralmolekeln gewinnen:

$$\nu_\mathrm{m} = <v_\mathrm{e}> \sigma n \tag{9.45}$$

mit n der Dichte der Neutralmolekeln. Da die Wurzel aus dem mittleren Geschwindigkeitsquadrat der Wurzel aus der Temperatur proportional ist (es ist ja $\sqrt{< v^2 >} \propto \sqrt{T_\mathrm{e}}$) und nach einfachen Energiebetrachtungen $T_\mathrm{e} \propto 1/\ln n$ ist (s. Abschn. 2.5.1), erwarten wir bei Konstanthaltung aller Parameter bei Druckerhöhung, daß

$$\nu_\mathrm{m} \propto \left(\frac{n}{\ln n}\right). \tag{9.46}$$

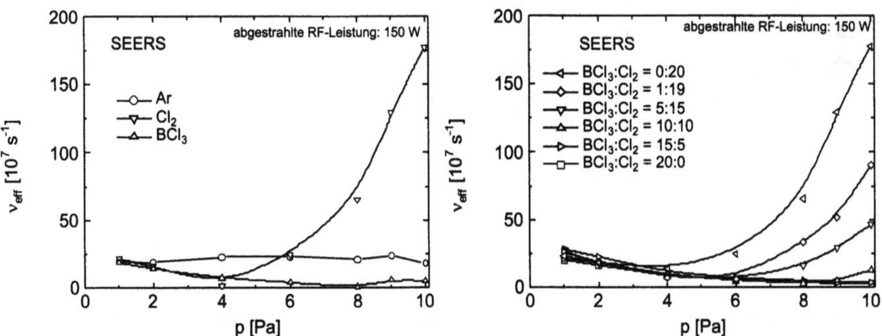

Abb. 9.24. Lks.: Die gemessene Frequenz des effektiven Stoßes von Elektronen für verschiedene Gase in einer kapazitiv gekoppelten Entladung als Funktionen von emittierter RF-Leistung (150 W) und Entladungsdruck. ν_m in Ar und BCl_3 ist im betrachteten Druckbereich konstant, nimmt dagegen in Cl_2 steiler als nach Gl. (9.46) erwartet zu. Re.: Der Übergang des Druckverhaltens zwischen reinem Cl_2 und reinem BCl_3 verläuft kontinuierlich [274].

In Wirklichkeit ist die Druckabhängigkeit von ν_m im betrachteten Druckbereich sehr stark von der Spezies abhängig (s. Abb. 9.24). Während in Ar und BCl_3 ein vom Druck nahezu unabhängiges Verhalten gefunden wird, ist die Abhängigkeit für Cl_2 sogar ausgeprägter als nach Gl. (9.46) erwartet. Offenbar spielt bei Drücken kleiner als etwa 10 Pa (je nach Elektronegativität und Dissoziationsverhalten des Gases) die stochastische Aufheizung mit ν_stoch als Parameter die entscheidende Rolle für die Energiedissipation, ein Verhalten, das auch in Entladungen des Quecksilbers beobachtet wird [275], so daß für die effektive Stoßfrequenz Gl. (9.41) gilt. Offenbar beginnt in elektronegativen Gasen — wie dies auch die Messung der Elektronendichte nahelegt —, bereits bei relativ niedrigen Drücken der Verlustmechanismus der Elektroneneinfangreaktionen zur Diffusion in Konkurrenz zu treten. Sicher spielt für den steilen Anstieg in Cl_2 die Verschiebung des Dissoziationsgleichgewichts eine wesentliche Rolle.

Besonders beachtet werden muß, daß die Teilchenzahldichte und nicht der Druck selbst eingeht. Da meist der Druck als unabhängiger Parameter gewählt wird, muß daher beachtet werden, daß bei steigender Gastemperatur die Teilchenzahldichte zurückgeht. Die Temperaturen des Plasmakörpers sind verschiedentlich gemessen worden und betragen typisch zwischen 600 und 900 K (Abb. 9.30). Erschwerend kommt hinzu, daß der Druck selbst im „Downstream"-Bereich, also bei Raumtemperatur, gemessen wird.

Insgesamt gesehen, liefert das SEERS-Verfahren gleiche Abhängigkeiten wie die LANGMUIR-Sonden-Technik, die aber bei Absolutmessungen mit einer LANGMUIR-Sonde (Mittelwert über mehrere ortsaufgelöste Messungen) oder einem Mikrowellen-Reflektometer zusätzlich gegenseitig verifiziert werden sollten. Ihre Domäne ist die kapazitiv gekoppelte RF- oder Mikrowellen-Entladung, auch ist sie nicht-invasiv, äußerst einfach einzubauen und daher sofort betriebsbereit. Wegen der kapazitiven Ankopplung sind selbst dicke (mehr als 1 mm) Kontaminationsschichten auf dem Stromsensor kein Thema (was Absolutmessungen mit der LANGMUIR-Sonde unmöglich macht und ebenfalls nicht-invasive optische Messungen erschwert).

9.4 Impedanzanalyse

Eine elektrische Messung im RF-Kreis selbst ist wegen der Notwendigkeit, die komplexen Größen $U = ZI$ berücksichtigen zu müssen, äußerst schwierig. Verschiebungs- und Wirbelströme müssen berücksichtigt werden, und das elektrische Feld ist die Resultante zweier Potentiale

$$\boldsymbol{E} = -\nabla \boldsymbol{V} - \frac{\partial \boldsymbol{A}}{\partial t} \tag{9.47}$$

und kann daher nicht einfach durch Integration einer Feldgleichung ermittelt werden. Daher werden eher Messungen der RF-Felder, der vorwärts gerichteten und der reflektierten Welle, durchgeführt (s. Kap. 5) und auf 50 Ω realen Abschlußwiderstand (R_{ref}) bezogen.

Einschleifen eines Zweitors im Stromkreis zwischen Anpaßnetzwerk und „heißer" Elektrode eröffnet die Möglichkeit, aktuelle Werte für Strom, Spannung und den Phasenwinkel zu messen — wichtige Größen, um den Charakter der Entladung zu definieren und Modelle zur Anregung zu überprüfen [166] [276] [277]:

- Phasenwinkel φ zwischen Strom und Spannung $-90°$: vollständig kapazitiv;
- Phasenwinkel φ zwischen Strom und Spannung $0°$: ideal resistiv;
- Phasenwinkel φ zwischen Strom und Spannung $90°$: vollständig induktiv.

Die grundsätzliche Frage ist die Auswertung der Impedanz- oder Streumatrix (S-Matrix) mit den Größen S_{11} und S_{22} den Reflexionskoeffizienten (input bzw. output) und S_{12} bzw. S_{21} dem Gewinn (vorwärts oder reflektiert), wobei r und f die auf R_{ref} bezogene Amplituden der reflektierten bzw. einfallenden Welle sind:

$$\begin{pmatrix} r_1 \\ r_2 \end{pmatrix} = \begin{pmatrix} S_{11} & S_{12} \\ S_{21} & S_{22} \end{pmatrix} \begin{pmatrix} f_1 \\ f_2 \end{pmatrix} \tag{9.48.1}$$

bzw. in Gleichungsschreibweise

$$\begin{aligned} r_1 &= S_{11} f_1 + S_{12} f_2 \\ r_2 &= S_{21} f_1 + S_{22} f_2, \end{aligned} \tag{9.48.2}$$

deren Werte auf den Abschlußwiderstand $R_{\text{ref}} = 50\,\Omega$ bezogen werden, so daß für das OHMsche Gesetz gilt:

$$U = Z \cdot I \Rightarrow u = z \cdot i \Rightarrow \frac{U}{\sqrt{R_{\text{ref}}}} = \frac{Z}{R_{\text{ref}}} \cdot I\sqrt{R_{\text{ref}}}, \tag{9.49}$$

woraus sich für den Reflexionskoeffizienten ρ die bekannte Formel

$$\rho = \frac{z-1}{z+1} \Longleftrightarrow z = \frac{1+\rho}{1-\rho} \tag{9.50}$$

ergibt. Dieses System vereinfacht sich wesentlich nach erfolgreichem Abgleich, da dann aus dem Zweitor + Plasma ein Eintor mit verschwindendem Reflexionskoeffizienten ρ wird. So wird die Plasmaimpedanz dann

$$Z_{\text{P}} = 50\,\frac{1+\rho}{1-\rho}. \tag{9.51}$$

Das Impedanzmeßgerät ($V(I)$-Probe) wird zweckmäßigerweise in den Strompfad zwischen Anpaßnetzwerk und Elektrode eingeschleift (s. Abb. 9.25).

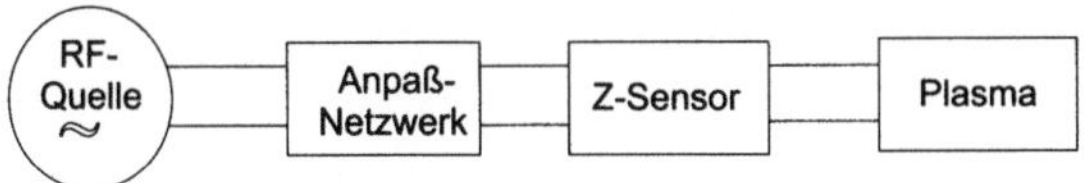

Abb. 9.25. Das Impedanzmeßgerät von *Advanced Energy* (Z-Scan) wird in den Strompfad zwischen Anpaßnetzwerk und heißer Elektrode eingeschleift und liefert eine U-I-Analyse bis zum fünften Oberton.

Damit kann nicht nur die Grundwelle bei typischerweise 13,56 MHz untersucht werden, sondern auch das Obertonspektrum, das wegen des nichtlinearen U-I-Verhaltens insbesondere bei kapazitiver Kopplung von Bedeutung ist.

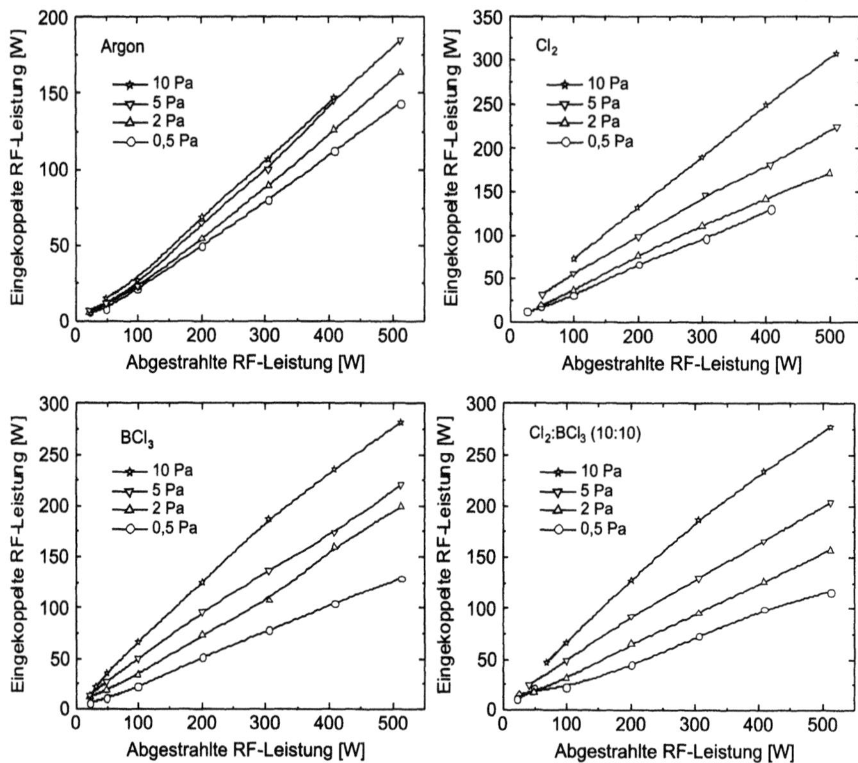

Abb. 9.26. Das unterschiedliche resistive Verhalten eines eindeutig elektropositiven Gases wie Argon im Verhältnis zu elektronegativen Gasen wie Chlor oder Bortrichlorid wird deutlich im direkten Vergleich der eingekoppelten Leistung und ist bedingt durch deutlich höhere OHMsche Aufheizung der Ionen in der Randschicht.

9.5 Optische Emissions-Spektroskopie (OES)

Da viele Linien im Plasma angeregt werden, eignet es sich vorzüglich zur Diagnostik im UV/VIS-Bereich zur qualitativen und quantitativen Analyse, sowohl, was die chemische Zusammensetzung (stationär wie auch temporär bei Kontamination des Plasmas durch von der Oberfläche abgetragene und das Plasma angeregte Molekeln) als auch die Bestimmung von Plasmaparametern wie der Temperatur der Elektronen und des Plasmakörpers angeht. Ein experimenteller Aufbau ist in Abb. 9.27 gezeigt.

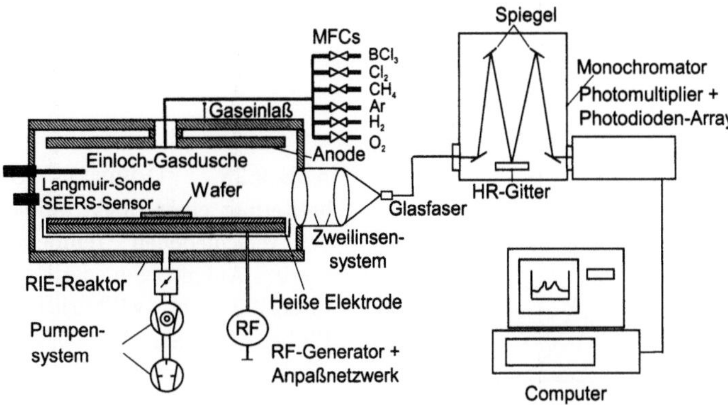

Abb. 9.27. Experimenteller Aufbau eines optischen Spektrometers an einem CCP-Reaktor zur Optischen Emissionsspektroskopie (OES).

9.5.1 Temperatur der schweren Partikeln

Eine Methode, um die Geschwindigkeit der Partikeln, und damit deren Temperatur, zu bestimmen, ist die Messung der Linienbreite einer Spektrallinie, die neben der Strahlungsdämpfung [19] und Lebenszeit-Verbreiterung (sog. 4. Unschärferelation $\Delta E \cdot \Delta t \geq \hbar$ [20]) wesentlich durch die DOPPLER-Verschiebung bestimmt wird: Ein mit der Wellenlänge λ strahlendes Objekt, das sich vom ruhenden Beobachter mit der Geschwindigkeit v entfernt, sieht dieser mit der Wellenlänge $(1 + v/c)\lambda$, ein auf sich zukommendes mit $(1 - v/c)\lambda$.

In einer Gasentladung sind die Linien wegen der chaotischen Wärmebewegung verbreitert. Aus der Form der Spektrallinie kann man dann auf die Temperatur nach

$$\Delta\lambda = 2\,\frac{\lambda}{c} \cdot \sqrt{\frac{2k_\mathrm{B}T}{m}} \tag{9.52}$$

bei *FWHM*(„Full Width at Half Maximum“ = Halbwertsbreite) schließen [279] (Abb. 9.28).

Für eine gegebene Temperatur ist also die DOPPLER-Verbreiterung für große Wellenlängen und kleine Massen am ausgeprägtesten.

Eine andere Möglichkeit ist die Messung von Rotations-Schwingungsspektren. Die Intensitätsverteilung in einer BJERRUMschen Doppelbande ist maßgeblich bestimmt durch die Besetzung der Rotationszustände des Schwingungsgrundzustandes, wobei die Wahrscheinlichkeit für dessen Besetzung gegeben ist durch

$$N_J = (2J+1)\,N_0\,\exp\left\{-\frac{J(J+1)h^2}{8\pi\Theta k_\mathrm{B}T}\right\} \tag{9.53}$$

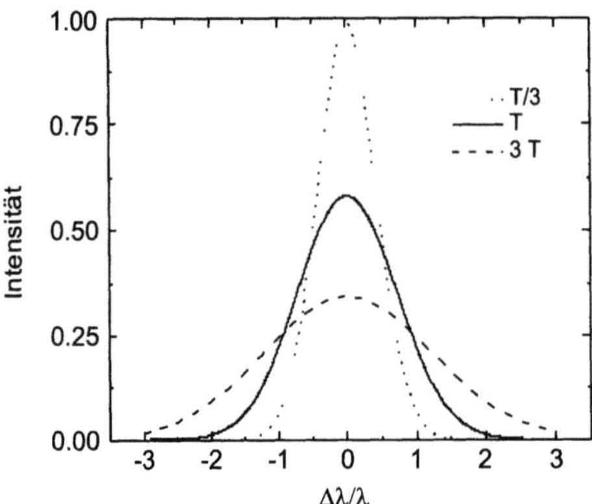

Abb. 9.28. DOPPLER-Verbreiterung einer Spektrallinie bei verschiedenen Temperaturen. Aufgetragen ist die Intensität in willkürlichen Einheiten gegen $\Delta\lambda/\lambda$ [278] (© Oxford University Press).

mit Θ dem Trägheitsmoment und J der Rotationsquantenzahl [281]. Gl. (9.53) bestimmt damit auch die Intensitätsverteilung der Rotations-Schwingungsbande [21], Abb. 9.29). Der Funktionsterm ist $y = |x|\mathrm{e}^{-x^2}$ mit $x = \sqrt{\frac{A}{2k_\mathrm{B}T}}\omega_R$ und $\omega_R = \sqrt{\frac{k_\mathrm{B}T}{A}}$, womit das Maximum bei $x = \frac{1}{\sqrt{2}}$ liegt.

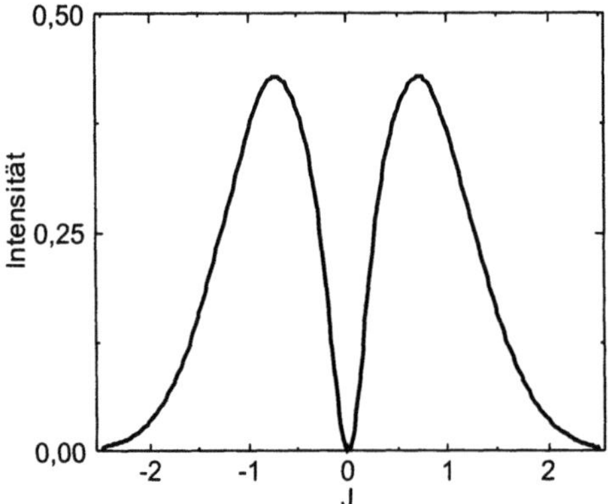

Abb. 9.29. BJERRUMsche Doppelbande eines Rotations-Schwingungsspektrums, das durch Kopplung des Schwingungsübergangs mit den Rotationsübergängen $\omega_v \pm \omega_{R,i}$ entsteht [280] (© Springer-Verlag).

Die Anwesenheit mindestens zweiatomiger Moleküle, bei denen sich das Dipolmoment während der Anregung ändert (Fall des Rotations-Schwingungsspektrums) oder die ramanaktiv sind, ist dafür erforderlich. Meist sind jedoch infolge von Verunreinigungen derartige Banden zu beobachten.

In einer Versuchsreihe wurde Stickstoff zu einer Gasmischung aus Chlor/Argon bei verschiedenen Drücken und abgestrahlten RF-Leistungen (CCP-Entladung) dotiert und mittels Elektronen-Emissionsspektroskopie die Rotations-Schwingungsübergänge untersucht [297]. Wie aus den Abbn. 9.30 ersichtlich, beobachtet man bei typischen RF-Leistungseinkopplungen zwischen 100 und 400 W eine Erhöhung der Gastemperatur um 300 K ebenso wie bei Druckerhöhung

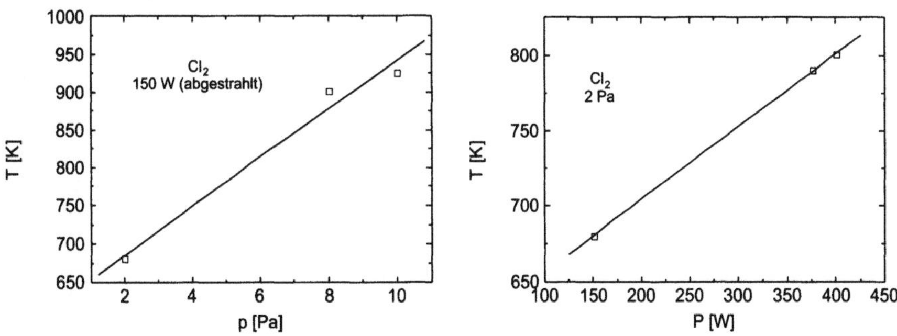

Abb. 9.30. Messung der Gastemperatur in einer CCP-Entladung von Cl_2 mittels Elektronen-Emissionsspektroskopie (Rotations-Schwingungsbanden von dotiertem N_2). Auch im rechten Diagramm ist gegen die vom RF-Generator abgestrahlte Leistung aufgetragen.

um einen Faktor 4 von 2 auf 8 Pa. Aber selbst bei moderaten Leistungen beträgt die Gastemperatur bereits 600 K.

9.5.2 Elektronentemperatur mit OES

Durch Elektronenstoß angeregte Zustände relaxieren, und es entsteht Licht charakteristischer Wellenlänge [282], das im Bereich 200 nm $\leq$ 1000 nm mit optischen Gitterspektrographen zugänglich ist. Typische Mechanismen sind in den Gln. (9.54) und der dazu gehörigen Abb. 9.31 dargestellt (der Asterisk bedeutet einen angeregten oder metastabilen Zustand):

$$A_i + e^- \longrightarrow A_j^\star + e^- \tag{9.54.1}$$

$$A_i + e^- \longrightarrow A_k^\star + e^- \tag{9.54.2}$$

$$A_j^\star \xrightarrow{e^-} A_l^\star + e^- \tag{9.54.3}$$

$$A_k^\star \xrightarrow{e^-} A_m^\star + e^- \tag{9.54.4}$$

9.5.2.1 Korona-Modell und seine Gültigkeit. Mit dem Korona-Modell kann die Elektronentemperatur T_e auf direktem Weg aus der Intensität optischer Emissionslinien bestimmt werden. Wird eine Spezies A mit der Dichte n_A durch Elektronenstoß von Zustand A_i mit der Energie E_i zum Zustand A_j mit der Energie E_j angeregt (Reaktion 2. Ordnung) und relaxiert zum Zustand A_k

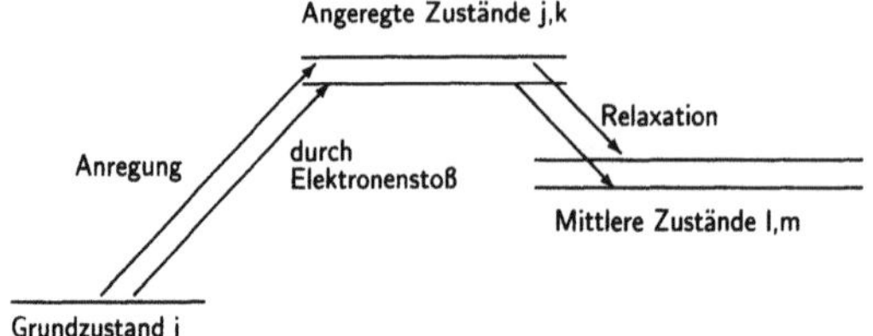

Abb. 9.31. Schema der elektronischen Anregung und Relaxation in zwei Zustände mittlerer Energie: Die Population des angeregten Zustandes hängt entscheidend von der $\mathcal{EEDF}$ ab.

mit der Energie E_k, ist die gemessene Intensität der Emissionslinie $I_{\mathrm{A}_{i,j,k}}$ bei konstanter Empfindlichkeit des Spektrometers [283]:

$$I_{\mathrm{A}_{i,j,k}} = k_{ij} n_\mathrm{e} n_{\mathrm{A}_i} b_{j,k}. \tag{9.55}$$

Das (konstante) Verzweigungsverhältnis

$$b_{j,k} = A_{jk} / \sum_{i<j} A_{ji} \tag{9.56}$$

kann leicht mit den Daten der WIESE-Tabellen bestimmt werden [284]. Um den Ratenkoeffizienten

$$k_{ij} = \int_{E_j}^{\infty} v_\mathrm{e} \sigma(E)\, \mathcal{EEDF}\, \mathrm{d}E, \tag{9.57}$$

anzupassen, muß eine Elektronen-Energieverteilungsfunktion ($\mathcal{EEDF}$) ausgesucht werden (i. a. MB). Der energieabhängige Streuquerschnitt σ, der im Niedrigenergie-Gebiet exponentiell von der Temperatur abhängt, wird unter Verwendung der BETHE-Formel parametrisiert [46]. Wir erhalten damit ein Integral, das nur von der Elektronentemperatur T_e abhängt.

Da wir mit dem idealen Gasgesetz rechnen dürfen, ist $n_{\mathrm{A,B}} \propto p_{\mathrm{A,B}}$, so daß für die Intensität zweier Spektrallinien gilt, daß

$$I_\mathrm{A} = k_\mathrm{A} b_\mathrm{A} n_\mathrm{e} n_\mathrm{A} \wedge I_\mathrm{B} = k_\mathrm{B} b_\mathrm{B} n_\mathrm{e} n_\mathrm{B}. \tag{9.58}$$

In einer kapazitiv gekoppelten Entladung ist der Ionisierungsgrad niedrig genug ($\approx 0,1$ %), daß $n_{\mathrm{A,B}}$ als konstant angesehen werden können. Bei der Quotientenbildung der beiden Intensitäten fällt die unbekannte Elektronendichte heraus. Dieses Verhältnis wird nun mit den gemessenen Intensitäten verglichen, und wir erhalten T_e:

$$\frac{I_\mathrm{A}}{I_\mathrm{B}} = \frac{k_\mathrm{A} b_\mathrm{A} n_\mathrm{e} n_\mathrm{A}}{k_\mathrm{B} b_\mathrm{B} n_\mathrm{e} n_\mathrm{B}} \Rightarrow \frac{I_\mathrm{A}}{I_\mathrm{B}} = \frac{k_\mathrm{A} b_\mathrm{A}}{k_\mathrm{B} b_\mathrm{B}}. \tag{9.59}$$

Die Gültigkeit dieses Modells hängt im wesentlichen von drei Annahmen ab:

- die Anregung in den angeregten Zustand erfolgt durch Elektronenstoß aus dem Grundzustand [285] [286];
- die Streuquerschnitte der photonischen Anregung der beiden Gase weisen etwa die gleiche Energieabhängigkeit auf [287] [288];
- es liegt ein Korona-Gleichgewicht zwischen Anregung durch Stoß und spontane Relaxationsprozesse durch Strahlung vor (kein Problem für Niederdichte- und optisch dünne Plasmen, CCP) [248]. Für Plasmen mit höheren Elektronentemperaturen (wie ECR-Entladungen) und/oder höheren Elektronendichten (wie ICP-Helicon- und ICP-Entladungen) müssen Anregungspfade mitberücksichtigt werden, in die metastabile Zustände oder Kaskadeneffekte von höheren Zuständen involviert sind [283].

Diese Methode, unter dem Namen *Advanced Actinometry*[5] oder *Trace Rare Gas Optical Emission Spectroscopy* bekannt, erfordert damit die simultane, nicht konsekutive, Kontrolle von zwei Spektrallinien. Ein Gitter hoher Auflösung (besser als 1 Å) hat nur einen kleinen Spektralbereich, es empfiehlt sich daher die Verwendung zweier Edelgase! Voraussetzung für die Nutzbarkeit einer Linie ist die Kenntnis des EINSTEIN-Koeffizienten und des Verzweigungsverhältnisses sowie der lineare Anstieg der Intensität bei Zunahme der eingekoppelten Leistung.

9.5.2.2 Bestimmung der direkten elektronischen Anregung. Es sind mindestens zwei Anregungspfade zum angeregten Zustand denkbar: entweder die Anregung vom Grundzustand mit relativ kleinem Streuquerschnitt oder die Anregung durch metastabile Zustände mit sehr großem Streuquerschnitt (s. Kap. 3, resonanter Charge-Transfer). Obwohl in kapazitiv gekoppelten Plasmen die Wahrscheinlichkeit wegen der geringen Plasmadichte sehr niedrig ist, daß ein Großteil der Atome über den zweiten Pfad angeregt wird (verglichen mit ICP- oder ECR-Plasmen), kann dieser „Bypass" doch die Auswertung erheblich erschweren. Für einige Zustände ist die Anregung über metastabile Zustände allerdings nicht möglich, und durch Vergleich mit einem verdächtigen Zwei-Stufen-Prozeß kann entschieden werden, ob metastabile Zustände berücksichtigt werden müssen oder nicht [286]. Sind metastabile Zustände ohne Bedeutung, bleibt das Intensitätsverhältnis der beiden Linien, aufgetragen gegen die abgestrahlte Leistung, konstant. Dies ist in Abb. 9.32 für die beiden Argonlinien bei 750 and 751 nm und die drei Kryptonlinien bei 758, 760 und 768 nm gezeigt. In der Hauptsache ist dies auf das dünne Plasma zurückzuführen, zumindest im betrachteten Energieintervall zwischen 100 und 400 W, was einer Dichte der eingekoppelten Leistung zwischen 0,1 und 0,3 W/cm^2 entspricht. Mit dieser Aussage können nun die Ratenkoeffizienten für einen Einstufenprozeß berechnet werden.

[5]Erstmals wurde diese Methode zur Bestimmung der Dichte angeregter Spezies angewendet, und zwar von COBURN und CHEN ($\alpha\kappa\tau\iota\varsigma$: Strahl) [289].

Tabelle 9.2. Zusammenstellung wichtiger Linien für die *Advanced Actinometry*

Wellenlänge [nm]	*Zuordnung*	*Verzweigungs-* verhältnis b_{ki}	*Energie des angeregten Zustands* [eV]
437,990	Cl(I): $5p^4D^0_{3/2} \rightarrow 4s^4P_{3/2}$	nicht ermittelt	11,82
452,620	Cl(I): $5p^2P^0_{3/2} \rightarrow 4s^2P_{3/2}$	nicht ermittelt	11,94
725,665	Cl(I): $4p^4S^0_{3/2} \rightarrow 4s^4P_{5/2}$	0,32	10,63
741,412	Cl(I): $4p^2P_{3/2} \rightarrow 4s^4P_{5/2}$	0,10	10,59
754,709	Cl(I): $4p^4S_{3/2} \rightarrow 4s^4P_{3/2}$	0,22	10,63
774,494	Cl(I): $4p^4S^0_{3/2} \rightarrow 4s^4P^0_{1/2}$	0,11	10,63
420,067	Ar(I): $5p[2\frac{1}{2}] \rightarrow 4s[1\frac{1}{2}]^0$	nicht ermittelt	14,50
750,387	Ar(I): $4p'[\frac{1}{2}] \rightarrow 4s'[\frac{1}{2}]^0$	1,00	13,48
751,465	Ar(I): $4p[\frac{1}{2}] \rightarrow 4s[1\frac{1}{2}]^0$	1,00	13,27
763,511	Ar(I): $4p[1\frac{1}{2}] \rightarrow 4s[1\frac{1}{2}]^0$	0,41	13,17
772,376	Ar(I): $4p[1\frac{1}{2}] \rightarrow 4s[1\frac{1}{2}]^0$	0,127	13,15
758,741	Kr(I): $5p[\frac{1}{2}] \rightarrow 5s[\frac{3}{2}]^0$	1,00	11,67
760,154	Kr(I): $5p[\frac{3}{2}] \rightarrow 5s[\frac{3}{2}]^0$	0,57	11,55
768,525	Kr(I): $5p'[\frac{1}{2}] \rightarrow 5s'[\frac{1}{2}]^0$	1,00	12,26
769,454	Kr(I): $5p[\frac{3}{2}] \rightarrow 5s[\frac{3}{2}]^0$	0,13	11,53

9.5.2.3 Parametrisierung des Streuquerschnitts. Streuquerschnitte im niederenergetischen Bereich sind nur für einige Edelgase vermessen. Derartige Linien werden zweckmäßigerweise mit der BETHE-Formel parametrisiert [30] [46] [47] (s. Abschn. 3.2):

$$\sigma = \text{const} \cdot \frac{\ln(E/E_j)}{E\,E_j} \tag{9.60}$$

mit E der kinetischen Energie der Elektronen und E_j der Energie des angeregten Zustands, in den die Edelgasatome promoviert werden (s. Tab. 9.3).

Wegen der teilweise drastischen Abweichungen der Meßdaten von verschiedenen Autoren empfiehlt sich aus Konsistenzgründen die Verwendung nur einer Quelle. Hier sind die von FELTSAN und ZAPESOCHNYI mitgeteilten Daten für UV/VIS-Übergänge angeschrieben [290] [291].[6] Sie wurden innerhalb von ±3 % an das Maximum des Streuquerschnitts angepaßt, womit insbesondere der steile Anstieg nach der Schwellenenergie ausgezeichnet beschrieben wird. Allerdings sind diese Werte für σ nicht um optische Kaskaden korrigiert.

9.5.2.4 Details zur Auswertung. Die Gültigkeit des Korona-Modells vorausgesetzt, gewinnt man die Elektronentemperatur durch Division der berech-

[6]Viele Autoren verwenden die Werte der Messungen von MITYUREVA [293] [294] oder die von SZMYTKOWSKI et al. zusammengestellten Werte [295].

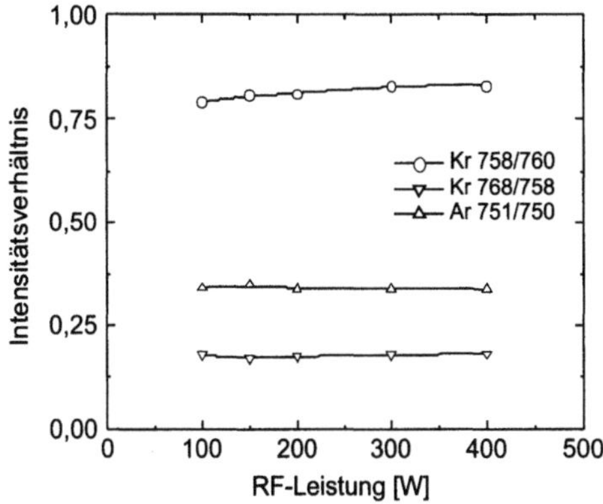

Abb. 9.32. OES: Untergrund-korrigierte Linien von Argon und Krypton bei 15 mTorr (2 Pa) als Funktion der eingekoppelten RF-Leistung.

Tabelle 9.3. Konstanten der BETHE-Formel für Streuquerschnitte der Edelgase Argon und Krypton nach FELTSAN und ZAPESOCHNYI [290] [291] [292].

#	*Wellenlänge* [nm]	*Angeregter Zustand* E_j [eV]	*Konstante* $[10^{-19}\ cm^2]$
1	Ar 750,39	13,48	5418
2	Ar 751,47	13,27	2016
3	Kr 758,74	11,67	3283
4	Kr 760,15	11,55	5783
5	Kr 768,53	12,26	803
6	Kr 769,45	11,5	4397

neten und experimentellen Spektrallinien und durch deren anschließenden Vergleich [283]. Aus Gründen der methodischen Einfachheit und der größeren experimentellen Fehlermöglichkeiten empfiehlt sich die Verwendung nur eines Gases, etwa in verschiedenen Ionisierungsstufen: neutrales Gas, Ar(I), und einfach ionisiertes Gas, Ar (II) [296]. Leider erweist sich dieses Vorgehen meistens als kaum praktikabel, da die Intensität der Ar(II)-Linie einfach zu gering ist, vor allem in Entladungen elektronegativer Gase, wie SF_6, Cl_2 oder BCl_3. Deswegen ist man gezwungen, ein zweites Edelgas einzusetzen; als geeignet erweisen sich die Kombinationen Ar/Kr oder Ar/Xe, während die angeregten Niveaus von Neon bereits zu hoch liegen (s. Tab. 9.1 und 9.2).[7] In einer CCP-Entladung sind die minimalen Dotierpegel etwa 10 % der reaktiven Gasflüsse, um zuverlässige Linienintensitäten zu erhalten. Dies mag hoch erscheinen, jedoch wird in einer Entladung von Chlor die spektrale Intensität etwa der Ar-Linie bei 751,1 nm um

[7] Weitere Dotierung führt ja auch zur zunehmenden Verdünnung des zu untersuchenden Gases.

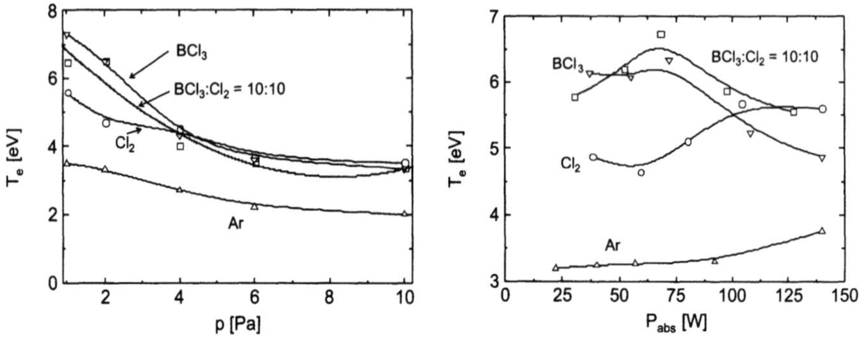

Abb. 9.33. Mit OES ermittelte Elektronentemperaturen als Funktion des Drucks der Entladung und der absorbierten RF-Leistung [297].

einen Faktor 3 stärker gedämpft als in einer Entladung von Neon; in BCl_3 liegt die Abschwächung zwischen einem Faktor 2 bei 10 Pa, aber bei einem Faktor 10 bei 1 Pa.

Mit den so bestimmten Ratenkoeffizienten kann dann die Elektronentemperatur $T_{e,MB}$ bestimmt werden. Im vorliegenden Fall werden die gleich gewichteten Verhältnisse der Linienintensitäten # 3/1, 4/2, 3/2 mit 1.6 eV $\leq \Delta E \leq$ 1.8 eV verwendet, wobei ΔE die Differenz der oberen angeregten Niveaus von Ar und Kr bezeichnet.

Das Ergebnis in Abb. 9.33, das den gesamten Bereich von reinem Chlor bis zu reinem Bortrichlorid umfaßt, zeigt zunächst einen monotonen Abfall der Elektronentemperatur T_e mit steigendem Entladungsdruck bei allen Gaszusammensetzungen. Für Drücke oberhalb etwa 30 mTorr (4 Pa) verhalten sich beide elektronegativen Gase nahezu gleich, was sich auch in der Gleichheit von T_e in den reinen Gasen widerspiegelt. Zu niedrigeren Drücken tritt jedoch ein ausgeprägtes Maximum bei Mischungsverhältnissen zwischen 50−75 % BCl_3/Cl_2 auf, was auf Einfangreaktionen von Elektronen und von Cl^- durch die extrem starke LEWIS-Säure BCl_3 zurückgeführt wird (Bildung des tetraedrischen BCl_4^--Ions) [271] [297].

Erhöhung des Entladungsdrucks führt generell zu einer Verringerung von T_e, wobei die Zusammensetzung der Atmosphäre eher für subtile Modifikationen dieses Trends sorgt. So variiert T_e um mehr als den Faktor 2 bei Variation des Entladungsdrucks um eine Größenordung (von 1 auf 10 Pa), wobei das Maximum von T_e bei einem Molenbruch von 0,75 für BCl_3 gefunden wird.

9.5.2.5 Fehler bei der Anpassung von σ. Fehler bei der Anpassung des Streuquerschnittes, etwa durch die Notwendigkeit, verschiedene Autorenquellen verwenden zu müssen, oder unzureichende Genauigkeit der Näherungsformel,

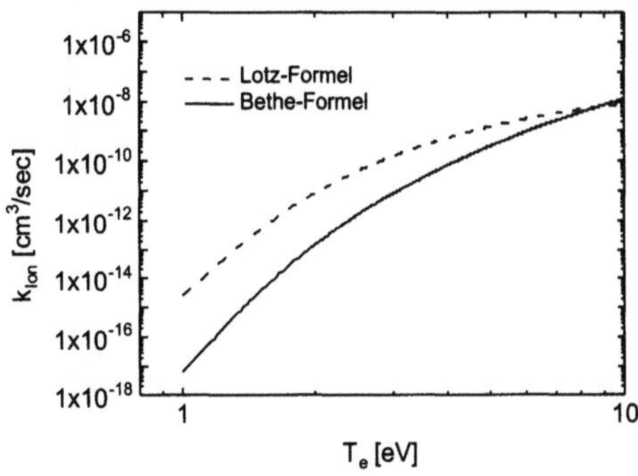

Abb. 9.34. Die berechneten Ratenkoeffizienten der ersten Ionisierung von Argon mit zwei unterschiedlichen Formeln für den Streuquerschnitt zeigen — insbesondere bei niedrigen und mittleren Elektronentemperaturen — deutliche Unterschiede.

können leicht zu Fehlern um einen geschätzten Faktor 2 für T_e führen. Dies wird in Abb. 9.34 für zwei verschiedene Näherungsformeln für den Ratenkoeffizienten der ersten Ionisierung von Argon dargestellt.
Als BETHE-Formel wird die Näherung

$$\sigma_{\text{Ion}} = C_1 \frac{\ln T_e / E_{\text{Ion}}}{T_e E_{\text{Ion}}} \tag{9.61}$$

bezeichnet, als LOTZ-Formel die den Streuquerschnitt wesentlich genauer nachzeichnende Beziehung

$$\sigma_{\text{Ion}} = C_1 \frac{\ln T_e / E_{\text{Ion}}}{T_e E_{\text{Ion}}} \left(1 - C_2 \exp\left(-C_3 \frac{T_e}{E_{\text{Ion}}} - 1\right)\right). \tag{9.62}$$

9.5.2.6 Welche $\mathcal{EEDF}$ ist richtig? MB, D oder etwas Numerisches? Bei niedrigen Plasmadichten ist es fraglich, ob eine MB-Verteilung die $\mathcal{EEDF}$ richtig beschreibt. Zum Vergleich kann man dazu die Ratenkoeffizienten zweier Linien (Ar 751.1 und Kr 758 nm) mit dem Ansatz von DRUYVESTEYN modellieren [240] [297] (Abbn. 9.35 – 9.37 mit ihren MB-Gegenstücken).

Wie aus Abb. 9.37 ersichtlich, führt die Annahme einer D-Verteilung lediglich zu einer Parallelverschiebung der berechneten Werte um etwa 2 eV, jedoch bleibt der Habitus der Kurvenverläufe erstaunlich resistent gegenüber einer doch deutlich verschiedenen Annahme. Obwohl die tatsächliche $\mathcal{EEDF}$ wahrscheinlich zwischen diesen beiden Grenzfällen liegt, und die erhaltenen Absolutwerte für T_e durchaus diskussionswürdig sind [298], wird ihre funktionale Abhängigkeit gut beschrieben.

9.5.2.7 Abhängigkeit von der RF-Leistung. Nach dem in Abschn. 2.5 vorgestellten einfachen Modell sollte T_e unabhängig von der eingekoppelten Leistung sein. Dies wird im Großen und Ganzen auch beobachtet. Abweichungen von diesem Verhalten, insbesondere in BCl_3, könnten wiederum auf chemische Effekte zurückzuführen sein (Einfangreaktionen von Elektronen).

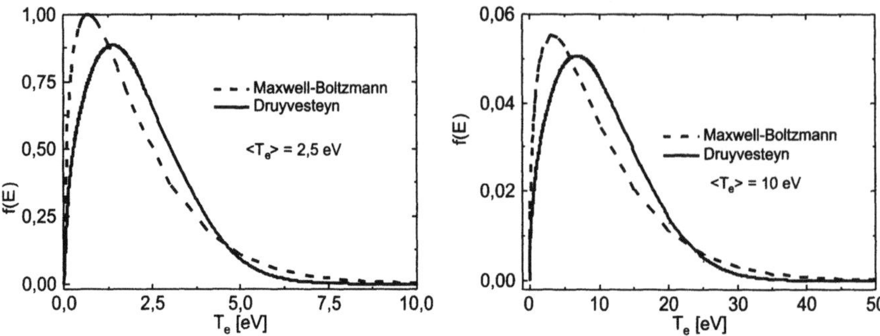

Abb. 9.35. Die beiden analytischen Ausdrücke für die $\mathcal{EEDF}$: MAXWELL-BOLTZMANN oder DRYVESTEYN, unterscheiden sich vor allem im für die Anregung optischer Niveaus hohen Energiebereich. Zu hohen Energien fällt $f(E)$ in jenem Fall langsamer ab als in diesem. Man beachte auch den unterschiedlichen Maßstab.

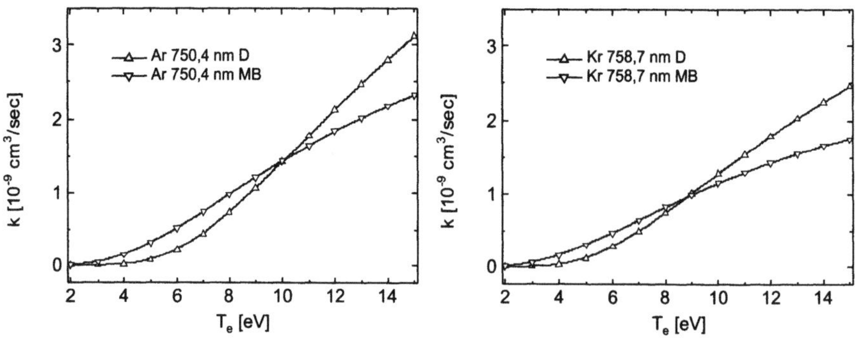

Abb. 9.36. Die nach Gl. (14.20) berechneten Ratenkoeffizienten für zwei Linien, die für OES häufig verwendet werden, weisen im wichtigen Energiebereich bis 6 eV den systematischen Unterschied einer deutlich höheren Elektronentemperatur bei Annahme einer DRYVESTEYN-Verteilung auf — etwa $^1/_2$ eV, was durch den niederigeren Besetzungsgrad im hochenergetischen Schwanz der Verteilung bedingt ist.

9.5.3 Grenzen der Anwendbarkeit des Korona-Modells

- Das Verhältnis der Ratenkoeffizienten ist nicht konstant;
- die Konzentration der Eichkomponente ist nicht konstant;
- es gibt verschiedene — strahlungslose — Möglichkeiten der Relaxation;

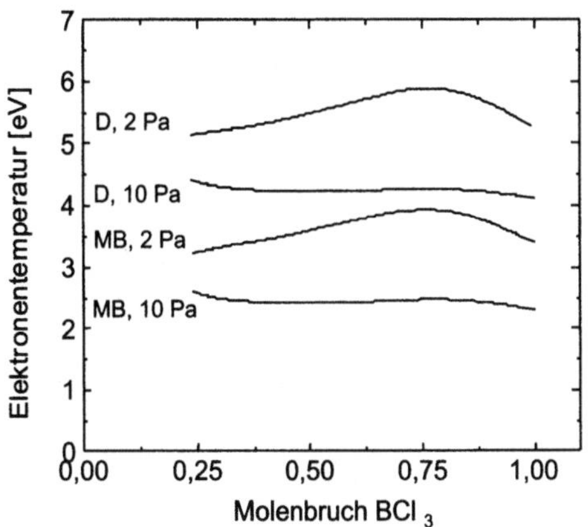

Abb. 9.37. Die unterschiedlich berechneten Elektronentemperaturen in BCl_3/Cl_2-Gemischen (eingekoppelte RF-Leistung: 75 W) zeigen innerhalb der Fehlergrenzen — bis auf einen konstanten Achsenabschnitt — selbstkonsistent denselben Habitus [297].

- es gibt verschiedene Reaktionswege der Anregung bei molekularen Gasen.
- Wenn der Streuquerschnitt für elektronische Anregung für das Eichgas deutlich von dem des Ätzgases verschieden ist, können Änderungen der $\mathcal{EEDF}$ das Verhältnis $k_\mathrm{A}/k_\mathrm{Ar}$ stark beeinflussen.
- Strahlungslose Relaxationsmechanismen beeinflussen beide Komponenten, werden also meist nur einen geringen Einfluss haben; dagegen sind oft verschiedene Mechanismen der Anregung der Ätzgaskomponente denkbar [299]. So kann in Chlor-Plasmen atomares Chlor auf mehreren Wegen erzeugt werden; die Hauptmechanismen sind Elektronenstoßdissoziation und Elektroneneinfang:

$$\mathrm{Cl_2 + e^- \longrightarrow 2\,Cl + e^-}, \tag{9.63}$$

$$\mathrm{Cl_2 + e^- \longrightarrow Cl + Cl^-}, \tag{9.64}$$

Für beide Reaktionen ist der Streuquerschnitt etwa $10^{-16}\mathrm{cm}^2$ [62]. Die Anregung der Chloratome erfolgt ebenfalls durch Elektronenstoß:

$$\mathrm{Cl + e^- \longrightarrow Cl^* + e^-} \tag{9.65}$$

mit einem Streuquerschnitt von etwa $10^{-17}\mathrm{cm}^2$ [300]. Nimmt man jetzt ein Verhältnis von $[\mathrm{Cl}]/[\mathrm{Cl_2}]$ von 0,1 an — den größten mit IR-Methoden ermittelten Wert —, dann ist also die Bildungsgeschwindigkeit des Cl durch Dissoziation und Elektroneneinfang etwa zwei Größenordnungen höher als die Anregungsrate des Cl. Sind die durch die beiden ersten

Reaktionen gebildeten Cl-Radikale zu einem bedeutenden Anteil in angeregten Zuständen, beschreibt folglich die Intensität der Cl-Linie eher die Bildungsrate als die Konzentration des Cl:

$$\frac{\mathrm{d[Cl]}}{\mathrm{d}t} = (k_\mathrm{D} + k_\mathrm{A})[\mathrm{Cl_2}][\mathrm{e^-}], \tag{9.66}$$

wobei sich das atomare Chlor in verschiedenen elektronischen Zuständen befindet.

9.6 Zusammenfassung

- LANGMUIR-Sonde
  - *Vorteil:* Aufnahme sehr wichtiger Plasmakenngrößen, ortsaufgelöst, Bestimmung des Plasmapotentials V_P. Aufnahme der Elektronentemperatur bei niedrigen Energien.
  - *Nachteil:* Schwieriger Einsatz in Produktionsreaktoren, sehr empfindliche Meß-Spitze, fängt das Rauschen auf, was die Auswertung sehr erschwert. Erdungsprobleme.
- Advanced Actinometry
  - *Vorteil:* Nicht-invasiv, einfach anzuwenden, kann in Wafer-Fab-Reaktoren eingesetzt werden, nicht ortsaufgelöst. Im Gegensatz zu LANGMUIR-Sondenmessungen, mit denen die $\mathcal{EEDF}$ im Elektronen-Bulk gemessen wird, und die für die Energiedissipation wichtig ist, wird hier die Temperatur im Schwanz der Verteilung bestimmt, die entscheidend für die Unterhaltung des Plasmas ist.
  - *Nachteil:* Sehr schwierige Auswerteprozedur, die viel voraussetzt. Nur ein Plasmaparameter wird ermittelt: die Elektronentemperatur bei hohen Energien.
- SEERS-Sensor
  - *Vorteil:* Durch geschicktes Ausnutzen gerade des elektrischen „Noise“ keine Probleme in Hochfrequenzentladungen. Einfache Anwendung. $\Rightarrow$ Anwendung im Wafer-Fab-Maßstab, sehr robust.
  - *Nachteil:* Keine ortsaufgelöste Messung, kein Wert für T_e.
    - Elektron. Plasmadichte: sehr gute Übereinstimmung zwischen SEERS und LANGMUIR.
    - Stoßfrequenz: Sie scheint *das* Kriterium der Reproduzierbarkeit eines Prozesses zu sein. Zur genaueren theoretischen Erfassung ist die Kenntnis der Energieabhängigkeit des Streuquerschnitts bei sehr niedrigen Energien erforderlich.

- Z-Sensor
  - Vorteil: Direkte Ermittlung komplexer elektrischer Größen.
  - Nachteil: Es wird vorausgesetzt, daß die Kammerkapazität klein gegen die Kapazität der Entladung ist.

10 Sputtern

Es ist ein bekanntes Phänomen, daß nach einer gewissen Zeit sich die Wände einer Gasentladungsröhre mit dem Kathodenmaterial bedecken. Dieser Belag wird irgendwann milchig; am dicksten ist die Schicht an der Kathode, die selbst deutlich kleiner wird. Dieses wurde erstmals von GROVE im Jahr 1852 beobachtet [1] und bereits 1877 von WRIGHT zur Spiegelbeschichtung benutzt [301]. In den dreißiger Jahren des 20. Jahrhunderts führte es Western Electric in der Schallplattenherstellung zur Metallisierung der Wachsmatrizen ein [302]. Dieser Effekt heißt heute „Sputtern" und wird durch Ionen verursacht, die Atome durch Stoß aus der Kathode, dem Target, herausschlagen. Obwohl STARK in zwei Artikeln Sputtern bereits als einen derartigen Impulsaustausch beschrieb [303] [304], wurde lange Zeit an der Theorie festgehalten, daß Sputtern irgendetwas mit Verdampfen zu tun habe. Diese Meinung wurde hauptsächlich mit einer Arbeit von SEELIGER und SOMMERMEYER begründet, die eine Cosinus-Verteilung des gesputterten Materials beobachteten, wie sie für Verdampfungsprozesse typisch ist [305]. Nicht im Einklang mit einem Sublimationsprozeß war dagegen ein Versuch WEHNERS [306], der mit Hg^+-Ionen von einem Wolfram-Einkristall Material abstäubte und einen bevorzugten Abtrag in bestimmten kristallographischen Richtungen beobachtete, wobei bei niedrigen Energien deutlich weniger Material normal zur Oberfläche emittiert wurde, als nach einem Cosinus-Gesetz erwartet wurde, das erst bei höheren Energien erreicht wurde [307]. Damit stand fest, daß Sputtern das Ergebnis eines Impulstransfers sein muß.

Dieses Prinzip kann zur Schichtherstellung, Schichtformgebung und Substratreinigung verwendet werden. Nach dem Aufbau unterscheidet man zwischen Dioden- und Triodensystemen — beide können magnetfeldunterstützt sein —, nach der Targetspannung zwischen dem DC- und RF-Verfahren. Spezielle Methoden sind das Bias-, Reaktiv- und Cosputtern. Diesen Verfahren ist gemein, daß sich das Target im glühenden Plasma befindet. Als Alternative dazu gibt es noch das Ionenstrahlbeschichten (s. a. Kap. 8).

In Abschn. 5.1 wurde beschrieben, daß eine isolierende Elektrode in einer DC-Entladung sich auf der Plasmaseite nur schwach negativ auflädt, und demzufolge eine signifikante Beschleunigung von Ionen auf diese Elektrode nicht stattfindet. Um Isolatoren abzustäuben, ist es deswegen erforderlich, eine RF-Entladung zu benützen, was in der gleichen Anlage erfolgen kann. Für eine maximale Leistungseinkopplung sollte jedoch jenseits von etwa 1 MHz unbedingt ein

Abgleichsnetzwerk („Matching Network“) vorhanden sein (s. Abschn. 5.4). Der Aufbau eines negativen DC-Potentials an der Elektrode führt bei einer RF-Entladung zu einer Separation der Funktionen der Plasmaerhaltung und des Sputterns: der Ionenvorrat wird durch das Wechselfeld erzeugt und das Sputtern durch das entstehende „Self-Bias“. Da der Mechanismus der Ionenerzeugung wesentlich effektiver als im DC-Fall ist, sind die Sputterraten deutlich erhöht, was das Ende der nicht-magnetfeldunterstützten DC-Sputteranlagen bedeutete, die in Produktionslinien aus Kostengründen zur Metallbeschichtung eingesetzt werden.

In Abb. 10.1 ist ein Sputtersystem mit den wichtigsten Meßeinrichtungen schematisch dargestellt. Der wichtigste Teil des Reaktors ist das Target (Abbn. 10.2 und 10.3).

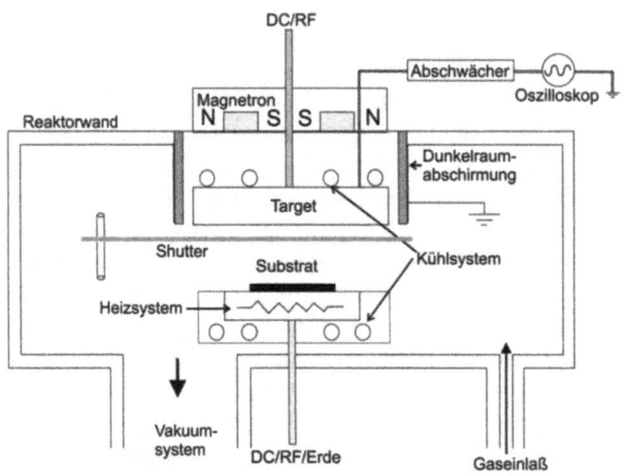

Abb. 10.1. Schematische Darstellung einer Sputteranlage mit Magnetron (nach [308]).

Auf einer Kathodenplatte, in der ein Kühlsystem integriert ist, wird das Targetmaterial im einfachsten Falle mit elektrisch leitendem Klebstoff befestigt; bei höherer Sputterleistung wird es „gebondet“, worunter man ein flächenhaftes Löten versteht. Je nach Anwendung ist eine unterschiedliche Reinheit des Targets ausreichend oder erforderlich. Höchste Reinheit wird in der Halbleiter-Industrie verlangt; Restverunreinigungen selbst im ppm-Bereich können bereits deutliche Verschlechterungen der Ausbeute und Langzeitstabilität bedingen. Während es relativ einfach ist, hochreine Metalle und Legierungen herzustellen, kann dies bei nicht mischbaren, hochschmelzenden und leicht sublimierbaren Stoffen ein erhebliches Problem sein. Hier werden meist die Methoden der Pulvermetallurgie eingesetzt, wobei die Ausgangsmaterialien sorgfältig gemischt und anschließend unter hohem Druck und hoher Temperatur verdichtet werden (isostatisches Pressen oder Kaltverdichtung mit anschließender Sinterung).

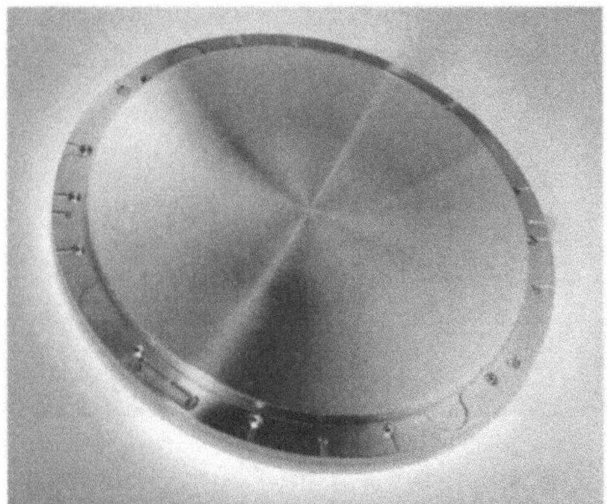

Abb. 10.2. Ein Aluminium-Target mit einem Durchmesser von 400 mm © Unaxis, 2002.

Für das Aufbringen von „Coatings" (Schutzschichten) ist dagegen eine geringere Reinheit des Materials ausreichend, wenn diese nur zum Schutz der darunterliegenden Schichten dienen (z. B. Beschichtung von Compact Discs mit Aluminium) oder es um dekorative Zwecke geht (Beschichtung von Plastikstoffen mit Metallen z. B. beim Bau von Straßenfahrzeugen (Kühlergrills etc.), was früher durch eine naßchemische Behandlung des Kunststoffes — meist Acrylnitril/Butadien/Styrol-Copolymerisat (ABS), mit Chromschwefelsäure zur Oberflächenaufrauhung und Erhöhung der elektrischen Leitfähigkeit und anschließende Galvanisierung — erreicht wurde, ein die Umwelt erheblich belastender Prozeß).

Sollen dagegen optische Oberflächen vergütet werden, um einen bestimmten Brechungsindex zur Entspiegelung zu erreichen, sind die Anforderungen an das Targetmaterial und den Prozeß schon deutlich höher.

Das Target selbst ist von der Dunkelfeldabschirmung umgeben. Dadurch wird allein das Target beschossen, wenn der Abstand dieses Schildes vom Target kleiner als die Dicke des Dunkelraums ist. Da dessen Dicke mit steigendem Druck abnimmt, ist dieser Abstand eine obere Grenze für den nutzbaren Druckbereich des Systems. Auch mit steigender Frequenz nimmt die Dunkelraumdicke ab, so daß RF-Systeme eng anliegende Abschirmungen benötigen. Insgesamt ist dies ein typisches Optimierungsproblem, da bei sehr engen Spaltbreiten hineingefallene Partikeln, die Überschläge (sog. „Arcing") verursachen, kaum entfernt werden können. Zudem entsteht eine parasitäre Kapazität, die zu erhöhter Blindleistung führt. „Shutters", die sich unterhalb des Targets befinden, werden benötigt, um eine Kontamination des Systems während des sog. „Vorsputterns" zu vermeiden. Hierbei werden die obersten Atomlagen des Targets abgestäubt, und das Target gereinigt. Es muß dabei allerdings beachtet werden, daß der Arbeitsdruckbereich beim Sputtern so hoch ist, daß die abgestäubten Atome

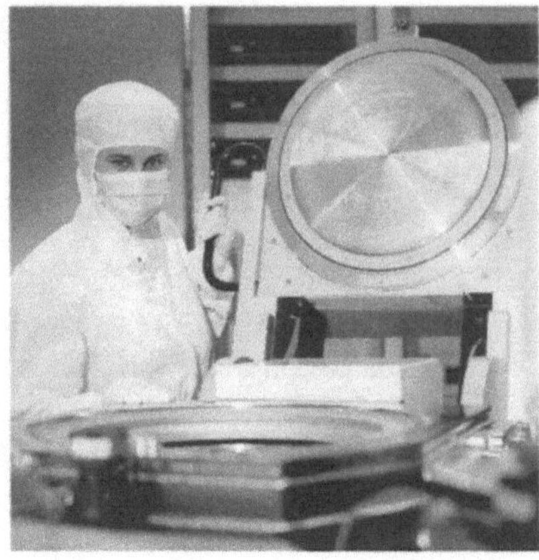
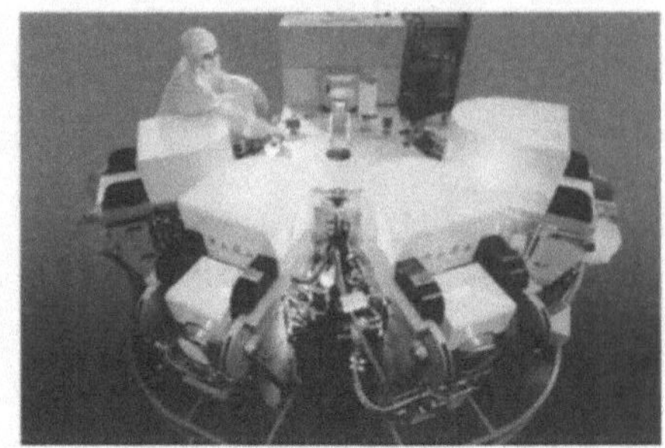

Abb. 10.3. Das Aluminium-Target während des Einbaus in eine Anlage, schließlich die vollständige Anlage, ein sog. „Cluster Tool" [309] © Unaxis, 2002.

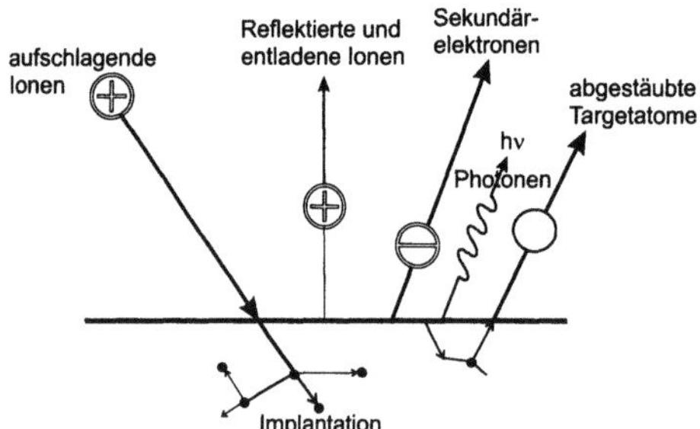

Abb. 10.4. Schematische Darstellung der Wechselwirkung von Ionen mit der Oberfläche eines Targets (nach [310]).

zahlreiche Zusammenstöße mit den Ar-Atomen erleiden können; deswegen wird ein wesentlicher Anteil den Shutter-Bereich verlassen (Unterschied z. B. zu den Shutters, die beim Elektronenstrahl-Verdampfen eingesetzt werden). Die Wechselwirkungen der Ionen mit der Oberfläche sind modellhaft in Abb. 10.4 dargestellt.

Man beobachtet

- Reflexion der Ionen;
- Sekundärelektronenerzeugung;
- Implantation der Ionen;
- Erzeugung von Strahlenschäden;
- Gitterdefekte;

- Änderungen der Stöchiometrie;
- Sputtern: Erzeugung einer Stoßkaskade, wobei es reiner Zufall ist, ob der letzte Stoß ein Atom im Targetinnern oder an der Oberfläche trifft.

Nur in letzterem Fall tritt eine Emission auf — geschätzte Wirkungsgrade liegen zwischen 5 und 25 % [311] —, das bedeutet eine enorme Aufheizung der Targets, der mit intensiver Kühlung begegnet werden muß.

Obwohl man dadurch ein Schmelzen des Targets verhindern kann, laufen doch an der Oberfläche eines Targets Rekristallisationsreaktionen ab, die u. a. zu einer Aufrauhung derselben führen und eine Veränderung der SE-Ausbeute zur Folge haben. (Als praktische Konsequenz hieraus ergibt sich, daß ein Target zunächst „eingefahren" werden muß, um einen stationären Zustand zu erreichen.)

10.1 Kinetik

Die Theorie des Sputterns wurde wesentlich von Sigmund [312], Thompson [313] sowie Brandt und Laubert [314] begründet. In diesen Arbeiten sind auch die wesentlichen Ableitungen ausführlich dargestellt. Gute Fortschrittsberichte sind etwa die Aufsätze von Winters [315] und Tsong und Barber [316]. Computersimulationen der Ionen-Festkörper-Wechselwirkung wurden umfassend von Eckstein durchgeführt [317]. Im folgenden soll lediglich mit Proportionalitäten gearbeitet werden, da eine genauere Analyse ohne detaillierte Festkörperphysik unmöglich ist.

Gleichgültig, wie die Theorien im einzelnen aussehen, müssen sie folgende Fragen beantworten:

- Wie wird die Energie vom aufschlagenden Ion auf die Targetatome weitergeleitet (Wechselwirkungspotentiale, Streuquerschnitte)?
- Wieviel Energie verbleibt im oberflächennahen Bereich?
- Wieviel Atome erhalten genügend Energie, um den Festkörper in die Gasphase verlassen zu können?

Ausgehend von der Vermutung, daß die Zahl der aus einer mehr oder weniger gut definierten Oberflächenschicht emittierten Atome oder Molekülfragmente (Molekeln) proportional der Zahl der Molekeln in der Schicht ist, die einen Rückstoß erfahren, werden zunächst drei Bereiche unterschieden [318]:

1. im *Single-Knock*-Regime (eV bis einige 100 eV) ist deren Zahl proportional dem Stoßquerschnitt;
2. im *Bereich der linearen Kaskade* (keV-Bereich) der Energie, die in der Oberfläche verteilt wird, und

3. im *Spike-Regime* (MeV-Bereich) schließlich der Energie, die im Volumen verteilt wird.

Im ersten Bereich haben die zurückgestoßenen Molekeln zwar genügend Energie, um abgestäubt zu werden, aber zu wenig, um eine Stoßkaskade zu generieren, die im zweiten Bereich beobachtet wird: es dominieren *Knock-on*-Stöße, Stöße zwischen sich bewegenden Atomen sind jedoch selten. Im dritten Bereich schließlich sind die meisten Molekeln des Volumenelementes in Bewegung.

Die Wechselwirkung zwischen Atomen wird mit zwischenatomaren Potentialfunktionen beschrieben, die die weitreichende Mehrteilchen-Wechselwirkung näherungsweise durch verschiedene Summationen der Paar-Wechselwirkung mit sog. „Korrelationsfunktionen" zu erfassen suchen [319]. Für das Sputtern ist dagegen in erster Näherung nur die serielle Paar-Wechselwirkung zu berücksichtigen (sog. „Binäre Stoß-Approximation"), wobei die Atome zunächst als harte Kugeln angenähert werden (sog. „atomares Billard"), was bereits erklärt, daß der erste Stoß i. a. nicht zu einer Emission einer Partikel führen kann, da diese einen Impuls von der Oberfläche weg erfährt. Es hat sich sogar im Gegenteil herausgestellt, daß es nicht unbedingt notwendig ist, die exakten Wechselwirkungspotentiale einzusetzen, um gute Übereinstimmung zu Sputterausbeuten zu erreichen, was offenbar auf die wegen der zahlreichen Stöße etwas „verwaschenen" Potentiale zurückzuführen ist. Deswegen wird meist mit dem THOMAS-FERMI-Potential oder dem BORNschen Potential gearbeitet, wobei dieses bei niedrigen Ionenenergien bessere Resultate liefert.

In der binären Stoßapproximation gehorcht der Energietransfer den Impulsgesetzen:

$$T = 4\frac{m_\mathrm{i} \cdot m_\mathrm{t}}{m_\mathrm{i} + m_\mathrm{t}} E_\mathrm{kin} \cos^2 \vartheta = \gamma E_\mathrm{kin} \cos^2 \vartheta = T_\mathrm{m} \cos^2 \vartheta. \tag{10.1}$$

Tatsächlich erleiden die Projektilionen elastische Stöße an den abgeschirmten Kernen.[1] Dafür beträgt der differentielle Streuquerschnitt in der THOMAS-FERMI-Näherung

$$\mathrm{d}\sigma = C E_\mathrm{kin}^{-\beta} T^{-1-\beta} \mathrm{d}T \tag{10.2}$$

mit T der Energie des rückgestoßenen Atoms, $T_\mathrm{m} = \gamma E_\mathrm{kin} = 4(m_\mathrm{i} \cdot m_\mathrm{t})/(m_\mathrm{i} + m_\mathrm{t}) E_\mathrm{kin}$, dem Energietransfer-Koeffizienten, β einer Zahl zwischen Null und Eins ($\beta = 1$: RUTHERFORD-Streuung, $\beta = 1/2$: keV-Bereich, $\beta = 1/3$: Bereich < 1 keV), m_i und m_t den Massen eines abstäubenden Atoms bzw. eines Targetatoms, E_kin der kinetischen Energie von m_i, ϑ dem Streuwinkel, $\mathrm{d}\sigma$ dem differentiellen Streuquerschnitt. In C wiederum ist der Einfluß des zwischenatomaren Potentials enthalten. Für das BORNsche Potential

$$U(R) = A\mathrm{e}^{-BR} \tag{10.3}$$

[1] Wechselwirkungen mit der Elektronenhülle der Gitteratome können im Bereich unter 10 kV vernachlässigt werden.

mit A und B Konstanten und dem Abschirmradius a = 0,022 nm, der von ANDERSON und SIGMUND für eine BORNsche Wechselwirkung vorgeschlagen wurde, wird

$$C = 12\pi a^2 = 1,8064\,\text{Å}^2. \tag{10.4}$$

Für einen optimalen Energietransfer sollten also die Atommassen des Targets und der abstäubenden Atome möglichst gleich groß sein. Dieser Transfer bestimmt mit die Ausbeute S, d. h. das Verhältnis der Zahl der abgestäubten Atome zu der der auftreffenden Ionen. S ist außerdem davon abhängig, daß kinetische Energie E_{kin} vor allem in der Oberfläche des Targets abgegeben wird, da nur diese Atome abgestäubt werden können; diese Größe hängt entscheidend von der mittleren Ordnungszahl des Targets ab, wird als nukleares Bremsvermögen $s_{\text{n}}(E)$ bezeichnet und ist definiert durch

$$s_{\text{n}}(E) = \int_0^{T_{\text{m}}} T\text{d}\sigma, \tag{10.5}$$

was für Ionenenergien bis etwa 1 keV in guter Näherung ($\beta \approx 0$: BORNsches Potential, es besteht jedoch nahezu keine numerische Differenz für $\beta = {}^1\!/_3$)

$$s_{\text{n}}(E) = C\gamma \cdot E_{\text{kin}} \tag{10.6}$$

ergibt. Weiter ist S proportional der Teilchenzahldichte n sowie umgekehrt proportional der Oberflächenenergie U_0 des Systems, so daß für S schließlich folgt:

$$S = \frac{\alpha n C\gamma}{U_0} \cdot E_{\text{kin}}, \tag{10.7}$$

womit die Sputterausbeute linear von der kinetischen Energie der Projektile abhängt. Der Wert für $s(E)$ wurde der Gl. (10.6) entnommen, und α ist eine monoton steigende, dimensionslose Funktion, die wesentlich von den Massenverhältnissen und vom Einfallswinkel abhängt (Abb. 10.5); sie sollte nach SIGMUND ziemlich unabhängig von der kinetischen Energie der auftreffenden Atome und proportional $1/(\cos\alpha)^a$ sein, wobei die Winkelabweichung von der Normalen berücksichtigt wird und a ein anpaßbarer Parameter ist, der von dem Atommassenverhältnis $m_{\text{t}}/m_{\text{i}}$ abhängt [312]. α steigt mit zunehmendem Atommassenverhältnis $m_{\text{t}}/m_{\text{i}}$ an; dies beschreibt die relative Zunahme der Kleinwinkelstreuung bei zunehmender Masse der Projektilionen. Umgekehrt bedeutet dies, daß bei gleichem $s_{\text{n}}(E)$ leichte Ionen eine höhere Sputterausbeute aufweisen als schwere. Die Winkelabhängigkeit von α steigt ebenfalls monoton mit dem Inzidenzwinkel der Ionen an, da deren kinetische Energie (außer bei streifendem Einfall) dann stärker in Oberflächennähe dissipiert wird. Für ein BORNsches Potential wird α unabhängig von der Ionenenergie und ist nur eine Funktion des Einfallswinkels und wiederum des Verhältnisses $m_{\text{t}}/m_{\text{i}}$.

Die Energieabhängigkeit der Sputterrate wird damit wesentlich bestimmt durch das nukleare Bremsvermögen. Für eine Vielzahl von Target- und Ionenkombinationen wurden Gl. (10.7) und verwandte, kompliziertere Funktionen (in

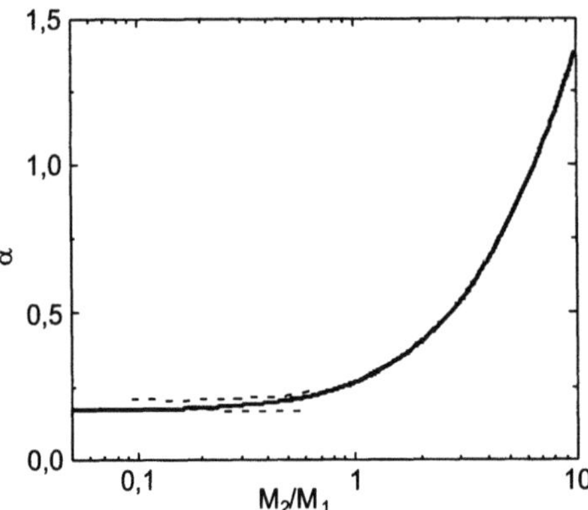

Abb. 10.5. Darstellung von α als Funktion des Massenverhältnisses m_t/m_i für $1/3 < \beta < 1/2$ [312] (© The American Physical Society).

denen vor allem das nukleare Bremsvermögen genauer parametrisiert und die Energietransferfunktion modifiziert wird), deren einfachste Näherung Gl. (10.7) ist, zur Ausbeutebestimmung eingesetzt. Die Übereinstimmung ist bemerkenswert, vor allem wegen des Fehlens der sonst üblichen Anpaßparameter.

Besonders gut stimmt die SIGMUNDsche Theorie bei schweren Ionen (Xe, Kr) mit dem Experiment überein (Abbn. 10.6 und 10.7). Um ein Abstäuben zu ermöglichen, muß offenbar ein Schwellenwert relativ niedriger Energie überschritten werden. Es erfolgt dann ein steiler Anstieg bis hin zu einem Maximum

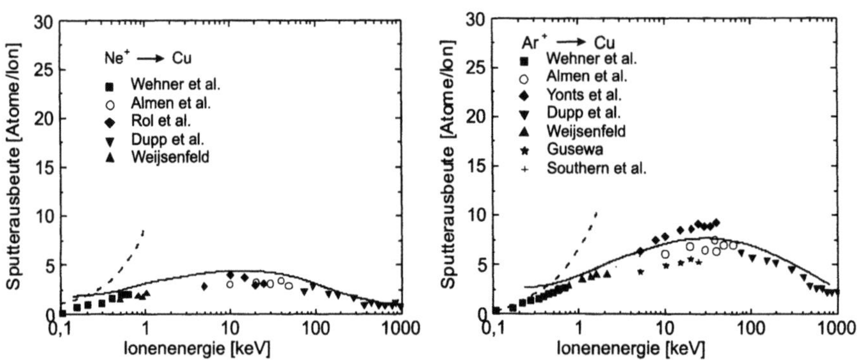

Abb. 10.6. Vergleich der SIGMUNDschen Theorie mit experimentellen Daten (strichliert: vereinfachte, durchgezogen: exakte Theorie) für Neon (lks.) und Argon (re.) [312] (© The American Physical Society).

der Ausbeute (Ätzrate gegen eingekoppelte RF-Leistung), dessen energetische Lage offenbar umso höher ist, je schwerer das abstäubende Ion ist.

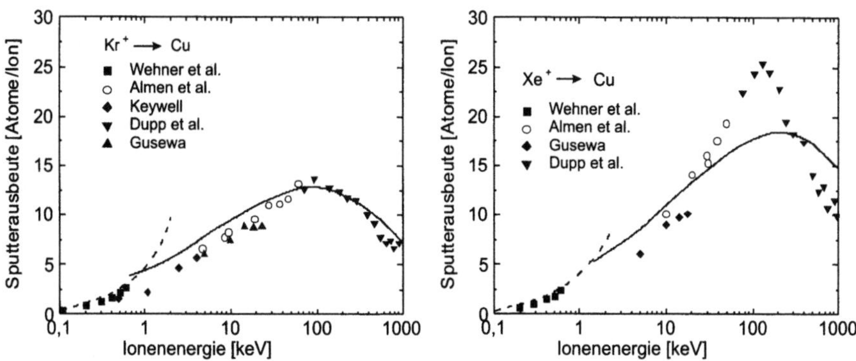

Abb. 10.7. Vergleich der SIGMUNDschen Theorie mit experimentellen Daten (strichliert: vereinfachte, durchgezogen: exakte Theorie) für Krypton (lks.) und Xenon (re.) [312] (© The American Physical Society).

Oberhalb einer bestimmten kinetischen Energie (im Bereich einiger 10 kV) nimmt die Stoßausbeute nicht mehr weiter zu; jenseits von ungefähr 40 keV fällt S dann für die leichten Gase bereits ab, da hier andere Mechanismen (Implantation) überwiegen [320] (Abb. 10.8, in der die Sputterausbeute S von Kupfer (Atomgewicht 63,55) gegen die Ionenenergie verschiedener Arbeitsgase aufgetragen ist).

Daß die Energietransferfunktion in exakteren Theorien modifiziert werden muß, ist aus dieser Abbildung ebenfalls ersichtlich. S weist nämlich für Kr (Atomgewicht 83,80) keineswegs ein Maximum auf; vielmehr deutet die noch höhere Ausbeute für Xe (Atomgewicht 131,3) auf die oben erwähnten Stoßkaskaden hin.

Fortgeschrittene Verfahren bedienen sich der Monte-Carlo-Methode zur Simulation der Abbremsung und Streuung energiereicher Ionen in verschiedenen Substraten, die realitätsnah als völlig amorph angenommen werden, so daß das Bremsvermögen von der mittleren Ordnungszahl und der Anfangsdichte (und damit der mittlere atomare Abstand) bestimmt wird [321] [322]. Der Abstand, der hineingeschossenes Projektilion und Targetatom trennt, wird mit dem Zufallsgenerator bestimmt, damit die Übertragung von kinetischer Energie an dieses Atom und die Trajektorie des Ions nach dem Stoß berechnet, zusätzlich für den Fall einer Bewegung des Targetatoms auch dessen Trajektorie; es sind also in diesem Falle die unabhängigen Bewegungen zunächst zweier Teilchen zu betrachten ..., bis alle Teilchen zur Ruhe gekommen sind. Im Ergebnis erhält man Werte für den Sputterkoeffizienten, also das Verhältnis der abgestäubten Atome zum auftreffenden Ion und eine relativ differenzierte Aussage über das verursachte Damage, wird doch zwischen den erzeugten Fehlstellen durch Abstäuben (also vollständigem Verlust) und durch *Knock-on*-Stöße induziertes Verlassen

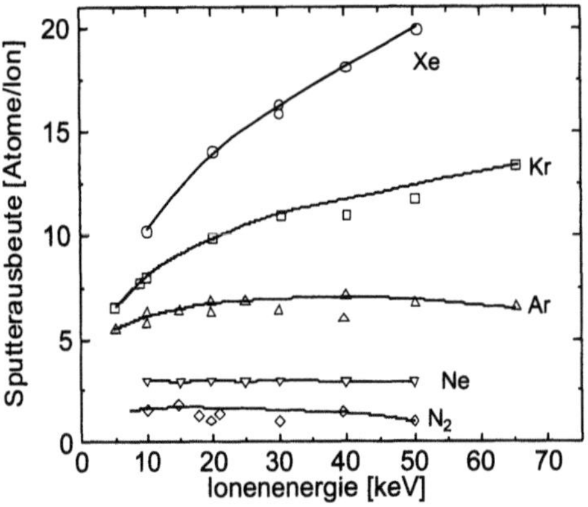

Abb. 10.8. Sputterausbeute von Kupfer als Funktion der Ionenenergie der Edelgase [320] (© Elsevier Science Publishers B.V.).

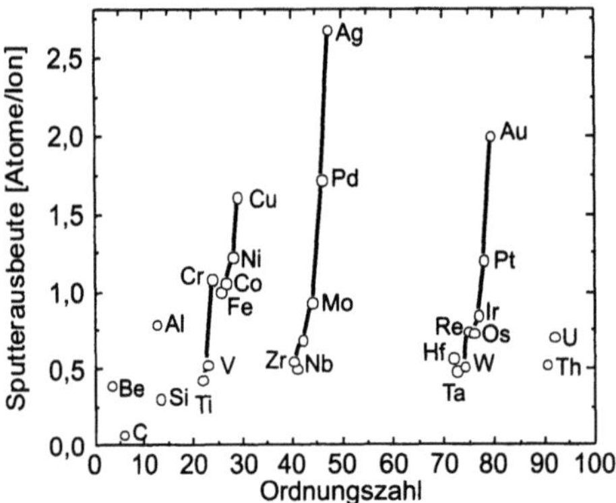

Abb. 10.9. Periodische Abhängigkeiten der Sputterausbeute bei festgehaltener Ionenenergie (Ar^+, 400 eV) [324] (© The American Institute of Physics).

der gegenwärtigen Position unterschieden; außerdem wird die Tiefenverteilung der Projektilionen bestimmt.

10.1.1 Energieverteilung der abgestäubten Atome

Die Sputterausbeute ist ein sehr wichtiges Charakteristikum des Sputterprozesses. Läßt man alle Parameter gleich und ändert nur das Targetmaterial, findet man eine periodische Abhängigkeit, in die Verdampfungswärmen, Energietransfer etc. eingehen, und die zum großen Teil von der vereinfachten SIGMUNDschen Theorie nicht erfaßt werden können (Abb. 10.9). Keinen Einfluß auf die Sputterausbeute haben dagegen der Aggregatzustand [323] und die Temperatur des Targets, vorausgesetzt, die Targettemperatur steigt nicht über einen Wert, bei dem die Dampfdrücke des Targetmaterials bedeutend werden [325].

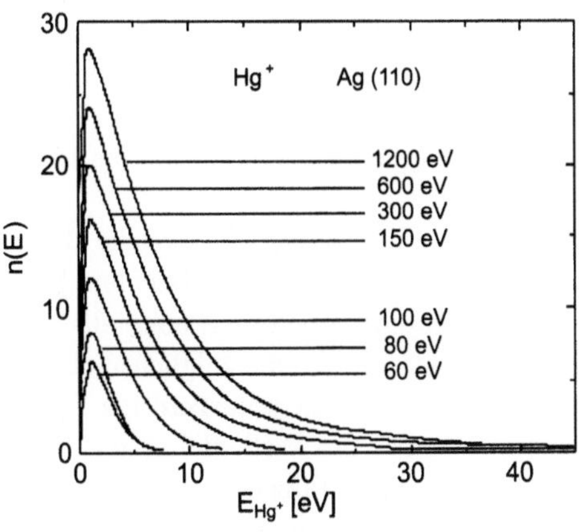

Abb. 10.10. Energieverteilungen von Atomen, die in [110]-Richtung von der (110)-Oberfläche eines Silber-Einkristalls durch senkrecht einfallende Quecksilber-Ionen abgestäubt wurden [326] (© The American Institute of Physics).

Eine Aussage über die Sputterausbeute muß zunächst die Energieverteilung der auftreffenden Ionen berücksichtigen. Diese ist nun keineswegs monochromatisch, wie in verschiedenen Modellrechnungen angenommen. Im Gegenteil, wie die bereits in Abschn. 6.5 zitierten Rechnungen zeigen, ist die (gemessene) Dicke der Randschicht ein Mehrfaches des *MFP,* was sicher die Ionisierung in der Randschicht erhöht, aber — selbst bei ausschließlich elastischen Stößen — zu einer breiteren Geschwindigkeitsverteilung führt (bei der Ableitung der MB-Verteilung betrachtet man ebenfalls nur elastische Stöße). Zusätzlich muß der resonante Charge-Transfer Berücksichtigung finden (s. Abschn. 3.3).[2] Das bedeutet aber für das Energiespektrum der abgestäubten Atome, daß es eine scharfe Spitze bei etwa der halben Bindungsenergie der Oberflächenatome — also bei nur einigen eV — aufweist und mit einer Abhängigkeit $(1/E_{\text{kin}}^2)$ *allmählich gegen höhere Energien abfällt, die allerdings 50 eV kaum erreichen* (nachgewiesen von STUART et al. durch eine „Time-of-Flight"-Methode, bei der 1 μsec-Impulse auf ein Target gegeben werden, so daß die Atome als Paket abgestäubt wurden [326]. Sie wurden dann durch Plasmaelektronen zu UV/VIS-Übergängen angeregt; die Detektorstelle war einige cm hinter der Kathode.). Es ergab sich eine Verteilung in Abb. 10.10. Diese Messungen decken sich sehr gut mit Rechnungen, die nach der Trajektorien-Methode von HARRISON [327] für ein BORN-MAYER-Paarpotential [328] durchgeführt wurden. WESTWOOD zeigte, daß bereits nach wenigen *MFPs* die Energie durch Stöße dissipiert ist, d. h.: nahezu alle abgestäubten Atome sind thermalisiert, nachdem sie eine Wegstrecke von nur wenigen mittleren freien Weglängen zurückgelegt haben [329].

[2] Der Charge-Transfer verbreitert ja die Geschwindigkeitsverteilung und führt insbesondere zu einem erheblichen Anteil von Neutralteilchen hoher kinetischer Energie, die ebenfalls abstäubend wirken.

Selbst Atome der Massenzahl > 200 brauchen nur etwa 10 *MFPs* zur Thermalisierung. Da das *MFP* von der Teilchenzahldichte abhängt, kann man sagen, daß *Sputterprozesse oberhalb ca. 1 Pa diffusionskontrolliert* sind. Das *MFP* beträgt dann bis zur Thermalisierung bei einer kinetischen Energie von 15 eV und 4 Pa deutlich weniger als 1 cm, was meist erheblich weniger als die Dicke der Randschicht an der RF-Elektrode ist.

Dies wird auch aus den Randprofilen von Filmen deutlich, welche durch Masken aufgestäubt wurden, die sich in unterschiedlicher Höhe über dem Substrat befanden [330]. Verschmierungen an den Rändern beweisen ebenfalls, daß der Transport diffusionskontrolliert ist [329].[3] Da die Atome folglich nicht als gerichteter Strahl auf das Substrat treffen, werden selbst scharfkantige Strukturen gut überformt. Dies ist von Vorteil, soll etwa ein Wellenleiter nicht nur auf dem Dach, sondern auch an den Seitenflanken metallisiert werden, macht jedoch sog. *Lift-Off-Prozesse* unmöglich, bei denen auf eine inverse Leiterbahn-Struktur aus Photolack (PR) eine Metallschicht, z. B. durch Elektronenstrahlverdampfen, aufgebracht wird. Wegen der normal zur Oberfläche auftreffenden Atome werden die Seitenflanken des PR nahezu nicht belegt, der dann leicht durch Aceton abgelöst werden kann, wobei das auf dem PR befindliche Metall weggeschwemmt wird.

10.1.2 Filmbildung

Die Theorie der Filmbildung wurde wesentlich von PASHLEY durch elektronenmikroskopische Untersuchungen begründet [332] [333], s. z. B. [334], und von THORNTON [335] auf Sputterprozesse ausgedehnt. Man unterscheidet fünf Stadien der Filmbildung: Nucleation, Inselwachstum, Koaleszenz, Kanalbildung, Agglomeration.

Der *Nucleationsschritt* besteht in der Zusammenballung absorbierter Monomerer zu kleinsten beobachtbaren Kernen von 3 nm im Durchmesser — bei einem gleichmäßigen Wachstum in drei Dimensionen wären das etwa 1000 Atome — bei einer Dichte von $10^{10}\,\text{cm}^{-2}$. Die Tatsache, daß man jedoch eine höhere Bildungsrate parallel als normal zur Oberfläche beobachtet, könnte daraufhin deuten, daß die Inseln eher durch Sprünge von Monomeren auf der Oberfläche als durch direktes Anlagern aus der Gasphase wachsen. Der Abstand der einzelnen Inseln ist bedeutend höher als ihr Durchmesser. Diese „Cluster" haben unter gleichen äußeren Bedingungen einen höheren Dampfdruck als das „Bulk"-Material, sind also thermodynamisch instabil, wenn der Übersättigungsfaktor nicht größer Eins ist (GIBBS-THOMSON-Gleichung [336], auch als KELVIN-Gleichung wegen der Erhebung von Mr. THOMSON zum Lord KELVIN bekannt):

[3]Nur negative Ionen, die beim Sputtern von Verbindungstargets wie InAu oder CsAu erzeugt werden, können auf ihrem Weg durch die Randschicht der RF-Elektrode normal zu dieser auf solche Geschwindigkeiten beschleunigt werden, daß ihr Streuquerschnitt sehr klein wird, und damit die *MFPs* in der Gegend einiger cm liegen, die dann dem Abstand Target/Substrat entsprechen [331].

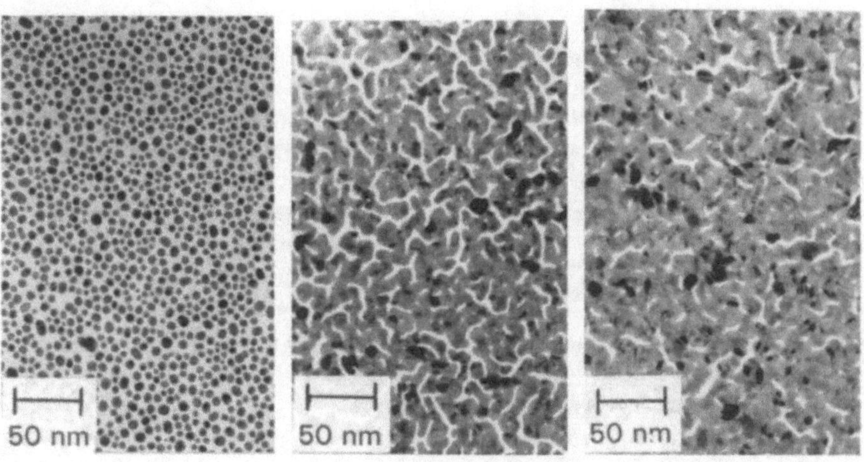

Abb. 10.11. Wachstum einer gesputterten Au-Schicht von 20 über 33 nach 50 Å: Inselwachstum und Koaleszenz (V: 210 000). Die Inseln wachsen allmählich zusammen [337].

$$p_{\text{Cluster}} = p_{\text{bulk}} \cdot \exp\left\{\frac{2\Gamma}{rnk_{\text{B}}T}\right\} \tag{10.8}$$

mit Γ der Oberflächenspannung und r dem Radius der Cluster.

Während des *Inselwachstums* wachsen die Inseln eher in ihrer Größe als in ihrer Zahl, bis sie sich schließlich berühren und — ähnlich schnell wie kleinere Wassertropfen — zu einem größeren vereinigen *(Koaleszenz)*. Wohldefinierte kristallographische Ecken an den Inseln sind nun verschwunden — eine zweite Ähnlichkeit mit flüssigen Tröpfchen, die wiederum die Anwendung der KELVIN-Gleichung auf die Dampfdrücke dieser Partikeln plausibel macht. Dies wird weiter durch die Bildung von Satellitentröpfchen um größere Tröpfchen bei weiter zuwachsender Fläche unterstrichen.

Die Gesamtreaktion zielt auf die Verringerung der Oberflächenenergie. Die Transportmechanismen, um dieses zu erreichen, sind Verdampfung und Kondensation, Diffusion an der Oberfläche und im Volumen.

Unter Verwendung der Theorie des Sinterns runder kugelförmiger Partikeln, die diese Transportmechanismen benötigen, kann die Filmbildung bis zu diesem Stadium befriedigend erklärt werden. Bei weiter wachsenden Inseln ist eine Abnahme zur Abrundung der Kanten zu beobachten, die Änderungen der Grenzfläche finden nur noch in unmittelbarer Nähe zur nächsten Insel statt. Es entstehen langgestreckte, nur durch schmale *Kanäle* getrennte Flecken; wiederum entstehen Satellitentröpfchen, bis die Schicht schließlich zusammenwächst *(Agglomeration)* (Abb. 10.11).

Bis zum Stadium der Koaleszenz wird von einem idealen fehlerfreien Wachstum der Inseln ausgegeangen, was sicher gerechtfertigt ist, da auftretende Kristallbaufehler durch Transportvorgänge noch ausgeglichen werden können. Nach dem Prozeß der Koaleszierung ist dieses wahrscheinlich nicht mehr zutreffend.

Früher oder später werden also diese Fehler eingebaut, selbst bei epitaktischem Wachstum. Leicht kann man verstehen, daß Versetzungen die häufigste Fehlerursache sind, wenn die kleineren Inseltröpfchen beim relativ schnellen Prozess der Koaleszierung nicht richtig „zusammenpassen". Auch ist klar, daß ein dünner Film eine verhältnismäßig größere Oberfläche aufweist als ein massiver Körper, mit anderen Worten: die Korngrenzen fallen hier mehr ins Gewicht. Die Korngröße hängt ab von der Beweglichkeit der einzelnen Atome, da die Diffusion aber ein Prozess vom Aktivierungstyp ist, wachsen bei steigender Temperatur die Korngrößen stärker.

Verunreinigungen aus dem Sputtergas oder der Restgasatmosphäre tragen ebenfalls zum Aufbau von Spannungen bei. Sie können sowohl Druck- wie Zug-Spannung erzeugen (kompressiver oder tensiler Streß), so daß man bei gezielter Dotierung der Sputteratmosphäre manchmal sogar einen spannungsfreien Bereich beobachtet [338].

10.2 Sputterbedingungen

Da i. a. die Gasionen weder mit dem Target noch mit dem sich bildenden Film reagieren sollen, und einige Sputteratome in den Film inkorporiert werden, benutzt man Edelgase zum Sputtern. Die untere Grenze des Druckbereichs wird durch die Zahl der Stoßionisierungen bestimmt, die proportional der Teilchenzahldichte, also dem Druck der Entladung, ist. Unter etwa einem halben Pa nehmen die Sputterraten deutlich ab, am stärksten in DC-Entladungen. Die obere Bereichsgrenze wird durch einerseits durch das bei gleicher Leistungseinkopplung reduzierte Substrat-Bias, zum anderen aber durch die Streuwirkung der neutralen Ar-Atome auf bereits abgestäubte Targetatome bestimmt, wodurch die Sputterrate, die ja das Resultat des Abstäubens und des Transports der Atome durch das Plasma ist, ebenfalls abnimmt.

Dieser Druckeffekt bedeutet für Kupfer und Gold bei einer Variation des Drucks von 1 auf 4 Pa bereits eine Reduktion der Ätzrate um etwa den Faktor 3, die in Edelgasen der Sputterausbeute proportional ist; für diese Materialien sind die beiden Größen Druck und Sputterausbeute also umgekehrt proportional (Abb. 10.12 lks.). Dieses Phänomen potenziert sich, wenn das gerade abgestäubte Material wieder auf dem Substrat kondensiert und dort Verbindungen bildet, die schlechter abstäubbar sind als die ursprünglich abgeätzte Komponente (Abb. 10.12 re.).

Bei 15 Pa ist die mittlere freie Weglänge größenordnungsmäßig im Millimeterbereich, so daß man einen Bereich für das Dioden-Sputtern zwischen 4 bis 15 Pa erhält (Abb. 10.13).

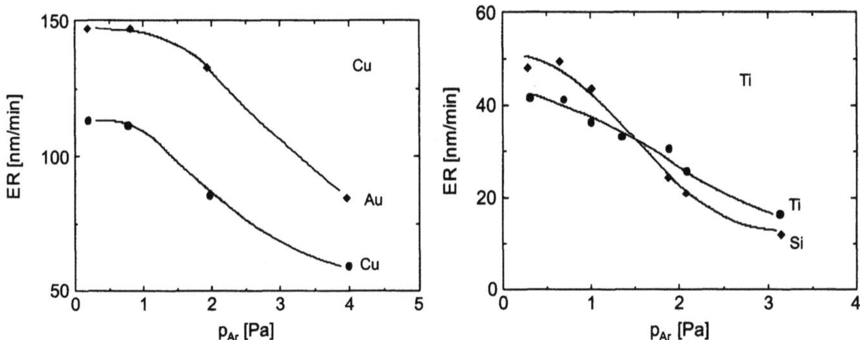

Abb. 10.12. Ätzraten (ER) Substraten aus Gold und Kupfer, beide auf einem Cu-Target befestigt (lks.) und von Titan- und Silicium-Substraten, aufgebracht auf einem Titan-Target (re.), als Funktion des Argondrucks p_{Ar} bei konstanter Ionenstromdichte. Deutlich erkennbar ist der markante Rückgang der Ätzrate, ein Ergebnis der Rückdiffusion, induziert durch Streuung an Argonatomen. Diesem Effekt ist im Falle des Si-Substrates ein zweiter überlagert. Offenbar bilden sich auf dem Si-Target durch Rückdiffusion und Redeposition von Ti Verbindungen, die deutlich schlechter abstäubbar sind als Si, wodurch sich die Selektivität zwischen Si und Ti bei Druckvariation umkehrt (nach [339] © Philips).

Beeindruckend ist die Analogie zu den Abbn. 6.13 – 6.14. Die deutliche Reduzierung der Sputterrate oberhalb 15 Pa wird also durch „First-Principle"-Rechnungen sehr gut beschrieben.

10.2.1 Elektrische Größen

Der obere Wert der Spannung wird zum einen durch Sicherheitserfordernisse bestimmt (signifikante Erzeugung von Röntgenstrahlen bei Energien > 10 keV), wo auch die Sputterausbeute deutlich beginnt, abzunehmen (verstärkte Implantation, die untere Grenze durch die Stabilität des Plasmas (einige zehn eV). Darüber hinaus sind bei zu hohen Spannungen auftretende Ionisierungsgrade von größer einigen Prozent gar nicht erwünscht, da die vom Target abgestäubten Neutralteilchen dann im Dunkelraum selbst ionisiert und wieder auf die Kathode zurückfallen würden. Innerhalb dieses breiten Energiebereiches kann durch Variation des Arbeitsgasdrucks bei vorgegebener Energie die U-I-Beziehung innerhalb gewisser Grenzen variiert werden. Der tatsächlich ausgenutzte Spannungsbereich liegt also etwa zwischen 500 und 5000 V.

Da im Abgleichsnetzwerk die Leistungsverluste beträchtlich sein können, wird die Spannung oft direkt an den Elektroden gemessen. Mit Hilfe eines Tief-

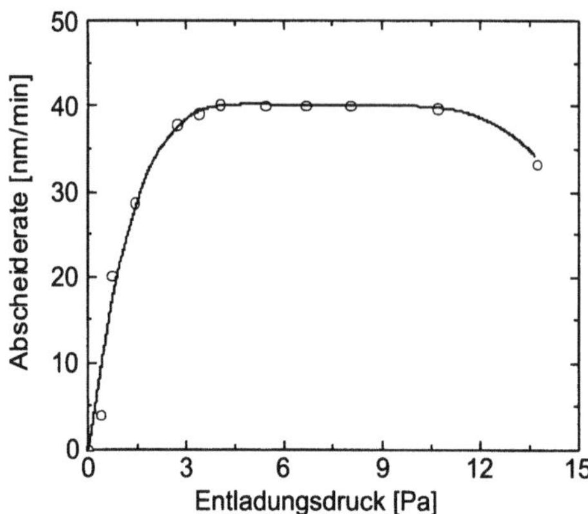

Abb. 10.13. Der Druckbereich für Sputterprozesse liegt zwischen 2,5 und 12,5 Pa (15 und 100 mTorr), hier dargestellt für eine RF-Entladung [340].

paßfilters wird die DC-Komponente bestimmt, die RF-Komponente nach Abschwächung durch einen Oszillographen (s. Abb. 10.1).

10.2.2 Temperaturkontrolle des Substrates

Das Problem, die Substrattemperatur zu kontrollieren, hat zwei Seiten: eine mechanisch und eine vakuumtechnisch bedingte. Dies soll im folgenden an einem Beispiel aus der Halbleitertechnologie beschrieben werden: der zumeist beschrittene Weg besteht darin, den Wafer auf den gekühlten Substrattisch zu legen. Bei Schleusenanlagen hat man dann einen zusätzlichen Wärmeübergang zu berücksichtigen, nämlich den von der gekühlten Substratplatte auf den sog. „Liner", auf dem die zu behandelnden Substrate geschleust werden. Angenommen wird im einfachsten Modell, daß die beiden sich berührenden Flächen flach und glatt sind. In der Realität weisen sie jedoch immer Unebenheiten auf, deren Abmessungen groß gegen den molekularen Abstand sind. Berühren sich solche Körper, so entsteht nur zwischen den Spitzen dieser Unebenheiten tatsächlich ein Kontakt.

Darüber hinaus besitzt der Wafer meist eine Vorgeschichte: die verschiedenen Technologieschritte, insbesondere Beschichtungen mit Metallen oder Dielektrika, führen zu starker mechanischer Spannung, die zu Verbiegungen des Wafers Anlaß gibt, wodurch die auf der Elektrode liegenden Flächenspitzen weiter reduziert werden.

Die Wärmeabfuhr vom Wafer wird noch dadurch erschwert, daß im Druckbereich, in dem die Plasmaprozesse stattfinden, also bei Drücken < 130 Pa (1 Torr), die Wärmeleitfähigkeit des Gases nicht mehr von seiner Temperatur, sondern vom Druck abhängt.

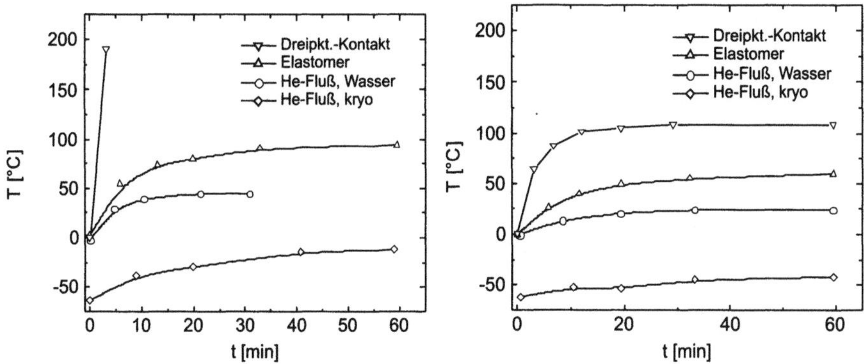

Abb. 10.14. Die Temperatur eines Substrates kann durch unterschiedliche Qualität des Wärmeübergangs zur gekühlten Rückplatte sehr verschiedene Werte annehmen (4"-Si-Wafer; links: mittlere, rechts: niedrige Leistungsdichte © Oxford Instruments 1993).

Wie Untersuchungen von EGERTON et al. zeigen, ist die sicherste Temperaturkontrolle die durch Festkleben des Wafers mit Leitsilber [341] (Abb. 10.14). Sie ist jedoch nur für Entwicklungszwecke einsetzbar.

Daß die Temperaturkontrolle von überragender Bedeutung für die Beschreibung eines Prozesses ist, ist bereits aus der einfachsten kinetischen Theorie ersichtlich, wonach der Logarithmus der Geschwindigkeitskonstanten einer Reaktion umgekehrt proportional der Temperatur ist: $\ln k = A - E_{\mathrm{Akt}}/k_{\mathrm{B}}T$, Gleichung von ARRHENIUS. Dies gilt prinzipiell sowohl für Rekristallisationsreaktionen beim Aufstäuben wie für Ätzreaktionen beim Strukturieren, ja, sogar die Anisotropie der Ätzung kann entscheidend von der Temperatur abhängen [342]. Dennoch gibt es kaum systematische Untersuchungen dieses Zusammenhangs.

HUSSLA et al. [343] machten Gebrauch von der *Fluoroptischen Thermometrie,* bei der eine kleine Tablette aus Europium-Lanthan-Oxisulfid auf das Ende einer Glasfaser aufgebracht, dies an der Probe befestigt und deren stark temperaturabhängiges Fluoreszenz-Spektrum aufgenommen wird [344], indem das Oxisulfid mit UV-Licht angeregt und das Fluoreszenz-Signal durch dieselbe Faser in die Auswerteelektronik geschickt wird. Diese Methode erlaubt also eine *in-situ Temperaturmessung* der Waferoberfläche, ist jedoch *invasiver Natur,* mit all den dadurch ausgelösten Problemen. Ein interessanter Weg wurde von MITCHELL und GOTTSCHO mit der Verfolgung der Temperaturabhängigkeit des PL-Signals beschritten [345]. Die Probe wird dabei mit einem gepulsten Laser angeregt (ein gepulster Laser mit gelockter Detektion reduziert den Untergrund des glühenden Plasmas, außerdem wird die Temperaturbelastung der Probe durch die Messung verringert). Von besonderem Vorteil ist die starke Tempe-

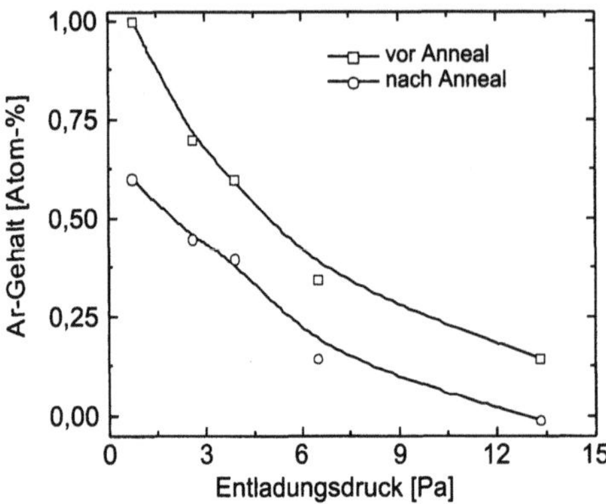

Abb. 10.15. Abhängigkeit des Argongehaltes in Sputterschichten vom Sputterdruck vor und nach dem Ausheizen für 60 min bei 900°C in Argon [346].

raturabhängigkeit gerade im Bereich oberhalb der Raumtemperatur (−100 bis 200 °C), in dem pyrometrische Verfahren wesentlich unempfindlicher sind.

10.3 Probleme der Kontamination

10.3.1 Kontamination durch Argon

Das Verhältnis der Flüsse zum Substrat beträgt bei 3 Pa im Falle des Ar/Al etwa 10^4. Es ist deswegen nicht verwunderlich, daß Ar in die Filme eingebaut wird — allerdings nur zu etwa 1 %. Quantitative Analysen durch Verdampfen von Ni-Schichten und MS-Analysen ergaben folgendes [347]:

Erhöhung der Abscheidetemperatur erniedrigt den Ar-Gehalt, weil Ar nur durch Physisorption ($\Delta E \approx 0{,}03$ eV) gebunden ist. Dagegen fällt der Ar-Gehalt der Schichten mit steigendem Druck ab. Dies ist verständlich, da energiereiche Ar-Ionen ins Target eingebaut werden und es bei Beschuß als schnelle Neutralteilchen verlassen, sie werden also durch Felder nicht beeinflußt und im Substratfilm mit eingebaut. Jetzt ist die Wahrscheinlichkeit eines Streuprozesses bei hohen Drücken größer als bei niedrigen, damit sinkt die Einbaurate mit steigendem Druck (Abb. 10.15).

10.3.2 Kontamination durch Fremdgase

Den empfindlichsten Fall stellt das Sputtern von Metallen, die sehr stabile Oxide bilden, dar, z. B. Tantal. Eine Atomlage wird hier in etwa fünf Sekunden gesputtert, das sind pro Minute ca. 50 Å.

Beträgt der Arbeitsdruck 3 Pa Ar, steigt bereits bei einem Partialdruck von 10 μPa (Verhältnis 50 ppm) der Widerstand meßbar an (Abb. 10.16). Kommt

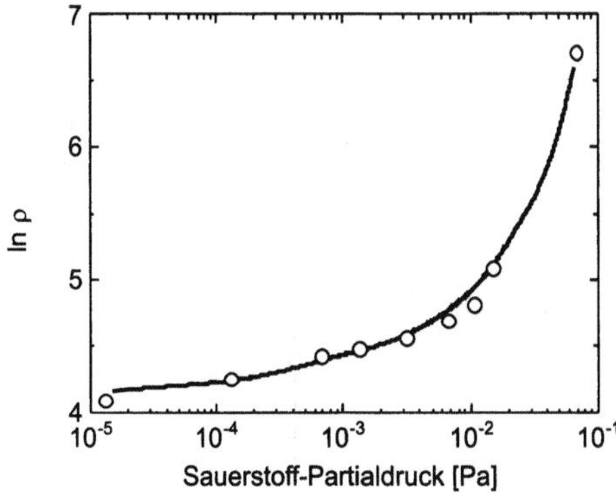

Abb. 10.16. Doppeltlogarithmische Auftragung des elektrischen Widerstandes von in Argon gesputterten Ta/Si-Schichten in Abhängigkeit des Sauerstoff-Dotiergasdrucks [348].

der Sauerstoff aus dem System (Ausgasen etc.), kann man dem in gewissen Grenzen durch Erhöhung der Pumpleistung begegnen. Ist der Sauerstoff dagegen als Verunreinigung im Arbeitsgas vorhanden, ist jede weitere Anstrengung sinnlos, d. h. das Arbeitsgas muß eine Reinheit von mindestens 99,9995 % aufweisen.

Für ein gutes Sputterexperiment ist also eine reine, nicht kontaminierte Oberfläche unabweisbar. Deswegen muß die Partikeldichte des Ionenstrahls deutlich höher als die „Strahldichte" der verunreinigenden Gase sein. Von YONTS und HARRISON wurde abgeschätzt, daß bei einem Partialdruck von 1 μPa die Stromdichte größer als 0,1 $\mathrm{mA\,cm^{-2}}$ sein muß, um keine Beeinflussung der Sputterausbeute zu beobachten [349]. Dies wird bei den heute üblichen hohen Sputterleistungen (und entsprechend hohen Strömen) unschwer erreicht. Probleme kann es bei RIE-Verfahren geben (s. Kap. 11).

10.3.3 Reaktives Sputtern

Umgekehrt kann man jedoch die Tatsache, daß Fremdgase mit in den Film eingebaut werden, dazu ausnützen, um diesen gezielt zu dotieren, indem man dem Sputtergas ein reaktives Gas beimischt. Dies ist das sog. „Reaktive Sputtern". Auf diese Weise kann die gesamte Bandbreite vom reinen Metall bis zum reinen Salz (Isolator) überstrichen werden.

Die Flüsse der Dotiergase werden mit Nadelventilen oder *Mass-Flow-Controllern* einzeln eingestellt (dabei wird die Annahme gemacht, daß sich das Saugvermögen der Pumpen nicht ändert, wenn alle Gase zugleich in die Kammer strömen) [350]; mit optischen Spektroskopen und Massenspektrometern können die reaktiven Dissoziationsprodukte dieser Gase untersucht werden.

Besonders interessant sind die durch das reaktive Gas geänderten Verhältnisse am Target, da dieses mit dem zugegebenen Gas reagiert, und zwar zu einem Oberflächenfilm, der teilweise dramatisch schlechter als das Targetmaterial selbst abgestäubt wird, da die Gitterenergien der gebildeten Verbindungen — gleichgültig, ob es sich um ein Oxid, Nitrid oder Halogenid handelt — auf jeden Fall größer als die des Metalles sind (s. Abschn. 10.1). Darüber hinaus wird der Oberflächenfilm nicht leitend sein, was zu unkontrolliertem „Arcing" führen kann, wenn die Ladung in dieser Schicht deren dielektrische Stärke übersteigt. Bei dieser Lichtbogenentladung verdampft der Oxidfilm und teilweise auch das darunter liegende Metall. Trotz dieser Schwierigkeiten gibt es zahlreiche Anwendungen. Hier seien genannt:

- Herstellung transparenter, elektrisch leitender Filme (die Plasmafrequenz dieser Materialien wird in den IR-Bereich geschoben, daher sind sie für sichtbares Licht durchlässig (s. Abschn. 2.6)), von In/Sn-Targets, die sog. *ITO*- (Indium-Tin-Oxid)-Schichten bilden [351];
- Herstellung von $\lambda/4$-Schichten etwa aus Al_2O_3 zur Vergütung optischer Oberflächen;
- Herstellung blauer elektrochromer Filme aus WO_x (sog. „Wolframblau") durch reaktives W-Sputtern in Ar/O_2 [352], wobei durch geringe Sauerstoffdotierung auch Wolframbronzen darstellbar sind, die deutlich metallische Leitfähigkeit zeigen;
- Herstellung dünner, hochtemperaturstabiler Isolatorschichten aus SiO_2 und Si_3N_4, die eine ausgezeichnete Haftung auf dem Substrat aufweisen.

Welche Anforderungen an die Qualität von derartigen $\lambda/4$-Schichten gestellt werden, sei am Beispiel des optischen Halbleiterverstärkers illustriert: um 25 dB Verstärkung realisieren zu können, muß eine Restreflexion von $R \leq 10^{-4}$ erreicht werden. Dabei darf die Schwankung des Brechungsindex' nur um $\Delta n = \pm 0,009$ betragen, die Dicke nur um $\Delta d = \pm 1,2$ Å vom Sollwert abweichen [353] [354].

10.3.4 Beschuß mit weiteren Partikeln

Es findet auch ein Beschuß positiver Ionen auf das Substrat statt. Er wird genauer in Abschn. 10.4 beschrieben. Seine Stromdichte ist erheblich niedriger als die der Elektronen. Der größte Teil der Elektronen stammt aus dem Bulk-Plasma, in dem sie Energien von einigen Elektronenvolt bekommen (langsam). Schnelle Elektronen kommen aus dem Target, werden durch die Randschicht beschleunigt und kommen zum Teil ohne Stöße an dem Substrat an, wenn ihr Potential höher ist als das Randschichtpotential über dem Substrat. Diese Elektronen, obwohl klein in der Zahl, sind fast allein für die ins Substrat übertragene Leistung und dessen Aufheizung verantwortlich [126] [355]; nachgewiesen durch „Verzögerte Potentialtechnik" (im Prinzip eine Triode, mit der U-I-Kennlinien, das sind aber Elektronenströme unterschiedlicher Energie, erhalten werden) [356].

Photonen werden durch Auftreffen von Ionen oder Elektronen auf eine Oberfläche erzeugt. Da an einem Sputtersystem Spannungen von höchstens einigen kV liegen, sind es weiche Röntgenstrahlen. Beim Auftreffen aufs Substrat können sie Elektronen auslösen (was zu Analysezwecken (ESCA) auch genutzt wird).

10.4 Bias-Techniken

Sie beeinflussen durch lokale Felder am Substrat geladene Partikeln. Das Substrat kann gegenüber dem Plasma sowohl positiv wie negativ vorgespannt werden; jenes ist etwa in Entladungen deutlich elektronegativer Gase wie Sauerstoff oder Iod der Fall. Die wenigen negativen Ionen werden dann aufs Substrat beschleunigt und können dort reagieren.[4] Sind es Sauerstoff-Ionen, wird eine Plasma-Oxidation durchgeführt [357], und die damit eine interessante Alternative zu dem Verfahren der „Anodischen Oxidation" bildet (siehe z. B. [358]).

Ein sich automatisch einstellendes, jedoch unkontrollierbares DC-Bias wird beim Sputtern eines isolierenden Films erzeugt. Um in der Materialwahl frei zu sein, sind deswegen RF-Anlagen mit einem „Power-Splitter" ausgerüstet, mit dem ein definiertes DC-Bias am Substrat erzeugt werden kann.

10.4.1 Einfluß auf Abscheiderate und Filmzusammensetzung

Wird also an das von der Erde elektrisch isolierte Substrat ein negatives Potential V_{Bias} gelegt, dann wird das Plasmapotential V_{P} in erster Näherung davon unbeeinflußt bleiben [359]. An den elektrisch leitenden Wänden des Systems ist nach wie vor Erdpotential; das Potential der Randschicht bezüglich des Substrates ist dann $V_{\text{S}} = V_{\text{P}} - V_{\text{Bias}}$ (wegen der Schwierigkeit, V_{P} zu messen, wird allerdings meist V_{Bias} gegen Erde gemessen); positive Ionen werden also aus dem Plasma auf das Substrat beschleunigt, das damit zu einem zweiten Target wird — es wird also dann vom Substrat geätzt! Relativ niedrige „Bias"-Potentiale führen bereits zu einer starken Abnahme der Wachstumsrate, was darauf hindeutet, daß der Abstäubprozeß einer amorphen Schicht anderen Mechanismen gehorcht als den oben besprochenen (Abb. 10.17). In der Tat konnte gefunden werden, daß die Abstäubrate eines sich bildenden Films aus zwei Komponenten offenbar stark vom Verhältnis der Atomgewichte abhängt (Abb. 10.18).

10.4.2 Beeinflussung weiterer Filmeigenschaften

Nahezu alle Eigenschaften, wie die spezifische Leitfähigkeit, die Härte und die Reinheit, können durch Anlegen eines Bias-Potentials oft verbessert werden.

[4] V_{P} ist auch dann immer positiver als $V_{\text{S}} + V_{\text{Bias}}$, so daß Elektronen und negative Ionen gegen ein retardierendes elektrisches Feld driften.

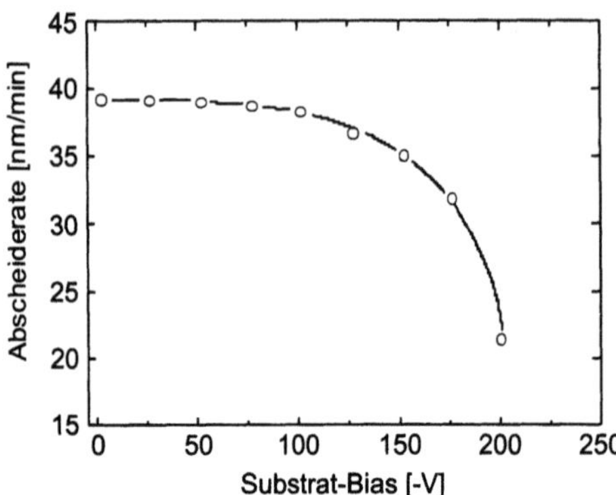

Abb. 10.17. Abhängigkeit der Abscheiderate vom Substrat-Bias [360]. Sie geht oberhalb von 100 V wegen des Rücksputtereffekts stark zurück.

Dieses gelingt z. B. durch Kontrolle des Gaseinbaus, der sicherlich viele Filmeigenschaften bestimmt. So beobachtet man ein Minimum des Argoneinbaus bei Spannungen <100 V, was wie folgt erklärt werden kann:

- Abfall zum Minimum: Die auf das Substrat beschleunigten Ionen gewinnen eine Energie, die ausreicht, um physisorbierte Ar-Atome abzuschlagen.
- Anstieg nach Minimum: Jetzt ist die Energie der Ar-Ionen so hoch, daß sie zunehmend eingebaut werden. Bei diesen Energien (>100 eV) beginnt auch die Abstäubung des Films selbst; dadurch kann man dann dessen Zusammensetzung beeinflussen.

10.4.3 Mechanismen des Bias-Sputterns

Zunächst müssen verschiedene Bindungstypen unterschieden werden [361]. Es gibt Metalle, die Fremdgase

- überhaupt nicht binden (Au, nicht dagegen Pt),
- sowohl durch Chemisorption als auch durch Verbindungsbildung bilden (z.B. W im Falle von N_2),
- nur eine Verbindung bilden (etwa Ni im Falle von N_2).

Im ersten Fall erhöht Substrat-Bias den Einbau von Fremdatomen deswegen, weil der zu bildende Film durch energiereiche Ionen des Arbeitsgases kontaminiert wird. In den beiden anderen Fällen ist dieser Effekt auch vorhanden, wird allerdings oft verdeckt durch Rücksputtereffekte bereits eingebauter Fremdatome, da hier der Energietransfer oft größer ist als für die die Schicht konstituierenden Atome (s. Gl. (10.1)). *Für Fremdatome jedoch, die mit dem Wirtsgitter spontan eine Verbindung bilden, deren Gitterenergie deutlich größer als die des*

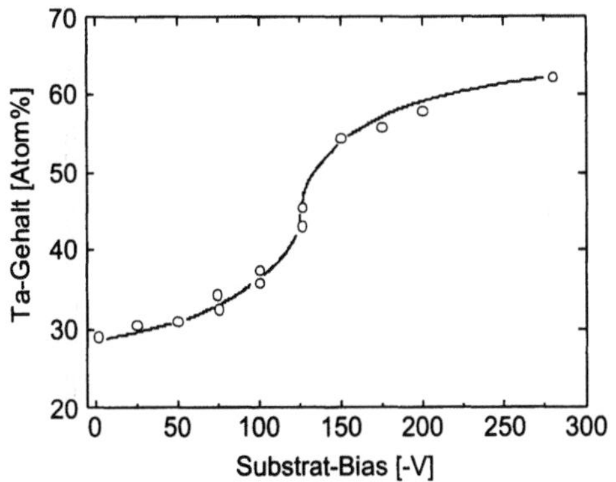

Abb. 10.18. Die Abhängigkeit der Zusammensetzung einer Sputterschicht aus Ta und Si vom Substrat-Bias ist gerade in dem Bereich besonders hoch, wo die Abscheiderate deutlich zurückgeht [362].

Wirtsgitters ist, kann ein wesentliches Absputtern durch Substrat-Bias nicht erwartet werden; im Gegenteil beobachtet man hier oft eine Verschlechterung der Reinheit des Films.

Durch Absputtern der filmbildenden Atome, die nicht an den „richtigen" Stellen sitzen, kann dagegen oft eine Erhöhung der Dichte erreicht werden; dies erklärt etwa die Erniedrigung des Widerstandes von Goldschichten bei Anlegen eines Substrat-Bias. Hierbei wird auch die Schwelle für den Elektronenbeschuß erhöht, der für die Aufheizung des Substrats mitverantwortlich ist. Bei erhöhter Temperatur laufen aber bekanntlich Rekristallisationsreaktionen ab (verstärktes Kornwachstum führt zu rauher Oberfläche und mattem Aussehen), die oft aus dekorativen Gründen unerwünscht sind.

MAWELLA und SHEWARD beobachteten beim Cosputtern von Schichten aus Nb/Cr Columnarstrukturen mit sie trennenden Hohlräumen („Voids"), die bei −50 V bereits verschwunden sind [363]. Werden die Werte auf 100 V erhöht, machen die Säulen einer dicht gepackten, mikrokristallinen Struktur Platz, während bei noch höheren Bias-Spannungen „Striations" beobachtet werden, die nicht durch Materialkontrast, d. h. unterschiedliche Zusammensetzung gegenüber der Umgebung, ausgezeichnet sind, sondern von den Autoren auf verstärktes Abstäuben zurückgeführt werden.

Insgesamt ist daraus ersichtlich, daß mit dem Substrat-Bias zusätzlich die Möglichkeit eröffnet wird, die Kristallinität des sich bildenden Films gezielt zu beeinflussen. Prinzipiell müssen die Schichten bei Anlegen eines Substrat-Bias glatter werden, da an evtl. auftretenden Unebenheiten eine wesentlich höhere Feldstärke herrscht („Spitzenentladung"), die durch Ionenbeschuß bevorzugt abgetragen werden.

10.4.4 Gleichmäßigkeit der Kantenbedeckung an Stufen

Die Kantenbedeckung kann durch Substrat-Bias oft verbessert werden. Die schlechte Stufenbedeckung, auch als *Überformung* bezeichnet, der Seitenwände ist *das* Handicap gedampfter Schichten, da der Strahl der verdampften Atome wegen des sehr niedrigen Arbeitsdrucks kaum gestreut wird.

Das Prinzip besteht darin, bereits auf der zur Einfallsrichtung normalen Fläche aufgetragenes Material wieder abzustäuben (also zu ätzen) und es an den Schichtwänden zu redeponieren. Dieses wird durch das Verhalten der Atome erleichtert, bei niedrigen Energien in einer angenäherten Cosinus-Verteilung die Oberfläche eher seitwärts als normal zu dieser zu verlassen, wie dies bei höheren Energien der Fall ist [364]. Demgegenüber steht die experimentelle Erfahrung, daß es gerade an den Kanten selbst zu einer Verdünnung des aufgestäubten Films wegen Spitzenentladungseffekten kommt.

Ein weiteres Problem beim Bias-Sputtern ist, daß auch die Substratplatte selbst von Ionen bombardiert wird. Als Ergebnis wird der aufzustäubende Film — und auch die gesamte Anlage, besonders das angeregte Target — mit Atomen der Substratplatte kontaminiert.

10.4.5 Mechanische Spannung und Substrat-Bias

Sputter- und Aufdampfschichten zeigen meist einen dilatorischen Streß, d. h. eine Druckspannung, während galvanisch aufgebrachte Schichten einen kompressiven Streß, d. h. eine Zugspannung, erzeugen [365] (s. Abschn. 10.1.2).

Interessant ist die starke Abhängigkeit mechanischer Eigenschaften der aufgestäubten Schichten vom Substrat-Bias. So konnten MANSOUR et al. zeigen, daß in Si_3N_4-Sputterschichten die mechanische Spannung entscheidend durch das Substrat-Bias beeinflußt werden kann [366]. Sie fanden, daß spannungsfreie Schichten einmal bei sehr niedrigen Bias-Werten ($\leq$25 V) entstehen; hier geht eine gute Oberflächenstruktur mit hohen Härtewerten und Abscheideraten Hand in Hand, um bei größeren Bias-Werten stark negative Werte (Zugspannungen) zu zeigen. Schließlich — bei Werten jenseits von 300 V — gibt es einen erneuten Nulldurchgang der Streß-Bias-Kurve. Hier ist allerdings die Abscheiderate bereits sehr niedrig (s. Abb. 10.17).

Diese Beobachtungen decken sich mit Untersuchungen von HOFFMAN und GAERTTNER, die eine dramatische Reduktion der mechanischen Spannung aufgedampfter Chrom-Schichten beobachteten, wenn diese mit hochenergetischen Xenon-Ionen beschossen wurden [367]. Ähnlich fanden CUOMO et al., daß die Zugspannungen aufgedampfter Niob-Filme durch einen Strom (allerdings niederenergetischer) Argon-Ionen fast auf Null reduziert werden konnten [368].

Die durch Substrat-Bias induzierte Änderung der atomaren Größen wie der Zusammensetzung beeinflußt damit auch die innere Spannung einer Schicht, die sich zumeist in einigen kbar bemißt. Da der Streß einer Sputterschicht zumeist tensiler Natur ist, ist sie konkav verformt, blickt man von oben auf die Scheibe.

Dies wird übereinstimmend zurückgeführt auf eine Verringerung des kolumnaren Wachstums und damit verbundener lockerer Packung zwischen den Säulen [366] [369]. Typisch sind Meßkurven Streß gegen Bias, bei denen ein Nulldurchgang bei relativ niedrigen Bias-Werten erfolgt. KNOLL et al. finden ihn bei etwa -50 V für ZrO_2/Y_2O_3-Schichten, MANSOUR et al. bei etwa -25 V für Si_3N_4-Schichten. Im Ergebnis erhält man sehr dicht gepackte Strukturen, was verständlich ist, berücksichtigt man, daß beim normalen RF-Sputtern meist amorphe Schichten abgeschieden werden (der Zusammenhang zwischen Selbstdiffusionsenergie und Schmelzpunkt wird über die FLYNN-Formel hergestellt

$$E_{SD} = \text{const} T_s, \tag{10.9}$$

wobei E_{SD} die Selbstdiffusionsenergie und T_s die Schmelztemperatur [370].

Diese Untersuchungen deuten ebenfalls darauf hin, daß durch Substrat-Bias ein „Ausheilen durch Ionenbombardement" ermöglicht wird [371].

10.5 Deposition von Mehrkomponenten-Filmen

Prinzipiell können Mehrkomponenten-Filme von

- einem einzelnen Target (Sinter- oder Mosaiktarget) [372] [373],
- mehreren Einzeltargets (Cosputtern, das Substrat fährt auf einem Karussell unter den Targets durch; um eine homogene Schichtdicke zu erzielen, ist eine komplizierte Bewegung der Substrate durch ein Planetengetriebe erforderlich [374]),
- oder durch „Reaktives Sputtern" (ein anderes Gas als ein Edelgas wird diesem beigemischt),
- oder durch Kombination dieser Verfahren hergestellt werden.

Prinzipiell hängt die Schichtzusammensetzung ab von

- der Targetzusammensetzung,
- den Sputterraten der Komponenten (energie- und druckabhängig),
- den Ätzraten (beim Bias-Sputtern),
- dem Streuquerschnitt beim Flug auf das Substrat (energie- und druckabhängig) sowie
- dem Kondensationskoeffizienten,

und kann deswegen sehr verschieden von der Targetzusammensetzung sein.

Zunächst wird das Oxid abgesputtert. Wird dieses mit DC durchgeführt, stellt man beim Freilegen der Metalloberfläche oft eine Abnahme des Entladungsstroms fest, weil die SE-Ausbeute der Metalle von der der Oxide abweicht (s. Abschn. 3.4). Jedoch sind die Sputterraten der Metalle meist voneinander verschieden. Das bedeutet, daß sich zunächst das Metall mit der höheren Sputterrate im Film anreichert, womit es an der Targetoberfläche verarmt. Seine Sputterrate nimmt ab, bis wieder die Ausgangszusammensetzung erreicht ist. Geht man von der Zusammensetzung AB aus, wobei x die Sputterrate von A und y die von B ist, wird die Stöchiometrie an der Oberfläche A_yB_x, so daß vom Target Material der Zusammensetzung AB, allgemeiner, $xA_y \cdot yB_x$ abgestäubt wird (ist die Sputterrate von A doppelt so hoch wie die von B, bekommt man also die Zusammensetzung AB_2. Da B jetzt doppelt so viel vorhanden ist wie A, A aber doppelt so schnell abgestäubt wird, wird vom Target Material der Zusammensetzung $2\,A_{1/2}{}^1\!/_2B_2$, also AB, abgestäubt).

Im stationären Zustand ist also das Abstäubverhältnis gleich der Ausgangszusammensetzung des Targets. Dadurch wird ein Ungleichgewicht im Target erzeugt, das bei großen Diffusionskoeffizienten oder hohen Targettemperaturen beseitigt wird. Dies kann durch Kühlung der Targetrückseite — wodurch auch die Dampfdrücke erniedrigt werden — unterdrückt werden.

Beim Flug aufs Substrat ist der Streuquerschnitt von Bedeutung, der wesentlich den Energieübertrag und Richtungsänderungen beim Stoß mit Arbeitsgasmolekeln bestimmt. Das Schichtwachstum hängt außerdem von der Zahl der auftreffenden Atome ab, die nicht wieder verdampfen. Dieses Verhältnis ist der „Kondensationskoeffizient"; da er für jedes Element verschieden ist, kann auch er die Schichtzusammensetzung beeinflussen.

Schließlich kann ein Teil des Films wieder abgestäubt werden (s. Abschn. 10.4). Im Gegensatz zum Target gibt es bei verschiedenen Sputterkoeffizienten keine Ausgleichsmechanismen. Aus diesen Überlegungen ist ersichtlich, daß man beim Cosputtern, bei dem zwei oder mehr Targets gleichzeitig angeregt werden, und das Substrat periodisch darunter hindurch bewegt wird, größere Freiheiten in der Wahl der Schichtzusammensetzung hat. Zudem lassen sich Einkomponententargets prinzipiell wesentlich reiner herstellen als Sintertargets, die ja keine chemischen Verbindungen darstellen.

Die Einflüsse von Dampfdruck, Sputterrate, Atomgewicht, Kondensations- und Sputterkoeffizienten auf die Schichtzusammensetzung wurden systematisch von WINTERS et al. untersucht [375]. Sie konnten zeigen, daß die berechneten Filmzusammensetzungen in guter (qualitativer) Übereinstimmung mit dem Experiment waren.

Ein schönes Beispiel für die Druckabhängigkeit der Abscheiderate — und damit die Filmzusammensetzung — ist in Abb. 10.19 dargestellt, was deutlich die Streuwirkung der Ar-Atome auf die leichten Si-Atome illustriert, während die schweren Ta-Atome wesentlich weniger gestreut werden.

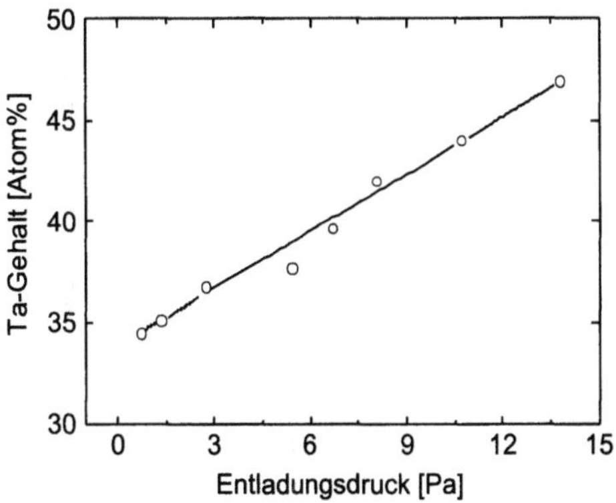

Abb. 10.19. Abhängigkeit der Zusammensetzung eines Ta/Si-Films vom Arbeitsdruck [378].

Besonders hervorgehoben werden soll, daß mit Hilfe des Sputterverfahrens *einphasige Multielementschichten herstellbar sind, die thermodynamisch instabil sind,* d. h. die aus der Schmelze mehrphasig auskristallisieren. So wurden beispielsweise amorphe Seltenerd-Legierungsfilme hergestellt, die aus einem Multi-Phasen-Target (Gd-Co und Gd-Co mit Au oder Mo) abgestäubt wurden, und die eine Komponente weit oberhalb ihrer Löslichkeitsgrenze gelöst enthielten [376].[5] Sputtert man chemische Verbindungen, z. B. Oxide oder Nitride, SiO_2 oder Si_3N_4, stellt man eine Verarmung an Sauerstoff oder Stickstoff im Film fest. Es ist dieses ein Hinweis darauf, daß viele Moleküle oder Gitter fragmentiert und die Atome einzeln, nicht als Molekülverband, abgeschlagen werden, was nicht überrascht, weist doch selbst eine der stabilsten Verbindungen, Al_2O_3, eine Bindungsenergie von „nur“ −380 kcal/Mol (etwa 16.5 eV) auf, was der kinetischen Energie der auf das Target auftreffenden Ionen durchaus vergleichbar ist.

Coburn et al. konnten nachweisen, daß das Sputter-Verhältnis Metalloxid/Metall selbst bei den stabilsten Oxiden wie Ta_2O_5 oder TiO_2 nicht größer als 0,4 ist [379]. Um einen Ausgleich zu schaffen, wird auch hier *reaktiv* gesputtert, d. h. Argon wird mit Sauerstoff oder Stickstoff dotiert, um die Stöchiometrie zu erhalten. Umgekehrt eröffnet dies zahlreiche Möglichkeiten, Metall-Nichtmetall-Übergänge zu studieren, die durch unterstöchiometrische Verhältnisse bedingt sind [380] [381].

[5]Im Rahmen dieser Untersuchungen wurden magneto-optische Speicher charakterisiert (Gd bietet sich deswegen an, weil es sieben ungepaarte 4f-Elektronen aufweist — die Magnetisierung ist etwa proportional dem Verhältnis der ungepaarten Spins zum Volumen). Dabei wird folgender Effekt ausgenutzt: Zum Schreiben wird die Magnetisierung (Vektor senkrecht zum Speichermedium, um 90° gegenüber einem Magnettonband gedreht) durch Erwärmung mit einem Laserstrahl über den Curie-Punkt hinaus geändert. Das Lesen der Information geschieht mit einem „Low-Power-Laser“, z. B. aus AlGaAs/GaAs, wie er in CD-Spielern zum Einsatz kommt. In Abhängigkeit der Magnetisierung wird die Ebene des (polarisierten) Laserlichtes um wenige Winkelminuten gedreht (Kerr-Effekt) [377].

Ein weiterer Freiheitsgrad wird durch das Anlegen eines Substrat-Bias erhalten. Wir sahen im Abschn. 10.4.3, daß es damit zwangsläufig zu einer Kontamination eines metallischen Films kommt. Hier erweist es sich aber geradezu als Methode der Wahl: einige zehn V genügen, um die Stöchiometrie in den erforderlichen Grenzen verschieben zu können. Eine auf Änderungen der Stöchiometrie sehr empfindlich reagierende Größe ist der Brechungsindex. Im Falle des ZnO konnte dieser kontrolliert im Bereich zwischen $1,53 \leq n \leq 1,58$ variiert werden [382].

Ein Phänomen ist dabei die starke Abnahme der Sputterrate bereits bei sehr geringen Beimengungen reaktiven Gases zum Edelgas (i. a. Argon). Dies kann nicht an einer Oxidbildung liegen, da das Target bereits als Oxid vorliegt (s. Abschn. 10.3.3). Vielmehr wirkt der Sauerstoff als *Elektronenfalle* und reduziert dadurch die Effektivität der Ionisierung. Außerdem wird Sauerstoff durch den PENNING-Prozeß

$$\mathrm{Ar}^* + \mathrm{O}_2 \longrightarrow \mathrm{O}_2^+ + \mathrm{Ar} + \mathrm{e}^- \tag{10.9}$$

bevorzugt ionisiert; dessen Abstäubwirkung ist jedoch deutlich schlechter als die von Argon; zusätzlich wird die Konzentration metastabiler Argon-Atome — und damit die der Argon-Ionen — reduziert (s. Abschn. 3.3) [383]. Die Dotierung von Sauerstoff in Argon hat auch einen sichtbaren Einfluß auf die Glimmentladung; es hat nämlich den Anschein, als ob der Totaldruck erhöht worden wäre, was an der Kontraktion und scharfen Begrenzung der Randschicht am augenfälligsten und auch an der Verringerung der Impedanz der Entladung bemerkbar ist. Dieses ist ebenfalls eine Konsequenz der Tatsache, daß die mittlere Driftgeschwindigkeit der negativen Ladungsträger in Richtung Randschicht verlangsamt wird, weil ein erheblicher Anteil derselben Sauerstoffionen sind; diese sind jedoch wesentlich träger als die Elektronen.

An der Seite der geerdeten Elektrode führt das außerdem zur Bildung einer Randschicht mit negativen Ionen, deren Auswirkungen auf die Entladung bis jetzt allerdings kaum untersucht wurden (außer der in Abschn. 4.3 getroffenen Feststellung, daß in DC-Entladungen der Anodenfall dann sehr viel höher sein kann [384]).

JONES et al. wiesen darauf hin, daß der Targetabtrag eines kristallinen Targets schichtweise erfolgt [385], d. h. in einem SiO_2-Target wird nach einer Si-Schicht eine O-Schicht abgetragen, die aber sofort wieder gebildet wird. Eigentlich dürfte daher nie mehr als eine Atomlage Si abgestäubt werden können. Tatsächlich beobachtet man einen Sättigungseffekt bei Drücken größer 0,07 Pa, bei dem die Sputterrate auf etwa 50 % des Wertes ohne Sauerstoff-Dotierung abgefallen ist. Dies würde bedeuten, daß zwar der eben abgetragene Sauerstoff sofort wieder durch atmosphärischen Sauerstoff ersetzt wird, aber etwa die Hälfte des Materials aus tieferen Lagen stammen.

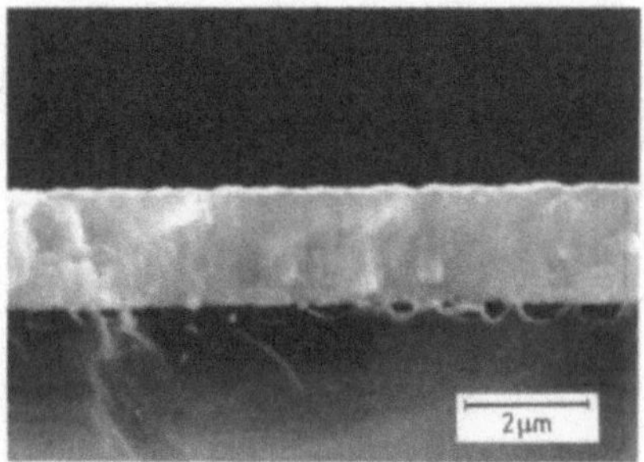

Abb. 10.20. REM-Aufnahmen eines quergebrochenen Wafers nach der Abscheidung (Einkristall-Si, 30 nm Gateoxid, 300 nm Poly-Si, 2000 nm $TaSi_2$, oben) und nach der Temperung bei 900° C in Ar (unten) [386].

10.6 Probleme der Kohäsion

Man unterscheidet verschiedene Typen von Kohäsion:

- Interfaciale Kohäsion: Zwei verschiedene Materialien verbinden sich durch eine wohldefinierte Zwischenschicht.
- Kohäsion durch Interdiffusion: allmählicher Übergang von einem Material zum anderen.
- Kohäsion durch eine oxidische Zwischenschicht.
- Zusätzlich mechanische Verkoppelung durch (physikal.) Kohäsion: atomar unebene Flächen verzahnen miteinander.

Vorausgesetzt, die Substratoberfläche ist frei von Ölen und Fetten, kann die Oxidschicht durch Rücksputtern entfernt werden. Allerdings wird eine einlagige Gasschicht bereits in einer Sekunde bei 0,1 mPa wieder gebildet! In den ersten beiden Fällen kann durch Temperaturerhöhung oft eine Erhöhung der Reaktionsgeschwindigkeit erzielt werden.

Der dritte Fall ist die Grundlage der *Keramik-Metall-Verbindungen:* Auf ein Oxid (etwa SiO_2) wird ein Metall sehr hoher oxidischer Bildungswärme aufgebracht. Die Haftung wird dann durch folgende Reaktion erzielt (Beispiel: Molybdän auf Glas):

$$\mathrm{Mo} + \mathrm{SiO_2} \longrightarrow \mathrm{MoO_2} + \mathrm{Si}. \qquad (10.10)$$

Zur Erzielung eines ohmschen Kontaktes ist es zusätzlich wichtig, daß das Metall in mehreren Oxidationsstufen auftreten kann, wobei mindestens eine Stufe ein Oxid metallischer Leitfähigkeit bilden muß, etwa bei Molybdän- und Wolframbronzen [381].

Es wird oft behauptet, daß gesputterte Filme deswegen besser als gedampfte halten, weil die abgestäubten filmbildenden Atome eine höhere Energie als solche haben, die aus einer Verdampferquelle stammen. Obwohl die hohe Energie der abgestäubten Atome wegen des kleinen *MFP* zu einem großen Teil durch Stöße dissipiert wird, bevor die Atome das Substrat erreicht haben (Abschn. 10.1.1), beträgt die mittlere Energie der auftreffenden Atome immer noch ein Mehrfaches der Gitterenergie des zu bildenden Gitters. Zusätzlich liefern die schnellen Sekundärelektronen aus dem Bulk-Plasma kinetische Energie, die das Aufheizen des Substrates (und damit sowohl Grenzflächenreaktionen und Interdiffusionen als auch Keimbildung) bewirken. So konnten etwa Ta/Si-Filme auf Poly-Si bis zu einer Dicke von 2 μm von einem Mosaiktarget abgestäubt werden, die auch nach einer Temperung von 60 min bei 900° C in Argon einwandfrei hafteten (Abb. 10.20).

10.7 Sputtersysteme mit erhöhter Plasmadichte

10.7.1 Magnetisch verbesserte Sputtersysteme

Magnetisch verbesserte Systeme wurden konstruiert, um die Sputterrate zu vergrößern und den nutzbaren Druckbereich zu erweitern. Außerdem führen sie zu einer Reduzierung des Elektronenbeschusses des Substrates. Durch ein zur Targetoberfläche paralleles Magnetfeld wird eine große Plasmadichte vor dem Target, und damit eine hohe Sputterrate, erreicht. Das Aggregat selbst bezeichnet man als „Magnetron". Dieser Begriff wurde ursprünglich auf Röhren angewendet, die HF- und Mikrowellen erzeugen. Ausgenutzt wird die LORENTZ-Kraft $\boldsymbol{F}_L = Q\boldsymbol{v} \times \boldsymbol{B}$, die ein Magnetfeld auf bewegte elektrische Ladungen ausübt (in diesem Falle nur auf die Elektronen, da die Ionen bei Magnetfeldern von typisch 10 mT nicht beeinflußt werden ($m_{\mathrm{Ar}}/m_{\mathrm{e}} \approx 70000$)). Die Elektronen, die eine Geschwindigkeitskomponente senkrecht zum Magnetfeld haben, werden dabei auf Kreisbahnen gezwungen (Zentripetalkraft = LORENTZ-Kraft). Mit $v = \omega \times r$ folgt (wobei $\boldsymbol{v} \perp \boldsymbol{B}$) die LARMOR-Beziehung:

$$\frac{m_{\mathrm{e}} v_\perp^2}{r} = e_0 B v_\perp \Rightarrow r = \frac{m_{\mathrm{e}} v_\perp}{B e_0} \Rightarrow \omega_{\mathrm{c}} = \frac{e_0 B}{m_{\mathrm{e}}} \tag{10.11}$$

mit ω_{c} der Cyclotronfrequenz; die entstehende Trajektorie ist bei konstantem elektrischen Feld die einer Helix. Bei einem Magnetfeld von etwa 33 mT und einer Plasmadichte von 10^{10} cm^{-3} wird übrigens die Plasmafrequenz gleich der Cyclotronfrequenz. Das Verhältnis dieser beiden Größen hat — nebenbei bemerkt — den interessanten Wert [388]

$$\frac{\omega_{\mathrm{P}}^2}{\omega_{\mathrm{c}}^2} = \frac{nmc^2}{H^2} = \frac{\text{materielle Energiedichte}}{2 \cdot \text{magnetische Energiedichte}}. \tag{10.12}$$

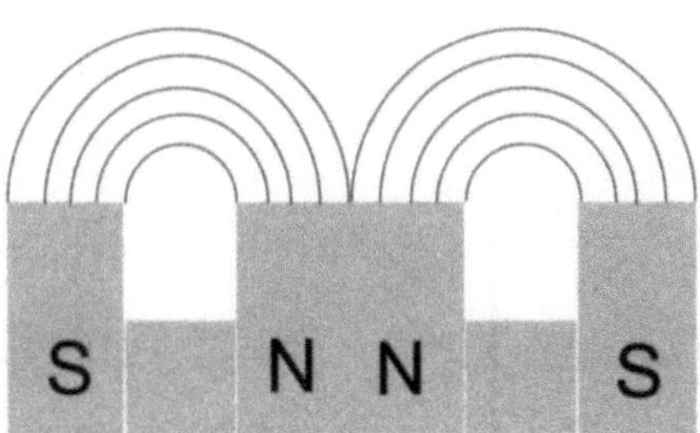

Abb. 10.21. Darstellung der Wirkungsweise eines planaren Magnetrons. Durch Erhöhung der Elektronendichte in Targetnähe nimmt die Plasmadichte zu, wodurch die Sputterausbeute vergrößert wird. Die magnetische Feldverteilung erklärt die Ausbildung von „Race Tracks" (nach [387] © Cambridge University Press).

Damit der Anteil der Elektronen, die eine große Geschwindigkeitskomponente senkrecht zum Magnetfeld haben, möglichst hoch ist, stehen elektrisches Feld ($\boldsymbol{E} \parallel \boldsymbol{v}$) und Magnetfeld senkrecht zueinander.

Wie aus Gl. (10.11) ersichtlich, schrumpft der Radius der Helix bei steigendem Magnetfeld. Bereits 10 mT schnüren Elektronen einer Energie von 5 eV auf Kreisbahnen mit einem Durchmesser von etwa einem $^3/_4$ cm zusammen. Deswegen wirkt das magnetische Feld wie eine Druckerhöhung, allerdings nur senkrecht zu sich selbst (Abb. 10.21).

Die Auswirkungen auf die Entladung können so beschrieben werden:

- Eine Verringerung der Dicke der kathodischen Randschicht. Da die Elektronen in dieser Zone strahlförmige Eigenschaften haben, ist dieser Effekt besonders wirkungsvoll.
- Die Entladung schnürt sich in der Mitte zusammen, wodurch das Glühen intensiver wird.
- Die U-I-Beziehung verändert sich wesentlich: der Nutzen besteht in einer effektiveren Ausnutzung der Elektronen, die sonst zum großen Teil durch Wandreaktionen verloren gehen. Durch das Zwingen auf eine Kreisbahn wird die Geschwindigkeitskomponente in Richtung auf die Wand Null, zudem wird der zurückgelegte Weg verlängert.

Im Ergebnis sind magnetronunterstützte DC-Entladungen zur Metallbeschichtung billiger als RF-Entladungen; daher sind sie ein wichtiger Bestandteil von Produktionslinien geblieben, und die Diskussion der Bewegungsgleichung wird auch für eine DC-Entladung geführt.

Um die Bewegungsgleichung der Elektronen in dem linear abfallenden Feld der kathodischen Randschicht mit $\boldsymbol{E} = \text{const}$ zu gewinnen, gehen wir davon aus, daß statisches Magnetfeld $\boldsymbol{B}_0$ und z-Achse parallel zueinander stehen, die durch

$\boldsymbol{B}_0$ und $\boldsymbol{E}$ aufgespannte Fläche sei die yz-Ebene. Dann ist die Bewegungsgleichung (ohne Dämpfung durch Stöße):

$$\frac{\mathrm{d}\boldsymbol{v}}{\mathrm{d}t} = -\frac{e_0}{m}(\boldsymbol{E} + \boldsymbol{v}_0 \times \boldsymbol{B}_0) \tag{10.13}$$

und in Komponentenschreibweise

$$\left.\begin{aligned} \frac{\mathrm{d}x^2}{\mathrm{d}t^2} &= \omega_\mathrm{c}\frac{\mathrm{d}y}{\mathrm{d}t} \\ \frac{\mathrm{d}y^2}{\mathrm{d}t^2} &= \frac{e_0}{m_\mathrm{e}}E_y - \omega_\mathrm{c}\frac{\mathrm{d}x}{\mathrm{d}t} \\ \frac{\mathrm{d}z^2}{\mathrm{d}t^2} &= \frac{e_0}{m_\mathrm{e}}E_z. \end{aligned}\right\} \tag{10.14}$$

Zunächst besagt die dritte Gleichung, daß die Ladung sich gleichförmig beschleunigt bewegt, und zwar parallel zum Magnetfeld:

$$z = \frac{e_0 E_z}{2m_\mathrm{e}}t^2 + v_{0,z}t. \tag{10.15}$$

Durch Kombination der ersten und zweiten Gleichung mit der Definition $X = \mathrm{d}x/\mathrm{d}t + \mathrm{i}\mathrm{d}y/\mathrm{d}t$ wird aus

$$\frac{\mathrm{d}X}{\mathrm{d}t} + \mathrm{i}\omega X = \frac{\mathrm{i}e_0}{m}E_y \tag{10.16}$$

$$X = a\mathrm{e}^{-\mathrm{i}\omega t}, \tag{10.17}$$

die allgemeine Lösung der homogenen Gleichung. Eine spezielle Lösung der inhomogenen Gleichung ergibt sich mit

$$a = \frac{e_0 E_y}{m\omega} \tag{10.18}$$

zu

$$a\mathrm{e}^{-\mathrm{i}\omega t} + \frac{e_0 E_y}{m\omega}. \tag{10.19}$$

Zerlegung in Real- und Imaginärteil ($\mathrm{e}^{-\mathrm{i}\omega t} = \cos\omega t - \mathrm{i}\sin\omega t$) liefert

$$\frac{\mathrm{d}x}{\mathrm{d}t} = a\cos\omega t + \frac{e_0 E_y}{m\omega} \wedge \frac{\mathrm{d}y}{\mathrm{d}t} = -a\sin\omega t. \tag{10.20}$$

Folglich hat bei $t = 0$ die Geschwindigkeit nur eine x–Komponente. Nochmalige Integration liefert mit den Anfangsbedingungen $x = y = 0$ bei $t = 0$:

$$x = \frac{a}{\omega}\sin\omega t + \frac{e_0 E_y}{m\omega}t \wedge y = \frac{a}{\omega}(\cos\omega t - 1). \tag{10.21}$$

Für $a = -e_0 E_y/m\omega$ erhalten wir unter Beachtung von $\omega_\mathrm{c} = e_0 B/m$ als Projektion der Bahnkurve in die xy-Ebene eine Zykloide:

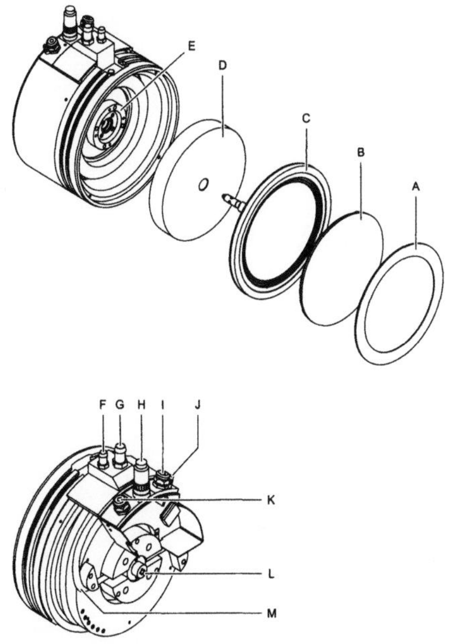

Abb. 10.22. Aufbau eines Targets mit Magnetron (ARQ 131 DC von Unaxis). A: Sputterschutzring, B: Target, C: Kühlplatte, D: Magnetsystem, E: Motor, F und G: Kühlwasserstutzen, H: Motoranschluß (Drehantrieb), I, K und L: Hochspannungsanschluß, J: Sensoranschluß (Drehantrieb), M: Kühlsystem. © Unaxis (2003).

$$x = \frac{E_y}{B}(\omega t - \sin\omega t) \wedge y = \frac{E_y}{B}(1 - \cos\omega t). \tag{10.22}$$

Da wir in der Randschicht aber ein abfallendes Feld beobachten, machen wir in zweiter Näherung den Ansatz eines linear abfallenden Feldes:

$$\boldsymbol{E} = 2\boldsymbol{E}_0\left(1 - \frac{y}{d_\mathrm{C}}\right) \tag{10.23}$$

mit d_C dem Abstand Elektrodenoberfläche–Bulk-Plasma, wobei deren Beginn mit der Bedingung $\boldsymbol{E}(d_\mathrm{C}) = 0$ festgelegt wird, und eines dazu senkrechten Magnetfeldes. Es ist dann zunächst das Feld an der Oberfläche mit

$$V_\mathrm{C} = \int E\mathrm{d}y = \int_0^{d_\mathrm{C}} \frac{E_0 y}{d_\mathrm{C}}\mathrm{d}y = \frac{E_0}{2}d_\mathrm{C}, \tag{10.24}$$

womit

$$E_0 = 2\frac{V_\mathrm{C}}{d_\mathrm{C}} \wedge E = \frac{2V_\mathrm{C}}{d_\mathrm{C}}\left(1 - \frac{y}{d_\mathrm{C}}\right). \tag{10.25}$$

wird. Für die Bewegungsgleichungen ergibt sich dann:

$$\frac{\mathrm{d}^2x}{\mathrm{d}t^2} = \omega_\mathrm{c}\frac{\mathrm{d}y}{\mathrm{d}t} \wedge \frac{\mathrm{d}^2y}{\mathrm{d}t^2} = \frac{e_0}{m_\mathrm{e}}\left[\frac{2V_\mathrm{C}}{d_\mathrm{C}}\left(1 - \frac{y}{d_\mathrm{C}}\right)\right] - \omega_\mathrm{c}\frac{\mathrm{d}x}{\mathrm{d}t} \tag{10.26}$$

Mit den Randbedingungen, daß an der Kathodenoberfläche ($y = 0$) $\mathrm{d}y/\mathrm{d}t$ verschwindet, folgt für $\mathrm{d}x/\mathrm{d}t$:

$$\frac{dx}{dt} = \omega_c y, \tag{10.27}$$

und für die Bewegungsgleichung mit $\alpha = 2e_0V_C/(m_e d_C^2)$:

$$\frac{d^2y}{dt^2} + [\alpha + \omega_c^2]y = \alpha d_C. \tag{10.28}$$

Da an der Elektrode sowohl y wie dy/dt Null werden, wird für y mit der LAGRANGEschen Methode:

$$y = \frac{\frac{2V_C}{d_C}}{\frac{2V_C}{d_C} + \frac{m_e}{e_0}\omega_c^2} \cdot (1 - \cos\omega t) \tag{10.29}$$

mit

$$\omega^2 = \frac{e_0}{m_e}\frac{E_0}{d_C} + \omega_c^2, \tag{10.30}$$

was ebenfalls die Gleichung einer Zykloide ist, die für $E_0 = 0$ in die LARMOR-Beziehung $\omega_c = e_0B/m_e$ übergeht.
Damit beträgt der maximal mögliche Abstand des Elektrons von der Kathode

$$y_{max} = \frac{\frac{4V_C}{d_C}}{\frac{2V_C}{d_C^2} + \frac{m_e}{e_0}\omega_c^2}. \tag{10.31}$$

Ist die Dunkelraumlänge kürzer als y_{max}, wird der durchlaufene Weg der Elektronen nur unwesentlich verlängert. Für einen kritischen Wert des Magnetfeldes wird jedoch die Wegkrümmung so groß, daß das Elektron eingefangen wird. Auf diese Weise reduziert das Magnetfeld die Dunkelraumdicke erheblich, und man kann als Grenzbedingung festlegen:

$$y_{max} < d_C \Rightarrow V_C < \frac{1}{2}\frac{Be_0^2 d_C}{m_e}. \tag{10.32}$$

Insbesondere gilt festzuhalten, daß der Kathodenfall V_C durch das Magnetfeld unbeeinflußt bleibt [389]. In RF-Entladungen sind die Elektronen des Bulk-Plasmas für die Aufrechterhaltung der Entladung sehr wichtig; deswegen gewinnen Magnetrons in diesem Fall für das „Confinement“ der Elektronen eine überragende Bedeutung [390].

Es gibt mehrere Anordnungen: zylindrische, kreisförmige und planare Magnetrons (Abb. 10.22). Letztere werden bespielsweise direkt auf der Kathode befestigt. Ihnen ist gemeinsam, daß wegen der erhöhten Sputterrate und der Einschnürung des Bulk-Plasmas ein *ungleichmäßiger Abtrag des Targets* erfolgt, der eine Langzeitstabilität erschwert — im englischen spricht man wegen der entstehenden pferderennbahnartigen Erosionsgräben von „Race Tracks“ [391]. Dem suchte man früher durch manchmal abenteuerliche Formgebung des Targets zu begegnen, beherrscht dieses Problem aber mittlerweile mit adaptierten Magnetrons sehr gut (Abb. 10.23) [392].

Abb. 10.23. „Race Tracks" durch inhomogenen Sputterabtrag in einem Goldtarget mit konventionellem Magnetron (lks.) und deren Beseitigung durch ein verbessertes Magnetron (re.). Unten: eingebaut in zwei Systeme des CLUSTERLINE 200-Systems von Unaxis [392] © Unaxis 2002.

Da die Ströme teilweise sehr hoch sind, nimmt ihre Anfälligkeit für „Arcing" (s. Abschn. 10.3.3) zu, insbesondere, wenn bei reaktiven Sputterprozessen Isolatoren auf der Targetoberfläche gebildet werden. Wegen der dann dramatisch verringerten thermischen Leitfähigkeit kann das Target lokal schmelzen.

Auf ein bereits bei den Bias-Sputter-Verfahren beobachtetes Phänomen soll hier noch aufmerksam gemacht werden. Neben der stark erhöhten Abscheiderate beobachteten THORNTON und HOFFMAN, daß es offenbar einen Zusammenhang zwischen Arbeitsdruck und der mechanischen Spannung des aufgestäubten Films gibt, zumindest in Magnetron-RF-Entladungen [393] [394]. So konnte phänomenologisch beobachtet werden, daß in amorphem α-Si und α-Si:H bei niedrigen Drücken Zug-, bei hohen Drücken dagegen Druckspannungen auftraten, deren Größe denen von refraktären Metallen ähnlich waren. Der Übergang erfolgt ziemlich abrupt und steigt mit dem Verhältnis $M_{\text{Target}}/M_{\text{Gas}}$. Als Ursache für die Spannungen konnte eingebautes Arbeitsgas identifiziert werden, ohne allerdings einen quantitativen Zusammenhang herstellen zu können.

Jedoch konnten sie folgende Schlußfolgerungen (abgestuft in der Reihenfolge ihrer Wichtigkeit) ziehen:

- Bei hohen Drücken werden die ankommenden schichtbildenden Atome stärker gestreut (außerdem nimmt auch der Kathodenfall niedrigere Werte an) und damit deren mittlere Energie verringert, was Druckspannungen zur Folge hat.
- Es besteht ein qualitativer Zusammenhang zwischen Einbau von Molekeln des Arbeitsgases und der Spannung: unterhalb des kritischen Arbeitsdrucks weisen die Filme eine Zugspannung auf, hohe Reflektivitäten und niedrige Widerstände mit einem signifikanten Einbau des Arbeitsgases. Bei hohen Drücken hingegen beobachtet man verminderte Reflektivitäten und steigende Widerstände und weniger eingebautes Arbeitsgas (s. a. Abb. 10.15).

10.7.2 Triodensysteme

Eine andere Möglichkeit, die Elektronendichte zu erhöhen, besteht im Anbringen einer Glühkathode in das Diodensystem (sog. „Triodensystem“ [395]). Die Entladung einer Glühkathode ist — nebenbei gesagt — einer der wenigen Fälle einer Entladung ohne Kathodenfall. Gleichzeitig können die Targetspannung und der Targetionenstrom unabhängig voneinander kontrolliert werden. Substrat-Bias ist möglich, jedoch ist die Abhängigkeit dieser Größe vom Druck weniger ausgeprägt als in reinem RF-Sputtern, wodurch man diesen Effekt über einen größeren Druckbereich untersuchen kann. Da es mit diesem Verfahren möglich ist, die Elektronendichte fast beliebig zu steigern, kann man derartige Anlagen bis zu Drücken von 1 mPa bei Spannungen von einigen zehn Volt und Strömen von einigen Ampere mit sehr hohen Abscheideraten betreiben. Trotz ihrer Vorteile wurden sie von den Dioden-Sputteranlagen inzwischen vollständig verdrängt, weil sie konstruktiv sehr aufwendig sind.

10.7.3 Ionenplattiersysteme

Der Vergleich der Adhäsion von gedampften und gesputterten Schichten mit typischen Depositionsenergien zwischen 0,2 für das Dampfen und 10 eV für das Sputtern führte MATTOX zu der Überlegung, daß die Adhäsion durch eine Erhöhung der kinetischen Energie der auftreffenden Partikeln verbesserbar wäre [396]. Mit dem Ionenplattieren wurde eine Beschichtungsmethode entwickelt, die Verdampfen und Sputtern kombiniert. Die ersten Typen wurden mit Gleichspannung betrieben; mit ihnen wurden zunächst dünne Filme aus niedrigschmelzenden Metallen hergestellt. Aber bereits seit längerem hat eine stürmische Weiterentwicklung eingesetzt.

Das Substrat ist als Kathode (etwa 2 – 10 kV) einer Glimmentladung geschaltet, wodurch zunächst durch Beschuß mit Ar^+-Ionen eine Oberflächenreinigung erzielt wird. Dann wird parallel dazu Material aus einem Tiegel auf das Substrat verdampft. Damit ein Nettowachstum erzielt wird, müssen die Beschichtungsraten sehr hoch sein (sie liegen oft in der Gegend von einigen μm/min).

Bei derart hohen Spannungen werden Atome des Beschichtungsmaterials durch das starke Feld und Elektronenbeschuß ionisiert, und zwar bis zu einigen Prozent (Unterschied zu Edelgasen wegen deren wesentlich höheren Ionisierungspotentialen; in einer normalen Entladung ist ja die Ionisierung höchstens in der Gegend einiger Promille). Es besteht damit die Möglichkeit, eine Entladung eines Metalldampfes zu erzeugen. Deswegen ist die kinetische Energie der auftreffenden Ionen wesentlich höher als bei einer Diodenentladung (s. Abschn. 10.1.1).

Als Quellen werden Elektronenstrahlkanonen z. B. des Hohlkathoden- oder Glühkathodentyps benutzt [397] [398]. Während Hohlkathoden im gleichen Druckbereich arbeiten, wie er für das Plattieren erforderlich ist, muß für Glühkathoden (Arbeitsbereich einige kV und sehr niedrige Drücke) eine separat gepumpte Kammer vorgesehen werden, deren einzige Verbindung zum Reaktor in der Aperturanode der Kanone besteht.

Damit konnte die Ionisierung im Gas erheblich — bis auf Werte von etwa 50 % — gesteigert werden, so daß sehr hohe Abscheideraten ermöglicht wurden, die eine Reduktion des Arbeitsdrucks bis unter 0,15 Pa und damit eine noch höhere kinetische Energie der Ionen wegen verminderter Stoßwahrscheinlichkeit erlaubten, die wiederum eine Verbesserung der Adhäsion mit sich brachte. Außerdem wurde auch die Abscheidung refraktärer Metalle (etwa TiN, Titan in Stickstoffatmosphäre) und keramischer Schichten (z. B. Si_3N_4, TiC) möglich.

In modernen Ionenplattieranlagen ist das Bias-Potential typisch in der Gegend von nur mehr 200 V und kann bis auf 20 V abgesenkt werden im Gegensatz zu früheren Anlagentypen, in denen die Hochspannung an der Kathode zur Elektronenbildung erforderlich war. Jetzt dient diese Spannung nur noch dazu, Ionen auf die Kathode zu beschleunigen. Außerdem werden als Ionenquellen auch Sputtertargets in RF-Anlagen, evtl. auch in Verbindung mit Magnetrons, verwendet [399]. Das ist dann *RF Ion Plating with (Reactive) Sputtering.* Da die Prozesse des Sputterns und Plattierens den gleichen Druckbereich erfordern, kommt man ohne differentielles Pumpen aus.

Ion Plating ist zu *dem* Hochleistungsbeschichtungsverfahren für verschiedenste Anwendungsgebiete geworden. Das reicht von der Oberflächenveredelung von Ölbohrerspitzen und Rotorachsen für Hubschrauber bis zur Beschichtung von Turbinenblättern und Schiffsschrauben.

10.8 Plasma Enhanced Chemical Vapour Deposition (PECVD)

Schließlich soll noch die Aufmerksamkeit auf ein Beschichtungsverfahren gelenkt werden, das durch die Anwendung von Plasmaprozessen eine wesentliche Erweiterung erfahren hat. Es handelt sich dabei um die Reaktion flüchtiger Komponenten auf einem Substrat zu einer nichtflüchtigen Verbindung, wobei die Substrat- oder Reaktorwandtemperatur die Reaktionsgeschwindigkeit entscheidend beeinflußt. Wächst die Schicht kristallorientiert auf, spricht man von *Epitaxie aus der Dampfphase (Vapour Phase Epitaxy, VPE).*

Oft entsteht dann eine zusätzliche flüchtige Komponente, so daß auf diese Weise sehr reine Schichten herstellbar sind, die das Substrat ausgezeichnet überformen. Ein typischer Fall ist die Bildung amorphen Germaniums aus der Gasphase für Solarzellen [400]:

$$\mathrm{GeH_4} \longrightarrow \mathrm{a{-}Ge{:}H} + \mathrm{H_2}. \tag{10.33}$$

Ein wichtiger Teilschritt dieser Reaktion besteht in der Dissoziation der Reaktanden, die allerdings erst bei höherer Temperatur nennenswert ist. Dieser Prozeß findet in einer Glimmentladung, bei der die RF meist kapazitiv angekoppelt wird, bereits bei deutlich reduzierten Temperaturen statt, so daß man so sehr schonend derartige Filme aufwachsen lassen kann. Dies ist z. B. in einem Parallelplatten-Reaktor, bei dem das Substrat auf die „kalte" Elektrode gelegt wird, durchführbar. Eine andere Möglichkeit besteht in der induktiven Ankopplung der RF. Da die Substrate dem Plasma ausgesetzt sind, werden sie mit energiereichen Partikeln und Strahlen beschossen (Abb. 10.24).

In der Literatur wird zwischen „weicher" und „harter" Abscheidung unterschieden [401]. Unter dieser wird dabei ein Wachstum unter starkem Ionenbombardement verstanden. Sie ist vorteilhaft für hochwertiges, langlebiges a-Ge:H mit Photoleitfähigkeiten von größenordnungsmäßig 10^{-6} cm^2/V im nahen IR. Dies gelingt auf mindestens zweierlei Arten.

- Liegt das Substrat auf der „kalten" Elektrode, kann die Elektronentemperatur im Plasma dadurch erhöht werden, daß der Wasserstoffgehalt im GeH_4/H_2-Gemisch vergrößert wird (Abb. 10.25). Es kommt dann zum Ansteigen des Plasmapotentials V_P von 2,5 eV bei 10 % GeH_4-Anteil auf Werte von über 6 eV in reinem H_2 (bei 10 W RF-Leistungseinkopplung) und folglich zu einer Erhöhung der Ionengeschwindigkeit an der BOHM-Kante der Randschicht.
- Wird das Substrat dagegen auf die „heiße" Elektrode gelegt, ist durch einfaches Erhöhen des „DC-Bias" eine „harte" Abscheidung möglich [402].

Meist können jedoch nur phänomenologische Abhängigkeiten zwischen Abscheidebedingungen und Filmeigenschaften beobachtet werden, da Änderungen

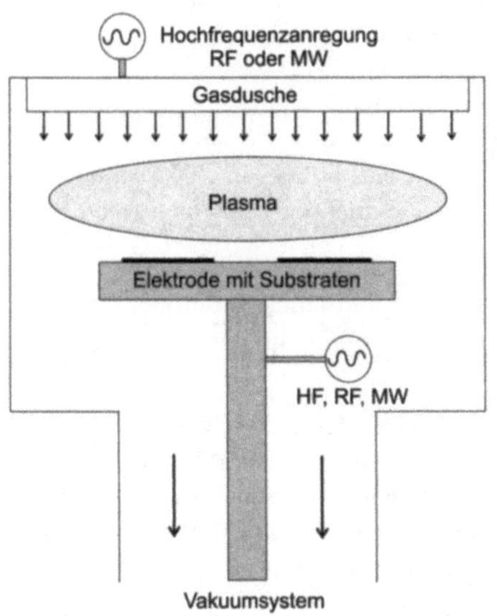

Abb. 10.24. PECVD-Parallelplatten-Reaktor, bei dem die Substrate auf der „kalten“ Elektrode liegen, an die jedoch zur Streßkontrolle zusätzlich ein Potential angelegt werden kann. Zur Anregung werden entweder Frequenzen im RF- oder MW-Bereich (13,56 MHz/2,45 GHz) eingesetzt, an die Substratelektrode entweder Frequenzen im kHz-Bereich ebenso wie Radiofrequenz (13,56 oder 27,12 MHz, aber auch Mikrowellen (2,45 GHz). Die meisten Elektroden sind allerdings nach wie vor geerdet.

der Gasflüsse Änderungen der Energien der bombardierenden Ionen bedingen [403], für eine gute Übersicht siehe etwa [404].

Inzwischen werden in der Halbleiterindustrie nahezu alle Dielektrika mit PECVD aufgebracht, das sind SiO_2, Si_3N_4 und TEOS-Glas, das aus Tetraethylorthosililicat zu SiO_2 zersetzt wird, und — da es sich um ein Glas, also eine erstarrte Schmelze handelt — in nahezu jedem Umfang dotiert werden kann, ohne daß eine Phasenzerlegung auftritt.

Der Hauptvorteil gegenüber „einfachen“ CVD-Anlagen ist darin zu sehen, daß es möglich wurde, Si_3N_4-Filme bei niedrigen Temperaturen mit genügend

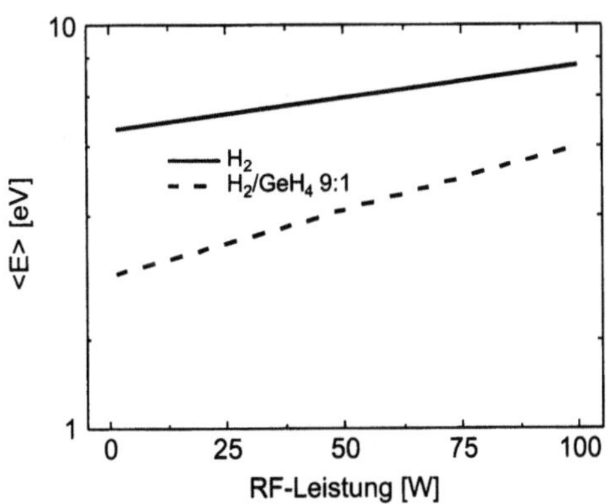

Abb. 10.25. Mittlere Energie der Elektronen in einer GeH_4/H_2-Entladung als Funktion der eingekoppelten RF-Leistung ($p = 1$ Pa) [402].

kleiner innerer Spannung bei gleichzeitig hoher Schichthomogenität abzuscheiden, so daß sie auch als Passivierungsschichten über Al-Leiterbahnen Verwendung finden konnten (SiO_2 kann „kalt“ aus SiH_4 und O_2 zwischen 400 und 450 °C in Niederdruck-CVD-Anlagen abgeschieden werden).

Oft kehrt sich bei der Plasmafrequenz der Ionen $\omega_{P,i}$ (größenordnungsmäßig einige MHz) das Vorzeichen der Spannung um von Druck- in Zugspannung, so daß ein enger Bereich nahezu spannungsfreier Schichten erreicht werden kann [405]. Offenbar hängt die sich aufbauende Spannung in der Schicht von der Energie der auf dieser aufschlagenden Ionen ab: unterhalb von $\omega_{P,i}$ kann die Energie der Ionen zwischen Null und dem Maximum des Randschichtpotentials variieren, während zu höheren Anregungsfrequenzen die Verteilung immer schärfer um den Mittelwert V_{DC} wird (s. Abschn. 6.6).

Sind die reaktiven Komponenten Monomere, kann auf diese Weise eine Polymerisation ablaufen. Dies wird — unkontrolliert — in Rasterelektronenmikroskopen beobachtet, in denen bei Anwesenheit von kohlenwasserstoffhaltigen Dämpfen, die auch im Turbopumpenvakuum nicht vollständig vermeidbar sind, unter dem Einfluß von Elektronenstrahlung in kürzester Zeit kohlenstoffhaltige Beläge auf den Proben entstehen.

10.8.1 Instantane Massenspektrometrie

Die instantane Analyse derartiger Plasmen kann etwa mit differentiell gepumpten Massenspektrometern erfolgen. Die Abbn. 10.26 sind ein eindrucksvolles Beispiel für die Vielzahl der Spezies, die in einer CCP-Gasentladung von SiH_4 bei einem Druck von etwa 10 Pa entstehen und schließlich Si-Cluster bilden [406]. Die Anregungsfrequenz kann auch aus der Modulation der MS-Intensitäten abgelesen werden (2,5 kHz).

10.8.2 Diamantartige Schichten

Gezielt werden seit einigen Jahren harte Kohlenstoff-Beläge abgeschieden. Als erste berichteten AISENBERG und CHABOT über die Darstellung *diamantartiger Schichten* (DLCs: „Diamond Like Coatings“) mit einer Ionenstrahlmethode [407] [408]. Während der Folgezeit wurde eine Vielzahl von Verfahren entwickelt. Sie sind dadurch charakterisiert, daß die Diamantschichten durch Zersetzung von Kohlenwasserstoffen z. B. in einer RF- oder Mikrowellen-Glimmentladung abgeschieden werden, während einfaches Sputtern, auch magnetfeld-unterstützt, dagegen nicht zum Ziel führt. Besonders erfolgreich war bisher die Zersetzung von Methan und nicht, wie man annehmen sollte, höherer Kohlenwasserstoffe, in denen bereits eine mehr oder weniger lange Kette von C-Atomen in tetraedrischer Umgebung vorgebildet ist [409]. Im Gegenteil, wie Untersuchungen von SPITSYN, DERJAGUIN sowie KOBAYASHI et al. erwiesen, muß zusätzlich noch Wasserstoff in die Atmosphäre dotiert werden, um das Gleichgewicht

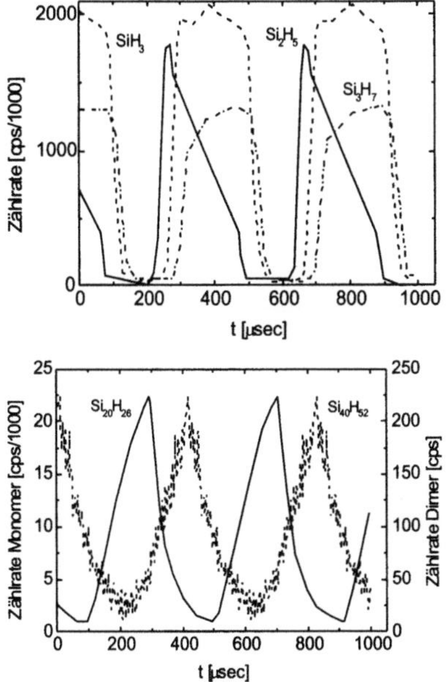

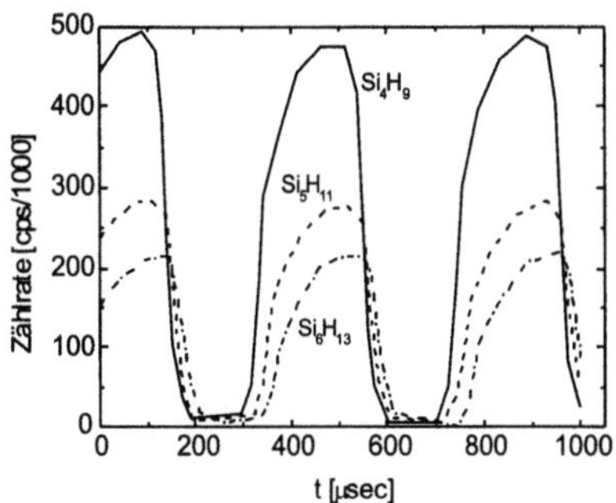

Abb. 10.26. Massenspektrometrische Analyse einer CCP-Entladung von Silan zur Abscheidung polykristallinen Siliciums [406].

$$C_{\mathrm{Diamant}} \rightleftharpoons C_{\mathrm{amorph}} \tag{10.34}$$

auf die linke Seite zu verschieben [410] [411] [412], da der bei diesen Bedingungen atomar vorliegende Wasserstoff bevorzugt mit graphitähnlichem Kohlenstoff reagiert und ihn in volatile Verbindungen überführt.[6] So wird die Phasenreinheit der Diamant-Schicht verbessert, in der der Kohlenstoff ja in der tetraedrischen Symmetrie vorliegt. Zum anderen könnte atomarer Wasserstoff mit einem terminalen H-Atom am Kettenende zu H_2 abreagieren und so ein aktives Oberflächenzentrum („Site“) erzeugen, an dem eine weitere Anlagerung ermöglicht wird [413] (Abb. 10.27). Es besteht zwar wenig Hoffnung, diese Diamanten in der Fifth Avenue verkaufen zu können, aber als Industriediamanten sind sie von Interesse.[7]

Verwendung finden derartige Filme in der Optik (Vergütung von Oberflächen sowohl im nahen UV als auch im fernen IR), in der Tribologie (Aufbringung verschleißfreier dünner Schichten auf beliebig geformten Werkstücken) und

---

[6] Diese Untersuchungen fanden im Westen eher höhnische Beachtung, war doch der nämliche DERJAGUIN fünf Jahre zuvor mit der Entdeckung des „Polywassers“ an die Öffentlichkeit getreten, einer angeblich neuen Modifikation des H_2O, die sich jedoch als russischer Forscherschweiß entpuppte.

[7] Jedoch sind auch Steine wie der *Stern von Afrika* oder der *Koh-i-nor,* der „Berg des Lichts“, nie verkauft worden — er ziert die Krone der Queen, da er nach einem Aberglauben den Königen Verderben bringen soll, wie dies der blaue *Hope-Diamant* tat, dessen Eigentümer alle eines unnatürlichen, teilweise grauenvollen Todes starben. Mit seinem letzten Besitzer ruht er nun seit über achtzig Jahren an Bord der *Titanic* auf dem Meeresgrund.

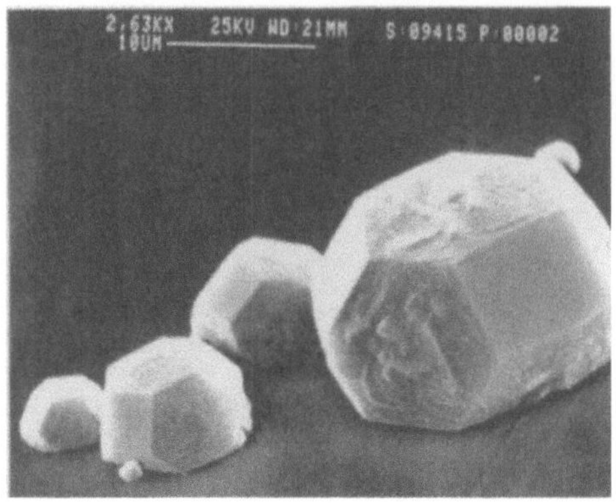

Abb. 10.27. Im Plasmastrom dargestellte Diamant-Kriställchen (© Astex, Inc. 1990).

nicht zuletzt für mikroelektronische und optoelektronische Bauelemente. Außerdem ist eine Anwendung als Schicht zur Wärmeableitung auf Halbleiterchips denkbar, da Diamant wegen seines hohen Elastizitätsmoduls die beste Wärmeleitfähigkeit aller Werkstoffe besitzt. Auch wird daran gedacht, Laserdioden (z. B. in den Zwischenverstärkern von Untersee-Glasfaserkabeln) zu beschichten. Dank der hohen Resistenz gegen intensives Licht ist dieses Material auch als Spiegelschicht für Hochleistungslaser geeignet. Weiter ist die Verwendung rauscharmer UV-Detektoren denkbar, da der große Bandabstand von über 5,5 eV und der hohe elektrische Widerstand parasitäre Beiträge zu Photoströmen reduzieren.

Es soll nochmals hervorgehoben werden, daß mit dieser Niederdruck-Synthese extrem harter Materialien — so wurde auch über die ECR-Abscheidung von $(BN)_\infty$ in der diamantischen Kristallstruktur berichtet [414] — das Potential der Oberflächenveredelung bedeutend erweitert wurde. Dies bewertete auch die Öffentlichkeit ähnlich. Z. B. titelte die Sonntagsausgabe der *New York Times* am 14-09-1986: „New Era of Technology Seen in Diamond Coating Process“ [415].

Auch im Bereich der hochwertigen Wiedergabe von Musik im Heimbereich (HiFi) können Diamanten Verwendung finden. HiFi-Enthusiasten werden sich an die Moving-Coil-Tonabnahmer *DV Karat* und *DV Karat Diamond* der Firma Dynavector erinnern, die Ende der 1970iger Jahre Furore machten, und die einen Nadelträger aus Saphir bzw. Diamant besaßen. In den hausinternen Publikationen, die diese Systeme begleiteten, wurde die Verwendung dieser Materialien mit der geringen Dispersion der Biegeschwingungen und der hohen Schallgeschwindigkeit in diesen Werkstoffen wegen des sehr großen Elastizitätsmoduls motiviert. Durch die Verwendung eines sehr kurzen Nadelträgers konnte die Resonanzfrequenz weit aus dem hörbaren Bereich (auf Werte von etwa 50 kHz) geschoben werden.[8]

[8]Vor einer allzu unkritischen Verwendung dieses Materials sei allerdings gewarnt. So wurde berichtet, daß Sumitomo und JVC derartige Diamant-Membranen als Material für Lautspre-

Tabelle 10.1. Wichtige Eigenschaften und Anwendungsmöglichkeiten des Diamanten

Eigenschaft	*Wert*	*Anwendungen*
härtestes Material	$\approx 10^4$ kg/mm^2 (Vickers)	Beschichtung für Schneidewerkzeuge
höchste thermische Leitfähigkeit	20 – 21 W/cm K 5 · besser als Cu	Wärmesenke für elektron. Bauelem.
beständig gegen UV-, Röntgen- und γ-Strahlung		Ersatz von Si-Dioden-Arrays wegen besseren S/N-Verhältnisses
kleinstes Molvol. trotz locker gep. Struktur	3,417 cm^3 (Au: 10,21 cm^3)	
großes Band-Gap Elektronen/Loch-Beweglichkeit	5,45 eV 1 900/1 600 cm^2/Vs	elektronische High-Speed-Bauelemente für sehr hohes T
hohe Transparenz über weiten Spektralbereich		Fenstermaterial für Spektrographen
höchste Schallgeschwindigkeit	18,2 km/sec 2 $\cdot v_S$ von Al	Membranen
höchste Festigkeit	$1,2 \cdot 10^{12}$ N/m^2	Ersatz von Glas für Lithog.-Masken
elektr. Widerstand	10^{13} Ωcm	

Die Attraktivität des Diamanten für verschiedenste technologische Anwendungen in einer simplen Tabelle zusammenzustellen, ist seiner Majestät kaum angemessen, jedoch handelt es sich bis jetzt fast ausschließlich um *diamantähnliche* Schichten, deren Reinheit Raman-spektroskopisch ermittelt wird: ein erstklassiger Diamant zeichnet sich durch spektrale Reinheit und lediglich eine scharfe Linie bei 1332 cm^{-1} aus, die symmetrische C-C-Valenzschwingung (symmetrische Schwingungen können nur im Raman-Spektrum beobachtet werden), während die Gitterschwingung bei sehr tiefen Wellenzahlen liegt ($\omega = \sqrt{k/m}$ mit k der Kraftkonstanten der Bindung, die wegen der hohen Bindungsenergie des Diamanten sehr groß ist), was die hervorragende Verwendbarkeit des Diamanten als Fenstermaterial für alle Spektroskopiearten erklärt.

cher benutzen würden [413]. Natürlich kommt dafür derzeit nur der Mittel/Hochton-Bereich in Frage. Die Erfahrungen mit Plasmalautsprechern etwa der Firma Magnat haben jedoch gezeigt, daß eine kurze, verzögerungsfreie Einschwingzeit nur *ein* Kriterium für ein gutes Lautsprechersystem ist, das selbstverständlich erfüllt sein muß, jedoch gegenüber Verfärbungen und Anpaßproblemen von Mehrweg-Systemen oft zurücktritt. So überrascht immer wieder die neutrale Wiedergabe von Breitband-Elektrostaten mit Polyester-Folien, die gerade den Bereich des Grund- und ersten Obertons der menschlichen Stimme extrem verfärbungsfrei abbilden.

Eine effektive p-Dotierung erfolgt mit Bor. Zum Anheben eines Elektrons muß allerdings eine Energie von 0,35 eV (etwa 14 $\cdot k_B T_e$) aufgewendet werden, so daß bei Zimmertemperatur weniger als 1 % Löcher zur Verfügung gestellt werden können. Das eigentliche Arbeitsgebiet der Diamant-Elektronik liegt folglich bei höheren Temperaturen (500 – 700 °C). Eine n-Dotierung mit Stickstoff ist jedoch bedeutend schwieriger, da die Bindungsenergie der Elektronen etwa 1,7 eV beträgt; Phosphor paßt andererseits nicht ins Diamantgitter. Deswegen wurden zunächst p-FETs realisiert, wobei als weiterer Vorteil hervorzuheben ist, daß eine Metallisierung direkt auf der Diamantoberfläche ohne störendes natives Oxid erfolgen kann. Im Gegenteil ist es sogar schwierig, Diamant mit reinem Sauerstoff zu ätzen. Als sehr viel geeigneter erwies sich NO_2, das einen besser haftenden Oberflächenfilm bildet und eine etwa zehnmal höhere Ätzrate aufweist [416].

Wegen seiner phantastischen Wärmeleitfähigkeit bei gleichzeitig erstklassigem elektrischen Widerstand finden Diamantscheibchen seit vielen Jahren als Wärmesenke für Halbleiter-Laserdioden Verwendung. Auch eine Anwendung als hochresistentes Fenstermaterial in Form großflächiger Membranen erscheint möglich.

Das Potential einer Diamant-Elektronik ist derzeit unmöglich abzuschätzen. Dies liegt nicht zuletzt darin begründet, daß hier Ästhetik und Wissenschaft in geradezu brillanter Weise eine Synthese eingehen. Aus der Geschichte ist bekannt, daß dann ausgesprochen sensationelle Fortschritte möglich sind. Allerdings ist die Euphorie der Entdeckerzeit (Anfang der 1990iger Jahre) etwas abgeklungen.

10.9 Ionenstrahlbeschichtung

Den bisher besprochenen Methoden ist gemein, daß sich das Target im glühenden Plasma befindet. Als ältestes Verfahren, bei dem Ionenstromdichte und -energie unabhängig voneinander einstellbar sind, gilt das Ionenstrahlabscheiden. Wie in Kap. 8 dargelegt, besteht der besondere Vorteil im sehr niedrigen Druck im Reaktor, der, durch die schlechten Vakuum-Leitwerte der Gitter bedingt, typischerweise um eine bis eineinhalb Größenordnungen niedriger ist als in der Plasmaquelle. Damit werden die vom Target abgestäubten Moleküle und Molekülfragmente nicht zusätzlich Streuprozessen ausgesetzt (s. Abb. 10.28). Der auf dem Substrat auftreffende Strahl, in modernen Anlagen mindestens 50 cm vom Target entfernt, hat damit eine KNUDSEN-Charakteristik, ähnlich wie eine Keule aus verdampften Atomen, und seine Konstituenten weisen mindestens die kinetische Energie auf, wie sie für RF-Dioden-Sputterprozesse typisch ist (durch die fehlende Streuung ist keine Thermalisierung des Strahls möglich). Damit ist die Haftung derartiger Filme der von Dioden-Sputter-Anlagen vergleichbar. Beschichtungen zur Reflexverminderung photonischer Bauelemente („AR-Coating“) werden sogar bevorzugt in Ionenstrahlanlagen durchgeführt.

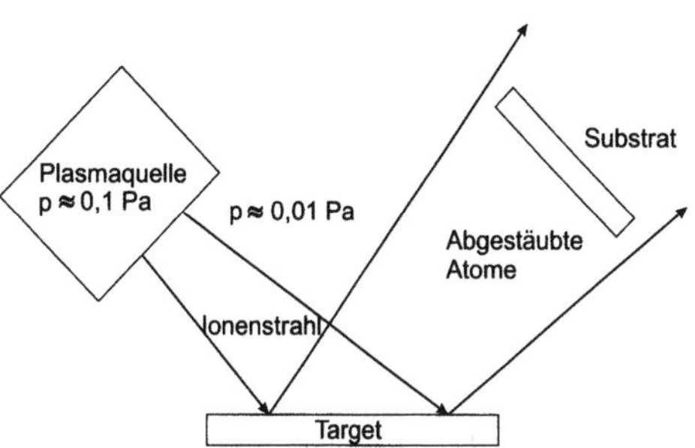

Abb. 10.28. Wegen des schlechten Vakuum-Leitwerts der Gitteroptik ist der Druck in der Plasmaquelle typisch eine Größenordnung höher als im Reaktor, was Streuprozesse vom Target abgestäubter Atome und Molekülgruppen wesentlich reduziert.

Ein wesentlicher Qualitätsparameter ist die Homogenität des Strahls, die durch den Einsatz von ICP-Quellen im letzten Jahrzehnt wesentlich verbessert werden konnte (s. Abschn. 8.7).

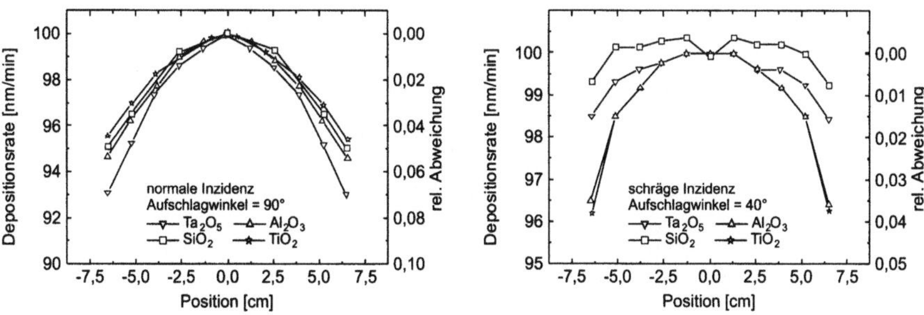

Abb. 10.29. Die Homogenität der Beschichtung hängt wesentlich vom Einschlagwinkel der Ionen auf dem Target ab. Lks.: normale Inzidenz, re.: Target um 50° gekippt © Veeco (2002) [417].

Viele Filmeigenschaften sind bereits durch zahlreiche Herstellparameter *in-situ* beeinflußbar. So ist etwa der Inzidenzwinkel des Strahls zum Target (und damit auch zum Substrat) variierbar. Gleichzeitig ändert das auch, wenn auch durch die breiteren Abstäubwinkel eingeschränkt, den Inzidenzwinkel auf das Substrat. Es findet jedoch keine weitere Streuung zwischen Target und Substrat statt, so daß derartige Einflüsse wesentlich gezielter untersucht und damit auch eingestellt werden können. So hat sich etwa gezeigt, daß die radiale Uniformität der Abscheidung auf dem Substrat bei Verkippen des Targets zum Ionenstrahl wesentlich verbessert werden kann (Abbn. 10.29). Gleichzeitig wird auch der kompressive Streß reduziert, da Atome, die auf Fehlstellen sitzen, bei schrägem Einfall wesentlich häufiger verschoben werden können. Dies ist allerdings mit einem Verlust der Dichte verbunden.

DLC-Abscheidungen können etwa von einem Graphittarget in inertgasdotierter (N_2 oder Ar) CH_4-Atmosphäre durchgeführt werden. IBD-Schichten sind im Gegensatz zu CVD-Schichten wesentlich feinkristalliner und sehr glatt, was die Verwendung als tribologische Schicht nahelegt. So beträgt etwa die Rauhigkeit eines 100 nm dicken DLC-Films 0,1 bis 0,2 nm, bestimmt mit AFM-Messungen [417].

11 Trockenätzverfahren

Sputtern haben wir als einen Prozeß kennengelernt, bei dem die Kathode, das „Target", gezielt durch die Ionen der die Sputteratmosphäre konstituierenden Molekeln — meist ein Edelgas, zu dem reaktive Gase dotiert werden können —, abgestäubt wird. Diese erfahren im Kathodendunkelraum eine starke Beschleunigung in Richtung des elektrischen Feldes und nehmen dabei eine kinetische Energie auf, die ein Vielfaches der Gitterenergie betragen kann. Dadurch wird die isotrope Geschwindigkeitsverteilung der Ladungsträger innerhalb des Bulk-Plasmas des Plasmas in eine Strahlcharakteristik der Ionen transformiert, die — je nach Dicke des Dunkelraums und Druck der Entladung — wiederum durch Stöße aufgeweicht werden kann. Beschießt man also das „Target" mit diesem „Strahl", kommt es zu einem *gerichteten Abtrag,* der bei einem „Target", wie es zum Sputtern verwendet wird, nicht bemerkbar ist. Ist das „Target" dagegen strukturiert, ist dieser in verschiedenen Richtungen unterschiedliche Abtrag meßbar. Dies ist die Domäne des Trockenätzens.

Vorweg sei festgestellt, daß die Begriffe „Sputterätzen" auf der einen sowie „Ionenätzen" und „Plasmaätzen" auf der anderen Seite in der Literatur nicht einheitlich benutzt werden. Im folgenden wird — cum grano salis — auf die kritischen Übersichtsartikel von BOLLINGER et al. [418] [419] und COBURN und WINTERS [420] Bezug genommen. Der Hauptunterschied zwischen diesen beiden Ätzverfahren wird demnach darin gesehen, daß beim Ionen- und Plasmaätzen ein Teil des Ätzgases bei der Ätzung verbraucht wird. Ein ideales Ätzverfahren sollte ermöglichen:

- eine präzise Kontrolle der geätzten Geometrien mit möglichst geringen Oberflächendefekten des geätzten Materials,
- eine anisotrope Ätzung, d. h. die vertikale Ätztiefe sollte höher sein können als die horizontale;
- eine chemische Selektivität des Ätzmittels gegen Maskenmaterial sowie andere Substratmaterialien sollte gegeben sein; dadurch würden unter der zu ätzenden Schicht liegende Zonen auch bei möglichen Schichtdickenschwankungen und zu langen Ätzzeiten unversehrt bleiben (Abb. 11.1).

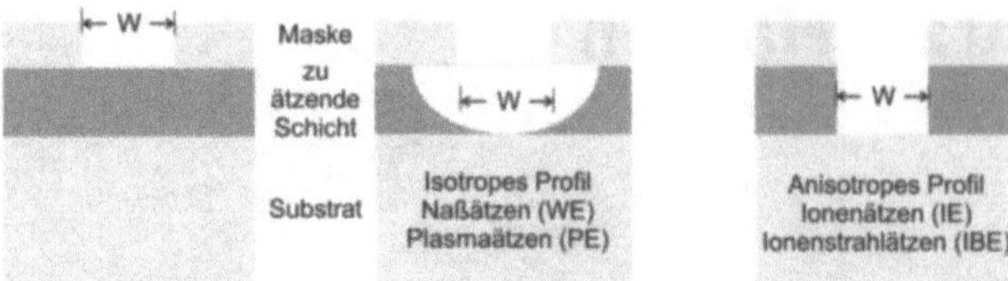

Abb. 11.1. Schematische, idealisierte Darstellung von naß und trocken geätzten Strukturen nach [421] (© The American Chemical Society). *W* bezeichnet die (laterale) Strukturgröße, die exakt einzuhalten ist.

Es wurden zahlreiche Prozesse entwickelt, um diesen Anforderungen in verschiedener Weise gerecht zu werden. Sie können — grob gesagt — in vier verschiedene Kategorien eingeteilt werden:

- Plasmaprozesse, die in einer inversen Sputteranlage durchgeführt werden, und bei denen die Reaktion direkt im glühenden Plasma abläuft und durch Ionen, Strahlung und elektrische Felder beeinflußt wird *(Ionenätzen, Plasmaätzen,* Abb.11.2); sowohl chemische wie physikalische Einflüsse (s. Kap. 12).
- Rein chemische Prozesse, bei denen sich das zu ätzende Substrat in einem Tunnelreaktor befindet; der Ätzprozeß besteht aus einer chemischen Reaktion mit aktivierten Atomen *(Tunnelreaktorätzen,* Abb. 11.3).
- Prozesse, bei denen sich das zu ätzende Substrat außerhalb des Plasmas befindet und mit einem Strahl von Neutralteilchen beschossen wird *(Ionenstrahlätzen,* Abb. 8.1); bei Ätzungen in Edelgasen: rein physikalischer Prozeß, in reaktiven Gasen: chemische und physikalische Einflüsse.
- Ätzungen in Mikrowellen- und Heliconwellenentladungen (s. Kap. 7).

11.1 Sputterätzen

Das erste Trockenätzverfahren war das Sputterätzen. Darunter versteht man den Materialabtrag durch Sputtern mit einem Edelgas; es handelt sich also um einen rein physikalischen Prozeß, der durch Impulstransfer dominiert wird. Geschieht dieses selektiv, da ein Teil der Oberfläche maskiert ist, wird diese strukturiert („Lithographie").

Ausgeführt werden kann es in einer Diodenentladung einer inversen Sputteranlage, in der das Substrat als Target geschaltet wird, und die dann als *Parallelplatten-Reaktor* (Abb. 11.2) bezeichnet wird, oder in einem Ionenstrahlsystem. Im Parallelplatten-Reaktor erfolgt die Gaszuführung zentral oder durch eine *Gasdusche,* die in der geerdeten Elektrode integriert ist; die Abführung

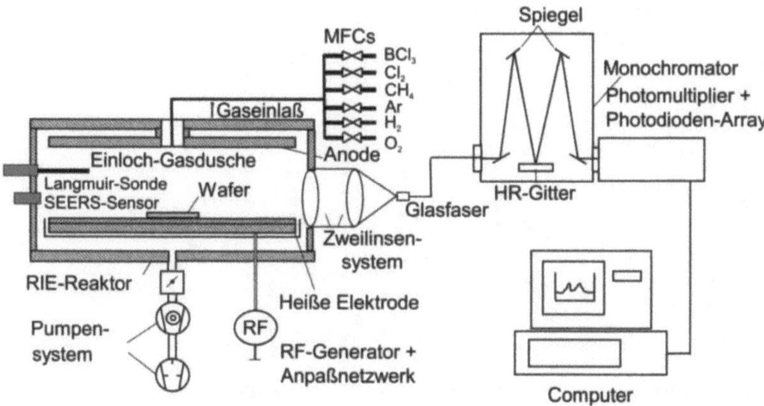

Abb. 11.2. Parallelplatten-Reaktor mit aufwendiger Plasmadiagnostik: LANGMUIR-Sonde, SEERS-Sensor, optische Emissionsspektroskopie mit Gitter und Multidetektorbank (OMA). Meist ist auch ein Massenspektrometer zur Restgasanalyse (RGA) und Lecksuche angeflanscht.

meist durch einen annularen Spalt zwischen angeregter Elektrode und Reaktorwand.

Charakteristisch für das Sputterätzen ist seine geringe Selektivität, die relativ hohe kinetische Energien der abstäubenden Ionen erfordert. Deswegen ist das Sputterätzen kein brauchbares Ätzverfahren und wird jetzt nur mehr dazu benutzt, Substrate vor einem Sputterprozeß zu reinigen (s. Abschn. 12.8).

11.2 Reaktive Ätzverfahren

Begonnen wurde die Entwicklung reaktiver Ätzverfahren Anfang der 1960iger Jahre mit dem Plasmaveraschen von Photolacken (PR) in einem Tunnelreaktorsystem [422] [423]. Dieses besteht aus einem faßförmigen Glastunnel („Barrel"), in dem sich die Probe befindet (Abb. 11.3). In einer Gasentladung liegen die Proben dann auf Schwebepotential, erfahren also nur einen sehr niederenergetischen Angriff. Zusätzlich kann man die Proben vom Plasma durch ein Lochblech, das als FARADAY-Käfig wirkt, trennen.

Dadurch wird der Plasmabereich auf den Ringspalt zwischen Tunnel und Reaktorwand beschränkt, und das Blech können dann nur ungeladene Partikeln passieren, die die Probe richtungsunabhängig attackieren. Die Ätzcharakteristik ist deswegen isotrop. Diese Konfiguration unterdrückt ein Ionenbombardement wirkungsvoll, wodurch einerseits ein „Kristalldamage" weitgehend vermieden wird, andererseits aber auch die Ätzraten sinken.

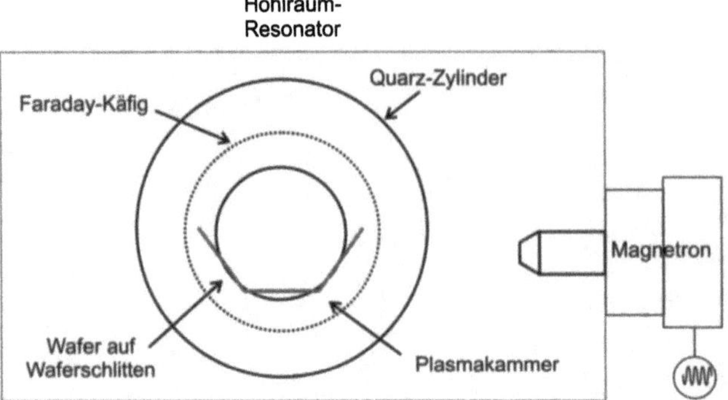

Abb. 11.3. Tunnelreaktor, der bei Verwendung eines FARADAY-Käfigs ideales isotropes Plasmaätzen erlaubt (© Technics Plasma GmbH 1990).

Beim Veraschungsprozeß dient das Plasma ($\approx$ 100 Pa) dazu, reaktive Sauerstoffatome durch Stoßionisierung zu erzeugen:

$$O_2 + e^- \longrightarrow 2\,O\colon + e^-. \tag{11.1}$$

Der Ätzprozeß besteht in einer chemischen Reaktion neutraler Radikale (Spezies mit ungepaarten Elektronen, sog. „Open-Shell"-Systeme) mit dem Substrat (hier: mit organischen Verbindungen zu flüchtigem Kohlendioxid) und kann sowohl im Bulk-Plasma einer Entladung als auch in einem abgeschirmten Tunnelreaktor erfolgen. Ein bekannter Prozeß in der Si-Technologie ist das Ätzen von SiO_2 oder Si_3N_4 mit CF_4, bei dem im ersten Schritt freie Fluor-Radikale gebildet werden:

$$CF_4 + e^- \longrightarrow \cdot CF_3 + F\cdot + e^- \tag{11.2}$$

(und andere Spezies, s. Kap. 12), die ihrerseits mit den Siliciumverbindungen u. a. zu flüchtigem SiF_4 reagieren.

Im Plasma entstehen also chemisch hochreaktive Spezies (Radikale und Radikalionen) aus relativ inerten Molekülen, die sonst nur durch thermische Dissoziation bei sehr hohen Temperaturen gebildet werden können, wie etwa bei CF_4, oder die aus bereits hochreaktiven Gasen stammen, wie bei elementaren Halogenen, und die erhebliche Prozeßbelastungen (Korrosion, Probleme der Toxikologie etc.) mit sich bringen. Diese Spezies reagieren dann mit Feststoffen zu flüchtigen (volatilen) Komponenten (Faustregel: Dampfdruck $\geq$ 1 mPa bei 20 °C, [424]), die vom Vakuumsystem entfernt werden.[1]

Gleichzeitig wurden die Sputterätzprozesse mit Argon in Parallelplatten-Reaktoren verbessert. Durch Kombination dieser beiden Verfahren, wobei die

[1]Die Reaktion muß natürlich thermodynamisch erlaubt sein; so ist etwa eine Reaktion von Al_2O_3 mit Cl_2 in einem Tunnelreaktor zu flüchtigem Al_2Cl_6 nicht möglich.

Apparategeometrie vom anisotropen Ätzen im Parallelplatten-Reaktor und das Ätzen mit reaktiven Gasen vom isotropen Ätzen im Tunnelreaktor übernommen wurde, entstanden zwei neue Verfahren: *Reaktives Ionenätzen (RIE)* und *Plasmaätzen (PE);* beide können in einem Parallelplatten-Reaktor ausgeführt werden und unterscheiden sich dadurch, daß beim Plasmaätzen die Proben sich auf einer geerdeten (Randschicht- ist gleich dem Plasmapotential), beim Ionenätzen dagegen auf einer angeregten Elektrode (hohes Randschicht-, niedriges Plasmapotential) befinden (s. Abschn. 6.5.1) und zusätzlich asymmetrische Flächenverhältnisse ausgenutzt werden. Beide Verfahren haben komplementäre Vor- und Nachteile [424].

Das hohe Plasmapotential beim Plasmaätzen bedingt z. B. den Abtrag aller dem Plasma ausgesetzten Flächen, deren schwerflüchtige Produkte sich auf der zu ätzenden Probe niederschlagen können. Zudem läßt sich das Plasmapotential wesentlich schwieriger messen als das (negative) DC-Bias beim Ionenätzen, das zugleich einen Beschuß von Elektronen auf die Probe unterdrückt. Andererseits sind Wafer-Manipuliersysteme, Kühlaggregate etc. an der angeregten Elektrode einer RIE-Anlage konstruktiv wesentlich aufwendiger als an der geerdeten Elektrode einer PE-Anlage. Damit sind Strukturen herstellbar, deren vertikale Ätztiefe höher als die horizontale ist (sog. *Anisotropie),* im Gegensatz zum Plasmaveraschen und isotropen Naßätzen, wo die horizontalen und vertikalen Ätzraten oft gleich sind. Dieses wird durch die Wahl des Druckbereichs zusätzlich unterstützt, der für IE deutlich niedriger liegt (< 25 Pa) als für PE (> 60 Pa).

Der höhere Druck bedingt allerdings nicht zwangsläufig eine geringere Anisotropie. Arbeitet man nämlich mit Anregungsfrequenzen, die unterhalb der Plasmafrequenz der Ionen liegen (s. Abschn. 6.5.1), dann ist offensichtlich, daß die Ionen beim Durchgang durch die Randschicht der Elektrode auf das maximal mögliche Potential $V_S = V_{DC}$ (s. Gl. 6.39)) beschleunigt werden können. Dies ist offenbar dann der Fall, wenn ihre Durchschnittsgeschwindigkeit so hoch ist, daß sie in weniger als einer Viertelperiode die Randschicht passiert haben, d. h. daß die Anregungsfrequenz tiefer als die sog. *ITF (Ion Transit Frequency)* sein muß. Wird die Anregungsfrequenz erhöht, „zittern" die Ionen mit dem Potential in der Randschicht hin und her, wobei eine Beschleunigung auf die Elektrode nur während der negativen Halbwelle erfolgt, so daß das maximale Potential in einer kollisionsfreien Randschicht dann für den Fall $V_{DC} = -\frac{1}{2} V_{RF}$

$$V_{max} = \frac{V_{DC}}{2\pi} \int_0^{2\pi} \sin \omega t \, d(\omega t) = \frac{V_{DC}}{\pi} \tag{11.3}$$

beträgt [178].

Wegen der dann höheren Feldstärke kann man also ohne Verluste an Anisotropie auch den Druck erhöhen, da ja in diesem Druckbereich auch in RF-Entladungen die Beschleunigung der Ionen vom Verhältnis E/p (s. Abschn. 2.7) bestimmt wird [262] (Abbn. 6.15 und 6.16). Durch die Verringerung des *MFP* wird einerseits Kontamination von außen reduziert, gleichzeitig aber auch

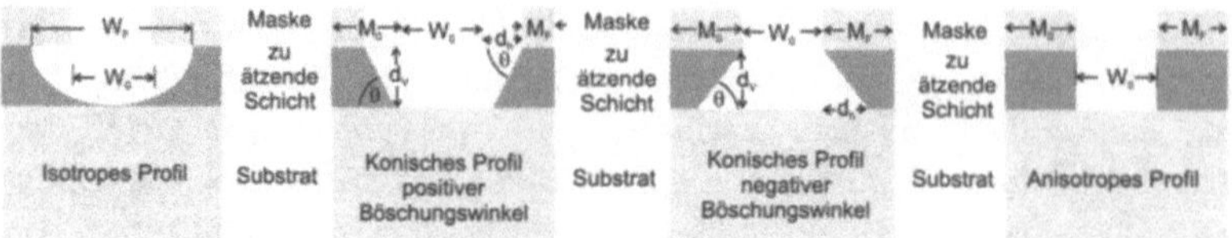

Abb. 11.4. Ätzprofile für rein isotrope, rein anisotrope und in der Charakteristik dazwischen liegende „konische" Ätzung mit positivem oder negativem Böschungswinkel. W ist der Maskenabstand, M die Maskenbreite, der Index 0 vor, der Index F nach der Ätzung. d_{h} ist der horizontale („Unterätzung"), d_{v} der vertikale Abtrag. Das Verhältnis $d_{\text{v}}/d_{\text{h}}$ wird oft als „Anisotropieverhältnis" oder auch „Aspektverhältnis" bezeichnet. Der Konuswinkel Θ ist der $\arctan d_{\text{v}}/d_{\text{h}}$ [426] (© Academic Press).

das Abstäuben nichtflüchtiger (Reaktions-)Produkte vom Substrat erschwert. Außerdem ist zu berücksichtigen, daß die Dicke der Randschicht sowohl mit wachsendem Druck wie mit steigender Frequenz abnimmt ($d \propto 1/\nu$, [425]).

Deshalb sollte besser eine Unterscheidung getroffen werden auf Grund der Prozeßcharakteristik: höherer Anteil an Neutralteilchen- bzw. Ioneninduzierten Mechanismen bei PE und IE.

Zusammenfassend kann gesagt werden, daß oft wesentlich schonendere und umweltverträglichere Prozesse möglich sind; die Toleranz ist meist besser als beim Naßätzen. Im Gegensatz zum Sputterätzen sind teilweise sehr selektive Prozesse möglich, auch, was die Substrat/Masken-Selektivität betrifft, und die Prozesse sind schneller. Der apparative Aufwand ist gering, und durch Verwendung großer Substratplatten können viele Substrate gleichzeitig geätzt werden, was einen hohen Durchsatz selbst bei niedrigen Ätzraten bedeutet. Andererseits bedingt der hohe Arbeitsgasdruck, daß das *MFP* der Ionen ungefähr gleich den Dicken der Randschichten wird, was eine rein anisotrope Ätzung unmöglich macht, die bei einer Bewegung der Ionen parallel zum elektrischen Feld möglich wäre (Abbn. 11.4 und 11.5).

11.3 Abhängigkeit von einzelnen Parametern

Hier sollen Zusammenhänge, die durch einzelne Prozeßparameter induziert werden, erörtert werden. Manche Parameter wirken bidirektional oder beeinflussen noch mehr Zielgrößen, so beeinflußt die Substrattemperatur die chemische Ätzrate, damit aber auch die Selektivität, die Anisotropie und das Aspektverhältnis, der Gasdruck nicht nur die Teilchenzahldichte und damit die Dichte der reaktiven Spezies, sondern auch die Elektronentemperatur und die Frequenz des elastischen Stoßes der Elektronen mit den neutralen Molekeln ...

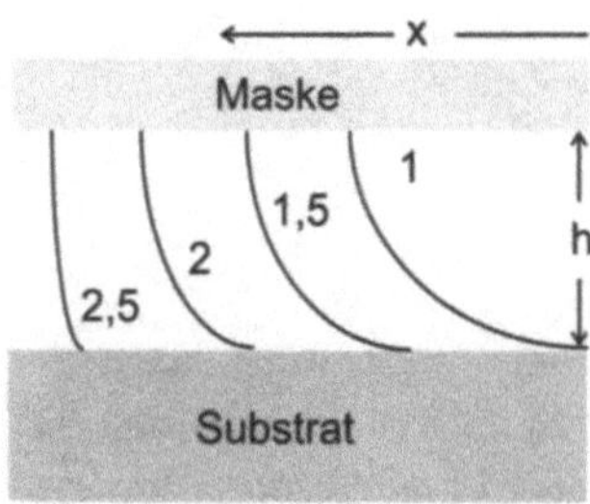

Abb. 11.5. Beim isotropen Ätzen kann die Maske stark unterätzt werden. Eine Unterätzung von 100 % ($x/h = 1$) bis zu 250 % ($x/h = 2,5$) täuscht einen Gang zu höherer Anisotropie lediglich vor. Daher ist der Bezug auf ein (x, y, z)-Normal erforderlich, wie es sich zwangsläufig durch die nicht angegriffene Maskenstruktur ergibt [427] (© The American Chemical Society).

11.3.1 Substrattemperatur

Zu einem der wichtigsten Parameter, der Substrattemperatur, liegen allerdings wenig systematischen Untersuchungen vor. Dies liegt zum einen an der schwierigen Erfassung dieser Größe — es sollte ja die Temperatur auf der dem Plasma zugewandten Seite ermittelt werden — zum anderen daran, daß Temperaturen über 120 °C wegen der Degradation des Photolacks äußerst unwillkommen sind. Vor allem aber hängen die ioneninduzierten Reaktionen, die für die Anisotropie der Ätzung verantwortlich sind, in sehr viel geringerem Maße — wenn überhaupt — von der Substrattemperatur ab, dagegen sind die parasitären chemischen Reaktionen als Prozesse vom Aktivierungstyp deutlich temperaturabhängig. Daher sind alle Reaktoren eher mit effektiven Kühlaggregaten denn mit Heizapparaten ausgestattet. Ein vorläufiger Endpunkt scheint hier mit dem System der Helium-Rückseiten-Kühlung, die unter Vermeidung einer Transfer- oder Substratplatte direkt auf den Wafer wirkt, erreicht zu sein. Von MULLIUS und COBURN wurde allerdings die Temperaturunabhängigkeit der Ätzrate des Siliciums in fluorhaltigen Gasen bei Temperaturen zwischen −196 °C und Raumtemperatur nachgewiesen [428].

Die Temperaturabhängigkeit der Ätzrate von GaAs und InP bestimmten DONNELLY et al. in CCP-Entladungen und fanden eine Aktivierungsenergie von 0,46 eV [429]. MCNEVIN untersuchte, ebenfalls in einem CCP-Chlorplasma, die Ätzrate von InP in Abhängigkeit von der Temperatur und fand einen Wert, der sehr nahe an der Verdampfungswärme des $InCl_3$ lag [430], was natürlich den Schluß nahelegte, daß die Ätzrate des InP in Cl_2 in erster Linie durch die Desorptionsgeschwindigkeit des relativ schwerflüchtigen $InCl_3$ bestimmt wird (s. a. Abschn. 12.6).

Verschiedentlich wurden Anisotropie und Ätzrate einiger Substrate in Ionenstrahlanlagen untersucht [431]. Dabei konnte etwa die Bestimmung der Aktivierungsenergie der GaAs-Ätzung in chlorhaltigen Plasmen durch DONNELLY et al. verifiziert werden.

11.3.2 Gaszusammensetzung

Beim Trockenätzen tritt — wie beim Naßätzen auch — die Frage nach der Optimierung der Reaktionsbedingungen auf. Vom Naßätzen ist bekannt, daß ein hoch reaktives Ätzmittel sehr wenig selektiv ist und umgekehrt. So wird z. B. durch Verdünnung eines Ätzmittels zwar die Reaktionsgeschwindigkeit verlangsamt, dafür aber andererseits dessen Selektivität erhöht. Zusätze wie Komplexbildner (im Falle des Si F^--Ionen) können die Reaktionsgeschwindigkeit dramatisch erhöhen, während Moderatoren diese erniedrigen.

Ähnlich ist es auch bei Trockenätzverfahren. Die Aggressivität von Ätzgasen läßt sich in weitem Maß steuern: zum einen durch Verdünnung mit einem zweiten Gas oder durch eine quasi „chemische" Verdünnung, indem Gase eingesetzt werden, die nur einen relativ kleinen Anteil der ätzenden Spezies enthalten. In jenem Fall ist zusätzlich zu untersuchen, inwieweit das verdünnende Gas selbst eine abtragende Wirkung hat. So kann es etwa vorteilhaft sein, statt Argon Helium zu benutzen, da dessen geringe abtragende Wirkung bekannt ist [588]. Im Fall der „chemischen" Verdünnung kann man ebenfalls die Reaktionsverläufe weitreichend verändern. Das kann dazu führen, daß man das ganze Gebiet von *PECVD* bis *RIE* überstreicht (s. Abschn. 12.5).

11.3.3 Gasdruck und RF-Leistung

Beide bestimmen das Bias-Potential, von dem Ätzrate und Anisotropie ganz wesentlich abhängen. Je höher der Druck, desto größer die Bildungsrate der aktiven Spezies, desto größer auch der Strom dieser Partikeln auf die Elektrode. Nimmt man im einfachsten Falle eine bimolekulare Reaktion als geschwindigkeitsbestimmenden Schritt an:

$$e^- + A \longrightarrow A^+ + 2\,e^-, \tag{11.4}$$

dann ist die Elektronendichte proportional der Konzentration an A, also dem Druck, und die Ionisierung von A ebenfalls proportional seiner Konzentration, der Strom bzw. die Stromdichte auf die Probe also proportional p^2, eine bekannte experimentelle Tatsache, die auch aus den Ähnlichkeitsgesetzen folgt. Da jedoch d_C^2 bzw. d_C^3 umgekehrt proportional der Ionenstromdichte sind (Gln. 4.19 oder 4.22) für raumladungs- oder beweglichkeitsbegrenzten Strom), nimmt das Bias-Potential ebenfalls ab. Zusätzlich erhöht sich die Stoßzahl zwischen den einzelnen Molekeln, was das gerichtete Bombardement — und damit die Anisotropie — verschlechtert.

Man findet also ein Maximum sowohl der Ätzrate auch der Anisotropie als Funktion des Drucks. Das Bias-Potential erhöht sich prinzipiell bei höhe-

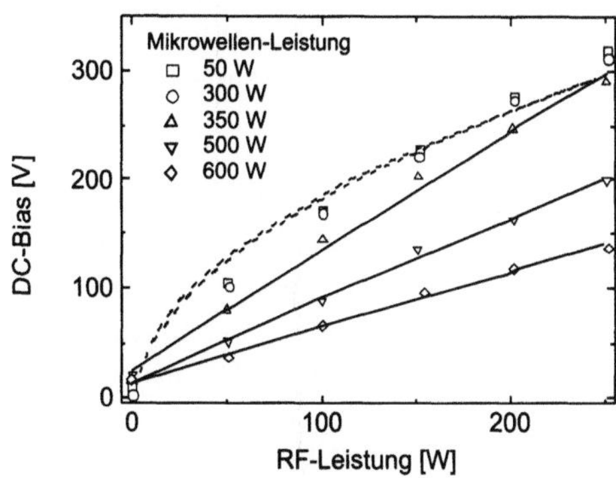

Abb. 11.6. Abhängigkeit des DC-Bias von der RF-Leistung bei zusätzlicher Mikrowellenanregung in einem ECR-Reaktor. Die Wurzelabhängigkeit des DC-Bias von der CCP-RF-Leistung nimmt mit steigender Mikrowellenleistung ab [432].

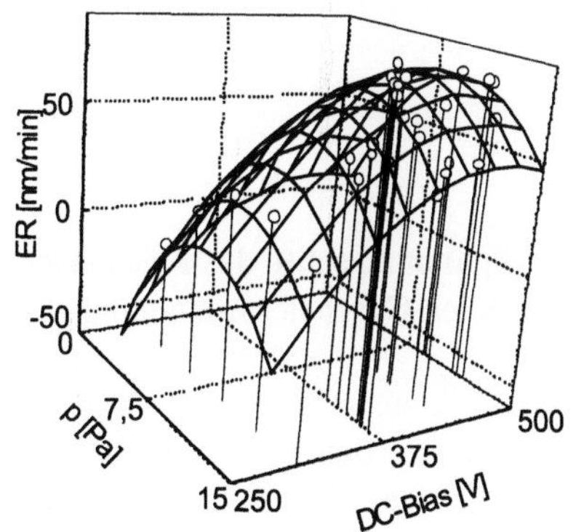

Abb. 11.7. Die Ätzrate, aufgetragen gegen das Substrat-Bias und den Druck der Entladung bei konstantem Gasfluß (20 sccm BCl_3, 5 sccm Argon), zeigt ein typisches Sattel-Design (doppeltes Maximum in der Druck- wie der Bias-Abhängigkeit) [433].

rer Leistung. Es ist für praktische Anwendungen nach oben begrenzt durch Strahlenschäden, worunter sowohl Schädigungen der Maske wie des Substrates zu verstehen sind. Die Abhängigkeit ist für eine CCP-Entladung etwa

$$V_{\mathrm{DC}} = A \cdot \sqrt{P} \cdot \exp(Bp), \tag{11.5}$$

wobei A und B, $B < 0$, Konstanten sind (Abb. 11.6). Wird die Plasmadichte dagegen unabhängig von der Ionenenergie, etwa in ECR- und ICP-Entladungen, stellt man einen zunehmend linearen Zusammenhang zwischen kapazitiv angekoppelter Leistung und DC-Bias fest.

Die gegenläufigen Abhängigkeiten des Substrat-Bias von RF-Leistung und Druck sowie der Elektronendichte vom Druck führen zu einem doppelten Maximum der Ätzrate von Bias und Druck (Abb. 11.7).

Besonders hervorgehoben werden soll noch:

- Zu höheren Drücken geht das *MFP* zurück, andererseits nimmt die Dichte der reaktiven Spezies zu, aber auch die Rekombination derselben, was dazu führen kann, daß *Polymere* auf dem Substrat kondensieren. Außerdem nimmt das „DC-Bias" bei konstanter Leistungseinspeisung deswegen ab, weil die Stromdichte der Ionen höher wird, was die Polymerbildung zusätzlich unterstützt, da dann die ankommenden Ionen nicht mehr genügend Energie aufweisen, um die Polymeren abzutragen.

- Bei niedrigen Frequenzen und bei DC wird die Entladung hauptsächlich durch Sekundärelektronen aus der Kathode aufrechterhalten (γ-Regime). γ hängt in erster Linie von der Ionensorte und der Qualität der Elektrodenoberfläche ab, ist dagegen gegenüber Veränderungen der Ionenenergie nahezu unempfindlich. Daher wird eine Erhöhung der Beschleunigungsspannung primär nicht zu einem signifikanten Anstieg der Elektronenproduktion führen, jedoch werden die erzeugten Sekundärelektronen ins Plasma mit höheren Energien beschleunigt, wodurch andererseits die Ionendichte erhöht wird, und sich auch das Verhältnis der Ionen- zur Radikaldichte verändern kann.

11.3.4 Elektrodengeometrie

Zur Erzielung einer starken negativen DC-Bias-Spannung sollte das Flächenverhältnis zwischen RF-getriebener Elektrode und deren Gegenelektrode möglichst niedrig sein (s. a. Abschn. 6.5.1.[2])

Der Abstand der Elektroden ändert wegen des kleinen *MFP* dagegen kaum die Ätzergebnisse [153]. Er muß nur groß genug sein, daß die Randschichten sich nicht berühren, da dann die Elektronen über den sehr effektiven, jedoch schwer zu kontrollierenden Mechanismus des „Wellenreitens" eine hohe Energieverbreiterung aufweisen. Das *MFP* λ und die Dicke der Randschicht d_S sind für niederenergetische Elektronen (1 – 20 eV) bei Drücken von 1 – 7 Pa in der Gegend einiger mm bis cm, während der Elektrodenabstand, d, meist einige cm, d. h. aber: ein Mehrfaches des *MFPs* der Elektronen, beträgt. Die Stoßfrequenz, ν_m, eines Elektrons ist unter diesen Bedingungen ($d \gg \lambda$) ebenfalls deutlich höher als die Anregungsfrequenz, ω_{RF} (50 – 100 MHz gegen $2\pi \cdot 13,56$ MHz). Die Energie, die vom Elektron dann aufgenommen werden kann, ist proportional $< E^2 > /\nu_m$, wobei $< E^2 >$ das gemittelte Quadrat des elektrischen Feldes ist. In diesem Fall ist die Elektronengeschwindigkeit also beweglichkeitsbegrenzt. Nur, wenn $\lambda \gg d$, ist die aufgenommene Energie proportional $E \cdot \omega_{RF}$: die Elektronengeschwindigkeit wird vom Elektrodenabstand abhängig!

---

[2]Von HORWITZ [167] wurde darauf aufmerksam gemacht, daß nur Oberflächen, die den RF-Strom leiten, in die Gleichung für das Randschichtpotential-Theorem von KOENIG und MAISSEL $V_1/V_2 = (A_2/A_1)^4$ [126] einbezogen werden dürfen. Darüber hinaus seien verschiedentlich durch (lineare) Vergrößerung klar asymmetrische Systeme wegen mangelnder Anpassung der Randschichten an das Bulk-Plasma symmetrische Systeme entstanden, bei denen dann natürlich die Anregungs- und die geerdete Elektrode gleichem Ionenbeschuß unterliegen. Eine Asymmetrie kann dennoch erzielt werden durch die Verwendung sog. „Catcher"-Anoden, die aus zahlreichen konzentrischen Ringen bestehen, wodurch die Anodenfläche stark vergrößert wird [434].

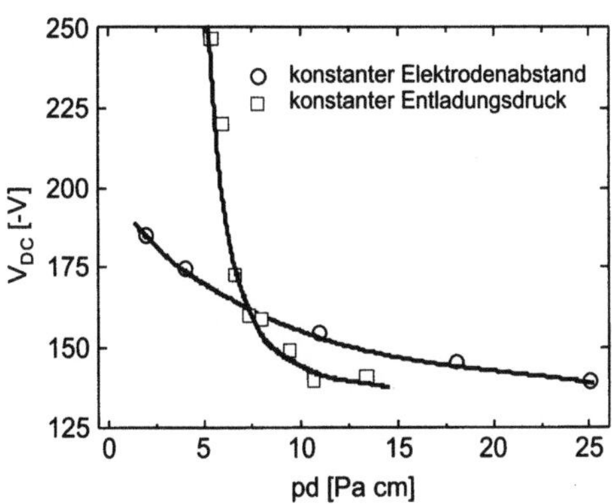

Abb. 11.8. Berechnetes DC-Bias für Entladungen in CO in Abhängigkeit der (invarianten) Größe *pd*, wobei *p* der Gasdruck und *d* der Elektrodenabstand. Die Quadrate sind berechnet für konstanten Druck, die Kreise für konstanten Elektrodenabstand nach [435] (© The American Institute of Physics).

Aus diesen Überlegungen wird verständlich, daß für große Elektrodenabstände mit $\lambda/d \ll 1$ das DC-Bias kaum durch Variation von d zu ändern ist, einfach, weil die Elektronen im Bulk-Plasma thermalisiert werden.

Bei starker Reduktion des Elektrodenabstandes oder bei Druckerniedrigung (s. Abschn. 2.7) nimmt V_{DC} allerdings zu, und zwar stärker für Verringerung des Abstandes als des Drucks, weil die Plasmaelektronen von den Elektroden leichter eingefangen werden (Hohlkathodenentladungen, Abb. 11.8).

11.3.5 Gasflußeffekte und der Loading-Effekt

Die in den besprochenen Reaktoren verwendeten Drücke überstreichen mehrere Größenordnungen. Angestrebt wird immer ein ausgewogenes Verhältnis von Pumpleistung und Gasfluß, der in *sccm* gemessen wird, wobei unter 1 sccm 1 cm^3 idealen Gases bei Standardbedingungen (298 K und 1 bar) verstanden wird: 1 sccm entspricht also $6{,}0223 \cdot 10^{23}$ Molekeln/22414 cm^3 min $= 2{,}69 \cdot 10^{19}$ Molekeln/min. Bei hohen Arbeitsgasdrücken werden die Gasflüsse also höher gewählt als bei niedrigen Gasdrücken. Zur Dimensionierung muß folgende Beziehung beachtet werden:

$$\tau = V/S \wedge \frac{p \cdot V}{Q}, \tag{11.6}$$

mit τ der Einschlußzeit *(Residence-Time)* im Reaktor, V dem Kammervolumen [l], S der Pumpleistung [l/s] und Q dem Gasfluß, wobei 1 Torr l/s = 79 sccm, und die Einflüsse von Druck und Gaszusammensetzung auf die Pumpleistung vernachlässigt werden. Typische Werte der Einschlußzeit betragen zwischen 0,5 und 50 sec unter der Voraussetzung, daß die Reaktanden nicht verbraucht werden. Der Gasfluß soll laminar (viskos) sein,[3] was dann der Fall ist, wenn die REYNOLDS-Zahl etwa kleiner als Tausend ist, sie ist gegeben durch

$$R \propto \frac{Q}{\eta \cdot d} \tag{11.7}$$

mit η der Viskosität und d dem Durchmesser des durchströmten Rohres. Erschwerend zur Abschätzung von τ kommt hinzu, daß der Gastransport noch durch Diffusion beeinflußt wird.

Vergleicht man daher die in der Literatur angegebenen Ätzraten für ähnliche Systeme, stellt man oft erhebliche Unterschiede der Angaben fest. Dies kann nicht zuletzt auf *Gasflußeffekte* zurückgeführt werden: Bei sonst gleichen Parametern steigt die Ätzrate mit steigendem Fluß zunächst stark an, erreicht dann ein Plateau, um schließlich bei noch höheren Flüssen wieder kleiner zu werden. Man kann nun ausrechnen, bei welchem Fluß wieviele Moleküle in den Reaktor eintreten, um wieviele Oberflächenatome in gasförmige Produkte umzuwandeln und einen *Verbrauchsfaktor* definieren, der das Verhältnis von eintretenden zu reagierten Molekülen angibt (bei Si z. B. $CF_4 \rightarrow SiF_4$). Beispielsweise ergibt sich dann für einen 5" Si-Wafer, der mit 25 nm/min bei einem CF_4-Fluß von 20 sccm geätzt wird, ein Verbrauchsfaktor von ≈ 0.5, d. h. jedes zweite CF_4-Molekül wird zu SiF_4 reagieren. Ist der Verbrauchsfaktor derart groß, dann bedeutet das einen zu niedrigen Gasfluß. Der Abfall bei sehr hohen Flüssen könnte damit erklärt werden, daß bei vergrößerter Pumpleistung (die nötig ist, um den gleichen Druck aufrechtzuerhalten) die aktiven Spezies abgepumpt werden, bevor sie Gelegenheit gehabt haben, zu reagieren.

Die Abhängigkeit der Ätzrate von den erwähnten Parametern

- Generation der aktiven Spezies;
- Begrenzung der Ätzrate durch eine zu geringe Konzentration bei niedrigen Flüssen und
- Begrenzung der Ätzrate durch zu schnellen Abtransport bei zu hohen Flüssen

wurde sehr genau von CHAPMAN und MINKIEWICZ analysiert [436].

Man kann alternativ diesen Sachverhalt auch von der Substratseite her betrachten. Es geht dann darum, für die Fläche zu ätzenden Materials genügend reaktive Spezies zu liefern. Ist diese Fläche zu groß, findet man also eine Abhängigkeit der Ätzrate von der Größe der zu ätzenden Oberfläche („Loading"-Effekt, Abb. 11.9).

Liegen also „physikalische" (Sputter-) Effekte und „chemische" (Ätz-) Effekte nebeneinander vor, kann man diese möglicherweise mit Hilfe des *„Loading"-Effektes* auftrennen. Da chemisch reaktive Spezies schneller verbraucht werden,

[3]Wir unterscheiden zwischen den Bereichen der viskosen Strömung (bis etwa $p \cdot d > 1$ Pa cm), dem sich der Übergangsbereich der KNUDSEN-Strömung bis etwa 10^{-2} Pa cm anschließt; darunter liegt der molekulare Strömungsbereich.

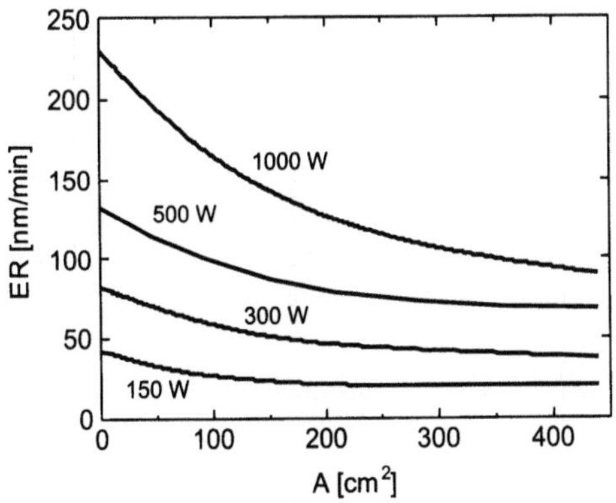

Abb. 11.9. Die Ätzrate kann signifikant von der Menge oder der Beladung des zu ätzenden Materials abhängen: Si-Ätzrate in einer CF_4/O_2-Entladung bei 7 Pa und einem Fluß von 11 l/min [437].

kann bei zunehmender Belegung der Substratplatte mit ätzbarem Material die Ätzrate auf ein (Sättigungs-) Niveau fallen, bei dem nur mehr der physikalische Angriff des Ionenbombardements von Bedeutung ist. Das Maximum liegt bei mittleren Flußraten: bei zu niedrigen Flüssen ist der Vorrat an Reaktanten zu klein, bei zu hohen Flüssen werden die Reaktanden abgepumpt, bevor sie reagieren konnten. Der „Loading"-Effekt ist am ehesten bei schnell ätzenden Materialien wie Aluminium oder Gold zu beobachten und vergleichbar der Ätzratenänderung von Ätzlösungen bei Abnahme der Konzentration des Ätzmittels durch kontinuierlichen Verbrauch. MOGAB konnte zeigen, daß ein „Loading"-Effekt zu beobachten ist, wenn bei einer Geschwindigkeitsgleichung 2. Ordnung in der Gleichung

$$ER_{\mathrm{N}} = \frac{k_{\mathrm{ab}}\tau GR}{1 + \mathrm{const}k_{\mathrm{ab}}\tau\frac{NF_{\mathrm{A}}n_{\mathrm{A}}}{V}} \tag{11.8}$$

mit

- ER_{N} : Ätzrate von A, wenn N Wafer gleichzeitig geätzt werden;
- k_{ab} : Geschwindigkeitskonstante der Reaktion $\mathrm{aA} + \mathrm{bB} \rightarrow \mathrm{A_aB_b}$, $(b = 1)$,
- τ und GR : Lebensdauer und Generationsrate der reaktiven Spezies;
- F_{A} : Flächenanteil, der von der einem Wafer mit der zu ätzenden Substanz A belegt wird;
- n_{A} Teilchenzahldichte der zu ätzenden Substanz:

$$n_{\mathrm{A}} = \frac{\rho N_{\mathrm{A}}}{M} \tag{11.9}$$

  mit N_{A} der Avogadro-Konstanten und M dem Molekulargewicht;
- V dem Reaktorvolumen

der zweite Summand im Nenner ungefähr oder größer Eins wird [438].[4] Dann ist *näherungsweise*

$$ER_N \approx \frac{GR \cdot V}{n_A \cdot N \cdot F_A}, \tag{11.10}$$

folglich hängt die reziproke Ätzrate linear von der Oberfläche des zu ätzenden Materials ab [419] [439]. Die maximale Ätzrate ergibt sich für $F_A = 0$, so daß aus zwei Experimenten mit unterschiedlicher Beladung die ladungsabhängige Ätzrate ermittelt werden kann.

Für schnell ätzende Materialien (große Geschwindigkeitskonstante) und für langlebige reaktive Spezies ist also eher ein „Loading"-Effekt zu erwarten, der durch ein großes Plasmavolumen (und damit eine große Zahl der aktiven Spezies) kompensiert werden kann. Aber auch durch Temperaturerniedrigung kann man die Geschwindigkeitskonstante reduzieren (einfachster Fall ist die ARRHENIUSsche Gleichung: $k = k_0 \exp(-E_{Akt}/RT)$). Deswegen sollte die Lebensdauer der aktiven Spezies möglichst kurz sein. Sie hängt von verschiedenen Prozessen ab: Absorption, Konvektion, Rekombination im Gas und an Oberflächen, von Systemgrößen wie Reaktortemperatur und von der Pumpgeschwindigkeit. Es gilt etwa die Gleichung

$$\tau^{-1} = \tau_{flow}^{-1} + \tau_c^{-1} \tag{11.11}$$

mit τ_{flow} der flußratenlimitierten und τ_c der durch alle anderen Prozesse — mit Ausnahme des Ätzprozesses selbst — bestimmten Lebensdauer.

Ist $\tau_{flow} \ll \tau_C$, ist die Ätzrate flußlimitiert ($\tau_{flow} \propto 1/Q$), d. h. die reaktiven Spezies strömen zu schnell durch den Reaktor, als daß sie abreagieren könnten. Selbst bei sehr hohen Flüssen ist aber τ_{flow} der Muttermolekeln in der Größenordnung einiger Sekunden und deswegen mit Sicherheit größer als τ_c. Das bedeutet aber, daß selbst bei den höchsten Flüssen eine flußlimitierte Ätzrate unwahrscheinlich ist.[5]

Der „Loading"-Effekt kann sich zu einem schwerwiegenden Problem am Ende eines Ätzprozesses entwickeln, wenn die Schichtdicke des zu ätzenden Materials gegen Null geht und sich die Ätzrate stark erhöht, vor allem, wenn die Ätzung eine größere horizontale Komponente aufweist. Es kann also hier der Fall auftreten, daß ein nahezu vollständig anisotroper Prozeß plötzlich eine stark isotrope Charakteristik zeigt. Der anisotrope Anteil, der durch Ionenbombardement bestimmt wird, zeigt nur einen „Loading"-Effekt 2. Ordnung, da dessen Reaktionsgeschwindigkeit durch das anliegende Bias-Potential — und nicht durch den Vorrat an Ätzmittel — bestimmt wird.

Wie oben gezeigt, muß dafür Sorge getragen werden, daß der Ätzprozeß nicht den Gasverbrauch dominiert. Dies kann etwa dadurch erreicht werden, daß eine

---

[4]Diese Gleichung ergibt sich aus der Kontinuitätsgleichung und dem 1. FICKschen Gesetz für einen stationären Zustand.

[5]Allerdings wurde berichtet, daß die Veraschung von PR bei hohen Sauerstoff-Flüssen durch konvektive Prozesse bestimmt sei [440].

Substratplatte ausgewählt wird, die aus dem gleichen Material besteht wie die zu ätzende Probe, so daß die zu ätzende Fläche ungefähr konstant bleibt [424]. Die Wahl eines dem zu ätzenden Substrat ähnlichen Elektrodenmaterials empfiehlt sich auch aus einem anderen Grund: Bei hohen Ionenenergien wird nämlich auch die Elektrode abgestäubt. Ist sie jetzt aus einem Material, das mit dem Ätzgas keine flüchtige Verbindung bildet, kann das abgestäubte Plattenmaterial das Substrat kontaminieren, was Konsequenzen sowohl für die Ätzmorphologie als auch das elektrische Verhalten des Substrats hat [441].

Es bleibt festzuhalten, daß der „Loading"-Effekt nicht durch Erhöhung der Konzentration der ätzenden Spezies in der Weise eliminiert werden kann, daß einfach die eingekoppelte RF-Leistung erhöht wird, da die Verbrauchsraten im Verlauf der Ätzung wichtig sind.

Da der „Loading"-Effekt die Konsequenz des Wettbewerbs des Ätzprozesses und der anderen Verlustmechanismen um das Ätzgas bzw. seine reaktive Komponente ist, muß dafür Sorge getragen werden, daß der Ätzprozeß von untergeordneter Bedeutung wird. Sind „Loading"-Effekte vorhanden, muß eine Angabe zum gesamten zu ätzenden Material und der Grenzwert für kleine zu ätzende Flächen ($F_A \to 0$) angegeben werden.

11.3.6 Transporteffekte und Reaktordesign

Die bisher betrachteten Gasflußeffekte stellen lediglich die (phänomenologische) Spitze eines neuen Eisbergs dar. Es werden damit Probleme des Transports von Reaktanden und Produkten offenbar, die sich in einer ortsabhängigen Ätzcharakteristik manifestieren, und die vom Design des Reaktors wesentlich beeinflußt werden. Hier sind besonders die für anisotropes Ätzen verwendeten *Planar- und Hexoden-Reaktoren* zu nennen. Jener zeichnet sich durch zwei gegenüberliegende kreisförmige Elektrodenflächen aus — meistens mit Gasdusche an der geerdeten Elektrode und annularer Absaugung, es sind aber auch Konstruktionen mit zentraler Gasabsaugung bekannt [442] —; die radiale Elektronendichte kann mit einer BESSEL-Funktion beschrieben werden. Dieser besteht aus zwei konzentrischen Zylindern, deren innerer an RF-Spannung gelegt wird; die Elektronendichte ist an allen „Wafern" und über die Waferoberfläche gleich, dafür tauscht man den Verlust an radialer Symmetrie ein — diese wird aber gar nicht benötigt! Im folgenden wird ein stark vereinfachendes Bild dieser Problematik gezeichnet (Abb. 11.10).

Wir wissen, daß für eine Si-Ätzung die dominierende Spezies das F-Radikal ist, das z. B. aus der Quelle CF_4 gebildet wird (für Details s. Abschn. 12.1). Bei Annahme eines radialen Flusses lautet die Kontinuitätsgleichung mit D dem Diffusionskoeffizienten und Δ dem Laplace-Operator [443], wegen der zylindrischen Symmetrie in Zylinderkoordinaten):

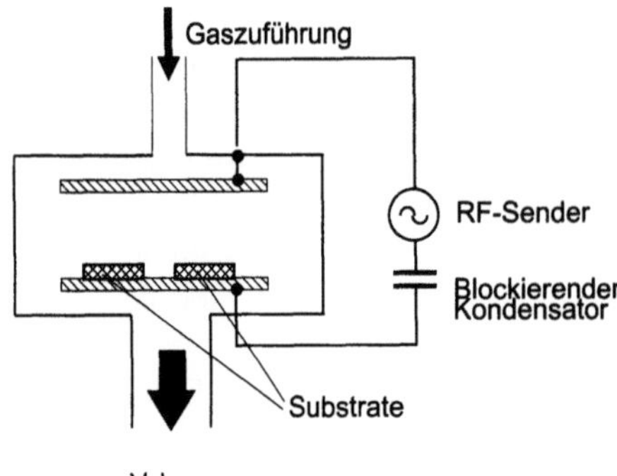

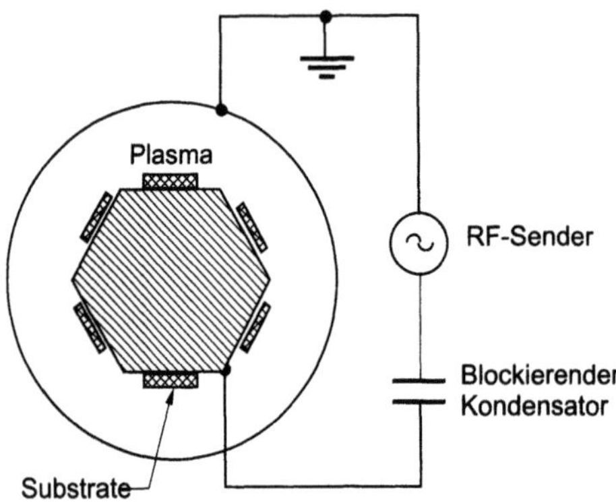

Abb. 11.10. Schnitt durch einen Parallelplatten-Reaktor bzw. Aufsicht auf einen Hexoden-Reaktor. In beiden Fällen handelt es sich um eine kapazitiv gekoppelte Entladung, wobei auf Grund der geometrischen Anordnung der Substrate im Hexoden-Reaktor, die senkrecht aufgehängt sind und geklammert werden müssen, kein automatisches Beladungsverfahren möglich ist.

$$v_{\mathrm{r}}\frac{\partial c(\mathrm{F})}{\partial r} = D\Delta c(\mathrm{F}) + G; \tag{11.12}$$

mit $c(\mathrm{F})$ der Konzentration an freien Fluoratomen

$$\Delta = \frac{1}{r}\frac{\partial}{\partial r}\left(r\frac{\partial}{\partial r}\right) + \frac{1}{r^2}\frac{\partial^2}{\partial \vartheta^2} + \frac{\partial^2}{\partial z^2}, \tag{11.13.1}$$

der für radiale Diffusion in einem Hexoden-Reaktor zu

$$\Delta = \frac{1}{r}\frac{\partial}{\partial r}\left(r\frac{\partial}{\partial r}\right) + \frac{\partial^2}{\partial z^2} \tag{11.13.2}$$

entartet. G setzt sich aus den Geschwindigkeitsgleichungen für die Bildung und die Verluste zusammen:

$$\mathrm{CF_4} + \mathrm{e^-} \longrightarrow \mathrm{CF_3^-} + \mathrm{F} \tag{11.14}$$

$$-\frac{\mathrm{d}c(\mathrm{CF_4})}{\mathrm{d}t} = k_{\mathrm{B}} \cdot c(\mathrm{CF_4}) \cdot n_{\mathrm{e}} \tag{11.15}$$

mit $c(CF_4)$ der Konzentration an CF_4, k_B der Geschwindigkeitskonstanten 2. Ordnung für die Bildungsreaktion der Fluor-Radikale und n_e der Elektronendichte. Diese Gleichung wird für die Bilanzierung der F-Radikale noch um Terme für die Ätzreaktion und die Rekombination zweier F-Atome (beispielsweise durch Wandreaktionen) ergänzt:

$$G = k_B \cdot a \cdot c(CF_4) \cdot n_e - k_E \cdot c(F) - k_W \cdot c(F)^2. \tag{11.16}$$

mit k_E der Geschwindigkeitskonstanten der Ätzreaktion und k_W derjenigen der Rekombination an der Wand. a ist der stöchiometrische Koeffizient (im obigen Fall ist $a = 1$). Da die Ätzraktion an der Oberfläche stattfindet, kann man das Verhältnis der Oberfläche zum Volumen $1/2L$ mit $2L$ dem Elektrodenabstand einsetzen; außerdem gilt für die Wandreaktion, daß der mittlere Fluß der Reaktanden $1/4 < v > c(F)$ ist. Die mittlere Gasflußgeschwindigkeit kann geschrieben werden zu

$$v_r = \frac{Qr}{4\pi L r_{max}^2} \tag{11.17}$$

mit Q dem Gasfluß in $cm^3\,s^{-1}$ und r_{max} dem Reaktorradius. Ist der Querschnitt des Reaktors groß gegen dessen Länge $2L$, dann ist v_r näherungsweise unabhängig von $2L$, die radiale Geschwindigkeit in der Mitte ist Null und steigt linear nach außen an (dies gilt sowohl für eine Gasdusche wie einen zentralen Gaseinlaß), zudem können axiale Konzentrationsgradienten vernachlässigt werden. Damit ergibt sich für die Bilanzgleichung der F-Radikale:

$$\frac{Qr}{4\pi L r_{max}^2}\frac{d\,c(F)}{dr} = D\left[\frac{1}{r}\frac{d}{dr}\left(r\frac{d\,c(F)}{dt}\right)\right] + k_B n_e c(CF_4) - \frac{R}{2L} - \frac{w}{8L}\cdot c(F) v_{max} \tag{11.18}$$

mit R und w flächenbezogenen Geschwindigkeitskonstanten. Dabei sind die Randbedingungen für $r = 0$ und $r = r_{max}$:

$$\frac{dc(F)}{dr} = 0 \wedge c(F) = c_{Ex}. \tag{11.19}$$

$c(CF_4)$ kann mit dem idealen Gasgesetz abgeschätzt werden zu

$$c(CF_4) = \frac{p}{RT} - m \cdot c(F). \tag{11.20}$$

Rekombinationen im Gasvolumen sind stark druckabhängig ($k \propto p^2$) und deswegen für Drücke kleiner 10 Torr (1300 Pa) vernachlässigbar (s. Abschn. 3.6). — Es ist üblich, dimensionslose Größen einzuführen, so daß

- $\Theta_1 = \frac{c(F)}{p/RT}$;
- $\zeta = \frac{r}{r_{max}}$;

- $\Theta_e = \frac{n_e}{<n_e>} = 2{,}316 J_0(2{,}405\zeta)$;
- $Pe = \frac{1}{4\pi LD} \cdot Q$;
- $Th = \frac{1}{2LD} \cdot k_E r_{max}^2$;
- $Da = \frac{1}{D} m\, k_B r_{max}^2 <n_e>$;
- $\gamma = \frac{1}{8LD} v_{max} r_{max}^2\, w$;

und damit

$$\frac{d^2}{d\zeta^2}\Theta_1 + \frac{1 - Pe\zeta^2}{\zeta}\frac{d}{d\zeta}\Theta_1 + Da\Theta_e(1 - m\Theta_1) - Th\,\Theta_1 - \gamma\Theta_1 = 0, \quad (11.21)$$

wobei auch die Terme für die Wandreaktion und die Bildungsreaktion oft zusammengezogen werden [444]. Die charakteristische Länge in diesen Gleichungen ist der Reaktorradius r_{max}, der oft sogar quadratisch auftritt. Lösungen der DGl ergeben sich mit den Randbedingungen

$$\frac{d\Theta_1}{d\zeta} = 0 \wedge \Theta_{ex} = \frac{c_{ex}}{p/RT} \quad (11.22)$$

für $\zeta = 0$ und $\Theta_1 = \Theta_{ex}$ bei $\zeta = 1$; außerdem ist die Massenbilanzgleichung notwendig:

$$\int_0^1 (Da \cdot \Theta_e(1 - \Theta_1) - \gamma\Theta_1 - Th \cdot \Theta_1)\zeta d\zeta = \int_0^m Th(\Theta_1)\zeta d\zeta + Pe \cdot \Theta_{ex} \quad (11.23)$$

mit $m = r_{Wafer}/r_{max}$.

Definitionen einiger wichtiger Größen (da diese Größen dimensionslos sind, können sie *per definitionem* unterschiedlich sein. Im folgenden werden daher nur Proportionalitäten beschrieben. Für eine umfassende Behandlung siehe [445]):

- PECLET-ZAHL, *Pe*, beschreibt das Verhältnis von Konvektion (im Schwerefeld) oder Drift (im $\boldsymbol{E}$-Feld) zu Diffusion des Reaktanden. Für hohe Flußraten und/oder kleine Diffusionskoeffizienten (großes *Pe*) dominiert die Konvektion, für kleine *Pe* dagegen werden die Konzentrationsgradienten vermindert. Typische Werte in Parallelplatten-Reaktoren liegen bei $Pe \leq 0{,}1$ (Abb. 11.11).

- DAMKÖHLER-Zahl, *Da*, beschreibt das Verhältnis der Bildungsraten des Ätzmittels zu seiner Diffusionsgeschwindigkeit. Für große Werte von *Da* wird das Ätzmittel schneller gebildet, als es abdiffundieren kann; das führt zu ungleichmäßigen Diffusionsprofilen.

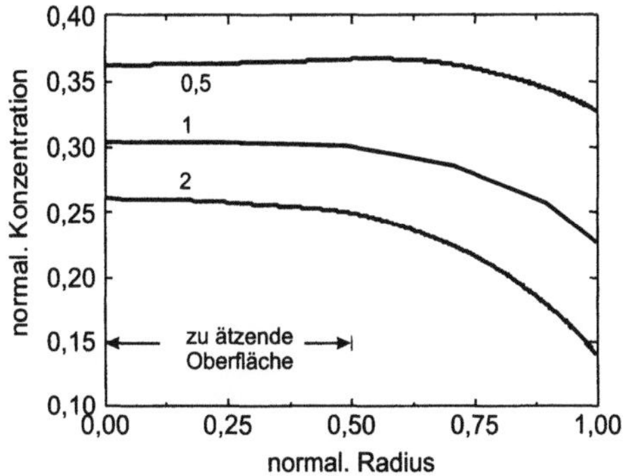

Abb. 11.11. Normalisierte Konzentration Θ der reaktiven Spezies als Funktion des normalisierten Radius ζ für verschiedene Werte der PECLET-Zahl Pe ($Da = Th$). Ein Viertel der Substratfläche ist vom Wafer bedeckt ($\zeta = 0$ bis $\zeta = 1/2$) [446] (©The Electrochemical Society).

- THIELE-Modul, *Th*, beschreibt das Verhältnis der chemischen Ätzrate zur Diffusion. Für große Geschwindigkeitskonstanten oder niedrige Diffusionsgeschwindigkeiten bei hohem Druck entstehen große Konzentrationsgradienten. Ist *Th* größer als Eins, ist die Ätzung schnell gegenüber der Diffusion; es bauen sich Konzentrationsgradienten so auf, daß das Waferzentrum an Ätzmittel verarmt. Wird der THIELE-Modul sehr hoch ($k \to \infty$), dann geht die Konzentration des Reaktanden gegen Null und die Ätzreaktion wird durch Diffusion kontrolliert. Ist *Th* kleiner als Eins, beobachtet man schnelle Diffusion und erhält folglich gleichförmigere Ätzprofile und eine gleichförmigere Ätzratenverteilung (Abb. 11.12). Da der Quotient Th/Da das Verhältnis Ätzrate zu Bildungsrate beschreibt, sollte der THIELE-Modul kleiner oder höchstens gleich der DAMKÖHLER-Zahl sein.

- γ, der Koeffizient für die Rekombination an der Wand, hängt natürlich wesentlich von der Oberflächenbeschaffenheit ab. Die mathematische Abhängigkeit entspricht der des THIELE-Moduls.

Als Ergebnis erhält man für die Konzentration des Reaktanden komplizierte Abhängigkeiten von BESSEL-Funktionen höherer Ordnung. Wichtig ist zu bemerken, daß für eine Gleichförmigkeit der Ätzung die Konzentration des Reaktanden unabhängig vom Radius sein sollte. Genau dies ist aber nicht der Fall, man beobachtet vielmehr eine Abhängigkeit mit

$$c(\zeta) \propto \zeta^{Pe/2}. \tag{11.24}$$

Pe sollte also möglichst klein sein (größenordnungsmäßige Abschätzungen ($Pe = r_{\max} v/D$) zeigen, daß selbst bei zu den Wafern parallelem Gasfluß die PECLET-Zahl kleiner als 0,05 ist); weil in den meisten Ätzsystemen der Gasfluß dagegen normal zur Waferoberfläche ist, werden tatsächlich noch kleinere PECLET-Zahlen beobachtet (s. a. [447]). Kleine *Pe*-Werte bedeuten jedoch kleine Einlaßgeschwindigkeiten, niedrige Drücke und kleine Waferdurchmesser,

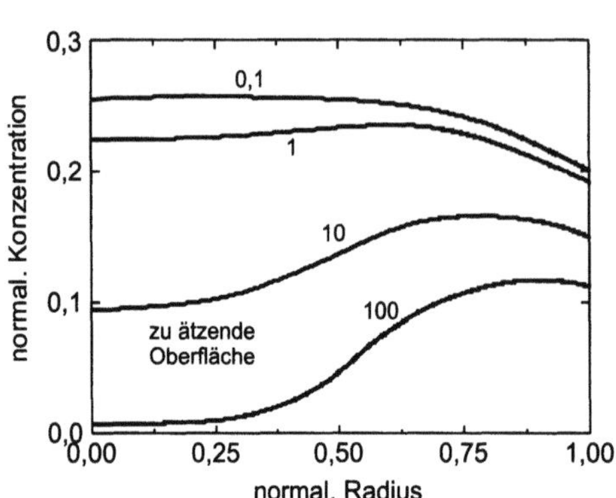

Abb. 11.12. Normalisierte Konzentration Θ der reaktiven Spezies als Funktion des normalisierten Radius ζ für verschiedene Werte des THIELE-Moduls *Th*. Deutlich ausgeprägt ist das „Bullauge" bei sehr hohen Ätzraten (Annahme einer gleichförmigen Elektronenverteilung) [446] (© The Electrochemical Society).

insgesamt also niedrige Ätzraten bei geringem Durchsatz für den Parallelplatten-Reaktor.

Im Hexoden-Reaktor ist der Gasfluß parallel zur axialen Richtung, folglich sieht die Bilanzgleichung für die Konzentration des Reaktanden folgendermaßen aus:

$$v_z \frac{\partial c(F)}{\partial z} = D\left[\frac{1}{r}\frac{\partial}{\partial r}\left(r\frac{\partial c(F)}{\partial r}\right) + \frac{\partial^2}{\partial z^2}\right] + G; \qquad (11.25)$$

die Lösung ist noch komplizierter als die für den Parallelplatten-Reaktor. Sie zeigen gleiche Abhängigkeiten des Konzentrationsgradienten vom Verhältnis *Th/Da*: Je ähnlicher die beiden Größen werden, umso kleiner wird der Gradient, damit verbessert sich die radiale Gleichförmigkeit der Ätzung, umso kleiner ist aber auch die Ätzrate (Abb. 11.13).

Der wesentliche Unterschied ist, daß bei Erhöhung von Pe, also bei einer Erhöhung der Flußrate der Reaktanden, die Gleichförmigkeit der Ätzung sich im Hexoden-Reaktor erhöht! Das Maximum der Ätzrate verschiebt sich innerhalb des Reaktors in Richtung Gasabsaugung, außerdem ändern sich *Pe* und *Th*, die beiden die Gleichmäßigkeit der Ätzung steuernden Parameter, gleichsinnig! Der Hexoden-Reaktor ist somit, was hohen Durchsatz und Gleichmäßigkeit des Ätzprofils angeht, dem Planar-Reaktor prinzipiell überlegen, bei dem diese Anforderungen gegensinnig verlaufen (Abb. 11.14).

Die Verteilung der Ätzrate ist stark unterschiedlich von der Verteilung des Reaktanden, wenn auch das Elektronenprofil nicht gleichförmig ist, sondern ebenfalls z. B. einer BESSEL-Funktion gehorcht, wie dies etwa von BIGIO in einer Hg/Ar-Entladung über die Messung der Dichte der angeregten Zustände des Hg $6^3P_{0,1,2}$ nachgewiesen wurde [448]. Wird noch genauer zwischen „chemischer" und ionenunterstützter Ätzrate unterschieden, kann man u. U. diese Effekte auftrennen. Unter jener wollen wir einen rein thermisch aktivierten Prozeß

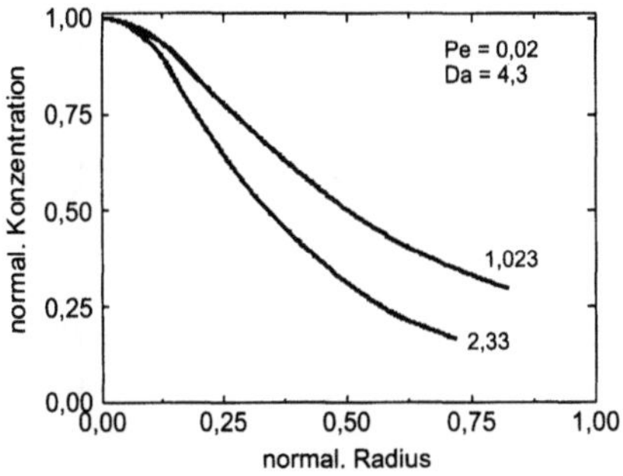

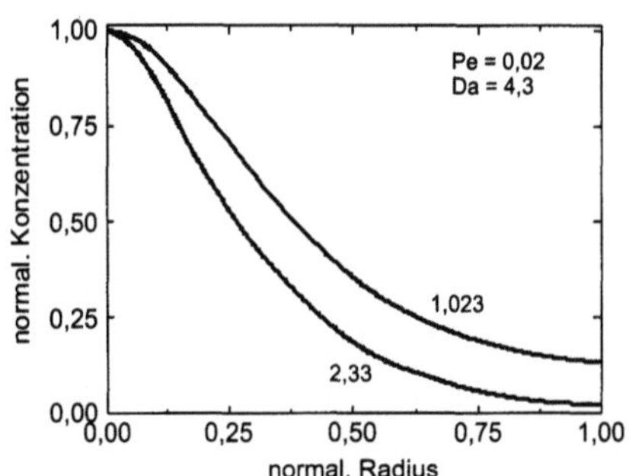

Abb. 11.13. Normalisierte Konzentration der reaktiven Spezies Θ als Funktion des normalisierten Reaktorradius ζ für verschiedene Quotienten Th/Da (Verhältnis Generations- zu Ätzrate) bei gleichen Bedingungen ($Pe = 0{,}02$; $Da = 4{,}3$) für einen Parallelplatten- (lks.) und einen Hexoden-Reaktor (re.). Der Konzentrationsgradient wird bei gegebener Generationsrate (Da) bei Erniedrigung der Ätzrate kleiner (für eine chemische Reaktion ohne Plasmaunterstützung ist die Konzentration der reaktiven Spezies der Ätzrate proportional [444] (© The Electrochemical Society).

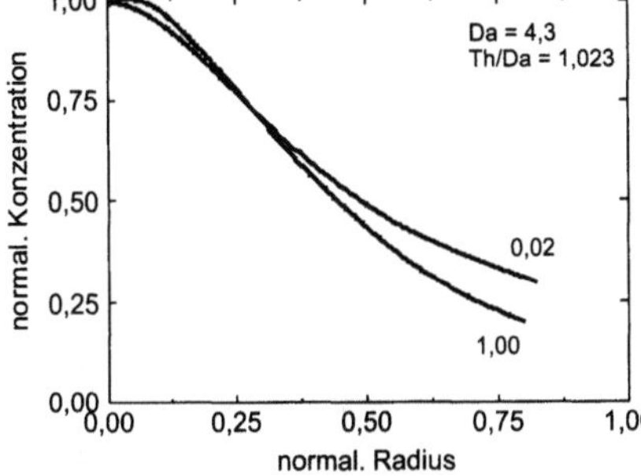

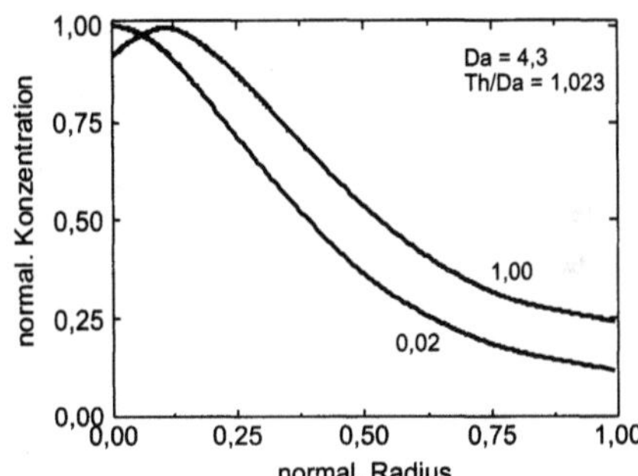

Abb. 11.14. Normalisierte Konzentration Θ der reaktiven Spezies als Funktion des normalisierten Reaktorradius ζ für verschiedene PECLET-Zahlen Pe bei gleichen Bedingungen ($Da = 4{,}3$; $Th/Da = 1{,}023$) für einen Parallelplatten- (lks.) und einen Hexoden-Reaktor (re.). Der Konzentrationsgradient wird bei steigenden Flüssen im Hexoden-Reaktor kleiner, im Parallelplatten-Reaktor größer [444] (© The Electrochemical Society).

verstehen, der ausgelöst wird durch Adsorption von Radikalen (isotroper Anteil). Deren Reaktionsgeschwindigkeit kann durch Bombardement energiereicher Ionen erhöht werden. In dem Ausmaß, in dem die horizontalen Flächen stärker beschossen werden als die vertikalen, beobachten wir anisotrope Ätzprozesse.

Formal geschieht dies dadurch, daß die Geschwindigkeitskonstante der Ätzung als aus zwei Anteilen bestehend betrachtet wird [446]:

$$k_{\text{tot}} = k_{\text{n}} + k_{+} \tag{11.26}$$

mit k_{n} der Geschwindigkeitskonstanten des chemischen Ätzens durch spontane Reaktion der Fluor-Radikale mit der Oberflächenschicht ($RG_{\text{n}} = k_{\text{n}} \cdot c_1$) und k_{+} der Geschwindigkeitskonstanten der durch Ionenbombardement bedingten Abtragung ($RG_{+} = k_{+} I_{+} E_{\text{I}}$). Im zweiten Term ist dann die Spannung in der Randschicht und die Eintrittsgeschwindigkeit der Ionen in die Randschicht (BOHM-Geschwindigkeit) enthalten. So kann, obwohl die chemische Komponente am Waferrand höher ist, dennoch die totale Ätzrate in der Wafermitte höher sein (s. Abschn. 12.1). Dies gilt natürlich nicht für die Anisotropie, die prinzipiell bei einem Planar-Reaktor eine radiale Abhängigkeit zeigen muß (Kap. 5/6); gleichgültig, wie die Reaktorgeometrie ausgelegt ist, ob man also mit zentraler oder annularer Gasabsaugung arbeitet und mit oder ohne Gasdusche [449].

11.4 Charakteristika des Trockenätzens

Die Strukturübertragung findet nicht in einem 1:1-Maßstab mit senkrechten Flanken der geätzten Struktur statt; dies ist in erster Linie auf Sekundäreffekte an den Masken zurückzuführen, und zwar sowohl

- *Erosion der Masken* (Abb. 11.15) und anschließende
- *Facettierung* und *Konusbildung* (Abbn. 11.16 – 11.20) wie auch
- *Redeposition* an den Masken (Abbn. 11.21 u. 11.22), was auch das Phänomen der
- *Selektivität* einschließt.

Dazu kommen zahlreiche Effekte wie

- *Grabenbildung* („Trenching“, Abb. 11.23),
- *Fußbildung* durch „Shadowing“ (Abb. 11.24) sowie
- *Microloading* (Abbn. 11.25 – 11.32), wozu
  - ARDE,
  - Sidewall-Bowing und
  - Notching gehören.

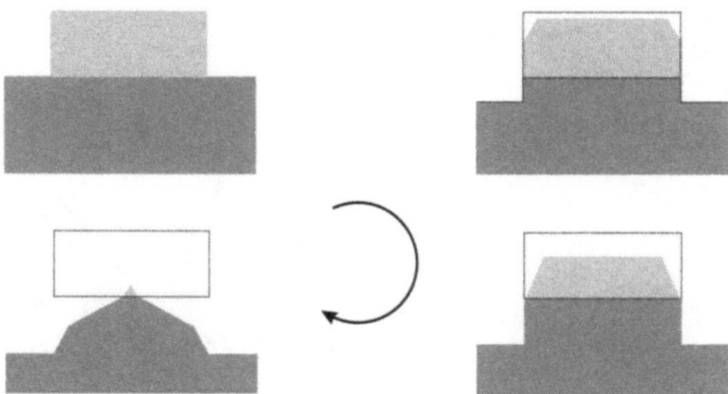

Abb. 11.15. Schematische Darstellung der Maskenerosion und anschließender Facettierung des ursprünglich durch die Maske geschützten Materials nach [450] (© IEEE).

11.4.1 Maskenerosion

Die Erosion bedingt, daß die Abstände der Struktur nach dem Ätzen größer als vorher sind. Das Ausmaß der Erosion hängt von der Dicke und der Resistenz des Maskenmaterials ab. Die maximale Dicke ist vorgegeben von der lateralen Strukturauflösung.

Die lichtempfindlichen Polymere, die als Photoresists (PR) benutzt werden, werden relativ leicht abgetragen und fließen bei höheren Temperaturen. Stabile Masken, wie Oxide, Titan oder Aluminium (in O_2-dotierter Atmosphäre), müssen dagegen erst mit PR strukturiert werden. Werden diese Masken ihrerseits wieder trocken strukturiert, beobachtet man oft rauhe Maskenkanten, die an den Mikrofransen beginnen, die durch die photolithographische Übertragung entstehen; diese bilden sich lithographisch im Substrat ab.

11.4.2 Facettierung

Die Erosion setzt aber nicht überall gleich stark ein. Die Abhängigkeit der Ätzrate vom Einfallwinkel hat nämlich wesentliche Konsequenzen für die Formstabilität der Maske, da sie — korrespondierend zum Winkel höchster Ätzrate — sog. „Facetten“ ausbildet (Abb. 11.16). Dies setzt an den durch den Entwicklungsprozeß entstandenen abgerundeten Kanten ein, im ehemals durch die Maske geschützten Substrat (evtl. unter einem anderen Winkel, bei dem der Abtrag am größten ist) fort und führt zur Ausbildung eines *konusförmigen Profils* (Abb. 11.17). Um diesen Effekt zu unterdrücken, verwendet man dünne (metallische oder oxidische) Masken mit nahezu senkrechten Flanken, die eine möglichst niedrige Ätzrate — verglichen mit dem zu strukturierenden Material — aufweisen: die *Selektivität* sollte möglichst hoch sein. Zusätzlich muß

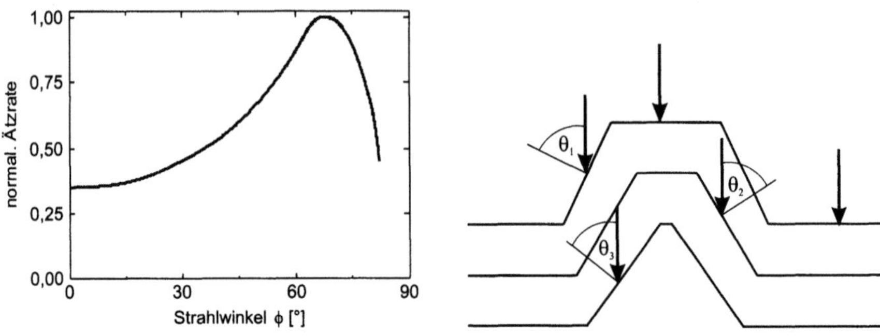

Abb. 11.16. Die Ätzrate (*ER*) hängt entscheidend vom Einfallswinkel auftreffender Ionen ab. Die Tatsache, daß Oberfläche und Seite der Maske meist nie im rechten Winkel aufeinandertreffen, bedingt eine höhere Ätzrate im „Top"-Bereich, wodurch die Steilheit der Maske während des Ätzprozesses weiter reduziert wird: *Facettierung* mit nachfolgender *Konusbildung* (nach [339] © Philips).

darauf geachtet werden, daß die Maske zu keiner Zeit so weit abgetragen ist, daß eine in ihr sich ausbildende Facette das zu ätzende Material erreicht, sonst werden Ätzflanken mit meist positivem Böschungswinkel gebildet.

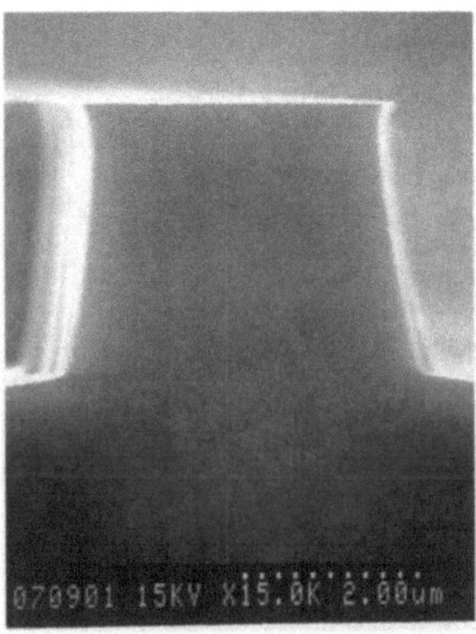

Abb. 11.17. Der Böschungswinkel der geätzten Seitenwände ist wegen der Facettierung meist positiv: „Tapering" von InP in Ethan/Wasserstoff 10:40, 5 Pa, 0,25 W cm^{-2}. Man beachte die geriffelte Seitenwand, die durch exakte lithographische Übertragung des Maskenrandes (gesputtertes Al_2O_3) in den Halbleiter entstanden ist [451].

11.4.3 Metallmasken und Trilevel-Photoresist

Wegen den beim Ionen- und Plasmaätzen herrschenden Drücken zwischen 1 und 20 Pa ist eine Kontrolle des Einfallswinkels und damit eine vollständige Beherrschung der Facettierung nahezu unmöglich.[6] Um die dadurch bedingte Abschrägung und das *Tapering* im Substrat zu vermeiden, werden dünne Masken hoher Standzeit benutzt, d. h. entweder Oxid- oder Metallmasken, die gegen physikalisches Abstäuben weitgehend resistent sind, oder PR-Masken, die mit dem Ätzgas chemisch nicht reagieren, wie dies beim Ätzen von III/V-Halbleitern mit Methan/Wasserstoff-Gemischen ausgenutzt wird [452]. Oft weisen derartige Metallmasken eine relativ geringe Abhängigkeit der Ätzrate vom Einfallswinkel auf; ihre Standzeit erhöht sich weiter in reaktiven Atmosphären durch die Bildung von Stoffen hoher Gitterenergie (Oxide, Carbide, Nitride) deutlich gegenüber der Lebensdauer in Edelgasen (Abb. 11.18).

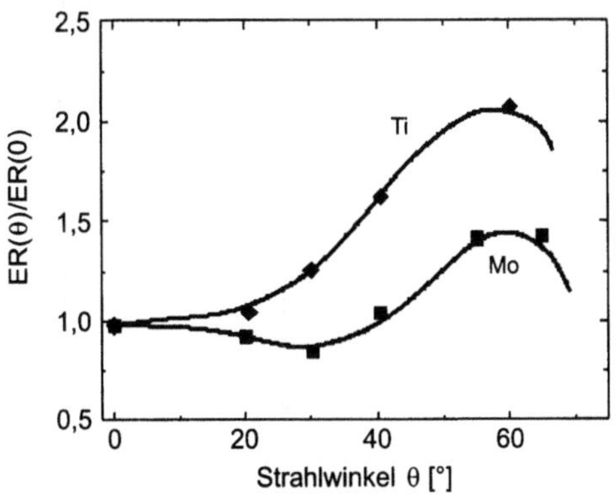

Abb. 11.18. Verschiedene refraktäre Metalle eignen sich wegen der schwachen Winkelabhängigkeit ihrer Ätzrate und der damit verbundenen geringen Anfälligkeit zur Facettierung besonders als Maskenmaterial. (E_{Ion} = 1 keV) [453] (© The American Institute of Physics).

Am wirkungsvollsten erhält die laterale wie vertikale Strukturtreue allerdings eine dicke Maske aus inertem Material, das nach dem Prozeß leicht wieder entfernbar ist. Meist führt also kein Weg an einer ausgefeilten Phototechnik vorbei. Zur Darstellung dieser Problematik ist in Abb. 11.19 die gleiche Struktur mit unterschiedlichen Photolack-Masken dargestellt. Die Maske im linken Bild ist erodiert und hat zur Facettierung und Taperbildung im Halbleiter geführt. Die dicke Maske hat dem Plasma hinreichend Widerstand geleistet und überträgt ihre laterale Struktur perfekt in das Substrat.

Einen weiteren Fortschritt brachte die „Trilevel"-Technik, bei der zunächst ein sehr dicker Photolack aufgeschleudert und bei sehr hohen Temperaturen ausgeheizt wird. Dieser wird meist als „Bottom"-Resist bezeichnet.[7] Auf diesen wird dann eine Schicht aus SiO_2 oder Si_3N_4 aufgesputtert und mit einem dünnen

[6] s. dagegen Kap. 10 für das Ionenstrahlätzen; allerdings ergibt sich wegen der Winkelverteilung der bombardierenden Ionen (Abbn. 10.29 – 10.32), die ein Maximum bei etwa 20° abweichend von der Normalen aufweist, auch hier ein verstärkter Abtrag unter diesem Winkel.

[7] Typisch für den PR AZ 4562 sind 8 – 10 μm und 180 °C.

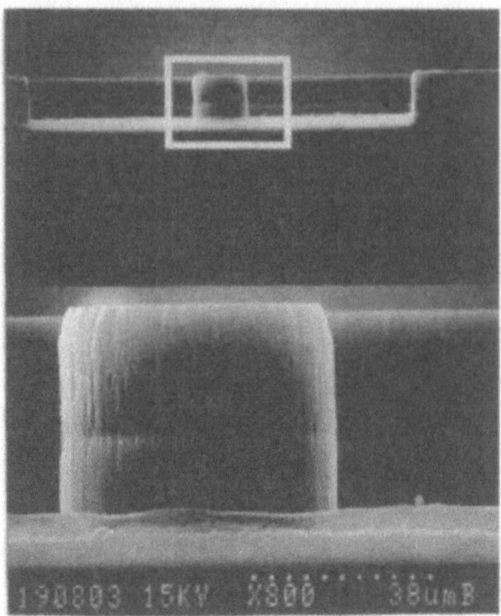

Abb. 11.19. Oberstes Erfordernis für eine winkelgenaue Übertragung ist die Ätzresistenz der Maske. So bestimmt der Inzidenzwinkel der (Rest-)Maske den Neigungswinkel im Substrat entscheidend, hier dargestellt an einer Sandwich-Kegel- bzw. Zylinderstruktur in AlGaAs/GaAs. Maske aus PR.

Photolack trocken mit CF_4/O_2 strukturiert. In dem nachfolgenden Ätzschritt im Sauerstoffplasma wird der „Bottom"-Resist strukturiert und gleichzeitig der oben liegende Strukturlack quantitativ entfernt. Mit einer derart realisierten Ätzmaske ist selbst die Ätzung von GaN und SiC bis in Tiefen einiger Mikrometer möglich [454] [455] (Abb. 11.20).

11.4.4 Redeposition und Seitenwandpassivierung

Neben diesem durch die Maske induzierten Effekt der Facettierung muß noch das Verhalten abgetragener und an der gerade entstandenen Wand wieder sich anlagernder Atome betrachtet werden (Redeposition); dies trägt ebenfalls zur Konusbildung bei [456]:

Unter der Annahme, daß das Material in einer Cosinus-Verteilung abgestäubt wird, können wir die Flußdichte dieser Partikeln in den Raumwinkel beschreiben mit

$$j(y) = j_0 \left(1 - \frac{h}{\sqrt{d^2 + h^2}}\right) \tag{11.27}$$

mit j_0 der Flußdichte normal zur Oberfläche, d dem Abstand zur freigelegten Wand und h ihrer Höhe. Wie man sieht, ist nur für sehr flache, weit auseinander stehende Strukturen die Flußdichte unabhängig von ihrer Höhe.

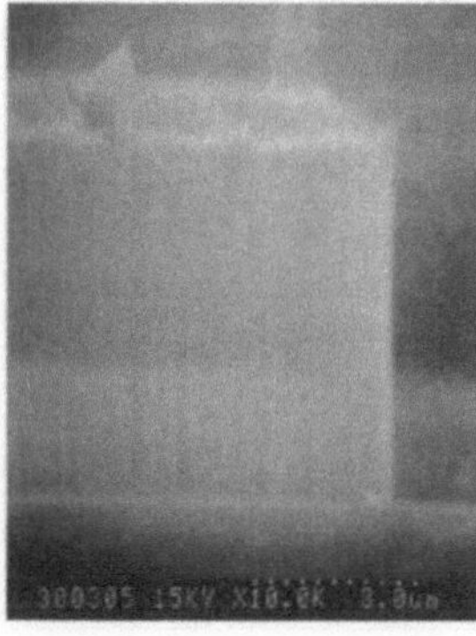

Abb. 11.20. Durch die Verwendung eines Trilevel-Photoresists (oben, dunkel) mit spezieller Glättungstechnik der Photolackkanten wurde es möglich, das sehr ätzresistente GaN/AlGaN (unten, hell) mit senkrechten, extrem glatten Facetten zu ätzen [432] [454] [455].

Umgekehrt findet durch Deposition ätzresistenten Materials an den Seitenflanken eine Strukturstabilisierung statt. Man spricht dann von einer *Seitenwandpassivierung* („Side Wall Passivation"). Derartige Filme wurden besonders beim Ätzen tiefer Gräben in Silicium (Trenchätzungen) in halogenhaltigen Plasmen beobachtet [457] [458]. Wie von Oehrlein et al. in einer XPS-Studie von in $BCl_3/O_2/HCl$-Plasmen geätzten Si-Gräben werden konnte, besteht diese Schicht aus Boroxid, also aus einem Reaktionsprodukt zwischen dem BCl_3 und O_2 [459]. Es sind auch Passivierungen bekannt, die nur durch Reaktion des Ätzgases gebildet werden, etwa bei der Ätzung von GaAs mit BCl_3/Ar, wo ein polymeres Subchlorid einen horizontalen Angriff unterdrückt [460] (Abschn. 12.6, s. a. Abschn. 12.1 zur Konkurrenz Abtragen $\leftrightarrow$ Abscheiden).

Bekannt ist, daß Chloratome SiO_2 ohne Ionenbombardement nur schwer angreifen [461]; daher stellt die SiO_2-Schicht an den senkrechten Wänden eine wirkungsvolle Barriere zur Strukturerhaltung dar. Durch Variation des F:Cl-Gehaltes in einer Entladung im System $(C_2F_6/Cl_2)/(CF_4/O_2)$ kann der Grad der Anisotropie von überhängend bis isotrop eingestellt werden [461].

Der positive Beitrag der Redeposition auf die Stabilität der zu ätzenden Struktur kann allerdings bei zu geringer Flüchtigkeit leicht in das Gegenteil umschlagen. Einen verheerenden Einfluß auf die geätzte Struktur hat dieses *Rücksputtern* in inerten Atmosphären; es wird ebenfalls als *Redeposition* bezeichnet (Abb. 11.21). Nach dem Ablösen der PR-Maske verbleibt dann oft ein Wall redeponierten Materials. Dem kann man dann nur mit dünnen Masken aus sehr ätzresistentem Material wie Oxiden, refraktären Metallen in reaktiver Atmosphäre oder konvexen Masken aus PR (hergestellt knapp unterhalb der Fließtemperatur des PR, was allerdings eine Verringerung der Ortsauflösung bedingt) begegnen (Abb. 11.22).

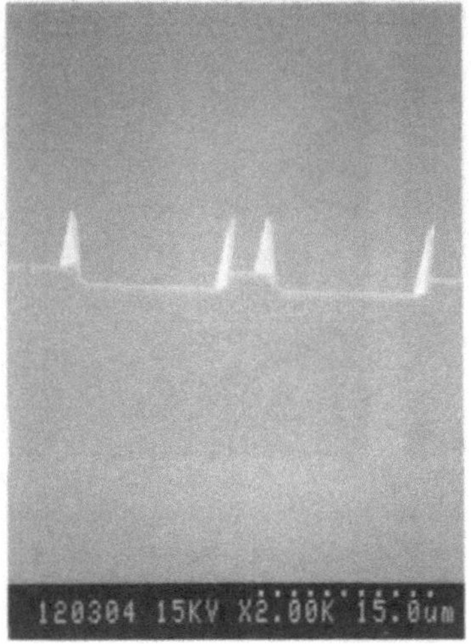

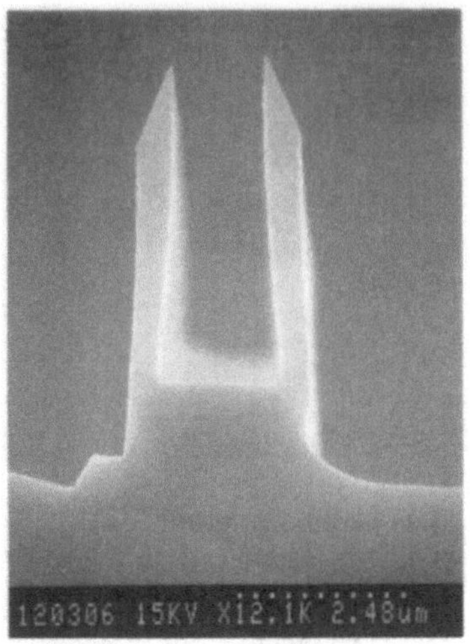

Abb. 11.21. In Argon strukturiertes GaAs nach Ablösung der sehr dicken PR-Maske mit exzellent ausgeprägten, durch Redeposition entstandenen „Hasenohren" [463].

11.4.5 Selektivität

Von großer Bedeutung ist weiterhin das Verhältnis der Ätzraten verschiedener Schichten, das als *Selektivität* bezeichnet wird. Im Gegensatz zu Naßätzverfahren, bei denen dieses Verhältnis oft sehr hoch (zwischen 100 und > 1000) ist, werden bei Trockenätzprozessen nur selten Werte > 50 erreicht [462]. Dies führt besonders dann zu Problemen, wenn die unter der Maske liegende Schicht sehr dünn ist und evtl. auch noch schneller geätzt wird, was die Notwendigkeit des Einsatzes von *Endpunktdetektoren* unterstreicht.

Auf ein interessantes Phänomen machten erstmals DIMIGEN und LÜTHJE aufmerksam [339], nämlich die Übertragung der Maskenstruktur auf das darunterliegende Material: Nicht nur die Struktur der Maske aus PR, Ti oder auch Al_2O_3 oder Si_3N_4 wird auf das Substrat übertragen, sondern man muß vielmehr auch das zu ätzende Material als Maske betrachten: Der Abtrag erfolgt nun nicht gleichmäßig, sondern setzt vielmehr an den Korngrenzen ein, was sich schließlich im Substrat abbildet. Deshalb wird durch eine polykristalline Schicht beim Ätzen prinzipiell eine rauhere Oberfläche erzeugt als durch einen amorphen Film.

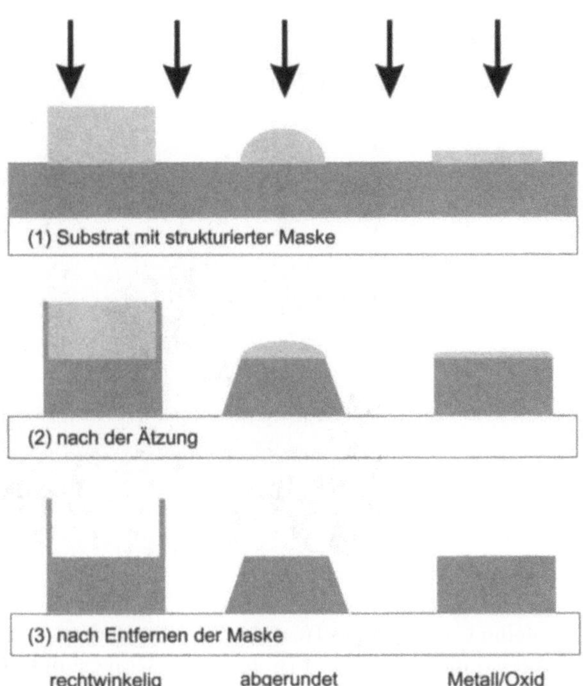

Abb. 11.22. Eine Möglichkeit, Redepositionseffekte zu verringern oder ganz zu unterdrücken, besteht in der Verrundung der Maske aus PR oder der Verwendung sehr dünner Masken mit hoher Standzeit [464] (© The American Institute of Physics).

11.4.6 Trenching

Sind die bisher besprochenen Effekte eher auf das Zusammenwirken von Maske und zu ätzendem Substrat zurückzuführen, gibt es zahlreiche Phänomene im Substrat selbst. Dazu gehört insbesondere das *Trenching,* unter dem man die verstärkte Erosion am Fuß der geätzten Struktur unter Ausbildung eines Grabens versteht. Es entsteht durch den erhöhten Fluß der Ionen an diesen Stellen [226] [465]. Man unterscheidet dabei zwischen isolierten und verbundenen Strukturen (Nestern), und dort wieder zwischen Gräben und Stegen [467] [468] (Abb. 11.23). Um bei Grabenätzungen den zusätzlich entstehenden Graben zu unterscheiden, spricht man von „Microtrenches". Ihre Entstehung ist bedingt durch Reflexionen

- an schrägen Flanken des attackierten PR,
- an aufgeladenem PR,
- an den vertikalen Flanken der bereits geätzten Struktur,

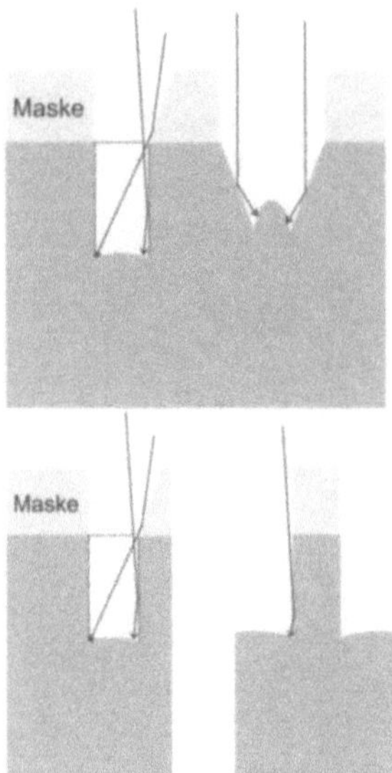

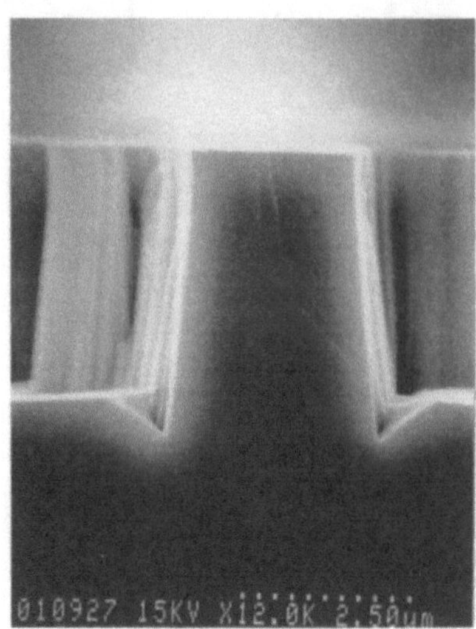

Abb. 11.23. Modellhafte Darstellung des Micro-„Trenching" in einem Nest von Gräben (o. lks.) und bei isolierten Gräben und Stegen (u. re.) sowie Grabenbildung an einem isolierten InP-Steg, der in $MeCl/H_2$ (Verhältnis 10:30, 4 Pa, 0,3 W/cm^2) geätzt wurde [466].

- vielleicht auch durch abgesputtertes Material von diesen Flanken, das auf dem Boden zur Mitte hin kondensiert (Abb. 11.23).

Dieser Effekt tritt besonders beim Ionenstrahlätzen auf (Abschn. 11.5). Von SOPORI und CHANG wurde gezeigt, daß die Erhöhung der Ätzrate am Fuß der Struktur ähnlich wie die Redeposition zu beschreiben ist:

$$ER = ER_{\text{bulk}} - \text{const}\left(1 - \frac{d}{\sqrt{d^2 + h^2}}\right), \tag{11.28}$$

wobei h in diesem Fall die Maskendicke und d den lateralen Abstand von der Maske bedeutet [330]. D. h.: je dicker die Maske, umso größer der Einfluß des Subtrahenden.

Verschiedene Einflüsse in ICP-Entladungen wurden von LANE et al. simuliert [467] [468]. Insbesondere konnte der Einfluß des DC-Bias identifiziert werden: Steigendes Bias führte i. a. zur Verbreiterung der Microtrenches und zur Abflachung der Bodenkalotte, die schließlich vollkommen verschwinden kann. Als Ursache wird eine Verjüngung der $\mathcal{IADF}$ bei steigender Bias-Spannung angesehen, wodurch die Ionenenergie steigt.

In einer Arbeit von BOGART et al. konnte nachgewiesen werden, daß Aufladungseffekte der Maske keinesfalls als Ursache für die unterschiedlichen Effekte

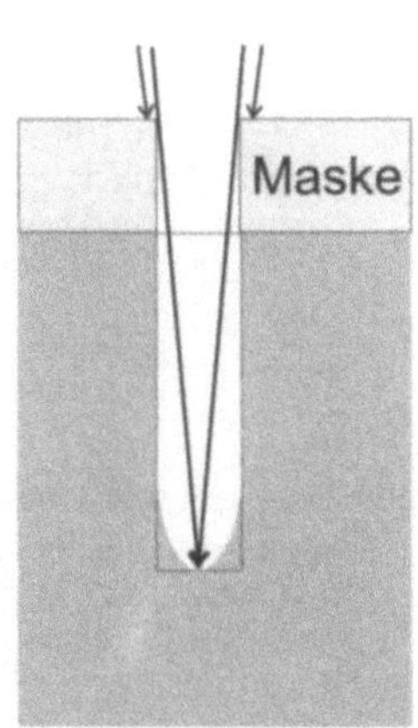

Abb. 11.24. An den bereits herausgeätzten Wänden wird eine Abschattierung der auftreffenden Ionen beobachtet: „Shadowing", das zur Ausbildung eines breiten Fußes Anlaß gibt: Ätzung eines „Vertical-Cavity-Lasers" aus AlAs/GaAlAs/GaAs mittels RIE, bestehend aus dem oberen Spiegel aus 17 Spiegeltripeln, insgesamt 2,88 μm; dem oberen „Spacer" aus AlGaAS (122 nm); der aktiven Zone aus InGaAs („Single Quantum Well" (SQW) 8 nm); dem unteren „Spacer" aus AlGaAs (122 nm) und einem Teil des unteren Spiegels, wiederum bestehend aus Spiegeltripeln aus AlAs/AlGaAs/GaAs (20 – 60 nm dick). Ausgezeichnet unterscheidbar sind insbesondere die „Höhenlinien" des „Fußes". Die Maske, die gleichzeitig als Metallisierung dient, ist der „Bell-Kontakt" [433] [470] [471] [472].

des Trenching zu betrachten sind, ergab sich doch beim ICP-Ätzen von Si(100) oder poly-Si in Cl_2 kein Unterschied in dem Ausbilden eines Trenches, gleich, ob SiO_2 oder W-Masken Verwendung fanden [469].

11.4.7 Shadowing

Die Tatsache, daß die Ionen-Trajektorien Geraden sind, die durch Streuung mit Molekeln in der Randschicht Abweichungen von der Richtung parallel zum elektrischen Feld erfahren, bedingt darüber hinaus, insbesondere bei niedrigem DC-Bias (breiter $\mathcal{IADF}$) und hoher Plasmadichte (hoher Leistungseinkopplung in der Plasmaquelle) einen Abschattungs-Effekt der Maske. Dies führt zu „Proximity"-Effekten bei der Ätzung von Stegen und isolierten Bausteinen, wie Zylindern, zu „ARDE" bei der Ätzung von Gräben (Abb. 11.24).

Die Höhe des Fußes ist typisch 10 % der Gesamthöhe. Von niedrigen Werten des DC-Bias kommend, ist das *Shadowing* offenbar der erste Struktur-Effekt,

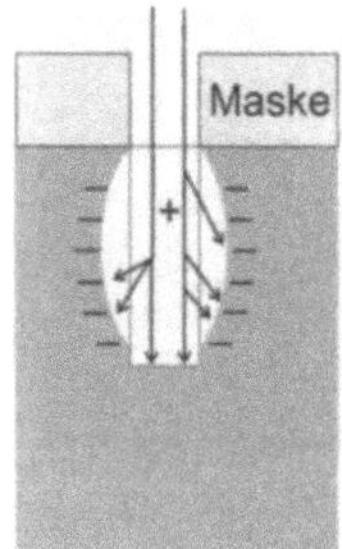

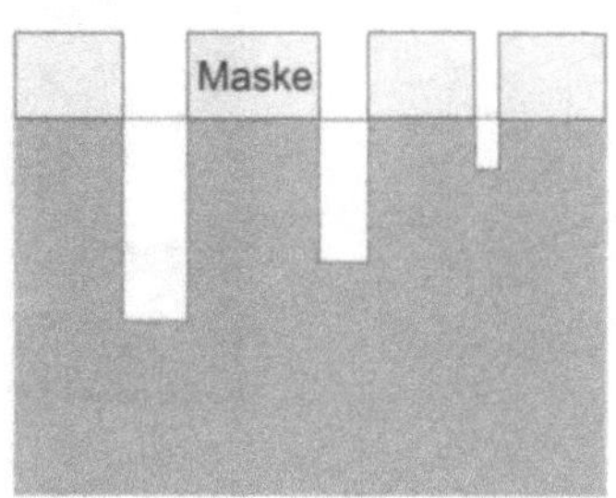

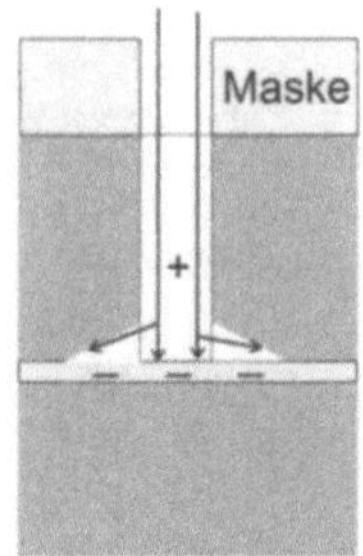

Abb. 11.25. Beispiele von unerwünschten Charakteristiken beim Trockenätzen von „Slots" oder Gräben, bedingt durch Aufladungs- und/oder Transportprobleme bei mangelhafter Seitenwandpassivierung. Lks.: *Sidewall-Bowing,* Mitte: *RIE-Lag,* re.: *Notching* beim Auftreffen auf eine ätzresistente Schicht.

dem sich zu höherem DC-Bias das *Trenching* anschließt. Die Tatsache, daß auch die durch *Shadowing* verursachten Effekte unabhängig vom Maskenmaterial sind (W gegen SiO_2), spricht eindeutig gegen eine Erklärung dieses Effekts durch Aufladung und dadurch induzierte Ablenkung der Ionen [469].

11.4.8 Micro-Loading (ML)

Unter „Micro-Loading" wollen wir die Abhängigkeit der Ätzrate an gleichen Strukturen, aber unterschiedlicher Flächendichte, verstehen. Im allgemeinen werden locker gepackte Strukturen schneller geätzt als dicht beieinander liegende. Dies wird bei einer diffusionskontrollierten Reaktion darauf zurückgeführt, daß die Konzentration des Ätzgases an Stellen hohen Verbrauchs verarmt. Es ist jedoch wichtig, festzuhalten, daß bereits unter den Bedingungen des Ionenätzens (RIE) die mittleren freien Weglängen der Ionen im Plasma um Größenordnungen höher sind als die Dimensionen der zu ätzenden Struktur, d. h. die Trajektorien der Ionen sind auf dieser Skala Geraden. Dies gilt in noch höherem Maße für (R)IBE- und Hochdichteplasma-Ätzungen, die im Druckbereich um typisch eine halbe bis eine ganze Größenordnungen unter dem RIE-Regime liegen. Deswegen ist dieser Fall bedeutend schwieriger zu behandeln als etwa der „Loading"-Effekt, der sich z. B. in „Bullaugen" manifestiert. Es kann sich also nicht nur um eine *Verarmung an neutralen Spezies* handeln, sondern vielmehr zusätzlich um eine *Verarmung an Ionen* innerhalb der Randschicht (Abb. 11.25).

Wie wir wissen, nimmt bei gleicher Ionenstromdichte an der BOHM-Kante und auf der Kathodenoberfläche wegen der Kontinuitätsgleichung $j_\mathrm{i} = \rho_\mathrm{i} \cdot v_\mathrm{i} =$ const bei zunehmender Geschwindigkeit der Ionen ihre Dichte dramatisch ab. Es sind allerdings nicht die Ionen allein, die die Ätzung verursachen, sie lösen sie eigentlich nur aus. Dies illustriert folgende Überlegung: Die typische Dichte

RF-gekoppelter Plasmen ist etwa $10^{10}/cm^3$ (entsprechend einem Ionenfluß von etwa $10^{15}/cm^2sec$). Dem steht ein Fluß von Neutralteilchen gegenüber, der um einen Faktor 10^3 bis 10^4 höher ist. Bereits bei bei mittleren Ätzraten von 100 nm/min entsteht dann ein Fluß von Reaktionsprodukten, der zehnmal so hoch wie die Ionenflußdichte ist. D. h.: selbst bei einem Angriff sämtlicher Ionen auf das Substrat sind schon mäßige Ätzraten nicht erklärbar — dabei haben wir ja noch eine Sputterrate von Eins angenommen. Aus dieser Abschätzung wird andererseits die enorme *Hebelwirkung* der Ionen deutlich: Bereits kleine Änderungen ihrer Dichte können die Ätzrate stark verändern. Durch die Ätzung, bei der Ionen verbraucht werden, kommt es also zu einem doppelten Konzentrationsgradienten:

1. Eine chemisch unselektive, durch die Kontinuitätsgleichung geforderte Abnahme der Ionendichte vom Bulk-Plasma zur Kathodenoberfläche in der Randschicht der RF-Elektrode.

2. Eine chemisch selektive, durch den Verbrauch bedingte Abnahme dicht oberhalb der Oberfläche.

Es ist offensichtlich, daß der chemisch bedingte Verlust nicht vollständig durch einen unselektiven Ladungsausgleich in der Randschicht kompensiert wird (die DEBYE-Länge in der Randschicht ist wegen der geringen Ladungsträgerkonzentration deutlich gegenüber dem Wert des Bulk-Plasmas vergrößert). Verarmt die Randschicht durch den Ätzverbrauch selektiv an Ionen einer bestimmten Sorte, muß dafür Sorge getragen werden, daß der geschwindigkeitsbestimmende Schritt nicht durch Transport und durch die *Bildung der spezifischen die Ätzreaktion auslösenden Ionensorte* ist, sondern durch Abtrag, also Reaktionen an der Oberfläche des Festkörpers, bedingt ist. Dies gelingt etwa durch Abkühlung der Substrat-Elektrode [473]. Eine andere Möglichkeit besteht darin, die Struktur so zu gestalten, daß dem Effekt hinreichend Rechnung getragen wird.

11.4.9 Aspect-Ratio Dependent Etching (ARDE)

Wohl die ersten, die eine Abhängigkeit der Ätzrate von der Größe der zu ätzenden Struktur feststellten, waren BRUCE und REINBERG [474]. So wird beobachtet, daß enge Gräben und Löcher langsamer geätzt werden als größere, die äußerste Flanke einer periodischen Struktur schneller als die „Slots" innen. Nahezu immer kommt es zu Verformungen, wenn senkrechte Wände angestrebt werden (Abbn. 11.25 u. 11.26). Systematisch tritt dieser Effekt allerdings erst unter Strukturgrößen von 1 μm auf. Dieses Phänomen wird als „RIE-Lag" bezeichnet [475] (Abb. 11.27).

Da sich während des Ätzens ein immer ungünstigeres Verhältnis einstellt, führt das insgesamt zu einer zeitabhängigen Ätzrate. Es ist folglich bei der Gefahr des Auftretens dieses Effekts die Ätzrate an Hand von im geometrischen

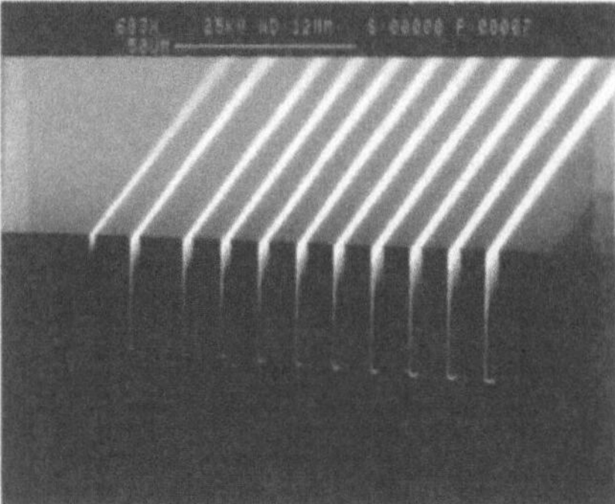

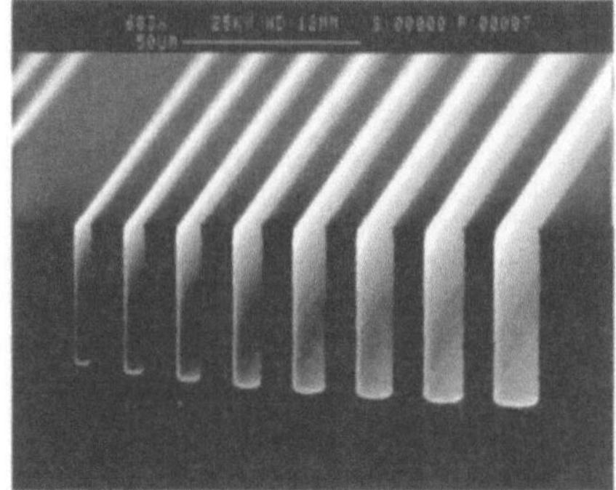

Abb. 11.26. ARDE: Die horizontale Strukturweite bestimmt unterhalb eines Verhältnisses Fensterweite/Ätztiefe kleiner als Eins die vertikale Ätzrate. Dies ist hier dargestellt an Tiefenätzungen in GaAs (der linke Graben ist 77 μm tief, Cl_2/BCl_3-Plasma) © A. GOODYEAR Oxford Plasma Technology, 2003.

Sinne „ähnlichen" Strukturen zu untersuchen. Da der „RIE-Lag" bei niedrigen Drücken allerdings weniger ausgeprägt ist (s. Abschn. 11.3.3), legt dies die Vermutung nahe, daß es sich auch hier um ein Transportproblem von Ionen (anisotrope Komponente: bei höheren Drücken ist die $\mathcal{IADF}$ weiter entwickelt, und die zur Oberfläche normale Komponente geht zurück) und Molekülen (isotrope Komponente: zu höheren Drücken nimmt die Teilchenzahldichte zu) handelt, diesmal allerdings innerhalb des geätzten Grabens oder „Slots". Von COBURN und WINTERS stammt ein strömungsmechanisches Modell für den Transport in engen „Slots" im KNUDSEN-Bereich [476] (Abb. 11.28). Dazu wurde die Annahme gemacht, daß die Ätzrate an den Seitenwänden Null ist (Geschwindigkeitskonstante $k = 0$). Die Geschwindigkeitskonstante der Ätzreaktion am Boden sei

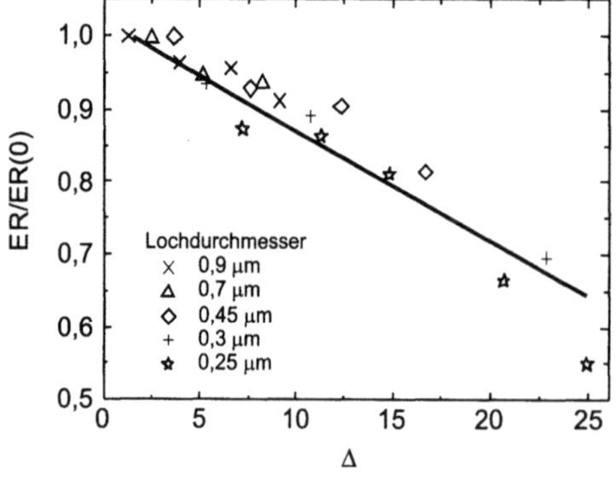

Abb. 11.27. Für Öffnungsdurchmesser von „Slots" oder Gräben, die gleich oder kleiner als 1 μm sind, hängt die normalisierte Ätzrate linear vom Aspektverhältnis Δ ab (nach [477]).

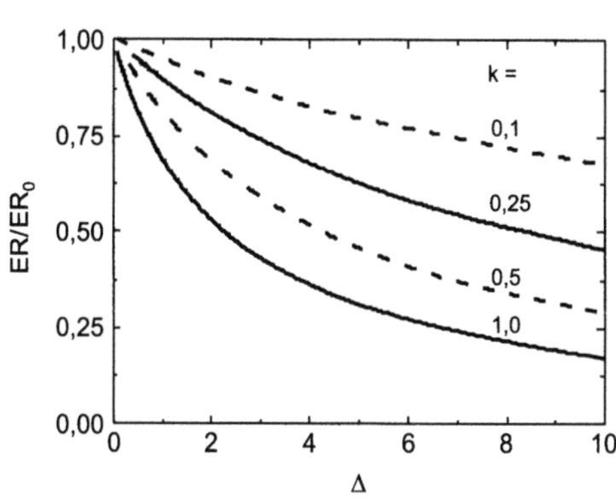

Abb. 11.28. Von COBURN und WINTERS nach einem einfachen Strömungsmodell im KNUDSEN-Bereich berechnete Ätzraten in Abhängigkeit des Aspektverhältnisses für verschiedene Geschwindigkeitskonstanten der Ätzreaktion [476]. Die Ätzraten sind auf die Ätzrate an der Oberfläche ($\Delta = 0$) normiert.

k_B. Die Flußdichte an der oberen Öffnung sei j_0, die am Boden j_B, beide seien gleich, wenn keine Verluste durch Streuung, Reflexionen (Koeffizient R) oder Verbrauch (Ätzung) auftreten. Dann gilt folgende Kontinuitätsgleichung:

$$j_0 - (1 - R)j_0 = k_B j_B + R(1 - k_B)j_B \tag{11.29}$$

mit dem ersten Term auf der linken Seite: dem ankommenden Fluß, dem zweiten, dem Bruchteil, der reflektiert oder gestreut wird, ohne den Boden zu erreichen, dem ersten Term auf der rechten Seite, der den Verbrauch durch Ätzung darstellt, und dem letzten, der den Anteil der am Boden angekommenen, aber von dort wieder reflektierten Ionen beschreibt. Damit ergibt sich das Verhältnis der Flüsse an der Öffnung und am Boden des „Slots“ zu

$$\frac{j_B}{j_0} = \frac{R}{R + k_B - Rk_B}. \tag{11.30}$$

Da in der einfachsten Näherung die Ätzrate proportional den Flüssen des Ätzgases ist, ist dies auch das Verhältnis der Ätzraten bei einem bestimmten Aspektverhältnis $\Delta =$ *Tiefe/Durchmesser* zu derjenigen an der Öffnung bei verschwindender Ätztiefe ($\Delta = 0$):

$$\frac{ER_\Delta}{ER_0} = \frac{j_B}{j_0}. \tag{11.31}$$

Dies ist für verschiedene (unbekannte) Geschwindigkeitskonstanten in der Abb. 11.28 dargestellt.

- Auch bei sehr kleinem Aspektverhältnis wird bereits eine Abhängigkeit der Ätzrate vom Transport erwartet.
- Nur bei sehr kleinen Geschwindigkeitskonstanten ist der Einfluß des Transports für die Ätzrate unerheblich (niedrige Verhältnisse der Dichten von

Ionen zu Neutralteilchen bei niedrigem DC-Bias oder sehr hohen Drükken).

Danach würden wir bei einer Reduzierung der Reaktivität des Entladungsgases eine Abnahme des „RIE-Lags“ erwarten (auch hier darf wiederum nicht der Transport der geschwindigkeitsbestimmende Schritt sein, sondern die Ätzreaktion selbst). Dies wurde von FUJIWARA et al. beobachtet, die Ätzungen von Gräben in Cl_2, HCl, HBr und HI durchführten [478], Abb. 11.29.

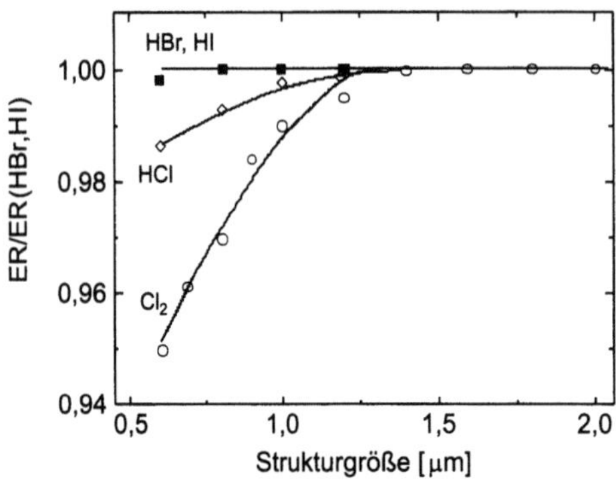

Abb. 11.29. Die Reaktivität des Ätzgases bestimmt die mikroskopische Uniformität entscheidend mit. Für das sehr reaktive Gas Cl_2 beobachten wir großes ARDE, für die reaktionsträgen Gase HBr und HI dagegen überhaupt keinen Einfluß der Strukturgröße mehr auf die Ätzrate (nach [478]).

Der RIE-Lag hat also mehrere Ursachen: einen mit fortschreitender Ätztiefe immer heftiger werdenden behinderten Transport von reaktiven Neutralmolekeln, der umso stärker hervortritt, je höher die Reaktivität der attackierenden Spezies ist, und eine Abschattierung von nicht streng normal zur Oberfläche gerichteten Ionen an Masken und Seitenwänden, die die physikalisch induzierte Ätzrate bestimmen [479].

11.4.10 Aufladungseffekte

Zwar ist durch die Verwendung von RF anstelle von DC die Verwendung des Maskenmaterials unkritisch geworden. Abschätzungen von ECONOMOU und ALKIRE ergaben, daß bei 13,56 MHz nahezu der gesamte Strom durch eine dielektrische Maske, deren laterale Abmessung groß gegen ihre Höhe ist, Verschiebungsstrom ist, die Maske also als einfacher Kondensator wirkt, und Potentialschwankungen von < 1 V typisch sind,[8] was gegenüber den bei RIE-Verfahren typischen Energien von 50 eV oder größer vernachlässigbar ist — die Feldstärke ist allerdings durchaus ähnlich der in der Randschicht [480].

INGRAM machte jedoch darauf aufmerksam, daß die Feldlinien in einem aus isolierenden Material bestehenden Graben oder Loch verbogen werden können,

[8] Für niedrige Frequenzen unterhalb von $\omega_{P,i}$ wird die Aufladung bedeutender, so etwa für die gleiche Geometrie bei 100 kHz bereits 10 V.

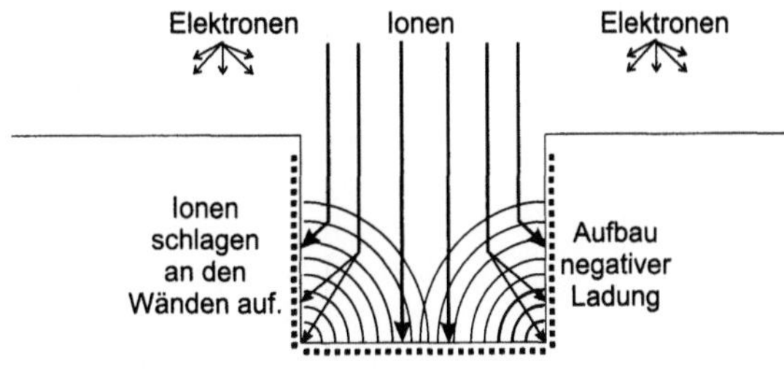

Abb. 11.30. Ionen werden ihrer Trägheit wegen sehr viel weniger von lokalen Potentialen abgelenkt als Elektronen, was in Isolatoren zu negativen Aufladungen der Seitenwände führt (nach [481]).

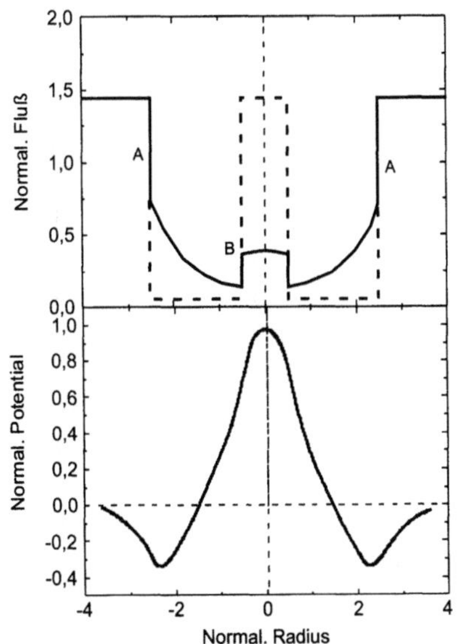

Abb. 11.31. Da die Flüsse von Ionen (strichlierte Kurve) und Elektronen (durchgezogene Kurve) zu Wänden und dem Boden eines Grabens aus isolierendem Material am Beginn einer Ätzung unterschiedlich sind (oben), kommt es zu einer lokalen Potentialvariation: an den Wänden wird das Potential negativ, dagegen positiv am Boden (unten) (nach [481]).

da Elektronen eine sehr viel breitere Winkelverteilung aufweisen als Ionen [482], Ionen also eher gerichtet auf dem Boden der zu ätzenden Struktur aufschlagen, so daß es zu einer negativen Aufladung der Seitenwände gegenüber dem Boden kommen kann [483]. Da sich auch diese Aufladungen sowohl mit der Ätzzeit wie mit dem Aspektverhältnis verändern, sind Modellierungen außerordentlich schwierig. Von ARNOLD und SAWIN sind derartige Potentialunterschiede zu etwa $3k_{\mathrm{B}}T_{\mathrm{e}}/e_0$ für niedrige Aspektverhältnisse (2:1 für Höhe zu Breite) abgeschätzt worden [481] (Abbn. 11.30 und 11.31).

Sie nehmen mit steigendem Aspektverhältnis stark zu. Es ist offensichtlich, daß das so entstehende retardierende Potential den Ionenbeschuß auf die Bodenfläche reduziert. Damit kann u. a. das Phänomen des

- „Sidewall-Bowing“, also die Krümmung der Seitenflanken, und

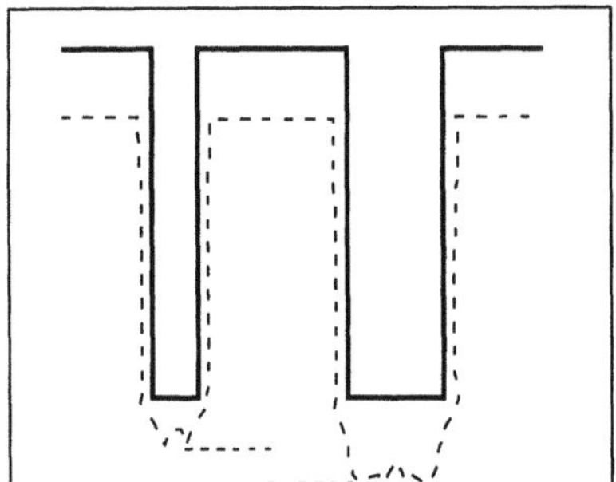

Abb. 11.32. Computer-Modellierung eines Grabens mit „Sidewall-Bowing“ (A); „RIE-Lag“ (B); „Local Dovetailing“, Schwalbenschwanz-Bildung (C). Durchgezogene Linie: vor dem Trockenätzen, strichlierte Linie: nach einem kurzen Ätzprozeß (nach [481]).

- die Ausbildung von „Schwalbenschwänzen“ am Boden von tiefen Trench-Zellen („Dovetailing“)

erklärt werden (Abb. 11.32).

11.4.11 Spezielle Hochdichteplasma-Anwendungen

Die Schwierigkeiten im kapazitiv gekoppelten Plasma liegen ganz wesentlich im hohen Druck begründet, der einen stoßfreien Transit der Ionen durch die Randschicht der heißen Elektrode nicht zuläßt. Der hohe Druck erschwert außerdem den Abtransport von Verbindungen, die etwas schwerer flüchtig sind. Zudem benötigt man für akzeptable Ätzraten bzw. zur Verlagerung des plasmainduzierten Gleichgewichts Deposition $\rightleftharpoons$ Abtrag Bias-Potentiale von einigen Hundert eV. Darüber hinaus machen Effekte wie das ARDE eine Realisierung von „Slots“ mit Aspekt-Verhältnissen von deutlich größer als 10 nahezu unmöglich. Die Anwendung von Hoch-Dichte-Plasmen, in denen Plasmadichte und Ionenpotential unabhängig voneinander eingestellt werden können, hat hier erstaunliche Strukturen zugänglich gemacht, und zwar über den ganzen vorstellbaren Bereich: von Ätzungen, die nur wenige nm tief sind, bis zu Ätztiefen von 100 μm und mehr.

In Silicium sind es Aspektverhältnisse von 25 und mehr, die die Herstellung sehr enger Gräben bzw. Pilaster, insgesamt gesehen ein „Slotsystem“, erlaubt (Abbn. 11.33).

Die Herstellung von *Via-Holes* ist feinauflösend mit sehr glatten Seitenflanken oder, etwas gröber, auch durch den ganzen Wafer möglich, was große Probleme aufwirft, wenn bei einer geringfügig unterschiedlichen radialen Uniformität die ersten Löcher beim Durchätzen entstehen und das Helium, das zur Kühlung der Wafer-Rückseite verwendet wird, in das Plasma austritt, Abb. 11.34.

Wie vielfältig das abgedeckte Gebiet der Strukturierungsmöglichkeiten ist, geht weiter aus der Abb. 11.35 hervor, die einen geätzten „Spacer“ zeigt, der in

Abb. 11.33. Kammstruktur in Silicium mit einem Aspektverhältnis von besser als 25 in einem Plasmalab System 100 von Oxford Plasma Technology geätzt (© Universität Twente 2002).

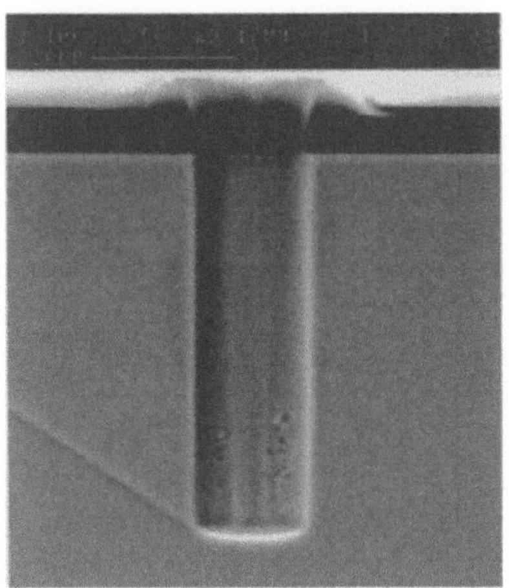

Abb. 11.34. *Via-Hole* in Silicium, sehr fein aufgelöst, dennoch mit einer Tiefe von 60 μm, ganz schwach ausgeprägter Fuß, realisiert in einem Plasmalab System 100 von Oxford Plasma Technology (© A. GOODYEAR, Oxford Plasma Technology, 2003).

diesem Fall dazu dient, Gatelängen zu erreichen, die in konventioneller optischer Lithographie nicht realisierbar sind. Dazu wird in das GaAs ein Graben geätzt, mit Si_3N_4 überwachsen; schließlich erfolgt ein anisotroper Ätzschritt, durch den die Gatelänge reduziert wird ($Ar/CF_4/O_2$ bei 30 mPa). Die Ätzung erfolgt zudem in zwei Schritten: Bei 200 W Mikrowellenleistung wird zunächst eine Bias-Spannung von −55 V angelegt, die sich zum Plasmapotential von 15 V addiert, so daß eine Gesamtspannung von −70 V resultiert. Bei beginnendem Endpunkt wird zur Vermeidung von Strahlenschäden das Bias abgeschaltet.

Außerdem soll noch Erwähnung finden, daß neben möglichst anisotropen Ätzungen auch schräge Ätzflanken angestrebt werden, z. B. im Falle von Kontaktlöchern aus Si_3N_4 auf GaAs, um die Stromdichte zu reduzieren. Aber auch Abscheidungen werden erfolgreich durchgeführt (s. a. Abschn. 10.8).

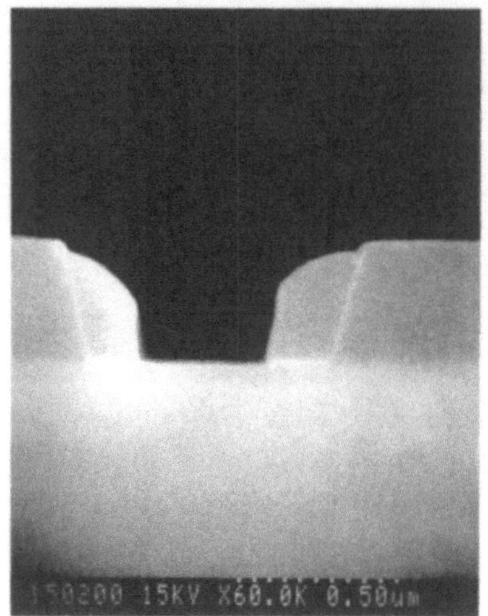

Abb. 11.35. Ätzung eines „Spacers“ in Si_3N_4 zur Reduzierung der Gatelänge mit $Ar/CF_4/O_2$ [484].

Wirkliche Tiefenätzungen mit enorm hohen Aspektverhältnissen gelingen sowohl in ECR- wie ICP-Reaktoren. Die in der Abb. 11.36 dargestellte Vereinzelung sogenannter *High-Brightness*-Dioden aus AlGaAs als Ersatz für einen Sägeprozeß erfordert zunächst eine temperaturstabile Folie, auf die der Wafer geklebt wird, einen schnellen, dennoch wenig temperaturbelastenden Trennprozeß mit Ätzraten von mindestens 1 μm/min, und anschließend eine ausgefeilte Flip-Chip-Technik, die die Entfernung der Folie einschließt.

Insgesamt ist der Hauptvorteil der Hochdichteplasmen darin zu sehen, daß die Anregung des Plasmas von den Kathodenvorgängen vollständig unabhängig geworden ist — insofern nehmen RF-gekoppelte Plasmen eine Mittelstellung zwischen DC- und HDP-Entladungen ein. Man kann also sehr schonend abscheiden oder ätzen. Dies ist weder mit Ionenstrahlätzen (Energien typisch 500 eV) noch mit CCP-RIE (Energien in der Spitze typisch 300 – 450 eV, obwohl die mittlere Energie weitaus geringer ist) möglich. Dadurch wird die Darstellung von Bauelementen ermöglicht, deren strukturierte Oberfläche frei von Gitterschädigungen sein muß, etwa von MESFETs (Metal-Semiconductor Feldeffekt-Transistoren) oder HEMTs (High Electron Mobility Transistors), und bei denen die durch die Ätzung entstandenen tiefen Niveaus „Fallen“ für die leicht beweglichen Ladungsträger darstellen.

Darüber hinaus sind bei Drücken um 0,1 Pa, die um bis zu eineinhalb Größenordnungen niedriger als beim Ionenätzen liegen, viele Ätzprodukte wesentlich flüchtiger. So sind etwa reproduzierbare Chlor-Prozesse in InP möglich.

Der Effekt des ARDE kann in ECR-Entladungen nahezu vollständig unterdrückt werden. Untersuchungen von Nojiri et al. legen nahe, daß der Druck ARDE entscheidend beeinflußt [485] (Abb. 11.37).

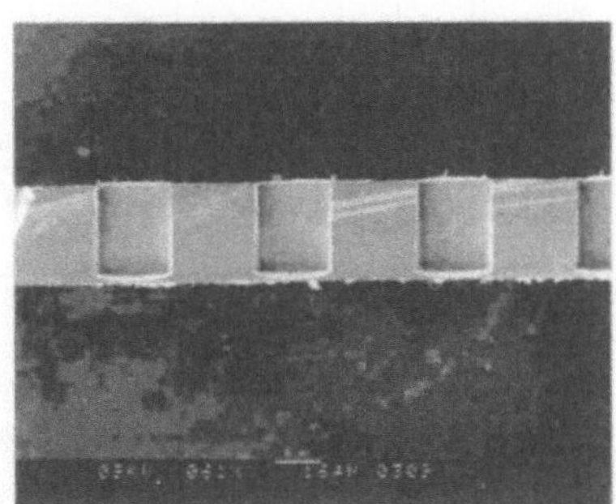

Abb. 11.36. Lks.: Vereinzelung von *High-Brightness*-LEDs aus AlGaAs/GaAs in einem ECR-Hochdichte-Plasma aus BCl_3/Cl_2 [454]; re.: Löcher in Silicium, ICP-Plasma (Universität Twente © 2003, beide Strukturen realisiert in Anlagen vom Typ Plasmalab System 100 von Oxford Plasma Technology).

Mit diesen Beobachtungen kongruent ist die — verglichen mit CCP-RIE-Ätzungen — reduzierte „Fußbildung" bzw. das vollständige Ausbleiben des Fußes, also die Verminderung des „Shadowing" bei den für ECR-Ätzungen typischen Drücken von etwa 0,1 bis 0,2 Pa, was zwanglos auf die Strahlcharakteristik der auf die Probe treffenden Ionen begründet werden kann, da außerdem we-

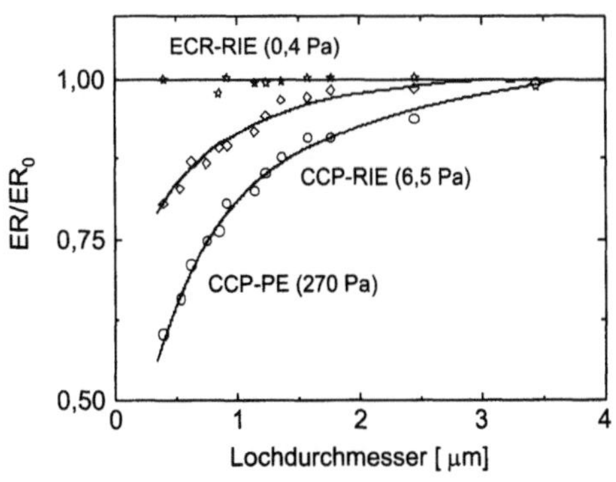

Abb. 11.37. Für drei verschiedene Ätzverfahren zusammengestellte Ätzraten von Löchern in Abhängigkeit des Lochdurchmessers belegen die Druckabhängigkeit des ARDE. Unter ER_0 ist die höchste Ätzrate (in einem HDP-ECR-Plasma), auf das die Daten reduziert wurden (nach [485]).

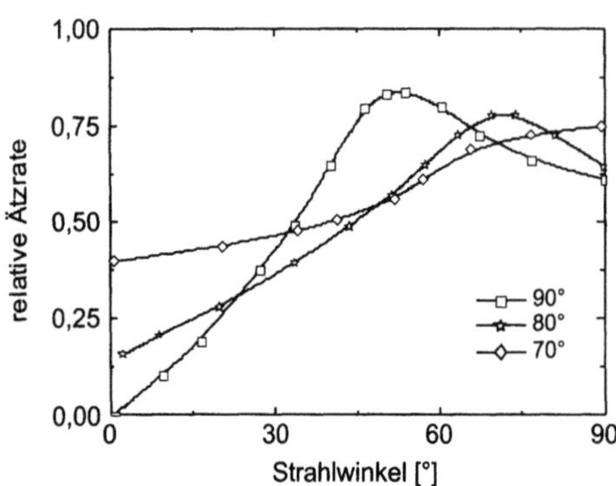

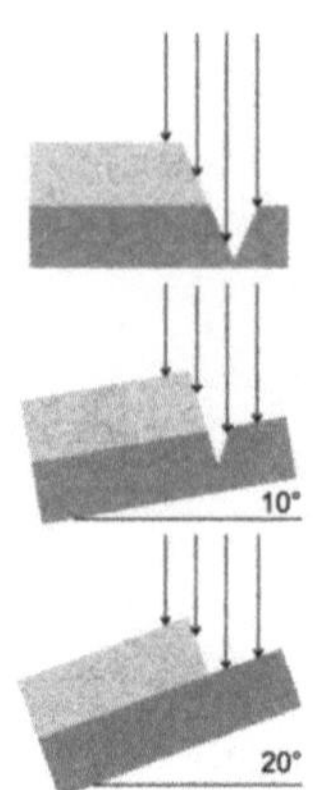

Abb. 11.38. Eine Strategie, die Facettierung und damit verbundenes „Trenching" zu kontrollieren, besteht im Verkippen („Tilting") der Probe gegen den einfallenden Ionenstrahl [464] (© The American Institute of Physics).

gen der hohen Plasmadichte und des niedrigen Randschichtpotentials die Randschicht nur sehr dünn und nahezu stoßfrei ist.

11.5 Spezielle Charakteristika des Ionenstrahlätzens

Wie in Abschnitt 10.1 beschrieben, ist die Sputterrate auch winkelabhängig [486]. Genau untersucht werden kann sie aber nur in Ionenstrahlätzsystemen. Qualitativ kann man feststellen, daß eine starke Winkelabhängigkeit der Ätzrate auf einen mehr physikalischen Ätzprozeß hindeutet; je kleiner diese Abhängigkeit, umso mehr spielen chemische Einflüsse eine Rolle [487].

Im Gegensatz zu RIE ist es damit bei IBE möglich, Facettierungsprobleme zu reduzieren. Eine Facettierung kann man weitgehend dadurch unterdrücken, indem man die Probe so zum Strahl hin ausrichtet, daß

$$\vartheta_{\text{tilt}} = 90° - \vartheta_{\text{max}}, \tag{11.32}$$

wobei ϑ_{tilt} den Kippwinkel und ϑ_{max} den Winkel maximaler Ätzrate bedeutet. Da das Maximum der Funktion Ätzrate gegen Winkel relativ breit ist, gilt dies natürlich nur näherungsweise (Abb. 11.38, die Probe muß dabei rotieren, sonst ist der Abtrag nur einseitig!). Die maximale Ätzrate tritt dann ungefähr bei normaler Inzidenz auf; gleichzeitig zeigen die geätzten Strukturen rechtwinklige Profile.

Wird der Einfallswinkel verringert (90° ist der Einfallswinkel normal zur Oberfläche), steigt die Sputterrate, weil die Energie eines einzelnen abstäubenden Ions sich auf mehr Oberflächenatome verteilt. Andererseits verringert sich die Strahlintensität. Bei sehr kleinen Winkeln (Strahl fast parallel zur Oberfläche) wird dieses der die Ätzrate dominierende Einfluß, was dann ein starkes Zurückgehen der Sputterrate bedingt. Deswegen steigt für die meisten Materialien die Sputterrate bis zum Winkel von etwa 45° an, bevor sie erneut abfällt [488]. Für einige Materialien, insbesondere refraktäre Metalle hoher Ordnungszahl, hängt die Sputterrate dagegen kaum vom Winkel ab, da die Stoßkaskade in der oberflächennahen Raumzone sehr flach ist. Daher überwiegt hier der Einfluß der Strahlintensität (Abb. 11.39).

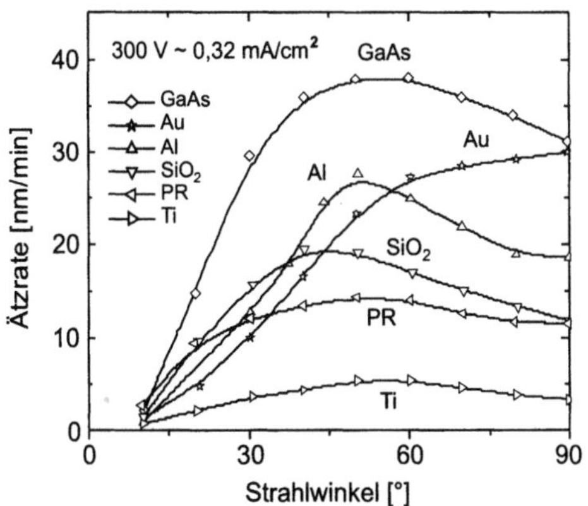

Abb. 11.39. Ätzraten verschiedener Materialien in Abhängigkeit des Inzidenzwinkels des Ionenstrahls (0°: parallel, 90° normal zur Oberfläche [464] [489] (© The American Institute of Physics).

Eine numerische Anpassung der Winkelabhängigkeit der Ätzrate wurde zuerst von RANGELOW durchgeführt [489]. Sie gehorcht einem Polynom von Kreisfunktionen, so folgt z. B. die Ätzrate des Siliciums für Ar^+-Ionenbeschuß einer Energie von 600 eV der Gleichung

$$ER(\vartheta) = 0,03925 \cos \vartheta + 0,051 \cos^2 \vartheta - 0,0373 \cos^4 \vartheta \tag{11.33}$$

11.5.1 Anwendungen

Ätzen durch direkten Beschuß eines Targets und *Beschichten* durch Beschuß eines Targets, von dem dann (sekundär) Atome abgestäubt werden, mit denen ein Substrat beschichtet wird.

Vorteile gegenüber Diodenprozessen sind beim *Beschichten:*

- Verminderung des Beschusses schneller Elektronen, da außerhalb der elektrischen Entladung,
- geringere Kontamination, da deutlich niedrigerer Arbeitsdruck. Deswegen auch einheitlichere kinetische Energie der auf das Substrat fliegenden Atome, da energieverzehrende Stoßprozesse reduziert sind.

- Wesentlich höhere kinetische Energien, was dazu führen könnte, daß die Beweglichkeit der Adatome während der Nucleation und anderer Wachstumsschritte größer ist.

- Außerdem ist ein Kühl/Heizsystem des Substrates wesentlich einfacher zu installieren, da das Substrat kein Teil des elektrischen Systems ist.

Der Hauptvorteil beim *Ätzen* gegenüber RIE ist darin zu sehen, daß der (nahezu) parallele Strahl es ermöglicht, winkelabhängige Effekte zu studieren. So kann man durch Wahl des Kippwinkels ϑ_{tilt} jeden gewünschten Ätzwinkel einstellen.[9]

Beispielsweise ist es äußerst schwierig, durch Naßätzen um 45° geneigte Flächen zu erzeugen. Nur durch geschicktes Abfangen des kinetisch kontrollierten vor der Entstehung des thermodynamisch kontrollierten Produktes kann dies gelingen [491]. Jedoch ist es ohne weiteres möglich, diesen Winkel durch Ionenstrahlätzen zu erhalten, und zwar sowohl in inerten [492] wie reaktiven Gasen [493] [494]. Typische Bilder eines Spiegels aus GaAs/AlGaAs, der mit IBE strukturiert wurde, sind in der Abb. 11.40 gezeigt.

Parameter des Strahlstroms — insbesondere Energie und Stromdichte — können unabhängig von Targetprozessen gewählt werden: es können auch Isolatoren abgestäubt werden, ohne Aufladungen zu erzeugen. Dies war lange Zeit ein Nachteil für den Einsatz in Produktionslinien, da große homogene Strahldurchmesser nur außerordentlich schwer zu erzeugen und konstant zu halten waren. 1978 wurde jedoch über die Entwicklung eines Systems mit einem Multipol-Magnetron berichtet, das einen 30 cm im Durchmesser aufweisenden Strahl erzeugt [495]; dieser war über ±10 cm vom Strahlzentrum auf 5 % bei einer Stromdichte von $0,5 - 0,75$ mA cm^{-2} bei 750 V Beschleunigungsspannung konstant. Inzwischen sind 10"-Kanonen kommerziell erhältlich. Der Druck zur Entwicklung noch größerer Systeme hält unvermindert an. Extrapoliert man den „Time-Lag“ von der Veröffentlichung ROBINSONs bis zur kommerziellen Verfügbarkeit auf die von Hitachi 1989 beschriebene Quelle mit 58 cm Durchmesser mit einer Strahlstromdichte von 1 mA/cm^2 bei ±4 % Schwankung, werden derartige Anlagen in diesem Jahrzehnt erhältlich sein [496].

Ein weiterer Nachteil wurde darin gesehen, daß wegen der durch den niedrigen Arbeitsgasdruck bedingten kleinen Teilchenzahldichte keine hohen Ätzraten möglich seien. Dies ist durch den Einsatz reaktiver Gase teilweise nicht mehr zutreffend.

[9]Bei RIE befindet sich die Probe auf der „heißen“ Elektrode, die Linien des elektrischen Feldes stehen im Prinzip senkrecht zu dieser (Ausnahmen bilden enge Löcher und Gräben in isolierenden Materialien, in denen es zu einer Feldverbiegung kommen kann). Für Proben, deren Abmessung klein gegen die Dunkelraumdicke ist, wurden Versuche durchgeführt, bei denen das Substrat auf schiefen Ebenen befestigt wurde, die ihrerseits auf der Elektrode lagen. In der Tat konnte beim Ätzen eines Lasersteges auch ein gegenüber normaler Inzidenz anderer Flankenwinkel beobachtet werden, dazwischen aber eine vollständige Sequenz aller dazwischen liegender Flankenwinkel [490].

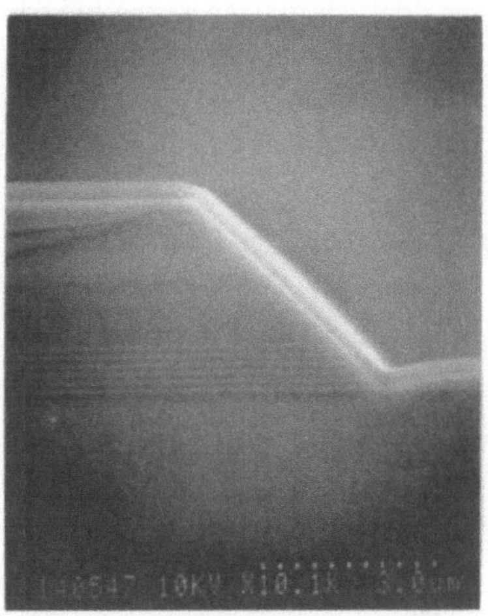

Abb. 11.40. Ein mit IBE aus einer AlGaAs/GaAs-Schichtstruktur herausgeätztes Laserspiegel-System mit exakt 90° und 45°, realisiert in einer Veeco-IBE-Anlage [492].

Optische Endpunktkontrolle muß auf jeden Fall den UV-Bereich ausnutzen (z.B. die 252 nm Linie von Si), da die Filamente ein kontinuierliches Spektrum im VIS-Bereich aussenden [488]. Hier liegt ein bedeutender Vorteil der (in Grenzen) strahlungsfrei arbeitenden HF-Quellen im RF- oder Mikrowellen-Bereich.

11.5.2 Ionenstrahlunterstütztes Ätzen: IBAE oder CAIBE

Ein Nachteil kapazitiv gekoppelter Plasmen ist, daß die Ionen und chemisch reaktiven Spezies im gleichen Plasma gebildet werden, so daß deren Konzentrationen und Energien nicht unabhängig voneinander kontrolliert werden können. Beim IBE ist dagegen die Ionenproduktion von der Reaktion räumlich getrennt.

Eine Kombination beider Verfahren wurde von GEIS und LINCOLN entwickelt [497] [498]. Hier stammen die Ionen aus einer KAUFMAN-Quelle, und die Muttermoleküle der reaktiven Spezies werden aus einer Gasdusche über dem zu ätzenden Substrat geliefert (Abb. 8.1). Damit ist eine Kontrolle der Ionenenergien innerhalb einiger eV möglich. Entwickelt wurde dieses Verfahren für das Ätzen von GaAs mit Ar-Ionen und Cl_2 bei Drücken von 10 mPa. Neben der üblichen Abhängigkeit der Ätzrate bei gleicher Ionenenergie (so ätzt Helium etwa eine Größenordnung weniger als Argon, was gleichzeitig die Wichtigkeit des physikalischen Sputtereffekts am Gesamtprozeß unterstreicht) wurde ein dramatischer Anstieg der Ätzrate um bis zu einen Faktor 15 von Si bei der Zugabe von Cl_2 festgestellt. Daß die Oberfläche bei hohen Flußraten des reaktiven Gases deutlich glatter ist als bei einem reinen Ar-Abtrag, macht andererseits die Wichtigkeit der chemischen Komponente sinnfällig.

Dieses Verfahren ist inzwischen unter dem Namen CAIBE (Akronym aus Chemical Assisted Ion Beam Etching) zu einem gebräuchlichen Ätzverfahren avanciert.

Ein wichtiges Anwendungsgebiet von CAIBE ist das Ätzen glatter Spiegelflächen von FABRY-PEROT-Lasern. Ein konventioneller Halbleiter-Laser besteht aus einem Wellenleiter aus III/V-Halbleiter-Material, etwa 2 μm hoch und einige μm breit; seine Länge variiert zwischen 200 und 400 μm (sog. MCRW-Laser). Die Spiegel werden gebrochen; dazu ist Voraussetzung, daß bestimmte Kristallorientierungen eingehalten werden, damit man einen zum Wellenleiter rechtwinkligen Spiegel erhält, und zwar sowohl in vertikaler wie in lateraler Richtung. Naßätzen führt hier nicht zum Ziel, da nur die [111]-Ebenen mit einem Winkel von $54^3/_4{}^\circ$ hinreichend ätzstabil sind. Trockenätzen (RIE) leidet oft an zu großer Selektivität zwischen InP und InGaAsP, wodurch gerade an der aktiven Zone, die sich durch einen Materialsprung auszeichnet, „Nasen“ und andere Unebenheiten auftreten, die die Glätte wesentlich reduzieren. Hier nun bietet sich CAIBE als das Verfahren der Wahl an: Ein hoher unselektiver Anteil (Ar^+) führt zu einem gleichmäßigen Abtrag, chemisch hochreaktive Spezies, die den Halbleiter ebenfalls unselektiv attackieren, sorgen andererseits für eine hohe Ätzrate [499] [500] [501] (Abbn. 11.41 u. 11.42).[10]

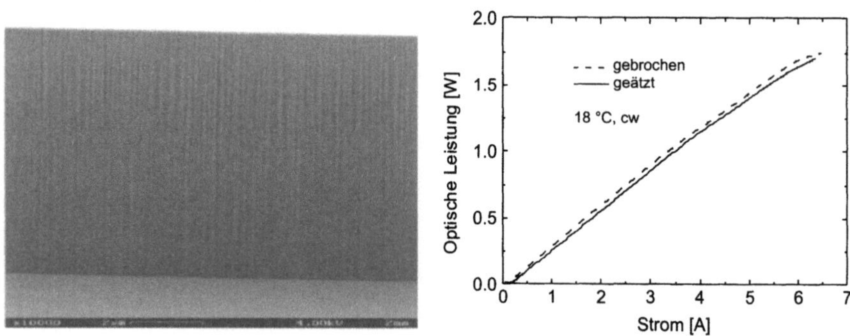

Abb. 11.41. Eine mit CAIBE (Cl_2/Ar) aus einer InGaAlAs-Struktur herausgeätzte, etwa 8 μm tiefe, Laserfacette mit exakt 90° Neigungswinkel (T_{Substrat}: 75 °C, E_{Ion}: 400 eV). Die Restrauhigkeit beträgt nur 3 – 5 nm (AFM), die die optischen Eigenschaften der Laserdiode nicht beeinflußt, hier gezeigt am Breitstreifenlaser (Fläche des Wellenleiters 1000 μm x 100 μm) [500].

[10] Einsatz von Cl_2 in der Ionenkanone selbst („echtes“ RIBE) führt wegen der hohen Konzentration an Cl_2^+-Ionen und dessen Folgeprodukten zu schwer kontrollierbaren Ergebnissen.

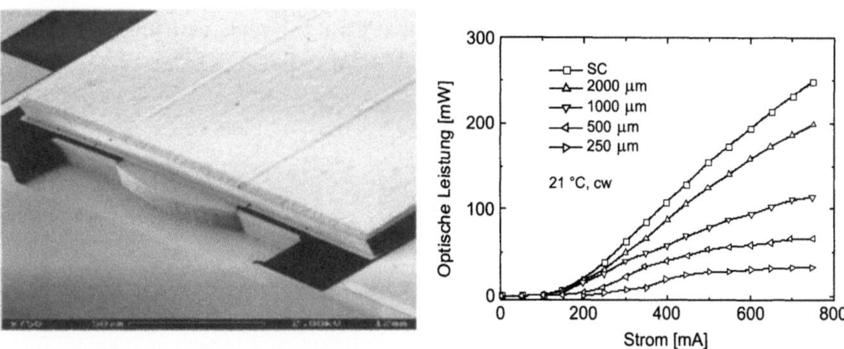

Abb. 11.42. Eine mit CAIBE (Cl_2/Ar) aus einer AlGaAs/GaAs-Struktur herausgeätzte, gebogene Laserfacette instabiler Resonatoren mit einer Fläche der aktiven Zone von 500 μm x 100 μm. Angegeben sind im Diagramm die Kurvenradien, zum Vergleich sind die Daten eines Lasers mit zwei gebrochenen Spiegeln (SC) eingetragen [501].

Nach der Herauspräparation des Spiegels kann man sogar daran denken, eine *in-situ*-Passivierung der Oberfläche durchzuführen — dies bietet sich gerade bei Materialien wie AlAs an, die bereits in trockener Luft oxidieren [502].

11.6 Damage

Interessanterweise war Damage, also durch Trockenätzen verursachte Schäden jeder Art, jahrelang ein Tabu. Zwar ist ein Materialabtrag das schwerste Damage einer Oberfläche; da dieser aber intendiert war, gab es kaum Untersuchungen, die das Damage der verbleibenden Oberfläche und des sie angrenzenden Volumens zum Inhalt hatten. Die ersten systematischen Untersuchungen erschienen Ende der 1980iger Jahre. Wir können unterscheiden zwischen der Quelle des Damage

- UV- und Röntgenstrahlung,
- Ionen,
- unbeabsichtigte Einflüsse des Feldes der Randschicht,
- unerwünschte Reaktionen im Plasma,
- unerwünschte Reaktionen auf und im Festkörper (Reaktionen zu Feststoffen niedriger Volatilität, chemische Passivierung, z. B. durch Wasserstoff),

und deren Einflüssen auf die Oberfläche:

- Verschiebung von den Kristall oder den Film (SiO_2) konstituierenden Atomen, also Gitterdefekte durch Ionenbombardement,
- Kontamination von Oberflächen durch
  - Ätzprodukte (Polymere),
  - abgesputtertes Material der Maske oder der Wände der herausgemeißelten Struktur oder
  - nicht vollständig abreagiert habende Ätzgase oder
  - Stöchiometrieänderungen durch Vermischung einzelner Schichten,
- Implantation von Ionen höherer Energie in „subkutane" Bereiche,
- Kurzschlüsse oder Degradation elektrischer Kenngrößen durch das Feld in der Randschicht.

Oberflächenkontamination ist besonders dann von Nachteil, wenn eine *in-situ*-Beschichtung eine Überprüfung frisch geätzter Oberflächen nicht mehr zuläßt. Im Ergebnis kann es dann durch Diffusion zu einer unkontrollierten Dotierung der Schichten unterhalb der Kontaminationsschicht kommen.

Viel gravierender sind dagegen elektrostatische Aufladungen auf dünnen dielektrischen Schichten, etwa auf Gateoxiden, die während der Strukturierung geöffnet, also von einer Umhüllung elektrisch leitenden Poly-Siliciums „befreit" werden. Diese Filme sind inzwischen so dünn, daß sie nur mehr einer Spannung von 15 V widerstehen, bevor sie durchbrechen. Dies ist folglich kein Problem des Ätzprozesses selbst, der bei 13,56 MHz oder 2,45 GHz durchgeführt wird, jedoch gilt es, beim Abschalten aufzupassen.

Wird eine elektrisch leitende Elektrode gewählt, wird diese beim Abschalten auf dem Potential der größeren Gegenelektrode sein; es kommt also zum Aufbau einer substantiellen Spannung zwischen Gate-Oxid und Elektrode. Besteht diese dagegen selbst aus einem Dielektrikum, wird sie sich ähnlich aufladen wie die Oberseite des Gateoxids: der beim Abschalten auftretende Spannungsstoß wird entsprechend den Kapazitäten zwischen Gate und Substratelektrode/Wafer aufgespalten, und die Gefahr eines Durchschlags damit entscheidend reduziert.

Je nachdem, welcher Art das Damage ist, bieten sich verschiedene Sonden zu dessen Beobachtung an [503]:

1. Rasterelektronen-Mikroskopie (REM oder SEM),
2. Augerelektronen-Spektroskopie (AES),
3. Atomic-Force-Mikroskopie (AFM),
4. Fourier Transform Infrarot-Spektroskopie (FTIRS) für Wasserstoff [504].
5. Time-of-Flight-(TOF-)SIMS.

Tabelle 11.1. Zusammenstellung von oberflächensensitiven Methoden zur Untersuchung des Trockenätzdamage.

Methode	*Qualitativ*	*Quantitativ*	*Tiefenprofil*
SEM	√		
AUGER		√	√
STEM	√		√
PL		√	√
SIMS		√	√
Hall		√	
$C(V)$		√	√
FABRY-PEROT Dämpfung		√	

6. Scanning Transmissionselektronen-Mikroskopie (STEM).

Sind die Probleme und Methoden dagegen mehr physikalischer Natur, sucht man eher nach einer Verschlechterung einer Größe, die stark und meist nichtlinear verändert wird, z. B. elektrische und/oder optische Messungen:

1. SCHOTTKY-Dioden [505];
   - Höhe von SCHOTTKY-Barrieren,
   - Idealitätsfaktoren,
   - U-I-Vorwärtscharakteristik,
   - Sperrspannung und Sperrstrom [506] [507];
2. Transistoren (HBTs) [508]:
   - Kollektorstrom gegen Emitter/Kollektorspannung,
   - Leckstrom gegen Emitter/Kollektorspannung,
   - Messung der Gateoxid-Aufladung und Messung des Oberflächenpotentials [509] [510];
3. Laserdioden, Halbleiter-Wellenleiter:
   - Intensitätsverlust in Wellenleitern,
   - Photolumineszenz-Verlust durch Damage der aktiven Zone,
   - $C(U)$-Messungen [511],
   - HALL-Messungen [511].

Verschiedene Methoden liefern unterschiedliche Arten und Tiefen des Damage. Elektrische Messungen scheinen am empfindlichsten zu sein [512], etwa Kapazitäts-Spannungs- und Strom-Spannungs-Kennlinien von SCHOTTKY-Barrieren [513]:

$$I = AT^2 \exp\left[-\frac{1}{kT}\left(e_0\phi_\mathrm{B} - \sqrt{\frac{e_0 V_\mathrm{F}}{4\pi d\varepsilon_\mathrm{i}}}\right)\right], \qquad (11.34)$$

(mit A der (effektiven) RICHARDSON-Konstanten, ϕ_B der Barrierenhöhe, d der Dicke und ε_i der Dielektrizitätskonstanten des Isolators). Für einen relativen Vergleich der Ätzprozesse wird ε_i gleich ε_0 gesetzt. Mit dieser Gleichung erhält man Aussagen über topographische Niveau-Unterschiede (100 nm oder mehr), während eine Amorphisierung des Gitters nur in den obersten Lagen erfolgt (normal sind zwischen 5 – 30 nm, gemessen mit STEM oder AES) [514] [515].

Hetero-Bipolar-Transistoren: Wird die Ätzung zu hart, führt dies zu einer Erhöhung des Schichtwiderstandes, was einen fatalen Einfluß auf die Stromverstärkung nach sich zieht. Erwartet werden ein kleinerer Kollektorstrom und/oder ein höherer Leckstrom, was hauptsächlich auf der Ausbildung von Rekombinationszentren beruht. Während dies eher ein Problem der Amorphisierung ist, führt H_2 in HBTs zur Passivierung von Löchern.

InP-Oberflächen sind empfindlicher und werden heftiger in Mitleidenschaft gezogen als GaAs und verwandte Verbindungen, was hauptsächlich bedingt ist durch eine höhere Rekombinationsgeschwindigkeit und auch durch verstärktes FERMI-Niveau-Pinning [516]. Meist können drei Zonen nach Einwirkung eines Plasmas von CH_4/H_2 unterschieden werden [517]:

1. oberste Region, etwa 150 Å dick: hoher Grad an Unordnung und fehlender Stöchiometrie, In-reich. Die Degradation elektrischer und struktureller Eigenschaften kann zu einem vollständigen Ausbleiben des gleichrichtenden Verhaltens von SCHOTTKY-Dioden führen.

2. Die darunter liegende Zone, etwa 150 bis 400 Å tief, die meist keine Abweichungen von der Stöchiometrie mehr aufweist, ist charakterisiert durch

   - signifikantes Gitter-Disordering und
   - Defekt-Aggregate, die nachweisbar sind durch „Ion Channeling" und Punktdefekte; beide führen zu einer Kompensation der flachen Dotierpegel dieser Zone.

3. Unter dieser Schicht können Punktdefekte bis zu einer Tiefe von etwa 1000 Å nachgewiesen werden.

Die Ubiquität des Wasserstoffs führt zu einer nahezu unvermeidlichen Kontamination während verschiedener Prozeß-Stadien:

- Wachstumsprozesse mit MOCVD (Trägergas oder Quellengas; dies entfällt bei MBE),

- wasserstoffhaltiges Reagens zum Ätzen (naß oder trocken),
- Sinterprozesse in Wasserstoff.

In III/V-Halbleitern besetzt der *p*-Dopant einen Substitutions-Gitterplatz (Mg einen Ga-Platz in GaN, Zn einen Ga- oder In-Platz in GaAs oder InP). Wasserstoff passiviert durch Bildung einer starken V-H-Bindung [518]. Der direkteste Weg zur quantitativen Bestimmung der Passivierung ist eine Korrelation zwischen elektrischen Messungen und dem IR-Spektrum [519]. Die Lage des Absorptionspeaks gibt Auskunft über die Bindung zwischen Wasserstoff und dem Gruppe-V-Element, die Intensität den Grad des Damage.

Die Passivierung der Löcher kann in InP, GaP and GaAs durch einen Sinterschritt bei 400 °C für 1 min nahezu vollständig aufgehoben werden [520]; nach 20 min ist absolut keine Passivierung mehr nachweisbar [521]. Dies gilt nicht für GaN, für das sehr viel höhere Temperaturen erforderlich sind.

Daß mit ECR tatsächlich schonende Strukturierungen durchgeführt werden können, wurde von CONSTANTINE et al. und PEARTON et al. gezeigt [505] [522]. Bei hoher Anisotropie mit einem Verhältnis von vertikaler zu horizontaler Ätzrate — oft auch als „Aspektverhältnis" bezeichnet — von deutlich größer als zehn konnten GaAs und InP ohne „DC-Bias" in $CH_4/H_2/Ar$ geätzt werden. Die Gitterschädigung wurde auf verschiedene Arten überprüft:

- einmal durch die *U-I*-Charakteristik von SCHOTTKY-Dioden. Verglichen mit naß geätzten, d. h. garantiert damagefreien Kontrollproben, stieg die Sperrspannung ionengeätzter Proben um ca. 10 % an. Der gleiche niedrige Wert konnte dagegen mit ECR-geätzten Proben bei 0 V DC-Bias erhalten werden.
- Ein davon unabhängiger Nachweis gelang mit der Reduktion des PL-Signals in GaAs, wenn das „DC-Bias" um mehr als 50 V erhöht wurde. Die Kurve bei 100 V steht in scharfem Kontrast zu der nahezu ununterscheidbaren Kurvenschar von 0 V, 50 V und naß geätzter Probe.

11.7 Ätztopographie

Die Ätztopographie ist — neben den in Abschn. 11.2 untersuchten Effekten — vor allem durch die *Redeposition* bereits abgetragener Atome und die sog. *Konusbildung* (Konus: Kegel) definiert. Diese Kegel können durch ihre starke Streuwirkung die Oberfläche matt, ja samtschwarz, erscheinen lassen.

Diese *Sekundäreffekte* sind ein unvermeidbares Phänomen von Oberflächenänderungen, die durch Ionenbeschuß erzeugt werden [523]. Beobachtet werden oft Stufen, tiefe, wie kristallographisch geätzt aussehende *Löcher („Pits")* sowie *Kegel und Pyramiden,* die häufig in einem „Pit" stehen; deren Bildung ist auch

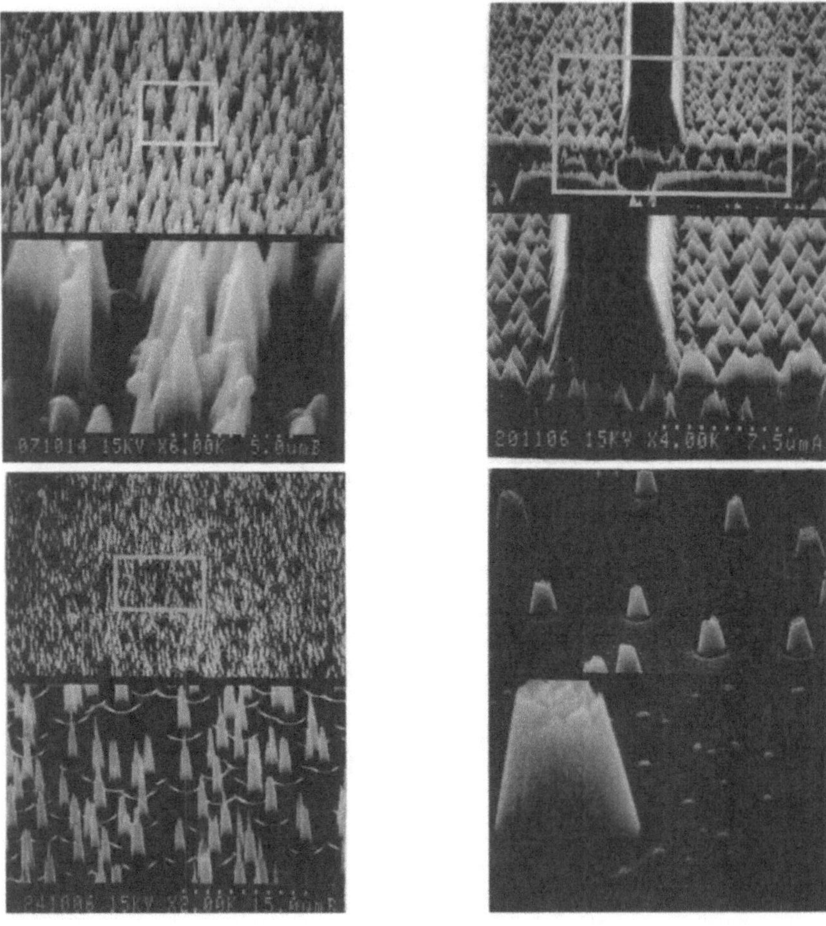

Abb. 11.43. Entstehung einer bizarren Oberflächentopographie (spitzwinkelige Pyramiden in SiC (lks. o.), etwas weniger spitzwinkelige Pyramiden in AlGaAs (re. o.), Kegel und Kegelstümpfe in „Pits“ aus GaAs (unten) [524] [525].

am besten untersucht. Darüber hinaus wird bei hohen Ionendosen und -energien (> 10 keV) auch Blasenbildung beobachtet, wie sie zuerst als „Blistering“ in Fusionsreaktoren erzeugt wurde. Die Abbn. 11.43 sind typische Beispiele einer Ätzmorphologie unter nahezu senkrechtem Ionenbeschuß.

Grundsätzlich werden unterschieden:

- Primäreffekte: Sputtern einer abgebildeten Struktur durch Primärpartikeln;

- Sekundäreffekte: Beschuß abgetragener (Sekundär-) Partikeln führt zu Kegeln und Pyramiden;

- Tertiäreffekte (Gruben, Gräben, Löcher, in denen die Pyramiden stehen, Abb. 11.41 r. u.), bevor eine vollständige Einebnung erfolgt. Hier ist unklar, wie groß der Beitrag der Primär- und Sekundärpartikeln ist [526].

11.7.1 Historischer Rückblick

Eine der ersten Untersuchungen der Konusbildung wurde von WEHNER durchgeführt, der richtig erkannte, daß die Transformation ursprünglich glatter polykristalliner Oberflächen in konische Strukturen unmittelbar mit der Winkelabhängigkeit der Sputterausbeute verknüpft ist [486].

Auch die zusätzliche Beobachtung von Kegeln, die eine facettierte Oberfläche aufwiesen (Pyramiden, Untersuchungen von WILSON und KIDD an polykristallinen, naß geätzten Goldoberflächen) war ein Hinweis auf Sputtereffekte an kristallinen Oberflächen — so sind die (100)- und (111)-Ebenen im fcc-System gegen Ionenbeschuß am stabilsten [527].

Diese Beobachtungen wurden von SIGMUND modellmäßig untermauert [528]: Im Gegensatz zur Erwartung, daß Kegel schneller abgetragen würden als darunterliegende Täler, ergab seine Analyse vielmehr, daß kleine Unregelmäßigkeiten auf einer relativ glatten Oberfläche die Tendenz zeigen, sich während des Ionenbombardements zu vergrößern *(Rauhigkeitsinduzierter Mechanismus)*, wenn nicht die Migration von Atomen der dominierende Ausgleichsprozeß ist (da dies ein Prozeß vom Aktivierungstyp, d. h. stark temperaturabhängig ist, bedingt eine *Erniedrigung der Temperatur prinzipiell rauhere Oberflächen und vice versa.* Deshalb sollten auch auf einer glatten Oberfläche Kegel langsamer abgetragen werden, vorausgesetzt, ihre Dimensionen sind kleiner oder in der Größenordnung der Eindringtiefe der Ionen.

Parallel dazu wurden Oberflächen untersucht, die durch Partikeln kontaminiert wurden, indem von einem Kupfer- und Molybdäntarget, die einander gegenüberstanden, gleichzeitig abgestäubt wurde [529] [530]. Die auch hier beobachtete Kegelbildung auf dem Kupfertarget wurde so interpretiert, daß Partikeln aus Molybdän, das eine kleinere Sputterrate als Kupfer aufweist, die Oberfläche maskierten. Der unterschiedlich schnelle Abtrag würde dann ebenfalls Kegel entstehen lassen. Die Kegelbildung ging erwartungsgemäß zurück, wenn das Molybdäntarget entfernt wurde.

Jedoch wurde auch der umgekehrte Fall: Pyramidenbildung durch Partikeln höherer Sputterrate auf einem Substrat niedrigerer Sputterrate beobachtet [531]. Schließlich wurde gezeigt, daß die von WEHNER und HAJICEK beschriebenen Sekundärstrukturen nur auftraten [530], wenn die Oberfläche eine gewisse Grundrauhigkeit aufwies, und das Substrat auf hoher Temperatur gehalten wurde [532].

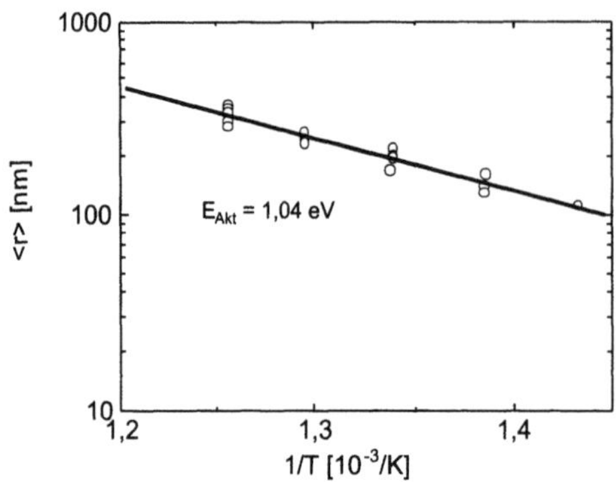

Abb. 11.44. Mittlerer halber Abstand $< r >$ der Al-Kegel auf Au in Abhängigkeit der reziproken absoluten Temperatur ([533] © The American Institute of Physics).

Dafür wurde von KAUFMAN und ROBINSON ein Modell entwickelt, das die Oberflächendiffusion dieser kontaminierenden Partikeln, der sog. „Seedatome", und deren Agglomeration zu größeren Clustern („Seed Clustering") beschrieb [533]. Sie ist der in Abschn. 10.6 beschriebenen Nucleationstheorie ähnlich.

Das Auftreten einer Aktivierungsenergie in ihrer Theorie bedeutet, daß *im Gegenteil eine kritische Temperatur überschritten werden muß,* unterhalb derer keine Sekundärstruktur gebildet werden kann (Diffusionskoeffizienten der kontaminierenden Atome sind proportional $\exp(-E_{\text{Akt}}/k_{\text{B}}T)$ mit T der Oberflächentemperatur). Auch die Konusdichte hängt entscheidend von der Oberflächentemperatur ab. Es überrascht nicht, daß auch diese Größe oft mit einem ARRHENIUS-Gesetz beschrieben werden kann. Erinnert man sich an die Beziehung für den „Random Walk":

$$<r>^2 \propto Dt, \tag{11.35}$$

dann ist

$$<r> \propto \sqrt{t} \cdot \exp \frac{E_{\text{Akt}}}{2k_{\text{B}}T}. \tag{11.36}$$

Damit wird die Abhängigkeit des (mittleren halben) Abstandes der einzelnen Cluster

$$\ln <r> = -E_{\text{Akt}}/2k_{\text{B}}T + \text{const} \tag{11.37}$$

verständlich. Der Ordinatenabstand ist typisch in der Gegend von 200 μm bei kritischen Temperaturen zwischen 600 und 700 K für Al, das mit Mo oder Au kontaminiert wurde, die Aktivierungsenergien liegen um 1 eV (Abb. 11.44).

Dieses Modell ist jedoch nur anwendbar für niedrige Ionendosen. Bei hohen Ionendosen muß zusätzlich beachtet werden, daß die Diffusion (u. a. durch Wärmeableitungsprobleme) stark erhöht wird. Bei Stromdichten, die kleiner als 0.5 mA cm^{-2} sind, dominiert dieser Effekt; das ist der sog. *„Kontaminationsinduzierte Mechanismus";* Abb. 11.45.

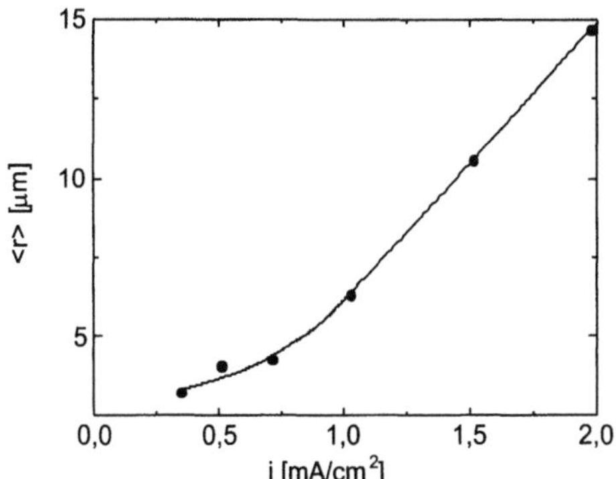

Abb. 11.45. Abhängigkeit des mittleren Abstandes $< r >$ der Kegel von der Ar^+-Stromdichte auf einer Mo-kontaminierten Oberfläche [535] (© Elsevier Science Publishers B.V.).

Obwohl verschiedene Punkte dieser Theorie anzweifelbar sind (z. B. wurde thermodynamisches Gleichgewicht zwischen Clustern und bombardierenden Ionen angenommen), konnte dieses Modell doch zwei Punkte befriedigend klären:

- das Auftreten einer Sekundärstruktur bei Kontamination von Partikeln höherer und niedrigerer Sputterrate als der des Substrates;
- bei den meisten Experimenten war die Temperatur des Substrates hoch, wobei die kurzzeitig (10 – 100 psec) auftretende lokale Temperatur, die durch den Aufschlag eines Ions entsteht, in Abhängigkeit von der Ionenstromdichte zwischen 1000 und 3000 °C abgeschätzt wurde. Dies würde bedeuten, daß auch Phasenübergänge in ein gutes Modell einbezogen werden müßten, womit die Entstehung von „Thermal Spikes" und Whiskern erklärt werden könnte [534].

Auch die Ausbildung von Schockwellen wurde berücksichtigt [536]; dafür gelten wegen der Adiabasie nicht die Bedingungen des thermischen Gleichgewichts. Die Erzeugung von Schockwellen sollte proportional der Ionenstromdichte sein und also wiederum zur Erhöhung der Diffusionsgeschwindigkeit Anlaß geben.

Diese verschiedenen widersprüchlichen Beobachtungen:

- Auftreten einer Sekundärstruktur mit Kontamination;
- Auftreten einer Sekundärstruktur ohne Kontamination, die aber offenbar durch eine gewisse Grundrauhigkeit des Materials bedingt ist;

und deren Interpretation, nämlich das Auftreten einer Sekundärstruktur mit einer kritischen Temperatur zu verknüpfen, unter- oder oberhalb sie auf- oder auch nicht auftritt, konnten nur durch genaue systematische Experimente gelöst werden.

11.7.2 Gegenüberstellung der Ätztopographie-Mechanismen

Vor allem die Überlegung, daß Defekte der Oberfläche eine bedeutende Rolle bei deren Modifizierung während des Ätzprozesses spielen, wurde in einer Serie von eleganten Experimenten von AUCIELLO und KELLY sowie ROBINSON und ROSSNAGEL in den siebziger und achtziger Jahren bestätigt [537]. Dabei nahmen sie als Ursachen einer Sekundärstruktur folgende Mechanismen an:

- Sputtern,
- Reflexion der Ionen,
- Redeposition,
- Oberflächendiffusion,

die alle zur Bildung von Stegen quadratischen oder dreieckigen Querschnitts, „Pits" und Kegeln (rund oder mit scharfen, pyramidalen Flächen) führen, und berücksichtigten damit die bisher beschriebenen Mechanismen der Konusbildung, nämlich Defekte und Inklusionen an Korngrenzflächen, Oberflächenkontamination und bevorzugten Abtrag in bestimmten kristallographischen Richtungen.

Insbesondere wurden hier erstmals die durch verschiedene Ursachen erzeugten Oberflächendefekte gegenübergestellt [535]. So weisen durch Kontamination erzeugte Defekte u. a. folgende Eigenschaften auf:

- eine bestimmte Schwellkonzentration an Verunreinigungen ($\approx 0.1\%$) ist zur Bildung notwendig;
- es ist relativ einfacher, Defekte mit hochschmelzendem, d. h. schlecht abstäubbarem Material zu erzeugen;
- die Dichte der Kegel ist relativ unabhängig von der Sputterzeit;
- die Verunreinigung muß kontinuierlich nachlieferbar sein;
- die Temperatur und das „Substrat-Bias" haben einen entscheidenden Einfluß auf die Struktur und Dichte der Kegel;
- es bilden sich auch komplizierte Strukturen (Whisker etc.) aus.

Einige Kennzeichen nicht-kontaminationsinduzierter Kegel und Pyramiden sind

- die Unabhängigkeit des Auftretens von irgendwelchen Verunreinigungen;
- die Veränderung der Form von regulären oder kristallinen Strukturen bei hohen Arbeitsgasdrücken zu breiteren, abgerundeten Formen bei kleinen Drücken;

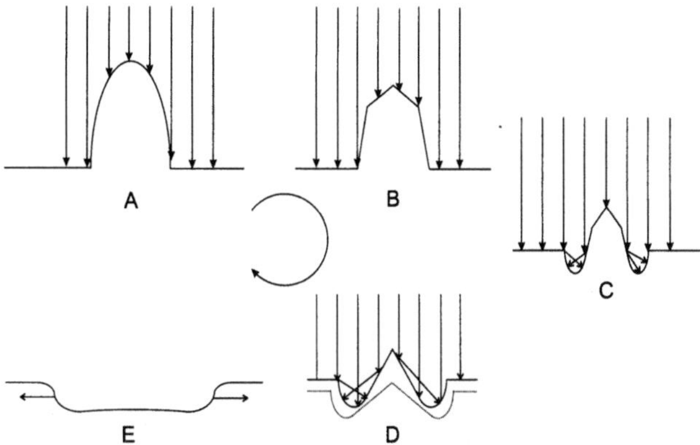

Abb. 11.46. Die verschiedenen Stadien der Pyramidenbildung [526]: „Rauhigkeitsinduzierter Mechanismus“: Eine konvexe Struktur (*A*) transformiert zu einer facettierten Pyramide (*B*). Durch Grabenbildung (*C*) (Sekundäreffekte) erfolgt eine schärfere Definition der Pyramide (*D*), bis sie durch tertiäre Effekte eingeebnet wird (*E*). (© Gordon & Breach Science Publishers, Inc.)

- bevorzugtes Auftreten bei Materialien hoher Sputterrate wie den Münzmetallen oder Aluminium;
- die Dichte ist meist niedrig;
- einmalige, nahezu instantane Bildung an der Oberfläche, die durch eine sehr hohe Ionendosis ($\approx 10^{19} - 10^{20}$ cm^{-2}) und hohe Energien (>10 keV) entfernt werden kann.

Gemeinsame Charakteristika sind

- Reflexion hochenergetischer Ionen von den Kegelseiten;
- Redeposition gesputterten Materials;
- die große Formbeständigkeit einmal gebildeter Kegel;
- winkelabhängige Sputtereffekte;
- „Pits“, aus denen die Pyramiden wachsen; diese entstehen durch verstärkte Erosion von Primärionen und abgestäubten Partikeln. Der Hauptunterschied zwischen Kegeln und Pyramiden ist, daß bei diesen die darunterliegenden „Pits“ Facetten ausbilden, die mit der Kristallstruktur des Substrates in Zusammenhang stehen.

Die verschiedenen Stadien wurden von AUCIELLO beschrieben [532] (s. Abb. 11.46):

- Wegen der Winkelabhängigkeit der Sputterausbeute, $S(\vartheta)$, besteht die Tendenz zur Ausbildung konvexer Strukturen, bis
- Facetten im Winkel ϑ entstehen, so daß eine Pyramide oder auch ein Kegel gebildet werden. Daß aus konvexen Strukturen tatsächlich Pyramiden und nicht nur Kegel entstehen können, wurde mit einer Monte-Carlo-Rechnung gezeigt [538].
- Gestreute Ionen des Primärstrahls und von den Pyramiden abgestäubte Molekeln erzeugen einen Graben durch „Trenching", wodurch die Definition der Pyramide zunächst schärfer wird [539].
- Schließlich kommt es durch verstärkte Erosion durch Primärionen und von den Grabenwänden reflektierte Ionen und abgestäubte Molekeln zur Einebnung der Pyramide, so daß ein „Pit" übrigbleibt.

Damit können drei Mechanismen für die Bildung von Pyramiden und Kegeln unterschieden werden [526].

- Erosion durch „physikalisches" Sputtern, verbunden mit der Anwesenheit von vorhandenen oder durch das Sputtern hervorgerufenen Defekten.
- Fremdatome auf der Oberfläche, wie Mo auf Cu.
- Aufgesputterte oder freiwerdende fremde Atome führen dazu, daß kleine Kristallite durch strahlungsinduzierte Migration entstehen.

Die durch Kontamination entstandene Sekundäroberfläche stellt lediglich einen Spezialfall des „Rauhigkeitsinduzierten Mechanismus" insofern dar, als die „fremden" Atome — wie die das Substrat bildenden Atome — an bereits vorhandenen oder durch das Ionenbombardement entstandenen Unebenheiten, Inklusionen, Korngrenzen etc. segregieren müssen und dort zur Pyramidenbildung Anlaß geben. Sonst wird die Struktur eingeebnet [540].

Der Glättegrad der Oberfläche vor dem Ätzen muß bei der Nucleation und Pyramidenbildung berücksichtigt werden. Proben mit glatter Oberfläche bilden auch wenig Pyramiden aus, aber selbst auf einer amorphen Oberfläche entsteht eine Sekundärstruktur [541]. Pyramiden verschwinden bei genügend hoher Ionendosis, um „Pits" zurückzulassen, wie dies von der CARTERschen Theorie beschrieben wird, und nach der sich die Oberflächenkontur in Form einer fortlaufenden Welle ändert [541] [542] [543] (Abb. 11.47).

11.8 Prozeßkontrolle

Die überlegene „Performance" einer Trockenstrukturierung beruht ganz wesentlich auf dem Mechanismus des ioneninduzierten Ätzens, also eines syn-

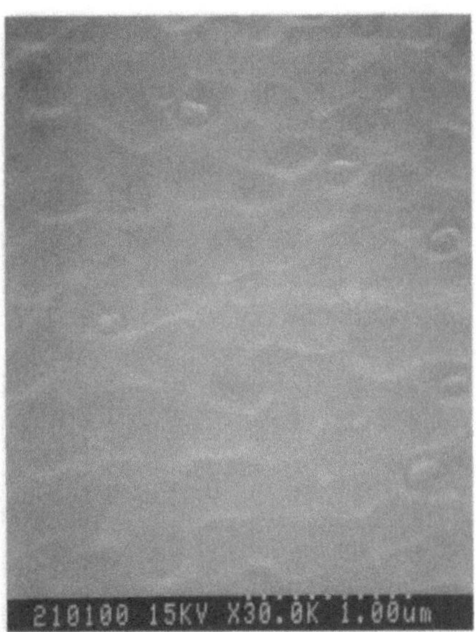

Abb. 11.47. Selbst auf einer sehr glatten Oberfläche entsteht durch Ionenbeschuß als Tertiärstruktur eine Kontur in Form einer fortlaufenden Welle [541] [542] [543], hier gezeigt an einer GaAs-Oberfläche vorher (lks.) und nachher (re.).

ergetischen Wechselspiels zwischen „chemischer" Wechselwirkung und „physikalischer" Einwirkung eines Plasmas (Impulsübertrag der Ionen und Molekülanregung durch Elektronen und Photonen). Diese ist andererseits gerade die Schwachstelle: Wie ein Blick auf Sputterausbeuten in Argon zeigt, ist der Unterschied zwischen einem schwer abstäubbaren Element wie Kohlenstoff (als Graphit), einem Dielektrikum wie Korund (Al_2O_3) und einem Element mit hoher Sputterrate wie Gold lediglich eine Größenordnung, in anderen Worten: die Selektivität S, also der Unterschied in den Abtragsraten, ist — auch mit chemischer Unterstützung — selten größer als 20. Positiv gewendet, bedeutet dies jedoch, daß die Abhängigkeit einer Zielgröße, wie etwa der Ätzrate, von unabhängigen Prozeßparametern wie Druck, Gasfluß und eingekoppelter Leistung, meist nicht sehr steil ist, und eben ihr Verhältnis S noch weniger von zufälligen Schwankungen betroffen ist.

Daraus wird andererseits die Notwendigkeit einer Prozeßkontrolle ersichtlich, also von Verfahren, die instantan einen Endpunkt erkennen lassen. Dies ist umso mehr eine Herausforderung, als oft eine Auflösung in der Tiefe von typisch 50 nm bei einer Totaltiefe von 3 – 5 μm, also eine Auflösung von 1 % oder besser, zu erreichen ist. Bei Ätzraten von 50 nm/min oder größer bedeutet das außerdem, daß Änderungen eines Meßsignals innerhalb einer halben Minute als Endpunkt zu qualifizieren sind.

Wie wir gesehen haben, hängen Plasmaprozesse von einer Reihe von Parametern ab, die durch geeignete Sonden untersucht werden können, so daß auf diese Weise die Auswirkung der Einflußgrößen auf die Prozeßführung transparent gemacht werden kann — möglichst in einer *in-situ*-Messung. Für die Schichtbildung heißt das: Messung der die Schicht konstituierenden Molekeln und Abscheiderate, für den Schichtabtrag: Messung der Ätzrate, also eine Endpunkterkennung. Die Anforderungen überlappen also miteinander und werden deswegen auch zusammen besprochen. Im fortlaufenden Text ist für Ätzung dann Wachstum zu setzen.

Für die „On-line"-Prozeßkontrolle haben sich mehrere Verfahren als praxisnah erwiesen, die sich wesentlich dadurch unterscheiden, ob sie Informationen von der Oberfläche der Probe oder aus dem Plasmaraum sammeln:

- Änderung der Impedanz einer Entladung;
- Ellipsometrie;
- Optische Emissionsspektroskopie (OES);
- Interferometrische Verfahren: Laser-Reflektometrie oder -Interferometrie (LI);
- Massenspektrometrie (MS).

11.8.1 Änderung der Impedanz einer Entladung

Da die Impedanz einer Entladung stark von den Parametern Elektronendichte, Oberflächenbeschaffenheit und der Zusammensetzung der Atmosphäre abhängt, sind Variationen des „DC-Bias" als Monitor für den Endpunkt verwendbar. Diese Änderung kann sehr groß sein (beim Veraschen von PR beispielsweise bis zu 100 %), beträgt aber meist — abhängig von der Beladung — nur wenige Prozent (Abb. 11.48). Es handelt sich also um eine integrierende Methode, mit der Veränderungen des gesamten Plasmas erfaßt werden. Obwohl mehrfach erfolgreich eingesetzt, scheint sie von den im Folgenden beschriebenen Verfahren zurückgedrängt worden zu sein.

11.8.2 Ellipsometrie

Bei der *Ellipsometrie* nutzt man die Tatsache aus, daß der Polarisationsgrad des Lichts sehr empfindlich durch Reflexion verändert wird. So verändert die Beschichtung einer Oberfläche mit einem Film, der nur eine Atomlage dick ist, bereits meßbar den Polarisationsgrad. Dazu ist erforderlich, die optischen Konstanten n und κ des Substratmaterials und des Films zu ermitteln. Es besteht dann eine komplizierte Beziehung zwischen Filmdicke und den optischen Konstanten, in die eingehen:

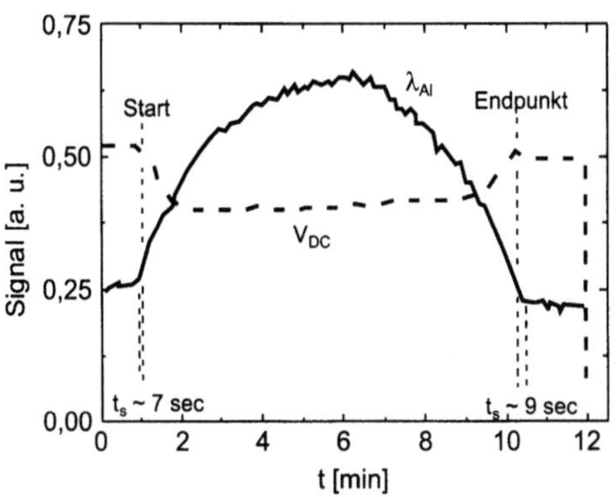

Abb. 11.48. Verlauf der optischen Emission und der Impedanz während einer Aluminium-Ätzung. Der Impedanzverlauf ist schärfer definiert als die Änderung der optischen Emission [544] (© The American Institute of Physics).

- als Meßgrößen:
  - die optischen Konstanten n und κ;
  - das Amplitudenverhältnis der (komplexen) reflektierten Amplituden $\tilde{\boldsymbol{E}}_{r\|}$ / $\tilde{\boldsymbol{E}}_{r\perp}$, meist beim *Haupteinfallswinkel* $\phi = \Phi$ gemessen (das ist der Winkel, bei dem die Phasendifferenz zwischen $\tilde{\boldsymbol{E}}_{\|}$ und $\tilde{\boldsymbol{E}}_{\perp}$ 90° beträgt);
  - die Phasendifferenz δ;
- als Rechengrößen:
  - die Fresnelschen Reflexionskoeffizienten für das Verhältnis der Amplituden des reflektierten und einfallenden Strahls für schwach absorbierende Medien (für starke Absorber in der BEERschen Erweiterung):

$$\sqrt{R_{\perp}} = \frac{\tilde{\boldsymbol{E}}_{r\perp}}{\tilde{\boldsymbol{E}}_{e\perp}} = -\frac{\sin(\phi - \chi)}{\sin(\phi + \chi)} \tag{11.38.1}$$

$$\sqrt{R_{\|}} = \frac{\tilde{\boldsymbol{E}}_{r\|}}{\tilde{\boldsymbol{E}}_{e\|}} = \frac{\tan(\phi - \chi)}{\tan(\phi + \chi)} \tag{11.38.2}$$

mit ϕ dem Winkel des einfallenden und χ dem des gebrochenen Strahls, so daß sich als Bestimmungsgleichung ergibt

$$\frac{\tilde{\boldsymbol{E}}_{r\|}}{\tilde{\boldsymbol{E}}_{r\perp}} = \tan\Psi \mathrm{e}^{\mathrm{i}\delta} = \frac{(R_{\|1} + R_{\|2}\mathrm{e}^{-2\mathrm{i}x})(1 + R_{\perp 1}R_{\perp 2}\mathrm{e}^{-2\mathrm{i}x})}{(1 + R_{\|1}R_{\|2}\mathrm{e}^{-2\mathrm{i}x})(R_{\perp 1} + R_{\perp 2}\mathrm{e}^{-2\mathrm{i}x})} \tag{11.39}$$

mit

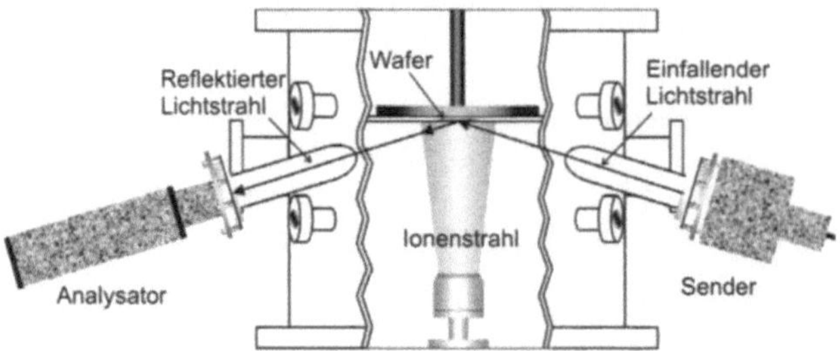

Abb. 11.49. *In-situ*-Messung einer Ionenstrahlätzung mittels Ellipsometrie © Veeco Instruments 2002.

$$x = \frac{2\pi}{\lambda} d \sqrt{n_1^2 - n_0^2 \sin^2 \Phi}, \tag{11.40}$$

wobei R_1, R_2 die BEERschen (FRESNELschen) Koeffizienten für die Grenzfläche Medium/Film bzw. die Grenzfläche Film/Substrat; n_0 und n_1 die Brechungsindizes des Mediums bzw. des Films und d die Filmdicke, Φ der Haupteinfallswinkel.

Die Messung selbst wird mit einem Laserstrahl durchgeführt, der, elliptisch durch ein $\lambda/4$-Blättchen polarisiert, an der Probe reflektiert wird. Dabei ändert sich in Abhängigkeit von Filmdicke und optischen Konstanten dessen Polarisation, die nach Durchgang durch ein Analysator-Blättchen mit einer Photodiode detektiert und ausgewertet wird. Wurde die Ellipsometrie bisher ausschließlich dazu verwendet, um das Aufwachsen und Strukturieren dielektrischer Filme zu kontrollieren, ist mit einem hinreichend langwelligen Laser, für den die zu charakterisierenden Schichten transparent sind, in Verbindung mit einem schnellen Rechner auch die Verfolgung von Halbleiter-Prozessen zugänglich geworden (Abb. 11.49) [545].

11.8.3 Optische Emissionsspektroskopie (OES)

Das dritte Verfahren beruht auf der frequenzselektiven Erfassung der Emission von NUV/VIS/NIR-Linien des Plasmas (Optische Emissionsspektroskopie, OES). Daß Emissionslinien aus dem nahen UV/IR- bzw. VIS-Bereich untersucht werden, hat u. a. folgende Gründe:

- die verwendeten Ätzgase sind in diesem Bereich transparent und
- hier liegen starke Linien (Tabelle 11.2).

Das zu untersuchende Licht wird aus dem Plasma durch ein Quarzfenster und eine Lichtleitfaser auf ein Gitter gesendet. Das Quarzfenster kann dabei entweder parallel zur Probe (man schaut also durch das Bulk-Plasma und den

Tabelle 11.2. Gebräuchliche Linien zur Endpunkterkennung mittels *OES*

zu ätzender Film	*flüchtige Komponente*	*Wellenlänge* [nm]
PR	CO	297,7; 483,5; 519,5
Si	SiF*	777,0
Si_3N_4	N*	674,0
Si_3N_4	CN*	388,3
SiO_2	CO	297,7; 458,3; 519,5
Al	AlCl*	261,4; 279,0
Al	Al*	396,2
GaAs	As*	228,9; 235,0; 245,7; 278,0; 286,0
GaAs	Ga*	287,4; 403,3; 417,2
GaAs	GaCl*	249,1; 334,8; 338,5
InP	In*	325,6; 410,1; 451,1 (Fluoreszenz)
InP	InCl*	267,3; 350,0

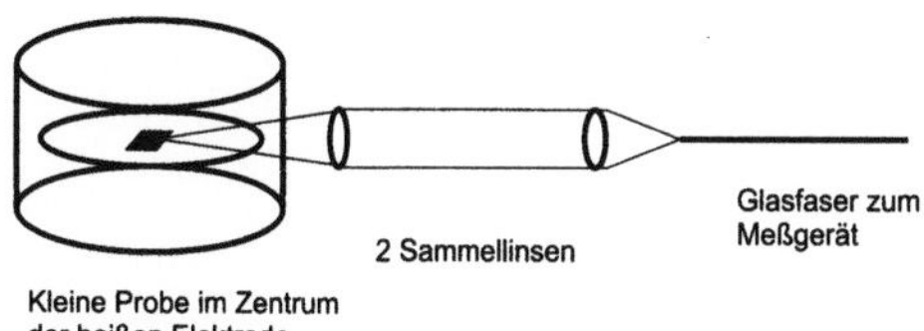

Abb. 11.50. Da die Probenfläche im Verhältnis zur Elektrodenfläche oft sehr klein ist, empfiehlt sich die Verwendung einer fokussierenden Optik zur Einkopplung des Probenlichts in die Glasfaser [546].

Dunkelraum direkt auf die Probe) oder durch ein fokussierendes Linsensystem senkrecht zu derselben positioniert sein (Abb. 11.50).

Das dazu verwendete Gitter ist oft mit Metall bedampft oder besputtert; dabei erhält man für bestimmte Werte des Einfalls- und Reflexionswinkels spiegelnde Reflexion und große Helligkeit der Spektren („Blazing“). Die zu untersuchenden Linien werden dann in einem SE-Vervielfacher verstärkt oder durch einen **O**ptical **M**ultichannel **A**nalyzer (OMA) analysiert, bzw. deren zeitliche Abhängigkeiten registriert.

Obwohl eine wirklich instantane Methode, erfordert OES wegen des Linienreichtums des Spektrums ein gut auflösendes Gitter von 1 200, besser 2 400 Furchen/mm, das dann jedoch eine Auflösung von $2,5 \cdot 10^{-3}$ oder besser hat. Ein typischer Fall einer Stapelätzung ist die Darstellung eines sog. VCSEL (Abb. 11.51).
Dabei werden zwei Ga-Linien verfolgt: die Übergänge bei

- 403,3 nm ($5^2S_{1/2} \rightarrow 4^2P_{1/2}$) und

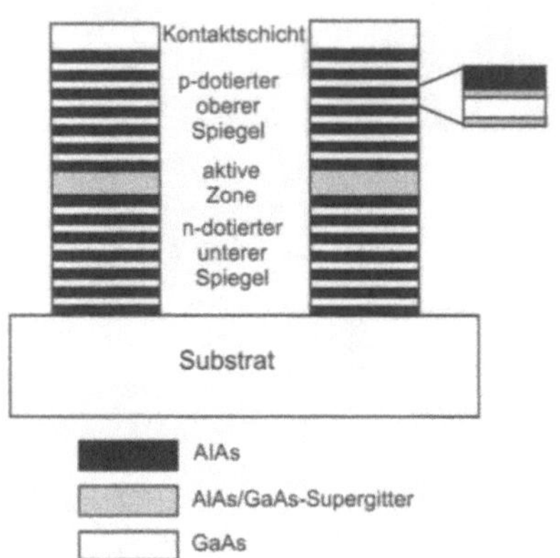

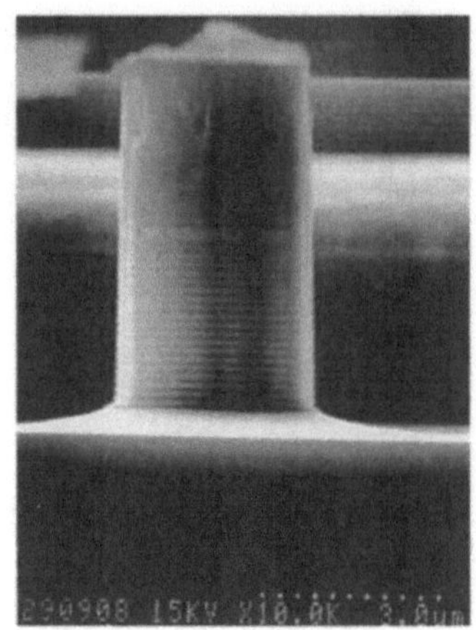

Abb. 11.51. VCSEL (**V**ertical **C**avity **S**urface **E**mitting **L**aser): Prinzipieller Aufbau (lks.) und mit RIE herausgemeißelte Struktur (re.). Ein typischer VCSEL besteht aus einer etwa 0,2 μm dünnen aktiven Schicht aus Quantentöpfen, deren Abmessungen und Material die emittierte Wellenlänge bestimmen, an die sich nach oben und unten sog. BRAGG-Spiegel anschließen. Diese bestehen aus je ca. 20 Paaren von $\lambda/4$-Schichten aus AlAs/GaAs.

- 417,2 nm ($5^2S_{1/2} \rightarrow 4^2P_{3/2}$).

Wie aus der Abb. 11.52 ersichtlich, kann der obere Stapel konsekutiver Paare aus AlAs/GaAs gut aufgelöst werden; auch die darunterliegende „Spacer“-Schicht hebt sich gut ab. Meist nimmt die Dynamik zum Ende der Ätzung etwas ab, insbesondere bei kleinen Proben (etwa $^1/_4$ 2 Zoll, je größer die zu ätzende Fläche, umso geringer der „Loading“-Effekt).

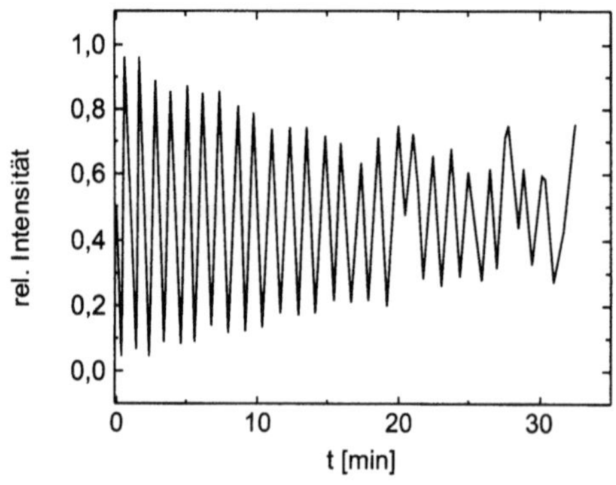

Abb. 11.52. OES-Spektrum (Ga-Linie bei 403,3 nm) einer VCSEL-Struktur mit oberem Spiegel aus konsekutiven AlGaAs/AlAs-Schichten, einem Tripeldecker („Spacer“), dem sich ein Doppeldecker vor der aktiven Zone anschließt, in der die Ätzung beendet sein muß.

Die Abhängigkeit der Intensität vom Ort ist derart, daß das Maximum im Kathodenfall zu finden ist, wo wenig sichtbare Strahlung entsteht (s. Abschn. 4.1 u. 4.2), und die Wahrscheinlichkeit der Anregung in höhere elektronische Zustände gering ist. Hier ist aber die höchste Konzentration an gesputterten Spezies zu beobachten, die ja vorzugsweise als Neutralteilchen abgestäubt und bereits innerhalb des Kathodenfalls thermalisiert werden. Wichtig ist nun, daß die Lebensdauer der angeregten Zustände in der Gegend von 1 bis 10 nsec ist [547].

Es kann dann der Schluß gezogen werden, daß die abgestäubten Atome nur einen Bruchteil des *MFP* (einige 100 μm) zwischen Anregung und Emission zurückgelegt haben. Damit darf die Anregungswahrscheinlichkeit innerhalb der beim Ätzen herrschenden Bedingungen in erster Näherung als konstant und insbesondere als unabhängig von Druck und Spannung angesehen werden. Mithin ist die Linienintensität proportional der Sputterrate [548], damit also als Methode für die Endpunkterkennung geeignet, wobei zwei Möglichkeiten bestehen:

- Die Linie(n) eines volatilen Reaktionsproduktes werden erfaßt. Am Endpunkt findet eine Intensitätsabnahme statt.

- Vorausgesetzt, die Linien der ätzaktiven Komponente sind bekannt, können diese registriert werden. Am Endpunkt steigt die Intensität an, da die Konzentration dieser Komponente sich dann erhöht, weil sie nicht mehr verbraucht wird.

Im ersten Fall wird die Linienintensität einer Spezies verfolgt, die in sehr kleinen Konzentrationen vorhanden ist, während im zweiten Fall eine Hauptkomponente untersucht wird.

Die Qualität der Endpunktserkennung hängt ab vom Detektor (Auflösungsvermögen, das zwischen 0,1 und 1 nm liegen sollte, und Empfindlichkeit) sowie im zweiten Fall zusätzlich vom Auftreten und Ausmaß des „Loading"-Effekts: auf der einen Seite ist eine bestimmte Belegung mit zu ätzendem Material für eine nachweisbare Spektralintensität erforderlich, auf der anderen Seite muß eine Überladung vermieden werden. Da die Ätzrate stark ansteigt, wenn die Beladung sich verringert, ändert sich der Fluß des Reaktionsproduktes allerdings gerade am Endpunkt nahezu nicht. Folglich sollten beide Linien beobachtet werden.

11.8.4 Interferometrische Verfahren: Laser-Reflektometrie oder -Interferometrie (LI)

Laser-Reflektometrie oder -interferometrie (LI) beruht auf der Verfolgung der (zeitabhängigen) Änderung der Lichtintensität, die durch Reflexion an Oberflächen oder Zwischenschichten hervorgerufen wird. Dabei sind drei Fälle zu unterscheiden:

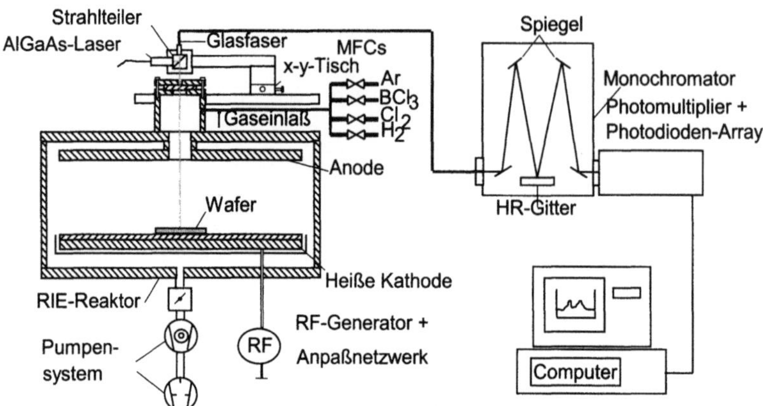

Abb. 11.53. *In-situ*-Kontrolle mit der Laser-Interferometrie (LI). Während bei der optischen Emissionsspektroskopie (OES) die zeitliche Abhängigkeit der Intensität der Emissionslinien, hier von Ga bei
403,3 nm ($5^2S_{1/2} \to 4^2P_{1/2}$) und
417,2 nm ($5^2S_{1/2} \to 4^2P_{3/2}$) [549]
verfolgt wird, ist es bei der LI die durch unterschiedliche Brechungsindizes induzierte Variation in der Reflexion des Lichts eines Festkörperlasers.

- Metallschichten;
- Schichten von Dielektrika;
- Halbleiterschichten.

11.8.4.1 Metalle und Dielektrika. Bei senkrechter Inzidenz gilt für die Reflektivität eines Films auf einem Substrat die BEERsche Formel (Abb. 11.53):

$$\left|\frac{\boldsymbol{E}_r}{\boldsymbol{E}_e}\right|^2 = R = \frac{\kappa_1^2 + (n_1 - 1)^2}{\kappa_1^2 + (n_1 + 1)^2} \tag{11.41}$$

mit n_1 und κ_1 dem Brechungsindex bzw. dem Absorptionskoeffizienten dieser Schicht ($\tilde{n} = n - \mathrm{i}\kappa$) und $\boldsymbol{E}_\mathrm{r}$ sowie $\boldsymbol{E}_\mathrm{e}$ der reflektierten bzw. der einfallenden Amplitude. Bei Ätzungen von Metallen, die wegen $\kappa \gg n$ und damit $R \approx 1$ alle gegenüber Dielektrika und Halbleitern hochreflektierend sind, beobachtet man also im Idealfall eine starke Änderung der Reflektivität dann, wenn die Schicht abgeätzt ist, und sich darunter kein Metall befindet, da sich in diesem Fall die Reflektivität stark vermindert. Ist dieses Substrat jedoch ein Metall, geht der Reflektivitätsunterschied gegen Null: bei ähnlichem κ werden die Unterschiede nur bei sehr verschiedenem n groß. Zum anderen können Oberflächenreaktionen zu stark verminderten Reflektivitäten führen, die ebenfalls die Endpunkterkennung erschweren.

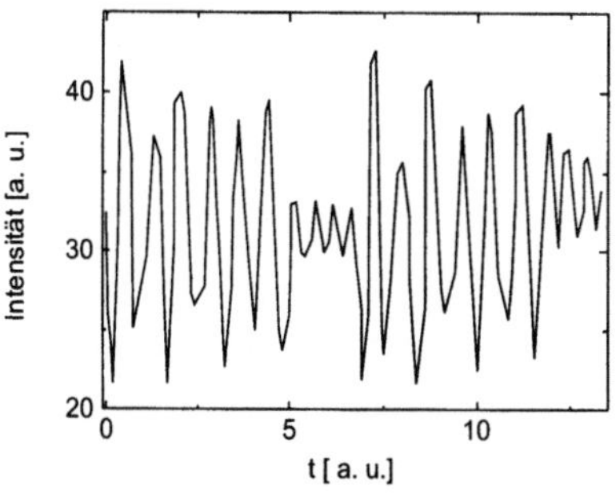

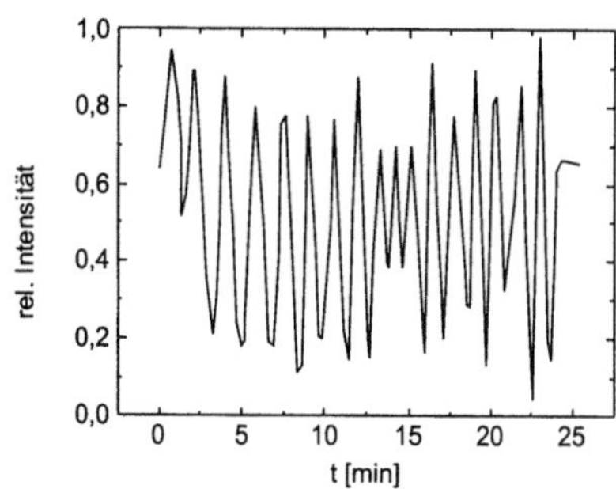

Abb. 11.54. Eine Endpunkterkennung mit einem Laser-Interferometer (o. re.) und der Vergleich mit dem vorher berechneten Erwartungsinterferogramm (o. lks.) sowie das Ergebnis als REM-Bild (u.) [432].

Für dielektrische Schichten ist dagegen $\kappa \ll n$, so daß die beiden Strahlen interferieren, die an der Oberfläche und an der Unterseite des Films reflektiert werden. Wird also ein Laser auf einen Stapel verschiedener Schichten gerichtet, beobachtet man Interferenzminima und -maxima dann, wenn die (restliche) optische Schichtdicke ein Vielfaches von $\lambda/2$ ist (mit n dem Brechungsindex):

$$\frac{\Delta d}{n} = \frac{\lambda}{2}. \tag{11.42}$$

Die Intensität des reflektierten Strahls variiert sinusförmig mit der restlichen Schichtdicke: sie ist eine periodische Funktion von $n_1 d/\lambda$ und kann bei bekannter Dispersionskurve der Substratmaterialien auch vorher berechnet und mit dem aktuellen Interferogramm verglichen werden (Abb. 11.54, Gl. (11.43) [550]):

$$R = \frac{n_1^2(1-n_2)^2 + (n_2 - n_1^2)^2 + (1-n_1^2)(n_1^2 - n_2^2) \cdot \cos n_1 \frac{4\pi d}{\lambda}}{n_1^2(1+n_2)^2 + (n_2 + n_1^2)^2 + (1-n_1^2)(n_1^2 - n_2^2) \cdot \cos n_1 \frac{4\pi d}{\lambda}}, \tag{11.43}$$

mit n_2 dem Brechungsindex des Substrates. Die Ätzrate *ER* bzw. die Wachstumsrate kann damit leicht bestimmt werden, indem die Zeit zwischen zwei Extremwerten gemessen wird. Damit ist eine Echtzeitmessung der Ätzrate möglich.

11.8.4.2 Halbleiter. Auch bei einer Ätzung von Halbleitern ist dieses Verfahren einsetzbar, allerdings tritt hier eine Schwierigkeit auf: Da Gl. (11.38) nur für transparente Filme ($\kappa \ll n$) Anwendung finden kann, und die Halbleiter erst für Wellenlängen größer 1 μm durchsichtig werden, muß infrarotes Licht benutzt werden. Die Verwendung einer Wellenlänge von 1 μm führt jedoch bereits zu einer Unsicherheit von etwa 1000 Å ($n = 3,5$), und bei 5 μm liegt diese schon bei $\geq 0,5$ μm.

Insgesamt sind mit dem Laserinterferometer punktuelle Messungen möglich und für ein scharfes Interferogramm auch erforderlich.

11.8.5 CCD-kontrollierte Laserinterferometrie

Bei Verwendung eines Strahlteilers kann eine Zweistrahl-Interferometrie durchgeführt werden. Zum Vergleich wird der Meßstrahl auf den blanken Bereich gelenkt und mit dem Referenzstrahl, der von einem nicht gekippten Spiegel reflektiert wird, analysiert — etwa in einer CCD-Kamera [551] (Abb. 11.55).

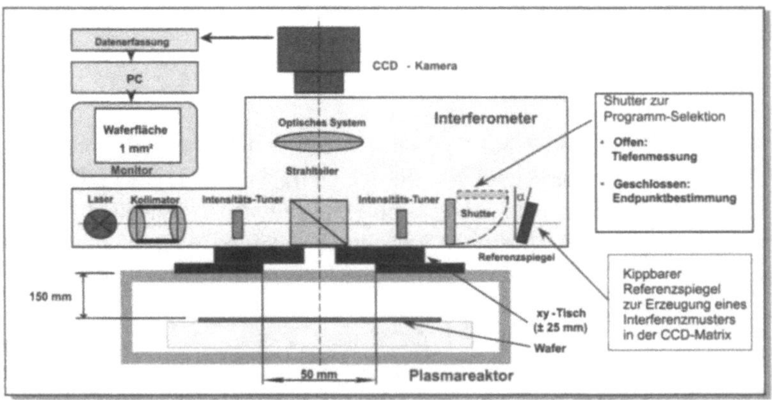

Abb. 11.55. Experimenteller Aufbau eines modifizierten Laser-Interferometers nach JOHN et al. [551].

Zur Tiefenmessung wird der Meßstrahl sowohl auf markierte, nicht zu ätzende, Referenzzonen einer lateralen Dimension von typisch 300 x 150 μ^2 als auch auf zu ätzende Bereiche gerichtet. Der sich ausbildende Höhenunterschied zwischen

Referenz- und Ätzniveau manifestiert sich in einer zunehmenden Phasenverschiebung, die mittels des Referenzstrahls, der nun vom leicht gekippten Spiegel reflektiert wird, der elektronischen Messung zugänglich gemacht wird (Abb. 11.56).

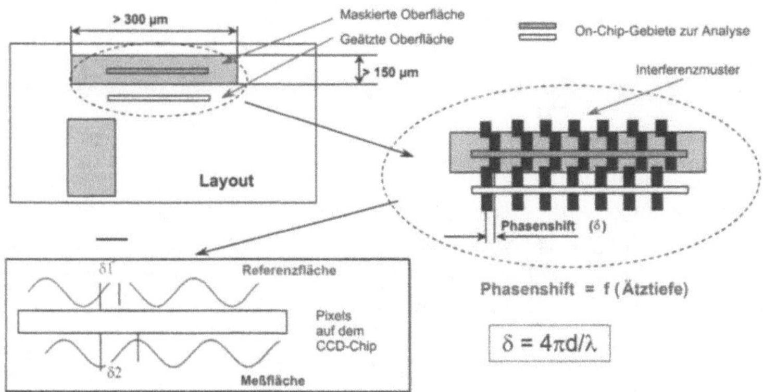

Abb. 11.56. Die am Meßstrahl durch Abtastung verschiedener Höhenniveaus entstehende Phasenverschiebung wird durch Interferenz mit einem Referenzstrahl optisch sichtbar gemacht, womit eine tatsächliche Tiefenmessung gelingt [551].

Da damit direkte Höhenabtastungen möglich sind, ist diese Methode einer reinen Interferometrie weit überlegen. Verwendung findet diese Methode nicht nur bei Halbleiterätzungen, sondern auch bei Strukturierungen von Metallen, wobei der hohe Unterschied in den Reflektivitäten zwischen Metall und Halbleiter ausgenutzt wird (s. a. Abschn. 14.6, Abbn. 11.57).

Befindet sich der Referenzspiegel nicht im Strahlengang, kann eine Messung der Reflektivität durchgeführt werden. Wie in Abschn. 11.8.4 erläutert, bestimmt in dem üblichen Verfahren, bei dem als Detektorelement eine Photodiode verwendet wird, die Größe des Laser-Spots die laterale Auflösung. JOHN et al. verwenden dagegen eine CCD-Matrix als Empfangselement, und der Laser beleuchtet einen maximalen Oberflächenbereich von etwa 3 mm^2. Damit kann mit jedem Pixel-Element eine zeitabhängige Messung der Reflektivität durchgeführt werden, und der simultan meßbare Bereich wird durch den unteren Wert von 1 μm^2 und den oberen von etwa 3 mm^2 begrenzt, wobei die zu untersuchenden Stellen vor Beginn der Ätzung mit einer makroähnlichen Optik gesucht und eingestellt werden (können).

Es können also in einer Meßapparatur sowohl *in-situ*-Tiefenmessungen als auch lateral hoch bzw. niedrig aufgelöste Messungen der Reflektivität durchgeführt werden.

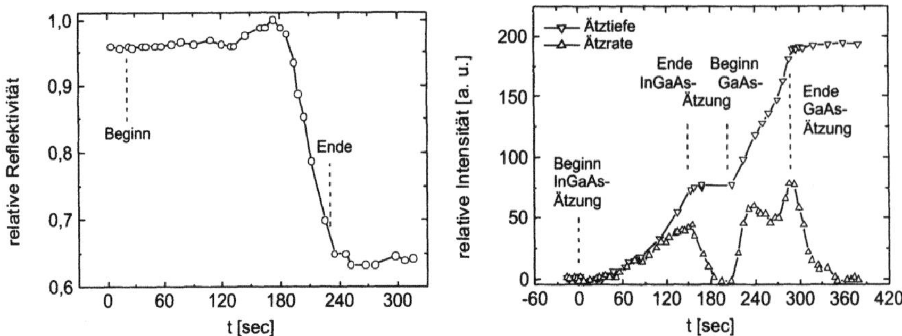

Abb. 11.57. Lks.: Darstellung der *in-situ* gemessenenen Reflektivität (Referenzspiegel nicht im Strahlengang) eines Spots aus $WSiN_x$ (Größe: 1 x 1 μm^2). Re.: Aus interferometrischen Messungen (Referenzspiegel im Strahlengang) gewonnenes Diagramm der absoluten Ätztiefe und der zugehörigen Ätzrate in einem Schichtsystem aus InGaAs/GaAs (Cl_2-CCP-Entladung) [551].

11.8.6 Massenspektrometrie (MS)

Massenspektrometrische Diagnosen erfordern einen Druck von <10 mPa, sind also unmittelbar für die bisher beschriebenen Verfahren nicht einsetzbar. Folglich muß eine sog. „differentielle Pumpe" zwischen Reaktor und Spektrometer geschaltet werden. Unterschieden wird dann oft zwischen „normaler" Massenspektrometrie, bei der Ionen im Spektrometer durch Elektronenbeschuß erzeugt werden, und der sog. „Glow Discharge Mass Spectrometry" (GDMS).

Die „normale" Massenspektrometrie wird zur Prozeßkontrolle (Endpunkterkennung) eingesetzt und hat inzwischen einen bemerkenswert hohen Stand erreicht. Durch nahezu simultane Erfassung mehrerer Massen ist es möglich, komplementäre Signale zu erhalten und so die Sicherheit der Analyse wesentlich zu erhöhen. Dies ist in Abb. 11.58 für ein Multisandwich-Paket des Halbleitersystems InP/InGaAsP dargestellt.

Bei der GDMS erfolgt die Ionisierung der neutral abgestäubten Molekeln bereits im Bulk-Plasma durch PENNING-Ionisierung (sie kann daher nur in Entladungen von Edelgasen beobachtet werden, s. Abschn. 3.3).

Insbesondere sind die Mechanismen des Abstäubens und der Ionisierung unabhängig voneinander; damit kann (die gleiche Ionisierungsausbeute vorausgesetzt, in der Tat variiert diese für fast alle Elemente nur um eine Größenordnung) die Zusammensetzung des Plasmas im Bulk als repräsentativ für die Zusammensetzung in der Randschicht der RF-Elektrode angesehen werden. Da kaum Matrixeffekte auftreten, ist GDMS in dieser Hinsicht Verfahren wie SIMS (Sekundärionen-Massenspektrometrie) überlegen und prädestiniert für die Kontrolle reaktiver Sputterprozesse.

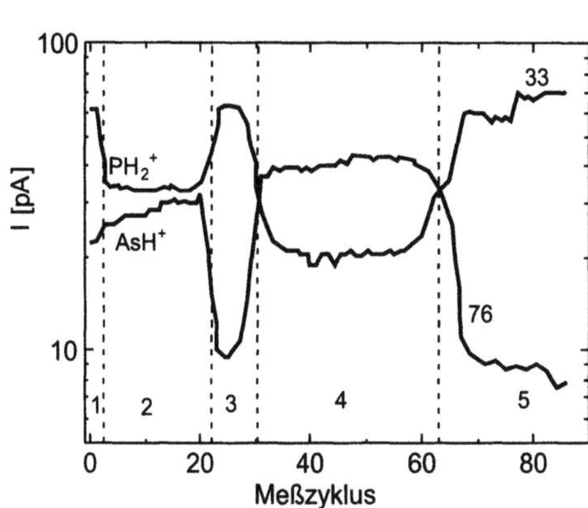

Abb. 11.58. Intensitätsverlauf des PH_2^+- und des AsH^+-Signals (Massen 33 und 76) eines Multisandwich-Pakets von InP/InGaAsP, Fläche etwa 1 cm^2, aufgenommen mit einem Quadrex 200 von Leybold, Sampling-Frequenz 20 sec. Schichtfolge (von lks.): (1) 200 nm InP („Cap-Layer", Rest); (2) 300 nm $In_{0,75}Ga_{0,25}As_{0,54}P_{0,46}$; (3) 200 nm InP; (4) 430 nm $In_{0,53}Ga_{0,47}As$; (5) InP-„Buffer-Layer" über Substrat.

Da der PENNING-Prozeß sehr effektiv ist, sind die beobachteten Intensitäten deutlich höher, als es ihrem tatsächlichen Partialdruck entspricht. So berichteten TARDY et al. [552] über DC-Sputtern von Si in Ar/H_2 zur Herstellung von a-Si:H, daß das Signalverhältnis $Si^+ : Ar^+ \approx 1 : 30$ ist, während das Verhältnis der beiden Dampfdrücke in der Gegend einiger ppm liegt. Insbesondere konnten mit diesem Verfahren einige Fragen der Oxidbildung untersucht werden. Es werden hier verschiedene Mechanismen diskutiert:

- die Verbindungsbildung an der Targetoberfläche und deren Emission als Molekel oder
- die Molekülbildung dicht an der Oberfläche des Substrats;

beide Mechanismen werden wesentlich durch den Partialdruck der reaktiven Komponente bestimmt. Im Falle des reaktiven Sputterns von Ti in einer $Ar{:}N_2$-Atmosphäre bei niedrigen O_2-Partialdrücken konnten SHINOKI und ITOH schließen, daß die Reaktionen zum Nitrid bzw. Oxid eher an der Oberfläche des Substrats als am Target oder im Bulk-Plasma ablaufen, da die Intensitäten der abgestäubten Atome höher waren als die der Molekülionen [553]. Dagegen wurde in hochdotierten $Ar{:}O_2$-Atmosphären ein umgekehrtes Verhalten gefunden: es scheint hier gleich zu einer Oxidbildung am Target zu kommen.

Wichtig ist GDMS auch zur Feststellung der Reinheit des Targets nach einem sog. „Precleaning" vor dem eigentlichen Sputtern (s. Abschn. 12.8). Außerdem ist eine indirekte Kontrolle der Schichtdicke möglich, wenn die Intensität der schichtbildenden Molekeln mit der Abscheiderate korreliert wurde [554].

Ein Prototyp für MS ist die Untersuchung von Schichtfolgen unterschiedlicher Zusammensetzung im InP-System. Der Messung gut zugänglich sind die Fragmente der Hydride von P und As, während die Verfolgung von Gruppe-III-Verbindungen äußerst diffizil ist. Sowohl im CCP- wie im ECR-Plasma haben sich als Bruchstücke mit dem größten Signal/Rausch-Verhältnis die Massen 33

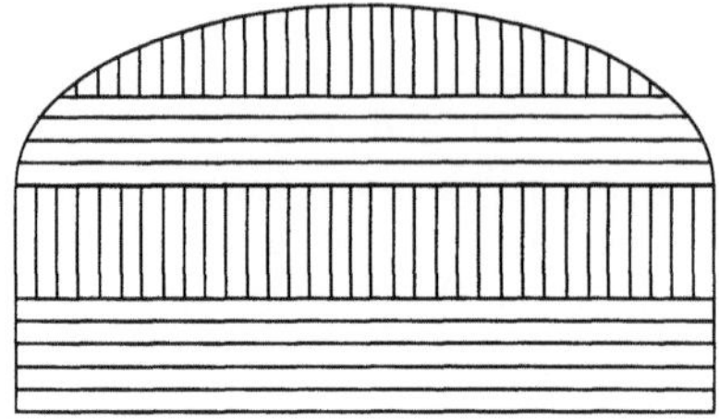

Abb. 11.59. Ist die Ätzrate radial nicht uniform, beobachtet man bei der Ätzung eines Schichtpakets eine Verringerung der Dynamik der Signale.

(PH_2^+) und 76 (AsH^+) erwiesen. Bei einer simultanen Messung beider Massen erhält man durch den komplementären Verlauf ihrer Signalintensitäten eine hohe Sicherheit. Besonders bemerkenswert ist die geringe Reduktion des Signals von lediglich etwa 20 % im ECR-Plasma — schließlich fließen durch den oberen Magneten 165 A und den unteren typisch 105 A bei einer Entfernung von 50 – 70 cm (s. Abschn. 7.5)!

11.8.7 Probleme des in-situ-Monitoring

Das „Monitoring" des Prozesses kann dadurch erschwert werden, daß die Uniformität der Ätzrate nicht gleich ist. Dadurch kommt es in gleicher Zeit zu einer unterschiedlichen Ätztiefe, und der zu beobachtende Übergang wird unscharf, werde er nun durch chemisches „Zählen" von Atomen oder durch physikalisches „Messen" verfolgt, denn die einzelnen Signale verringern ihre Intensität jeweils auf Kosten der anderen (s. Abb. 11.59).

Oft wird die Ausprägung eines „Bullauges" beobachtet: die Ätzrate in der Mitte ist geringer als die in Randregionen. Da wir wissen, daß, zumindest in Parallelplatten-Reaktoren, die Plasmadichte radial über einen weiten Bereich konstant ist, muß eine chemische Ursache dafür verantwortlich sein. Dies kann leicht durch Kontrollätzungen in reinem Argon bestätigt werden, in dem meist kein Uniformitätsverlust beobachtet wird, da Argon während der Ätzung chemisch nicht umgewandelt wird.

Drei Einflußgrößen bieten sich an, um einem Uniformitätsproblem zu begegnen:

- Veränderung der Gasflüsse,
- Variation des Elektrodenabstandes und
- Reduktion des Drucks des Reaktor-Atmosphäre.

Eine Erhöhung der Ätzrate bei Erhöhung des Gasflusses bedeutet einfach, daß die Reaktion diffusionskontrolliert ist, also alles Gas an der Oberfläche sofort verbraucht wird. Bei gleichem Fluß kann eine Unabhängigkeit von diesem nur dadurch erreicht werden, daß die Reaktionsgeschwindigkeit reduziert wird, z. B. durch Verringerung der Bias-Spannung.

Unabhängigkeit von dem jetzt erhöhten Gasfluß bedeutet jedoch nicht zwangsläufig eine Uniformität der Ätzrate. Da die Reaktion nicht in der Gasphase stattfindet, sondern an der Oberfläche, kommt es entscheidend auf die Konzentration dort an. Die Wahl der Gasdusche[11] hat hier nur einen untergeordneten Einfluß, da das Gas nicht ins Vakuum ausströmt, sondern auf Molekeln einer Teilchenzahldichte von etwa $1 \cdot 10^{10}$ cm^{-3} (Druck = 1 Pa) trifft: die Gasmolekeln werden sofort erheblich gestreut. Daher wird von NIGGEBRÜGGE et al. ein wenige mm hoher „Safe-Guard"-Ring aus Aluminium favorisiert, der zu einer phantastischen Homogenität über einen 2"-Wafer führt [555]. Dieses Verfahren ist aus der Si-Technologie her bekannt — dort werden die Wafers in Vertiefungen der Elektrodenplatte gelegt, durch die nichts anderes erreicht wird.

Durch die Wahl des Abstandes zwischen den Elektroden kann die Plasmadichte in engen Grenzen variiert werden. Zwar wird die aufgenommene Energie der Ladungsträger durch das Feld in der Randschicht bestimmt, und das Plasmainnere ist nahezu feldfrei, jedoch sind die Verluste durch Diffusion vom Verhältnis Plasmavolumen/Plasmaoberfläche abhängig. So nimmt dieses Verhältnis in einer Kugel mit $^1/_3\, r$ zu, in einem Zylinder ($r \gg d$) dagegen mit $^1/_2\, d$.

Der niedrige Druck in ICP- und ECR-Anlagen bedingt eine deutliche Reduzierung der radialen Inhomogenität der Ätzrate. Dieser Effekt nimmt bei CCP-RIE bei sinkendem Druck ab (etwa um den Faktor 2 bei einer Druckreduktion um den Faktor 2), ist aber eindeutig auf Verarmung des Ätzgases an der Probenoberfläche zurückzuführen.

Wird der Abstand der zu ätzenden Struktur ähnlich wie deren Höhe, kommt es, obwohl die vertikale Ätzung beendet ist, gleichfalls zu einer Verschmierung des Endpunktsignals, da lateral weiter geätzt wird. Hier ist die Messung entweder der Reflektivität oder eines Reaktionsprodukts des Substrats erforderlich.

11.8.8 Bewertung der Verfahren

LI und Ellipsometrie sind Methoden, die auf Veränderungen der Oberfläche selbst reagieren. Die anderen Methoden dagegen machen Gebrauch von Änderungen der zeitlichen Intensität einer bestimmten Masse (MS) oder einer Spektrallinie (OES) flüchtiger Verbindungen: Im Plasma werden Moleküle entweder nur auf das Niveau der elektronischen Anregung gehoben (Übergänge im UV/VIS-Bereich) oder bis hin zur vollständigen Fragmentierung zerlegt (Domäne von MS). Während die optischen Methoden angewendet werden können, ohne das Plasma auch nur irgendwie zu beeinflussen: die Analyse erfolgt einfach durch einen optischen Flansch mit Saphir- oder Quarzfenster (s. Abb. 11.26), ist

[11] Bei modernen Reaktoren besteht diese aus Löchern in der sog. Gegenelektrode des Parallelplatten-Reaktors.

MS notwendig ein invasives Verfahren, denn wegen der verschiedenen Arbeitsgasdrücke des Ätzens und Analysierens (einige Pa bis zehntel Pa beim Ätzen, 1/100 Pa oder weniger für MS) ist die Zwischenschaltung eines Druckwandlers zwingend erforderlich.

LI hat seine Vorteile beim Analysieren sehr kleiner Flächen. Dies gilt insbesondere dann, wenn die Ätzrate radial nicht gleichmäßig genug ist. Besonders vorteilhaft ist die Möglichkeit der Berechnung eines Erwartungsspektrums, da die Dicken der einzelnen Schichten und ihre Materialparameter ja bekannt sind. Ein derartiges Spektrum ist in Abb. 11.52 für zwei AlAs/GaAs-Schichtpakete, ein oberes und ein unteres, gezeigt, die eine aktive Zone aus AlGaAs einschließen, und kann mit dem tatsächlich aufgenommenen Spektrum verglichen werden. Die großen Amplituden sind auf die erheblichen Unterschiede im Brechungsindex zwischen AlAs und GaAs zurückzuführen (Gln. (11.41) und (11.43)). *Conditio sine qua non* ist natürlich, daß die Oberfläche selbst während der Ätzung ihre Qualität nicht verliert: LI einer rauh werdenden Oberfläche ist Nonsens.

Ein Vorteil gegenüber MS ist die instantane Erfassung von Plasmadaten, da ein differentielles Pumpen in jedem Fall entfällt. Unschlagbar ist das Verhältnis Signal/Rauschen (S/N-Ratio) bei MS, das oft besser als 10^6 ist. Darüber hinaus ist es mit dem gleichen Massenspektrometer möglich, Restgasanalysen durchzuführen, bevor das Plasma gezündet wird. Am Beginn einer Plasma-Analyse sollte immer eine MS-Analyse stehen, denn ein großer Nachteil ist der Linienreichtum der optischen Emissionsspektren, dem zusätzlich die Bekanntheit zahlreicher Zerfallsreihen von Molekülionen in Fragmente bei MS gegenübersteht. Außerdem kann MS für das Ionenstrahlätzen direkt eingesetzt werden, da die Arbeitsdrücke beider Verfahren überlappen.

Bis auf die CCD-kontrollierte Laserinterferometrie von JOHN et al. gilt für alle Methoden, daß man nicht ein Echtzeitbild der abgeätzten Schichtdicken sieht, sondern eine mit der Ätzrate modulierte Signalintensität. Langsam ätzende Schichten erscheinen daher in einer zeitabhängigen Darstellung breiter, als sie in Wirklichkeit sind. Da die Intensität einer Spektrallinie von mehreren Faktoren abhängt, muß das Signal dann zudem keineswegs schwächer werden als beim Ätzen durch benachbarte Schichten höherer Ätzrate.

12 Ätzmechanismen

12.1 Rückblick

Bisher haben wir uns mit der Anregung von Plasmen beschäftigt und uns dann mit der Frage auseinandergesetzt, wie man Oberflächen mit Plasmen modifizieren kann. Dabei standen physikalisch orientierte Fragen im Vordergrund. Im abschließenden Kapitel wollen wir nun die Frage der Ätzung eher unter dem chemischen Blickwinkel betrachten. Aus dem Plasma-Bulk werden Ionen und Elektronen auf die Substratoberfläche geschossen. Wie allerdings bereits eine Überschlagsrechnung zeigt, ist die Bezeichnung „Ionenätzen" gleichwohl ein Euphemismus, wird doch dadurch suggeriert, daß der Abtrag ausschließlich durch geladene Teilchen erfolgt, die dann auch in der kinetischen Geschwindigkeitsgleichung erscheinen. Jedoch ist die typische Dichte kapazitiv gekoppelter RF-Plasmen etwa $10^{10}/\text{cm}^3$, dem ein Ionenfluß von etwa $10^{15}/\text{cm}^2\text{sec}$ entspricht (etwa Ar-Plasma, T_e: 3, 5 eV, n_0: $1 \cdot 10^{10}$ cm^{-3}, j_i: $2 \cdot 10^{15}/\text{cm}^2\text{sec}$). Demgegenüber entspringt bereits bei mittleren Ätzraten von 100 nm/min ein Fluß von der Oberfläche, der zehnmal so hoch ist. D. h.: selbst bei einem erfolgreichen Angriff sämtlicher Ionen auf das Substrat sind schon mäßige Ätzraten nicht erklärbar — dabei haben wir ja noch eine Ausbeute von Eins angenommen. Nur die Annahme, daß Ionen *und* Neutralteilchen in der Geschwindigkeitsgleichung auftauchen, vermeidet dieses Dilemma. Bei dieser Überlegung wird weiter vorausgesetzt, daß der geschwindigkeitsbestimmende Schritt entweder die Brechung der Bindung zwischen den Atomen der Oberfläche und/oder die Neubildung der Bindung zwischen den Projektilatomen (bzw. Fragmenten des Projektilmoleküls) und den Oberflächenatomen ist. Jedoch kann dies auch für die Absorption der attackierenden Spezies wie die Desorption eines weniger volatilen Reaktionsprodukts gelten.

So weisen etwa die Reaktionen von GaAs und InP mit Cl_2 zu InCl und $InCl_3$ bzw. Ga_2Cl_6 stark unterschiedliche Temperaturabhängigkeiten der Geschwindigkeitskonstanten auf, obwohl die Reaktion des Plasmas und der Neutralteilchen mit der Oberfläche des Halbleiters ähnlich ist und auch eine ähnliche Wärmetönung aufweist. Dies kann zwanglos damit erklärt werden, daß die Chloride des Indiums im Gegensatz zu dem des Galliums schwerflüchtig sind [430] [556]. Die Aktivierungsenergie der Chlorierung von InP ist denn auch nahezu gleich dessen Sublimationsenergie, was suggeriert, das der geschwindigkeitsbestimmende Schritt die Desorption des gebildeten Indiumchloris (InCl und $InCl_3$) ist.

Umgekehrt ist bekannt, daß F-Atome, die ohne Plasmabeschuß auf eine blanke Oberfläche aus Si treffen, dort einen zusammenhängenden Film recht stabilen fluorierten Si bilden [557]. Dadurch wird die Geschwindigkeit der Reaktion zu flüchtigem SiF_4 stark gesenkt. Ionenbeschuß, z. B. mit Ar^+, führt zu einer Klärung der Oberfläche und damit zu einer dramatischen Erhöhung der Abtragsrate von Si [424].

Geschwindigkeitsbestimmend ist also entweder

1. die Produktion hochreaktiver Spezies (Wechselwirkung relativ reaktionsträger Trägermoleküle mit der Glimmentladung);
2. die Absorption des Agens am Substrat oder
3. der Bindungsbruch und die Reaktion zum Zwischen/Endprodukt über reaktive Zwischenstufen oder
4. die Desorption des Endprodukts, wobei wiederum zu unterscheiden ist zwischen chemischen Umwandlungen in flüchtige oder schwerflüchtige Reaktionsprodukte.

Dabei ist natürlich prinzipiell auch eine Vertauschung der beiden mittleren Schritte möglich, d. h.:

- Nicht-dissoziative Adsorption am Festkörper und
- Dissoziation des adsorbierten Gases durch Elektronenbeschuß und Anregung in höhere Zustände, während Ionenbombardement zur direkten Fragmentierung führt [558].
- Führt die Reaktion zu einem schwerflüchtigen Produkt, z. B. bei der „Plasma-Anodisierung“, bei der ein Oberflächenoxid gebildet wird, wird die Reaktion bei einer bestimmten Oxidschichtdicke gestoppt; diese hängt von der Beweglichkeit der Atome ab, die den Oberflächenfilm bilden. In jenem Fall, bei flüchtigen Verbindungen, ist es die Desorption von der Oberfläche.

Die Ätzung wird von mindestens zwei Mechanismen dominiert:

- Thermisch aktivierter, chemischer Ätzprozeß, der durch Adsorption neutraler Radikale ausgelöst wird, und die undiskriminiert an vertikalen und horizontalen Oberflächen gebunden werden; dies macht den *isotropen oder chemischen Anteil* aus;
- Erhöhung der chemischen Ätzrate durch Bombardement energiereicher Ionen: *anisotroper oder physikalischer Angriff.* Die Details für diese Mechanismen sind jedoch unklar.

Diskutiert werden

- „Microdamage" der Oberfläche, was zu einer Verbesserung der Adsorption der Radikale führen könnte;
- Erhöhung der Desorptionsgeschwindigkeit der Ätzprodukte;
- Verringerung der Oberflächenbelegung von die Ätzung verlangsamenden Inhibitoren [559];
- Erhöhung der Ätzrate durch Transformation der kinetischen Energie in Aktivierungsenergie der chemischen Reaktion [169] [262].

Beschränken wir uns im folgenden zunächst auf die Attacke des Plasmas mit der Oberfläche als geschwindigkeitsbestimmendem Schritt. Hier ist ein von MAYER und BARKER eingeführtes Modell hilfreich [560], das den zuerst von COBURN und WINTERS verwendeten Begriff des „synergetischen" Zusammenwirkens von Ionen *und* Neutralteilchen aufgreift, daß also durch das Zusammenspiel beider Spezies die Abtragsrate sehr viel höher sein kann als bei der Attacke nur einer Spezies allein (sog. „ioneninduziertes" Ätzen) [164] [420] [558].

12.2 Quantitative Berechnung mit der Langmuir-Theorie

Die ersten, die die Wichtigkeit des synergetischen Wechselspiels zwischen Ionenbeschuß und Oberflächenreaktionen, die mit Adsorption reaktiver Spezies beginnen, erkannten, waren MAYER und BARKER [560]. Die Ähnlichkeit der Ätzrate von SiO_2 durch CF_4 in einem Ionenstrahl-Reaktor mit der LANGMUIRschen Adsorptionsisothermen war zu frappant [561].

Quantitativ wurde dieses durch eine Ätzung von Silicium durch Ar^+-Ionen mit chemischer Unterstützung durch Chlor bestätigt (CAIBE) [562] Abb. 12.2), wobei die gewünschte Reaktion

$$\mathrm{Si} + 4\,\mathrm{Cl} \longrightarrow \mathrm{SiCl_4} \tag{12.1}$$

ist, die ohne Ionenunterstützung nur auf freien Si-Oberflächen spontan abläuft. Cl_2-Moleküle schlagen auf der Oberfläche auf und werden an durch Ar^+-Ionen erzeugten aktiven Oberflächenzentren bevorzugt adsorbiert, wobei bei einfachem LANGMUIRschem Verhalten die Gleichung

$$N_{\mathrm{ads}} = 2Z_{\mathrm{Cl_2}}\eta(1-\Theta) \tag{12.2}$$

gilt. Anschließend können sie entweder unreagiert (α) oder reagiert (β) durch Ar^+-Ionen abgesputtert werden:

$$N_{\mathrm{des}} = ER(\mathrm{Cl}) = {}^1\!/\!_4 ER(\mathrm{Si}) = (\alpha+\beta)\Theta\varepsilon_{\mathrm{Ar^+}} j_{\mathrm{Ar^+}}, \tag{12.3}$$

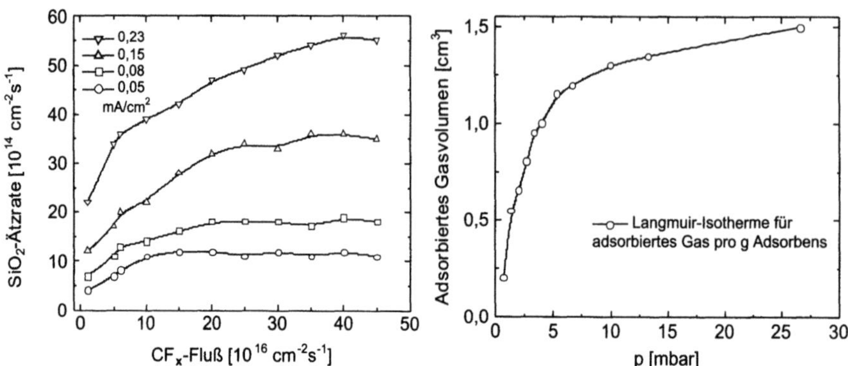

Abb. 12.1. Frappierende Übereinstimmung zwischen einer CAIBE-Ätzung von SiO_2 mit CF_4 mit der LANGMUIRschen Adsorptionsisothermen (N_2 über Cu-Pulver) [563] [561].

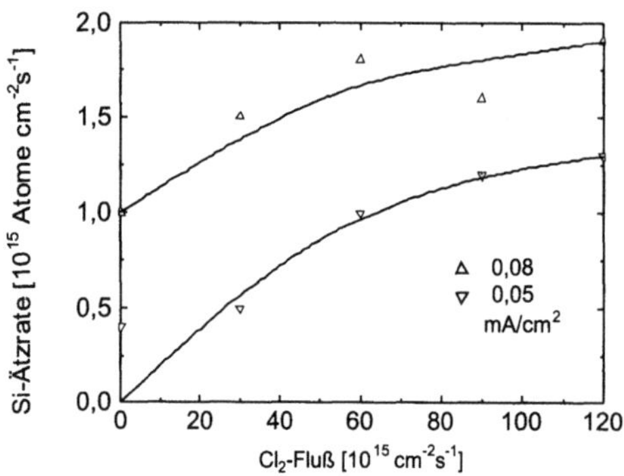

Abb. 12.2. Ionenstrahlätzen von Si durch Ar mit chemischer Unterstützung durch Cl_2 (CAIBE): Experimenteller Befund [560].

wonach eine lineare Abhängigkeit von N_{des} vom Ionenfluß erwartet wird. Dabei bedeuten
Z: Stoßfrequenz ($Z = {}^1\!/_4 < v > N/V$, Zahl der Chloratome ist doppelt so groß wie die der Moleküle);
η: Haftkoeffizient, für Si $\approx$ 0,3;
Θ: Oberflächenbelegung;
α: Teil des Chlors, der nicht an aktiven Oberflächenzentren reagiert hat;
β: Teil des Chlors, der dort reagiert hat;
ε: kinetische Energie der Ar-Ionen;
j: Fluß der Ar-Ionen;
die Oberflächenbelegung ergibt sich zu (s. Abb. 12.3)

$$\Theta = \frac{1}{1 + \frac{\alpha+\beta}{2Z\eta}\varepsilon_{\mathrm{Ar}^+} j_{\mathrm{Ar}^+}}. \tag{12.4}$$

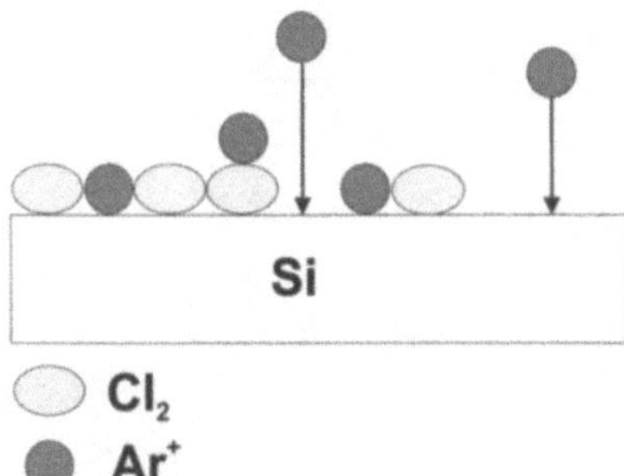

Abb. 12.3. Modell der Wechselwirkung von adsorbierten Cl_2-Molekülen auf einer atomar reinen Silicium-Oberfläche, die dem Beschuß von Ar^+-Ionen ausgesetzt ist.

Die vollständige Abtragsrate von Silicium ist die Summe der Oberflächenatome, die chemisch mit Cl-Atomen reagiert haben,

$$ER_1 = \frac{1}{4}\beta\Theta j, \tag{12.5}$$

(die Sputterausbeute wird dabei zu Eins angenommen), zuzüglich der Sputterrate der Siliciumatome, die nicht mit Cl-Atomen bedeckt gewesen waren (mit der Sputterausbeute S, $\approx$ 0,5 Atome/Ion):

$$ER_2 = S(1-\Theta)j. \tag{12.6}$$

ER_1 ist die „chemische“, ER_2 die „physikalische“ Abtragsrate, und als Gesamtabtragsrate ergibt sich

$$ER_\Sigma = ER_1 + ER_2 = \frac{1}{4}\beta\Theta j + S(1-\Theta)j, \tag{12.7.1}$$

$$ER_\Sigma = (\alpha+\beta)j_{\mathrm{Ar}^+}\varepsilon_{\mathrm{Ar}^+}\cdot\frac{1}{1+\frac{\alpha+\beta}{2Z\eta}\varepsilon_{\mathrm{Ar}^+}j_{\mathrm{Ar}^+}}: \tag{12.7.2}$$

Hier wird das *synergetische Verhalten* deutlich: sowohl für verschwindenden Ionen- wie Neutralteilchenfluß geht die Abtragsrate gegen Null:

- $Z \to 0$: Nenner $\to \infty \Rightarrow ER \to 0$.
- $j_{\mathrm{Ar}^+} \to 0 \Rightarrow ER \to 0$.

Wenn kein Chlor zur Erhöhung der Ätzrate vorhanden wäre, wäre die Gesamtsputterrate Sj. Wenn also

$$^1/_4\beta > S, \tag{12.8}$$

würden wir eine Zunahme der Ätzrate erwarten. Die beste Anpassung wird erzielt für $\alpha \approx 4.8$ Atome/Ion und $\beta \approx 7.2$ Atome/Ion. Gl. (12.7) belegt den engen Zusammenhang zwischen Chemie und Physik, der sich in einer hohen Anisotropie manifestiert: „ioneninduziertes Ätzen“ ist überlegen sowohl dem

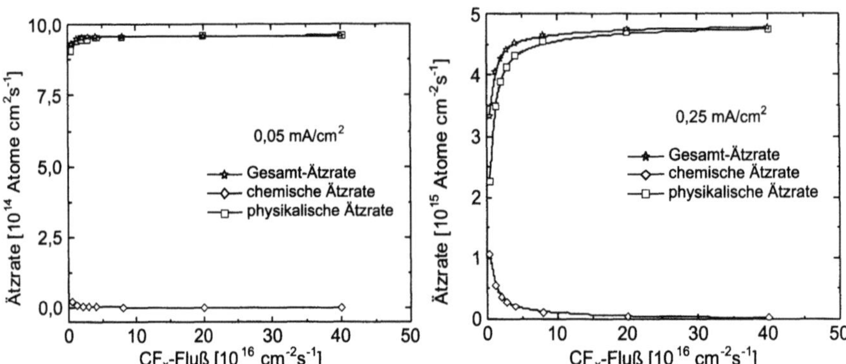

Abb. 12.4. Die vollständige Ätzrate kann nach Gln. (12.7) als aus einem chemischen und physikalischen Teil zusammengesetzt angenommen werden. Mit zunehmender Ionenstrahldichte gewinnt der physikalische Teil mehr und mehr an Bedeutung. Man beachte den zunehmenden Maßstab der y-Achse! Dargestellt ist die Ätzrate von SiO_2 in einer IBE-Entladung von CF_4 nach den Daten von MAYER und BARKER [563].

spontanen chemischen Ätzen wie auch dem Sputtern durch Impulsübertrag. In Abb. 12.4 ist mit den von MAYER und BARKER mitgeteilten Daten für die in einer IBE-Anlage erhaltenen Abtragsraten von SiO_2 in CF_4 nach Gl. (12.7) die Abtragsrate modelliert.

12.3 ... und beim Ionenätzen?

So nützlich dieses Modell im Fall des „harten" Ionenstrahlätzens ist, versagt es doch bei CCP- oder gar ICP-Ätzungen. Besteht beim Plasma- oder Ionenätzen eine Konkurrenz zwischen chemischem und physikalischem Angriff, so ist eine qualitative, approximative Trennung durch folgendes Verfahren möglich, gleichgültig, wie diese Schritte im einzelnen aussehen:

- Bestimmung der chemischen Ätzrate durch *Plasmaätzen.* Da das Substrat auf der geerdeten Elektrode liegt, an der bei guter Dimensionierung des Reaktors nur ein Bruchteil des Plasmapotentials abfällt, ist der Ätzangriff dort isotrop. Von LEE und CHEN wurde mittels Actinometrie gezeigt, daß die Geschwindigkeit der Reaktion an undotiertem Poly-Si proportional der Konzentration an freien Fluoratomen ist (das Substrat lag dabei auf einer Aluminium-Elektrode; Aluminium wird durch Fluor lediglich passiviert) [564]:

$$ER_{\mathrm{PE}} = k_{\mathrm{n}} c_{\mathrm{F}}. \tag{12.9}$$

- Durch kontinuierliches Leistungs-Splitting zwischen den beiden Elektroden – bei leerer Al-Elektrode – ändert sich die Konzentration der freien F-Radikale nahezu nicht. Da die Si-Ätzrate aber bedeutend ansteigt, muß diese Differenz auf den physikalisch dominierten Ätzprozeß zurückzuführen sein. Diese Differenz, also

$$ER_{\mathrm{RIE}} - ER_{\mathrm{PE}}, \tag{12.10}$$

wurde zu

$$k_+ V_{\mathrm{DC}}^a \tag{12.11}$$

mit $a = 2,3 \pm 0,3$ bestimmt. Die Potentialabhängigkeit der Ionenstromdichte sollte zwischen $V^{3/2}$ (Hochvakuumversion der SCHOTTKY-Gleichung, Gl. (4.15)) und V^2 (Hochdruckversion, Gl. (4.18)) liegen (sie wird als unabhängig von der Spannung in der Randschicht angesehen). Die physikalische Ätzrate ist das Produkt aus Ionenstromdichte und Sputterausbeute, die bei Randschichtpotentialen kleiner als 1 keV kleiner als Eins ist [312], so daß wir einen Exponenten zwischen Zwei und Drei erwarten. Daß der Exponent größer Zwei ist, beweist das *synergetische Zusammenwirken* chemischen und physikalischen Ätzens: Untersuchungen von WINTERS und COBURN von Si-Ätzungen durch XeF_2 lassen vermuten, daß zumindest in diesem System die Erhöhung der Ätzrate durch Argon-Beschuß wesentlich durch erhöhte Desorption von die Oberfläche kontaminierenden Molekeln bedingt ist [558]. Die Ätzrate gemeinsamen Einwirkens ist etwa zehnmal so groß wie bei getrenntem Angriff auf den Festkörper, also entweder bei reinem Ar-Sputtern oder Ätzung durch XeF_2 ohne Plasma.

Die *Ätzanisotropie* kann prinzipiell nicht als Kriterium für das Verhältnis chemischer zu physikalischer Ätzrate verwendet werden:

- Es ist ein, wenn auch kleiner, chemischer Anteil vorhanden — dies gilt nicht für Ätzungen mit Inertgasen und bei Ätzungen mit *Seitenwandpassivierung* durch ein Polymer, das einen chemischen Angriff wirksam unterbindet;
- es kommt — besonders bei hohen Drücken — zu Streuprozessen in der Randschicht, wodurch wir eine Abweichung von senkrechter Inzidenz beobachten (Veränderung der $\mathcal{IADF}$, Kap. 6).

Eine Unterscheidung zwischen chemischem und physikalischem Angriff ist auch durch den sog. „Bullaugeneffekt" möglich (s. Abschn. 11.3.5). Hierunter versteht man die monotone radiale Zunahme der Ätzrate vom Zentrum zum Substratrand. Dies ist darauf zurückzuführen, daß bei einer chemischen Ätzreaktion die reaktiven Spezies schneller verbraucht werden, als sie von den relativ inerten Randbereichen des Reaktors durch Diffusion nachgeliefert werden

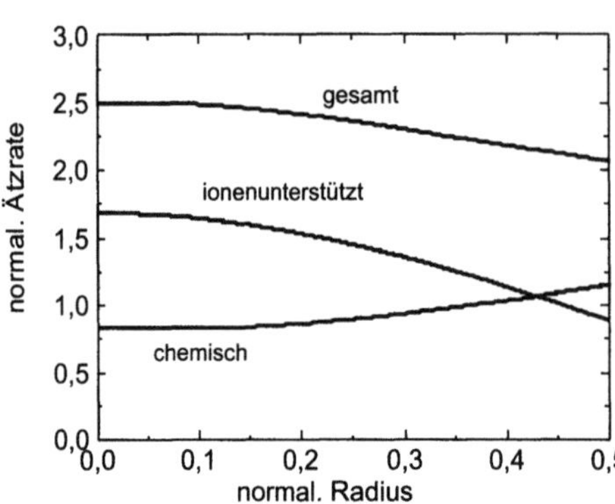

Abb. 12.5. Normalisierte Ätzrate als Funktion des normalisierten Radius, aufgeteilt in eine chemische und physikalische Komponente. Durch die erhöhte Ionenkonzentration in der Elektrodenmitte wird die dort niedrigere chemische Ätzrate mehr als kompensiert, so daß es insgesamt zu einem Abfall der Ätzrate zum Rand der Elektrode hin kommt [446] (© The Electrochemical Society).

können, wenn also $k \gg Dr^{-2}$ mit k der Geschwindigkeitskonstanten. Zudem nimmt die Flußdichte der Ionen nach außen hin aus geometrischen Gründen — eben mit r^{-2} — ab.

Der „Bullaugeneffekt" kann dadurch unterdrückt oder sogar in das Gegenteil, also eine Erhöhung der Ätzrate im Zentrum, verkehrt werden, wenn die Elektronen- und damit die Ionendichte im Reaktor stark ungleichmäßig ist [446]. Manchmal, insbesondere bei tiefen Drücken, gehorchen diese Größen einer BESSEL-Funktion, so daß durch diese gegenläufigen Effekte die Ätzrate vom Radius relativ unabhängig werden kann, da dann eine (reaktive) Molekel in der Region höherer Elektronendichte kürzer verbleibt als in der niedriger Dichte. Folglich kann man durch Ermittlung der radialen Ätzrate eine qualitative Aussage über dieses Verhältnis gewinnen: nimmt die Ätzrate stark ab, dominieren physikalische Effekte, ist die Ätzrate ähnlich, kompensieren dies chemische Prozesse [599], Abb. 12.5.

In dem Bereich, wo der „Bullaugeneffekt" auftritt, kann man zwar mechanistische Untersuchungen anstellen, stabile, anisotrope Prozesse können hier allerdings nicht etabliert werden, worunter wir ja verstehen, daß die vertikale größer als die horizontale Ätzrate ist. Ein anisotroper Prozeß erfordert jedoch einen gegenüber den verschiedenen Kristallebenen unspezifischen Angriff, d. h. gleichgültig, durch wieviele und welche Atome eine Kristallebene charakterisiert ist, wird sie im Idealfall gleich schnell wie die Nachbarebenen abgetragen (beim Plasmaätzen beobachtet man meist isotrope Angriffe, beim Naßätzen isotrope oder kristallorientierte Reaktionsmechanismen [491]). Selbst bei einer Kompensation des „Bullaugeneffektes" muß die Anisotropie sich radial ändern, wenn die chemische Komponente von Bedeutung ist! Nur durch Seitenwandpassivierung oder durch gleichzeitige Abnahme der physikalischen Ätzgeschwindigkeit kann dieses unterdrückt werden, und die Anisotropie ähnlich bleiben. Trocken- und Naßätzprozesse decken so verschiedene Erfordernisse ab und sind deswegen in fließenden Grenzen zueinander komplementär.

Damit haben wir drei Möglichkeiten kennengelernt, mechanistische Untersuchungen anzustellen:

- „Loading"-Effekt (bei mehreren „Wafern");
- Bestimmung des Ätzratenverhältnisses *PE/RIE;*
- Bullaugeneffekt bei einem großen „Wafer".

Diese Diskussion hat gezeigt, daß die Bezeichnungen *chemisches* und *physikalisches Ätzen* Ausprägungen von Grenzfällen sind, die bei hohen Drücken miteinander verschwimmen. So wiesen LIU et al. nach, daß bei einem Druck von 500 mTorr, also etwa 70 Pa, die IEDF bereits voll entwickelt und nahezu winkelunabhängig ist, ihr Maximum liegt bei etwa 2 eV: weit unterhalb der Gitterenergie eines jeden Kristalls [182]. Auch die Tatsache, daß Interdependenzen zwischen rein physikalischem und chemischem Angriff beobachtet werden, erschwert eine kausale Zuordnung und Separation der Mechanismen außerordentlich.

12.4 Simulation von Trockenätzungen

Welche Größen muß man genau kennen, um die Oberflächenreaktionen (z. B. bei der Si-Ätzung durch Cl_2) genau berechnen zu können?

- Plasma
  - Dichte der neutralen Reaktanten;
  - Dichte der neutralen Reaktionsprodukte;
  - Streuquerschnitte der Plasmareaktionen.
  - Vorläufermoleküle (Precursor), die entweder angeregt oder fragmentiert werden können durch Elektronen (die ihrerseits einen bestimmten Betrag an kinetischer Energie aufweisen müssen),
  - *Geschwindigkeitskonstanten* der Reaktionen, die wiederum komplizierte Funktionen der involvierten Plasmaparameter sind und u. a. von der Gastemperatur T_{bulk} abhängen,
  - die ebenfalls temperaturabhängigen *Flüsse* der Molekeln (T_{bulk}) und Elektronen (T_{e}):
    - kinetische Gastheorie für Neutralteilchen:

$$j_{\text{Cl}_2} = \frac{n_{\text{Cl}_2}(r) < v >}{4}, \tag{12.12}$$

* BOHM-Geschwindigkeit (Kontinuitätsgleichung an der BOHM-schen Vorschicht)

$$v_B = \sqrt{\frac{k_B T_e}{m_i}} \wedge j_{Cl_2+} = \frac{n_{Cl_2^+} v_B}{4}, \tag{12.13}$$

- Verteilungsfunktion der Elektronenenergie $\mathcal{EEDF}$ oder noch besser die Elektronentemperatur T_e;
- Dichte der Ladungsträger (positiv und negativ), aber wenigstens die Dichte der Elektronen n_e;

- Oberfläche
  - das Randschichtpotential V_S (Summe von *Plasmapotential* und *Elektrodenpotential*; beide haben eine DC- und eine RF-Komponente), da in Hochdichte-Plasmen zusätzliche Ätzreaktionen durch Ionen zu berücksichtigen sind:

$$ER_+ = k_1 \times E_{Cl_2^+} \cdot j_{Cl_2^+} \cdot (1 - \Theta), \tag{12.14}$$

wobei

$$k_+ \propto (V_P + V_{DC}) \tag{12.15}$$

ist.

  - *Geschwindigkeitskonstanten* der Reaktionen, die wiederum komplizierte Funktionen der involvierten Plasmaparameter sind und u. a. von der Gastemperatur T_{bulk} abhängen,
  - Seitenwandpassivierung und
  - Kenntnis der $\mathcal{IEDF}$ und $\mathcal{IADF}$ (Stöße der Ionen mit Neutralmolekeln in der Randschicht).

Unter Seitenwandpassivierung wollen wir die weitere Zurückdrängung spontanen Ätzens durch Belegung an den Seitenwänden der geätzten Struktur verstehen. Dieser Belag kann sowohl durch

- plasmainduzierte Reaktion der Reaktanden mit sich selbst:

$$2\,BCl_3 \xrightarrow{e^-} B_2Cl_4 + 2\,Cl \tag{12.16}$$

- als auch durch eine Reaktion mit an sich parasitären Molekeln wie H_2O entstehen:

$$BCl_3 + 3\,H_2O \longrightarrow B(OH)_3 + 3\,H_2O; \tag{12.17}$$

Abb. 12.6. Rektanguläre, 10 μm hohe Facetten in InP, die in einer Hochdichte-ECR-Plasmaentladung herauspräpariert wurden. Durch Seitenwandpassivierung ist eine horizontale chemische Attacke unmöglich gemacht [503].

er kann aber auch aus weiteren Reaktionen der volatilen Ätzprodukte gebildet werden:

$$Ga_2Cl_6 \; + \; 6\,H_2O \longrightarrow 2\,Ga(OH)_3 \; + \; 6\,H_2O. \qquad (12.18)$$

Im Ergebnis kommt es zur Ausbildung einer für reaktive Molekeln unüberwindlichen Schicht. Als Prototypen für derartige Strukturierungen seien die Reaktion von Si in SF_6 und von InP/InGaAsP in $CH_4/H_2/Cl_2$ genannt, in denen durch Seitenwandpassivierung eine herausragende Anisotropie erreicht wird (Abbn. 12.6).

Durch Erniedrigung des Drucks der Reaktoratmosphäre bei gleichzeitiger Erhöhung der Plasmadichte (also Schrumpfung der Dicke der Randschicht) in ICP- , ECR- und Heliconwellen-Entladungen läßt sich die Stoßzahl der Ionen in der Randschicht drastisch reduzieren. Der Ionenstrom wird dadurch strahlähnlicher, d. h. sowohl die Verteilung der kinetischen Energie der Ionen ($\mathcal{IEDF}$) wie deren Winkelverteilung ($\mathcal{IADF}$) wird schärfer. Insbesondere führt dies zu einer Erhöhung des Anteils der Ionen mit Geschwindigkeitskomponenten parallel zum elektrischen Feld [565].

Es ist also eine Vielzahl von Prozessen zu berücksichtigen, wobei Oberflächenreaktionen auch durch entstandenes Damage diagnostiziert werden können [566]. So stellt die Simulation derartiger Ätzprofile eine wirkliche Herausforderung dar, die in den letzten Jahren von verschiedenen Autoren erfolgreich bewältigt wurde, so von den Gruppen um Sawin am MIT [182], Alkire an der University of Illinois [480], Rangelow an der Universität Kassel [567], McVittie an der Stanford University [568], Jurgensen bei AT & T [569]. Gemeinsam ist diesen Verfahren, daß die in Abschn. 6.6 diskutierten nach Monte-Carlo-Methoden erhaltenen Verteilungsfunktionen $\mathcal{IEDF}$ und $\mathcal{IADF}$ mit der Oberflächenkinetik der Reaktion kombiniert werden.

Die Simulationsmodelle sind modulartig aufgebaut, um den unterschiedlichen Erfordernissen Rechnung tragen zu können (IE, RIE, Druckabhängigkeit, RF-Leistungseinspeisung ...). Das bedeutet neben der Modellierung der Vorgänge im Plasma Erfassung von Problemen der Oberflächenkinetik, mithin der eigentlichen Reaktion, eine eventuelle Aufspaltung in physikalischen und chemischen Anteil, um Sekundäreffekte wie Einflüsse der Maske und ihres Materials, also Redeposition, Seitenwandpassivierung, „Shadowing", „Micromasking", „Trenching", bei Beschichtungen auch Oberflächendiffusion und Bias-Effekte, die die Kantenüberformung beeinflussen, beschreiben zu können.

Zwar können die einzelnen Algorithmen für das Plasma und die Oberfläche getrennt behandelt werden, gleichwohl sei betont, daß es eine Vielzahl von Faktoren gibt, die bislang nur unvollständig erfaßt sind:

- Einfluß von UV-Strahlung und schnellen Elektronen auf die Oberflächenreaktionen;
- Synergien zwischen „physikalischem" und „chemischen" Prozessen;
- Änderung von Mechanismen, bis ein stabiler Endzustand (konstante Temperatur, Plasmaparameter konstant) erreicht ist.

Die in die Randschicht der RF-Elektrode eintretenden Ionen werden also zunächst als Strahl betrachtet, der durch Stöße mit Neutralteilchen zerfließt. Gleichgültig, wie hoch der Arbeitsgasdruck jedoch auch sein mag, in den hier besprochenen Entladungen ist das *MFP* der Ionen immer groß gegen die Dimensionen der Struktur. Folglich sind die Ionen-Trajektorien in diesem Maßstab Geraden, die einer Verteilung unterworfen sind. Daher sei an dieser Stelle bemerkt, daß die $\mathcal{IADF}$ selbst wiederum eine Funktion der Energie ist: Ionen, die parallel zum elektrischen Feld beschleunigt werden, haben die höchste, solche mit der größten Abweichung davon die niedrigste Energie. Folglich werden die Seitenwände von Ionen geringerer Energie attackiert, was die Ätzrate dort erniedrigt. Ist die Seitenwand durch ein Polymer geschützt, darf man senkrechte Flanken erwarten, ist sie das nicht, kommt es zu anderen Flankenformen, unter denen bei Aufladung das „Sidewall-Bowing" eine Ausprägung darstellt. Bei einem reinen ioneninduzierten Mechanismus, bei dem die Ausbeute proportional der Energie der aufschlagenden Partikeln ist, führt dies im Ergebnis zu einer winkelabhängigen Ätzrate, die nur bei vollständiger Seitenwandpassivierung unterdrückt wird.

Von Shaqfeh und Jurgensen wurde der Energiefluß auf die Oberfläche als Doppelintegral über die energiegewichtete $\mathcal{IADF}$ modelliert [569]. Ist die Ausbeute pro auftreffender Partikel ihrer Energie proportional, dann ist die Ätzrate proportional dem Energiefluß auf die Oberfläche (in Kugelkoordinaten):

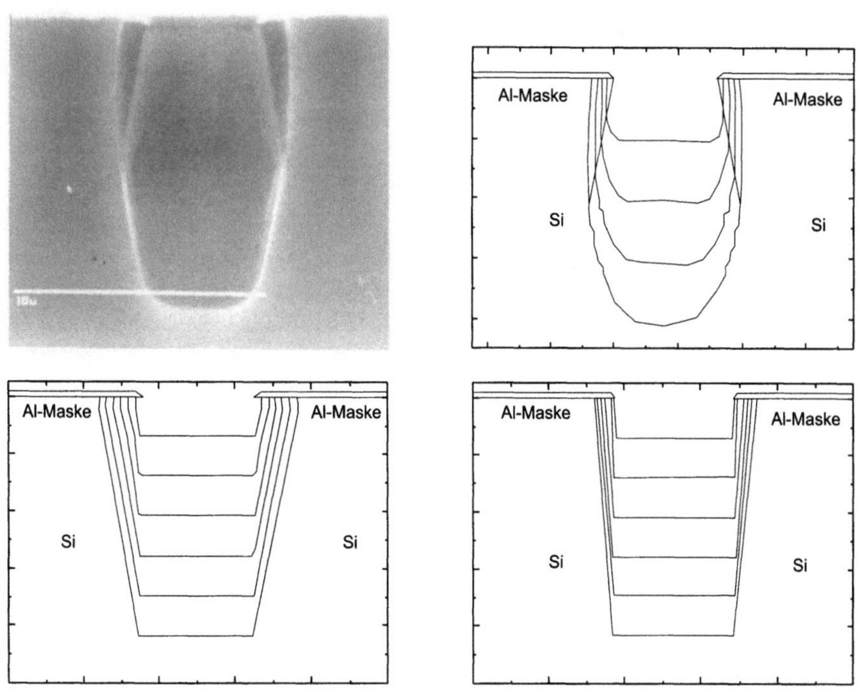

Abb. 12.7. In SF_6/O_2 geätztes Loch in Si und seine Simulation unter Berücksichtigung einer $\mathcal{IADF}$ und Seitenwandpassivierung (o.re.) und Vernachlässigung der Seitenwandpassivierung (u.lks.) sowie Vernachlässigung einer $\mathcal{IADF}$ (u.re.) [567].

$$ER \propto \int_{\varphi=0}^{2\pi} \int_{\vartheta=0}^{\pi} j(\vartheta)\overline{E}(\vartheta) \sin^2 \vartheta d\vartheta d\varphi \tag{12.18}$$

mit $j(\vartheta)$ dem Ionenfluß und $\overline{E}(\vartheta)$ seiner mittleren Energie — wir wissen ja, daß die schweren Ionen nur den Mittelwert des Potentials der Randschicht sehen. Auf einer freien Fläche ist der Fluß symmetrisch zum azimutalen Winkel φ senkrecht zum elektrischen Feld; hier hat der Energiefluß keine Abhängigkeit von diesem Winkel. Offenbar gilt dies jedoch nicht in Maskennähe, denn hier wird die Flußdichte von den — zugegebenermaßen energieärmeren Ionen und durch symmetrischen Charge-Transfer entstandenen Molekeln — durch die Abschattung der Maske reduziert. Im Ergebnis führt dies zu einem „Fuß" der geätzten Struktur.

Die einzelnen Modelle unterscheiden sich nur in Nuancen, denn die geätzten Strukturen werden sehr gut modelliert. Dies sei abschließend an einem in CF_4/O_2 geätzten Si-Kontaktloch und dessen Simulierung mit Seitenwandpassivierung und „voll entwickelter“ $\mathcal{IADF}$ demonstriert (Abb. 12.7). Auch in der Physik führen viele Wege nach Rom [567] [570].

12.5 Ätzverhalten von Si und seinen Verbindungen

Am besten untersucht ist das System Si/SiO_2 mit dem Ätzgas CF_4, wobei die flüchtige Komponente SiF_4 ist [571] [572] [573]. Da diese beim Ätzprozeß entsteht, wurde von ZAROWIN der Begriff des „Plasma Assisted Chemical Vapour Transport“, PACVT, geprägt [262].

Die Tatsache, daß molekulares CF_4 weder Si noch SiO_2 ätzt, beweist die entscheidende Rolle einer Glimmentladung zur Erzeugung reaktiver Spezies für den Ätzprozeß. Ohne Ionenbeschuß wird in einem Tunnelreaktor bei Raumtemperatur SiO_2 etwa dreißigmal langsamer als Si durch CF_4 geätzt, was auf die starke Si-O-Bindung zurückzuführen ist. Selbst mit Unterstützung durch Ionenbombardement erhöht sich die Reaktionsgeschwindigkeit zwischen Si und F nur unwesentlich, was zur Folge hat, daß Si in F-haltigen Gasen meist isotrop geätzt wird.

Wie WINTERS et al. zeigen konnten, sind die Dissoziationsprodukte des CF_4: CF_3^+, CF_3, F, CF_3^-, und F^- [114]. Die beiden letzteren werden vom Plasma bzw. der Randschicht der RF-Elektrode am Erreichen der zu ätzenden Oberfläche gehindert. Die beiden ersten Spezies reagieren mit deutlich langsamerer Geschwindigkeit mit dem Substrat als F. Als Endprodukt der Ätzung mit CF_3^+ und CF_3 wird Kohlenstoff in irgendeiner Form entstehen. Wir beobachten also eine Konkurrenz zwischen Fluor-induzierter Ätzung und Abscheidung eines Fluorocarbon-Films. Durch Wahl der Plasmaparameter ist es möglich, diese Gratwanderung gezielt zu beeinflussen.

12.5.1 Experimentelle Beobachtungen

Beobachtet wird nun, daß die

- Addition von Sauerstoff zum Ätzgas CF_4 die Ätzrate von Si erhöht,
- Addition von Wasserstoff die Ätzrate von Si erniedrigt bzw. auf Null zurückdrängt, wobei die Zugabe von Wasserstoff auf zwei Arten erfolgen kann: durch Erhöhung des H_2-Partialdrucks oder durch Ersatz von F durch H im reaktiven Molekül ($CF_4 \rightarrow CH_2F_2$).

Das einfachste (Summen-)Reaktionsschema ist:

$$\left.\begin{array}{rcl} SiO_2 + CF_4 & \longrightarrow & SiF_4 + CO_2, \\ Si + CF_4 & \longrightarrow & SiF_4 + C. \end{array}\right\} \qquad (12.19)$$

Beim Si-Ätzen wird also Kohlenstoff entstehen, der durch Zugabe von Sauerstoff verbrannt werden kann; dann ist erneut freie Oberfläche weiterem Ätzangriff ausgesetzt. D. h. bei Zugabe von Sauerstoff zu CF_4 sollte die Ätzrate von Si stärker steigen als die von SiO_2, was in gewissen Grenzen auch beobachtet wird. (Daß die Ätzrate von SiO_2 auch etwas steigt, liegt an der Wirkung von Sauerstoff als Radikalstarter (Fragmente mit ungerader Elektronenzahl, sog. „Open-Shell"-Systeme, besonders reaktiv), Sauerstoff liegt in O_2 als Doppelradikal vor.)

Die Zugabe von Wasserstoff zum Ätzgas CF_4 reduziert dagegen die Ätzrate wesentlich, während diejenige von SiO_2 erneut weitgehend unbeeinflußt bleibt, da die Bildung eines Fluorocarbon-Films beobachtet wird. Durch diesen Film kann die *Selektivität,* d. h. das Ätzratenverhältnis, in weiten Grenzen kontrolliert werden. Diese Effekte sind zusätzlich stark druckabhängig, da bei höheren Drücken das *MFP* abnimmt und dabei die zur Reaktion notwendigen Stöße zwischen den einzelnen Komponenten wahrscheinlicher werden.[1]

12.5.2 Modell

Wir können demnach für die Ätzung von Si durch CF_4, das im Plasma etwa in die reaktiven Zwischenstufen $\cdot CF_3$ und $:CF_2$ fragmentiert worden ist, folgende Reaktionssequenz anschreiben [558]:

$$\left.\begin{array}{lrcll}
(1a) & \cdot CF_3(g) + Si(s) & \overset{\eta(1-\Theta)}{\rightarrow} & Si(s) + CF_3(ads) & k_1 \\
(1b) & Si(s) + CF_3(ads) & \overset{I^+}{\rightarrow} & \cdot CF_3(g) + Si(s) & k_{-1} \\
(2) & Si(s) + CF_3(ads) & \overset{e^-}{\rightleftharpoons} & Si(s) + C(ads) + 3\,F(ads) & k_2 \\
(3) & Si(s) + 4\,F(ads) & \overset{e^-}{\rightleftharpoons} & SiF_4(ads) & k_3 \\
(4) & SiF_4(ads) & \overset{e^-}{\rightleftharpoons} & SiF_4(g) & k_4 \\
(5) & C(ads) + 4\,F(ads) & \overset{e^-}{\rightleftharpoons} & CF_4(g) & k_5
\end{array}\right\} \quad (12.20)$$

mit k_i den Geschwindigkeitskonstanten für die Reaktionen 1 – 5, gelesen von links nach rechts. Reaktion (12.20.1a) ist die Physisorption (VAN DER WAALS), mit $\eta(1-\Theta)$ der Haftungswahrscheinlichkeit (η: Haftkoeffizient, $1-\Theta$: Belegungsdichte), (12.20.1b) die dazu komplementäre Desorption, die mit k_{-1} stattfindet, (12.20.2) die dissoziative Absorption, (12.20.3) der Bindungsbruch zwischen Si-Atomen bzw. die Bindungsbildung zwischen Si und F — dabei kann eine Diffusion durch mehrere Atomlagen erforderlich sein —, (12.20.4) die Desorption des Produkts und (12.20.5) schließlich die Umwandlung schwerflüchtiger Nebenprodukte zu volatilen Verbindungen.

Während Gl. (12.20.1a) spontan abläuft, können die anderen Reaktionen plasmaunterstützt leichter erfolgen. Insbesondere zerfallen viele Verbindungen

[1]Eine invers hohe Selektivität zwischen Si und SiO_2 wurde von BESTWICK und OEHRLEIN bei Ätzungen mit HBr gefunden. HBr kann SiO_2 nicht ätzen, dagegen läßt sich mit CF_3Br das SiO_2 erfolgreich attackieren (Entfernung von Sauerstoff aus SiO_2) [574].

nicht spontan an der Oberfläche, sondern nur unter Ionen- bzw. Elektronenbeschuß, indem das Molekül in einen höheren elektronischen Zustand angeregt wird, der anschließend zur Dissoziation führt. Ionenbeschuß dagegen führt durch Impulstransfer zur Fragmentierung des absorbierten Moleküls. Voraussetzung dafür ist allerdings eine atomar saubere Oberfläche. Diese ist aber meist entweder durch Reaktionsprodukte oder eine Monolage absorbierten Gases, insbesondere H_2O, kontaminiert. Auch hier führt Ionenbeschuß zur Erhöhung der Reaktionsgeschwindigkeit. Gl. (12.20.5) schließlich macht klar, daß die Reaktion

$$Si + CF_4 \rightarrow SiF_4 + C, \qquad (12.21)$$

wenn sie nicht massiv durch Ionenbeschuß unterstützt wird, schnell zum Ende kommt, da die Oberfläche durch nichtflüchtigen Kohlenstoff kontaminiert wird. Die Fluorierungsreaktion zu SiF_4 ist also extrem F-defizitär! Es ist daher verständlich, daß eine Dotierung der CF_4-Atmosphäre durch O_2 die Reaktionsgeschwindigkeit dadurch erhöht, daß Kohlenstoff zu seinen flüchtigen Oxiden CO und CO_2 abreagiert. Ist dagegen Sauerstoff bereits in der zu ätzenden Matrix vorhanden (etwa in SiO_2), kann dieser mit dem Kohlenstoff abreagieren. Daher ist in reiner CF_4-Atmosphäre die Ätzrate von SiO_2 höher als die von Si. Umgekehrt wird eine O_2-Dotierung die Ätzrate von Si wesentlich stärker beeinflussen als die von SiO_2.

Die ohnehin vorhandene Selektivität zwischen Si und SiO_2 kann durch Dotierung von H_2 dadurch weiter gesteigert werden, daß dieser freie F-Radikale unter HF-Bildung abfängt. Insgesamt verringert sich dadurch die Konzentration an F-Radikalen, und die Reaktionsgeschwindigkeit geht zurück, für SiO_2 allerdings weniger als für Si.

Schließlich kann durch weitere Zugabe von Wasserstoff die Ätzrate sogar negativ werden, d. h. es findet eine Plasma-induzierte Abscheidung („Plasma Enhanced Chemical Vapour Deposition“, PECVD, (s. Abschn. 10.8)) von $(CF_2)_\infty$ statt:

$$n\ :CF_2 \xrightarrow{e^-} (CF_2)_n. \qquad (12.22)$$

Im Extremfall ist das Teflon (das tatsächlich gesputtert werden, leider jedoch nur als „protective Coating“ Anwendung finden kann, da durch Bildung von Carbonylgruppen im Plasma sich die elektrische Leitfähigkeit stark erhöht [575]). Hier wird es allerdings zu undefiniert abgeschieden. Diese Schicht ist jedoch wichtig für die Seitenwandpassivierung (eine gute Übersicht über die Synthese organischer Polymerer findet man etwa bei [576]).

Diesen *Polymerpunkt* und seine Abhängigkeit von den Ätzparametern zu finden, ist also für die Prozeßentwicklung äußerst wichtig.

So konnte eine qualitative Abhängigkeit des reaktiven Verhaltens (entweder Ätzung oder Polymerbeschichtung) vom Verhältnis C:F aufgezeigt werden, das gleich oder kleiner $1/2$ sein muß, damit eine Ätzung erfolgt, wenn also vermieden werden soll, daß die in der Entladung dominierende Spezies CF_2 wird

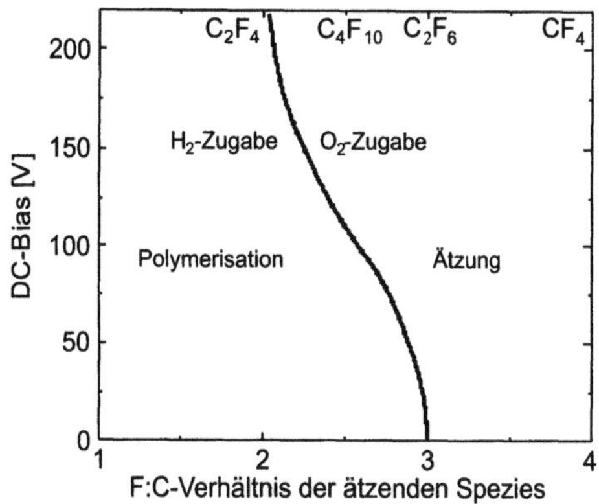

Abb. 12.8. Schematische Darstellung des Einflusses des F:C-Verhältnisses im reaktiven Gas und des DC-Bias auf die Reaktionsverläufe auf der Substratoberfläche. Erhöhte Beladung führt wie Wasserstoffzugabe zu stärkerer Polymerbildung [577] (© IBM).

[577]. Beispielsweise ist CF_4 in Reaktoren mit Quarz-Elektroden ein reines Ätzgas, gleichgültig, ob es in Tunnelreaktoren (ohne Ionenbeschuß) oder in Parallelplatten-Reaktoren Einsatz findet, während bereits CHF_3 nur noch in diesen ätzt. CH_2F_2 polymerisiert in beiden Reaktortypen, genauso wie die ungesättigte Verbindung C_2F_4, bei der der Ionenbeschuß im Gegenteil sogar noch die Polymerisationsgeschwindigkeit erhöht (Abb. 12.8). Dieses Verhalten scheint auf den geschwindigkeitsbestimmenden Schritt der Reaktionskette, nämlich die Bildung reaktiver Zwischenstufen, die eine Chemisorption mit Oberflächenatomen eingehen, zurückführbar zu sein.

Damit wird auch das unterschiedliche Verhalten desselben Ätzgases bei Verwendung unterschiedlicher Elektrodenmaterialien verständlich: So wird in einer reinen CF_4-Entladung an einer *geerdeten Elektrode von* SiO_2 *geätzt, während auf Si eine Polymerisation* beobachtet wird. Da bei beiden Reaktionen Fluor verbraucht wird, steigt dadurch das Verhältnis C:F im Gas an. Dieser Anstieg kann bei der Ätzung des SiO_2 dadurch teilweise kompensiert werden, daß durch Bildung von Kohlenoxiden der Kohlenstoff aus dem Gleichgewicht entfernt wird.

Nicht zuletzt deswegen, weil sich das Polymer überall bildet und dann auch wieder als permanente Ionenquelle in den Reaktionsverlauf eingreift, kann die Ätzgeschwindigkeit nicht nur von einstellbaren Ätzparametern abhängen, sondern zusätzlich einen ausgeprägten „Memory"-Effekt zeigen [578], d. h. die Ätzrate hängt von der Vorgeschichte des Reaktors ab.

Diskutieren wir nochmals die Wirkung von O_2 in CF_4-Entladungen, die ja hauptsächlich in der starken Erhöhung der Konzentration an freien Fluor-Atomen begründet liegt (Gln. (12.20)). Wir würden demnach erwarten, daß bei einem Verhältnis CF_4/O_2 von 2 die höchste Konzentration an F und demzufolge auch die höchsten Ätzraten beobachtet werden. Tatsächlich fanden MOGAB et al. mittels Aktinometrie das Maximum der Konzentration an F-Radikalen bei einer Zugabe von 23 % O_2 (erwartet bei 33 %) [579]. Die höchsten Ätzraten von Si wurden dagegen bei einer Zugabe von nur 12 % beobachtet. Der Unter-

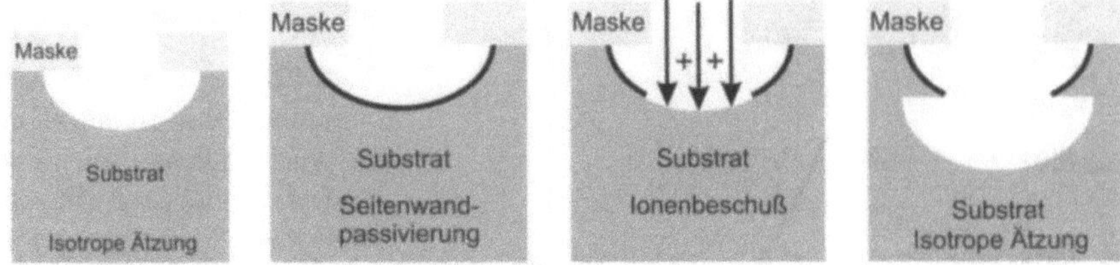

Abb. 12.9. Modell für den Bosch-Prozeß, mit dem quasi-anisotrope Ätzungen im Rahmen der Standzeit der Maske möglich sind.

schied ist leicht erklärbar mit einer Konkurrenzreaktion von O- und F-Atomen um aktive Si-Atome. Gewinnt das O-Atom, wird die Stelle blockiert. Danach ist ersichtlich, daß das Auftreten eines Maximums der Ätzrate durch zwei gegenläufige Effekte entsteht: der Anstieg bei niedrigen Sauerstoffbeimischungen ist durch Reaktionen in der Gasphase bedingt, die die Konzentration an freiem Fluor ansteigen lassen, die Abnahme bei hohen Sauerstoffgehalten dagegen auf die Bildung eines oxidischen Films hoher Gitterenergie, der einen Angriff — chemisch oder physikalisch — erschwert.

12.5.3 Der sogenannte Bosch-Prozeß

Reaktionen der Fluor-Radikale mit Oberflächen aus Silicium oder Siliciumdioxid und -nitrid laufen spontan ab, wodurch eine anisotrope Ätzung unmöglich gemacht wird. Um die Seitenwandpassivierung als gestaltenden Prozeß zur Einstellung des Flankenwinkels der Seitenwand aktiv zu nutzen, schlugen TSUJIMOTO et al. 1986 einen bereits von ihen „Chopping"-Methode genannten Prozeß vor, bei dem durch eine periodische Folge von Beschichtungen und (isotropen) Ätzungen im Ergebnis dennoch ein deutlich anisotropes Profil in einem Wolframfilm dadurch entstand, daß die horizontale Ätzreaktion unterdrückt wurde [580]. Diese Idee wurde von RANGELOW aufgegriffen und unter dem Akronym GChDRIE (Gas Chopping Deep Reactive Ion Etching) weiterentwickelt. Die ersten Aufnahmen derartig realisierter Sub-μ-Strukturen in Polyimid einer Dicke von 1 μm mit den für den „Chopping"-Prozeß charakteristischen Rippen datieren aus dem Jahr 1990 (isotroper Mikrowellen-O_2-Prozeß Maskierungsschritt: PECVD von CHF_3/CH_4) [581]. Dieses Verfahren ist heute in der Literatur unter dem Namen *Bosch-Prozeß* bekannt (Abbn. 12.9 u. 12.10).

12.5.4 Ätzung von Si mit chlorhaltigen Gasen

Chlor ist deswegen ein sehr gebräuchliches Gas im Bereich der Halbleiter-Ätzprozesse (Si, GaAs, Al ...), weil es Silicium nicht spontan ätzt (wie etwa Fluor),

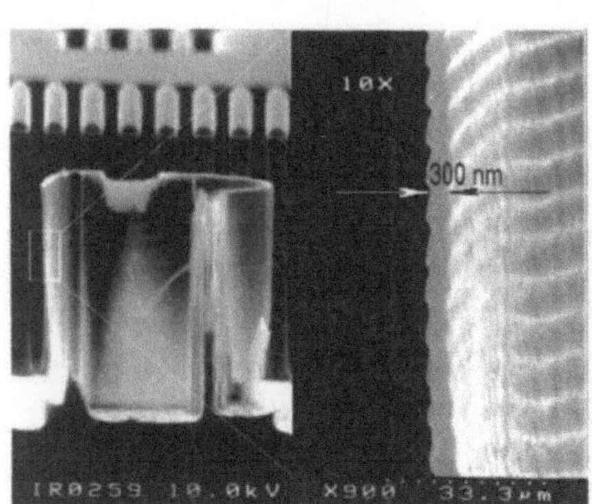

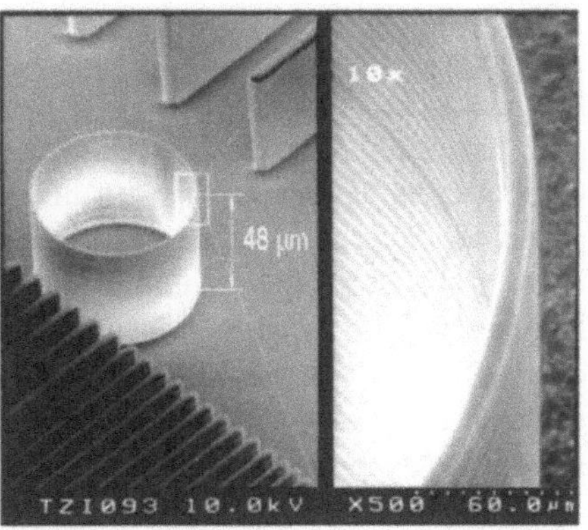

Abb. 12.10. Zwei Beispiele einer anisotropen Ätzung mit CF_4 in Silicium mittels des Bosch-Prozesses © I. RANGELOW, 2003 (Univ. Kassel). Es wird dabei ein Aspektverhältnis von etwa 130 : 1 erreicht.

wodurch die Reaktionen wesentlich besser kontrollierbar sind. Sowohl SiF_4 wie auch $SiCl_4$ sind flüchtige Verbindungen. Die im Plasma dominierende Spezies ist das Cl-Atom, das durch die Reaktion

$$\mathrm{Cl_2} \xrightarrow{e^-} 2\,\mathrm{Cl}\cdot \tag{12.23}$$

gebildet wird und über

$$\mathrm{Si} + 2\,\mathrm{Cl} \rightleftharpoons \mathrm{SiCl_2} \tag{12.24}$$

bzw.

$$\mathrm{SiCl_2} + 2\,\mathrm{Cl} \rightleftharpoons \mathrm{SiCl_4} \tag{12.25}$$

abreagiert. $SiCl_2$ scheint das hochreaktive Primärprodukt zu sein, das in einer konsekutiven Reaktion zu $SiCl_4$ abreagiert. Im Unterschied jedoch zu den Reaktionen mit C-F-haltigen Spezies, wo eine Seitenwandpassivierung durch Polymerbildung von CF_2, also Fragmenten der Ausgangsverbindung, erfolgt, ist es hier die Polymerisierung des Reaktionsproduktes:

$$\mathrm{n\,SiCl_2} \longrightarrow (\mathrm{SiCl_2})_\mathrm{n}. \tag{12.26}$$

$SiCl_4$ ist folglich als Reaktionsprodukt vorhanden; es kann aber auch als Ätzgas (mit niedrigem Dampfdruck) selbst eingesetzt werden, wodurch das Gleichgewicht in Gln. (12.24) und (12.25) ungünstig auf die Seite der Reaktionspartner verschoben wird, und das Anisotropieverhältnis zusätzlich beeinflußt werden kann, das ja durch die Konkurrenz zwischen isotroper Ätzung mit Cl-Atomen und anisotroper Ätzung mit den Cl_2^+-Ionen bestimmt wird.

Bei einer überwiegend chemischen Ätzung muß bedacht werden, daß es in hochdotierten Schichten zu erheblichen Ätzproblemen wegen des Dotierstoffes kommen kann. Andererseits gibt es hier einen vom Typ der Dotierung abhängigen, also *vom Dotierelement unabhängigen* Effekt, der in Folgendem besteht: Gegenüber undotiertem, einkristallinen Silicium erniedrigt sich die Ätzrate für p-Poly-Silicium leicht (etwa um einen Faktor 2), dagegen erhöht sich diese für n^+-dotiertes Poly-Silicium und n^+-Si [(100) (111)] bis zu einem Faktor 2 in fluorhaltigen und um einen Faktor 25 in chlorhaltigen Plasmen. Zurückgeführt wird dies auf die im p-Typ energetisch erniedrigte, im n-Typ erhöhte FERMI-Kante, wodurch die Energiedifferenz für einen Charge-Transfer bereits chemiesorbierter Chlor-Atome in jenem Fall erhöht, in diesem dagegen erniedrigt wird (sog. *Dotier-Effekt)*.

Zugabe von Wasserstoff reduziert die Ätzrate wie im Falle F-haltiger Plasmen markant durch Abfangen zu HCl, das deutlich weniger reaktiv ist, bzw. durch die Reaktion

$$SiCl_4 + 2\,H \longrightarrow SiCl_2 + 2\,HCl, \tag{12.27}$$

wodurch die Gefahr der Polymerbildung erhöht wird. Die Polymerisation wurde erstmals von O'NEILL et al. *in situ* mit der Methode der FOURIER-transformierten IR-Spektroskopie (FTIR) untersucht [582]. Dabei wurde ein IR-Strahl durch ein KBr-Fenster in das Plasma geschickt, an einem Goldspiegel reflektiert und mit einem stickstoffgekühlten HgCdTe-Detektor aufgenommen. Als Prozeßgas wurde die vollständige Reihe der einkernigen Halocarbone von CF_4 über CCl_2F_2 bis zu CCl_4 gewählt, das zu ätzende Material war Si, als Dotiergas fand O_2 Verwendung.

- Zwischenstufen wie CF_2 oder CF_3 konnten nicht nachgewiesen werden, dagegen Folgeprodukte wie C_2F_6 oder C_3F_8.

- In chlorreichen Plasmen, etwa in Entladungen von CCl_2F_2 oder auch CF_3Cl, ist die hohe Konzentration an fluorierten Spezies, sowohl an Ausgangs- wie auch an Reaktionsprodukten, bemerkenswert; folglich ist der Anteil an freiem Chlor höher. Dies führt aber nun keineswegs zu höheren Ätzraten, sondern im Gegenteil wird diese erniedrigt. Die geringsten Ätzraten erhält man in Entladungen von CCl_4, in dem umgekehrt die höchste Partikeldichte gefunden wird, nachgewiesen durch Streuexperimente mit einem UV-Laser.[2] Wird also $SiCl_2$ oder $SiCl_4$ gebildet, so findet im Plasma eine Umhalogenierung zum stabileren Fluorid statt. Das freigesetzte

[2]Dies liegt an dem sehr hohen Streuquerschnitt des CCl_4 begründet, wodurch die Elektronendichte durch die Reaktion

$$CCl_4 + 2\,e^- \rightarrow CCl_3^- + Cl^-$$

bedeutend reduziert wird. Die entstandenen Anionen sind für eine Ätzreaktion wertlos.

Chlor reagiert bevorzugt mit Halocarbon-Radikalen unter Bildung längerkettiger Gerüste, wie

$$2\,CF_2 + 2\,Cl \longrightarrow (CF_2Cl)_2. \tag{12.28}$$

- Si erhöht die Konzentration ungesättigter Halocarbone, weil Halogenatome bei der Ätzung verbraucht werden, während O_2 den gegenteiligen Effekt durch Bildung von Kohlenmonoxid, Kohlendioxid und Difluorphosgen verursacht.

12.6 Ätzverhalten von III/V-Verbindungshalbleitern

12.6.1 Verwendung chlorhaltiger Ätzgase

Während zur Ätzung Si-haltiger Verbindungen F-haltige Gase sehr geeignet sind, sind sie für viele Metalle, Si selbst und auch III/V-Halbleiter unbrauchbar. Dies ist auf die sehr niedrigen Dampfdrücke fast aller Fluoride zurückführbar (sehr hohe Gitterenergien bedingt durch Gitter hoher Koordinationszahl, ReO_3-Strukturen!). Nur, wenn die Bildung molekularer Fluoride, wie beispielsweise WF_6 oder MoF_5, möglich ist, sind Ätzungen mit fluorhaltigen Gasen erfolgreich. Das bedeutet, daß z. B. diese Verbindungen in einem Barrel-Reaktor, bei dem sehr schonend geätzt wird, nicht entstehen. Es werden nur die niederen Fluoride hoher Gitterenergie gebildet. Bei Ätzungen von Al mit CCl_4 oder BCl_3 beobachtet man zunächst eine Verzögerung zwischen Plasmazündung und Beginn der Ätzung, was zum einen durch die Schwierigkeit bedingt ist, das dünne native Oxid hoher Gitterenergie zu entfernen, zum anderen durch Abfangreaktionen der reaktiven Spezies mit Sauerstoff des Restgasvakuums. Zudem ist das Oberflächenoxid nicht überall gleich dick, so daß sein Abtrag nicht überall gleich lang dauert, was zur Folge haben kann, daß sich dieses Profil in stark überhöhtem Maßstab (im Verhältnis der Ätzraten Oxid/(Metall oder Halbleiter)) im Metall/Halbleiter fortsetzt. Wasserdampf aus dem Restgas kann die reaktiven Spezies unter Bildung inerter Moleküle abfangen, aber auch mit gerade frei geätztem Metall zu Oxid/Hydroxid reagieren, und zwar überall, auch an den Oberflächen des Reaktors. Dies kennzeichnet eindrucksvoll die Schwierigkeiten, einen stabilen Prozeß zu entwickeln.

Deswegen werden für Ätzungen dieser Stoffsysteme chlor- oder bromhaltige Gase eingesetzt, die beide zu Endprodukten niedriger Gitterenergie reagieren (oft wird die Ausbildung von Molekülgittern beobachtet); dabei sind die Chloride noch etwas flüchtiger. In Tabelle 12.1 sind die Siedepunkte und Dampfdrücke einiger in dieser Hinsicht kritischer Halogenide zusammengestellt (entnommen [583] bzw. [584]):

Auch für III/V-Halbleiter ist ein ähnliches Ätzschema wie für Si/SiO_2 aufstellbar. Gezeigt werden konnte:

Tabelle 12.1. Physikalische Eigenschaften von Halogeniden der 3. Hauptgruppe [583] [584].

Verbindung	Fp [°C]	Kp [°C bei 1 bar]	p [Pa]
AlF_3	1291(subl.)		
GaF_3	800 (subl.)	≈ 1000	
InF_3	1170 ± 10	> 1200	
$AlCl_3$	190 (2,5 bar)	177,8 (subl.)	0,027 (25°C)
$GaCl_3$, Ga_2Cl_6	$77,9 \pm 0,2$	201,3	10,7 (25°C)
$InCl_3$	586 (subl. 300)	586	2,4 (250°C)
InCl	255	608	
Al_2Br_6	97,5	263,3 (996 hPa)	
$GaBr_3$	$121,5 \pm 0,6$	278,8	
$InBr_3$	436 ± 2	subl.	

Die Ätzreaktionen von GaAs und InP gehorchen in einem Cl_2-Plasma einem ARRHENIUS-Gesetz. Die Aktivierungsenergie wurde zu $0,46 \pm 0,02$ eV für GaAs und $1,50 \pm 0,1$ eV für InP ermittelt, und zwar sowohl über die Ätzrate als auch mit OES, wobei sehr gute Übereinstimmung erzielt wurde [429] [585]. Da die Aktivierungsenergie für den Ätzprozeß des InP sehr ähnlich der Sublimationsenergie des $InCl_3$ ist (1,60 eV), darf der Schluß gezogen werden, daß der geschwindigkeitsbestimmende Schritt die Sublimation des $InCl_3$ ist. Die Verdampfungsrate des Materials A der Molmasse m_A ist nach FLAMM gegeben durch

$$\mu_A = \alpha \sqrt{\frac{m_A}{2\pi RT}}\, p_A \tag{12.29}$$

mit α einem Oberflächenfaktor zwischen 0 und 1 und p_A dem Dampfdruck, der über die CLAUSIUS-CLAPEYRON-Gleichung

$$p(T) = p(T_1) \exp\left\{-\frac{\Delta H_{\text{evap}}}{R}\left(\frac{1}{T} - \frac{1}{T_1}\right)\right\} \tag{12.30}$$

mit T_1 einer Referenztemperatur und ΔH_{evap} der Verdampfungswärme exponentiell von der Temperatur abhängt [586]. So erhalten wir

$$\mu_A(T) = \alpha p(T_1) \sqrt{\frac{m_A}{2\pi RT}} \exp\left\{-\frac{\Delta H_{\text{evap}}}{R}\left(\frac{1}{T} - \frac{1}{T_1}\right)\right\}. \tag{12.31}$$

Ist also die Ätzrate durch die Verdampfung des geätzten Produkts bestimmt, ergibt sich bei Auftragung des Logarithmus der Ätzrate gegen die reziproke absolute Temperatur als Steigung der Geraden die Verdampfungswärme. Im Ergebnis führt dies dazu, daß eine Ätzung des InP mit chlorhaltigen Gasen, die zur Bildung von $InCl_3$ führen, unterhalb 150°C mit einer annehmbaren Ätzgeschwindigkeit von etwa 1 μm/10 min unmöglich wird [587]. Zusätzlich bedeutet das einen starken Einfluß der Substrattemperatur auf die Ätzcharakteristik. Bei höheren Temperaturen steigt die Ätzrate stark an: DONNELLY et al. berichten von Ätzraten von $\approx 10\,\mu$m/min bei 250°C in elementarem Chlor bei Drücken zwischen 7 und 150 Pa und 250 kHz (Niederfrequenzbereich); in Brom wurden zwischen 20 und 70 μm in GaAs erzielt (13,56 MHz). Das würde einem α von etwa 0,2 entsprechen.

Ebenfalls sehr hohe Ätzraten (1,25 μm/min) wurden in einem Cl_2-Plasma bei 1 Pa und -600 V Bias-Spannung bei 13,56 MHz in GaAs erreicht [588]. Verdünnung mit Argon reduzierte bei gleichem Totaldruck die Unterätzung bei gleichzeitig verminderter Ätzrate. Diese Unterätzung („Undercut Profile") ist bei Verdünnung des Chlors mit Helium nochmals geringer, da Helium wesentlich weniger abstäubt als Argon. Als Maskenmaterial wurde Ni(Cr) verwendet.

Deutlich höhere Ätzraten in InP von etwa 2 μm/min wurden in mit Argon oder Stickstoff verdünnten Brom-Plasmen bei 13,56 MHz, Drücken von 0,5 Pa und Leistungsdichten von 0,75 W cm^{-2} bei allerdings rauher Oberfläche (0,4 μm dicke Titan-Maske) erzielt [589].

MS-Analysen zeigen, daß in Cl_2-Plasmen Cl_2^+ das am häufigsten vorkommende Ion ist, das durch die Reaktion

$$e^- + Cl_2 \longrightarrow Cl_2^+ + 2\,e^- \tag{12.32}$$

gebildet wird und dem Chlorplasma die typisch blaue Farbe durch den Übergang $A\,^2\Pi_u \rightarrow X\,^2\Pi_g$ bei 455 nm verleiht [425]. Oft wird Chlor in abgeschwächter Reaktivität, wie es z. B. in den Halocarbonen CCl_4, $CHCl_3$ vorliegt, verwendet. Auch sind zahlreiche Anwendungen von BCl_3 und Freonen wie CCl_3F oder CCl_2F_2, bekannt, die einen höheren Dampfdruck aufweisen als die reinen Halocarbone. Zunächst wurde als Nachteil angesehen, daß durch das Eintragen von Fluor in das Plasma die niederflüchtigen Fluoride gebildet würden. BURTON et al. wiesen jedoch darauf hin, daß zumindest in CCl_3F die Konkurrenz der Cl-Radikale so effektiv ist, daß eine glatte Ätzung möglich ist [590]. Vielleicht spielt auch die gegenüber C-Cl festere C-F-Bindung eine wesentliche Rolle. Außerdem konnte gezeigt werden, daß die reaktiveren Spezies zum großen Teil bereits im Plasma abreagieren, so daß sie für einen Angriff am Substrat gar nicht mehr zur Verfügung stehen [591]. BCl_3 hat zwar den Nachteil, schwerflüchtige Oxide zu bilden, die den Reaktor unkontrolliert kontaminieren; trotzdem wird dieses Gas wegen der geringen Toxizität seiner Produkte und der Möglichkeit der Seitenwandpassivierung häufig verwendet — außerdem „gettert" es evtl. vorhandenen Wasserdampf (s. Abb. 12.11, [433] [549]).

Ein entscheidender Unterschied zwischen BCl_3 und CH_3Cl, $CHCl_3$ und CCl_4 besteht in der wesentlich festeren Bindung zwischen Zentralatom und Ligand. Dieser chemische Unterschied drückt sich auch in den Aktivierungsenergien aus: während die Ätzung mit BCl_3 nahezu diffusionskontrolliert verläuft, d. h. ohne Aktivierungsenergie, ist diese bei CCl_4 etwa 0,2 eV. D. h. aber, daß die Erzeugung reaktiver Spezies im Falle des BCl_3 der geschwindigkeitsbestimmende

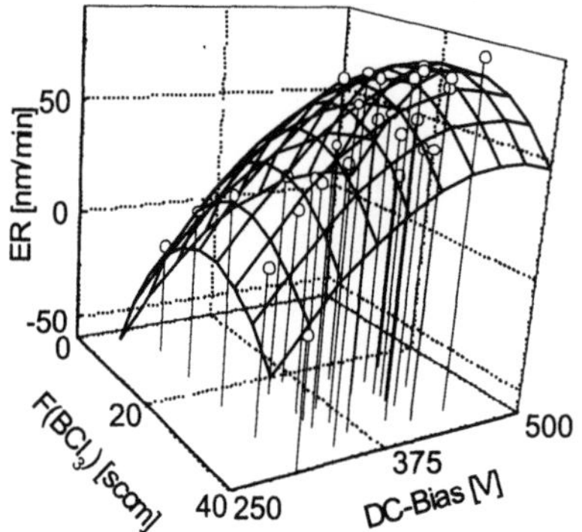

Abb. 12.11. Abhängigkeit der Ätzrate von $Al_{0,3}Ga_{0,7}As$ (2"-Wafer) in Abhängigkeit von DC-Bias und Gasfluß von BCl_3 in Mischungen aus BCl_3/He in einem CCP-Reaktor. Man sieht sehr schön die Ausprägung eines Maximums in der Fluß-Koordinate, während die Abhängigkeit vom Potentialabfall über dem Substrat zunächst groß ist und dann in eine Sättigung läuft: $ER = \text{const} + 1{,}54\,V_{\text{DC}} - 0{,}002\,V_{\text{DC}}^2 + 7{,}34\,F_{\text{BCl}_3} - 0{,}143\,F_{\text{BCl}_3}^2$.

Schritt ist, während es im Falle des CCl_4 Ätzreaktionen, also Oberflächenreaktionen, sind. Im Gegensatz zu CCl_4 führt eine Dotierung der Atmosphäre mit Sauerstoff natürlich nicht zu einer Erhöhung der Ätzrate. Hier bewirkt die Zugabe von Sauerstoff den Abbau des polymerisierten Kohlenstoffs; gleichzeitig ist Sauerstoff ein Radikalstarter (Abb. 12.12).

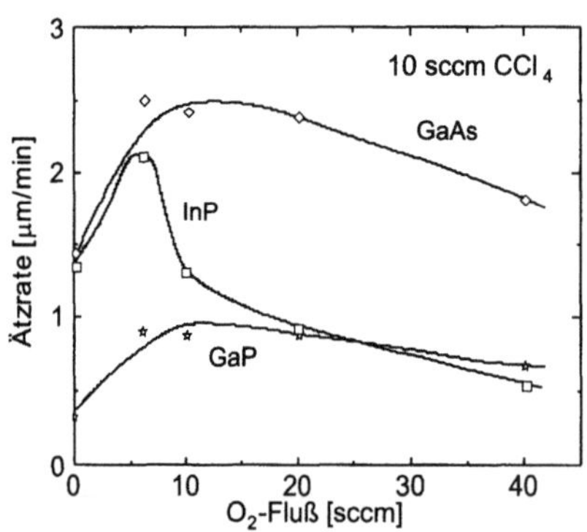

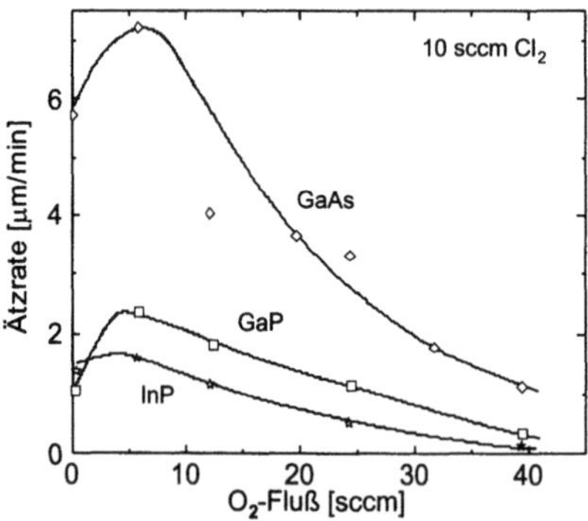

Abb. 12.12. Die Zugabe von O_2 zu CCl_4 (lks.) und Cl_2 (re.) erhöht die Ätzrate der III/V-Verbindungshalbleiter InP (Asterisken), GaAs (Rauten) und GaP (Quadrate) wesentlich. Experimentelle Bedingungen: 7 Pa, 1/4 W cm^{-2}, 55 kHz (Niederfrequenzregion [590] © The Electrochemical Society, Inc.).

Dieses wurde eindrucksvoll mittels OES gezeigt [592]. Obwohl bei gleichem Totaldruck durch Zugabe von Sauerstoff der Partialdruck der Ätzgase CCl_4 und Cl_2 abnahm, stieg die Intensität des Cl-Signals (Linie bei 837,59 nm; $^4D_{7/2} \rightarrow {}^4P_{5/2}$) bis ca. 40 % Sauerstoff an. Dort wurde auch das Maximum der Ätzrate erreicht; am deutlichsten ausgeprägt war dieser Effekt für InP in CCl_4 mit einer Steigerung von mehr als 50 % (Abb. 12.12). Daß eine Umkehr dieses Effektes eintritt — wodurch ein Maximum bei mittleren Partialdrücken beobachtet wird —, ist auf die in Abschn. 10.5 diskutierte Eigenschaft des Sauerstoffs als *Elektronenfalle* zurückzuführen. Die Zugabe von Sauerstoff führt bei Verwendung von Metallmasken zu einer deutlich verlängerten Standzeit, da die sich an der Oberfläche bildenden Oxide eine wesentlich niedrigere Sputterrate aufweisen als das Metall selbst.

BCl_3 weist nicht nur eine gegenüber freiem Chlor entscheidend reduzierte Reaktivität auf, sondern besitzt die Möglichkeit zur Polymerbildung, was Seitenwandpassivierung ermöglicht, und zwar über zwei Mechanismen: entweder durch plasmainduzierte Polymerbildung zu mehreren Subhalogeniden, die mit TOF-SIMS von Franz et al. nachgewiesen wurde [460] [593] (Abbn. 12.13 – 12.15):

$$BCl_3 \longrightarrow B_2Cl_4, B_4Cl_4, B_9Cl_9, B_{12}Cl_{11}, \tag{12.33}$$

oder durch Hydrolyse/Oxidation zu polymerem Boroxid, B_2O_3 bzw. polymerer Borsäure, $B(OH)_3$ (O_2 und H_2O stehen immer ungewollt zur Verfügung!). Die Möglichkeit der Polymerbildung wird erhöht an Oberflächen, die aus Edelstahl bestehen, das bekanntlich Nickel enthält (z. B. der DIN-Typ 1.4948 11 %). Die katalytischen Eigenschaften des Nickels werden ja oft ausgenutzt, um Palladium oder Platin zu substituieren.

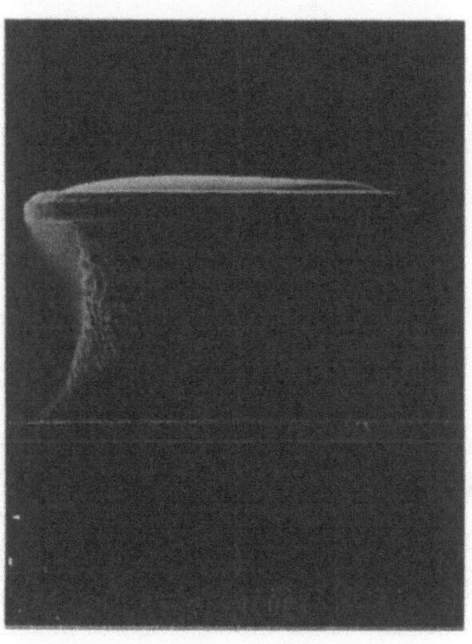

Abb. 12.13. CCP-RIE von GaP in Cl_2: wegen fehlender Seitenwandpassivierung beobachtet man spontanes horizontales Ätzen, was zu einem nahezu isotropen Ätzprofil Anlaß gibt.

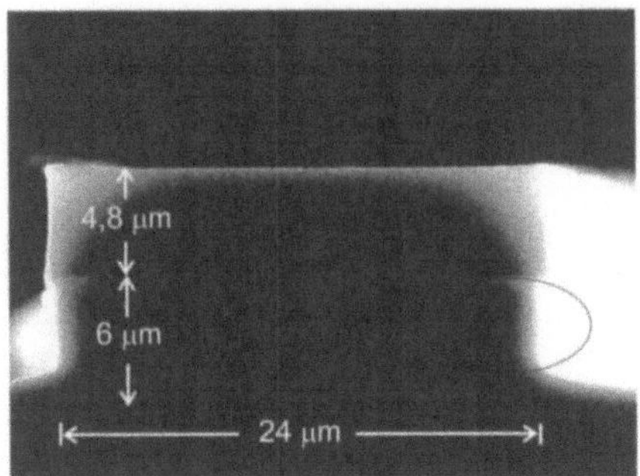

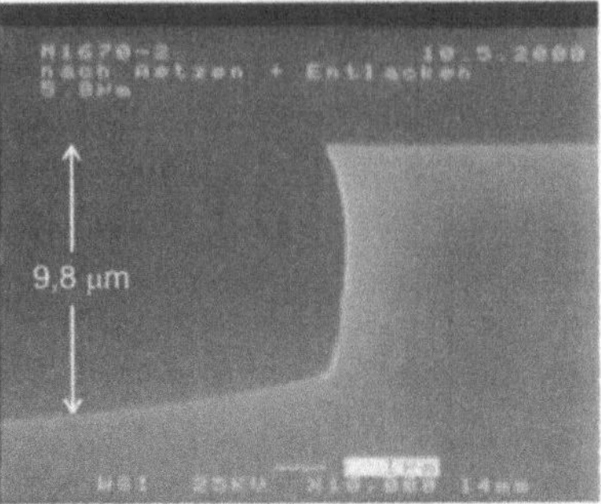

Abb. 12.14. ECR-RIE eines Kaskaden-Lasers aus InGaAlAs in Ar:Cl_2, maskiert mit ursprünglich 6 μm Photolack AZ 4562 (Tri-Level-Technik). Auch bei im Verhältnis zu CCP-RIE um eineinhalb Größenordnungen niedrigeren Drücken beobachtet man dennoch spontanes Ätzen und eine deutliche Fußbildung (M1674-3) [594].

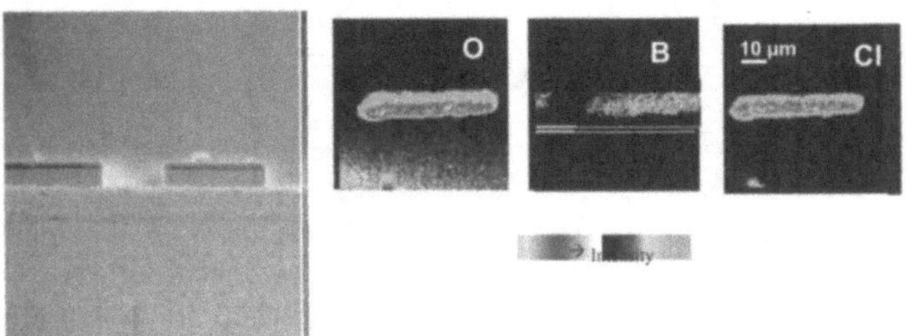

Abb. 12.15. Die im linken REM-Bild dargestellten, etwa 20 μm tief geätzten Quader weisen wegen Seitenwandpassivierung eine senkrechte Ätzflanke auf. Der Film besteht überwiegend aus polymerem $(B_2Cl_4)_\infty$, was durch TOF-SIMS (re.) nachgewiesen werden konnte: Auf dem geätzten Quader ist die Oberflächen-Konzentration des Sauerstoffs deutlich niedriger als die des Chlors. Da chemisch weder aus Gallium- noch aus Boroxid ein Chlorid entstehen kann, muß sich dieses vorher, also während des Ätzprozesses, gebildet haben.

Dieser sehr effektive Getter-Prozeß führt dazu, daß im Plasma im Gegensatz zu C-Cl-Verbindungen massenspektrometrisch kein O_2^+ nachgewiesen werden kann [595]. Die *Restfeuchtigkeit auf der Probe wird also deutlich reduziert!*

Die Oberflächenmorphologie ist bei mittleren Drücken (PE) sowohl für GaAs wie InP in chlorhaltigen Gasen stark temperaturabhängig, und zwar nimmt die Glätte mit steigender Temperatur zu, was wiederum auf die Desorption eines chlorhaltigen Oberflächenfilms schließen läßt. Dies trifft für Niederdruckätzen (RIE) nicht zu. Hier wird meist eine glattere Oberfläche beobachtet, obwohl es nicht leicht ist, spiegelglatte Flanken zu erzeugen, da die Maskenränder lithographisch an den Seitenwänden abgebildet werden (Abbn. 11.17 und 11.19/11.20).

Darüber hinaus weisen die Seitenwände oft eine positive Steigung an Stelle nahezu senkrechter Flanken auf (Abbn. 11.17 u. 11.23). Diese kann durch Erniedrigung des Arbeitsdrucks (bei verminderter Ätzrate) zwar gesteigert werden, da die Streuung der Ionen dann reduziert wird. Jedoch treten oft zusätzliche Einflüsse hinzu. So berichten Hu und Howard von einem größeren Einfluß des Drucks auf die Anisotropie für InP gegenüber GaAs, den sie ebenfalls auf die Belegung der geätzten Oberfläche mit schwerflüchtigem $InCl_3$ zurückführen: „Seitenwandpassivierung“ [596]. Am einfachsten läßt sich das „Tapering“ durch eine absolut senkrecht auf dem Halbleiter aufsetzende Maske unterdrücken. Ist sie nicht hinreichend ätzresistent, muß sie, etwa durch „Trilevel-Technik“, mit der notwendigen Filmdicke aufgebracht werden [454].

Als ein sehr schwieriges Problem stellt sich bei den III/V-Verbindungshalbleitern (zu denen ja dann noch die ternären und quaternären Legierungen nicht nur von InP und GaAs, sondern auch etwa von AlAs, InAs kommen) die Frage nach der *Selektivität* heraus. Wie auf Grund der großen chemischen Ähnlichkeit nicht anders zu erwarten, ist das Ätzratenverhältnis meist sehr niedrig. Typische Werte sind etwa InP:GaAs ≈ 3. Eine Selektivität konnte allerdings zwischen AlGaAs und GaAs in Halocarbon/Freon-Plasmen gefunden werden: in Entladungen etwa von CH_3Cl vermutlich wegen Carbidbildung, in Freonen wegen der Bildung stabilen Fluorids des Aluminiums; hier wird eine Selektivität von etwa 200 gefunden [597]. Pearton et al. beobachteten eine weitere Selektivität von etwa 12 für InGaAs gegen InAlAs in $SiCl_4/SF_6$-Entladungen (70:30). Auch hier wird dies auf die AlF_3-Bildung zurückgeführt [598].

12.6.2 Der Methan/Wasserstoff-Prozeß

Die Frage, welche Rolle die Seitenwandpassivierung bei der Anisotropie der Ätzung von InP/InGaAsP mit CH_4/H_2 spielt, wurde in den letzten Jahren intensiv untersucht. Dieser Prozeß wurde von Niggebrügge et al. 1986 erstmals beschrieben [452] und ist Gegenstand zahlreicher Untersuchungen, die sich mit den verschiedensten Aspekten beschäftigten, gewesen. Seine besondere Attraktivität liegt in der Ungiftigkeit wie in der Inertheit der Ätzgase sowie der gegenüber $SiCl_4$ wesentlich besseren Morphologie der Oberfläche begründet [598].

Der Ätzprozeß läßt sich zusammenfassend so beschreiben [599] [442]:

- Abhängigkeit der Ätzrate von der Gaszusammensetzung: Sehr niedrige CH_4-Gehalte korrespondieren mit äußerst geringen Ätzraten, und das InP disproportioniert: in der Gasphase wird PH_3 nachgewiesen [600], an der Oberfläche findet eine In-Anreicherung statt mit den für diesen Entmi-

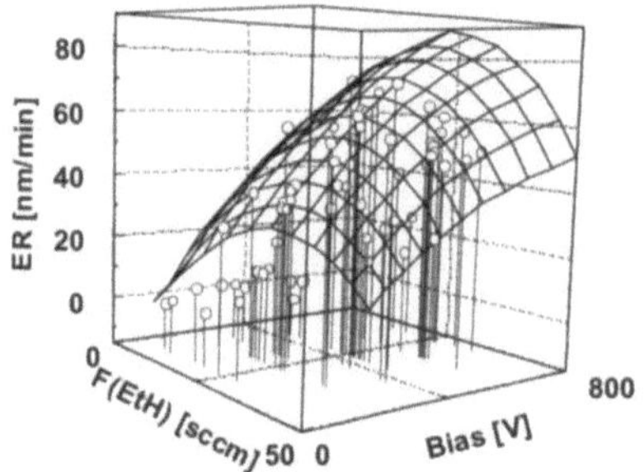

Abb. 12.16. 3D-„Plot“ der Ätzrate von InP als Funktion von DC-Bias und Ethan-Fluß in einer Ethan/Wasserstoff-Entladung, $p = 4$ Pa. Bei mittleren Ethan-Gehalten wird ein Maximum der Ätzrate beobachtet: bei niedrigen Ethan-Gehalten findet Disproportionierung des InP in PH_3 und In-Tröpfchen statt, bei hohen Ethan-Gehalten dagegen Deposition eines Polymers, ebenso wie bei niedrigen Bias-Werten. Das Modell beschreibt sogar die Abscheidung bei niedrigen Bias-Werten (negative Ätzrate) erstaunlich gut [599] (© The Electrochemical Society, Inc.).

schungsprozeß bekannten In-Kügelchen.[3] Bei mittleren CH_4-Gehalten (bis ca. 25 %) beobachten wir ein breites Plateau mit Ätzraten zwischen 30 und 80 nm/min. Bei noch höheren CH_4-Anteilen findet Polymerisation statt.

- Abhängigkeit der Ätzrate vom „DC-Bias“: gleichgültig, welche Zusammensetzung im Gas vorliegt: es muß ein *Schwellenwert von etwa 200 V* überschritten werden, um eine Ätzung zu ermöglichen, sonst findet eine Abscheidung statt (Polymerpunkt, Abbn. 12.8 u. 12.16).

Zweifellos ist der gerichtete Angriff der Ionen Hauptursache der Anisotropie. Dabei werden zwei Mechanismen diskutiert:

1. Ionen erhöhen entweder die Desorptionsgeschwindigkeit der Reaktionsprodukte von der Oberfläche und/oder

2. sie erzeugen ein aktiviertes Zentrum an der Oberfläche („Site“), mit dem das Ätzgas (angeregte Molekeln, Radikale) schneller reagieren kann — das geht bis zur Zerstörung der Oberfläche.

Auf Grund der Tatsache, daß CH_4/H_2 überall dort polymerisiert, *wo es nicht ätzt, also auch auf Flächen, die zur Gänze dem Ionenstrom ausgesetzt sind,* ist offensichtlich, daß es für die Anisotropie unerheblich ist, aus welchem Material

[3] Bis jetzt ist unklar, ob und welche metallorganischen Verbindungen des Indiums dies sind [442]. Offenbar werden die flüchtigen Indiumverbindungen sofort im Plasma zersetzt und entziehen sich somit einem Nachweis.

die Substratelektrode besteht [601]. Aus diesem Sachverhalt folgt zwingend, daß der erste Mechanismus nicht die Ursache für die Anisotropie sein kann, m. a. W. die Seitenwandpassivierung spielt im Falle des CH_4/H_2 nur eine untergeordnete Rolle! Beobachtet wird ein Flankenwinkel von 83 – 87°. Bei O_2-Beimischungen steigert sich dieser Wert auf 90°. Dies ist ein klassisches Beispiel für die Wirkung des O_2 als *Elektronenfalle:* es kommt zu einer Schrumpfung der Dicke der Randschicht an der RF-Elektrode, damit nimmt der Anteil der gerichteten Wirkung zu, da es zu weniger Stößen innerhalb der Randschicht kommt (s. dazu Abschn. 10.5).

12.7 Kombination verschiedener Ätzverfahren

Wie wir in den Abschn. 11.2 und 11.3 gesehen haben, bestimmt der Druck über das an der Substratelektrode entstehende „DC-Bias“ wesentlich die Anisotropie der Ätzung. Damit eröffnet sich die Möglichkeit, durch eine Sequenz einzelner Ätzschritte, die durch unterschiedliche Prozeßgasdrücke charakterisiert sind, verschiedene Anisotropieverhältnisse zu erzeugen und auszunutzen, wie dies z. B. bei der Herstellung von Gates in GaAs-FETs geschieht.

Das Problem, ein Gate herzustellen, das schmaler ist, als es die konventionelle Strukturierungstechnik erlaubt ($\approx 1 \mu m$), wird durch einen eleganten Zwei-Stufen-Prozeß gelöst: im ersten Schritt wird an einer Maske aus Nickel in $WSi_{0,4}$ senkrecht heruntergeätzt (sehr niedrige Drücke und relativ hohe Leistungen); dem schließt sich eine horizontale Ätzung bei hohen Drücken und niedrigen Leistungen an, wodurch man Strahlenschäden im GaAs vermeidet, das gleichzeitig als Ätzstoppschicht dient (Bildung von schwerflüchtigem GaF_3). Im Ergebnis kommt es zu einer starken Unterätzung mit einer Gatelänge von 0,4 μm (Abb. 12.17).

12.8 Oberflächenreinigung

Am Ende dieses Kapitels sollen noch einige Reinigungsverfahren Erwähnung finden, die zum Laborstandard geworden sind.

- *Glühentladungsreinigung* bedeutet, daß die zu reinigenden Substrate in das Bulk-Plasma, in DC-Entladungen *Negative Glühzone* genannt, der Entladung gelegt werden, so daß sie von niederenergetischen Ionen und Elektronen attackiert werden: Verunreinigungen desorbieren entweder durch Beschuß von Ionen und Elektronen oder wegen der damit verbundenen Erwärmung des Substrats, organische Verunreinigungen reagieren mit atomarem Sauerstoff und werden „kalt“ verascht. Dabei wird auf der Halbleiteroberfläche wiederum ein natürlich gebildetes natives Oxid („Native Oxide“) gebildet. Durch Einbringen eines FARADAY-Käfigs wird gewährleistet, daß keine Ionen auf das zu reinigende Substrat treffen. Mit MS

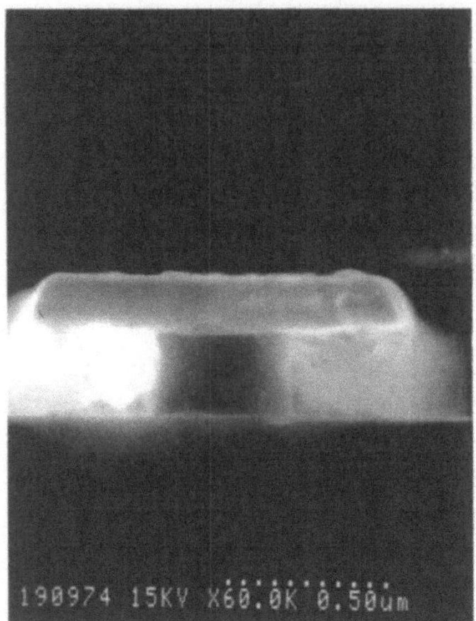

Abb. 12.17. Ein aus Wolframsilicid, $WSi_{0,4}$, mit SF_6/O_2 in einem Zwei-Stufen-Prozeß geätztes Gate:
(1) 0,4 Pa und 130 W,
(2) 8 Pa und 20 W [602].

konnte nachgewiesen werden, daß beim Veraschen von Polyimid-PR keine Spezies mit Massen größer als 44 (CO_2) entstehen. Mit OES wurden Reaktionsprodukte wie CH, H_2O, CO und H_2 detektiert.

- *Sputterreinigung* bedeutet, daß die zu reinigenden Substrate als Kathode einer Sputterentladung geschaltet werden. Hier ist das Target (DC oder RF) energiereichen Ionen ausgesetzt und im RF-Fall auch niederenergetischen Elektronen. Im Gegensatz zur Glühentladungsreinigung wird hier die Oberfläche abgetragen. Bei einer DC-Entladung auf isolierenden Oberflächen entstehen sehr geringe negative Potentiale zwischen 10 und 20 V, so daß hier eine schonende Oberflächenreinigung möglich wird (Abschn. 6.1).

- *Presputtern (Vorsputtern)* nennt man das Reinigen des Targets vor einer Aufstäubung. Gleichzeitig wird dabei das System aufgeheizt und in den Gleichgewichtszustand gebracht.

- *Rücksputtern* ist Vorsputtern des Substrates, um beispielsweise native Oxide zu entfernen. Auf diese Weise können durch die Glühentladungsreinigung erzeugten Oberflächenoxide *in situ,* d. h. ohne daß das Substrat erneut einer sauerstoffhaltigen Atmosphäre ausgesetzt würde, beseitigt werden. Sonst ist die naßchemische Entfernung dieses Oxids für die weitere Prozeßbehandlung unbedingt erforderlich.

12.9 Anlagen-Design

Volatile Ätzprodukte sind oft hydrolyseempfindlich (Al_2Cl_6, $SiCl_4$, SiF_4), wobei aggressive Säuren entstehen, die Anlage und auch das Pumpenöl angreifen. Daher wird jetzt nahezu ausschließlich perfluoriertes Pumpenöl unter dem kommerziellen Namen *Fomblinöl* verwendet.

Die Verwendung von Schleusen hat sich gerade bei derartigen Prozessen als außerordentlich nützlich für die Aufrechterhaltung der Prozeßstabilität erwiesen. Z. B. ist die ideale stöchiometrische Gleichung für die Zersetzung des Aluminiumchlorids, das sich zunächst als $AlCl_3$ an den Wänden des Reaktors niederschlägt:

$$2\,AlCl_3 + 6\,H_2O \longrightarrow 2\,Al(OH)_3 + 6\,HCl. \tag{12.22}$$

$Al(OH)_3$ steht aber nun im Gleichgewicht mit einer ganzen Reihe einkerniger und vielkerniger Hydroxokomplexe, die sich lediglich durch eine unterschiedliche Anzahl gebundener Wassermoleküle unterscheiden, so daß ohne Schleuse schnell ein undefinierter *Sumpf* entsteht, durch den Prozeßstabilität zu einem Fremdwort wird. Zusätzlich wird die Prozeßzeit wesentlich verkürzt, die bei konventionellen Anlagen, bei denen die Prozeßkammer beim Laden der Atmosphäre ausgesetzt werden muß, hauptsächlich aus Wartezeit besteht.

Das Reaktormaterial bestand in den ersten Anlagen aus Aluminium oder Edelstahl. Diese Materialien weisen nachteilige Eigenschaften auf: Aluminium ist hochreaktiv, so daß die Oberfläche selbst durch atmosphärischen Wasserdampf verändert wird, Edelstahl weist Stahlveredler (u. a. Nickel und Chrom) auf, die — nachdem sie abgestäubt wurden — beim Einbau in den Halbleiter fatale Veränderungen des elektrischen Verhaltens hervorrufen, und die auch katalytisch wirken können. Daher werden zunehmend anodisiertes Aluminium oder Titan verwendet, die einerseits eine sehr niedrige Sputterrate aufweisen und chemisch nahezu unangreifbar sind. Nachteilig ist deren poröse Struktur, die Endvakua besser als 10^{-7} Torr nicht zuläßt.

Wir können also folgende Forderungen an das Anlagen-Design zusammenstellen:

- guter Enddruck ($\leq 10^{-2}$ Pa);
- Schleuse;
- Turbopumpe oder Kühlfalle, um Ölfreiheit gewährleisten zu können;
- bei der Erzeugung korrosiver Reaktionsprodukte: Auskleidung der Reaktor-Innenwand mit Oxiden niedriger Sputterrate, die chemische Attacken weitgehend unbeschadet überstehen, Verwendung von Fomblinöl;
- zur Vermeidung von „Memory“-Effekten: möglichst nur ein Prozeß in der Anlage;

- in planaren Forschungsreaktoren sollte die Verwendung unterschiedlich großer Elektroden möglich sein, deren Abstand zudem veränderbar ist;
- die Ätzbedingungen sollten konstant sein, d. h. die Endtemperatur sollte möglichst schnell erreicht werden. Dazu sind rückseitengekühlte Elektroden ausgezeichnet geeignet. Kann man mit dem Risiko des Waferbruchs leben, ist die Helium-Rückseitenkühlung die Methode der Wahl.

13 Ausblick

Die hier beschriebenen Plasmaverfahren unterscheiden sich wesentlich hinsichtlich der Druckbereiche: IBE-Verfahren arbeiten im Druckbereich kleiner 0,1 Pa, während IE im Druck um eine Größenordnung und PE um zwei Größenordnungen höher liegen. Heliconwellen- und ECR/ICP-Verfahren umfassen den Bereich zwischen IBE und IE. Das kann auch von den Ätzraten gesagt werden.

Die Plasmadichte ist in den resonant angeregten Plasmen deutlich höher. Dies führt zu einem hohen Anteil an reaktiven Spezies. Darüber hinaus können bei Helicon-Plasmen auch die Elektronen bei hinreichend hohen Plasmadichten dem elektrischen Feld nicht mehr folgen, so daß die Beweglichkeiten von Elektronen und Ionen wieder ähnlicher werden und damit keine großen Bias-Potentiale auftreten. Damit werden Strahlenschäden durch Ionen fast vollständig vermieden, die z. B. bei IE durch die hohen Beschleunigungsspannungen, die für ein gerichtetes, anisotropes Ätzen erforderlich sind, entstehen. Jenes Verfahren ist deswegen besonders für Anwendungsfälle geeignet, bei denen sehr empfindliche Zonen dicht an der Oberfläche liegen. Hier sind also die durch unterschiedliche Beweglichkeiten der Ladungsträger entstehenden Bias-Potentiale kein Thema mehr; im Gegenteil werden oft externe Spannungen ans Substrat gelegt, um die Ätzrate zu erhöhen. Trotzdem sind auch bei ECR/ICP Strahlenschäden durch schnelle Elektronen — sie werden ja nicht mehr von einem stark retardierenden Potential am Auftreffen der Elektrode gehindert — möglich, die zu einer höheren thermischen Belastung als bei CCP-RIE führen (können).

Bemerkenswert ist außerdem, daß reine Mikrowellenentladungen ohne Magnetfeld bei niedrigen Drücken <1 Torr = 130 Pa wegen der geringeren Effizienz der Stoßionisation schwieriger zu betreiben sind als DC- und RF-Entladungen. Wegen des höheren Gasdrucks heizt sich sich das „Bulk"-Plasma, bestehend aus Ionen und Molekeln, auf einige hundert Grad auf. Deshalb können Mikrowellenentladungen nur zur gezielten Strukturierung anorganischer Materialien verwendet werden; organische Verbindungen werden dagegen meist vollständig pyrolisiert. Positiv gewendet, benutzt man deshalb Mikrowellenentladungen bisher in erster Linie zum Veraschen von Photolacken und Fetten.

Während am Beginn der Entwicklung von Glimmentladungen nur die Möglichkeit bestand, über die Wahl der Anregungsspannung die Geschwindigkeit der Prozesse zu steuern, sei es Ab- oder Auftrag, stehen jetzt vielfältige Methoden zu Gebot:

Abb. 13.1. Ein aus einer monokristallinen Silicium-Membran trocken geätztes Schaufelrad, das mit Flip-Chip-Technik auf eine ebenfalls trocken geätzte Achse gesetzt und zu einer Turbine zusammengefügt wird [603].

- So ist die Darstellung vollständig neuer Materialien weitab vom thermodynamischen Gleichgewicht realisiert worden (Cosputtern, Reaktives Sputtern).
- Isolatoren (Oxide, Nitride, Carbide mit sehr hohen Verdampfungspunkten) können gezielt auf teilweise sehr großflächige Substrate aufgestäubt werden (RF-Sputtern).

Bei reaktiven Prozessen entstehen Substanzen, die oft hochempfindlich sind und meist auch gar nicht anders darstellbar sind als in einer Glimmentladung — wie jeder Chemiker bereits in der Anorganischen Grundvorlesung lernt. Es ist moderner Köhlerglaube, daß die Energien der Partikeln in einer Glimmentladung besonders hoch sind: nur die Elektronen weisen hohe Energien auf und erzeugen reaktive Spezies, die ihrerseits Folgereaktionen eingehen. Diese brauchten aber nicht durch Stöße zwischen Molekeln — also thermisch — angeregt zu werden, so daß dieses „kalte Plasma" aus hoch reaktiven Partikeln besteht, die in einem „See" aus kalten Neutralmolekeln schweben.

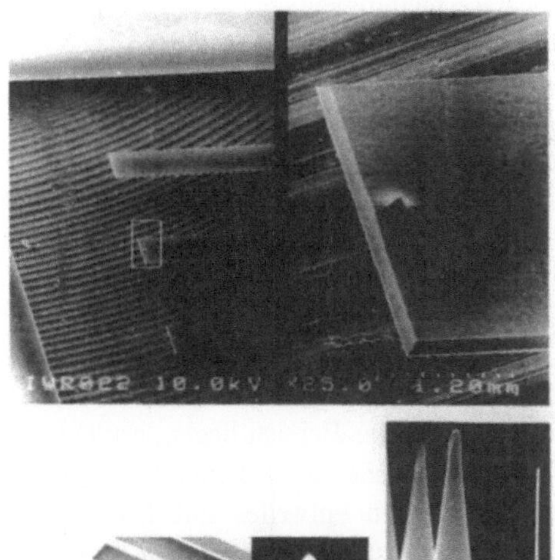

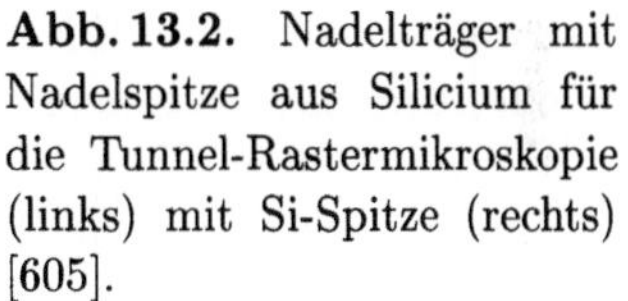

Abb. 13.2. Nadelträger mit Nadelspitze aus Silicium für die Tunnel-Rastermikroskopie (links) mit Si-Spitze (rechts) [605].

Bei den Ätzverfahren werden immer mehr physikalische Effekte zur Erzeugung einer hohen Ionendichte bei immer niedrigeren „Self-Bias“-Spannungen angewendet (Magnetron-unterstützte Verfahren, ICP, ECR, Heliconwellen). Auf diese Weise können sehr glatt geätzte Oberflächen bei gleichzeitig hoher Anisotropie hergestellt werden. Die unterschiedlichen Druckbereiche und Anregungsmöglichkeiten unterscheiden zum einen die Plasmaverfahren, führen aber zum anderen zu ihrer komplementären Nutzbarkeit. So kann der Nachteil geringer Selektivität, der durch die hohen Beschleunigungsspannungen bei IBE bedingt ist, durchaus erwünscht sein bei der Trockenätzung etwa von Spiegeln für FABRY-PEROT-Laser. Umgekehrt ist das selektive RIE dort von Vorteil, wo es darauf ankommt, Sandwich-Pakete von Schichten unterschiedlicher Zusammensetzung auf einen genauen Endpunkt hin zu ätzen, während Ätzen in Hochdichte-Plasmen hohe Ätzraten mit geringer Kristallschädigung verbindet.

Diese Fortschritte in der präparativen Technik gehen einher mit immer fortschrittlicheren Analyseverfahren (OES, SEERS, weiter entwickelte, auch energiedispersive MS von Neutralmolekeln und Ionen), wodurch die Chance eröffnet wird, die chemischen Parameter für Plasma-unterstützte Verfahren auf einer mehr rationalen statt empirischen Basis zu finden.

Trotzdem ist man von einer guten Beschreibung der kalten Plasmen noch weit entfernt. So ist die Bezeichnung „Ionenätzen“ ein Euphemismus, wird doch dadurch suggeriert, daß der Abtrag ausschließlich durch geladene Teilchen erfolge, die dann auch in der kinetischen Geschwindigkeitsgleichung erscheinen. Mit diesem Ansatz jedoch sind schon mäßige Ätzraten nicht erklärbar.

Darüber hinaus bedarf es weiterer umfangreicher experimenteller Arbeiten auf dem Gebiet der kinetischen Gastheorie (Energie- und Winkelverteilungsfunktionen), was zur Computersimulation wiederum die genaue Kenntnis nicht nur der Streuquerschnitte des „Charge-Transfers", der elastischen und unelastischen Streuung, sondern auch ihrer Winkel- und Energieabhängigkeit erfordert. Plasmen modifizieren Oberflächen: wir müssen also vertiefte Kenntnisse über Haftkoeffizienten, Desorptionskonstanten etc. gewinnen.

Die in HDP-Entladungen stark erhöhten Ätzraten von oft mehr als 1 μm/min eröffnen wiederum der Mikrotechnik ein weites Feld, da jetzt die Realisierung von Strukturen, deren Größen im Millimeter-Bereich liegen, ermöglicht wird. Die Kombination einzelner Verfahren: flache, aber feine, Strukturen, kombiniert mit gröberen, reliefartigen Strukturen entweder mit Hochraten-Trockenätzungen oder LIGA- und Flip-Chip-Techniken führen zu mikro-elektromechanischen Systemen (MEMS) wie der Mikro-Turbine (Abb. 13.1); Nadeln für die Tunnel-Rastermikroskope wurden aus einkristallinem Si hergestellt (Abbn. 13.2) [604]. In diesem Fall ist eine monolithische Integration aus Nadel, Nadelträger (Cantilever), Drucksensor und Meßelektronik gelungen.

Abb. 13.3. Mikrowellenverascher, in dem u. a. die Seitenschutzflanken für den W 126 von Daimler-Benz aktiviert wurden, dem ersten Automobil mit in Wagenfarbe lackierten Kunststoffteilen. Die Abmessungen der Kammer betrugen (B/H/T): 2260 x 2000 x 2290 mm (© Technics Plasma 1992).

Durch das synergetische Zusammenwirken verschiedener Technologien werden unkonventionelle Lösungen von Problemen ermöglicht, die Jahrzehnte lang offen waren. Die verblüffend einfache Darstellung von Diamanten ist ein prominentes Beispiel. Damit verbindet die Plasmatechnik die Gebiete der Mikrotechnik und Informationstechnik — über hybride Übergangsformen bis zur monolithischen Integration [605] [606] [607] [608].

Ein nicht abzuschätzendes Potential liegt in der Umweltverträglichkeit von Plasmaprozessen:

- Bei Beschichtungen kann oft auf die vielfach stark toxischen Schwermetallverbindungen verzichtet werden;

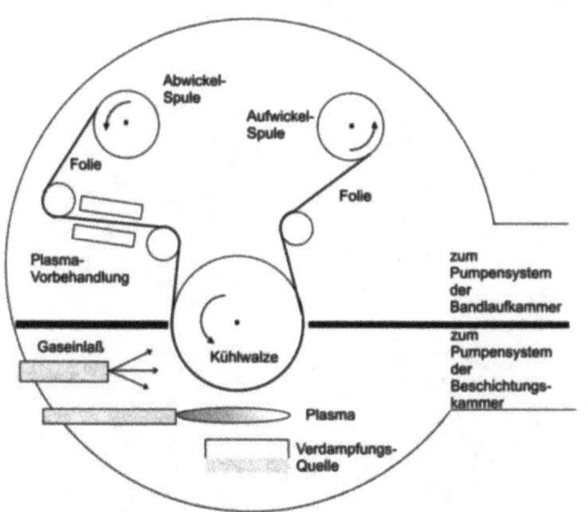

Abb. 13.4. Schema eines Rollenbeschichters mit Ionenplattiersystem zur Beschichtung von Folien [610].

- bei Ätzungen entstehen vielfach ungiftige oder weniger toxische Reaktionsprodukte ohne Abwasserbelastung.

Wurden früher zur Entfettung von Oberflächen FCKW verwendet, geschieht dies heute in bis zu mehrere m^3 großen Plasmaveraschern (Abb. 13.3). Gleichzeitig werden dabei die Oberflächen aus Kunststoff durch den Einbau funktioneller Gruppen und einen mehr oder weniger starken Polymerabbau hydrophiliert,[1] so daß ein „Finish" mit einem permanent haftenden, wasserlöslichen Lack möglich wird [609]; die Kunststoffe können aber auch geklebt, bedruckt oder metallisiert werden. Zur Folienbeschichtung etwa verwendet man sog. *Roll-to-Roll-Coater,* in denen mit dem Verfahren des Ionenplattierens sehr kurze Durchlaufzeiten möglich sind [610], Abb. 13.4.

Zwar sind die Investitionen in eine Plasmaanlage höher als bei konventioneller Technik. Dieser Nachteil wird jedoch durch die größere Wirtschaftlichkeit schnell kompensiert. Zudem ist es häufig möglich, höherwertige Kunststoffe durch billigeres Material zu ersetzen.

Zur Lösung vieler Oberflächenprobleme beschreitet man daher mit plasmaunterstützten Verfahren geradezu einen Königsweg.

[1]Gemessen wird dieses durch die deutliche Reduktion des Wasserkontaktwinkels, der in Polydimethylsiloxan von Werten um die 90° bis zu etwa 10° abnehmen kann.

14 Anhang

14.1 Elektronen-Energieverteilungen (EEDFs)

14.1.1 Boltzmann-Gleichung

Die Energieverteilungsfunktion der Elektronen, $\mathcal{EEDF}$, ist die Lösung der BOLTZMANN-Gleichung in Plasmen, die durch binäre Stöße dominiert werden. Sie beschreibt die Dichte der Elektronen im Orts- und Impulsraum und ist daher eine Kontinuitätsgleichung von Gewinn und Verlust im Phasenraum. Sie kann deswegen geschrieben werden als $f(\boldsymbol{r}, \boldsymbol{v})$. Das Produkt $f(\boldsymbol{r}, \boldsymbol{v})\mathrm{d}(\boldsymbol{r}\,\mathrm{d}\boldsymbol{v}$ gibt damit die Zahl N der Elektronen im Volumenelement $\mathrm{d}^3\boldsymbol{r}\,\mathrm{d}^3\boldsymbol{v}$ an. Integrieren wir über den Impulsraum, erhalten wir die Elektronendichte n_e an einem Punkt $\boldsymbol{r}$:

$$n_\mathrm{e} = \int_{-\infty}^{\infty} f\,\mathrm{d}^3\boldsymbol{v}. \tag{14.1}$$

Die Geschwindigkeitsverteilung in einem Element des Phasenraums ist das Ergebnis von Gewinn und Verlust und wird beschrieben durch

$$\frac{\partial f}{\partial t} + \boldsymbol{v} \cdot \nabla_r f + \frac{e_0 \boldsymbol{E}}{m_\mathrm{e}} \cdot \nabla_v f = \left(\frac{\partial f}{\partial t}\right)_{\mathrm{bc}}. \tag{14.2}$$

Der erste Term beschreibt die zeitliche Änderung, der zweite das Strömungsverhalten der Elektronen (Diffusion) und der dritte das Strömungsverhalten durch ein äußeres elektrisches Feld. Diese Änderungen sind gleich dem Nettostrom der Elektronen in und aus dem betrachteten Volumenelement durch binäre Stöße zwischen Elektronen und allen anderen Partikeln, elastisch und unelastisch. Stöße zwischen Elektronen und Molekeln sind mit dem LANGEVINschen Energieverlustparameter $L = 2m/M$ gewichtet; ihr Beitrag ist daher sehr klein. Dagegen formen die Elektron-Elektron-Stöße die $\mathcal{EEDF}$ bedeutend.

14.1.2 Äußeres Feld als kleine Störung

Wegen der Plasmaeigenschaften geht man i. a. von einem homogenen Plasma aus, das nur eine kleine anisotrope Komponente durch das hineinleckende $\boldsymbol{E}$-Feld bekommt.

Nach WINKLER et al. kann man daher $\mathcal{F}$ in zwei Terme aufspalten [611]: einen großen, isotropen, f_0 und einen kleinen, anisotropen, ϕ:

$$f = f_0 + \phi(\boldsymbol{v}). \tag{14.3}$$

Da der anisotrope Beitrag am größten dann ist, wenn $\boldsymbol{v}$ in Richtung von $\nabla_v \phi$ zeigt, wird der anisotrope Anteil auch als

$$\boldsymbol{f}_1(\boldsymbol{v}) = \frac{\boldsymbol{v}}{v} \cdot \nabla\phi(\boldsymbol{v}) \tag{14.4}$$

geschrieben. Substitution der Gln. (14.3 u. 14.4) in Gl. (14.1) führt nach komplexem Verlauf zu [612]

$$\frac{\partial f_0}{\partial t} + \frac{v}{3}\nabla_r \cdot \boldsymbol{f}_1 - \frac{e_0 \boldsymbol{E}}{3m_e v^2} \cdot \frac{\partial v^2 \boldsymbol{f}_1}{\partial v} = \left(\frac{\partial f_0}{\partial t}\right)_{\text{elast}} + \left(\frac{\partial f_0}{\partial t}\right)_{\text{unelast}} + \left(\frac{\partial f_0}{\partial t}\right)_{\text{Coul}}, \tag{14.5.1}$$

$$\frac{\partial \boldsymbol{f}_1}{\partial t} + v\nabla_r f_0 - \frac{e_0 \boldsymbol{E}}{m_e} \cdot \frac{\partial f_0}{\partial v} = \left(\frac{\partial \boldsymbol{f}_1}{\partial t}\right)_{\text{elast}} + \left(\frac{\partial \boldsymbol{f}_1}{\partial t}\right)_{\text{unelast}} + \left(\frac{\partial \boldsymbol{f}_1}{\partial t}\right)_{\text{Coul}}; \tag{14.5.2}$$

dabei stehen die drei Summanden auf der rechten Seite für binäre Stöße (elastische, unelastische, und COULOMBsche).

14.1.2.1 Der Beitrag der elastischen Stöße.

$$\left(\frac{\partial f_0}{\partial t}\right)_{\text{elast}} = \frac{m_e}{M}\frac{1}{v^2}\frac{\partial}{\partial v}(\nu_m v^3 f_0) + \frac{1}{v^2}\frac{\partial}{\partial v}\left(\nu_m v^2 \frac{k_B T_g}{M}\frac{\partial f_0}{\partial v}\right); \tag{14.6.1}$$

$$\left(\frac{\partial \boldsymbol{f}_1}{\partial t}\right)_{\text{elast}} = -\nu_m \boldsymbol{f}_1, \tag{14.6.2}$$

wobei m_e die Elektronenmasse und M die Masse der gestoßenen Molekel und T_g die Temperatur der schweren Plasmakonstituenten (Gastemperatur).

14.1.2.2 Der Beitrag der unelastischen Stöße.

$$\left(\frac{\partial f_0}{\partial t}\right)_{\text{unelast}} = \sum_j \left(\frac{v\prime}{v} f_0'(v')\nu_{i,j}(v') - f_0(v)\nu_{i,j}(v)\right). \tag{14.7.1}$$

$$\left(\frac{\partial \boldsymbol{f}_1}{\partial t}\right)_{\text{unelast}} = 0, \tag{14.7.2}$$

wobei $E_{\text{kin}} = E'_{\text{kin}} + E_i$, und über alle j möglichen Prozesse summiert wird. Dabei ist näherungsweise die Stoßfrequenz für jeden unelastischen Prozeß j gegeben durch $\nu_i = N/V v\sigma_i(v)$ mit N der Zahl der Molekeln im Volumen V.

COULOMBsche Wechselwirkung ist erst bei Ionisierungsgraden von größer als 10^{-4} von Bedeutung, so daß sie in erster Näherung, insbesondere in kapazitiven Entladungen, vernachlässigt werden.[1] Mit dieser Näherung erhalten wir für die endgültige Form der Gln. (14.5)

$$\frac{\partial f_0}{\partial t}+\frac{v}{3}\nabla_r\cdot\boldsymbol{f}_1-\frac{e_0\boldsymbol{E}}{3m_e v^2}\cdot\frac{\partial}{\partial v}(v^2\boldsymbol{f}_1)=$$
$$\frac{m_e}{M}\frac{1}{v^2}\frac{\partial}{\partial v}\left(\nu_m v^3 f_0+\frac{\nu_m k_B T_g}{m_e}\frac{\partial f_0}{\partial v}\right)+\sum_j\left(\frac{v'}{v}f_0'\nu_{i,j}'-f_0\nu_{i,j}\right); \tag{14.8.1}$$

$$\frac{\partial \boldsymbol{f}_1}{\partial t}+v\nabla_r f_0-\frac{e_0\boldsymbol{E}}{m_e}\cdot\frac{\partial f_0}{\partial v}=-\nu_m\boldsymbol{f}_1. \tag{14.8.2}$$

14.1.3 Näherungslösungen der Boltzmann-Gleichung

14.1.3.1 HF-Feld. Für ein HF-Feld $\boldsymbol{E}_0 e^{i\omega t}$ kann Gl. (14.8.1) vereinfacht werden, wenn Gradienten vernachlässigt werden und die zeitliche Abhängigkeit von f_0,[2] Gl. (14.8.1) verschwindet dann, wenn

$$\frac{e_0\boldsymbol{E}}{3m_e v^2}\cdot\frac{\partial}{\partial v}(v^2\boldsymbol{f}_1)+\frac{m_e}{M}\frac{1}{v^2}\frac{\partial}{\partial v}\left(\nu_m v^3 f_0+\frac{\nu_m k_B T_g}{m_e}\frac{\partial f_0}{\partial v}\right)+\sum_j\left(\frac{v'}{v}f_0'\nu_{i,j}'-f_0\nu_{i,j}\right). \tag{14.9}$$

Ist die zeitliche Abhängigkeit von $\boldsymbol{f}_1$ nach Voraussetzung gleichfalls $e^{i\omega t}$, kann eine Lösung für $\boldsymbol{f}_1$ angeschrieben werden als

$$\boldsymbol{f}_1=\frac{e_0\boldsymbol{E}}{m_e(\nu_m-i\omega)}\frac{\partial f_0}{\partial v}, \tag{14.10}$$

was mit Einsetzen von Gl. (14.10) in Gl. (14.9)

$$\frac{1}{2v^2}\frac{\partial}{\partial v}\left\{\frac{e_0E_0^2\nu_m v^2}{3m_e^2(\nu_m+\omega)^2}\frac{\partial f_0}{\partial v}+\frac{2m}{M}\nu_m v^2\left(vf_0+\frac{k_B T_g}{M}\frac{\partial f_0}{\partial v}\right)\right\}+$$
$$+\sum_j\left(\frac{v'}{v}f_0'\nu_{i,j}'-f_0\nu_{i,j}\right)=0. \tag{14.11.1}$$

ergibt, wenn das skalare Produkt zwischen $\boldsymbol{f}_1$ und $\boldsymbol{E}$ als Zeitmittelwert der Realteile der beiden Vektoren betrachtet wird (s. Kap. 5).[3]

Diese Gleichung beschreibt die Übertragung elektrischer Energie auf die Elektronen. Dies wird deutlich, wenn wir jeden Term von Gl. (14.11.1) mit der kinetischen Energie multiplizieren und über alle Geschwindigkeiten integrieren.

---

[1] Dies ist insbesondere in Hochdichte-Plasmen nicht mehr richtig.

[2] $\partial f_0/\partial t$ ist für $\omega \gg L\nu_m$ klein gegenüber f_0.

[3] In Gl. (14.11) erkennen wir im Term $(\frac{1}{2}E_0^2\cdot\nu_m^2)/(\nu_m^2+\omega^2)$ das effektive Feld E_{eff} aus Gl. (5.10) wieder. Gl. (14.11) gilt daher auch für ein DC-Feld $E_{\text{eff}}=E_{\text{DC}}$.

Wenn ν_m keine Funktion von v ist (dies gilt genau nur für H_2 und He), dann wird [64] [89]

$$\frac{(e_0 E_\mathrm{eff})^2}{m_\mathrm{e}\nu_\mathrm{m}} \int_0^\infty f_0 4\pi v^2 \mathrm{d}v =$$

$$\frac{2m_\mathrm{e}}{M}\nu_\mathrm{m}\int_0^\infty \frac{m_\mathrm{e}v^2}{2} f_0 4\pi v^2\mathrm{d}v - \frac{2m_\mathrm{e}}{M}\frac{3k_\mathrm{B}T_\mathrm{g}}{2}\nu_\mathrm{m}\int_0^\infty f_0 4\pi v^2 \mathrm{d}v -$$

$$-\sum_j \int_0^\infty \left(\frac{v'}{v} f_0'\nu_{\mathrm{i},j}' - f_0\nu_{\mathrm{i},j}\right)\frac{mv^2}{2} 4\pi v^2 \mathrm{d}v. \tag{14.11.2}$$

- Der Term auf der linken Seite beschreibt die Übertragungsrate der Energie des elektrischen Feldes auf die Elektronen. Besonders für sehr hohe Anregungsfrequenzen (Mikrowellen) ist damit die Abhängigkeit der BOLTZMANN-Gleichung von E_0/ω verständlich.

- Die drei Terme auf der rechten Seite stehen für
  - die Dissipation der Energie der Elektronen durch elastische Stöße,
  - den Gewinn an Energie der (langsamen) Elektronen durch Stöße mit (schnellen) Neutralmolekeln und
  - den Energieverlust der Elektronen durch unelastische Stöße.

14.1.3.2 Verschwindendes elektrisches Feld. Für verschwindendes elektrisches Feld und Vernachlässigung unelastischer Stöße ergibt sich aus Gl. (14.11.1) die erste Näherung:

$$v f_0 + \frac{k_\mathrm{B}T_\mathrm{g}}{m_\mathrm{e}}\frac{\partial f_0}{\partial v} = 0. \tag{14.12.1}$$

In diesem Fall ist die Verteilungsfunktion f_0 gegeben durch

$$f_0 = C\,\mathrm{e}^{-m_\mathrm{e}v^2/2k_\mathrm{B}T_\mathrm{g}}, \tag{14.12.2}$$

wobei die Konstante C durch die Normierungsbedingung

$$n = 4\pi\int_0^\infty f_0 v^2 \mathrm{d}v \tag{14.13.}$$

gegeben wird. Danach stehen die Elektronen mit den Gasmolekeln der Temperatur T_g im Gleichgewicht.

14.1.3.3 Margenau-Verteilung. Für kleine elektrische Felder verschwindet der Term der unelastischen Stöße in Gl. (14.11) wegen der sehr niedrigen Elektronendichte:

$$\frac{1}{v^2}\frac{\partial}{\partial v}\left\{\frac{e_0^2 E_{\text{eff}}^2 v^2}{3m_e^2\nu_m}\frac{\partial f_0}{\partial v} + \frac{m_e}{M}\nu_m v^2\left(v f_0 + \frac{k_B T_g}{M}\frac{\partial f_0}{\partial v}\right)\right\} = 0; \tag{14.14.1}$$

und da für verschwindendes elektrisches Feld f_0 eine MAXWELL-Verteilung wird, ergibt sich unter Beachtung von Gl. (14.12.2) nach Integration

$$v^2\left\{\frac{e_0^2 E_{\text{eff}}^2}{3m_e^2\nu_m}\frac{\partial f_0}{\partial v} + \frac{m_e}{M}\nu_m\left(v f_0 + \frac{k_B T_g}{m_e}\frac{\partial f_0}{\partial v}\right)\right\} = 0, \tag{14.14.2}$$

woraus sofort

$$\left(\frac{e_0^2 E_{\text{eff}}^2 M}{3m_e^2\nu_m^2} + k_B T_g\right)\frac{\partial f_0}{\partial v} + m_e v f_0 = 0 \tag{14.14.3}$$

folgt, deren Lösung mit der Normierungsbedingung für die Konstante (Gl. (14.13)

$$f_0 = C\exp\left\{-\left(\int_0^v \frac{m_e v \mathrm{d}v}{k_B T_g + e_0^2 E_{\text{eff}} M/3m_e\nu_m^2}\right)\right\} \tag{14.15}$$

ist, die MARGENAU-Verteilung.

14.1.3.4 Druyvesteyn-Verteilung. Ist der Term für das effektive elektrische Feld in Gl. (14.15) viel größer als $k_B T_g$, dann erhält man für $\omega^2 \ll \nu_m^2$ für die MARGENAU-Verteilung den geschlossenen Ausdruck

$$f_0 = C\exp\left\{-\left(\int_0^v \frac{m_e v \mathrm{d}v}{e_0^2 E_0^2 M/6m_e^2\nu_m^2}\right)\right\}, \tag{14.16}$$

das für zwei Spezialfälle geschlossen gelöst werden kann:

- $\nu_m = N/V\sigma(v)v$ ist deswegen unabhängig von der Geschwindigkeit der Elektronen, weil der Streuquerschnitt umgekehrt proportional der Geschwindigkeit ist (Diskussion in Abschn. 3.1.2), so daß sich die Faktoren $\sigma(v)$ und v neutralisieren. Die Frequenz für den elastischen Stoß ist in diesem Fall (H_2 und He) nur von N/V, also von p und T_g abhängig:

$$f_0 = C\exp\left\{-\left(\frac{m_e v^2}{2e_0^2 E_0^2 M/(6m_e\nu_m^2)}\right)\right\}, \tag{14.17.1}$$

weist also die gleiche algebraische Form wie Gl. (14.12.2) auf, wenn

$$k_{\mathrm{B}}T_{\mathrm{e}} = \frac{e_0^2 E_0^2 M}{6 m_{\mathrm{e}} \nu_{\mathrm{m}}^2}, \tag{14.17.2}$$

die Verteilungsfunktion hat also wieder MB-Charakter.

- Ist der Streuquerschnitt dagegen unabhängig von der Geschwindigkeit der Elektronen, wird $\nu_{\mathrm{m}} = \sigma_{\mathrm{m}} N/V v$ eine lineare Funktion der Geschwindigkeit und des Drucks ($T_{\mathrm{g}} = \mathrm{const}$). Dann kann die MARGENAU-Verteilung geschrieben werden als

$$f_0 = C \exp\left\{-\left(\int_0^v \frac{6 m_{\mathrm{e}}^3 N^2 \sigma_{\mathrm{m}}^2 v^3 \mathrm{d}v}{e_0^2 E_0^2 M}\right)\right\}, \tag{14.18.1}$$

woraus

$$f_0 = C \exp\left\{-\left(\frac{(mv^2)^2}{2 e_0^2 E_0^2 M / 6 m_{\mathrm{e}} N \sigma_{\mathrm{m}}^2}\right)\right\} \tag{14.18.2}$$

folgt, die DRUYVESTEYN-Verteilung (D-Verteilung). Wie aus Gl. (14.18.2) ersichtlich, variiert sie mit e^{-Bv^4}, fällt also für hohe Geschwindigkeiten steiler ab als die MB-Verteilung (Abb. 14.1). Im Verhältnis zur MB-Verteilung sind deutlich weniger schnelle Elektronen bei gleicher mittlerer Energie $<E>$ vorhanden. Die DRUYVESTEYN-Verteilung beschreibt also das Verhalten von Elektronen in einem elektrischen niederfrequenten Feld, die durch elastische Stöße mit Molekeln Energie austauschen (aber unelastische Stöße vernachlässigt) und das *MFP* oder den Streuquerschnitt des elastischen Stoßes σ_{m} der Elektronen als geschwindigkeits- und energieunabhängig voraussetzt. Für Energien in Argon umgeschrieben lautet die Formel für die DRUYVESTEYN-Verteilung:

$$n(E) = C\sqrt{\pi} \cdot \exp\left\{-0,54 \left(\frac{E}{<E>}\right)^2\right\}, \tag{14.19}$$

Für die Integrationskonstante C siehe etwa [613].

Trägt man die logarithmierte Verteilungsfunktion gegen die Energie auf, erhält man folglich für eine MB-Verteilung eine fallende Gerade, für die D-Verteilung dagegen eine nach unten offene Parabel (s. Abb. 14.2). In beiden Fällen ist die Elektronentemperatur eine Funktion von E_0/p:

- $\sigma_{\mathrm{m}}(v) \propto 1/v$: sowohl $\nu_{\mathrm{m}} \propto p$ wie $n \propto p/T_{\mathrm{g}} \Rightarrow$ Gl. (14.17.2).
- $\sigma_{\mathrm{m}} = \mathrm{const}$: Im Nenner von Gl. (14.18.2) steht das Quadrat der mittleren Energie der Elektronen. Da die Gasdichte für $T_{\mathrm{g}} = \mathrm{const}$ ist, wird auch in diesem Fall die mittlere Energie der Elektronen nur eine Funktion von E_0/p.

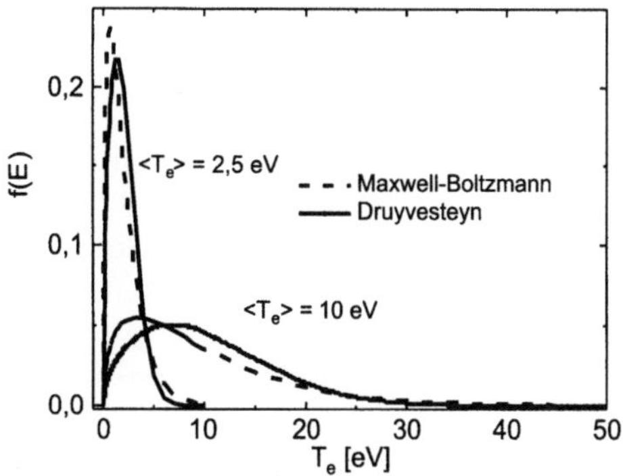

Abb. 14.1. Vergleich der Verteilungen nach MAXWELL-BOLTZMANN (MB) und DRUYVESTEYN (D) für zwei gleiche mittlere Energien $<E>$ (nach [240] © Review Modern Physics).

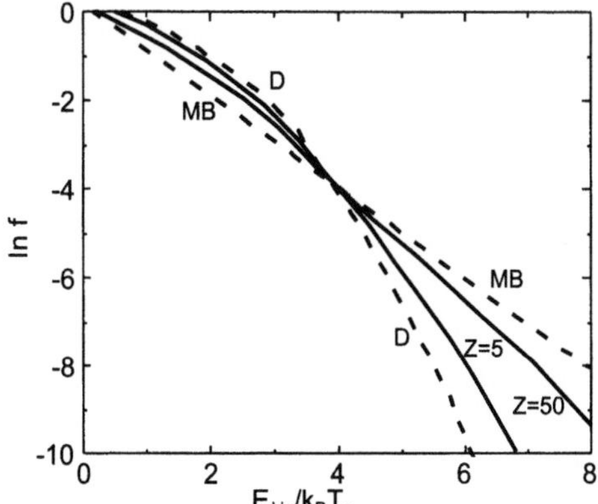

Abb. 14.2. Auswirkung von Stößen zwischen den Elektronen auf die Verteilungsfunktion $\mathcal{F}$ nach [614]. Die für ein schwaches elektrisches Feld gültige DRUYVESTEYN-Verteilung transformiert unter dem Einfluß elastischer Stöße in eine MAXWELL-BOLTZMANN-Verteilung (© Pergamon Press PLC).

Für diese beiden Grenzfälle erhält man also geschlossene Lösungen der BOLTZMANN-Gleichung. Dabei sind Stöße zwischen den Elektronen wegen vorausgesetzter niedriger Plasmadichte und eine stufenweise, mehrfache Ionisierung vernachlässigt worden. Bei Berücksichtigung unelastischer Stöße ergeben sich Verteilungen, die

- nur mehr numerisch angebbar sind, und
- die zwischen MB und D liegen.

So wiesen RUNDLE et al. darauf hin, daß beide Verteilungsfunktionen aus einer einzigen,

$$f(v) = a\sqrt{E} \cdot \exp\left\{-b \cdot \left(\frac{E}{<E>}\right)^x\right\} \tag{14.20}$$

gewonnen werden können, wobei für MB: $b = 3/2$ und $x = 1$ und für D: $b = 0,54$ und $x = 2$ [259]. Sie paßten den Exponenten für eine DC-O_2-Entladung zu

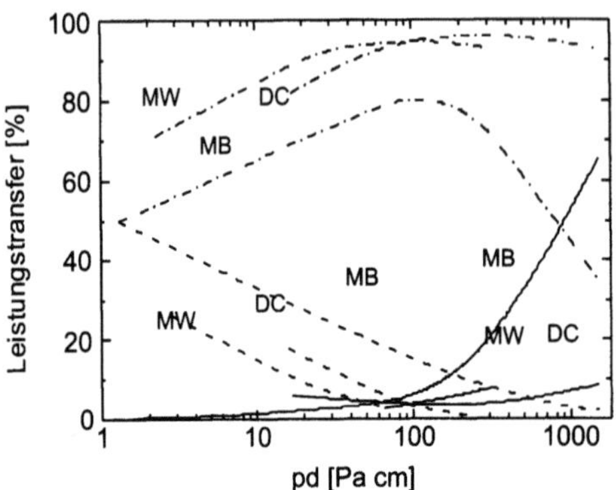

Abb. 14.3. Vergleich der Mechanismen der Dissipation von elektronischer Energie. Parameter ist das Verhältnis von Stoßfrequenz zu Anregungsfrequenz (entweder DC oder Mikrowelle (MW) oder MB) [193].

1,6±0,1 an. Dies wurde durch den nichtlinearen Verlauf, aber gegensätzliche Krümmung sowohl der MB- wie der D-Verteilung nahegelegt.

Modellrechnungen von MOISAN et al. in Abb. 14.3 zeigen für verschiedene Anregungsfrequnzen die drei Hauptbeiträge zur Dissipation der elektronischen Energie: elastische und unelastische Stöße, wobei die zur Ionisierung führenden unelastischen Stöße separat berechnet werden. Für die Ionisierung am effektivsten ist die MB-Verteilung.

Unelastische Stöße sind jedoch für viele (schwere) Moleküle, bei denen höhere Schwingungszustände schon mit weniger als einem halben eV hoch zu besetzen sind, von großer Bedeutung. Aber selbst bei den höheren Edelgasen werden Abweichungen von dem $1/v$-Verhalten gefunden (s. Kurven der totalen Streuquerschnitte in Abbn. 3.6 u. 3.7 mit dem RAMSAUER-Minimum).

Ein elektrisches Feld bringt eine Verschiebung von einer MB- zu einer D-Verteilung mit sich. Nur unelastische Stöße sowie Elektron-Elektron-Stöße können die Verteilung wieder in Richtung MB bewegen (bei diesen ist ja wegen der gleichen Masse der Energietransfer besonders effektiv). Wie aus Abb. 14.2 ersichtlich, bekommt die $\mathcal{EEDF}$ bei Stoßzahlen > 50 (Plasmadichte/Totaldichte > 10^{-3}) wieder MB-Charakter, was besonders für Hochdichte-Plasmen im RF-Bereich gilt (induktive Anregung oder Heliconwellenplasmen) [615], für Stoßzahlen <5 bleibt die $\mathcal{EEDF}$ D-ähnlich [616]. Schließlich gibt es noch die Möglichkeit eines stoßfreien Energietransfers von Plasmawellen auf die Elektronen (LANDAU-Dämpfung, Abschn. 14.3).

14.1.4 Frequenzeffekte

Bei der Ableitung der MARGENAU-Verteilung gingen wir von der Randbedingung $\omega^2 \ll \nu_\mathrm{m}^2$ aus. Zu höheren Frequenzen wird die $\mathcal{EEDF}$ von der HF moduliert. Dabei wird die zeitliche Entwicklung von f_0 durch das Verhältnis der Frequenz des Energietransfers zur Anregungsfrequenz bestimmt, die von $\boldsymbol{f}_1$ durch

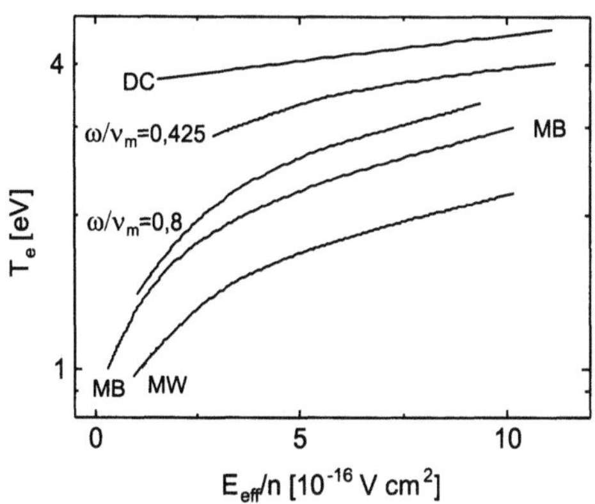

Abb. 14.4. Bei gleichem effektivem elektrischen Feld E_{eff} und gleicher Teilchenzahldichte ist die Elektronentemperatur zusätzlich noch frequenzabhängig [615].

das Verhältnis der Frequenz des Impulstransfers zur Anregungsfrequenz, die beide über den LANGEVINschen Energieverlustparameter zusammenhängen:

$$\nu_{\text{E}} = \frac{2m_{\text{e}}}{m_{\text{i}} + m_{\text{e}}}\nu_{\text{m}} + \sum_j \nu_j = L\nu_{\text{m}} + \sum_j \nu_j . \tag{14.21}$$

Im isotropen Plasmakörper ist also der Energietransfer entscheidend, in der anisotropen Randschicht der Impulstransfer. Ist $\omega \gg \nu_{\text{E}}$, sehen die Elektronen das zeitlich gemittelte Potential, für $\omega \ll \nu_{\text{E}}$ dagegen zwischen zwei Stößen das aktuelle Potential, oder umgekehrt: während einer Periode ist die vom HF-Feld absorbierte Energie eng mit den instantanen Feldstärke-Werten korreliert. Die Verteilung f_0 ist dann über den gesamten Energiebereich mit 2ω moduliert, da die Leistungsaufnahme vom Quadrat der Feldstärke abhängt (Abschn. 5.1). Bei steigender Anregungsfrequenz ω allerdings nimmt die Amplitude dieser Modulation ab, und zwar zunächst im Plasmakörper denn im Plasma-Schwanz, weil $\nu_{\text{E}}(E)$ dort (eher elastische Stöße) kleiner ist als hier, wo die unelastischen, energiereichen Stöße wesentlich zu einer Stabilisierung von $\nu_{\text{E}}(E)$ beitragen [611].

Die $\mathcal{EEDF}$ wird im Bereich $\nu_{\text{E}} < \omega$ durch Lösen der quasistationären (für 50 kHz) bzw. zeitabhängigen (für 13,56 MHz) BOLTZMANN-Gleichung erhalten, wobei der Streuquerschnitt parametrisiert und das elektrische Feld im Plasma proportional zum gemessenen Potential der Randschicht gesetzt wird. Die Verwendung der quasistationären BOLTZMANN-Gleichung ist dann gerechtfertigt, wenn die $\mathcal{EEDF}$ dem elektrischen Feld instantan folgen kann. Bei 30 Pa in Argon ist das Verhältnis der Stoßfrequenzen $\nu_{\text{m}}/\nu_{\text{E}}$ bei Feldstärken zwischen 1 – 20 V/cm, wie sie im Plasma-Bulk vorkommen, etwa $10^9/10^7 = 100$, also hinreichend groß, um diese Bedingung zu erfüllen [617].

Bei $\nu_{\text{E}}(E) = \omega$ verschwindet diese Modulation: die $\mathcal{EEDF}$ ist dann zeitunabhängig geworden. Dies ist etwa in Neon bei Drücken jenseits von 25 Pa (200 mTorr) und 13 MHz der Fall; für molekulare Gase dagegen verschieben sich die Grenzen zu etwas höheren Werten (etwa 40 MHz für H_2).

14.2 Die Bohmsche Übergangszone

Es werden folgende Vereinfachungen gemacht:

- Die Elektronen und Ionen weisen für sich eine einheitliche Geschwindigkeit auf:

$$T_\mathrm{i} \neq T_\mathrm{e}; v_\mathrm{i} = \sqrt{\frac{2e_0 V_0}{m_\mathrm{i}}}; v_\mathrm{e} = \sqrt{\frac{2e_0 V_0}{m_\mathrm{e}}}; \tag{14.22}$$

  d. h.: getrennte MB-Verteilungen, dies bedingt keinen großen Fehler, da nach BOHM et al. deren Verteilung nicht sehr von E abhängt [618]; d. h.:

- die Ionenstromdichte, die natürlich überall gleich hoch ist, ist $j_\mathrm{i} = \rho_\mathrm{i} v_\mathrm{i}$;
- das Potential fällt monoton;
- der Dunkelraum ist ladungsdichtebegrenzt, d. h. keine Stöße.

Im ungestörten Plasma ist $j_\mathrm{i} = e_0 n_0 \cdot \sqrt{(2e_0 V_0)/(m_\mathrm{i})}$, hier ist $n_0 = n_\mathrm{i} = n_\mathrm{e}$, in der Nähe der Randschicht dagegen nimmt die kinetische Energie zu nach $1/2mv(x)^2 = 1/2mv_0^2 - e_0 V(x)$, die Geschwindigkeit ist also

$$v(x) = v_0 \cdot \sqrt{1 - \frac{2e_0(V(x) - V_0)}{mv_0^2}}, \tag{14.23}$$

so daß für die Dichte in der Nähe der Randschicht wegen $j_\mathrm{i} = \mathrm{const} = n_0 v_0 = n(x)v(x)$ gilt:

$$n(x) = \frac{n_0}{\sqrt{1 - \frac{2e_0(V(x)-V_0)}{mv_0^2}}}. \tag{14.24}$$

Das bedeutet: Die Ionendichte fällt, wenn die Ionen in der Randschicht beschleunigt werden. Dies in die POISSON-BOLTZMANN-Gleichung (Gl. (3.17)) eingesetzt, ergibt die sog. *Randschicht-Gleichung:*

$$\varepsilon_0 \frac{\mathrm{d}^2 V}{\mathrm{d}x^2} = -n_0 e_0 \cdot \left(\frac{1}{\sqrt{1 - \frac{2e_0(V(x)-V_0)}{m_\mathrm{i} v_0^2}}} - \exp\left\{ -\frac{e_0(V(x) - V_0)}{k_\mathrm{B} T_\mathrm{e}} \right\} \right). \tag{14.25}$$

Betrachtet man $\mathrm{d}V/\mathrm{d}x$ als Funktion von V, also: $\mathrm{d}V/\mathrm{d}x = F(U(x)) \Rightarrow \mathrm{d}^2V/\mathrm{d}x^2 = \mathrm{d}F/\mathrm{d}V \cdot \mathrm{d}V/\mathrm{d}x$, ist Separation und eine einfache Integration möglich, so daß sich für $\varepsilon_0 \cdot (\mathrm{d}V/\mathrm{d}x)^2$ ergibt:

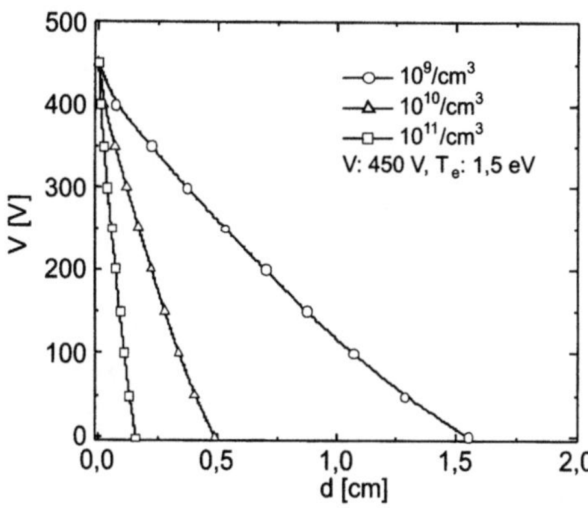

Abb. 14.5. Integrierte Randschicht-Gleichung für verschiedene Plasmadichten. Elektronentemperatur: 1,5 eV, Kathodenfall: 450 V; durchgezogene Kurve: 10^{11}, strich-punktierte Kurve: 10^{10}, punktierte Kurve: $10^9\,\mathrm{cm}^{-3}$. Das Potential ist Null für den Eintritt in das „Bulk"-Plasma, die Dicke der Randschicht ist Null auf der Elektrode. λ_D ist 288, 91 bzw. 29 μm.

$$n_0 e_0 \cdot \left(\frac{k_\mathrm{B} T_\mathrm{e}}{e_0} \cdot \exp\left\{ -\frac{e_0(V(x)-V_0)}{k_\mathrm{B} T_\mathrm{e}} \right\} + \frac{m v_0^2}{e_0} \cdot \sqrt{1 - \frac{2 e_0 (V(x)-V_0)}{m v_0^2}} \right) + C. \tag{14.26}$$

Die Konstante C ist 0 für $\mathrm{d}V/\mathrm{d}x$ bei $V = V_0$; damit folgt für $\varepsilon_0(\mathrm{d}V/\mathrm{d}x)^2$ mit

$$A = 2 n_0 e_0 \wedge B = \frac{m v_0^2}{e_0} : \tag{14.27.1}$$

$$A \cdot \left[\frac{k_\mathrm{B} T_\mathrm{e}}{e_0} \left(\exp\left\{ \frac{e_0(V(x)-V_0)}{k_\mathrm{B} T_\mathrm{e}} \right\} - 1 \right) + B \cdot \left(\sqrt{1 - \frac{2 e_0 (V(x)-V_0)}{m v_0^2}} - 1 \right) \right]. \tag{14.27.2)}$$

An der Grenze der Randschicht ist $V(x) \approx V_0$, so daß man die Exponential- und die Wurzelfunktion entwickeln kann und mit $\Delta V = V(x) - V_0$ für $\varepsilon_0(\mathrm{d}V/\mathrm{d}x)^2$ erhält:

$$\begin{aligned} &2 n_0 e_0 \cdot \left[\frac{k_\mathrm{B} T_\mathrm{e}}{e_0} \left(1 + \frac{e_0 \Delta V}{k_\mathrm{B} T_\mathrm{e}} + \frac{1}{2} \left(\frac{e_0 \Delta V}{k_\mathrm{B} T_\mathrm{e}} \right)^2 - 1 \right) \right] + \\ &+ 2 n_0 e_0 \cdot \left[\frac{m v_0^2}{e_0} \left(1 - \frac{2 e_0 \Delta V}{2 m v_0^2} - \frac{1}{2} \left(\frac{e_0 \Delta V}{m v_0^2} \right)^2 - 1 \right) \right], \end{aligned} \tag{14.28}$$

woraus folgt:

$$\frac{\mathrm{d}V}{\mathrm{d}x} = \sqrt{\frac{n_0 e_0^2}{\varepsilon_0} \left(\frac{1}{k_\mathrm{B} T_\mathrm{e}} - \frac{1}{m v_0^2} \right)} \cdot \Delta V. \tag{14.29}$$

Damit die Wurzel positiv bleibt, muß $1/k_\mathrm{B} T_\mathrm{e}$ größer als $1/m_\mathrm{i} v_0^2 = 1/(2 \cdot E_\mathrm{kin})$ sein oder

$$v_0 \geq \sqrt{\frac{k_B T_e}{m_I}} = v_B, \tag{14.30}$$

was übrigens in guter Näherung die Schallgeschwindigkeit für Ionenwellen ist, die sich ja auch bei $T_i = 0$ ausbreiten können.[4]

Dies ist das sog. *Randschichtkriterium von* BOHM. Die in die Randschicht eintretenden Ionen müssen auf eine gerichtete Geschwindigkeit beschleunigt werden, die durch die Elektronentemperatur bestimmt ist. Diese Ionengeschwindigkeit ist bedeutend höher als die mittlere thermische Geschwindigkeit der Neutralmolekeln. So kann die Ionenstromdichte gleich oder größer als die Stromdichte der Neutralmolekeln sein.

Das dazu notwendige Feld wird durch die Elektrode erzeugt; es ist hier gerade schon stark genug, um das Plasma zu stören und hat eine Größe, die über $eV_0 = 1/2 m_i v_i^2 = k_B T_i \geq k_B T_e/2$ bestimmt wird, also:

$$V_B = V_0 \geq \frac{1}{2} \cdot \frac{k_B T_e}{e_0} : \tag{14.31}$$

an der Grenze der Randschicht mit dem Potential V_B ist die mittlere thermische Geschwindigkeit pro Freiheitsgrad eines Elektrons gleich der potentiellen Energie. Dieses Potential wird im folgenden als BOHM-Potential V_B bezeichnet. Erreicht das Potential also diese Größe, ist die Voraussetzung $e_0 \Delta V \ll k_B T_e$ für die Linearisierung der POISSON-BOLTZMANN-Gleichung nicht mehr gegeben. Um zu sehen, was geschieht, wenn $V < (k_B T_e)/(2e_0)$, entwickelt man Gl. (14.25) unter Berücksichtigung von $V_B = m v_0^2 / 2e_0$ bis zum ersten Glied:

$$\varepsilon_0 \frac{d^2 V}{dx^2} = n_0 e_0 \cdot \left(\exp\left\{ \frac{e_0 \Delta V}{k_B T_e} \right\} - \frac{1}{\sqrt{1 - \Delta V / V_B}} \right) \tag{14.32.1}$$

$$\Rightarrow \varepsilon_0 \frac{d^2 V}{dx^2} \approx n_0 e_0 \Delta V \cdot \left(\frac{e_0}{k_B T_e} - \frac{1}{2 V_B} \right). \tag{14.32.2}$$

Ist $V > k_B T_e / 2e_0$, bekommt man exponentielle, für $V < k_B T_e / 2e_0$ dagegen oszillatorische Lösungen, so daß es für das Potential unmöglich ist, so anzusteigen, wie es für die Bildung einer Randschicht erforderlich wäre. Dies kann man leicht einsehen, wenn man die Ausdrücke für die Ladungsträgerdichten für kleine $V_x - V_B$ entwickelt:

$$n_e \approx n_0 \cdot \left(1 - \frac{e_0 \Delta V}{k_B T_e} \right); \tag{14.33.1}$$

[4]Die Schallgeschwindigkeit hängt von der Elektronentemperatur ab (das elektrische Feld, das auf die Ionen wirkt, ist proportional zu ihr), und von der (trägen) Ionenmasse. Aus dieser Gleichung ist ersichtlich, daß die Schallgeschwindigkeit keine Dispersion aufweist, d. h. der $\omega(k)$-Zusammenhang ist konstant. Ionenwellen sind also (für kleine k) Wellen konstanter Geschwindigkeit (Phasengeschwindigkeit ist gleich der Gruppengeschwindigkeit); erst für große k werden sie Wellen konstanter Frequenz. Wegen hoher Dämpfung ist $\partial\omega/\partial k \approx 0$.

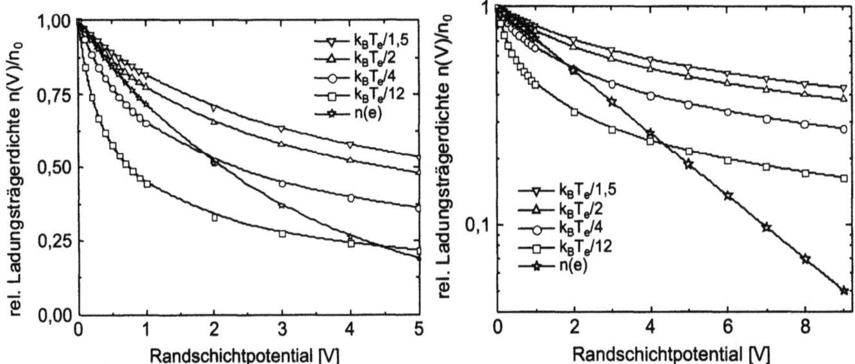

Abb. 14.6. Beginn der BOHMschen Übergangszone: Nur, wenn das BOHM-Potential größer als $^1/_2 k_B T_e$ ist, fällt die Ionendichte schwächer als die Elektronendichte — Voraussetzung für eine stabile Randschicht. In semilogarithmischer Darstellung (re.) fällt die Elektronendichte linear.

$$n_i \approx n_0 \cdot \left(1 - \frac{\Delta V}{2V_B}\right); \tag{14.33.2}$$

$$n_i - n_e \approx n_0 \Delta V \left(\frac{e_0}{k_B T_e} - \frac{1}{2V_B}\right). \tag{14.33.3}$$

Wird also ein Ion auf eine Energie $e_0 \Delta V$ beschleunigt, dann sinkt die Elektronendichte nach Gl. (14.33.1), da die Kräfte, die Ionen anziehen, Elektronen abstoßen; die Ionendichte selbst fällt aber auch wegen steigender Ionengeschwindigkeit (s. Voraussetzungen in Gln. (14.22)).

Ist $V_B < k_B T_e / 2e_0$, dann fällt die Ionendichte schneller als die Elektronendichte, die die anfangs die Ionen beschleunigende Kraft bald übersteigt und unwirksam macht (dies geschieht z. B. im Innern des Plasmas bei Fluktuationen oder Schockwellen [619]). Nur, wenn $V_B > k_B T_e / 2e_0$, fällt die Ionendichte schwächer als die Elektronendichte, und beschleunigende Potentiale können bestehen bleiben (s. Abbn. 14.6). Obwohl die Randschicht so dünn ist, schirmt sie das Plasma nahezu vollständig von Störpotentialen ab. Da die Elektronen aber über kinetische Energien von einigen eV verfügen, können sie derart hohe Potentialbarrieren überwinden; umgekehrt bedeutet das ein Eindringen von Restpotentialen ins Plasma, durch die Ionen auf höhere Geschwindigkeiten beschleunigt werden, als ihrer thermischen Geschwindigkeit entspricht. Deswegen ist die Annahme, daß an der Grenze der Randschicht sowohl das Potential wie das Feld Null sind, nur dadurch begründet, daß die Energien der Elektronen klein sind gegenüber dem Potentialabfall über der Randschicht. In Wirklichkeit ist er $k_B T_e / 2e_0$, was eine starke Erhöhung des Ionenstroms auf die Probe bedingt.

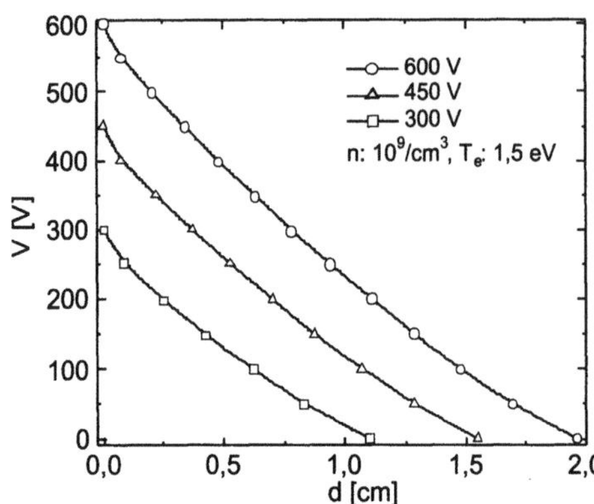

Abb. 14.7. Integrierte Randschicht-Gleichung für verschiedene Kathodenfälle. Elektronentemperatur: 1,5 eV, Plasmadichte: 10^9 cm^{-3}. Das Potential ist Null für den Eintritt in das „Bulk"-Plasma, die Dicke der Randschicht ist Null auf der Elektrode. λ_D ist 288 μm.

Der maximale Strom auf die Probe ist unter Berücksichtigung der Tatsache, daß es sich zwar um keinen abrupten Bruch, aber doch immerhin um eine rapide Änderung über einige 100 μm handelt, und daß die Komponente der (wahrscheinlichsten, Maximum der MB-Verteilung) Ionengeschwindigkeit normal zur Randschicht $^1/_3$ beträgt:

$$< v_\text{i} >_{MB} + v_{\text{i,B}} = \sqrt{\frac{2}{m_\text{i}}} \cdot \sqrt{e_0 V_\text{S} + \frac{k_\text{B} T_\text{i}}{3}} \tag{14.34}$$

An der Grenze der Randschicht ist dann wegen des dort geltenden Gleichgewichts $n_\text{e} \approx n_\text{i}$:

$$n_\text{i} = n_0 \exp\left\{-\frac{e_0 V_\text{S}}{k_\text{B} T_\text{e}}\right\}, \tag{14.35}$$

und damit

$$j_\text{i} = e_0 n_\text{i} v_\text{i} \Rightarrow j_\text{i} = \sqrt{\frac{2}{m_\text{i}}} \cdot \sqrt{e_0 V_\text{S} + \frac{k_\text{B} T_\text{e}}{3}} \cdot e_0 n_0 \cdot \exp\left\{-\frac{e_0 V_\text{S}}{k_\text{B} T_\text{e}}\right\}. \tag{14.36}$$

Der maximale Strom, der zum Erhalt der Randschicht allerdings auch erforderlich ist, ergibt sich durch Extremwertbildung dieser Gleichung mit $eV_\text{S} = k_\text{B} T_\text{e}/2 - k_\text{B} T_\text{i}/3$ zu

$$j_{\text{i,max}} = \sqrt{\frac{k_\text{B} T_\text{e}}{m_\text{i}}} \cdot e_0 n_0 \cdot \exp\left\{-\frac{1}{2} + \frac{T_\text{i}}{3T_\text{e}}\right\}. \tag{14.37}$$

Solange $T_\text{i} \ll T_\text{e}$, hängt der Ionenstrom nicht wesentlich von T_i ab. Selbst für heiße Plasmen, wo $T_\text{i} \approx T_\text{e}$, macht dieses nur einen Faktor 1,4 aus. Für die hier interessierenden Phänomene wird also *näherungsweise*

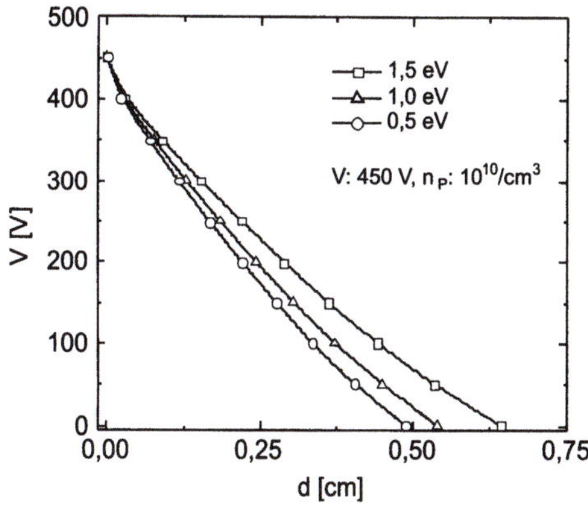

Abb. 14.8. Integrierte Randschicht-Gleichung für verschiedene Elektronentemperaturen. Plasmadichte: 10^{10}cm^{-3}, Kathodenfall: 450 V, durchgezogene Kurve: 0,5 eV; strichlierte Kurve: 1 eV; punktierte Kurve: 1,5 eV. Das Potential ist Null für den Eintritt in das „Bulk"-Plasma, die Dicke der Randschicht ist Null auf der Elektrode. λ_D ist 52,6, 74,4 bzw. 91,1 μm.

$$j_{\text{i,max}} = \sqrt{\frac{k_\text{B}T_\text{e}}{em_\text{i}}} \cdot n_0 e_0 = 0,656 \cdot n_0 e_0 \cdot \sqrt{\frac{k_\text{B}T_\text{e}}{m_\text{i}}}. \tag{14.38}$$

(Eine genauere Rechnung liefert für $T_\text{i} = 0,01\,T_\text{e}$ einen Faktor von 0,566 und für $T_\text{i} = 0,5\,T_\text{e}$ einen Faktor von 0,537 anstelle von 0,656 [620]).

Für einige typische Bedingungen wurde die einfach integrierte Randschicht-Gleichung (14.23) nach $y' = h(y) \wedge y = y(x) \Rightarrow x = \int \frac{1}{h(y)} \mathrm{d}y$ numerisch integriert (Abbn. 14.5, 14.7 und 14.8). Deutlich sichtbar ist, daß bei Kathodenfällen von einigen hundert Volt und typischen Plasmadichten von $10^{10}\,\text{cm}^{-3}$ die Dicke der Randschicht (bestehend aus BOHMscher Übergangszone und elektronenfreier Zone) einige mm beträgt. Dies hat dramatische Konsequenzen für die Energie- und Winkelverteilungen der auftreffenden Ionen ($\mathcal{IEDF}$ und $\mathcal{IADF}$ (s. Abschn. 6.6)).

Randschichten, auf die die Randschicht-Gleichung (14.22) angewendet werden kann, bezeichnet man auch als LANGMUIR-*Randschichten.*

Genau gilt diese Ableitung nur für eine DC-Randschicht. In einer kapazitiv gekoppelten RF-Randschicht mit Leckströmen, in dem die Elektronendichte endlich sein muß, um den Fluß positiver Ionen zu neutralisieren, gilt dies nur eingeschränkt, sicher aber näherungsweise, solange $\omega_\text{P,i} \ll \omega_\text{RF}$.

14.3 Plasmaschwingungen

Die Theorie der Plasmaschwingungen wurde von BOHM und GROSS [621] [622] sowie von Landau (zusammengefaßt in [623]) entwickelt und in verschiedenen Experimenten u. a. von BARRETT et al. verifiziert [624]. Im folgenden wird der für die Dämpfung der Elektronen wichtige Teil beschrieben.

Vernachlässigt man jedes dynamische Verhalten der Ionen (stationärer Ladungshintergrund), kann man die Ladungsdichte der Elektronen mit $n(x,t)$ bescheiben, die sich mit einer konstanten Geschwindigkeit $v(x,t)$ bewegt. Die Gleichgewichtsladungsdichte ist dann $\pm e_0 n_0$. Es sei kein externes Magnetfeld $\boldsymbol{B}_0$ vorhanden. Die Kontinuitätsgleichung lautet dann:

$$\frac{\partial n}{\partial t} + \nabla \cdot (n\boldsymbol{v}) = 0, \tag{14.39}$$

und die Bewegungsgleichung unter Berücksichtigung der konvektiven Ableitung

$$\frac{\mathrm{d}}{\mathrm{d}t} = \frac{\partial}{\partial t} + \nabla \tag{14.40}$$

sowie

$$\boldsymbol{F} = -\nabla E \Rightarrow \frac{\partial \boldsymbol{v}}{\partial t} = \frac{\boldsymbol{F}}{m} = -\frac{1}{m} \cdot \nabla E = -\frac{1}{mn} \cdot \nabla p : \tag{14.41}$$

$$m_0 n_\mathrm{e} \left[\frac{\partial \boldsymbol{v}}{\partial t} + (\boldsymbol{v} \cdot \nabla)\boldsymbol{v}\right] = -e_0 n_\mathrm{e}(\boldsymbol{E} + \boldsymbol{v} \times \boldsymbol{B}) - \nabla p. \tag{14.42}$$

Damit können die benötigten MAXWELL-Gleichungen geschrieben werden:

$$\varepsilon_0 \nabla \cdot \boldsymbol{E} = e_0(n_\mathrm{i} - n_\mathrm{e}) \tag{14.43}$$

$$\nabla \cdot \boldsymbol{B} = 0, \tag{14.44}$$

$$\nabla \times \boldsymbol{E} = -\frac{\partial \boldsymbol{B}}{\partial t}, \tag{14.45}$$

$$c^2 \nabla \times \boldsymbol{B} = \frac{1}{\varepsilon_0} e_0 n \boldsymbol{v} + \frac{\partial \boldsymbol{E}}{\partial t}. \tag{14.46}$$

Betrachtet man lediglich kleine Änderungen, kann man die Gleichungen linearisieren, d. h. die den Zustand des Plasmas charakterisierenden Größen können als Summe aus ihrem Gleichgewichtswert und der mit den Schwingungen und Wellen verbundenen Störung dargestellt werden; und es werden keine Terme zweiter und höherer Ordnung in die Ausgangsgleichungen aufgenommen (Störungsrechnung 1. Ordnung).

Es ist dann mit $\boldsymbol{v}_0 = \boldsymbol{E}_0 = \nabla n_0$ und deren zeitliche Ableitungen ebenfalls gleich Null für
(1) die Kontinuitätsgleichung:

$$\frac{\partial(n_0 + n)}{\partial t} + \nabla \cdot [(n_0 + n)(\boldsymbol{v}_0 + \boldsymbol{v})] = 0. \tag{14.47}$$

Wegen der Voraussetzung werden die Glieder $n_0\boldsymbol{v}_0, n\boldsymbol{v}_0$ und das Glied n$\boldsymbol{v}$ wegen der Linearisierung Null, so daß verbleibt:

$$\frac{\partial n}{\partial t} + n_0 \nabla \cdot \boldsymbol{v} = 0. \tag{14.48}$$

(2) die Bewegungsgleichung:

$$m_0 n_e \left(\frac{\partial \boldsymbol{v}}{\partial t} + (\boldsymbol{v} \cdot \nabla) \boldsymbol{v} \right) = -e_0 n_0 (\boldsymbol{E} + \boldsymbol{v} \times \boldsymbol{B}) - \nabla p; \tag{14.49}$$

linke Seite nach Linearisierung: $m_0 n_e \partial \boldsymbol{v} / \partial t$; rechte Seite 1. Glied nach Linearisierung: $-e_0 n_0 \boldsymbol{E}$; für das zweite Glied ist zu beachten, daß es sich hier um plötzliche Dichteschwankungen handelt, für die die isotherme Zustandsänderung $\nabla p = k_B T_e \nabla n$ sicher nicht gilt, sondern die adiabatische $\nabla p = \gamma k_B T_e \nabla n$, wobei γ in der kinetischen Gastheorie das Verhältnis der spezifischen Wärmen c_p / c_V ist. Damit wird also das zweite Glied $\nabla p = \gamma k_B T_e \nabla n$, insgesamt also für die Bewegungsgleichung:

$$m_0 n_0 \frac{\partial \boldsymbol{v}}{\partial t} = -e_0 n_0 \boldsymbol{E} - \gamma k_B T_e \nabla n. \tag{14.50}$$

(3) die POISSON-Gleichung:

$$\varepsilon_0 \nabla \cdot \boldsymbol{E} = e_0, \tag{14.51}$$

da Stationarität der Ionen vorausgesetzt ist.
(4) das AMPÈREsche Gesetz:

$$c^2 \nabla \times \boldsymbol{B} = \frac{1}{\varepsilon_0} e_0 n_0 \boldsymbol{v} + \frac{\partial \boldsymbol{E}}{\partial t}. \tag{14.52}$$

Durch die elektrischen Kräfte werden die Partikelbewegungen zu organisierten Schwingungen gekoppelt: Die Wellengleichung für die Dichteschwankungen erhält man dann durch Einsetzen der Bewegungsgleichung in die Kontinuitätsgleichung; für die Feldvariation geschieht das durch Einsetzen der Bewegungsgleichung in das AMPÈREsche Gesetz:
(1) Kontinuitätsgleichung:

$$\frac{\partial n}{\partial t} + n_0 \nabla \cdot \boldsymbol{v} = 0; \tag{14.53}$$

(2) Bewegungsgleichung:

$$m_0 n_0 \frac{\partial \boldsymbol{v}}{\partial t} = -e_0 n_0 \boldsymbol{E} - \gamma k_B T_e \nabla n; \tag{14.54}$$

(3) AMPÈREsches Gesetz:

$$c^2 \nabla \times \boldsymbol{B} = \frac{1}{\varepsilon_0} e_0 n_0 + \frac{\partial \boldsymbol{E}}{\partial t}. \tag{14.55}$$

Differenzieren von Gl. (14.53) nach t und Einsetzen in Gl. (14.54) liefert

$$\frac{\partial^2 n}{\partial t^2} - \frac{e_0^2 n_0}{\varepsilon_0 m_0} n - \frac{\gamma k_\mathrm{B} T_\mathrm{e}}{m_0} \nabla^2 n = 0. \tag{14.56}$$

Differenzieren von Gl. (14.55) nach t und Einsetzen von Gl. (14.54) unter Berücksichtigung von $\nabla n = \varepsilon_0 \nabla(\nabla \cdot \boldsymbol{E})/e_0$ ergibt:

$$\frac{\partial^2 \boldsymbol{E}}{\partial t^2} - \frac{e_0^2 n_0}{\varepsilon_0 m_0} \boldsymbol{E} - \frac{\gamma k_\mathrm{B} T_\mathrm{e}}{m_0} \nabla(\nabla \cdot \boldsymbol{E}) = c^2 \nabla \times \frac{\partial \boldsymbol{B}}{\partial t}. \tag{14.57}$$

Da die linken Seiten dieser beiden Gleichungen dieselbe Struktur haben, muß dieses auch für die rechten Seiten zutreffen. Deswegen sollte $\partial \boldsymbol{B}/\partial t = 0$ sein, woraus aus dem Induktionsgesetz unmittelbar folgt, daß auch $\nabla \times \boldsymbol{E}$ Null wird, was der Aussage äquivalent ist, daß $\boldsymbol{E}$ der Gradient eines skalaren Potentials ist, und zwar eines elektrostatischen, da sowohl $\boldsymbol{B}$ als auch seine zeitliche Ableitung Null sind. Bei Vernachlässigung für die thermische Energie der Elektronen ergibt sich dann

$$\frac{\partial n^2}{\partial t^2} - \frac{e_0 n_0^2}{\varepsilon_0 m_0} n = 0; \tag{14.58}$$

entsprechend für die Feldvariation. Mit dem Ansatz einer ebenen Welle wird also für die Plasmafrequenz ω_P:

$$\omega_P = \sqrt{\frac{e_0 n_0^2}{\varepsilon_0 m_0}}. \tag{14.59}$$

Eine Plasmaschwingung ist demnach eine longitudinale ($\boldsymbol{E} \parallel \boldsymbol{k}$) elektrostatische Schwingung, deren Eigenfrequenz nur von der Ladungsträgerdichte abhängt ($\boldsymbol{k} \times \boldsymbol{E} = 0$). (Dies bedingt einander: Wenn die Welle longitudinal ist, wird $\boldsymbol{k} \times \boldsymbol{E} = 0$, so daß für eine ebene Welle auch folgt: $\nabla \times \boldsymbol{E} = \mathrm{i}\boldsymbol{k} \times \boldsymbol{E}$; also wird $\mathrm{d}\boldsymbol{B}/\mathrm{d}t$ ebenfalls Null.)

Da in dieser Gleichung kein Zusammenhang zwischen ω und k, also keine *Dispersion,* vorhanden ist, ist die *Gruppengeschwindigkeit* $\mathrm{d}\omega/\mathrm{d}k$ *Null,* die Schwingung kann sich deswegen nicht ausbreiten. Der $\omega(k)$-Zusammenhang wird durch den eben vernachlässigten Term der kinetischen Energie der Elektronen geschaffen. Es ist dann z. B. für $\boldsymbol{E}$:

$$-\omega^2 \boldsymbol{E} - \frac{e_0^2 n_0}{\varepsilon_0 m_0} \boldsymbol{E} + \frac{\gamma k_\mathrm{B} T_\mathrm{e}}{m_0} k^2 \boldsymbol{E} = 0, \tag{14.60}$$

woraus für die Dispersionsbeziehung folgt:

$$\omega_\mathrm{k}^2 = \omega_\mathrm{P}^2 + \frac{\gamma k_\mathrm{B} T_\mathrm{e}}{m_0} k^2. \tag{14.61}$$

Diese Gleichung ist gültig für kleine k, also große Wellenlängen (für große k kommen quadratische Effekte mit ins Spiel). Der Koeffizient von k^2 kann nicht, wie bei einer Schallwelle, bei der die Atome gegeneinander stoßen, $\gamma = c_p/c_V$ sein: da die Frequenz dieser Dichte- und Feldschwankungen wesentlich höher

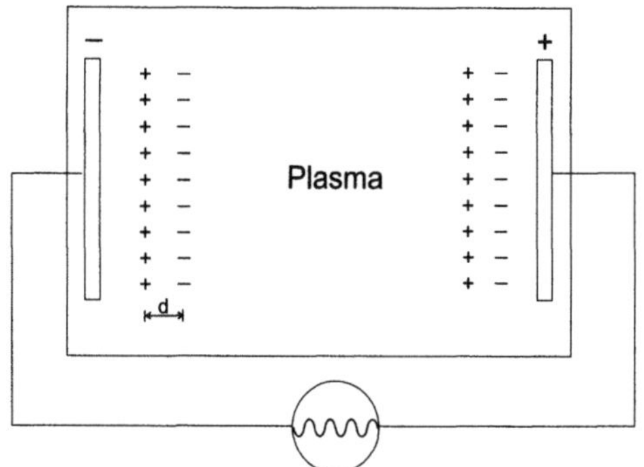

Abb. 14.9. Die Eindringtiefe einer longitudinalen (elektrostatischen) Welle beträgt nur wenige DEBYE-Längen [625] (© Academic Press).

ist, erfahren die Elektronen während einer Schwingungsperiode $2\pi/\omega$ praktisch keinen Stoß. Weil es sich um eine longitudinale Welle in nur einer Richtung handelt, ist ihr einziger translatorischer Freiheitsgrad also Eins, und damit wird $\gamma = (N+2)/N = 3$ und der Koeffizient von k^2: $3k_{\mathrm{B}}T_{\mathrm{e}}/m_0$. Das ist aber — wie aus der kinetischen Gastheorie bekannt — gerade der Mittelwert des Geschwindigkeitsquadrates der Elektronen; damit kann die Dispersionsrelation (für eine eindimensionale MB-Verteilung) geschrieben werden:[5]

$$\omega_{\mathrm{k}}^2 = \omega_{\mathrm{P}}^2 + 3 < v^2 > k^2. \tag{14.62}$$

Da $<v^2>= k_{\mathrm{B}}T_{\mathrm{e}}/m_{\mathrm{e}}$ und $v_{\mathrm{w}}^2 = 2k_{\mathrm{B}}T_{\mathrm{e}}/m_{\mathrm{e}}$, ist auch

$$\omega_{\mathrm{k}}^2 = \omega_{\mathrm{P}}^2 + \frac{3}{2} v_{\mathrm{w}}^2 k^2. \tag{14.63}$$

Die Plasmawellen ähneln Schallwellen insofern, als sie Dichteschwankungen hervorrufen. Jedoch ist ihre Dispersionsbeziehung und der physikalische Mechanismus ihrer Entstehung völlig verschieden: Bei Schallwellen im Gas oder in einer Flüssigkeit wirken kurzreichweitige Kräfte bei gleichzeitig hoher Dichte, so daß viele Zusammenstöße während einer Schwingungsperiode erfolgen. Im Plasma hingegen hat man es mit langreichweitigen Kräften und gleichzeitig niedriger Geschwindigkeit der Partikeln zu tun, so daß der mittlere Abstand zwischen den wechselwirkenden Teilchen sich kaum während einer Schwingungsperiode ändert. Daher kann man ein mittleres Raumladungspotential definieren,

[5] Allerdings gilt diese Gleichung — obwohl mit der kinetischen Gastheorie abgeleitet — auch für ein entartetes FERMI-Gas von Elektronen; da deren mittlere kinetische Energie $^3/_5\, E_{\mathrm{F}}$ bei $T = 0\,\mathrm{K}$ beträgt, ist dann mit $v_{\mathrm{F}} = \omega_{\mathrm{P}}/k_{\mathrm{D}}$

$$\omega_{\mathrm{k}}^2 = \omega_{\mathrm{P}}^2 + \frac{3}{5} v_{\mathrm{F}}^2 k^2.$$

(Dies ist nur eine Näherung für kleine k; für eine genauere Betrachtung siehe [626] und [627] oder [628], wo das gleiche Ergebnis über die LINDHARDsche Dielektrische Funktion $\varepsilon = \varepsilon(k,\omega)$ erhalten wird.)

das auf Plasmen zuerst von WLASSOW (zit. in [621]) angewendet wurde. Wegen der Langreichweitigkeit der COULOMBschen Wechselwirkung (so entspricht eine DEBYE-Länge von 100 μm etwa einer Kette von 300 000 Atomen) können die kleinen Dichteschwankungen große Veränderungen des Potentials mit sich bringen. Durch die chaotische thermische Bewegung ist eine Lokalisierung einer Störung (Schwingung) nur bei tiefen Temperaturen möglich, sonst entstehen Wellen.

Aus der Dispersionsbeziehung (Gl. (14.62)) kann man eine Aussage über die Eindringtiefe der Welle ins Plasma gewinnen. Es ist

$$k = \frac{\omega_\mathrm{P}}{3\sqrt{<v^2>}}\sqrt{\frac{\omega^2}{\omega_\mathrm{P}^2} - 1}, \tag{14.64}$$

was für $\omega_\mathrm{P}^2 \gg \omega^2$ für k

$$k = \frac{\omega_\mathrm{P}}{3\sqrt{<v^2>}}\,\mathrm{i} \tag{14.65}$$

ergibt; die Eindringtiefe wird also:

$$\delta = \frac{1}{k} = 3 \cdot \sqrt{\frac{k_\mathrm{B}T_\mathrm{e}}{m_\mathrm{e}}} \cdot \sqrt{\frac{\varepsilon_0 m_\mathrm{e}}{n e_0^2}} = 3 \cdot \lambda_\mathrm{D}, \tag{14.66}$$

nimmt also einen sehr geringen Wert an (s. dagegen Abschn. 14.6 für die Eindringtiefe eines elektromagnetischen Feldes, Abb. 14.9).

Für große Wellenlängen ($k \ll 1$) ist $\omega_\mathrm{k} \approx \omega_\mathrm{P}$ (Abb. 14.10). Nur für Wellenlängen vergleichbar mit der DEBYE-Länge $\lambda_\mathrm{D} = 1/\sqrt{2} \cdot v_\mathrm{w}/\omega_\mathrm{P}$ erhält man signifikante Abweichungen von ω_P. Für $k \ll k_\mathrm{D}$ ist die Phasengeschwindigkeit $v_\mathrm{P} = \omega_\mathrm{P}/k$ aus Gl. (14.45): $v_\mathrm{P} = \omega/k = c$ und die Gruppengeschwindigkeit:

$$v_\mathrm{G} = 2\omega \mathrm{d}\omega = 3 <v^2> \cdot 2k\mathrm{d}k \Rightarrow \mathrm{d}\omega/\mathrm{d}k = 3\frac{<v^2>}{v_\mathrm{P}} = \frac{3}{2}\frac{v_\mathrm{w}^2}{v_\mathrm{P}}, \tag{14.67}$$

also ein sehr kleiner Wert. Für $k \ll k_\mathrm{D}$ ist also $v_\mathrm{P} \gg \sqrt{<v^2>}$ und $v_\mathrm{G} \ll \sqrt{<v^2>}$. *Für $k \to k_\mathrm{D}$ wird aber v_G immer größer, ohne jedoch den Grenzwert $\sqrt{<v^2>}$ zu erreichen,* den der Phasengeschwindigkeit einer Schallwelle (mit $\gamma = 3$) im Elektronengas.

Wir sehen also, daß für große k (kleine Wellenlängen) die Gruppengeschwindigkeit der elektronischen Plasmawellen etwa gleich der thermischen Geschwindigkeit der Elektronen ist. Für kleine k (große Wellenlängen) hingegen ist die Gruppengeschwindigkeit sehr viel niedriger als die thermische Geschwindigkeit, obwohl die Phasengeschwindigkeit bedeutend höher ist. Für kleine k finden wir Wellen konstanter Frequenz, bei hohen k dagegen Wellen konstanter Geschwindigkeit; die Wellen werden hier stark gedämpft. *Elektronen- und Ionenwellen verhalten sich folglich komplementär!*

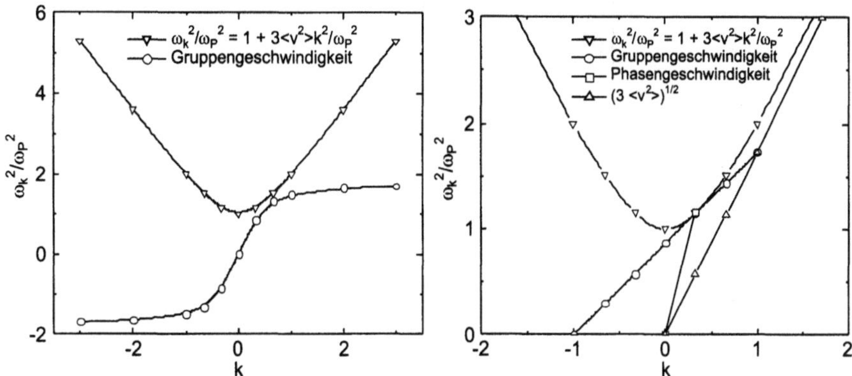

Abb. 14.10. BRILLOUIN-Diagramm der Dispersionsrelation $\omega_{\mathrm{k}}^2 = \omega_{\mathrm{P}}^2 + 3 < v^2 > k^2$ über einen großen (lks.) und einen kleinen (re.) k-Bereich.
- Phasengeschwindigkeit $v_{\mathrm{Ph}} = \frac{\omega}{k}$: für jeden Punkt eine Gerade vom Ursprung;
- Gruppengeschwindigkeit $v_{\mathrm{G}} = \frac{\mathrm{d}\omega}{\mathrm{d}k}$: für jeden Punkt eine Tangente;
- thermische Geschwindigkeit $\sqrt{3 < v^2 >} = \sqrt{3/2 < v_{\mathrm{w}}^2 >}$: für große k (kleine λ) etwa gleich v_{Ph} und v_{G}. Für kleine k dagegen ist v_{G} bedeutend langsamer als $\sqrt{3 < v^2 >}$, obwohl v_{Ph} sehr groß gegen $\sqrt{3 < v^2 >}$ ist.

Aus den Abbn. 14.10 und 14.11 ist ersichtlich, daß für kleine Wellenvektoren die Phasengeschwindigkeit sehr weit rechts, d. h. bei sehr hohen Werten liegt. Für $k \to k_{\mathrm{D}}$ rückt v_{P} nach links und wird damit der mittleren thermischen Geschwindigkeit der Elektronen vergleichbar. Somit können Elektronen mit Geschwindigkeiten von $v_{\mathrm{P}} \pm \Delta v$ durch die Welle eingefangen („getrapped") und mitgeführt werden oder vice versa. Da bei einer MB-Verteilung aber mehr langsame als schnelle Elektronen vorhanden sind, führt dies insgesamt zu einer Dämpfung der Welle, was jedoch umgekehrt bedeutet, daß die MB-Verteilung bei v_{P} verändert wird: die gestörte Funktion weist jetzt mehr Elektronen höherer Geschwindigkeit auf (punktierte Linie bei $v = v_{\mathrm{P}}$ in Abb. 14.11). Andererseits bedeutet dies, daß diese Dämpfung bei kleinen k keine Rolle spielt.

In der Dispersionsbeziehung ist über die Temperatur die Verteilungsfunktion (i. a.: MB) verborgen. BOHM und GROSS [621] [623] sowie unabhängig davon LANDAU konnten zeigen, daß diese Dispersionsrelation der Grenzfall (und zwar der Realteil) einer allgemein-gültigen Beziehung ist, die nur durch komplexe Frequenzen gelöst werden kann, das bedeutet: durch den Realteil wird die oszillatorische Natur, durch den Imaginärteil die Dämpfung (oder Anregung) einer Plasmawelle beschrieben: LANDAU-Dämpfung (eine elegante Herleitung gibt CHEN [629]).
Der Imaginärteil der Dispersionsrelation ergibt sich für $k \ll k_{\mathrm{D}}$ zu

$$\Im(\omega) = \pi/2\omega_{\mathrm{P}} v_{\mathrm{F}}^2 (\mathrm{d}f/\mathrm{d}v)_{v=v_{\mathrm{P}}}, \qquad (14.68)$$

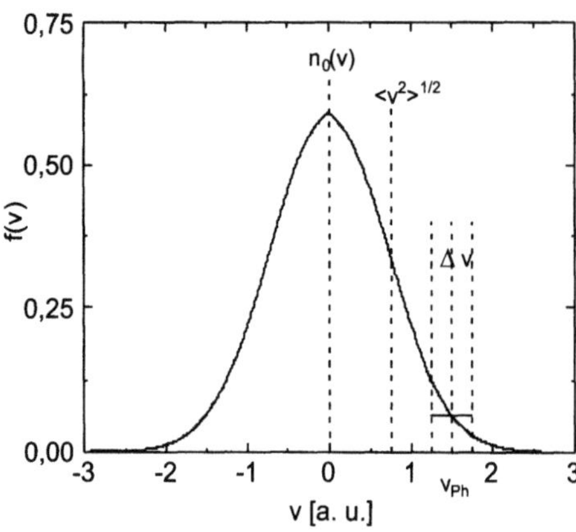

Abb. 14.11. Eindimensionale Energie-Verteilung der Elektronen nach MB [630].

wobei $\mathrm{d}f/\mathrm{d}v$ die Geschwindigkeitsableitung einer Verteilungsfunktion ist. Für $\Im(\omega) > 0$ wird eine Störung angeregt, für $\Im(\omega) < 0$ gedämpft. Das Vorzeichen wird also durch $\mathrm{d}f/\mathrm{d}v$ an der Stelle der Phasengeschwindigkeit festgelegt. Für eine MB-Verteilung ist

$$\Im(\omega) = -\sqrt{\frac{27\pi}{8}} \cdot \omega_\mathrm{P} \cdot \frac{k_\mathrm{D}^3}{2k^2} \exp\left\{-\frac{k_\mathrm{D}^2}{2k^2}\right\}, \tag{14.69}$$

dabei wird die Stärke der Dämpfung vom Verhältnis $\Im(\omega)/\omega_\mathrm{P}$ bestimmt, also von der Änderung der Amplitude während einer Schwingungszeit $2\pi/\omega_\mathrm{P}$. Ist k klein, ist auch die Dämpfung klein, so ist für $k/k_\mathrm{D} = 0,1$ das Verhältnis 10^{-51}, aber für $k/k_D = 0,5$ bereits 0,17. Für große k geht andererseits der exponentielle Faktor gegen Eins, der Faktor davor aber gegen Null, so daß die Dämpfung wieder klein wird. Dazwischen aber liegt das Maximum, das sich durch Differenzieren von Gl. (14.69) zu $k = k_\mathrm{D}$ ergibt; für $k > k_\mathrm{D}$ ist die Dämpfung jedoch bereits größer als durch Gl. (14.69) beschrieben und wird schnell größer als der Realteil der Dispersionsbeziehung, wie er durch Gl. (14.62) berechnet wird [631].

Während für eine MB-Verteilung wegen $\mathrm{d}f/\mathrm{d}v < 0$ immer eine Dämpfung zu erwarten ist, ändert sich die Situation, wenn z. B. ein Elektronenstrahl in das Plasma geschossen wird, wie es bei Elektronen der Fall ist, die den Kathodendunkelraum verlassen. Ist die Strahldichte genügend groß, dann kann bei hohen Geschwindigkeiten ein zweites Maximum entstehen, so daß $\mathrm{d}f/\mathrm{d}v > 0$, was bedeutet, daß anwachsende Schwingungen der Wellenzahl k auf Kosten der energiereichen Elektronen entstehen, und zwar *über einen Mechanismus, der keine Stöße benötigt* (das ist die sog. „Wellenreiter-Resonanz"). Da hier $\mathrm{d}f/\mathrm{d}v > 0$, wird diese Schwingung verstärkt. Die kritische Dichte, bei der die Dämpfung einer Welle in eine Anregung (Instabilität) umschlägt, kann beschrieben werden durch [632]:

$$\frac{n_\mathrm{B}}{n_\mathrm{P}} = \mathrm{const} \cdot \frac{T_\mathrm{B}}{T_\mathrm{P}} \cdot \frac{v_\mathrm{B}}{u_\mathrm{P}} \cdot \exp\left\{-\frac{mv_\mathrm{B}^2}{2k_\mathrm{B}T_\mathrm{P}}\right\}. \tag{14.70}$$

mit B die den Strahl und P die das ungestörte Plasma charakterisierenden Größen und u der wahrscheinlichsten Geschwindigkeit (Maximum der MB-Verteilung). Es wird diskutiert, daß die auf diese Art beschleunigten Elektronen dafür verantwortlich sind, daß die $\mathcal{EEDF}$ gerade für Elektronen höherer Energie wieder einer MB-Verteilung ähnlicher wird [115] [633] [634]. Auch für die Übertragung von Energie elektromagnetischer Wellen beim „ECR-Heating“ ist die LANDAU-Dämpfung ein bedeutender Mechanismus [195] [214].

14.4 Kapazitive Kopplung im RF-System

14.4.1 Der symmetrische Fall

Es ist offensichtlich, daß ein Modell für ein homogenes Plasma es nicht erlaubt, die Trägerdichten und Potentiale in den Randschichten, die für praktische Anwendungen allein interessieren, zu berechnen. Während der Grund für die Inhomogenität klar ist, nämlich die Beschleunigung der Ionen in der Randschicht, ist eine mathematische Beschreibung dieses Sachverhalts außerordentlich schwierig. Im Rahmen des Modells einer stoßfreien Randschicht kann das Problem jedoch analytisch gelöst werden [161] [635].[6] Dazu werden folgende Annahmen gemacht:

- im Plasma: Leitungsstrom der Elektronen, der Verschiebungsstrom ist dagegen klein: $\varepsilon_0 \mathrm{d}/\mathrm{d}t E_\mathrm{P} \ll \sigma E_\mathrm{P}$.
- in der Randschicht im quasineutralen Bereich: Leitungsstrom der Elektronen, unmittelbar über der Kathode: Verschiebungsstrom, der groß gegen den Leitungsstrom der Ionen ist: $e_0 n_\mathrm{i} \mathrm{d}x/\mathrm{d}t = \varepsilon_0 \mathrm{d}E_\mathrm{S}/\mathrm{d}t \gg j_\mathrm{i}, j_\mathrm{e}$.
- Das RF-Feld der Randschicht ist groß gegen das des Plasmas, das meist zu Null angenommen wird (konstantes Plasmapotential): $E_\mathrm{S} \gg E_\mathrm{P}$;
- die Elektronen sind im Feld der Randschicht im Gleichgewicht;
- die räumliche Verschiebung der Ionen in der Randschicht ist klein gegen deren Dicke. Die Randschicht ist stoßfrei, im quasistationären Fall sehen die Ionen nur das zeitlich gemittelte Feld.
- Die Grenze Ionenrandschicht/Plasma ist stationär, die Ionen treten in die Randschicht mit der BOHM-Geschwindigkeit $v_\mathrm{B} = \sqrt{k_\mathrm{B} T_\mathrm{e}/m_\mathrm{i}}$ ein, und

[6] Godyak und Sternburg lösten den Fall der auf niedrigem Potential liegenden Randschicht mit Stößen [168].

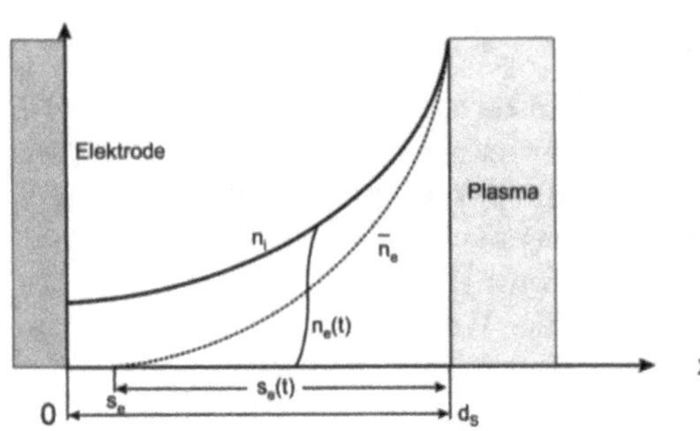

Abb. 14.12. Prinzipielle Struktur einer auf hohem Potential liegenden kapazitiv gekoppelten RF-Randschicht. $s(t)$ ist die instantane Grenze der Elektronen-Randschicht, für $x < s(t)$ ist $n_e = 0$, für $x > s(t)$ ist $n_e = n_i$. s_e ist die maximale Amplitude der Elektronen-Randschicht.

der DC-Ionenstrom kann mit dem CHILDschen Gesetz bestimmt werden. Die Elektronen antworten trägheitslos auf das instantane elektrische Feld ($\lambda_D \ll d_S$), was erfüllt ist, wenn $V_{RF} \gg k_B T_e/e_0$. Wegen $\lambda_D \ll d_S$ fällt dann die Elektronendichte innerhalb der Randschicht schnell auf Null.

- Die Elektronen-Randschicht, in der die Elektronendichte sehr niedrige Werte annimmt oder Null ist, oszilliert zwar im Takte der RF-Frequenz zwischen $x = 0$ (Elektrodenoberfläche) und s_e: $s = s(\omega, t)$. Für $x > s_e$ herrscht Quasineutralität zwischen den Ladungsträgern, und der RF-Strom ist Leitungsstrom der Elektronen, für $x < s_e$ ist n_e jedoch Null und der RF-Strom reiner Verschiebungsstrom. Für $\omega = 0$ (DC-Fall) wird s_e natürlich auch Null, für $\omega \gg \nu_m$ ist $s_e \approx d_S$ (Abb. 14.12).
- $\omega_{P,i} \ll \omega \ll \omega_{P,e}$.

Vereinfachend wird also die RF-Randschicht durch eine Stufenfunktion separiert in einen stationären Bereich, in dem $n_e \approx n_i$, und eine oszillierenden Bereich, in dem die Elektronendichte Null ist [636]. Wir wissen, daß an der BOHM-Kante $x = d_S, v_B = \sqrt{k_B T_e/m_i}$ gilt, und daß das zeitlich gemittelte Potential $\overline{V}(x)$ und $n_i(x)$ sowie $v_i(x)$ Ortsfunktionen sind:

$$n_0 v_B = n_i v_i \wedge \frac{1}{2} m_i v_i^2 = \frac{1}{2} m_i v_B^2 + e_0 \overline{V}(x), \tag{14.71}$$

woraus für die Ionendichte folgt

$$n_i = \frac{n_0}{\sqrt{1 - 2\frac{e_0 \overline{V}(x)}{k_B T_e}}}. \tag{14.72}$$

Die POISSON-Gleichung ist mit $s_e(t)$ dem Abstand von der Elektrode ($x = 0$) zur Grenze der pulsierenden Elektronen-Randschicht s_e:

$$x < s_e: \frac{\mathrm{d}E}{\mathrm{d}x} = \frac{e_0}{\varepsilon_0} n_i(x) \Longrightarrow E = \frac{e_0}{\varepsilon_0} \int_0^{s_e} n_i(x)\mathrm{d}x \tag{14.73}$$

(Elektronendichte Null) und

$$x > s_e: \frac{\mathrm{d}E}{\mathrm{d}x} = 0 \Longrightarrow E = 0 \tag{14.74}$$

(Quasineutralität).[7] Wir nehmen weiter an, daß ein harmonisch angeregter Verschiebungsstrom durch die Randschicht fließt:

$$j_{\mathrm{RF}}(t) = j_0 \sin \omega t, \tag{14.75}$$

der an der Grenze der pulsierenden Randschicht ($s(t) = s_e$ beim Phasenwinkel ϕ) gleich dem elektronischen Leitungsstrom ist, ab der außerdem im zeitlichen Mittel Ladungsneutralität herrscht, d. h. $\overline{n}_e = \overline{n}_i = n_i$, (Abb. 14.12):

$$j_0 \sin \omega t = \varrho_i \frac{\mathrm{d}s(t)}{\mathrm{d}t} = e_0 n_i \frac{\mathrm{d}s(t)}{\mathrm{d}t}, \tag{14.76}$$

integriert in den Grenzen $s(t) = 0$ und $s(t) = s_e$, wobei $s(t) = 0$ bei $\omega t = 0$:

$$\frac{j_0}{\varepsilon_0 \omega}(1 - \cos \omega t) = \frac{e_0}{\varepsilon_0} \int_{ds}^{s_e} n_i(x) dx. \tag{14.77}$$

Damit ergibt sich das elektrische Feld der Ionen-Randschicht für Werte $x < s_e$ unmittelbar über der Kathode mit den Gln. 14.73 und 14.77 zu

$$E(x, \omega t) = \frac{e_0}{\varepsilon_0} \int_0^{s_e} n_i(x) dx = \frac{e_0}{\varepsilon_0} \int_0^{ds} n_i(x)\mathrm{d}x - \frac{e_0}{\varepsilon_0} \int_{s_e}^{ds} n_i(x)\mathrm{d}x \tag{14.78}$$

oder

$$E(x, \omega t) = \frac{e_0}{\varepsilon_0} \int_0^{ds} n_i(x)\mathrm{d}x - \frac{j_0}{\varepsilon_0 \omega}(1 - \cos \omega t); \tag{14.79}$$

der zeitliche Mittelwert des elektrischen Feldes ist:

$$\overline{E}(x) = \frac{1}{2\pi} \int_{-\phi}^{\phi} E(x, \omega t)\mathrm{d}(\omega t); \tag{14.80}$$

da nur innerhalb des Phasenwinkels $\omega t = \pm\phi$ $s(t) > x$, also wird

$$\overline{E}(x) = \frac{e_0}{\varepsilon_0} \frac{\phi}{\pi} \int_0^{ds} n_i(x)\mathrm{d}x + \frac{j_0}{\varepsilon_0 \omega \pi}(\sin \phi - \phi). \tag{14.81}$$

Mit Gl. (14.78) ist unter Berücksichtigung von $\phi = \omega t$ an der Stelle s_e über die ganze Randschicht:

---

[7] Diese Annahme ist nicht ganz korrekt, da hier die Elektronendichte mit einem BOLTZMANN-Term abnimmt. Um die Bedingung $n_i = n_e$ erfüllen zu können, ist der Aufbau eines weiteren (allerdings) kleinen Feldes notwendig [637].

$$\frac{e_0\phi}{\varepsilon_0\pi}\int_0^{d_\mathrm{s}} n_\mathrm{i}(x)\mathrm{d}x = \frac{\phi}{\pi}\frac{j_0}{\omega\varepsilon_0}(1-\cos\phi), \qquad (14.82)$$

womit wir für den zeitlichen Mittelwert der Feldstärke erhalten:

$$\overline{E}(x) = \frac{j_0}{\varepsilon_0\pi\omega}[\sin\phi - \phi\cos\phi]. \qquad (14.83)$$

Da $j_0 \sin\omega t = e_0 n_\mathrm{i} \mathrm{d}x/\mathrm{d}t$ bei $x = s_\mathrm{e}$, wo $\omega t = \phi$:

$$\frac{\mathrm{d}\phi}{\mathrm{d}x} = \frac{e_0 n_0}{\sqrt{1-2e_0\overline{V}(x)/k_\mathrm{B}T_\mathrm{e}}}\cdot\frac{\omega}{j_0\sin\phi} \Rightarrow \frac{\mathrm{d}\phi}{\mathrm{d}x} = e_0 n_\mathrm{i}\frac{\omega}{j_0\sin\phi}. \qquad (14.84)$$

Damit haben wir zwei Gradienten erhalten: einmal den des Potentials $V(x)$, zum anderen den Phasenwinkel ϕ, von dem die instantane Grenze der Elektronen-Randschicht abhängt. Variablentrennung und Integration in den Grenzen $V(x) = 0$ und $V(x)$ sowie $\phi = 0$ und ϕ ergibt nach etwas Algebra mit $A = j_0^2/(k_\mathrm{B}T_\mathrm{e}\varepsilon_0 e_0 n_0 \pi\omega^2)$, in dem die Debye-Länge verborgen ist:

$$\sqrt{1-\frac{2e_0\overline{V}(x)}{k_\mathrm{B}T_\mathrm{e}}} = 1 + A\cdot\left(\frac{\phi}{4}\cos 2\phi + \frac{\phi}{2} - \frac{3}{8}\sin 2\phi\right). \qquad (14.85)$$

Auf der linken Seite steht bereits der n_i und n_0 verbindende Faktor, also wird schließlich:

$$\frac{n_0}{n_\mathrm{i}} = 1 + A\left(\frac{\phi}{4}\cos 2\phi + \frac{\phi}{2} - \frac{3}{8}\sin 2\phi\right) \qquad (14.86)$$

für die Ionendichte und für das zeitlich gemittelte Potential:

$$\overline{V}(x) = \frac{k_\mathrm{B}T_\mathrm{e}}{2e_0}\cdot\left(1-\left(1+A\left(\frac{\phi}{4}\cos 2\phi + \frac{\phi}{2} - \frac{3}{8}\sin 2\phi\right)\right)^2\right). \qquad (14.87)$$

Die Dicke der Randschicht selbst ergibt sich durch Einsetzen von Gl. (14.85) in die Gl. (14.84) und gliedweise Integration in den Grenzen von $\overline{V}(x) = 0$ bei $\phi = 0$ und $\overline{V}(x)$ bei ϕ zu

$$x = \frac{j_0}{e_0 n_0 \omega}\cdot\left[1-\cos\phi + \frac{A}{8}\left(\frac{3}{2}\sin\phi + \frac{11}{18}\sin 3\phi - 3\phi\cos\phi - \frac{1}{3}\phi\cos\phi\right)\right] \wedge \qquad (14.88)$$

$$x = \sqrt{\pi A}\lambda_\mathrm{D}\cdot\left[1-\cos\phi + \frac{A}{8}\left(\frac{3}{2}\sin\phi + \frac{11}{18}\sin 3\phi - 3\phi\cos\phi - \frac{1}{3}\cos 3\phi\right)\right]. \qquad (14.89)$$

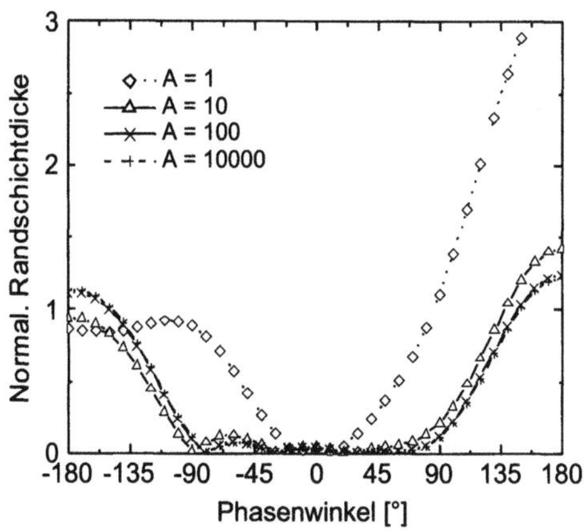

Abb. 14.13. Eine harmonisch angeregte Elektroden-Randschicht weist eine starke Nichtlinearität auf. Dies ist besonders gut bei kleinen Werten des Verschiebungsstroms (kleine A) ersichtlich. Erst für Werte von $A > 10\ 000$ schwingt die elektronische Randschicht phasengleich mit der angelegten Spannung.

Für $x = s(t)$ und $\phi = \omega t$ erhalten wir eine *nichtlineare Gleichung für die pulsierende Elektroden-Randschicht,* Abb. 14.13. $x(t)$ ist eine gerade Funktion von ωt mit einer Periode von 360 °. Daher müssen die die Gleichung antisymmetrisch machenden Terme, die den Sinus und die Phase enthalten, für $-\pi \leq \omega t \leq 0$ durch $-\omega t$ ersetzt werden.

Voraussetzungsgemäß soll die Debye-Länge klein gegen die Dicke der Randschicht sein, d. h. kapazitive Kopplung mit großem Verschiebungsstrom j_0, daß $A \gg 1$. Damit wird die Dicke einer selbstkonsistenten RF-Randschicht bei $\phi = \pi$:

$$s_{\mathrm{e}} = \frac{j_0}{e_0 n_0 \omega} \frac{5\pi}{12} A \tag{14.90}$$

und ihr Potential

$$\overline{V}(x) = \frac{k_{\mathrm{B}} T_{\mathrm{e}}}{e_0} \frac{9\pi^2}{32} A^2. \tag{14.91}$$

Wir erwarten für eine quasistationäre Entladung, daß der DC-Ionenstrom und die Dicke der stoßfreien Ionenrandschicht durch die Abhängigkeit $j_{\mathrm{i}} \propto V^{3/2}/d^2$ beschrieben werden können. Die Konstante ist im Child-Langmuirschen Gesetz 4/9; sie ergibt sich jedoch durch Einsetzen von s_{e} und $\overline{V}(x)$ zu etwa 0,82. Umgekehrt erhält man für die Dicke der Randschicht bei gegebener Ionenstromdichte und Spannung einen Wert, der um mehr als ein Drittel höher ist als der für eine DC-Randschicht, was auf die durch die endliche Elektronendichte in der Randschicht reduzierte Ionendichte bedingt ist.

Nach Integration erhalten wir für die zeitliche Abhängigkeit des Potentials:

$$V(t) = \frac{\pi k_{\mathrm{B}} T_{\mathrm{e}}}{4 e_0} A\{4 \cos \omega t + \cos 2\omega t + 3 +$$

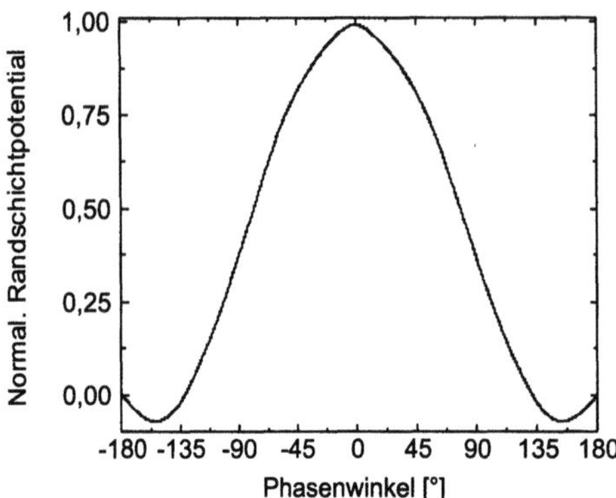

Abb. 14.14. Das Maximum des zeitabhängigen Potentials liegt für hohe Verschiebungsströme bei $\phi = 0$.

$$+A\left[\frac{15}{16\pi}+\frac{5}{3\pi}\cos\omega t+\frac{3}{8}\omega t+\frac{1}{3}\omega t\left(\cos 2\omega t+\frac{1}{16}\cos 4\omega t\right)-\right. \tag{14.92}$$
$$\left.\left.-\frac{1}{18}\left(5\sin 2\omega t+\frac{238}{64}\sin 4\omega t\right)\right]\right\}.$$

Auch für das Potential gilt das für die Randschicht Gesagte entsprechend. Innerhalb der Grenzen $-\pi$ und π erhalten wir für große A einen Potentialverlauf wie in Abb. 14.14 gezeigt. Das Maximum liegt bei $\phi = 0$ und beträgt

$$V(0)=\frac{\pi k_{\mathrm{B}}T_{\mathrm{e}}}{4e_0}A\left(8+\frac{125\pi}{48}A\right). \tag{14.93}$$

Führt man eine FOURIER-Zerlegung für $V(t)$ durch, erhält man den Mittelwert $\overline{V} = V_0$:

$$V_0=\frac{3\pi k_{\mathrm{B}}T_{\mathrm{e}}}{4e_0}A\left(1+\frac{3\pi}{8}A\right), \tag{14.94}$$

während die ersten beiden Obertöne für $A \gg 1$ nur mehr 12 bzw. 4 % des Grundtons ausmachen. Insbesondere ergibt sich für das Verhältnis der Spannungen $\overline{V}/V(0) = 54/25 \approx 0,45$. Für eine symmmetrisch betriebene RF-Entladung sind zwei RF-Randschichten hintereinander geschaltet. An der heißen Elektrode ist die Spannung zum Plasma $V_{\mathrm{T}}(t)$, an der kalten $V_{\mathrm{W}}(t) = V_{\mathrm{T}}(\omega t - \pi)$. Entwickelt man wieder in eine FOURIER-Reihe, sieht man, daß alle geraden harmonischen, insbesondere die DC-Komponente V_0, ausfallen; darüber hinaus sind die höheren Harmonischen sehr klein, bereits der dritte Oberton macht nur 6,4 % des Grundtons aus [638]. Wir können also eine symmetrische Entladung sehr gut als lineares Phänomen beschreiben: ein sinusförmiger Strom in der Randschicht erzeugt eine sinusförmige Spannung. *Der mittlere an den Elektroden abfließende Strom ist Null.*

Dieses Modell gilt für kapazitive Randschichten bei einer hohen Spannung. Es ist aber zu bedenken, daß gerade dann durch γ-Prozesse die Verteilung der

Ladungsträger in den Randschichten entscheidend geändert wird, sowohl was deren Konzentration als auch deren Energieverteilung betrifft [639].

In schwach ionisierten RF-Plasmen sind die Randschichten die einzigen nicht-linearen Elemente. Hier ist eine allerdings bedeutende DC-Komponente und ein starker erster Oberton vorhanden. *In einer planaren symmetrischen RF-Entladung sind die Obertöne nur zu einem Anteil von wenigen Prozent vertreten, so daß die RF-Entladung als lineares Phänomen beschrieben werden kann.* Bei einer geometrisch symmetrischen RF-Entladung fällt zwar die DC-Komponente aus; sie muß deswegen im elektrodynamischen Sinne nicht symmetrisch sein, vor allem, wenn die Kapazitäten von Plasma und Elektroden-Randschichten vergleichbar werden, kann der Verschiebungsstrom einen bedeutenden Unterschied zwischen kalter (geerdeter) und heißer (angeregter) Elektrode verursachen.

14.4.2 Der asymmetrische Fall

Asymmetrische Entladungen sind hochgradig nicht-lineare Phänomene, da die Obertöne des Stroms genauso stark sein können wie der anregende RF-Strom, vor allem bei niedrigen Drücken.

Löst man die Gleichungen für die Randschichten und die Glühzone getrennt und kombiniert die Resultate unter Beachtung der Kontinuitätsbedingung, daß der Gesamtstrom auf beide Elektroden a und b gleich groß ist: $I_\mathrm{a} = I_\mathrm{b}$, erhält man algebraisch für das Spannungsverhältnis von heißer zu kalter Elektrode einen Quotienten von Integralen. Folglich wird dieses Verhältnis nicht — wie in der „nullten" Näherung von KOENIG und MAISSEL angenommen [126], die zu ihrem Randschichtpotential-Theorem führte — durch das Verhältnis der Elektrodenflächen bestimmt, sondern durch

$$\frac{V_\mathrm{a}}{V_\mathrm{b}} = \left(\frac{\int_{\mathrm{A,b}} n_\mathrm{b}(x)\mathrm{d}^2x}{\int_{\mathrm{A,a}} n_\mathrm{a}(x)\mathrm{d}^2x}\right)^q . \tag{14.95}$$

q nimmt verschiedene Werte an: 4 für den stoßfreien Fall, 3 für den elastischen Stoß, 5/2 für den resonanten Charge-Transfer, n ist die Plasmadichte an der BOHM-Kante und nimmt für die unterschiedlichen Transportmechanismen ebenfalls verschiedene Werte an. Weiter ergaben Rechnungen von LIEBERMAN und SAVAS [640], daß für Flächenverhältnisse der Elektroden zwischen zwei und drei, wie sie für Planarreaktoren typisch sind, die Ionenstromdichte an der kleineren Elektrode um bis zu 40 % höher als an der größeren Elektrode ist. Das Verhältnis der Spannungen in den Randschichten ist damit insbesondere unabhängig von der anregenden RF-Spannung und der Elektronentemperatur und nur über die Plasmadichte an der Bohm-Kante vom Flächenverhältnis der Elektroden abhängig.

Wie wir gesehen haben, ist der Zusammenhang zwischen der Anregungsamplitude V_RF und dem Spannungsabfall an der Elektrode V_DC sehr kompliziert und enthält ein unlösbares Integral (Gl. (14.95)). Für den asymmetrischen Fall

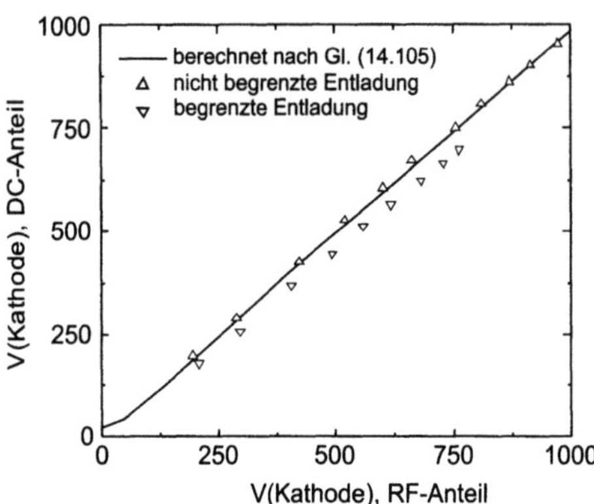

Abb. 14.15. Spannungen in der Randschicht: Ordinate: DC-Anteil, Abszisse: AC-Anteil. Die Gerade ist nach Gl. (14.105) berechnet (nach [155]. Eine begrenzte Entladung ist radial auf die Fläche der „heißen" Elektrode begrenzt (genau definierte Entladungsgeometrie) © The American Institute of Physics).

gingen GARSCADDEN und EMELEUS [261] sowie BUTLER und KINO [641] deshalb von folgenden vereinfachenden Voraussetzungen aus:

- die negative Stromdichte ist gleich der positiven, wenn an eine Kathode eine Wechselspannung $V_{\mathrm{RF}} \sin \omega t$ angelegt wird, und dabei ein negatives *DC-Bias* entsteht (s. Abschn. 6.5.2);
- die Ionenstromdichte ist unabhängig von der Spannung der Randschicht (s. Abschn. 14.2);
- die Wechselspannung wird nicht verzerrt.

Dann ist (Herleitung Gln. (3.19), (3.20), (6.88), (14.38)) mit

$$U_{\mathrm{DC}} = \overline{V}_{\mathrm{P}} - V_{\mathrm{DC}} \wedge V_{\mathrm{S}} = V_{\mathrm{RF}} \frac{C_{\mathrm{W}}}{C_{\mathrm{T}} + C_{\mathrm{W}}}: \tag{14.96}$$

$$j_{\mathrm{e}} = e_0 n_0 \exp\left(\frac{e_0}{k_{\mathrm{B}} T_{\mathrm{e}}} \cdot (U_{\mathrm{DC}} + V_{\mathrm{RF}} \sin \omega t)\right) \cdot \sqrt{\frac{k_{\mathrm{B}} T_{\mathrm{e}}}{2\pi m_{\mathrm{e}}}} \tag{14.97}$$

und

$$j_{\mathrm{i}} = e_0 n_0 \sqrt{\frac{k_{\mathrm{B}} T_{\mathrm{e}}}{e m_{\mathrm{i}}}}. \tag{14.98}$$

Im Zeitmittelwert von j_{e}, d. h. dem Integral

$$\frac{1}{T} \int_0^T \exp\left(\frac{e_0}{k_{\mathrm{B}} T_{\mathrm{e}}} V_{RF} \sin \omega t\right) \mathrm{d}t \tag{14.99}$$

erkennt man die Integraldarstellung der BESSEL-Funktion der ersten Art und nullter Ordnung mit rein imaginärem Argument [642]:

$$J_0\left(-\mathrm{i} \frac{e_0}{k_{\mathrm{B}} T_{\mathrm{e}}} V_{\mathrm{RF}}\right). \tag{14.100}$$

Fließt durch die Randschicht kein Nettostrom, folgt

$$U_{\mathrm{DC}} = -\frac{k_{\mathrm{B}}T_{\mathrm{e}}}{e_0}\left(1/2 \ln \frac{em_{\mathrm{i}}}{2\pi m_{\mathrm{e}}} + \ln J_0 \frac{e_0 V_{\mathrm{RF}}}{k_{\mathrm{B}}T_{\mathrm{e}}}\right) \tag{14.101}$$

mit dem Term für das Schwebepotential

$$V_{\mathrm{F}} = \frac{k_{\mathrm{B}}T_{\mathrm{e}}}{2e_0} \ln \frac{em_{\mathrm{i}}}{2\pi m_{\mathrm{e}}} \tag{14.102}$$

aus Abschn. 2.5. Man kann also zwei Grenzfälle unterscheiden:

$$e_0 V_{\mathrm{RF}} \ll k_{\mathrm{B}}T_{\mathrm{e}} : U_{\mathrm{DC}} = -V_{\mathrm{F}}. \tag{14.103}$$

$$e_0 V_{\mathrm{RF}} >\approx 10 \cdot k_{\mathrm{B}}T_{\mathrm{e}} : \tag{14.104}$$

$$-U_{\mathrm{DC}} = V_{\mathrm{F}} + V_{\mathrm{RF}} - \frac{k_{\mathrm{B}}T_{\mathrm{e}}}{2e_0} \ln\left(2\pi \frac{e_0}{k_{\mathrm{B}}T_{\mathrm{e}}} V_{\mathrm{RF}}\right). \tag{14.105}$$

Für große RF-Spannungen ist demnach das an der Kathode entstehende „DC-Bias“ gleich dem Schwebepotential plus der Amplitude der RF-Spannung, korrigiert um einen logarithmischen Term.

Trägt man jetzt den DC-Anteil aus Gl. (14.105) gegen den RF-Anteil $V_{\mathrm{S}}(t)$ gegeneinander auf, findet man eine Gerade der Steigung 1, die Beschreibung mit dieser Gleichung ist also für diese Rasterung sehr gut (Abb. 14.15).

14.5 Bewegung im magnetischen Feld

14.5.1 Die magnetische Flasche

Die allgemeine Bewegungsgleichung eines Elektrons in einem statischen Magnetfeld lautet

$$\boldsymbol{F} = -e_0(\boldsymbol{v} \times \boldsymbol{B}) = m\frac{\mathrm{d}\boldsymbol{v}}{\mathrm{d}t}. \tag{14.106}$$

Die Lösung dieser Gleichung ist eine Superposition einer circularen Bewegung und einer gleichförmigen Bewegung: die gesamte Partikelbewegung ist die Resultierende einer circularen Bewegung $\boldsymbol{v}_{\mathrm{c}}$ um ein Gyrationszentrum Z, das sich selbst mit einer Geschwindigkeit $\boldsymbol{v}_z$ bewegt ($\boldsymbol{v}_z \parallel \boldsymbol{B}$):

$$\boldsymbol{v} = \boldsymbol{v}_{\mathrm{c}} + \boldsymbol{v}_z = \boldsymbol{\omega}_{\mathrm{c}} \times \boldsymbol{r}_{\mathrm{c}} + \boldsymbol{v}_z. \tag{14.107}$$

Die Beschleunigung durch das Magnetfeld ist mit dem Entwicklungssatz:

$$\frac{\mathrm{d}\boldsymbol{v}}{\mathrm{d}t} = \boldsymbol{\omega}_{\mathrm{c}} \times \boldsymbol{v}_{\mathrm{c}} = -\omega_{\mathrm{c}}^2 \cdot \boldsymbol{r}_{\mathrm{c}}, \tag{14.108}$$

was beim Einsetzen in die Bewegungsgleichung

$$e_0(\boldsymbol{v}_z \times \boldsymbol{B} + \boldsymbol{v}_\mathrm{c} \times \boldsymbol{B}) = -m\,(\boldsymbol{\omega}_\mathrm{c} \times \boldsymbol{v}_\mathrm{c}) \qquad (14.109)$$

ergibt. Da das erste Kreuzprodukt Null ist, weil die Vektoren voraussetzungsgemäß kollinear sind, wird (LARMOR-Beziehung)

$$\boldsymbol{\omega}_\mathrm{c} = \frac{e_0 \boldsymbol{B}}{m}. \qquad (14.110)$$

Es handelt sich demnach um eine um $\boldsymbol{B}$ kreisförmige Bewegung mit der Cyclotronfrequenz $\boldsymbol{\omega}_\mathrm{c}$, verbunden mit einer zweiten Bewegung entlang $\boldsymbol{B}$. Die Cyclotronfrequenz ist also für Ladungsträger gleicher Masse, aber unterschiedlicher Energie, gleich!

Mit einem zusätzlichen statischen elektrischen Feld ist die LORENTZ-Kraft: $\boldsymbol{F} = m\mathrm{d}\boldsymbol{v}/\mathrm{d}t = -e_0[\boldsymbol{E} + (\boldsymbol{v} \times \boldsymbol{B})]$. Ein Lösungsansatz wie mit Gl. (14.107) liefert

$$\boldsymbol{E} + \boldsymbol{v}_z \times \boldsymbol{B} = 0, \qquad (14.111)$$

also

$$\boldsymbol{E} = \boldsymbol{B} \times \boldsymbol{v}_z, \qquad (14.112)$$

woraus folgt:

$$\boldsymbol{E} \times \boldsymbol{B} = \boldsymbol{B} \times \boldsymbol{v}_z \times \boldsymbol{B} \Rightarrow \boldsymbol{E} \times \boldsymbol{B} = B^2 \cdot \boldsymbol{v} - \boldsymbol{B}(\boldsymbol{v} \cdot \boldsymbol{B}). \qquad (14.113)$$

$\boldsymbol{v}_z$ hat demnach die beiden Komponenten $v_\perp$ und $v_\parallel$:

$$\boldsymbol{v}_z = \left(\boldsymbol{E} \times \frac{\boldsymbol{B}}{B^2}\right) + e_0 \frac{\boldsymbol{E}}{m}, \qquad (14.114)$$

(sog. „*E×B–Drift*“) oder einfach Kreuzdrift. Demnach ist die Bewegung des Zentrums zu beiden Feldern hin normal beschleunigt und hat eine konstante Driftgeschwindigkeit mit dem Betrag E/B; sie ist unabhängig von der Ladung und der Masse, weil sowohl die elektrischen wie die magnetischen Kräfte der Ladung der Partikel proportional sind. Zwar hat eine schwerere Masse einen größeren Gyro-Radius, dafür ist aber auch ihre Cyclotronfrequenz niedriger, und zwar um den gleichen Betrag.

In einem neutralen Medium erzeugt ein $\boldsymbol{E}$-Feld eine Bewegung, also einen Strom, entlang $\boldsymbol{B}$ mit entgegengesetzter Helizität für beide Ladungsträgersorten. Die Kreuzdrift ist dagegen für beide Sorten gleich. In diese Richtung erzeugt $\boldsymbol{E}$ eine Massenseparation ohne Strom! Die Geschwindigkeit parallel zum Magnetfeld wird also ausschließlich durch das elektrische Feld bestimmt (Energieerhaltungssatz). Es ist offensichtlich, daß der Betrag von $\boldsymbol{B}$ größer als der von $\boldsymbol{E}$ sein muß, anderenfalls wird die Partikel kontinuierlich in Richtung von $\boldsymbol{E}$ beschleunigt![8]

Bei konstantem Magnetfeld beobachtet man folglich eine *Helix mit konstantem Radius,* bei sich änderndem Magnetfeld ($\partial B/\partial t \ll B\omega_{\mathrm{c}}$)) muß jedoch weiter berücksichtigt werden, daß dadurch eine zusätzliche Bewegung nach dem Induktionsgesetz entsteht. Für eine Kreisbewegung gilt:

$$\int \nabla \times \boldsymbol{E}\,\mathrm{d}A = \int \boldsymbol{E}\cdot \mathrm{d}\boldsymbol{s} = 2\pi r_{\mathrm{c}} E = -\pi r_{\mathrm{c}}^2 \frac{\partial B}{\partial t}, \tag{14.115}$$

so daß eine zum Magnetfeld senkrecht gerichtete Beschleunigung der Größe

$$\frac{1}{2} r_{\mathrm{c}} \frac{\mathrm{d}\boldsymbol{\omega}_{\mathrm{c}}}{\mathrm{d}t} = \frac{1}{2}\boldsymbol{\omega}_{\mathrm{c}} r_{\mathrm{c}}^2 = \frac{1}{m} e_0 \boldsymbol{E} = \frac{\mathrm{d}\boldsymbol{v}_\perp}{\mathrm{d}t} = \boldsymbol{\omega}_{\mathrm{c}} \frac{\mathrm{d}r_{\mathrm{c}}}{\mathrm{d}t} + r_{\mathrm{c}} \frac{\mathrm{d}\boldsymbol{\omega}_{\mathrm{c}}}{\mathrm{d}t} \tag{14.116}$$

auf die Ladungsträger wirkt. $\boldsymbol{\omega}_{\mathrm{c}}(\mathrm{d}r_{\mathrm{c}}/\mathrm{d}t)$ ist folglich die negative zeitliche Änderung der senkrechten Komponente der Geschwindigkeit, und damit wird für die Änderung des Drehimpulses:

$$\frac{\mathrm{d}\boldsymbol{L}}{\mathrm{d}t} = m \frac{\mathrm{d}\boldsymbol{\omega}_{\mathrm{c}} r_{\mathrm{c}}^2}{\mathrm{d}t} = m r_{\mathrm{c}} \left(\boldsymbol{\omega}_{\mathrm{c}} \frac{\mathrm{d}r_{\mathrm{c}}}{\mathrm{d}t} + \frac{\mathrm{d}\boldsymbol{v}_\perp}{\mathrm{d}t} \right) = 0. \tag{14.117}$$

Bei abnehmendem (zunehmendem) Magnetfeld ergibt sich also eine Vergrößerung (Verkleinerung) des Präzessionsradius.

Beobachtet man einen Gradienten des magnetischen Feldes parallel zu diesem ($\nabla B \parallel \boldsymbol{B} \parallel \boldsymbol{z}$), stellt man zunächst fest, daß $\nabla \cdot \boldsymbol{B} = 0$, was in Zylinderkoordinaten bei Vernachlässigung der azimutalen Komponente ($B_\Theta = 0 \wedge \partial B/\partial\Theta = 0$)

$$\frac{1}{r}\frac{\partial (r B_{\mathrm{r}})}{\partial r} + \frac{\partial B_z}{\partial z} = 0 \tag{14.118}$$

ergibt. Unter der Annahme, daß $B_z \gg B_{\mathrm{r}}$, das Magnetfeld also nicht wesentlich mit dem Radius variiert, folgt näherungsweise bei $r = 0$:

$$B_{\mathrm{r}} = -\frac{r_{\mathrm{c}}}{2}\frac{\partial B_z}{\partial z}, \tag{14.119}$$

was das Auftreten einer axialen Kraft beschreibt, deren Größe

$$F_{\parallel} = e v B_{\mathrm{r}} \tag{14.120}$$

ist und mit Gl. (14.119) unter Berücksichtigung der LARMOR-Beziehung übergeht in

$$F_{\parallel} = {}^1\!/_2 \frac{m v_\perp^2}{B}\frac{\partial B_z}{\partial z} = -\mu \frac{\partial B_z}{\partial z} \tag{14.121}$$

[8] Anwendung findet dieses Prinzip in Geschwindigkeitsdiskriminatoren. In Verbindung mit ablenkenden Magneten können $E \times B$-Selektoren aus einem „bunten" einen monochromatischen Strahl definierter Masse herausfiltern.

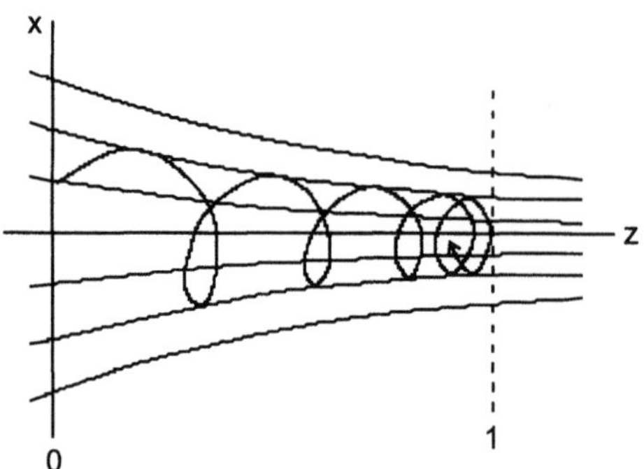

Abb. 14.16. Ein Elektron wird an der Stelle stärksten Magnetfeldes in longitudinaler Richtung reflektiert, an der Stelle schwächsten Magnetfeldes in dieser Richtung dagegen beschleunigt.

mit μ dem magnetischen Moment $\mu = I \cdot A$ oder $E_{\text{kin},\perp} = \mu \cdot B$, wobei $E_{\text{kin},\perp}$ die kinetische Energie senkrecht zum Magnetfeld ist. *Die Partikel wird also parallel zum Gradienten beschleunigt, und zwar ein positives Ion in Richtung abnehmenden Feldes.* Für ein stationäres Feld muß die Energie bei thermischer Bewegung der Partikel erhalten bleiben:

$$\frac{\mathrm{d}E_{\text{kin},\perp}}{\mathrm{d}t} + \frac{\mathrm{d}E_{\text{kin},\parallel}}{\mathrm{d}t} = 0, \tag{14.122}$$

woraus folgt

$$\frac{\mathrm{d}}{\mathrm{d}t}\left(\frac{mv_\parallel^2}{2} + \mu B\right) = 0, \tag{14.123}$$

also

$$mv_\parallel \frac{\mathrm{d}v_\parallel}{\mathrm{d}t} + \frac{\mathrm{d}(\mu B)}{\mathrm{d}t} = 0. \tag{14.124}$$

Andererseits gilt

$$v_\parallel m \frac{\mathrm{d}v_\parallel}{\mathrm{d}t} = \frac{\mathrm{d}}{\mathrm{d}t}{}^1\!/\!{}_2 mv_\parallel^2 = -v_\parallel \mu \frac{\mathrm{d}B}{\mathrm{d}z} = -\mu \frac{\mathrm{d}z}{\mathrm{d}t}\frac{\mathrm{d}B}{\mathrm{d}z} = -\mu \frac{\mathrm{d}B}{\mathrm{d}t}, \tag{14.125}$$

so daß sich durch Vergleich der Gln. (14.124) und (14.125) ergibt, daß

$$\frac{\mathrm{d}\mu}{\mathrm{d}t} = 0. \tag{14.126}$$

Auf dieser sog. *adiabatischen (sich zeitlich langsam ändernden) Invarianz des magnetischen Moments* beruht eine Möglichkeit, das Plasma durch einen *Magnetischen Spiegel* in einer *Magnetischen Flasche* einzuschließen: Diffundiert eine Partikel von einem Gebiet schwachen (Stelle 0) in eine Region starken Feldes (Stelle 1), muß wegen größer werdenden B auch $v_\perp$ zunehmen. Da die kinetische Energie konstant bleibt, geht das auf Kosten von $v_\parallel$, die abnimmt

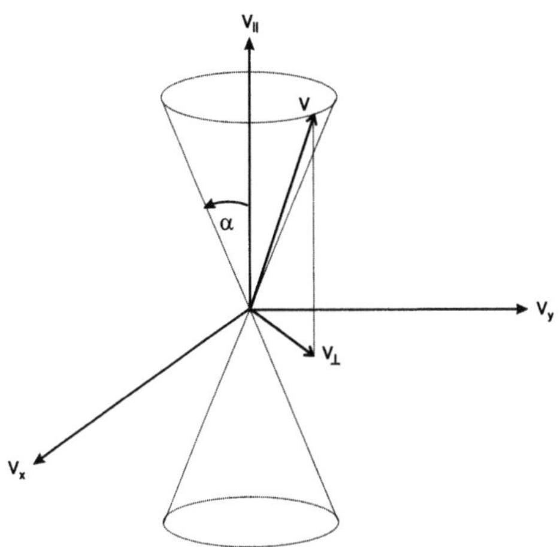

Abb. 14.17. Verlustkegel: Sich innerhalb des Kegels befindliche Ladungen können nicht gefangen werden.

und schließlich — im „Flaschenhals" (an der Stelle 1) — Null werden kann: die Partikel wird reflektiert (Abb. 14.16).

Bildet $v_\perp$ zu v_0 den Winkel α, ($v_\perp = v_0 \sin\alpha, v_\| = v_0 \cos\alpha$), dann folgt für die *Einschlußbedingung* aus der Invarianz des magnetischen Moments μ und der Energieerhaltung, daß

$$^1\!/_2 \frac{mv_{\perp,0}^2}{B_0} = {}^1\!/_2 \frac{mv_{\perp,1}^2}{B_1} \tag{14.127}$$

$$\Rightarrow v_{\perp,1}^2 = v_{\|,0}^2 + v_{\perp,0}^2 = v_0^2 \sin^2\alpha \wedge v_{\|,1}^2 = v_0^2 \cos^2\alpha = v_0^2(1 - \sin^2\alpha). \tag{14.128}$$

Nur, wenn die Klammer in Gl. (14.128) positiv ist, kann die Partikel passieren, sonst wird sie reflektiert. Wir erhalten also einen sog. *Verlustkegel.* Partikeln, die innerhalb des Kegels liegen, können nicht gefangen werden (Abb. 14.17). Die Einschlußbedingung ist im übrigen von Ladung und Masse unabhängig.

Ohne Stöße werden also Elektronen und Ionen gleichermaßen gefangen. Ist T verschieden von Null, können die Partikeln durch Stöße ihre Geschwindigkeit ändern. Da Elektronen eine wesentlich höhere Stoßfrequenz als Ionen besitzen, ist es schwieriger, sie einzuschließen. Umgekehrt nimmt an Stellen niedrigen Magnetfelds $v_\|$ zu, was man in den divergenten Magnetfeldern von ECR-Quellen, die als Extraktionssysteme Verwendung finden, ausnutzt: das Plasma wird sozusagen aus der Plasmaquelle „hinausgedrückt". In der Natur bildet das Magnetfeld der Erde, stark an den Polen und schwach am Äquator, einen derartigen Spiegel in sehr großer Höhe — die VAN-ALLEN-Gürtel, die aus zwei toroidalen Systemen bestehen: einem inneren Gürtel mit einem Radius von etwa 9 000 km, bestehend aus schnellen Protonen, und einem äußeren Gürtel aus schnellen Elektronen mit einem Radius von etwa 21 000 km.

14.5.2 Modifizierung der Diffusion

Ein magnetisches Feld führt immer zu einer *Anisotropie.* Sehen wir uns dies etwa für die Diffusion an ($\boldsymbol{B} \parallel \boldsymbol{z}$): Als externe äußere Kraft berücksichtigen wir die Lorentz-Kraft, der die Kräfte, die durch Druckgradienten erzeugt werden, zusammen mit der zeitlichen Änderung des mittleren Impulses durch Stöße gegenüberstehen (stationärer Zustand $\mathrm{d}\boldsymbol{v}/\mathrm{d}t = 0$):

$$m\nu_{\mathrm{m}}\boldsymbol{v} + \frac{\nabla p}{n} = \boldsymbol{F} = e_0 \boldsymbol{v} \times \boldsymbol{B}. \tag{14.129}$$

Aus der kinetischen Gastheorie wissen wir, daß

$$p = \frac{1}{3} nm < v^2 > \wedge D = \frac{< v^2 >}{3\nu_{\mathrm{m}}}, \tag{14.130}$$

dann wird mit $\omega_{\mathrm{c}} = -e_0 B / m_{\mathrm{e}}$:

$$-D\frac{\nabla n}{n} = \left(1 - \frac{\boldsymbol{\omega}_{\mathrm{c}}}{\nu_{\mathrm{m}}} \times\right) \boldsymbol{v}, \tag{14.131}$$

was in Matrixform

$$-\frac{D}{n}\begin{pmatrix} \partial n/\partial x \\ \partial n/\partial y \\ \partial n/\partial z \end{pmatrix} = \begin{pmatrix} 1 & \frac{\omega_{\mathrm{c}}}{\nu_{\mathrm{m}}} & 0 \\ -\frac{\omega_{\mathrm{c}}}{\nu_{\mathrm{m}}} & 1 & 0 \\ 0 & 0 & 1 \end{pmatrix} \begin{pmatrix} v_x \\ v_y \\ v_z \end{pmatrix} \tag{14.132}$$

ergibt. Da wir an der Abhängigkeit des Teilchenflusses $\boldsymbol{j}$ vom Dichtegradienten interessiert sind ($\boldsymbol{j} = \boldsymbol{j}(\boldsymbol{\nabla} p)$), invertieren wir die Matrix und erhalten

$$D = \frac{< v^2 >}{3} \begin{pmatrix} \frac{\nu_{\mathrm{m}}}{\omega_{\mathrm{c}}^2 + \nu_{\mathrm{m}}^2} & \frac{\omega_{\mathrm{c}}}{\omega_{\mathrm{c}}^2 + \nu_{\mathrm{m}}^2} & 0 \\ -\frac{\omega_{\mathrm{c}}}{\omega_{\mathrm{c}}^2 + \nu_{\mathrm{m}}^2} & \frac{\nu_{\mathrm{m}}}{\omega_{\mathrm{c}}^2 + \nu_{\mathrm{m}}^2} & 0 \\ 0 & 0 & \frac{1}{\nu_{\mathrm{m}}} \end{pmatrix}, \tag{14.133}$$

was üblicherweise in der Form geschrieben wird [643]

$$D = \frac{< v^2 >}{3} \begin{pmatrix} D_{\top} & D_{\perp} & 0 \\ -D_{\perp} & D_{\top} & 0 \\ 0 & 0 & D_{\parallel} \end{pmatrix} \tag{14.134}$$

mit

- $D_{\top}$ dem transversalen
- $D_{\perp}$ dem senkrechten und
- $D_{\parallel}$ dem parallelen

Diffusionskoeffizienten. Da $D_{||}$ der Diffusionskoeffizient für die Richtung parallel zum magnetischen Feld ist, wird dieser vom Feld natürlich nicht beeinflußt. Die beiden anderen Koeffizienten beschreiben dagegen die Auswirkungen auf die Diffusion senkrecht zum magnetischen Feld. Für die Grenzfälle des starken und des schwachen Magnetfeldes sind folgende Bemerkungen zu machen:

- $\omega_c \gg \nu_m$: $D_\top$ variiert wie $1/\omega_c^2$ oder $1/B^2$. Die radiale Diffusion senkrecht zum angelegten Feld wird folglich unterdrückt. Umgekehrt gilt für festgehaltenes $\boldsymbol{B}$, daß $D_\top \propto <v^2>/\omega_c^2 \propto <v^2> m^2$, so daß das magnetische Feld zu einer starken Beschleunigung der Ionen, verglichen mit den Elektronen, führt.

- Für kleine Magnetfelder verschwinden die antisymmetrischen Terme in der Matrix, so daß wir den symmetrischen Diffusionstensor

$$D = \frac{<v^2>}{3} \begin{pmatrix} \frac{\nu_m}{\omega_c^2+\nu_m^2} & 0 & 0 \\ 0 & \frac{\nu_m}{\omega_c^2+\nu_m^2} & 0 \\ 0 & 0 & \frac{1}{\nu_m} \end{pmatrix}, \tag{14.135}$$

  erhalten. Setzen wir dieses in die Definitionsgleichung Gl. (5.30) ein:

$$\frac{1}{\Lambda^2} = \frac{\nu_m}{D} \wedge \frac{1}{\Lambda^2} = \frac{1}{\Lambda_x^2} + \frac{1}{\Lambda_y^2} + \frac{1}{\Lambda_z^2}. \tag{14.136}$$

Da $\boldsymbol{B} \parallel \boldsymbol{z}$, wird also die Diffusionslänge

$$\frac{1}{\Lambda^2} = \nu_m \cdot \frac{\nu_m}{\nu_m^2 + \omega_c^2} \left(\frac{1}{\Lambda_x^2} + \frac{1}{\Lambda_y^2} \right), \tag{14.137}$$

so daß das magnetische Feld zu einer Vergrößerung der Diffusionslänge in allen Richtungen senkrecht zum magnetische Feld im Verhältnis

$$\sqrt{\frac{\nu_m^2 + \omega_c^2}{\nu_m^2}} \tag{14.138}$$

Anlaß gibt.

14.6 Cutoff und Skintiefe des E-Feldes in einer HF-Entladung

Die Bewegungsgleichung eines Elektrons in einem transversalen $\boldsymbol{E}$-Feld, das von einer externen Quelle $\boldsymbol{E}_0$ unterstützt wird, ist unter Berücksichtigung von elastischen Stößen zwischen Elektronen und Molekeln gegeben durch

$$m_{\mathrm{e}}\left(\frac{\mathrm{d}\boldsymbol{v}_e}{\mathrm{d}t}+\nu_{\mathrm{m}}\boldsymbol{v}_{\mathrm{e}}\right)=-e_0\boldsymbol{E}_0\mathrm{e}^{\mathrm{i}(\omega t-kx)}, \tag{14.139}$$

für die Geschwindigkeit ergibt sich also

$$\boldsymbol{v}_{\mathrm{e}}=-\frac{e_0}{m_{\mathrm{e}}}\cdot\frac{1}{\mathrm{i}\omega+\nu_{\mathrm{m}}}\cdot\boldsymbol{E}_0\mathrm{e}^{\mathrm{i}(\omega t-kx)} \tag{14.140}$$

und für die Stromdichte mit $\boldsymbol{j}=\rho\boldsymbol{v}=\sigma\boldsymbol{E}$

$$\boldsymbol{j}=-\frac{n_{\mathrm{e}}e_0^2}{m_{\mathrm{e}}}\cdot\frac{1}{\mathrm{i}\omega+\nu_{\mathrm{m}}}\cdot\boldsymbol{E}_0\mathrm{e}^{\mathrm{i}(\omega t-kx)}. \tag{14.141}$$

Diese Form der Dämpfung bedeutet anschaulich, daß das Elektron bei jedem Stoß einen Impuls $m_{\mathrm{e}}\boldsymbol{v}_{\mathrm{e}}$ verliert, so daß bei ν_{m} Stößen pro Sekunde die Impulsänderung, mit $\nu_{\mathrm{m}}m_{\mathrm{e}}\boldsymbol{v}_{\mathrm{e}}$ beschrieben wird — *diese Form des Dämpfungsterms ist allerdings nur richtig, wenn ν_{m} keine Funktion der Elektronentemperatur ist.* Bekanntlich ist dies nur für die leichten Gase der Fall (s. Abschn. 3.6 und 14.1). Mit dem Zusammenhang zwischen Beweglichkeit und Leitfähigkeit $\sigma=\rho\mu$ und der Definition der Plasmafrequenz wird für σ:

$$\sigma=\rho\mu=\omega_{\mathrm{P}}^2\cdot\frac{\varepsilon_0}{\mathrm{i}\omega+\nu_{\mathrm{m}}} \tag{14.142}$$

und damit für $\nabla\times\boldsymbol{H}$ in einem isotropen, linearen Medium — nur in ihm gilt der einfache Zusammenhang $\boldsymbol{D}=\varepsilon_0\varepsilon\boldsymbol{E}$ (μ wird zu Eins angenommen):

$$\nabla\times\boldsymbol{H}=\left(\frac{\sigma}{\varepsilon_0\mathrm{i}\omega}+\varepsilon\right)\cdot\varepsilon_0\mathrm{i}\omega\cdot\boldsymbol{E}, \tag{14.143}$$

oder

$$\nabla\times\boldsymbol{H}=(\sigma+\varepsilon_0\varepsilon\mathrm{i}\omega)\boldsymbol{E}, \tag{14.144}$$

wobei der erste Summand den Leitungs- und der zweite den Verschiebungsstrom darstellt. Da Lösungen für Felder ebener elektromagnetischer Wellen, also $\boldsymbol{E}=\boldsymbol{E}_0\exp\mathrm{i}(\boldsymbol{k}\cdot\boldsymbol{x}-\omega t)$ gesucht werden, für die das FARADAYsche Gesetz $\nabla\times\boldsymbol{E}=\mathrm{i}\omega\mu_0\boldsymbol{H}$ gilt, und $\nabla\times\nabla\times\boldsymbol{E}=\mathrm{i}\omega\mu_0\nabla\times\boldsymbol{H}=-k^2\boldsymbol{E}$, folgt

$$\nabla\times\boldsymbol{H}=-\frac{\nabla\times\nabla\times\boldsymbol{E}}{\mathrm{i}\omega\mu_0}\Rightarrow\left(\frac{\sigma}{\mathrm{i}\varepsilon_0\omega}+\varepsilon\right)\cdot\mathrm{i}\varepsilon_0\omega\cdot\mathrm{i}\omega\mu_0\boldsymbol{E}=-k^2\boldsymbol{E}; \tag{14.145}$$

damit für den Zusammenhang zwischen $\boldsymbol{E}$ und $\boldsymbol{H}$:

$$\boldsymbol{H}=\frac{\boldsymbol{k}\times\boldsymbol{E}}{\omega\mu_0} \tag{14.146}$$

und für den komplexen Wellenvektor

$$k^2\boldsymbol{E}=\left(\frac{\mathrm{i}\sigma}{\varepsilon_0\omega}+\varepsilon\right)\cdot\frac{\omega^2}{c^2}\boldsymbol{E}=\left(\frac{i\sigma}{\varepsilon_0\varepsilon\omega}+1\right)\varepsilon\frac{\omega^2}{c^2}\boldsymbol{E} \tag{14.147}$$

bzw. mit Gl. (14.142)

$$k^2 = \frac{\omega^2}{c^2}\left(\varepsilon + \frac{\omega_\mathrm{P}^2}{\mathrm{i}\omega(\nu_\mathrm{m} + \mathrm{i}\omega)}\right) = \frac{\omega^2}{c^2}\varepsilon\left(1 + \frac{\mathrm{i}\omega_\mathrm{P}^2}{\varepsilon\omega(\nu_\mathrm{m} + \mathrm{i}\omega)}\right). \tag{14.148}$$

Trennen von Real- und Imaginärteil liefert:

$$k^2 = \frac{\omega^2}{c^2}\varepsilon \cdot \left(1 - \frac{\omega_\mathrm{P}^2}{\varepsilon(\omega^2 + \nu_\mathrm{m}^2)} - \frac{\mathrm{i}\nu_\mathrm{m}}{\varepsilon\omega} \cdot \frac{\omega_\mathrm{P}^2}{\omega^2 + \nu_\mathrm{m}^2}\right). \tag{14.149}$$

Vernachlässigen wir jede innere Polarisierbarkeit der Ionen, was für den Bereich unterhalb der Plasmafrequenz der Elektronen eine gute Näherung ist, wird $\varepsilon = 1$, und wir erhalten für $(k^2c^2)/\omega^2$, das das Quadrat des komplexen Brechungsindex ist:

$$n^2 = \frac{k^2c^2}{\omega^2} = 1 - \frac{\omega_\mathrm{P}^2}{\omega^2 + \nu_\mathrm{m}^2} - \frac{\mathrm{i}\nu_\mathrm{m}}{\omega} \cdot \frac{\omega_\mathrm{P}^2}{\omega^2 + \nu_\mathrm{m}^2}, \tag{14.150}$$

was für $\nu_\mathrm{m} = 0$ in die Dispersionsbeziehung

$$k^2 = \frac{\omega^2}{c^2} \cdot \left(1 - \frac{\omega_\mathrm{P}^2}{\omega^2}\right) \Rightarrow \omega^2 = \omega_\mathrm{P}^2 + c^2k^2 \tag{14.151}$$

übergeht. In einem Plasma ist also das Quadrat des Brechungsindex für elektromagnetische Wellen unterhalb der Plasmafrequenz kleiner als Eins.[9] Damit wird die Phasengeschwindigkeit größer als c :

$$v_\mathrm{Ph}^2 = \frac{\omega^2}{k^2} = \frac{c^2}{1 - \omega_\mathrm{P}^2/\omega^2} > c^2, \tag{14.152}$$

die Gruppengeschwindigkeit $v_\mathrm{G} = \mathrm{d}\omega/\mathrm{d}k$ ist jedoch kleiner als c :

$$\frac{\mathrm{d}\omega}{\mathrm{d}k} = \frac{c^2k}{\omega} \Rightarrow \frac{\mathrm{d}\omega}{\mathrm{d}k} = \frac{c^2}{v_\mathrm{Ph}} = c \cdot \sqrt{1 - \frac{\omega_\mathrm{P}^2}{\omega^2}}. \tag{14.153}$$

Wird also $v_\mathrm{Ph} > c$, ist $v_\mathrm{G} < c$. Damit wird für den Brechungsindex $n = c/v_\mathrm{Ph} = ck/\omega = \sqrt{1 - \omega_\mathrm{P}^2/\omega^2}$. Für $\omega < \omega_\mathrm{P}$ wird der Brechungsindex imaginär. Derartige Wellen können sich im Plasma nicht ausbreiten. In einem stoßfreien Plasma kann die Energie auch nicht absorbiert werden; folglich werden die Wellen total reflektiert (Fall der Ionosphäre). Der Wellenvektor wird dann ebenfalls imaginär: $k = \mathrm{i}/c \cdot \sqrt{\omega_\mathrm{P}^2 - \omega^2}$, was bedeutet, daß die induzierte Leitungsstromdichte größer oder gleich der Verschiebungsstromdichte ist und beide um 180° phasenverschoben sind. — Es ist üblich, die *reaktiven* Größen: ε

[9]Dies hat interessante experimentelle Konsequenzen, beginnend bei konvexen Linsen, die divergentes statt konvergentem Licht erzeugen, bis hin zum Ausbleiben des Phasensprungs bei Reflexion und dem „Cutoff" von Wellen in der Atmosphäre.

und evtl. μ sowie die *resistive* Größe σ zusammenzufassen. Dazu gehen wir von Gl. (14.144) aus:

$$\nabla \times \boldsymbol{H} = (\sigma + \mathrm{i}\varepsilon_0\varepsilon\omega)\boldsymbol{E} \tag{14.144}$$

und definieren eine komplexe Dielektrizitätskonstante

$$\sigma + \mathrm{i}\varepsilon_0\varepsilon\omega = \mathrm{i}\varepsilon_0\tilde{\varepsilon} \tag{14.154}$$

mit $\tilde{\varepsilon}$, der komplexen Zahl

$$\tilde{\varepsilon} = \varepsilon - \frac{i\sigma}{\varepsilon_0\omega} \Rightarrow \varepsilon = \tilde{\varepsilon} + \frac{i\sigma}{\varepsilon_0\omega}, \tag{14.155}$$

so daß

$$\nabla \times \boldsymbol{H} = \left[\sigma + \mathrm{i}\varepsilon_0\omega\left(\tilde{\varepsilon} + \frac{\mathrm{i}\sigma}{\varepsilon_0\omega}\right)\right]\boldsymbol{E}, \tag{14.156}$$

also

$$\nabla \times \boldsymbol{H} = \mathrm{i}\varepsilon_0\tilde{\varepsilon}\omega\boldsymbol{E}. \tag{14.157}$$

Diese Gleichung für einen Leiter unterscheidet sich von der früheren für einen Isolator algebraisch lediglich um

$$\tilde{\varepsilon} = \varepsilon - \frac{\mathrm{i}\sigma}{\varepsilon_0\omega}, \tag{14.158}$$

hat also im übrigen die gleiche Form. Wir erhalten[10]

- eine komplexe Dielektrizitätskonstante:

$$\tilde{\varepsilon} = \varepsilon_\mathrm{R} - \mathrm{i}\varepsilon_\mathrm{I} \wedge \varepsilon = \varepsilon_\mathrm{R} - \mathrm{i}\frac{\sigma}{\varepsilon_0\omega}, \tag{14.159.1}$$

- eine komplexen Brechungsindex:

$$\tilde{n} = n - \mathrm{i}\kappa = \sqrt{\tilde{\varepsilon}} = \sqrt{\varepsilon_\mathrm{R} - \mathrm{i}\varepsilon_\mathrm{I}}, \tag{14.159.2}$$

- einen komplexen Wellenvektor:

$$\tilde{k} = -\frac{\mathrm{i}\omega}{c}\tilde{n}. \tag{14.159.3}$$

Schreiben wir für $\tilde{n} = n - \mathrm{i}\kappa$, also

[10] Damit werden die imaginären Anteile positiv, da in allen optischen Materialien, die nicht, wie ein Laser, selbst eine Strahlungsquelle sind, die Dämpfungskonstante positiv ist, so daß immer eine Schwächung bei Transmission beobachtet wird [644].

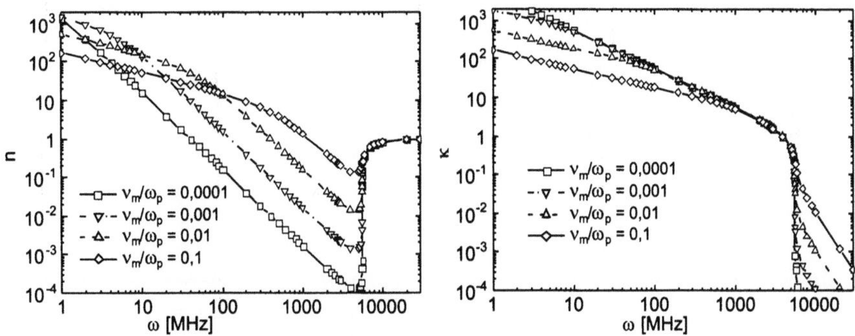

Abb. 14.18. Wurzeln des Real- und Imaginärteils der Dielektrizitätskonstanten (lks.) bzw. (re.) nach Gl. (14.160) in RF- und Mikrowellenplasmen für verschiedene Stoßfrequenzen ν_m. Die Plasmafrequenz ω_P trennt das Gebiet des „Cutoff"-Plasmas vom Dielektrikum.

- $\tilde{n}^2 = n^2 - \kappa^2 - 2\mathrm{i}n\kappa$, so daß
- $|\tilde{n}|$: $\sqrt{n^2+\kappa^2} = \sqrt[4]{\varepsilon_\mathrm{R}^2+\varepsilon_\mathrm{I}^2} = \sqrt{\varepsilon_\mathrm{R}}\cdot\sqrt[4]{1+(\varepsilon_\mathrm{I}/\varepsilon_\mathrm{R})^2)}$, und
- $k^2 = \omega^2/c^2\cdot\sqrt{\varepsilon_\mathrm{I}^2+\varepsilon_\mathrm{R}^2}$,

so daß sich für Real- und Imaginärteil des Brechungsindex ergeben:

$$\left.\begin{aligned} n &= \sqrt{\frac{\varepsilon_\mathrm{R}+\sqrt{\varepsilon_\mathrm{R}^2+\varepsilon_\mathrm{I}^2}}{2}} = \sqrt{\varepsilon_\mathrm{R}}\cdot\sqrt{\frac{1+\sqrt{1+(\varepsilon_\mathrm{I}/\varepsilon_\mathrm{R})^2}}{2}},\\ \kappa &= \sqrt{\frac{-\varepsilon_\mathrm{R}+\sqrt{\varepsilon_\mathrm{R}^2+\varepsilon_\mathrm{I}^2}}{2}} = \sqrt{\varepsilon_\mathrm{R}}\cdot\sqrt{\frac{-1+\sqrt{1+(\varepsilon_\mathrm{I}/\varepsilon_\mathrm{R})^2}}{2}} \end{aligned}\right\} \tag{14.160}$$

mit $\varepsilon_\mathrm{I} = \sigma/(\omega\varepsilon_0)$ und für Real- und Imaginärteil der Dielektrizitätskonstanten:

$$\left.\begin{aligned} \varepsilon_\mathrm{R} &= \Re(\tilde{n}^2) = n^2-\kappa^2 = 1-\frac{\omega_P^2}{\omega^2+\nu_m^2} = 1-\frac{\omega_P^2/\nu_m^2}{1+\omega^2/\nu_m^2},\\ \varepsilon_\mathrm{I} &= \Im(\tilde{n}^2) = 2n\kappa = \frac{\nu_m}{\omega}\cdot\frac{\omega_P^2}{\omega^2+\nu_m^2} = \frac{\omega_P^2}{\nu_m\omega(1+\omega^2/\nu_m^2)}, \end{aligned}\right\} \tag{14.161}$$

und wir folgende Fallunterscheidungen treffen müssen (Abbn. 14.18 u. 14.19):

- Fall (1) Imaginärteil viel größer als der Realteil, Realteil ist negativ und betragsmäßig viel größer als Eins ($\varepsilon_\mathrm{R} \ll \varepsilon_\mathrm{I}, \omega \ll \nu_\mathrm{m}, \nu_\mathrm{m}^2 \ll \omega_\mathrm{P}^2 \Rightarrow \omega \ll \omega_\mathrm{P}^2$), so daß die Dielektrizitätskonstante sich vereinfacht zu

$$\tilde{\varepsilon} = \tilde{n}^2 \approx -\mathrm{i}\frac{\sigma}{\varepsilon_0\omega} \Rightarrow \tilde{n} = \sqrt{\frac{\sigma}{2\varepsilon_0\omega}}(1-\mathrm{i}), \tag{14.162.1}$$

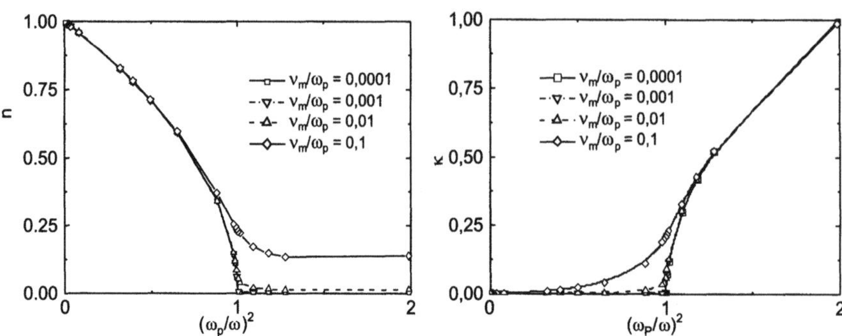

Abb. 14.19. Wurzeln des Real- und Imaginärteils der Dielektrizitätskonstanten (lks.) bzw. (re.) als Funktion der normalisierten Elektronendichte $n/n_c = (\omega/\omega_P)^2$ in RF- und Mikrowellenplasmen für verschiedene Stoßfrequenzen ν_m. Die Plasmafrequenz ω_P trennt das Gebiet des „Cutoff"-Plasmas vom Dielektrikum.

damit

$$\left.\begin{array}{lcl} n & \longrightarrow & \sqrt{\frac{\varepsilon_I}{2}} \cdot \left(1 + \frac{\varepsilon_R}{2\varepsilon_I}\right), \\ \kappa & \longrightarrow & \sqrt{\frac{\varepsilon_I}{2}} \cdot \left(1 - \frac{\varepsilon_R}{2\varepsilon_I}\right). \end{array}\right\} \tag{14.162.2}$$

n und κ sind betragsmäßig also nahezu gleich; damit wird für die Phasenverschiebung zwischen k_I und k_R, also zwischen κ und n:

$$\tan\alpha = \frac{\kappa}{n} \approx 1 \Rightarrow \arctan 1 = 45°. \tag{14.163}$$

Schreiben wir für $\boldsymbol{k} = \tilde{n} \cdot \boldsymbol{i}$ mit $\boldsymbol{i}$ einem Einheitsvektor, wird für das Verhältnis von E zu H (die sog. „Wellenimpedanz") mit Gl. (14.146):

$$\frac{H}{E} = \frac{k}{\mu_0\omega} = \sqrt{\varepsilon_R} \cdot \sqrt[4]{1 + \left(\frac{\varepsilon_I}{\varepsilon_R}\right)^2} \cdot \frac{1}{\mu_0\omega}. \tag{14.164}$$

Da $\varepsilon_I \gg \varepsilon_R$, wird folglich *das magnetische groß gegen das elektrische Feld.* Für $\omega_P^2 \gg \nu_m^2$ und $\nu_m \gg \omega$ ist näherungsweise

$$\left.\begin{array}{lcl} n & \approx & \sqrt{\frac{1}{2}\frac{\omega_P^2}{\omega\nu_m}} \cdot \left(1 - \frac{\omega}{2\nu_m}\right), \\ \kappa & \approx & \sqrt{\frac{1}{2}\frac{\omega_P^2}{\omega\nu_m}} \cdot \left(1 + \frac{\omega}{2\nu_m}\right). \end{array}\right\} \tag{14.165}$$

κ ist also proportional $1/\sqrt{\nu_m}$ und mehr oder weniger unabhängig von ω. Damit wird für die Eindringtiefe

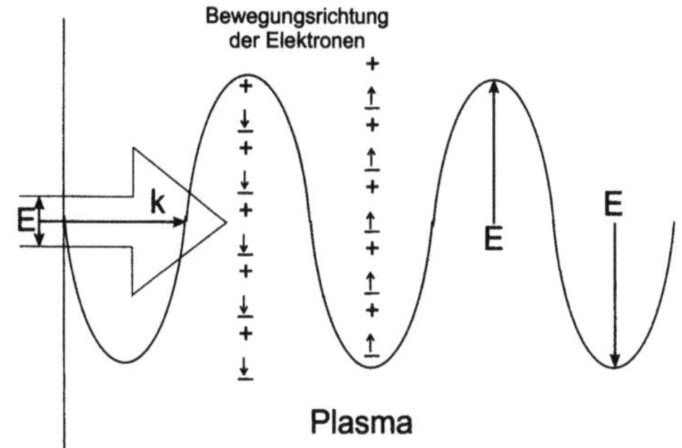

Abb. 14.20. Transversale (elektromagnetische) Wellen können tief (einige hundert DEBYE-Längen) ins Plasma eindringen [645] (© Academic Press).

$$\delta = \frac{c}{\omega} \cdot \frac{1}{\kappa} \approx \frac{c}{\omega_{\mathrm{P}}} \sqrt{\frac{2\nu_m}{\omega}} \left(1 - \frac{\omega}{2\nu_{\mathrm{m}}}\right). \tag{14.166}$$

Für ein induktiv gekoppeltes Ar-Plasma mit

- $\omega = 2 \cdot \pi \cdot 13,56$ MHz = 85,2 MHz,
- $n_{\mathrm{P}} = 10^{12}$ cm^{-3},
- $\nu_{\mathrm{P}} = 9$ GHz oder $\omega_{\mathrm{P}} = 56{,}5$ GHz,
- $p = 10$ mTorr (1,3 Pa),
- $T_{\mathrm{e}} = 4$ eV
- $\nu_{\mathrm{m}} = 95$ s^{-1}

ist δ dann 3,5 mm oder δ/λ_0 = 3,5 mm/22,1 m = $1,6 \cdot 10^{-5}$. In Kupfer würde die Eindringtiefe für 13,56 MHz (λ_0 = 22,1 m) 160 μm und für 2,45 GHz (λ_0 = 12,25 cm) 12 μm betragen.

In einem kalten Plasma ohne elastische Stöße ($\nu_m = 0$) ist dagegen die Eindringtiefe:

$$\delta = \frac{1}{k} = \frac{c}{\sqrt{\omega_{\mathrm{P}}^2 - \omega^2}} \approx \frac{c}{\omega_{\mathrm{P}}}. \tag{14.167}$$

Für ein Plasma einer Dichte von 10^{12}cm^{-3} wird ω 56,5 GHz. Wird es mit 13,56 MHz angeregt, dann ist die Eindringtiefe in dieser Näherung 5,3 mm.

- Fall(2) $\varepsilon_{\mathrm{R}}^2 > \varepsilon_{\mathrm{I}}^2, \varepsilon_{\mathrm{R}} < 0$:
  Dies ist das Relaxationsgebiet (sog. „Cutoff"-Plasma), wo ω/ν_{m} im Nenner von ε_{R} und ε_{I} das Übergewicht erhält. Der Absorptionskoeffizient fällt mit ω^{-1} ab, und der Imaginärteil von $\tilde{n}^2$ wird kleiner als der Realteil; dieser ist aber immer noch groß und negativ. Hier werden:

$$\left.\begin{array}{lcl} n & \longrightarrow & \sqrt{-\varepsilon_{\mathrm{R}}}\cdot\frac{-\varepsilon_{\mathrm{I}}}{2\varepsilon_{\mathrm{R}}}, \\ \kappa & \longrightarrow & \sqrt{-\varepsilon_{\mathrm{R}}}\cdot\left(1+\frac{\varepsilon_{\mathrm{I}}}{8\varepsilon_{\mathrm{R}}^2}\right), \end{array}\right\} \tag{14.168}$$

damit bekommen wir für $\nu_{\mathrm{m}}^2 \ll \omega^2 \ll \omega_{\mathrm{P}}^2$

$$\left.\begin{array}{lcl} n & \approx & \frac{\nu_m\omega_{\mathrm{P}}^2}{2\omega^2}\cdot\left(1-\frac{\nu_{\mathrm{m}}^2}{2\omega^2}+\frac{\omega^2}{2\omega_{\mathrm{P}}^2}\right), \\ \kappa & \approx & \frac{\omega_{\mathrm{P}}}{\omega}\cdot\left(1-\frac{\nu_{\mathrm{m}}^2}{2\omega^2}-\frac{\omega^2}{2\omega_{\mathrm{P}}^2}\right), \\ \delta & \approx & \frac{c}{\omega_{\mathrm{P}}}\cdot\left(1+\frac{\nu_{\mathrm{m}}^2}{2\omega^2}+\frac{\omega^2}{2\omega_{\mathrm{P}}^2}\right). \end{array}\right\} \tag{14.169}$$

δ ist also nahezu konstant und etwa eine (Vakuum-)Wellenlänge lang. Das bedeutet für ein induktiv gekoppeltes Ar-Plasma mit

- $\omega = 2\cdot\pi\cdot 14,56$ MHz = 85,2 MHz,
- $n_{\mathrm{P}} = 10^{12}$ cm^{-3},
- $\omega_{\mathrm{P}} = 56{,}5$ GHz,
- $T_{\mathrm{e}} = 4$ eV,
- $\nu_{\mathrm{m}} = 95\cdot 10^6$ s^{-1} (1,3 Pa)

eine Eindringtiefe von 7 mm ($\delta/\lambda_0 = 0{,}00032$), für ein kapazitiv gekoppeltes Ar-Plasma mit

- $\omega = 2\cdot\pi\cdot 14,56$ MHz = 85,2 MHz,
- $n_{\mathrm{P}} = 10^{10}$ cm^{-3},
- $\omega_{\mathrm{P}} = 5{,}65$ GHz,
- $T_{\mathrm{e}} = 4$ eV,
- $\nu_{\mathrm{m}} = 95\cdot 10^6$ s^{-1} (1,3 Pa)

eine Eindringtiefe von 6,97 cm ($\delta/\lambda_0 = 0{,}0032$) und für ein ECR-Plasma mit

- $\omega = 2\cdot\pi\cdot 2,45$ GHz = 15,4 GHz,
- $n_{\mathrm{P}} = 10^{12}$ cm^{-3},
- $\omega_{\mathrm{P}} = 56{,}5$ GHz,
- $\nu_{\mathrm{m}} = 9,5\cdot 10^6$ s^{-1} (0,14 Pa)

eine Eindringtiefe von 5,3 mm ($\delta/\lambda_0 = 0{,}043$).

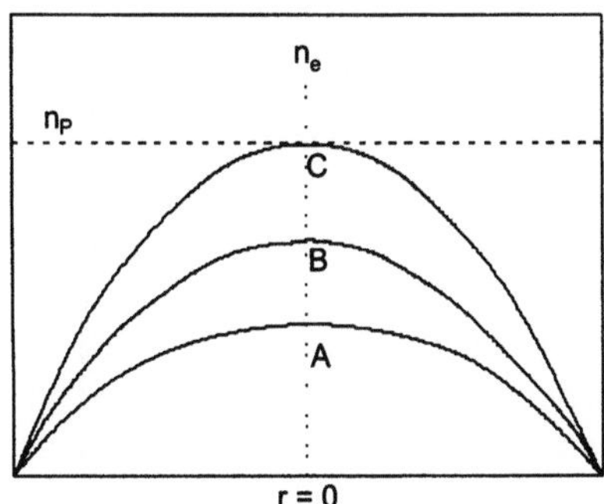

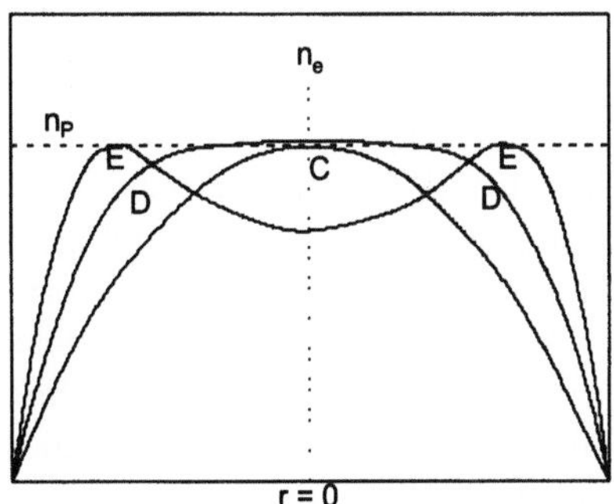

Abb. 14.21. Radiale Abhängigkeit der Plasmadichte bei unterschiedlichen Gesamtdrücken. n_P bedeutet die Dichte, bei der die Plasmafrequenz erreicht wird [646] (© J. Wiley & Sons, Inc.).

- Fall (3): $\nu_\mathrm{m}^2 \ll \omega^2 \approx \omega_\mathrm{P}^2$: In diesem Bereich ist keine der Näherungen anwendbar. *Im Gegenteil ändert sich innerhalb eines sehr kleinen Frequenzbereichs $\sqrt{2\nu_\mathrm{m}\omega_\mathrm{P}}$ die Eindringtiefe um den Faktor $\sqrt{2\omega_\mathrm{P}/\nu_\mathrm{m}}$, so daß Änderungen von wenigen Prozent in der Plasmafrequenz oder in der Elektronendichte ausreichen, um aus einem opaken ein transparentes Plasma zu machen.*

- Fall (4) Dielektrikum mit $\varepsilon_\mathrm{R}^2 \gg \varepsilon_\mathrm{I}^2, \varepsilon_\mathrm{R} > 0$: Der Realteil von $\tilde{n}^2$ wird positiv, und die Absorption sinkt auf Null ab:

$$\left.\begin{array}{lcl} n & \longrightarrow & \sqrt{\varepsilon_\mathrm{R}} \cdot \left(1 + \frac{\varepsilon_\mathrm{I}^2}{8\varepsilon_\mathrm{R}^2}\right), \\ \kappa & \longrightarrow & \sqrt{\varepsilon_\mathrm{R}} \cdot \frac{\varepsilon_\mathrm{I}}{2\varepsilon_\mathrm{R}}. \end{array}\right\} \tag{14.170}$$

  In der Näherung $\omega^2 \gg \omega_\mathrm{P}^2 \gg \nu_\mathrm{m}^2$:

$$\left.\begin{array}{lcl} n & \approx & \sqrt{1 - \left(\frac{\omega_\mathrm{P}}{\omega}\right)^2}, \\ \kappa & \approx & \frac{\nu_\mathrm{m}\omega_\mathrm{P}^2}{2\omega^3} \cdot \sqrt{1 - \left(\frac{\omega_\mathrm{P}}{\omega}\right)^2}. \end{array}\right\} \tag{14.171}$$

  Der Brechungsindex hängt nicht mehr von der Stoßfrequenz ν_m ab.

Für verschiedene Stoßfrequenzen ist die Dispersion im RF- und Mikrowellengebiet in der Abbn. 14.18 und 14.19 gezeigt, und zwar nach den Gln. (14.160), wobei nach Gl. (14.166) der Imaginärteil des Brechungsindex reziprok zur Eindringtiefe δ ist. Wir sehen, daß die Eindringtiefe am kleinsten im kalten Plasma ist und sich bei zunehmender Temperatur des „Bulk"-Plasmas vergrößert. Die großen Werte der Eindringtiefe für hohe Stoßfrequenzen sind allerdings rein fiktiv, da das Feld ja durch die Stöße abgeschwächt ist (s. Abschn. 6.1). n und κ sind zum Vergleich als Funktion der auf die bei der Plasmafrequenz ω_P herrschenden Dichte zusätzlich in Abb. 14.18 gegen die Plasmadichte in einem relativ engen Bereich aufgetragen. Man sieht hier schön die Aufweichung der harten „Cutoff"-Bedingung bei hohen Entladungsdrücken, die Dichtebestimmungen mit dem Mikrowelleninterferometer außerordentlich erschwert.

Verglichen mit der Eindringtiefe elektrostatischer Wellen, die in der Gegend der DEBYE-Länge liegt (s. Abschn. 14.3), ist es also der elektromagnetischen Welle möglich, einige Hundert DEBYE-Längen ins Plasma einzudringen. Dies liegt darin begründet, daß die Elektronen durch das zum Wellenvektor $\boldsymbol{k}$ parallele elektrische Feld schwingen und deswegen bei Frequenzen $\omega \leq \omega_\mathrm{P}$ das longitudinale Feld durch Ausbildung einer Plasmarandschicht abdämpfen können. Im Falle der transversalen Wellen ist dies nicht möglich. Vielmehr bauen die schwingenden Elektronen ein zusätzliches Magnetfeld auf, das die Abschirmung des Plasmas für die Wellen weiter schwächt (Abb. 14.20).

Wie aus den Gln. (6.9, $P \propto n_\mathrm{P} E^2$) ersichtlich, ist die eingekoppelte Leistung proportional der Plasmadichte n_P, die eine radiale Abhängigkeit aufweist. n_P bestimmt aber über Gl. (2.26) ($\omega_\mathrm{P} \propto \sqrt{n_\mathrm{P}}$) die Plasmafrequenz. Das bedeutet, daß in einem Zylinder, an dessen Wänden die Elektronendichte Null ist, die Leistung nach Abb. 14.21 lks. absorbiert wird. Erreicht die Dichte gerade den Wert, so daß $\omega = \omega_\mathrm{P}$, (Kurve C) kann die Leistung nicht mehr absorbiert werden. Im Gegenteil kann das sogar zu einer markanten Erniedrigung der Plasmadichte im Zentrum führen (Kurve E, Abb. 14.21 re., Fall des hoch angeregten induktiven Plasmas), in Wirklichkeit ist die radiale Abhängigkeit nicht so stark [647].

14.7 Eigenschaften der Whistlerwellen

14.7.1 Dispersionsbeziehung für ebene Wellen

Die DRUDEsche oder LANGEVINsche Gleichung lautet

$$m\frac{\mathrm{d}\boldsymbol{v}}{\mathrm{d}t} = -e_0(\boldsymbol{E}(t) + \boldsymbol{v} \times \boldsymbol{B}_0) - \nu_\mathrm{m}\boldsymbol{v} \tag{14.172}$$

und ergibt in Komponentenschreibweise mit $\boldsymbol{z} \parallel \boldsymbol{B}_0$:

$$\left.\begin{aligned} (\mathrm{i}\omega + \nu_\mathrm{m})v_x + \tfrac{e_0 B_0}{m} v_y &= -\tfrac{e_0}{m} E_x, \\ -\tfrac{e_0 B_0}{m} v_x + (\mathrm{i}\omega + \nu_\mathrm{m})v_y &= -\tfrac{e_0}{m} E_y, \\ (\mathrm{i}\omega + \nu_\mathrm{m})v_z &= -\tfrac{e_0}{m} E_z \end{aligned}\right\} \tag{14.173}$$

sowie in Matrixschreibweise mit $\omega_\mathrm{P}^2 = ne_0^2/m\varepsilon_0$

$$\frac{1}{\varepsilon_0\omega_\mathrm{P}^2}\begin{pmatrix} \mathrm{i}\omega+\nu_\mathrm{m} & \omega_\mathrm{c} & 0 \\ -\omega_\mathrm{c} & \mathrm{i}\omega+\nu_\mathrm{m} & 0 \\ 0 & 0 & \mathrm{i}\omega+\nu_\mathrm{m} \end{pmatrix}\begin{pmatrix} j_x \\ j_y \\ j_z \end{pmatrix} = \begin{pmatrix} E_x \\ E_y \\ E_z \end{pmatrix}. \tag{14.174}$$

Das ist die Matrixgleichung

$$\boldsymbol{\sigma}_\mathrm{ij}^{-1}\cdot\boldsymbol{j}=\boldsymbol{E}, \tag{14.175}$$

wir sind aber an der Lösung

$$\boldsymbol{j}=\boldsymbol{\sigma}_\mathrm{ij}\cdot\boldsymbol{E} \tag{14.176}$$

interessiert, d. h. wir müssen Gl. (14.175) invertieren und erhalten für die inverse Matrix $(\boldsymbol{\sigma}_\mathrm{ij}^{-1})^{-1}$ mit

$$A=\frac{1/\varepsilon_0\omega_\mathrm{P}^2}{\mathrm{i}\omega+\nu_\mathrm{m}[(\mathrm{i}\omega+\nu_\mathrm{m})^2+\omega_\mathrm{c}^2]}: \tag{14.177.1}$$

$$A\cdot\begin{pmatrix} (\mathrm{i}\omega+\nu_\mathrm{m})^2 & -\omega_\mathrm{c}(\mathrm{i}\omega+\nu_\mathrm{m}) & 0 \\ \omega_\mathrm{c}(\mathrm{i}\omega+\nu_\mathrm{m}) & (\mathrm{i}\omega+\nu_\mathrm{m})^2 & 0 \\ 0 & 0 & (\mathrm{i}\omega+\nu_\mathrm{m})^2+\omega_\mathrm{c}^2 \end{pmatrix}, \tag{14.177.2}$$

so daß $\boldsymbol{\sigma}_\mathrm{ij}$ wird

$$\boldsymbol{\sigma}_\mathrm{ij}=\begin{pmatrix} \sigma_\perp & \mathrm{i}\sigma_\times & 0 \\ -\mathrm{i}\sigma_\times & \sigma_\perp & 0 \\ 0 & 0 & \sigma_\| \end{pmatrix}, \tag{14.178}$$

wobei, HEALD und WHARTON folgend, diese Abkürzungen gewählt werden [648]:

$$\left.\begin{array}{llcll} \sigma_\perp: & \sigma_{transversal}: & \frac{ne_0^2}{m}\frac{\mathrm{i}\omega+\nu_\mathrm{m}}{(\mathrm{i}\omega+\nu_\mathrm{m})^2+\omega_\mathrm{c}^2} & = & -\mathrm{i}\varepsilon_0\omega_\mathrm{P}^2\cdot\frac{\omega-\mathrm{i}\nu_\mathrm{m}}{(\omega-\mathrm{i}\nu_\mathrm{m})^2-\omega_\mathrm{c}^2} \\ \sigma_\times: & \sigma_{senkrecht}: & \frac{ne_0^2}{m}\frac{-\omega_\mathrm{c}}{(\mathrm{i}\omega+\nu_\mathrm{m})^2+\omega_\mathrm{c}^2} & = & -\mathrm{i}\varepsilon_0\omega_\mathrm{P}^2\cdot\frac{\omega_\mathrm{c}}{(\omega-\mathrm{i}\nu_\mathrm{m})^2-\omega_\mathrm{c}^2} \\ \sigma_\|: & \sigma_{parallel}: & \frac{ne_0^2}{m}\frac{1}{\mathrm{i}\omega+\nu_\mathrm{m}} & = & -\mathrm{i}\varepsilon_0\omega_\mathrm{P}^2\cdot\frac{1}{\omega-\mathrm{i}\nu_\mathrm{m}}. \end{array}\right\} \tag{14.179}$$

Wenn $\boldsymbol{z}\parallel\boldsymbol{B}_0$, dann bezeichnen wir Bewegungen entlang ($\Theta=0°$) als *parallel,* quer dazu ($\Theta=90°$) als *senkrecht,* derartige Bewegungen (Rotationen um das magnetische Feld) können L (CCW) oder R (CW) sein.

Zur Bewegung der Welle gerichtete Bewegungen werden als *longitudinal* ($\Theta=0°$) oder *transversal* ($\Theta=90°$) bezeichnet. Beispielsweise sind der elektrische und magnetische Feldvektor der Welle transversal zu ihrem Wellenvektor. Der Index „×“ soll auf die Tensor-Komponenten hinweisen, die durch die Kreuzprodukt-Bildung entstehen.

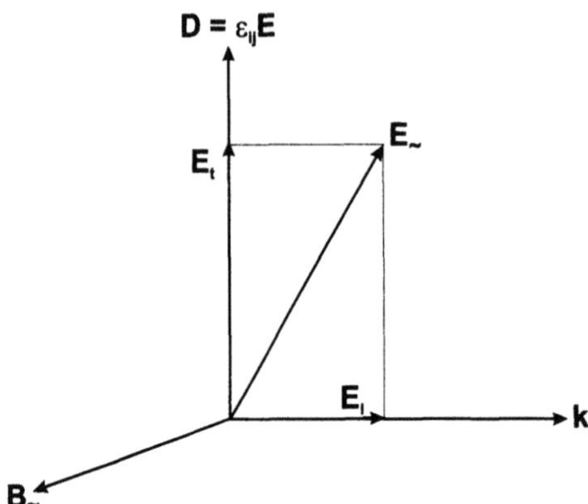

Abb. 14.22. Richtungen der Feldvektoren $\boldsymbol{B}$, $\boldsymbol{E}$ und $\boldsymbol{D}$ sowie des Wellenvektors $\boldsymbol{k}$ bzw. des Indexvektors $\boldsymbol{n}$ in einer ebenen Welle, die sich durch ein anisotropes Plasma bewegt.

Mit der Definition für den komplexen Dielektrizitätstensor mit $\boldsymbol{\delta}_{\mathrm{ij}}$ der Einheitsmatrix[11]

$$\boldsymbol{\varepsilon}_{\mathrm{ij}} = \boldsymbol{\delta}_{\mathrm{ij}} - \frac{\mathrm{i}\boldsymbol{\sigma}_{\mathrm{ij}}}{\varepsilon_0 \omega} \tag{14.180}$$

bekommen wir

$$\boldsymbol{\varepsilon}_{\mathrm{ij}} = \begin{pmatrix} \varepsilon_\perp & -\mathrm{i}\varepsilon_\times & 0 \\ \mathrm{i}\varepsilon_\times & \varepsilon_\perp & 0 \\ 0 & 0 & \varepsilon_{\|} \end{pmatrix} \tag{14.181}$$

mit

$$\left.\begin{array}{lll} \varepsilon_\perp : & \varepsilon_{transversal} : & 1 - \frac{(\omega_\mathrm{P}/\omega)^2(1-\mathrm{i}\nu_\mathrm{m}/\omega)}{(1-\mathrm{i}\nu_\mathrm{m}/\omega)^2-(\omega_\mathrm{c}/\omega)^2}; \\ \varepsilon_\times : & \varepsilon_{senkrecht} : & \frac{(\omega_\mathrm{P}/\omega)^2\cdot\omega_\mathrm{c}/\omega}{(1-\mathrm{i}\nu_\mathrm{m}/\omega)^2-(\omega_\mathrm{c}/\omega)^2}; \\ \varepsilon_{\|} : & \varepsilon_{parallel} : & 1 - \frac{(\omega_\mathrm{P}/\omega)^2}{1-\mathrm{i}\nu_\mathrm{m}/\omega}. \end{array}\right\} \tag{14.182}$$

Nachdem wir den dielektrischen Tensor ermittelt haben, interessieren wir uns für die *Dispersionsrelation* einer ebenen Welle $\psi = \psi_0 \exp \mathrm{i}(\boldsymbol{k}\cdot\boldsymbol{r} - \omega t)$ in einem anisotropen Medium mit $\mu = 1$, aber $\boldsymbol{\varepsilon} \neq \varepsilon\boldsymbol{\delta}_{\mathrm{ij}}$, so daß $\boldsymbol{k} \parallel \boldsymbol{n} \perp \boldsymbol{D} \perp \boldsymbol{B}$ mit $\tilde{\boldsymbol{n}}$, dem komplexen Vektor für den Brechungsindex (Abb. 14.22).
Mit den MAXWELLschen Gleichungen

$$\left.\begin{array}{rcl} \boldsymbol{k}\times\boldsymbol{E} & = & \mathrm{i}\omega\mu_0\boldsymbol{H}; \\ \boldsymbol{k}\times\boldsymbol{H} & = & -\mathrm{i}\omega\varepsilon_0\boldsymbol{\varepsilon}_{\mathrm{ij}}\boldsymbol{E} \end{array}\right\} \tag{14.183}$$

[11] Für ein „Cutoff"-Plasma mit $\varepsilon_\mathrm{R} \leq \varepsilon_\mathrm{I}$ empfiehlt sich folgender Ansatz [649]

$$\varepsilon_{\mathrm{ij}} = \varepsilon_\mathrm{R}\left(\delta_{\mathrm{ij}} - \frac{\mathrm{i}\sigma_{\mathrm{ij}}}{\varepsilon_0\omega}\varepsilon\right).$$

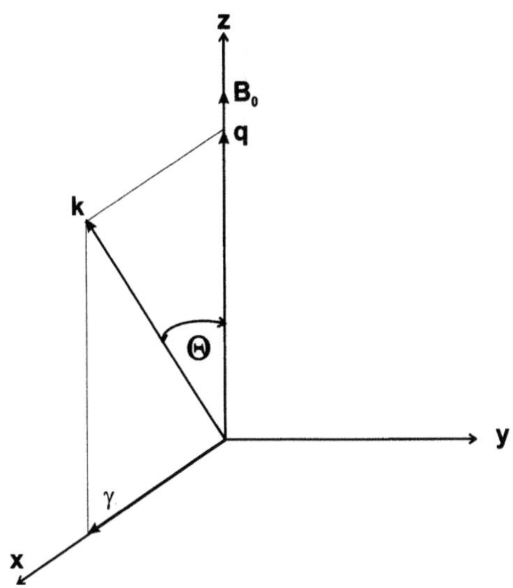

Abb. 14.23. Die Welle soll sich nicht notwendig parallel zum statischen Magnetfeld ausbreiten: Aufspaltung des Wellenvektors in einen parallelen und senkrechten Anteil: $k = k_{\|} + k_{\perp} = q + \gamma$, $q = k\cos\Theta$, $\gamma = k\sin\Theta$.

erhalten wir die Wellengleichung

$$\boldsymbol{k} \times \boldsymbol{k} \times \boldsymbol{E} - \frac{\omega^2}{c^2}\boldsymbol{\varepsilon}_{\mathrm{ij}} \cdot \boldsymbol{E} = 0 \tag{14.184}$$

bzw. mit $\boldsymbol{n} = -\mathrm{i}c/\omega \cdot \boldsymbol{k}$:

$$\boldsymbol{n}(\boldsymbol{n} \cdot \boldsymbol{E}) - n^2\boldsymbol{E} + \boldsymbol{\varepsilon}_{\mathrm{ij}} \cdot \boldsymbol{E} = 0. \tag{14.185}$$

Dies ist ein Satz dreier homogener linearer Gleichungen für die Feldkomponenten E_x, E_y und E_z:

$$\begin{aligned} &(n_xE_x + n_yE_y + n_zE_z)\begin{pmatrix} n_x \\ n_y \\ n_z \end{pmatrix} - \quad (n_x^2 + n_y^2 + n_z^2)\begin{pmatrix} E_x \\ E_y \\ E_z \end{pmatrix} \quad + \\ &+ \begin{pmatrix} \varepsilon_{xx} & \varepsilon_{xy} & \varepsilon_{xz} \\ \varepsilon_{yx} & \varepsilon_{yy} & \varepsilon_{yz} \\ \varepsilon_{zx} & \varepsilon_{zy} & \varepsilon_{zz} \end{pmatrix}\begin{pmatrix} E_x \\ E_y \\ E_z \end{pmatrix} \qquad = 0. \end{aligned} \tag{14.186}$$

Da $\boldsymbol{n} \perp \boldsymbol{D}$, aber nicht notwendig $\boldsymbol{n} \perp \boldsymbol{E}$, bekommen wir nur dann eine nichttriviale Lösung, wenn die Determinante verschwindet:

$$\begin{vmatrix} \varepsilon_{xx} - n_y^2 - n_z^2 & \varepsilon_{xy} + n_xn_y & \varepsilon_{xz} + n_xn_z \\ \varepsilon_{yx} + n_yn_z^2 & \varepsilon_{yy} - n_x^2 - n_z^2 & \varepsilon_{yz} + n_yn_z \\ \varepsilon_{zx} + n_zn_x & \varepsilon_{zy} + n_zxn_y & \varepsilon_{zz} - n_x^2 - n_y^2 \end{vmatrix} = 0. \tag{14.187}$$

Legen wir die Ausbreitung der Welle in die xz-Ebene und lassen einen Winkel Θ zwischen der Ausbreitungsrichtung (dem Wellenvektor $\boldsymbol{k}$) und dem statischen Magnetfeld $\boldsymbol{B}_0$ zu (Abb. 14.23), so daß
$n_x = n \sin\Theta$,
$n_y = 0$,
$n_z = n \cos\Theta$,
$\varepsilon_{xx} = \varepsilon_\perp$,
$\varepsilon_{xy} = -\mathrm{i}\varepsilon_\times$,
$\varepsilon_{yx} = \mathrm{i}\varepsilon_\times$,
$\varepsilon_{yy} = \varepsilon_\perp$,
$\varepsilon_{zz} = \varepsilon_\parallel$,

wird die Determinante

$$\begin{vmatrix} \varepsilon_\perp - n^2\cos^2\Theta & -\mathrm{i}\varepsilon_\times & n^2\sin\Theta\cos\Theta \\ \mathrm{i}\varepsilon_\times & \varepsilon_\perp - n^2 & 0 \\ n^2\sin\Theta\cos\Theta & 0 & \varepsilon_\parallel - n^2\sin\Theta \end{vmatrix} = 0, \tag{14.188}$$

und wir erhalten die Gleichung von APPLETON und HARTREE für den Brechungsindex:

$$An^4 - Bn^2 + C = 0 \tag{14.189}$$

mit

$$\left.\begin{aligned} A &= \varepsilon_\perp \sin^2\Theta + \varepsilon_\parallel \cos^2\Theta, \\ B &= (\varepsilon_\perp^2 - \varepsilon_\times^2)\sin^2\Theta + \varepsilon_\perp\varepsilon_\parallel(1+\cos^2\Theta), \\ C &= \varepsilon_\parallel(\varepsilon_\perp^2 - \varepsilon_\times^2). \end{aligned}\right\} \tag{14.190}$$

Äquivalent dazu kann man auch nach $\tan^2\Theta$ auflösen und erhält die implizite Formel von APPLETON und HARTREE in der Form von ASTRØM [650]:

$$\tan^2\Theta = -\varepsilon_\parallel \frac{((\mathrm{N}^2 - \varepsilon_\perp) - \varepsilon_\times)\cdot((\mathrm{N}^2 - \varepsilon_\perp) + \varepsilon_\times)}{(\mathrm{N}^2 - \varepsilon_\parallel)(\mathrm{N}^2\varepsilon_\perp - (\varepsilon_\perp^2 + \varepsilon_\times^2))}. \tag{14.191}$$

Für die weitere Diskussion ist es nützlich, zunächst den dielektrischen Tensor zu diagonalisieren. Dies geschieht mittels Einführung der Beziehungen

$$\left.\begin{aligned} \varepsilon_\mathrm{l} &= \varepsilon_\perp + \varepsilon_\times = 1 - \tfrac{(\omega_\mathrm{P}/\omega)^2}{1+\omega_\mathrm{c}/\omega}; \\ \varepsilon_\mathrm{r} &= \varepsilon_\perp - \varepsilon_\times = 1 - \tfrac{(\omega_\mathrm{P}/\omega)^2}{1-\omega_\mathrm{c}/\omega}; \\ \varepsilon_\perp &= \tfrac{\varepsilon_\mathrm{l}+\varepsilon_\mathrm{r}}{2}; \\ \varepsilon_\times &= \tfrac{\varepsilon_\mathrm{l}-\varepsilon_\mathrm{r}}{2}; \end{aligned}\right\} \tag{14.192}$$

und der unitären Transformation

$$\tilde{\varepsilon}'_{\text{ij}} = \mathbf{U} \cdot \tilde{\varepsilon}_{\text{ij}} \cdot \mathbf{U}^{-1} \tag{14.193}$$

mit

$$\mathbf{U} = \frac{1}{\sqrt{2}} \begin{pmatrix} 1 & -\text{i} & 0 \\ 1 & \text{i} & 0 \\ 0 & 0 & \sqrt{2} \end{pmatrix} \tag{14.194}$$

und

$$\mathbf{U}^{-1} = \frac{1}{\sqrt{2}} \begin{pmatrix} 1 & 1 & 0 \\ \text{i} & -\text{i} & 0 \\ 0 & 0 & \sqrt{2} \end{pmatrix}. \tag{14.195}$$

Damit wird dann

$$\tilde{\varepsilon}'_{\text{ij}} = \begin{pmatrix} \varepsilon_{\text{l}} & 0 & 0 \\ 0 & \varepsilon_{\text{r}} & 0 \\ 0 & 0 & \varepsilon_{\|} \end{pmatrix} \tag{14.196}$$

und die Formel von APPLETON und HARTREE:

$$\tan^2 \Theta = -\varepsilon_{\|} \frac{(n^2 - \varepsilon_{\text{l}})(n^2 - \varepsilon_{\text{r}})}{(n^2 - \varepsilon_{\|})(\varepsilon_{\perp} n^2 - \varepsilon_{\text{l}}\varepsilon_{\text{r}})} \tag{14.197}$$

bzw.

$$An^4 - Bn^2 + C = 0 \tag{14.198}$$

mit

$$\left.\begin{aligned} A &= \tfrac{1}{2}(\varepsilon_{\text{l}} + \varepsilon_{\text{r}}) \sin^2 \Theta + \varepsilon_{\|} \cos^2 \Theta, \\ B &= \varepsilon_{\text{l}}\varepsilon_{\text{r}} \sin^2 \Theta + \tfrac{1}{2}\varepsilon_{\text{l}}\varepsilon_{\text{r}}\varepsilon_{\|}(1 + \cos^2 \Theta), \\ C &= \varepsilon_{\|}\varepsilon_{\text{l}}\varepsilon_{\text{r}}. \end{aligned}\right\} \tag{14.199}$$

Aus der Gleichung (14.198) geht zunächst hervor, daß sich durch das Plasma zwei Wellen, eine in $\oplus$- und eine in $\ominus$-Richtung, bewegen.[12] Mit Gl. (14.197) dagegen ist es besonders einfach, die Ausbreitungsrichtungen für die Fälle $\Theta = 0°$ und $\Theta = 90°$, die sog. „Principal Directions" [651], sowie die Winkelabhängigkeit des „Cutoffs" und der Resonanz zu bestimmen.

Die „Cutoff"-und Resonanzfrequenzen teilen das Dispersionsdiagramm in Bereiche der Ausbreitung und des Stillstandes ein: Am „Cutoff" geht der Brechungsindex gegen Null, die Wellenlänge wird groß; an der Resonanzstelle werden der Brechungsindex unendlich, die Phasengeschwindigkeit v_{Ph} Null und die Wellenlängen klein: die Welle wird absorbiert. In beiden Fällen geht die Gruppengeschwindigkeit v_{G} gegen Null.

[12] Wir wollen hier nicht den Fall betrachten, daß die Dielektrizitätskonstante selbst wieder eine Funktion des Brechungsindex ist, dann sind natürlich mehr als zwei Wellen möglich, und man beobachtet eine ***räumliche Dispersion.***

- „Cutoff“: $n^2 \to 0 \wedge v_{\mathrm{Ph}} \to \infty$,
- Resonanz: $n^2 \to \infty \wedge v_{\mathrm{Ph}} \to 0$.

Bei Variation der Plasmaparameter wandert also n^2 durch die komplexe Ebene. Ist n^2 reell, sind diese Punkte scharf, ist n^2 komplex, dagegen diffus (warmes Plasma mit Stößen).

Für elektromagnetische Wellen sind die Felder $\boldsymbol{E}$ und $\boldsymbol{B}$ transversal zum Wellenvektor $\boldsymbol{k}$. Umgekehrt bedeutet das, daß Leitungsstrom und Verschiebungsstrom sich in longitudinaler Richtung immer auslöschen. Am „Cutoff“ geschieht dies aber auch in transversaler Richtung: Aus der Gleichung für eine harmonische Bewegung

$$\nabla \times \boldsymbol{E} = -\frac{\partial \boldsymbol{B}}{\partial t} \Rightarrow \boldsymbol{k} \times \boldsymbol{E} = -\omega \boldsymbol{B}, \tag{14.200}$$

woraus die Phasengeschwindigkeit sich als Verhältnis der Beträge der beiden transversalen Komponenten ergibt:

$$v_{\mathrm{Ph}} = \frac{\omega}{k} = \left|\frac{E}{B}\right| \tag{14.201}$$

und ersichtlich ist, daß $|\,B\,|$ am „Cutoff“ unendlich wird, folgt für den Strom aus

$$\varepsilon_0 c^2 \boldsymbol{k} \times \boldsymbol{B} = \boldsymbol{j} + \frac{\partial \boldsymbol{D}}{\partial t}, \tag{14.202}$$

daß sich die Ströme auch in transversaler Richtung auslöschen.

Resonanz bedeutet: $v_{\mathrm{Ph}} \to 0 \Rightarrow E \to 0$,[13] folglich muß der elektrische Feldvektor entweder rein longitudinal sein, oder er ist Null! Der Strom in transversaler Richtung, der sich nach

$$\boldsymbol{j} = -\mathrm{i}\boldsymbol{k} \times \boldsymbol{H} \tag{14.203}$$

berechnet, genügt zwei Grenzfällen:

1. $\boldsymbol{j} \to \infty$ für $\boldsymbol{H} \neq 0$, oder
2. $\boldsymbol{j} \to$ endlich für $\boldsymbol{H} = 0$.

Beobachtet werden beide Fälle.

Zunächst ergeben sich die *Dispersionsrelationen* für die „Principal Directions“ $\Theta = 0°$ und $\Theta = 90°$ durch Nullsetzen des Zählers bzw. des Nenners von Gl. (14.197) zu

[13] Da in der Nähe der Resonanz die Phasengeschwindigkeit sehr klein ist, erzeugt ein Elektronenstrahl CERENKOV-Strahlung.

$$\left.\begin{array}{ll}\Theta = 0^\circ: & \varepsilon_{||} = 0 \;\vee\; \varepsilon_r = n^2 \quad \vee \quad \varepsilon_l = n^2,\\ \Theta = 90^\circ: & \varepsilon_{||} = n^2 \;\; \vee \frac{\varepsilon_l \varepsilon_r}{\varepsilon_\perp} = n^2.\end{array}\right\} \tag{14.204}$$

Aus diesen Gleichungen ist weiter ersichtlich, daß für $C = 0$ und entweder A oder $B \neq 0$ eine der Wurzeln Null sein muß: „Cutoff." C ist winkelunabhängig, damit hängt der „Cutoff" nicht von der Ausbreitungsrichtung der Welle ab! Denn C ist Null, wenn entweder

$$\varepsilon_{||} = 0 \vee \varepsilon_l = 0 \vee \varepsilon_r = 0: \tag{14.205}$$

- $\varepsilon_{||} = 0 \Rightarrow \omega_P^2/\omega^2 = 1.$
- $\varepsilon_l \vee \varepsilon_r = 0 \Rightarrow \omega_P^2/\omega^2 = 1 \pm \omega_c/\omega.$
- Für $\Theta = 0^\circ$ beobachten wir eine Resonanz bei

  $$\tan^2\Theta = 0^\circ = -\frac{\varepsilon_{||}}{\varepsilon_\perp}, \tag{14.206}$$

  wenn also $\varepsilon_\perp = 1/2(\varepsilon_l + \varepsilon_r) \to \infty$. Das ist der Fall für:

  – $\varepsilon_l \to \infty$: Ionen-Cyclotron-Resonanz für positive ω,
  – $\varepsilon_r \to \infty$: Elektronen-Cyclotron-Resonanz für positive ω;
- für $\Theta = 90^\circ$ dagegen für $\varepsilon_\perp \to 0$, d. h. wenn

  $$\omega_{uh}^2 = \omega_c^2 + \omega_P^2, \tag{14.207}$$

  wobei ω_{uh} die sog. „obere Hybridresonanz" bezeichnet.[14]

Für $\varepsilon_{||}$ wird rein rechnerisch sowohl ein „Cutoff" wie eine Resonanz für $\Theta = 0^\circ$ gefordert. Da n, und somit auch λ, hier aber jeden Wert annehmen können, handelt es sich eher um eine *longitudinale Elektronenschwingung* denn eine Welle (s. Abschn. 14.3, Gl. (14.62)).

Die außerordentliche X-Welle hat also zwei Ausbreitungsbänder zwischen ω_l und ω_{uh} und oberhalb von ω_r, die durch ein Stoppband zwischen ω_{uh} und ω_r getrennt sind. Unterhalb ω_l ist ebenfalls keine Ausbreitung möglich.

Bei R- und L-Wellen liegen bei niedrigen Plasmadichten $((\omega_P/\omega)^2 \ll 1)$ die Frequenzen des „Cutoff" und der Resonanz sehr dicht beieinander, und das Stoppband ist sehr schmal und liegt knapp oberhalb der Resonanzfrequenz. Im folgenden werden wir uns auf die R-Wellen, die sog. „Whistler"-Wellen beschränken.

[14] Für $\Theta = 0^\circ$ wird eine Resonanz beobachtet für $\varepsilon_\perp \to \infty$ bei der Ionen-Cyclotron-Resonanz.

Tabelle 14.1. Zusammenstellung der Frequenzen für „Cutoff“ und Resonanz der „Prinzipalwellen“

Welle	„Cutoff“	Resonanz
Ordentlich	$\omega = \omega_P$	keine
Außerordentlich (X)	$\omega = {}^1\!/\!_2\sqrt{\pm\omega_c + (\omega_c^2 + 4\omega_P^2)}$	$\omega^2 = \omega_P^2 + \omega_{c,e}^2$
R-Welle	$\omega_R = {}^1\!/\!_2\sqrt{-\omega_c + (\omega_c^2 + 4\omega_P^2)}$	$\omega = \omega_{c,e}$
L-Welle	$\omega_L = {}^1\!/\!_2\sqrt{+\omega_c + (\omega_c^2 + 4\omega_P^2)}$	$\omega = \omega_{c,i}$

Der Brechungsindex $n = ck/\omega$ wird durch ein statisches Magnetfeld modifiziert von

$$n = \sqrt{1 - \left(\frac{\omega_P}{\omega}\right)^2} \longrightarrow n = \sqrt{1 - \left(\frac{\omega_P^2}{\omega(\omega \pm \omega_c)}\right)}, \tag{14.208}$$

bzw.

$$\varepsilon = n^2 = \frac{c^2k^2}{\omega^2} = 1 - \frac{\omega_P^2}{\omega(\omega \pm \omega_c)}, \tag{14.209}$$

wenn die Wellen sich parallel zum Magnetfeld bewegen ($\boldsymbol{k} \parallel \boldsymbol{B}_0$); d. h. für $\omega_c > \omega$ wird der Subtrahend negativ, der Brechungsindex folglich größer als Eins.

- R-Welle: Der Brechungsindex fängt bei Werten kleiner Eins an, geht am „Cutoff“ auf Null zurück, um an der Resonanzstelle sehr hohe Werte anzunehmen; schließlich geht er asymptotisch gegen Eins. Bei hohen Feldern ist n größer als Eins. k wird unendlich für $\omega = \omega_c$. Die Welle ist dann in Resonanz mit der Cyclotronbewegung der Elektronen. Sie verliert ihre Energie — wird also absorbiert — durch dauernde Beschleunigung der Elektronen, da ihre Polarisationsebene und -richtung in der Präzessionsebene der Elektronen liegt.

- L-Welle: Die L-Welle hat keine Cyclotron-Resonanz für positive ω, da ihre Polarisationsrichtung anders herumdreht. Sie könnte daher nur mit positiven Ionen in Resonanz treten, d. h. bei sehr viel tieferen Frequenzen, da das Verhältnis $\omega_{c,e}/\omega_{c,i} = m_e/m_i$ ist. Ihr Brechungsindex ist immer kleiner als Eins.

- Für beide Wellentypen gilt, daß bei niedrigen Feldern und hohen Plasmadichten die Welle reflektiert wird. Daher findet lediglich eine kleine Korrektur der Dispersion statt: Das Plasma wird also *doppelt brechend.* In einem anisotropen, dispersiven Medium ist der POYNTING-Vektor $\boldsymbol{S}$ nie parallel zum Wellenvektor $\boldsymbol{k}$!

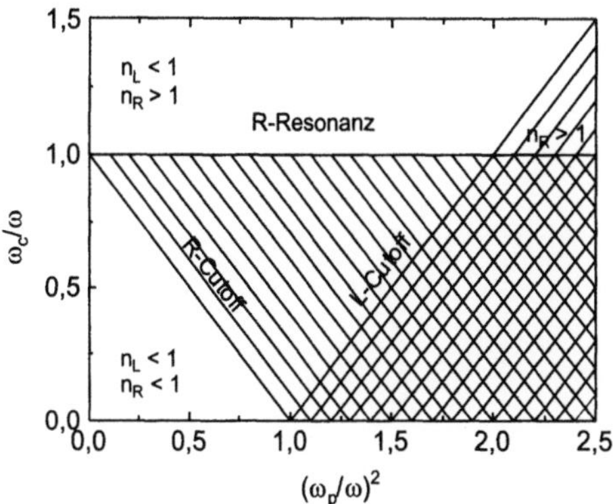

Abb. 14.24. Vereinfachtes CMA-Diagramm, das die Ausbreitungsgebiete der R- und L-Wellen entlang der magnetischen Feldlinien beschreibt. In den schraffierten Bereichen findet keine Ausbreitung statt; der Wellenvektor ist dort imaginär ($\frac{\omega_P^2}{\omega^2} = \frac{n_P}{n} = 1 \pm \frac{\omega_P^2}{\omega_c} \cdot \omega$ mit n der Elektronendichte).

Für eine gegebene Elektronendichte findet der „Cutoff" im Vergleich zur Resonanz bei niedrigeren magnetischen Feldstärken statt. Eine Resonanz kann also nur dadurch erreicht werden, indem die Wellen an Stellen höheren Magnetfeldes, als für die Resonanz erforderlich ist, eindringen. Kommen sie von der Niederfeldseite, werden sie reflektiert. Trägt man die Plasmadichte gegen das magnetische Feld auf (die übliche Auftragung ist $\omega_c/\omega \to \omega_P^2/\omega^2$), erhält man das nach CLEMMOW, MULLALY und ALLIS so benannte *CMA-Diagramm,* das vereinfacht für die Whistlerwellen in Abb. (14.24) dargestellt ist.[15]

In Abb. 14.25 sind für $\omega_P = \omega_c$ die Dispersionskurven für R- und L-Wellen gezeigt, und zwar für $\omega_P = \omega_c = 900$ MHz. Das ist ein ähnlicher Fall wie in der Ionosphäre, wo $n_0 \approx 10^4 - 10^6\,\mathrm{cm}^{-3}$, und ω_P zwischen 6 und 60 MHz liegt. Für ein Erdfeld von 0,3 Gauß = 30 μT ist dann $\omega_c = 6$ MHz. Der besseren Darstellung wegen wird der quadratische Brechungsindex, also in erster Näherung die Dielektrizitätskonstante ($\varepsilon = n^2$), gegen die Frequenz ω aufgetragen: Die L-Welle hat einen Bereich imaginärer k für $\omega < \omega_L$, während für R-Wellen diese Zone zwischen ω_c und ω_R liegt. Im Hochfrequenzbereich laufen R- und L-Wellen zusammen; der niederfrequente Bereich ist die Region der *Whistlerwellen.* Das Plasma wirkt also wie ein Filter.

Die maximale Phasengeschwindigkeit erhält man durch Extremwertbildung der Gl. (14.209) zu $\omega = \omega_c/2$. Setzt man dieses in Gl. (14.209) ein, folgt für c^2 :

$$c^2 = v_{\mathrm{Ph}}^2 \left(1 + 4\frac{\omega_P^2}{\omega^2}\right). \tag{14.210}$$

v_{Ph} ist also stets, auch im Maximum, kleiner als c.

Bei Vernachlässigung der Trägheit der Elektronen, also für $\omega \ll \omega_c$ und $\omega\omega_c \ll \omega_P^2$, wird näherungsweise

[15]In einem CMA-Diagramm wird zusätzlich noch angedeutet, wie die Phasengeschwindigkeiten sich in Abhängigkeit des Winkels zwischen statischem Magnetfeld und Ausbreitungsrichtung verändern.

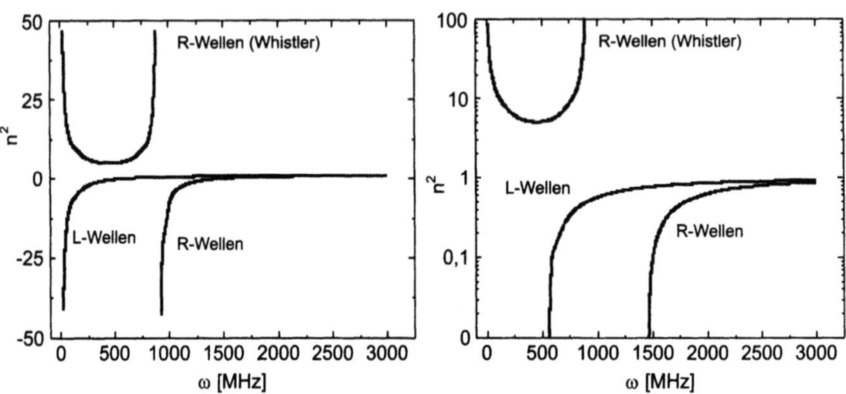

Abb. 14.25. Dispersionskurven für R- und L-Wellen. Dargestellt ist die Abhängigkeit der Dielektrizitätskonstanten von der Frequenz für ein Modell, das der Ionosphäre ähnelt ($\omega_\mathrm{c} = \omega_\mathrm{P} = 900$ MHz). Links oben ist die Region der Whistlerwellen, unten sind die Äste der L- und R-Welle (oben: L, unten: R) zu sehen, die im Hochfrequenzbereich zusammenlaufen.

$$k^2 \approx \frac{1}{c^2}\left(\frac{\omega_\mathrm{P}^2\omega}{\omega_\mathrm{c}} - \frac{\omega^3}{\omega_\mathrm{c}}\right) \Rightarrow k^2 \approx \frac{\omega_\mathrm{P}^2}{c^2\omega_\mathrm{c}} \cdot \omega, \tag{14.211}$$

und man bekommt keine Resonanzbedingung mehr, womit sich die stark frequenzabhängige Phasengeschwindigkeit $v_\mathrm{Ph} = \omega/k$ zu

$$v_\mathrm{Ph} = \frac{c}{\omega_\mathrm{P}} \cdot \sqrt{\omega\omega_\mathrm{c}} \tag{14.212}$$

und die Gruppengeschwindigkeit

$$v_\mathrm{G} = \frac{\mathrm{d}\omega}{\mathrm{d}k} = 2\frac{c}{\omega_\mathrm{P}} \cdot \sqrt{\omega\omega_\mathrm{c}} = 2v_\mathrm{Ph} \tag{14.213}$$

ergeben. Damit ist die Geschwindigkeit der Whistler-Wellen der Wurzel aus der Plasmadichte umgekehrt proportional ($\omega_\mathrm{P} \propto \sqrt{n_\mathrm{P}}$). Außerdem ist die Ausbreitungsgeschwindigkeit dieser Wellen umso kleiner, je niedriger ihre Frequenz ist: $v_\mathrm{G} \propto \sqrt{\omega}$. Wegen der starken Dispersion zerfließt ein Wellenpaket, das z. B. durch einen atmosphärischen Blitz entsteht, deswegen ein breites Strahlungsspektrum enthält und sich parallel der Linien des Erdmagnetfeldes bewegt, sehr schnell. Die positive Dispersion gibt zu dem Pfeifen Anlaß, das im Radio abgehört werden kann.

Für $\omega_\mathrm{P} \approx \omega_\mathrm{c} \approx 6$ MHz ergibt sich für Entfernungen von 10 000 km (Erdumfang 40 000 km) die Dauer eines Whistler-Tons zu einigen Sekunden.

Setzt man für ω_P und ω_c die Beziehungen $\omega_\mathrm{P}^2 = e_0^2 n_\mathrm{e}/\varepsilon_0 m_\mathrm{e}$ und $\omega_\mathrm{c} = e_0 B/m_\mathrm{e}$ ein, wird schließlich für k und λ:

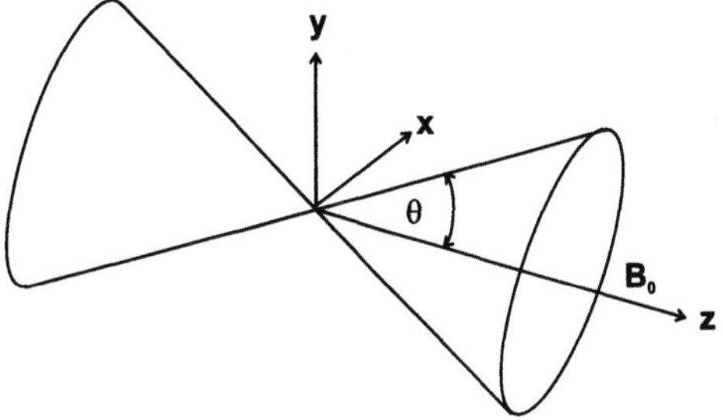

Abb. 14.26. Resonanzkegel einer Welle, bei der Wellenvektor und statisches Magnetfeld einen spitzen Winkel bilden.

$$k \approx \sqrt{\frac{\mu_0 e_0 n_e \omega}{B}} \Rightarrow \lambda = \frac{2\pi}{k} \approx 5,6 \cdot 10^5 \sqrt{\frac{B}{n_e \omega}} \tag{14.214}$$

für B in T, n_e in cm^{-3} und ω in Hz. Für $B = 10$ mT, $n = 10^{10}\ \mathrm{cm}^{-3}$ und $\omega =$ 14,56 MHz wird $\lambda \approx 43$ cm.

Für beliebige Richtungen (der Wellenvektor k wird aufgespalten in eine zum Magnetfeld parallele und eine zu ihm senkrechte Komponente q bzw. γ, wobei gilt: $k^2 = q^2 + \gamma^2$) ergibt sich die Resonanzbedingung aus der Gl. (14.197) (für $n \to \infty$) oder, was äquivalent ist, für $A = 0$ zu

$$\tan^2 \Theta_{\mathrm{res}} = -\frac{\varepsilon_{\|}}{\varepsilon_{\perp}}. \tag{14.215}$$

Dies ist nur dann möglich, wenn $\varepsilon_{\|}$ und $\varepsilon_{\perp}$ entgegengesetzte Vorzeichen haben. Dies ist für ein Magnetoplasma ein Gebiet, in dem entweder $0 < \omega < \omega_{\mathrm{P}}, \omega_{\mathrm{c}}$ (sog. „unterer Zweig") oder $\omega_{\mathrm{uh}} = \sqrt{\omega_{\mathrm{P}}^2 + \omega_{\mathrm{c}}^2} > \omega > \omega_{\mathrm{P}}, \omega_{\mathrm{c}}$ (sog. „oberer Zweig"). Durch diese Gleichung wird ein *Resonanzkegel* für den Winkel $\arctan \Theta = \rho/z$ (mit $\rho = \sqrt{x^2 + y^2}$ in kartesischen Koordinaten) aufgespannt (s. Abb. 14.26). Seine Achse ist parallel zum statischen Magnetfeld $\boldsymbol{B}_0$, sein Öffnungswinkel ist bestimmt durch

- ω_{P},
- $\omega_{\mathrm{c,e}}$ und
- ω, die eingestrahlte Frequenz.

In der Nähe von ω_{c}, aber auch des „Cutoff", ist der Kegel sehr eng, $\Theta_{\mathrm{res}} \to 0°$, dagegen sehr breit bei der Resonanz der außerordentlichen Welle: $\Theta_{\mathrm{res}} \to 90°$. Da sowohl beim „Cutoff" wie bei ω_{c} ein sehr schmaler Kegelwinkel auftritt, erscheint die „Cutoff"-Bedingung $\omega_{\mathrm{P}}^2/\omega^2$ oft — etwa bei geführten Wellen — wie eine Resonanz.

n^2 selbst ergibt sich für beliebige Richtungen zu

$$n^2 = \frac{B}{2A} \pm \frac{\sqrt{B^2 - 4AC}}{2A}, \tag{14.216}$$

wobei die Diskriminante der APPLETON-HARTREE-Gleichung mit der Identität $\varepsilon_r\varepsilon_l = \varepsilon_\perp^2 - \varepsilon_\times^2$:

$$D^2 = B^2 - 4AC = \sin^4\Theta(\varepsilon_r\varepsilon_l - \varepsilon_\parallel\varepsilon_\perp)^2 + 4\varepsilon_\parallel^2\cos^2\Theta(\varepsilon_\perp^2 - \varepsilon_r\varepsilon_l) \qquad (14.217.1)$$

$$B^2 - 4AC = \sin^4\Theta(\varepsilon_r\varepsilon_l - \varepsilon_\parallel\varepsilon_\perp)^2 + 4\varepsilon_\parallel^2\varepsilon_\times^2\cos^2\Theta. \qquad (14.217.2)$$

$\varepsilon_\times^2$ ist immer positiv, so daß auch D^2 immer positiv sein muß (Vernachlässigung von Stößen). Da wir erwarten, daß $n^2 < 1$, machen wir den Ansatz

$$n^2 = 1 - x$$

und erhalten

$$n^2 = 1 - \frac{1}{2A(2A - B \pm \sqrt{B^2 - 4AC})}, \qquad (14.218.1)$$

oder, was dasselbe ist:

$$n^2 = 1 - \frac{2(A - B + C)}{2A - B \pm \sqrt{B^2 - 4AC}}. \qquad (14.218.2)$$

Nach langwieriger Algebra ergibt sich dann die explizite Form der APPLETON-HARTREE-Gleichung zu

$$n^2 = 1 - \frac{2\omega_P^2\,(1 - (\omega_P/\omega)^2)}{2\omega^2\,(1 - \omega_P/\omega)^2) - \omega_c^2\sin^2\Theta \pm \omega_c \cdot \sqrt{D^2}}. \qquad (14.219)$$

Je nachdem nun, welcher der Terme, der sin-Term oder der cos-Term, überwiegt, kann man den einen gegenüber dem anderen vernachlässigen, die Wurzel in der Diskriminanten fällt weg, und man spricht entweder von der „Quasi-transversalen“ (QT) oder der „Quasi-longitudinalen“ (QL) Näherung [652]:[16]

$$QL: \sin^4\Theta(\varepsilon_r\varepsilon_l - \varepsilon_\parallel\varepsilon_\perp)^2 \ll 4\varepsilon_\parallel^2\cos^2\Theta(\varepsilon_\perp^2 - \varepsilon_r\varepsilon_l), \qquad (14.220.1)$$

$$QT: \sin^4\Theta(\varepsilon_r\varepsilon_l - \varepsilon_\parallel\varepsilon_\perp)^2 \gg 4\varepsilon_\parallel^2\cos^2\Theta(\varepsilon_\perp^2 - \varepsilon_r\varepsilon_l). \qquad (14.220.2)$$

- Quasi-longitudinal (QL-l, QL-r):
  1. Vernachlässigen des $\sin^4\Theta$-Terms in D führt zu $D \approx 2\varepsilon_\parallel\varepsilon_\times\cos\Theta$.
  2. Vernachlässigen des $\sin^2\Theta$-Terms in B ergibt: $B \approx 2\varepsilon_\parallel\varepsilon_\perp$, also $\omega_c^2\sin^2\Theta \ll 2\omega^2(1 - \omega_P/\omega)^2)$

[16] Für verschwindende Diskriminante gehen die beiden Lösungen ineinander über. Natürlich erhält man die gleichen Ergebnisse, wenn man die Wurzel entwickelt und linearisiert.

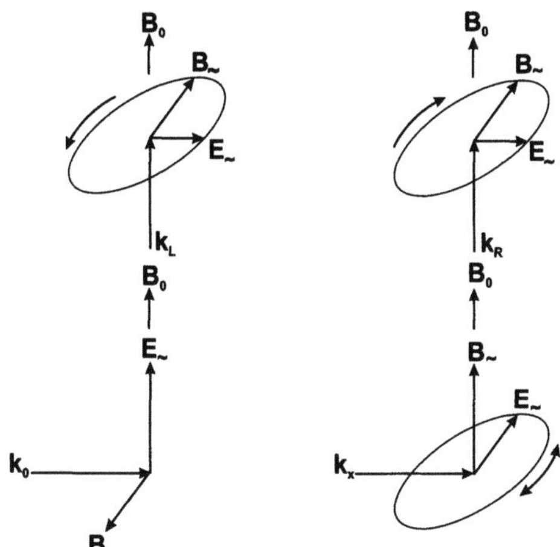

Abb. 14.27. Polarisation der sich im anisotropen Plasma senkrecht und parallel zum statischen Magnetfeld ausbreitenden Wellen: l.o.: QT-l, r.o.: QL-r, l.u.: QT-o, r.u.: QT-x.

$$\Rightarrow n_{\mathrm{l,r}}^2 \approx 1 - \frac{(\omega_{\mathrm{P}}/\omega)^2\omega}{\omega \pm \omega_{\mathrm{c}}\cos\Theta} = 1 - \frac{(\omega_{\mathrm{P}}/\omega)^2}{1 \pm (\omega_{\mathrm{c}}/\omega)\cos\Theta}$$

$$\Rightarrow \frac{c^2k^2}{\omega^2} = 1 - \frac{\omega_{\mathrm{P}}^2}{\omega(\omega \pm \omega_{\mathrm{c}}\cos\Theta)} \tag{14.221}$$

mit

$$k^2 = q^2 + \gamma^2, \tag{14.222}$$

dabei ist q der zu $\boldsymbol{B}_0$ parallele und γ der dazu senkrechte Wellenvektor. In diesem Fall liegt die Resonanz bei $\cos\Theta = \omega/\omega_{\mathrm{c}}$, und $\arccos\omega/\omega_{\mathrm{c}}$ wird der Winkel des Resonanzkegels genannt, der durch Wellenvektor und das statische Magnetfeld aufgespannt wird; bei Vernachlässigung der Elektronenträgheit wird daraus

$$c^2k^2 \approx \frac{\omega\omega_{\mathrm{P}}^2}{\omega_{\mathrm{c}}\cos\Theta}. \tag{14.223}$$

Für ebene Wellen ist das einzige — dichteunabhängige — Kriterium der Vernachlässigung der Elektronenträgheit, daß $\omega \ll \omega_{\mathrm{c}}\cos\Theta$. Der Unterschied der beiden Lösungen 14.221 und 14.222 ist ein Term der Größenordnung $\omega/\omega_{\mathrm{c}}\cos\Theta$. $\cos\Theta = q/k$ wird klein, wenn $q \ll \gamma$, und der Resonanzkegel gegen 90° geht. Im ECR-Fall $\omega = \omega_{\mathrm{c}}$ werden die Whistlerwellen streng entlang den Linien des statischen Magnetfeldes $\boldsymbol{B}_0$ geführt; der Resonanzkegel hat dann einen verschwindenden Öffnungswinkel.

- Quasi-transversal (QT$-\times$, außerordentlich, QT-o, ordentlich):

1. Vernachlässigen des $\cos^2\Theta$-Terms in D ergibt: $D \approx (\varepsilon_r\varepsilon_l - \varepsilon_\|\varepsilon_\perp)\sin^2\Theta$,
2. $B = \varepsilon_\perp\varepsilon_\|(1+\cos^2\Theta) + \varepsilon_r\varepsilon_l\sin^2\Theta$

$$n_o^2 \approx 1 - \left(\frac{\omega_P}{\omega}\right)^2 \quad \text{wenn}\sqrt{D^2} > 0, \tag{14.224.1}$$

$$n_\times^2 \approx \frac{(1-(\omega_P/\omega)^2)^2\omega^2 - \omega_c^2\sin^2\Theta}{(1-(\omega_P/\omega)^2)\omega^2 - \omega_c^2\sin^2\Theta} \quad \text{wenn}\sqrt{D^2} < 0. \tag{14.224.2}$$

- Quasi-transversal (QT-o):
  n_o^2 : keine Abhängigkeit vom statischen Magnetfeld — insbesondere also keine Winkelabhängigkeit —, da die Welle parallel zu diesem polarisiert ist ($\Theta = 0° \wedge \sin 0° = 0$). Sie weist keine Resonanz, sondern nur einen „Cutoff“ bei $\omega = \omega_P$ auf. Diese Mode wird dazu benutzt, um Elektronendichten in der Nähe des „Cutoff“ zu bestimmen.

- Quasi-transversal (QT-$\times$):
  Diese Welle hat bemerkenswerte Eigenschaften. Während QL-r und QL-l circular ($\boldsymbol{E}_\sim \perp \boldsymbol{B}_0$) und QT-o linear polarisiert ($\boldsymbol{E}_\sim \parallel \boldsymbol{B}_0$) sind, ist diese elliptisch polarisiert ($\boldsymbol{E}_\sim \perp \boldsymbol{B}_0$), ihre Geschwindigkeit liegt zwischen $v_{P,l}$ und $v_{P,r}$ (Abb. 14.27):

$$2v_{P,\times}^2 = v_{P,l}^2 + v_{P,r}^2. \tag{14.225}$$

14.7.2 Dispersionsbeziehung im zylindrischen Plasma

Bisher haben wir den Fall freier ebener Wellen betrachtet. Im Falle von Wellen, die in einem Wellenleiter geführt werden, kommt eine zusätzliche Erschwernis hinzu: Durch die Führung wird die Bewegungsfreiheit der Welle eingeschränkt, und die Welle „rächt“ sich so, daß sie nicht mehr länger eine *TEM-Welle* bleibt, bei der elektrisches und magnetisches Feld senkrecht zueinander und zum Wellenvektor stehen. Dadurch, daß sowohl in einer dielektrischen wie in einer metallischen Wand Ströme fließen, entstehen Komponenten des elektromagnetischen Feldes in der Ausbreitungsrichtung auch bei Abwesenheit von magnetischen Feldern. Das Bemühen geht dahin, entweder *TE-Moden,* das sind Moden, bei denen das elektrische Feld überall senkrecht zum Wellenvektor, oder *TM-Moden,* bei denen das magnetische Feld überall senkrecht zum Wellenvektor steht, zu erzeugen. Diese Moden sollen darüber hinaus „rein“ sein, d. h. keine Mischung aus mehreren Moden darstellen. Im Gegensatz zu dem Fall der Ausbreitung von Zylinderwellen in einem plasmagefüllten Hohlwellenleiter, der in den Lehrbüchern behandelt wird, müssen wir hier zusätzlich die Anisotropie, die durch das statische Magnetfeld entsteht, berücksichtigen.

Die DRUDEsche Bewegungsgleichung eines kalten Plasmas, für das Druckgradienten vernachlässigt werden können, lautet unter Berücksichtigung elastischer Stöße, die als eine viskose Dämpfungskraft wirken (für genauere Behandlungen siehe z. B. [653], $m = m_e$):

$$\boldsymbol{F} = m\boldsymbol{a} = -e_0(\boldsymbol{E} + \boldsymbol{v} \times \boldsymbol{B}) - m\nu_m \boldsymbol{v}, \tag{14.226.1}$$

oder, auf die Dichte bezogen (mit n der Plasmadichte):

$$mn\frac{\mathrm{d}\boldsymbol{v}}{\mathrm{d}t} = -ne_0(\boldsymbol{E} + \boldsymbol{v} \times \boldsymbol{B}) - mn\nu_m \boldsymbol{v}. \tag{14.226.2}$$

Erinnern wir uns an die Beziehungen $\boldsymbol{j} = \varrho\ \boldsymbol{v} = -e_0 n\boldsymbol{v}$, kann die Gleichung geschrieben werden als

$$\frac{m}{ne_0^2}\frac{\mathrm{d}\boldsymbol{j}}{\mathrm{d}t} = \boldsymbol{E} - \frac{\boldsymbol{j} \times \boldsymbol{B}}{ne_0} - \eta\boldsymbol{j} \tag{14.227}$$

mit $\eta = m\nu_m/ne_0^2$, dem spezifischen Plasmawiderstand. Diese Gleichung wird als *Verallgemeinertes* OHM*sches Gesetz* bezeichnet. Im Term auf der linken Seite erkennen wir den sog. „Trägheitsterm“, der zweite Term auf der rechten Seite ist der „HALL-Term“, der dritte der „Widerstandsterm“. Im stationären Zustand ist $\mathrm{d}\boldsymbol{j}/\mathrm{d}t$ Null, und bei Abwesenheit eines magnetischen Feldes vereinfacht sich die Gleichung zu $\boldsymbol{E} = \eta\boldsymbol{j}$. Für η kann man mit $\nu_m = n\sigma v$ sowie $<v>= \sqrt{k_B T_e/m_e}$ auch schreiben

$$\eta = \frac{\sqrt{k_B T_e m_e}}{e_0^2}\sigma. \tag{14.228}$$

Unter Berücksichtigung der Tatsache, daß $n = n(r)$, ist also das $\boldsymbol{E}$-Feld zu modifizieren von Gl. (14.227) nach

$$\boldsymbol{E}(r) = \frac{m}{n(r)e_0^2} \cdot \frac{\mathrm{d}\boldsymbol{j}}{\mathrm{d}t} + \frac{\boldsymbol{j} \times \boldsymbol{B}}{n(r)e_0} + \frac{m\nu_m}{n(r)e_0^2}\boldsymbol{j}. \tag{14.229}$$

Diese Gleichung kann linearisiert werden durch $\boldsymbol{B} = \boldsymbol{B}_0 + \boldsymbol{B}_\sim$ ($\boldsymbol{B}_0 = \mathrm{B}_0 \cdot \boldsymbol{z}$ mit $\boldsymbol{z}$ dem Einheitsvektor in Richtung des statischen Magnetfelds) unter der Annahme, daß $\boldsymbol{E}$, $\boldsymbol{j}$ und $\boldsymbol{B}_\sim$ kleine Größen sind. Aus dem verallgemeinerten OHMschen Gesetz (14.227) wird dann unter Vernachlässigung des Verschiebungsstromes für Lösungen des Typs $\boldsymbol{B}_\sim = \boldsymbol{B}(r)\exp[\mathrm{i}(\omega t - qz - m\Theta)]$

$$\nabla \times \boldsymbol{E} = -\frac{\partial \boldsymbol{B}_\sim}{\partial t} = -\mathrm{i}\omega\boldsymbol{B}_\sim; \tag{14.230.1}$$

$$\nabla \times \boldsymbol{B}_\sim = \frac{\boldsymbol{j}}{\varepsilon_0}; \tag{14.230.2}$$

$$\frac{\partial \boldsymbol{j}}{\partial t} = \mathrm{i}\omega\boldsymbol{j}; \tag{14.230.3}$$

$$\frac{\partial \boldsymbol{B}_\sim}{\partial t} = \mathrm{i}\omega \boldsymbol{B}_\sim; \tag{14.230.4}$$

$$ne_0\boldsymbol{E} - \boldsymbol{j} \times \boldsymbol{B}_0 - \frac{m}{e_0} \cdot (\mathrm{i}\omega + \nu_\mathrm{m})\boldsymbol{j} = 0. \tag{14.230.5}$$

Für Störungen eines Plasmas bildet man die Rotation

$$ne_0\nabla \times \boldsymbol{E} - \nabla \times \boldsymbol{j} \times \boldsymbol{B}_0 - \frac{m}{e_0}(\mathrm{i}\omega + \nu_\mathrm{m})\nabla \times \boldsymbol{j} = 0. \tag{14.231}$$

Mit $\nabla \cdot \boldsymbol{j} = 0$ bekommt man

$$-(ne_0\mathrm{i}\omega)\boldsymbol{B}_\sim + \frac{\mathrm{i}kB_0c^2}{\varepsilon_0}\nabla \times \boldsymbol{B}_\sim - \frac{mc^2\varepsilon_0}{e_0}(\mathrm{i}\omega + \nu_\mathrm{m})\nabla \times \nabla \times \boldsymbol{B}_\sim = 0. \tag{14.232}$$

Da $\omega_\mathrm{P}^2 = ne_0^2/\varepsilon_0 m$ und $\omega_\mathrm{c} = e_0 B/m$, wird daraus

$$\frac{\mathrm{i}\omega_\mathrm{P}^2\omega}{e_0^2}\boldsymbol{B}_\sim - \mathrm{i}k\omega_\mathrm{c}\nabla \times \boldsymbol{B}_\sim + (\mathrm{i}\omega + \nu_\mathrm{m})\nabla \times \nabla \times \boldsymbol{B}_\sim = 0, \tag{14.233}$$

eine DGl 2. Ordnung, die faktorisiert werden kann zu

$$[\nabla - k_1] \times [\nabla - k_2] \times \boldsymbol{B}_\sim = 0. \tag{14.234}$$

Die allgemeine Lösung dieser DGl lautet

$$\nabla \times \boldsymbol{B}_\sim = k_1\boldsymbol{B}_\sim \wedge \nabla \times \boldsymbol{B}_\sim = k_2\boldsymbol{B}_\sim, \tag{14.235}$$

was durch Bildung der Rotation von $\boldsymbol{B}_\sim$ unter Beachtung von $\nabla \cdot \boldsymbol{B}_\sim = 0$ schließlich

$$\Delta\boldsymbol{B}_\sim = -k_{1,2}^2\boldsymbol{B}_\sim \tag{14.236}$$

ergibt. k_1 und k_2 sind die Wurzeln der Gleichung

$$k^2 - \frac{\omega_\mathrm{c}k}{\mathrm{i}\nu_\mathrm{m} + \omega} + \frac{\omega_\mathrm{P}^2\omega}{c^2(\mathrm{i}\nu_\mathrm{m} + \omega)} = 0 \tag{14.237}$$

und betragen

$$k_{1,2} = \frac{\omega_\mathrm{c}q}{2(\mathrm{i}\nu_\mathrm{m} + \omega)}\left(1 \pm \sqrt{1 - 4\frac{\omega + \mathrm{i}\nu_\mathrm{m}}{q^2\omega_\mathrm{c}^2} \cdot \frac{\omega\omega_\mathrm{P}^2}{c^2}}\right) \tag{14.238}$$

bzw. bei Vernachlässigung des Widerstandsterms $\eta\boldsymbol{j}$:

$$k_{1,2} = \frac{\omega_\mathrm{c}q}{2\omega}\left(1 \pm \sqrt{1 - 4\frac{\omega^2\omega_\mathrm{P}^2}{q^2\omega_\mathrm{c}^2c^2}}\right). \tag{14.239}$$

Wie man sieht, gehört zu jedem zum statischen Magnetfeld $\boldsymbol{B}_0$ parallelen Wellenvektor q ein Paar von k und damit auch ein Paar von γ, da $k^2 = q^2+\gamma^2$. γ_1 hängt mit der Elektronenträgheit und dem Pluszeichen in Gl. (14.239) zusammen, während γ_2 den HALL-Term berücksichtigt. Wenn $q^2 < 4\omega\omega_\mathrm{P}^2/c^2\omega_\mathrm{c}^2$, gibt es imaginäre γ, die die Dämpfung der Welle beschreiben. Für $q^2 \gg \omega\omega_\mathrm{P}^2/c^2(\omega_\mathrm{c} - \omega)$ gibt es nur eine reelle Lösung für γ! Für widerstandsfreie Plasmen muß k jedoch reell sein, also:

$$q \geq \frac{2\omega\omega_\mathrm{P}}{c\omega_\mathrm{c}}. \tag{14.240}$$

Das bedeutet dann für die Phasengeschwindigkeit $v_\mathrm{Ph} = \omega/q$, daß sie der Bedingung

$$v_\mathrm{Ph} \leq \frac{c\omega_\mathrm{c}}{2\omega_\mathrm{P}} \tag{14.241}$$

genügt. Damit erhalten wir für eine Plasmadichte $n_\mathrm{P} = 10^{12}\,\mathrm{cm}^{-3}$ eine Plasmafrequenz von 55 GHz. Bei einem Magnetfeld von 10 mT ergibt sich mit einer Cyclotronfrequenz von 0,28 GHz eine Phasengeschwindigkeit von $0,015 \cdot c$ und bei einem Feld von 87,5 mT eine Phasengeschwindigkeit von $0,15 \cdot c$, so daß *langsam laufende elektromagnetische Wellen, die in der Geschwindigkeit der thermischen Geschwindigkeit der Elektronen vergleichbar sind*, resultieren (s. dazu auch [654]).

Durch die Einschränkung auf die vorgegebene Geometrie mit Randbedingungen wird die Bewegungsfreiheit der Elektronen eingeschränkt, und es ergeben sich als Lösungen des Eigenwertproblems (Linearisieren und Entwickeln des LAPLACE-Operators in Zylinderkoordinaten) BESSEL-Funktionen m-ter Ordnung. Wir suchen dann eine Lösung, die das Produkt aus Radial- und Winkelteil sei (Methode der Variablentrennung):

$$\psi_{1,2} = A_{1,2} J_m(\gamma_{1,2} r) \mathrm{e}^{\mathrm{i}qz} \mathrm{e}^{\mathrm{i}m\theta} \mathrm{e}^{\mathrm{i}\omega t} \tag{14.242}$$

(mit A_1, A_2 Amplitudenkonstanten und θ dem azimutalen Winkel), die Lösungen der separierten BESSELschen DGl

$$\left(\frac{1}{r}\frac{\partial}{\partial r}\left(r\frac{\partial}{\partial r}\right) + \gamma^2 - \frac{m^2}{r^2}\right)\psi_{1,2} = 0 \tag{14.243}$$

für den plasmagefüllten Wellenleiter sind, und machen den Ansatz

$$B_z(r) = A_1 J_m(\gamma_1 r) + A_2 J_m(\gamma_2 r), \tag{14.244}$$

der also nur Bessel-Funktionen derselben Ordnung enthält ([655] [656]) mit $\gamma_1^2 = k_1^2 - q^2$, $\gamma_2^2 = k_2^2 - q^2$ und erhalten für die Feldkomponenten B_r, B_θ und B_z des Wellenfeldes mit $J' = \mathrm{d}J/\mathrm{d}r$ (die Ableitungen erscheinen wegen der Aufspaltung in einen zur z-Achse parallelen (longitudinalen) und einen dazu senkrechten (transversalen) Feldanteil):

$$\left.\begin{aligned} B_r &= \tfrac{iA}{\gamma^2}\left[\tfrac{mk}{r}J_m(\gamma r) + q\gamma J'_m(\gamma r)\right], \\ B_\theta &= -\tfrac{A}{\gamma^2}\left[\tfrac{mq}{r}J_m(\gamma r) + k\gamma J'_m(\gamma r)\right], \\ B_z &= AJ_m(\gamma r). \end{aligned}\right\} \tag{14.245}$$

Die Randbedingungen sind für eine ideal leitende Wand, daß die tangentialen Komponenten $E_z(r = a)$ und $E_\theta(r = a)$ und die Magnetfeldkomponenten B_r, B_θ und B_z Null werden oder

$$\boldsymbol{n} \cdot \boldsymbol{B}_\sim = 0 \wedge \boldsymbol{n} \times \boldsymbol{B}_\sim = \mu_0 \boldsymbol{j}_0, \tag{14.246}$$

wobei $\boldsymbol{n}$ ein zur Oberfläche senkrecht stehender Einheitsvektor und $\boldsymbol{j}_0$ die Stromdichte an der Oberfläche sind. Durch Anpassung an die Randbedingungen werden die Amplitudenkonstanten eliminiert, und es ergibt sich für die Dispersionsrelation [657]:

$$\begin{vmatrix} \gamma_1 J_m(\gamma_1 a) & \gamma_2 J_m(\gamma_2 a) \\ \frac{m}{\gamma_1 a} J_m(\gamma_1 a) + \frac{q}{k_1} J'_m(\gamma_1 a) & \frac{m}{\gamma_2 a} J_m(\gamma_2 a) + \frac{q}{k_2} J'_m(\gamma_2 a) \end{vmatrix} = 0, \tag{14.247}$$

in die dann die Wellenvektoren einzusetzen sind. Wenn $k_1 \gg q$, folgt sofort, daß γ_1 und k_1 groß gegen γ_2 und k_2 sind. Aus der „großen“ Dispersionsrelation (14.247) folgt dann das Hoch-Dichte-Limit:

$$\frac{m}{a\gamma_2} J_m(\gamma_2 a) + \frac{q}{k_2} J'_m(\gamma_2 a) = 0. \tag{14.248}$$

Im folgenden werden die Eigenschaften für die 1. Ordnung beschrieben, da die Whistlerwellen $J_0(ka)$ mit a dem Plasmaradius wegen ihrer Axialsymmetrie am besten mit einer axialsymmetrischen Antenne angeregt werden sollten.[17]

Grenzfälle

- (Vernachlässigung der Elektronenträgheit: $m_e \to 0$ im Term dj/dt, aber nicht im Term ηj): Mit $q \gg 2\omega\omega_P/c\omega_c$, also $v_{Ph} \ll c\omega_c/2\omega_P$ ergibt sich aus Gl. (14.239):

$$ak_1 \approx \frac{a\omega_c q}{\omega} \approx \frac{a\omega_c}{v_{Ph}} \gg 1; \tag{14.249.1}$$

$$ak_2 \approx \frac{\omega}{q \cdot \omega_0 \cdot a} \approx 1 \tag{14.249.2}$$

mit $1/\omega_0$, das ein Maß für die Zahl der Elektronen pro Längeneinheit des Reaktors (Elektronendichte · Radius^2) und definiert ist als

[17] Die niedrigste J_0 ist eine TM-Mode (J_{010}), deren Resonanzfrequenz unabhängig von der Zylinderlänge ist. Daher ist eine einfache Abstimmung unmöglich [658]!

$$\omega_0 = \frac{\omega_c c^2}{\omega_p^2 a^2} = \frac{B_0}{\mu_0 n e_0 a^2}. \tag{14.250}$$

- Aus Gl. (14.249.1) folgt zunächst für $\omega \ll \omega_c$, daß $q \ll k_1$, also $\gamma_1 \gg k_1$ ist, d. h. der Trägheitsterm für die Elektronen ist für Frequenzen klein gegen die Cyclotronfrequenz vernachlässigbar, der Resonanzkegel geht gegen $\pi/2$. Außerdem sehen wir, daß dieser Term vernachlässigbar ist, wenn

$$v_{Ph} \ll a\omega_c. \tag{14.251}$$

Aus Gl. (14.249.2) ergibt sich wie für ebene Wellen, daß $\omega/q = v_{Ph} \approx a\omega_0$, d. h. die Phasengeschwindigkeit als Funktion der Wellenlänge ist umgekehrt proportional zur Plasmadichte.

- Geht jedoch ω gegen ω_c, wird q sehr groß und die Phasengeschwindigkeit sehr klein (ECR-Bedingung), so daß $ak_2 \to 0$ und $\gamma_2 a \approx iaq$ ($k_2^2 = q^2 + \gamma_2^2$), und wir mit den asymptotischen Formen der BESSEL-Funktionen für imaginäres Argument [659] ($x \gg 1$)

$$J_m(x) \longrightarrow \sqrt{\frac{1}{2\pi x}} e^x \left(1 + O\frac{1}{x}\right) \tag{14.252}$$

für $m = 1$ erhalten:

$$\frac{1}{(a\gamma_2)^2(aq)} - \frac{1}{(a\gamma_1)^2(aq)} + \frac{1}{(ak_2)(a\gamma_2)} - \frac{1}{(ak_1)(a\gamma_1)} \cdot \frac{J_1'(\gamma_1 a)}{J_1(\gamma_1 a)} = 0 \tag{14.253}$$

Die ersten beiden Terme verschwinden für große aq, der dritte ist etwa $i\omega\omega_0$, daher verschwindet der vierte ebenfalls nicht. Für große q wird γ_1 gleichfalls groß, also verhält sich der Koeffizient des Quotienten der BESSEL-Funktionen wie $1/(aq)^2$:

$$\frac{i\omega_0}{\omega} = \frac{1}{(aq)^2} \frac{J_1'(\gamma_1 a)}{J_1(\gamma_1 a)}, \tag{14.254}$$

und wir können im letzten Term die asymptotischen Ausdrücke der BESSEL-Funktionen mit reellem Argument [660] für $x \gg 1$

$$J_m(x) = \sqrt{\frac{2}{\pi x}} \cos\left(x - m\frac{\pi}{2} - \frac{\pi}{4}\right) \tag{14.255}$$

einsetzen und erhalten für den Quotienten

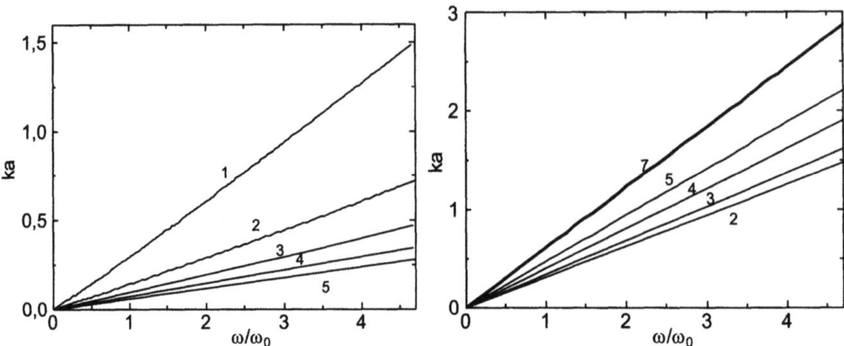

Abb. 14.28. Dispersionskurven für $m = 1$ ohne (lks.) und mit (re.) Berücksichtigung der Elektronenträgheit. Es ergibt sich bei niedrigen Dichten eine Umkehr der Phasengeschwindigkeit [661] (© C.S.I.R.O.).

$$\tan\left(\gamma_1 a - \frac{\pi}{2} - \frac{\pi}{4}\right). \tag{14.256}$$

Das Argument muß sich dann verhalten wie $(2n-1)\cdot {}^1\!/\!_2\pi$, was für große n etwa $n\pi$ ergibt. Mit

$$(ak_1)^2 = \left(\frac{\omega_c aq}{\omega}\right)^2 \tag{14.257}$$

folgt dann:

$$(a\gamma_1)^2 = (aq)^2 \cdot \left(\left(\frac{\omega_c}{\omega}\right)^2 - 1\right). \tag{14.258}$$

Für einen Wert, wie hier angenommen von $\omega_c = 20\,\omega$, wird näherungsweise

$$a\gamma_1 \approx \frac{aq\omega_c}{\omega} \approx n\pi \Rightarrow aq \approx \frac{\omega}{\omega_c}n\pi. \tag{14.259}$$

Die höheren Moden werden mit dieser Näherung gut beschrieben, während sich starke Abweichungen für die niedrigeren ergeben (diese können dagegen durch die Dispersionskurve, die die Elektronenträgheit vernachlässigt, approximiert werden). Dies gilt also selbst für einen Wert von $\omega/\omega_c = 1/20$ (ω_c/ω_0 ist in diesem Fall 80).

Zunächst soll der Einfluß der *Elektronenträgheit* auf die Dispersionsrelation für verschiedene Moden diskutiert werden. In der Abb. 14.28 sind die dimensionslosen Größen aq (wobei q der zum Magnetfeld parallele Wellenvektor und a der Radius des Reaktors, der aus ideal leitenden Wänden bestehe) gegen ω/ω_0

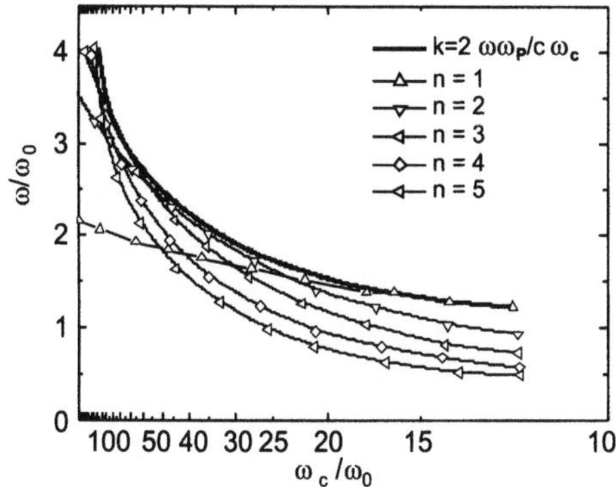

Abb. 14.29. Radiale Eigenmoden für ideal leitende Wände für $qa = 0{,}68$ und unterschiedliche Dichten ($\omega/\omega_0; \omega_0/\omega_c \propto a^2/n$ (unten) bzw. $\omega_c/\omega_0 \propto n/a^2$ oben) [662] (© Cambridge University Press).

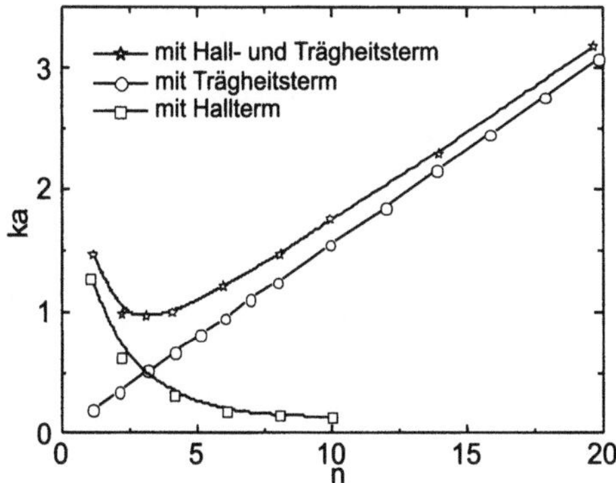

Abb. 14.30. Dispersionskurve für $\omega_c/\omega_0 = 80$ und $\omega/\omega_c = 0,05$ in drei verschiedenen Näherungen. Die Symbole bezeichnen die radialen Eigenmoden. [661] (© C.S.I.R.O.).

aufgetragen ($\omega_0 = \varepsilon_0 c B_0 / n e_0 a^2$). Die schraffierte Fläche bezeichnet das Gebiet, in dem keine Ausbreitung mehr möglich ist. Offenbar wird die Dispersion der höheren Moden durch die Elektronenträgheit weitaus stärker beeinflußt als die der niederen.

Untersucht man den Einfluß der Plasmadichte ($n_P \propto \omega_c/\omega_0$) bei festgehaltenem k auf die Dispersion, sieht man, daß bei hohen Dichten die radialen Moden wie in Abb. 14.28 lks., bei niederen Dichten dagegen wie in Abb. 14.28 re. geordnet sind (Abb. 14.29, [662]). Die dicke Grenzlinie bezeichnet die höchste Geschwindigkeit der Whistlerwellen, die bei $k = 2\omega\omega_P/c\omega_c$ liegt. Dazwischen findet eine Mischung verschiedener Moden statt, d. h. *mehrere Moden breiten sich mit nahezu gleicher Wellenlänge aus.*

Diese Sortierung wird verständlich, sieht man sich die in Abb. 14.30 eingezeichneten Näherungen an.

Hier ist der Zusammenhang zwischen den Lösungen der ebenen Wellen und zylindrischen Moden dargestellt, der „Crossplot" der Abb. 14.28 bei $\omega/\omega_0 = 4$. Die Wellen sind die Lösungen der Dispersionsrelation für die Moden bis $n = 20$.

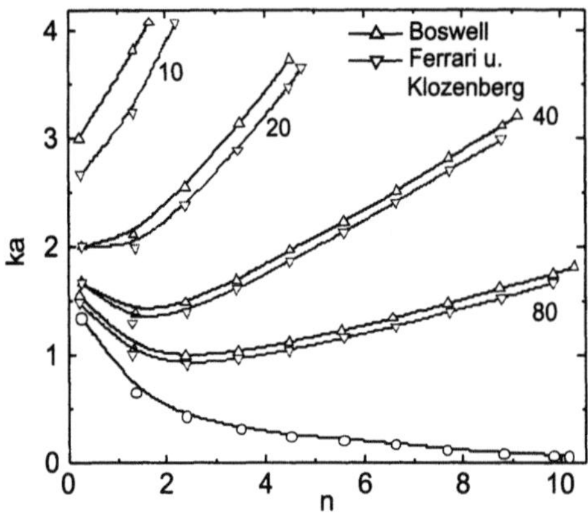

Abb. 14.31. Variation von ω_c/ω_0 für $\omega/\omega_P = 0,05$. Vergleich der Arbeiten von BOSWELL [661] (durchgezogen) und FERRARI und KLOZENBERG [663] (strichliert). Für $\omega_c/\omega_0 \to \infty$ erhält man wiederum Kurve (3) aus Abb. 14.30 (© C.S.I.R.O.).

Im selben Bild sind die Lösungen der ebenen Wellen für die Plasmabedingungen mit eingezeichnet. Kurven (2) und (3) sind zwei Näherungen für den Brechungsindex. Kurve (2) rührt von der Elektronenträgheit her. Außer für sehr kleine Winkel des Resonanzkegels ist der Brechungsindex unabhängig von ω_P. Kurve (3) ist die Helicon-Näherung und wird durch den HALL-Term (Gl. (14.259)) beschrieben, für den $k \propto \omega_P$ mit ω_P der Plasmafrequenz der Elektronen. Aus dieser Kurve ist ersichtlich, daß die Modengeschwindigkeit mit zunehmender Modenzahl steigt. Für hohe Frequenzen ($\omega \to \omega_P$) wird folglich die Helicon-Näherung die Dispersion der niedrigen Moden gut beschreiben, die Dispersion der höheren Moden dagegen durch Kurve (2), da jetzt die Elektronenträgheit den HALL-Term zu dominieren beginnt, und die Moden gezwungen werden, sich an den Resonanzkegel anzuschmiegen, wodurch die Modengeschwindigkeit mit steigender Modenzahl abnimmt. Für niedrige Frequenzen ($\omega \to \omega_c$) dominiert die Elektronenträgheit dagegen die Dispersion, die nahezu unabhängig von ω_P wird. Wird $\omega \ll \omega_c$, erreicht der Resonanzkegel den Winkel von $\pi/2$, und die Trägheit spielt nahezu keine Rolle mehr für die Modendispersion (Gln. (14.221) und (14.222)).

Aus der Abb. 14.30 geht deutlich hervor, daß über einen größeren Dichtebereich sich zwei oder mehr verschiedene Moden mit nahezu gleicher Wellenlänge ausbreiten. Deswegen werden experimentelle Schwierigkeiten erwartet, will man in Plasmen niedriger Dichte (also schwacher Dämpfung) reine Moden erzeugen. Bei steigendem Widerstand werden die höheren Moden nämlich besser gedämpft, so daß diese stark geschwächt sind, nachdem die Welle einige Wellenzüge durch das Plasma gewandert ist.

Die Abhängigkeit von der Geometrie kann man schließlich der Abb. 14.31 entnehmen. Für unendlich große Radien des Reaktors erhält man wiederum die Dispersionskurve, die durch den HALL-Term beschrieben wird (ebene Wellen).

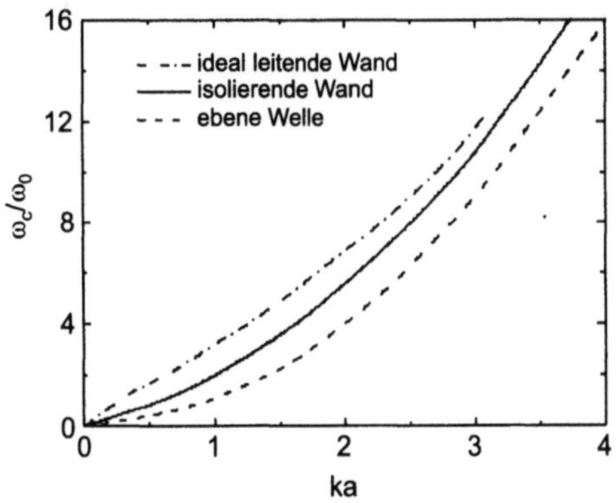

Abb. 14.32. Dispersion für drei verschiedene Randbedingungen:
(1) isolierende Wand (durchgezogen);
(2) ideal leitende Wand (strichliert-punktiert);
(3) ebene Welle (strichliert) [662] (© Cambridge University Press).

Den Einfluß der Geometrie des Reaktors (Zylinderwände) auf das Dispersionsverhalten kann man am besten durch die beiden Grenzfälle der ideal leitenden und ideal isolierenden Wände erfassen [662], Abb. 14.32). Der Einfluß des Zylinders selbst liegt in einer Erhöhung der Gruppengeschwindigkeit der Moden. Wie zu erwarten, liegt die Lösung für ideal isolierende Wände zwischen der für ideal leitende Wände und der der ebenen Wellen.

Zusammenfassend kann gesagt werden:

- Für $\omega \ll \omega_c$ oder niedrige Modenzahlen (RF-Anregung) wird die Dispersion durch den HALL-Term beschrieben, die Phasengeschwindigkeit nimmt mit der Modenzahl zu und sinkt mit der Plasmadichte.
- Für $\omega \leq \omega_c$ (ECR-Fall) oder hohe Modenzahlen wird die Dispersion durch den Trägheitsterm bestimmt, und die Moden liegen innerhalb des Resonanzkegels. Die Phasengeschwindigkeit dieser Moden nimmt mit steigender Modenzahl ab und ist von der Plasmadichte unabhängig.

Die sehr effektive Kopplung führt zu Plasmadichten zwischen 10 und 100 %. Dies ist nur erklärbar über stoßfreie Mechanismen, etwa die LANDAU-Dämpfung oder die BUNEMANN-Instabilität.

15 Verwendete Symbole und Akronyme

Vektoren werden durch fett-kursive Darstellung bezeichnet, Tensoren durch fette Darstellung. Ist das Symbol für einen Tensor ein kleiner griechischer Buchstabe, wird er in fetter Darstellung durch die Suffixe „ij" ergänzt. Mittelwerte werden in spitzen <> Klammern, Zeitmittelwerte durch Überstreichen dargestellt. Komplexe Zahlen werden durch eine Tilde ~ über ihrem Symbol gekennzeichnet.

a Beschleunigung
a_0 BOHRscher Radius
c Lichtgeschwindigkeit im Vakuum
c_p spezifische Wärme bei konstantem Druck
c_v spezifische Wärme bei konstantem Volumen
d Dicke, Länge
d Abstand der Elektroden
d_a Dicke der Anoden-Randschicht
d_C Dicke der Kathoden-Randschicht
d_n Dicke der Kathoden-Randschicht in einer normalen Entladung
d_S Dicke der Randschicht einer HF-Entladung
e^- Elektron
e_0 Elementarladung
f Verteilungsfunktion
h PLANCKsches Wirkungsquantum
j Stromdichte
j_e Elektronenstromdichte
j_i Ionenstromdichte
k_B Boltzmann-Konstante
k Geschwindigkeitskonstante
k Wellenvektor
k_D DEBYE-Wellenvektor
m Masse
m_i Masse eines abstäubenden Atoms
m_T Masse eines Targetatoms
n Brechungsindex
n Teilchenzahldichte

n_e	Elektronendichte
n_i	Ionendichte
n_P	Plasmadichte
p	Druck
r	Radius
s	(zeitabhängige) Amplitude der Elektronen-Randschicht
s_e	(maximale) Amplitude der Elektronen-Randschicht
t	Zeit
u	Driftgeschwindigkeit
v	Geschwindigkeit
v_B	Bohm-Geschwindigkeit
v_G	Gruppengeschwindigkeit
v_{Ph}	Phasengeschwindigkeit
v_w	wahrscheinlichste Geschwindigk. (Maximum d. MB-Verteilung)
x	Weg

A	Fläche
AC	Wechselspannung
AFM	**A**tomic **F**orce **M**icroscope
ARDE	**A**spect **R**atio **D**ependent **E**tching
B	magnetische Flußdichte (Induktion)
B_0	Fluß eines statischen Magnetfeldes
$B_\sim$	Fluß des fluktuierenden Magnetfeldes einer Welle
C	Kapazität
CAIBE	**C**hemical **A**ssisted **I**on **B**eam **E**tching
CW	**C**lock**w**ise
CCW	**C**ounter**c**lock**w**ise
D	Diffusionskoeffizient
D	Druyvesteyn
DC	Gleichspannung
E	elektrische Feldstärke
$E_\sim$	Fluktuierendes elektrisches Feld einer Welle
E	Energie
ECR	**E**lektron **C**yclotron **R**esonance
EEDF	**E**lectron **E**nergy **D**istribution **F**unction
E_{Akt}	Aktivierungsenergie
E_{Ion}	Ionisierungsenergie (-potential)
E_{kin}	kinetische Energie
ER	Ätzrate
F	Gasflußrate
FD	**F**ermi-**D**irac

FWHM	**F**ull **W**idth at **H**alf **M**aximum, Halbwertsbreite
GDMS	**G**low **D**ischarge **M**ass **S**pectrometry
GR	**G**enerations**r**ate
I	elektrische Stromstärke
$\Im$	Imaginärteil
IADF	**I**on **A**ngle **D**istribution **F**unction
IBE	**I**on **B**eam **E**tching
IE	**I**on **E**tching
IEDF	**I**on **E**nergy **D**istribution **F**unction
ITF	**I**on **T**ransit **F**requency
J	Rotationsquantenzahl
J_m	Besselfunktion m-ter Ordnung
L	Drehimpuls
L	Elektrodenabstand
L	LANGEVINscher Energieverlustparameter: $L = \frac{2m}{m+M}$
LHP	links herum drehend, circular polarisiert
M	Multiplikationsfaktor
MB	**M**axwell-**B**oltzmann
MC	**M**onte-**C**arlo
MFP	**M**ean **F**ree **P**ath, mittlere freie Weglänge
ML	**M**icro **L**oading
MS	**M**ass **S**pectrometry
OES	**O**ptical **E**mission **S**pectroscopy
NIR	**N**ahes **I**infra**r**ot
NUV	**N**ahes **U**ltra**v**iolett
P	Leistung
P	Wahrscheinlichkeit
PE	**P**rimär**e**lektron(en)
PE	**P**lasma **E**tching
PL	**P**hoto-**L**umineszenz
PR	**P**hoto**r**esist
Q	elektrische Ladung
R	elektrischer Widerstand
R	Reflexionskoeffizient
$\Re$	Realteil
REM	**R**aster-**E**lektronen-**M**ikroskop
RF	**R**adio**f**requenz
RG	**R**eaktions**g**eschwindigkeit
RHP	rechts herum drehend, circular polarisiert
RIBE	**R**eactive **I**on **B**eam **E**tching
RIE	**R**eactive **I**on **E**tching
RIPE	**R**esonant **I**nductive **P**lasma **E**tching
RMS	**R**oot **M**ean **S**quare, Wurzel aus dem Mittelwert eines Quadrates; Effektivwert
RT	**R**aum**t**emperatur

S	Poynting-Vektor
S	Sputterausbeute
SE	**S**ekundär**e**lektron(en)
SIMS	**S**econdary **I**on **M**ass **S**pectrometry
T	absolute Temperatur
T_{m}	Energietransfer-Koeffizient
U	elektrische Spannung
U_{B}	Durchbruchspannung
U_0	Gitterenergie
UV	Ultravioletter Bereich des Spektrums (400 – 200 nm oder 3 – 6 eV, darunter: Vakuum-UV, VUV)
V	elektrisches Potential
V_{A}	Beschleunigungsgitterspannung
V_{B}	BOHM-Potential
V_{Bias}	zusätzlich angelegtes oder entstehendes Bias-Potential
V_{C}	Kathodenfall
V_{DC}	„DC-Bias“
V_{F}	Schwebepotential
V_{G}	Erdpotential
V_{n}	normaler Kathodenfall
V_{n}	$V_{\mathrm{P}} - V_{\mathrm{G}}$
V_{P}	Plasmapotential
V_{S}	Schildpotential
V_{t}	$V_{\mathrm{A}} - V_{\mathrm{P}}$
V_{V}	Potential der BOHMschen Vorschicht
VIS	sichtbarer Bereich des Spektrums, 400 – 800 nm oder 1.5 – 3 eV oder 12500 – 25000 cm^{-1}
W	Arbeit
W_{A}	Austrittsarbeit
WE	**W**et **E**tching
Z	komplexer Widerstand
Z_0	Feldwellenwiderstand des freien Raums (377 Ω)
Z_{L}	Leitungswellenwiderstand

α	1. TOWNSENDscher Ionisierungskoeffizient
α	Polarisierbarkeit
β	Quotient aus Ionen- und Elektronenstromdichte
γ	2. TOWNSENDscher Ionisierungskoeffizient, SE-Ausbeute durch Ionenbombardement
δ	SE-Ausbeute durch Elektronenbombardement
δ	Skintiefe
$\delta(r)$	Delta-Funktion
ε	Dielektrizitätskonstante
η	Rückstreukoeffizient
η	Plasmawiderstand
κ	Imaginärteil des Brechungsindex
λ	Wellenlänge
λ	*MFP* in Formeln
λ_{D}	DEBYE-Länge
μ	Beweglichkeit
μ	Dipolmoment
ν	Frequenz
ν_{c}	Stoßfrequenz
ν_{Ion}	Ionisierungsfrequenz
ν_{m}	Frequenz für den elastischen Stoß
ρ	Ladungsträgerdichte
σ	elektrische Leitfähigkeit
σ_{Ion}	Ionisierungsquerschnitt (allgemein)
σ_{e}	Ionisierungsquerschnitt der Elektronen
σ_{i}	Ionisierungsquerschnitt der Ionen
σ_{Streu}	Streuquerschnitt
σ_{tot}	vollständiger Streuquerschnitt
τ	Lebensdauer
ω	Kreisfrequenz
ω_{c}	Cyclotronfrequenz
$\omega_{\mathrm{c,e}}$	Cyclotronfrequenz der Elektronen
$\omega_{\mathrm{c,i}}$	Cyclotronfrequenz der Ionen
ω_{lh}	untere Hybridresonanz
ω_{L}	„Cutoff“ der L-Welle
ω_{P}	Plasmafrequenz
$\omega_{\mathrm{P,e}}$	Plasmafrequenz der Elektronen
$\omega_{\mathrm{P,i}}$	Plasmafrequenz der Ionen
ω_{R}	„Cutoff“ der R-Welle
ω_{RF}	Anregungsfrequenz im RF-Band
ω_{uh}	obere Hybridresonanz

Γ	Oberflächenspannung
Δ	Aspektverhältnis
Λ	Diffusionslänge
Θ	Trägheitsmoment

16 Bildquellennachweis

Folgende Kollegen und Gesellschaften bzw. Verlage erteilten ihre Zustimmung zum Abdruck von Abbildungen:

Eckard Deichsel, Universität Ulm
Adelbert Dorotik, Veeco Instruments, Unterschleißheim
Christophe Hollenstein, Ecole Polytechnique Lausanne
Charlotte Hoyler, Infineon, München
Doosik Kim, Houston University, Houston, Tex.
Michael Klick, Advanced Semiconductor Instruments, Berlin
Nicole Lippuner, Unaxis, Balzers
Ivo Rangelow, Universität Kassel
Giuseppe Scarpa, Walter-Schottky-Institut der TU München
Andreas Stamm, Oxford Plasma Technology, Wiesbaden
Harald Wittrich, Ferdinand-Braun-Institut, Berlin

Academic Press, Inc., New York, N.Y.
Astex, Inc., Woburn, Mass.
The American Chemical Society, Washington, D.C.
The American Institute of Physics, New York, N.Y.
The American Physical Society, New York, N.Y.
Cambridge University Press, Cambridge, U.K.
C.S.I.R.O., East Melbourne
The Electrochemical Society, Pennington, N.J.
Elsevier Science Publishers B.V., Amsterdam
Gordon & Breach Science Publishers, Inc., London
IBM Corp., Armonk, N.Y.
IEEE, Inc., Piscataway, N.J.
Inficon AG, Balzers, Fürstentum Liechtenstein
IOP Publishing Ltd., Bristol
Oxford Plasma Technology GmbH, Wiesbaden
Oxford University Press, Oxford
Pergamon Press PLC, Elmsford, N.Y.
Perkin-Elmer Nederland B.V., Al Gouda
Philips Gloeilampenfabrieken N.V., Eindhoven

Societe Française du Vide, Paris
Solid State Technology, Port Washington, N.Y.
Springer-Verlag GmbH & Co., Berlin
TePla AG, Kirchheim bei München
Unaxis AG, Balzers, Fürstentum Liechtenstein
Veeco Wissenschaftliche Geräte, Oberschleißheim bei München
John Wiley & Sons, Inc., New York, N.Y.

Literaturverzeichnis

[1] W.R. Grove: *On the Electro-Chemical Polarity of Gases,* Phil. Trans. Roy. Soc. (London) **142**, 87 – 101 (1852)

[2] Salzer Technologies Enterprises, Inc.: *Synopsis — Spring Report 1988,* Santa Monica, CA 90403

[3] O. Ambacher: Vacuum Solutions, S. 11 – 16, Mai/Juni 1999

[4] Y. Nakane, T. Tsumori, T. Mifune: Semiconductor International, Jan/Feb 1979, S. 45

[5] K. Galloway: Semiconductor International, May/Jun 1979, S. 65

[6] G. Madland: Semiconductor International, Nov/Dec 1979, S. 33

[7] Semiconductor International, Dec 1998, S. 19

[8] W. Finckelnburg, H. Maecker: *Elektrische Bögen und thermisches Plasma,* in *Handbuch der Physik,* herausgegeben von S. Flügge, Band 22, Gasentladungen II, Springer-Verlag, Berlin, 1956, S. 254

[9] A. Unsöld: *Der neue Kosmos,* Springer-Verlag, Berlin, 1967, S. 114

[10] Brockhaus Enzyklopädie, 19. Auflage, F.A. Brockhaus, Mannheim, 1989

[11] E. Nasser: *Fundamentals of Gaseous Ionization and Plasma Electronics,* J. Wiley Interscience, New York, NY, 1971, p. 399

[12] I. Langmuir, H. Mott-Smith, jr.: *Studies of Electric Discharges in Gases of Low Pressures,* Part I, Gen. Electr. Rev. **27**, 449 – 455 (1924)

[13] I. Langmuir, H. Mott-Smith, jr.: *Studies of Electric Discharges in Gases of Low Pressures,* Part V, Gen. Electr. Rev. **27**, 810 – 820 (1924)

[14] G. Francis: *The Glow Discharge at Low Pressure,* in*Handbuch der Physik,* herausgegeben von S. Flügge, Band 22, Gasentladungen II, Springer-Verlag, Berlin, 1956, p. 65

[15] A.J.v. Roosmalen: *Plasma Parameter Estimation from RF Impedance Measurements in a Dry Etching System,* Appl. Phys. Lett. **42**(5), 416 – 418 (1983)

[16] J.H. Ingold: *Glow Discharges at DC and Low Frequencies, Anatomy of a Discharge,* in *Gaseous Electronics,* Vol. I, ed. by M.N. Hirsh and H.J. Oskam, Academic Press, New York, NY, 1978, p. 25

[17] J.H. Ingold: *ibid,* S. 26

[18] G. Francis; *ibid,* S. 54 ff.

[19] J.D. Jackson: *Classical Electrodynamics,* J. Wiley, New York/London/Sydney, 1962, Chapter 17

[20] A.A. Sokolow, D.M. Loskutow, I.M. Ternow: *Quantenmechanik,* Akademie-Verlag, Berlin, 1964, S. 67

[21] M. Born: *Optik,* Springer-Berlag, Berlin, 1971, S. 540

[22] G. Kortüm: *Lehrbuch der Elektrochemie,* Verlag Chemie, Weinheim, 1972, S. 172 ff.

[23] C. Kittel: *Introduction to Solid State Physics,* J. Wiley & Sons, New York/London/Sydney/Toronto, 1971, p. 280

[24] J.L. Vossen: *Glow Discharge Phenomena in Plasma Etching and Plasma Deposition,* J. Electrochem. Soc. **126**(3), 319 – 324 (1979)

[25] P.W. Atkins: *ibid,* p. 803
[26] F.F. Chen: *Electrical Probes* in *Plasma Diagnostic Techniques,* ed. by R.H. Huddlestone and S.F. Leonard, Academic Press, New York, NY, 1965
[27] T.I. Cox, U.G.I. Deshmukh, D.A.O. Hope, A.J. Hydes, N.S.J. Braithwaite, N.M.P. Benjamin: *The Use of Langmuir-Probes and Optical Emission Spectroscopy to Measure Electron Energy Distribution Functions in RF-Generated Argon Plasmas,* J. Phys. D: Appl. Phys. **20**, 820 – 831 (1987)
[28] P.W. Atkins: *ibid,* p. 798 ff.
[29] V.A. Godyak: *Soviet Radio Frequency Discharge Research,* Delphic Ass., Inc., Falls Church, Va., U.S.A., Chapter 3, pp. 86 – 90
[30] W. Lotz: *Electron-Impact Ionization Cross Sections and Ionization Rate Coefficients for Atoms and Ions,* Astrophys. J., Suppl. **14**, 207 – 238 (1967)
[31] K. Behringer, U. Fantz: *Spectroscopic Diagnostics of Glow Discharge Plasmas with non-Maxwellian Electron Energy Distributions,* J. Phys. D: Appl. Phys. **27**, 2128 – 2135 (1994)
[32] M.J. Ziman: *Prinzipien der Festkörpertheorie,* Verlag Harri Deutsch, Zürich und Frankfurt am Main, 1975, S. 156 ff.
[33] J.D. Jackson: *ibid,* p. 226 ff.
[34] F.F. Chen: *Introduction to Plasma Physics,* Plenum Press, New York and London, 1976, p. 213 ff.
[35] de la Rue und Müller, zitiert in G. Francis: *The Glow Discharge at Low Pressures,* in *Handbuch der Physik,* herausgegeben von S. Flügge, Band 22, Gasentladungen II, Springer-Verlag, Berlin, p. 70
[36] M. Steenbeck: *Ähnlichkeitsgesetze für Gasentladungen und ihr Gültigkeitsbereich,* Wissenschaftl. Veröff. Siemens Werke **11**, 36 – 51 (1932)
[37] M.J. Druyvesteyn, F.M. Penning: *The Mechanism of Electrical Discharges in Gases of Low Pressures,* Rev. Mod. Phys. **12**, p. 132
[38] G. Francis: *ibid,* p. 81 ff.
[39] S.C. Brown: *Introduction to Electrical Discharges in Gases,* Wiley, New York, 1966, p. 44
[40] L.D. Landau, E.M. Lifschitz: *Lehrbuch der theoretischen Physik,* Bd. 1: Mechanik, Akademie-Verlag, Berlin, 1970, S. 56
[41] P.W. Atkins: *ibid,* p. 800 f.
[42] S.C. Brown: *ibid,* p. 10
[43] J.C. Maxwell: *The Scientific Papers of James Clerk Maxwell,* Vol. II, ed. by W.D. Niven, Dover Publ., New York, NY, 1952, 26 – 78
[44] H.A. Bethe, E.E. Salpeter: *Quantum Mechanics of One- and Two-Electron Systems,* in *Handbuch der Physik,* herausgegeben von S. Flügge, Band 35, Atome 1, Springer-Verlag, Berlin, 1957
[45] F.J. de Heer, M. Inokuti: *Total Ionization Cross Section,* in *Electron Impact Ionization,* ed. by T.D. Märk and G.H. Dunn, Springer, Wien/New York, 1985
[46] H. Bethe; Ann. Phys. **5**, 325 (1930)
[47] W. Lotz: *An Empirical Formula for the Electron-Impact Ionization Cross Section,* Zeitschr. f. Physik **206**(2), 205 – 211 (1967)
[48] S.C. Brown: *ibid,* p. 12
[49] E.C. Bullard, H.S.W. Massey: *The Elastic Scattering of Slow Electrons in Argon,* Proc. Roy. Soc. (London) **A130**, 579 – 590 (1931)
[50] H.S.W. Massey, E.H.S. Burhop: *Electronic and Impact Phenomena,* Vol. 1, Clarendon Press, Oxford, 1969, p. 5
[51] W.P. Allis, P.M. Morse: *Theorie der Streuung langsamer Elektronen an Atomen,* Z. Phys. **70**, 567 – 582 (1931)
[52] E.W. McDaniel: *Collision Phenomena in Ionized Gases,* J. Wiley, New York, 1964, p. 146

[53] H.S.W. Massey, E.H.S. Burhop: *ibid,* p. 25
[54] E.W. McDaniel: *ibid,* p. 147
[55] H.W. Berry: *The Scattering of Fast Argon Atoms in Argon Gas,* Phys. Rev. **75**(6), 913 – 916 (1949)
[56] W.H. Cramer, J.H. Simons: *Elastic and Inelastic Scattering of Low-Velocity* He^+*-Ions in Helium,* J. Chem. Phys. **26**(5), 1272 – 1275 (1957)
[57] W.H. Cramer: *Elastic and Inelastic Scattering of Low-Velocity Ions:* H^+ *in Ne,* Ne^+ *in He, and* Ne^+ *in Ne,* J. Chem. Phys. **28**(4), 688 – 690 (1958)
[58] W.H. Cramer: *Elastic and Inelastic Scattering of Low-Velocity Ions:* Ne^+ *in A,* A^+ *in Ne, and* A^+ *ind A,* J. Chem. Phys. **30**(3), 641 (1959)
[59] S.C. Brown: *ibid,* p. 24
[60] E.W. McDaniel: *ibid,* p. 683
[61] S.C. Brown: *ibid,* p. 85
[62] G.L. Rogoff, J.M. Kramer, R.B. Piejak: *A Model for the Bulk Plasma in an RF Chlorine Discharge,* IEEE Trans. Plasma Sci. **PS-14**(2), 103 – 111 (1986)
[63] A. v. Engel: *Ionized Gases,* Clarendon Press, Oxford, 1955, p. 52
[64] A.T. Bell: *Fundamentals of Plasma Chemistry,* Chapter 1 in *Techniques and Applications of Plasma Chemistry,* ed. by J.R. Hollahan and A.T. Bell, J. Wiley & Sons, New York, 1974
[65] E.W. McDaniel: *ibid,* p. 410
[66] A. v. Engel: *ibid,* p. 57
[67] E.W. McDaniel: *ibid,* p. 184
[68] S.C. Brown: *ibid,* p. 89
[69] H.S.W. Massey, E.H.S. Burhop: *ibid,* Chapters 7 and 8
[70] E.W. McDaniel: *ibid,* p. 252
[71] D. Rapp; W.C. Francis: *Charge Exchange between Gaseous Ions and Atoms,* J. Chem. Phys. **37**(11), 2631 – 2645 (1962)
[72] E.W. McDaniel: *ibid,* p. 267
[73] E.W. McDaniel: *ibid,* p. 245 ff.
[74] L.D. Landau, A. Achieser, E.M. Lifschitz: *Mechanik und Molekularphysik,* Akademie-Verlag, Berlin, 1970, S. 227
[75] E.W. McDaniel: *ibid,* p. 649
[76] M.J. Druyvesteyn, F.M. Penning: *ibid,* p. 99
[77] G. Mierdel: *Elektrophysik,* Dr. Alfred Hüthig Verlag, Heidelberg, 1972, S. 188
[78] J. Ingold: *ibid,* p. 57 ff.
[79] G.L. Weissler: *Photoionization in Gases and Photoelectric Emission from Solids,* in *Handbuch der Physik,* herausgegeben von S. Flügge, Band 21, Gasentladungen 1, Springer-Verlag, Berlin, 1956, p. 323
[80] A.v. Engel: *ibid,* p. 76
[81] H.D. Hagstrum: *Auger Ejection of Electrons from Molybdenum by Noble Gas Ions,* Phys. Rev. **104**(3), 672 – 683 (1956)
[82] H.D. Hagstrum: *Theory of Auger Ejection of Electrons from Metals by Ions,* Phys. Rev. **96**(2), 336 – 365 (1954)
[83] H.D. Hagstrum: *Auger Ejection of Electrons from Tungsten by Noble Gas Ions,* Phys. Rev. **104**(2), 317 – 318 (1956)
[84] H.D. Hagstrum: *Effect of Monolayer Absorption on the Ejection of Electrons from Molecules by Ions,* Phys. Rev. **104**(6), 1516 – 1527 (1956)
[85] A. v. Engel: *ibid,* p. 87
[86] E.W. McDaniel: *ibid,* p. 678
[87] M.J. Ziman: *ibid,* S. 187 ff.
[88] G.F. Weston: *Cold Cathode Glow Discharge Tubes,* ILIFFE Books, London, 1968, p. 172

[89] A.D. MacDonald, S.J. Tetenbaum: *High Frequency and Microwave Discharges,* Chapter 3 in *Gaseous Electronics, Vol. I,* ed. by M.N. Hirsh and H.J. Oskam, Academic Press, New York, 1978, 173 – 217
[90] J. Ingold: *ibid,* p. 26 ff.
[91] A.v. Engel: *ibid,* p. 147 ff.
[92] E.W. McDaniel: *ibid,* p. 393
[93] S.C. Brown: *ibid,* p. 190
[94] G.F. Weston: *ibid,* p. 5
[95] J. Ingold: *ibid,* p. 28
[96] S.C. Brown: *ibid,* p. 189
[97] J. Ingold, *ibid,* p. 32
[98] A.L. Ward: *Calculation of Cathode-Fall Characteristics,* J. Appl. Phys. **33**(9), 2789 – 2794 (1962)
[99] A.v. Engel: *ibid,* p. 200 ff.
[100] J. Ingold: *ibid,* p. 39
[101] M.J. Druyvesteyn, F.M. Penning: *ibid,* p. 130
[102] A.v. Engel: *ibid,* p. 198 ff.
[103] G. Francis: *ibid,* p. 93
[104] A.v. Engel: *ibid,* p. 200
[105] G. Francis: *ibid,* p. 102
[106] W.D. Davis, T.A. Vanderslice: *Ion Energies at the Cathode of a Glow Discharge,* Phys. Rev. **131**, 219 – 228 (1963)
[107] P.F. Little, A.v. Engel: *The Hollow-Cathode Effect and the Theory of Glow Discharges,* Proc. Roy. Soc. (London) **A224**, 209 – 227 (1954)
[108] O. Scherzer: *Theorie der Glimmentladung,* Arch. Elektrotechn. **33**(4), 207 – 228 (1939)
[109] M.J. Druyvesteyn, F.M. Penning: *ibid,* p. 137
[110] G. Francis: *ibid,* p. 111
[111] G.D. Morgan: *Origin of Striations in Discharges,* Nature (London, England) **172**(9), 542 (1953)
[112] B. Chapman: *Glow Discharges Processes: Sputtering and Plasma Etching,* John Wiley & Sons, New York, N.Y., U.S.A., 1980, p. 116 f.
[113] A.v. Engel: *ibid,* p. 52
[114] H.F. Winters, J.W. Coburn, E. Kay: *Plasma Etching — a "Pseudo-Black-Box" Approach,* J. Appl. Phys. **48**(12), 4973 – 4983 (1977)
[115] E.H. Hirsch: *Plasma Probes and the Langmuir Paradox,* Inter. J. Electron. **19**, 537 – 548 (1965)
[116] G.K. Wehner, G.S. Anderson: *The Nature of Physical Sputtering,* Chapter 3 in *Handbook of Thin Film Technology,* ed. by L.I. Maissel and R. Glang, McGraw Hill, New York, N.Y., U.S.A., 1970, p. 11
[117] G. Francis: *ibid,* p. 146
[118] J. Ingold: *ibid,* p. 62 f.
[119] G. Francis: *ibid,* p. 112
[120] G. Francis: *ibid,* p. 147
[121] Z. Wang, S.A. Cohen: *Hollow Cathode Magnetron,* J. Vac. Sci. Technol. **A17**(1), 77 – 82 (1999)
[122] G. Leonhardt, R. Wilberg: *Anwendung der Hohlkatodenplasmaquelle in der Vakuumtechnik,* Vakuum i. Forschung und Praxis **7**(1), 17 – 27 (1995)
[123] A.v. Engel: *ibid,* p. 210
[124] G.S. Anderson, W.N. Mayer, G.K. Wehner: *Sputtering of Dielectrics by High-Frequency Fields,* J. Appl. Phys. **33**(10), 2991 – 2992 (1962)
[125] R.A. Morgan: *Plasma Etching in Semiconductor Fabrication,* Elsevier, Amsterdam/Oxford/New York/Tokyo, 1985, p. 129

[126] H.R. Koenig, L.J. Maissel: *Application of RF Discharges to Sputtering,* IBM J. Res. Develop. **14**, 168 – 171 (1970)

[127] H. Norstrøm: *Langmuir Probe Studies of the Glow Discharge in an RF Sputtering System at Various Frequencies,* Vacuum **29**(11/12), 443 – 445 (1970)

[128] W.P. Allis: *Motions of Ions and Electrons,* in *Handbuch der Physik,* herausgegeben von S. Flügge, Band 21, Gasentladungen I, Teil 1, Springer-Verlag, Berlin, 1956, p. 392

[129] S.C. Brown: *Breakdown in Gases: Alternating and High-Frequency Fields,* in *Handbuch der Physik,* herausgegeben von S. Flügge, Band 22, Gasentladungen II, Springer-Verlag, Berlin, 1956, p. 534

[130] E.W. McDaniel: *ibid,* p. 121

[131] S.C. Brown: *Introduction to Electrical Discharges in Gases,* Wiley, New York, N.Y., U.S.A., 1966, p. 21

[132] J.D. Jackson: *ibid,* p. 69 ff.

[133] S.C. Brown: *Introduction to Electrical Discharges in Gases,* Wiley, New York, N.Y., U.S.A., 1966, p. 30

[134] S.C. Brown: *Introduction to Electrical Discharges in Gases,* Wiley, New York, N.Y., U.S.A., 1966, p. 102

[135] G.L. Rogoff: *Ambipolar Diffusion Coefficients for Discharges in Attaching Gases,* J. Phys. **D 18**, 1533 – 1545 (1985)

[136] R.A. Gottscho, C.E. Gaebe: *Negative Ion Kinetics in RF Glow Discharge,* IEEE Transact. Plasma Science **PS-14**(2), 78 – 91 (1986)

[137] M.A. Herlin, S.C. Brown: *Breakdown of a Gas at Microwave Frequencies,* Phys. Rev. **74**(3), 291 – 296 (1948)

[138] S.C. Brown: *Introduction to Electrical Discharges in Gases,* Wiley, New York, N.Y., U.S.A., 1966, p. 172

[139] S.C. Brown: *Breakdown in Gases: Alternating and High-Frequency Fields,* in *Handbuch der Physik,* herausgegeben von S. Flügge, Band 22, Gasentladungen II, Springer-Verlag, Berlin, 1956, p. 538

[140] B. Chapman: *ibid,* p. 150

[141] W.B. Pennebaker: *Influence of Scattering and Ionization on RF Impedance in Glow Discharge Sheaths,* IBM J. Res. Develop. **23**(1) 16 – 23,(1979)

[142] O.A. Popov, V.A. Godyak: *Power Dissipated in Low-Pressure Radio-Frequency Discharge Plasmas,* J. Appl. Phys. **57**(1), 53 – 58 (1985)

[143] M. Klick: *private Mitteilung,* Dresden 2000

[144] V.A. Godyak: *Steady-State Low Pressure RF Discharge,* Sov. J. Plasma Phys. **2**(1), 78 – 84 (1976)

[145] FCC Rules & Regulations, Part 18, Industrial, Scientific & Materials Equipment, Jan. 1964

[146] S.M. Levitskii: *Space Potential and Electron Sputtering in a High-Frequency Discharge,* Sov. Phys. — Techn. Phys. **27**, 913 – 920 (1957)

[147] A.T. Bell: *ibid,* Appendix A.2, p. 398

[148] J.L. Vossen, J.J. O'Neill, jr.: *RF-Sputtering Processes,* RCA Review **29**, 149 – 179 (1968)

[149] Chr. Gerthsen, H. Vogel: *Physik,* Springer-Verlag, Berlin/Heidelberg, 17. Auflage, 1993, S. 357

[150] Chr. Gerthsen, H. Vogel: *ibid,* S. 396

[151] Autorenkollektiv: *Manual zum AZX-Tuner,* Advanced Energy Industries, Inc., Ft. Collins, Colo., 1992

[152] C.B. Zarowin: *Plasma Etch Anisotropy — Theory and some Verifying Experiments Relating Ion Transport, Ion Energy, and Transport Properties,* J. Electrochem. Soc. **130**(5), 1144 – 1152 (1983)

[153] A.J.v. Roosmalen, W.G.M.v.d. Hoek, H. Kalter: *Electrical Properties of Planar RF Discharges for Dry Etching,* J. Appl. Phys. **58**(2), 653 – 658 (1985)

[154] J.D. Swift, M.J.R. Schwar: *Electrical Probes for Plasma Diagnostics,* ILIFFE Books, London, England, 1970, 94 – 97

[155] K. Köhler, J.W. Coburn, D.E. Horne, E. Kay, J.H. Keller: *Plasma Potentials of 13.56 MHz RF Argon Glow Discharges in a Planar System,* J. Appl. Phys. **57**(1), 59 – 66 (1985)

[156] G.R. Misium, A.J. Lichtenberg, M.A. Lieberman: *Macroscopic Modeling of Radio-Frequency Plasma Discharges,* J. Vac. Sci. Technol. **A 7**(3), 1007 – 1013) (1989)

[157] B.E. Thompson, K.D. Allen, A.D. Richards, H.H. Sawin: *Ion Bombardement Energies in Radio-Frequency Glow Discharge Systems,* J. Appl. Phys. **59**(6), 1890 – 1903 (1986)

[158] W. Kasper, H. Böhm, B. Hirschauer: *The Influence of Electrode Areas on Radio Frequency Glow Discharges,* J. Appl. Phys. **71**(9), 4168 – 4172 (1992)

[159] V.A. Godyak, N. Sternberg: *Dynamic Model of the Electrode Sheaths in Symetrically Driven RF Discharges,* Phys. Rev. A**42**(4), 2299 – 2312 (1990)

[160] V.A. Godyak: *Soviet Radio Frequency Discharge Research,* Delphic Ass., Inc., Falls Church, Va., U.S.A., Chapter 3, pp. 28 – 56

[161] M.A. Lieberman: *Analytical Solution for Capacitive RF Sheath,* IEEE Transact. Plasma Sci. **PS-16**(6), 638 – 644 (1988)

[162] M. Klick: *Resistive Model of the RF Discharge Including Additional DC Currents and Electrodes,* Phys. Rev. E **47**(1), 591 – 603 (1993)

[163] M. Klick: *The Nonlinearity of the Radio-Frequency Sheath,* J. Appl. Phys. **79**(5), 1 – 8 (1996)

[164] J.W. Coburn, E. Kay: *Positive-Ion Bombardement of Substrates in RF Diode Glow Discharge Sputtering,* J. Appl. Phys. **43**, 4965 – 4971 (1972)

[165] J.H. Keller, W.B. Pennebaker: *Electrical Properties of RF Sputtering Systems,* IBM J. Res. Develop. **23**(1), 3 – 15 (1979)

[166] J.S. Logan, N.M. Mozza, P.D. Davidse: *Electrical Charakterization of Radio-Frequency Sputtering Gas Discharge,* J. Vac. Sci. Technol. **6**(1), 120 – 123 (1969)

[167] C.M. Horwitz: *RF Sputtering-Voltage Division between two Electrodes,* J. Vac. Sci. Technol. **A 1**(1), 60 – 68 (1983)

[168] V.A. Godyak: *Soviet Radio Frequency Discharge Research,* Delphic Ass., Inc., Falls Church, Va., U.S.A., Chapter 3, pp. 79 – 102

[169] M.J. Kushner: *Distribution of Ion Energies Incident on Electrodes in Capacitively Coupled RF Discharges,* J. Appl. Phys. **58**(11), 4024 – 4031 (1985)

[170] M.J. Kushner: *Mechanisms for Power Deposition in Ar/SiH_4 Capacitively Coupled RF Discharges,* IEEE Transact. Plasma Sci. **PS-14**(2), 188 – 196 (1986)

[171] R.J. Seeböck, W.E. Köhler, F. Rebentrost: *Time Dependent Diagnostics and Modelling of an Argon Plasma Excited at 13.6 MHz,* in *Proceedings 9th Intern. Sympos. Plasma Chemistry,* Pugnochiuso, Italien, 1989, Vol. I, ed. by R. d'Agostino, 493 – 498

[172] D.J. Economou, D.R. Evans, R.C. Alkire: *A Time-Average Model of the RF Plasma Sheath,* J. Electrochem. Soc. **135**(3), 756 – 763 (1988)

[173] D.J. Economou: *private Mitteilung,* 1991

[174] K.P. Brandt, H. Jungblut: *The Interaction Potential of SF_6 Ions in SF_6 Parent Gas Determined from Mobility Data,* J. Chem. Phys. **78**(4), 1999 – 2007 (1983)

[175] J.A. Mucha, D.W. Hess: *Plasma Etching,* Chapter 5 in *Introduction to Microlithography: Theory, Materials, and Processing,* ed. by L.F. Thompson and C.G. Wilson, 1983, p. 272

[176] S.G. Ingram, N.S.J. Braithwaite: *Ion and Electron Energy Analysis at a Surface in an RF Discharge,* J. Phys. D: Appl. Phys. **21**, 1496 – 1503 (1988)

[177] P. Benoit-Cattin, L.-C. Bernard; J. Appl. Phys. **39**, 5723 (1968)

[178] V.M. Donnelly, D.L. Flamm, R.H. Bruce: *Effects of Frequency on Optical Emission, Electrical, Ion, and Etching Characteristics of a Radio Frequency Chlorine Plasma,* J. Appl. Phys. **58**(6), 2135 – 2144 (1985)

[179] I.W. Rangelow: *private Mitteilung,* Kassel, 1993

[180] M. Kratzer, R.P. Brinkmann, W. Sabisch, H. Schmidt: *Hbrid Model for the Calculation of Ion Distribution Functions Behind a Direct Current or Radio Frequency Driven Plasma Boundary Sheath,* J. Appl. Phys. **90**(5), 2169 – 2179 (2001)

[181] W. Sabisch, M. Kratzer, R.P. Brinkmann: *Energetic Neutral Fluxes Towards Surfaces in a MERIE Like Reactor,* AVS 49th International Symposium, Denver 2002, PS-MoM8

[182] J. Liu, G.L. Huppert, H.H. Sawin: *Ion Bombardement in RF Plasmas,* J. Appl. Phys. **68**(8), 3916 – 3934 (1990)

[183] F. Becker, I.W. Rangelow, R. Kassing: *Ion Energy Distributions in SF_6 Plasmas at a Radio-Frequency Powered Electrode,* J. Appl. Phys. **80**(1), 56 – 65 (1996)

[184] C. Wild, P. Koidl: *Ion and Electron Dynamics in the Sheath of Radio-Frequency Glow Discharges,* J. Appl. Phys. **69**(5), 2909 – 2922 (1991)

[185] S. Biehler, in *Proceedings of the 10th International Symposium on Plasma Chemistry,* ed. by U. Ehlemann, H.G. Lergon und K. Wiesemann (ISPC 1991), Bochum, Aug. 1991 Vol. **2**, 21 – 52

[186] D.B. Graves, K.F. Jensen: *A Continuum Model of DC and RF Discharges,* IEEE Transact. **PS-14**(2), 78 – 91 (1986)

[187] V.A. Godyak: *Soviet Radio Frequency Discharge Research,* Delphic Ass., Inc., Falls Church, Va., U.S.A., 1986, p. 61

[188] R.A. Stewart, P. Vitello, D.B. Graves, E.F. Jaeger, L.A. Berry: *Plasma Uniformity in High-Density Inductively Coupled Plasma Tools,* Plasma Sources Sci. Technol. **4**, 36 – 46 (1995)

[189] M. Edamura, E.C. Benck: *Transition from E to H Mode Discharge in Pulse-Modulated Inductively Coupled Plasmas,* J. Vac. Sci. Technol. **A 21**(2), 470 – 475 (2003)

[190] T. Panagopoulos, D. Kim, V. Midha, D.J. Economou: *Three-Dimensional Simulation of an Inductively Coupled Plasma Reactor,* J. Appl. Phys. **91**(5), 2687 – 2696 (2002)

[191] K.P. Müller, F. Heinrich, H. Mader: *Magnetically Enhanced Reactive Ion Etching (MERIE) with Different Field Configurations,* Microelectron. Eng. **10**, 55 – 67 (1989)

[192] M.R. Wertheimer, M. Moisan: *Comparison of Microwave and Lower Frequency Plasmas for Thin Film Deposition and Etching,* J. Vac. Sci. Technol. **A 3**(6), 2643 – 2649 (1985)

[193] M. Moisan, C. Barbeau, R. Claude, C.M. Ferreira, J. Margot, J. Paraszczak, A.B. Sá, G. Sauvé, M.R. Wertheimer: *Radio Frequency or Microwave Plasma Reactors? Factors Determining the Optimum Frequency of Operation,* J. Vac. Sci. Technol. **B 9**(1), 8 – 25, (1991)

[194] T.A. Stix: *Theory of Plasma Waves,* McGraw Hill, New York, 1962, p. 91

[195] O.A. Popov: *Effects of Magnetic Field and Microwave Power on Electron Cyclotron Resonance-Type Plasma Characteristics,* J. Vac. Sci. Technol. **9**(3), 711 – 716 (1991)

[196] P. Aigrain: *Les "Helicons" dans le Semiconducteurs,* Proc. Conf. Semicond. Phys. **15**, 224 – 226 (1960)

[197] H. Barkhausen: *Zwei mit Hilfe der neuen Verstärker entdeckte Erscheinungen,* Phys. Z. **20**, 401 (1919)

[198] B. Davies, P.J. Christiansen: *Helicon Waves in a Gaseous Plasma,* Plasma Phys. **11**, 987 – 1000 (1969)

[199] B. Davies: *Helicon Wave Propagation: Effect of Electron Inertia,* J. Plasma Phys. **4**(1), 43 – 50 (1970)

[200] T.A. Stix: *ibid,* Chapter 5

[201] J.P. Klozenberg, B. McNamara, P.C. Thonemann: *The Dispersion and Attenuation of Helicon Waves in a Uniform Cylindrical Plasma,* J. Fluid Mech. **21**(3), 545 – 563 (1965)

[202] R.W. Boswell: *Very Efficient Plasma Generation by Whistler Waves Near the Lower Hybrid Frequency,* Plasma Phys. **26**(10), 1147 – 1162 (1984)

[203] R.W. Boswell: *Plasma Production Using a Standing Helicon Wave,* Phys. Lett. **33A**(7), 457 – 458 (1970)

[204] R.W. Boswell, A.J. Perry, M. Enami: *Fast Etching of Silicon in a Plasma Reactor with RIPE Source,* Le Vide, Couch. Minces, Suppl. No. 246, 160 – 162 (1989)

[205] R. Boswell, R. Porteous, A. Proytz, A. Bouchoule, P. Ranson: *Some Features of RF Excited Fully Ionized Low Pressure Argon Plasma,* Phys. Lett. **91A**(4), 163–166 (1982)

[206] F.F. Chen: *private Mitteilung,* 1990

[207] D. Henry, A. Moore, A. Durandet, R. Boswell: *Resonant Inductive Plasma Etching (RIPE): Evaluation of an Industrial Prototype,* Le Vide, Couch. Minces, Suppl. No. 246, 299 – 301 (1989)

[208] J.M. Cook, D.E. Ibbotson, P.D. Foo, D.L. Flamm: *Etching Results and Comparison of Low Pressure Electron Cyclotron Resonance and Radio Frequency Discharge Sources,* J. Vac. Sci. Technol. **A8**(3), 1820 – 1824 (1990)

[209] W.P. Allis, S.J. Buchsbaum, A. Bers: *Waves in Anisotropic Plasmas,* M.I.T. Press, Cambridge, Mass., U.S.A., 1963, p. 19 ff.

[210] B. Lax, W.P. Allis, S.C. Brown: *The Effect of Magnetic Field on the Breakdown of Gases at Microwave Frequencies,* J. Appl. Phys. **21**, 1297 – 1304 (1950)

[211] J. Asmussen: *Electron Cyclotron Resonance Microwave Discharges for Etching and Thin-Film Deposition,* J. Vac. Sci. Technol. **A** **7**(3), 883 – 893 (1989)

[212] S.C. Brown: *Introduction to Electrical Discharges in Gases,* Wiley, New York, N.Y., U.S.A., 1966, p. 182

[213] J. Forster, W. Holber: *Plasma Characterization for a Divergent Field Electron Cyclotron Resonance Source,* J. Vac. Sci. Technol. **A** **7**(3), 899 – 902 (1989)

[214] O.A. Popov: *Characteristics of Electron Cyclotron Resonance Plasma Sources,* J. Vac. Sci. Technol. **A** **7**(3), 894 – 899 (1989)

[215] M.A. Heald, C.B. Wharton: *Plasma Diagnostics with Microwaves,* John Wiley & Sons, Inc., New York/London/Sydney, 1965, p. 326

[216] J.E. Stevens, J.L. Cecchi, Y.C. Huang, R.L. Jarecki, jr.: *Optimized Microwave Coupling in an Electron Cyclotron Resonance Etch Tool,* J. Vac. Sci. Technol. **A** **9**(3), 696 – 701 (1991)

[217] F. Jaeger, A.J. Lichtenberg, M.A. Lieberman: *Theory of Electron Cyclotron Resonance Heating — I. Short Time and Adiabatic Effects,* Plasma Physics **14**, 1073–1100 (1972)

[218] J.D. Jackson: *ibid,* eq. 8.80, p. 255

[219] J.D. Jackson: *ibid,* eq. 8.76, p. 254

[220] E. Ghanbari, I. Trigor, T. Nguyen: *A Broad Beam Electron Cyclotron Resonance Ion Source for Sputtering Etching and Deposition of Material,* J. Vac. Sci. Technol. **A** **7**(3), 918 – 924 (1989)

[221] W. Möller: *Plasma and Surface Modeling of the Deposition of Hydrogenated Carbon Films from Low-Pressure Methane Plasmas,* Appl. Phys. **A** **56**, 527 – 546 (1993)

[222] A.M. Marakhtanov, M.A. Lieberman, A.J. Lichtenberg, P. Chabert, H.B. Smith, R.W. Boswell, M. Tuszewski: *Instabilities in Low-Pressure Elektronegative Inductive Discharges,* Workshop „Inductive Coupled Plasmas", Bad Tölz, 06. – 07. Juli 2001

[223] H.R. Kaufman, P.D. Reader: *Experimental Performance of Ion Rockets Employing Electron Bombardement Sources,* Amer. Rocket Soc. Paper No. 1374-60, 3 – 20 (1960)

[224] H.R. Kaufman: *An Ion Rocket with an Electron-Bombardement Ion Source,* NASA Techn. Note TN D-585, 1 – 39, Jan. 1961

[225] L.D. Bollinger: *Ion Milling for Semiconductor Production Processes,* Solid State Technol. **20**(11), 66 – 70 (1977)

[226] D. Bollinger, R. Fink: *A New Production Technique: Ion Milling,* Solid State Technol. **23**(11), 79 – 84 (1980)

[227] H.R. Kaufman: *Technology of Electron-Bombardement Ion Thrusters,* in *Advances in Electronics and Electron Physics,* Vol. **36**, Academic Press, New York/San Francisco/London, 1974, 265 – 373

[228] H.R. Kaufman: *Technology of Beam Sources Used in Sputtering,* J. Vac. Sci. Technol. **15**(2), 272 – 276 (1978)

[229] H.W. Loeb, J. Freisinger, K. Groh, W. Pinks, H.G. Bischoff, P. Schaefer, R. Schmiele: *Recent Tests of the RIT 10-Engine at Giessen University,* AIAA-Paper 76-1037 (American Institute of Aeronautics and Astronautics), Key Biscayne, Fla., U.S.A. (1976)

[230] G. Aston, H.R. Kaufman: *Ion Beam Divergence Characteristics of Two-Grid Accelerator Systems,* AIAA-Paper 78-669, San Diego, Calif., U.S.A. (1978)

[231] H.R. Kaufman, R.S. Robinson: *Ion Source Design for Industrial Application,* AIAA-Journal **20**, 745 – 760 (1982)

[232] H.R. Kaufman, J.J. Cuomo, J.M.E. Harper: *Technology and Applications of Broad-Beam Ion Sources Used in Sputtering. Part I. Ion Source Technology,* J. Vac. Sci. Technol. **21**(3), 725 – 736 (1982)

[233] J.M.E. Harper, J.J. Cuomo, P.A. Leary, G.M. Summa, H.R. Kaufman, F.J. Bresnock: *Low Energy Ion Beam Etching,* J. Electrochem. Soc. **128**(5), 1077 – 1083 (1981)

[234] H.R. Kaufman: *Broad-Beam Ion Sources: Present Status and Future Directions,* J. Vac. Sci. Technol. **A 4**(3), 764 – 771 (1986)

[235] A. Hayes: *private Mitteilung,* Plainview, 1998

[236] H. Westermeier: *private Mitteilung,* 1989

[237] A. Amarotico: *VCSEL-Trockenätzen in chlorhaltigen Plasmen,* Diplomarbeit an der Fachhochschule München, 2002

[238] H.M. Mott-Smith, I. Langmuir: *The Theory of Collectors in Gaseous Discharges,* Phys. Rev. **28**, 727 – 763 (1926)

[239] R.L.F. Boyd: *The Collection of Positive Ions by a Probe in an Electrical Discharge,* Proc. Roy. Soc. (London) **201**, 329 – 347 (1950)

[240] M.J. Druyvesteyn, F.M. Penning: *ibid,* 87 – 174 (1940)

[241] D.M. Manos, J.L. Cecchi, C.W. Cheah, H.F. Dylla: *Diagnostics of Low Temperature Plasmas: The Electron Component,* Thin Solid Films **195**, 319 – 336 (1991)

[242] J.G. Laframboise: *Theory of Cylindrical and Spherical Langmuir Probe in a Collisionless Plasma at Rest,* in *Rarified Gas Dynamics,* ed. by J.H. Leeuw, Academic Press, New York, N.Y., U.S.A., S. 22 – 44

[243] M. Mausbach: *Parametrization of the Laframboise Theory for Cylindrical Langmuir Probe Analysis,* J. Vac. Sci. Technol. **A 15**(6), 2923 – 2929 (1997)

[244] A. Karamcheti, Ch. Steinbrüchel: *Parametrization of Laframboise's Results for Spherical and Cylindrical Langmuir Probes,* J. Vac. Sci. Technol. **A 17**(5), 3051 – 3056 (1999)

[245] J.D. Swift, M.J.R. Schwar: *ibid,* S. 181, S. 222

[246] J.D. Swift, M.J.R. Schwar: *ibid,* S. 96

[247] J.D. Swift, M.J.R. Schwar: *ibid,* S. 12

[248] P. Awakowicz: *private Mitteilung,* München, 2001

[249] J.E. Allen, R.L.F. Boyd, P. Reynolds: *The Collection of Positive Ions by a Probe Immersed in a Plasma,* Proc. Roy. Soc. **B 70**, 297 – 304 (1957)

[250] I.B. Bernstein, I. Rabinowitz: *Theory of Electrostatic Probes in a Low-Density Plasma,* Phys. Fluids **2**, 112 – 121 (1959)

[251] I. Langmuir: *The Effect of Space Charge and Initial Velocities on the Potential Distribution and Thermoionic Current between Parallel Plate Electrodes,* Phys. Rev. **21**, 419 – 435 (1923)

[252] I. Langmuir, K.B. Blodgett: *Currents Limited by Space Charge between Coaxial Cylinders,* Phys. Rev. **22**, 347 – 356 (1923)

[253] S.H. Lam: *The Langmuir Probe in a Collisionless Plasma,* Physics Fluids **8**, 73 – 87 (1965)

[254] J.D. Swift, M.J.R. Schwar: *ibid,* S. 67

[255] I. Langmuir, K.T. Compton: *Electrical Discharges in Gases, Part II. Fundamental Phenomena in Electrical Discharges,* Rev. Modern Phys. **3**, 191 – 257 (1931)

[256] Y.H. Lee, I.E. Heidenreich III, G. Fortuno: *Plasma Characterization of an Electron Cyclotron Resonance-Radiofrequency Hybrid Plasma Reactor,* J. Vac. Sci. Technol. **A 7**(3), 903 – 907 (1989)

[257] W.L. Nighan: *Electron Energy Distributions and Collision Rates in Electrically Excited N_2, CO and CO_2,* Phys. Rev. **A 2**(5), 1989 – 2000 (1970)

[258] W.E. Köhler: *Electron Energy Distribution for RF Glow Discharges in HCl and CCl_4,* Proc *18th Intern. Conf. Phenomena in Ionized Gases,* Swansea, ed. by W.T. Williams, 1987

[259] H.W. Rundle, D.R. Clark, J.M. Deckers: *Electron Energy Distribution Functions in an O_2 Glow Discharge,* Can. J. Phys. **51**, 144 – 148 (1973)

[260] D. Maundrill, J. Slatter, A.J. Spiers, C.C. Welch: *Electrical Measurements of RF-Generated Plasmas Using a Driven Electrostatic Probe Technique,* J. Phys. D: Appl. Phys. **20**, 815 – 819 (1987)

[261] A. Garscadden, K.G. Emeleus: *Notes on the Effect of Noise on Langmuir Probe Characteristics,* Proc. Roy. Soc. (London, England) **79**, 535 – 541 (1962)

[262] C.B. Zarowin: *Relation between the RF Discharge Parameters and Plasma Etch Rates, Selectivity and Anisotropy,* J. Vac. Sci. Technol. **A2**(4), 1537 – 1549 (1984)

[263] U. Czarnetzki, D. Luggenhölscher, H.F. Döbele: *Space and Time Resolved Electric Field Measurements in Helium and Hydrogen RF-Discharges,* Plasma Sources Sci. Technol. **8**, 230 – 248 (1999)

[264] M. Ali Kettani, M.F. Hoyaux: *Plasma Engineering,* Butterworth, London, England, 1973, p. 164 f.

[265] K. Yamamoto, T. Okuda: *On the Floating ProbeMethod for the Measurement if Ionized Gases,* J. Phys. Soc. Japan **11**, 57 – 68 (1956)

[266] J.D. Swift, M.J.R. Schwar: *ibid,* S. 151 f.

[267] W. Möhl: *Plasmadiagnostische Untersuchungen mit Doppel- und Dreifachsonden an einem Labormodell des Ionentriebwerkes RIT 10,* Diplomarbeit, Gießen, 1975

[268] J.D. Swift, M.J.R. Schwar: *ibid,* p. 137 ff.

[269] F. Schneider: *Zum Mechanismus der Hochfrequenzentladung zwischen ebenen Platten,* Z. Angew. Phys. **4**, 456 – 462 (1954)

[270] M. Klick: *private Mitteilung,* München, 2003

[271] G. Franz, P. Meßerer: *Monitoring of Reactive Chlorine Plasmas with Electrical Methods,* 2nd European Workshop on Advanced Equipment Control/Advanced Process Control (AEC/APC), Dresden, 30. – 31. März 2000

[272] V.A. Godyak, R.B. Piejak, B.M. Alexandrovich: *Electrical Characteristics of Parallel-Plate RF Discharges in Argon,* IEEE Transact. Plasma Sci. **19**(4), 660 – 676 (1991)

[273] G. Franz: *Dry Etching Techniques of III/V Semiconductors: Plasma, Structures, Damage,* Recent Res. Devel. Vacuum. Sci. & Tech. **3**, 221 – 261 (2001)

[274] G. Franz: *Self-Consistent Analysis of Chlorine-Containing Capacitively-Coupled Discharges,* Houston University, Houston, Tex., 01. Okt. 2003

[275] V.A. Godyak: *Soviet Radio Frequency Discharge Research,* Delphic Ass., Inc., Falls Church, Va., U.S.A., 1986, pp. 73/74

[276] B. Andries, G. Ravel, L. Peccoud: *Electrical Characterization of Radio-Frequency Parallel-Plate Capacitively Coupled Discharges,* J. Vac. Sci. Technol. **A 7**(4), 2774 – 2783

[277] K. H. Gindra: *private Mitteilung, Dresden, 2001*

[278] P.W. Atkins: *Physical Chemistry,* Oxford University Press, Oxford, 1978, p. 550

[279] J.D. Jackson, *ibid,* p. 600 ff.

[280] M. Born: *ibid,* S. 540

[281] G.M. Barrow: *Introduction to Molecular Spectroscopy,* McGraw Hill, New York/London/Sydney, 1962, p. 53

[282] A.R. Striganov, N.S. Sventitskii: *Tables of Spectral Lines of Neutral and Ionized Atoms,* IFI/Plenum Press, New York/Washington, 1968

[283] P. Awakowicz: *Diagnostics in Reactive Plasmas with Optical Emission Spectroscopy, Probe Measurement and Energy-Mass Spectrometry,* Materials Science Forum **287 - 288**, 3 – 22 (1998)

[284] W.L. Wiese, M.W. Smith, S.M. Miles: *Atomic Transition Probabilities,* vols. I and II, U.S. National Bureau of Standards, 1966 and 1969, Washington, DC (Nat. Std. Ref. Data Ser. **22**)

[285] V.M. Donnelly: *A Simple Optical Emission Method for Measuring Percent Dissociations of Feed Gases in Plasmas: Application to* Cl_2 *in a High-Density Helical Resonator Plasma,* J. Vac. Sci. Technol. **A 14**(3), 1076 – 1087 (1996)

[286] M.V. Malyshev, V.M. Donnelly: *Determination of Electron Temperatures in Plasmas by Multiple Rare Gas Optical Emission, and Implications for Advanced Actiometry,* J. Vac. Sci. Technol. **A 15**(3), 550 – 558 (1997)

[287] V.M. Donnelly, M.V. Malyshev, A. Kornblit, N.A. Ciampa, J.I. Colonell, J.T.C. Lee: *Trace Rare Gases Optical Emission Spectroscopy for Determination of Electron Temperatures and Species Concentrations in Chlorine-Containing Plasmas,* Jpn. J. Appl. Phys. **37**, 2388 – 2393 (1998)

[288] M.V. Malyshev, V.M. Donnelly: *Trace Rare Gases Optical Emission Spectroscopy: Nonintrusive Method for Measuring Electron Temperatures in Low-Pressure, Low-Temperature Plasmas,* Phys. Rev. **E 60**(5), 6016 – 6029 (1999)

[289] J.W. Coburn, M. Chen: *Optical Emission Spectroscopy of Reactive Plasmas: A Method for Correlating Emission Intensities to Reactive Particle Density,* J. Appl. Phys. **51**(6), 3134 – 3136 (1980)

[290] P.V. Feltsan, I.P. Zapesochnyi: *Excitation of Inert Gases During Electron-Atom Collisions. III: Argon,* Ukr. Fiz. Zh. **12**(4), 586 – 592 (1967) bzw. Ukr. Fiz. Zh. **12**(4), 592 – 598 (1967) (englische Cover-to-Cover Übersetzung)

[291] P.V. Feltsan: *Excitation of Inert Gases by Electron-Atom Collisions. IV: Krypton,* Ukr. Fiz. Zh. **12**(9), 1423 – 1429 (1967) Ukr. Fiz. Zh. **12**(9), 1376 – 1382 (1967) (englische Cover-to-Cover-Übersetzung)

[292] P.V. Feltsan, I.P. Zapesochnyi: *Excitation of Inert Gas Atoms in Collisions with Electrons. V: Xenon,* Ukr. Phys. J. **13**(3), 143 – 147 (1968)

[293] A.A. Mityureva, N.P. Penkin, V.V. Smirnov: *Measurement of Cross Sections for Stepwise Excitation of Inert Gas Atoms from Metastable States by Electron Impact. Experimental Results.Argon,* Opt. Spectrosc. (USSR) **66**(4), 463 – 465 (1989)

[294] A.A. Mityureva, V.V. Smirnov: *Approximation of the Energy Dependence of Atomic Helium Cross Sections for Excitation by Electrons,* Opt. Spectrosc. **74**(1), 2 – 5 (1993)

[295] C. Smytkowski, K. Maciag, G. Karwasz: *Absolute Electron-Scattering Total Cross Section Measurements for Noble Gas Atoms and Diatomic Molecules,* Physica Scripta **54**(2), 271 – 280 (1996)

[296] T. Mehdi, P.B. Legrand, J.P. Dauchot, M. Wautelet, M. Hecq: *Optical Emission Diagnostics of an RF Magnetron Sputtering Discharge,* Spectrochimica Acta **48 B**(8), 1023 – 1033 (1993)

[297] G. Franz, A. Kelp, P. Meßerer: *Analysis of Chlorine-Containing Plasmas Applied in III/V Semiconductor Processing,* J. Vac. Sci. Technol. **A 18**, 2053 (2000)

[298] U. Fantz: *private Mitteilung,* Bad Tölz, 2001

[299] A.P. Richards, B.E. Thompson, K.D. Allen, H.H. Sawin: *Atomic Chlorine Concentration Measurements in a Plasma Etching Reactor: I. A Comparison of Infrared Absorption and Optical Emission Actinometry,* J. Appl. Phys. **62**(3), 792 – 798 (1987)

[300] B. Chapman: *Glow Discharge Processes: Sputtering and Plasma Etching,* John Wiley & Sons, New York, N.Y., U.S.A., 1980, p. 30

[301] A.W. Wright: *On the Production of Transparent Metallic Films by the Electrical Discharge in Exhausted Tubes,* Am. J. Sci. **13**(3rd ser.)(1), 49 – 55 (1877)

[302] G.K. Wehner: *ibid,* p. 7

[303] J. Stark: *Über die zerstäubende Wirkung der Kanalstrahlen (Emission sekundärer Atomstrahlen),* Z. Elektrochem. **14**, 752 – 756 (1908)

[304] J. Stark: *Zur Theorie der Zerstäubung durch Atomstrahlen, ibid,* **15**, 509 – 512 (1909)

[305] R. Seeliger, K. Sommermeyer: *Bemerkungen zur Theorie der Kathodenzerstäubung,* Z. Phys. **93**, 692 – 695 (1935)

[306] G.K. Wehner: *Sputtering of Metal Single Crystals by Ion Bombardement,* J. Appl. Phys. **26**(18), 1056 – 1057 (1955)

[307] G.K. Wehner, G. S. Anderson: *The Nature of Physical Sputtering,* Chapter 3 in *Handbook of Thin Film Technology,* ed. by L.I. Maissel and R. Glang, McGraw Hill, New York, p. 24

[308] B. Chapman: *ibid,* p. 196

[309] Chr. Linder, W. Rietzler, H. Auer: *Clusterline — Making 300 mm Possible,* Unaxis Chip Heft 6, 47 – 50 (Jan. 2002)

[310] B. Chapman: *ibid,* p. 178

[311] G.K. Wehner, G.S. Anderson: *The Nature of Physical Sputtering,* Chapter 3 in *Handbook of Thin Film Technology,* ed. by L.I. Maissel and R. Glang, McGraw Hill, New York, p. 3

[312] P. Sigmund: *Theory of Sputtering. I. Sputtering Yield of Amorphous and Polycrystalline Targets,* Phys. Rev. **184**(2), 383 – 416 (1969)

[313] M.W. Thompson: *The Energy Spectrum of Ejected Atoms During the High Energy Sputtering of Gold,* Phil. Mag. **18**, 377 – 414 (1968)

[314] W. Brandt, R. Laubert: *Unified Sputtering Theory,* Nucl. Instrum. Methods **47**, 201 – 209 (1967)

[315] H.F. Winters: *Physical Sputtering: A Discussion of Experiment and Theory,* Amer. Chem. Soc. Adv. Chem. Ser. **158**, 1 – 29 (1976)

[316] I.S.T. Tsong, D.J. Barber: *Review: Sputtering Mechanisms for Amorphous and Polycrystalline Solids,* J. Mat. Science **8**, 123 – 135 (1973)

[317] W. Eckstein: *Computer Simulation of Ion-Solid Interactions,* Springer Series in Materials Science, Bd. 10, Springer-Verlag, Berlin, 1991

[318] P. Sigmund: *Sputtering by Ion Bombardement: Theoretical Concepts,* in *Sputtering by Particle Bombardement,* Vol. I, ed. by R. Behrisch, Springer-Verlag, Berlin, 1981

[319] C.A. Croxton: *Liquid State Physics,* Cambridge University Press, 1974, Chapter 2

[320] O. Almen, G. Bruce: *Collection and Sputtering Experiments with Noble Gas Ions,* Nucl. Instr. Meth. **11**, 257 – 278 (1961)

[321] J.P. Biersack, L.G. Hagmark: *A Monte-Carlo Computer Program for the Transport of Energetic Ions in Amorphous Targets,* Nuclear Instruments and Methods **174**, 257–269 (1980)

[322] J.F. Ziegler, J.P. Biersack, U. Littmark: *The Stopping and Range of Ions in Matter,* Vol. 1, Pergamon, New York, N.Y., 1985

[323] G.K. Wehner: *Annual Report on Sputtering Yields,* ONR Contr. Nonr. **15**, 1589 (1959)

[324] N. Lagreid, G.K. Wehner: *Sputtering Yields of Metals for* Ar^+ *and* Ne^+ *Ions with Energies from 50 to 600 eV,* J. Appl. Phys. **32**(3), 365 – 369 (1961)

[325] M.W. Thompson, R.S. Nelson: *Evidence for Heated Spikes in Bombarded Gold from the Energy Spectrum of Atoms Ejected by 43 keV* Ar^+ *and* Xe^+ *Ions,* Phil. Mag. **7**, 2015 – 2026 (1962)

[326] R.V. Stuart, G.K. Wehner, G.S. Anderson: *Energy Distribution of Atoms Sputtered from Polycrystalline Metals,* J. Appl. Phys. **40**(2), 803 – 812 (1969)

[327] D.E. Harrison jr., N.S. Levy, J.P. Johnson III, H.M. Effron: *Computer Simulation of Sputtering,* J. Appl. Phys. **39**, 3742 – 3761 (1968)

[328] S.C. Park, R.A. Stansfield, D.C. Clary: *Sputtering of a Cu Solid by* $SiCl_4$ *Molecules,* J. Phys. D: Appl. Phys. **20**, 880 – 888 (1987)

[329] W.D. Westwood: *Calculation on Deposition Rates in Diode Sputtering Systems,* J. Vac. Sci. Technol. **15**(11), 1 – 9 (1978)

[330] B.L. Sopori, W.S.C. Chang: *Some Inverstigations on Deposition and Etching Profiles in Masked RF Sputtering,* J. Vac. Sci. Technol. **14**(3), 782 – 785 (1977)

[331] J.M.E. Harper, J.J. Cuomo, R.J. Gambino, H.R. Kaufman, R.S. Robinson: *Mean Free Path of Negative Ions in Diode Sputtering,* J. Vac. Sci. Technol. **15**(4), 1597 – 1606 (1978)

[332] D.W. Pashley: *The Growth and Structure of Thin Films,* Chapter 3 in *Thin Films,* American Society for Metals, Metals Park, OH, 59 – 98 (1963)

[333] D.W. Pashley, M.J. Strowell, M.H. Jacobs, T.J. Law: *The Growth and Structure of Gold and Silver Deposits Formed by Evaporation Inside an Electron Microscope,* Phil. Mag. **10**, 127 – 158 (1964)

[334] C.A. Neugebauer: *Condensation, Nucleation, and Growth of Thin Films,* Chapter 8 in *Handbook of Thin Film Technology,* ed. by L.I. Maissel and R. Glang, McGraw Hill, New York, N.Y., U.S.A., 1970

[335] J.A. Thornton: *Influence of Substrate Temperature and Deposition Rate on Structure of Thick Sputtered Cu Coatings,* J. Vac. Sci. Technol. **12**(4), 830 – 835 (1975)

[336] P.W. Atkins: *ibid,* p. 191 ff.

[337] A. Brunegger: *private Mitteilung,* 1991

[338] G.K. Wolf, W. Ensinger, M. Barth: *Recent Progress in Ion Beam Assisted Evaporation for the Low Temperature Modification of Film Stress, Hardness and Porosity,* IPAT Proc. **7**, 36 (1989)

[339] H. Dimigen, H. Lüthje: *An Investigation of Ion Etching,* Philips Techn. Rev. **35**(7/8), 199 – 208 (1975)

[340] G. Franz: *Kalte Plasmen,* Springer-Verlag, Berlin, 1990, S. 102

[341] E.J. Egerton, A. Nef, W. Millikin, W. Cook, D. Baril: *Positive Wafer Temperature Control to Increase Dry Etch Throughput and Yield,* Solid State Technol. **25**(8), 84 – 87 (1982)

[342] G.C. Schwartz, P.M. Schaible: *Reactive Ion Etching of Silicon: Temperature Effects,* Proc. Sympos. *Plasma Etching & Deposition,* 133 – 154 (1981)

[343] I. Hussla, K. Enke, H. Grünwald, G. Lorenz, H. Stoll: *In-situ Silicon-Wafer Temperature Measurements during RF Argon-Ion Plasma Etching via Fluoroptic Thermometry,* J. Phys. D: Appl. Phys. **20**, 889 – 896 (1987)

[344] M.H. Sun, J.H. Kim, C.L. Sandberg: *Advances in Fluoroptic Thermometry: New Applications in Temperature Measurement, Proc. Northeastern Conf. Exhib. Industr. Instrumentation and Control,* 79 – 85 (1985)

[345] A. Mitchell, R.A. Gottscho: *Plasma Power Dissipation at Wafer Surfaces Measured Using Pulsed Photoluminescence Spectroscopy,* J. Vac. Sci. Technol. **A 8**(3), 1712 – 1715 (1990)

[346] G. Franz: *Oberflächentechnologie mit Niederdruckplasmen,* 2. Auflage, Springer-Verlag, Berlin, 1994, S. 165

[347] B. Chapman: *ibid,* p. 221

[348] G. Franz: *Kalte Plasmen,* Springer-Verlag, Berlin, 1990, S. 108

[349] O.C. Yonts, D.E. Harrison, jr.: *Surface Cleaning by Cathode Sputtering,* J. Appl. Phys. **31**(9), 1583 – 1584 (1960)

[350] D.T. Mudd, C. Davis, W.W. White, B. Kouk, M. Fletcher: *Pressure-Based MFCs,* Semicond. Internat. **25**(3), 75 – 81 (2002)

[351] G. Franz, B. Lange, S. Sotier: *Characterization of Sputtered Indium Tin Oxide Layers as Transparent Contact Material,* J. Vac. Sci. Technol. **A 19**(5), 2514 – 2521 (2001)

[352] H. Kaneko, K. Miyake, Y. Teramoto: *Preparation and Properties of Reactively Sputtered Tungsten Oxide Films,* J. Appl. Phys. **53**(4), 3070 – 3075 (1982)

[353] G. Kristen: *private Mitteilung,* München, 1993

[354] L. Atternäs, L. Thylén: *Single-Layer Antireflection Coating of Semiconductor Lasers: Polarization Properties and the Influence of the Laser Structure,* J. Lightwave Technol. **7**(2), 426 – 430 (1989)

[355] B.N. Chapman, D. Downer, L.J.M. Guimaraes: *Electron Effects in Sputtering and Cosputtering,* J. Appl. Phys. **45**(5), 2115 – 2120 (1974)
[356] H.S.W. Massey, E.H.S. Burhop: *ibid,* p. 21 ff.
[357] R.P.H. Chang, A.K. Sinha: *Plasma Oxidation of GaAs,* Appl. Phys. Lett. **29**(1), 56 – 58 (1976)
[358] G. Franz: *Anodic Oxidation of InP Using a Citric-Acid-Based Solution,* J. Appl. Phys. **63**(2), 500 – 505 (1988)
[359] B. Chapman: *Glow Discharge Processes: Sputtering and Plasma Etching,* John Wiley & Sons, New York, N.Y., U.S.A., 1980, p. 215
[360] G. Franz: *Kalte Plasmen,* Springer-Verlag, Berlin, 1990, S. 111
[361] H.F. Winters, E. Kay: *Gas Incorporation into Sputtered Films,* J. Appl. Phys. **38**(10), 3928 – 3934 (1967)
[362] G. Franz: *Oberflächentechnologie mit Niederdruckplasmen,* 2. Auflage, Springer-Verlag, Berlin, 1994, S. 170
[363] J.A. Mawella, J.A. Sheward: *Sputtered Alloy Coatings by Codeposition: Effects of Bias Voltage,* Thin Solid Films **193 & 194**, 27 – 33 (1990)
[364] M. Knudsen: *Die Molekülströmung der Gase durch Öffnungen und die Effusion,* Ann. Phys. **28**, 999 – 1016 (1909)
[365] G. Franz: *Characterization of Gold Layers Selectively Plated by a Pulsed Current,* Thin Solid Films **169**(1), 105 – 115 (1989)
[366] M. Mansour, M.S. Salama, D.R. Arnell, A.A.F. Mostafa: *Mechanical Characterization of Si_3N_4 Coatings Deposited by Reactive Sputter Ion Plating,* IPAT Proc. **7**, 196 – 201 (1989)
[367] D.W. Hoffman, M.R. Gaerttner: *Modification of Evaporated Chromium by Concurrent Ion Bombardement,* J. Vac. Sci. Technol. **17**(1), 425 – 428 (1980)
[368] J.J. Cuomo, J.M.E. Harper, C.R. Guarneri, D.S. Yee, L.J. Attanasio, J. Angilello, C.T. Wu, R.H. Hammond: *Modification of Niobium Film Stress by Low-Energy Ion Bombardement during Deposition,* J. Vac. Sci. Technol. **20**(3), 349 – 354 (1982)
[369] R.W. Knoll, E.R. Bradley: Thin Solid Films **117**, 201 (1984)
[370] C.P. Flynn: *Point Defects and Diffusion,* Clarendon Press, Oxford, U.K., 1972
[371] J.M.E. Harper, J.J. Cuomo, R.J. Gambino, H.R. Kaufman: *Modification of Thin Film Properties by Ion Bombardement during Deposition,* Chapter 4 in *Ion Bombardement Modification of Surfaces,* ed. by O. Auciello and R. Kelly, Elsevier, Amsterdam 1984, p. 153
[372] K. Hieber: *Radio Frequency Sputter Deposition of Alloy Films,* Siemens Forsch.- und Entw. Ber. **11**(3), 145 – 148 (1982)
[373] G. Franz: *Kalte Plasmen,* Springer-Verlag, Berlin, 1990, S. 115
[374] P. Luthier, F. Levy, H. Jotterand: *Cosputtering Equipment Based on two Independent RF Magnetron Sources in a UHV Chamber,* IPAT Proc. **7**, 37 – 41 (1989)
[375] H.F. Winters, D.L. Raimondi, D.E. Horne: *Proposed Model for the Composition of Sputtered Multicomponent Thin Films,* J. Appl. Phys. **40**(7), 2996 – 3006 (1969)
[376] J.J. Cuomo, R.J. Gambino: *Influence of Sputtering Parameters on the Composition of Multi-Component Films,* J. Vac. Sci. Technol. **12**(1), 79 – 83 (1975)
[377] P. Chaudhari, J.J. Cuomo, R.J. Gambino: *Amorphous Metallic Films for Bubble Domain Applications,* IBM J. Res. Dev. **17**(1), 66 – 68 (1973)
[378] G. Franz: *Kalte Plasmen,* Springer-Verlag, Berlin, 1990, S. 117
[379] J.W. Coburn, E. Taglauer, E. Kay: *A Study of the Neutral Species RF Sputtered from Oxide Targets,* Japn. J. Appl. Phys. Suppl. **2**, 501 – 504 (1974)
[380] H. Schäfer, H.G.v. Schnering: *Metall-Metall-Bindungen bei niederen Halogeniden, Oxyden und Oxydhalogeniden schwerer Übergangsmetalle,* Angew. Chem. **76**, 833 – 868 (1964)
[381] H. Vahrenkamp: *Was wissen wir über die Metall-Metallbindung?* Angew. Chem. **90**, 408 – 416 (1978)

[382] C.W. Pitt: *private Mitteilung,* Genf, 1989

[383] F. Shinoki, A. Itoh: *Mechanism of RF Reactive Sputtering,* J. Appl. Phys. **46**(8), 3381–3384 (1975)

[384] G. Francis: *ibid,* p. 177 ff.

[385] R.E. Jones, H.F. Winters, L.J. Maissel: *Effect of Oxygen on the RF-Sputtering Rate of* SiO_2, J. Vac. Sci. Technol. **5**, 84 – 87 (1968)

[386] G. Franz: *Oberflächentechnologie mit Niederdruckplasmen,* 2. Auflage, Springer-Verlag, Berlin, 1994, S. 177

[387] J.J. Thomson, G.P. Thomson: *Conduction of Electricity through Gases,* 3rd ed., Cambridge University Press, Cambridge, 1933 (unveränderter Nachdruck von Dover Publ., New York, N.Y., U.S.A., 1968), Vol. I, p. 223 ff.

[388] W.P. Allis: *Motions of Ions and Electrons,* in *Handbuch der Physik,* herausgegeben von S. Flügge, Band 21, Teil 1, Gasentladungen 1, Springer-Verlag, Berlin, 1956, p. 386

[389] F.A. Green, B.N. Chapman: *Electron Effects in Magnetron Sputtering,* J. Vac. Sci. Technol. **13**(1), 165 – 168 (1976)

[390] L. Maissel: *Application of Sputtering to the Deposition of Films,* Chapter 4 in *Handbook of Thin Film Technology,* ed. by L.I. Maissel and R. Glang, McGraw Hill, New York, N.Y., U.S.A., 1970, p. 32

[391] H.G. Severin: *Sputtern — Die Erzeugung dünner Schichten,* Phys. in uns. Zeit **17**(3), 71 – 79 (1986)

[392] R. Benz, H. Hirscher: *Money for Nothing ... ... and Chips for Free,* Unaxis Chip Heft 6, 45 f. (Jan. 2002)

[393] J.A. Thornton, D.W. Hoffman: *Internal Stress in Amorphous Silicon Films Deposited by Cylindrical Magnetron Sputtering Using Ne, Ar, Kr, Xe and* $Ar{+}H_2$, J. Vac. Sci. Technol. **18**(2), 203 – 207 (1981)

[394] J.A. Thornton, D.W. Hoffman: *The Influence of Discharge Current on the Intrinsic Stress in Mo Films Deposited Using Cylindrical and Planar Magnetron Sputtering Sources,* J. Vac. Sci. Technol. **A 3**(3), 576 – 579 (1985)

[395] V.J. Minkiewicz, B.N. Chapman: *Triode Plasma Etching,* Appl. Phys. Lett. **34**(3), 192 – 193 (1979)

[396] D.M. Mattox, J.E. MacDonald: *Interface Formation during Thin Film Deposition,* J. Appl. Phys. **34**, 2493 – 2494 (1963)

[397] J. Morley, H.R. Smith: *High Vacuum Ion Production for Vacuum Deposition,* J. Vac. Sci. Technol. **9**(6), 1377 – 1378 (1972)

[398] E. Moll: *Hard Wear Resistant Coatings,* IPAT Proc. **7**, 1 – 8 (1989)

[399] D.G. Teer: *A Magnetron Sputter Ion Plating System,* IPAT Proc. **7**, 145 – 152 (1979)

[400] J.B. Posthill, R.A. Rudder, S.V. Hattangady, G.G. Fountain, D.J. Vitkavage, R.J. Markunas: *Characterization of Epitaxial Ge Films Grown by Remote Plasma Enhanced Chemical Vapor Deposition on Ge (111) and GaAs (111) Substrates,* J. Vac. Sci. Technol. **A7**(3), 1130 – 1135 (1989)

[401] W. Kasper, R. Plättner, J. Eichmeier: *Properties of* GeH_4 (SiH_4) *Plasmas for Deposition of Device-Quality a-Ge:H(a-Si:H) Material,* J. Non-Cryst. Solids **137 & 138**, 799–802 (1991)

[402] R. Plättner, E. Günzel, G. Scheinbacher, B. Schröder: *Light Stability of Amorphous Germanium,* AIP Conference Proc. **234**, ed. by B.L. Stafford, Denver, CO, 1991, 218–225

[403] M.J. Rand: *Plasma-Promoted Deposition of Thin Inorganic Films,* J. Vac. Sci. Technol. **16**(2), 420 – 427 (1979)

[404] R.W. Kirk: *Applications of Plasma Technology to the Fabrication of Semiconductor Devices,* Chapter 9 in *Technologies and Applications of Plasma Chemistry,* ed. by J.R. Hollahan and A.T. Bell, J. Wiley & Sons, New York, N.Y., U.S.A., 1974

[405] W.A.P. Claassen, W.G.J.N. Valkenburg, M.F.C. Willemsen, W.M.v.d. Wijgert: *Influence of Deposition Temperature, Gas Pressure, Gas Phase Composition, and RF-*

Frequency on Composition and Mechanical Stress of Plasma Silicon Nitride Layers, J. Electrochem. Soc. **132**(4), 893 – 898 (1985)
[406] Chr. Hollenstein, A.A. Howling, C. Courteille, J.-L. Dorier, L. Sansonnens, D. Magni, H. Müller: *Dust Particle Diagnostics in RF Plasma Deposition of Silicon and Silicon Oxide Films,* Mat. Res. Soc. Sympos. Proc. **507**, 547 – 557 (1998)
[407] S. Aisenberg, R. Chabot: *Ion-Beam Deposition of Thin Films of Diamondlike Carbon,* J. Appl. Phys. **42**(7), 2953 – 2958 (1971)
[408] S. Aisenberg, R.W. Chabot: *Physics of Ion Plating and Ion Beam Deposition,* J. Vac. Sci. Technol. **10**(1) 104 – 107 (1973)
[409] L. Holland, S.M. Ojha: *Deposition of Hard and Insulating Carbonaceous Films on an R.F. Target in a Butane Plasma,* Thin Solid Films **38**, L17 – L19 (1976)
[410] B.V. Spitsyn, L.L. Buyilov, B.V. Derjaguin: *Vapor Growth of Diamond on Diamond and other Surfaces,* J. Cryst. Growth **52**, 219 – 226 (1981)
[411] B.V. Derjaguin, L.L. Bouilev, B.V. Spitsyn: *Crystallization and Certain Properties of Diamon Films,* Arch. Nauki Mat. **7**(2), 111 – 119 (1986)
[412] K. Kobayashi, N. Mutsukura, Y. Machi: *Deposition of Hard Carbon Films by RF Glow Discharge Method,* J. Appl. Phys. **59**(3) 910 – 912 (1986)
[413] P.K. Bachmann, D. Leers, D.U. Wiechert: *Diamond Thin Films: Preparation, Characterization and Selected Applications — Progress Report,* Ber. Bunsenges. Phys. Chem. **95**(11), 1390 – 1400 (1991)
[414] S.Y. Shapoval, V.T. Petrashov, O.A. Popov, A.O. Westner, M.D. Yoder, jr., C.K.C. Lok: *Cubic Boron Nitride Films Deposited by Electron Cyclotron Resonance Plasma,* App. Phys. Lett. **57**(18), 1885 – 1886 (1990)
[415] K.E. Spear: *Diamond — Ceramic Coating of the Future,* J. Am. Ceram. Soc. **72**(2), 171 – 191 (1989)
[416] M.W. Geis, J.C. Angus: *Diamond Film Semiconductors,* Scientific American **267**(10), 64 – 69 (1992)
[417] A. Dorotik: *private Mitteilung,* München, 2002
[418] D. Bollinger, S. Hida, O. Matsumoto: *Reactive Ion Etching: Its Basis and Future I,* Solid State Technol. **27**(5), 11 – 17 (1984)
[419] D. Bollinger, S. Hida, O. Matsumoto: *Reactive Ion Etching: Its Basis and Future II,* Solid State Technol. **27**(6), 167 – 173 (1984)
[420] J.W. Coburn, H.F. Winters: *Plasma Etching — a Discussion of Mechanisms,* J. Vac. Sci. Technol. **16**(2), 391 – 403 (1979)
[421] J.A. Mucha, D.W. Hess: *ibid,* p. 217
[422] D.L. Tolliver: *Plasma Processing in Microelectronics — Past, Present, and Future,* Solid State Technol. **23**(11), 99 – 105 (1980)
[423] V.M. Donnelly, D.I. Flamm: *Anisotropic Etching in Chlorine-Containing Plasmas,* Solid State Technol. **24**(4), 161 – 166 (1981)
[424] J.W. Coburn: *Plasma-assisted Etching,* Plasma Chemistry and Plasma Processing **2**(1), 1 – 41 (1982)
[425] V.M. Donnelly, D.E. Ibbotson, D.L. Flamm: *Fundamental Aspects of Plasma-Surface Interactions and the Etching Process,* Chapter 8 in *Ion Bombardement Modification of Surfaces,* ed. by O. Auciello and R. Kelly, Elsevier, Amsterdam/Oxford/New York, 1984, p. 355
[426] C.M. Melliar-Smith, C.J. Mogab: *Thin Film Processes,* ed. by J.L. Vossen and W. Kern, Academic Press, New York, N.Y., U.S.A., 1978, 497 – 556
[427] J.A. Mucha, D.W. Hess: *ibid,* p. 251
[428] C.B. Mullius, J.W. Coburn: *Ion-Beam Assisted Etching of Si with Fluorine at Low Temperatures,* J. Appl. Phys. **76**(11), 7562 – 7566 (1994)
[429] V.M. Donnelly, D.I. Flamm, C.W. Tu, D.E. Ibbotson: *Temperature Dependence of InP and GaAs Etching in a Chlorine Plasma,* J. Electrochem. Soc. **129**(11), 2533 – 2537 (1982)

[430] S.C. McNevin: *Chemical Etching of GaAs and InP by Chlorine: The Thermodynamically Predicted Dependence on Cl_2 Pressure and Temperature,* J. Vac. Sci. Technol. **B** 4(5), 1216 – 1226 (1986)

[431] J. Daleiden, K. Eisele, J.D. Ralston, G. Vollrath, F. Fiedler: *Low-Temperature CAIBE Processes for InP-Based Optoelectronics,* Proc. 7th Int. Conf. on InP and Rel. Mat., Sapporo, Japan, May 9 – 13, 1995 632 – 635

[432] J. Kaindl, S. Sotier, G. Franz: *Dry Etching of III/V-Semiconductors: Fine Tuning of Pattern Transfer and Process Control,* J. Electrochem. Soc. **142**, 2418 (1995)

[433] G. Franz: *Robust Reactive Ion Etching Processes for GaAs/AlGaAs/AlAs by Application of Statistical Concepts,* J. Electrochem. Soc. **140**(4), 1147 – 1151 (1993)

[434] L.I. Maissel, C.K. Standley, L.V. Gregor: *Sputter-Etching of Heterogeneous Surfaces,* IBM J. Res. Develop. **16**(1), 67 – 70 (1972)

[435] M.J. Kushner: *Monte-Carlo Simulation of Electron Properties in RF Parallel Plate Capacitively Coupled Discharge,* J. Appl. Phys. **54**(9), 4958 – 4964 (1983)

[436] B.N. Chapman, V.J. Minkiewicz: *Flow Rate Effects in Plasma Etching,* J. Vac. Sci. Technol. **15**(2), 329 – 332 (1978)

[437] R.A. Morgan: *ibid,* p. 33

[438] C.J. Mogab: *The Loading Effect in Plasma Etching,* J. Electrochem. Soc. **124**, 1262 – 1268 (1977)

[439] M. Nakamura, M. Itoga, Y. Ban: *Investigation of Aluminum Plasma Etching by Some Halogenized Gases,* Proc. *Electrochem. Soc. Spring Meeting,* Abstr. No. 114, 298 – 300 (1980)

[440] E.P.G.T.v.d. Ven, H. Kalter: *Plasma Photoresist Stripping of MOS Devices,* Paper 121 presented at the Electrochem. Soc. Meeting, Washington, DC, May 02 – 07 (1976)

[441] J.L. Vossen: *Inhibition of Chemical Sputtering of Organics and C by Trace Amounts of Cu Surface Contamination,* J. Appl. Phys. **47**(2), 544 – 546 (1976)

[442] T.R. Hayes, M.A. Dreisbach, P.M. Thomas, W.C. Dautremont-Smith, L.A. Heimbrook: *Reactive Ion Etching of InP Using CH_4/H_2 Mixtures: Mechanisms of Etching and Anisotropy,* J. Vac. Sci. Technol. **B** **7**(5), 1130 – 1139 (1989)

[443] G.F. Froment, K.B. Bischoff: *Chemical Reactor Analysis and Design,* 2nd edition, J. Wiley & Sons, New York, N.Y., U.S.A., 1990, p. 303

[444] E.C. Stassinos, H.H. Lee: *Transport Effects in Plasma Reactors for Etching Planar and Hexode Reactors,* J. Electrochem. Soc. **137**(1), 291 – 295 (1990)

[445] G.F. Froment, K.B. Bischoff: *ibid,* p. 446 ff.

[446] D.J. Economou, R.C. Alkire: *A Mathematical Model for a Parallel Plate Plasma Etching Reactor,* J. Electrochem. Soc. **135**(11), 2786 – 2794 (1988)

[447] R.C. Alkire, D.J. Economou: *Transient Behavior during Film Removal in Diffusion-Controlled Plasma Etching,* J. Electrochem. Soc. **132**(3), 648 – 656 (1985)

[448] L. Bigio: *Laser Diagnostic Density Measurements of Hg(6 $^3P_{0,1,2}$) in a Low Pressure Hg-Ar-Discharge,* J. Electrochem. Soc. **136**, 829 – 834 (1989)

[449] H.H. Lee: *private Mitteilung,* 1991

[450] H.I. Smith, J.Melngailis, R.C. Williamson, W.T. Brogan: *Ion Beam Etching of Surface Gratings,* Proc. *Ultrasonics Sympos.* 1973, ed. by T. d. Klerk, IEEE, New York, N.Y., U.S.A., p. 558 – 563

[451] G. Franz: *Oberflächentechnologie mit Niederdruckplasmen,* 2. Auflage, Springer-Verlag, Berlin, 1994, S. 215

[452] U. Niggebrügge, M. Klug, G. Garus: *A Novel Process for Reactive Ion Etching of InP Using CH_4/H_2,* Inst. Phys. Conf. Ser. **79**, 367 – 372 (1986)

[453] H. Dimigen, H. Lüthje, H. Hubsch, U. Convertini: *Influence of Mask Material on Ion Etched Structures,* J. Vac. Sci. Technol. **13**(4), 976 – 980 (1976)

[454] G. Franz: *High-Rate Etching of* GaAs *Using Chlorine Atmospheres Doped with a Lewis Acid,* J. Vac. Sci. Technol. **A** **16**, 1542 (1998)

[455] G. Franz, F. Rinner: *Reactive Ion Etching of GaN and GaAs: Radially Uniform Processes for Rectangular, Smooth Sidewalls,* J. Vac. Sci. Technol. **A 17**, 56 (1999)
[456] P.G. Gløersen: *Masking for Ion Beam Etching,* Solid State Technol. **19**(4), 68 – 73 (1976)
[457] M. Sato, Y. Arita: *Etched Shape Control of Single-Crystal Silicon in Reactive Ion Etching Using Chlorine,* J. Electrochem. Soc. **134**(11), 2856 – 2862 (1987)
[458] G.S. Oehrlein, K.K. Chan, M.A. Jaso, G.W. Rubloff: *Surface Analysis of Realistic Semiconductor Microstructures,* J. Vac. Sci. Technol. **A 7**(3), 1030 – 1034 (1989)
[459] G.S. Oehrlein, J.F. Rembetski, E.H. Payne: *Study of Sidewall Passivation and Microscopic Silicon Roughness Phenomena in Chlorine-Based Reactive Ion Etching of Silicon Trenches,* J. Vac. Sci. Technol. **B 8**(6), 1199 – 1211 (1990)
[460] G. Franz, W. Hösler, R. Treichler: *Sidewall Passivation of* GaAs *in* BCl_3*-Containing Atmospheres,* J. Vac. Sci. Technol. **B 19**(2), 415 – 419 (2001)
[461] D.L.Flamm: *Introduction to Plasma Physics,* in *Plasma Etching — An Introduction,* ed. by D.M. Manos and D.L. Flamm, Academic Press, Inc., Boston/San Diego/New York, p. 151
[462] C.M. Melliar-Smith: *Ion Etching for Pattern Delineation,* J. Vac. Sci. Technol. **13**(5), 1008 – 1022 (1976)
[463] Ch. Hoyler, in Franz: *Kalte Plasmen,* Springer-Verlag, Berlin, 1990, S. 147
[464] Robert E. Lee: *Microfabrication by Ion-Beam Etching,* J. Vac. Sci. Technol. **16**(2), 164 – 170 (1979)
[465] D. Bollinger, R. Fink: *A New Production Technique: Ion Milling,* Solid State Technol. **23**(12), 97 – 103 (1980)
[466] G. Franz: *Oberflächentechnologie mit Niederdruckplasmen,* 2. Auflage, Springer-Verlag, Berlin, 1994, S. 216
[467] J.M. Lane, F.P. Klemens, K.H.A. Bogart, M.V. Malyshev, J.T.C. Lee: *Feature Evolution During Plasma Etching. II. Polycrystalline Silicon Etching,* J. Vac. Sci. Technol. **A 18**(1), 188 – 196 (2000)
[468] J.M. Lane, K.H.A. Bogart, F.P. Klemens, J.T.C. Lee: *The Role of Feedgas Chemistry, Mask Material, and Processing Parameters in Profile Evolution During Plasma Etching of Si(100),* J. Vac. Sci. Technol. **A 18**(5), 2067 – 2079 (2000)
[469] K.H.A. Bogart, F.P. Klemens, M.V. Malyshev, J.I. Colonell, V.M. Donnelly, J.T.C. Lee: *Mask Charging and Profile Evolution During Chlorine Plasma Etching of Silicon,* J. Vac. Sci. Technol. **A 18**(1), 197 – 206 (2000)
[470] M.P. Lepselter: *Beam-Lead Technology,* Bell System Techn. J. **45**(2), 233 – 254 (1966)
[471] M.-A. Nicolet: *Diffusion Barriers in Thin Films,* Thin Solid Films **52**, 415 – 443 (1978)
[472] M.-A. Nicolet, M. Bartur: *Diffusion Barriers in Layered Contact Structures,* J. Vac. Sci. Technol. **19**(3), 786 – 793 (1981)
[473] K.P. Giapis, G.R. Scheller, R.A. Gottscho, W.S. Hobson, Y.H. Lee: *Microscopic and Macroscopic Uniformity Control in Plasma Etching,* Appl. Phys. Lett. **57**(10), 983 – 985 (1990)
[474] R.H. Bruce, A.P. Reinberg: *Profile Control with D-C Bias in Plasma Etching,* J. Electrochem. Soc. **129**(2), 393 – 396 (1982)
[475] R.A. Gottscho, C.W. Jurgensen, D.J. Vitkavage: *Microscopic Uniformity in Plasma Etching,* J. Vac. Sci. Technol. **B 10**(5), 2133 – 2147 (1992)
[476] J.W. Coburn, H.F. Winters: *Conductance Considerations in the Reactive Ion Etching of High Aspect Ratio Features,* Appl. Phys. Lett. **55**(26), 2730 – 2732 (1989)
[477] D. Chin, S.H. Dhong, G.J. Long: *Structural Effects on a Submicron Trench Process,* J. Electrochem. Soc. **132**(7), 1705 – 1707 (1985)
[478] N. Fujiwara, H. Sawai, M. Yoneda, K. Nishioka, H. Abe: *ECR Plasma Etching with Heavy Halogen Ions,* Japn. J. Appl. Phys. **29**, 2223 – 2228 (1990)
[479] D. Keil, E. Anderson: *Charakterization of Reactive Ion Etch Lag Scaling,* J. Vac. Sci. Technol. **B 19**(6), 2082 – 2088 (2001)

[480] D.J. Economou, R.C. Alkire: *Effect of Potential Field on Ion Deflection and Shape Evolution of Trenches during Plasma-Assisted Etching,* J. Electrochem Soc. **135**(4), 941 – 949 (1988)

[481] J.C. Arnold, H.H. Sawin: *Charging of Pattern Features during Plasma Etching,* J. Appl. Phys. **70**(10), 5314 – 5317 (1991)

[482] S.G. Ingram: *The Influence of Substrate Topography on Ion Bombardement in Plasma Etching,* J. Appl. Phys. **68**(2), 500 – 504 (1990)

[483] J.P. Boeuf, E. Marode: *A Monte Carlo Analysis of an Electron Swarm in a Non-Uniform Field: the Cathode Region of a Glow Discharge in Helium,* J. Phys. D: Appl. Phys. **15**, 2169 – 2187 (1982)

[484] L. Schleicher, in Franz: *Kalte Plasmen,* Springer-Verlag, Berlin, 1990, S. 198

[485] K. Nojiri, E. Iguchi, K. Kawamura, K. Kadota: *Microwave Plasma Etching of Silicon Dioxide for Half-Micron ULSIs,* Extend. Abstr. 21st Conf. Sol. State Dev. Mater., Tokio, 1989, 153 – 156

[486] G. Wehner: *Influence of the Angle of Incidence on Sputtering Yields,* J. Appl. Phys. **30**(11), 1762 – 1765 (1959)

[487] L.D. Bollinger: *Ion Beam Etching with Reactive Gases,* Solid State Technol. **26**(1), 99 – 108 (1983)

[488] A. Baudrant, A. Passerat, D. Bollinger: *Reactive Ion Beam Etching of Tantalum Silicide for VLSI Applications,* Solid State Technol. **26**(9), 183 – 187 (1983)

[489] I.W. Rangelow: *Computer Simulation of Line Edge Profiles Undergoing Ion Bombardement,* J. Vac. Sci. Technol. **A 1**(2), 410 – 414 (1983)

[490] M. Schier: *private Mitteilung,* München, 1993

[491] G. Franz, Ch. Hoyler, D. Sacher: *Wet Chemical Etching Behavior of Ga(Al)As and In(Ga)P(As) Layers,* Japn. J. Appl. Phys. **30**(11), 2693 – 2699 (1991)

[492] Ch. Hoyler, H. Westermeier: Siemens-Laborbericht ZFE ST KM 3-4, 1993

[493] H.P. Lee, A. Scherer, W.P. Hong, C.E. Zah, M. Orenstein, R. Bhat, E.D. Beebe, N. Andreadakis, M.A. Koza: *1.5 μm InGaAsP/InP Vertically Coupled Semiconductor Optical Pre-Amplifier,* Appl. Phys. Lett. **59**(10), 1141 – 1143 (1991)

[494] S. Wakabayashi, K. Mutoh, M. Nakajima, Y. Toyoda: *InGaAsP/InP Horizontal Cavity Surface-Emitting Lasers Radiating in two Opposite Directions,* Appl. Phys. Lett **61**(13), 1499 – 1501 (1992)

[495] R.S. Robinson: *Thirty-Centimeter-Diameter Ion Milling Source,* J. Vac. Sci. Technol. **15**(2), 277 – 280 (1978)

[496] K. Arimatsu, I. Hashimoto, S. Ooishi, S. Tanaka, T. Sato, T. Gejyo: *Development of Large Scale Ion Beam Milling Machines,* Nucl. Instr. Meth. Phys. **B 37/38**, 833 – 837 (1989)

[497] M.W. Geis, J.A. Lincoln, N. Efremow, W.J. Piacentini: *A Novel Anisotropic Dry Etching Technique,* J. Vac. Sci. Technol. **19**(4), 1390 – 1393 (1981)

[498] G.A. Lincoln, M.W. Geis, L.J. Mahoney, A. Chu, B.A. Vojak, K.B. Nichols, W.J. Piacentini, N. Efremow, W.T. Lindley: *Ion Beam Assisted Etching for GaAs Device Applications,* J. Vac. Sci. Technol. **20**(3), 786 – 789 (1982)

[499] P. Unger, in R. Diehl: *High-Power Diode Lasers,* Topics Appl. Phys. **78**, 1–53, Springer-Verlag, Berlin/Heidelberg 2000

[500] E. Deichsel, F. Eberhard, R. Jäger, P. Unger: *High-Power Laser Diodes with Dry-Etched Mirror Facets and Integrated Monitor Photodiodes,* IEEE J. Sel. Topics Quantum Electron. **7**(3), 106 – 110 (2001)

[501] E. Deichsel, R. Jäger, P. Unger: *High-Brightness Unstable-Resonator Lasers Fabricated with Improved Dry-Etching Technology for Ultra-Smooth Laser Facets,* Jpn. J. Appl. Phys. **41**(6B), 4279 – 4282 (2002)

[502] G.L. Bona, P. Buchmann, R. Clauberg, H. Jaeckel, P. Vettiger, O. Voegeli, D.J. Webb: *Beam Properties of AlGaAs Power Lasers with High-Quality Etched Mirrors,* IEEE Photon. Technol. Lett. **3**(5), 412 – 414 (1991)

[503] G. Franz: *Hydrogen in Dry Etching Processes,* Phys. Status Solidi (a) **159**, 137 (1997)

[504] M.D. McCluskey, N.M. Johnson: *Hydrogen in Compound Semiconductors,* J. Vac. Sci. Technol. **A 17**(4), 2188 – 2193 (1999)

[505] S.J. Pearton, U.K. Chakrabarti, W.S. Hobson, C. Constantine, D. Johnson: *Low Damage Dry Etching of III-V Compound Semiconductors Using Electron Cyclotron Resonance Discharges,* Nucl. Instrum. Meth. Phys. Res. **B 59/60**, 1015 – 1018 (1991)

[506] R.J. Shul, M.L. Lovejoy, D.L. Hetherington, D.J. Rieger, G.A. Vawter, J.F. Klem, M.R. Melloch: *Investigation of Plasma Etch Induced Damage in Compound Semiconductor Devices,* J. Vac. Sci. Technol. **A12**(4), 1351 – 1355 (1994)

[507] R.J. Shul, L. Zhang, G. Baca, C.G. Willison, J. Han, S.J. Pearton, F. Ren: *Inductively Coupled Plasma-Induced Etch Damage of GaN p-n-Junctions,* J. Vac. Sci. Technol. **A 18**(4), 1139 – 1143 (2000)

[508] J. Etrillard, J.F. Bresse, C. Daguet, M. Riet, J. Mba: *Low Damage Dry Etching of III/V Materials for Heterojunction Bipolar Transistor Applications Using a Chlorinated Inductively Coupled Plasma,* J. Vac. Sci. Technol. **A 17**(4), 1174 – 1181 (1999)

[509] C.T. Gabriel, J.P. McVittie: *How Plasma Etching Damages Thin Gate Oxides,* Solid State Technol. **35**(6), 81 – 87 (1992)

[510] C.T. Gabriel: *Gate Oxide Damage: Testing Approaches and Methodologies,* J. Vac. Sci. Technol. **A 17**(4), 1494 – 1500 (1999)

[511] G. Franz: *Damage in III/V Semiconductors Caused by Hard- and Soft-Etching Plasmas,* J. Vac. Sci. Technol. **A 19**, 762 (2001)

[512] S.K. Gandhi, P. Kwan, K.N. Bhat, D.M. Borrego: *Ion Beam Damage Effects During the Low Energy Cleaning of GaAs,* IEEE Electr. Dev. Lett. **3**(2), 48 – 50 (1982)

[513] S.M. Sze: *Physics of Semiconductor Devices,* 2nd ed., (Wiley, New York, N.Y., U.S.A., 1981), p. 403

[514] S.W. Pang, W.D. Goodhue, T.M. Lyszczarz, D.J. Ehrlich, R.B. Goodman, G.D. Johnson: *Dry Etching Induced Damage on Vertical Sidewalls of GaAs Channels,* J. Vac. Sci. Technol. **B 6**(6), 1916 – 1920 (1988)

[515] S.W. Pang, M.W. Geis, N.N. Efremow, G.A. Lincoln: *Effects of Ion Species and Adsorbed Gas on Dry Etching Induced Damage in GaAs,* J. Vac. Sci. Technol. **B 3**(1), 398 – 401 (1985)

[516] A. Katz: *Indium Phosphide and Related Materials: Processing, Technology, and Devices,* Artech House, Boston/London, 1991, p. 263

[517] A. Katz: *ibid,* p. 257

[518] J. Neugebauer, C.G. van der Walle: *Role of Hydrogen in Doping of GaN,* Appl. Phys. Lett. **68**(12), 1829 – 1831 (1996)

[519] B. Pajot, C. Song: *OH-Bonds in Gallium Arsenide Grown by Liquid-Encapsulated Czochralski Crystal-Growth Method,* Phys. Rev. **B 45**(12), 6484 – 6491 (1992)

[520] T.R. Hayes, W.C. Dautremont-Smith, H.S. Luftman, J.W. Lee: *Passivation of Acceptors in InP Resulting from CH_4/H_2 Reactive Ion Etching,* Appl. Phys. Lett. **55**(1), 56 – 58 (1989)

[521] M. Moehrle: *Hydrogen Passivation of Zn Acceptors in InGaAs During Reactive Ion Etching,* Appl. Phys. Lett. **56**(6), 542 – 544 (1990)

[522] C. Constantine, D. Johnson, S.J. Pearton, U.K. Chakrabarti, A.B. Emerson, W.S. Hobson, A.P. Kinsella: *Plasma Etching of III-V-Semiconductors in* $CH_4/H_2/Ar$ *Electron Cyclotron Resonance Discharges,* J. Vac. Sci. Technol. **B 8**, 596 – 606 (1990)

[523] A.R. Bayly: *Secondary Processes in the Evolution of Sputter-Topographics,* J. Mat. Sci. **7** 404 – 412 (1972)

[524] G. Franz: *Kalte Plasmen,* Springer-Verlag, Berlin, 1990, S. 149

[525] G. Franz: *Surface Roughening of Polished SiC Substrates,* Mat. Sci. Semicond. Proc. **5/6**, 525 – 527 (2003)

[526] O. Auciello, R. Kelly, R. Iricibar: *New Insight into the Development of Pyramidal Structures on Bombarded Copper Surfaces,* Rad. Effects **46**, 105 – 118 (1980)

[527] I.H. Wilson, M.W. Kidd: *A Study of Cones Developed by Ion Bombardement of Gold,* J. Mat. Science **6**, 1362 – 1366 (1971)

[528] P. Sigmund: *A Mechanism of Surface Micro-Roughening by Ion Bombardement,* J. Mat. Science **8**, 1545 – 1553 (1973)

[529] A.D.G. Stewart, M.W. Thompson: *Microtopography of Surfaces by Ion-Bombardement,* J. Mat. Science **4**, 56 – 60 (1969)

[530] G.K. Wehner, D.J. Hajicek: *Cone Formation on Metal Targets during Sputtering,* J. Appl. Phys. **42**(3), 1145 – 1149 (1971)

[531] W.R. Hudson: *Ion-Beam Texturing,* J. Vac. Sci. Technol. **14**(1), 286 – 289 (1977)

[532] O. Auciello: *A Critical Analysis on the Origin, Stability, Relative Sputtering Yield and Related Phenomena of Textured Surfaces under Ion Bombardement,* Rad. Effects **60**, 1 – 26 (1982)

[533] H.R. Kaufman, R.S. Robinson: *Ion Beam Texturing of Surfaces,* J. Vac. Sci. Technol. **16**(2), 175 – 178 (1979)

[534] S.M. Rossnagel, R.S. Robinson: *Quasi-Liquid State Observed on Ion Beam Microtextured Structures,* J. Vac. Sci. Technol. **20**(3), 506 – 509 (1982)

[535] R.S. Robinson, S.M. Rossnagel: *Diffusion Processes in Bombardement-Induced Surface Topography,* in *Ion Bombardement Modification of Surfaces,* ed. by O. Auciello and R. Kelly, Elsevier, Amsterdam/Oxford/New York/Tokio, 1984, 299 – 322

[536] S.M. Rossnagel, R.S. Robinson, H.R. Kaufman: *Impact Enhanced Surface Diffusion during Impurity Induced Sputter Cone Formation,* Surface Science **123**, 89 – 98 (1982)

[537] O. Auciello: *Historical Overview of Ion-Induced Morphological Modification of Surfaces,* in *Ion Bombardement Modification of Surfaces,* ed. by O. Auciello and R. Kelly, Elsevier, Amsterdam/Oxford/New York/Tokio, 1984, 1 – 25

[538] S.N. Rossnagel, R.S. Robinson: *Monte Carlo Model of Topography Development during Sputtering,* J. Vac. Sci. Technol. **A 1**(2), 426 – 429 (1983)

[539] M. Hou, M.T. Robinson: *The Conditions for Total Reflection of Low-Energy Atoms from Crystal Surfaces,* Appl. Phys. **17**, 371 – 375 (1978)

[540] M.J. Nobes, J.S. Colligon, G. Carter: *The Equilibrium Topography of Sputtered Amorphous Solids,* J. Mat. Science **4**, 730 – 733 (1969)

[541] G. Carter, J.S. Colligon, M.J. Nobes: *The Equilibrium Topography of Sputtered Amorphous Solids II,* J. Mat. Science **6**, 115 – 117 (1971)

[542] G. Carter, J.S. Colligon, M.J. Nobes: *The Growth of Topography during Sputtering of Amorphous Solids,* J. Mat. Science **8**, 1473 – 1481 (1973)

[543] G. Carter, M.J. Nobes: *The Theory of Development of Surface Morphology by Sputter Erosion Processes,* in *Ion Bombardement Modification of Surfaces,* ed. by O. Auciello and R. Kelly, Elsevier, Amsterdam/Oxford/New York/Tokio, 1984, 163 – 224

[544] K. Ukai, K. Hanazawa: *End-Point Determination of Aluminum Reactive Ion Etching by Discharge Impedance Monitoring,* J. Vac. Sci. Technol. **16**, 385 – 387 (1979)

[545] A.R. Heyd, R.W. Collins, K. Vedam, S.S. Bose, D.L. Miller: *Monitoring Ion Etching of GaAs/AlGaAs Heterostructures by Real Time Spectroscopic Ellipsometry: Determination of Layer Thickness, Compositions, and Surface Temperature,* Appl. Phys. Lett. **60**(22), 2776 – 2778 (1992)

[546] G. Franz: *Verbesserung des Endpunktdetektors für Optische Emissionsspektroskopie (OES),* German Patent Disclosure GR 97E1812 DE v. 13-08-1997

[547] G. Herzberg: *Spectra of Diatomic Molecules,* D. v. Nostrand Inc., Princeton, N.J., U.S.A., 1950

[548] W.R. Harshberger, R.A. Porter, T.A. Miller, P. Norton: *A Study of the Optical Emission from an RF Plasma during Semiconductor Etching,* Appl. Spectroscopy **31**(3), 201–207 (1977)

[549] G. Franz, C. Hoyler, J. Kaindl: *Reactive Ion Etching GaAs and AlAs: Kinetics and Process Monitoring,* J. Vac. Sci. Technol. **B 14**(1), 126 – 131 (1996)

[550] P.H. Berning, in *Physics of Thin Films: Advances in Research and Development, Vol. I,* ed. by G. Hass, Academic Press, New York, 1963, 69 – 120

[551] W. John, L. Weixelbaum, H. Wittrich, G. Frankowski, J. Würfl: *CCD-Controlled in-situ Interfermotery for Novel Process Monitoring During Dry Etching,* Solid State Technol. **44**(6), 117 – 122 (2001)

[552] J. Tardy, J.M. Poiterin, G. Lemperiere: *Glow Discharge Mass Spectrometry of Silicon DC Sputtering in Argon-Hydrogen,* J. Phys. D: Appl. Phys. **14**, 339 – 346 (1981)

[553] F. Shinoki, A. Itoh: *Mass Spectrometric Analysis in RF Reactive Sputtering Discharge,* Japn. J. Appl. Phys. Suppl. 2, Pt. 1, 505 – 508 (1974)

[554] B.F.T. Bolker, T.C. Tisone, T.S. Latos: *Control System Dynamics Using Glow Discharge Mass Spectroscopy for Thin Film Sputtering,* J. Vac. Sci. Technol. **18**(2), 328 – 334 (1981)

[555] G. Janiak, U. Niggebrügge: *private Mitteilung,* Berlin, 1997

[556] S.C. McNevin: *Rare Gas Ion-Enhanced Etching of InP by Cl_2,* J. Vac. Sci. Technol. **B 4**(5), 1203 – 1215 (1986)

[557] T.J. Chuang: *Electron Spectroscopy Study of Silicon Surfaces Exposed to XeF_2 and the Chemisorption of SiF_4 on Silicon,* J. Appl. Phys. **51**(5), 2614 – 2619 (1980)

[558] J.W. Coburn, H.F. Winters: *Ion and Electron Assisted Gas-Surface Chemistry — an Important Effect in Plasma Etching,* J. Appl. Phys. **50**, 3189 – 3196 (1979)

[559] H.F. Winters, J.W. Cohen: *Plasma-Assisted Etching Mechanisms: The Implications of Reaction Probability and Halogen Coverage,* J. Vac. Sci. Technol. **B 3**(5), 1376 – 1383 (1985)

[560] T.M. Mayer, R.A. Barker, L.J. Whitman: *Investigation of Plasma Etching Mechanisms Using Beams of Reactive Gas Ions,* J. Vac. Sci. Technol. **18**(2), 349 – 352 (1981)

[561] A.F. Ward; Proc. Roy. Soc. London **A 133**, 506 (1931), zit. in G.M. Barrow: *Physikalische Chemie,* Bohmann-Verlag, Heidelberg, Wien, Teil 3, 1972, S. 328

[562] T.M. Mayer, R.A. Barker: *Simulation of Plasma-Assisted Etching Processes by Ion-Beam Techniques,* J. Vac. Sci. Technol. **21**(3), 757 – 763 (1982)

[563] T.M. Mayer, R.A. Barker: *Reactive Ion Beam Etching with CF_4: Characterization of a Kaufman Ion Source and Details of SiO_2 Etching,* J. Electrochem. Soc. **129**(3), 585 – 591 (1982)

[564] Y.H. Lee, M.M. Chen: *Silicon Etching Mechanism and Anisotropy in CF_4+O_2 Plasma,* J. Appl. Phys. **54**(10), 5966 – 5973 (1983)

[565] A. Stamm: *private Mitteilung,* München, 1996

[566] V.M. Donnelly, D.L. Flamm, W.C. Dautremont-Smith, D.J. Werder: *Anisotropic Etching of* SiO_2 *in Low-Frequency* CF_4/O_2 *and* NF_3/Ar *Plasmas,* J. Appl. Phys. **55**(1), 242 – 252 (1984)

[567] A. Fichelscher, I.W. Rangelow, A. Stamm: *Influence of Sheath Properties on the Profile Evolution in RIE Processes,* SPIE *1392,* Advanced Technologies for Integrated Circuit Processing, 77 – 83 (1990)

[568] J.I. Ulacia F., J.P. McVittie: *A Two-Dimensional Computer Simulation for Dry Etching Using Monte Carlo Techniques,* J. Appl. Phys. **65**(4), 1484 – 1491 (1989)

[569] E.S.G. Shaqfeh, C.W. Jurgensen: *Simulation of Reactive Ion Etching Pattern Transfer,* J. Appl. Phys. **66**(10), 4664 – 4675 (1989)

[570] A. Fichelscher, I.W. Rangelow, R. Kassing: *Simulation of Reactive Ion-Etching Processes Considering Sheath Dynamics,* Mat. Sci. Eng. **A 139**, 412 – 417 (1991)

[571] R.A.H. Heinecke: *Plasma Etching of Films at High Rates,* Solid State Technol. **21**(4), 104 – 106 (1978)

[572] G.C. Schwartz, L.B. Rothman, T.J. Schopen: *Competitive Mechanisms in Reactive Ion Etching in a CF_4 Plasma,* J. Electrochem. Soc. **126**(3), 464 – 469 (1979)

[573] D.L. Flamm: *Measurements and Mechanisms of Etchant Production During the Plasma Oxidation of CF_4 and C_2F_6,* Solid State Technol. **22**(4), 109 – 116 (1979)

[574] T.D. Bestwick, G.S. Oehrlein: *Reactive Ion Etching of Silicon Using Bromine Containing Plasmas,* J. Vac. Sci. Technol. **A 8**(3), 1696 – 1701 (1990)

[575] U. Hetzler, E. Kay: *Conduction Mechanisms in Plasma-Polymerized Tetrafluoroethylene Films,* J. Appl. Phys. **49**(11), 5617 – 5623 (1978)

[576] M. Millard: *Synthesis of Organic Polymer Films in Plasmas,* Chapter 5 in *Techniques and Applications of Plasma Chemistry,* ed. by J.R. Hollahan and A.T. Bell, J. Wiley & Sons, New York, N.Y., U.S.A., 1974

[577] J.W. Coburn, E. Kay: *Some Chemical Aspects of the Fluorocarbon Plasma Etching of Silicon and Its Compounds,* IBM J. Res. Develop. **23**(1), 33 – 41 (1979)

[578] L. Peccoud, P. Laporte, J. Arroyo, B. Charlet: *New Trends and Limits in Plasma Etching,* J. Phys. D: Appl. Phys. **20**, 851 – 857 (1987)

[579] C.J. Mogab, A.C. Adams, D.L. Flamm: *Plasma Etching of Si and SiO_2 — The Effect of Oxygen Additions to CF_4 Plasmas,* J. Appl. Phys. **49**(7), 3796 – 3803 (1978)

[580] K. Tsujimoto, S. Tachi, K. Ninomiya, K. Suzuki, S. Okudaira, S. Nishimatsu: *A New Side Wall Protection Technique in Microwave Plasma Etching Using a Chopping Method,* Proc. 18th Int. Conf. Solid State Devices a. Materials, Tokio, 1986, Extended Abstracts pp. 229 – 232 (1986)

[581] I.W. Rangelow: *High Resolution Tri-Level Process by Downstream-Microwave RF-Biased Etching,* SPIE Proc. **1392**, 180 – 184 (1990)

[582] J.A. O'Neill, J. Singh, G.G. Grifford: *In situ Infrared Diagnostics of Particle Forming Etch Plasmas,* J. Vac. Sci. Technol. **A 8**(3), 1716 – 1721 (1990)

[583] *Gmelins Handbuch der Anorganischen Chemie,* 8. Auflage, Verlag Chemie, Berlin, 1936, Gallium, System-Nr. 36, S. 76; Indium, System-Nr. 37, S. 71 – 80

[584] *Handbook of Chemistry and Physics,* 56th ed., ed. by R.C. Weast, The Chemical Rubber Company, Cleveland, OH, pp. B-91, B-95, B-96 (1975)

[585] V.M. Donnelly, D.L. Flamm, G.J. Collins: *Studies of Plasma Etching of III/V Semiconductors Using in-situ Optical Diagnostic Techniques,* Electrochem. Soc. Fall Meeting, Denver, Colo., U.S.A., Extend. Abstracts **812**, 621 – 624 (1981)

[586] D.L. Flamm, G.K. Herb: *Plasma Etching Technology — An Overview,* in *Plasma Etching — an Introduction,* ed. by D.M. Manos and D.L. Flamm, Academic Press, Inc. Boston/San Diego/New York, p. 41

[587] V.M. Donnelly, D.I. Flamm, D.E. Ibbotson: *Plasma Etching of III/V Semiconductors,* J. Vac. Sci. Technolog. **A 1**(2), 626 – 628 (1983)

[588] E.L. Hu, R.E. Howard: *Reactive Ion Etching in a Chlorine Plasma,* J. Vac. Sci. Technol. **B 2**(1), 85 – 88 (1984)

[589] K. Takimoto, K. Ohnaka, J. Shibata: *Reactive Ion Etching of InP with Br_2-Containing Gases to Produce Smooth, Vertical Walls: Fabrication of Etched-Faceted Lasers,* Appl. Phys. Lett. **54**(20), 1947 – 1949 (1989)

[590] R.H. Burton, C.L. Hollien, L. Marchant, S.M. Abys, G. Smolinsky, R.A. Gottscho: *Etching of Gallium Arsenide and Indium Phosphide in RF Discharges through Mixtures of Trichlorofluoromethane and Oxygen,* J. Electrochem. Soc. **129**(7), 1599 – 1604 (1983)

[591] H.H. Sawin: *A Review of Plasma Processing Fundamentals,* Solid State Technol. **28**(4), 211 – 216 (1985)

[592] R.H. Burton, G. Smolinsky: *CCl_4 and Cl_2 Plasma Etching of III/V Semiconductors and the Role of Added O_2*, J. Electrochem. Soc. **129**(7), 1599 – 1604 (1982)

[593] F. A. Cotton, G. Wilkinson: *Anorganische Chemie,* 3. Auflage, Verlag Chemie, Weinheim/Bergstraße, 1974, S. 239 f.

[594] G. Scarpa, N. Ulbrich, A. Sigl, M. Bichler, D. Schuh, M.-C. Amann, G. Abstreiter: *Improved Large Optical Cavity Design for 10.6 μm (Al)GaAs Quantum Cascade Lasers,* Physica **E 13**, 844 – 847 (2002)

[595] K. Tokunaga, F.C. Redeker, D.A. Danner, D.W. Hess: *Comparison of Aluminum Etch Rates in Carbon Tetrachloride and Boron Trichloride Plasmas,* J. Electrochem. Soc. **128**(4), 851 – 855 (1981)

[596] E.L. Hu, R.E. Howard: *Reactive Ion Etching of GaAs and InP Using $CCl_2F_2/Ar/O_2$,* Appl. Phys. Lett. **37**(11), 1022 – 1024 (1980)

[597] K.L. Seaward, N.J. Moll, D.J. Coulman: *An Analytical Study of Etch and Etch-Stop Reactions for GaAs on AlGaAs in CCl_2F_2 Plasma,* J. Appl. Phys. **61**(6), 2358 – 2364 (1987)

[598] S.J. Pearton, U.K. Chakrabarti, W.S. Hobson, A.P. Perley: *Cl_2 and $SiCl_4$ Reactive Ion Etching of In-Based III-V Semiconductors,* J. Electrochem. Soc. **137**(10), 3188 – 3202 (1990)

[599] G. Franz: *Reactive Ion Etching of III/V Semiconductors Using Carbon-Containing Gases — A Comprehensive Statistical Approach,* J. Electrochem. Soc. **137**(9), 2896 – 2903 (1990)

[600] H. Schmid: *Plasma Mass Spectrometric Analysis and Control of Reactive Ion Etching of InP and Related Compounds,* IPAT Proc. **6**, 98 – 102 (1987)

[601] R. v. Roijen, C.W.T. Bulle-Lieuwma, E.A. Montie: *Formation and Damage of Sidewalls after Cl_2/CH_4 Based Reactive Ion Beam of InP,* J. Vac. Sci. Technol. **B 10**(5), 2188 – 2191 (1992)

[602] G. Lefranc, in Franz: *Kalte Plasmen,* Springer-Verlag, Berlin, 1990, S. 174

[603] I.W. Rangelow, P. Hudek, F. Shi: *Bulk Micromachining of Si by Lithography and Reactive Ion Etching,* Vacuum **46**, 1361 – 1369 (1995)

[604] B.E. Volland, H. Heerlein, I. Kostic, I.W. Rangelow: *The Application of Secondary Effects in High Aspect Ratio Dry Etching for the Fabrication of MEMS,* Microelectronic Engineering **57-58**, 641 – 650 (2001)

[605] I.W. Rangelow: *Simulation of Plasma Etching and Deposition Processes for the Microsystem-Technology,* 3rd Mideuropean Symposium and Exhibition on Semiconductor Engineering and Technology, SET'92, 12. – 14. Oktober 1992, Warschau, 75 – 78

[606] I.W. Rangelow: *Simulation von Trockenätz- und Zerstäubungsdepositionsprozessen für die Mikrosystem-Technologie,* VDI-Berichte, Nr. 960, Kongreßbericht Gerätetechnik und Mikrosystemtechnik, Band 2, Kongreß Chemnitz, 16. – 18. März 1992, VDI Verlag, 749 – 754

[607] I.W. Rangelow: *Entwicklung von Plasma-Ätzprozessen für die Herstellung von Si-Sensormembranen,* Forschungsvorhaben 750/73037684, Univ. Kassel, Jan. 1987

[608] J. Daleiden, N. Citica, M. Strassner: *Tunable InP-Based Microcavity Devices for Optical Communication Systems,* Sensors and Materials **14**(1), 35 – 45 (2002)

[609] S. Ihrle, K. Schröder, A. Ohl: *Stabilität plasmagestützt erzeugter hydrophiler Grenzschichten,* Proceedings 10. Neues Dresdner Vakuumtechnisches Kolloqium, Dresden, 17. – 18. Okt. 2002, 68 – 72 (2002)

[610] S. Günther: *Plasmaaktivierte Verdampfung von Aluminium,* Proceedings 10. Neues Dresdner Vakuumtechnisches Kolloqium, Dresden, 17. – 18. Okt. 2002, 124 – 128 (2002)

[611] R. Winkler, H. Deutsch, J. Wilhelm, C. Wilke: *Electron Kinetics of Weakly Ionized HF Plasmas I. Direct Treatment and Fourier Expansion,* Beitr. Plasmaphysik **24**(3), 285 – 302 (1984)

[612] W.P. Allis: *Motions of Ions and Electrons,* in *Handbuch der Physik,* herausgegeben von S. Flügge, Band 21, Teil 1, Gasentladungen 1, Springer-Verlag, Berlin, 1956, p. 404 – 444

[613] J.E. Heidenreich III, J.R. Paraszczak, M. Moisan, G. Sauve: *Electron Energy Distributions in Oxygen Microwave Plasmas,* J. Vac. Sci. Technol. **B 6**(1), 288 – 292 (1988)

[614] B.E. Cherrington: *Gaseous Electronics and Gas Lasers,* Pergamon, New York, 1979, p. 68

[615] C.M. Ferreira, J. Loureiro: *Characteristics of High-Frequency and Direct Current Argon Discharges at Low Pressures: a Comparative Analysis,* J. Phys. D **17**, 1175 – 1188 (1984)

[616] S.D. Rockwood: *Elastic and Inelastic Cross Sections for Electron-Hg Scattering from Hg Transport Data,* Phys. Rev. **A 8**(5), 2348 – 2358 (1973)

[617] R.J. Seeböck, W.E. Köhler: *Temporal Intensity Modulation of Spectral Lines in a Low Frequency Discharge in Argon,* J. Appl. Phys. **64**(8), 3855 – 3862 (1988)

[618] D. Bohm: *Minimum Ion Kinetic Energy for a Stable Sheath,* in *The Characteristics of Electrical Discharges in Magnetic Fields,* ed. by A. Guthrie and R.K. Wakerling, McGraw Hill, New York, NY, 1949, 77 – 86

[619] F.F. Chen: *Introduction to Plasma Physics,* Plenum Press, New York and London, 2nd ed., 1976, p. 249 ff.

[620] D. Bohm, E.H.S. Burhop, H.S.W. Massey: *The Use of Probes for Plasma Exploration in Strong Magnetic Fields,* in *The Characteristics of Electrical Discharges in Magnetic Fields,* ed. by A. Guthrie and R.K. Wakerling, McGraw Hill, New York, N.Y., U.S.A., 1949, 13 – 77

[621] D. Bohm, E.P. Gross: *Theory of Plasma Oscillations. A. Origin of Medium-Like Behavior,* Phys. Rev. **75**(12), 1851 – 1864 (1949)

[622] D. Bohm, E.P. Gross: *Effects of Plasma Bounderies in Plasma Oscillations,* Phys. Rev. **79**(6), 992 – 1001 (1950)

[623] D. Bohm, E.P. Gross: *Theory of Plasma Oscillations. B. Excitations and Damping of Oscillations,* Phys. Rev. **75**(12), 1864 – 1876 (1949)

[624] P.J. Barrett, H.G. Jones, R.N. Franklin: *Dispersion of Electron Plasma Waves,* Plasma Phys. **10**, 911 – 918 (1968)

[625] S.A. Cohen: *An Introduction to Plasma Physics for Materials Processing,* in *Plasma Etching — An Introduction,* ed. by D.M. Manos and D.L. Flamm, Academic Press, Inc. Boston/San Diego/New York, p. 215

[626] D. Pines: *Elementary Excitations in Solids,* W.A. Benjamin, New York/Amsterdam, 1964, p. 112 f.

[627] D. Pines: *ibid,* p. 147 f.

[628] M.J. Ziman: *ibid,* S. 154 ff.

[629] F.F. Chen: *Introduction to Plasma Physics,* 2nd edition, Plenum Press, New York and London, 1976, Chapter 7

[630] J.D. Jackson: *ibid,* p. 340

[631] J.D. Jackson: *ibid,* p. 341

[632] F.F. Chen: *Introduction to Plasma Physics,* 2nd edition, Plenum Press, New York and London, 1976, p. 239

[633] B. Chapman: *Glow Discharge Processes: Sputtering and Plasma Etching,* John Wiley & Sons, New York, NY, 1980, p. 130 f.

[634] C.A. Bletzinger, C.A. deJoseph, jr.: *Structure of RF Parallel-Plate Discharges,* IEEE Trans. Plasma Sci. **PS-14**(2), 124 – 131 (1986)

[635] V.A. Godyak: *Soviet Radio Frequency Discharge Research,* Delphic Ass., Inc., Falls Church, Va., U.S.A., 1986, p. 103 ff.

[636] P.M. Meijer, W.J. Goodheer: *Calculation of the Auto-Bias Voltage for RF Frequencies Well Above the Ion-Plasma Frequency,* IEEE Transact. Plasma Sci. **19**(2), 170 – 175 (1991)

[637] M. Lieberman: *private Mitteilung,* 1991

[638] V.A. Godyak: *Soviet Radio Frequency Discharge Research,* Delphic Ass., Inc., Falls Church, Va., U.S.A., 1986, p. 112

[639] V.A. Godyak, A.S. Khanneh: *Ion Bombardement Secondary Electron Maintenance of Steady RF Discharge,* IEEE Trans. Plasma Sci. **PS-14**(2), 112 – 123 (1986)

[640] M.A. Lieberman, S.E. Savas: *Bias Voltages in Finite Length, Cylindrical and Coaxial Radio-Frequency Discharges,* J. Vac. Sci. Technol. **A 8**(3), 1632 – 1641 (1990)

[641] H.S. Butler, G.S. Kino: *Plasma Sheath Formation by Radio-Frequency Fields,* Phys. Fluids **6**(9), 1346 – 1355 (1963)

[642] A. Sommerfeld: *Vorlesungen über Theoretische Physik VI: Partielle Differentialgleichungen der Physik,* 6. Auflage, Akademische Verlagsgesellschaft Geest & Portig KG, Leipzig, 1966, S. 79 f.

[643] W.P. Allis: *Motions of Ions and Electrons,* in *Handbuch der Physik,* herausgegeben von S. Flügge, Band 21, Teil 1, Gasentladungen 1, Springer-Verlag, Berlin, 1956, p. 394

[644] R.P. Feynman, R.B. Leighton, M. Sands: *The Feynman Lectures on Physics II,* 7th printing, Addison-Wesley Publishing Company, Menlo Park, London, Sydney, Manila, 1972, p. 32-8

[645] S.A. Cohen: *ibid,* p. 215

[646] S.C. Brown: *Introduction to Electrical Discharges in Gases,* Wiley, New York, N.Y., U.S.A., 1966, p. 247

[647] W.P. Allis, S.C. Brown, E. Everhart: *Electron Density Distribution in a High Frequency Discharge in the Presence of Plasma Resonance,* Phys. Rev. **84**(3), 519 – 522 (1951)

[648] M.A. Heald, C.B. Wharton: *ibid,* p. 30

[649] M. Born: *ibid,* S. 260

[650] W.P. Allis, S.J. Buchsbaum, A. Bers: *Waves in Anisotropic Plasmas,* M.I.T. Press, Cambridge, Mass., U.S.A., 1963, p. 24

[651] W.P. Allis, S.J. Buchsbaum, A. Bers: *Waves in Anisotropic Plasmas,* M.I.T. Press, Cambridge, Mass., U.S.A., 1963, p. 13

[652] W.P. Allis, S.J. Buchsbaum, A. Bers: *Waves in Anisotropic Plasmas,* M.I.T. Press, Cambridge, Mass., U.S.A., 1963, p. 41

[653] R. Kippenhahn, C. Möllenhoff: *Elementare Plasmaphysik,* Bibliographisches Institut, Mannheim/Zürich, 1975, S. 102 ff.

[654] M.J. Ziman: *ibid,* S. 282 f.

[655] B. Suhl, L.R. Walker: *Topics in Guided-Wave Propagation through Gyromagnetic Media — Part I: The Completely Filled Guide,* The Bell System Technical Journal **33**(5), 579 – 659 (1954), p. 658 f.

[656] A.A.T.M. v. Trier: *Guided Electromagnetic Waves in Anisotropic Media,* Appl. Sci. Res. **3B**, 305 – 371 (1953), p. 337

[657] J. v. Bladel: *Electromagnetic Fields,* Hemisphere Publ. Corp., Washington/New York/London, 1985, p. 450 ff.

[658] J.D. Jackson: *ibid,* p. 254 f.

[659] G.N. Watson: *A Treatise on the Theory of Bessel Functions,* Cambridge University Press, Cambridge, England, 1958, p. 201

[660] G.N. Watson: *ibid,* p. 199

[661] R. Boswell: *Dependence of Helicon Wave Radial Structure on Electron Inertia,* Austr. J. Phys. **25**, 403 – 407 (1972)

[662] R. Boswell: *Effect of Boundary Conditions on Radial Mode Structure of Whistlers,* J. Plasma Phys. **31**(2), 197 – 208 (1984)

[663] R.L. Ferrari, J.P. Klozenberg: *The Dispersion and Attenuation of Helicon Waves in a Cylindrical Plasma-Filled Wave-Guide,* J. Plasma Phys. **2**(2), 283 – 289 (1968)

Register

MIX
Papier aus verantwortungsvollen Quellen
Paper from responsible sources
FSC® C105338

If you have any concerns about our products,
you can contact us on
ProductSafety@springernature.com

In case Publisher is established outside the EU,
the EU authorized representative is:
Springer Nature Customer Service Center GmbH
Europaplatz 3, 69115 Heidelberg, Germany

Printed by Libri Plureos GmbH
in Hamburg, Germany